农林良种栽培技术

陈兴振　王忠英　瞿晓群　赵秀琴
申国胜　薛庆伟　王传亮　孙中顺　著
魏士省　胥　静　刘　伟　王荣芬
王海涛　张　勇　罗雪芹　宋　洁

山东大学出版社
SHANDONG UNIVERSITY PRESS
·济南·

图书在版编目(CIP)数据

农林良种栽培技术/陈兴振等著.—济南:山东
大学出版社,2022.8
　ISBN 978-7-5607-7587-6

　Ⅰ.①农…　Ⅱ.①陈…　Ⅲ.①作物－栽培技术②林木
－栽培技术　Ⅳ.①S31②S72

中国版本图书馆 CIP 数据核字(2022)第 151437 号

责任编辑　宋亚卿
封面设计　王秋忆

农林良种栽培技术
NONGLIN LIANGZHONG ZAIPEI JISHU

出版发行	山东大学出版社
社　　址	山东省济南市山大南路 20 号
邮政编码	250100
发行热线	(0531)88363008
经　　销	新华书店
印　　刷	山东和平商务有限公司
规　　格	787 毫米×1092 毫米　1/16 33.75 印张　797 千字
版　　次	2022 年 8 月第 1 版
印　　次	2022 年 8 月第 1 次印刷
定　　价	128.00 元

前　言

随着科学技术的快速发展,我国农业、林业在植物良种的开发方面取得了长足进步,各种植物良种得到推广和应用。植物良种的推广和应用不仅能够增加产量,还能够提高质量,所以具有非常重要的意义。

结合自身的工作实践及良种科研成果,我们在深入研究并参考大量文献资料的基础上精心撰写了本书。本书坚持理论与实践相结合、国内与国外兼顾的原则。

本书对林业和农业良种的特性、栽培技术等各个方面进行了较为全面、深入、系统的介绍,详细阐述了良种栽培管理的理论、技术、方法及其科学应用。全书共分为八章内容,包括中国农林业发展概况、用材林栽培技术、景观林栽培技术、经济林栽培技术、水土保持林栽培技术、中药材栽培技术、农作物栽培技术和食用菌栽培技术。本书具有专业性强、学术性强、前瞻性强和可操作性强等特点,对于农业、林业工作者以及科研与教学工作者,具有较高的参考价值。

本书由陈兴振拟定撰写大纲并统稿,由陈兴振、王忠英、瞿晓群、赵秀琴、申国胜、薛庆伟、王传亮、孙中顺、魏士省、胥静、刘伟、王荣芬、王海涛、张勇、罗雪芹、宋洁撰写。具体分工如下:陈兴振撰写第一章、第三章第七节和第八节、第七章第八节、第八章第二节,王忠英撰写第二章第一节至第三节、第五章第一节、第七章第二节,瞿晓群撰写第二章第四节、第四章第六节、第七章第一节,赵秀琴撰写第三章第一节和第二节、第五章第二节、第七章第六节,申国胜撰写第三章第三节、第四章第五节,薛庆伟撰写第三章第四节、第四章第二节、第七章第三节,王传亮撰写第三章第五节和第六节、第四章第三节,孙中顺撰写第四章第四节、第五章第三节和第四节,魏士省撰写第四章第七节、第五章第五节、第七章第七节,胥静撰写第四章第九节、第五章第六节、第七章第四节,刘伟撰写第四章第十节、第六章第一节、第六章第三节,王荣芬撰写第四章第十一节、第六章第五节,王海涛撰写第四章第十二节,张勇撰写第六章第二节、第六章第四节、第六章第六节至第八节、第六章第十节、第七章第五节,罗雪芹撰写第四章第一节、第六章第九节,宋洁撰写第四章第八节、第八章第一节。

本书在撰写、出版过程中,承蒙枣庄市林业事业发展服务中心、怀化市农业农村局、济南市林场、临沂市费县自然资源和规划局、山东润鲁水利工程养护有限公司枣庄分公司、枣庄市市中区市政园林服务中心、枣庄市薛城区新城市政园林中心、枣庄市台

1

儿庄区自然资源局和山东大学出版社等单位的大力支持,并参考了大量有关文献资料;同时,枣庄市林业局退休老专家赵雪艳、张立海为本书成稿也做了大量工作。在此,我们一并表示衷心的感谢!

尽管我们付出了巨大努力,但是由于时间仓促,加之水平有限,书中难免存在不足之处,敬请各位专家及读者朋友批评指正。

作　者
2022 年 6 月

目　录

第一章 中国农林业发展概况

第一节 中国农业发展概况

一、中国农业资源概况

中国陆地面积约 960 万平方千米,其中耕地面积约 12 786 万公顷。陆地面积中,平原和盆地约占 31%,高原和丘陵约占 69%。疆域由南到北相距 5500 多千米,兼有热带、亚热带、暖温带、中温带、寒温带等几个不同的气候区,其中绝大部分处于温带,适宜农、林、牧、渔等各业生产的发展。中国生物资源种类繁多,世界上主要的粮食作物和经济作物都有种植,是稻、粟、稷、荞麦、大豆、茶、桑、苎麻、青麻、梨、桃、柑橘、荔枝、龙眼、山楂、猕猴桃等的起源地之一,名贵品种多样。中国拥有经济价值较高的杉、松、柳、杨等树种,其中水杉、银杉、水松、杜仲等名贵树种为中国特有。全国草地面积约占陆地面积的 40%,大部分可以用来放牧。家养畜禽有牛、马、驴、骡、猪、羊、狗、鸡、鸭。其中,伊犁马、秦川牛、关中驴、滩羊、梅山猪、北京鸭等举世闻名。中国有大陆海岸线 18 000 多千米,陆地水域总面积约 2667 万公顷。中国水产资源丰富,其中海洋水产资源有鱼类、头足类、甲壳类、贝类、藻类等。中国是世界上淡水水产产量最大的国家之一,主要经济品种有青、草、鲢、鳙、鲤、鲫、鳊鱼等 50 多种,其中东方对虾、中华绒螯蟹、鲥鱼、鳗鲡等驰名中外。中国的盆景、石雕、竹编、刺绣等农副产品也是种类繁多,蜚声中外。

二、中国农业发展的巨大成就

新中国成立之前,由于帝国主义、封建主义和官僚资本主义的重重压迫和剥削,农业生产发展极为缓慢,生产水平十分落后。新中国成立后,在党和政府的领导下,农业生产全面快速发展,取得了举世瞩目的成就。突出表现在以下几个方面:

(1)农业综合生产能力显著提高,农产品供给实现了从长期短缺到供求基本平衡、丰年有余的历史性转变。经过几十年的努力,特别是 1978 年改革开放以来,中国粮食和绝大多数农产品的生产能力大幅度提高,许多主要农产品总产量跃居世界前列,人均占有量达到或超过世界平均水平,市场供给充足,告别了全面短缺的状况,实现了从长期短缺到总量大体平衡、丰年有余的历史性跨越。可以说,中国创造了农业综合生产能力大跨越的世界奇迹。粮食生产能力和安全水平大幅度提高,2021 年全国粮食总产量为 68 285 万吨。

2010 年以来,中国人均粮食占有量持续高于世界平均水平,2019 年超过 470 千克,远远高于人均 400 千克的国际粮食安全的标准线。党和政府成功地解决了 14 亿人口的吃饭问题,为国家自立、社会稳定、经济发展奠定了坚实的基础。经济作物和养殖业的产值快速增长,产品供给充足。目前,我国棉花、油料、水果、蔬菜、肉类、禽蛋、水产品产量都居世界第一位,人均棉花、油料、肉类、禽蛋和水产品等的占有量已经达到或超过世界平均水平。在总量增加的同时,农产品品质改善,质量安全水平提高,均衡供给能力增强。

(2)农业科技取得了历史性进步,农业装备水平明显提高,我国农业科技水平与世界先进水平的差距进一步缩小。改革开放以来,我国农业科技实力不断增强,农业装备水平不断提高,农业技术与生产条件得到了明显改善。特别是以现代科技广泛应用为标志的现代农业快速发展,使我国农业科技水平稳步提高,部分领域已经跻身世界先进行列。农业科技不断取得积极成果,保护性耕作、水稻旱育稀植及抛秧、玉米地膜覆盖、小米精量半精量机械化播种、平衡施肥、重大病虫害综合防治、节水灌溉和旱作农业、稻田养鱼、畜禽快速高效饲养、水产优质高效养殖等先进实用技术在全国广泛应用,有力地促进了农业增效和农民增收。农业高新技术产业化有了良好开端。全国已建立多个农业高新技术示范园区,且重点开展了转基因农作物培育与应用、组培苗木、工厂化栽培和养殖、设施农业、基因工程疫苗等高新技术成果的产业化开发。一大批成熟农业高新技术成果,如水稻、玉米、油菜、棉花杂交优势利用和组织培养,生物农药和肥料,转基因蔬菜、棉花和猪,家畜胚胎工程,重大畜禽疫病疫苗,种苗脱毒,快速繁殖与选育等技术实现了产业化,推动了农业产业升级和技术换代。农业装备水平明显提高,农业生产条件有了较大改善。

(3)农业和农村经济结构不断优化,综合素质和竞争实力明显增强,特别是新农村建设和小城镇的发展,开创了一条有中国特色的农村现代化道路。经过几十年的发展,中国农业和农村经济结构发生了深刻变化。种植业结构由以粮食为主转变为粮食作物与经济作物、饲料作物全面发展,农业内部结构由以种植业为主转变为种植业和林、牧、渔业共同发展,农村经济结构由以农业为主转变为农业与非农产业协调发展,农业的区域比较优势和规模优势逐步得到发挥。农业和农村经济结构的调整和优化,大大提高了农村经济整体素质和竞争力。农业结构趋于合理。目前,新阶段农业结构战略性调整出现了五个鲜明特点:一是市场主体地位突出,产业化龙头企业、农民专业大户、农村经纪人在结构调整中发挥着重要作用;二是国内外市场需求导向明显,合同契约和订单农业正在成为农业结构调整的纽带和桥梁;三是产品结构优化,逐步由数量的增加向质量的提升转变;四是农业内部结构变动中,增长最快的是渔业和畜牧业,渔业成为农民增收的一个亮点;五是农村劳动力就业结构变动中,跨区域、城乡间转移突出,有助于提高农民收入和加快城镇化的进程。

(4)农业和农村经济体制发生了重大变革,农业全方位对外开放格局已经形成。自 20世纪 90 年代以来,农村经济体制改革不断深化,农业的市场化程度不断提高,市场机制在国家宏观调控下发挥着对农业资源配置的基础性作用。市场机制的不断完善也带来了农业经营方式的变化,促进农业经营朝着专业化、组织化、一体化方向发展,改变了传统的农村经济管理体制。农村市场主体多元化。稳定和完善以家庭承包经营为基础、统分结合的双层经营体制,进一步确立了农户的市场经济主体地位。鼓励发展多种所有制经济,使农村合作制、股份合作制、个体私营经济从无到有,从小到大,迅速发展。农村专业大户、农民经纪人队伍不断壮大,开始成为活跃农村市场、发展农村经济的重要带动力量,农产品市场体系初步建立。农产品市场交易方式已由集市贸易发展为专业批发、跨区域贸易、"订单"和期货交易,逐步形成了以城乡农贸市场为基础、以批发市场为中心、以直销配送和超市经营为补充的农产品市场体系。农业对外开放取得丰硕成果。农产品贸易品种由以粮食为主,拓展到粮食、蔬菜、水果、花卉、肉类、水产品和部分农产品加工品;出口范围从周边国家和地区发展到欧美、中东、非洲和大洋洲等农产品主要贸易地区。对外农业交流与合作从一些传统友好国家发展到亚洲、非洲、拉丁美洲等的许多国家,推动了我国农作物品种、成套技术和设备的出口。农业对外交往的扩大,也推动了我国对外政治、经济等多个领域的交流。

(5)农民收入不断增加,长期贫困落后的农村面貌发生了实质性变化,农村总体上进入小康阶段。经过几十年的发展,中国农民的收入不断增加,农村贫困人口大幅度减少,人民生活水平不断提高,总体上由温饱阶段进入小康阶段。新中国成立以来,为改变过去一穷二白的面貌,中国共产党团结和带领广大人民群众进行了不懈的努力。特别是改革开放以来,国家广泛动员社会力量,投入巨额资金,开展了有计划、有组织和大规模的扶贫开发、脱贫攻坚工作,为解决农村贫困地区的问题艰苦工作,取得了举世瞩目的成就。在这样短的时间内,解决了这么多贫困人口的温饱问题,这是世界历史上前所未有的,是一个了不起的成就。

三、中国农业发展的基本经验

几十年农业和农村改革与发展的光辉历程,使我们深刻地认识到:要保持农业和农村经济持续健康发展,必须坚持科学技术是第一生产力的科学论断,解放思想,实事求是,与时俱进,开拓进取,不断巩固和加强农业的基础地位,大力推进农业和农村经济的发展。充分保障农民的自主权,充分尊重农民的首创精神,把调动广大农民的积极性作为制定农村政策和深化农村改革的出发点,依靠农民群众推进改革和发展的伟大事业。必须坚持科教兴农战略,大力推进农业科技进步,大幅度提高农业增长的科技含量,加快传统农业向现代农业的转变。

第二节　中国林业发展概况

林业是指保护生态环境,保持生态平衡,培育和保护森林以取得木材和其他林产品,利用林木的自然特性以发挥防护作用的生产部门,是国民经济的重要组成部分之一。随着中国可持续发展战略的推进,中国的林业发展进入了快车道。六大林业重点工程稳步推进,生态建设规模在连续几年大幅度扩张之后,开始转入稳步推进阶段。林业产业快速发展,营造林业、木材生产及林产工业、森林旅游业继续保持良好发展态势。林业种苗、森林防火、森林病虫害等各项基础设施建设成效显著,林业科技、林业教育成果不断增加。林业基层建设不断推进,林业国际交流成绩显著。近年来,我国林业产业发展速度很快,已成为世界林产品生产、加工、消费和进出口大国。我国已成为仅次于美国的林产品生产贸易大国。特别是以人造板、木地板和家具等为主的木材加工业产品,出口增长较快,几乎占欧美国家同类产品市场的半壁江山。随着改革开放的深化、旅游业的发展和林业产业结构的调整,森林旅游开发日益受到重视,森林公园也应运而生,而且发展十分迅速,已形成相当大的规模。森林以其丰富的自然景观、良好的生态环境、诱人的野趣及独到的保健功能,吸引着众多的游客。森林旅游受到了世界各国政府的高度重视。随着人们生活水平的提高,人们的生态消费需求呈现急剧增长趋势,正在拉动林业产业快速发展。世界政治和经济格局的深刻变化,也为中国林业产业的从业人员提供了成千上万的创业机会。

一、中国林业的发展历程与现状

自新中国成立以来,林业大体走过了三个发展时期:第一个时期(1949—1978 年)为传统林业发展时期,也是粗放发展时期。当时我国重点发展工业,林业的发展要为工业服务,为其提供保障。因此,当时的天然林被大规模砍伐,林业保护的意识被发展工业的热情取代。这个时期虽然工业发展突飞猛进,但林业发展在原地踏步,甚至出现了倒退。第二个时期(1978—1992 年)为林业发展的探索阶段,伴随着"文化大革命"的结束,林业的发展也迎来了春天。这一时期由于目标不明确,林业改革发展的措施仍不具体,还在逐渐摸索,但国家对林业发展开始进行长远规划,落实了一些关于林业发展的宏观政策。第三个时期(1992 年至今),由于厄尔尼诺现象和温室效应等全球环境问题的出现,加之一些地区片面追求经济增长导致生态环境日益恶化、林业产区分布不平衡等问题,林业产业发展面临着严峻的挑战。当前,我国的经济林产品产量、竹产量、人造板产量、松香产量等主要林产品产量居世界第一,纸和纸板产量居世界第二。但我国还不是林业产业强国,与世界发达国家相比,我们还有不小的差距。林业是我国经济发展中的一项重要组成部分,也是一项基础性产业。我国目前已开启全面建设社会主义现代化国家新征程,但日益恶劣的生态环境成为制约我国社会和经济发展的根本因素之一,社会对环境的关注日益增加,要求改善生态环境的愿望日益强烈,已经成为对林业产业发展走向的主要需求。

二、中国林业可持续发展面临的问题

(一)森林资源的基础支撑能力十分脆弱

目前,我国森林覆盖率严重低于世界总体水平,森林面积人均占有量远低于世界人均占有量,人工林单位蓄积量离世界平均水平也有相当大的差距。传统林区的可采资源趋于枯竭,木材供需矛盾日益尖锐,进口依存度不断增大,资源短缺已成为我国林业产业发展的瓶颈,森林资源的基础支撑能力现状堪忧,生态脆弱状况遍及全国各地,严重影响环境发展和变化。森林资源基础支撑能力过弱问题制约着我国林业的可持续发展,并成为亟待解决的头号问题。

(二)林业发展方式过于粗放

我国林业大部分集中在经济不发达的山区、丘陵等地带,林业发展方式过于粗放,林业技术创新能力差,对新技术、新设备的利用不足,科技成果转化率低。

(三)林业产业结构不合理

林业产业发展的模式单一、产业结构不合理。林业产业发展还停留在传统林业经济中,即只注重林木的培育,木材的采伐、运输和加工利用,忽视林业相关产业的发展以及林业产业链的建设。主要表现在以下四个方面:首先,林分结构单一,经济林规模较小,苗

木、花卉基地建设进展缓慢,没有形成多元化发展。其次,林业二、三产业发展滞后,林业产业化经营尚处于起步阶段,缺少加工林果产品的龙头企业,产业链条短,中介组织和服务组织不完善。再次,加工转化率低,生产工艺和设备落后,未能真正将资源优势转化为商品优势、经济优势。最后,品种结构不合理,在果品生产上表现为"三多三少",即低档果品多,高档精品果品少;一般品种多,名特优新品种少;季节性果品多,适宜加工、耐储藏果品少。林果产品档次较低、质量较差、名牌较少,难以适应激烈的市场竞争形势。

（四）林业法制不完善

面对林业发展的新形势,林业法制建设已经滞后于林业的发展。目前,对林业执法主体、操作程序、管理人和管理相对人作出限制的法律法规都不够具体,可操作性不强;林业法规存在不连续、不稳定、与国家相关法律法规不配套的问题;林业管理部门存在执法不严的问题;等等。这些都表明林业法制亟待完善。

三、实现林业可持续发展,推进生态文明建设的对策

目前,我国以木材生产为主的林业时代已经结束,取而代之的是生态林业建设时期,要以生态林业建设为中心,走可持续发展道路。林业可持续发展实践区域化,强调把林业可持续发展纳入区域可持续发展框架,从区域社会、经济、资源、环境协调发展的角度,认识和把握林业的地位;强调林业可持续发展的实践,有赖于区域复合系统中相关部门的协调统一,有赖于政府行为、市场行为、公众行为的协调统一;强调在区域政策、法律法规、技术、行政等手段的综合调控下,谋求和建立起符合可持续发展原则的林业可持续发展模式、途径;强调林业应当在区域范围内,与以土地为主要依托的农业、牧业、水利、旅游、生态环境建设等行业和部门,建立起相互制约、联系、促进的产业间协调关系。其中,土地资源利用规划、区域生态环境建设保护规划以及林业可持续发展规划的协调统一,则是林业可持续发展区域化的具体体现。

（一）提高森林资源的基础支撑能力

首先,要大力开发和使用木材节约和代用的创新技术,坚持"植树造林与节约木材并举"的方针:一方面,提高木材的防护能力,推广木材的干燥、防腐、防蛀蚀等先进技术的应用,延长木材的使用寿命;另一方面,要抓好水利、铁道、工矿、印刷包装、商品房建设等重点行业和重点领域的木材节约和代用。同时,要按照循环经济发展的要求,用短周期生长资源取代长周期生长资源,例如用农业秸秆、灌木等短周期生长的材料取代长周期生长的乔木。其次,要以利用人工林为主取代利用天然林为主的策略,加大用材林基地建设规模,增加木材有效供给。根据林业区划和全国商品林基地建设的总体布局,利用我国华中、华北以及华东、中南等地域的自然条件优势,采取高强度集约经营、定向培养、基地化布局、规模化生产,加快速生丰产用材林基地建设步伐,结合天然林保护工程实施后的木材市场需求,以及相关的木浆造纸和人造板产业布局,建设以三倍体毛白杨、桉树、黑杨、松树等为主要树种的木浆造纸和人造板原料林基地,增加国内木材和林产品的有效供给。

（二）建立林业创新机制

可持续发展战略的前提是以科技为先导,建立林业的创新机制。要以市场为导向,以

科技为核心,以企业为主体,以综合效益为目的建立林业创新机制。促进生产水平的提高要在一定程度上保护林业资源的发展能力和对环境的影响力,依托科技的指导,协调好林业总体发展趋势,处理好环境、社会、资源、经济等各方面的关系,绝不能坚持传统的粗放式经济模式,要改变牺牲自然资源和环境的发展方式,改变以经济发展为核心的理念。总而言之,实现林业可持续发展必须要以科技为先导,要努力增强林木业生态建设中的技术含量。坚持科技指导林业发展,林业相关科技成果要与实践相融合,改变技术和产业建设之间的分离问题。加强基础性研究和应用技术等方面的研究,利用现有的先进科技,全方位提高林业的综合水平,提高林业的产业综合实力。

(三)优化林业产业结构

想更好地发展林业产业就不能依靠单一的发展模式,因为多种林业产业发展手段相结合才能形成可持续发展的局面,只有改变现有的林业产业布局,解决结构不合理问题,才能促使林业相关产业的进步。完善林业产业,优化自身的配置,是加快林业可持续发展的必要条件。在中国三大产业中,要以市场需求为基本导向,加大新产品的开发研制力度。针对第一产业,应大力推进短周期工业原料林和其他原料林、速生丰产林、竹林和名特优新经济林建设;针对第二产业,要促进以低层次原料加工向高层次综合精深加工转变的步伐;针对第三产业,要加大森林旅游业、花卉业的发展。采取"以二促一带三"的策略,调整生产力布局,淘汰落后产业,改造传统产业,培育新兴产业,推动产业重组,从而解决林业产业的不合理问题。调整林业产品结构,大力发展精深加工、发展优势产品,努力开拓木材林产品的新用途,延伸产业链,增加附加值,使林业产品中产品结构不合理和产品缺乏竞争力的问题得到解决。开发新产品、新技术和新市场,提高企业的专业化程度和产品的技术含量,提高市场竞争力。

(四)完善林业法制建设

就目前而言,我国林业所依据的主要法规是《中华人民共和国森林法》(以下简称《森林法》)及其实施条例。《森林法》的主旨在于培育、保护和利用林业产业资源,改善生态环境,提供多种林产品。运用法律体系维护林业的可持续发展,在一定程度上也是林业可持续发展的必要保证,但《森林法》的规定过于宏观,需要在以下几方面进行细化和完善:第一,森林资源实施分类经营管理。应该根据社会对森林的生态功能和经济效益的不同需求,按照森林多种功能主导利用方向的不同,把森林的五大林种根据不同的经营方式划分为生态公益林和商品林两大类,将《森林法》中规定的防护林和特种用途林划分为生态公益林,将用材、经济林、薪炭林划分为商品林。两大林种采取不同的经营手段、资金投入和采伐管理措施,把商品林的经营推向市场化,而生态公益林的建设作为社会公益事业,采取政府为主、社会参与和受益者补偿的投入机制,由各级政府组织建设和管理。第二,加强对生态环境的保护。为了更好地保护生态环境,不得随意撤销、合并国有林场、森林公园和自然保护区,烧炭和经营木炭以及采伐、经营和运输木材都要实行许可制度,在封育区和封育期内,禁止不利于森林植被恢复的活动,公益林不得进行商品性采伐。第三,制定采伐制度要因地制宜。商品林采伐限额应实行五年总控的管理方式,单位编制年森林采伐限额,剩余的年度限额,经政府林业主管部门核实,可以转入下一年度使用。工业原料林实行采伐限额单列,在一个采伐限额执行期内,各森林经营单位当年剩余的采伐限额,经政府林业主管部门核实,可以结转使用。第四,加强监督木材经营加工。为了避免木材经营加工厂过多过滥,科学合理地使用林木资源,设立木材市场应当遵循合理布局、方便流通、保护资源的原则。经营(加工)木材的单位和个人,不得经营(加工)无合法来源的木材,要接受林业部门的监督检查。

　　林木产业作为一项基础性产业,不仅作为经济资源为人类提供物质财富,更重要的是,它还是调节陆地生态系统平衡的环境资源,这就赋予了其特殊的意义。因此,要从林业的相关政策层面,鼓励全社会参加植树造林活动,在一定程度上保障广大林农和育苗专业户的合法利益,让各方面都获得实惠,全面调动大家的积极性,使他们投入造林绿化的大潮中来,实现林业的可持续发展,推进生态文明的建设。可持续发展的林业不仅仅是获得林木使用价值的关键,也是人类能够持续生存的基础,更是林业价值的本质体现,包括经济能力(资源、能源、储量等)、社会合力(人口素质、生活方式、社会稳定性)、生态支持力(生态还原力、生态自我调节)等方面。特别是林业的生态支持力,反映出林业对推进生态文明建设具有举足轻重的作用。我国林业产业目前已经进入以可持续发展理论为指导,全面推进跨越式发展的新阶段。当前,林业的工作重点就是加强生态林业建设,要严格保护天然林资源,使其免受损害。林业产业正面临着一场由以木材生产为主的经济资源向以生态建设为主的环境资源转变的、极其深刻的历史性变革。林业的可持续发展将有力推进生态文明建设,推进实现美丽中国的生态目标。

第三节　农林新品种栽培的意义

　　在农业、林业生产发展过程中,随着科学技术的快速发展,我国在植物新品种的开发方面取得了较大的进展,各种新品种开始应用和推广,对提高我国农业的总产量及提高植物的质量起到了积极作用。

一、植物新品种推广的重要意义

(一)可以不断提高劳动生产率

　　农民在长期摸索中不断提高种植效率,从自给自足到自足之余拿剩余部分进行交换,换取自己需要的东西,不断改善生活质量,虽然这是多方面因素共同作用的结果,但是不得不说,植物新品种起到了至关重要的作用。以棉花为例,众所周知,病虫害对棉花生产构成严重威胁,随着新品种的不断改良,越来越多的抗病虫害新品种被培育出来,大大降低了病虫害造成的减产。同样的劳动强度,产量不断提高,从而大大提高了劳动生产率。

(二)可使农民增产创收

　　随着农业科技的不断发展,越来越多的优良品种被创造出来。纵观农业发展的历史,植物产量一直处在不断增长的趋势下,除科学种植外,植物新品种发挥了非常重要的作用,使农民实现了增产创收。

(三)对国家的经济发展有着不可或缺的作用

　　中国是一个农业大国,农民是中国最大的群体,农民的收入增加了,国家的经济增速才会提高。越来越多的中国优良新品种正在走出国门,不仅带来了经济收入,还带来了国际影响力。这在国家战略层面意义重大。

二、植物新品种推广过程中存在的问题

（一）老品种退出市场难

农民长期以来的种植习惯以及老品种长期以来的稳定性，使得农民不愿冒风险去尝试新品种。

（二）农民接受新品种会受到内部因素的影响

内部因素主要包括农户受教育程度、农户收入水平、农户收入来源、耕地面积和劳动力状况。由于看不到新品种未来的种植效果，因此农民不愿冒风险去改种新品种。

（三）农民接受新品种会受到外部因素的影响

外部因素主要包括新品种特性、新品种价格、新品种的广告宣传、进步农户的带头作用、种子销售人员的业务素质、种子经营单位的数量、农业技术推广部门、国家和地方的相关政策等。

（四）农民抵御风险的能力有限

新品种若种植效果不好，将直接影响农民本就脆弱的家庭收入，损失需要农民自己承担，因此他们不愿意做第一个吃螃蟹的人。

（五）当地农业技术部门推广效果欠佳

目前，我国乡镇都设置了农技推广中心，对植物新品种的推广起到了重要作用。但随着时代的发展，利益的诱惑、新品种对环境的适应性、假种子坑农等问题，使农民对新品种的种植热情大大降低。

（六）植物新品种价格较高

由于《中华人民共和国种子法》的颁布实施，经过审定的新品种有自主知识产权，所以在价格方面要高于老品种，大部分农民在进行种子选购时无法接受较高的价格，会选择价格相对低廉的老品种。新品种的种子虽然在产量和质量方面都有很大的优势，但大部分农民主要着眼于当前，与后期产量、质量的优势相比，更关注当前的价格。这导致新品种的推广难度更大了。

三、对策

（一）加大新品种的宣传力度，健全教育体系，提高农民素质

在新品种推广的过程中，要不断提高农民的科学种田意识，详细分析投入产出比，让农民真切地认识到新品种的高性价比，真正接纳新品种，从而使新品种得以推广，农业丰产增收，农民真正得到好处。

（二）完善品种更新机制，尽力消除品种多、乱、杂现象

对于新推出的植物品种要进行严格的审定工作，确保合格后才批准流入市场，保证新品种市场的有序发展，逐渐淘汰老品种，有序地进行更新换代，促进植物增收。

（三）增加投入，加大新品种示范推广力度

各级政府要加大对新品种的推广力度，充分发挥农技推广部门的力量，设身处地地为

农民着想。农技推广部门要遵守良好的职业道德,得到农民的充分信任,保证农民的切身利益,让农民尽快用上适合本生态区域的优质、高产、高效品种。

（四）对新品种增加补贴

为了提高农民种粮的积极性,国家应采取良种补贴的支农惠农政策。

（五）建立良种示范基地,用事实证明新品种的效果,促进示范和辐射作用

示范基地可以让广大农民亲眼看到新品种的种植效果,从而以点带面,使真正适合当地种植的新品种得到更全面的推广。

第二章　用材林栽培技术

第一节　黑　杨

杨树为杨柳科杨属落叶高大乔木,根系发达,枝叶繁茂,适应性强,抗旱、抗寒、耐盐碱,是营造速生用材林、农田防护林、水土保持林、固沙林、护岸林以及城乡绿化的主要树种。杨树是我国华北地区的主要造林树种,新中国成立以来,特别是中国加入国际杨树委员会以后,中国杨树育种学家在对杨属种质资源进行遗传学评价的基础上,利用国内天然分布的和国外引进的丰富的优良种质资源,利用杂交育种手段培育出很多适合各地栽培的优良品种,这些品种在中国的杨树生产中创造了巨大的经济、生态和社会效益。在黑杨育种方面,更是取得了很大成就,通过将黑杨与其他种杨树杂交、黑杨不同品种杂交,培育了很多具有经济意义的优良品种。中国林业科学研究院利用从国外引进的 331 个黑杨无性系,在山东省济南市长清区营建了中国第一个黑杨无性系基因库。对基因库内美洲黑杨无性系的物候期、生长、生根、抗寒、抗病虫和材性(木材密度、纤维长度、木质素含量等)等性状进行了系统测定,研究了引种群体内性状的变异性和各性状的相关性,利用随机扩增的多态性 DNA(Random Amplified Polymorphic DNA,PARD)技术研究了引种美洲黑杨无性系的 DNA 多态性。结果表明,库内美洲黑杨 DNA 的多态性为 86%,由此构成的无性系指纹图可以用来进行无性系鉴定。南京林业大学对从美国南部引进的美洲黑杨的100 多个自由授粉子代和 100 多个优良无性系进行了生物量、物候期、生长期和材性等性状的遗传变异研究,通过测定配合力选择优良基因型作为亲本进行杂交,以期获得高生产力杂种子代。中国林业科学研究院对中国和引进的欧洲黑杨种质资源进行了生长、物候、抗病虫性能、材质和生理指标性状的遗传学测定,通过测定配合力选择优良基因型作为育种的亲本,并利用简单重复序列(Simple Sequence Repeat,SSR)分子标记技术对分子遗传多样性进行了分析。欧美杂交杨是我国杨树主要栽培品种,在我国推广栽培。

一、主要优良品种

(一)欧美杨 108 号

该品种是以意大利美洲黑杨为母本、欧洲黑杨为父本,人工杂交选育出的欧美杨无性系,属于第四代杂交杨品种。欧美杨 108 号的优异特性主要表现在以下方面:①生长迅速。胸径年生长量高达 4 厘米左右,种植 5 年就可成材,经 3 年生长每亩(1 亩≈667 平方米)便可出材 3 立方米以上。②抗风能力强。树干通直挺拔,树冠窄小,干形好,侧枝细,叶满冠,适合用作防护林。③适应性强,易于成林。无性繁殖能力强,扦插育苗及造林成活率一般在 90％以上,管理好可高达 95％以上;耐干旱,年降雨量在 400 毫米以上地区育苗不用人工浇灌;耐寒力强,在极温－30 ℃以上地区能安全越冬。④材质好。纤维长度和木材密度都优于老品种,是优良的纸浆材、板材。⑤抗病虫害能力强,高抗光肩星天牛。

(二)欧美杨 107 号

该品种是国家科技攻关项目选育出的具有优良特性的杨树新品种,也属于第四代杂交杨品种。它不仅是工业用材林的优良品种,为我国北方工业用材林的建设提供了新树种,也是建设防护林减轻风沙危害的优良品种,经济效益、生态效益明显。欧美杨 107 号的优良特性为:①速生。胸径年增长量为 3.5～4 厘米,树高年增长量为 3～4 米。②材质好。其纤维长度及木材密度优于老品种,是优良的纸浆材和板材。③干形好。干直冠窄,树体高大通直,侧枝细、叶满冠,抗风能力强,是生态防护林的优良新品种。④抗逆性强。抗寒、抗旱、抗病虫害(抗光肩星天牛)能力强。⑤无性繁殖能力强。育苗扦插成活率及造林成活率一般都在 90％以上。⑥适应范围广。华北、东北、西北南部地区及西南广大地区均可种植。

(三)种间杂种杨 109、110 号

109、110 号属种间杂种雄株,是中国林业科学研究院林业所主持的国家科技攻关项目选育出的具有优良特性的杨树新品种,是替代毛白杨雌株、用于城乡绿化的主栽品种。该品种的主要特点如下:①雄性春季不飞絮,对环境不造成污染,是城乡、街道公路、生态工程的首选树种。②速生。胸径年生长量为 3～4 厘米。③材质优良,是优良的纸浆材和板材。④抗逆性强。抗寒性 109 号优于 110 号,抗旱和抗病虫害(抗光肩星天牛)能力强,且对土壤环境要求不严格。⑤无性繁殖能力强。扦插成活率一般在 90％以上。⑥树干通直,尖削度小,树冠窄,抗风能力强,适于营造防护林。⑦落叶期短,观赏期长。⑧轮伐期短,经济效益高。⑨材质好。纤维长度和木材密度都优于现有速生杨。⑩适应性强,种植区域广。

(四)2001 杨

该品种由中国林业科学研究院培育而成,具有无性快繁、生长快、适应性广、材质好、耐水、耐旱、抗盐碱、抗低温等特点。该品种树干通直圆满,7 年可长到 30～35 米高,每亩年产木材 2～3 立方米;无毛絮,非常适宜用于城市、平原、沙漠、河滩等的绿化,可作用材林和防风林,用途广泛,是造纸、轻工建材的好原料,树叶还是饲养畜禽的原料。

(五)中林 2025 杨

该品种属美洲黑杨杂种,干皮褐色,浅纵裂,棱线明显,树冠塔形,干形通直圆满,冠幅较大,粗生长量大,尖削度小,顶端优势中等偏强。其主要特点如下:①生长迅速,成材量高。120 天平均株高 3.6 米,当年平均株高 4.2 米,最高 5.5 米,平均胸径为 3 厘米,最大为 4.7 厘米,四年生幼树平均株高 14.8 米,平均胸径 19.13 厘米,平均株材积 0.2048 立方米。②适应性强。耐瘠薄,抗风折、抗干旱、抗病虫能力强,采取一般的技术措施,育苗成活率即可超过 90％。耐短期积水,水肥条件好时生长速度快,适生区年平均温度 10 ℃以上。③用途广泛,效益好。既是很好的轻工业原料,又是民用建材,树叶产量高,蛋白质含量高,是猪、牛、羊、兔等家养畜禽的好饲料。

（六）中林 46 杨

该品种是中国林业科学研究院育种专家组织的国家"七五"攻关项目的科技成果,曾获国家科技进步奖三等奖,胸径年增长 3～4 厘米,材质好,抗寒、抗旱、抗病虫害。

（七）鲁林 9 号杨

该品种由山东省林业科学研究院 2002 年开始育种,2016 年成功选育。其具有如下特点:①雄性春季不飞絮,无环境污染。②速生性好,在莒县 7 年生试验林中,胸径平均生长量达 25.3 厘米,树高平均生长量达 20.8 米,单株材积平均生长量达 0.388 33 立方米。③树干通直圆满,抗涝、抗风性能优于试验林中其他黑杨品种。

（八）鲁林 16 号杨

该品种由山东省林业科学研究院 2002 年开始育种,2016 年成功选育。其具有如下特点:①雄性春季不飞絮,无环境污染。②速生性好,材质优良,在莒县七年生试验林中,胸径平均生长量达 24.1 厘米,树高平均生长量达 20.7 米,单株材积平均生长量达 0.359 49 立方米。③树干通直圆满,主干明显,无竞争枝。

二、苗木繁育技术

（一）圃地选择

育苗地应选择灌水、排水方便的地块,土壤肥沃疏松的沙质壤土或轻黏壤土最好,褐土也可以,土层厚度要在 60 厘米以上,pH 值应为 6.0～7.5。在秋后起苗或收割后至土地封冻前进行耕翻、整平,并同时施入堆肥 4000～5000 千克/亩。

（二）繁育技术

杨树的繁殖方法虽然很多,但培育杨树大苗,特别是杨树良种繁育,都采用硬枝扦插法。其扦插成活率高,育苗技术简单,操作方法容易掌握。具体方法如下:

1.插条冬藏

储藏插条的方法有很多种,要根据苗圃经济、客观条件进行选择。储条是培育优良苗木的一个重要环节,若储藏不好或操作程序不到位,势必会造成损失和浪费,严重影响出苗率。

（1）整条沙储:入冬结冻之前,在苗圃地(有条件的最好在背风背阴处)挖宽 1.5～2 米、长度依条材高度而定、深 80 厘米规格坑进行冬储。底层铺 10 厘米厚的湿沙(手攥成团一触即散),湿沙上铺一层 10～20 厘米厚的条材,上铺 10 厘米厚的湿沙(尽量让沙子渗透到枝条缝隙里),每层铺上湿沙后要喷透水,最上面一层铺上 30 厘米厚的湿沙,湿沙上面再盖一层草帘子即可。来年解冻以后,可定期补充水分,以防条材失水。此方法成本较高,但安全、可靠。

（2）整条土储:入冬结冻之前,在苗圃较阴凉背风处,挖宽 1.5～2 米、长度按条材高度而定、深度为 30～50 厘米的坑,然后用比较潮湿的土壤埋藏条材即可。春天气温转暖时必须及早挖出,防止因高温造成条材腐烂。

以上两种方法在入冬结冻前,越晚入沙(土)越好,而春季解冻后,越早出沙(土)越好,以防条材伤热。

(3)剪穗沙储:在秋季把条材割下,剪成插穗储藏。剪穗之前先剪去无芽和大于2厘米的基部或木质化不好的梢头。插穗每段长12～15厘米,顶口剪平,顶端距芽尖1厘米,底口剪成斜形,防止劈裂。每个穗要保留2～3个健康芽,每50个穗捆成一捆,捆穗前要将插穗分为三级,即将条材的基部、中部、梢部分别捆在一起。然后选择阴凉处挖深20厘米,宽、长适当的土池,垫上适量的沙子,把成捆的插穗分级整齐摆放好,上边用湿沙子埋藏,要达到满沙,不留空隙。埋藏时插穗顶口朝下摆入,并保持每个穗都在一个平面上。春天化冻之后,要注意浇水、保湿、降温,以防失水和腐烂。

为了保证每一个品种的纯度,最好在储埋之前在每一捆条材上拴1～2个用油笔写成并用透明胶粘好的塑料标签。防止沙(土)埋和水浸后不好辨认。

2.插穗浸泡

翌年春天,在扦插前将插穗放入水池浸泡3天,每24小时换水一次,扦插前在池中放入甲基托布津(浓度为0.1％)浸泡24小时。不易生根的品种要进行催根处理,即用浓度为0.01％的萘乙酸(NAA)或者艾比蒂(ABT)生根粉溶液浸泡插穗基部(深度为2厘米左右)12～24小时,切记不要时间过长。

3.扦插时间和方法

春季适宜的扦插时间为土壤结冻后到插穗萌芽前。扦插前要进行全面细致的整地,每亩施入有机肥4000～5000千克、磷钾肥50千克、氮肥20～30千克,并施入适量辛硫磷或甲拌磷农药以防治地下害虫。起垄扦插,垄面宽30厘米左右,一般株距为25～30厘米、行距为60～70厘米。插前灌足底水,最好再用黑地膜覆垄。扦插时必须先捅破地膜,然后再将插穗插入,以防地膜紧贴插穗下切口不利生根。为使出苗整齐,要将插穗分级扦插,也可采用阳畦扦插。每亩苗量为3500～4000株。

(三)苗期管理

幼苗期,田间管理千万不能用锄头铲草,只能人工拔草,以防碰掉幼芽,影响成活率。在灌水3～5天后地面稍干时,用多齿小耙子松土一遍,以防垄台裂缝风干幼苗。要适时浇水,见干见湿。在6月上旬和下旬各追一次肥料(尿素和硫酸钾比例为2∶1),每亩施肥量分别为50千克和25千克,穴施、沟施均可,旱地施肥后应及时浇水。同时,在苗期适时喷洒0.5％波尔多液、0.1％甲基托布津或0.3波美度石硫合剂,以预防杨树黑斑病和锈病。如发生杨扇舟蛾、双尾天社蛾、卷叶蛾等食叶害虫,可喷洒40％乐果乳剂1000倍液或8％吡虫啉可湿性粉剂2000倍液。

三、丰产栽培技术

为了实现杨树速生、丰产、优质,必须应用科学的栽培技术。根据山东省杨树栽培技术研究成果和实践经验,主要应掌握以下几项技术:

(一)造林地的选择

选择适宜杨树生长的造林地,是实现杨树速生、丰产的基本条件。杨树是落叶阔叶树中的速生树种,在土层深厚、疏松、肥沃、湿润、排水良好的冲积土上生长最好。山东省杨树造林地主要在平原地区和河滩地。造林地应具备以下条件:①地势平坦,土层深厚,有效土层厚度大于1.0米。②土壤质地较轻。欧美杨和美洲黑杨等黑杨树种,以轻壤土和沙壤土最好,中壤土和紧沙土次之。忌选无养分,有卵石、粗沙,土层板结、通气不好的地块。③地下水位适宜。杨树生长适宜的地下水位应在 1.5 米左右,生长期内地下水位应在 1 米以下。④土壤养分含量较高。最低要求是有机质含量大于 0.4%,氮含量大于 0.03%,有效氮含量大于 15 毫克/升,速效磷含量大于 2 毫克/升,有效钾含量大于 40 毫克/升。⑤土壤酸碱度适中,pH 值为 6.5~8.0。土壤无盐碱或轻度盐碱。土壤含盐量宜在 0.1%以下,地下水矿化度低于 1 克/升。⑥要离杨树病源 60 米以上。

(二)造林树种的选择

造林时要根据不同的培育目标选择已经通过省级林木良种审定的适宜的优良品种。

1.胶合板材

胶合板需要大径材,干形通直圆满、无疤结,木材硬度适中,旋切、干燥、胶合性能好。适于培养胶合板材的主要是黑杨的优良品种,如 I-69 杨、I-72 杨、L323 杨、L324 杨、中荷 1 号、T26 杨、T66 杨、中林 46 杨等。

2.纸浆材

纸浆材要求杨树品种生长快,材色浅,木材密度较大,纤维素含量高,纤维长(应达到 0.9 毫米以上),纤维长宽比大于 35,壁腔比小于 1,杂质含量低等。适于培养纸浆材的杨树品种有 I-69 杨、I-72 杨、L323 杨、L324 杨、L35 杨、中荷 1 号、中林 46 杨、I-107 杨、中林 23 杨等。

3.家具材

家具材要求树干通直圆满,疤结少,木材密度较大,结构细致,心材含量低,力学强度及硬度较高,易干燥,胀缩性小,易加工,胶接油漆性能好等。家具材的主要优良品种有鲁毛 50、易县雌株、I-69 杨、I-107 杨、L35 杨、I-102 杨、T26 杨、T66 杨、中林 23 杨等。

(三)造林密度

设计合理的造林密度,应根据杨树品种的特性、造林地立地条件、培育目标、轮伐周期等因素来确定。一般地,在立地条件好的造林地,种植生长快且树冠较大的品种,以培育大中径材为目的时,密度宜小些,按 6 米×8 米、6 米×6 米、4 米×8 米、5 米×6 米、4 米×6 米的株行距配置,轮伐期为 10~15 年。立地条件较差时,选用干形通直、冠形较窄的品种,培育中小径材、短轮伐期的林分,密度宜大些,可以配置 4 米×5 米、3 米×6 米、3 米×5 米、2 米×6 米的株行距,轮伐期为 7~10 年。

根据国家木材标准对杨木的有关规定,结合山东杨树丰产林造林密度的研究结果,笔者认为短周期纸浆林的造林密度应为 2 米×3 米、3 米×3 米、3 米×4 米,胶合板材的造林密度应为 5 米×6 米、6 米×6 米、4 米×8 米。

(四)栽植技术

科学的栽植技术是提高造林成活率和造林质量的重要措施,栽前要整好地,挖好穴,选用壮苗。栽植技术主要包括苗木处理、栽植时间、栽植深度和栽植方法。

1.挖穴

造林地要全面清除杂草、灌木和伐根,平整地面,修好排灌沟渠系统,然后全面深耕(或深翻)30 厘米以上,翻耕后耙平。如果是采伐迹地,一般要求先种植一年农作物,熟化土壤后再造林。在林地上按造林设计配置的株行距进行拉线定点,点的标记要清楚,然后在点上挖大穴,植穴规格为冠径 0.8~1.0 米、深 0.8~1 米。

2.选用壮苗

试验证明,选用两年根一年干或两年根两年干、高 4.5 米以上、胸径 3.5 厘米以上的黑杨苗木造林,不但缓苗期短,抗自然灾害的能力强,而且生长快,成材早,出材量高。对壮苗的要求是根系发达完整,苗木粗壮,枝梢木质化程度高,具有充实饱满的顶芽,无机械损伤,无病虫害。

3.苗木处理

在起苗、运苗、栽植的各个环节,都要防止苗木失水。在苗田应遵循先灌水后起苗的原则,苗木起运中要注意保护好根系,使根系完整、新鲜、湿润,尽量做到随起、随运、随栽。不能及时栽植的苗木,要妥善假植。美洲黑杨的一些无性系,在栽植前,要用清水浸泡 1~2 天。为保持苗体的水分,可剪去全部侧枝。

4.栽植时间

春季和秋末冬初(10 月下旬至 11 月中旬),正当杨树萌芽前及落叶后,均适宜造林。但美洲黑杨的一些无性系,应在春季适当晚栽,待树液流动,芽快要萌动时(3 月下旬至 4 月初)栽植,成活率较高。在干旱地区,造林最好选择在秋季。

5.栽植深度

栽植深度应根据土壤条件而定:在较干旱疏松的土壤上栽植 60 厘米左右为宜,这种深度可增加苗木的生根量,提高苗木的抗旱、抗风能力;而在比较黏重的土壤和低洼地,则不宜深栽。

6.栽植方法

造林时要求大穴栽植,扶正、栽直、分层填土、分层踩实,使苗木根系舒展与土壤密接,栽后立即浇水,水渗后扶正苗木,培土封穴。

(五)抚育管理

俗语说:"三分造林,七分管理。"科学管理是保证林木速生、丰产、优质的重要环节。

1.适时灌溉

杨树是速生树种,对水分的要求较高,适时灌溉不仅能提高造林成活率,还能提高杨树的生长量。除新造幼林要立即浇水外,在 4—6 月干旱季节,要对林分适时灌溉,以保证林木旺盛生长;秋季干旱时也要进行灌溉,对美洲黑杨等品种进行冬灌可提高林木的抗旱、抗寒能力。灌溉次数和灌水量视天气和土壤情况而定。一般降水年份,可浇水 2~3 次,每亩每次浇水 30~50 立方米,浇水后要及时培土保墒。

2.合理施肥

根据山东省经验,速生丰产林施肥可按下列要求进行:

(1)基肥:在造林前每亩施土杂肥 1500 千克,与过磷酸钙 50 千克左右混合后施入挖好的树穴内根系栽植深度范围,肥料应与土壤充分搅拌。

(2)追肥:每年 5—6 月,在杨树的生长旺期追肥两次,施肥量为每亩尿素 3.75~7.5 千克或碳酸氢铵 12.5~15 千克;造林当年可晚施、少施,随林龄增加可适当多施,并注意氮、磷、钾的配比;追肥要与浇水结合。

3.松土除草

林分郁闭前,每年除草应不少于两次,实行农林间作时可与农作物管理结合。林分郁闭后可适当减少除草次数。农林间作期间不专门为林地松土,停止间作后每年最少要松土 2～3 次,以疏松土壤,防止土壤板结,深度为 5～10 厘米,里浅外深,不能伤根。

4.修枝

适时修枝可提高树干质量,有利于培育干形圆满的良材。造林时修去苗木的全部侧枝,造林后 1～3 年的幼树,去除竞争枝,保留辅养枝,并剪除树干基部的萌条,培养直立强壮的主干,修枝强度应保持树冠长度与树高的比值在 3∶4 以上。胶合板材应没有疤结,当第一轮侧枝基部的树干(树枝)达到 10～12 厘米时进行修枝,去掉第一轮侧枝,以培养无结良材。修枝应在秋季树木落叶后进行,切口要平滑,不撕裂树枝。对四年以后的林木要逐步修除树冠下层生长衰弱的枝条,使树冠长度与树高大致保持以下比例:树高 10 米以上,冠高比 2∶3;树高 20 米以上,冠高比 1∶2;树高 25 米以上,冠高比 1∶3。

5.实行农林间作,以耕代辅

在林分郁闭以前实行农林间作,不仅可提高土地的利用率,还可通过对农作物的管理,如松土、除草、施肥和灌溉等措施,改善杨树的生长条件,起到抚育幼林、促进林木生长的作用,同时增加收益,达到以短养长的目的。间作农作物应以矮小、耐阴、耗水肥少的大豆、花生等豆科作物或药材、小麦等为主,不得间作高秆、攀藤作物。间作的作物与林木要保持 50 米以上的距离,以免耕作时损伤林木根系或作物与林木争水争地。

(六)主要病虫害及其防治

1.杨树溃疡病

本病 3 月下旬开始发生,4 月中旬至 5 月下旬为发病高峰期,6 月初基本停止,10 月稍有发展。该病可侵染树干、根茎和大树枝条,但主要危害树干的中部和下部。发病初期树干皮孔附近出现水疱,水疱破裂后流出带臭味的液体,内有大量病菌。病部最后干缩下陷成溃疡斑,病斑处皮层变成褐色并腐烂,当病斑横向扩展环绕树干一圈,树即死亡。杨树长势衰弱时易发病。

防治方法如下:①选用壮苗造林,起苗时尽量避免伤根,运输假植时保持水分。②定植前用 3 号 ABT 生根粉溶液蘸根,定植时浇足底水,定植后对幼树干部喷施 5406 细胞分裂素 1000 倍液。③春季用石灰液涂白树干,或用 0.5 波美度石硫合剂、1∶1∶160 波尔多液喷干,可预防树干感染,降低发病率。

2.杨树黑斑病

本病 5 月初开始发生,夏秋最盛,直至落叶为止。该病可危害杨树叶片、叶柄、果穗、嫩梢等,在其上形成角状、近圆形或不规则的黑褐色病斑,直径约 1 毫米,有的达 5 毫米。病斑多时可连成不规则的大块斑,引起早期落叶。

防治方法如下:①选育抗病杨树品种。②发病期间,苗圃和幼林用 200 倍的波尔多液或 85% 代森锌 250 倍液喷洒。③合理密植,及时间伐,保持林内通风透光。及时清扫林内落叶,以减少病源。④可在 6 月上旬喷 40% 多菌灵 800 倍液、25% 百菌清 600～800 倍液或 0.3% 尿素及磷酸二氢钾混合液防治。

3.杨树腐烂病

杨树腐烂病主要危害杨树枝干、枝条的各个部位,病斑形状不规则,大小不等。杨树发病初期病斑呈暗褐色,水渍状,后失水干缩下陷,有时病斑开裂成丝状;后期在病斑上密生出许多小黑点,潮湿时,会从病斑的小黑点中长出卷曲的、橘黄色的丝状物。该病的病斑每年向外扩展,当包围枝干一圈时,上部枝、干会全部死亡。在春、夏降水量大的年份,该病发病严重。

防治方法如下:①用刀刮除病斑,应刮至健部,再在病斑上涂 10 倍的食用碱水或 20% 农抗 120 水剂 10 倍液,连涂 2~3 次即可。②春天或秋天,在树干涂上白涂剂,生石灰、食盐、水的配制比例为 1:0.3:10。

4.食叶类害虫

食叶类害虫主要以杨扇舟蛾、杨小舟蛾等为主。杨树从幼苗期到成材期均受上述害虫危害,造成叶片缺损或被吃光。幼树期(一至四年生)杨树受害,对生长和存活影响较大。

防治方法如下:①人工防治。结合林木整枝、修剪、除草等抚育管理措施,人工捕杀蛹和巢苞。成虫具有趋光性(5—10 月),可用灯光诱杀。②化学防治。幼虫危害期(6—9月),一般选用菊酯类农药或吡虫啉等喷雾防治。

5.刺吸类害虫

刺吸类害虫主要是草履蚧,体被白色蜡质粉,形似草鞋状,每年一代,若虫在早春上树吸取树木嫩芽、嫩枝汁,会造成整株枯死。因此,防治草履蚧应在早春若虫上树前进行。

防治方法如下:①人工防治。在树干底部扎塑料布或缠塑料胶带阻隔草履蚧上树。若虫上树前(2 月上中旬),用两道细绳将宽约 20 厘米的塑料布(新塑料布为佳)扎于树干底部或在树干底部缠胶带,阻隔率在 98% 以上;再辅助人工扑杀,效果更明显。②化学防治。树干 1 米以下用废机油加有机磷农药环涂 10 厘米宽药环,以阻止草履蚧上树或触杀草履蚧。草履蚧上树后,可用乐果等农药 1000 倍喷雾或用高效氯氰菊酯、吡虫啉 3000 倍喷雾杀灭。

6.钻蛀类害虫

钻蛀类害虫主要有桑天牛、光肩星天牛等。在幼虫期,被害杨树的主干上可见明显排泄孔,有木屑外露。

防治方法如下:①营林措施。加强肥水管理,提高杨树的抗虫能力;保护其天敌啄木鸟;调整林种结构来避免森林灾害的发生,如杨树不可与桑树混交,否则杨树易发生桑天牛虫害。②检疫措施。检疫是防治天牛扩散传播的有效手段。凡来自疫区的苗木、木材及包装箱等都必须经过检疫方可调运。③人工防治。伐除虫害严重的树木,剪除虫害导致枯萎的大枝,并及时除虫。在成虫产卵盛期,检查树干上的刻槽(多在枝丛及枝干分叉处),用小锤击杀刻槽上方的卵粒或幼虫。在成虫发生期,摇动树干,震落成虫并将其杀死。④化学防治。防治天牛类害虫,找到最新鲜的排泄孔,掏净虫孔新鲜虫粪后,向蛀孔中注入有机磷农药,用湿泥堵塞蛀孔;白杨透翅蛾主要危害一、二年生幼树,在 6 月下旬至 8 月上旬喷施 40% 氧化乐果等 1000 倍液喷雾,每次间隔 15 天左右,共喷 4~5 次,重点喷枝干,特别是主梢;或者用磷化铝片剂堵住虫孔,杀死干内幼虫。

第二节　毛白杨

毛白杨是我国北方地区特有的乡土速生用材树种,分布广泛,栽培历史悠久,且生长快、寿命长,树干高大通直,树姿雄伟壮丽,是"四旁"(宅旁、村旁、路旁、水旁)绿化和农田林网化的重要树种。同时,其材质优良,是杨树中深受喜爱的好树种,除作为民用建筑和家具用材外,还是纤维工业的重要原料;其抗烟和抗污染能力强,是绿化工厂、矿山的良好树种。

一、主要优良品种

(一)截叶毛白杨

该品种树冠浓密,树皮灰绿色,平滑;皮孔菱形,小,多为2个以上横向连生,呈线状;短枝叶基部通常为截形,幼叶表面茸毛较稀,仅脉上稍多;发叶较早,雄株生长较快。

(二)箭杆毛白杨

该品种树干高大通直,主干明显,直达树顶;皮孔菱形,大,多散生;叶三角状卵形;冠形小,生长较快,宜于大片造林。

(三)河南毛白杨

该品种树干直或微弯,侧枝粗大,开展;皮孔点形或近圆形,小而多,散生或横向连生,呈线状排列,兼有少数大的散生的菱形皮孔;叶三角状宽圆形或近圆形;雄株花期比箭杆毛白杨早5~10天。

(四)小叶毛白杨

该品种树干通直,冠密;树皮灰绿色或灰白色,光滑;皮孔菱形,2~4个横向连生;叶卵圆形或心形,是毛白杨中叶片较小的一种;具有特别明显的速生性,9年生树高15米,胸径28厘米。

(五)抱头毛白杨

该品种树干通直,树冠窄小;侧枝弯曲向上生长,胁地少,目前在山东省德州市夏津县等地繁殖。

(六)84K杨(银白杨×腺毛杨)

该品种是韩国选育的一个白杨杂种无性系,由中国林业科学研究院引入后,在陕西等西北地区引种试验十余年,表现良好,2000年8月4日通过林木良种审定委员会审定。84K杨是雄性无性系,树体高大挺拔,树形优美,树干光滑,皮青灰色,叶片圆,正面深绿色,背面密被白茸毛。其主要优良特性有:①插条育苗成活率高;②苗木生长量大,据实验调查,一年生苗株高为3.48~3.69米,地径为1~2.2厘米,相当数量的苗株高超过4米,水肥条件好时可达5米以上;③幼树生长快;④抗病性较强,高抗叶锈病,较抗黑斑病、褐斑病,轻感干部溃疡病;⑤根系发达,造林成活率高;⑥抗寒抗旱,适应性较强。该品种的缺点是侧枝比较粗,幼树尖削度较大,所以要注意及时修剪竞争枝和影响主干生长的特大侧枝。

二、苗木繁育技术

(一)圃地选择

苗圃地应选择土层深厚、土壤肥沃、质地疏松的沙壤土地,需做到旱时能浇、涝时能排,pH值为6.0~7.0。秋季出苗后应耕翻、整平、施足底肥。

(二)繁育技术

毛白杨以无性繁殖为主,很少播种育苗。现简要介绍几种主要的毛白杨无性繁殖方法。

1.插条育苗

(1)种条采集:苗木进入休眠期时,即在 11 月中下旬至 12 月上中旬,进行采条。最好选用生长健壮、发育良好、侧芽萌发少、没有病虫害的一年生苗干。

(2)插穗规格:毛白杨插条的成活率与插穗规格、部位等有关。用一年生苗干作插穗,基部生根率最高,中部次之,梢部最差。病虫害严重、木质化程度度差的苗木,不宜选作插穗。一般地,插穗长 17～20 厘米,粗 1～1.6 厘米为好。此外,插穗上端须有 2～3 个健壮侧芽。

(3)插穗处理:毛白杨插穗的生根较为困难,如加以处理,可提高插穗的生根率。用 0.5%～5%的糖溶液处理的插条生根率为 95%～100%;用 0.1%～0.5%的硼酸溶液处理的插条生根率为 86.7%～93.3%;将插穗浸入清水 1～2 天,也是克服其不易生根的一种方法。

秋冬采条后,对于翌年春天扦插的插穗,一般采用湿沙窖藏的方法越冬。首先要选择地势高燥的地方,挖成深 50～70 厘米、宽 1 米、长 1～2 米的储藏坑,坑底铺一层细沙,沙上竖放插穗,用干沙填缝后灌水。插穗也可平放,平放时每隔 2～3 层插穗,铺一层 3～5 厘米厚的湿沙,直到放满,封成土堆。如果储藏坑长于 2 米,要在放插穗的同时,每隔 1 米左右,竖放碗粗的一个草把,以利通气。细插穗深坑储藏时,不宜捆扎,捆扎往往会影响插条在储藏过程中形成新根。

(4)扦插技术:毛白杨的扦插方法,根据插条粗度、土壤质地和育苗措施不同而有差异。土壤疏松,扦插不伤害皮层时,可按一定株行距,将插穗插入苗床内;土壤黏重,插穗较细时,可用窄缝进行扦插。一般以浅插封垄为好。若插穗储藏后,已生新根,可用开沟移植的方法。扦插时,应将插穗上部的第一芽露出地面。不论采用哪种方法,一定要把不同粗度、部位的插穗分开插,以达到苗木生长整齐、质量高的要求。采用覆膜扦插效果更好。

冬插封垄的方法如下:11 月下旬至 12 月上中旬,随采随剪随插;每隔 60 厘米开一条小沟,沟内松土约 15 厘米深,然后每隔 8～10 厘米插一穗条,上端露出地面 3～5 厘米,及时灌水后,封成土垄,厚度高于插穗顶端 10 厘米左右。翌年春天插穗萌动时,扒去过厚封土(使顶端覆土厚约 3 厘米)。幼苗出土后,加强管理,成活率一般可达 85%以上。据试验,于 12 月上中旬随采随插,1～1.5 厘米粗的插穗扦插成活率达 96.8%,0.4～0.6 厘米粗的插穗成活率达 84.3%。扦插株距为 25～30 厘米。

2.嫁接繁殖

嫁接的方法很多,常用的有芽接和枝接两种。

(1)芽接:又称"热贴皮",具有接得快、成活多、苗木壮等优点。选择一年生、粗 1～2 厘米的欧美杂交杨苗木作砧木,选择当年生毛白杨枝条中部生长健壮、发育饱满的芽作接芽。从 6 月中旬到 9 月上中旬都可进行芽接,但以 8 月上旬到 9 月中旬较好。芽接时,用"T"形接法。在当年生已木质化的苗干上,每隔 20 厘米左右接一毛白杨芽。接后绑紧,成活后及时解绑。从砧木苗落叶后到翌年春天发芽前,把接活的毛白杨芽剪成插穗,插穗上切口要高出接芽1.5～2厘米,以免伤口裂开,影响成活。扦插方法和管理同扦插育苗。不同的是:采用沟插时,插穗上接芽要低于地面3～5厘米。苗高15厘米左右时,及时培土,促进毛白杨接芽苗木基部产生新根。出圃时,去掉砧木后再造林,否则容易产生"小脚"现象,影响林木生长。

（2）枝接（又称"接炮捻"）

①嫁接时间:从苗木落叶后到翌年春天发芽前都可嫁接,但以冬季嫁接较好。这时嫁接,苗木经过较长时间的储藏,接口容易愈合,成活率高。

②砧木和接穗条采集:作砧木和接穗用的枝条,一般以一年生苗木为好。在11月下旬到12月上中旬采条为宜,这时枝条养分多,嫁接容易成活。采条后及时储藏,以备嫁接。

③嫁接方法:嫁接用的砧木条为杂交物,粗度以1.5～2厘米为好,截成10～12厘米长;毛白杨接穗粗度以0.5～0.7厘米为好,截成12～15厘米长,其上有4～5个饱满壮芽,在接穗下边一个芽的两侧,削成双边斜面,外宽内窄,斜面长1.8～2厘米。接穗削好后,选择比接穗粗的砧木,在顶端一侧斜削一刀,并在斜面中心纵开口,把削好的接穗插入劈口内,对准形成层,上"露白",下"蹬空",挤紧接穗,即成"接炮捻"的毛白杨嫁接插条。为防止砧木侧芽萌发,减少养分消耗,在扦插后要除去砧木上的侧芽,也可把砧木倒接。

④嫁接插条的储藏:把截好的插条,每40～60根捆成一捆进行储藏。储藏应选在地势高燥、背风向阳的地方。储藏坑一般以宽1米、深60～70厘米、长1～2米为宜。放嫁接插条时,先用水在坑底拌成3～5厘米深的泥浆,将嫁接插条捆齐,并排竖放在上面。然后用细湿土或细湿沙填充空间,封至高于地面15厘米左右即可。

⑤嫁接插条的扦插:扦插"接炮捻"时间以3月上中旬较好。一般不要扦插过晚,否则会在扦插时碰掉幼根和接穗上的芽,影响插条成活。扦插密度一般为行距70厘米,株距20厘米,每亩可插苗4000多株。为了提高嫁接插条成活率,扦插时应注意:严防砧木与接穗动摇而损伤愈合组织;土壤湿润疏松,随取随插;嫁接插条的接口低于地面,插后封成土垄,以防消耗水分。

此外,也可采用埋根育苗和留根繁殖的方法繁殖苗木。

（三）苗期管理

毛白杨扦插后,加强苗木的扶育管理,是保证优质壮苗的关键。在前期管理中,要注意以下事项:一是要防止蚜虫、金龟子、大灰象甲等危害幼芽;二是要用"小水、清水"灌溉,灌后松土保墒,防止地表板结,忌用浊水、污水、大水漫灌;三是要及时中耕除草。进入速生期后,可每15天施肥一次,每亩10千克左右,若天旱应及时浇水;同时注意防治病虫害。后期要少施氮肥,增施磷、钾肥,以防秋季徒长枝梢受冻害。

三、丰产栽培技术

（一）造林地的选择

毛白杨具有生长快、水肥条件要求较高的特点,因此必须选择土层深厚、质地疏松、肥力高、能灌溉的林地进行造林。各地经验表明,"适地适树"是毛白杨速生丰产的主要措施之一。低洼积水、盐碱地、茅草丛生的沙地和沙丘等地,不适于毛白杨生长,会造成"小老树"。

(二)造林密度

造林密度依立地条件、混交方式、扶育措施、经营目的和林木生长发育阶段不同而有区别。土壤肥沃、水分充足、扶育管理及时时,造林密度要小;土壤肥力差、抚育管理困难,或培育小径材时,造林密度要大。毛白杨人工林只有"合理密植",才能发挥它们的群体作用,加速林木生长,提高材质。培养较大径林时,造林密度一般以 3 米×3 米为宜,在 1～2 年内进行间作,促进林木生长;5～6 年时,再间伐一次,使密度变成 6 米×6 米;也可以直接栽成株距 4～5 米、行距 5～6 米。

(三)栽植技术

1.整地

毛白杨造林在最初几年,根系恢复、生长较慢。细致整地,消灭杂草,熟化土壤,提高土壤肥力,对于恢复根系生长、促进林木速生丰产起着重要作用。

平原地区的防护林、用材林和速生丰产林,常采用全面整地;沙区多采用带状整地,整地宽度为 5～15 米;"四旁"植树,多采用穴状整地。在土壤肥沃、杂草稀少的土地上造林,可冬初整地、翌年春天造林,也可随整地随造林。

2.栽植

毛白杨造林多用穴状栽植,春秋两季都可进行。穴的规格一般为(60～80)厘米×(60～80)厘米,表土和底土均放在穴边。栽植时,对准株行距,使苗木根系舒展后,用细表土填入穴内,填到穴的 1/2 或 1/3 时,将苗木轻轻向上提动,使根舒展,踩实,将穴填满后再踩实。

毛白杨造林时,以壮苗、大苗为好,尤其是"四旁"植树时,要选用二至三年生大苗,有助于提高成活率,加速林木生长。栽植深度要比原来入土的深度深 20 厘米左右,栽后灌水,使其充分渗透,然后用土把穴填满,再封成土堆。

(四)抚育管理

毛白杨的生物学特性与外界环境条件的统一,是获得速生、优质、丰产的物质基础。抚育管理就是造林后调节毛白杨人工林生长发育与环境条件之间关系的主要措施。

毛白杨人工林在不同生长发育阶段的抚育管理措施是不同的,归纳起来,大致分为林地管理和林木抚育:林地管理主要包括中耕除草、灌溉、施肥、排水治碱等措施;林木抚育主要包括病虫害防治,修枝间伐,防止人、畜危害等措施。

除草松土的目的在于消灭杂草,疏松土壤,蓄水保墒,改善林木生长条件,促进林木迅速生长。除草松土的次数、方式和时间,依当地具体条件而定,一般应以保证林内土壤疏松、无杂草丛生为宜。灌溉和施肥能加速毛白杨幼林生长。

为了促进毛白杨主干通直圆满,造林后,应根据林木生长情况进行合理修枝。修枝一般在造林 3～5 年后开始进行。修枝后,保留的树冠高度应不低于树高的 1/2。修枝一般在秋末树木落叶后或翌年春天发芽前进行,晚秋树木停止生长时进行修枝,切口不流出树液,容易愈合,能避免病虫危害,效果较好。修树时,不要留桩,防止劈裂,以免影响树木生长。

合理间伐是调整毛白杨人工林的群体结构、促进林木生长的主要措施。间伐时间和强度与经营目的有密切的关系。间伐年龄的选择以不影响林木生长为原则。间伐强度根据经营目的而定。若培育粗15厘米以下的小径材,间伐后的密度以2米×3米或3米×3米为宜;若培育粗20厘米以上的大径材,则间伐后的密度应大于4米×4米或4米×6米。

(五)主要病虫害及其防治

1.毛白杨锈病

毛白杨锈病是幼苗和幼林的主要病害之一。病菌主要在芽内潜伏越冬,来年发芽时就可见带有大量夏孢子的新叶,它是春季的发病中心。

防治方法如下:①摘病芽、剪病枝。自发芽开始,每隔3～5天调查一次,发现病芽立即摘掉。②加强营林措施,氮肥不应施得过多。防止徒长,苗木密度不要太大。③选用抗病树种。④喷药防治。自发病初期开始,每隔10～15天喷一次药。可选用以下农药:0.3～0.5波美度的石硫合剂、1:2:200的波尔多液、65%可湿性代森锌400～500倍液、敌锈钠200倍液。⑤感病严重的苗木可行截干移植。

2.黑斑病

黑斑病主要危害实生苗,扦插苗受害较轻。二年生以上的幼树发病也很重。病菌在有病的嫩梢和落叶上越冬。实生苗的初次侵染来源于生病大树。病叶正面先产生针头大的黑色小斑点,中央有乳白色分生孢子堆,严重时叶背、叶柄和嫩梢上也有发生,病斑密集成片,病叶枯死早落。防治方法参看杂交杨黑斑病。

3.毛白杨根癌病

在病株的根部、根颈,有时也在树干上,出现木质肿瘤,初青灰色,后逐渐扩大,硬化,大者直径在20厘米以上。瘤皮脱落后露出许多小木癌,癌很硬,斧砸后即成小的碎块。

本病由根瘤细菌寄生引起,病菌存在活的病瘤皮层内,当瘤皮破裂后,即留在土壤内,可活一年以上。一般两年内若遇不上寄主,即丧失生活力。该病靠流水及地下虫等传播,由伤口侵入(如剪口、锄伤、虫咬等),在皮层内繁殖而形成病瘤,碱性地、低湿地和毛白杨连作苗圃地发病率较高。

防治方法如下:①发现病株及时拔除烧掉;②育苗时,插条要用0.1%升汞水消毒;③老苗圃应进行轮作或休闲;④防止苗木产生各种伤口。

4.毛白杨破腹病

本病因冻裂所致,树干西南面自基部向上开裂,木质部裸露,常自裂口流出红褐色液汁,俗称"破肚子"。发病原因是冬季或早春树干受日晒后,昼夜温差过大,使树皮开裂。管理粗放、土壤干旱瘠薄、病虫害较重的树木受害较重。

防治方法如下:①加强林木抚育管理,冬季树干涂白或扎草绳;②选择抗病树种。

5.白杨透翅蛾

幼虫主要危害苗木及幼树的主干和枝梢,使受害部分形成虫瘿,易遭风折并影响树干形态和材质。成虫外观似胡蜂,前翅褐黑色,中室与后缘略透明;后翅透明;胸部背面青黑色,两侧有橙黄色鳞片;腹部各节有橙黄色横带。幼虫腹部末端有两个深褐色向上翘起的刺。该虫害在山东一年发生一代,经幼虫在虫道中越冬。次年4月初开始活动,6月为羽化盛期。卵多产于创伤处、旧虫孔中或嫩枝上。虫瘿近乎圆形,幼虫生活于虫瘿上方虫道中,常在虫瘿上咬一羽化孔,成虫羽化后蛹壳留在羽化孔上。成虫白天活动,飞翔迅速。

防治方法如下:①认真做好检疫工作,严禁带虫苗木调进和运出,要把有虫部分剪下烧掉。②成虫羽化前用毒泥堵塞虫孔,以杀死其中成虫;或清除虫道内虫粪后用镊子将蘸有40%乐果乳剂50倍液的棉球送入洞内,再用黄泥密封洞口。③成虫产卵前要避免修枝和机械创伤,以免成虫在创伤处产卵。④幼虫孵化末期用吡虫啉1000倍液喷洒苗木或幼林,以杀死其中幼虫。

6.青杨天牛

青杨天牛成虫体形小,基色为黑色,前胸背面有2条平行的金黄色纵纹,鞘翅上有由金黄色茸毛组成的圆斑4~5个,这种圆斑在雄虫翅上有时不甚明显。幼虫呈浅黄色,圆筒形,无足。该虫害在山东一年发生一代,以老熟幼虫越冬,次年4月下旬为成虫羽化盛期,5月为产卵期。初孵幼虫危害韧皮部,经10~15天即蛀入木质部内。虫瘿近乎纺锤形。成虫羽化后在虫瘿上咬一圆形羽化孔。

防治方法如下:①结合冬春修剪,将有虫瘿的枝、梢剪下烧毁,以消灭越冬代幼虫;②成虫大量羽化时喷洒90%敌百虫500倍液或高效菌酯类药剂。

第三节 泡 桐

泡桐是我国特有的速生优质用材树种之一。它生长快,成材早,繁殖容易,经济价值高,材质好,用途广,是我国的外贸物资之一,也是华北平原地区适于农桐间作的一个优良树种。泡桐的叶、花、果既可药用,又是良好的饲料和肥料。新中国成立后,特别是近年来,泡桐造林发展很快。河南省商丘地区和山东省菏泽地区等均建立了大面积的农桐间作基地,对于减轻自然灾害、改善生产条件、实现农业高产稳产、旱涝保丰收具有重要意义。

一、主要优良品种

泡桐属玄参科泡桐属。我国各地栽培的主要泡桐种类如下:

(一)兰考泡桐

兰考泡桐的别名有大桐、河南桐(山东),兰考桐、沙桐、花桐(河南)。兰考泡桐为落叶乔木,树干通直,树冠宽阔,卵圆形或扁球形,树皮灰褐色;小枝节间长;叶卵形或宽卵形,先端钝或尖,全缘或分裂,上面绿色或黄绿色,有光泽,下面被灰黄色或灰色星状毛;花序狭圆锥形,花蕾洋梨状倒卵形,花大,长8~10厘米,花萼钟状倒圆锥形,浅裂约1/3,花冠钟状漏斗形,浅紫色;蒴果卵形或椭圆状卵形,长3~5厘米,直径为2~3厘米,外有细毛而无黏腺,不粘手;种子小,椭圆形,连翅长5~6毫米。

(二)楸叶泡桐

楸叶泡桐的别名有山东桐、胶东桐(山东),小叶桐(河南)、无籽桐(河北)。楸叶泡桐的树干直,树冠圆锥状,分枝角度小,常有明显的中心主干;叶似楸树叶,长卵形,叶片下垂,先端长尖,全缘,上面深绿色;花冠细长,管状漏斗形,淡紫色,长7.5~8厘米,喉部直径1.5厘米;蒴果较小,椭圆形,长4.5~5.5厘米。

(三)毛泡桐

毛泡桐的别名有紫桐、籽桐(河南),茸毛泡桐、紫花泡桐(河南、山东、江苏)。毛泡桐的树干多低矮弯曲,树冠伞形;小枝、叶、花、果多长毛;叶卵形或广卵形;花序为广圆锥形,花蕾近球形,萼深裂,被毛不脱落,花冠钟状,鲜紫色或蓝紫色;蒴果卵圆形,外被乳头状腺,粘手。

(四)白花泡桐

白花泡桐的别名有泡桐(通称)、荣桐(本草纲目)。白花泡桐的树高可达 27 米,胸径可达 2 米;幼枝、嫩叶被枝状毛和腺毛;叶心状长卵形,先端渐尖,全缘;圆锥状聚伞花序,狭窄,花冠白色或淡紫色,腹部皱褶不明显;花萼浅裂,仅裂片先端毛脱落;蒴果椭圆形,果皮木质较厚;花期为 3—4 月,蒴果成熟期为 9—10 月。

(五)川泡桐

川泡桐的别名有川桐(陕西)、小叶泡桐(四川雅安)、麻皮泡桐(四川荥经、宝兴)。川泡桐为落叶乔木,全体密被棕黄色星状茸毛,枝条及叶表面无毛;叶心形、广卵形,不粘手;聚伞花序无总梗或总梗很短;花冠白色或紫色,钟状,在基部弓曲处以上骤然膨大;花萼钟状,裂片卵形向深裂、不反卷;蒴果卵形,长 4 厘米,果皮革质。

二、苗木繁育技术

(一)圃地选择

泡桐苗木喜肥喜湿、怕涝、不耐重盐碱。所以,苗圃地应选择地势平坦、排灌方便、土层深厚、土壤肥沃、地下水位为 1.5～2 米或以下的沙壤地或壤土地。地下水位过高的低洼地、盐碱地和土质黏重的黏土地均不宜选作苗圃。同时要考虑风害问题,选择背风向阳的地方,以免造成风折、风倒、苗干弯曲。圃地选好后,秋末冬初进行深耕,耕后不耙,促使土壤风化,增加积雪,冻死越冬害虫。翌年春季土壤解冻后进行浅耕,细耙、平整土地,结合浅耕,每亩施基肥 2500～5000 千克,防治地下害虫。然后根据行距打畦,作为低床;或者做成高垄苗床,垄高 15～20 厘米,下宽 50～60 厘米,上宽 20～30 厘米,每垄埋一行桐根。这种高垄苗床可以集中肥效,加厚土层,便于排除积水,促使桐苗提前出土,为较好的形式。

(二)繁育技术

1.埋根育苗

(1)选择种根:根据历年来的生产实践经验,用于育苗的种根是一至二年生苗根出圃后余留下来的根系或修剪下来的苗根。一般一株高 3 米左右的一年生埋根苗可以提供 15～20 条较好的根插穗。种根的长度和粗度,对埋根成活率和苗木生长均有一定影响。种根长度以 15～20 厘米,大头粗度以 1.5～4 厘米为好。

从落叶后到发芽前均可进行采集,一般在 2 月下旬至 3 月中旬,随挖随埋。种根挖出后,应及时按照预定长度剪成根插穗。上端平剪,下端斜剪,防止倒埋。另外,也可秋季采根储藏,待翌年春天再埋。储藏方法是:选择背风向阳、排水良好的地方,挖宽 1 米、深 50～80 厘米的储藏沟,长度视种根多少而定。沟底垫 5～10 厘米厚的细沙,把种根大头向上直立沟内,一层摆满后,填上一层湿沙再摆第二层,直至距地面 20 厘米,用湿沙埋满。每隔 1 米竖一草把通气,上冻时沟上覆土成丘,以防冻害,周围挖沟排水,防止雨水流入,并经常检查,以免霉烂。

（2）埋根时间：泡桐埋根时间以 2 月下旬到 3 月中旬最好，11—12 月土壤结冻以前也可以进行。为了保证苗木生长整齐，便于管理，埋根前应做好种根分级工作，对粗度不同的种根，分片种植。临时挖取的新根，埋根前晾晒 1～2 天，以促进发芽，防止烂根。

（3）埋根方法：有直埋、斜埋、平埋三种，其中以直埋最好。做法是先按株行距挖穴，将种根大头向上直立穴内，上端与地面齐平，然后埋土踏实（注意防止伤根），使种根与土壤密接，再在上面封一碗大土丘，以防冻保墒。若年前埋根，土丘可适当加大。

泡桐叶大、喜光、生长迅速，因此，密度大小对苗木质量影响极大。栽植密度应根据苗木种类、土壤肥力和管理条件而定。若培育高 5 米以上、地径 6～8 厘米以上的大苗，密度以每亩 700 株左右为宜，株行距采用 1 米×0.8 米。在肥力较高、管理条件好、主要培育高 6 米以上的特级苗时，可采用 1 米×1 米的株行距，每亩 667 株。

2.播种育苗

（1）采种：泡桐蒴果成熟期多在 10 月中旬。当蒴果呈黄褐色，个别开始开裂时，为适宜采种期。

蒴果采集后，晾 5～7 天，使果皮裂开，种子脱出，除去杂质；晾 1～3 天后，装入袋内，置于通风、干燥处储藏，待翌年春天播种。泡桐种子很小，每个蒴果有种子 300～1000 粒，千粒重 0.2～0.4 克，每千克有种子 250 万～500 万粒。

（2）整地做床：泡桐种子小，幼苗嫩弱，要求育苗地做到床面平整、地壤细碎、上虚下实、便于排水。各地试验表明，苗床采用高床、半高床或垄床为好。结合做床，每亩施硫酸亚铁 5 千克，进行土壤消毒。

（3）催芽与播种：为了使种子发芽齐，出苗快，播种前应进行种子催芽。方法是：用 35～40 ℃的温水浸种，直到种子冷却后，再继续浸种 24 小时，然后捞出放入蒲包或盆内，置于 35 ℃的温暖处进行催芽，每天用温水冲洗 1～2 次，并不断翻动，3～5 天有部分种子开始发芽后，即可播种。

播种前，可用 0.2% 的赛力散加 0.2% 的五氯硝基苯浸种 40 分钟，再用冷水冲洗，以消灭种子带菌，减少炭疽病、丛枝病危害。

华北地区以 4 月上旬播种为宜。若用薄膜温床育苗，播种期可提早到 2 月底或 3 月初。

播种前，应灌足底水，使床面呈泥糊状，待水分渗下后，立即趁湿进行播种，采用撒播或条播均可以。播后，用腐熟的马粪覆盖为好，覆盖厚度以微见种子为宜；若采用塑料薄膜覆盖床面，既能提高温度，又可保持湿度，可以为幼苗迅速生长创造有利条件。

（三）苗期管理

1.埋根苗幼苗管理

泡桐于 2 月底至 3 月中旬埋根后，在 15 厘米深处地温为 12～18 ℃的情况下，经过 20 天左右，到 3 月底 4 月初开始发芽，5 月中旬基本出齐。多数泡桐是先发芽后生根。从出苗到苗高 10 厘米左右这段时间，幼苗经历了出苗期和自养期两个阶段。在这段时间内，温度对根插穗的发芽、生根具有决定性的作用。如果地温太低，土壤湿度过大，根插穗往往延迟发芽生根，甚至会造成烂根。因此，这段时间的管理主要以松土保墒、提高地温为主。发芽前扒去土丘，根上覆 5 厘米厚细土，以提高地温，晒土催芽。只要土壤不是特别干旱，不需灌水；如果土壤过干，可在行边开沟浇水，浇后松土保墒。苗高 10 厘米左右时，对一个根上发出的数个萌芽及时去弱留强,进行定苗。

5月上旬到6月下旬为缓慢生长期,苗木地上部分生长缓慢,其生长量仅占总生长量的10%～15%,但根系生长较快。同时,这段时间华北地区降雨量很少,比较干旱。因此,应根据天气情况适时灌水,并在苗木基部培土,促使苗木基部生根,为进入速生期创造条件。

6月底到8月下旬为埋根苗的旺盛生长期,地上部分高生长,生长量占总生长量的70%～80%。因此,这是培育壮苗的关键时期,在管理上可每15～20天追施一次速效性化肥,每亩10千克左右,或施人粪尿400～500千克,结合施肥进行灌水,可充分发挥泡桐的速生性。

8月下旬以后,苗木地上部分生长逐渐结束,各组织不断充实,不要再浇水、施肥,以免引起苗木后期徒长。

在整个苗木生长过程中,应做好病虫害的防治工作,特别是金龟子、地老虎、牧草盲椿象和炭疽病、黑痘病等病虫害的防治;注意排水防涝。

2.播种苗幼苗管理

泡桐种子播种后,只要温度、湿度合适,出苗比较容易。泡桐幼苗在长出两对真叶以前,根系很浅,如果表土干旱,应勤浇水,但每次浇水量要小,保持床面湿润即可。在幼苗长出三四对真叶时,为避免苗木烂根和日灼,可在床面均匀覆盖细土2～3次,停止浇水,进行蹲苗,促进根系生长,这是育苗能否成功的关键性措施;还要及时进行间苗和病虫害防治。苗木旺盛生长期一般从7月份开始,应每隔20天施肥一次,每次每亩追施速效氮肥10千克左右或人粪尿400～500千克,并结合施肥进行灌水。雨季到来之前,应做好排水工作,以防止苗木受淹。同时,应及时做好病虫害防治工作。

三、丰产栽培技术

(一)造林地的选择

泡桐喜光,喜肥,喜土层深厚、通气性好的土壤,同时,怕盐碱、怕水淹。造林时,最好选择土壤湿润肥沃、地下水位低、排水良好、无风害的壤土地或沙壤土地作为造林地;也可在土层深厚、湿润肥沃、有机质含量丰富的壤土至沙壤土的山地、坡地上造林。

(二)造林密度

在适地适树的前提下,确定造林密度必须考虑造林的目的和经营水平,以及泡桐的生物学特性。根据各地的生产实践经验,泡桐的造林密度有以下几种:

在路旁、渠旁、河旁,泡桐可成行栽植。单行栽植时,株距以3～5米为好;双行栽植时,株行距可采用3米×3米或3米×5米的三角形排列。

在村旁、宅旁,可因地制宜进行带状或块状栽植,初植株行距为3米×3米或4米×4米,可根据情况及时进行间伐,调整密度。

实行农桐间作,造林密度是一个关键问题。根据各地区的立地条件和经济条件,造林密度应以有利于机耕和灌溉,以及不影响农作物产量为原则。现在大都采用缩小株距、加宽行距的办法,株距为4～5米,行距为30米、40米、50米不等,有的地区株行距为4米×80米,每亩约2株。

多年的试验结果表明:以林为主的泡桐造林密度为 5 米×5 米,每亩 26 株;林粮并重的泡桐造林密度为 5 米×10 米,每亩 13 株;以粮为主的泡桐造林密度为 4 米×30 米,每亩 6 株。

(三)栽植技术

植树造林从秋季落叶后到第二年春天发芽前均可进行,一般在早春 2 月下旬到 3 月中下旬栽植,也可在泡桐高生长停止后、秋季落叶前带叶栽植。这时温度尚高,泡桐除粗生长外,光合作用制造的营养物质已在根部储藏,经断根刺激后,有机物很快补充到断根处,使断根处产生愈伤组织,并在入冬前生长出新根。春季树液流动时新根已有吸收能力,可以从土壤中吸收水分和养分供给生长。

栽植所用的苗木,一般为一年生大苗或两年根一年干的平茬苗,苗高在 4 米以上,地径在 5 厘米以上。为了提高泡桐栽植成活率和培育高干,在土壤肥沃或人畜危害少的情况下,可采用截干造林的办法。

造林地的整地:"四旁"植树一般是随整地随造林,大都采用穴状整地,规格是深 50～70 厘米,宽、长各 70～100 厘米。有条件的地区,每穴施用基肥 10～20 千克,穴的面积可以大些,深 1 米,宽、长各 1 米。农桐间作的农耕地经过施肥和全面整地,造林时,可按照穴状整地规格挖穴造林。

(四)抚育管理

1.修剪间伐

泡桐片林或农桐间作,定植 5～6 年后,树冠扩大。为了促进泡桐或农作物的生长,要及时进行修枝或间伐。修枝要适当,因为泡桐修枝后,伤口不易愈合,髓心又大,雨水和病菌容易侵入,常常引起树皮腐烂或心材腐朽。在早春萌动前修枝最好。修枝伤口一定要平滑,以保证泡桐的正常生长。间伐要考虑造林密度的大小和间伐材的利用,农桐间作通常采取隔株间伐;造林密度为 3 米×3 米、4 米×4 米、4 米×5 米或 5 米×5 米的泡桐片林,可采取隔行间伐或隔株间伐。

2.加强保护

泡桐的树皮很薄,损伤后很难愈合,而且随着树干的粗生长的加快,伤口会逐渐加深,变成沟状裂痕,或者畸形发展,对材质影响很大。因此,必须加强保护,严防碰伤或牲畜啃坏。

泡桐在幼年时期,易受冻害和日灼危害。初期树皮腐烂,后期爆裂而不能愈合,严重影响泡桐的正常发育。一般来说,冻害多发生在早春雨雪后,树干上夜间结冰而白天化冻的时候;日灼多发生在 6 月的干旱季节,由于树冠小,遮阴效果差,树干的嫩皮有时会被午后强烈的日光烧伤。因此,在泡桐幼年阶段,可于初冬和早春,在树干上涂刷白涂剂(生石灰 10 千克、食盐 1 千克、水 18 千克,混合搅拌而成),或捆上草把,这都是行之有效的预防措施。

3.高干培育

高干培育是加速泡桐生长、提高木材利用率和材质规格的主要技术措施。根据群众经验,泡桐高干培育的方法主要有平茬法、抹芽法、目伤接干法和平头法四种。

平茬法是一种应用很普遍的方法。据河南农业大学试验:一般进行一次平茬;在经营管理水平较高的情况下,连续两次平茬较一次或三次平茬的效果好。首先是达到了泡桐高干的要求;其次是根系生长发育较好,切口愈合快而完全。平茬时间以冬初较好,在靠近地面处用利刃将茎截断,截面越平越好,防止劈裂,随即用土埋好;待萌芽条长至10～15厘米时,留一株长得最好的使之继续生长,其余全部除去。连续两次平茬的泡桐主干高比不平茬和一次平茬的增加1～1.5倍。胸径生长并不因为高生长的增加而降低,相反,还超过了不平茬和一次平茬的粗生长。但土壤肥力差、管理水平低时,不宜采用。

(五)主要病虫害及其防治

1.大袋蛾

大袋蛾又名"吊死鬼""避债蛾""襄蛾"。该虫一年发生一代,个别年份天气干旱、气温偏高且持续期长,大袋蛾有分化2代现象,但第二代幼虫不能越冬。幼虫共9龄,以老熟幼虫在袋囊内越冬。大袋蛾多在树冠的下层靠携虫苗木远距离运输进行传播。其天敌种类较多,有寄生蝇类、白僵菌、绿僵菌以及大袋蛾核型多角体病毒。

防治方法如下:①保护和利用天敌。②加强栽培管理,增强树势,提高树体抵抗力,营造混交林。③严格检疫,避免从病区引进苗木。④喷洒大袋蛾核型多角体病毒粗提液和苏云金杆菌乳剂防治。⑤化学防治。7月上中旬采用树干基部钻孔注药方法,根据树干粗细确定注药数量,每株树钻孔2～10个,每孔注入37%巨无敌乳油1:1水溶液2～3毫升。

2.丛枝病

丛枝病又称"扫帚病",病原为类菌质体,对苗木和幼树的生长影响很大,病株轻者生长缓慢,重者甚至死亡。有病苗木为丛生状,茎叶细小黄化,当年冬季地上部分枯死。幼树发病后,多在主干或主枝上部丛生小枝小叶,形如扫帚或鸟窝。

防治方法如下:①培育无病苗木。选无病母树的根作为繁殖材料。种子育苗不易发生丛枝病。②树枝初发病时及早修除,要做到"疯小枝去大枝"。③选用抗病树种:据调查,白花泡桐较抗病。④试用药剂防治:将带病根插穗用50℃左右的温水浸10分钟。试用石硫合剂残渣埋在病株根部土中,并用0.3波美度的石硫合剂喷打病株,能抑制病害发展。⑤在生长季节不要损伤树根、树皮和枝条。

3.根瘤线虫病

根瘤线虫病通常危害苗木的主根、侧根和小根,产生许多小瘤。剖开新鲜病瘤,可找到白色小颗粒,为根瘤线虫的雌虫。发病以后病根腐烂,植株逐渐枯死。

防治方法如下:培育无病苗木,不从病圃中采根或留根繁殖苗木,或将病圃深耕、灌水、把线虫翻入深层土窒息而死。

第四节　刺　槐

刺槐生长迅速,木材坚韧,纹理细致,有弹性,耐水湿,抗腐朽,是重要的速生用材树种。刺槐萌蘖性强,根系发达,具根瘤,有一定的抗旱、抗烟、耐盐碱能力,是华北、西北等地区优良的保持水土、防风固沙、改良土壤和"四旁"绿化树种,深受群众欢迎。

一、主要优良品种

（一）无刺刺槐

该品种树高 3～10 米，树冠扫帚状，枝条生长匀称，整齐美观，枝无刺。

（二）球冠无刺槐

该品种分枝细密而整齐，耐修剪，树冠卵圆形，无刺或刺很小很软；不开花或开花极少，几乎无果实，多用插根或插条繁殖。

（三）箭杆刺槐

该品种树干通直圆满，生长旺盛，一直到顶梢都有明显的主干，胸高形率在 0.76 以上；侧枝细，分枝角度小（30°～40°），树冠窄，多为长椭圆形至长卵圆形；树皮较厚，裂片较深；适于密植，出材率高，单位面积蓄积量大。

（四）细皮刺槐

该品种树干通直圆满，枝条稀疏、粗壮，刺小；树皮极薄，开裂浅，裂纹细，有光滑感，淡灰色；生长快，出材率高，适于密植。

（五）瘤皮刺槐

该品种树干通直圆满，干皮上有大小不等的瘤状突起，小如指头，大如红枣。树冠只有一个旺盛生长峰，出现于 2～6 年以前，少数在 8～10 年以前，持续时间较短，只有 3～4 年，以后即显著下降。材积生长的旺盛期不止 1 个，往往有 2～3 个，出现晚，持续期长，大都在 15～20 年以后，在立地条件较好的地方，能一直持续到 36 年以上。胸径和材积生长出现两个以上高峰可能与林分密度的调节（间伐）有关。

（六）四倍体刺槐

四倍体刺槐是通过人工诱变培育的刺槐新品种，主要有大叶饲料乔木型四倍体刺槐和大叶饲料灌木型四倍体刺槐两种。与普通刺槐相比，四倍体刺槐具有以下主要特点：①叶片肥大，光合同化能力强，富含多种维生素及矿物质。叶宽为普通刺槐的 2 倍以上，复叶和单叶干重为普通刺槐的 1.5 倍以上，叶内粗蛋白、粗脂肪、灰分含量均高于普通刺槐。②速生性明显、根系发达、枝繁叶茂。高度年生长量为 3 米左右，地径年生长量为 3 厘米左右。③适生范围更加广泛，耐干旱瘠薄、耐盐碱，在沙土、壤土、矿渣滩、石砾土上均能生长。④耐烟灰，吸收二氧化硫等有害气体的能力强。⑤耐低温，抗病虫害能力强，对光肩星天牛有较强的抗性。

四倍体刺槐的主要用途如下：第一，叶和嫩枝是优良的禽畜饲料，广泛栽植可促进地方畜牧业发展和带动相关产业的发展。第二，生长快、干形通直（乔木型）、木材坚韧、纹理致密、抗腐朽，可广泛用于建筑业、矿产业，是营造速生丰产混交林和用材林的首选树种。第三，根蘖性强、根系发达，具有根瘤菌，可起到改良土壤、增加土壤有机质含量和形成土壤团粒结构的作用。第四，冬季枝干采集后，经过粉碎加工，可作为蘑菇种植的好基质。第五，耐贫瘠、耐低温、耐盐碱，速生丰产，是优良的水土保持、沙漠化治理、防风固沙和"四旁"绿化的先锋树种。第六，是优质的蜜源植物，有助于发展地方养蜂业。

二、苗木繁育技术

(一)圃地选择

最好选择排水良好、土壤深厚肥沃、有水浇条件的土地育苗。盐碱地要选择含盐量在0.2%以下、地下水位大于1米的地方育苗。

刺槐不宜连作,连作苗木生长不良,最易遭种蝇、立枯病危害。前茬为蔬菜或地瓜,再育刺槐苗不好;而与侧柏、松柏、松树、紫穗槐、杨树、苦楝、臭椿等轮作,苗木生长旺盛,病虫害少。

育苗地要在秋冬季进行深耕,结合整地每亩施腐熟厩肥4000~5000千克,并施辛硫磷3~5千克、黑矾10~15千克,以防地下害虫和立枯病。

(二)繁育技术

1.种子育苗

(1)采种:3~5年生的刺槐即开始开花结实,10~15年生及以上的大树才大量结实。因此,要选择生长迅速、健壮、树干通直圆满、材质优良、无严重病虫害的10~20年生及以上的壮龄刺槐作为采种母树。荚果颜色由绿色变为赤褐色,荚皮变硬,呈干枯状,即是成熟的标志。要适当提前几天采种,采种晚了,种子易被害虫(豆荚螟、刺槐种子小蜂和刺槐种子麦蛾等)蛀食。荚果采集后,摊在地上晾晒,碾压脱粒或用脱粒机脱粒,用风车扬去果皮、秕粒和夹杂物,取得纯净种子。荚果出种率一般为10%~20%。储藏刺槐种子可用干藏法,只要储藏妥当,2~3年内种子仍有较高的发芽率。刺槐种子千粒重为21.8克,1千克约有46 700粒,2天发芽势为43%,7天发芽率为89%。

(2)种子处理:刺槐种皮厚且坚硬,透水性差,有很多硬粒种子,若不经浸种催芽处理,种子发芽出土慢,出苗不整齐,不均匀。山东地区多采用多次热水浸种、分级催芽、分批播种的方法。先用温水(50~60 ℃)浸泡一昼夜后,捞出已膨胀的种子,进行催芽。未膨胀的种子,再用开水浸种。先把种子放入缸内,再倒入开水,边倒水边搅拌到不烫手为止,浸泡一昼夜后,用30%的黄泥浆水漂出吸水膨胀的种子;用上述方法连续浸种1~2次,剩下的少量不能膨胀的硬粒种子,再放入细眼铁筛(每筛1.5~2千克)内,提筛放入锅内滚开的水中,使水浸没种子并迅速摇动筛子,使种子均匀受热,约经10秒钟,迅速提起筛子,把种子倒入凉水桶中,充分搅拌,再浸泡一昼夜,种子绝大多数膨胀。将浸水膨胀的种子均匀混沙催芽(按3份沙、1份种子的容积比例),放在背风向阳的沙坑中或放入草袋内、缸内(上盖湿草帘),经常喷水,使种子保持湿润,每日翻动1~2次;经4~5天,有1/3的种子裂口露出白色根尖时,即可取出播种。

(3)播种季节:以春播为主。在不遭受晚霜危害的前提下,春播的时间愈早愈好。在山东,以清明前后(3月下旬至4月上旬)为宜。

在春季特别干旱、雨季降雨多的地方,也可雨季播种。山西省屯留县立新林场,因春旱、气温变幅大,春季育刺槐苗常遭失败;后在雨水多、气温高、土壤湿润的7月中旬播种,播后4天种子即顶土出苗,在土壤冻结前对幼苗深锄培土,使幼苗顶端露出,即能安全越冬,一年半生苗木可出圃造林。在盐碱地,春播易受干旱、盐碱危害,雨季易淤积水涝。山东省寿光市机械林场利用雨季后期(8月中下旬)盐分已淋洗至土壤下层、土壤湿度大的有利时机抢墒播种,效果较好,幼苗在当年能安全越冬,第二年可出圃造林。

播种方法如下:以畦床条播为好,便于除草、松土、灌溉;也可大田式播种。如需在干旱山地育苗,可用培垄方法,即每隔30厘米开一宽7～8厘米、深2～3厘米的播种沟,踏平沟底,沟内浇水,待水渗下去后,在沟内撒播已催芽处理的种子,然后将播种沟培成高10～15厘米的垄,待种子开始发芽时,适时用耙子轻轻耙平培土,使覆土厚度仍为0.5～1厘米。畦播时每亩用种2～3千克,大田式播种每亩用种3～4千克较为适宜。

2.插根和插条育苗

实践证明,春季插根要选粗0.5～2厘米的根,截成15～20厘米长的小段,插入苗床,用塑料薄膜增温催芽,可提高发芽率和成苗率。插条育苗要选用粗1厘米以上的一年生萌条的中下部,剪成长25厘米的插穗,要剪在芽眼附近,剪口要平滑,这样容易生根。秋冬季采条沙藏,第二年春,大都能形成愈伤组织;对未形成愈伤组织和春季采的条子,可用浓度为2000毫克/升的萘乙酸溶液浸条5～10分钟,或用ABT生根粉浸根后,再插入沙坑中催根,用塑料薄膜增温催根,约经半月即可形成愈伤组织。在冬藏和催根过程中,要及时抹去插穗上的萌条,以促进生根。

3.嫁接育苗

下面以四倍体刺槐为例介绍嫁接育苗技术:

(1)接穗的选取与储藏:接穗选用当年生粗度在0.5～1厘米的四倍体刺槐枝条,于秋末冬初树木落叶后剪取。此时树体的营养尚未向根部转移,用这种种条作接穗,不仅嫁接后成活率高,而且嫁接苗生长壮实。种条基部进行蜡封,然后按一层湿沙一层种条的方式储藏在预先挖好的储藏沟内。第二年开春检查储藏沟内温度,以防温度过高引起种条霉烂。也可把种条直接剪成8～10厘米长的接穗,要求距接穗上剪口1～1.5厘米处有一个完好的芽。然后进行全蜡封,蜡液温度控制在90 ℃,要求整个接穗均匀地沾上一层薄蜡,最后装入编织袋储存于地窖内,窖内温度保持在0～0.5 ℃。

(2)嫁接时间:在早春砧木开始萌动但尚未发芽前进行。

(3)嫁接方法:采用双舌接或者硬枝劈接法嫁接,嫁接前应浇透水,保持底墒充足。

剪砧:在砧木距地面3～5厘米处剪断,削平剪口,清除砧木周围的土,选皮厚、光滑的地方劈开或削成双舌状,劈口在断面的1/2～1/3处,劈口深3厘米。

削接穗:接穗随嫁接随取,切忌一次取得过多。种条在嫁接前置于60毫克/千克的植物生长调节剂8号溶液中浸泡2小时。在种条中下部剪取接穗,梢部由于木质化程度低,不宜用作接穗。接穗长8～10厘米,每段有2个芽,上芽距上剪口1～1.5厘米,在接穗与砧木的形成层对齐。如果砧、穗粗细不一致,要保证做到一侧的形成层对齐。接穗插入后用塑料条把接口绑紧。

(4)嫁接苗的管理:为了防止接穗水分蒸发影响嫁接成活率,嫁接后要立即用地膜包裹接穗部位。接穗萌芽时一般会自动破膜而出,如果树芽没有钻出地膜,可以人工挑破地膜;或者嫁接后立即埋土,埋土时去掉行间表层干土,用下部细湿土培至接口处,用手按紧,再培松土高出接穗顶端5厘米,并注意拍实下部。在埋土和绑缚过程中,千万不要触动接穗。萌芽时不必扒掉埋土,要让刺槐芽自行破土而出。及时抹去砧木萌生的嫩芽,减少养分消耗,提高嫁接成活率,当嫁接苗高30厘米左右时,用刀在接口处划破塑料条。

（三）苗期管理

1.播种苗管理

间苗、定苗和移苗一般都要在灌水后进行,当苗高 3～4 厘米时进行第一次间苗,间去病弱小苗。以后再进行 1～2 次间苗,最后一次间苗可在苗高 10～15 厘米时结合定苗、移苗进行。缺苗的地方可在阴雨天进行小苗带土移补,移栽后及时灌水。

2.肥水管理

提高土壤肥水,促进根系迅速扩大,有利于培养优质壮苗。定期浇水,保证育苗地湿润,但忌积水,以防苗木烂根。6—7 月施肥 2～3 次,每亩施尿素 15～20 千克、复合肥 25～30 千克,施肥后埋土,浇透水。

3.松土除草

育苗地要保持土壤疏松和无杂草。松土可改善土壤的透气性,减少土壤水分的蒸发量和地表径流量。除草可避免杂草根系与苗木争水、争肥。苗木生长前期,每隔半个月左右进行一次松土除草;苗木生长后期,每隔 1 个月左右进行一次松土除草。

4.病虫害防治

病虫害应以预防为主,综合治理。喷施 0.06％吡虫啉可有效防治蚜虫,喷施 0.05％氯氰菊酯或 0.01％棉虫净可有效防治成苗期出现的棉铃虫、黏虫、菜青虫。

三、丰产栽培技术

（一）造林地的选择

造林地要根据刺槐的生物学特性和培育的林种选择。一般用材林多选择中厚土层的山地、平原细沙地和黄土高原灰褐色土的梁峁地、沟谷坡地,营林期限一般为 15～30 年;速生用材林大多选择坡度为 15°以下的厚层土的山地,壤质间层的河漫滩,在地表 50～80 厘米以下有沙壤至黏壤土的粉沙地、细沙地,黄土高原灰褐色土的沟谷坡地,以及含盐量在 0.2％以下、地下水位在 1 米以上的轻盐碱地,营林期较短,一般为 10～15 年。风口地、含盐量在 0.3％以上的盐碱地、过于干旱的粗沙地、地下水位高于 0.5 米的低洼积水地、干瘠的黏重土地都不宜选作刺槐造林地。

（二）造林密度

刺槐的造林密度要比其他阔叶树种稍大些,因为刺槐第一侧芽萌枝力弱,往往由第二或第三侧芽萌发出旺枝,常常枝杈多,干形弯曲。初植密度适当加大,能促进树高生长,提早郁闭,培养优良干形。造林密度要根据林种、立地条件和营林精细程度灵活掌握。一般用材林在中层土立地条件下,每亩栽植 330 株为宜,而在厚层土上,每亩可栽植 220 株;速生用材林每亩可栽植 160～200 株;水土保持林、薪炭林每亩要栽植 330 株以上。

（三）栽植技术

1.整地方法

平原多采用整片、带状、穴状等整地方法;山地应采用窄幅梯田、水平阶、水平沟及鱼鳞坑等;盐碱地应采用修筑台田、条田和开沟筑垄法整地。山东省沂南县鼻子山林场、临朐县九山林场等单位营造的刺槐速生丰产林,整地深度为 1 米,造林后,当年的生长量是一般整地深度的 1～1.5 倍。

2.造林季节和方法

带干栽植,在山东省以惊蛰到清明、芽苞刚开放时造林成活率高(97%～100%)、枯梢率低。截干造林,以秋冬季效果最好,成活率高,生长快,干形好。截干高度以不超过3厘米为宜,萌条少,生长旺盛。栽植不宜过深,一般比苗木根颈高出3～5厘米,干旱沙地可高出10～15厘米,以免灼干切口。

3.混交造林

生产实践证明,刺槐混交林的生长量大、病虫害少。可以认为,在平原和土层深厚的低山丘陵,刺槐可以与杨树、臭椿、旱柳、苦楝、白榆、紫穗槐等混交;在土石山地,刺槐可以与臭椿、麻栎、侧柏等混交。在平原,混交方式以带状混交较好,刺槐种植2～6行,其他树种种植4～6行;在山地,以块状混交较为适宜。

(四)抚育管理

1.幼林抚育

幼林抚育主要包括松土锄草、扩穴培土、踩穴、清淤、抹芽修枝、间种等工作。据山东省各林场的经验,三年需抚育六次:第一年三次,早春化冻时踏穴,预防冻拔,5月除草松土,8月除草培土和整理穴埫;第二年两次,5月和8月中耕除草;第三年一次,6月中耕除草。抚育过的幼林与不抚育的相比,树高生长量高54%,胸径生长量高77%,幼林保存率高48%,而且树干通直。

抹芽是培养优良干形的重要措施,特别是对截干造林的幼林更为重要。据调查,截干造林后适时抹芽,保留一个萌条的比不抹芽的树高高50%,地径大55.3%。

2.修枝间伐

合理修枝可使刺槐保持良好的干形,促进幼林生长。整枝的方法,以"打头控侧法"效果显著。即在冬季选择生长旺盛、直立、位置较高的一年生枝条,剪去原枝长的1/3～1/2,剪口下要选留壮芽,对竞争枝、徒长枝、对生枝、轮生枝、下垂枝按照压强留弱、去直留平、树冠上部重剪下部轻剪长留的原则进行处理,分次中截,剪口下留"小辫"(小枝条),不能一次从基部疏剪掉,以免主梢风折或生长衰弱。修枝强度可用冠干比来确定,树高3米以下,保持冠干比为3:1,树高3～6米的保持3:2,6米以上的保持2:1或2:3。夏季对旺盛侧枝、粗壮竞争枝、徒长枝进行摘心或拧梢,以压制其生长势。对冬打头的主干顶端发出的萌条,要选留一个健壮直立的培育成主干,对其余侧枝适当控制。在坡地上宽窄行栽植的刺槐林或林带中,修枝时一般不进行冬打头,只对旺盛侧枝、竞争枝中截,疏去内膛徒长枝,保留细弱枝。山东省寿光市国有机械林场在林带中用这种修剪方法,使刺槐干形良好,生长旺盛。

刺槐林郁闭后,林木胸径连年生长量下降,出现大量被挤压的小径级木,甚至有枯死木,即需适时间伐抚育。目前,生产上大多采用下层抚育法,即选伐被挤、被压,生长衰弱,有病虫害的小径级和少量干形不良的大树,保留生长旺盛、树干通直圆满的林木。

(五)主要病虫害及其防治

1.大袋蛾

大袋蛾的幼虫防治可采用干茎打孔注内吸性药物的方法。用自制钢杆或打孔器在树干茎部或主根上打孔,主干上可打与主干成45°角的斜孔,主根上可打直孔。一般地,树木胸径为10厘米的可打2个孔,20厘米的可打4个孔,孔深一般为3~4厘米。树木胸径为5厘米以下时注入1~2毫升原药,5~10厘米时注入2~4毫升,10~20厘米时注入4~8毫升,25厘米时注入10~12毫升。对幼树中的幼虫可用吡虫啉3000~4000倍液常规喷雾防治。

2.紫纹羽病

本病的病原菌通过土壤侵染刺槐根部,受害严重的,叶片变小变黄,发芽迟弱,最后由于根部腐烂,树冠枯死或风倒。

对刺槐林要加强抚育管理,适时修枝间伐,以降低林分郁闭度,增强林木抗病能力。据经验,在7月底至8月中旬将发病林木表土挖出,以露出树根为度,撒入石灰粉、草木灰或灌入石灰乳(小树每株用石灰0.3~0.5千克,大树0.5~1.0千克),然后覆土,防治效果良好。

3.种子害虫

刺槐种子害虫主要有豆荚螟、刺槐种子麦蛾和刺槐种子小蜂。这些害虫都是以幼虫蛀食刺槐的种子,虫害严重时,往往把荚果吃空,使刺槐种子严重减产。

防治方法如下:①豆荚螟的防治。在刺槐种子园、母树林附近要少种大豆,以免互相转移繁殖危害。在各代成虫产卵盛期,可放赤眼蜂灭卵。对初孵幼虫喷吡虫啉3000倍液防治。成虫羽化时,可放烟雾剂熏杀。②刺槐种子麦蛾的防治。适当提早采种,将荚果晒干,可减少被害,于冬季将刺槐树上的荚果全部打下,集中烧毁,以消灭荚内越冬代幼虫。在成虫盛期,可喷菊酯类农药防治,在幼虫孵化初期可喷吡虫啉进行防治。③刺槐种子小蜂的防治。将刺槐树上的荚果采净,减少越冬虫源。成虫羽化盛期,在林内施放杀虫烟剂熏杀成虫。外调种子必须严格检疫,或用氯化苦、溴甲烷进行熏蒸处理。播种前用80℃热水浸种30分钟,再加凉水降温,浸泡催芽,亦可灭虫。

4.小皱蝽

小皱蝽以成虫及若虫群集一至三年生枝条和幼树基部的幼嫩部位吸食汁液,致使树叶变黄早落,枝条枯死,甚至整株死亡。成虫下树在杂草及石块下越冬。

冬季可掀石块、搜草丛,捕杀越冬代成虫。早春成虫上树前,在地面活动时间较长,因未取食,抗药力差,可在树干基部和林内越冬场所喷洒50%辛硫磷乳剂1000倍液,药杀成虫。在6月下旬至7月上旬成虫产卵盛期,可剪卵枝烧毁。在若虫大量孵化时,可喷洒40%氧化乐果乳剂1000倍液等,药杀若虫。

第三章　景观林栽培技术

第一节　国　槐

国槐又称"家槐""大槐""豆槐",属豆科落叶乔木。国槐为温带树种,稍耐阴,适生于湿润、深厚、肥沃、排水良好的沙质壤土,石灰性及轻度盐碱土(含盐量为 0.15% 左右)上也能正常生长。国槐冠大荫浓、寿命长、栽培容易、用途广泛,我国自古就有栽培,在山东省、山西省至今仍有"唐槐"古树。国槐在抗二氧化硫等有害气体及烟尘等方面的能力都比较强,是我国北方用材和城市绿化、道路绿化、农田林网的优良树种。

一、主要优良品种

(一)金叶国槐

金叶国槐是河北省林业科学研究院科研人员培育成功的彩叶新品种,于 2002 年 7 月通过了河北省科技成果鉴定,2003 年 2 月通过了河北省林木品种审定委员会的审定,填补了我国没有黄色乔木的空白,为园林绿化中"红、黄、绿"三个主色调中黄叶乔木的代表品种,是营造"金色通道""金色山体"的好品种。

金叶国槐具有如下特点:①叶片金黄,娇艳醒目,树冠丰满,枝条下垂,极具观赏价值。②观赏期为 3—9 月,远远优于其他黄叶树种。③抗二氧化硫、硫化氢等污染气体,适用于厂矿、生活区绿化。

(二)金枝国槐

金枝国槐又称"黄金槐",是国槐的一个变种,每年 11 月至第二年 5 月,其枝干为金黄色,为人们提供怡人秋色,冬季落叶后,枝条远远望去一片金黄,显得雍容典雅。用国槐幼苗嫁接金枝国槐,可使整个树干及枝条呈均匀的金黄色,极具观赏价值。金枝国槐春季新叶萌发初放时呈淡黄色,像梅花悬于枝头,展叶后渐渐变绿。用金枝国槐枝条嫁接改造大型国槐可使老树换"新装",对改善城市绿化景观有着良好效果。

(三)龙爪槐

龙爪槐枝条下垂,树冠伞形,冠大荫浓,观赏价值很高。采用低、中、高干嫁接,整成不同冠形,可用于布景、庭院美化、城镇和道路绿化。

(四)双季米用国槐

槐米是化工和制药原料,市场需求量较大,而普通品种的国槐每年只抽一次穗,结一次槐米。为提高槐米产量,莱州市永恒种苗试验基地通过选优嫁接,研制出了国槐新品种——双季米用国槐。该品种具有当年生枝、两次抽穗、两次成米的特性,槐米产量是普通国槐的2~3倍。

二、苗木繁育

国槐苗木繁育方法有播种育苗和嫁接育苗两种。

(一)育苗地选择与整地

育苗地应选择地势平坦、背风向阳、交通便利、水源可靠、排灌方便的地块。国槐侧根生长缓慢、不发达,育苗地应选用土壤深厚、肥沃、土质疏松透气、pH 值为6~7 的壤土或沙壤土,为根系生长创造良好的土壤条件。育苗地最好头年冬前深耕冻化;第二年早春亩施优质腐熟土杂肥2000~3000 千克、磷酸氢二铵20~30 千克、尿素20~25 千克后再行耕耙,整成宽1.2~1.5 米的平畦,以备育苗之用。

(二)播种育苗

1.采种

国槐从10 月开始至冬季均可采种。30 年生以上生长健壮的树木出种率高,种仁饱满。果实采摘后,用水浸泡,搓去果皮,洗净晾干,得出净种,出种率约20%,每升质量为0.8 千克,每千克约6800 粒。

2.育苗

3 月上旬用80 ℃热水浸泡种子5~6 小时,捞出掺沙两倍拌匀,置于室内或沙藏沟中(沟宽0.6~0.8 米,深50 厘米,长度可视种子多少而定)摊平,厚20~25 厘米,上面撒些湿沙盖严,避免种子裸露,再覆一层塑料薄膜,以便保温保湿,促使种子萌动,并经常翻动,使上下层的种子温湿度一致,发芽整齐。于3 月下旬至4 月上旬,待种子25%~30%裂口后,即可播种。一般采用畦田垄播,播前撒施药物防治地下害虫。按30 厘米行距开沟播种,先在沟内浇小水一次,待水下去后,把种子均匀撒在沟底;每亩用种20~25 千克,覆土厚度2~3 厘米。干旱地区春季可增厚覆土3~5 厘米培成垄状,有条件的话也可覆盖地膜和作物秸秆保温,幼苗出土前再搂平土垄,撤去覆盖物,喷洒土面增湿剂,出苗前,保持土壤湿润。

3.苗木管理

播种后,种子易遭种蝇幼虫(蛆)危害,幼苗期间,发现种蝇危害时,及时喷洒1000~1500 倍菊酯类农药防治。幼苗出齐后,4—5 月分2~3 次间苗,按株距20~30 厘米定苗,每亩可产苗7000~10000 株;5—6 月每亩施1500 千克稀粪或15 千克尿素,追肥3~4 次,当年苗高可达1~1.5 米。5—8 月,每30~40 天中耕除草一次。雨季要注意排涝。苗木落叶后,土地封冻前,掘苗分级,假植于沟内越冬,以防霉烂。假植时要将苗尖向南或向东顺沟斜放;每层苗木都要在根部覆湿润碎土,根土密接以免失水干枯;天气严寒时,再用湿润碎土将苗封严越冬。

4.大苗培育

大苗培育用于城市绿化,一般五年生以上才可出圃。育苗期间,因枝条顶端芽密,间距短,极易形成干弯曲、枝条紊乱的劣苗,必须经过养根、养干阶段。

(1)养根:移植区每亩施 5000 千克优质基肥,然后翻耕整平。春季土壤解冻后,将一年生苗木按 70 厘米×40 厘米株行距栽植,栽后灌水。夏季要注意防治槐尺蠖、蚜虫等害虫,并适当追肥除草,尽量不修剪,促使枝叶繁茂,根条丰满。移植后 1～2 年地径达 2 厘米左右时,秋末至翌年春天,从地表 3～5 厘米处截干。剪口要平滑,不能劈裂。截干后,每亩施基肥 5000 千克,为翌年苗木生长打下基础。

(2)养干:苗木截干后的第一年是培养通直树干的关键阶段。主要措施如下:①及时去蘖:春天土壤解冻后,截干处将萌发大量不定芽,当芽长至 20 余厘米时,每株留一个直立向上、生长健壮的枝条,其余全部去掉。对新干必须加倍注意,以防损伤,并及时去掉侧枝和蘖芽。对影响主枝生长的过旺侧枝,从基部剪掉,仍可养成直立主干。②加强水肥管理:一般在雨季前,每隔 7～10 天灌水一次,每隔 15～20 天追施一次氮肥。③注意虫害:养干期间顶芽尤为重要,需加倍保护,4—6 月,要及时防治蚜虫、槐尺蠖。这样当年苗木高可达 3～4 米,树干通直、粗壮光滑,次年即可再移植,加大株行距,继续栽培,以达到定植规格。定植苗木的胸径从 4 厘米到 20 厘米均可,大苗可直接用于农田林网、道路绿化或用作嫁接用砧。但移植大苗时要加强修剪树冠,以利成活,移植后一般 2～3 年即能恢复丰满的树冠。

(三)嫁接育苗

金枝、金叶、龙爪、双季米用国槐多采用嫁接来繁育苗木,嫁接一般有高接换头和根际芽接两种方法。

1.高接换头

高接换头用的是枝接法中的插皮接。此方法操作简便,嫁接成活率高。在嫁接前,选择生长充实、无病虫害、直径 1 厘米左右的一年生枝条作接穗,短截成 10 厘米左右蜡封,以防止水分损失,然后沙藏于阴凉背风处备用。4 月中下旬,待国槐发芽后,选择胸径 3 厘米以上、树干较直的国槐大苗,在适当位置截干后嫁接。先将接穗下端芽背面削成长 3～5 厘米的长削面,削面要平直并超过髓心,再将长削面背面末端削成长 0.5～0.8 厘米的小斜面。在国槐截干处选平滑顺直的地方,将国槐皮层垂直切一深达木质部的小口,长度为接穗长削面的 1/2～2/3,把接穗插入,长削面朝向木质部,紧贴切口正中,削面“留白” 0.3～0.4 厘米。根据国槐粗度可接 2～3 个接穗,并均匀分布。接穗接好后,用宽 5 厘米左右的塑料布将伤口绑严即可。嫁接 1 个月后,成活的接穗即可发芽。同时砧木上的隐芽也会萌发,形成萌蘖,要及时将其去除,以免影响接穗生长。因接穗生长旺盛,要及时解绑,并将新梢绑缚在木棍上,以防其被风刮坏。另外,高接换头也可用芽接法,在国槐大苗的主要侧枝上嫁接,具体操作可参考根际芽接法。

2.根际芽接

根际芽接多用于金枝国槐的繁育,采用的是带木质部芽接。这种方法有操作简单、成活率高、愈合快、结合牢固、利于嫁接苗生长的优点,因此在生产上应用较为广泛。嫁接在春、夏、秋三季均可进行,不受离皮与否的限制。具体方法是:剪取黄金槐一年生枝条作接穗,除去复叶后备用,最好采取随嫁接随取接穗的方法,以免接穗采下时间过长,水分丧失多而成活率降低。从接穗枝条芽的上方 1～1.5 厘米处下刀,稍带木质部竖直向下平削,至芽基以下 1.5～2 厘米处横向斜切一刀取下芽片。然后选择地径 0.5 厘米以上的砧木,在砧木距地面 5 厘米左右迎风面平滑处，从上向下削一与芽片长、宽均相当的切面，下端横向斜切一刀去掉削片，随即将芽片插入砧木接口。削面对准形成层紧贴于砧木削面上，用厚 0.03 厘米、宽 1.2 厘米左右的塑料薄膜条绑缚，伤口全部缠严缚紧。若是夏接，15 天以后，应用刀将芽附近的塑料薄膜划破，使芽暴露出来，以使新梢抽生出来，同时检查成活率，没接活的再补接，1 个月以后解绑。待新梢长出来以后，要及时剪砧并去除砧木萌蘖，促进嫁接芽的生长。若是秋接，解绑后，第二年春季发芽前剪砧。嫁接好的苗木，夏季发芽后，要及时除萌，促进新梢生长。待苗高 60 厘米时，为培养顺直主干，要用竹竿或木棍绑缚新梢，直至其达到预期高度。芽接苗当年可高达 3 厘米、胸径 2 厘米，2～3 年即可出圃用于绿化工程。

三、栽植与抚育管理

农田林网和乡村道路绿化的土壤条件一般较好，可按设计株距挖大穴栽植。穴的大小可视苗木大小而定，一般长、宽各 1 米，深 80 厘米。

城镇道路绿化要求用三年生以上、胸径 3 厘米以上的大苗。街道上的土壤条件一般较差，栽植前要挖穴换土。栽植点的确定要考虑到地下管道、空中线路和道路设施情况。一般地，城市主干道可用 6～8 米株距，城郊道路、县道以上公路可用 4～6 米株距。栽植穴的大小视苗木大小而定，一般胸径为 3～5 厘米的要求穴长、宽各 1 米，深 80 厘米；胸径 10 厘米以上的大苗要求穴长、宽各 1.5 米，深 1 米。若遇石块、三合土、煤屑、建筑垃圾，则要放大树穴，更换好土。穴下面垫 20 厘米表土，上施土杂肥 10～20 千克，翻拌后上盖 5～10 厘米熟土。若土壤条件很差，各栽植点最好连成 1～1.5 厘米的土带，以利于树根生长。

行道树力求做到随挖、随运、随栽，粗 10 厘米以上的大苗要求带土坨栽植，运输时要小心装卸，避免伤根、伤皮、伤枝。栽植时间一般以春季为好，栽植前要立好支柱，支柱距树干 40 厘米左右，支柱长约 2 米，埋入土中 50～80 厘米。栽苗时要使根系舒展，苗木放入穴后要先填表土，当土盖没根系时要轻提晃动苗木，以舒展苗根和调整深度，再填土踏实，并围好浇水树盘。浇水后，培土成堆，保湿、固树。栽后在支柱顶端 20 厘米处垫好草垫，用绳按"8"字形扎牢。栽后若土壤下沉，要加土培堆；要及时除草，避免杂草与苗木争肥、争水；干旱时要浇水，先开盘造潭，一次浇足，再培土保湿；在雨季到来前的 6 月底 7 月初要追肥一次，株施尿素 0.2～0.3 千克。苗木栽植成活后要根据需要对其进行修剪整形，以后 3～5 年要在冬、夏两季进行修剪整形，以利于苗木有一个好的树形。

四、常见病虫害及其防治

（一）槐蚜

该虫一年发生多代，以成虫和若虫群集在枝条嫩梢、花序及荚果上吸取汁液，被害嫩梢萎缩下垂，妨碍顶端生长，受害严重的花序不能开花，同时诱发煤污病。该虫每年 3 月上中旬开始大量繁殖，4 月产生有翅蚜，5 月初迁飞槐树上，5～6 月在槐树上危害最严重，6 月初迁飞至杂草丛中生活，8 月迁回槐树上危害一段时间后，以无翅胎生雌蚜在杂草的根际等处越冬，少量以卵越冬。

防治方法如下：①秋冬喷石硫合剂，消灭越冬卵。②蚜虫发生量大时，可喷 10％吡虫啉、40％蚜灭多乳剂或鱼藤酮 1000～2000 倍液、10％蚜虱净可湿性粉剂 1500～2000 倍液、

2.5％溴氰菊酯乳油 3000 倍液。③在蚜虫发生初期或越冬卵大量卵化后卷叶前,用药棉蘸吸 40％氧化乐果乳剂 8～10 倍液,绕树干涂一圈,外用塑料布包裹绑扎。

（二）朱砂叶螨

该虫一年发生多代,以受精雌螨在土块孔隙、树皮裂缝、枯枝落叶等处越冬,均在叶背危害,被害叶片最初呈现黄白色小斑点,后扩展到全叶,并有密集的细丝网,严重时,整棵树叶片枯黄、脱落。

防治方法如下:①越冬期防治。喷洒石硫合剂,刮除粗皮、翘皮,也可树干束草,诱集越冬螨,来年春天集中烧毁。②化学防治。发现叶螨在较多叶片上危害时,应及早喷药,进行早期防治,这是控制后期虫害的关键。可用 15％扫螨净乳油 1000～1500 倍液,也可用 20％哒螨灵 1500 倍液、20％灭扫利乳油 3000 倍液喷雾防治,喷药时要均匀、细致、周到。若虫害严重,每隔半月喷一次药,连续喷 2～3 次有良好效果。

（三）槐尺蠖

槐尺蠖又名"槐尺蛾",一年发生 3～4 代,第一代幼虫始见于 5 月上旬,各代幼虫危害盛期分别为 5 月下旬、7 月中旬及 8 月下旬至 9 月上旬。其以蛹在树木周围土中越冬,幼虫及成虫蚕食树木叶片,造成叶片缺刻,严重时,整棵树的叶片几乎全被吃光。

防治方法如下:①落叶后至发芽前在树冠下及周围松土中挖蛹,并进行灭杀。②化学防治。5 月中旬及 6 月下旬重点做好第一、二代幼虫的防治工作,可用 50％杀螟松乳油、20％高氯辛硫磷乳油 1000～1500 倍液、50％辛硫磷乳油 2000～4000 倍液、20％灭扫利乳油 4000 倍液喷雾防治。③生物防治可用 600 倍 BT 乳剂。

（四）锈色粒肩天牛

该虫两年发生一代,主要以幼虫钻蛀危害,每年 3 月上旬幼虫开始活动,蛀孔处悬吊有天牛幼虫粪便及木屑。被天牛钻蛀的国槐树势衰弱,树叶发黄,枝条干枯,甚至整株死亡。

防治方法如下:①人工捕杀成虫。天牛成虫飞翔力不强,受震动易落地,可于每年 6 月中旬至 7 月下旬于夜间在树干上捕杀产卵雌虫。②人工杀卵。于每年 7—8 月天牛产卵期,在树干上查找卵块,用铁器击破卵块。③化学防治成虫。于每年 6 月中旬至 7 月中旬成虫活动盛期,对国槐树冠喷洒杀灭菊酯 2000 倍液,每 15 天一次,连续喷洒两次,可收到较好的效果。④化学防治幼虫。每年 3—10 月为天牛幼虫活动期,可向蛀孔内注射 40％氧化乐果或 50％辛硫磷 5～10 倍液,然后用药剂拌成的毒泥封口,可毒杀幼虫。⑤用石灰 10 千克、硫黄 1 千克、盐 10 克、水 20 千克至 40 千克制成涂白剂,涂刷树干预防天牛产卵。

（五）国槐叶小蛾

该虫一年发生两代,以幼虫在树皮缝隙或种子中越冬,7—8 月危害最为严重。幼虫多从复叶叶柄基部蛀食危害,造成树木复叶枯干、脱落,严重时树冠出现秃头枯梢,有碍观瞻。

防治方法如下:①在冬季于树干绑草把或草绳诱杀越冬代幼虫。②害虫发生期喷洒 20％高氯·马乳油 1000～1500 倍液等药剂。

第二节　柳

柳属杨柳科,落叶乔木,树冠广圆,树荫浓厚,树形美观。柳生长快,分布广,繁殖容易,栽植成活率高,木材及林副产品用途广泛,深受广大群众喜爱,是黄河流域、华北平原"四旁"绿化,营造用材林、防护林的优良树种之一。

一、主要优良品种

柳的品种很多,为提高绿化效果和经济效益,目前多栽培杂交柳品种。下面介绍几种主要的交杂柳新品种。

（一）柳树纸浆材优良无性系——苏柳799和苏柳903

苏柳799是旱柳×白柳的人工杂种无性系,五年及九年生的纸浆林平均每公顷年产木材分别为15.89立方米和28.69立方米,平均纤维长1.0874毫米,长径比为47.22,纤维素含量为48.6％。苏柳903是从（旱柳×钻天柳）×旱柳的远缘杂种无性系J466的自由授粉后代中选出的无性系,五年及九年生的纸浆林平均每公顷年产木材分别为20.22立方米和22.81立方米,平均纤维长0.957毫米,长径比为45.38,纤维素含量为51.55％。

（二）柳树矿柱材优良无性系——苏柳795

苏柳795是旱柳×白柳的人工杂种无性系,树干圆满通直,五年及九年生的矿柱林平均每公顷年产木材分别为18.70立方米和29.17立方米。其柳木平均冲击韧性约为10.95焦耳/厘米^2,平均抗弯强度约为834兆帕,平均顺纹抗压强度约为367兆帕,矿柱材合格率高达95.6％。

苏柳795适宜在长江流域及华北平原江、河、湖滩地营造矿柱林、纸浆林,还可用于这些地区营造农田林网、防护林及"四旁"绿化。

（三）柳树速生用材优良无性系——苏柳172、194、333、369

苏柳172、194、333和369是利用柳树种间杂交及柳树与钻天柳属间杂交创造的速生高产柳树新无性系,其原始材料是通过杂交而获得的,根据选育目的,利用旱柳的优良变种漳河旱柳作为基础亲本,选用钻天柳和垂白柳以增加遗传变异程度,进行垂白柳×漳河旱柳、旱柳×钻天柳,以及（旱柳×钻天柳）×漳河旱柳的远缘杂交。柳树是杂合体,在杂种一代进行选择。初选51个无性系,经不同地点、不同年份的苗期测定,选留20年才选出苏柳172等四个优良无性系。苏柳172〔（垂柳×垂白柳）×旱柳〕雌性,枝叶浓密,速生丰产,五年生平均树高为9.17米,胸径为16.16厘米,单株材积为0.1092立方米,年材积生长量每公顷为18.18立方米;生长量遗传增益树高为19.29％,胸径为36.71％,材积为100％;较抗柳瘿蚊。苏柳194〔（旱柳×钻天柳）×漳河旱柳〕雄性,树干通直、窄冠、速生,木材的力学强度及气干密度较高。苏柳333（垂柳×旱柳）雌性,枝叶浓密,速生,四年生树高为8.08米,胸径为8.71厘米,年材积生长量每公顷为13.43立方米。苏柳369（漳河旱柳×青皮旱柳）雄性,较速生,耐寒,四年生树高为7.86米,胸径为10.67厘米,年材积生长量每公顷为10.4立方米。上述四个杂种无性系有较广泛的适应性,适于在江淮平原、华北及东北和西北南部平原地区推广造林。

（四）金丝垂柳优良无性系——苏柳 841、842、1010、1011

苏柳 841、842、1010、1011 是垂柳×白柳的人工杂种观赏柳优良无性系，枝条细长下垂、树姿优美，特别是它们的枝条皮色金黄，落叶后显得妩媚动人，早春浓密的雄花序色泽艳黄，别有风韵。由于它们都是雄性，花后无柳絮污染，尤宜用于城市绿化。苏柳 841、842、1010、1011 是我国首批经人工遗传改良选育出的优良无性系，适应性强，能在东北南部、华北以及长江中下游亚热带地区推广，可用于城镇园林、厂矿、道路及风景区绿化。

（五）新引进柳树品种——彩叶杞柳

彩叶杞柳为落叶丛生灌木或小乔木，喜光，喜冷凉气候，喜肥沃富含有机质且排水良好的土壤。叶呈亮丽的金黄色，耐修剪，能耐零下 20 ℃的低温，华东、西南及华北可露地栽培。该品种于 2002 年 5 月从荷兰引入我国，在北京地区生长良好。其萌蘖能力强，无明显主干，自然状态下呈灌丛状。新叶绿粉色，带有大面积粉白色斑纹，老叶变为黄绿色。春季新梢嫩叶非常美观。该树种新枝如同刺猬状呈散射性长生，枝条紧密，远看呈球状；枝条成熟后会自然下垂。其可丛植或片植于园林、庭院或公园中，是极好的园林观赏及色块材料。

但该品种生长势较弱，可高接于其他品种的柳树上作为行道树栽培树种或作为库区及河道等的绿化树种。

二、苗木繁育技术

柳树育苗多采用扦插法，近几年，有的苗圃为培养优质高干砧木，也采用播苗和嫁接的方法培育金丝柳、彩叶杞柳苗木。

（一）苗圃地的选择与整地

育苗地应选择背风向阳、交通便利、地势平坦的地块。由于柳树喜水，因此要选择水源可靠、灌溉方便的地块，同时，土壤要为深厚肥沃、疏松透气的壤土或沙壤土。育苗地最好冬前深耕冻化，次年早春亩施优质腐熟土杂肥 2000～3000 千克、磷酸氢二铵 30 千克、53％辛硫磷毒沙 10 千克，再进行耕翻细耙后，整成宽 1.5～1.8 米的平畦。

（二）扦插育苗

柳树插穗容易生根成活，操作比播种育苗简单，生产上采用得较多。

1. 插穗采集和处理

插穗春、秋两季均可采集。插条以选用一年生扦插苗干为宜，生长健壮、发育良好的幼树上的壮条也可应用。插穗粗度以 0.8～1.5 厘米，穗长以 15～20 厘米为宜。秋采的插穗要窖藏过冬。为了保证插穗质量，应建立采穗圃。

2. 扦插时期与方法

春季在芽萌发前（陕西省关中地区在 3 月中旬，河南、山东在 2 月下旬至 3 月上旬，辽宁一带在 4 月中下旬）进行扦插。扦插前，可将插穗放入清水或流水中浸泡 3 天左右，以促进插条生根发芽。

秋季在落叶后至土壤结冻前进行秋插。扦插时采用直播，插后盖土 6～10 厘米，翌年春天发芽前将土扒开。同时还要深翻改土（深 60 厘米许），增施有机肥料（每亩 6000 千克），加强苗期抚育管理。

扦插密度要适当,深度一致,距离均匀,按照种条的梢、中、基部分别扦插。带状育苗,株距为20～30厘米,行距为30～40厘米,每亩扦插7000～9000株;垄式扦插,每垄两行,行距为15厘米,垄距为50～60厘米,每亩扦插15 000株左右。

3.苗木管理

柳树喜水,扦插后应保证土壤湿润,为扦插成活和苗木生长提供充足的水分。一年生苗全年要追肥2～3次,幼苗长到30厘米左右时每亩施尿素10～15千克。雨季到来前每亩施尿素20千克左右,雨季中期每亩可撒施尿素10～15千克。柳树幼苗易生长侧枝,要及时抹芽,保证主干优势,为培养大苗打好基础。幼苗期间要注意松土除草和防治病虫害,尤其是雨季前尽量除尽杂草,避免雨季草荒。雨季中要注意防治病虫害,如蚜虫、柳毒蛾、白粉病等。

(三)播种育苗

播种育苗虽较扦插育苗技术繁杂,但有性繁殖能提高苗木生活力,克服长期无性繁殖给林木带来的提早衰弱现象,且苗木寿命较长,抗病力较强,故柳树播种育苗近年来有所发展。

根据各地经验,柳树播种育苗要抓住以下几点:

1.及时采种

柳树果实成熟期因地而异,一般情况下为5月下旬到6月上旬。成熟的果实果皮变为黄褐色,部分果实裂口,刚刚吐出白絮时,就要抓紧采收。

采种方式有两种:一种是剪采果穗,也叫"采吊子";另一种是收集落下的种子,又叫"采飞花子",这种方法采收的果实含水分少,制种容易,成本低,种子质量较高,且不损伤母树,但只适于母树比较集中的地区。

2.种子处理

果实采来后,摊放于室内架设的竹箔上,或放在屋内水泥地上摊晾。切忌堆积太厚,以5～6厘米为宜。每日翻5～6次,2～3天后果实全部裂口,可用柳条抽打,使种子与絮毛脱离,然后收集起来过筛。每32～50千克果穗可出纯种子1千克,每千克种子为110万～200万粒。

3.适时播种

柳树种子随采随播,则出苗整齐,幼苗生长旺盛。新采种子的发芽率可达95%以上,一般条件下放置20天以后,发芽率下降到60%以下,且播种后出苗迟缓,不整齐,长势不旺。

4.播种方法

(1)播种磙播种法:播前先灌足底水,等表土稍干后,用十齿平耙将床面或垄面2～3厘米的表土充分整平搂碎,然后用播种磙播种(条幅和条距均按规格在磙上做好)。播后用细沙覆盖2～3毫米,用木磙镇压一次;或者播后用扫帚顺床面轻拉一遍,再进行镇压,最后用细眼喷壶浇水。高垄育苗时,用小水漫灌,水量以低于床面3厘米左右为宜。根据实践经验,条播优于撒播,条播中又以宽幅条播的效果较好。播幅为3～5厘米,也有采用10厘米宽幅条播的,条距为10～20厘米。每亩播种量为0.5～1千克。为了使播种方便、种子均匀,每千克种子中可掺沙4～5千克。

(2)落水下种法:播种前先灌水,待水快渗完时,将种子播于床面,然后用过筛的"三合土"(1份细土、1份细沙、1份腐熟的厩肥,再加少量的5406细菌肥料)覆盖,以稍见种子即可。

(3)插枝落种育苗法:种子成熟后将枝条采下,均匀地插在苗床上,让蒴果开裂后自然下种。这种方法要比采种育苗省工、管理方便,但要注意防治虫害。

在风沙干旱地区,播后要覆草,或在与主风垂直方向设置防风障。

5.苗木抚育管理

苗木的抚育管理工作,应根据出苗期、真叶形成期、苗木速生期及生长缓慢期等不同时期的特点进行。

(1)出苗期:从子叶出土至真叶形成以前。在日平均气温18 ℃以上的情况下,播种后2天种子即开始出土,3～5天幼苗大量出齐。这时期幼苗要求有充足的水分,应经常保持床(垄)面湿润,但湿度不能太大,否则容易引起幼苗烂根;如果水分不足,则很容易出现"吊干芽",故应勤浇水。播种后覆草的,应逐步将覆草撤除。

(2)真叶形成期:幼苗由2个子叶到长出5～7片真叶,约需半月。幼苗在此时期根系深度约为1厘米,不宜松土,浇水次数可较前减少,但要增大浇水量。苗高2～3厘米时,应开始间苗和拔草。这一时期的苗极易感染立枯病和炭疽病,及时喷洒1%硫酸亚铁和代森锌600倍液,防治效果较好。喷洒硫酸亚铁后,要用清水冲洗,以免引起药害。

(3)苗木速生期:苗高5厘米左右,应及时间苗、定苗。间苗时要遵循"留壮苗去弱苗"的原则,株距为5～10厘米。尤其应注意保留生长特别旺盛的苗木,以便从中培育优良单株。这一时期苗木生长极为旺盛,生长量可占全年总生长量的80%以上,根系发展很快。应加强水肥管理,施肥3～5次,除草4～5次。

(4)生长缓慢期:8月底至9月苗木生长减缓,以后叶片变色并开始脱落。此时期一般应停止浇水、施肥,以防止苗木贪青徒长,促进木质化。此时期还要注意清除病枝病叶。

(四)嫁接育苗

柳树嫁接育苗主要用于金丝垂柳和彩叶杞柳的苗木繁育。嫁接方法主要采取枝接法中的插皮接,进行高接换头。具体方法可参见国槐一节的高接换头法。

三、栽植与抚育管理

(一)造林地的选择与整地

1.造林地的选择

河岸,河漫滩地,沟谷,低洼地,"四旁",或地下水位为1.5～3米的冲积平原、平地、缓坡地,水分条件好的沙丘边缘的沙土至黏壤土,均可造林。干旱沙丘地、山梁地、排水不良的黏土、未经改良的中度以上盐碱土不宜造林。

2.整地

荒地要提前一年或一季进行带状或全面深耕整地,"四旁"栽植采用穴状整地,缓坡地应增修地埂。

(二)造林方法

造林方法主要有插干(包括高干和低干)、埋桩、插条和植苗造林。各地可因地、因苗制宜选择造林方法。下面主要介绍插干造林的具体方法。

1.选取高干

秋季落叶后至春季萌芽前,从 8～20 年生健壮母树上选取粗 3～8 厘米、长 2.5～4 米、皮色光滑新鲜、髓部不具红心的壮实干条,甚至橡条作高干。高干应不留侧枝,两端切面应光滑,不使木质部劈裂和伤皮。

2.浸水处理

干旱地区造林,必须对高干进行浸水处理,促使其生根,增强初植阶段干条的抗旱能力,提高干条成活率和当年的生长量。早春先将高干基部浸入清水中(不宜用污水和含盐高的水),浸泡数天至十余天,气温增高时(清明后),再将高干全部平放在水中浸泡数天至十余天,以表皮出现白色或浅黄色疣状突起,但没有破皮出根为浸水适度的表征。浸水过程中要不断补充水量,翻动干条,防止皮变黑腐烂。干条浸水后,表皮膨胀,容易伤损,取条、搬运和栽植时都要注意保护。

3.深埋实砸

栽植前挖好坑,坑深 0.7～1.2 米,直径为 40～60 厘米,栽植时分层填土,分层砸实土壤,务求干条固定。

柳树插条和植苗造林与杨树造林相同。埋桩造林要将柳条桩全部或大部分埋入土中,春、秋造林效果较好。

4.造林密度

(1)"四旁"绿化大多成行栽植,光照、通风较好,土壤营养面积也比较充足。4 米株距的可长成檩材;2 米株距的长成橡材时,要隔株间伐。双行栽植的行距不小于 3 米。

(2)用材林初植行距为 2.5～3 米,株距为 2～2.5 米;也可采用带状栽植,每带 5～7 行,带间距为 5～8 米。

(3)防护林行距为 2～2.5 米,株距为 1.5～2 米。

5.造林季节

高干造林和植苗造林时,树体大部分裸露在地面上,北方冬季至翌年早春干旱寒冷,不宜栽植。秋季造林,苗干地下部分有 5～6 个月在冻土内,难以吸收水分,而地上部分却不断蒸发水分,因而翌年春天容易干梢或全干干枯,影响干条成活率和当年生长量。所以,北方干旱寒冷地区,以春季造林为好。但干条应在秋、冬截取埋藏,翌年春天浸水后造林。

(三)抚育管理

幼林郁闭前可行林粮间种(豆类或低秆作物),及时中耕除草,每年修枝一次。成片用材林长至橡材时,进行第一次间伐,间伐强度为 1/2～2/3(按株计算);长至檩材时进行第二次间伐,强度为此时植株的 1/2～2/3。两次间伐可促使保留木迅速生长。每次间伐后,挖去伐根,进行林地深耕,改善林木生长条件。防护林要根据不同地区、林带结构以及对防护林效益的要求,进行适度间伐。

(四)头木作业

头木作业又叫"萌芽作业",是利用柳树萌发能力强的特点,截去主梢,促使侧枝斜上生长成橡材、柳杆或插干造林材料。每隔数年,从头木上更新一次,每次可收获橡材、柳杆数根至十余根,乃至数十根。头木作业可连续进行数十年至百年。这种经营方式深受群众欢迎，具体做法如下：

1.定干

插条、植苗和高干造林的林木都可进行头木作业，但以高干造林采用此法比较普遍和简便。插条和植苗造林后，当树干粗达5～10厘米时，可截头定干。高干造林后3～5年，主侧枝分明时，截去主梢定干。干高以2～3米便于作业。在定干的同时，调整密度，行距保持在5～7米，株距保持在5～6米。

2.选留侧枝，培养橡材、柳杆

定干后1～2年，植株萌条很多，可自主干顶端以下0.5～0.8米内围绕主干均匀地选留5～8根健壮的侧枝，既可用于培养首茬橡材、柳杆，又可作为以后各茬橡材、柳杆的骨架。经过数年，首茬橡材、柳杆长成，自基部0.3～0.5米以上砍去，留下基桩作为以后各茬橡材、柳杆的支柱。

从培育二茬橡材、柳杆开始，根据地力，每一基桩保留2～3个或更多的强壮萌条，但要注意全树布局，外侧多留，中间少留，排列均匀，枝间空隙大小一致，使满树透光，气流畅通。

3.作业季节和方法

定干、留枝、砍橡可在秋季树木落叶后至上冻前或春季土壤开始解冻至树木萌发前进行，夏季作业效果不好。定干和砍橡的工具要锋利，茬口可砍成馒头状，勿使树皮破裂和撕伤。

4.抚育

为使水分集中供应选留枝生长，各年新萌出的枝条都应除去。选留枝过多，生长过程中形成分化时，可适当间伐弱枝。

四、主要病虫害及其防治

（一）柳锈病

幼苗、幼树受害率较高，尤其播种育苗初期苗地湿润，苗木密度大，更易感染。

防治方法如下：及时间苗、定苗，控制灌水时间和灌水量，发病期喷洒1:1:100波尔多液或敌锈钠200倍液，每10天一次。

（二）柳金花虫

该虫成虫虫体比较长，呈椭圆形，有金属光泽，一般为蓝绿色，前胸背板两侧黄色，鞘翅棕黄色，各有10个黑色斑点。幼虫危害叶片。

防治方法如下：①利用成虫假死特性，震落捕杀；②用20%高氯·马1500～2000倍液毒杀成虫及幼虫，成片林用杀虫烟雾剂毒杀成虫及幼虫。

（三）柳干木蠹蛾

该虫呈灰褐色，体长为20～35毫米，翅展为35～65毫米，触角较长，下侧无鳃状片。幼虫主要危害树干。

防治方法如下：①冬季伐除被害树木；②成虫出现前在树干下部涂刷涂白剂，防止成虫产卵；③卵孵化期间，在树干喷洒杀虫脒1000倍液。

第三节　银　杏

一、主要优良品种

(一)果用类

1.洞庭王

洞庭王又名"洞庭皇",原产于江苏苏州;种核为佛手形,核长 2.45～2.75 厘米,宽 1.60～1.80 厘米,厚 1.30～1.45 厘米,平均出核率为 23%～24%;平均单粒重 3.6 克,每千克 280 粒;其已被引种到全国各地,嫁接后的植株生长迅速,进入结实期早,产量高,品质优良。

2.海洋皇

海洋皇原株在广西灵川海洋乡,树龄约 200 年;种核大而丰满,色白味甜,种核为马铃形;外种皮较薄,出核率约为 25%,骨质中种皮厚,出仁率为 65.3%～67.4%;平均单核重 3.6 克,每千克约有 280 粒种核;其品质好,稳产丰产,株产量一般在 100 千克以上;晚熟。

3.华口大白果

华口大白果原产于广西灵川、湖北孝感;种核色白,种仁饱满,味美;种核为佛手形,外种皮厚度中等,平均出籽率为 23%～25%;核长 2.67～2.93 厘米,宽 1.70～1.91 厘米,厚 1.44～1.54 厘米,出仁率为 76%～80.5%;单核重 3.12～3.84 克,最大核重 4.77 克,每千克约有 300 粒种核,产量较高。

4.安银一号

安银一号原产于湖北大洪山,是我国目前种核较大的银杏品种,极丰产,60 年生树,每年株产种核超过 100 千克;种核为圆籽形,核长 2.4～2.5 厘米,宽、厚都是 2.2 厘米左右,单核重 4.5～6.3 克,每千克约有 200 粒种核;主要缺点是成熟偏晚,种子发芽率低,不宜用于培育实生苗,但有利于进一步培育无胚型的优良品种。

5.大佛手

大佛手又名"凤尾佛手",主产于江苏苏州洞庭东山;种核为佛手形,核长 2.60～2.70 厘米,宽 1.55～1.65 厘米,出核率为 26%,出仁率为 75% 以上;单核重 2.60～3.50 克,每千克有 286～386 粒种核,丰产性较强;胸径为 50～70 厘米的百年生大树,株产白果可超过 150 千克;抗风性较强;全国各地均有引种。

6.大圆铃

大圆铃原产于山东郯城、江苏邳州;种实为圆球形,长、宽、厚几乎相等;平均单粒重 3.6 克,每千克有 280 粒种核;出核率为 26.1%,核大,壳薄,种仁饱满,树势强,生长旺,抗性强;肥水充足条件下,结实早,稳产高产。

7.天目长籽

天目长籽原产于浙江临安西天目山禅源寺内,树龄约 600 年,一般年产白果 60 千克,最高年产 216 千克,具串状结实的特性,丰产;种实大,全籽呈卵圆形;外种皮有粗大油点,披大量白粉;出核率为 24.6%;种核为长子形,核长 2.60～2.78 厘米,宽 1.40～1.61 厘米,厚 1.28～1.34 厘米;单核重 2.2～2.6 克,每千克有 385～455 粒种核;出仁率为 74%。

8.七星佛手

七星佛手原产于江苏泰兴,种实大,种核为佛手形;核长 2.60～2.80 厘米,宽 1.63～1.75 厘米,厚 1.40～1.50 厘米;单核重 2.99～3.55 克,每千克有 282～336 粒种核;骨质中种皮薄并具有多个小孔,这是其主要特征;出仁率为 83.1%;在当地一般于 10 月上旬成熟,胚组织发育较迟。

9.邳县大马铃

邳县大马铃原产于江苏邳州和山东诸城;种核为马铃形;核长 2.40～2.60 厘米,宽 1.70～1.90 厘米,厚 1.35～1.50 厘米;单核重 2.52～3.86 克,每千克有 260～397 粒种核;外种皮较薄,出核率平均为 26.7%;较丰产。

10.洲头大马铃

洲头大马铃原树长在浙江临安,树龄为 50 余年生;树势旺盛,丰产,一般年产白果 200 千克;种实中等偏大,外种皮稍厚,出核率为 22.0%;种子无胚率高;种核偏大,马铃形;核长 2.7 厘米,宽 1.73 厘米,厚 1.42 厘米;平均单核重 3.2 克,每千克约有 310 粒种核;骨质中种皮偏厚,出仁率为 71.9%;在产地于 9 月上中旬成熟。

11.佛指

佛指又称"家佛手",原产于江苏泰兴,江苏邳州、山东郯城也有栽培;种核为佛手形,核长 2.20～2.60 厘米,宽 1.52～1.68 厘米,厚 1.2～1.43 厘米;平均单核重 3 克,每千克有 340～476 粒种核;外种皮较薄,出核率为 26.7%～30.6%;种仁饱满,出仁率高达 82.1%;核大,壳薄,品质优;特别丰产。

12.多珠佛手

多珠佛手原产于浙江长兴;种实大,种核为佛手形;核长 2.84～3.20 厘米,宽 1.55～1.77 厘米,厚 1.42～1.51 厘米;外种皮较厚,出核率约为 22.3%;骨质中种皮厚,鲜出仁率大于 70.4%;单核重 3.0～3.4 克,每千克有 300～330 粒种核。

13.宽基佛手

宽基佛手原产于浙江富阳;种核为佛手形,长约 2.75 厘米,宽 1.60 厘米,厚 1.30 厘米;单核重 3.0～3.5 克,最大单核重 4.2 克;每千克有 285～333 粒种核;外种皮较薄,出核率为 26.0%;鲜出仁率为 76.9%;丰产性一般。

14.大梅核

大梅核在浙江的诸暨、临安、长兴,广西的灵川、兴安,湖北的安陆、随州等地为主栽品种,江苏邳州、山东郯城也有栽培;种子为球形或近球形,纵径为 3.0 厘米,横径为 2.8 厘米,平均单个重 12.2 克,柄长 4.5 厘米;种核大而丰满,球形略扁,纵径为 2.4 厘米,横径为 1.9 厘米,平均单粒重 3.3 克;每千克有 300～420 粒种核,出核率为 26%;出仁率为 75%;种仁饱满、糯性强;抗旱,耐涝,适应性强,丰产性较好。

15.大金坠

大金坠主栽于山东郯城、江苏邳州,因种子为长椭圆形,形似耳坠,故得此名;种实纵径为 2.9 厘米,横径为 2.4 厘米,平均单个重 10 克,柄较长;种核长椭圆形,纵径为 2.7 厘米,横径为 1.6 厘米,平均单粒重 2.8 克,每千克约有 360 粒种核;出核率为 25.4%;核大,壳薄,糯性强;速生丰产,耐旱,耐涝,耐瘠薄。

16.家佛手

家佛手为近年选出的新品种,在广西灵川、兴安及江苏泰兴、邳州均有栽培;稳产丰产,晚熟,核大,色白,商品价值高。

(二)观赏类

1.蝶形叶银杏

蝶形叶银杏为银杏的一个芽变品种,叶片基部呈圆筒状,盛水时滴水不漏;叶片顶端开叉,好似展翅欲飞的蝴蝶。

2.黄条叶银杏

黄条叶银杏也为银杏的一个芽变品种,叶子带黄条。其嫁接成活后发出的新叶全为带黄条的叶子。

3.叶籽银杏

叶籽银杏为银杏的一个变种,世界上现存的数量较少。山东沂源织女洞林场大贤山后坡有一株800年生雌性结果大树,珠花有具柄球花和叶面雌球花两种类型,球果也相应地分为具柄球果和带叶球果,其中带叶球果即叶籽银杏果,约占全树的20%。

4.垂枝银杏

垂枝银杏的小枝下垂。

5.金叶银杏

金叶银杏为银杏的一个芽变品种,叶片在生长季节呈金黄色,观赏价值极高。

二、苗木繁育技术

(一)嫁接苗培育技术

1.砧木的选择

由于银杏是单属种植物,苗木繁殖只能用自种、自砧,通常采用扦插、根蘖和播种育苗的方法培育砧木苗木。一般以二至三年生苗木为宜,因二年生苗枝叶多、根系发达、营养储存丰富,故嫁接成活率高,一般成活率在90%以上。

2.接穗的选择

银杏为雌雄异株,采集接穗时应按不同性别分别采集和存放。雄株接穗应在花序大、花粉量多、开花较晚的壮龄雄株上剪取。雌株接穗应从早果、丰产、优质、粒大的雌株上剪取。选择发育充实、芽子饱满的一至四年生枝条作接穗。尽量随采随接,远距离运输时要注意保湿,有条件的可低温(3~5 ℃)储藏,也可封蜡保湿,防止接穗失水。

3.嫁接时期

应根据不同的砧木和接穗,采用不同的嫁接方法,一年四季均可进行嫁接。生产上一般注重春季嫁接和生长季(夏、秋季)嫁接。春季嫁接以早春解冻后至砧木发芽前后(3月上旬至4月中旬)为最佳嫁接时期。夏季绿枝嫁接以6月中旬至7月中旬嫁接成活率最高。秋季嫁接时间为9月下旬至10月上旬,此时嫁接后当年不发芽,只能半愈合;嫁接后进行蜡封处理,可提高成活率,且来年抽梢旺。

4.嫁接方法

目前常采用的枝接法有劈接、切接、插皮接、插皮舌接和双舌接,常用的芽接法有方块状芽接、"T"形芽接等。在嫁接中要根据不同的时期采用不同的嫁接方法。例如,春季树皮离骨前可采用劈接、切接和双舌接,离骨后可采用插皮接、插皮舌接和芽接。

劈接法是银杏春、夏、秋三季嫁接(一般用于二至五年生苗木)最常用的方法。其优点是操作方便,嫁接时间长,成活率高。嫁接的具体步骤如下:第一步,从接穗上芽的上部1厘米处剪断,剪口要平。在接穗下边芽的下方0.5厘米处的两侧各向下斜削一刀,使削面呈楔形,斜面长3~4厘米,削面要光滑。第二步,把砧木从一定高度处剪断,在剪口中央用利刃纵劈一刀,其深度视接穗粗度和削面长度而定。第三步,将削好的接穗迅速插入砧木劈口中,使接穗和砧木的形成层吻合。如果砧木稍粗,可在砧木劈口的左右两侧各插一接穗。第四步,及时用塑料薄膜条绑严、扎紧,露出芽眼。有条件时可在接穗上方套一塑料袋,以防止水分大量蒸发,起到保护作用。嫁接时最好选择阴天、温度低、相对湿度高的天气,但不能在雨天嫁接。嫁接成活后应及时摘去所套塑料袋。另外,苗圃地的嫁接苗,雌、雄株应区分开来。

5.嫁接苗的管理

(1)松绑:银杏嫁接无论用何种嫁接方法,待接口完全愈合并长出枝叶后,都应及时松绑。秋季嫁接的,需要在第二年发芽抽梢后适时松绑。

(2)立支柱:皮下枝接(如插皮接、插皮舌接等)一般不太牢固,为防止大风和人畜碰撞,应设立支柱来固定保护。

(3)肥水管理:嫁接成活后,为使苗木枝多叶多,树冠形成早、形成好,除施足底肥外,还应薄肥勤施,进行叶面施肥、叶面喷水和地下灌水。可每10天左右喷一次液态氮肥,以喷湿叶面为度。还应及时中耕除草,加快苗木生长。

(4)处理砧萌:嫁接后砧木上常萌发一定量的萌蘖条,如果处理不当,会影响嫁接成活率和接穗芽的正常生长发育。一般嫁接部位在1米以下者,当接穗抽梢10厘米以上时,可疏除砧木上萌发的枝条;嫁接部位在1.5米以上者,可疏除接口下20~30厘米范围内的萌条,并对下部枝条在其10~20厘米处摘心或扭曲。但主干上萌发的所有叶片应全部保留,以利于光合作用,积累营养;待2~3年后再全部疏除,并剔除芽眼。

(5)移植:嫁接后第二年春,按株行距30厘米×60厘米移栽定植。过两年后可实行隔行、隔株间苗,以利于培育不同规格的大苗。苗木移栽可在霜降前后进行。

(二)扦插育苗技术

银杏扦插育苗具有不需要种子、节约成本、成活率高、技术简单、能保持母株的优良特性、无须嫁接就能调配雌雄株比例等特点。实践证明,用嫁接树上的枝条进行扦插,成活率较低;从实生树上采穗扦插,成活率较高。目前,在生产上银杏扦插育苗多采用硬枝扦插和嫩枝扦插。

1.硬枝扦插

硬枝扦插是利用木质化的一至二年生枝条在早春扦插育苗。

(1)准备插穗:从成品苗采穗圃或健壮的大树上选取一至二年生的优质枝条,截成15~20厘米长的插穗,至少应保留一个饱满的芽。上剪口呈平滑圆形,下剪口呈马耳形(剪口在节间下部1厘米处)。削好的插穗,对齐马耳形削口后,每50根扎成一捆,然后将下端3~5厘米浸泡在500毫克/升的萘乙酸或100毫克/升的吲哚丁酸溶液内24小时,进行催根;也可用100毫克/升的ATP生根粉浸泡1小时,然后进行冷床沙藏(即挖宽1米、深 40～50 厘米的沙床,下垫湿沙 10 厘米,把插穗成捆直放于沙床上,当中填湿沙,上部再覆盖湿沙 10 厘米)。翌年大多数插穗的剪口可形成愈伤组织,个别插穗萌发根尖。

(2)合理扦插:用于硬枝扦插的苗床,应当选择地势平坦、排水良好、肥沃疏松的沙壤土,深翻 30 厘米,用黑矾进行土壤消毒后作为苗床。一般在 3 月份进行扦插。扦插密度视扦插数量而定。数量少且不进行移植的,株行距可为 15 厘米×30 厘米或 20 厘米×30 厘米;数量大且成活后进行移植的,株行距可为 10 厘米×20 厘米。插行呈南北向,开沟深 10～15 厘米,浇透水,水渗下后将沟整平,用细木棍插孔后依次插入插穗。插穗插入的深度为 4～6 厘米,然后从两侧培土,用脚踏实;上加塑料棚,温度控制在 24～30 ℃,湿度适中。

(3)插后管理:5 月中旬可逐渐撤去塑料棚,改成棚架遮阴或地面覆草。在插床上露地扦插,5 月以后,强阳光下必须遮阴,最好保持 30%～50% 的透光度。插后一个月内,应当坚持每天早晚各喷水一次。一个月后,逐步减少喷水次数与喷水量。扦插成活后应注意适时适量追施肥料。施肥一般以尿素为主,适当加些磷、钾肥,施肥浓度应当控制在 1‰ 以内。发芽后可用 0.2%～0.3% 的尿素或液态复合肥进行叶面喷施,每 10 天左右喷施一次,可促进生根、抽梢、长叶。

2.嫩枝扦插

嫩枝扦插是用当年生半木质化的绿色枝条作插穗,在生长季节扦插育苗。扦插时间一般为 6 月中旬至 7 月中旬,采用随采随插的方法。嫩枝扦插的插穗长度为 10～15 厘米,最少有 3 个芽眼,一般每根插穗可以保留 1～2 片叶片。插穗下端削成马耳形,然后用 100 毫克/升的 ATP 生根粉浸泡 1 小时,插入通气良好的砂质苗床。插穗入土深度为 5～10 厘米,株行距为 5 厘米×10 厘米;插后上部遮阴,每天早晚适时喷水,保持空气湿度;每 10 天左右喷施一次液体肥料;入冬前做好防冻工作,翌年春暖后带土移植于苗圃,继续培育。

三、栽植与抚育管理

(一)银杏习性

银杏为深根性树种,喜光,耐干旱,不耐涝。银杏是适应性、抗逆性都十分强大的树种,其适应范围广,在气温为 10～18 ℃,冬季绝对气温最低在 −25 ℃ 以上,年降水量为 400～1200 毫米的条件下生长良好;对土壤的适应性亦强,在酸性土、中性土或钙质土中均能生长;对大气污染有一定的抗性。银杏是典型的强阳性树种,对光照要求严格,光照不足时,大多会生长不良、枝条细弱、叶片薄而黄,影响生长和结果。

(二)银杏主要栽培模式

1.密植丰产园

建立密植丰产园的目的是提高银杏种实产量和质量。此模式结果期开始早,3～4 年见果,5～6 年形成产量,单位面积产量高,嫁接后 5 年平均亩产在 30 千克以上;土地利用率高,光合有效面积大,生物产量高;品种优良,便于抚育管理。银杏矮化密植丰产园由山东省郯城县于 1979 年首先试验成功,面积为 2.55 亩,五年生(嫁接树)总产量为 127.25 千克,最高株产 2.12 千克。科学栽培实践证明,银杏是可以提早结实的,并能取得早期丰产。

银杏密植园应建在交通便利,信息、物资及品种交流方便的地方。园区海拔一般不超过 300 米,坡度低于 3°,最大坡度不高于 15°,应选择阳坡栽植。土壤应选择厚度为 1 米以上的壤土、沙壤土,pH 值为 6.0～7.5,地下水位为 1.5 米以下,无积水。地下害虫严重、发病率高的地段不宜选建密植园。品种应选择大果形,如大佛指、家佛手、洞庭皇、大金坠、大圆铃等。

初植密度可采用 2 米×3 米或 2.5 米×3 米或 2.5 米×4 米的株行距,即每亩 111 株、88 株、66 株。随着树冠的扩大,可根据情况逐年疏移,隔一株去一株,最后每亩保留 55株、44 株或 33 株。

2.乔干稀植丰产园

这种栽培模式是果材兼用型,一般应选用四至五年生以上苗嫁接,十年生开始开花结实,二十年生后单株产量可达 10 千克左右。乔干稀植丰产园对地形、土壤等条件的要求与矮化密植丰产园基本相同。其主要特点是大株行距栽植,每亩 22～33 株,选用优良品种高干嫁接。

3.材用丰产林

银杏木材材质优良、易加工、用途广。因此,银杏除用作种叶经营树种外,干材生产也受到了人们重视。国内应根据适地适树的原则,因地制宜地发展银杏速生丰产林栽培,采用集约经营措施,力争在短时间内生产出大量的优质木材,以扭转国内外市场银杏木材奇缺的局面。银杏材用丰产林地要求避风向阳,土层深厚,土壤肥沃疏松,排水良好。选择雄株品种栽植。目前,美国已选出大量的银杏雄株品种,如塔银杏(窄冠)、圣云等雄株均有良好的干形和冠形。山东郯城选出的雌株高升果也可作为用材林栽培。

4.农田防护林

银杏树体高大、寿命长、树冠圆满、根系深,且与农作物共患的病虫害很少,是营造农田林网的理想树种。其林网的规划设计与一般树种基本相同,栽植技术也与普通银杏林相同。因实生树或雄株生长挺拔高大,树冠紧凑,防护效益明显,栽植应选用实生树或雄株栽植。同时,实生银杏能保留更多的雄株,能给附近片林或孤立木提供良好的花粉源。

银杏成龄树树高为 25 米左右,有效防护范围为树高的 20～25 倍,因此,银杏防护林带间距应为 500 米。30～40 年生银杏尚属幼树阶段,为加大枝叶量,促进生长,一般不宜修枝。在确保防护效益、长好木材的前提下,可获取一定数量的白果。应分年度伐除伴生树种,适当保留灌木树种,最后建成以银杏为主栽树种的防护林林网体系。

5.复合农林型

以银杏为主体的复合农林间作形式有两种,即"长、中、短结合型"和"长、短结合型"。各地根据当地的具体条件和经营习惯,选用不同的间作物,配置成多种模式,其经济效益和生态效益各不相同。复合型栽植的银杏要求分枝角小,树干通直,雄株和雌株均可。雄株要求材质优良,速生丰产。雌株要求选用优良品种,分层嫁接,并形成纺锤形树冠,劈头接干高度应在 2.5 米以上,以利于作物生长发育。

(1)银杏与粮食作物、经济作物、瓜菜间种模式。此模式属"长、短结合型",群落结构为两层。上层为银杏,为高大乔木,属晚期受益层;下层为作物,属早期受益层。间作一般行距为 30～50 米,株距为 4～12 米。

(2)银杏与小乔木或灌木经济林、瓜菜、苗木间种模式。此模式属"长、中、短结合型"，从群落结构上看是三层结构。上层是银杏，中层是小乔木或灌木经济林(桃、李、杏、梅、柿、樱桃、无花果、葡萄、香椿、桑、条类等)，下层是瓜菜、苗木。此模式的物种多，结构较复杂，是智力型和劳力型的结合，往往难以经营好。

6. "四旁"栽植

"四旁"土壤肥沃，光照充足，水源丰富，管理方便，生产潜力巨大，是银杏发展的最适宜场所之一。充分利用"四旁"隙地栽植银杏，开发庭院经济，是广大农民的一条致富之路，同时还可以美化环境。"四旁"栽植银杏要与村庄、住宅、道路、沟渠建设结合起来，进行统一规划，合理布局，尽量做到既充分利用"四旁"土地、空间资源，又使银杏与房屋、道路、沟渠相协调，整齐、美观。栽植要遵循因地制宜的原则，土壤酸碱度要适中，环境污染严重、积水成涝的地方不能栽植；应选择 3 米以上大苗栽植，注意雄株栽植数量不能小于 5%。

7. 城乡绿化

银杏树形美观，病虫害少，也是城乡机关、工矿、学校及居民区的优良绿化树种之一。城乡绿化栽植银杏时要与整个建筑物格局相协调，要注意避开高大楼房、积水沟以及酸、碱、盐、废水污染严重的地方栽植。以栽植雄株为宜，选五年生以上大苗或幼树。若需嫁接，接口应不低于 2.5 米，以不影响车辆及行人通行。也可将叶籽银杏作为绿化品种进行栽植，栽植时要因地制宜，与建筑物、景点相协调，以提高绿化美观的效果。

8. 采叶专用林

银杏叶的提取物除药用外，还可作为保健品原料。近年来，国内外对银杏叶的需求量越来越大，且价格不菲，银杏采叶专用林建设方兴未艾。

为了生产出产量高、质量好的银杏叶片，采叶园要求水源充足，排灌水良好，地势平坦，土壤深厚肥沃，至少不能低于矮化密植丰产园的条件。采叶专用林中每年都会取走大量叶片，因此要为采叶园补充大量的肥源。目前尚无优良的叶用品种，可选用叶大质厚的一至二年生嫁接苗或三至四年生扦插苗作叶用林苗木。

9. 采穗圃

银杏良种采穗圃是保存和开发利用优良无性系银杏的重要场所，可为发展银杏良种打下基础。银杏与其他果树不一样，每年发枝量较少，因此不能大量提供母树穗条。建立银杏良种采穗圃后，除可保留优良无性系和提供优良品种大量接穗外，还可防止地方品种的优良单株和优良实生变异单株遭天灾人祸而灭绝。

采穗圃应选在交通便利、无较大地形起伏的开阔地带，要有排灌条件，以利采穗母树生长发育和开展生产经营活动。圃地土壤应深厚肥沃，通气、保水、保肥性能良好，pH 值为 5.5～7.0，不内涝积水。采穗圃生产的接穗应以本地区的优良无性系为主，在此基础上，从外地引进已确定的优良品种或无性系作为建圃母树，以增加圃内优良品种的数量。

营建银杏采穗圃的目的是尽快获取大量优良品种接穗。因此，应采取各种有效措施促使银杏枝繁叶茂，使其疯长、徒长，尽快投产，这就要求对采穗圃进行大肥大水管理。产穗量多少与管理、树势、品种等有关，但每年采穗量应不超过每年抽枝量的 50%。

（三）建园

银杏是长寿树种,50年生成年树主根深度可达1.5米,水平根长13.5米。因此,在江河冲积地的河潮土、潮土和山麓坡积地上建园,可采取壕沟式(深、宽各80～100厘米)深翻改土。在山地丘陵上建园,应选择光照条件好的阳山坡面的中下部地块,采取大穴(长、宽、深各1米)改土,取出穴内石块,回填熟土。结合改土,栽苗前每株(或每穴)施入土杂肥100～200千克,加4～5千克磷肥作底肥。

银杏属雌雄异株植物,建园栽苗时应做好雄株苗木栽植数量和栽植地方与方式的规划,一般雌雄比例为100∶2～100∶3;在果园的周围或选择春季(尤其是花期)来风的上风口栽植雄株,雄株应尽可能地栽植在地势高处。

（四）栽植技术要点

生产中银杏主要在春季发芽前栽植、夏季带叶栽植和秋季(10—11月)栽植。夏季带叶栽植一般技术要求高。

栽植银杏要掌握"苗壮、穴大、肥足、根舒展、浅栽、土实、水透、高培土"八个方面:

(1)苗壮:栽植苗要粗壮,尖削度大,根系应完整,无病虫害。

(2)穴大:栽植穴要大,一般挖1平方米大小。如果苗木大,树穴要相应加大,一般穴径是苗木胸径的15～20倍。

(3)肥足:栽植银杏时,穴中要施足基肥,最好是充分腐熟的有机农家肥,每穴20～50千克。肥料与表土充分拌匀后,施入穴中,底土后填。

(4)根舒展:苗木放入穴中,要求根系舒展开,以利于成活,生长健壮。

(5)浅栽:栽植银杏时,浅栽尤为重要,这与银杏根系特点及发根温度有关。栽植深度大,地温上升慢,土壤透气性下降,湿度也大,对根系伤口愈合和发新根不利。浅栽后地温上升快,土壤通气性好,根系愈合早,发根快。

(6)土实:栽植后要踏实。栽植时,先向穴内填入20～30厘米的表土,再填入与土拌匀的肥料土,然后填入20～30厘米的表土,使树根不直接接触肥料。填一层土,踏实一层,层层踏实。然后放入树苗,边填土边踏实,使舒展的根系与土壤密切结合,使上层根系与地面相平,最后再填土踏实,略高于地面。切记只能用脚踏实,不能夯实,以防伤根。

(7)水透:栽植后周围筑上土沿,浇透水,土面自然下沉,保证根茎与地面齐平。

(8)高培土:待水下渗后,树围用干土培成土堆,高20～30厘米。其范围略大于穴口,以利保墒,防止被风刮倒,防止雨季穴内积水,引起烂根。

（五）抚育管理

1.土壤管理

(1)幼树园土壤管理:栽苗前未对全园土壤进行改造的,应在10月前后继续深翻扩穴和改良土壤,幼树期树盘应按浅中耕除草加覆盖的方法管理。若采用中低密度栽植的幼龄园行间空隙较大时,可间作豆科绿肥或花生、西瓜等浅根矮干、生长期短、需肥量少的作物。

(2)成龄园土壤管理

①土壤改良:成龄银杏一般采用轮换深沟压肥的方法对土壤进行改良,且结合深施基肥而进行。若出现根系裸露现象,应及时培土。可于10—11月在树冠滴水线外选两个对

应方位挖宽 30~40 厘米、深 40~60 厘米的沟(长依树冠而定),然后结合肥水的施入压埋有机肥,每年轮换方位。

②土壤耕作:成龄银杏树的根系十分发达,因此既可以实施生草法的土壤耕作制度,也可以实施中耕加覆盖的管理方法。中耕深度以 10~15 厘米为宜,也可用西玛津等除草剂除草。覆盖分全园覆盖和树盘覆盖、常年覆盖和短期覆盖,但一般采用树盘覆盖。覆盖材料可就地取材,用青草、稻草、秸秆等,厚 10~20 厘米,与树干之间留 10 厘米空隙,覆盖结束时可将覆盖物翻埋土中。

2.合理施肥

(1)银杏需要吸收的主要营养元素:银杏在生长发育的不同阶段,需要吸收不同的营养成分,其中氮、磷、钾要占树体干重的 45% 左右。微量元素尽管所占的比重小,但也是必不可少的。

(2)施肥种类

①施足基肥:基肥主要用有机肥,因为有机肥养分全,而且可以改良土壤结构,如充分腐熟的厩肥、堆肥、禽畜粪便,一般亩施 2000~3000 千克,时间一般以 9—10 月为宜。秋后早施,土温较高,有利于根系伤口的愈合,并能长出新根,增强第二年早春根系的吸收能力。

②适时追肥:追肥有利于当年壮树、高产优质,并为第二年开花结实补充养分。银杏树追肥的特点如下:第一,追肥种类、数量不受限制。第二,银杏的新梢生长时间短,增加枝叶量是其主要矛盾。因此,追肥时间要求比较严格,追肥的原则是以生长前期为主,70% 以上的肥料应在前期使用,中后期适当补充即可。第三,银杏具有多种经营目的,如采叶、收获果实、生产木材、绿化观赏等。因此追肥时间、数量和方式差异很大。

一般来讲,一年最好施肥三次。春季于 3 月中上旬施肥,因为新根生长初期,根系的吸收能力弱,而展叶、开花等消耗养分多,主要施用氮肥,适当加配磷肥;夏季于 5 月中上旬施肥,因为花期刚过,果实生长迅速,也正是新梢生长旺期,消耗养分多,此时仍以施用速效氮肥为主,配合少量磷肥;秋季于 7 月中下旬施肥,因为此时正值种子硬核期,为提高种子的品质和产量,需要氮、磷、钾混合施用。

叶面追肥不仅是对土壤施肥的一种补充,而且可以达到直接的施肥效果。常用的肥料有 0.3% 的尿素溶液及 30 倍水稀释的腐熟人尿,5—8 月每月一次。

(3)施肥量及方法:采取环状开沟施肥,在树盘相对两边开沟,轮换交替,规格为 30~40 厘米宽、40~60 厘米深,施入肥料有沤制腐熟的花生饼、菜籽饼、化学肥料及稀粪水等。每株全年施肥量:腐熟饼肥 1.5 千克、尿素 0.5 千克、复合肥 0.5 千克、硫酸钾 0.15 千克、过磷酸钙 0.5 千克。全年三次施肥量的比例为 2:2:1。

(4)施肥中的注意事项

①科学地确定施肥量:由于影响施肥量的因素很多,如树势、产量、树龄、品种、土壤、气候以及管理水平,因此,要综合考虑多种因素,提出合理的施肥方案。目前,科学的施肥量根据树体养分状况来决定,叶片养分分析是确定科学施肥量的可靠依据,用叶片的营养状况来判断树体营养水平。但大多数情况下施肥量是根据实践经验来进行的。

②根外追肥的最佳时间是傍晚,因为傍晚前后根系的吸收和利用率高。另外,最好选择在下雨后进行。

③追肥过程中,要注意一些配伍禁忌。如酸性肥料只能与酸性农药一起使用,而不能与碱性农药一起使用。

(5)幼龄银杏园的施肥管理:幼树以营养生长为主,施肥时应注意以氮肥为主。银杏栽后第一年只在5月新梢生长期追施尿素一次,每株施入100克,冬季每株穴施草皮土30千克,在定植后第二年开始挖坑施肥。由于银杏根系较发达,在土壤表层分布较多,且根的趋肥性较强,因此为使银杏幼树的根系向土层深处延伸,应从定植第二年冬季开始连续扩坑施重肥,以增加土壤深层的有机质,改变土壤的理化性状。其中施入的肥料有垃圾肥、猪粪、绿肥、豆秸、蔗渣、草皮土、复合肥、油枯、磷酸钙、硫酸钾等。需要注意的是,银杏树的扩坑施肥要在定植后2~4年内进行,若过晚,则树冠郁闭,表层根系密布,操作时易折断枝条和伤根,直接或间接影响结实。

(6)成龄园的施肥:银杏进入成龄后的施肥分为基肥和追肥的施用。基肥于10—11月施入,以施腐熟禽畜粪、堆肥、绿肥等有机肥为主。追肥在一年内多分为三次施用:第一次在发芽前(2—3月上旬);第二次在果实膨大高峰期的前几天(约在5月下旬),以施用尿素或碳酸氢铵加适量过磷酸钙为主;第三次在7月中下旬,以施磷肥为主,配合施用氮肥,促进枝条充实和种实发育。

3.灌水抗旱与排水防涝

银杏栽后浇水至关重要,水量大会导致烂根,缺水又会影响苗木生长。可根据天气情况,合理安排浇水,浇则浇透,防止拦腰水、表皮水,浇水后要注意松土保墒。成龄银杏的叶片大、多,蒸腾量大,需要较多的水分,因而视其情况还要注意及时灌水,尤其要注意在7—8月高温伏旱和早春发芽期干旱时灌水。银杏既喜水又忌水。土壤长期积水,会影响根的正常呼吸,引起烂根落叶,甚至植株死亡。在大雨或绵雨季节的前后要理好排水沟,让其排水畅通。

4.整形修剪

(1)银杏树的适宜树形:银杏树体高大,栽培目的又有产果、产叶、生产木材和绿化、美化的不同,所以,选用的树形也不一样。人工栽培的成片银杏树,其树形主要有高干疏层形、主干开心形、多主枝自然形和无层形等。

①高干疏层形:具有明显中干,干高2.0~2.5米,主枝稀疏,分散排列在主干上。第一层有主枝3个,第二层有2个,第三层有1~2个,第四、五层各1个,全树共有主枝7~10个。第一层主枝上每枝分生2~3个侧枝,侧枝间距为70~100厘米;第一、二层间距为1.2~1.5米,2层以上主枝各选留1~2个侧枝。

这种树形生长自然,树势健壮,发育充分,主枝分层相间排列,内膛光照良好,修剪量轻,成形较快,结果较早,产量较高,所以适用于多数品种。但由于这种树形的一层枝容易郁闭而长势较弱,导致树势上强下弱,因此,修剪时应注意控制上强,不使上部枝条生长过旺,维持均衡的树体长势。

②主干开心形:这种树形不留中干,由劈接时所插的3~4个接穗形成3~4个主枝,每个主枝上着生1~2个侧枝,结果基枝分布于主、侧枝上,形成中间较空的扁圆形树冠,主枝的开张角度常大于60°。

这种树形通风透光良好,骨架牢固,树冠较小,适于密植,易于丰产,适于长势较强、主枝不很开张的品种。但这种树形主枝粗大直立,选留侧枝较为困难,侧枝的延伸余地也比较小,所以,修剪时应注意经常调节主、侧枝的长势,维持相对均衡。

③多主枝自然形:这种树形有明显的中干,干高 1.5～2.0 米。主枝自然分层,层间距离一般为 0.8～1.2 米;第一层有主枝 3～4 个,第二层有 1～2 个,第三层有 1 个。各主枝错落着生,互不重叠,每个主枝上各有 2～3 个侧枝,形成自然圆头形树冠。

这种树形成形快,结果早,但枝条比较密集,冠内光照条件较差,为改善通风透光条件,盛果期后可将中干去掉,呈开心形。

④无层形:这种树形树体高大,主枝较少,但很粗壮,全树有 6～8 个主枝,不分层次地着生在中干上,各主枝间的距离约为 1.0 米,每一主枝上分生 2～3 个侧枝。

这种树形主枝稀密适宜,相互交错排列,通风透光良好,立体结果,产量较高,结果年限也长,但成形较慢,干性弱的品种整形较为困难。

以产叶为主要栽培目时,不宜选用高大树形,为便于采叶,可整成灌木状。

(2)银杏树的修剪方法:银杏树的修剪方法和其他果树大致相同,但在具体运用时有所区别。冬季修剪的主要方法有短截、疏枝、回缩修剪(简称"缩剪")和刻伤等,夏季修剪的主要措施包括抹芽、除萌、疏枝、环剥、倒贴皮及疏花疏果等。冬、夏修剪结合,增产效果明显。

①短截:主要作用是促生分枝,提高成枝力,改变枝条的延伸方向和角度,促进局部枝条和结果基枝的长势。银杏的壮枝,短截越重,抽生的新枝越壮。一般地,在壮枝剪口下可抽生 2～3 个新枝;弱枝短截后,则发枝很少或不发枝。为转换主、侧枝的位置,或改变其延伸方向,可破除短枝顶芽,促生长枝。

②疏枝:为培养主枝,加大层间距离,修剪时需适当疏除轮生枝和邻接枝。大树上的徒长枝不能利用时,也应及时疏除。树体长势减弱,外围发育枝细弱密集、影响内膛光照时,可疏除部分细弱枝。银杏树短枝多,长枝少,内膛枝条易密挤,需及时剪除枯萎枝、衰老枝、下垂枝和直立性徒长枝,而对其余枝条,则不宜疏除过多。

③缩剪:幼龄银杏树需增加枝叶量,所以一般不用缩剪,老树更新时多用缩剪。缩剪时,除衰老、残缺的结果基枝外,对骨干枝也可按从属关系回缩。为防止剪口失水干枯,影响剪口芽的萌发,应在剪口上多留 5 厘米左右的枝段。改变先端枝条的延伸方向,加大或缩小枝条的开张角度,改变树冠内的通风透光条件,都可应用缩剪。

④抹芽和除萌:银杏的潜伏芽生命力强,潜伏时间长,即使是千年老树,也常由基部、主干或主枝上萌发新枝,需要时保留培养,不需要时,应在木质化前及时抹除,疏除过晚会消耗大量营养,伤口大,不利愈合。

⑤摘心:摘心的目的在于控制枝条的顶端优势,调整营养供给平衡,增加分枝数。摘心的银杏修剪的时间主要有冬季和夏季。

⑥促花促果修剪:嫁接苗定植栽培管理生长第三或第四年后,可采取一些特殊的修剪措施来促花促果。

a.倒贴皮:在主枝基部用利刃剥脱主枝直径 1/10 宽度的一圈皮层,倒过来再贴回去,用塑料薄膜扎紧即妥。此法促花效果最高可达 92.6%。

b.环扎:在主枝基部用 16 号铁丝缠绕一圈,再用铁钳扭紧,深达木质部。

c.环割:在主枝基部用利刃每间隔 0.5 厘米割一刀,共割 2～3 刀,以深达木质部为宜。

d.环剥:环剥的时间以 6 月下旬至 7 月下旬为宜。环剥的宽度以枝粗的 1/10 为宜,以当年能够愈合为好。环剥过宽,不易愈合,还易遭受病虫害。不要在风、雨天环剥,也不要在主干上环剥,剥口不宜涂石硫合剂或波尔多液。环剥一次,2～3 年有效,在加强土、肥、水综合管理的基础上,效果更好。

以上措施应在 6 月上中旬实施,促进花芽分化和次年开花,但只能针对幼旺树或旺长枝,切忌过头。

⑦疏花疏果:银杏短枝多,连续结果能力强,只要树势正常,年年都会大量开花。但在花量过多、负载过重、树体营养亏损时,也会出现大小年结果现象。因此,需要及时疏除多余花、果。因为银杏花期短,雌花又小,所以生产中多不疏花,而行疏果,但银杏树体高大,疏花疏果难度很大,所以有的地方试用化学药剂进行疏花疏果。

(3)矮化密植银杏的修剪:目前的矮化密植银杏园多采用矮干树形。幼苗定植后,留70～80 厘米定干,剪口芽要饱满。抽枝后用作主枝的,其开张角度保持在 50°～60°,不作主枝而用于结果的,其开张角度应大于 60°;第三、四年继续选留 2～4 个主枝。矮干树形,一般只选留 2 层主枝,层间距不小于 80 厘米,层内距 40～50 厘米,树冠高度为 3 米左右。培养主枝的过程中,应注意维持树势均衡。对主枝上抽生的枝条,可轻剪或缓放,尽量留作辅养枝。为促发新枝,可于 5 月上中旬对辅养枝摘心;为促进花芽分化,可于 6 月下旬对辅养枝进行环剥或倒贴皮。若管理细致,肥水充足,嫁接苗定植后 3 年便可结果,5 年就可获得丰产。随着树龄的增长,银杏结果量逐年增加,枝叶量也逐年增多,出现光照不足、枝条细弱现象时,应及时疏除多余枝条,并短截复壮。

矮化密植园要求树干矮,主枝和短枝多,分布均匀,结构紧凑,树冠下大上小,叶层较厚,通风透光良好,树冠呈自然圆头形。

矮化密植园成形快,结果早,但随着树龄的增长,枝条密集,树冠内易出现郁闭现象,应及时适量疏枝,调整总枝量,或隔行、隔株移植,并相应地调整树体结构,保持良好的通风透光条件,以维持稳定产量。

(4)以用材为主的银杏的修剪:生产中以生产木材为主的银杏,生产木材是主要目标,生产果实是次要的。因此,对这种银杏,在选用树形时,应顺其自然,不必强求。定植的苗木宜选择高度在 2.5 米以上、基径粗度在 3 厘米以上的实生壮苗。若单纯生产木材,以栽植雄株为好。

幼苗定植后,可不必短截定干,任由顶芽抽生枝条直立向上生长;下部萌发的枝条,可任其向四周伸展;除主枝间距过小、横生或过密枝条可适当疏剪外,应尽量多留枝条,增加总枝叶量,扩大树冠,加速生长;长势过旺的大枝,可根据情况适当短截,以保持各大枝间长势的相对平衡。为加速成材,修剪量应尽量从轻;准备疏除的枝条,应尽量早疏,以减少营养消耗,并缩小伤口,使树干上下保持粗细匀称,成材后树干高大,通直无节,有较高的工艺价值。

这种树经 8～10 年的培养,便可成形。成形后,雄株可改接雌株,雌株也可改接良种。改接时,可只改接下部的 3～4 个主枝。但结果后树体长势明显减弱。冠内枝条密集时,应及时疏除枯死枝和过密枝,以改善内膛的光照条件;同时注意选留部分直立枝,以及有潜伏芽萌发的徒长枝,以保持树势的旺盛。以用材为主的银杏,不要强求单株产果量,一般 40～50 年生的单株,株产干果 20 千克左右即可,不宜要求过高。

(5)采果和用材兼用银杏的修剪:这种银杏以采用高干疏层形的树形为宜。所定植的苗木,宜选用健壮雄株,干高在 1.5～2.0 米时,选带有顶芽的枝条作接穗进行嫁接,成活后使上部枝条继续延长生长。全树共选留 7～8 个主枝,分 3～4 层均匀排列于中干上。第一层 3 个,第二层 2 个,第三、四层各 1 个,层间距离保持在 1.0 米以上。第一层主枝各留侧枝 2～3 个,第二层主枝各留侧枝 1～2 个,第三、四层主枝各选留侧枝 1 个。

对侧枝上的小枝或层间枝,可于夏季摘心,培养为辅养枝,经 8～10 年成形后,树高为 5～7 米。为提高出材率,还应注意修枝抚育,保持树冠和树高的适宜比例,保持较大的枝叶量。在二十五年生以前,少结或不结果;二十五年生以后,适量结果,株产量以 20 千克左右为宜;四十年生以后,适当疏除上层部分大枝或辅养枝,以保持树冠内部良好的通风透光条件。

四、主要病虫害及其防治

(一)病害及其防治

1.银杏茎腐病

银杏茎腐病在各银杏育苗区普遍发生,多出现于一至二年生的银杏实生苗木,尤以一年生苗木更为严重,常造成幼苗大量死亡。发病初期幼苗基部变褐,叶片失去正常绿色,并稍向下垂,但不脱落,感病部位迅速向上扩展,以致全株枯死。茎腐病菌通常在土壤中营腐生生活,属于弱寄生真菌。在适宜条件下自苗木伤口处侵入。苗木受害的根本原因是地表温度过高,苗木基部受高温灼伤后造成病菌侵入。苗木木质化程度越低,此病的发病率越高。在苗床低洼积水时,发病率也明显提高。

防治方法如下:①提早播种:争取在土壤解冻时即行播种,以利于苗木早期木质化,增强对土表高温的抵御能力。②合理密播:密播有利于发挥苗木的群体效应,增强对外界不良环境的抵抗能力。③防治地下害虫:播种前后一定要时刻注意消灭地下害虫。④防止苗木的机械损伤:在松土除草或起苗栽植过程中,一定要注意不要损伤苗木的根茎;否则,极易引起茎腐病的发生。⑤遮阴降温:为防止因太阳辐射而地温增高,育苗地应采取搭荫棚、行间覆草、种植玉米、插枝遮阳等措施,以降低太阳辐射对幼苗的危害。⑥喷水或灌水:在高温季节,应及时喷水或灌水以降低地表温度,有条件的地方可采取喷灌,以更好地减少病害的发生。⑦药物和生物防治:结合灌水可喷洒各种杀菌剂,如托布津、多菌灵、波尔多液等。也可于 6 月中旬追施草木灰/过磷酸钙,并加入拮抗性放线菌。

2.银杏苗木猝倒病

银杏苗木猝倒病也称“立枯病”,在各地银杏苗圃普遍发生。幼苗染病后死亡率很高,尤其在播种较晚的情况下发病率更高。病害多于 4—6 月发生。由于发病期不同,银杏通常出现种实腐烂、茎叶腐烂、幼苗猝倒、苗木立枯四种病状,以幼苗猝倒最为严重。该病主要危害一年生播种苗,尤其是种子出土后 1 个月内危害最为严重。苗木发病程度与连作、圃地整地粗糙、施用未腐熟的肥料、播种时间晚、温差过大等因素有关。

防治方法如下:①细致整地,防止圃地积水和土壤板结。有机肥料应充分腐熟,播种前应进行土壤消毒或土壤灭菌。②提高播种技术,适时早播,覆土厚度适当,促使苗齐苗旺,提高苗木群体抗性。③用 40％五氯硝基苯、75％代森锌或 25％敌克松处理土壤,每平方米用药 4～6 克,将药与细土混匀即成药土。播种前将药土在播种行内铺 1 厘米厚,然后播种,并用药土覆种。④幼苗发病时,立即用 10％苏化 911 可湿性粉剂 500～1000 倍、30％苏化 911 乳剂 1000～1500 倍、70％敌克松 500 倍、漂白粉 200～300 倍或高锰酸钾 1000 倍的药土或药液(苗床湿用药土,苗床干用药液)施于苗木根茎部。但应随即以清水喷苗,以防茎叶受害。若发现顶腐型猝倒病,要立即喷洒 1∶1∶(120～170)的波尔多液,每隔 10～15 天喷一次。

3.银杏叶枯病

银杏叶枯病在广西、浙江、江苏、山东等银杏集中产区有不同程度的发生。感病的植株,轻者部分叶片提前枯死脱落,重者叶片全部脱落,从而导致树势衰弱,生长发育不良。植株发病初期常见叶片先端变黄,逐渐变褐枯死,并由局部扩展到整个叶缘,呈褐色至红褐色的叶缘病斑。其后,病斑逐渐向叶片基部蔓延,直至整个叶片变成褐色或灰褐色,枯焦脱落为止。大树较苗木抗病,雌株随结实量的增加发病率明显提高。根部积水造成根系腐烂或树势衰弱会导致植株发病早而严重。

防治方法如下:①加强管理,增强树势。争取冬季施肥,避免积水,杜绝与松树、水杉间作,提高苗木栽植质量,缩短缓苗时间,以增强苗木的抗病性。控制雌株过量结果,以防止此病在银杏大树上蔓延。②化学防治:发病前喷施托布津等广谱性杀菌剂,或于 6 月上旬起喷施 40％多菌灵胶悬剂 500 倍液,每隔 20 天喷一次,共喷 6 次,以有效地防止此病发生。

4.银杏早期黄化病

银杏早期黄化病在各银杏集中产区均有不同程度的发生。黄化的植株较易感染叶枯病,导致提前落叶,高粗生长显著变慢。染病的植株种实产量下降,甚至全株死亡。此病在山东、江苏两省约于 6 月初出现。在 6 月下旬至 7 月黄化株数逐渐增多,呈小片状发生。发病轻微的叶片仅先端部分黄化,严重时则全部叶片黄化。其发病的主要原因是水分不足、地下害虫危害、土壤积水、起苗伤根或定植窝根,以及土壤缺锌等。

防治方法如下:①5 月下旬每株苗木施多效锌 140 克,发病率可降低 95％,感病指数也明显降低。②及时防治蛴螬、蝼蛄、金针虫等地下害虫。③防止土壤积水,加强松土除草,改善土壤通透性。④保护苗木不受损伤,栽植时防止窝根、伤根。⑤适时灌水,防止严重干旱。

5.银杏干枯病

银杏干枯病又称"银杏胴枯病",主要发生于河北、河南、陕西、山东、江苏、浙江、江西、广西等地区。此病除危害银杏外,还危害板栗等树种。病害发生在主干和枝条上,植株染病后,病斑迅速包围枝干,常造成整个枝条或全株死亡。病菌自伤口侵入主干或枝条后,在光滑的树皮上产生变色的病斑,粗糙的树皮上病斑边缘不明显;以后病斑继续扩展,并逐渐肿大,树皮纵向开裂。该病菌以菌丝体及分生孢子器在病枝上越冬,翌年春天温度回升时,病原菌开始活动。

防治方法如下:①由于该病的病原菌是一种弱寄生菌,银杏只有在树势十分衰弱的情况下,才会被感染,因此应加强管理,增强树势,避免病害的发生。②彻底清除病株和有病枝条,对病枝应及时烧毁。③对于主干或枝条上的局部病斑,应当及时刮除,并及时对伤口消毒。刮皮深度可达木质部,然后用 0.1％升汞液或 10％的浓碱水涂刷伤口,或用杀菌剂甲基托布津涂刷伤口,以杀灭病菌并防止其扩散。

6.银杏种实霉烂病

银杏种实霉烂病在各银杏产区均时有发生,在银杏种子的室外窖藏、温床催芽及播种后均有可能出现。霉烂的银杏种核一般都带有酒霉味,在种皮上分布着黑绿色的霉层,生有霉层的种核多呈水湿状并呈现褐色。切开种皮,种仁全部呈糊状,或一半呈糊状。银杏种实霉烂由容器不洁、种子含水量过大、储藏温度过高、通气条件不良、种子过早采收等多种原因所造成。

防治方法如下:①适时采收种子,且采收的种子必须充分成熟,防止采青。②种子储藏前要适当晾干,含水量以20%左右为宜。破碎种子和霉烂种子应一律剔除。种子最好用0.5%高锰酸钾消毒10分钟并充分晾干后储藏。③储藏环境应干净、无菌,食用种子库的温度以2~5℃为宜,并保持通风。有条件时可用氮气储藏种子。播种用种子不宜冷库储存。④种子室外窖藏时,先用0.5%高锰酸钾浸种15~30分钟,冲洗干净晾干后再混沙层积。窖藏种子宜用干沙,沙子的含水量最大不应超过3%。沙应先用40%甲醛10倍液喷洒消毒,30分钟后散堆,或用100倍液喷洒后捂盖,24小时后散堆,待药味全部失散后才能应用。温床催芽时,用2%~3%硫酸亚铁(黑矾)水溶液浸泡种子并喷洒温床。播种之前用多菌灵或托布津处理种子12~24小时,或拌种,药量为种子质量的1%~2%,或用上述药剂5~10千克/米²对苗床进行消毒,都可以减少种子播后在土壤中的腐烂。

7.炭疽病

炭疽病主要危害叶片。受害叶片先呈黄绿色,渐变褐色,并扩展为近圆形或不规则形的病斑,后期病斑由内向外逐步转变为灰白色,着生不规则或呈轮纹状排列的小黑点,随之病斑蔓延至全叶,最后叶片干枯脱落。该病的病原菌寄生能力强,可潜伏侵染。银杏常在6—10月感病,而以8—9月为感病高峰期。

防治方法如下:①加强园地管理,保持园地卫生。②6—10月每隔10天用80%代森锰锌800倍液或2%农抗120水剂喷一次。

(二)虫害及其防治

1.桑天牛

桑天牛分布很广,能危害多种林木和果树。成虫啃食嫩枝皮层,造成枝枯叶黄,幼虫蛀食枝干木质部,降低枝干的工艺价值,严重危害时常造成整枝、整株枯死,是银杏树的重要蛀干害虫。该虫在北方2~3年完成一代,以未成熟幼虫在树干孔道中越冬。幼虫期长达2年,至第三年6月初化蛹,下旬羽化,7月上中旬开始产卵,下旬孵化。成虫羽化后,一般在晚间活动,喜吃新枝树皮、嫩叶及嫩芽。卵多产在一年生枝条上。成虫先咬破树皮和木质部,伤口呈"U"形,然后产入卵粒。卵经2周左右孵化,初孵幼虫即蛀入木质部,逐渐侵入枝条内部,向下蛀食成直的孔道;老熟幼虫常在根部蛀食,化蛹时,头向上方,以木屑填塞蛀通上下两端。

防治方法如下:①在6—7月成虫羽化盛期进行人工捕捉。②幼虫活动期,寻找有新鲜排泄物的虫孔,将虫粪掏尽,从倒数第二个排粪孔注药后用泥团封闭最下端蛀孔。③幼虫发生期,用金属丝插入每条蛀道最下端的蛀孔,刺杀幼虫。④保护天敌。未孵化的桑天牛卵,多被啮小蜂寄生,应加以保护。⑤将被害濒死的树木及时连根伐除处理。

2.银杏大蚕蛾

银杏大蚕蛾又名"白果蚕",俗称"白毛虫",是银杏的主要害虫。幼虫杂食性,取食银杏及其他多种林木的叶片;发生严重时,能把整株的叶子吃光,造成树冠光秃,种子减产。除影响当年产量外,该虫害还影响银杏次年的开花结实,个别受害严重的银杏则全株死亡。

60

防治方法如下:①根据银杏大蚕蛾成虫产卵地点选择性强、卵期长、卵块集中并易于清除的特点,当银杏大蚕蛾大发生时,应当组织人力彻底摘除其卵块。于7月中下旬人工捕杀老熟幼虫或人工采茧烧毁。②成虫有趋光性,飞翔能力强,于9月雌蛾产卵前,用黑光灯诱杀,效果良好。③银杏大蚕蛾的天敌众多,如赤眼蜂、柞蚕绒茧蜂等,注意保护天敌。在9月雌蛾产卵期,可人工释放赤眼蜂,寄生率可达80%以上。④银杏大蚕蛾幼虫3龄前抵抗力弱,并有群集性的特点,及时喷施90%的敌百虫1500~2000倍液或25%杀虫双500倍液,杀虫效果很好,对3龄幼虫的防治效果尤其明显。在银杏大蚕蛾幼虫3龄前喷施杀虫剂效果可达90%以上。

3.银杏超小卷叶蛾

银杏超小卷叶蛾以幼虫危害银杏枝条,使枝条枯死,降低产量。幼虫多蛀入短枝和当年生长枝内危害,能使短枝上叶片和幼果全部枯死脱落,长枝枯断。此虫一年发生一代,以蛹在粗树皮内越冬。翌年4月上旬至下旬为成虫羽化期,4月中旬至5月上旬为卵期,4月下旬至6月中旬为幼虫危害期。5月下旬至6月中旬后老熟幼虫转入树皮内滞育,11月中旬陆续化蛹。成虫羽化多集中在早上6—8时,成虫翅展后有双翅直立背部的习性,易于捕捉。初孵幼虫爬至短枝顶端凹陷处取食,1~2天后即蛀入枝内,横向取食。幼虫危害以短枝为主,其次为当年生长枝。危害短枝时,常从枝端凹陷处或叶柄基部蛀孔侵入枝内。幼虫于5月中旬至6月中旬由枝内转向枯叶,将枯叶侧缘卷起,在叶内栖息取食,以后则蛀入树皮。幼虫多在粗树皮表面下2~3毫米处做成薄茧化蛹。该虫对老龄和生长衰弱的树株危害最为严重。

防治方法如下:①根据成虫羽化后9时前栖息树干的这一特性,于4月上旬至下旬每天9时前人工捕杀。②在虫害初发生和危害较轻的地区,从4月开始,当被害枝上的叶及幼果出现枯萎时,人工剪除被害枝烧毁,消灭枝内幼虫。③加强管理,增强树体抗性,以减轻该虫的危害程度。④成虫羽化盛期,将50%杀螟松乳油250倍液和2.5%溴氰菊酯乳油500倍液按1:1的比例混合,用喷雾器喷洒树干,对刚羽化的成虫杀死率达100%。应于危害期用相关药液集中消灭初龄幼虫。根据老熟幼虫转移到树皮内滞育的习性,于5月底6月初,用25%溴氰菊酯乳油2500倍液喷雾,或用25%溴氰菊酯乳油、10%氯氰菊酯乳油各1份,分别与柴油20份混合,刷于树干基部和土部以及骨干枝上,呈4厘米宽毒环,对老龄幼虫致死率达100%。

4.大袋蛾

大袋蛾分布广,杂食性,危害果树、林木和农作物,幼虫食树叶、嫩枝及幼果,是灾害性的害虫。该虫通常一年发生一代,成虫在护囊内越冬,翌年5月化蛹,5月下旬交配产卵,约经3周孵化。幼虫期为310~340天,幼虫吐丝,靠风力蔓延,有趋光性。5龄后食量增多,7—9月危害严重。

防治方法如下:①搜集越冬护囊,集中烧毁。②用每毫升含1亿孢子的苏云金杆菌溶液喷洒。③幼虫孵化后用2.5%敌百虫粉剂或90%敌百虫1000倍溶液喷洒。

5.舞毒蛾

舞毒蛾分布很广,幼虫杂食性,危害嫩枝、幼芽和叶片,严重时植株将被吃光。该虫一年发生一代,幼虫在茧内越冬,翌年4—5月,嫩芽萌发后孵化,危害银杏嫩枝、幼叶。幼虫常吐丝悬挂,借风传播,扩大危害。7月成熟幼虫吐丝化蛹,不结茧。7月下旬至8月上旬羽化、交尾产卵。雄蛾比雌蛾活跃,常在白天出来飞舞,有趋光性。卵常产于大枝、树干或树干地际,能耐—20 ℃低温,长期水浸的卵也能孵化。

防治方法如下:①人工摘除卵块,集中烧毁。②利用成虫趋光性诱杀。③在银杏园释放卵寄生蜂及捕食性天敌,效果显著。④用 65％敌百虫乳剂 500～800 倍液喷洒 3 龄以前的幼虫。

6.黄刺蛾

黄刺蛾幼虫又名"刺毛虫""洋辣子""八角"等,全国各地均有发生,食性杂,危害树木达 120 种以上,是食叶的主要害虫之一。华北地区一年发生一代,以老熟幼虫在树上结茧越冬。翌年 5—6 月化蛹,成虫 6 月出现。初孵幼虫取食卵壳,然后食叶,仅取食叶片的下表皮和叶肉组织,留下上表皮,呈圆形透明小斑。4 龄时取食叶片,呈网眼状,5 龄后可吃光整叶,仅留主脉和叶柄。人触及幼虫体表的毒毛后,皮肤剧烈疼痛和奇痒。7 月老熟幼虫先吐丝缠绕树枝,后结茧,茧一般多在树枝分叉处。新一代的幼虫于 8 月下旬以后大量出现,秋后在树上结茧越冬。

防治方法如下:①冬季落叶后,结合修剪除掉树上的虫茧,杀死越冬蛹。刺蛾初龄幼虫多群集于叶背面危害银杏,使被害叶呈枯黄膜状,5—6 月发现这种现象时,及时组织人力,摘除虫叶,消灭幼虫。②6 月上中旬成虫羽化期,于 19—21 时用黑灯光诱杀成虫。③6 月上中旬幼虫初发期,用 90％晶体敌百虫、30％敌百虫乳油 1000 倍液、2.5％溴氰菊酯乳油、20％速灭杀丁乳油 3000～4000 倍液喷洒叶片,每隔 7～10 天喷一次,共喷 3 次,效果很好。④在虫害发生期间,用青虫菌粉 800～1000 倍液喷洒叶片,可大量杀死幼虫。⑤利用天敌。茧期天敌有上海青蜂、姬蜂等,成虫期天敌有螳螂。通过保护、饲养天敌,在发生期释放姬蜂等,一般放 3～4 次,即可有效控制危害。

7.茶黄蓟马

茶黄蓟马是中南、西南茶区重要的芽叶害虫,近年来在江苏、山东等银杏产区开始危害银杏。该虫主要危害银杏幼苗、大苗及成龄母树的新梢和叶片,常聚集在叶片背面吸食嫩叶汁液,叶片被吸食后很快失绿,严重时叶片白枯导致早期落叶。茶黄蓟马在山东郯城、江苏邳州一年发生四代,以蛹在土壤缝隙、枯枝落叶层和树皮缝中越冬。茶黄蓟马在银杏叶片上,一般于 5 月中下旬开始出现,这是第一代的危害期;7 月中下旬达到高峰,即为第二、三代的危害期,表现为一定程度的世代重叠;9 月初虫量消退,为第四代陆续下地化蛹的时期。

防治方法如下:①4 月下旬在地面和树干喷洒速灭杀丁 3000 倍液,能有效防治成虫上树危害。②5 月中下旬,叶片上开始出现茶黄蓟马时,对树体喷药防治。6 月中下旬喷第二次药,7 月中下旬虫口密度最大时喷第三次药,可用 40％氧化乐果 1000 倍液或速灭杀丁 3000 倍液,防治效果可达 95％。

8.桃蛀螟

桃蛀螟又名"桃蠹螟""豹纹斑蛾""桃斑螟",杂食性害虫,分布广,危害多种植物的种实和嫩梢。近年来,在山东郯城的银杏密植丰产园内发现该虫也危害银杏种实。8 月,被害银杏种实内的种核全被食光或只剩一部分。桃蛀螟在北方一年发生两代,以第二代幼虫危害银杏种实。寄生于其他寄主上的第一代成虫将卵产于银杏树上数个种实相靠的部位,孵化后侵入种核内,一只幼虫一生只取食一粒种实。

防治方法如下:①受桃蛀螟危害的银杏周围一般有其他寄主,如玉米、向日葵、桃等植物,应注意使银杏园与之隔离。②7月上旬第一代成虫羽化期,用5%抑太保1500~2000倍液或3000倍液在树体上均匀喷雾,可有效地防治该虫危害银杏。

9.蝼蛄

蝼蛄俗称"拉拉蛄",以华北蝼蛄和东方蝼蛄对银杏播种苗危害严重。东方蝼蛄分布于全国各地,以北方地区发生较重;华北蝼蛄分布于西北、华北和东北的南部地区。蝼蛄对苗木的危害除成虫、若虫直接咬食根系和种芽外,还由于其在土壤中的活动使银杏苗木的根系与土壤脱离,造成银杏苗木遭日晒后萎蔫。蝼蛄在北方地区有两次猖獗危害时期:一是4—5月,越冬代成虫、若虫上升到表层土壤中活动;二是9月,当年越夏的若虫和新羽化的成虫大量取食,准备越冬。蝼蛄昼伏夜出,晚间9—11时是取食高峰,趋光性很强,在潮湿闷热、无风无光的夜晚,利用灯光可诱到大量成虫。此虫趋化性强,喜香爱甜,趋肥性(喜马粪)和趋湿性也较强,多发生在平原以及沿河、临海、近湖等低湿地区,特别是沙壤土、粉沙壤土和质地松软的腐殖质土,最适宜蝼蛄的繁殖。

防治方法如下:①做苗床时使用毒土杀虫,即用0.5千克敌百虫与100~125千克细土拌均撒施,翻地耙平。此量可用于2亩苗床。②毒饵诱杀。用90%晶体敌百虫稀释液喷至麦麸上,拌成毒饵,傍晚撒于苗床,每亩用量为1000~1500克。③春季根据地面蝼蛄的隧道标志挖窝灭虫,夏季产卵高峰期结合夏锄挖穴灭卵。④马粪或鲜草诱杀。在苗圃地,每隔20米左右挖一小坑,将马粪或带水的鲜草放入坑内,虫被诱入后,白天集中捕杀。在坑内加放毒饵也能诱杀。毒饵配制方法:将豆饼屑或麦麸100千克用文火炒香,加上90%晶体敌百虫或50%辛硫磷1千克,拌匀。⑤在苗圃周围设高压电网或灭虫灯等诱杀。

10.蛴螬

蛴螬是金龟子幼虫的总称,俗称"鸡粪虫"。各地发生的种类有所不同,发生严重的主要有铜绿丽金龟、华北大黑鳃金龟、黑绒金龟等。蛴螬大部分为植食性种类,其成虫和幼虫均能对银杏造成危害。除咬食银杏幼苗的侧根和主根外,蛴螬还能将根皮食尽,造成缺苗断垄。成虫则取食银杏叶片,由于个体数量多,可在短期内造成严重危害。该虫一年发生一代,以成虫或幼虫在土中越冬。成虫多昼伏夜出,白天少见,夜出型种类具趋光性和假死性。

防治方法如下:①精耕细作,合理施肥,粪肥要充分腐熟方可施用。适时灌水对初龄幼虫有一定的防治作用。②圃地周围或苗木行间种植蓖麻,对多种金龟具诱杀毒杀作用。当蛴螬在表层土壤活动时,可适时翻土,拾虫消灭;或利用成虫的假死性,在盛发时期人工捕杀。③在成虫盛发期,用杨、柳、榆树枝条蘸80%敌百虫200倍液中浸泡10小时以上,每亩5把,插在苗圃或新植银杏园诱杀成虫。④喷洒敌百虫800~1000倍液或40%乐果800倍液,以及刮除树干粗皮涂40%氧化乐果1~2倍液等,对成虫防治均有效果。⑤用辛硫磷土壤处理:每亩用50%辛硫磷200~250克,加细土25~30千克,撒后浅锄;或用50%辛硫磷乳油250克,兑水1000~1500千克,顺垄浇灌,如能浅锄可延长药效。⑥若在出苗或定植时发现蛴螬危害,可在苗床或垄上开沟或打洞,用90%敌百虫500~800倍液或50%辛硫磷200倍液进行灌注,然后覆土,以防苗根漏风。

11.沟金针虫

沟金针虫主要发生于辽宁、山东、江苏、陕西、甘肃等省,以幼虫咬食银杏种实、根、茎或钻到茎内危害,常造成缺苗断垄。成虫在补充营养期间取食银杏芽叶,也会造成一定的危害。此虫2～3年完成一代,以成虫或幼虫在土中越冬。幼虫期到第三年8月老熟后做土室化蛹,10月成虫羽化后在原土层中越冬。翌年4月上旬为成虫活动盛期,雄成虫有趋光性。沟金针虫主要在土中活动,但受温、湿条件的影响很大。当土温在10～20 ℃时,该虫会严重危害种实和幼苗。春季多雨时,其危害加重。

防治方法如下:①及时清除杂草和松土,精耕细作可抑制其危害。②播种前用1千克1.5%乐果粉剂与300～400千克细沙土充分拌匀后,均匀撒入苗床或苗垄中,翻土毒杀幼虫。

第四节　雪　松

雪松是松科雪松属常绿乔木,成树高达30米,主干粗壮,分枝均匀,整个树形呈塔状;树体高大,干形通直,材质优良;树姿雄伟壮丽,挺拔苍翠,是珍贵的用材树种和世界著名的观赏树种。

一、主要优良品种

(一)绿叶雪松

绿叶雪松即直叶雪松、普通雪松。雪松四季常绿,是世界著名的庭院观赏树种之一,其绿化美化作用突出,同时还具有环保价值,因而种植前景广阔。

(二)银叶雪松

银叶雪松的叶片颜色是银白色或稍带蓝色,植株整体呈灰蓝色。银叶雪松株型较大,可作景观树栽植,绿化美化效果很好。

(三)金叶雪松

金叶雪松算是一种彩叶树,它的针叶呈金黄色。和普通的绿叶雪松不同,金叶雪松整体看上去是金灿灿的,特别壮观,并且一年四季都保持这种颜色。

(四)厚叶雪松

厚叶雪松又称"短叶雪松",针叶长2.8～3.1厘米,厚而尖;枝平展开张,小枝略垂或平展,树冠壮丽;生长较慢,适宜园林绿化。

(五)垂枝雪松

垂枝雪松又称"长叶雪松",针叶长3.3～4.2厘米,枝条下垂,叶片密集,树冠尖塔形,生长较快,树姿美丽;可作景观树,适合种植在绿化带或庭院内。

(六)翘枝雪松

翘枝雪松的针叶长3.2～3.8厘米,枝条上翘,小枝微垂,树冠宽塔形,生长最快。

(七)曲叶雪松

曲叶雪松的针叶弯曲,是普通雪松的变异品种,数量很少,适于制作盆景。

(八)北非雪松

北非雪松也叫"西洋雪松",是松科雪松属乔木,树高三四十米,大枝平展,略向斜伸,树形为塔状,叶片为银绿色,横切面呈四边形。

(九)黎巴嫩雪松

黎巴嫩雪松树高 25～40 米,为常绿乔木,大枝平展,小枝略下垂,叶 30～40 枚束生于短枝上,叶色呈暗绿到蓝绿色,生长十分旺盛,观赏价值高。

二、苗木繁育技术

雪松的繁殖方法主要有播种法、扦插法、压条法、嫁接法等,目前采用的主要是扦插法和播种法。以播种法繁殖的雪松实生苗,具有枝条匀称、萌发力强、树形好、对不良环境的抗性强等优点,是扦插繁殖的取穗母树。

(一)播种育苗

1.选好圃地

雪松苗木怕旱怕涝,因而育苗圃地要选建在排灌便利、地势高燥、背风向阳、土壤微酸、土层深厚肥沃的沙质土壤上。切忌在多年的菜地、老圃地上育苗。雪松大苗带土球移栽,装车难度大,要选择交通便利的地块。

2.细致整地

圃地在翻耕时,应施足饼肥或腐熟的厩肥作基肥,每亩还要加施钙镁磷肥 50 千克;在最后一次耕耙前,每亩撒施敌克松 1～1.5 千克或硫酸亚铁 25～50 千克进行土壤消毒,然后做成深沟高畦的苗床。苗床宽 1～1.2 米、高 0.3 米,床面要整细,筑成龟背形,床面中间稍高,四周可用砖砌或泥堆;筑好的床面再铺上一层 3～5 厘米厚的不带病菌、比较肥沃、疏松并过筛的山上生土。

3.精心播种

一般雪松种子每千克有 6000～8000 粒,空粒较多,因此需用水选种法,将漂浮的种子清除,选籽粒饱满的优质种子。种子播前要浸种催芽,以冷水浸种 96 小时效果最佳;也可用 45～50 ℃的温水浸 24 小时,浸后用 0.1％高锰酸钾消毒 1 小时,然后用清水冲净晾干播种,切忌带湿播种。播种一般在春分前进行,宜早不宜迟;以条播为好,行距为 20～25 厘米,株距为 4～5 厘米,按行距搂出浅沟;种子宜立插在播种沟内,种子小头插入土层约 0.5 厘米。每亩播种量为 7.5～10 千克,播后覆上厚 1 厘米左右的黄心土或焦泥灰,然后浇透水。

4.苗畦覆盖

播后苗畦覆盖,这是雪松育苗成功的关键措施。播种后不仅要盖土,而且要盖上一层薄稻草,再用喷壶将水洒在上面保持床面湿润,过 3～5 天种子即可萌动,半月左右种子相继出苗,出苗时间持续达 1 月余。为防止刚出土的幼苗因遭雨淋而损失,还应在覆草后立即搭设矮层薄膜棚,并控制好棚内温度,当棚内温度保持在 15～20 ℃时,要进行通风;遇外界气温在 15 ℃以上的晴天,白天可揭开薄膜,晚上盖好。当出苗 70％以上时分批揭去覆草,待幼苗长出真叶时拆除矮棚,再搭高架荫棚。

播后苗床也可覆盖塑料膜保温。2～3 天喷水一次,保持苗床温度和湿度。1～2 周芽相继出齐后,白天打开塑料膜晒太阳,夜间防冻保温。谷雨时节,搭架盖帘防晒,夜间揭开。

5.苗期管理

在苗木生长期间,除应经常浇水、松土、除草外,还应每隔半月追施一次充分沤熟的稀薄饼肥水,浓度可逐渐增大;若施化肥,可撒埋在播种沟之间,切不要接触小苗,否则会造成烧苗。为防止发生病害,当种苗出齐后,每隔半月喷一次1%的波尔多液,直到雨季结束。苗全部出齐后,用多菌灵药剂兑水透浇苗床,防倒枯病,每周2次,用药3~4周。立秋后拆去荫棚。三伏过后,可适量施肥,用人尿按1:15兑水喷浇,慎用化学肥料。入冬后,小苗就可出圃移栽。

(二)扦插育苗

雪松一年四季皆可扦插繁殖,春插在3月中下旬进行为宜,夏插在5—6月进行为好,秋插在8月中旬进行,晚秋和冬初仍可扦插,但当年不能生根。大面积生产时,以春插和夏插为主,成活率较高,经济效益较好。

1.选取插枝

插枝应选幼龄实生母树的树冠中部的一年生壮枝。如果采取十年生以上大树的枝条,以树冠上部半木质化的枝条为宜。夏插宜剪取当年春梢作为插穗。剪取插枝以有露水的天气为好,可在早晨或阴天进行,防止阳光过强,使枝条失水。枝条采剪后应对齐基部,用湿润卫生纸或旧棉布包住保湿,随即带回室内处理。

2.准备插穗

在室内将插条剪成15厘米长,基部要用利刃在芽下0.5厘米处削成马耳形,上部在节上1.5厘米处剪成平口,注意不要撕裂表皮和损伤腋芽。插枝截剪后按直径大小分开,捆成小把,然后用500毫克/升的萘乙酸水溶液浸1小时,取出稍晾干即可进行扦插;勿置过久,应保持插枝新鲜,以提高成活率。

3.扦插

苗床扦插时应按径级、长度、粗细分开进行。春插株行距为5厘米×9厘米,夏插可适当密些。插前可先在苗床上开浅沟,然后进行扦插,直插和斜插均可。但斜插更好,因为其接触面积大,有利于生根。插入深度为6~8厘米,插后压实,浇足水。

4.插后管理

枝条扦插后应搭荫棚或利用遮阳网进行遮阴,透光度以30%~40%最为理想。插后每天早晚用喷壶或喷雾器喷水一次,阴雨天少喷。插枝生根后要控制喷水量和次数,以防烂根,同时要加强水肥管理。夏插温度高时,要盖双层帘降温,且四周要通风。晴天荫棚必须早盖晚揭;雨天要及时清沟,排水防涝。立秋后可拆去荫棚进行炼苗,提高其抗性。一般枝条插后50天左右可生根,成活率在85%以上。抽梢后可喷施0.2%的尿素或磷酸二氢钾,以促进新梢生长。翌年春天,可按30厘米×50厘米的株行距移植于一般园地。

三、栽植与抚育管理

(一)播种苗移栽

4月中下旬雪松子叶全部展开,这时苗高4~7厘米,主根长4~8厘米,侧根尚未生出或刚开始生长。移栽时,将播种苗从砂床轻轻挖出,放在预先装入清水的盛苗器内。移入大田时,用一根宽2厘米的剑形竹签插入土中,开出比芽苗的根略深一些的穴缝,将芽苗根部随即放入。若用容器移栽,可采用高 20～25 厘米,直径为 7～10 厘米的通底塑料袋,装满营养土,整齐地排列在 1 米宽的苗床上。移栽播种苗,要遵循"土壤不能过干过湿,播种苗宜小不宜大"的原则。一般移栽后 10～15 天,幼苗相继长出新根。大田移栽的株行距为 30 厘米×30 厘米。

(二)夏季移植

移植时间以夏季第一次生长停止后约 1 个月为宜。栽植位置最好选在背风向阳处,立地条件差的要先改换土。起挖前修剪病枝及细弱枝,疏去过密枝,以减少水分消耗,提高成活率。要仔细捆扎枝条,以免挖时损伤下部枝条。起挖土坨为胸径的 10～15 倍,用草绳或木箱包装。若随起随栽,则不必包装。

北方地区要在栽植坑内施硫酸亚铁 25 千克/亩,以防缺铁。栽植坑要比土坨大 1 米左右,要分层填土且踏实,每层最多 30 厘米厚,一定要踏实踏紧。栽后在树干四周做土埂,以利灌水,并立支柱,支撑树干。栽后连续灌三次透水:栽后当天灌第一次,2～3 天灌第二次,一周后灌第三次。然后进行松土,把捆扎的枝条松开。若天气炎热,可于每天早晚向树冠喷水 1～2 次,保持其湿润,并经常松土除草。第二年撤去支架,进入正常管理。

(三)扦插苗整形修剪

一般来说,雪松实生苗可以不必修剪而自然成形,但雪松扦插苗很难自然形成优美树形,必须根据雪松的树形特点进行整形修剪。雪松修剪技术主要是疏去过密的枝、回缩过长的枝、补充偏冠的缺枝。

1.雪松正常优美的树形

优质雪松具有明显的中心领导干,生长旺盛,大侧枝不规则轮生,向外平行伸出,四周均衡、丰满,小枝微下垂。下部的侧枝长,渐至上部依次缩短,疏密匀称,形成塔形树冠。

2.对不正常树形的修剪方法

(1)主干弯曲应扶正:雪松为乔木,主干直立不分叉,因此必须保持中心领导干向上生长的优势。有些苗木的主干头弯曲或软弱,势必影响植株的正常生长。可用细竹竿绑扎主干嫩梢,充分发挥其顶端优势,绑扎工作每年进行一次。若主干上出现竞争枝,应选留一个强枝为中心领导干,另一个短截回缩。

(2)大侧枝的选留:雪松侧枝在主干上呈不规则轮生,数量很多。如果间隔距离过小,则会导致树冠郁闭、养分分配不均、长势不均衡。修剪的目的就是使各侧枝在主干上分层排列,每层有侧枝 4～6 个,并向不同方向伸展,层间距离为 30～50 厘米。凡被选定为侧枝者均保留,并注意保护其新梢。对于层内未被选作侧枝的较粗壮枝条,应先短截,辅养一段时间后再作处理,其余枝条适当疏除。

(3)平衡树势:树体各部分因所处条件不同,其生长速度不一致,所以生长势也有强弱之分。优质雪松要求下部侧枝长,向上渐次缩短,而同一层的侧枝长势必须平衡,才能形成优美的树形。所以,在整形修剪时,要注意使各侧枝平衡生长。平衡树势时,对生长势强的枝条可进行回缩剪截,并选留生长弱的平行枝或下垂枝替代。

(4)调整"下强上弱"的树势:有些雪松下部侧枝生长过旺,上部侧枝则很弱,形成"下强上弱"的树冠,很不美观。其原因是幼苗时未能把顶梢扶正,使营养分散在下部大侧枝上,以致幼苗长大后上部侧枝不伸展,下部长势旺盛。解决办法如下:对下部的强壮枝、重叠枝、平行枝进行缩剪;对上部的枝条,喷洒40～50毫克/升赤霉素溶液,每隔20天喷一次,以促其生长。

(5)偏形树的改造:雪松因扦插时插穗选择不当或在生长过程中伸展空间受到制约等原因,常形成树冠偏向生长。改造这种树的方法是引枝补空,即将附近的大侧枝用绳子或铁丝牵引过来;也可以嫁接新枝,即在空隙大而无枝的地方,用腹接法嫁接一健壮的芽,令其萌发出新枝。

(6)换头:树头有时会损坏或处于弱势,须用强健的侧枝替代。将侧枝用竹竿或直木捆好拉直以后,使其成为中心主导枝,这个过程就是换头。

(四)大雪松移植养护

1.移植时间

大雪松可在早春至10月中旬进行移植,以早春成活率最高。以选择土层深厚、排水良好的壤土或沙壤土为宜。

2.挖树穴

树穴以长2.5米、宽2.5米、深1.5米左右为宜,去掉内部的大石块及不良土壤,并备好足够的回填土。

3.器具准备

准备9米长的竹竿若干、12号铁丝若干、捆扎工具、高压喷雾器3台、喷头(带杆)40个、输水管若干米、喷灌机一台。提前做好场地的平整,计划好吊车及运输车辆的行车路线。

4.起挖和运输

起挖前做好选苗工作,要求所选苗木树形优美,树干通直,无机械损伤。尽量不要选用树冠偏大、枝条偏密的雪松,以提高成活率和降低运输、栽植的费用。提前做好记录,以利于苗木到场后对号入坑。起挖前先用支撑物撑好苗木,防止树木歪倒,以保证安全。另外,还应标记好苗木的阴阳面,以便于栽植时定位。采用软包装,先用草帘裹住土球,然后用草绳麻花状缠绕,外层用棕绳再缠绕一遍。实践证明,在土质良好的情况下,土球无一破碎。吊装采用16吨吊车,土球用钢丝绳牵拉,钢丝绳之间用"U"形扣连接,钢丝绳与土球接触处垫厚木板,防止其勒入土球。用主钩挂住钢丝绳,副钩挂住树干的2/3处,挂钩处树干均应用麻袋片层层包裹,防止绳子勒入树皮。在树干的1/2处还应拴一条长绳子,以利于在吊运过程中靠人力保持运动方向。苗木上车后,保持土球朝前,树冠朝后,并用三脚架撑住树干,防止树冠拖地。近距离运输时,要在树干及树冠上喷水;远途运输则必须加盖篷布并定时喷水,以减少树木的水分蒸发。

5.栽植

在每个树穴内施有机肥20千克,并用回填土拌匀填至土球的预留高度。栽植的吊装方法与起挖吊装基本一致。苗木吊到树穴内未落地前,用人力旋转土球,使其位置、朝向合理,随后将土回填,回填前应把所有的包裹物全部去除。最后分层夯实并做好水穴。

6.养护

(1)苗木栽植后应立即扶架,扶架完毕后再浇水。第一次浇水应浇透,并在3天后浇第一遍水,10天后浇第二遍水。为保证成活率,在栽植的第四天可结合浇水用100毫克/升的

3 号 ABT 生根粉进行灌根处理。三次浇水之后即可封穴,用地膜覆盖树穴并整出一定的排水坡度,防止因后期养护时喷雾造成根部积水。地膜可长期覆盖,以达到防寒和防止水分蒸发的作用。之后应用喷灌机做喷雾养护,每天定时喷雾,以保证树冠所需的水分和空气湿度。春天风大且降水量少的地区,苗木的水分蒸发量大,因此浇水、喷雾的次数应适当增加。当苗木安全地度过春天后,养护工作即可进入正常管理。

(2)为提高成活率,在扶架完成后,应配合苗木的整形作疏枝处理。先去除病枝、重叠枝、内膛枝及个别影响树形的大枝,再修剪小枝。修剪过程中应勤看、分多次修剪,切勿一次修剪成形,以免错剪枝条。修剪完成后及时用石蜡或防锈漆涂抹伤口,防止伤口遇水腐烂。

四、主要病虫害及其防治

(一)主要病害及其防治

1.枯梢病

枯梢病主要危害雪松的叶、枝梢、主干,分为枯叶型病、枯梢型病、茎基腐烂型病三种。病原菌以菌丝体和分生孢子在病组织中越冬。本病在山东济南地区 4—9 月均可发生。该病原菌是一种兼性寄生菌,存活于枯枝、落叶和病组织上,当环境条件适合时,就可以侵染生长衰弱的雪松。雪松性畏烟尘、二氧化硫、氯气等有毒物质,空气污染可以加重病害。在病害发生期,降雨量大会加重病害。在山口、坡顶等处的雪松由于容易发生冻害,发病也比较严重。土壤贫瘠、土层浅薄或缺乏硼、锌等元素均可使病害发生严重。地下水位高、土壤板结也可使雪松根系渍水和通透性不良,引起生长衰弱,导致病害发生严重。

防治方法如下:①春秋两季适时施肥,增强土壤肥力,并合理灌溉,同时冬季要注意做好防寒保护。②喷施药剂:对雪松枯梢病有效的药剂有 40%多菌灵胶悬剂 1000 倍液、70%代森锌可湿性粉剂 700 倍液、40%甲基托布津 600 倍液、多菌灵井冈霉素胶悬剂 1500 倍液等。于 4—5 月喷洒植株的叶、梢、枝。发病轻的地方可喷 1~2 次,用药间隔为 15 天;发病重的地方每隔 10 天喷一次,直至病情得到控制。有腐烂病斑的树要用刀刮去病斑,再涂刷药剂。如果发现根颈处有腐烂现象,则要用同样浓度的药液开穴浇灌,每月一次,一般要 3~4 次。

2.溃疡病

溃疡病又名"雪松枝枯病",主要造成雪松树干和枝条上出现泡状突起、下陷斑或溃疡斑。在河南和山东,3 月下旬为该病发作期,4 月下旬至 5 月上旬为该病盛发期。病菌以病残体中菌丝或分生孢子器在枝干部的病斑内或病斑上越冬。栽培措施和立地条件与雪松溃疡的发生有很大关系。地势低洼、水位高、管理粗放、根部土壤板结、土壤贫瘠、空气烟尘大等不利于雪松生长、导致树势衰弱的环境,易导致雪松溃疡病的发生。

防治方法如下:发现病斑时,用刀刮至好组织,并涂抹 10 波美度石硫合剂或多菌灵泥浆(土 3 份、多菌灵 1 份)。其他方法同枯梢病的防治。

3.疫病

疫病的主要症状有根腐、溃疡(干腐)、猝倒和立枯,会造成植株直立枯死。从刚出土的幼苗到多年生的大树均可受害,染病植株轻者生长衰退,重者枯死。此病在土壤板结、透气性差、雨水多、湿度大的情况下更严重。

防治方法如下：发现病情后，在每年的春夏季（4 月中旬至 6 月初）及秋季（8 月下旬至 10 月上旬）于树干上发病处用刀刮平后涂刷药液，每隔 15 天一次。对成龄大树，用20 克乙磷铝加 70％敌克松 10 克混合液松土后灌根，防治雪松疫病的效果很好。此外，切实做好检疫工作，避免病害跨区扩散，也十分重要。

4.灰霉病

本病会造成嫩梢发生溃疡、枯梢及小枝枝枯，严重影响雪松的生长发育和观赏价值。此病从幼苗到成株大树均有发生，主要危害当年生嫩梢及两年生小枝，严重时可以扩展到两年生以上的小枝上，一般不危害主干。发病症状有溃疡型、嫩梢枯梢型和小枝枝枯型三种类型。该病的发生和流行与气候条件关系密切。高温可减少发病，高湿可促使发病，病原菌腐生能力强。春季到初夏，雪松植株组织幼嫩，如果低温多雨天气多，很容易发病，但在气候干燥少雨的地区则发病轻微；秋季温度也适合病原菌生长，但雪松嫩梢已经木质化，不利于病菌侵入，一般发病轻微，但在秋季多雨地区，也常发病。

防治方法如下：用 75％百菌清、50％托布津 500～1000 倍液或 1：1：100 波尔多液定期喷雾防治。

（二）主要虫害及其防治

1.松梢斑螟

松梢斑螟为鳞翅目螟蛾科害虫，成虫体长 10～16 毫米，翅展 20～22 毫米。河南每年发生两代，越冬代幼虫于 3 月中旬至 4 月活动，4 月下旬前后老熟幼虫化蛹，5 月上旬成虫羽化，中旬产第一代卵，5 月中下旬至 6 月成虫羽化，6 月下旬至 7 月上旬产第二代卵，6 月下旬及 7 月上旬孵化，7 月下旬化蛹。

防治方法如下：掌握成虫出现及幼虫孵化期，喷洒 50％二溴磷乳油 1500 倍液、20％高氯·马 1500 倍液、90％灭多威 1500～2000 倍液、50％杀螟松乳油 500 倍液等。

2.日本单蜕盾蚧

日本单蜕盾蚧的成虫、若虫刺吸叶片汁液后，叶片初现黄色斑点，随后斑点向四周扩展，环绕针叶一周形成一段段黄斑，最后整个针叶变黄枯死。该虫在郑州一年发生两代，以若虫在针叶越冬，翌年 3 月开始吸食。4 月中旬雌虫开始产卵，盛期在 5 月中下旬，孵化盛期亦在 5 月中下旬。6 月下旬第一代成虫开始出现并交尾、产卵，6 月下旬开始孵化，盛期在 7 月上旬，10 月下旬若虫开始越冬。

防治方法如下：①注意植物检疫。②孵化期可喷洒 40％速扑杀 2000 倍液、50％透层斩 2000 倍液、50％杀螟松 1000 倍液等。另外，用高分子化合物杀虫剂混合喷雾，可提高杀虫效果。该杀虫剂喷洒后可在植株上形成一层薄膜，使虫体呼吸困难，窒息死亡。③若虫危害期，可在树冠下挖 5～6 个 30 厘米深的坑，撒入 3％克百威颗粒，充分灌水，覆土盖好。10 年左右的大树，每株用药 700 克。

3.大袋蛾

大袋蛾属鳞翅目袋蛾科，以幼虫爬出囊外群集叶面危害，并吐丝缀叶造囊，下垂随风扩散。该虫可危害多种树木和农作物，食量大，危害重，常将树叶吃光，既影响树木生长，又影响环境美观，严重威胁造林绿化成果，尤其是刺槐、泡桐、法桐、白日红及各种果树和园林绿化树种受害最重。

防治方法如下：①发动群众人工摘除袋囊，集中销毁，压低虫口密度。②幼虫取食时

(7—9月),喷洒1‰海正灭虫灵(阿维菌素)6000倍液或20%高氯·马1500倍液;也可干基打孔注射吡虫啉原液,利用内吸作用防治幼虫。3龄幼虫后可用20%高氯·辛2000倍液喷雾。

第五节 女 贞

女贞为木樨科女贞属常绿大灌木或小乔木;耐寒性好,耐水湿,喜温暖湿润气候,喜光耐阴;为深根性树种,须根发达,生长快,萌芽力强,耐修剪,但不耐瘠薄;对大气污染的抗性较强,对二氧化硫、氯气、氟化氢及铅蒸气均有较强抗性,也能忍受较高的粉尘、烟尘污染;对土壤要求不严,以沙质壤土或黏质壤土栽培为宜,在红、黄壤土中也能生长;对气候要求不严,能耐−12℃的低温,但适宜在湿润、背风、向阳的地方栽种,尤以在深厚、肥沃、腐殖质含量高的土壤中生长良好。女贞四季婆娑,枝干扶疏,枝叶茂密,树形整齐,是优良的庭荫树或行道树种。以女贞作砧木可以嫁接香源植物丁香、桂花,嫁接色叶植物金叶女贞。

一、主要优良品种

(一)大叶女贞

大叶女贞为常绿乔木,高可达10米,树皮灰色,平滑;枝开展,无毛,具皮孔,叶革质,宽卵形至披针形,长6～12厘米;花白色,无柄,花期为6—7月;核果长圆形,蓝黑色。

(二)小叶女贞

小叶女贞为落叶或半常绿灌木,高2～3米;枝条铺散,小枝具短柔毛,叶薄革质,椭圆形至倒卵状长圆形,长1.5～5厘米,无毛,顶端钝;白花,花期为7—8月。

(三)金叶女贞

金叶女贞为常绿小乔木,树冠广卵形,叶革质单叶对生,卵形至椭圆形,全缘,叶片金黄,对大气污染的抗性较强,有较高的观赏价值。

(四)红叶女贞

红叶女贞为常绿小乔木,单叶对生,小枝略被柔毛,叶卵形,卵圆形至卵状椭圆形,薄革质,生长较快,长势旺盛,其新梢及嫩叶紫红色;几经修剪可使新枝密集,整个树冠呈紫红色;入冬后全株呈紫黑色;适应性强,对土壤要求不严,又较耐寒、耐旱;生长期一般无病虫害,极易养护。

(五)金边女贞

金边女贞为女贞的变异品种,叶对生,革质,卵形或卵状披针形,长5～14厘米,宽3.5～6厘米,先端尖,基部圆形,叶面边缘金黄色,内深绿色,有光泽;花小,芳香,密集成顶生的圆锥花序,长12～20厘米;核果长椭圆形,微弯曲,熟时紫蓝色,带有白粉;花期为6—7月,果期为8—12月。

(六)五彩大叶女贞

五彩大叶女贞为大叶女贞的变异品种,由本书作者陈兴振先生于2012年在枣庄市峄城区榴园镇石榴园外发现。该品种叶对生,革质,卵形或卵状披针形,先端尖,基部圆形;芽紫红色,展叶后叶色由紫红渐变浅黄、金黄及花叶,成熟叶面深绿色并有洒金斑点,有光泽;花小,芳香,密集成顶生的圆锥花序,长 12~20 厘米;核果长椭圆形,微弯曲,熟时紫蓝色,带有白粉;花期为 6—7 月,果期为 8—12 月。

(七)金森女贞

金森女贞是木樨科女贞属日本女贞系列变异彩叶品种,为常绿小乔木;金叶革质,厚实,有肉感;春季新叶鲜黄色,至冬季转为金黄色,部分新叶沿中脉两侧或一侧局部有云翳状浅绿色斑块,色彩明快悦目;节间短,枝叶稠密;花白色,果实紫色;喜光,稍耐阴、耐旱、耐寒,对土壤要求不严;长势强健,可作道路、建筑或屋顶绿化的基础植物,软化硬质景观;叶色艳丽,植株繁茂,可应用于重要地段的草坪、花坛和广场绿化,与其他彩叶植物搭配,可修剪整形成各种模纹图案。

二、苗木繁育技术

(一)圃地的选择

女贞苗木多用种子繁殖,也可采用扦插繁殖。繁育时选择背风向阳、土壤肥沃、排灌方便、耕作层厚的壤土、沙壤土、轻黏土为播种地。施底肥后,精耕细耙,做到上虚下实,土地平整。底肥以粪肥为主,多施有利于提高地温,保持墒情,促使种子吸水早发。为防治地下害虫,每亩用 50% 辛硫磷乳油 400~500 毫升,加细土 3 千克拌匀,翻地前均匀撒于地表,整地时埋入土中,整成宽 1.3~1.5 米的平畦,畦面要平整。

(二)繁育技术

1.种子繁育

(1)采种:华北地区 11 月下旬至 12 月中旬为采种适期,选择树势壮、树姿好、抗性强的树作为采种母树。种子成熟时,果皮呈黑色,要适时采收。果实成熟后并不自行脱落,选种时要挑选成熟度高、籽粒饱满、无病虫害的种子,于晴天的下午用高枝剪剪取果穗,捋下果实,将果实浸水,搓去果皮,洗净,阴干,忌阳光暴晒。若不立即播种,可装袋干藏或用 2 份湿沙和 1 份种子混合储藏。

(2)配土整地:选取 pH 值为 6.7~7.0 的肥沃沙壤土 2 份、优质泥炭土 1 份、田园土 1 份,然后每立方米土中加入磷酸氢二铵 1.5 千克、过磷酸钙 2~3 千克,还可用播种用基质,均匀铺施 1~3 厘米厚。选取上沙下黏型微酸性土壤地块,整地达到上虚下实的技术要求,为苗期根系生长、培育壮苗打下良好基础。

(3)播种:3 月上旬至 4 月中旬播种。播种前将去皮的种子用温水浸泡 1~2 天,然后条播或撒播。条播行距为 20~30 厘米,覆土 1.5~2 厘米,每亩播种量为 7 千克左右。因为女贞出苗时间较长,约需 1 个月,播种后最好在畦面盖草保墒。冬播在封冻之前进行,一般不需催芽。春播在解冻之后进行,催芽则效果显著。为打破女贞种子的休眠,播前先用 550 毫克/升赤霉素溶液浸种 48 小时,每天换一次水,然后取出晾干;放置 3~5 天后,再于 25~30 ℃的温度下水浸催芽 10~15 天,一定要天天换水。

(4)苗后管理:小苗出土后要及时松土除草,苗高 5 厘米时进行间苗。小苗怕涝,要注意排水,但过分干旱时也要灌水,按常规管理追肥 1~2 次。每月除草一次。一年生的苗高可达到 50 厘米。若培养大苗,需换床种植,经 2～4 年出圃。

2.扦插繁殖

(1)插条选取:选五至七年生、品种优良、生长健壮的大叶女贞作取条母树,剪取树冠中上部向阳面的当年生木质化枝条,截成 9～15 厘米长作插条。可在 11 月剪取春季生长的枝条埋藏,次年春 3 月取出扦插,插穗粗 0.3～0.4 厘米,穗长 15～18 厘米,上端平口,下端斜口。

(2)密度:遵循"春季宜稀,秋季宜密"的原则。春季行距为 20 厘米,株距为 3～5 厘米。秋季行距为 15 厘米,株距为 3 厘米。也可直接扦插到营养钵内,这样更方便移植。

(3)扦插后处理:为防苗期病害,表土撒施苗菌净、土菌消或其他土壤杀菌剂很有必要。然后用适宜浓度的 ABT 生根粉或萘乙酸灌根,每株用药 25～50 毫升,10 天后再用生根剂灌根一次促生新根。此时盖草帘、覆地膜,也可加双拱小棚保温、遮阴,促根成活。通过生根处理和配套技术管理可改变传统扦插成活率低的现象,缩短苗木的成株时间,很有实用价值。

(4)金森女贞的繁殖:经连续多年的试验与生产发现,金森女贞主要在 4—10 月扦插繁殖,选当年生半木质化枝条,扦穗长度一般为 3～5 厘米,留叶两片。穗条要保湿,插前插穗下段(1～1.5 厘米)可用 1000 毫克/升萘乙酸速蘸 5 秒。扦插介质要做好杀菌消毒工作,插后浇透水,保湿并遮阴,生根期为 20～30 天,成活率可达 95% 以上。种植地的土壤要求质地疏松、肥沃、微酸性至中性,灌溉方便且排水良好。种植前,每亩施腐熟厩肥 3000 千克、过磷酸钙 50 千克,土壤翻耕深度在 25 厘米以上;每年施用杀虫剂啶虫脒 3 千克以防治地下害虫;同时亩施硫酸亚铁 6 千克,改善土壤 pH 值,并起到杀菌作用。翻耕后将土壤耙细整平,开排水沟,做苗床,床面宽度为 100 厘米左右。

种苗移栽的时间要结合当地的气候条件来确定,中国沿淮地区一般在春季 3—4 月和秋季 10—11 月进行。定植间距要根据留圃时间和培育目标而定。若计划培育一年生小灌木,株行距以 35 厘米×20 厘米或 40 厘米×40 厘米为宜,约 6000 株/亩;培养金森女贞球也可按照上述株行距,一年后结合苗木销售,起苗时隔一株起一株,剩下的留床苗可培育金森女贞球。

种苗移栽时,从外地引进的苗木,要小心除去包装物或脱去营养钵,保证根系土球完整;自育的苗木起苗时要带土球,以确保移栽成活率。移栽时定点挖穴,用细土堆于根部,并使根系舒展,轻轻压实。栽后要及时浇透定根水。

在定植后的缓苗期内,要特别注意水分管理。如遇连续晴天,可在移栽后 3～4 天浇一次水,以后每隔 10 天左右浇一次水;如遇连续雨天,则要及时排水。15 天后,种苗度过缓苗期即可施肥。在春季可每 15 天施一次尿素,用量约为 5 千克/亩;夏季和秋季可每 15 天施一次复合肥,用量为 5 千克/亩;冬季施一次腐熟的有机肥,用量为 1500 千克/亩,以开沟埋施为好。施肥要以薄肥勤施为原则,不可一次用量过大,以免伤根烧苗。平时要及时除草松土,以防土壤板结。

3.大叶女贞、红叶女贞和金叶女贞的高接

大叶女贞、红叶女贞和金叶女贞同属于木樨科女贞属。前者是一种很好的绿化亚乔木,因较普遍,往往不被重视。后两者属于彩色树种,近几年被人们大量利用。金叶女贞、红叶女贞属于灌木,这限制了它们的实用性。为了拓展两者的绿化功能,可以取长补短进行高接。

高接的具体方法如下：春季可用枝接或芽接（树液已流动，没发芽前最好）。以胸径为3～4厘米的大叶女贞作砧木，用金叶女贞、红叶女贞作接穗。首先，选好砧木的高度和分枝的角度。在砧木分枝的基部内侧，用利刃削一个长2厘米左右的刀口，刀口刚达木质部为最好。接穗可长3～5厘米，用刀削成2厘米左右的正楔形。砧木的刀口要略长于接穗的刀口。接着，迅速准确地把两者的形成层对齐，若砧木刀口过宽，可并列放入两个接穗。然后，用厚度适中、有伸缩性的塑料条从砧木刀口的下部向上缠起。在缠两者的接合部时可用力大些，当缠到没有刀口的接穗上部时，可匀着劲把塑料条缠在砧木上。此时，一定要把接穗缠严缠牢，否则接穗易风干或愈合不彻底。嫁接完毕，可适当地疏去砧木的部分枝叶，此项工作也可在嫁接前做。

春季芽接时，用刀在砧木的适当位置削一个长2厘米左右的刀口，在削接穗时要带一定的木质部（不要过厚），然后对准两者的形成层，用塑料条从下部往上缠，缠到芽点时可轻一点用力，以免伤芽。芽点露出与否，视天气而定。

一周左右可知芽接成活与否，如果失败可重来。嫁接成功后，可把塑料条解下，然后再轻轻缠上。枝接的可不缠上部，芽接的可露出芽点，以利发芽。在接穗没有发芽之前，不要把砧木的枝叶全部伐去，否则会造成砧木"闷芽"甚至死亡。这时，可把砧木的枝叶留1/3多点，以利树冠和根系保持生理平衡。当接穗的芽长到1～2厘米时，可剪去砧木所有的枝条，并解去塑料条。在以后的管理当中主要是除去砧木上的萌芽。砧木干上的萌芽可留一部分，通过打头控制其生长，为以后的造型打下基础。根部和接穗周围的萌芽要去掉，以免其争夺营养和搅乱树形。

砧木与接穗的亲和力强，刀口愈合良好，嫁接的苗木生长旺盛。若水肥跟上、管理得当，两年冠径可达2米左右，金色的枝条自然下垂。利用砧木中下部萌发的枝条可人为造型，或平面，或球状。

三、栽培与抚育管理

（一）栽植技术

大叶女贞一年四季均可栽植。春、秋、冬季栽植时要带土球，土球直径应在40厘米以上，装卸车时轻上轻下，避免碰伤皮、根、枝。栽植时挖穴状坑，规格为60厘米×60厘米，若土壤质地很差，遇到石块、垃圾，要加大栽植穴，并换上好土。栽植后封土高度以低于树坑沿5～10厘米为宜，栽植后及时进行疏枝、疏叶，保留原来树冠的2/3即可。

夏季栽植时要带大土球，保持土球完整，不伤根系，栽植后及时进行疏枝、疏叶，保留原来树冠的1/2为宜，栽植后封土高度以低于树坑沿5～10厘米为宜。无论什么季节栽植，栽后都要及时浇足水，待水渗下后要培成土堆，以便保湿防风。大苗栽植时要绑扎防风支柱。

（二）抚育管理

1.浇水

栽植后要浇两次大水。栽植5～7天后浇第一次水，做到浇实浇透，确保土球与土壤再次紧密结合；10～15天后，扒开封土浇第二次水，然后围树干基部封土堆，高应为20～30

厘米,并踏实,保证在大风时不形成空洞。以后每年于早春浇两次水,在越冬前浇一次封冻水。

2.刷白

树木定植后,用石灰水自树高 1 米处以下全部刷白,一是可以防寒、杀菌、预防病虫害,二是做到林相整齐,绿化效果好。

3.施肥

施肥时间应在翌年春季 3 月下旬,施肥时把封土扒开,在距树干 50 厘米外挖环状沟,沟深 40 厘米,宽 30 厘米,然后施入农家肥。大叶女贞对施肥量要求不高,可多可少。成活后,每年 5—6 月可在浇水时施肥两次,每次施入 50～100 克的磷酸二氢钾或尿素。

4.管护

栽植后要及时落实管护责任制,要做到不栽无主林,明确专人管护,要在牲畜活动频繁地段设置围栏,防止人畜破坏。

四、主要病虫害及其防治

(一)大叶女贞

大叶女贞的适应性强,基本无病虫害,只有在生长过弱时会发生蚧壳虫危害。防治办法如下:①用草把或刷子抹刷主干和枝上越冬雌虫和茧内雄蛹。②在 5—6 月,喷洒 40％速扑杀 1500～2000 倍液、25％亚胺硫磷 1000～1500 倍液或 10％天王星 400 倍液进行防治。

(二)金叶女贞

1.枯萎病

枯萎病对金叶女贞的危害是毁灭性的,一旦发生,植株死亡率几乎达到 100％,因此做好预防工作是关键。金叶女贞感病后首先在外观上表现为叶片萎蔫下垂,失去光泽,逐渐失绿以致枯黄,整个植株枯死;地下部分表现为须根枯死。金叶女贞枯萎病是真菌性病害,是半知菌亚门丝孢纲瘤痤孢目瘤痤孢科镰孢属尖孢镰刀菌引起的维管束枯萎病,为系统侵染病害。病原菌可在土壤、病残体内越冬,由地下根侵入,经过维管束扩散到植物各部分,并在维管束内繁殖,引起植物萎蔫直至枯死。病原菌侵染根系后,会造成根系的整个养分和水分输导功能丧失。金叶女贞枯萎病初现期在 5 月下旬,发病高峰期在 6—8 月,可以一直延续到 10 月。高温高湿有利于病原菌的繁殖和侵染,暴雨和灌溉有利于病原菌的扩散。该病的防治关键是在病害未出现症状前进行预防,防重于治。可以在 5 月下旬开始对重点发病区域进行喷药预防,可用 70％甲基托布津 500 倍液、40％多菌灵悬浮剂600 倍液或 75％百菌清可湿性粉剂 500 倍液浇灌。5—8 月初每月浇灌一次,有发病苗头的每半月浇灌一次。

2.金叶女贞粉蚧

金叶女贞粉蚧成虫、若虫多集中在叶片、叶柄和枝条等处危害,诱发金叶女贞煤污病,引起提早落叶,严重时造成植株死亡。

具体防治方法如下:在若虫盛发期至成虫盛发期,可以用 40％速扑杀 1500～2000 倍液、10％吡虫啉 2000 倍液或 40％的氧化乐果 1000 倍液喷雾防治。若虫发生严重时,混合使用速扑杀加吡虫啉或速扑杀加氧化乐果效果更好,视防治效果可连续喷施 2～3 次。另外,可使用狂杀蚧喷雾防治。防治若蚧用稀释 1000～1500 倍液,防治成虫用稀释 800～1000 倍液,效果显著。

（三）小叶女贞

小叶女贞的病虫害较少,主要虫害是天牛。

防治方法如下:①春季若看到鲜虫粪,用注射器将 80％敌敌畏乳油注入虫孔内,并用黄泥将虫孔封死。②7 月人工捕杀天牛成虫。③每盆女贞盆景土中埋入 3～4 粒樟脑丸可控制虫害。

（四）金森女贞

金森女贞对病虫害的抗性较强,但如果管理不当或苗圃环境不良,可能发生锈病或受地下害虫危害。锈病在 6—9 月发生最为严重,5—6 月应重点防治,可轮换使用三锉酮、世高、百菌清和杜邦福星等药剂,每 10～15 天防治一次,防治 3～5 次。防治时可以加入 0.2％的水溶性肥料或微量元素肥料,停止追肥和增补微量元素,加强植株的抗病性。

虫害以蛴螬、地老虎等食根害虫最为严重,发生时间为 7—9 月。防治措施:清除周边及盆内杂草,对风险严重的区域,用 800 倍的辛硫磷灌根,灌根时留意避开高温时段,保持盆内湿度,以防引起药害。

第六节　悬铃木

悬铃木属悬铃木科悬铃木属,是阔叶乔木,枝条开展,冠大,遮阴面广,是世界上栽培广泛的行道树种。

悬铃木是喜光树种,不耐阴,喜温暖湿润的气候。在我国适生于年气温为 13～20 ℃、年降水量为 800～1200 毫米、生长季的空气相对湿度在 75％以上、无霜期为 200～300 天的气候条件下。在北方,春季晚霜常使花芽、幼叶和新梢遭受冻害,并使树皮冻裂。悬铃木在北京、太原以北生长不良;在延安、沈阳、哈尔滨等地曾试验栽培,因气候寒冷,不能成长。

悬铃木适于生长在微酸性或中性、深厚、肥沃、湿润、排水良好的土壤中。在微碱性或石灰性土中也能生长,但易发生黄叶病。其根系不甚发达,易受风害。在河岸有流动水源的地方生长较好,地下水位低于 1 米为宜,短时间被水淹没后,能够较快恢复生长,但不耐积水。

悬铃木萌芽性强,枝干伤口愈合及发枝能力均强,能通过修枝来控制和调整其树形,使其适应城市街道绿化的需要。

悬铃木抗空气污染能力较强。在轻度污染的地方,树叶能够吸收一部分有害气体和滞积灰尘,具有较强的空气净化能力。其在空气污染严重的地方也会受到伤害,但因萌芽性强,在受害以后,若消除或减轻污染,仍能萌发新枝,恢复生长。据调查,悬铃木抗光化学烟雾、臭氧、苯、苯酚、光气、乙醚、硫化氢等有害物质的能力较强,抗二氧化硫和氟化氢的能力中等,抗氯气和氯化氢的能力较弱。

一、主要优良品种

悬铃木作为行道树,其优缺点非常明显。优点:树干通直,冠大荫浓,适应性强,生长迅速,管理粗放,极耐修剪,是行道树中绿化、遮阴效果最好的树种之一。缺点:春季果毛飞絮令人难以忍受,不仅会严重污染环境,而且会强烈刺激行人的皮肤、眼睛和呼吸道。

从 1987 年开始,江苏省林业科学研究院针对悬铃木球果多毛、落地后污染环境的弊病进行选育改良,在江苏连云港赣榆沙河子园艺场进行杂交定向培育,现已育出基本无果或球果不发育的少球悬铃木。

少球悬铃木与普通悬铃木相比除了少球少毛外,还具有以下显著特点:一是生长速度快。经苗期测试、无性系对比林测试和区域化试验,该品种速生,年生长量是普通悬铃木的 2~3 倍,尤其适应 pH 值为 7.0~8.0,有机质含量在 3% 以上的土壤。采用无性繁殖时,若合理密植,当年株高为 3.4~4.5 米,地径为 2.5~3.0 厘米。若培育大规格苗木,按100 厘米×80 厘米株行距留床,两年后胸径为 5.0~6.0 厘米。二是树干通直,耐修剪,易整形。该品种树干通直,按理想的高度定干后(定干高度一般在 3.5 米左右),当年可萌发3~5 条壮枝,经短截修剪使枝条开展,培养主侧枝,整形成冠,即可达到理想效果。提倡越冬修剪(主侧枝修剪分明),这样悬铃木不仅冬季可以呈现出好的造型,而且夏季可以达到枝繁叶茂的效果。三是叶片大,落叶时间集中。该品种叶片硕大如盘,掌状三裂,叶面积是普通悬铃木的两倍,且落叶时间因温差变化而变化。当受到数次霜冻后,落叶较为迅速,落叶期约 10 天。四是抗病虫害能力强,适应性强。该品种由于每年修剪,未发现锈病、天牛及食叶害虫,而且耐寒、耐高温,目前在我国已种植地区未发生干梢、冻死、灼伤等生理病害。

二、苗木繁育技术

悬铃木可采用播种育苗和扦插育苗。为缩短育苗时间,培育大苗、壮苗,多采取扦插育苗。多年的实践证明,掌握好扦插技术,可使悬铃木的扦插成活率达到 95% 以上。重点要掌握以下几个方面:

(一)育苗地的选择与整地

育苗地要选择在背风向阳、地势平坦、交通便利的地方。由于悬铃木的生根速度慢,因此育苗地应选择灌排方便、土壤肥沃、土质疏松的壤土或沙壤土,创造有利于根系伸展的土壤条件,土壤的 pH 值宜为 7.0~8.0。

育苗地最好头年冬前深耕冻化。第二年早春根据土壤性质合理施肥,以促进根系的生长发育为原则,将氮、磷、钾肥与有机肥混合施用作基肥,使肥料互相作用,提高磷的肥效,减少氮的淋失;同时,还可以改良土壤,促进根系发育。一般土质要亩施腐熟优质土杂肥 2000~3000 千克、磷酸氢二铵 20 千克、硫酸钾复合肥 20 千克。基肥施入后再耕翻耙细,整成宽 1.2~1.5 米的平畦。

(二)种条的选择与储藏

种条宜选择生长旺盛、芽眼饱满、无病虫害的当年苗。因条件限制,也可以从二至三年生树上选择,但必须是经过当年修剪后萌发的健壮枝条,选择时应注意区别当年条与往年枝。

采条剪穗时间宜在12月初。穗条应比其他树种稍长,长度在20厘米左右,在剪穗段芽眼顶端保留2厘米左右的营养段,避免受伤组织伤害芽眼,并注意剪口平滑。

由于悬铃木生根速度慢,故种条须储藏,时间应在2个月左右。方法是将剪好的种条按上下、粗细的顺序过数均匀打捆,采用挖窖沙藏法储藏,挖窖深度一般为50～70厘米,过浅易损耗水分,过深会使地温升高,导致种条提前发芽。沙子应用建筑沙,沙质应达到95%以上。种条剪截受伤后,本身具有恢复生机、保护伤口形成愈伤组织的能力,且愈伤刺激素具有极性,易向伤口流动和积累。因此,储藏时应颠倒种条极性,使之根基部朝上,以便达到种条基部形成不定根、控制发芽的目的。

(三)扦插方法

悬铃木种条经过储藏,待根基部发胖,达到形成不定根程度时,可进行扦插。传统的扦插方法,虽作业简单,节约工本,但"假活"现象较为普遍,从而使成活率降低。其原因是悬铃木发芽快、生根慢,养分供应不足。因此,根据生物学原理及悬铃木特性,在采用传统扦插方法的基础上进行地膜覆盖,能使扦插时间提前一个月,可于3月初进行。作业时,按传统方法扦插完成后,首要的任务是灌水,首次水一定要灌足,再依据湿度状况(圃地能踏进人)进行地膜覆盖。因地膜覆盖具有保温保湿等特点,因此悬铃木发芽快,生根迅速,成活率可达到95%以上。

(四)苗木管理

在地膜覆盖前期,管理极为重要,破膜露苗时应尽量避免触动种条,以免影响根系发育。作业时,在芽顶土后先捅破薄膜,俗称"放风",待芽形成叶后,再破膜露苗。破膜露苗一切完成后,应及时灌水,以后时常观察圃地湿度,安排灌水,始终保持圃地湿润。树苗成活后,初期宜采用叶面追肥,用0.3%的磷酸二氢钾和尿素混合液每10天左右喷一次,并注意防治病虫害。为增加土壤的通透性,促进根系发育,增强苗木的吸肥、吸水能力,中、后期可去掉薄膜进行中耕松土,清除杂草,追加肥料。待苗高达到50厘米时,每亩追施尿素10～20千克;雨季到来前,再每亩施尿素20千克左右,以保证苗木速生期的养分供应。

三、栽植与抚育管理

行道树要求用三年生以上胸径5厘米以上的大苗,由于街道上的土壤条件往往很差,因此栽前需要换土。栽植点的确定需要考虑到地下管道的分布情形、地上及空中的线路种类和位置以及道路上的其他设施等情况,在城市主要干道上可用6～8米的株距,城郊道路可用4～6米的株距。开穴大小根据苗木的大小而定,一般胸径为5厘米的苗木要求树穴的面积为1～2.25平方米,深80厘米,下面垫松土20厘米。树穴要上下一样大,不可口大底小,如遇石块、三合土、煤屑、化工厂下脚料等杂质,则需放大并加深树穴,更换好土。同时施基肥于50厘米深处,上面再盖5～10厘米熟土。最好将各栽植点连成一条1～1.5米宽的生土带,这有利于树根的发展,提高苗木的抗风能力。行人多的干道,在生土带及栽植穴上应加盖镂空水泥板。

行道树要做到随挖、随运、随栽,五年生苗可不带土,运输时要避免伤根和伤枝,运输、搁放时应用湿草包覆盖根部。长江中下游地区宜在11月下旬至12月中旬以及2月中旬至3月上旬栽植,栽植前立好支柱,支柱距树干20～30厘米,长约3.5米,埋入土中1.2米。放树苗前应在穴底垫入一层疏松的熟土,放入树苗时应使根部舒展,放定树苗后,先将表土松散地加入,当盖没根系时可适当将苗轻提和晃动,以舒展根系并调整深度,再填土踏实。好土填在根系周围,底土覆盖在上面,填土须分层踏实,填到离地面约10厘米时要浇透水,再覆松土,使土面略高出地面。栽后,在距支柱顶端20厘米处与树干用绳按"8"字形扎缚,树干扎缚处需先垫上草圈,以免擦伤树皮。种植一周后进行复查,泥土下沉的要加土,苗木摇动的要扶正踏实,再盖一层松土。

市区行道如果杂草丛生,每年都需中耕除草,郊区行道也应如此。中耕深度应为5～10厘米。在干旱时要浇水,先松土,在树干周围开出浅潭,一次浇足水,再次松土。树穴土面应经常保持与人行道路面相平,中心部位应高出路面约10厘米。每年冬季施基肥,在6—7月追肥。栽植后根据树木整形进行修剪。

杯状式行道树的修剪:定植后4～5年内要继续整形修剪,定植的幼树一般只有主枝和第一级侧枝,而典型的杯状式行道树一般有5～6级侧枝。整形的方法与育苗期相似,直至具备4～6级侧枝,冠幅约为5米时,整形工作即基本完成,在末级侧枝上留养枝条构成树冠,把树冠高度控制在电线之下1～1.5米。

以后每年的晚秋到早春,在一年生萌条的基部15～20厘米处剪截,这叫"小回头"。连续3～5年后,萌条的着生位置逐渐提高,其顶端容易触到电线,因此需要进一步回缩打头,使其降到3～5年前的高度,这叫"大回头"。如此大、小回头交错进行,使树冠高度控制在一定范围内。此外,在5月底及6月中旬还要先后两次疏除萌条,当萌条长15～20厘米尚未木质化时,容易剥离,一般在每个侧枝上留2～3根萌条即可。

自然杯状式行道树的修剪:栽植后先培养成有3～4级侧枝的杯状树冠,以后任其自然生长,若树冠上面有电线通过,在冬季整形时"开弄堂",使线路从树冠内的空隙间通过。修剪时要疏除徒长枝、重叠枝、下垂枝、枯枝、病虫枝,短截向外伸展的枝条,应保留剪口下向外的芽。修剪时要求做到强枝弱剪,弱枝强剪,促使枝条向上、向外扩展,以增加树冠的遮阴面积。

夏天要剪除过多的萌条,从6月开始进行3～4次短截和疏枝,控制枝条的生长方向,以便避开电线;短截时要轻修勤剪。

乔木型行道树的修剪:在行道树上空没有线路的地方或在庭院、"四旁"栽植时,应用干形端直的大苗,使其长成高大乔木,并逐步剪除树冠下方的侧枝,以促进主干健康生长。

四、主要病虫害及其防治

(一)黄叶病

黄叶病又称"黄化病""缺素失绿病",是一种生理病害,通常在5—7月危害植株。

防治方法如下:①注射法。以胸径为20厘米具杯状树冠的植株为例,用1000毫升药液,内含硫酸亚铁15克、硫酸镁5克、尿素50克,用类似输液的方法,注入树干基部边材部分,1～2周后树叶就可转绿,并能维持3年左右不发病。②土壤施药法。在树干基部四周根系分布范围内打20～30个孔,灌入20～50千克1∶30的硫酸亚铁溶液,并加入适量的硫酸铵等,约一个月叶可转绿。

（二）星天牛

星天牛属鞘翅目天牛科，又称"白星天牛""银星天牛"，在全国分布十分广泛，寄主有苹果、梨、李、杏、桃、胡桃、樱桃、杨、柳、榆、刺槐、桑等。成虫啃食细枝嫩芽，幼虫蛀食树干韧皮部与木质部，致使树势衰弱，枝叶发黄，影响产量与品质，重者整株枯死。

防治方法如下：①6—8月用黑光灯诱捕成虫。②6—8月成虫产卵期间，发现树干上有槽痕时，可用小刀挑开树皮，把卵和初孵化的幼虫杀死。③发现树干上有新鲜木屑虫粪的虫孔时，可将其掏尽，用兽医用注射器将80%敌敌畏10~15倍水溶液注入虫孔，再用泥团封闭；也可用铁丝伸入虫孔以勾杀幼虫。④在星天牛产卵期用生石灰10千克、硫黄1千克、食盐1千克加清水40千克，搅拌均匀后，在树干基部涂刷至1~1.5米高，可以拒避成虫产卵。⑤清除被害死树，连根伐除，妥善处理柴堆，以消灭害虫来源。

（三）吉丁虫

吉丁虫先在树皮下蛀食，以后蛀入木质部。防治方法如下：①人工捕杀。受害树皮呈红褐色、块状或宽带状干裂，松软剥落，刮去虫粪，将幼虫挑出杀死。②在树干基部涂刷白涂剂，见前述星天牛防治方法。

（四）刺蛾

刺蛾幼虫俗称"洋辣子"，食叶量很大，危害严重。在长江中下游危害严重的刺蛾有黄刺蛾、丽绿刺蛾（绿刺蛾）、扁刺蛾、褐边绿刺蛾（青刺蛾、四点刺蛾）和桑褐刺蛾（又叫"褐刺蛾"，在松土表层内结茧）五种。

防治方法如下：①7月中下旬及冬季挖掘虫茧。②在幼虫危害期，喷施20%高氯·马1000~1500倍液以杀死幼虫，也可在树基部打孔注入内吸剂防治。

（五）樗蚕

樗蚕又叫"乌桕蚕"，食叶量大，一年发生两代，以蛹越冬。越冬蛹在5月中下旬羽化为成虫，交配产卵，第一代幼虫在6月危害，7月初开始在树上结茧。第二代幼虫在9—11月危害，并陆续老熟，化蛹越冬。初龄幼虫有群集性，3~4龄后分散危害。

防治方法如下：①冬季在树上摘除虫茧。②用1000~1500倍30%高氯·辛喷杀幼虫。③5月中下旬用黑光灯诱蛾。

（六）介壳虫

介壳虫寄生在树枝上，吮吸树液，又能分泌蜜露诱致烟煤病，使树势生长不良，叶色黄萎。危害悬铃木的介壳虫主要有龟甲蜡蚧、红蜡蚧、角蜡蚧等。

防治方法如下：5月若虫发生，蜡壳尚未形成时，喷药效果最好，可用40%速扑杀1000~1500倍液，7~10天喷一次，共喷2~3次。喷杀老熟的介壳虫需用松脂合剂30倍液或2%柴油乳剂30倍液。

第七节　栾　树

栾树别名"木栾""栾华"等，是无患子科栾树属植物，为落叶乔木或灌木；树皮厚，呈灰褐色至灰黑色，老时纵裂；皮孔小，呈灰至暗褐色；小枝具疣点，与叶轴、叶柄均被皱曲的短柔毛或无毛。

栾树生长于石灰石风化产生的钙基土壤中,耐寒,在中国只分布在黄河流域和长江流域下游,在海河流域以北很少见,在硅基酸性的红土地区未见生长。栾树春季发芽较晚,秋季落叶早,因此每年的生长期较短,生长缓慢,木材只能用于制造一些小器具,种子可以榨制工业用油。

叶丛生于当年生枝上,平展,一回、不完全二回或偶有二回羽状复叶,长可达50厘米;小叶11～18片(顶生小叶有时与最上部的一对小叶在中部以下合生),无柄或具极短的柄,对生或互生,纸质,卵形、阔卵形至卵状披针形,长5～10厘米,宽3～6厘米,顶端短尖或短渐尖,基部钝至近截形,边缘有不规则的钝锯齿,齿端具小尖头,有时近基部的齿疏离呈缺刻状,或羽状深裂达中肋而形成二回羽状复叶,上面仅中脉上散生皱曲的短柔毛,下面在脉腋具髯毛,有时小叶背面被茸毛。

聚伞圆锥花序长25～40厘米,密被微柔毛,分枝长而广展,在末次分枝上的聚伞花序具花3～6朵,密集呈头状;苞片狭披针形,被小粗毛;花淡黄色,稍芬芳;花梗长2.5～5毫米;萼裂片卵形,边缘具腺状缘毛,呈啮蚀状;花瓣4片,开花时向外反折,线状长圆形,长5～9毫米,瓣爪长1～2.5毫米,被长柔毛,瓣片基部的鳞片初时黄色,开花时橙红色,参差不齐的深裂,被疣状皱曲的毛;雄蕊8枚,雄花中的长7～9毫米,雌花中的长4～5毫米,花丝下半部密被白色、开展的长柔毛;花盘偏斜,有圆钝小裂片;子房三棱形,除棱上具缘毛外无毛,退化子房密被小粗毛。

蒴果圆锥形,具3棱,长4～6厘米,顶端渐尖,果瓣卵形,外面有网纹,内面平滑且略有光泽;种子近球形,直径为6～8毫米。花期为6—8月,果期为9—10月。

栾树是一种喜光、稍耐半阴的植物;耐寒,但是不耐水淹,栽植时注意土地;耐干旱和瘠薄,对环境的适应性强,喜欢生长于石灰质土壤中;耐盐渍及短期水涝。栾树具有深根性,萌蘖力强,生长速度中等,幼树生长较慢,以后渐快,有较强的抗烟尘能力。抗风能力较强,可抗−25 ℃低温,对粉尘、二氧化硫和臭氧均有较强的抗性。多分布在海拔1500米以下的低山和平原,最高可达海拔2600米。

栾树产于中国北部及中部的大部分地区,在世界各地均有栽培。东北自辽宁起经中部至西南部的云南,以华中、华东地区较为常见,主要繁殖基地有江苏、浙江、江西、安徽,河南也是栾树生产基地之一。

一、主要优良品种

(一)北栾

北栾又叫“北京栾树”,分布于东亚,我国东北南部、华北、长江流域以南均产。因其在华北地区栽培更多,且原产于北京,我们习惯称之为“北栾”。

(二)复羽叶栾树

复羽叶栾树原产于长江流域及其以南各省,在地域上与北栾有南北区别,因此人们习惯称之为“南栾”。

(三)黄山栾

黄山栾是复羽叶栾树的一个变种,又名“全缘栾树”或“全缘复羽叶栾树”。也就是说,黄山栾属于复羽叶栾树,只是叶子分布方式有所不同。

（四）金叶栾

金叶栾为落叶乔木，于 2007 年 1 月 31 日被国家林业局认定为新品种。金叶栾是由普通栾树产生芽变而选育出的新品种，是一种非常珍贵的美化树种，在城镇园林绿化中大有取代法桐、栾树"霸主"地位的趋势。

（五）黄金栾

黄金栾为落叶乔木，树冠为近似的圆球形，奇数羽状复叶互生，小叶 7～15 枚，春季嫩叶呈红色，伸展后呈金黄色，7 月以后老叶逐层渐变为淡黄色、黄绿色、绿色。

（六）金焰彩栾

金焰彩栾是泰安市泰山林业科学研究院 2011 年通过实生选育获得，为落叶乔木，生长迅速，年均树高生长量超过 1 米，胸径生长量超过 1 厘米。二回羽状复叶，小叶全缘；春季萌发的新叶呈橘黄色，持续一个月左右，5 月中旬开始叶色转变成黄绿色，9 月后叶色转变成金黄色，直至 11 月底落叶。

二、苗木繁育

（一）种子繁殖

栾树果实于 9—10 月成熟，可选生长良好、干形通直、树冠开阔、果实饱满、处于壮龄期的优良单株作为采种母树，在果实显红褐色或橘黄色而蒴果尚未开裂时及时采集，不然将自行脱落。但也不宜采得过早，否则种子发芽率低。

果实采集后去掉果皮、果梗，应及时晾晒或摊开阴干，待蒴果开裂后，敲打脱粒，用筛选法净种。种子黑色，圆球形，直径约 0.6 厘米，出种率约 20%，千粒重 150 克左右，发芽率为 60%～80%。

栾树种子的种皮坚硬，不易透水，若不经过催芽管理，第二年春播常不发芽或发芽率很低。所以，当年秋季播种，让种子在土壤中完成催芽，可省去种子储藏、催芽等工序。经过一冬后，第二年春天，幼苗出土早而整齐，生长健壮。

在晚秋选择地势高燥、排水良好、背风向阳处挖坑。坑宽 1～1.5m，深在地下水位之上、冻层之下，大约 1 米，坑长视种子数量而定。坑底可铺一层 10～20 厘米厚的石砾或粗沙，坑中插一束草把，以便通气。将消毒后的种子与湿沙混合，放入坑内，种子和沙的体积比为 1：3 或 1：5，或一层种子一层沙交错层积，每层厚度约为 5 厘米。沙子湿度以用手能握成团、不出水、松手触之即散开为宜。种子装到离地面 20 厘米左右为止，上覆 5 厘米厚的河沙和 10～20 厘米厚的秸秆等，四周挖好排水沟。

栾树一般采用大田育苗。播种地要求土壤疏松透气，整地要平整、精细，对干旱少雨地区，播种前宜灌好底水。栾树种子的发芽率较低，用种量宜大，一般每平方米需 50～100 克。

春季 3 月取出种子直接播种。在选择好的地块上施基肥，每亩撒克百威颗粒剂或辛硫磷颗粒剂 3000～4000 克用于杀虫。采用阔幅条播，既利于幼苗通风透光，又便于管理。干藏的种子播种前 45 天左右，采用阔幅条播。播种后，覆一层 1～2 厘米厚的疏松细碎土，防止种子干燥失水或受鸟兽危害。随即用小水浇一次，然后用草、秸秆等材料覆盖，以提高地温，保持土壤水分，防止杂草滋长和土壤板结，约 20 天后苗出齐，撤去稻草。

（二）扦插育苗

插条的采集：在秋季树木落叶后，结合一年生小苗平茬，把基径为 0.5～2 厘米的树干收集起来作为种条，或采集多年生栾树的当年萌蘖苗干、徒长枝作种条，边采集边打捆。整理好后立即用湿土或湿沙掩埋，使其不失水分以用作插穗。

插穗的剪取：取出掩埋的插条，剪成 15 厘米左右的小段，上剪口平剪，距芽 1.5 厘米，下剪口靠近芽下斜剪。

插穗的冬藏：冬藏地点应选择不易积水的背阴处，沟深应为 80 厘米左右，沟宽和长视插穗而定。在沟底铺一层深 2～3 厘米的湿沙，把插穗竖放在沙藏沟内。叶芽方向应向上，单层摆放，再覆盖 50～60 厘米厚的湿沙。

扦插：插壤以腐殖质含量较丰富，土壤疏松，通气性、保水性好的壤土为好。同时施入腐熟有机肥。秋季准备好插壤，深耕细作，整平整细，翌年春季扦插。株行距为 30 厘米 × 50 厘米，先用木棍打孔，然后直插，插穗外露 1～2 个芽。

插后管理：保持土壤水分，搭建荫棚并施氮、磷肥，适当灌溉并追肥。苗木硬化期时，控水、控肥，促使木质化。

（三）嫁接繁殖

金叶栾树等变种多采用嫁接来繁育苗木，嫁接一般有高接换头和根际芽接两种方法。

1.高接换头

高接换头用的是枝接法中的插皮接。在嫁接前，选择生长充实、无病虫害、直径 1 厘米左右的一年生枝条作接穗，短截成 10 厘米左右蜡封，以防止水分流失，然后沙藏于阴凉背风处备用。4 月中下旬，待枝条发芽后，选择胸径 3 厘米以上、树干较直的栾树大苗，在适当位置截干后嫁接。采用插皮接或者双舌接都可以。嫁接后一个月，成活的接穗即可发芽。同时，砧木上的隐芽也会萌发，形成萌蘖，要及时将其去除，以免影响接穗生长。接穗生长旺盛，要及时解绑，并将新梢绑缚在木棍上，以防其被风刮坏。另外，高接换头也可采用芽接法，在栾树大苗的主要侧枝上嫁接，具体操作可参考根际芽接法。

2.根际芽接

采用带木质部的接穗进行根际芽接效果好。这种方法具有操作简单、成活率高、愈合快、结合牢固、利于嫁接苗生长的优点，因此应用较为广泛。嫁接在春、夏、秋三季均可进行，不受离皮与否的限制。一个月以后解绑，待新梢长出来以后，要及时剪砧并去除砧木萌蘖，促进嫁接芽的生长。若是秋接，解绑后，第二年春季发芽前剪砧。嫁接好的苗木，夏季发芽后，要及时除萌，促进新梢生长。待苗高 60 厘米时，为培养顺直主干，要用竹竿或木棍绑缚新梢，直至达到预期高度。根际芽接苗当年高可达 3 厘米，胸径达 2 厘米，2～3 年即可出圃用于绿化工程。

三、栽植与抚育管理

栾树病虫害少，栽培管理容易，栽培土质以深厚、湿润的土壤最为适宜。其以播种繁殖为主，分蘖或根插亦可，移植时适当剪短主根及粗侧根，这样可以促进多发须根，容易成活。

（一）播种繁殖

秋季果熟时采收，并及时晾晒去壳。因种皮坚硬不易透水，若不经处理，第二年春播常不发芽,故秋季应去壳播种,可用湿沙层积处理后春播。一般采用垄播,垄距为 60～70 厘米,因种子出苗率低,故用种量大,播种量为 30～40 千克/亩。田间管理措施有以下几种:

(1)遮阴:遮阴时间、遮阴度应视当时当地的气温和气候条件而定,以保证幼苗不受日灼危害为度。进入秋季,要逐步延长光照时间和光照强度,直至接受全光,以提高幼苗的木质化程度。

(2)间苗、补苗:幼苗长到 5～10 厘米高时要间苗,以株距 10～15 厘米间苗后结合浇水追肥,每平方米留苗 12 株左右。间苗要求间小留大,去劣留优,间密留稀,全苗等距,并在阴雨天进行为好。结合间苗,对缺株进行补苗处理,以保证幼苗分布均匀。

(3)日常管理:要经常松土、除草、浇水,保持床面湿润,秋末落叶后大部分苗木可高达 2 米,地径粗在 2 厘米左右。将苗掘起分级,第二年春移植,移植前将根稍剪短一些,移植结束后从根茎处截去苗干,即从地表处平茬,随即浇透水。发芽后要经常抹芽,只留最强壮的一个芽培养成主干。生长期经常松土、锄草、浇水、追肥,至秋季就可养成通直的树干。

(4)移植:芽苗移栽能促使苗木根系发达,一年生苗高 50～70 厘米。栾树属深根性树种,宜多次移植以形成良好的有效根系。播种苗于当年秋季落叶后即可掘起入沟假植,翌年春天分栽。

由于栾树树干不易长直,因此第一次移植时要平茬截干,并加强水肥管理。春季苗木从基部萌发出枝条时,选留通直、健壮者培养成主干,则主干生长快速、通直。第一次截干达不到要求的,第二年春季可再行截干处理。以后每隔 3 年左右移植一次,移植时要适当剪短主根和粗侧根,以促发新根。栾树幼树生长缓慢,前两次移植宜适当密植,利于培养通直的主干,节省土地。此后应适当稀疏,以培养完好的树冠。

(5)施肥:施肥是培育壮苗的重要措施。幼苗出土长根后,宜结合浇水勤施肥。在生长旺期,应施以氮为主的速效性肥料,促进植株的营养生长。入秋后,要停施氮肥,增施磷、钾肥,以提高植株的木质化程度,提高苗木的抗寒能力。冬季,宜施农家有机肥料作为基肥,既为苗木生长提供持效性养分,又起到保温、改良土壤的作用。随着苗木的生长,要逐步加大施肥量,以满足苗木生长对养分的需求。第一次追肥量应少,每亩施 2500～3000 克氮素化肥,以后每隔 15 天施一次肥,肥量可稍大。

(二)栽植

大苗培育一般当树干高度达到分枝点高度时留主枝,3～4 年可出圃。一年生苗干不直或达不到定干标准的,翌年平茬后重新培养。一般经两次移植,培养 3～6 年,胸径就可达到 4～8 厘米。

定植密度:胸径为 4～5 厘米的每亩定植 600 株左右,胸径为 6～8 厘米的每亩定植 200～300 株。选留 3～5 个主枝,短截至 40 厘米,每个主枝留 2～3 个侧枝。冠高比应为 1:3。

培育干径为 8～12 厘米的全冠苗,每亩栽植 160～170 株,即株行距 2 米×2 米;培育干径为 12 厘米以上的大苗,每亩栽植 130 株,即株行距 2 米×2.5 米。结合抚育管理,修剪干高 1.5 米以下的萌芽枝,以促进主干通直生长。

苗木整形修剪:栾树树冠近圆球形,一般采用自然式树形。因用途不同,其整形要求也有所差异。行道树用苗要求主干通直,第一分枝高度为 2.5～3.5 米,树冠完整丰满,枝条分布均匀、开展。庭荫树要求树冠庞大、密集,第一分枝高度比行道树低。在培养过程中,应围绕上述要求采取相应的修剪措施,一般可在冬季或移植时进行。

四、主要病虫害及其防治

(一)栾树流胶病

栾树流胶病主要发生于树干和主枝,枝条上也可发生。发病初期,病部稍肿胀,呈暗褐色,表面湿润,后病部凹陷裂开,溢出淡黄色半透明的柔软胶块,最后变成琥珀状硬质胶块,表面光滑发亮。染病后树木生长衰弱,严重时可引起部分枝条干枯。

防治方法如下:①刮疤涂药。用刀片刮除枝干上的胶状物,然后用梳理剂和药剂涂抹伤口。②加强管理。冬季注意防寒、防冻,可涂白或涂梳理剂;夏季注意防日灼,及时防治枝干病虫害,尽量避免机械损伤。③在早春新芽萌动前喷石硫合剂,每10天喷一次,连喷两次,以杀死越冬病菌。发病期喷百菌清或多菌灵800～1000倍液。

(二)栾树白粉病

栾树白粉病主要发生在叶片,严重时可侵染植株的嫩叶、幼芽、嫩梢和花蕾等部位。发病初期,叶片上呈现白色小粉斑,扩展后呈圆形或不规则形褪色斑块,上面笼盖一层白色粉状霉层,后期白色粉状霉层变为灰色,叶质变厚,凹凸不平或卷曲萎蔫,严重时可蔓延至茎、枝、梢头、花蕾等处。受白粉病危害的植物会变得矮小,嫩叶扭曲、畸形、枯萎,叶片不开展、变小,枝条畸形等,严重时整株衰亡。

防治方法如下:①农业措施。一是种植抗病品种;二是合理密植,合理施肥。②药剂防治。一是秋苗发病重的地块,可用药剂拌种;二是在秋季或春季,田间发病率为3%～5%时(成株期调查以旗叶到旗叶下两叶计算发病率),每亩用20%粉锈宁乳油20～30毫升或15%粉锈宁可湿性粉剂50克,兑水50～60千克喷雾或兑水10～15千克低容量喷雾;也可每亩用25%病虫灵乳油50毫升加水50千克均匀喷雾。

(三)栾树蚜虫病

栾树蚜虫属同翅目蚜科,是栾树的一种主要害虫,主要危害栾树的嫩梢、嫩芽、嫩叶,严重时嫩枝布满虫体,影响枝条生长,造成树势衰弱,甚至植株死亡。

防治方法如下:①于若蚜初孵期开始喷洒蚜虱净2000倍液、40%氧化乐果乳油、土蚜松乳油或吡虫啉类药剂。②于虫害初发期及时剪掉树干上虫害严重的萌生枝,消灭初发生尚未扩散的蚜虫。③注意保护和利用瓢虫、草蛉等天敌。④幼树可于4月下旬浇乐果乳油,干径每厘米浇药水1.5千克左右。过冬虫卵多的树木,于早春树木发芽前,喷30倍的20号石油乳剂。

(四)六星黑点豹蠹蛾

六星黑点豹蠹蛾一年发生一代,以幼虫越冬。4月上旬越冬代幼虫开始活动危害,5月中旬陆续化蛹,6月上旬成虫羽化交尾产卵,6月下旬幼虫孵化。幼虫可由叶柄基部、叶片主脉后部或直接蛀入枝条内,被蛀枝条先端枯萎。幼虫可转移危害,也可在虫道内掉头。10月幼虫蛀入二年生枝条越冬。该虫钻蛀危害时排出大量颗粒状木屑。受害植株8—9月出现大量枯枝,严重破坏景观。最有效的防治方法是人工剪除带虫枝、枯枝;也可在幼虫孵化蛀入期喷洒触杀药剂,如用见虫杀1000倍液或吡虫啉2000倍液等内吸药剂防治。

(五)桃红颈天牛

桃红颈天牛主要危害栾树木质部。卵多产于树势衰弱枝干树皮缝隙中,幼虫孵出后向下蛀食韧皮部。翌年春天幼虫恢复活动后,继续向下由皮层逐渐蛀食至木质部表层,初期形成短浅的椭圆形蛀道,中部凹陷。6月以后由蛀道中部蛀入木质部,蛀道不规则。随后幼虫由上向下蛀食,在树干中蛀成弯曲无规则的孔道,有的孔道长达50厘米。仔细观察会发现,在树干蛀孔外和地面上常有大量红褐色粪屑。用药剂注干防治桃红颈天牛效果较好,可选用内吸性杀虫剂。

(六)枣龟蜡蚧

枣龟蜡蚧属同翅目蜡蚧科,又名"日本蜡蚧""枣包甲蜡蚧",俗称"枣虱子"。其在栾树上大面积发生时,严重时会使栾树全树枝叶上布满虫体,枝条上附着雌虫,远看像下了雪一样。若虫在叶上吸食汁液,排泄物布满全树,不仅会造成树势衰弱,也会严重影响绿化景观。通过两年的调查研究,陈兴振等摸清了该虫的发生规律,找到了令人满意的防治方法。具体措施如下:①人工防治。从11月到第二年3月,刮除越冬雌成虫,配合修剪,剪除虫枝。②打冰棱消灭越冬雌成虫。严冬时节遇雨雪天气,枝条上有较厚的冰凌时,及时敲打树枝震落冰凌,可将越冬虫随冰凌震落。③若虫大发生期喷40%氧化乐果加40%水胺硫磷1000~1500倍液,每隔7~10天喷一次,共喷2~3次。④克百威灌根。用25%的克百威可湿性粉剂200~300倍液在5月灌根两次,杀死若虫的效果很好。

(七)双齿长蠹

双齿长蠹是危害园林树木比较严重的一种钻蛀性害虫,以成虫和幼虫危害树木的枝干部位。初孵幼虫沿枝条纵向蛀食初生木质部,随着龄期的增大逐渐蛀食心材;成虫蛀入枝干后紧贴韧皮部环食一周形成环形坑道,并且有反复取食的习性。成虫与幼虫蛀食树木枝干后,危害初期树木外观没有明显被害状,在秋冬季节的大风天气,被害新枝梢将从环形蛀道处被风刮断,翌年侧梢丛生,如此反复,树冠易呈扫帚状,影响树木的生长和形态;在夏秋季节,将造成幼树干枯死亡、大树枝干枯萎或风折,给城市园林绿化造成严重的威胁。

防治方法如下:①加强检疫。加强对苗木的检疫,严防死守,防止双齿长蠹的扩散和蔓延。主要检疫措施包括产地检疫、调运检疫和复检。②双齿长蠹体型小,蛀孔隐蔽,各虫态均营隐蔽生活,不易被发现,主要危害苗木和枝条,不危害果实和叶片,应采取综合防治措施。③物理防治。清理枯枝和受害树木,压低虫源。成虫产卵期和成虫羽化期均有出外活动的习性,可以人工捕捉成虫。④生物防治。管氏肿腿蜂可寄生于双齿长蠹的幼虫和蛹中,5月中下旬放管氏肿腿蜂,防治率可达40%~50%。⑤药剂防治。a.打药:3月下旬至4月中下旬成虫外出交配期和6月下旬至8月上旬成虫外出活动期,喷施20%速灭杀丁3000倍液或12%烟·参碱乳油1000倍液等。因成虫外出不整齐,要选用药效长的药剂。b.堵塞虫孔:用20%菊·杀乳油800倍液加木屑拌成糊状,制成毒剂,于4月中下旬至10月上旬堵塞双齿长蠹的蛀孔。

第八节 枫 杨

枫杨属于胡桃目胡桃科植物。胡桃科植物全世界约有9属71种,间断分布于欧洲、亚洲和非洲,绝大多数种类分布于北半球;我国约有7属27种、1个变种,南北均产。胡桃科植物为落叶或半常绿乔木或小乔木,具树脂,有芳香气味。

一、主要优良品种

枫杨的优良品种不多,仅有普通枫杨和我们发现并选育出来的金叶枫杨,具体介绍如下:

(一)普通枫杨

枫杨生长迅速,主根明显,侧根发达,具有较高的经济价值和生态效益,是黄河、长江流域平原、丘陵、低山的优良速生树种;保持水土能力极强,耐水湿,对堤岸具有保护作用;对烟尘和二氧化硫等有毒气体有强抗性,常作行道树栽培,也适合用于工厂绿化。

(二)金叶枫杨

金叶枫杨属胡桃科枫杨属,为本书作者陈兴振先生于2008年3月下旬在山东省枣庄市山亭区凫城镇大南山村北路边枫杨树基部萌生的丛生枝条中发现的自然变异品种。与同类枫杨比较,金叶枫杨叶色表现为金黄色。其发芽时间与普通枫杨相同。初芽颜色为橘红色,然后慢慢变为均匀的金黄色,5月以后整个生长季节叶色由金黄色渐变为浅黄色(浅绿色),至落叶前一直保持浅黄色。其生长速度比普通枫杨稍微慢一些。金叶枫杨秉承枫杨极强的适应性,在山川河流、湿地湖泊、水陆两栖的立地条件下均能生长,是绿化造林的好树种。

选育过程:2008年发现该品种后,进行就地保护并观察其变异特征的稳定性。2013年春季,从变异株上采下一根带根系的变异枝条进行栽植观察,并嫁接了3株,活了1株。移栽苗、嫁接苗表现性状均稳定可靠。2014年春季,进行探索嫁接繁育试验,春季及夏季采用插皮接的方法共嫁接10余株,成活率极低,但成活植株的性状表现很稳定。2015年春季,采用插皮接的方法嫁接了130余株,成活了16株。成活率低的主要原因是伤流,次要原因是接穗质量差。2016年春季,在砧木发芽后,采用先修剪放水再嫁接的方式进行嫁接。采用"V"形口嫁接剪进行嫁接,并用插皮接作对照。共嫁接苗木400余株,成活率在80%以上。

二、繁殖方法

普通枫杨一般采用种子育苗,育苗技术简单。金叶枫杨育苗需要嫁接,具体方法如下:

(一)育苗

1.种子采集

金叶枫杨果实在枣庄地区于9月中旬成熟,成熟时果翅变为黄褐色或褐色。选择10～20年生的健壮、无病虫害、无疤节、干形通直圆满、结实丰富的优良母树,采摘果穗或敲打果枝,在地面扫集果实,除去杂物,将种子放在背阴干燥通风处储藏。

2.圃地选择和整地做垄

枫杨为喜光、湿生性树种,但较耐阴,应选择地势平坦、土层深厚、肥沃、排水条件良好、背风向阳的地段作为圃地,土壤应为沙壤土。将腐熟农家肥按4000～5000千克/亩均匀撒施于圃地。整地时用2%甲醛水溶液进行土壤消毒,深翻20～25厘米,细耙,做垄,垄底宽度为60～80厘米,垄高为16～18厘米,长度由地段而定。

3.播种

(1)秋播:秋天种子采收后,用带翅的坚果作为播种材料播种。播种前用60～80℃温水浸种,自然冷却后浸种 3 天,其间每隔一天换一次清水,再用 12％的高锰酸钾药液浸泡消毒 30 分钟,然后用清水冲洗干净。采用垄播,因为垄播苗木行距大,通风透光性好,长势好,便于作业。待有部分种子发芽时,顺垄开沟条播,沟深 5～7 厘米,将种子均匀地撒入播种沟内,覆土 2～3 厘米;覆土后进行镇压,以利于保墒;播种量为 15 千克/亩。播后灌足冻水,翌年春天土壤解冻后种子即可发芽出土。

(2)春播:种子采收后,用水清洗,除去杂物,种子与湿沙按 1∶3 的比例混合均匀,藏于窖内或坑中,湿沙的含水量应为 50％～60％;在储藏期间保持良好通风,并经常检查种沙混合物的温度和湿度。翌年春天谷雨前后,将种子取出,5 天以后有部分种子发芽时,进行播种。播种方法同秋播。

4.苗木管理

(1)灌溉:一般种子 10 天出土,出苗后根据土壤墒情进行喷灌,但圃地尽量少浇水,以免降低地温影响发芽,并造成土壤表层板结,影响出苗。灌溉或雨后应及时松土,防止土壤板结,影响幼苗的生长。进入秋季,要少灌水,避免苗木贪青徒长。

(2)病虫害防治:枫杨病虫害较轻,病害主要有立枯病、猝倒等。待苗木出齐后,在阴天用 50％多菌灵可湿性粉剂或敌克松可湿性粉剂药液喷雾防治,每 7～10 天喷一次;虫害主要有叶甲、蚧类及刺蛾,可用 50％马拉硫磷、灭幼脲、除虫脲、菊酯类农药等进行防治。

(3)合理间苗:当幼苗长至 10～15 厘米时,要及时间苗,拔除生长过于密集、发育不良和病虫害苗木,让苗木分布均匀。以产一年生规格苗 8 万～10 万株/亩为目标,间苗后保留密度应为 120～150 株/米^2。

(4)中耕和除草:中耕和除草要结合实施,在 5—9 月进行,每月除草松土 2～3 次。播幅内的杂草以拔除为主,其余地方的可用锄头铲除,除早、除净,不留死角。灌水或大雨过后,为防止土壤板结,要对圃地进行中耕松土,以利于幼苗的生长。

(5)追肥:生长前期追施氮肥,后期追施磷、钾肥,对加速苗木生长、促进木质化和提高成苗率效果显著。6 月中旬和 7 月上旬叶面喷施浓度为 0.2％～0.3％的尿素溶液各一次,7 月下旬喷施一次浓度为 0.3％的磷酸氢二铵。叶面施肥最好在阴天进行。8 月停止灌溉和施肥,促进苗木木质化,防止徒长。

(6)苗木出圃:一年生苗高 1 米以上时,可以出圃。经试验测定,春播出苗率在 85％以上,一年生苗高为 110～115 厘米,地径为 1～2 厘米;秋播出苗率低,只有 65％,一年生苗高为 108～112 厘米,地径为 1～2 厘米,一部分达不到出圃要求。

(二)嫁接

掌握准确的嫁接时间是保证苗木成活率的关键。细胞分裂需要一定的温度,一般 5～30 ℃都能产生愈伤组织,但以 20 ℃最为适宜。这时枫杨的形成层活动旺盛,气温比较适宜,愈伤组织容易形成,因而嫁接成活率高。

嫁接一定要选择晴天,在 9—16 时进行,不要在阴雨天、刮风或者清晨露水未退时进行嫁接。切忌在接穗已经发芽而砧木尚未萌动的情况下嫁接。嫁接时,砧木基部粗度要达到 0.7 厘米以上,株距要达到 10 厘米左右,行距要大于 20 厘米,过细或过密的应移植或间苗。嫁接前,先给砧木浇一次水,使生长组织活跃。距离嫁接 2～3 天时,从地面以上 10 厘米左右将砧木剪除,以充分放水,提高嫁接成活率。

具体的嫁接方法如下：

(1)带木质嵌芽接：春季发芽前采用。方法如下：①削取接芽。在芽下0.5厘米处向下斜削深达0.5厘米，然后在芽上方约0.5厘米处向下方刀口终点处平削一刀，取下1厘米左右的接芽。②砧木处理及插接芽。选择生长健壮的砧木，在距地面5～10厘米比较光滑的一侧，向下斜切两刀，其形状大小与接芽相同，下部留有斜口，而后插入接芽使其对准形成层。③绑扎。用塑料条自接口下1厘米处开始从两个方向交叉缠至接口上1厘米处系实。

(2)插皮接：春季发芽前采用。方法如下：①砧木的处理。将砧木在嫁接部位剪断或锯断，削平剪口，选皮层较为光滑的一面，在剪口处轻轻横削一刀，随之纵割一刀，长应为3～4厘米，深达木质部。②接穗的处理。在底芽下部的背面0.5厘米处向下削一长3～4厘米的斜面，在另一面下端削一长0.5厘米的斜面，在短斜面两侧各轻削一刀，形成尖顶状，然后在长斜面两侧各轻轻削一刀，但仅削去皮层，露出形成层部分。③接合。将接穗的长削面对着砧木的木质部轻轻向下插入，接穗上部可稍露出0.5厘米。接合后进行绑扎，要将切缝和截口全都包扎严实，后进行套袋。

(3)嫁接剪"U"形口嫁接：春季发芽前采用。方法如下：①切取接芽。将种条放在模具槽里，使种芽从"U"形洞里露出来，芽尖朝向"U"形上部，夹持夹顶起，把枝条夹稳；顺"U"形钢管壁切口竖切一刀，再在"U"形口横切一刀，接芽可自动取下；刷下接芽，松开夹持夹，完成取芽工作。②切砧木。将砧木条放在模具槽里，方向与种条方向一致，夹持夹顶稳，与取芽一样，竖、横各切一刀，刷去切离部分；松开夹持夹，抽出砧木条，切削砧木工作完成。这样切取的接芽与砧木切口大小相等，方向一致，对接吻合，有利于接芽的成活。③插接穗。将接穗插入砧木的切口中，使接穗长斜面两边的形成层和砧木切口两边的形成层对齐、靠紧。④绑缚。用有弹性的塑料条(宽1厘米,长约25厘米)自下而上绑紧。

(4)"T"形芽接：发芽后采用。方法如下：①切砧木。在距地面约15厘米处横切一刀，横切口长约0.5厘米，深度以切断皮层为度；再用刀尖从横切口中间向下切一刀，长约1.5厘米，形成"T"形切口，挑开砧皮。②削接芽。先在芽的上方约0.5厘米处横切一刀，切断韧皮部但不切入木质部；然后在芽的左右两侧各切一刀，长1.5～2厘米，并使刀痕交会于芽的下方1～1.5厘米处；最后用拇指和食指将芽片剥离，不带有木质部。③嵌接芽。将剥离后的接芽自上而下嵌入"T"形切口，使芽片上端和砧木"T"形切口处皮层平齐。④绑扎。用塑料薄膜(宽约1厘米)将接口自下而上进行覆瓦状包扎，使芽眼和叶柄露在外面。

第四章　经济林栽培技术

第一节　苹　果

一、主要优良品种

（一）早熟品种

1.藤牧一号

藤牧一号原产于美国,在我国陕西、山东、山西等苹果主产区均有栽培。果实圆形或短圆锥形;果面底色黄绿,充分着色时阳面有红晕、红条纹或全面着红色;果皮光滑且厚,质脆;果肉黄白色,汁液多,风味酸甜适度,有香味;果实生育期为90天左右,成熟期为7月上旬,室温下可储存20～30天;树势强壮,树姿直立,萌芽率高,成枝力中等;以短果枝结果为主,腋花芽形成及结果能力强,高接树第二年即可开花结果,容易形成短果枝;适应性广,对土壤和气候条件要求不严;抗早期落叶病和白粉病;旱涝不均地区易发生采前落果;果实成熟早,商品性能好,经济效益高;授粉树可选用嘎拉、美国8号、珊夏等品种。

2.松本锦

松本锦原产于日本,在我国山东、河北、江苏等省均有栽培。果实圆形或扁圆形,大小整齐;果面光洁,果皮中厚,底色黄绿,成熟时全面着红色;果肉淡黄色,肉质松脆多汁,有香味,酸中带甜;在低温冷库中可储存至春节;幼树生长较旺,干性中等,层次明显;萌芽率高,成枝力较强,长、中果枝易分生短果枝;早果性强,高接树第二年即可开花结果;有自花结实能力;抗旱性强,不抗斑点落叶病,对波尔多液敏感,对土壤肥力要求较高;进入盛果期后,随着结果量增加,树势减弱,需及时加大修剪量,控制枝量,并对多年生结果枝进行回缩更新。

3.美国8号

美国8号为美国品种,在我国江苏、河南、山东、河北等苹果主产区均有栽培。果实近圆形或短圆锥形;果面光洁细腻,底色乳黄,充分成熟时着鲜红色,有蜡质光泽,外观美,商品性好;果肉黄白色,肉质细脆多汁,酸甜适口,芳香味浓;果实生育期为115天左右,在山东8月上旬成熟,室温下可储存30天左右;幼树生长旺盛,结果后树势渐趋中庸,树姿直立,萌芽率中等,成枝力强;初果期以腋花芽结果为主,逐渐转为以中、短果枝结果为主;早果性好,坐果率高,高接树第二年即可开花结果;适应范围广,抗斑点落叶病能力强,抗白粉病能力弱,较抗寒;果实成熟早,商品价值高,销路好;易出现大小年,果实采收过晚易沙化;授粉树可选用嘎拉、华红、华冠、富士等品种。

4.萌

萌又名"嘎富",果实圆锥形;果面底色黄绿,全面着鲜红色或深红色,鲜艳美观;果肉黄白色,肉质致密汁液多,酸甜适中或微酸,具嘎拉与富士的综合风味,品质中上;果实室温下可储存15～20天,冷藏条件下可储存数月;树势中庸或较旺,萌芽率、成枝力均较强,短果枝多,有腋花芽结果习性;结果早,丰产,高接树第二年开始结果;自然结实能力强,可与富士、津轻等品种相互授粉;无采前落果现象;果实发育期短,应特别加强前期水肥管理;坐果率较高,应严格疏花疏果,使树体合理负载。

5.信浓红

信浓红果实圆锥形;果皮薄,蜡质厚,果面底色黄绿,色鲜红,色泽艳丽;果肉淡黄色,酸甜适口,香气浓,肉质松脆多汁,品质上等;果实常温下可储藏30天左右;树势强健,萌芽率、成枝力中等,长、中、短果枝和腋花芽均可结果;易成花,早果性好,高接树第二年即可开花结果;自然坐果率较高,授粉树以元帅系、富士系品种为好;抗早期落叶病能力较强,较耐干旱,适于在丘陵坡地栽培。

6.珊夏

珊夏又名"桑萨""赞诈",果实圆锥形或近圆形;果面底色黄绿,大部分或全面着鲜红色,有条纹,色泽美观,果皮光滑,果肉黄白色,肉质稍硬、致密,汁液多,有香气,品质上等;在山东中部地区于8月中上旬成熟;树势中庸,树姿稍直立,萌芽率、成枝力较强;结果早,以短果枝结果为主,腋花芽较多,坐果率高,丰产性好,适应性强;抗斑点落叶病和黑星病;适当晚采可增大果实,提高品质,一般以果面底色由乳白转黄时采收为宜;不宜在排水不畅、地势低洼以及黏土地上栽培;幼果期应避免使用有机磷或菊酯类农药,最好进行果实套袋,以减少果锈病的发生。

(二)中熟品种

1.嘎拉

嘎拉原产于新西兰。果实中大,为短圆锥形或近卵圆形,果面底色黄绿,阳面有红晕和不明显的粗条纹;果皮薄,有光泽,肉质细脆,多汁,味甜、微酸,十分适口,品质极佳;树势旺盛,枝条长而柔韧且开张角度大,叶片较小且呈椭圆形,表面似有光泽;结果早,短果枝和腋花芽均善结果,坐果率高,丰产性强,6～7年进入盛果期;花序坐果以单果为主,单果率为90%以上,因此,果实整齐均匀;采前落果轻,抗病,抗盐碱;成熟期在8月中下旬,正是果品市场供应的小淡季,加之果实品质好,抗性强,深受消费者和生产者欢迎,大有发展之势。

2.新嘎拉

新嘎拉又名"红嘎拉""皇家嘎拉",原产于新西兰,以山东栽培较多。果实卵圆形或短圆锥形,中等大小;果面平滑无锈,有光泽,底色绿黄,可全面着鲜红色,色泽艳丽,有断续红条纹;果皮薄,果肉黄白或淡黄色,肉质较细脆而致密,汁液多,酸甜适度,有香气,品质上等;果实生育期为120天左右,室温下可储存30天以上;树势强健,树姿较开张,萌芽率高,成枝力强;长果枝、中果枝、短果枝和腋花芽均可结果,早果性和丰产性好;高接树第二年即可大量开花结果;适应范围广,抗逆性强,抗早期落叶病和白粉病;栽培中应注意疏花疏果,保障水、肥供应。

3.津轻

津轻原产于日本,在我国广泛栽培。果实圆形或近圆形;果面底色绿黄或淡黄,几近全面着红色条纹;果肉黄白色,肉质松脆,多汁,酸甜,稍有香气,品质上等;果实耐储性差;幼树生长旺盛,有起立倾向,萌芽率高,成枝力强,进入盛果期后以短果枝结果为主;坐果率中等,较丰产;适应性强,结果早,果实品质优良,采前落果较多;栽培中应注意幼树开张角度,修剪以轻剪为主;与红玉、新嘎拉、红富士、元帅等品种能很好地相互授粉。

4.清明

该品种果实圆形至长圆形;果面光洁,底色为绿色,全面着鲜红色,有光泽,美观,无果锈;果肉黄白色,致密多汁,松脆爽口,品质上等;果实在山东地区于9月中旬成熟,较耐储藏,常温下可存放30天;树势中庸,树姿较开张;萌芽率高,成枝力中等;以中、短果枝结果为主,腋花芽结果能力强;早果性、丰产性好,应注意疏花疏果,一般留单果;抗斑点落叶病、蚜虫,对叶螨有较强的抗性;结果后应对枝条及时回缩更新,改善树体光照条件。

(三)中晚熟品种

1.首红

首红为美国引进品种,为新红星品种的芽变。果实圆锥形;果顶五棱突起明显,果面底色黄绿或绿黄,全面深红并有隐显条纹,光泽艳丽,果皮厚韧;果肉黄白色,肉质细脆,多汁,酸甜,有香气,品质上等;果实室温下可存放30多天;树势较强,树姿直立,具有典型的短果枝型品种性状,适于密植;萌芽率高,成枝力弱;一般在肥水充足、土层深厚的条件下生长结果良好;早果性强,栽后三年开始结果,均以短果枝结果为主,较丰产。由于具有色艳、味美、高产和典型的短果枝性状,该品种被认为是元帅系最好的品种。

2.金矮生

金矮生原产于美国,是金冠的短枝型芽变。果实圆锥形;果面全面呈黄绿色或绿黄色;果肉黄白色,肉质中粗,松脆多汁,酸甜,微有香气;成熟期比普通金冠晚7～10天,较耐储;树势强健,冠小直立,萌芽率高,具有短枝型品种优良的栽培性状;芽接苗3～4年结果,短果枝结果占85%,个别有腋花芽结果现象,自花结果率较高。

3.乔纳金

乔纳金为美国纽约州农业试验站育成,在我国苹果主产区多有栽培。果实圆锥形,个较大;果面底色绿黄或淡黄,阳面大部有鲜红霞及不明显的条纹,果面光滑,有光泽,蜡质多;果肉淡黄色,松脆多汁,酸甜,微有香气,品质上等;树势强健,但干性弱,树姿开张;树势稳定,易成花,易早果丰产;属三倍体品种,花粉退化;在栽培时需选取两个适宜授粉品种才能达到丰产。因乔纳金色泽差,故生产中选出了新乔纳金和红乔纳金。

(四)晚熟品种

富士属于晚熟品种,原产于日本。果实近圆形或扁圆形,有的果肩斜;果面底色黄绿或绿黄,阳面有淡红霞和不明显的断续条纹;果肉黄白色,肉质松脆,汁液多,味甜,酸味少,食之爽口,品质上等,为苹果果实之最;在山东地区于11月上旬成熟,极耐储,冷藏条件下可储存至翌年5—6月,储存后肉质不变,风味尚存;幼树生长势强,树枝较直立,结果后树冠开张,萌芽率高,成枝力强;在一般栽培管理情况下进入果期较晚,芽接苗定植后需

4～5 年；若管理条件好，控长促花，亦能早结果，7～8 年可达丰产；初结果树以长果枝结果为主，间有腋花芽结果；盛果期后，长、中、短果枝均有结果，随树龄的增加，短果枝结果的比例越来越大；采前落果少，丰产，负载量过高易造成大小年结果。目前，我国生产上栽培及发展的品种为富士的着色系芽变品种，称为"红富士"，主要优良品系（种）有长富 2 号、岩富 10 号、烟富 1 号、烟富 6 号等。

二、苗木繁育技术

（一）圃地的选择

圃地宜选择地势平坦、土壤肥沃、灌溉通畅、背风向阳、交通方便且三年内没育过苗的沙质壤土。无病毒苗圃周围 50 米内不得栽植苹果树，100 米内不得栽植梨树。

（二）砧木的选择

根据砧木的利用部位，可将其分为根砧和中间砧。山东省常用的根砧有海棠果、西府海棠、平邑甜茶、泰山海棠、花红等。以怀来海棠、黄海棠为根砧，以矮化砧 M_{26}、马克 9 号（MAC_9）、S_{63}、CX_3 为中间砧，以优质、高产的主栽品种为接穗的组合，具有抗寒、抗旱、抗涝、耐盐碱等特性，适于在除东北以外的苹果产区栽种。

（三）乔化砧木苗的繁育

土壤解冻后，将层积好的种子增温催芽，及时播种。播后扣塑料棚，注意调节棚内温度，使其保持在 20～25 ℃。当幼苗长出 4～5 片叶时炼苗，长出 5～7 片真叶时移栽。幼苗移栽前，苗床应灌足水，带土起苗。

育苗株行距一般为 15 厘米×（50～60）厘米。移栽苗开始生长后每亩施氮肥 10 千克左右。移栽 1 个月后，苗木进入速长期，每亩施氮肥 15 千克左右。苗高 30 厘米左右时摘心，促进砧苗加粗生长。8 月上旬至 9 月上旬，苗干基部直径达到 0.5 厘米时即可嫁接。

（四）无病毒矮化自根砧苗的繁育

无病毒矮化自根砧苗的繁育可采用压条繁殖、扦插繁殖、组织培养快速繁殖等方法。目前，生产上普遍采用水平压条法。

1. 栽植母株苗

选用根系良好、枝条充实、粗度均匀、芽眼饱满的无病毒矮砧苗作母株，苗干剪留 50 厘米长。充分浸根后，在栽植沟内按 30 厘米的株距与地面成 30°～50°夹角倾斜栽植（梢尖朝北），填土踏实，连续灌两次透水后封土。定植后，及时覆盖地膜，提高早期土温，保护土壤湿度。

2. 压苗

母株苗成活后，于 5 月上中旬将苗木沿倾斜方向压倒在栽植沟内。前一株苗压倒后，其梢尖用后一株苗的根部压住。压苗时抹去基部芽和向下生长的芽，疏除过密芽，使母株上发枝间距保持在 3～5 厘米。

3. 培土

母株上新梢长到 20 厘米左右时，开始第一次培土，培土厚度为 10 厘米左右，新梢埋入土中的部分摘掉叶片。以后随着新梢的增高再培土两次，每次间隔 10～15 天，培土厚度均为 10 厘米左右。培土总厚度不少于 25 厘米。培土为混合土，其中园土、腐熟锯末、细沙各占 1/3。

4.分株

当年秋末土壤结冻前,扒开苗床,露出母株和砧苗。将砧苗从基部剪下,剪苗时适当留下少量砧苗作为第二年的母株。留下的砧木结合母株覆土防寒,压倒在地面,与母株的间距约为 10 厘米,灌好封冻土,培土越冬。

剪下的砧苗分级后,按 50 厘米长剪截,打捆,标记,然后在 0～2 ℃的窖中储藏,沙培越冬。

(五)无病毒中间砧苗的繁育

繁育无病毒中间砧苗所用基砧为种子繁育的乔化砧苗。当年秋季芽接中间砧片,翌年春天剪去接芽以上的实生砧,加强水肥管理,促进中间砧苗早发、早长。秋季即可嫁接无病毒品种。

(六)苗木的嫁接及出圃

1.接穗采集

繁育苹果无病毒苗木的接穗必须采自省级以上无病毒采穗圃,要求品种纯正、嫁接工具专管专用。

2.嫁接

嫁接方法主要有"T"形芽接、带木质部芽接和切接。翌年春天及时解除塑料条,剪砧,除萌,并加强苗圃田间管理。

3.出圃

一般在 11 月中旬至翌年春季萌芽前起苗。起苗时,尽量少伤根、断根,保持根系完好。苗木出圃须经有关部门检验,不得带有各类苹果病毒,并应按照国家标准《苹果苗木》(GB 9847—2003)规定的等级规格标准指标进行分级,合格苗木由当地检疫机构签发苗木合格证。

三、丰产栽培技术

(一)高标准建园

在选择苹果园地时,应综合考虑当地的地势、地形、气候、土壤、灌溉等条件,坚持适地适栽原则。苹果适于在坡度低于 25°的丘陵和坡地栽培,10°以上的坡地应选择背风向阳的南坡,以保证果实着色和品质。果园附近应有充足的水源,确保能及时灌溉,以满足苹果树不同生长期对土壤水分的要求。果园土层应深厚,活土层在 60 厘米以上,土壤肥沃,通气性好,pH 值为 6～7.5,总含盐量在 0.3％以下。对于大多数苹果品种,山东的气候条件较为适宜。

(二)科学栽植

1.栽植时间

苹果属落叶果树,一般在春季和秋季栽植。春栽在土壤解冻后到苗木发芽前这一段时间内进行,北方寒冷地区以春栽为好,秋栽易受冻或抽条。秋栽有利于伤口愈合,促进新根生长,我国南方及黄河故道地区以秋栽为宜。

2.栽植方式和密度

通常,平地和缓坡地以单行或长方形、南北向栽植为宜,山坡、丘陵地可沿梯田自然走向或等高线栽植。根据不同砧穗组合、自然条件、品种特性、整形修剪方法、管理水平等灵活确定栽植密度,在水肥好的地方株行距可适当加大,在肥水差的地方株行距可适当减小。常用栽植密度见表4-1。

表 4-1　常用栽植密度

砧穗组合	行距/米	株距/米	栽植密度/(株/公顷)
乔砧-普通型	4～6	3～4	416～833
中间砧-普通型	4～5	2～3	665～1250
矮化自根砧-普通型	4	1.5～2	1250～1665

注:短枝型品种株行距比普通型品种少0.5米,无病毒苗木株行距比普通型品种多0.5米。

3.授粉树配置

苹果建园时需配置授粉树。授粉树必须适应当地的气候条件,与主栽品种在结果年龄、开花期、树体寿命等方面相近,而且要求品质好,花粉量大,可与主栽品种相互授粉。一般授粉树按照15%～20%的比例配置。主栽品种与授粉品种之间的距离应在20米以内。

4.栽植穴(沟)准备

一般株距小于2米的挖定植沟,大于3米的挖定植穴,沟宽或穴径为0.8米,深度为0.8～1米。挖掘时,表土与底土分放。回填时,沟或穴底埋20厘米厚秸秆,并混入氮素化肥,按先表土后底土的顺序回填;在回填表土时,混入腐熟优质农家肥和磷肥。有灌溉条件的,栽植前定植沟或穴先灌水沉实,以防苗木栽植后下沉,造成埋干。

5.苗木准备

栽植前核对品种,剔除细弱、根系差和有严重损伤的苗木。将苗木主、侧根剪留20～25厘米,根部浸水一昼夜后即行栽植。栽植时根系用生根粉处理或蘸黄泥浆,以促进发根,提高成活率。

6.栽植及栽后管理

将苗木放入定植沟或穴内,使前后左右对齐,根系舒展,边填土边提苗、踏实,填到与地面平齐为止。栽植深度以苗木嫁接口与地面相平为宜,矮化中间砧苗和矮化自根砧苗以接口高出地面10厘米为好。及时修好树盘,边栽植,边灌水,并在树干基部培土堆。大约7天后再灌一次水,以后视土壤情况适时灌水。在树盘内覆膜,边缘用土压实,树干周围要用土堆压严,防止灼伤树干。按照规划的整形要求定干,一般定干高度为70～110厘米,整形带(剪口下20～30厘米)内有8～10个饱满芽。苗木发芽展叶后,要经常检查苗木情况,发现缺苗要及时补栽。为使苗木尽快抽枝和满足整形要求,应在较低部位进行芽刻伤。生长期随时抹除地面上50厘米以下的萌芽。6月新梢长到60厘米时,对预留主枝新梢进行摘心处理,以加快苗木扩冠、成形。

（三）土、肥、水管理

1.土壤管理

对土壤深翻熟化、改良理化性状是果园土壤管理的重要环节。在挖定植沟（穴）的基础上，每年在树的一侧或两侧，结合秋施肥，逐年加宽（40～50厘米）沟、穴，深翻70～100厘米，给根系生长创造有利的环境。目前，果园土壤日常管理方法有清耕法、果园生草和果园覆盖。

（1）清耕法：一般在果树达到4龄后进行清耕。在秋季果实采收后结合秋施基肥进行深翻改土，是改良土壤的有效途径和实现早果丰产优质的主要措施。深翻改土时应注意尽量少伤根，深度为50厘米左右。生长季降雨或灌水后，为保持土壤疏松无杂草和调温保墒，应及时中耕松土，深度为5～10厘米。

（2）果园生草：可改善果园生态环境，减少地表径流，防止土、肥、水的流失，改善土壤结构，提高土壤肥力。土壤深厚肥沃、果树根系分布较深的果园，宜采用全园生草法；土壤瘠薄、土层浅的果园，宜采用行间（株间）生草法，一般采用行间生草。行间生草可选用早熟禾、野茅草、黑麦草、紫羊茅等禾本科植物，以及三叶草、紫花苜蓿、黄芪、香豆等豆科植物，在春季或秋季人工播种；也可自然生草，对果园自然长出的杂草进行连续割除。

（3）果园覆盖：在树盘下或行间，用秸秆、杂草、树叶或地膜进行覆盖，能保持水土，控制地温，增加土壤有机质，有利于土壤形成团粒结构，防止杂草生长，为根系生长创造良好的环境条件。行间间作花生后覆盖地膜，不但对花生有明显增产作用，而且能使果园增温保湿。一般在5月下旬至6月上旬或秋季覆草为好，覆草厚20厘米左右，上边略压细土，以免被风吹散。种草与覆草对干旱少雨、土壤水分蒸发量比较大且无灌水条件的果园极为重要。

2.施肥

（1）施肥量的确定：在苹果园土壤中等肥力、每亩施土杂肥5～10吨的基础上，每生产100千克苹果，施用纯氮1～2千克、纯磷2～3千克、纯钾3～4千克。果树施肥时，氮、磷、钾要按不同树龄以不同比例配备，这样可提高根系吸收能力，对苹果高产、优质、壮树有明显的效果。在山东地区，果园施用的氮、磷、钾（有效养分）比例在幼树期为2∶1.5∶2，在成龄期为3∶1∶3或2∶0.5∶2。

（2）施肥时期和方法

①基肥：以秋季果实采收后施基肥为最好。基肥以农家肥为主，混入少量铵态氮肥或尿素。施肥方法以沟施或撒施为主，施肥部位在树冠投影范围内。沟施是在树冠外围挖深为50厘米左右的放射状沟或环形沟，先填入厚10～20厘米的秸秆，再将表土、圈粪、化肥混合填入，进行灌水。撒施是将肥料撒在距树干0.5米以外的树冠下，然后耕翻入土，深度一般在20厘米左右。施基肥后要及时灌足水。

②追肥：一般每年需追肥三次。第一次在萌芽前后，以氮肥为主；第二次在花芽分化及果实膨大期，以磷、钾肥为主，氮、磷、钾肥配合使用；第三次在果实生长后期，距果实采收期30天以前进行，以钾肥为主。施肥方法是在树冠下开沟，沟深15～20厘米，追肥后及时覆土、灌水。根据全国果树化肥试验网对苹果的多点试验，一般未结果幼树每年应施尿素（含46％氮）0.22～0.54千克，结果树每年应施2.2～3.3千克。

③叶面喷肥：叶面喷肥一般全年4～5次。生长前期喷两次，以氮肥为主；后期喷2～

3 次,以磷、钾肥为主,补充果树生长发育所需要的各种营养元素。最后一次叶面喷肥,距果实采收期不得小于 20 天。注意肥料浓度不能过高,在叶片背面喷洒,最好在 10 时前或 16 时后进行。苹果常用叶面喷肥的时期、种类、浓度与作用见表 4-2。

表 4-2　苹果常用叶面喷肥的时期、种类、浓度与作用

喷洒时期	肥料种类及浓度	作用
萌芽前	1%尿素	增加萌芽与坐果
	1%硫酸锌	防治小叶病
花期	0.3%硼砂	增加坐果,防止缺硼及果实木栓斑点病
落花后至果实套袋前	0.2%氨基酸复合肥	增加坐果,提高品质
	0.3%硫酸亚铁	防治失绿症
	0.3%氯化钙或 0.3%高效钙	防治缺钙症及果实苦痘病
	0.3%硼砂	防治缩果病
采前约 1 个月	0.3%～0.5%磷酸二氢钾	促进着色
	0.3%氯化钙或 0.3%高效钙	防治缺钙症及果实苦痘病

3.水分管理

(1)灌水:灌水通常在展叶期、春梢迅速生长期、果实迅速膨大期和果园结冻前进行,其他时期灌水应根据土壤墒情而定。灌水量与土壤类型及含水量有关系,一般以浸透根系生长层(深 40～60 厘米)为宜,使土壤含水量达到其最大田间持水量的 60%～80%。当土壤含水量低于其最大田间持水量的 60%时即需灌水。目前大多数果园以漫灌为主,用水量大,利用率低。有条件时应采用滴灌、渗灌、微喷灌、涌泉灌等节水灌溉措施。

(2)排水:雨季,当果园出现积水时,应及时利用排水设施进行排水,防止土壤含水量过大,空气少,根系窒息,造成果树落叶,甚至死亡。

(四)整形修剪

1.苹果丰产树体结构应具备的特点

第一,低干矮冠。主干为 50 厘米左右,缩短根系与叶幕的距离,便于养分运输;幼树生长好,成形快,结果早。低干矮冠比高干高冠体积大,枝叶量多,产量高;树体结构牢固,抗风,光照好,便于管理,适于密植。

第二,小枝多,大枝少,即果农说的"肉多骨头少"。果实是结在小枝上的,如果大的骨干枝过多,必然占据大量空间,影响小枝生长,导致产量不高,所以丰产树必须是结果的小枝多,主、侧枝等骨干枝少。

第三,角度开张,层距适宜,通风透光性好。垂直角度适宜,极性减弱,生长缓和,才能里里外外小枝丰满,枝多不密,通风透光。如果幼树不注意开张角度,长成大树时就很难拉开。所以,必须从小树做起,及早解决开张角度问题。

第四,辅养枝多,裙枝多,枝量大。这类枝的产量占结果初期树产量的 60%～70%,所以幼龄树要充分利用辅养枝和裙枝结果。

第五,具有大量健壮的结果枝组,特别是有效枝较多。培养大量易于轮流结果的中型

结果枝组,使它们尽快实现由营养生长向大量结果转化。

只有具备上述特点,才能实现早果早丰、稳产高产,并不断提高果品质量。

2.常用的树形结构

常用的树形结构有小冠疏层形、自由纺锤形、细长纺锤形、改良纺锤形和主干形(圆柱形)。其中,主干形(圆柱形)树高 2.5～3.5 米,冠径为 2 米左右,无主枝,不分层,各类枝组均匀排列于中心干上,适于亩栽 70～80 株的密植园。

3.各年龄树的修剪特点

(1)幼树期(二至五年生):由苗木定植到初果期。此期修剪任务是长好树、整好形,为早实丰产奠定基础。

①按要求定干:不同树形,树干的高低不同,定干高度为主干高度加整形带宽度。目前,低干高度为 50～60 厘米,高干高度为 70～90 厘米,加上 20 厘米的整形带宽度,则定干高度分别为 70～80 厘米和 90～110 厘米。整形带内要留 8～10 个饱满芽,以利形成第一层主枝或侧生分枝。

②注意骨干枝的方位、角度、长度、尖削度和层间距:以小冠疏层形为例,基部三个主枝间要保持 120°的方位角;主枝基角为 50°～60°,腰角要达到 70°～80°,梢角为 60°左右。主枝开始几年剪留长度为年生长量的 2/3 左右,一般留 50 厘米,中心干每年剪留 50～66 厘米,但第一、二层间距要保持 70～80 厘米。

③注意剪口芽和第三、四芽的方向:严格选择第三、四芽,尽可能是背斜侧方向,以便以后主、侧枝有良好的主从关系。如果背斜侧芽芽位低,则需要用刻芽法,以促进抽枝。剪口芽与主枝、侧枝头尽可能用外芽,便于达到理想的开张角度,使枝条自然伸展。

④轻剪长放:对骨干枝以外的辅助枝、枝组,要尽可能多留、多长放,少短截或不短截,使这些枝缓势成花,多结果。

⑤加强生长季节修剪:对旺树,不采用冬剪(又称"休眠期修剪")法,而用晚春修剪法,连续修剪 2～3 年,树势会显著减弱。此外,加强夏剪(又称"绿剪期修剪")和秋剪工作,以及时抹除无用萌芽,随时疏除徒长直立枝,对竞争枝、强发育枝采用扭梢、摘心法加以控制。秋季对长梢进行捋枝、拉枝和戴活帽修剪,以缓和长势,促进成花。对辅养枝和中枝组,要用刻剥和变向措施,调整好它们与骨干枝的关系,促进花芽形成。

(2)初果期(六至八年生):从开始见果到大量结果以前。此期修剪任务是继续培养各级骨干枝,完成整形任务。同时,培养枝组,使树逐年增产。

①继续培养各级骨干枝:保持各级枝间的主从关系和树冠上下、左右生长势的平衡。随生长势减弱,主枝、侧枝头的剪留长度在 40 厘米左右。

②继续进行生长季修剪:对辅助枝、大枝组用变向、刻剥措施,使之形成较多花芽。对竞争枝、徒长枝及时摘心、扭梢和疏除,以不影响骨干枝的生长。

③着重培养各类枝组:在培养枝组时,多用先放后缩法,即对中等、偏弱枝先长放,待成花结果后再逐渐回缩;少用先截后放法,即对中等、偏强枝先重截,促生分枝,再用先放后缩法,逐步培养紧凑的大、中枝组。

④适时落头:当树高超过树形规定的高度,行株间树冠距离不大时,就要在一定高度落头。对于小冠疏层形,要用过去常用的"有三去一,无三不转"的方法落头。对准备去掉的一段中心干,先长放,减弱长势,后控制(大分枝),再削弱,3～5 年后去掉原头。如果是

圆柱形、纱锭形树冠，因无上部主枝，只能在合适部位和高度落头。

⑤酌情控制过密、过大的辅助枝：对过密、过大的辅养枝要酌情控制和回缩，每年解决一部分，以不严重影响骨干枝生长为度，使结果部位由辅养枝逐步过渡到各级骨干枝的各类枝组上去。

（3）盛果期（九年生以上）：此期树体骨架已基本形成，整形任务基本完成。枝组丰满，生长、结果较稳定，短果枝比例急剧增加，营养不足，结果过量，内膛枝组易衰枯，骨干枝基部光秃，结果部位外移，大小年现象时有发生。修剪任务是维持健壮树势，调整好花芽、叶芽比例，改善光照，培养与维持枝组势力，控制花芽、花、果实留量，争取稳产优质。

①控制骨干枝延伸：骨干枝、延长枝每年剪留长度要适当缩短，如果树势弱下来，还应考虑落头问题，使树体保持相对稳定的状态。

②改善树冠光照：其方法有以下三种。第一，稀植园要降低树高（4 米左右），增加树的冠幅；密植园要控制冠幅不超过 3 米，树高不超过株行距。第二，调整主枝、侧枝角度，适当缩小上层主枝角度；及时收缩，疏除过长、过弱的下垂枝，控制背上多年生直立的小枝组，使其稳定紧凑。第三，在培养枝组时，必须控制各类型枝组的比例，使全树中、小枝组占总枝组的 80%～90%。

③培养与维持枝组势力：盛果期树的枝组应靠近骨干枝组周围，牢固健壮，紧凑、精干，分布合理，叶果比适当，结果多，品质好。已培养成的枝组，由于结果和年龄的增加，枝势衰弱，因此要注意复壮或保持一定的生长势。在枝轴过长、基部光秃、生长衰弱时，应在枝组中下部良好分枝处回缩。在枝组势力的维持阶段，应以偏弱枝作带头枝，不短截，只对后部弱枝中截，促其复壮，并向横侧发展。而在枝组需要更新阶段，要在壮分枝处进行枝轴缩剪，留壮芽短截。刚培养的新枝组，要用先截后放法培养枝组，以其适中枝的中部饱满芽作带头枝芽，其他枝缓放，以促进成花结果。通过枝组调整，用新枝组代替老枝组，用新枝代替多年生衰老枝，使大部分果枝处于三至五年生状态，实现树老枝不老，维持良好的结果能力。

4.苹果成龄树"三五四一"修剪法

为便于果农掌握苹果成龄树的修剪技术，笔者结合生产高档优质果品的需求，总结出苹果成龄树"三控、五疏、四缩、一更"的修剪方法。

（1）"三控"：一控树冠，即控制树高和冠幅。果树进入结果期后，须将树冠高度和宽度控制在一定范围之内，否则，势必造成树冠郁闭，结果能力降低。在修剪时一般要将树高控制在行距的 3/4 以下，树冠保持 1 米左右的行间距，株间可轻微相接，即所谓的"株间可以手拉手，行间永远不碰头"。二控枝量。为实现果树的高产优质，要将枝量控制在合理的范围之内，以保持良好的个体和群体结构。具体来讲，苹果成龄树亩枝量应保持在10 万～12 万，冬剪后保持 7 万～8 万较为适宜。三控负荷。修剪时，应根据合理负载量的多少，留足相应的花芽量，去掉多余花枝，实现合理负荷。果树合理负载量一般盛果期控制在每亩 3000 千克左右，并可分解到每株每枝，以便掌握。

（2）"五疏"：一疏过密主枝。对由于整形不当，造成主枝密生、轮生，影响树体生长的，应从中将枝径粗、角度小、短枝少、向行间延伸的枝予以疏除，保留符合树形要求且互不干扰的主枝。二疏位置不当的侧枝。对主枝上着生位置不当的把门侧、并生侧、密生侧、光腿侧以及一些背上大枝组要及时疏除，以保持合理的内膛结构。三疏辅养枝。幼树期因枝量少,往往见枝就留,使许多枝条作为辅养枝保留下来,进入成龄期后,应分期分批清理疏除。四疏下垂裙枝。着生在树冠下部的下垂枝、扫地枝,进入结果期后,光照不良,成花困难,还易传播病虫,影响通风透光和田间操作,应全部疏除。五疏外围密生枝。当中干、主枝即将达到生长高度和长度要求时,为控制其生长势力,要适当疏去部分外围枝条,以达到控长目的。另外,外围枝条密集时,会影响内膛光照,因此要疏去部分过密枝条。

(3)"四缩":一缩中干落头开心。当中干达到树高要求时,应根据中干的长势,采用不同的开心方法,对中干长势中庸偏弱的树,可一步到位,将中干缩到合适的位置;对强旺树要先放后落,在中干上部采取促花措施,以果降势并适当疏枝,促使枝势转中庸后,再落头开心。二缩主枝延长枝保持行间距。当果树出现株间、行间枝条交叉时,就应对主枝延长枝进行回缩。若主枝长势较旺,要回缩至弱分枝处,用弱枝当头缓和势力;若主枝长势较弱,可缩至旺分枝处,通过放缩始终保持一定行间距,株间不交叉重叠。三缩枝组稳定结果部位。枝组培养多采用先放后缩法,当枝条缓放成花后,应及时回缩,使枝组结构紧凑,势力稳定。对多年生枝组,当枝势衰弱时,要将枝组回缩,缩到旺枝、旺芽等处以恢复枝势,稳定结果部位。四缩辅养枝。对有一定生长空间且花芽较多的辅养枝,可保留下来,按照"影响一点去一点,影响一面去一面"的原则,逐步回缩,直至去除。

(4)"一更",即对主枝和枝组根据生长情况,做到及时更新复壮。修剪时,对势力变弱的主枝、枝组注意培养预备枝,当势力衰弱时及时更新。

(五)花果管理

1.疏花疏果

管理时提倡"以花定果"技术,在坐果率偏低地区应以疏果为主,小型果 10~15 厘米留一个果、中型果 15~20 厘米留一个果、大型果 20~25 厘米留一个果。

2.果实套袋

花后 30 天套袋,套袋前喷一次杀虫和杀菌药,重点喷果实,也可加入钙制剂。套袋后定期检查,在高温高湿情况下及时剪开排气孔。采收前 15 天除袋,除外袋后 3~5 天再除内袋,结合摘叶、转果,生产全红果。

苹果套袋后的管理措施如下:

(1)继续防病灭虫:套袋后至除袋前是苹果树各种病虫害相继危害的时期,应重视防治蚜虫、红蜘蛛、食心虫、金纹细蛾、早期落叶病、炭疽病、轮纹病等病虫害,坚持每 20~25 天喷一次药,可选用虫螨光、吡虫啉、蛾螨灵、灭幼脲等交替防治。6—8 月若遇多雨天气,果园高温高湿,容易造成苹果斑点落叶病的大发生,应根据斑点落叶病"入侵早、潜伏长、重复侵染次数多"的特点,适时用药。可选用 10% 世高 2500~3000 倍液、68.75% 易保 1200~1500 倍液、4% 农抗 120 600 倍液、代森锰锌 800 倍液,并混加有机叶面肥进行喷洒。喷药要细致、周到、均匀,且铲除性杀菌剂和保护性杀菌剂要轮换使用,以缩短喷药间隔期,将早期落叶病控制在最低程度。

(2)及时补钙:近年的套袋实践证明,果实缺钙极易引发一些生理性病害,如苦痘病、痘斑病、水心病、缩果病、红点病。所以,套袋前后至除袋以后的补钙就显得非常重要。补钙要抓住三个时期:①于落花后 40 天内,选用硝酸钙 300 倍液,叶面喷施 2~3 次。②于采果前除袋后,选用氯化钙 300 倍液进行叶面喷施。③夏季生长期可结合喷药混加氨基酸钙,喷叶或涂干。为了提高果树对钙的吸收利用率,喷钙时加 0.3% 硼肥或特效王增效剂,效果更佳。

（3）巧用肥水：套袋苹果可在早期氮素营养满足的情况下，分别于果实迅速膨大期和着色前期（6—8月）追施磷钾肥、腐殖酸有机肥、含微肥的果树专用肥。追肥量视树龄大小、树势强弱、肥力丰瘠、结果多少灵活而定，趁下雨前后或灌水后追施。6—9月应叶面喷肥3～4次，可用多元素液体复合肥、高美施、美果露、果康乳、磷酸二氢钾等。此期追肥与喷肥，既是当年套袋果丰产优质的保证，又是来年苹果稳产的基础，千万不可忽视。

（4）适时修剪：夏、秋季修剪要结合果树的生长状况和树冠密闭程度，及时疏去强旺竞争枝、徒长枝、密挤枝、无效枝和病虫枝，以减少养分消耗，调节营养分配，使树下有30％～40％的光斑。以不过分削弱长势、刺激旺长，少损枝叶，宁轻莫重为前提，达到结好果、多成花、利生长、连年优质稳产的目的。

（5）定期检查套袋果：套袋后要不定期抽查套袋果的生长情况。特别是每次降雨后，要从不同部位解开一部分果袋查看果实，对袋内有积水和袋角通气孔小的，要用剪刀适当剪大袋角，增加排水通气，以降低袋内湿度，有效预防黑红点病的发生。

四、主要病虫害及其防治

要以农业防治为基础、生物防治为核心，按照病虫害发生的经济阈值，合理使用生物和化学防治技术，经济、安全、有效地控制苹果病虫害。

（一）苹果树腐烂病

苹果树腐烂病俗称"烂皮病"，是对苹果威胁很大的毁灭性病害，在山东发生较为严重。该病主要危害苹果结果树枝干，导致受害皮层腐烂坏死。轻度发病者，大小枝病死，结果能力锐减，结果年限缩短，果品质量下降；重度发病者，主枝、主干枯死，甚至全园毁灭。进入盛果期和山坡薄地长势弱的果树，最易发病。病部呈红褐色水渍状，稍肿起，组织松软，腐解后有酒糟气味，往往流出黄褐色汁液。病部发展一个时期即干缩下陷。2月下旬至3月下旬开始发病，3—4月发病最多，而且病部扩展最快，5—6月发病减少，7—8月停止发病，病部停止扩展。

防治方法如下：①加强栽培管理，增强树势，提高树体的抗病能力。合理修剪，调节树体负载量，克服大小年现象。合理搭配有机肥、化肥以及氮、磷、钾肥。防止早春干旱和雨季积水，搞好果树防寒，减少冻伤口。②发病期内及时检查，彻底刮治病斑，防止其扩大蔓延。用刮刀彻底刮净病斑腐烂变色部分的病皮，深达木质部，并刮掉病斑周围1厘米宽的健康皮。刮除后涂药消毒，可选用的药剂有30％腐烂敌30倍液、腐必清原液、843康复剂、4％农抗120水剂200倍液、抗生素S-921的20～30倍液、9281的4～5倍液等。③清除菌源，及时烧毁刮下的病皮、剪除的病枝及枯死病树。④对病原基数大的果园，在春天发芽前，全树喷洒腐必清50～100倍液，消灭潜伏病菌。

（二）苹果干腐病

苹果干腐病又称"胴腐病"，是苹果枝干的重要病害之一，在我国各苹果产区均有发生。该病一般危害衰弱的老树和定植后管理不善的幼树。除苹果外，该病菌还可寄生在柑橘、桃、杨、柳等木本植物上。该病主要侵害成株和幼苗的枝干，也可侵染果实。症状类型有以下几种：①溃疡型。在枝干上，一般以皮孔为中心，形成暗红褐色圆形小斑，病斑表面常湿润,并溢出茶褐色黏液,后期病部干缩凹陷,呈暗褐色。发病严重时,病斑迅速扩展,深达木质部,常造成大枝死亡。②干腐型。成株多发生在主枝上,病斑多在阴面,初期为淡紫色病斑,沿枝干纵向扩展,组织干枯,稍凹陷,较坚硬,表面粗糙、龟裂,病部与健康部位之间裂开,表面亦密生黑色小粒点。幼树定植后,初于嫁接口或砧木剪口附近形成不整形紫褐色至黑褐色病斑,沿枝干逐渐向上(或向下)扩展,使幼树迅速枯死。③果腐型。果实被害初期果面产生黄褐色小点,逐渐扩大成同心轮纹状病斑,条件适宜时,病斑扩展很快,数天后整果即会腐烂。干腐病菌具有潜伏特性,寄生力弱,只能侵害衰弱植株(或枝干)移植后缓苗期的苗木。苹果生长期都可发病,以 6—8 月和 10 月为发病高峰期。树势衰弱、冻害、严重干旱或涝害是病害发生的重要因素。以国光、青香蕉、红星等品种发病重,红玉、元帅、祝光、鸡冠等品种发病轻。

防治方法如下:①以培育壮苗、加强栽培管理、提高树体抗病力为中心,并及时喷药保护树干。苗圃不施大肥,不灌大水,尤其不能偏施速效氮肥催苗,防止苗木徒长,受冻而发病。芽接苗在发芽前 15~20 天及时剪砧,用 1%硫酸铜水溶液消毒,并保护伤口,使剪口在秋季苗木停止生长前充分愈合,以减少病菌侵染机会。果园要注意蓄水防涝。②保护树体、做好防冻工作是防治干腐病的关键性措施。冬季来临前涂白,以防止冻害。及时防治枝干害虫,尽量避免造成各种机械伤口,对已有伤口要涂药保护,促进其愈合,防止病菌侵入。③彻底刮除病斑。植株发病初期,可用锋利快刀削掉变色的病部或刮掉病斑,并用腐必清或 843 康复剂原液、2%农抗 120 水剂 10~20 倍液、5%菌毒清水剂 30~50 倍液等药剂消毒保护。④药剂防治。果树发芽前喷一次 5%菌毒清、2%农抗 120 水剂 100 倍液或 5 波美度石硫合剂保护树体。在 6 月上中旬及 8 月中旬各喷一次 1∶2∶(200~240)波尔多液。在发病前用 70%甲基托布津可湿性粉剂 800 倍液喷于树干上。

(三)苹果炭疽病

苹果炭疽病又名"苦腐病""晚腐病",是苹果生长和储藏期间的主要真菌病害,在全国苹果产区均有发生。该病除危害苹果外,还危害梨、葡萄、刺槐、核桃等,主要侵染果实。染病初期果面上出现淡褐色小圆斑,并迅速扩大,呈褐色或深褐色,果肉腐烂呈漏斗形,表面下陷,呈同心轮纹状排列。一个病斑可扩大到全果的 1/3~1/2,几个病斑连在一起,可使全果腐烂、脱落。6 月初为发病初期,7—8 月为发病盛期,晚秋发病减少。高温、高湿、多雨情况下,发病重;地势低洼、土壤黏重、排水不良、树冠郁闭、通风不良、偏施氮肥、日灼、虫害等均易导致该病发生;树势强病轻,树势弱病重。品种不同,抗病性不同:红玉、鸡冠、祥玉发病早而重,祝光、金冠、元帅、大国光、秦冠、印度、国光、红星发病较轻;伏花皮、黄魁等早熟品种很少发病。

防治方法如下:①加强栽培管理,改良土壤,合理密植和修剪,注意通风排水,降低果园湿度,避免偏施氮肥。②结合冬剪,清除枯死枝、病虫枝、干枯果台及僵果并烧毁。生长期及时摘除病果和僵果。③药剂防治。对于病重果园,在发芽前喷一次药。在生长期,从幼果期(5 月中旬)开始喷药,每隔 15 天左右喷一次,连续喷 3~4 次,可选用 1∶2∶200 波尔多液、50%敌菌灵可湿性粉剂 500 倍液、75%百菌清可湿性粉剂 600 倍液。药剂需交替使用。

(四)苹果轮纹病

苹果轮纹病又称"粗皮病",是一种真菌侵染性病害,主要危害果实和枝干,是苹果的重要病害之一。果实发病后腐烂,枝干发病会造成树势衰弱,枝干枯死。轮纹病菌是一种弱寄生菌,老弱枝干易被病菌感染。过多地施用氮肥的苹果树和树势衰弱的树均发病较重。幼果期降雨多,病菌易侵染。

防治方法如下:①加强果树栽培管理,增强树势,提高树体的抗病能力,严格控制树体负载量,多施农家肥,避免偏施氮肥。②及时刮除病斑,这是一项重要的防病措施。早春发芽前刮除枝上病瘤,涂抹80%的402抗菌剂乳油40~50倍液,剪除病枝梢,并及时清理果园。可同时对果树喷洒一次5波美度石硫合剂或其他药剂,刮除病斑后再喷药效果更好。5—7月还可对果树病斑进行重刮。③防治果树轮纹病,可通过套袋对果实进行保护。对不套袋的果实,开花后2周至8月上旬,每隔15~20天喷一次药,连喷5~7次,基本上能控制轮纹病的危害。可选用的药剂有石灰倍量式波尔多液200倍液、50%多菌灵800倍液、70%甲基托布津800倍液、轮纹净500倍液、大生M-45可湿性粉剂1000倍液、15%绿康宁胶悬剂400倍液等。各种药剂需交替使用。

（五）苹果褐斑病

该病是造成苹果早期落叶的主要病害,主要危害叶片,有时也危害果实,严重时造成早期落叶,削弱树势,影响产量和花芽分化。一般6月下旬开始发病,7月下旬至8月上旬为发病盛期。春雨早发病早,秋雨多发病重,10月上旬停止发病。以红星、元帅、青香蕉品种易感病。结果树发病重,树势弱发病重,树冠郁闭通风透光不良发病重,水地发病重。

防治方法如下:①加强土、肥、水管理,提高抗病力,合理修剪,改善通风透光状况。秋冬彻底清除园内落叶,并摘除树上残留的病叶,消灭越冬病菌。②药剂防治应抓好花后（发病前半月）、雨季来临前和雨季三个时期。要狠抓一个"早"。生长前期喷1∶3∶200石灰多量式波尔多液。后期可用50%多菌灵800倍液、50%甲基托布津1000倍液、65%代森锌500倍液喷洒。雨季喷药应混加2000~3000倍黏着剂。

（六）苹果锈病

苹果锈病又叫"赤星病",其致病菌是一种转主寄生真菌,果园附近种植桧柏时发病更严重。该病主要危害叶片,也危害新梢、果实,常造成落叶、落果。

防治方法如下:①彻底铲除苹果园附近的桧柏,杜绝转主寄主,切断侵染循环,防止锈病发生。若不能铲除,在果树发芽前向桧柏喷20%三唑酮（粉锈宁）乳油2000倍液或3波美度石硫合剂,可抑制冬孢子散发。秋季可喷15%氟硅酸乳剂300倍液保护桧柏,防止锈孢子侵染。②苹果树发芽后至幼果期,可选喷1~2次1∶2∶200波尔多液、20%三唑酮可湿性粉剂2000倍液、70%甲基托布津可湿性粉剂1000倍液、97%敌锈钠可湿性粉剂250倍液、4%农抗120的600~800倍液等,以防止病菌侵入危害。

（七）苹果缩果病

该病由缺硼引起,主要发生在果实上,严重时枝梢和叶片也会表现出症状。果实从落花后到采收期均可出现症状,表现为部分组织褐变木栓化,表面凹凸不平。枝叶上的症状表现为春季树芽不能发枝或发出纤弱枝条,枝条发出后很快枯死。土质瘠薄的土壤发病较重,长期偏施氮肥或遇早春干旱,发病尤重。

防治方法如下:①避免长期偏施氮肥,多施有机肥和硼镁复合肥。②春旱时及时灌水。③缺硼严重的果园,春、秋季每株施硼砂150~200克,施后灌水。开花前、后,叶面喷洒 0.3％硼砂溶液,有提高坐果率、增加产量的作用。

（八）苹果小叶病

该病是由缺少锌元素造成的生理病害,在沙质土壤或碱性土壤的苹果园中发生较普遍。该病害主要发生于新梢和叶片。植株染病后,春季发芽晚,抽叶后叶片狭小,叶缘向上,叶色浓淡不均,节间短,细叶簇生。后期病枝枯死,枯死的下端又能另发新枝。新枝的花小、少,不易坐果,果实小而畸形。沙土和碱性土壤发生缺锌现象普遍,偏施磷肥的果园易发病,缺镁、缺铜时容易诱致缺锌。

防治方法如下:①搞好栽培管理、改良土壤、加强水土保持是防治苹果小叶病的根本办法。②沙质地、瘠薄地及盐碱地的果园应增施有机肥,或行间种植绿肥。③在苹果盛花后,喷洒 0.2％硫酸锌溶液,当年效果明显,但持效期较短。④秋季施基肥时,对大树每株施 0.5～1 千克硫酸锌,翌年可发挥肥效,且持效期长。缺镁和铜的果园,施含镁、铜、锌的化合物,对苹果小叶病有效。

（九）桃小食心虫

桃小食心虫属鳞翅目蛀果蛾科,是苹果树上最重要的害虫之一,在全国苹果产区分布广泛。其以幼虫蛀果危害,初蛀入孔多数树种溢出果胶,后呈白色蜡状,有些树种呈胶状。该虫在山东省每年发生 2～3 代,以老熟幼虫在土中结茧过冬。

防治方法如下:①地面防治。翌年 5 月上中旬幼虫陆续破茧出土,可于该期间在地面施药以杀死出土幼虫,可将 1000 倍辛硫磷、马拉硫磷、溴氰菊酯药液等均匀喷于树冠下,每平方米 1.5～2.5 千克。②树上防治。6 月下旬成虫开始产卵,一般在蛀果期或卵果率 2％时喷药防治。可喷 2000 倍来福灵、灭扫利、速灭杀丁、高效氯氰菊酯或 1000 倍辛硫磷、马拉松、敌·马乳油等药剂。可在成虫发生盛期喷 2000 倍灭扫利、来福灵、功夫菊酯、溴氰菊酯或 1000 倍辛硫磷、马拉松等药剂。③人工摘除虫果。发现虫果随时摘除,杀灭果实中的幼虫。

（十）苹小食心虫

苹小食心虫属鳞翅目小卷叶蛾科,主要危害苹果、梨等仁果类果树。幼虫多由果实胴部蛀入,在皮下蛀食果肉。果实被害部凹陷并干裂,有时成干疤。危害严重时,虫果早期就会脱落。苹小食心虫每年发生两代,以老熟幼虫在枝干、枝杈、根颈的树皮缝、剪锯口裂皮和果筐等缝隙内结茧越冬。

防治方法如下:①秋季束草诱杀、早春刮树皮(重点在中晚熟品种)和清理树体是减少越冬虫源的有效措施。可用糖醋液、性引诱剂诱杀成虫,并测报成虫发生期。②在成虫集中发生期和产卵盛期喷药防治,可喷 40％乐斯本乳油 1000 倍液、20％甲氰菊酯乳油 3000 倍液、2.5％溴氰菊酯乳油 2000 倍液、2.5％保得乳油 2000 倍液、20％氰戊菊酯乳油 2000 倍液、2.5％功夫乳油 2000 倍液或 5％高效氯氰菊酯乳油 2000 倍液等,以杀死虫卵和初蛀入的幼虫。

（十一）苹果叶螨

苹果叶螨又称"苹果红蜘蛛",属蛛形纲蜱螨目叶螨科,在山东有分布。其以成螨及幼螨、若螨刺吸嫩芽和叶片危害,芽被害后不能正常萌发,严重时枯死。叶片被害后叶面均匀地散布密集的灰白色失绿斑点,严重时叶片表面布满螨蜕,全叶片变为灰褐色,变硬、变脆,甚至枯焦,但不脱落。华北地区每年发生 7~9 代,卵在果台或枝节芽间越冬。全年发生数量最多、危害最重的时期是在 6 月下旬至 8 月上旬。

防治方法如下:①保护和利用天敌。苹果叶螨的天敌主要有食螨瓢虫、蓟马、草蛉和捕食螨等。叶螨种群数量的消长在很大程度上受天敌的制约。果园内天敌与害螨的比值大于1:50时,即使叶螨数量达到防治指标,也不必进行喷药,以充分发挥天敌的控制作用。②药剂防治。重点在越冬卵孵化期和第一代幼螨发生盛期这两个关键时期喷药防治。在抗性强的地区可喷 2000 倍灭扫利、功夫菊酯和天王星。在抗性不明显的地区可喷 0.1~0.2 波美度石硫合剂、700~800 倍三氯杀螨醇。在第一次虫量高峰期,一般是花后 20 天左右,喷 2000 倍尼索朗、2000 倍螨死净或 2000 倍三唑环锡可控制危害。

(十二)山楂叶螨

山楂叶螨又称"山楂红蜘蛛",属蛛形纲蜱螨目叶螨科,在山东有分布,寄主有苹果、梨、桃、杏、山楂、樱桃、核桃等。山楂叶螨目前是我国北方落叶果树的主要害螨之一,用刺吸口器刺吸汁液及叶绿体,危害初期叶片表面出现退绿斑点,后发展成退绿斑块,叶脉两侧出现大块黄斑,进而树叶干枯脱落。它不仅会导致果树当年产量减少,质量下降,而且次年花序、花朵坐果率也会显著减小,减产更为严重。山楂叶螨在山东一年发生 9~10 代,以受精雌成螨在主干、主枝、侧枝的老翘皮下及主干周围的土壤缝隙内越冬。全年以 7 月中下旬发生的第三、四代虫量最多,种群增长最快,危害最重。

防治方法如下:①结合果园农事操作,刮除粗裂翘皮,清除落叶,杀死越冬成螨。②保护和利用天敌,如食螨瓢虫、花蝽、草蛉等。天敌对害螨的控制作用非常明显,在用药剂防治害螨时,要尽量选用对天敌杀伤力较小的杀螨剂,以保护天敌,发挥天敌的自然控制作用。③药剂防治。应重点在越冬雌成螨出蛰盛期和第一代幼螨发生盛期这两个关键时期进行喷药防治。防治指标为:7 月以前 3~4 头/叶,7 月以后 5~6 头/叶。可喷 50% 的硫悬浮剂 200~400 倍液、0.5 波美度石硫合剂防治。生长季可选用以下药剂:10% 霸螨灵悬浮剂 2000 倍液、15% 扫螨净乳油 2000~3000 倍液、20% 螨净死乳油 2000~3000 倍液、5% 尼索朗乳油 2000 倍液、99% 机油乳剂 200 倍液、5% 卡死克乳油 1000 倍液。

(十三)顶梢卷叶蛾

顶梢卷叶蛾又称"芽白小卷蛾""顶芽卷叶蛾",属鳞翅目卷叶蛾科,在我国果区发生普遍,寄主有苹果、梨、桃、花红、海棠、杜梨、山楂等。幼虫主要危害顶梢嫩叶,将几个叶片缠缀一起卷成疙瘩状;有时也危害花蕾、花朵和幼果。幼树和苗木受害重时,将影响幼树树冠扩大、苗木出圃规格。其在山东半岛一年发生两代,以 2、3 龄幼虫在梢顶端卷苞内或梢端侧芽处结茧越冬。次年苹果发芽时越冬代幼虫开始活动,将新梢顶端的嫩叶卷成一团,隐藏其中危害。

防治方法如下:①人工防治。结合冬季果树剪枝,彻底剪除虫梢,并集中烧毁,效果较好。发芽以后及时摘除虫梢,可大大降低虫口基数,减少第一代危害。②药剂防治。发病严重的果园,可在第一、二代成虫产卵盛期,喷洒 50% 杀螟硫磷(杀螟松)1000 倍液、20% 米满悬浮剂 1000~1500 倍液、20% 灭幼脲 3 号悬浮剂 2000 倍液或 2.5% 绿色功夫菊酯乳油 2000 倍液等。隔 10~15 天再喷一次,即可收到良好的防治效果。此虫是苹果、梨苗圃中的常见害虫,应注意加强防治。③保护和利用天敌。顶梢卷叶蛾的寄生蜂有舞毒蛾黑瘤姬蜂、中国齿腿姬蜂等,应注意保护和利用。

(十四)旋纹潜叶蛾

旋纹潜叶蛾又名"苹果潜叶蛾",属鳞翅目潜叶蛾科,在山东有分布,主要危害苹果及苹果属果树。幼虫潜叶危害,呈螺旋状串食叶肉,严重时一片叶上有数个虫斑,会造成大量落叶,对果品产量和树势有很大影响。山东省一年发生四代,主要在枝干裂缝和翘皮下结茧化蛹越冬。该虫6—8月危害最重,7—8月即可造成落叶。

防治方法如下:①人工防治。秋季落叶后,彻底清除果园落叶。冬季刮除老翘皮下的越冬茧,消灭越冬蛹。越冬代幼虫结茧前,在枝干粗糙部位以上,绑草环诱集幼虫结茧,早春收集烧毁。②药剂防治。在各代2、3龄幼虫危害期(虫斑豆粒大小)喷洒50%杀螟硫磷(杀螟松)乳油1000倍液或5%灭幼脲3号悬浮剂2000倍液,效果均佳。③在进行人工防治前,先调查蛹体内寄生蜂的寄生率。若寄生率在30%以上,把诱集的和刮下的越冬茧放在低温条件下保存至潜叶蛾羽化盛期,当气候和寄主条件适宜时,将保存的虫茧装在细纱笼内挂于果园,使寄生蜂自然飞出,增加控制潜叶蛾的虫量。在此期间要减少用药次数,以利于寄生蜂的繁衍。

(十五)苹果瘤蚜

苹果瘤蚜又称"卷叶蚜虫",属同翅目蚜科,在我国各苹果产区均有分布,寄主有苹果、梨、沙果、海棠、山荆子等。以成虫和若虫群集在嫩芽、叶片和幼果上吸食汁液危害。染病初期被害嫩叶不能正常展开,后期被害叶片皱缩,叶缘向背面纵卷。幼果被害后,果面会出现许多略凹陷的红斑。受害严重的树,枝条上叶片全部卷缩,使新梢发育和花芽形成受到抑制,严重影响果树的生长和产量。苹果产区一年发生10余代,以卵在一年生枝条芽缝里越冬。该虫一般在5月危害最重。

防治方法如下:①人工防治。早期发生量不大时,可人工摘除被害卷叶。结合春季修剪,剪除被害枝梢,刮树皮和翘皮,杀灭越冬卵。②药剂防治。于早春发芽前,与防治其他害虫相结合,喷洒含油量5%的重柴油乳剂,杀灭越冬卵。于苹果开花前喷洒药剂,将若虫消灭在卷叶危害之前。生长季节可选用的有效药剂有2.5%扑虱蚜可湿性粉剂1000~2000倍液、10%蚜虱净可湿性粉剂4000~6000倍液、20%康福多浓可溶剂8000倍液、10%烟碱乳油800~1000倍液或3%啶虫脒乳油2000~2500倍液等。若在卷叶前防治,全年用药一次即可控制危害。③注意保护和利用天敌草蛉、捕食性瓢虫、食蚜蝇和蚜茧蜂等。这些天敌食蚜量都很大。

(十六)苹果绵蚜

苹果绵蚜属同翅目瘿绵蚜科,是国内外重要的检疫对象,寄主有苹果、海棠、沙果、山荆子等苹果属植物。苹果绵蚜群集于寄主的枝干、枝条及根部,吸取汁液。被害部位膨大成瘤,常因该处破裂而阻碍水分、养分的输导,严重时树体逐渐枯死,且危害果实的萼洼及梗洼,影响果品质量。苹果绵蚜的年发生世代数因地区而异,在山东一年发生17~18代。5月下旬至7月上旬出现全年第一次盛发期;9月中旬以后,果园内天敌数量渐趋减少,气温降至适宜繁殖的温度,种群数量开始回升,出现第二次盛发期。

防治方法如下:①加强检疫,防止疫区苗木、接穗带虫外运。凡从疫区运出的苗木、接穗必须进行严格的药剂处理。具体方法是:将苗木及接穗置于密闭容器内,容器中放80%

敌敌畏 0.01 毫升/升,在 20~28 ℃条件下熏蒸 30~40 分钟,密封 24 小时;也可用 80%敌敌畏乳剂 1000 倍液浸泡 5 分钟。②苹果绵蚜多以若蚜在主干或根颈处群集越冬,可在萌芽前刮除树缝、树洞、病虫伤疤边缘等处的绵蚜,剪掉有绵蚜群落的受害枝条,集中处理。③4—5 月,将树干周围 1 米半径内的土壤扒开,露出根部,每株撒 5%辛硫磷颗粒剂 2~2.5 千克。④花前或花后用 48%氯吡硫磷(乐斯本)乳油 2000 倍液、40%毒死蜱微乳剂 1500 倍液或 40%蚜灭多乳油 1000~5000 倍液,喷雾防治。在两次绵蚜繁殖高峰前期,结合其他病虫的防治再喷洒以上药剂 1~3 次,可控制其危害。⑤苹果绵蚜的天敌主要有苹果绵蚜蚜小蜂、七星瓢虫、异色瓢虫、黄色瓢虫、草蛉等。其中以苹果绵蚜蚜小蜂的种群控制能力最强,其在许多果园的寄生率可达 80%。应注意保护和利用天敌。

(十七)苹小吉丁虫

苹小吉丁虫属鞘翅目吉丁虫科,是苹果树的主要害虫,也是国内检疫对象。幼虫串食枝干皮层,破坏输导组织,引起死枝、死树,以致毁园。5 月幼虫危害最烈,被害部位表面呈黑褐色,稍下陷,最终形成坏死斑块。5 月下旬幼虫接近老熟,蛀入木质部,咬食成船底形蛹室,此时排泄的粪便为黄色、粉状。

防治方法如下:①幼虫期防治。秋末落叶后和早春发芽前,结合刮除腐烂病,仔细检查枝干,发现枝干溢出琥珀色胶滴,则用刀挖杀幼虫,或在幼虫危害部位涂抹敌敌畏煤油溶液(煤油 500 毫升加入 80%敌敌畏乳油 25 毫升)。②成虫期防治。成虫发生期间隔 10~15 天喷洒两次 80%敌敌畏乳油或 90%敌百虫乳油,均用 1500 倍液。③剪除枯枝。在成虫羽化期以前剪除枯枝并烧毁。

(十八)桑天牛

桑天牛属鞘翅目天牛科,又称"粒肩天牛""桑干黑天牛"等,广布于全国各地,寄主有苹果、梨、杏、桃、樱桃、无花果等果树及桑、杨、柳、榆等多种林木。成虫危害寄主的叶片或啃食枝条表皮。幼虫蛀食枝干,造成孔洞。果树枝干受害后生长不良,若遇到大风,受害大枝很易折断,严重时全株枯死。

防治方法如下:①人工防治。成虫发生期,检查枝干上有无产卵伤口或细虫粪排出。若有发现,即用小刀或铁丝将卵或小幼虫刺死。成虫发生量较大时,可进行人工捕杀。特别是在雨后,可利用成虫的假死习性,用棍敲打枝干,使之受惊落地后杀死。②药剂防治。春、秋两季为药剂毒杀幼虫的关键时期。根据新虫粪的位置寻找幼虫蛀孔,发现后把磷化铝片剂(每片重 3 克)切成 1/9 小片,置于黏泥团上,对准排粪孔塞入,再用湿泥将上面的排粪孔堵住。还可用小棉球蘸 50%敌敌畏乳油 50 倍液,用粗铁丝塞入最下面两个排粪孔内,孔口再用黏泥塞紧;也可向蛀孔注入 50%敌敌畏乳油 50 倍液,用泥或小木棍堵塞蛀孔。其他可用药剂还有 50%辛硫磷 50 倍液。

(十九)星天牛

防治方法如下:①人工防治。在成虫发生期,于晴天的中午前后,捕捉树干基部及梢部成虫,若能坚持 2~3 年,可获显著效果。成虫产卵期间,经常检查主干离地面 30~60 厘米的地方,如发现有唾沫状胶液,即用小刀挑出其中卵粒。或用木槌等器具击打枝条上的产卵槽,杀死虫卵和初孵幼虫。②6—8 月间树干刷白涂剂(取生石灰 1 份、硫黄粉 1 份、水 40 份,并加食盐少许混合配制),防止成虫产卵。涂一次功效可保持两个月。③根据幼虫在皮层下蛀食两个多月这一特点,7—10月,检查产卵伤口有无木屑与虫粪,每月检查三次,若有发现,即用小刀挑开皮层,杀死幼虫。④药剂防治。可用80％敌敌畏乳油10～50倍液涂抹产卵痕,毒杀初龄幼虫。对于高龄幼虫,可用细铁丝插入新鲜通气排粪孔,尽量将木屑与粪便钩出,然后塞入磷化铝片剂或80％敌敌畏乳油50倍液药棉球,也可用注射器向蛀道内注入80％敌敌畏乳油1000倍液。关键是施药前应将蛀孔虫粪清除干净,塞入或注入药液后,再用湿泥封堵虫孔,可收到良好的效果。

五、苹果简易储藏法

采用简易的方法储藏苹果,设施简单,易于管理,适于户储,保鲜效果良好,可缓和供求矛盾,增加经济收入。

(一)储前对果实的选择和处理

选择晚熟、耐储的苹果品种,如青香蕉、国光、红富士、新世界等,适期采收。采收后选择成熟度一致、无损伤、无病虫害的果实,进行分级。分级后用果品保鲜剂进行浸果处理,然后将浸果进行风干、预冷,即在阴凉通风处做土畦,畦深15厘米左右、宽1.2米左右;把果实排放在畦内,排放厚度以4～5层果为宜,白天遮阴,夜间揭去覆盖物通风降温;降雨时或有大雾、露水时,应覆盖以防雨水、雾水或露水接触果实。经1～2夜预冷后,于清晨气温尚低时将果实封装入储或直接入储。若清晨露(雾)水较重,应于该天傍晚将覆盖物撑起至离果面20～30厘米处,可达到既预冷又防露(雾)的目的,次日清晨即可入储。

(二)地沟储藏法

1.地沟的准备

地沟应选在安全、运输方便、地势平坦高燥和土质坚实的地方。储前先挖好地沟,沟深1米左右、宽1.2米左右,沟长视地形和储果量而定;可挖一条或多条沟,两条沟间应有2米以上的间隔;沟向以东西为好;沟边用土培成20～40厘米的土埂,南边土埂应高于北边土埂,以防雨水流入沟内,并使沟上的覆盖物有一定的斜度,以利雨水流下,沟上每隔1.5米左右放置一根木棍,以便白天用草苫等覆盖物挡住阳光或雨天防雨。地沟建成后应在储果前一周进行预冷,即白天覆盖地沟,夜晚去除覆盖物,以降低沟内温度;若夜晚有雨,应盖严地沟以防雨水进入。

2.果实入储

将已处理好的果实封装入储或直接入储。封装入储是指用塑料袋装盛适量苹果放入箱(筐)中,或在箱(筐)中铺塑料薄膜,再放入适量苹果,然后封箱(筐)入储。箱底应垫木板或砖头,以防箱底受湿软化。果筐一般摆放一层,也可摆放两层,上下层箱间呈“品”字形放置。直接入储是指不经包装直接将苹果储入沟内,方法是先在沟底铺一层5～10厘米的洁净细河沙,将果实分层排放在沟内,厚60～80厘米,排放时果实与沟壁之间用稻草、麦秸等隔开,沟中间每隔3～4米立一个用玉米秸秆扎成的通气把(直径为15～20厘米,秸秆把顶部露出果堆)。入储后在果实(果箱、果筐)上面覆盖草苫、蒲席等,以遮阴防雨、保温防寒。

3.储期管理

果实入沟初期,即封冻前,覆盖物要昼盖夜除(雨夜除外),以降低沟内温度;封冻后,随着气温的降低,可整日不除覆盖物;当沟内最低温度达到－3 ℃时,将沟盖严并加盖覆盖物,风大处要设防风障,保持沟内温度为 1～3 ℃;第二年随气温的回升,逐渐去除覆盖物,适当通风,防止沟内温度回升过快。入储初期和第二年春天,要每隔 5 天检查一次,气温变化大时要每隔两天检查一次,看果皮是否变暗,沟内(箱内、筐内)是否有酒味。如出现上述情况,应及时通风,要打开果箱(筐),使果实与空气充分接触,情况严重的果实要及时取出销售。封冻期一般不需查果,但应根据气温变化和天气预报及时保温。

(三)窑窖储藏法

该法是指选择土壤深厚、不积水的地方挖窖来储藏苹果,包括适当改造土窑洞、防空洞、自然山洞或农舍地下室来储藏,主要是利用地下温度较低,而在封冻期又相对较高和湿度较大且稳定的特点来储藏苹果。挖窖的大小和深浅可根据储果数量和地理情况而定,改造土窑洞等的具体措施也要根据土窑洞等的实际情况和储果量来确定。窑窖储藏必须配有通风口,有条件的可在通风口处安装排气扇,夜间敞开窖门(窑门),使窖(窑)内外空气疏通,利用夜间窖(窑)外较低的气温来降低其内部的温度。

窑窖储藏要求把已处理好的苹果装箱(筐)后储藏,因窑窖内湿度较高且可随时进行地面洒水并以塑料薄膜来保湿,将苹果直接装箱(筐)或先包一层纸后再装箱(筐)即可。因为窑窖内湿度较大且果实直接和箱(筐)、空气接触,利于病菌的扩散和繁殖,所以对再次使用的箱(筐)和窑窖要进行严格消毒。窑窖内可按每立方米的空间用 10 克硫黄来熏蒸,密闭两天;再次使用的箱(筐)等可在窑窖内熏蒸,亦可用漂白粉刷洗干净并在阳光下暴晒消毒。窑窖消毒后即应通风排药,并于储果前一周使门及通风口昼闭夜开,以降低窑窖内温度。

窑窖储果不宜一次大量储入,应分期分批储入,以免窑窖内温度过高。箱(筐)应均匀分布于窑窖内,用木板托离窑窖内地面 20 厘米以上,以利空气流通。若需上下分层放置箱(筐),应打制铁架或木架,各层箱(筐)可排在铁架或木架上,上下层箱(筐)之间应有 20 厘米的间距,且层与层之间只有立柱支撑而无立板阻隔。

储果后要定期抽查,以便及时采取必要的措施,对不宜继续储藏的苹果要及时销售。冬季气温太低时,要注意封闭好通气口和门口,加厚保温层,阻止冷气入侵和内热外散,使窑窖内温度不低于 3 ℃。

(四)室内储藏法

此法是利用闲置的住房、仓库等房屋或有一定空闲的冷凉房间来储藏苹果。

1.室内缸(瓮)储藏

选用大缸(瓮),洗净晾干,放于储果室内,将缸(瓮)底部铺上 10 厘米左右的湿沙,湿沙上放一木架,木架上摆放已处理好的苹果,多层摆放,接近缸(瓮)满为止,然后用塑料膜封好缸(瓮)口,每隔 10～15 天检查一次,及时取出失去储藏能力的苹果。储藏期内应使缸(瓮)内相对湿度保持在 90％左右。若如湿度不足,果皮会皱缩,应沿缸(瓮)内壁注入适量凉水。

2.室内塑料袋储藏

用草将果筐的底部和四周垫好,将塑料袋(容量为 20～25 千克)置入其中。用0.02％～0.05％的 2,4-二氯苯氧乙酸(2,4-D)加入 800～1000 倍的多菌灵液洗果。将用药剂处理后的苹果晾干后放入袋内封口,再搬进较干燥的室内,20～30 天检查一次,及时调整温度、湿度,剔除病果。若采用塑料膜包装苹果,储藏效果更好,储藏 5～7 个月后果实仍新鲜。

3.室内箱(筐)储藏

将处理好的苹果用具有保湿功能的纸包好,装入箱(筐)内,分散或打架放置,定期检查筛选即可。室内储藏应避免阳光照射入室内。封冻前和春季室温往往较高,应注意门窗要昼闭夜开;封冻期室温较低,应封闭好门窗或采取增温措施,如电器加热等,使室温不低于−3 ℃。室内储果也不宜一次大量储入,入储前门窗也应昼闭夜开以降低室温。

(五)沙藏法

将选好的苹果放进 400 倍的多菌灵药液或波尔多液中,浸泡 5～10 分钟取出。用湿沙(湿度以手抓成团,手松即散为宜)平铺 8～10 厘米厚,然后摆一层苹果,用湿沙盖严,用同样的方法再摆第二、第三层。最后四周用湿沙围好,上边用报纸覆盖。每隔一个月翻检一次,拣出坏果。发现沙子干了要及时喷水。此方法可使苹果储藏三个月而质量不变,新鲜如初。

第二节　桃

一、主要优良品种

(一)普通桃

1.早美桃

早美桃系北京市农林科学院于 1981 年以庆丰与朝霞杂交育成的极早熟白肉桃品种,于 1994 年定名。该品种具有开花晚,成熟早,丰产,适应性、抗逆性、耐储运性强,果实美观等优良特性。果实近圆形,顶微凹,缝合线浅而明显,梗洼深狭,成熟时果面近全面玫瑰红色晕,茸毛稀而短;果肉白色,肉质致密、脆,多汁,甜,口感极佳;核小,成熟后半硬核、黏核,可食率为 96％;在山东枣庄地区 5 月 25—30 日为果实成熟期,果实发育期为 45～50天;与育种地北京比较,发育期短 5 天,成熟期提前 5 天;表现出了易成花,坐果率高,长、中、短果枝都能结果的习性;具有较强的抗涝、抗冻、抗虫性,无论是在平原水浇地、山区旱作地,还是在枣南砂姜黑土、滕州棕壤、山亭褐土,都生长得很好,生长量都超过了其他桃树品种。

2.春艳

春艳为青岛市农业科学研究院用早香玉和仓方早生杂交育成,于 1999 年通过山东省农作物品种审定。与同期早熟桃比较,该品种具有个大、早实、稳产丰产、色泽美观艳丽、味甜等特点,是极早熟桃中极具推广价值的优良品种,又是大棚桃栽培首选品种之一。果实较大,正圆形,果顶圆,缝合线浅,两半匀称;果皮底色乳白至乳黄,色彩鲜红,果实着色面达 80％;果肉乳白,肉质软溶,汁液多,香气浓,甜多酸少,品质上等;不裂果;果实生育期比现在最早熟的春蕾桃晚 8～10 天;树体健壮,树姿开张,适应性强,抗寒抗旱,不落果,无任何生理病害;对土、肥、水条件要求不高,适于广大桃区栽培;自花结实,据多年观察,自花结实率在 95％以上,果实成熟集中,一般为 5～7 天;在正常栽培条件下,两年结果,三年丰产,四年即达盛果期。

3.早凤王

早凤王系我国自行选育的早熟桃新秀,以早熟、果大、色泽艳丽等特点深受市场欢迎,山东省不少地区在推广栽培。果实圆形,果个大;果面着粉红色片状彩霞或红晕,品质好,耐储运,不裂果,无采前落果现象;树势较旺,幼树树姿直立,成枝力强,进入结果期后逐渐呈半开张。

4.新川中岛

新川中岛为日本品种,于1994年引入我国。该品种栽培适应性强,早实丰产,果大,全红鲜艳,硬度大,耐储运,风味佳,品质特优,为早熟和中熟品种之间的大果型全红优质高档桃新品种,具有很高的经济价值和发展前景。果实圆至椭圆形;果形端正,果顶平,梗洼窄而浅,缝合线不明显;果皮底色黄绿,成熟时全面鲜红,色彩艳丽,果面光洁;果肉黄白色,肉质脆硬、稍粗,汁多,酸甜适口,浓香,口味佳,品质极优;在室温条件下储存10～15天商品性完好;果实于7月底8月初成熟(9月上旬果实在树上不变软),果实发育期为100～110天;适应性强,抗旱、抗寒、耐瘠薄;树势强健,树姿开张,萌芽率高,成枝力强,成花容易,复花芽多;初果期树以长、中果枝结果为主,盛果期树以中、短枝和花束状枝结果为主;栽后第二年开花株率即达100%。

5.莱州仙桃

莱州仙桃是一个综合性状良好的中晚熟新品种,于1998年通过山东省农作物品种审定。该品种适应性强,性状稳定,突出特点是个大、色泽艳丽、肉脆、离核、较耐储运。果实近圆形;果皮底色黄绿,成熟后红色鲜艳,品质上乘;栽后第二年见果,由于8月下旬成熟时正值中熟品种桃过市、晚熟桃未熟的空档期,因此利于销售。

6.城阳大仙桃

城阳大仙桃是一个综合性状优良的中晚熟品种,于1997年由山东省农作物品种审定委员会审定、定名。该品种果个大,微扁圆形;果面底色黄绿色,阳面鲜红色;果肉黄白色或浅绿色,阳面略带红晕,肉质细脆,汁多,离核;酸甜适口;果实耐储,一般室温下可存放10天左右;果实于8月下旬成熟;树势强健,树姿开张;芽苗栽植或高枝嫁接后两年开始结果,三年即可丰产;幼树以中、长果枝结果为主,成年树以中、短果枝结果为主;适应性与抗逆性较强。

7.中华寿桃

中华寿桃系山东省莱西市选育的一个极晚熟桃品种,遗传性状稳定,综合性状优良,是晚熟桃中的优良品种,于1998年通过山东省农作物品种审定委员会审定。该品种果实近圆形,果顶凹陷,腹缝线明显,两侧对称,果个大;黏核,硬溶质;套袋果底色乳黄,色泽鲜红,着色面积达77%;果面光洁,果肉黄白色,脆嫩,味甘甜,不套袋果色泽暗紫红色,于10月中下旬成熟,较耐储藏,在常温条件下可储藏20多天;树势健壮,树姿直立,萌芽率中,成枝力强,有明显的短枝结果性状,易成花,自花授粉率高达53%,早期丰产性好。

8.肥城桃

肥城桃又名"佛桃""肥桃""大桃",为山东省名产。果实圆形,果尖微突,缝合线过顶,深而明显,梗洼深广;果皮米黄色,少数果的阳面具片状红晕,果皮厚,茸毛极多;肉质细嫩,乳白色,近核处果肉微红,呈辐射状,汁多,甜酸适中,香味浓郁,品质极佳;黏核,核红褐色;个大质优,外形美观,宜生食,适加工;丰产;耐储运,为我国珍品。

9.冈山白

冈山白原产于日本。果实长圆形,果顶尖、微凹,梗洼深广,缝合线浅;果面黄白色,阳面有红晕;果肉乳白色,核周有红色,肉质细,硬溶质,香甜,品质优;半离核;一般在8月上中旬成熟;耐储运,为目前鲜食与罐藏兼用品种。

10.京红

京红系北京市农林科学院林果所选育。果实圆形,果形大而整齐,果顶圆,中央凹入,缝合线浅;果面黄白稍绿,阳面有鲜红色点晕;果皮中厚,易剥离;果肉乳白色,阳面红色,核周淡绿色,肉质细密,充分成熟后柔软汁多,味甜,近核处稍酸,品质上等;黏核,有裂核现象;较耐运输;树体、花芽抗寒性强,耐旱。

11.白凤

白凤系日本选育。果实近圆形,仅果顶部微凹,果形整齐;果皮乳白色,有鲜红色泽,茸毛短密,外观极美;果肉白色,核周围为淡红色,肉质致密,具有像白桃那样的硬溶质,肉质软化缓慢,纤维少,甜味多,酸味少;黏核;成熟期为7月中下旬,耐藏性良好,不耐涝,抗病性稍弱;近年来在各地发展较快,表现较好。

12.大久保

大久保原产于日本冈山县。果实近圆形,果顶平圆;果实大而整齐;底色为乳白色,着生红晕多,易着色,外观好;果肉白色,向阳面果皮下稍有红色,汁多味甜;离核,鲜食方便;核周围稍有红色,肉质微粗,纤维稍多,坚韧,适于远距离运输;品质稳定;成熟期一般在7月下旬;耐藏性非常好。

13.上海水蜜

上海水蜜原产于上海、江苏、浙江一带。果实圆形或椭圆形,果顶圆、微凸,缝合线浅而明显,两侧对称;果皮底色白绿,阳面具红霞,茸毛中多,果皮中厚,易剥离;果肉白色,近核处微有红色,肉质柔软多汁,味甜微酸,香气浓,品质上等;黏核;果实于7月下旬成熟。

14.冬雪蜜桃

冬雪蜜桃是当前我国晚熟桃中成熟期最晚、耐储性最强、品质最佳的宝贵品种资源。果实近圆形,果顶平圆,顶尖极小;梗洼深而广平,缝合线宽而中深;底色淡绿微黄,阳面为玫瑰红晕,着色面占果面的 $1/2 \sim 1/3$;果肉乳白色,脆甜可口,品质极佳;极耐储藏,用塑料袋包装后在普通室内储藏,至春节时好果率仍在80%左右,冷库储藏效果更佳;有较强的适应性,耐干旱,抗病,抗寒;不论是在山丘梯田还是在平地,皆能健壮生长,连年结果,稳产丰产,并较抗多种病害,但从色泽上看,更适于在山丘地带种植。

15.砂子早生

砂子早生为日本品种,是早熟种中的大果型品种。果实圆形或近圆形,整齐;果皮乳白色,在果顶部容易形成红晕,而且色泽美丽;果肉白色,肉质致密,纤维少而坚实,甜味浓,品质上等;核大,半黏核,离核极少;成熟期为6月下旬至7月上旬;耐藏性好,而且适于运输;抗缩叶病、细菌性穿孔病能力较强。

16.丰白桃

丰白桃为鲜食甜味白桃的优良新品种。果实圆形,果顶显出4~5个较平的突起;果个特大;果面底色黄绿,阳面有红色或粉红色晕,美观艳丽;果肉白色,肥厚,脆甜,多汁,有香味,硬溶质,充分成熟时,阳面果肉间有水红色;核中小,离核,品质上等;极耐储藏,采后在室内可自然存放 15～20 天,长期储后果肉变软,汁更多,香甜宜人,风味更美,果肉稀软时仍然离核;缺点是梗洼与梗洼周围有时有灰色锈;抗病虫害能力强,细菌性穿孔病较少,蚜虫危害较轻;抗寒性强,适应性强;极耐储运,为最有发展前途的鲜食名优中熟新品种。

17.燕红

燕红原名"绿化 9 号",由北京市民政局西苑果园从桃自然生苗中选出。果实近圆形,稍扁,底部较大,果顶圆,缝合线浅;果实极大;果面绿色,向阳面着暗色或深红晕,背面有断续粗条纹;果皮中厚,完熟后易剥离;果肉乳白色,阳面红色,肉质致密,完熟后柔软多汁,味甜稍香,品质上等;核周有红霞,黏核,核较小;抗旱,适应性强,耐储运。

(二)油桃

1.早红宝石

早红宝石为中国农业科学院郑州果树研究所用早红二号和瑞光二号杂交而成,于 1998 年通过品种审定。该品种早果、丰产、抗逆性强,几乎不裂果,果实耐储运,货架期长,品质明显优于其他品种,尤其适合保护地栽培,是一个可推广的优良品种。果实圆形,端正,果顶平、微凹;果皮鲜红色,有光泽;果肉浅黄色,致密,纤维少,汁液多,味甘甜,有香气,黏核;果实在常温下可存放 7～10 天;树势中庸,自花结实力强,但配置授粉树产量更高。

2.曙光、华光、艳光

曙光、华光、艳光均为中国农业科学院郑州果树研究所杂交选育而成的特早熟油桃新品种。其中,曙光由丽格兰特(Legran)和瑞光 2 号杂交而成,华光和艳光由瑞光 3 号和阿姆肯(Armking)杂交而成。上述三个品种均于 1998 年通过河南省农作物品种审定。这些品种外观艳丽,风味香甜,品质优良,丰产,适应范围广,是优良的甜油桃品种,尤适于保护地栽培。露地栽培于 6 月上中旬成熟,保护地栽培于 4 月中旬成熟。

(1)曙光:果实近圆形或圆形,整齐;果皮光滑无毛,底色浅黄,全面着鲜红色,具光泽,艳丽美观;果肉黄色,具少量红色素,肉质软溶,纤维中等,浓甜,香气浓郁,多汁;核呈椭圆形,离核;果实发育期为 65 天左右,需冷量为 550～600 小时;果实较耐储运,没有裂果现象。

(2)华光:果实近圆形;表皮光滑无毛,底色浅绿白色,全面着玫瑰红色,鲜艳美观,具光泽;果肉乳白色,溶质,甘甜,有果香,品质优,黏核;果实发育期为 62 天左右,生育期为 240 天左右,于 6 月初成熟;除花前、花后蚜虫防治外,果实发育期无明显病虫危害,一般不需喷药防治;适宜在我国中北部地区和保护地栽培。

(3)艳光:果实椭圆形;果面无毛,底色浅绿白色,全面着玫瑰红色,鲜艳美观;果肉白色,甜香,风味独特,品质上等,基本上无裂果;果实发育期为 68～70 天,需冷量为 550 小时;树姿开张,长势中等;适应性、抗逆性较强,成花早而易,自花结实率高,丰产性强,不裂果,是目前大力推广的保护地栽培油桃的主要品种之一。

3.五月火

五月火为美国农业部于 1983 年公布的特早熟油桃优良品种。果实中到大型,椭圆形,果顶平,缝合线明显;果皮中厚,不易剥离,表面光滑,有光泽,底色黄,着色均匀鲜艳,果实成熟时全面浓红,色彩艳丽;果肉金黄色,不溶质,细脆,果汁中多,酸甜爽口,香气浓郁;黏核;果实耐储运,货架期为7～10天;树体健壮,抗寒、抗风、抗旱性强;生产中只要注意防治蚜虫,就能保证正常结果、连年丰产。

4.千年红

千年红系中国农业科学院郑州果树研究所选育而成。果形圆整;果皮色泽鲜艳,近全面着鲜红色;肉色橙黄,硬溶质,风味浓甜;较耐储运,黏核,丰产性好;果实发育期为55天,成熟期较曙光早7～10天,较五月火早2～3天,是我国目前果实发育期最短的甜油桃品系,是我国保护地栽培和露地早熟栽培最具发展潜力的品系之一。

5.晴朗

晴朗原产于美国,于1984年从澳大利亚引入,填补了我国极晚熟油桃的空档,是我国目前极晚熟油桃中果个较大的优良品种。该品种酸甜可口,品质优良,丰产;果实圆形;果皮底色橙黄,色泽艳丽,紫红无毛,稍有条纹;果肉橙黄,溶质,汁多,口味佳,酸甜适口,但酸味较重;核较大,黏核。

(三)蟠桃

1.早露蟠桃

早露蟠桃为北京市农要科学院林果所用撒花红和早香玉杂交育成,早果丰产,色泽艳丽,品质优良,管理简便,尤其适于保护地栽培。果实扁圆形,果顶凹入;果皮红色,底色黄或黄白,果面不平;果顶洼有不同程度开裂,成熟期易剥皮,半黏核,风味清香极甜,果肉为软溶质乳白色,汁多;果实于6月中旬成熟,发育期为70天左右;树势中庸,多中、短果枝,极易成花,复花芽多,自花授粉坐果率高,结果早,丰产性、稳定性好,易更新,适应性、抗病性强;易栽培管理,可在各地发展。

2.仲秋蟠桃

仲秋蟠桃是从蟠桃自然实生苗中选出的晚熟蟠桃新品种,果实扁圆形,果顶浅凹、平广,梗洼广、中深,肩部平圆,缝合线明显;果形端正、对称、不裂果;果皮底色乳白色,皮薄,完熟后可剥离;果面呈鲜红片状,着色面积在60%以上;果面洁净,无果锈,美观;果肉白色,质地细腻,味甜,品质上等;离核;适应性较强,栽培多年无明显病虫害;在土壤肥力较低的情况下,树体也能生长健壮,结果良好,耐干旱;在山区和平原也表现出了较强的适应性和耐阴性,适合密植。

(四)黄肉桃

1.燕黄

燕黄原名"北京23号",为北京市农林科学院林果所杂交育成。果实圆形,顶端有的具小突尖;果皮底色橙黄,阳面具红晕,着色在1/2以上,茸毛稍多;肉色橙黄,近核处带红色,肉质为硬溶质,味甜,稍有香气,汁多;黏核;于8月下旬成熟,较耐储运。

2.菊黄

菊黄为大连市农业科学研究院育成,为加工性状优良的晚熟品种。果实个头较大,圆形,两侧对称;果面浅橙黄色,阳面有浓红色晕和不明晰断续细条纹;果肉浅橙黄色,近核处周围稍有红晕,肉质细密、韧性强,汁液中多,不溶质,味酸甜,稍有清香;黏核,核小,加工利用率高,且耐储运。

二、苗木繁育技术

目前,桃主要采用嫁接繁殖,也有少数地区采用实生繁殖、扦插繁殖。

（一）砧木的种类

桃广泛应用的砧木是山桃和毛桃,杏、李、扁桃、毛樱桃、寿星桃、欧李等也可以用作桃的砧木。

1.山桃

山桃适应性强,耐旱力和耐寒力均强,主根发达,嫁接的亲和力较强,成活率高,生长健壮,是华北、西北、东北以及河南、山东等地桃树的主要砧木。山桃不耐湿,在地下水位高的地方有黄叶现象,并易得根瘤病和颈腐病。

2.毛桃

毛桃根系发达,须根多,适应性较强,耐干旱,抗瘠薄,嫁接的亲和力强,成活率高,生长快,结果早;但不耐积水,在黏重和通透性差的土壤上易发生流胶病;是温暖多湿的南方桃区和气候干旱的西北、华北地区的适宜砧木。

（二）砧木苗的培育

1.砧木种子的采集与处理

作为采种的植株,应生长强健,无病虫害,果实要充分成熟。7—8月,当山桃、毛桃等砧木果实成熟时,即可采摘。山桃可用堆积软化水洗法取核,毛桃可鲜食取核,也可加工取核。取出的核应洗净晾干。若秋播,可在冻土前进行播种;若翌年春播,则必须进行种子层积处理。

层积处理一般采用露天挖沟沙藏法:沙藏的适宜温度为 5～10 ℃,湿度为 40%～50%。山桃和毛桃的沙藏一般在封冻前进行,约为 90 天,沙藏前先将种子浸水 7 天左右。沙藏应选在高燥、阴凉、通风、不积水的地方。挖深0.6～0.9米、宽1～1.5米的埋藏沟,沟的长度视种子多少而定。沟底先铺 10 厘米的湿沙,沙子的湿度以手握时沙成团,松开时沙能散开为宜。然后一层种子一层湿沙地将种子分层放入沟中,沙层的厚度为种子厚度的 2～3 倍,也可不分层而按种子 1 份、湿沙 15～20 份的比例混合,放在沟内,直到离地面10 厘米的高度处为止,上面再覆 10 厘米厚湿沙,最后培土呈屋脊形。沙子不可过湿或过干,防止高温发热,烧坏种子,同时也防止过湿造成种子腐烂。早春土壤解冻后,应立即检查种子。若临近播种期种子尚未萌动,则应将种子挖出,置于温暖处催芽,具体方法如下:将种子拌少量的湿沙,放在背风向阳温暖的地方,白天用塑料薄膜扣好,夜间增加覆盖物保温,温度保持在 15～20 ℃,每天翻动 1～2 次,待种子萌动后立即播种。种子不拌沙直接放在温暖的地方催芽也行,但要注意每天早晚用清水冲洗种子,排出多余的二氧化碳,以防霉变。

2.整地播种

苗圃地要深翻,并施足基肥,整地后通常作平畦播种即可,低洼易涝地区可用高畦或高垄育苗。桃砧播种时期分秋播和春播两种。秋播在11月进行,种子不需要进行层积处理,但由于种子外壳坚硬,需水较多,播种前要进行浸种,将种子放在凉水中（每天换水 1～2 次）或装入麻袋浸泡在流动的河水中,浸泡 3～5 天。秋播的种子第二年出苗早,幼苗生长快,抗病力强;春播的种子发芽迅速,整齐,出苗率较高,但由于播种晚,幼苗出土迟,前期生长较弱。

播种前要灌足底水,水渗下 1～2 天后将畦面整平耙细,开沟播种,一般行距为 50～60 厘米;也可以采取宽行带状条播,即每畦四行,每两行为一带,带间相距 50 厘米,带内行距为 20 厘米,株距为 5～10 厘米,播种深度为 3～5 厘米;每亩播种量为 30～50 千克,播种后要及时覆土镇压。采用地膜覆盖育苗,可在播种前 10～15 天盖好地膜,以提高地温,播种时按穴距在地膜上抠一小孔点播,覆盖湿土。

3.砧木苗的管理

播种后 7 天左右,幼苗即可出土,应注意墒情变化,及时灌水。灌水后,要松土保墒。幼苗有 5～7 片真叶时,要控制灌水,进行蹲苗。5—6 月,幼苗生长较快,天气比较干旱,必须注意灌水,并结合灌水追肥 1～2 次,每亩每次施尿素 5～10 千克,如果苗木细弱,7 月上旬可再追施一次。嫁接前,苗高 30 厘米时,要进行摘心,以促使其加粗生长,还要及时剪除基部的根蘖,去除行间杂草。春季幼苗容易发生立枯病和猝倒病,会造成大量死苗。幼苗出土后,要在地面撒粉或喷雾对土壤进行消毒,施药后浅锄,开始发病后要及时拔除病株,并在苗垄两侧开浅沟,用硫酸亚铁 200 倍液或 65％的代森锌可湿性粉剂 500 倍液灌根。砧苗粗度达到 0.8 厘米时即可嫁接。

(三)嫁接苗的培育

1.采集接穗

接穗应从品种纯正、树势健壮、高产稳产、无检疫对象和其他严重病虫害的母树上采集。春季枝用的接穗可结合冬季修剪选取,夏季芽接用的接穗最好随采随接。

2.嫁接时间与方法

春季嫁接一般在 3—4 月砧木树液开始流动但尚未发芽前进行,可采用切接、劈接、腹接等枝接法;砧木已经发芽,接穗尚未萌动的情况下,可采用带木质部芽接。

夏季芽接要掌握好时期,最好在 7 月下旬至 8 月中旬进行。嫁接过早,接芽容易萌发,不利越冬。同时,8～9 月桃砧木苗加粗生长很快,嫁接过早而未萌发的接芽容易被砧木层夹在里边,第二年剪砧后接芽萌发困难,桃砧停止生长较早。嫁接过晚,砧木苗已停止生长,伤口愈合,还会造成大量的流胶,嫁接成活率低,即使成活生长也不旺盛。桃夏季嫁接一般采用"T"形芽接法,但桃砧皮层较软,"T"形接口要适当开大些。当接穗或砧木不离皮时,可采用带木质部芽接法。

3.嫁接苗的管理

嫁接后的解绑、剪砧、抹芽,按照果树育苗的一般方法进行即可。一般不在桃嫁接苗生长期进行追肥,同时应控制灌水,以免苗木徒长。春季嫁接后比较干旱时,应浇萌动水;雨季要做好防水排涝工作;还要进行 2～3 次锄草管理工作。

桃树嫁接苗新梢生长迅速,一年可抽发 2～4 次副梢,圃内整形是桃树育苗的一项重要措施。当新梢生长到 80 厘米左右时,进行摘心定干,同时将距地面 30 厘米以下的副梢全部剪除,其余副梢任其生长。8 月下旬至 9 月上旬,在干高 40～60 厘米处,选留生长健壮、方位合适的 3～4 个副梢作为主枝培养,并将其基角调整到 60°～70°,其余副梢全部严加控制。

桃苗极易被蚜虫和卷叶虫危害,可于 4 月中旬至 5 月下旬喷洒 75％的辛硫磷 1000 倍液或 50％蜈松醇 800 倍液。5 月以后,可喷 50％ 1605 乳剂 1000～1500 倍液防治梨小食心虫,10～15 天喷一次,发现被害桃梢要及时摘除,并集中烧毁。

（四）苗木的出圃

桃苗的出圃参照果树育苗的一般方法进行,但桃苗一般要求圃内整形,由于分枝较多,有的是作为主枝培养的,因此,从起苗、分级、包装、调动,直到假植储藏的全过程,都要保护好分枝,尽量避免机械损伤,以利定植后早成形、早结果。

三、丰产栽培技术

（一）高标准建园

桃树喜光、耐旱、不耐湿,其根系对土壤中空气的含量要求较高,要求土壤有较好的通气性。果园地应选择沙质壤土或排水良好的砾质土,微酸或微碱性土壤均可栽植。在山地或丘陵地建园时,应选择向阳坡面,坡度在 15°以下为佳。

（二）科学栽植

1.栽植时间

在北方地区,冬季寒冷干燥,秋冬栽植常因干、冷造成死苗,因此一般多进行春栽植,从土壤解冻开始,越早越有利于根部生长,提高成活率。

2.栽植密度

栽植密度依品种、土壤状况和管理水平等确定。一般为每亩 33～50 株,山地每亩 60株。近年推行的矮、密、早栽培,其密度为每亩 66～100 株。

3.栽植方式

栽植方式依地形、技术条件和机械化水平等确定。①正方形定植,即株行距相等的栽植方式,如 4 米×4 米或 5 米×5 米等。②长方形定植,即株距小、行距大的栽植方式,如4 米×5 米或 2 米×6 米等。此方式行间受光条件好,便于机械化管理,单位面积株数多,密度大,能提早受益,是发展的趋势。③双行带宽栽植,即一宽行一窄行的栽植方式。

4.栽植

定植穴一般深 60～80 厘米,宽 60～100 厘米。先量出定植点,在每穴点做好标记,然后以该点为中心挖穴,并把表土与底土分别放在坑的两边。有条件者,在秋季挖好定植穴时,穴内填入厩肥,与表土混合踏实,使其越冬腐败沉实。把树苗放入定植穴中,展平根系,先填入表土,填至一半时,将苗木上提,并加以轻摇,使根系和土壤贴实,栽植深度以苗木原入土深度为准。然后一边填土,一边踏实,至与地面相平,灌足水。待水渗下后,覆土与地面相平,并在苗木的周围做小土堆,以防水分蒸发和树干摇动,或在树干旁边插一竹竿,用绳子把树苗松绑于竹竿上加以固定。

5.半成品（芽苗）的栽植

习惯上,桃树均栽种一年生苗;也可采用半成品苗进行定植,即把当年芽接后尚未萌发的芽苗于当年或翌年春季出圃直接定植。当夏季苗木生长到定干高度时摘心,使其抽发二次枝,利用二次枝整形,取得一年成形、二年结果、三年可达到每亩 500 千克的桃产量的效果。其优点是:苗期短,成形早,收益快。栽植技术要点如下:①必须选栽接饱满、根系生长良好的苗木。定植后,芽开始萌动时,应立即检查其成活率,及时补种或补接。要求剪砧及除萌工作更加细致。接芽萌发后,应套透明袋,以防虫害。抽嫩梢后,要及时在袋顶开口通气,以免袋内温度过高,烧伤新枝。新枝长到 10 厘米左右长时去袋,插杆绑缚,以防被折断。②新梢长到 60～70 厘米时,应扭梢或摘心,按整形要求保留 2～3 个二次枝作主枝培养。对其他二次枝,可将其中的 2～3 个扭梢或摘心,作为辅养枝,将多余的剪除。③在苗木生长期,为促使幼苗生长,视生长状况,追施 2～3 次肥料。同时,要加强苗期病虫害防治,保证苗木健康生长。

（三）土、肥、水管理

1.土壤管理

(1)深翻改土:一般在秋季深翻,即在果实采收后至落叶前(9—11 月)结合施肥灌水进行。耕翻深度一般为 20～60 厘米,树干附近应浅,向远处逐渐加深。最好在树干周围适当培土,以保护根茎,减少冻害。

(2)桃园间作:幼年桃树树冠小,空地多,可适当种植间作物,既能增加收益,又能充分利用土地和光能,增加土壤有机物,改良土壤的理化性质,还能抑制杂草生长,减少地面水土流失和水分蒸发,改善生态条件,有利于果树的生长发育。适宜的间作物应是生长期短、消耗肥水少、需肥水期与桃树错开、病虫害少,而且不是桃树的病虫害中间寄主的矮秆作物。常用间作物有花生和大豆等豆科作物,以及矮秆谷子等禾本科作物与瓜菜类等。间作物应进行轮作换茬。成年桃园大多不再种植间作物,但行间大的桃园也可因地制宜地种植中草药和一些耐阴作物。

(3)中耕除草:种植不同间作物的桃园,一般在桃树生长季内均要进行中耕除草,以改善土壤空气状况,减少地面水分蒸发,促进微生物活动,加速有机质分解。中耕一般在灌水后进行,但应注意长期应用此法会对土壤结构有破坏。

(4)冠下覆草:一年四季都可进行。冬季覆草可保墒蓄水和稳定土壤湿度,有利于幼树安全过冬,减少抽条。一般地,干草的覆草厚度为 20 厘米、鲜草的覆草厚度为 40 厘米左右,厚薄应均匀。冬季应在草上压些土,以免被风吹跑。

(5)生草与种植绿肥作物:在桃园内不进行除草,任杂草自然生长或种植绿肥作物,都有助于改善土壤的理化性质,增加土壤有机物,促进微生物活动,创造根系生长、吸收的良好条件,促使树体健壮,提高果品质量和产量。坡地还可减少雨季的水土流失。生草应在草长到高 30 厘米左右时进行刈割,割后将草均匀地覆在桃园内。种植绿肥应在花期或生长到 30 厘米左右高时进行刈割,此时是绿肥体内营养最多之时。绿肥作物有草木樨、三叶草、苕子等,可因地制宜地选择。采用生草或种植绿肥的桃园,初期应增施肥料,以满足生草及绿肥作物生长的需要。

(6)忌地栽培:在老桃树砍伐后的短期内栽种新桃树,常会出现根生长不良、枝梢弱而短、叶薄且色浅,伴有枝干流胶、开花小、产量低等现象。因此,生产上要尽量避免重茬。种植 1～2 年其他作物或改种苹果、梨等其他果树,可有效地消除重茬的不良影响。若一定要重茬栽植桃树,也可以采用挖大定植穴、彻底清除残根、晾坑、晒土、填入客土等方法,改变桃树根系生长的局部土壤环境。另外,要加强重茬幼树的肥培管理,提高幼树自身抵抗力。

2.施肥技术

(1)桃树的需肥特点:桃树是浅根果树,吸收根一般在 40 厘米土层以内,10～30 厘米为生长旺盛区。早、中、晚熟品种需肥量有一定差异,早熟种需肥量较小,晚熟种需肥量较大;一般每生产 1000 千克鲜桃需要氮 1.5 千克、磷 0.9 千克、钾 3.6 千克,氮、磷、钾的比例大体为 1∶0.4∶1.6,桃树需要钾的比例更大。缺钾往往出现枝条柔弱,叶小色淡且向上卷曲,叶缘红棕色并呈焦枯状,叶身有时出现草黄色斑点,落叶早,生理落果多,果实成熟提前,果实个小且含糖量低,果顶部容易发生腐烂的现象。在落叶果树中,桃树是对中、微量元素比较敏感的树种,尤其对缺铁的反应更为突出。桃树缺铁首先在幼叶和叶脉上出现失绿,同时往往伴有叶缘和叶面斑状坏死,严重时引起新梢干枯。在土壤含钙量高的偏碱性的土壤上,积水后很容易引起桃树叶片失绿。土壤缺锰时也会引起桃树叶片失绿发黄,但叶脉及叶脉附近的叶肉仍然保持绿色,叶脉较清晰,严重缺锰时叶面会出现黑褐色细小斑点。此外,缺锌引起的小叶和缺硼引起的果实近核处发生木栓化褐变及沿果实缝合线开裂等,也是桃树容易发生的营养性病害。

(2)施肥时期和方法:施肥的时期要准确,否则会影响肥效。

①定植前的施肥:根据中国桃树早期丰产技术的总结,在建园前每亩应施用 5 吨农家肥,与 750 千克过磷酸钙和 450 千克硫酸钾混合,分施于定植穴中,然后填入表土并与肥料混匀。定植时,用 50 升水加 1.5 千克过磷酸钙及土调成泥浆,将桃苗的根系蘸满泥浆。这样不仅可以提高成活率,而且可以使幼苗生长健壮,为开花结果打好基础。

②基肥的施用:在北方应在入冬前土壤未结冻时施基肥,若施肥时期推迟,翌年新梢会旺长,致使落花落果严重。若早春施基肥,应尽量提早,在根系开始活动前施入。桃树基肥以农家肥为主,每株成龄桃树施农家肥 30～50 千克,并应结合深翻改土。将桃树全生育期的氮肥用量的 2/3 与农家肥混合作基肥,另 1/3 作追肥,磷、钾肥均应与农家肥混合后作基肥。磷、钾肥的用量以氮肥为基础,按氮、磷、钾的比例为 1∶0.6∶1 进行计算。基肥多采用环状沟施法(山地果园可采用放射状沟施法),沟深 20～30 厘米,宽 30 厘米。将肥料与表土混合施入沟内,再将底土覆盖其上,略压实。挖施肥沟时注意保护根系,大量伤根会影响根系的吸收。

③追肥的施用:追肥施用时期主要根据物候期的进程和生长结果的需要来确定。追肥一般用速效性肥料,幼年桃树可采用穴施或环状撒施,成年桃树可全园撒施。桃树需要补充营养的几个关键时期见表 4-3。

表 4-3　桃树需要补充营养的几个关键时期

需要补充营养时期	施用肥料种类	施用效果
萌芽前	以速效氮肥为主	补充储藏营养的不足,促进开花整齐一致,提高坐果率和新梢的前期生长量
开花后	以速效氮肥为主	开花后一周施入,补充花期对营养的消耗,促进新梢生长和提高坐果率
硬核期	以钾、氮肥为主,三要素肥配合施用	开始硬核时施入,供给胚的发育与核的硬化所需要的营养,有利于果实增大、新梢生长和花芽分化。这是一次关键性追肥

需要补充营养时期	施用肥料种类	施用效果
采收前	主要施用速效性钾肥	一般在采前20天施入,以提高果实品质,增进果实大小,提高果实含糖量
采收后	以氮肥为主	主要对消耗养分较多的中晚熟品种或树势衰弱的树进行施肥,以恢复树势,增加体内的养分积累,充实枝芽,提高越冬抗寒性,为下年丰产打下基础

根外追肥(叶面喷肥)是土壤施肥的必要补充,肥效快,用肥省。由于桃树对微量元素比较敏感,容易出现暂时的微量元素相对缺乏,因此,根外追肥就更显重要。有资料显示,在初花期喷施0.2%硼酸水溶液,可使坐果率达到88.73%。在8月下旬至9月初喷施0.4%磷酸二氢钾,一次枝冻害指数为29.8%,比喷清水的对照组减少12.9%。在果实迅速膨大期喷施0.2%~0.3%硝酸钙,可以提高果实的硬度,减少果尖及果实心皮缝合线和软化果的数量,提高果实等级。在桃树整个生长季可喷3~4次0.3%~0.4%尿素、2~3次0.4%磷酸二氢钾。桃树缺锌时,可在秋、春两季往叶面喷1%硫酸锌和0.5%消石灰,或在休眠期喷1%~5%硫酸锌。叶面喷肥要注意选用适当的肥料种类及浓度,以免引起肥害。最好在阴天或晴天的早晨、傍晚进行。

3.水分管理

桃树在落叶果树中需水量较少,较抗旱,在土壤含水量较低的情况下(最大田间持水量的20%~40%)仍能生长。但若要维持其枝叶一定的生长量和肥大多枝果实的发育,还需要适量灌水。适宜的水分不仅可以提高桃树的坐果率、产量和品质,还可防止桃树枝干发生日灼病。

桃树灌水时期、次数和灌水量取决于土壤温度、桃树生育期以及树龄、品种及坐果率等。在以下几个生育期,土壤水分不足时,需进行灌水:

(1)萌芽前:为保证萌芽、开花、展叶和早春新梢生长,扩大枝叶面积,提高坐果率,需灌透、灌足水,渗水深达80厘米,但不宜频繁灌水,以免降低地温,影响根系的吸收。

(2)开花前:在北方地区,春季气候干燥,蒸发量大,开花前桃园需要灌水,以使花期有足够的水分供应。

(3)硬核期:此时期桃树对水分敏感,是桃树需水临界期。水分过多,则枝叶生长过旺,影响坐果;而缺水会造成落果,影响产量。此期灌水的作用在于保证果实发育、新梢生长及提高光合能力。一般应浅灌,果农称为"过堂水",尤其对初果期的树更应慎重。

(4)果实成熟前:在果实成熟前20~30天,树体进入快速生长期时,应适当灌水,以使果实发育良好,果个大,品质好。此时供给充足的水分可以明显增产。

(5)入冬前:在桃树落叶休眠、土壤结冻以前(10月下旬至11月上旬)灌水,即灌冻水,有利于树体养分的积累,保证土壤有充足的水分,以利于桃树安全越冬。但灌冻水不能太晚、过多,以水渗下为准,存水结冰对桃树生长不利。秋雨过多、土壤黏重者,不一定需要灌水。

桃树耐湿性差,雨水过多或地下水位过高的地区,均要有排水设施。在山地建排水设施时,要根据等高线与桃树间的距离挖排水沟。平地桃园的地下水位在1米左右时,应每一行或每两行挖一条排水沟。特别是沙地桃园,沙地积水有时表面看不出来,雨季土壤水分常达饱和状态,桃树最易涝死。

(四)整形修剪

1.桃树常用的树形

栽培上常见的桃树树形有三主枝自然开心形、二主枝自然开心形("Y"形)、改良杯状形。这些树形所适宜的品种、立地条件、栽培密度、管理水平不尽相同,要善于灵活运用。

三主枝自然开心形是目前我国桃树主要应用的树形,此树形符合桃树生长特性,树体健壮,寿命长。桃树在系统发育过程中,形成了要求高光照的条件和对光照条件敏感的生物学特性。如果光照不良,则枝梢生长弱,成花、结果不良。自然开心树形能够满足桃树对光照的需求。它是在杯状形基础上发展而成的,保留了杯状形的树冠开张、通风良好等优点,主枝在主干上错落生长,与主干结合牢固,负载量大,不易劈裂;骨干枝上有许多枝组遮阴保护,能减少日灼病的发生,又弥补了杯状形的不足。另外,骨干枝配备比较灵活,形式多样,适于多种栽培条件。因此,生产上多采用这种树形。

桃树三主枝自然开心形的树体结构:干高40～50厘米,主枝三个,三主枝间是邻近还是邻接视具体情况而定。密植园一般采用邻接形,密度较小的则采用邻近形。主枝基角为45°左右,腰角为60°～70°。每个主枝上有2～3个侧枝,全树共有6～9个侧枝。第一侧枝距主干50～60厘米,三个主枝的第一侧枝依次伸向各主枝相同的一侧。第二侧枝距第一侧枝50厘米左右,着生在第一侧枝的对面。第三结果枝距第二侧枝40厘米左右。主枝和侧枝上着生结果枝组和结果枝,大型枝组着生在主枝中后部或侧枝基部,间距为60～80厘米;中型枝组着生在主侧枝的中部,间距为30～50厘米;小型枝组着生在主侧枝的前部或穿插在大、中型枝组之间。

2.定植时的整形修剪

桃树定植时的整形修剪主要是定干。定植后,一般在60～70厘米处剪截定干,要求剪口下20厘米左右的整形带内有5～7个饱满芽。这样的定干高度,成形后主干高度可保持在40～50厘米。整形带内着生副梢的,选择生长健壮、部位适宜、芽饱满的,在饱满芽处剪截并留作主枝培养。所选主枝在方位上应分布均匀,相互间约成120°角;方位不合适时,应进行调整。细弱副梢全部疏除,其他健壮副梢只要不是竞争枝就应保留,为选择主枝留下余地。

3.桃树定植后第一年的整形修剪

桃树定植后第一年整形修剪的主要任务是选择和培养主侧枝。传统的办法是春季萌芽后,整形带以下的嫩芽全部抹除,整形带以内的双芽也需抹除一个。入夏后,当新梢长达30厘米左右时,选择生长方位、着生角度合适的枝条作为主枝,并在其停止生长前摘心,以促进其木质化,提高越冬能力。主枝垂直角度过小的,应结合摘心进行调整。其余副梢要及早摘心并多次摘心,控制其生长,培养为临时性辅养枝。土壤肥沃、生长旺盛或圃内整形较好,有条件进行快速整形的,可在留作主枝的新梢长50～60厘米时,留外芽或外侧芽摘心,促进副梢生长;其余副梢视不同情况采取疏除或控制措施。这样,既能保证主枝继续延长,又能择其健壮的副梢培养第一侧枝。另外,为增加枝叶量,加速小树生长,抹芽时可有控制地保留距地面30厘米以上的芽梢。冬剪时主枝一般剪留60～70厘米,主枝间生长势不一致时,则采用强枝重剪、弱枝轻剪的方法,即强枝适当短留、弱枝适当长留,以均衡其长势。若主枝方位和角度不合适,应继续调整。

快速整形的冬剪方法是:选择主枝前端一个健壮的副梢作为延长枝并在饱满芽处短截,选主枝上一个侧生副梢(要求距主干50厘米左右)作为第一侧枝并在饱满芽处短截;其他枝条和副梢分别采取疏除、长放措施。剪完后除主干和主枝外,尚有第一侧枝和少量结果枝。这样,二年生树便可开花结果。

4.桃树定植后第二年的整形修剪

桃树定植后第二、三年整形修剪的主要任务是继续培养主枝,选留侧枝,并注意培养结果枝组。

夏剪的主要任务是控制竞争枝和直立旺枝,并选好侧枝。对于竞争枝和直立旺枝,过密的应予以疏除;有空间的,于5月中下旬至6月上旬进行摘心或短截;已抽发副梢的留1～2个副梢剪截,留下的直立副梢要摘心;没有副梢的留30厘米左右剪截,以后继续控制,使之生长中庸。对于准备留作侧枝的新梢,在停止生长前要进行摘心,并调整主、侧枝角度;第一侧枝最好为背斜枝,垂直角度保持在60°左右为宜。准备培养结果枝组的新梢要多次摘心,以促发副梢。

冬剪时,主枝延长枝剪留60～70厘米;选留第一侧枝并短截,剪留长度不超过主枝延长枝的2/3,保持主从关系。大多数品种二年生树就能形成一定数量的结果枝。因为二年生幼龄桃树的生长势较旺,秋季停止生长的时间比成龄树要晚,花芽分化的深度远不如成龄树,花芽抗逆能力和坐果率都较低。因此,修剪结果枝时,在不影响骨干枝生长的前提下,尽量多留,剪留长度比成龄树适当加长。一般品种长果枝剪留6～10个花芽,中果枝剪留5～6个花芽,短果枝不必短截。对坐果率低和易冻花的品种,可采取长放与短截相结合的方法;长放用于结果,短截用于发枝。幼龄树要充分利用副梢果枝,使其结果。二年生的桃树,修剪时可不必留过多的预备枝,因为二年生桃树生长势旺,能够发出大量的梢,结果以后不会影响翌年的产量,也不会减少幼树的光合面积。疏除直立枝,疏间过密的结果枝。

通过以上修剪,剪完后树体除有主干和主枝外,还有第一侧枝和结果枝。前一年已出现第一侧枝的桃树,按照快速整形的要求,这时应选留第二侧枝和培养结果枝组,并多留果枝,以保证第三年丰产;注意调整骨干枝的角度和方位,以平衡树势。

5.桃树定植后第三年的整形修剪

定植后第三年,夏剪和冬剪的内容与方法基本与第二年相同,但以下几点有些不同:第一,结果枝组的修剪。从二年生幼树开始每年都要注意结果枝组的选留、培养和更新。三年生幼树每个主枝上应有3～4个大中型枝组,并在夏剪时采取摘心、扭梢等方法进行控制,以利成花。另外,夏季控制大型枝组的生长势,还能促使其下部枝条健壮生长;冬剪时将原头剪掉,使枝组曲折延伸。如果大中型结果枝组每年直线延伸,那么由于顶端优势的作用,下部不能抽生很好的果枝,容易光秃。第二,结果枝的修剪。三年生的桃树已进入结果期,结果枝大量增加。因此,三年生幼树结果枝的修剪比二年生幼树要短些;坐果率较高的品种(如大久保等),结果枝剪留要更短些。三年生幼树的结果枝密度也要小于二年生幼树,结果枝间距以不小于10厘米为宜。第三,疏枝量。三年生幼树的疏枝量要大于二年生幼树,疏枝重点是先端旺枝和一些内膛弱枝。第四,剪留预备枝。一、二年生幼树预备枝的剪留要求不严格;三年生树应视花量大小,在冬剪时留一定数量的预备枝。

6.初果期桃树主侧枝的修剪

(1)应平衡各主枝间的势力。生长势比较强的主枝,应削弱其势力,修剪上应采用加大修剪量、去强留弱、多留果或开张角度等方法。生长势比较弱的主枝,应增强其势力,修剪上可采取轻剪多留枝、少结果等方法。

(2)应调整主枝的方位,对于方位不合适的主枝,可选择合适的芽干或副梢当头向前延伸。

(3)根据主枝的势力、延长枝的粗度和长度、品种特性和栽培管理条件确定主枝剪留长度。一般以粗长比为1∶(25～30)较为适宜,例如横径为1.5厘米时,剪留长度应为35～42厘米。侧枝剪留长度应比主枝短,一般不超过主枝延长枝剪留长度的2/3。侧枝与主枝竞争时,可采用控制强壮侧枝的方法进行处理。

7.盛果期桃树主侧枝的修剪

桃树进入盛果期后,主侧枝生长势明显减弱。株间尚未交接、树冠仍在缓慢扩大的桃树,其修剪程度应比初果期加重,以保持其生长势。主枝延长枝的剪留长度以粗长比为1∶(20～25)为宜;同时选留侧生剪口芽,使枝头弯曲生长。株间已交接、树冠停止扩大的,可采取放放缩缩的修剪方法,即先轻剪长放,使其结果并缓和树势,下一年冬剪时再回缩到二年生处轻剪长放,或者回缩到下部枝组处并改变枝头方向,以后继续采用放缩结合措施,维持主枝长势,同时又能防止再次交接。回缩枝头时注意不可过重,以免发生徒长枝,扰乱树形、破坏平衡。主枝衰弱的,回缩可适当加重,亦可用下部枝组代替原头,但一定要抬高枝头角度,尽快恢复其长势。主枝开张角度过大、枝头下垂的,可用背上枝抬高角度,以维持其长势。主枝间仍采用抑强扶弱的方法,保持各主枝间生长势均衡。

侧枝修剪时仍要保持与主枝的从用关系,以维持树势平衡。侧枝强弱不同、在主枝上的前后位置不同,修剪方法也不一样。一般多采用上压下放措施,即上部一个侧枝适当重剪控制,下部一个侧枝适当轻剪扶持,以维持下部侧枝的长势和结果寿命。但是,控制修剪不可过重,以免上部侧枝长势过强、寿命缩短。侧枝前强后弱,多因角度过小;应换下部中庸枝代替原头,并开张角度,使后部转强。侧枝前后都弱,多因结果过量,应适当回缩,换壮枝带头并抬高角度,同时疏除细弱枝、减少留果量,促其长势恢复。

8.盛果期桃树结果枝的修剪

盛果期桃树结果枝的修剪原则是适当短截,坚持更新,促发壮枝,维持结果能力。结果枝剪留长度,视不同情况灵活掌握。一般徒长性结果枝留9～11节,长果枝留6～8节,中果枝留3～5节。小型果、早熟品种、加工品种,以及树冠外围、枝组上部、节间较长的果枝宜长留。僵芽严重或坐果率低的品种要长留,或冬季不动果枝,待花前复剪。大年结果枝宜短留,少留花芽;小年结果枝应长留,多留花芽。尽量缩小大小年的产量差距。短果枝除顶芽外多为单花芽,结果后发枝力很弱。因此,除下部确有复花芽或叶芽外,不可短截。多年生枝上的短果枝和其他密集短果枝都应疏除,以利通风透光;二年生枝上的短果枝,应去弱留强。花束状结果枝除顶芽为叶芽外,其下为一串单花芽,也不能短截。肥城桃、深州蜜桃等花束状果枝能较好地坐果,可保留比较粗壮者结果,其他多数品种花束状结果枝坐果率很低。修剪时,背生、侧生花束状结果枝中比较粗壮的可保留结果;细弱、下垂、密集的应予以疏除。多年生枝上的叶丛枝极短,但能连续生长多年,枝条先端衰弱或回缩时又能形成结果枝并填补内膛秃裸带。因此,一些叶丛枝不要过早疏除。

9.桃树生长季修剪的时期和次数

桃树整个生长季都可以进行修剪,修剪的时期和次数常因桃树类群、品种、树龄、树势、土壤条件、管理水平和劳力状况不同而有差别。一般较直立的类群或品群的幼树、旺树,在肥水条件好、劳力充足的桃园,修剪次数相对较多;反之可相对较少。通常每年修剪3~4次,可灵活掌握。桃树生长旺盛、副梢多、级次高,对树体结构、通风透光以及产量的影响较大。因此,生长季修剪的任务相应较大,应高度重视,认真做好。

(1)桃树生长季第一次修剪的时期和任务:第一次修剪在萌芽后至新梢生长初期进行。修剪的主要任务是抹芽、除梢、调整骨干枝枝头的延伸方向和开张角度,并对冬剪时剪留过长的结果枝进行缩剪,即已坐果的回缩到坐果部位,无果的短截变成预备枝。抹芽宜在芽长3厘米时进行,抹除对象主要是剪口下的双芽、三芽或其他竞争芽,以及剪口或锯口下的密生芽、丛生芽、内膛或其他部位的无用徒长芽,小树主干上发出的无用徒长芽也要及时抹除。

(2)桃树生长季第二次修剪的时期和任务:第二次修剪在新梢迅速生长期进行。修剪的主要任务是利用副梢整形,控制徒长枝、竞争枝,增加分枝,培养结果枝组,促进花芽形成,减少落果。

第一,利用副梢整形。修剪时期以新梢长40~45厘米且延长枝上已发出较多的副梢时为宜。任务是选择方位、角度适宜,节位较高(以免主枝剪截过重),基部已开始木质化(过早不利于固定其开张角度)的副梢作为主侧枝延长枝;剪除该副梢延长枝以上的主梢;剪除或严格控制副梢延长枝的竞争枝,对副梢延长枝以下的其他副梢进行摘心控制,并根据不同情况,分别培养成侧枝、结果枝组或结果枝。

第二,控制竞争枝。直立性强的品种,骨干枝上强下弱、空间过小、枝条过密时,应疏除其竞争枝;其他无副梢的竞争枝可摘心控制,有副梢的竞争枝可留1~2个副梢剪截,以培养结果枝组或结果枝。

第三,徒长枝和直立枝的处理。内膛或其他部位发出的徒长枝和直立枝,在其新梢迅速生长的前期进行控制,效果较好。处理方法比较灵活,如无空间、无利用价值的可疏除;有空间但较细弱的可摘心;有空间且较旺的可留1~2个弱副梢剪截,或在方向较好的副梢处剪截,使其变直立生长为斜生生长,或进行扭枝、弯枝,以削弱其生长势,培养结果枝组。

第四,摘心促花。对着生空间大、健壮的新梢摘心,可促使其抽生副梢,并在副梢上形成花芽。在枝条较密时,5—6月没有副梢的新梢,不要摘心,以免促发过多的副梢,造成枝条密挤,影响内膛光照,引起主梢花芽分化不良,提高结果部位。

(3)桃树生长季第三次修剪的时期和任务:第三次修剪在新梢缓慢生长时进行。数次修剪的主要任务是对尚未停止生长的主梢和副梢进行摘心,以促使其组织充实、花芽分化良好、腋芽饱满;对尚未停止生长的旺枝和徒生枝再次剪截控制;疏除密集枝和其他无利用价值的枝梢,以节约养分、改善通风透光条件。有条件的桃园,可在新梢停止生长前对长度在30厘米以上的主梢和副梢进行一次普遍摘心。这对增加营养物质的积累,保证枝条充实和花芽饱满,提高树体越冬能力有重要意义。但是,这次摘心宜轻不宜重,以免出现流胶现象。这次摘心,若时间掌握得恰当,新梢一般不再抽发副梢。

（五）花果管理

1.疏花疏果

多数桃品种成花容易,坐果率高,尤其成年树,坐果往往超过负载量,致使树体衰弱,果实变小,影响产量和品质。调整负载量,进行科学的疏花疏果,是桃树优质、丰产、稳产的有效措施。我国目前仍以人工疏花疏果为主,化学疏花疏果和机械疏花疏果还在试行中。

人工疏花的时期,以大花蕾至初花期为宜。具体步骤为先上后下,从里到外,从大枝到小枝,以免漏枝和碰伤不该疏除的花果。人工疏花采用摘去花蕾或花的方法,主要疏摘畸形花(花器发育不全、多于或少于五瓣的花,双柱头及多柱头的花)、朝天花和无叶枝上的花。保留花蕾的标准:长果枝留5～6个花蕾,中果枝留3～4个花蕾,短果枝和花束状果枝留2～3个花蕾,预备枝上不留花蕾。留枝条上部和中部的花,花间距离要均匀合理。栽培面积较大或坐果率较高的品种,可以采用药剂疏花。常用的方法是在盛花期喷石硫合剂,花后2～4天再喷一次。其作用是阻碍桃的授粉受精。

人工疏果在落花后一周至硬核期前完成。疏除小果、双果、畸形果、病虫果以及朝天果、无叶果枝上的果,选留果形大、形状端正的果。选留果枝两侧、向下生长的果为好,便于打药和采摘。直立品种上部多留,下部少留;开张品种内膛多留;大型果少留,小型果多留。一般分两次进行:第一次疏果在花后一周,留果量应为最终留果量的3倍。第二次疏果,也称"定果",一般在硬核期前进行,应根据树势、树龄、果型大小和生产条件等确定留果量。在生产上,可根据果枝类型确定留果量。长果枝留果2～4个,中果枝留果1～3个,短果枝和弱枝不留果,花束状果枝一般不留果,壮枝也可留1个果。各种果枝留果量还取决于果型大小,大果型品种宜少留果,小果型品种宜多留果。

有些果园只进行一次疏果,即一次定果。为了促进果实发育,一次定果时应及早进行。

2.提高坐果率

(1)落果时期:桃的多数品种结果率高,但有些品种或某些年份会因落果过多而影响产量。桃落果一般有三个时期。第一个时期是开花后的1～2周,落掉的是未膨大的子房。这主要是由于上年夏季管理不善,影响了花芽的分化和花器的形成,或花粉不育、发芽率低,而失去了受精能力。第二个时期是开花后3～4周。此时子房已经膨大,落果或由于受精不完全,胚的发育受阻,幼果缺乏胚供应的激素;或因花期遇阴雨天气,影响授粉;或因花期缺氧,幼胚缺乏蛋白质供应,停止发育。第三个时期是5月上旬至6月上旬,幼果正值胚与新梢都处于旺盛生长、需要大量氮素的时期,由于氮素供应不足或供应过重,新梢生长过旺,夺走了果实发育所需要的营养,从而导致胚缺乏营养,停止发育而落果。

(2)保果措施:秋季果实采收后加强肥水管理,防治病虫害,减少落叶,改善树体营养条件,促进花芽分化,提高花芽的质量等都是行之有效的保果措施。桃是自花授粉的品种,但异常气候如风沙、低温、阴雨会对结实产生不利影响,而人工授粉可以有效提高坐果率。授粉品种要选用那些成花容易、花粉量大、花期基本相遇的品种。

人工辅助授粉一般分采粉和授粉两部分。①采粉:应取含苞待放的花蕾采粉,这种花的花粉量多,发芽率高。具体做法是:剥去花瓣,摘取花药,摊开阴干,轻轻揉搓,使花药散粉后过筛即可获得纯花粉。采到的花粉可放在低温干燥处储藏。②授粉：用毛笔或铅笔的胶皮头蘸取花粉，直接点授到花的柱头上即可。点授时，从树冠外向树冠内按主枝顺序进行，一般长果枝点授 6～8 朵花，中果枝 3～4 朵，短果枝 2～3 朵。开花 3～4 天以内的花朵都可点授，最好选择刚开的，花柱头上有黏液的花朵。早开的花，花势较强，坐果率较高，因此在开花四五成时授粉最有利于坐果。授粉后若在 2～3 小时内降雨，花粉有可能被冲掉，这时应该补授。

防止后期落果，应着重在硬核期前适当供应肥水，调节氮肥的使用量，不宜过多也不宜过少；雨季要及时排水，防止果园积水，及时进行土壤管理，改善根系生长条件；通过夏剪，防止枝条徒长，改善树冠内的光照条件，提高叶片的光合能力。此外，还应注意防治病虫害，防止早期落叶。

除加强桃园的综合管理外，在花期喷 10～20 毫克/升的防落素，花后喷 20 毫克/升的萘乙酸、生长素 2,4-二氯苯氧乙酸、赤霉素等，都可提高坐果率，防止落果。

3.果实套袋

果实套袋除可预防桃小食心虫、桃蛀螟、炭疽病、褐腐病等病虫害外，还可改善果实着色，增加果皮光洁度，减少果实纤维和紫红素含量。套袋在疏果后进行，一般在当地主要蛀果害虫进果以前完成。先套坐果可靠的品种，后套落果率高的品种。纸袋应使用卫生的专用制袋纸制作，做成三角形袋或方形袋，一端开口，套于果上，把底部收紧，用细丝线固定到枝上。在果实着色期将纸袋从底部撕开。

四、主要病虫害及其防治

（一）主要病害及其防治

1.桃炭疽病

桃炭疽病为真菌性病害，是桃树的主要病害，主要危害果实和枝梢。小幼果染病后将很快干枯，变成僵果悬挂在枝上；较大的果实发病后病斑凹陷，呈褐色，潮湿时产生粉红色黏质物，病果很快脱落或全果腐烂并失水成为僵果悬挂在枝上。枝条发病主要发生在早春的结果枝上，病斑褐色，长圆形，稍凹陷，伴有流胶，天气潮湿时病斑上也密布粉红色孢子，当病斑围绕枝条一周后，枝条上部即枯死。菌丝体在病枯枝和病僵果上越冬，次年早春产生孢子，侵染结果枝，以后陆续向花、果传播，加重危害。阴雨连绵、天气闷热时容易发病；园地低温、排水不良、修剪粗糙、留枝过密及树势衰弱和偏施氮肥时，容易发病。该病在桃的整个生长期内均可以侵害树体，在北方在区，6—7 月大量发生。全年以幼果阶段受害最重。

防治方法如下：①冬剪时仔细除去树上的枯枝、僵果和残桩，消灭越冬病源。②在芽萌动至开花前后及时剪除初次发病的病枝，防止其被再次侵染；对发现卷叶症状的果枝也要剪除，并集中深埋。③加强排水，增施磷、钾肥，增强树势，并避免留枝过密及过长。④萌芽期喷洒 1～2 次 1：1：100 的波尔多液（展叶后禁用）。落花后开始，每隔 10 天左右喷一次锌铜石灰液（硫酸锌 350 克、硫酸铜 150 克、生石灰 1 千克、水 100 千克），25％多菌灵，50％甲基托布津、代森锌等，连续防治 3～4 次。

2.桃干腐病

桃干腐病又名"腐烂病"，为真菌性病害，主要危害桃树枝干。树体发病初期病部皮层稍肿起,略带紫红色并流胶,最后皮层变为褐色并枯死,有酒糟味,表面产生黑色突起小粒点,造成新梢生长不良,叶色变黄,老叶卷缩枯焦,严重时造成枝干枯死或全株死亡。病原菌以菌丝体、子囊壳及分生孢子器在病部越冬。次年春,菌丝在病部继续扩展危害,同时散发孢子,借风雨、昆虫等传播,由伤口或皮孔侵入,5—6月危害最为严重。树势衰弱、园地低湿、土质黏重、冬季枝干皮层受冻伤及修剪过重、枝干伤口过多并愈合不良,以及皮层受到灼伤等,都会引发病害。

防治方法如下:①加强果园肥水管理,合理修剪,合理留果,防止树势衰退。②发病后用利刀刮除病斑,并用20%抗菌剂402的100倍液或硫酸铜100倍液涂刷伤口。③桃树生长期,在喷多菌灵、代森锌及锌铜石灰液等防治其他病的同时,注意对枝干部进行喷药保护。

3.桃褐腐病

桃褐腐病又名"果腐病""菌核病",主要危害桃树的花、叶、枝梢及果实,以果实受害最重。花受害常自雄蕊及花瓣尖端开始,先发生褐色水渍状斑点,后渐延至全花,以致变褐萎蔫,枯死后常残留于枝上,经久不落。嫩叶受害自叶缘开始变褐,很快扩至全叶,致使叶片枯萎,残留于枝上。嫩枝受害形成长圆形溃疡斑,边缘紫褐色,中央稍凹陷、灰褐色,常流胶。当病斑绕枝一周时,会引起上部枝梢枯死。果实自幼果至成熟期都可受害,以近成熟期受害最重。最初在果面产生褐色圆形病斑,数日内病斑扩至全果,果肉变褐变软并腐烂,病果腐烂后易脱落,但不少失水后形成僵果而挂于树上,经久不落。病菌主要以菌丝体在树上、落地的僵果内或枝梢的溃疡斑部越冬,翌年春天产生大量分生孢子,借风雨、昆虫传播,通过病虫伤、机械伤或自然孔口侵入。花期低温、潮湿多雨,易引起花腐。果实成熟期温暖多雨雾易引起果腐。病虫伤、冰雹伤、机械伤、裂果等表面伤口多,会加重该病。树势衰弱,管理不善,枝叶过密,地势低洼的果园发病通常较重。果实储运中若遇高温、高湿,病害加重。在储藏期,病果与健果接触,可传染病菌。

防治方法如下:①结合修剪彻底清除僵果、病枝等越冬菌源,并集中烧毁,同时深翻园地,将带病残体埋于地下。②及时防治桃蛀螟、象甲、食心虫等害虫。5月上中旬套袋保护果实。套袋前最好进行一次喷药保护。③于发芽前喷一次5波美度石硫合剂,花后喷一次0.3波美度石硫合剂。以后视病情,喷500倍液的代森锌、福美锌或50%的甲基托布津800~1000倍液,均有较好的防治效果。④桃果采收、储运期尽量避免创伤,发现病果及时拣出。

4.桃黑星病

桃黑星病又名"疮痂病",主要危害桃树的果实,亦危害叶片和新梢。果实受害表面初生褐色圆形小斑,严重时,数个病斑愈合成片,后期变为紫黑色或黑色。病斑只限于表层,使果皮组织枯死龟裂,严重时造成落果。枝梢受害,病斑呈椭圆形浅褐色,后期呈黑褐色,微突起,也只限于表层。叶片受害,初期在叶背出现不规则的暗绿色病斑,以后正面相对应的病斑亦为暗绿色,最后病斑呈紫红色,干枯穿孔。病菌以菌丝体在枝梢病部或芽的鳞片中越冬,翌年4—5月产生分生孢子,借风雨或雾滴传播,进行初侵染。在北方地区,7—8月为病害盛发期。春季和初夏及果实近成熟期间,若多雨潮湿则易发病。果园地势低洼,栽植过密,通风透光不好,湿度大,则发病重。一般早熟品种较晚熟品种发病轻。

防治方法如下:①因地制宜地选栽抗病或早熟品种。②秋末冬初结合修剪,认真剪除病枝、枯枝,清除僵果、残桩,集中烧毁或深埋。③桃园内注意雨后排水,合理修剪,使桃园通风透光。④萌芽前喷5波美度石硫合剂。在北方地区的7—8月,每10~15天喷药一次,可喷洒70%代森锰锌可湿性粉剂500倍液或70%胶硫锰锌可湿性粉剂600~800倍液、80%炭疽福美可湿性粉剂800倍液。⑤坐果后套袋。

5.桃根癌病

桃根癌病为细菌性病害,主要危害根部及根颈部,病部形成肿瘤,瘤体初生时乳白色或微红,光滑,柔软,后渐渐变为褐色,木质化而坚硬,表面粗糙,凹凸不平。发生于支根的瘤体较小,发生于根颈处的较大,以根颈部位的瘤体影响最大。受害桃树生长严重不良,植株矮小,果少质劣,严重时全株死亡。病原菌存活于癌瘤组织中或土壤中,可随雨水径流或灌溉水及带病苗木传播,通过伤口侵入。碱性土壤、重茬苗圃及重茬桃园容易发病。

防治方法如下:①苗地及桃园尽量避免重茬连作。②苗圃应用无病土育苗,苗木出圃时严格剔除病苗;新建桃园时加强检疫,防止带入病苗。可用K84稀释液浸根5分钟。③加强果园检查,挖开可疑病株的表土,发现病斑后用刀彻底刮除,并用1%五氯酸钠或0.1%升汞液消毒,也可用根癌灵20倍液泼浇根部。④加强地下害虫防治,减少根部伤口。

6.桃缩叶病

桃缩叶病为真菌性病害,主要危害桃嫩梢、新叶及幼果。病叶卷曲畸形,病部肥厚,质脆,红褐色,上有一层白色粉状物,最后变成褐色,干枯脱落;新梢发病后病部肥肿,黄绿色,病梢扭曲,生长停滞,节间缩短,最后枯死;小幼果发病后变畸形,果面开裂,很快脱落。危害严重时,桃树当年产量降低,并影响次年的开花结果。病菌主要以孢子附在枝上或芽鳞上越冬,次年桃树萌芽时侵染危害。病菌喜欢冷凉潮湿的气候,春季桃树发芽展叶期如遇低温阴雨天气,往往发病严重。

防治方法如下:①萌芽期喷洒5波美度石硫合剂或1:1:100的波尔多液,杀死越冬病菌。如果能做到及时和周到,喷药一次即可控制。若能连续2~3年进行防治,则可彻底防治该病。②发病期间及时剪除病梢病叶,集中烧毁,清除病源。发病严重的桃园,注意增施肥料,促进树势恢复,增强抗病能力。

7.桃细菌性穿孔病

桃细菌性穿孔病为细菌性病害,主要危害桃树叶片和果实,造成叶片穿孔脱落及果实龟裂。叶上病斑近圆形,直径为2~5毫米,红褐色或数个病斑相连成大的病斑。病斑边缘有黄绿色晕环。以后病斑枯死,脱落,并造成严重落叶。果实受害,病部初为淡褐色水渍状小圆斑,后扩大成褐色,稍凹陷。病斑易呈星状开裂,裂口深而广,病果易腐烂。病原细菌主要在病梢上越冬,次年春季在病部溢出菌脓,经风雨和昆虫传播,由气孔、皮孔等处侵入。气候温和且湿度大的环境以及果园郁闭、排水不良、树势衰弱时发病严重,一般春秋季发展较快。

防治方法如下:①冬剪时注意清除病枯枝,消灭病原。②早春桃芽萌动期喷洒1:1:100的波尔多液(展叶后禁用)或5波美度石硫合剂;发病期间适时喷洒硫酸锌石灰液(硫酸锌500克、生石灰1000克、水100千克)或65%代森锌可湿性粉剂500倍液。③加强开沟排水,降低田间湿度;合理修剪,改善通风透光,避免树冠郁闭;增施磷、钾肥,增强树势。

8.桃流胶病

桃流胶病为生理性病害。枝干、新梢、叶片、果实上都可发生流胶现象,以枝干最严重。发病枝干树皮粗糙、龟裂、不易愈合,流出黄褐色透明胶状物。流胶严重时,树势衰弱,并易成为桃红颈天牛的产卵场所而加速桃树死亡。桃树遭受病虫危害,施肥不当(缺肥或偏施氮肥),土质黏重排水不充分,夏季修剪过重,定植过深,连作及遭受雹害、旱涝、冻害、日灼等,都会造成桃树流胶。老弱树发生较重。

防治方法如下:①加强综合管理,促进树体正常生长发育,增强树势。防治枝干害虫,减少伤口。②在秋冬季,对流胶严重的枝干进行刮治,伤口用 5 波美度石硫合剂或 100 倍硫酸铜液消毒;用 402 抗菌剂或 1∶4 的碱水涂刷病枝干,也有一定的防治效果。

(二)主要虫害及其防治

1.蚜虫

危害桃树的蚜虫主要有三种,即桃蚜、桃粉蚜和桃瘤蚜。

(1)危害状:桃蚜、桃粉蚜以成虫或若虫群集叶背吸食汁液,也有群集于嫩梢先端危害的。桃粉蚜危害时叶背布满白粉,能诱发霉病。桃蚜危害的嫩枝皱缩扭曲。被害树当年枝梢的生长和果实的发育都会受不利影响。危害严重时,将影响次年开花结果。桃瘤蚜对嫩叶和老叶均危害,被害叶的叶缘向背面纵卷,卷曲处组织增厚,凹凸不平,严重时全叶卷曲。蚜虫在北方地区一年发生 10 余代,以卵在桃树枝条间隙及芽腋中越冬。3 月中下旬新梢展叶后开始危害。

(2)防治方法:应采取人工防治、药物防治以及保护和利用天敌的综合措施。①人工防治。冬剪时,剪去着生有越冬卵的枝条,并收集烧毁。②药物防治。桃树萌芽前,喷一次 95％机油乳剂 100 倍液,药杀越冬卵。桃树萌芽时,喷洒一次药剂。展叶前后,喷 1～2 次拟除虫菊酯类药剂或杀松螟 1000 倍液。由于桃粉蚜体表覆有一层蜡质粉状物,药液中应加入 0.1％～0.2％中性肥皂粉。③保护和利用天敌。桃树蚜虫的天敌种类很多,如七星瓢虫、大草蛉、食蚜蝇等,对蚜虫的控制作用都较强。保护和利用天敌防治是今后发展的方向。

2.山楂红蜘蛛(又名"山楂叶螨")

(1)危害状:常群集于叶背危害,叶片受害后正面显黄色小斑点,很多斑点相连则出现大片黄斑,严重时全叶焦枯变褐,叶背面拉丝结网。桃叶受害变黄很易脱落。山楂红蜘蛛一般以雌成螨在树皮缝内潜伏过冬,当花芽膨大时出蛰活动,这是防治的关键时期。展叶期即转到叶片上危害。每年 7—8 月发生量最大,危害也最严重;干旱年份发生量也大,危害也比较严重。

(2)防治方法:①刮树皮消灭越冬成螨。②在越冬成螨出蛰盛期、末期和第一代成螨发生期喷药防治,可喷天王星、功夫菊酯、灭扫利等 2000 倍液。产卵盛期可喷螨死净或尼索朗等 2000 倍液,灭扫利 2000 倍液,双甲脒、螨克 1500 倍液,杀虫脒 500 倍液等,越冬成螨出蛰盛期和末期可喷 0.2～0.3 波美度石硫合剂、硫悬乳剂等。③保护和利用天敌。

3.桃象鼻虫(又名"桃虎")

(1)危害状:成虫咬食桃树的花和幼果,以及嫩芽、幼叶,被害果实表面蛀痕累累并流胶,引起腐烂、落果,幼虫蛀入果内危害,使果实干腐脱落。

(2)防治方法:①捕杀成虫。利用成虫的假死性,夜间在树下铺上塑料布等,清晨摇动树枝,使成虫受惊后落下集中消灭。②消除虫果。结合疏果,经常摘除树上虫果和捡拾落地虫果,集中切毁以消灭其中害虫。③药物防治。成虫出土前(桃萌芽时),在树下地面喷洒 75% 辛硫磷乳剂,毒杀土中越冬代成虫、幼虫。在成虫发生期喷洒 90% 晶体敌百虫和 50% 辛硫磷 1000 倍液或 80% 敌敌畏乳剂 1500 倍液。

4.桃小绿叶蝉

桃小绿叶蝉属同翅目叶蝉科,别名"桃叶蝉""桃小浮尘子"等。

(1)危害状:成、若虫吸汁液,被害叶初现黄白色斑点,渐扩大成片,严重时全叶苍白早落。该虫一年发生 4～6 代,以成虫在落叶、杂草或低矮绿色植物中越冬,翌年春天桃树发芽后出蛰,飞到树上刺吸汁液,经取食后交尾产卵,卵多产在新梢或叶片主脉里。卵期 5～20 天,若虫期 10～20 天,非越冬代成虫寿命 30 天,完成一个世代需 40～50 天。因发生期不整齐致世代重叠。6 月虫口数量增加,8～9 月最多且危害重。秋后以末代成虫越冬。成、若虫喜白天活动,在叶背刺吸汁液或栖息。成虫善跳,可借风力扩散,日气温 15～25 ℃适于其生长发育,28 ℃以上及连续阴雨天气虫口密度下降。

(2)防治方法:①成虫出蛰前清除落叶及杂草,减少越冬虫源。②在越冬代成虫迁入后,各代若虫孵化盛期及时喷洒 20% 叶蝉散(灭扑威)乳油 800 倍液或 25% 速灭威可湿性粉剂 600～800 倍液、20% 害扑威乳油 400 倍液、50% 马拉硫磷乳油 1500 倍液、2.5% 保得乳油 2000 倍液、2.5% 溴氰菊酯或功夫乳油 2000 倍液、50% 抗蚜威超微可湿性粉剂 3000 倍液、10% 吡虫啉可湿性粉剂 2500 倍液、20% 扑虱灵乳油 1000 倍液。

5.梨网蝽(又名"梨花网蝽")

(1)危害状:以成虫、若虫群集在叶背主脉两侧吸食汁液。受害叶片正面形成苍白斑点,叶背面有大量褐色黏液粪便及脱皮壳,使叶片呈现黄褐锈色,不能进行光合作用,以致干枯脱落。梨网蝽一年发生 3～5 代,以成虫在枯枝、落叶、枝老翘皮缝及土石块下越冬。翌年 4 月上旬越冬代成虫出蛰,上树食叶并产卵于叶背组织中,6 月初发生第一代成虫,8 月中下旬是全年虫量最多的时期,世代重叠不齐,危害最重。

(2)防治方法:①人工防治。春季越冬代成虫出蛰活动前,结合治疗果树腐烂病、轮纹病等刮治病斑(粗皮),消灭越冬代成虫。在树干上涂抹 30 倍硫悬浮剂或熬制石硫合剂的废渣。秋季在树干上绑草把,诱集下树越冬的叶螨、梨网蝽等害虫。冬季结合果树修剪,认真清扫果园落叶、烂果、枯枝,解下绑缚的草把,在园外集中烧毁,并耕翻树盘,破坏害虫的越冬场所。②药物防治。果树发芽前,对干枝连喷两遍机福乐合剂,7～10 天一遍。果树发芽后,向树干根际和树盘喷 1～2 次辛硫磷 1500～2000 倍液。树盘铺设塑料薄膜可有效阻止或杀死出蛰成虫。4 月上旬至 5 月中旬用 20% 杀灭菊酯 2500 倍液等药剂防治越冬代出蛰的成虫和孵化的若虫。

6.刺蛾

危害桃树的刺蛾主要有褐刺蛾、青刺蛾和扁刺蛾三种,均属鳞翅目刺蛾科。

(1)危害状:幼虫在叶背取食叶肉,残留上表皮,使之呈透明膜状。成虫取食叶片,仅留叶柄及叶脉,严重发生时,叶片全部被食光。该虫一年可发生两代。

(2)防治方法:①结合整枝修剪、除草和冬季清园、松土等,清除枝干上、杂草中的越冬虫体,破坏地下的蛹茧,以减少虫源。②利用成蛾有趋光性的习性,在 6—8 月盛蛾期,设诱虫灯诱杀成虫。③对虫口密度较大的果园,在各代幼虫盛孵期,可用 90% 敌百虫 2000

倍液或菊酯类药剂进行喷杀。以3龄前幼虫喷杀效果最好。

7.桃红颈天牛

(1)危害状:桃红颈天牛是桃树的重要害虫,幼虫蛀食枝干皮层和木质部,受害的枝干发生流胶,树势衰弱,寿命缩短。严重时桃树成片死亡。该虫一般三年完成一代,以幼虫在枝干被害处越冬,老熟幼虫在木质部蛀道中的蛹室内化蛹。成虫中午多静息于枝干处,卵散产于枝干粗皮和裂皮内,特别在流胶病严重的枝干上产卵更多。

(2)防治方法:①6月上旬成虫产卵前,用白涂剂涂刷桃树枝干,防止成虫产卵。白涂剂配方为生石灰10份、硫黄(或石硫合剂渣)1份、食盐0.2份、动物油0.2份、水40份。②在6月中下旬成虫发生期开展人工捕杀。幼虫危害阶段,根据枝上及地面的蛀屑和虫粪,找出被害部位,用铁丝将幼虫刺杀;或用杀虫药液制成的药泥或药棉堵塞排粪孔;或挖出粪屑用高压枪射入药液。③于4—5月晴天的中午,在桃园内释放肿腿蜂(红颈天牛的天敌),杀死天牛幼虫。

8.桑白蚧

桑白蚧又名"桑盾介壳虫"和"桃白介壳虫",是桃树的重要害虫。

(1)危害状:以雌成虫和若虫危害桃树新梢、枝干和果实,使树势严重衰弱,果实产量和品种大减,甚至全树枯死。以受精雌成虫在枝干上越冬,卵产在雌虫体下。初孵幼虫善长爬行,当找到适宜的寄生地点后即固定,蜕皮后触角和足消失,并开始分泌蜡质,形成介壳。一般地,第一代若虫主要危害枝干;第二代若虫除危害枝干外还危害果实;第三代若虫还危害当年新梢。

(2)防治方法:①萌芽前充分喷洒1～2次5波美度石硫合剂或100倍机油乳剂,消灭越冬雌成虫。②在各代若虫发生期介壳未形成前,及时喷洒50%马拉松乳剂1000倍液、20%杀灭菊酯3000倍液、20%菊乐合酯2000倍液等。药液中加入洗洁精等可提高药效。7天左右喷洒一次,连续喷洒三次。③虫体密集成片时,喷药前可用硬毛刷刷除虫体再行喷药,以利药液渗透。④加强苗木和接穗的检疫,防止病害扩散蔓延。⑤注意保护红点瓢虫和日本方头甲寄生蜂等天敌。

9.桃蛀螟

(1)危害状:桃蛀螟是桃树的重要蛀果害虫,以幼虫蛀食果实,卵产于两果之间或果叶连接处,孵化后,幼虫即从果实肩部或两果连接处蛀入果实。被害果实由蛀孔分泌黄褐色透明胶,蛀孔周围粘有害虫排泄的粪便。危害严重时,会造成落果减产。该虫在北方地区一年发生2～3代,以老熟幼虫在向日葵籽及玉米、高粱果穗和残株内越冬。

(2)防治方法:①冬季及时烧毁玉米、高粱、向日葵等作物的残株,消灭越冬代幼虫。②桃树合理修剪,合理留果,避免枝叶和果实密接。③各代卵期喷洒50%杀螟松乳剂1000倍液、2.5%溴氰菊酯5000倍液或20%速灭杀丁乳剂3000倍液等。④在越冬代成虫产卵盛期前,及时套袋保护。可兼防桃小食心虫、梨小食心虫和卷叶蛾等多种害虫。⑤桃园内不可间作玉米、高粱、向日葵等作物,以减少虫源。

10.梨小食心虫

梨小食心虫简称"梨小",又名"东方果蠹蛾""桃折梢虫"。

(1)危害状:主要以幼虫蛀食梨、桃、苹果的果实和桃树的新梢。桃、梨等果树混栽的果园危害严重。桃梢被害后萎蔫枯干,影响桃树生长。被害果有小蛀入孔,果内蛀道直向果核,被害处留有虫粪。该虫在华北地区每年发生3～4代,翌年4月上旬开始化蛹。成虫羽化后,产卵在新梢上,幼虫孵化后,多从新梢顶部第二、三片叶的基部蛀入,向下蛀食,梢顶端的叶片先萎缩,然后新梢干枯下垂。有转主危害习性,雨水多、湿度大的年份,发生较重。

(2)防治方法:①建园时,避免桃、梨、李、杏混栽,以减少相互转移危害。②早春发芽前,彻底刮除病部树皮,集中处理,消灭越冬代幼虫。③越冬代幼虫脱果前,在主枝、主干上束草或破麻袋片,诱集幼虫潜伏,然后解下集中处理。④5—6月,当顶梢1～2片叶凋萎时,及时剪除新发现的被害顶梢。⑤果实套袋防虫。⑥4月中旬至5月上中旬,在桃树上喷菊酯类药剂和50%杀螟松1000倍液,抑制第一、二代幼虫危害。6月以后,再喷菊酯类药剂和50%杀螟松1000倍液。因该害虫会蛀食嫩枝或果肉,所以喷药一定要适度。只有在害虫未蛀入之前喷药防治,才能收到好的效果。

11.桃小食心虫

(1)危害状:幼虫孵出后在果面上爬行数十分钟,然后从幼果的胴部或肩部蛀入果内,并有果胶从蛀孔流出,干后呈白色蜡质状。受害果实果面变形,果肉腐烂,失去食用价值。

(2)防治方法:①成虫羽化前,可在树冠下地面覆盖地膜,以阻止成虫羽化后飞出;②在5—7月幼虫出土初期和盛期喷洒地面两次。在第一代卵盛期,往树冠喷20%灭扫利3000倍液等。

五、果实采收与储藏

(一)采收

采收期要根据桃子品种特性、成熟度及销售要求而定,不同成熟度的桃子有不同的特点。七成熟的桃子,果实已充分发育,底色为绿色,但茸毛多、厚;八成熟的桃子底色变淡、发白,果实丰满,茸毛稍稀,果实仍稍硬,但已有些弹性;九成熟的桃子果皮呈乳白色、浅黄色,茸毛稀,弹性增大,有芳香味,并有多种表现(肉溶质品种果肉柔软多汁,果皮可剥离,不耐运输,硬肉桃变绵;肉不溶质品种仍富有弹性)。鲜食用桃应在八九成熟时采收;远销的鲜食用桃,可稍早些采摘,一般在七八成熟时采收;加工用的桃,可在七成熟时采收;十成熟的桃,不能远销,只能就近销售。

(1)分批采收。对树上的桃子要依其成熟先后分期分批采收,采摘一批果有利于后一批果的增大;成熟一致的品种可分两次采完,不一致的可增至三次。

(2)采收桃子应在晴天的早上或傍晚进行,采摘时轻采轻放,不能用手压桃面,不能强拉果实,要用手托住果子扭转,应带果柄采摘。盛放桃子的容器不能太大,一般每个容器放5～10千克,要内衬垫物,注意通气。采后,首先应将果实运至阴凉通风处,散发田间热,然后进行分级包装。采收后装箱的桃子应尽快销售或进行储藏前处理。

(二)储藏

桃子是储藏难度较大的果品之一,其原因是采后的果实呼吸比较强烈,会消耗大量的有机物质,使果实的品质较快地下降,并给微生物的侵入和繁殖提供有利条件。同时,果实在储藏过程中,不断地蒸发水分而萎蔫,降低了桃子的可口性和可食性。为此,果农常采用低温与冻结的方法,抑制果实的呼吸强度,减少养分的消耗和水分的蒸发,防止微生物的侵染,以延长果实的储藏期。

1.储前处理

(1)预冷处理:预冷可以延缓果实变质和成熟的过程,并可节省储运中的制冷负荷。预冷一般采用风冷法和水冷法。水冷时可用 0 ℃预冷,并在水中加入一定浓度的真菌杀菌剂。果实冷却至 0 ℃时沥去水分。

(2)热处理:储前升温能够抑制果实发绵,减少腐烂,增加耐储性。据研究,桃果实经适宜的热激处理后,储藏期间可在一定程度上保持果实硬度,降低酸度,减少腐烂,增加耐藏性,以37 ℃处理两天的效果为佳。

2.储藏方式

不同储藏方式的保鲜效果不同。常温储藏保鲜时间较短,自然通风储藏远不及恒温冷藏和气调储藏。水蜜桃在常温(25~27 ℃)下储藏一周,腐烂率达 30%,全部果实有异味;而在 9~10 ℃的低温下储藏 15 天,腐烂率为零。肥城桃采用一般储藏或药纸包装冷藏,不能有效控制其衰老,尤其是果实褐变较快;而以低氧低二氧化碳(氧气 3%~4%、二氧化碳 2%~3%)的气调储藏效果最佳,储藏保鲜期比冷藏长 2~3 倍。

3.储藏温度

桃子适宜的储藏温度为 0~1 ℃,但长期处在 0 ℃的条件下易发生冷害。目前控制冷害的方法有两种:①间歇加温,如先把桃子放在-0.5~0 ℃下储藏 15 天,再放到 18 ℃下储藏两天,然后转入低温储藏,如此反复。②采用两种温度储藏,先放在 0 ℃下储藏两周,再转入 5 ℃下储藏。

4.储藏湿度

桃果储藏时的相对湿度以 90%~95%为宜。湿度过大,易引起腐烂,加重冷害症状;过小,会引起过度失水,损害桃果的商品性,造成经济损失。

5.气体成分

在气调储藏过程中,储藏环境中的氧气及二氧化碳浓度对果实的耐储性有着直接影响。氧气浓度高,可促进果实的呼吸作用,加速软化;二氧化碳浓度过高,可引起果实中毒。不同品种的桃果要求的气调指标不同。肥城桃适宜在低氧低二氧化碳条件下储藏。白凤桃和玉露桃适宜在二氧化碳浓度为 5%~8%的条件下储藏。一般情况下,当温度和湿度等条件相同时,在氧气占 1%、二氧化碳占 5%的气体条件下,桃的储藏时间可增加一倍。

塑料小包装是一种自发气调储藏方式,储藏桃效果较好,但包装袋的密度对袋内的气体环境影响较大。雪桃采用硅窗保鲜袋包装,可显著抑制果肉褐变。寒露蜜桃采用聚乙烯薄膜袋包装,可较好地保持水分和气体环境。

6.防腐保鲜处理

桃在储藏过程中,易感染病害而腐烂,进行低温和气调储藏,可抑制病害的发生。如果进行低温和气调外加防腐保鲜剂储藏,则储藏效果最佳。防腐保鲜剂在低温条件下可抑制果实的呼吸,同时起到杀菌、防止病菌侵染果实而造成果实腐烂变质的作用。在常温下,防腐保鲜剂对储藏效果无增效作用,而与低温配合,则可获得较理想的效果。常用的药剂有仲丁胺、1 号固体熏蒸剂等。

第三节 梨

一、主要优良品种

(一)白梨品种

1.鸭梨

鸭梨原产于河北省,是我国古老的名优品种。果实倒卵圆形或短葫芦形,有锈斑;果皮绿黄色,储后转为黄色,皮薄,果面光滑有蜡质;果点小,外形美观,果心小;果肉白色,肉质细嫩而脆,汁极多,味甜,微香,品质上等或极上等;一般可储存至翌年 2—3 月;树势较强,萌芽力强,成枝力弱,枝条有弯曲的特点,一般定植后 3～4 年开始结果,以短果枝结果为主;腋花芽能结果,坐果率高,多为双果,丰产性强;抗寒力中等,抗黑星病和食心虫较弱;在原产地于 9 月上中旬成熟,果实发育天数为 146 天,营养生长天数为 216 天;结果早,品质好,丰产、晚熟、较耐储藏;适于华北各省等栽培。栽培要点如下:①授粉品种有砀山酥梨、京白梨、锦丰梨、茌梨、胎黄梨、早酥梨、库尔勒香梨和雪花梨;②注意加强肥水管理;③注意防治食心虫和黑星病;④加强综合管理,克服大小年现象。

2.雪花梨

雪花梨原产于河北省赵县,为河北省主栽品种。果实长椭圆形;果皮绿黄色,储后变黄色,有蜡质光泽,果心较小;果肉白色,肉质中粗、脆、汁多味甜,品质中上等或上等;树势中庸,幼树生长缓慢;定植后 3～4 年开始结果,以短果枝结果为主,中长果枝和腋花芽结果能力也较强,短果枝寿命短,连续结果能力差;喜深厚的沙壤土,抗旱力较强,抗寒力与鸭梨相近,抗黑星病和轮纹病能力较强,但抗风力弱;在山西、陕西、河南等省均可栽培。栽培要点如下:①授粉品种有鸭梨、砀山酥梨、茌梨、锦丰梨、黄县长把梨和秋白梨等;②要加强土、肥、水管理;③要注意疏果,防止隔年结果现象发生。

3.栖霞大香水

栖霞大香水原产于山东省栖霞市,在安徽、陕西、河南等省有少量栽培,是丰产耐储的优良品种。果实中等大小,长圆形;果皮黄绿色,储后转绿黄色;果肉白色,果心中等大小,肉较细、质脆、汁多,味酸甜较浓,品质中上等或上等;果实可储至翌年 4 月;树势中等,萌芽力、成枝力强;一般 4～5 年结果,幼树中、长、短果枝,腋花芽均结果,盛果期则以短果枝结果为主,丰产性强;在原产地于 4 月中旬开花、9 月中旬成熟。

4.早酥梨

早酥梨为中国农业科学院果树研究所育成的早熟品种,母本为苹果梨,父本为身不知梨。果实多呈卵圆形或长卵形;果皮黄绿或绿黄色,果面光滑,有光泽,并具棱状突起,果皮薄而脆;果点小,不明显,果心较小;果肉白色,质细,酥脆爽口,石细胞少,汁特别多,味甜稍淡,品质上等;树势强;定植后三年即开始结果,以短果枝结果为主;连续结果能力强,稳产丰产;在产地于 8 月中旬果实成熟,果实发育天数为 94 天,营养生长天数为 209 天;全国各省区都有引种试栽,华东、西南、西北及华北大多数地区均适宜栽培。栽培要点如下:①授粉品种有砀山酥梨、苹果梨、锦丰梨、茌梨、鸭梨和雪花梨等;②注意使用硼肥。

5.砀山酥梨

砀山酥梨原产于安徽省砀山,是古老的地方优良品种,共有四个品系,即白皮酥、青皮酥、金盖酥、伏酥,以金盖酥品质最好。果实近圆柱形,顶部平截稍宽;果皮绿黄色,储后黄色;果点小而密,果心小;果肉白色,中粗,酥脆,汁多,味浓甜,有石细胞;树势强;定植后3~4年开始结果,以短果枝结果为主;腋花芽结果能力强;丰产性好,稳产;适应性极广,对土壤和气候条件要求不严,耐瘠薄,抗寒力及抗病力中等;在安徽、山东、山西、江苏等地区均有栽培。栽培要点如下:①授粉品种有锦丰梨、鸭梨、茌梨、紫酥梨和雪花梨;②注意加强土、肥、水管理;③注意防治黑星病、臭木椿象、果锈等。

6.八月酥梨

八月酥梨为中国农业科学院郑州果树研究所育成的中熟优良品种,母本为栖霞大香水,父本为郑州鹅梨。果实近圆形或卵圆形、整齐,果个大;外观美丽,果皮绿黄色,果面光滑洁净,果心中等大小;果肉乳白色,爽脆无渣,汁多,风味酸甜可口,有香味,品质上等;果实于8月中旬成熟,采后室温下可储至国庆或元旦,冷藏可储至春节;树势中庸,树姿开张,顶花芽,腋花芽,长、中、短果枝均可结果,以中、短果枝结果为主;结果早,定植三年开始结果,五年生大量结果,稳产丰产;喜深厚肥沃的沙壤土、黄壤土,抗寒、抗旱、耐涝、抗风能力均强,对轮纹病、黑星病、锈病和腐烂病均有很好的抵抗能力,虫害较少,但干旱缺水时,果实发育差,果个变小,石细胞增多,叶片会感染轻微的黑斑病;栽培管理容易,适于矮化密植栽培,在我国主要梨产区均可栽培。栽培要点如下:①授粉品种有雪花梨、金花梨、鸭梨和早酥梨;②注意培养骨干枝和结果枝组;③易成花,注意调节负载量。

7.大水核子

大水核子原产于江苏淮北地区,为江苏优良白梨品种。果实倒卵圆形,绿黄色;果面光滑,有片锈,有棱沟,果点大又多;果肉细,松脆,白色,石细胞少,汁特别多,味甜酸,品质上等;生长势强,5~6年开始结果,较丰产;抗逆性(耐旱、耐涝、抗风)强,对栽培条件要求不严;果实储藏性稍差,适宜在城郊等交通便利地区栽培,可在江淮流域栽培推广。栽培要点如下:合理调整树势,合理负载,克服大小年,注意防治黑星病。

8.苹果梨

苹果梨原产于吉林省延边朝鲜族自治州。果实呈不规整扁圆形,形态似苹果;果皮绿黄色,阳面有红晕;果点较小,果心特小;果肉白色,细脆,石细胞少,味酸甜,汁多,品质上等;果实于9月下旬至10月上旬成熟,极耐储藏,可储至翌年5月;树势及萌芽力强,成枝力中等,定植后4~5年开始结果;成年结果树以短果枝结果为主,丰产性强;适应性及抗寒力强,能耐-30℃低温,抗旱、抗黑星病,适于在我国东北、华北、西北等地栽培。栽培要点如下:①授粉品种有锦丰梨、朝鲜洋梨、秋白梨、冬果梨、早酥梨、茌梨、鸭梨、南果梨等;②在沙地栽培时,应加强肥水管理;③喷药时注意减轻药害。

(二)砂梨品种

1.苍溪雪梨

苍溪雪梨原产于四川省苍溪县,为我国最著名的砂梨品种之一。果实多呈倒卵圆形,特大;果皮深褐色,果点大而多,明显,果面较粗糙;梗洼浅而狭,萼片脱落,果心中等大小或较小;果肉白色,脆嫩,石细胞少,汁多,味甜,品质中上等;果实于9月下旬或10月上旬成熟,较耐储藏;树势中庸,枝条开张,萌芽率高,定植后4~5年开始结果,以短果枝结果为主,丰产性较强;果实发育天数为47天,营养生长天数为218天,适合在我国主要梨产区栽培。栽培要点如下:①授粉品种有金花梨、鸭梨、茌梨、金川雪梨、崇化大梨和二宫白;②注意防治采前落果;③注意防治黑星病、食心虫、象鼻虫。

2.丰水

丰水为日本优良品种。果实成熟时呈赤褐色,果点粗,果形圆,果面有时有条沟;果肉白色,柔软多汁,稍粗,品质中上等,甜味中等,稍有酸味;抗黑斑病,对黑星病抗性中等,适合在我国主要梨产区栽培;授粉品种有丰水梨、黄花梨和新世纪等。

3.幸水

幸水为日本主栽品种,亲本为菊水和早生幸藏。果实扁圆形;果皮黄褐色,果面稍粗糙,果点中等大小,果心小或中等大小;果肉白色,细嫩,稍软,汁特别多,石细胞少,味浓甜,有香气,品质上等;果实于常温下可存放1个月左右;树势中庸,萌芽力中等;定植后2~3年便可结果,以短果枝结果为主;管理不当易出现大小年;果实优质、丰产、早熟,适应性较强,抗黑星病、黑斑病能力强,抗旱、抗风力中等,对轮纹病感病情况一般,抗寒性中等,对肥水条件要求较高,在我国主要梨产区均可栽培。栽培要点如下:①可密植栽培,株行距为2.7米×3米,定干高度为30~40厘米,培养低干矮冠树形;②修剪时综合利用长放、拉枝、扭枝和摘心等方法,冬季拉枝可明显提高花芽质量;③应按5:1的比例配置授粉品种(丰水梨、长十郎、晚三吉、黄花梨、新世纪和菊水);④及时疏果和对果实套袋;⑤保证肥水供给;⑥幼树病虫害少,进入结果期后要注意防治脚腐病、梨肉蟥、蚜虫、褐圆蚧、吸果夜蛾和金龟子等。

4.晚三吉梨

晚三吉梨原产于日本新潟市,在我国山东、江西、贵州、福建等省有栽培,是一个丰产品种。果实大,近圆形;果梗粗长,萼片宿存;果肉白色,果心中大,肉质较细,味甜,汁多,品质中上等;果实耐储藏性强;树势中等,萌芽力强,成枝力弱,以短果枝结果为主,栽后三年结果,稳产、丰产;适于乔砧密植栽培,易获得早期丰产。

(三)西洋梨品种

1.巴梨

巴梨是英国的一个古老品种,系自然实生苗。果实多粗颈葫芦形,果皮绿黄色,储后转黄色,间或阳面有浅红晕;果面稍有凹凸,具蜡质光泽;果点小、中多、不明显,果心小;果肉乳白色,质细,石细胞少,汁多,风味酸甜可口,具宜人的浓郁芳香,品质极上乘;果实常温下仅能存放20天左右,冷藏条件下可储藏120天以上,可鲜食也可制罐头;幼树树势稍强,成年树树势中庸,发枝力中等偏弱;定植后五年开始结果,成年树长、中、短果枝及腋花芽均可结果,以短果枝结果为主,约占85%;丰产,适合鲜食和制罐头,是一个很受欢迎的品种;适应性较强,对土壤条件要求不严,但喜温暖气候及沙壤土;抗风、抗黑星病和抗锈病能力较强,抗寒力弱,在-25℃下受冻严重,抗腐烂病能力差;适合在山东、山西、陕西等地栽培。栽培要点如下:①授粉品种有冬香、考密斯、伏茄和二十世纪;②不宜在黏性土壤上栽培;③注意防治腐烂病。

2.三季梨

三季梨为法国品种。果实葫芦形,绿黄色,阳面有不明显的红晕,熟后变黄色;果面微显凹凸,果点中大;果肉细密白色,经10天左右成熟,肉变软,汁多,易溶于口,甜,微酸,微香,品质中上等或上等;幼树生长旺,成年树树势中等,4～6年开始结果,较稳产、丰产;果实不耐储藏;抗旱,病虫少,易染腐烂病,采前易落果,在西洋梨中抗寒力中等;对土壤条件要求较高;适合在山东、河北等地栽植。栽培中要注意防治采前落果,防治腐烂病,提高抗寒力。

3.锦香梨

锦香梨为中国农业科学院果树研究所育成的品种,母本为南果梨,父本为巴梨。果实纺锤形;果皮黄绿色,熟后转为黄色,有的阳面有淡红晕;果面较平滑,有蜡质光泽;果点小而多,不明显,果心中大;果肉白色或黄白色,质细,刚采收时肉质紧密而韧,熟后变软,易溶于口,汁多,并具浓郁芳香,品质上等;树势中庸,萌芽力强,成枝力弱;定植后三年结果,以短果枝结果为主;果实不耐储藏,常温下可存放15～20天,既可鲜食,又可制罐头;适应性强,抗寒力较强,抗黑星病,较抗腐烂病,但抗轮纹病能力弱,适合在我国北方梨区栽培;授粉品种有南果梨、矮香梨、早酥、锦丰和鸭梨。

4.伏茄梨

伏茄梨为法国品种,果实多呈葫芦形;果皮黄绿色,阳面有红晕,果面平滑,有蜡质光泽,外观漂亮;萼片宿存;果心小;果肉白色,质细,熟后变软,汁多,易溶于口,味酸甜,有香气,品质上等;适合在我国青岛、威海、郑州等地栽培。栽培要点如下:①授粉品种有巴梨、茄梨和康德梨;②应加强肥水管理,合理调节树势。

5.日面红(秋茄梨)

日面红(秋茄梨)为比利时品种,果实倒卵圆形,绿黄色,阳面有红晕;果面光滑,果点小,有锈斑,外形美,果个大;果肉稍粗、白色,熟后果肉变柔软多汁,甜,微香,品质中上等或上等;果实不耐储藏;生长势强,树冠大,枝条恢复力强,5～6年开始结果,坐果率高,较丰产;适应力强,在多种土壤上均生长正常,抗寒力较强,在洋梨中仅次于茄梨、伏茄梨,抗旱和抗腐烂病能力也较强,采前易落果,适合在我国胶东地区、郑州、开封等地栽培。栽培要点如下:①该品种喜肥沃土壤,应加强土、肥、水管理;②注意防治采前落果;③注意整形修剪和防治大小年。

二、苗木繁育技术

(一)主要砧木种类

1.杜梨

杜梨又名"棠梨""灰梨",生长旺盛,根深,适应性强,抗旱,耐涝,耐盐碱,与中国梨和西洋梨品种亲和力强,为我国北方梨区的主要砧木,在山东应用广泛。

2.豆梨

豆梨又名"山棠梨""明杜梨",在山东有分布。其根系较深,抗腐烂病能力强,能抗旱、抗涝,较耐盐碱,抗寒能力不及杜梨,与砂梨及西洋梨的亲和力强。

3.褐梨

褐梨又名"棠杜梨",根系强大,嫁接后树势旺,产量高,但结果晚,在华北、东北山区应用较多。

另外,秋子梨在我国东北及华北寒冷干燥的地区,常用作梨的砧木;砂梨是我国南方暖湿多雨地区的常用砧木。

（二）砧木种子的采集与处理

砧木种子必须充分成熟，一般当种皮呈褐色时，即可采收，采集时间为 9—10 月。种子采集过早，发芽率很低，防止"采青"是提高砧木种子质量的一项关键措施。果实采集后堆放在缸内，经常浇适量的水，并经常翻动，果肉变软后，用清水漂洗，淘出种子，晾干簸净，收藏待用。

（三）播种与砧木苗的管理

1.种子沙藏处理

梨树砧木种子须通过 2～5 ℃的低温处理，第二年春天才容易发芽。生产上多用挖沟沙藏法（具体方法参照桃），一般在播种前 50～70 天进行，杜梨种子需沙藏 60～80 天，豆梨种子需沙藏 30 天。当种子有 80％以上先端露白时即可播种。

2.播种

育苗地要注意轮作，一般三年内不能重茬，否则苗木生长发育不良，嫁接后成活率低。苗圃最好进行秋翻，深度为 20～30 厘米，并结合翻耕施入基肥，春季解冻以后做畦播种。春播时间一般为 3 月中下旬。除一般小粒种子播种法外，还可采用"封土埝播种法"，此法简便易行，能抗旱保墒，防止降雨造成土壤板结。具体做法是：春季灌足底水，整地做畦开沟，宽窄行播种，宽行为 50～60 厘米，窄行为 20～30 厘米，每畦 2～4 行，沟深 4～5 厘米。播种时种子可分两次播入，这样可使种子均匀地分布在沟内，一般播种量为每亩 1～2 千克，种子发芽率低的可适当增加播种量。播后用平耙封沟，覆土 2 厘米左右，覆土后在播种沟上面撒少量的麦秸、干草做标记。将畦内松散的土壤刮成高 10～15 厘米的土埝于播种沟内，播种后 7 天左右，即可扒平土埝，以露出地面标记为度。在春季温度升高的情况下，播后要及时检查，发现个别已出芽接近地面时，要迅速撤除土埝，一般扒开土埝 2～3 天即可出苗。

3.管理

为使砧木苗生长良好，待其达到嫁接粗度要求时，要加强苗圃管理。4—7 月除草 2～3 次、追施速效肥 2～3 次，追肥后浇水，松土保墒，并要注意病虫害防治。

（四）嫁接方法与嫁接苗的管理

1.嫁接方法

在一年生砧木苗上常采用"T"形芽接，一般在 8 月进行，此时砧木和接穗形成层都处于活跃时期，木质部与韧皮部容易分离。春秋季，当砧木和接穗不离皮时，可采用带木质部芽接。春季补接时可采用切接法。

2.嫁接苗的管理

芽接后 10～15 天要检查成活情况，并及时补接。对成活的嫁接苗要及时解除包扎物。当年秋季或次年春季要对芽接苗进行剪砧，一般从接芽上部 0.5 厘米处剪截，剪口要平滑，并沿接芽反方向斜剪。及时去除砧木上长出的萌蘖，以保证接芽的正常生长。在嫁接苗旺盛生长期，要追肥和浇水，每次每亩追施硫酸铵 10～15 千克或尿素 5～10 千克。后期要喷 0.3％的磷酸二氢钾，以促使苗木快速生长和营养积累。追肥后要浇水，并及时进行中耕除草。

三、丰产栽培技术

（一）梨树要求的环境条件

1.对温度的要求

由于各种梨的原产地不同,其对温度的要求也不同。不同品种杂交,其后代品种对温度有较强的适应性,扩大了栽种区域。如苹果梨、早酥梨、砀山白酥梨等,几乎南北都有栽种,表现较好。①开花温度:气温稳定在 10 ℃以上,梨花即开放,15 ℃以上连续 3～5 天,即完成开花。不同品种的开花温度有别,按由低至高的开花顺序依次为秋子梨、白梨、砂梨、西洋梨。越是开花早的品种,越易受冻,这是选择品种和园址时应注意的问题。②花粉发芽温度:花粉发芽要求气温在10 ℃以上。气温升高,发芽加速。晴天 20 ℃左右,9～22 小时即完成受精。气温高于 35 ℃或低于 5 ℃,对授粉、受精都不利。这往往是开花满树、结果无几的原因。所以,在经常出现花期变温的地方,要注意选择能应对花期不利天气的品种,或通过栽培措施使花期提早或延后。③梨树花芽分化和果实发育,要求20 ℃以上的温度。6—8 月间,一般年份都能满足这个温度。但在北部年积温不足的地区或年份,常出现花芽形成困难和果实偏小、色味欠佳现象。如辽宁鸭梨的成花、产量、品质和果个远不及河北、山东产区的。④根系生长温度:梨的根系在温度为 0.5～2 ℃时即开始活动,温度为 6～7 ℃时即发新根。

2.对光照的要求

梨是喜光树种,年需日照 1600～1700 小时。当光照不足时,光合产物减少,将导致梨树生长变弱,特别是根系生长显著不良,降低其抗寒、抗旱及抗病能力;而且花芽难以形成,落花落果加剧,果实小,皮色差,含糖量低,维生素 C 含量少,品质明显下降。原产地不同的品种,对光的要求不同。原产地多雨寡照的南方砂梨,有较好的耐阴性;而原产地多晴少雨的北方秋子梨、白梨,则要求较多光照;西洋梨介于中间。所以选择品种时应多加注意,一般要选择向阳、开阔的地区建园,以满足梨树的光照要求。

3.对水分的要求

谚语"旱枣涝梨"说明梨树耐涝、喜水。梨果实含水量为 80％～90％,枝叶、根含水50％左右。单产为 2500 千克/亩的成年梨树,年耗水量约为 400 吨/亩,相当于 641 毫米/年的降水量。无灌溉条件的梨园,应全年做好蓄水、保墒、减少蒸腾的土壤和树体管理工作;有灌溉条件的梨园,在土壤田间持水量低于 60％时,宜及时灌溉,超过 80％时,应及时排水。

4.对土壤的要求

梨对土壤要求不太严格,无论是壤土、黏土、沙土还是一定程度的盐碱土,梨都有较强的适应能力。但从梨树的生长需要出发,选择中性的肥沃沙壤土对梨树的高产优质非常重要。所以,在山地丘陵选择园址时,宜选择土层深厚的沙壤土。在冲积滩地、沙地、轻度盐碱地、退耕地、退林地等地选择园址时,土层深度不低于 50 厘米,有机质含量在 1.0％以上、地下水位在 1 米以下、pH 值为 5.4～8.5,含盐量不超过 0.2％,无风沙旱涝威胁的成片土地亦可选作园址。对酸性土壤可加入适量石灰、过磷酸钙或钙镁磷肥加以改造,对碱性土壤可通过增施有机肥等加以改造。

（二）高标准建园

1.园地的选择

平地栽培梨应选择地下水位低、排水良好的区域。丘陵山地要选择土层深度在 50 厘米以上,坡度在 15° 以下,坡向为南、西、东的地块。坡面要完整连片。光照充足,昼夜温差较大,则有利于提高果实的着色程度和口味。

2.忌地现象

若前作果树为葡萄、核桃、苹果、桃等,而后连作梨树,则后作梨树的生长与结果会受到不同程度的抑制。若前作果树为梨树,而后连作梨树,则后作梨树的生长与结果会受到更明显的抑制;建园时不宜选用连作园地。为了避免忌地现象,老果园更新或苗木出圃后,应该尽量消除果树或果苗的残根。最好是种两年以上的一、二年生农作物,以改善土壤的排水、通气状况和培肥土壤,然后重建果园或苗圃。如果需要立即在原地建立果园,应该进行深耕、整地、清除残根,尽量避开原栽果树的位置,并在新定植穴内换土。如果不能换土,则必须进行土壤消毒。将熏蒸剂放入有若干细孔的聚乙烯薄膜袋中,在秋季埋于挖好的树穴中下部,第二年再栽树,可以较好地消除忌地现象。常用土壤消毒剂有溴甲烷、三氯硝基甲烷等。

（三）科学栽植

1.栽植时期

秋冬气温较高的南方地区宜秋栽,在 11 月中旬前后栽植,冬前有两个月时间,不但苗根伤口愈合得好,且易发出新根,次年早萌芽、早缓苗,成活率高。北方冬季温度过低,秋栽易冻死或抽干,一般在 3 月下旬至 4 月上旬栽植。

2.定植技术

以栽植点为圆心挖穴,将表土和心土堆放于两侧,穴的直径与深度均为 1 米左右,一般稍大于苗根的水平与垂直分布范围。将苗木放入小穴中,使苗根摆布均匀,然后先填表土(最好以 25～50 千克厩肥与表土混合均匀后填入穴内),后填心土,边填土,边向上稍稍提苗,边踏实土壤,直至低于地表 2～3 厘米为止。苗木栽植后,要立即对植株进行充分的灌水,次日覆土至地表。过 10 天左右第二次灌水,次日进行松土。栽后定干,一般定干高度为 80～100 厘米,定干剪口下要有好芽;除近地面 40 厘米以下所发萌芽或萌枝全部抹除外,其余均保留。授粉树和主栽品种的比例一般以 1∶4 为宜。

3.栽植方式和行向

生产上应用得最多的密植栽植方式是单行树篱式。长方形式的行距大于株距,通风透光好,便于行间作业,树长大连行后便成为单行树篱式,这是大面积平地梨园中度密植的最佳栽植形式。山地梨园采用等高栽植的方法,每行顺等高线走向栽植,以利于在修建山地梯田、撩壕、鱼鳞坑等水土保持工程。

平地梨园,特别是密植栽培时,以南北行向优于东西行向,因为南北行向栽植光照好,光能利用率高,中午阳光对全行穿透力强。

4.栽植密度

密植栽培是获得早期丰产、提高单位面积产量的有效栽培方式,可以增加叶面积,有效地利用光能和土地。目前常用的栽植密度有三种:①普通密植。每亩 33～56 株。一般用于乔砧密植栽培。株行距为(3~4)米×(4~5)米。②中度密植。每亩66~95株。适于较矮化的品种或半矮化砧木的矮化密植栽培。常用株行距为(2~2.5)米×(3.5~4)米。③高度密植。每亩148~222株。适用于矮化和极矮化砧木的矮砧密植栽培。常用株行距为(1.5~2米)×(3~4)米。

(四)高接换种

当新老品种交替时,把原有老品种全部拔掉,重新栽培新品种是果农所不能接受的。为了迅速更换新品种,果农常采用多头高接换种技术。

1.多头高接换种的优点

第一,充分利用原有树骨架,接头多,树冠恢复快。在成年大树的骨干枝头、辅养枝头、结果枝组上进行高接,接头多达50~80个,高接后三年树冠就能恢复。第二,成年大树和老树内膛光秃,带大量插枝,增加结果体积。在光秃部位同侧每隔30厘米接插一枝,充实内膛,一般三年就能达到高接前的结果体积。第三,骨干枝骨架留得长,顶端伤口面积小,容易愈合。伤口直径在5厘米以下时,每个接口接两个接穗;伤口直径为6~8厘米时,每个接口接3个接穗,4~5年可全部愈合。第四,梨树多头高接换种结果早,易丰产,经济效益好。

2.主要嫁接方法

(1)皮下接:皮下接是多头高接换种的主要嫁接方法。此法的优点是操作方便,成活率高,适于枝头嫁接。用储藏的一年生枝作接穗可以从3月底接到6月初。皮下接的操作过程如下:①削接穗。将接穗拿在左手,用食指托住接穗,右手持刀削接穗。斜面要求长、平、薄,斜面长度依接穗粗度而定,一般3~6厘米。在大斜面的另一面的先端削两个0.5~1厘米的小斜面,呈箭头形。②切接口。接穗削好后,用切接刀将砧木的锯口削平,然后切一竖口,深达木质部,切口长为接穗大斜面长度的一半,树离皮时,可用刀尖轻轻一拨,将皮微微分开;离皮不好时用撬子插入,将皮撬开。③插接穗。将接穗对准切口,大斜面面向木质部,小箭头面对皮,慢慢插入,插入时,左手按住竖切口,防止插偏或接穗插到外面,插至大斜面在砧木切口上微微露出为止。一般一个枝头插两个接穗,左右排开,较细的枝头插一个接穗,插在上部,伤口过大可插3~4个接穗,有利于伤口愈合。④包扎。用塑料条捆紧,以能把切口封严,使其不露在外面为原则。

(2)皮下腹接:多用于高接树内膛光秃部位插枝补空,树青皮就可嫁接。先在要接枝干的上部刮掉老皮,切一"T"形切口,竖口的方向与枝干成45°角,横口达木质部,竖口不切透,在横口上挖一半圆斜面,接穗的削法与皮下接相同,注意利用接穗节间的弯曲度削成大斜面。嫁接时用撬子先把接口撬起,将已削好的接穗插入接口内,然后用塑料条绑紧。

(3)带木质部芽接:带木质部芽接实际上是一种接穗缩短了的皮下腹接,多用于大枝干光秃部位生枝。此方法简单、速度快、节省接穗,大树离皮就能嫁接。嫁接时先把要接部位的老皮刮掉,露出白皮,然后切一"T"形切口,在接穗上要留的芽的背面削一长4厘米左右的斜面,另一面的先端与皮下接接穗的削法相同。手持削好的接穗插入"T"形切口内,待芽距"T"形横切口1厘米左右时,用切接刀对准横切口一刀切下,将接穗切断,带木质部的芽即进入"T"形皮内,用塑料条捆紧。

3.高接后的管理

(1)除萌蘖:高接当年不仅高接枝生长旺盛,还会从母树上萌发出很多萌蘖,除在适当部位留一部分萌蘖枝作补接用外,其余应尽早去除,以免浪费养分。

(2)补接:应单独储藏一部分接穗,将其捆好,基部放湿纸,用塑料布包严、捆好,放在冰箱内储藏。待高接枝发芽后,将未成活的枝头锯掉一段,用储藏接穗补接。

(3)高接枝的调整:高接后的两年,高接枝生长旺盛,应注意调整。一个枝头接两个接穗,冬剪时留一个高接枝作延长枝,正常短截修剪加以培养,另一个高接枝去强留弱,加以控制,其余枝长放,以利于提早结果。

(五)土、肥、水管理

1.土壤管理

梨园土壤管理的目的是增加土壤有机质,创造有利于微生物活动的环境;改善土壤结构,减少土壤水分蒸发;为梨树提供充足的养分和水分,提高产量和果品质量。目前的土壤管理方法有间作法、清耕法、生草法、化学除草法等。各种方法对果园土壤理化性状及土壤肥力的影响不同,各有其优缺点,可依据树龄大小、土壤肥力、自然条件及劳动力状况,因地制宜。

(1)间作法:幼龄梨园或行间较大的梨园,可采用间作法。合理间作既可充分利用园地和光能,增加早期经济效益,以短养长,以园养园,又可改良土壤结构,增加土壤有机质含量,抑制杂草生长,减少水分蒸发和水土流失。间作物一般应遵循以下原则:①间作物需肥水较少,且能与果树的需肥水临界期错开;②植株低矮,生育期短,根系分布浅,不影响果树通风透光;③与果树无共同病虫害,不会成为中间寄主;④能提高土壤肥力,改良土壤结构等。常用的梨园间作物有花生、大豆、芸豆、绿豆、豌豆等豆科作物,西瓜、甜瓜等瓜类作物;白芍、地黄、丹黄、黄芪、红花、黄参、沙参、甘草等药用植物,还可选用草莓、马铃薯、苜蓿等。为了使间作物不影响梨树生长,缓和树体与间作物之间争肥水的矛盾,同时便于管理,梨树与间作物间应留出清耕带。清耕带宽度的一般要求如下:一年生树留1米,二至三年生树留1.5~2米。以后随着树冠扩大清耕带逐年加宽,至行间仅有1~1.5米时,应停止间作,或只种绿肥作物。在间作物的管理上,在梨树和间作物需水、需肥高峰时期,要提供充分的水肥条件,减少竞争;注意间作物的轮作倒茬,一般隔行种植,逐年轮换,以免连作引起土壤营养失调,或在土壤中遗留有毒物质,给梨树及间作物带来不良影响。

(2)清耕法:在梨园的行间和株间,全面进行中耕,全年保持土壤疏松和无杂草状态。

(3)生草法:生草法是改善土壤理化性质、提高土壤肥力的良好土壤管理制度,具有投资少、收益大的优点。幼树期间多采用株间清耕,行间生草。适宜生草的梨园草种主要是多年生牧草和禾本科植物。常见的较好草种有三叶草、毛叶苕子、紫云英、草木樨、地丁、鸡眼草、鸭茅草、羊胡子草等。目前,梨园生草多采用人工种草。一般从春季到秋季,当地温为15~20 ℃、土壤水分条件较好时,即可进行播种。播种禾本科草时,一般每亩用草种2.5千克左右。自然生草法是一种果农易接受、简单易行、节省投资的生草方法。一般不必在梨园内人工种草,梨园会自然地长出各种草来,通过相互竞争和连续刈割,剩下几种适于当地自然条件的草种,实现生草的目的。采用生草制的果园,一般当草高20~30厘米时进行刈割,每年刈割6~8次。割下的草多撒于草地上,任其腐烂,或覆盖于梨树行内。

(4)化学除草法:目前,很多梨园采用化学除草法,它具有省工、省力、省费用、及时等优点,已成为国内外普遍采用的现代除草技术。下面简要介绍几种效果较好的梨园除草剂。①西玛津：内吸型除草剂，对禾本科杂草效果最佳。一般用于封闭土壤，即在草出土前，将土壤耙平，然后将药均匀喷于土面，喷后不再耕锄。国产50％西玛津，每亩用300～500克，兑水稀释100倍，药效长达3个月。②扑草净：内吸型除草剂，每亩撒施100～200克50％可湿性粉剂，或每亩用300～400克，加水稀释400倍，喷在土壤上或幼嫩杂草上，杀草效果显著。③除草醚：触杀型除草剂，喷洒25％可湿性粉剂200倍液或每亩混土撒施100～125克。以杂草出土前喷施效果较好。④草甘膦：内吸型除草剂，喷到杂草茎叶上，内吸传导至草根，使草烂根而死。此药遇土分解，土中无残留，对单、双子叶草全杀。每亩用500克加水稀释1500倍，再加0.2％～0.5％的优质洗衣粉。

在应用化学除草剂时喷头应向下，放低些，最好在无风天喷洒，不要直接喷到梨树枝叶上，以防发生药害。

2.施肥

梨树萌芽、开花、坐果、中短梢叶片形成，都需要大量营养，而梨树根系稀疏，肥效表现慢。因此，秋季增施基肥，让树体储藏大量营养，春夏适时追肥，以满足需要。

(1)基肥：以果实采收后至落叶前的秋季施用为宜，而且施肥越早越好，有利于施肥中切断的根系伤口的恢复和新根生长。基肥施用方法可根据树龄、栽培方式来定，环状施肥法适于幼树、成年树时期应用，放射状施肥法多用于成年大树，条状沟施肥法多用于密植果园，根系已相互交接的老果园或密植梨园可采用全园施肥法。基肥应以厩肥、堆肥等有机肥为主，施肥量一般根据每生产100千克梨，需纯氮0.5千克左右，氮、磷、钾的比例为1∶0.5∶1确定。一般丰产园每亩施土杂肥500千克，并均匀混入过磷酸钙200千克。成年结果树，株施腐熟人畜水肥80～100千克、腐熟油饼肥2千克、过磷酸钙11.5千克，再灌水100～150千克；小树减半施。

(2)土壤追肥：梨树不同物候期对各种肥料的需求不同。在需要养分的物候期，追施速效肥料，对梨树的生长发育和高产稳产有很大作用。

①花前追肥：花前芽萌动，雄蕊、雌蕊生长发育、开花、坐果以及抽枝、发芽，都需要大量养分，特别是氮素。如果氮素不足，则影响枝叶生长发育和坐果。所以，此期追肥应以速效氮肥为主。追肥量要大些，追肥后要灌水，以促进养分的吸收。

②花后追肥：开花后果树旺盛生长和大量坐果，如果供肥不足或不及时，容易引起生理落果，影响花芽分化。花后及时追施氮肥，可以促进新梢生长，有利于坐果。

③果实膨大期追肥：新梢停止生长后是梨果迅速膨大期，又是花芽分化期，两者都需要足够的养分。此期应以钾肥为主，配以磷、氮肥，以提高果品的产量和质量，并促进花芽分化。

④果实生长后期追肥：当梨树结果量很多时，为保证果实符合质量标准的要求和提高花芽形成的质量，可追肥一次，氮、磷、钾肥配合施用。

追肥量根据土壤、品种、树龄决定。参照国内外梨园的追肥量，结果梨园以每产100千克果，追施尿素0.5～1千克、硫酸铵1～2千克、碳酸氢铵1.5～3千克或过磷酸钙1～2千克、草木灰3～5千克为宜。幼树每株施尿素0.2～0.5千克或硫酸铵0.2～0.5千克。追肥方法一般采用放射状、条状、环状沟施或穴施，深度为10厘米左右。追肥结合梨园灌水效果最佳。

(3)根外追肥：在梨树初花至盛花期，还可采用根外追肥，对叶包、叶片增大，叶片光合作用的增强和提高坐果率等有显著的效果。根外追肥的水溶液浓度因肥料种类而异。氮肥用 0.3%～0.5% 的尿素、0.1%～0.3% 的硝酸铵和硫酸铵,磷肥用 1%～3% 的过磷酸钙、0.2%～0.3% 的磷酸二氢钾,钾肥用 0.3% 的氯化钾、0.5%～1% 的硫酸钾。

为预防因缺乏微量元素而引起的缺素症等生理病害,在花期或花后喷 0.2%～0.5% 的硼酸溶液,既可治疗缺硼症,又能提高坐果率。对缺铁引起的黄叶病,在生长季每两个月喷一次 0.5% 的硫酸亚铁。对缺锌引起的小叶病,在发芽前喷 4%～5% 的硫酸锌溶液,发芽后喷 0.3%～0.5% 的硫酸锌溶液。

3.水分管理

水是梨树的重要组成部分,梨果中水分净占 90%,枝叶等的含水量也占 50%～80%。芽萌动和开花期的营养主要靠树体内储藏的养分转化、运输和合成,因此要求有充足的土壤水分供给梨树。新梢旺盛生长期需要大量的水分,此时若水分不足,会使梨树叶片小,新梢生长细短,生理落果严重。果实膨大期对水分需求量也很大,此时缺少水分,将影响果实增大,造成早期落叶,花芽形成不良。因此,保持土壤湿度,才能保证光合、呼吸、蒸腾等代谢活动的正常进行,促进根、枝、叶的生长,花芽分化,果实膨大,高产优质。

(1)灌水

①灌水时间:适当的灌水时期不是果树已从形态上显露出缺水状态(如果实皱缩、叶片卷曲等)时,而是果树未受到缺水影响之前。根据梨树不同物候期的需水规律,生产上通常采用萌芽水、花后水、催果水、冬前水四个灌水时期。a.萌芽开花期需水较多。根、芽、花、叶争相展开,发芽前充分灌水,对新根生长,萌芽开花速度、整齐度、坐果率等有明显作用。所以通常每年都要灌一次萌芽水。注意在开花期间不要灌水,以免影响坐果。b.新梢旺长期需水量多,是全年需水临界期,宜灌大水,促春梢速长,早长早停,增加早期功能叶片数量,并减轻生理落果,此即落花后灌水。c.果实迅速膨大期需水较多。此期水分多少是决定果实细胞大小、果个大小的关键,要提供多而稳定的水分,若久旱猛灌,则易造成落果、裂果。采收前 20 天灌大水易降低果实含糖量。d.结冻前灌冻水。秋施粪肥后,要灌水促肥料分解,促秋根生长和秋叶光合作用,增加储藏养分,提高树体越冬能力。

总之,梨树全年都需要水,但时期不同,时多时少。应掌握"灌—控—灌"的原则,以达到"促—控—促"的目的。此外,还可根据土壤含水情况决定灌水与否,当含水量在 60% 以下又持续干旱时,就要灌水。可凭经验测含水量,如在壤土和沙质土梨园中,挖开 10 厘米的湿土,手握成团而不散,说明含水量在 60% 以上,可暂不灌水。反之,若手握不成团,撒手即散,则应灌水。

②灌水量和灌水方法:田间最大持水量为 60%～80%,是最适于梨树生长发育的土壤水分。低于这个数值,就要灌水,差值越大,需灌水量也越多;高于 80%,土壤呈饱和积水状态时又要排水。常用的灌水方法有树盘或树行灌水、沟灌、穴灌、喷灌、滴灌等。

(2)排水:"水少是命,水多是病"。旱要灌,涝要排,应灌则灌,应排则排,保持水分平稳,才能实现壮、稳、高、优,旱涝保收。尽管梨树较为耐涝,尤其杜梨砧梨树抗涝能力更强,但积水时间过长,土壤中水多气少,会造成根系窒息,导致吸肥、吸水受阻。而地上的叶片、果实照常蒸腾、呼吸,有求无供,因而出现所谓的"生理干旱""生理饥饿"。同时,由于积水日久,土壤缺氧,易产生硫化氢、甲烷等有毒气体,毒害根系而导致烂根,造成与旱象相似的落叶、烂果、死树症状。所以,对于易涝地形,从建园开始就应设排水系统。排水系统不完善的,应在雨季来临前补救配齐,防患于未然。排水系统应因势设置。如在低洼地,顺地势水势,挖成纵横交错的干支通沟,排水于园外。对于山坡上的梨园,应在梯田的基础上,于梨园高处挖环山截水壕,防止雨水流冲坏梯田,并在梯田内侧顺行挖竹节式浅沟,做到水小能蓄,水大能排。有些梨园,只重视灌水而忽视排水,一旦发生水涝,有造成全园毁灭的危险。尤其在7—8月多雨的年份,在低洼地或地下水位高的平地梨园,常常因雨水过大而集中,不能及时排水,造成局部或全园渍涝。

(五)整形修剪

1.常用的树形结构

(1)主干疏层形:采用主干疏层形的梨树,其干高为60~80厘米,具有明显的主干。主枝稀疏,分层排列于中心领导干上。第一层有三个或四个主枝,一般为三个;第二层有两个主枝;第三层有1~2个主枝;第四、五层各有一个主枝。全树共有主枝7~10个。第一层主枝邻接或邻近排列。各主枝均匀向四周伸展生长,彼此间的水平夹角为120°。如果为四个主枝,其水平夹角约为90°。第二层主枝距第一层主枝60~110厘米,第三层主枝距第二层主枝40~60厘米,相邻两层主枝不重叠。

幼树整形时,第一层主枝角度按30°~45°培养,上层主枝角度可略小。不同品种主枝角度大小可略有不同。幼树枝条直立性强、长成大树以后又容易开张的品种,角度可略小些;反之,则可大些。结果大树的主枝角度尽可能不大于70°。每个主枝的两侧均着生有侧枝,下层主枝的侧枝较多,上层主枝的侧枝较少,侧枝的多少以骨干枝不过密为原则。

这种树形是北方梨区的主要树形,也符合大多数梨品种的生长特性。它成形早,结果也早,主枝分布均匀,树冠比较紧凑,通风透光良好,是一种丰产树形。较开张的品种采用此种树形最为理想,但整形修剪比其他树形要求严格。

整形过程:第一年定植后在90厘米高处定干,抹去整形带下的芽。对当年发出的枝,在距地面60~80厘米处选三个主枝,在50厘米处短截,把中心领导干最上端的竞争枝疏除,其余枝条尽可能地缓放。第二年冬季,在三大主枝上距中心领导干60厘米处短截,在中心领导干第三层主枝层间距50厘米处选侧枝,对中心领导干仍短截疏除竞争枝。第三年冬季,在主枝上选第二侧枝,并选留1~2个第二层主枝,控制竞争枝,短截中心领导干。整形过程中要轻剪,多留辅养枝,3~4年时间主干疏层形骨架可成形。

(2)多主枝自然形:干高60~80厘米,有明显的中心领导干,主枝自然分层。层间距一般为50~60厘米。第一层主枝有3~4个,第二层主枝有1~2个。个别树还形成第三层主枝,有一个。各层主枝自然分布,上下不重叠。各主枝上再分生侧枝,最后形成圆头形。

这种树形成形自然,修剪轻,成形快,结果早,有利于幼树早期丰产,是北方老梨区常用树形。但进入盛果期以后,枝条比较密挤,冠内光照条件较差,不利结果。因此,有些地区果农习惯在进入盛果期以后,把中心领导干去掉,形成开心形树冠。这种树形最宜应用于幼树直立性强、成枝力弱、树冠较小的品种,如大多数日本梨树品种。

(3)开心疏层形:此树形有三个生长势很强、近于直立的主枝,所以又称"三挺身"形。其无中心领导干,由树干顶端分生三个主枝。主枝开张角度为35°~45°,自主枝1米以上处角度渐小,主枝先端近于直立状;也有的树主枝上下部角度保持30°~35°,挺直向上斜伸。各主枝向树冠外侧分生侧枝。各个主枝有侧枝七个左右,成层排列,共4~5层。每个主枝基部距树干 60～80 厘米处着生一个侧枝,形成第一层。第二层以上每层由两个侧枝组成,第二层与第一层的距离为 70～80 厘米,以上各层的距离递减 10～15 厘米。幼树期间要求各个侧枝的角度保持 45°～60°,每个侧枝上分生 3～5 个副侧枝。

这种树形骨架牢固,通风透光好,丰产,适于密植。对于生长势强、主枝不开张的品种以及幼树中心领导干损坏的树,应用此形最好。此树形的缺点是幼树期间修剪量重,进入结果期较晚。

(4)二层开心形:此树形具有主干疏层形和自然开心形两者的优点。树干高 50～60 厘米,全树两层,一般留五个主枝。第一层有三个主枝,开张角度为 60°～70°,每个主枝上着生 3～4 个侧枝,同侧主枝间距为 80～100 厘米,侧枝上着生结果枝组。第二层留两个主枝,与第一层的距离为 1～1.2 米,两个主枝的平面伸展方向应与第一层的三个主枝错开,开张角度为 50°～60°。下层每个主枝有侧枝 2～3 个,上层留 1～2 个。树高 3～3.5米,冠径为 6 米。当上层选出主枝后 2～3 年,已达一定粗度,角度固定后,在最后一个主枝上部落头,形成五大主枝结构。树冠呈半圆或扁半圆形。该树形适用于慈梨等极性强又喜光的品种,是山东省莱阳、栖霞梨区慈梨的主要树形。

(5)纺锤形:此树形为适宜密植栽培的树形之一。其特点为只有一级骨干枝,树冠紧凑,通风透光好,成形快,结果早,果实质量好。其干高 60 厘米左右,全树高不超过 3 米,错落着生 10～15 个主枝,要求主枝粗度为中心领导干的 1/2 以下,以防与中心领导干竞争。中心领导干每隔 20 厘米左右留分枝,无明显层次,主枝不留侧枝,直接着生结果枝组,主枝与中心领导干分枝角度为 70°～80°,下部主枝长 1～2 米。

整形修剪要点如下:定干高度为 1 米。第一年不抹芽,对树干高 40 厘米以上、枝条长度在 100 厘米以上者于秋分前后拉枝,与枝干夹角保持 90°;不足 100 厘米的缓放;冬剪时对所有枝条全部缓放。第二年对上年拉平的主枝背上萌生的直立枝,离树干 20 厘米以内的全部除去,20 厘米以外的每隔 20 厘米扭梢一个,余者去掉。中心领导干发出的枝条长度在 80 厘米的可在秋分时拉平,过密的疏除,以缩剪和疏剪为主,除中心延长枝过弱不剪,一般缩剪到弱枝处,将其上竞争枝拉倒或疏除。弱主枝不剪,对向行间伸得太远的下部主枝从弱枝处回缩,疏除或拉平直立枝,疏缩近地表的下垂枝。第四年中心领导干在弱枝处落头。为改善下部光照,需防止上部过旺,多进行夏剪。以后中心领导干年年在弱枝处修剪,保持高度稳定。疏除强旺直立枝,更新下垂衰弱枝。

2.不同时期梨树的修剪

(1)初果期梨树的修剪:此时期梨树修剪的主要任务是培养骨干枝和枝组。对骨干延长枝的修剪,要逐年缩短,但要保持适当的延伸角度,以免角度变小和下垂。枝条较软的品种,如巴梨等,结果后枝条容易下垂,角度容易开张,为防止角度开张过大,可先选一个适宜的背上枝,培养为新的延长枝,待新延长枝的粗度接近于原延长枝时,再将下垂枝头剪去,也可改造为背下枝组。

中干长势过强的,应适当加以控制。即利用第二、四个枝条作主枝延长枝;当树高已达标准,各层主枝均已留足时,可采用落头的办法,控制主干生长,促进各层主枝加粗。也可不采用落头的方法,而是在主枝延长枝上多留些花果,以果压树,控制上强。这样缓放2～3 年后,再缩剪。缺乏主枝的侧枝,可选适宜的背上中长枝,中度短截后,促生分枝,再选方位、角度适宜的枝条,培养为侧枝。

对枝组的培养,应根据骨干枝上所发出的新枝类别的不同,分别进行处理。

一般情况下,对短枝可以不短截,使其结果后继续分枝,如果果台枝变旺,可进行短截或先缓放后短截。对果台枝抽生力强、易形成短果枝群的品种,应该及时疏除弱枝、密挤枝,以维持健壮枝势。若培养中、小枝组,可选择位置适宜的中枝进行缓放,待结果后回缩,不留枝组延长枝;若培养大型枝组,可短截中枝,连年留带头枝,并促其发生短果枝群。对长枝的处理,应根据空间大小决定。空间较大时,可逐年短截,培养成大型枝组;空间较小时,可采用先缓放,结果后再回缩的办法,培养成中型枝组。

(2)结果期幼龄梨树的修剪:幼树是指五年生以前、尚未结果或刚刚开始结果的树。这一时期是形成树冠的重要时期。修剪的主要任务是:根据所选树形的树体结构,选择和培养骨干枝,并适当培养结果枝,使幼龄梨树在迅速扩大树冠的同时,适时进入结果期。

采用主干疏层形的梨树,定植后的第一、二年,根据要求定干后,选留第一层主枝,第三年选留第二层主枝。第二层主枝选好以后,每年再选留一层主枝,直到选齐。从定干后的第一年起,对每年发出的长枝,除选作骨干枝者外,其余枝条尽量少剪或不剪。第一层选定以后,每年剪口下所发出的分枝,要适当多留少疏,以便在选留第一、二侧枝时有充分的余地。层间距离较大时,可适当选留辅养枝。第一层主枝上的第一、二侧枝在二至三年生时选出,第三、四侧枝在四至五年生时选出。对所选出的各个侧枝,每年也要选留长势较旺、角度和方位都比较适宜的枝条作为延长枝,侧枝延长枝的剪留长度可与主枝延长枝的长度相同或略短,但不要长于延长枝。

对每年所发出的长枝,除用作骨干枝和辅养枝外,其余的要尽量用于培养结果枝组,中、短枝则应尽量多保留一些。长势过强的,要适当控制;长势较弱的,可通过缓放,促其成花结果。

梨树的多种品种,虽然萌芽率较高,但成枝力普遍较低,因此,幼龄梨树的枝量偏少。为迅速扩大树冠,实现早期丰产,对骨干枝以外的枝条,要尽量多留少疏,对不影响骨干枝生长的长枝,也要缓放;对影响骨干枝生长的长枝,可以适当短截,通过降低其顶端高度,抑制长枝长势。

为获得梨树的早期丰产,除在修剪上应采取少疏枝、多留枝、轻短截等修剪措施,促进树冠扩大,多形成一些中、短枝外,还应配合适宜的栽培措施,通过树上、树下的综合管理,以达到提早结果和早期丰产的目的。

(3)盛果期梨树的修剪:盛果期是指树冠基本形成,产量逐年增加的时期。这一时期的修剪特点是完成各骨干枝的选留,使它们继续发展;缓和树势,增加中、短枝比例,调节生长和结果的关系,培养结果枝组,促其尽早进入盛果期。对已经选出的骨干延长枝的剪留长度,应根据树势确定,一般要比前期略短。至十年生以后,主枝延长枝的剪留长度一般应放在春梢上部。

此期应将修剪的重点放在培养结果枝组上。对前期保留的辅养枝,应根据着生部位和空间大小分别进行处理。一部分可培养半骨干枝,另一部分可以逐步改造为不同类型的结果枝组。此期在继续培养各级骨干枝和结果枝组的同时,要注意缓和树势,增加枝量,特别是中、短枝的枝量,以利于稳定增产。

此期的梨树,随着结果数量的连年增加,必须在加强土、肥、水综合管理的基础上,对果实负载量进行适当的控制,维持健壮的树势,以实现高产稳产和连年丰产。对长势中庸的树,可以通过枝组轮流复壮更新和外围枝短截的方式,来维持中庸树势;对长势趋弱的树,可以通过对骨干延长枝进行短截,对延伸过长的枝组进行回缩等措施,进行复壮;对角度开张过大的骨干枝,可以在二至三年生部位回缩和利用背上枝更新换头。

进入盛果期的梨树,冠内光照容易恶化,从而引起枝组瘦弱,花芽分化不良,结果部位外移等,应根据不同情况,分别进行处理;对外围长枝多的树,可以适当短截外围枝,对不影响树形的长枝可以缓放,以缓和长势;对外围多年生枝过多、过密的树,可以适当疏剪或回缩,以降低外围枝的密度;对骨干枝过密的树,可以适当疏除一定数量的大枝,但疏除大枝时,应分年进行,以防树势返旺;对中干上层主枝多、长势旺的树,可以采取疏枝或者落头的办法来缓和树势。

对过多、过密的层间辅养枝,可以分批疏除和缩剪改造为结果枝组。对长势过弱、分枝过多,结果能力下降的中小结果枝组,可以适当减少部分分枝;对组轴延伸过长、后部分枝过弱、结果部位外移的枝组,可以在强分枝处回缩;对已经失去结果能力而又无法更新的小型枝组,可以疏除,若有空间可以重新培养;对冠内发出的徒长枝,若着生位置适当,可用于培养结果枝组,以防冠内光秃。

进入盛果期的梨树,由于结果数量激增,树势容易转弱而出现大小年,因此,必须在加强土、肥、水综合管理的基础上,通过疏剪花芽和疏除幼果来加以防止。

(4)衰老期梨树的修剪:梨树进入衰老期以后,树势逐渐减弱,生长量逐年减少,产量显著下降。如果修剪适当,肥水管理较好,还可维持相当产量。这一时期修剪的主要任务是:增强梨树长势,更新、复壮骨干枝和结果枝组,延缓骨干枝的衰老死亡。

当发现树势开始衰弱时,要及时采取抑前促后的办法进行局部更新。大更新就是在主、侧枝前端二至三年生枝段部位,选择开张角度较小、长势比较强的背上枝,作为主侧枝的延长枝头,把原延长枝头去掉;如果树势已经严重衰弱,部分骨干枝也即将死亡,可及早进行大更新,即在树冠内部选择着生部位适宜的徒长枝,通过短截促进生长,用于代替部分骨干枝。因骨干枝损坏过重而出现较大空间时,可利用下部萌发的更新枝来占用空间。如果树势衰老到已经无更新价值,要及时进行全园更新。对衰老树的更新修剪,必须与肥水管理相结合,这样才能恢复树势、稳定树冠和维持一定的产量。

3.不同密植园梨树的修剪管理

(1)低度密植梨树的整形修剪

①整形方式:小冠疏层形,一般用于乔砧密植栽培,常用株行距为(3～4)米×(4～5)米,每亩栽植33～55株。

②修剪方法

a.选好主枝:定植后,选饱满芽处定干,定干高度为80～90厘米;在定植后的两年内,在基部三个方向选出三个主枝,三个主枝的水平夹角为120°。在中心领导干上距第三主枝80厘米处选出第四、五主枝,在距第五主枝60厘米处选出第六主枝,最好不要选在南部。六个主枝配齐后,顶部落头开心,以利于光照。在定植后的四年内,对中心领导干和主枝延长枝进行轻度短截。主枝用撑、拉、别、坠等方法开张角度,基角为50°,腰角为70°左右。主枝上不安排侧枝,直接着生结果枝组。梨树极性强,容易造成上强下弱,应在上部适当疏枝,少短截,使其多结果,以果缓势,下部主枝上的一年生枝,适当增加短截数量,以增强下部枝势。幼树整形期间要对各主枝的延长枝进行中度短截,以扩大树冠。

b.处理竞争枝和直立枝：中心领导干上的延长枝短截后长出的第二个枝为竞争枝，要及时处理。成枝力强的品种可将竞争枝疏除。当中央枝位置不正或过强时，可利用竞争枝作中心领导干的延长枝头，将原中心枝头去掉。如果是成枝力弱的品种，生长长枝数量少，可将竞争枝进行反弓弯曲，弯向空间位置，利用它提早结果。主枝开张角度后，背上容易长出直立枝，对直立枝应及时剪除。如有空间，亦可将直立枝弯倒拉平，以缓和树势，使其提早结果。

c.结果枝组的配置：小冠疏层形不配置侧枝，直接在主枝上着生大、中、小型结果枝组，应注意对大型结果枝组的配置和培养，从第一层主枝上距中心干50厘米处选一背斜侧作大型结果枝组，从距第一个大枝组50厘米的另一侧选第二个大枝组。第二层主枝上选留一个大枝组，第三层则不配大型枝组，以中小型为主。在大枝组与大枝组间配置中小型枝组。

③结果枝组的培养

a.大型结果枝组：在全树结果枝组中占20％左右，分枝在15个以上，直径为30～50厘米。其是由发育枝采用连截法培养而成的，即对一年生枝连续短截三年，促生分枝，然后去强留弱，去直留斜，逐步培养成大型结果枝组，也可由中型结果枝组发展成大型结果枝组。

b.中型结果枝组：在全树结果枝组中占30％左右，直径为20～30厘米，分枝在10个左右。对中庸的一年生枝采用先截后放法培养，对强壮的一年生枝采用先放后截法培养。

c.小型结果枝组：在全树结果枝组中占50％左右，直径为15厘米，有5个分枝。采用先留桩后扣心、破顶芽留腋花芽和夏季摘心法方法培养小型结果枝组。

各类结果枝组不是一成不变的，可以因需要由大变小、由长变短、由小变大、由直立变下垂、由强变缓、由弱变壮等。分布在各个部分的枝组，要大中小、立侧垂、长短、高矮合理搭配，大枝组占空间，小枝组补空隙，错开着生，呈波浪状，从而实现多而不挤，枝枝见光。

(2)中度密植梨树的整形修剪

①整形方式：纺锤形，株行距为(2～3)米×(2.5～4)米，每亩栽植55～133株，多用于半矮化中间砧嫁接的梨树。

②树体结构：主干高度为60厘米左右，在中心领导干上着生10～15个小主枝，从主干往上呈螺旋式排列，间隔20厘米，插空错落着生，互不拥护，均匀地伸向四面八方。小主枝与主干分生角度为80°左右，在小主枝上直接着生小结果枝组，树高不超过3米。修剪时以缓放、拉枝为主，很少用短截。经拉枝甩放或疏缩而呈纺锤形。

③修剪方法

a.中心领导干的修剪：定干高度为80厘米左右，中心领导干直立生长。第一年冬中心领导干延长枝剪留50～60厘米；第二、三年冬中心领导干的延长枝剪留40～50厘米；第四、五年冬基本成形，中心领导干的延长枝不再短截；当小主枝已选够时，就可落头开心。为了保持2.5～3米的树冠高度，每年可用弱枝换头。

b.小主枝的培养：每年在中心领导干上选留2～4个小主枝，于新梢停止生长时进行拉枝，一般拉成水平。在定植后的四年里，冬季对小主枝一般不进行修剪，小主枝的延长枝也不短截。对达到1米长的小主枝要撑、拉成水平，而对生长较短的小主枝暂不拉枝，待生长到1米长时，再拉成水平。当小主枝已选够10～15个后，延伸过长、过大的小主枝，要及时回缩。小主枝的粗度不能超过该中心领导干粗度的 1/2。当小主枝过粗时,可在小主枝上疏掉部分分枝,来削弱其生长势力。要防止树体上强下弱,当出现上强下弱的现象时,可适当疏除中心领导干上的过密枝或上层小主枝上的较强分枝。小主枝上要配置和培养中小型结果枝组。

c.害枝的疏除:对中心领导干上的竞争枝和小主枝上的直立枝,内膛的徒长枝、密生枝、重叠枝,要及时疏除,以保持通风透光良好,稳定产量和树势。

(3)高度密植梨树的修剪

①整形方式:斜式倒"人"字形,株距为 1～1.25 米,行距为 3～4 米,每亩栽植 133～222 株。该树形适用于砀山酥梨、雪花梨等,在乔砧密植条件下,获得了极好的产量和品质效果。

②树体结构:干高 70 厘米,南北行向,两个主枝分别伸向东南和西北方向,呈斜式倒"人"字形。主枝腰角为 70°,大量结果时达 80°,树高 2～2.5 米。

③修剪方法

a.两大主枝的培养:该树形要求栽大苗、壮苗,苗高 1.5 米以上,苗木基部直径在 1 厘米以上。定植时直立栽植,不定干,待苗木发芽后按腰角 70°拉向东南方向,并在弯曲处选一好芽,距地面 70 厘米,在好芽的上方刻伤或在芽上涂抹发枝素,促进其发出直立枝。第二年春将第一主枝上培养出的直立枝拉向西北方向,为了培养好两大主枝,需对主枝上的直立枝加以控制。将两大主枝背上的直立芽在萌发后抹除。主枝延长枝一般不短截,若树势较弱,对主枝延长枝可轻度短截,相邻植株主枝间呈平行状态。

b.结果枝组的配置:两大主枝上着生中小型枝组,而以小型枝组为多。小型结果枝组多用先放后缩法,即一年生枝缓放,形成短枝结果后在分枝处回缩。中型结果枝组则用先截后放再回缩法培养。枝组间遵循"多而不挤,疏密适当,上下左右,枝枝见光"的原则,以相互不交叉、不重叠为度,每个主枝上配置小型枝组 12～14 个。要注意对枝组的调整,当侧生枝少时,可下压较直立的枝组和上抬下垂枝,增补侧生枝组;下垂枝组少时,可通过下压侧生枝组来增补下垂枝组,要保持幼树枝组不幼,老树枝组不衰。枝组常以回缩的方法更新,其回缩遵循"抽枝多而短,壮而不徒长"的原则。丰收后,枝组内要采用"三套枝"修剪法,即当年结果枝、形成花芽枝、生长枝各占 1/3,使结果、成花、生长三不误,达到连年结果的目的。

(六)花果管理

1.疏花疏果

疏花疏果是在冬剪的基础上,对花量仍多或坐果超量的树,进行花果调控,是实现合理负载的一种手段。其主要作用在于:调节果树生长和结果的关系,从而实现连年稳产,提高产量;保花保果,提高坐果率;提高果实品质,保持树体健壮。

(1)确定留果指标

①看树定产:在果园管理水平比较稳定的情况下,可根据果园历年产量、品种、树龄、树势、栽植密度和肥水条件,确定单位面积产量指标。

②枝果比法:确定几个枝留一个果为适量。单株果量(个)=每株总枝量/枝果比。据生产经验,鸭梨枝果比为 2.93∶1,栖霞大香水梨枝果比为 2.85∶1,早酥梨枝果比为(3.5～4.5)∶1,雪花梨枝果比为4∶1。

③叶果比法:不同品种的叶果比也不同。单株留果量(个)＝每株总枝量×每枝叶片数/叶果比。研究认为,鸭梨适宜的叶果比为(10～20)∶1,茌梨适宜的叶果比为(18～20)∶1。

④干周及干截面积法:确定每厘米干周或每平方厘米干截面积留几个果。山东农业大学在密植鸭梨园确定的干周留果法公式为单株留果量＝$6×0.08×[$干周长(厘米)$]^2×1.2$;干截面积留果法公式为单株留果量(千克)＝$[$干周长(厘米)$]^2/4π$。

(2)疏花疏果时期:开花坐果数及幼果细胞数的多少主要靠储藏的营养来决定,尽量把多余的花果疏掉,减少无谓的消耗,把养分全都集中到应留的花果上,使其长成大果。从这个意义上讲,疏蕾比疏花好,疏花比疏果好,但实际操作中要视当年花量多少、树势强弱、天气好坏、授粉和坐果等情况而定。当花量大、树势强、天气好时,可提早疏蕾、疏花,最后定果。当花量小、树势不强、天气不好时,只进行一次疏果。疏果要求在花后 26 天内完成,过晚会影响果实质量,浪费营养和抑制花芽分化。

(3)疏花疏果方法:壮树、壮枝多留果,满树花果的大年树应多疏、重疏,并早动手。弱枝弱序,可全枝全序疏除,留出空果台供下年结果。大中型果一般留单果,隔 15～20 厘米留一个果,小型果可留双果。对花量在 25％左右的小年树,要适当少疏多留。

①看副稍留果:副稍多而壮的,表明能长成大果,在全树花量不足时,可留双果;中庸副稍和壮果台留单果;无副稍弱果台,在不留也够量的情况下可以不留。

②依花果序位确定留果:在一个花序中,梨是边花先开,依次向内,先开者一般幼果大,易长成大果,果形正,所以应留边花边果,疏去其余的果。

③留优去劣:先疏去病虫果、小果、畸形果。果形长、萼端紧闭而突出的幼果,易发育成大果,可留下;疏掉那些果形圆、萼张开不突出的果。

④以花定果:把疏果提前到疏花序和花蕾。在花序分离期,根据树势强弱和品种特性,每 20～25 厘米选留一个花序,其余全部去掉,每一朵花一般只留一个边花。时间以花序分离到开花这段时间为宜,越早越好。以花定果必须具备的条件如下:第一,要培养健壮树势,以形成较饱满的花芽;第二,果园内的授粉树配置要适宜,最好在疏除后进行人工授粉;第三,修剪时疏除部分弱花芽。以花定果可利用树体储藏的营养,提高坐果率及果实产量、品质,促进树体健壮生长和短枝花芽分化,省工省力。

2.提高坐果率的措施

(1)放蜂传粉:梨树自花授粉率极低,需要品种间的异花授粉。蜜蜂是传粉的主要昆虫,梨园放蜂有利于梨树授粉,能提高坐果率。一般一个蜜蜂可携带 5000～10000 粒花粉,一箱蜂可保证 5～10 亩梨园授粉。蜂群之间应相距 100～150 米,用蜜蜂传粉可使坐果率提高 20％左右,对于提高产量有明显效果。

在授粉树占 20％以上、配置均匀的梨园,为提高坐果率,可从外地引入蜂群,每 10 亩地放一箱蜂。在开花前 2～3 天,即将蜂箱置于园内向阳背风的高处,便于蜜蜂提前熟悉情况,提高采粉和授粉效率。采用蜜蜂传粉的果园,花期应禁止喷药。

(2)人工辅助授粉

①人工辅助授粉的原因:花粉是借助微风和昆虫作媒介传播的。在授粉品种配置不合理,花期遇大风、干旱、风沙、多日阴雨、低温、霜冻等不良天气时,蜜蜂等昆虫的传粉活动将受影响,需要人工辅助授粉。梨的花粉细胞是第二年春天 2—3 月才开始形成的,在上一年是大年或秋季管理差的梨园,由于养分储藏不足,下一年的花粉会出现发育不良或

败育的情况。即使栽有授粉品种,也会出现自然授粉坐果不多的现象。

②花药的采集:选择亲和力强、花粉量大的品种作授粉树种,采集即将开裂或刚刚开裂的花药,放在阳光下晾晒,使花药开裂。采集的花粉可用于当年授粉,也可装入玻璃瓶内,瓶塞蜡封,在 0～5 ℃条件下储藏一年再用。

③授粉方法

a.人工点授:按计划留果的距离和每花序的留果数进行。梨树开花时将花粉装在小瓶内,用毛笔等蘸取花粉向花的柱头上轻轻一擦,每蘸一次花粉授 10 朵花;或者用电动采粉授粉器提高工效。

b.液体授粉:液体花粉的配方是水 10 升、砂糖 1 千克、硼砂 10 克、花粉 25 毫升。要求配后 2 小时内喷完。

c.花粉袋授粉法:将采集的花粉加入 2～4 倍滑石粉,过细箩 3～4 次,使滑石粉与花粉混匀,装入双层纱布袋内,将花粉袋绑在竹竿上,在树上振动撒粉。

④授粉时期:梨树开花期的气温为 15～17 ℃,在微风的条件下授粉效果好。盛花初期,即 25％的花已开放时,转入人工点授。此期主要对花序边花的第 1～3 朵进行授粉,争取在 2～3 天内完成。

四、主要病虫害及其防治

(一)主要病害及其防治

1.梨黑星病

梨黑星病为梨树的主要病害,在各梨产区普遍发生。病菌主要危害新梢、叶片、果实,病变部位初生淡黄色圆形小病斑,后逐渐扩大,上生黑霉。新梢受害后生长受阻,叶片萎缩,不能正常生长。叶片受害多发生在叶背,沿叶脉发病,将导致提早落叶。果实受害多在幼果时发病,表现为斑痕累累,不堪食用。梨黑星病在整个梨树生长期均可发生,雨水较多的年份发病尤为严重。

防治方法如下:①落花后、病梢出现期,结合疏花疏果,剪除病梢,对控制全年发病有很大作用。②花芽萌动期喷 5 波美度石硫合剂或萌芽后、花序伸出期喷 2～3 波美度石硫合剂。落花后、新梢生长期、果实生长期,喷 50％多菌灵可湿性粉剂 600 倍液或 80％代森锌可湿性粉剂 800 倍液,与波尔多液交替使用,能提高防治效果。发病较重的梨园可适当增加喷药次数。

2.梨锈病

梨锈病主要危害叶片、新梢,发生严重时也可危害幼果。叶片发病时,先在表面出现橙黄色或橙红色有光泽的近圆形斑点;随病斑扩大,病部叶肉组织变厚,正面凹陷,背面隆起,并出现长为 4～5 毫米的毛状物;以后病斑变黑,严重时叶片枯萎脱落。幼果的感病情况与叶片相似。

防治方法如下:清除梨园周围 5 千米以内的柏树(主要是龙柏和桧柏),于 3 月中旬降雨前在未能清除的柏树上喷 1～2 波美度石硫合剂。落花后期喷粉锈宁,若遇降雨,必须在雨后补喷。

3.梨轮纹病

梨轮纹病主要危害枝干和果实。枝干受害时出现以皮孔为中心的圆形淡褐色病斑,中心点向外凸起,后期病斑凹陷,质地坚硬,病斑周缘与健康皮层交界处产生裂缝。病斑上有黑色小斑点。果实发病多在将近成熟时出现,病果处生褐色近圆形斑点,随后病斑逐渐扩大成红褐色水渍状,并有明显的同心轮纹。轮纹病菌在被害的枝干上越冬,翌年3月中旬开始扩展。

防治方法如下:①结合冬剪,剪除病枝。对重病梨树要刮除病斑,随后全树喷5波美度石硫合剂,以消除残留病菌。②在生长期结合其他病害的防治喷洒50％多菌灵可湿性粉剂800倍液、50％甲基托布津可湿性粉剂800～1000倍液、1∶2∶200波尔多液等农药,连续喷药3～4次。

4.梨树腐烂病

梨树腐烂病有如下三种症状:①溃疡型症状。发病部位主要在主枝和侧枝上,树皮上病斑表面产生疣状突起,渐突破表皮,露出黑色小粒点。病斑逐渐干缩下陷,变深,呈黑褐色至黑色,病、健交界处出现裂缝。②枝枯型症状。多发生在极度衰弱的梨树小枝上,病部不呈水渍状,病斑扩展迅速,很快包围整个枝干,使枝干枯死,并密生黑色小粒点。病树的树势逐年减弱,生长不良,若不及时防治,可造成全树枯死。③果实型症状。初期病斑呈圆形,褐色至红褐色,软腐,后期中部散生黑色小粒点,并使全果腐烂。

防治方法如下:①不要让树体负担过重。增施肥水,不过多偏施氮肥。保叶促根,及时防治造成早期落叶的病虫害和各种根部病害。防止冻害和日烧,避免形成伤口,保护伤口。②及时剪去病枝和刮除病斑。刮后用70％甲基托布津可湿性粉剂1份加植物油2.5份,或50％多菌灵可湿性粉剂1份加植物油1.5份混合均匀涂抹病部。刮下的病皮集中烧毁。③发病严重的果园,在梨树发芽前全树喷5波美度石硫合剂。

5.梨黑斑病

梨黑斑病是梨树的主要病害之一,在北方梨区主要危害叶片,受害严重者将引起早期落叶,导致树势衰弱,影响当年果品产量和质量,还会影响下年花芽的形成。树龄在10年以上、树势衰弱的梨树发病通常严重。此外,果园肥料不足、偏施氮肥、地势低洼、植株过密等,均会促使此病发生。

防治方法如下:①做好清园工作。于果树萌芽前剪除有病枝梢,清除果园内的落叶、落果,并集中烧毁。②加强栽培管理,增施有机肥料,做好排水工作。发病严重的梨园,冬季修剪宜重。发病后要及时摘除病果。③果实套袋。④梨树发芽前,喷一次0.3％五氯酚钠与5波美度石硫合剂混合液;落花后喷一次1∶2∶200波尔多液或10％双效灵200～400倍液。在病害大发生初期,结合防治梨黑星病,喷1～2次50％代森铵可湿性粉剂1000倍液或65％代森锌可湿性粉剂500倍液。最好与波尔多液交替使用,以提高防治效果,并降低成本。

(二)主要虫害及其防治

1.梨星毛虫

梨星毛虫又名"梨叶斑蛾""梨透黑羽"。过冬幼虫出蛰后,将蛀食花芽和叶芽,被害花芽会流出树液;危害叶片时会把叶边用丝粘在一起,使其呈饺子形,幼虫于其中吃食叶肉。夏季刚孵出的幼虫不包叶,在叶背面食叶肉,形成虫斑。该虫在华北地区一年发生一代,以幼龄幼虫潜伏在树干及主枝的粗皮裂缝下结茧越冬。

防治方法如下:①在早春果树发芽前、越冬代幼虫出蛰前,对老树刮树皮,对幼树树干周围压土,刮下的树皮要集中烧毁。②药剂防治的关键时期是越冬代幼虫出蛰期、梨树花芽膨大期。可选择喷洒50%辛硫磷乳剂1000倍液、50%杀螟松乳剂1000倍液、20%杀灭菊酯乳剂3000倍液等。幼虫发生量大时可连续喷药两次。防治第一代卵及初孵幼虫,可用95%巴丹3000倍液。③虫害发生不重的梨园,应及时摘除受害叶片及虫苞,或清晨摇动树枝,震落消灭成虫。

2.梨二叉蚜

梨二叉蚜又名"梨蚜""梨腻虫""卷叶蚜"等,危害梨叶时,群集叶面上吸食,致使被害叶由两侧面纵卷成筒状,早期脱落;影响产量与花芽分化,削弱树势。该虫一年发生10～20代,以卵在梨树的芽腋、果台、枝杈等的皱皮裂缝内越冬。越冬卵于翌年早春梨树花芽膨大开绽时开始孵化,初卵若虫群集于露绿的芽上危害,待花芽现蕾时便钻入花序中危害花蕾和嫩叶,展叶后又转至叶面上群集危害,以新梢顶端嫩叶被害最重。华北地区以4月下旬至5月上旬受害最重。

防治方法如下:①在幼虫发生数量不大的情况下,早期摘除被害卷叶,并集中处理。②越冬卵孵化期,也正是梨花芽膨大期,该时期是防治梨二叉蚜的关键时期,可与防治其他害虫同时进行。常用杀虫剂有95%蚧螨灵(机油)乳剂80～100倍液、20%杀灭菊酯乳剂2500～3000倍液。

3.梨大食心虫

梨大食心虫俗称"吊死鬼""梨实蟓",以幼虫危害梨芽和果实,常将芽蛀食一空。危害幼果时直达果心,在虫孔外附有成堆的黄褐色虫粪,幼果因此凋萎变黑。幼虫老熟化蛹之前,从果中爬出吐丝,将果柄缠在果台枝上经久不落。危害将熟的果实将造成果实局部腐烂。该虫一年发生两代,以初龄幼虫在被害芽中结茧越冬。翌年3月芽萌动时为幼虫危害盛期,花谢后转害幼果。

防治方法如下:①结合冬剪,剪掉越冬虫芽。②积极保护寄生性天敌。③药剂防治应抓住越冬代幼虫的转芽期和转果期,可用50%杀螟松乳剂1000倍液、20%杀灭菊酯乳剂2500倍液等喷洒。

4.梨果象甲

梨果象甲又名"梨实象虫""梨虎",成虫、幼虫都危害。成虫取食嫩芽,啃果皮、果肉,并于产卵前咬伤产卵果的果柄,造成落果;幼虫于果内蛀食,使被害果皱缩或成为凹凸不平的畸形果。该虫通常一年发生一代,以成虫潜伏在蛹室内越冬。越冬代成虫在梨树开花时开始出土,在梨果拇指大时出土最多。产卵盛期,落果较为严重。

防治方法如下:①利用成虫的假死习性,清晨震树捕杀成虫。②药剂防治抓好两个有利时机:越冬代成虫出土期和产孵期。成虫出土期尤其是雨后,在树冠下喷洒50%辛硫磷乳剂300倍液,以杀死出土成虫;成虫产卵期,在树上喷洒90%敌百虫晶体800倍液、80%敌敌畏乳剂1000倍液、50%杀螟松乳剂1000倍液。

5.梨实蜂

梨实蜂又名"梨实叶蜂""梨实锯蜂",只危害梨,以幼虫蛀食花萼和幼果。在花萼上产卵后,被害花萼会出现一稍鼓起的小黑点。落花后,花萼筒上有一黑色虫道。该虫一年发生一代,以老熟幼虫在土中做茧过冬,梨花开时羽化为成虫。

防治方法如下:①利用成虫的假死习性,清晨震动枝干,使成虫跌落并将其消灭。成虫已产卵,如果卵花率较低,可摘除卵花;如果卵花多,可摘除花萼。②药剂防治要抓住两个关键时期:梨实蜂成虫出土前期,即梨树开花前10~15天,用50%辛硫磷乳剂200~400倍液,着重喷洒树冠下的范围,消灭土中幼虫和正出土的成虫;当梨落花达90%时,喷药防治幼虫,重点喷洒花萼基部。常用药剂有50%西维因可湿性粉剂500~800倍液等。

6.梨黄粉蚜

梨黄粉蚜又名"梨黄粉虫",是梨树的主要蚜虫,以成虫和若虫集中在果实萼洼处取食危害。受害果实的表皮初期呈黄色稍凹陷的小斑,以后渐变黑色,向四周扩大呈波状轮纹,常形成具龟裂的大黑疤,失去商品价值。该虫一般一年发生5~10代,以卵在果台、枝干粗皮裂缝内越冬,翌年春天梨树开花时开始孵化。若虫在越冬处取食嫩皮,6月上中旬开始向果上转移,8月中旬果实接近成熟期时,危害最为严重。成虫活动力较差,喜在背阴处栖息危害。温暖干燥的环境对该虫的发生有利。老树受害重,地势高处受害轻。

防治方法如下:①冬春季彻底刮除老翘皮及树体的残附物,清除越冬卵。②药剂防治要抓住两个关键时期:越冬卵孵化后的若虫爬行期和7—8月危害梨果期。喷洒80%敌敌畏乳剂1000倍液或20%杀灭菊酯乳剂3000倍液等进行防治。

7.梨茎蜂

梨茎蜂又名"梨梢茎蜂""梨茎锯蜂",是危害梨树新梢的主要害虫。在春季新梢长至6~7厘米时,成虫产卵时用锯状产卵器将嫩梢切伤,再将伤口下方叶片切去,仅留叶柄。新梢被锯后萎缩下垂,干枯脱落。幼虫在残留小枝内蛀食。幼树受害后将影响生长和树冠形成。该虫在河北、北京地区两年发生一代,以幼虫及蛹在被害枝内越冬,翌年4月上旬梨树开花时羽化。幼虫的天敌为梨茎蜂啮小蜂。

防治方法如下:①冬季结合修剪,剪去被害枝。不能剪除的被害枝,可用铁丝戳入其中,以杀死幼虫或蛹。②在早春梨树新梢抽发时,于早晚或阴天捕捉成虫。③药剂防治。在成虫发生高峰期新梢长至5~6厘米时,喷洒90%敌百虫1000倍液进行防治,喷药时间以中午前后最好,要在两天内突击喷完。④成虫产卵结束后,及时剪除被害新梢。

8.梨瘤蛾

梨瘤蛾又名"梨瘿华蛾""梨枝瘿蛾",是梨树枝条的常见害虫。幼虫蛀入枝梢危害,被害枝梢形成小瘤,幼虫居于其中咬食。在修剪差或小树多的果园里,危害尤其严重,常影响新梢发育和树冠的形成。该虫一年发生一代,以蛹在被害瘤内越冬,梨芽萌动时开始羽化,花芽开绽前为羽化盛期。羽化后成虫早晨静伏于小枝上,在晴天无风的午后开始活动,卵产于粗皮、芽以及枝条皮缝等处。梨新梢抽生期也正是幼虫蛀入危害期,新梢的生长、树冠的形成和增大均会受到严重的影响。

防治方法如下:①人工防治。剪除被害虫瘤枝并集中烧毁。虫瘤枝太多时,仅剪除里面有越冬蛹的一年生枝虫瘤即可,全部剪除会影响果树生长。②生物防治。该虫的天敌为梨瘿蛾齿腿姬蜂,寄生率很高,常能控制梨瘤蛾发生。把冬剪时剪下的瘿枝收集起来放在铁纱网做成的笼里,待寄生蜂春季飞出后进行消灭。③可于成虫发生期喷洒药剂防治。

五、果实采收与储藏

(一)适期采收

采收是否适期,不仅与当年果实产量、品质及耐储性密切相关,而且影响树体储备养分及下年开花、坐果等。

1.根据品种特性采收

梨从开花到成熟需要一定天数,如早酥梨为115天、鸭梨为155天、锦丰梨为180天,要根据不同品种的成熟时间及时采收。纬度不同时花期不一,但从开花到成熟所需日数变动不大。

2.根据成熟度采收

果实的成熟度根据用途的不同一般分为三种:①可采成熟度。这时果实的大小基本定形,但还未完全成熟,应有的外表色泽、果实风味及香气还没充分表现出来,肉质较硬,适于储运、罐藏、加工蜜饯等。②食用成熟度。果实已成熟,完全表现出该品种应有的色、香、味,营养成分达到最佳点。此时采收的果实,适于在当地销售,不宜长途运输或长期储藏。作为鲜食或制果汁、果酒的原料,以此时采收为宜。③生理成熟度。果实在生理上已达到充分成熟的阶段,果实肉质松绵,种子充分成熟。达到生理成熟时,果实化学成分的水解作用加强,果实变得淡而无味,营养价值大大降低,不宜食用,更不能储运,一般作为采种用。作为干果之类的原料时宜在此时采收。

3.根据运输及其他情况采收

供远程运输的梨,宜早些采收;而用冷藏车、船运输的,可相应晚些采收。作为鲜果就地销售的梨,不需要远途运输,可在接近充分成熟时采收。用于加压或是造梨酒、制梨干的梨,要求糖度高,应在充分成熟时采收。若天气预报有六级以上大风,应提前采收。

(二)梨果储藏

1.普通室内储藏

对于室内储藏的梨果,要严把采摘质量关,并且严格掌握采收期。过早、过晚采收,都会导致储藏失败。采收要在干爽晴朗的天气进行。采后应分级精选,选出的好果应进行预储。可选择大树荫下、屋墙背后或大棚底下等背阴、冷凉、通风的地点,把梨暂存;也可将梨放入干燥、阴凉的空屋内,在地面铺垫干草,草上堆梨果,堆高30~40厘米,梨上再用干草覆盖,预储一星期,使梨蒸发出一部分水分,果面稍软而略有韧性(这个过程叫"发汗")。"发汗"后的梨果不至于太脆嫩,入储时不至于"震"伤梨肉。经预储或"发汗"的梨果即可进行储藏。

2.地窖储藏

寒冷地区储存梨果多用此法,依窖分为半地下式和地下式两种。入窖的梨果,要严格精选和细致包装,码垛时注意通风。入储初期,夜间门窗和通风孔均要大开,白天封闭,调节窖温,使温度保持0~1℃,如果低于0℃,要放炭火盆以提高窖温。在良好的条件下,窖藏的梨果保存至翌年4月上中旬时,风味仍佳,损耗也不大。地窖储藏要防止鼠害,入储前要熏硫或喷杀菌剂,对窖内四壁进行彻底消毒,也可用白灰刷白。

3.冷库储藏

入冷库储藏的梨果,必须严格精选、装筐或装箱,然后入库码垛通风储藏。入库储藏的梨,不必预储,采后尽快入库。但必须注意的是,梨果不宜采后直接储入 0 ℃冷库内,否则,入储一个月就会出现严重"黑心",两个月全部"黑心"。此时,从外表看梨皮仍黄绿如初,果柄新鲜,但内部已发生严重的生理病害。冷库储梨以逐步降温为宜。即入储时库温为10～12 ℃;7～10 天后,每三天把库温下调 1 ℃,降到6～8 ℃时,维持一个星期;以后每隔三天降温 1 ℃,直到降温至 0.5～1.0 ℃时,即可长期保持此温度不变。这个逐步降温的过程大约需要一个月。冷藏的梨,若要在外界气温高于 15 ℃时出库,也要采取逐步升温法,使库温逐渐提高到10～12 ℃时再出库,以防因剧烈变温而导致出库后梨果病变,缩短市场货架期。

另外,还可采用通风库、冷凉库以及气调储藏。

第四节 杏

一、主要优良品种

我国杏种质资源十分丰富,现有地方农家杏品种(类型)2000 多个。根据食用方法和用途不同,可将杏分为鲜食与加工用品种、仁用品种。

（一）鲜食与加工用杏品种

1.骆驼黄杏

骆驼黄杏原产于北京市门头沟区,系地方早熟良种,于 1990 年通过农业部鉴定,被列为优异种质资源,在山东省有分布。果实圆形,缝合线显著、中深,两侧片肉对称,果顶平,微凹;梗洼深广;果皮底色黄绿,阳面着红色,果肉橙黄色,肉质较细软,汁中多,味甜酸,黏核,种仁甜,品质上等;在北京地区于 6 月上旬成熟,果实发育期为 55 天;常温下,果实可存放 5 天左右;树势强健,生长量大,树冠高大,呈自然圆头形,树姿开张;以短果枝结果为主;自花结实率低,要配置授粉树,适宜授粉品种有麻真核、占屯红杏、华县大接杏、临潼银杏等;抗寒、抗旱能力较强,抗流胶病、细菌性穿孔病、疮痂病能力也较强。

2.红丰杏

红丰杏是由山东农业大学园艺科学与工程学院采用有性杂交与胚培相结合的办法育成的品种,亲本为二花曹和红荷包,于 1999 年通过山东省农业厅验收鉴定,2001 年被国家林业局授予植物新品种权证书。果实近圆形;果面光滑,果皮底色为黄色,果阳面 2/3 着艳丽的鲜红色,极美观;果肉橙黄色,肉质细,纤维少,汁中多,味甜微酸,具香味,半离核,仁苦,品质上等;具有自花结实能力,自然授粉坐果率大于 22.3%;在山东泰安于 5 月下旬成熟,果实发育期为 57 天;树冠开张,枝条自然下垂;三年以上树以短果枝结果为主,丰产性极强,开花晚,极早熟,是早熟杏理想的换代品种;对杏树早期落叶病、细菌性穿孔病及褐腐病具较强抗性,抗冻性、适应性强。

3.新世纪

新世纪是由山东农业大学园艺科学与工程学院采用有性杂交与胚培相结合的办法育成的品种,亲本为二花曹和红荷包,于 1999 年通过山东省农业厅验收鉴定,2001 年被国家林业局授予植物新品种权证书。果实卵圆形,顶平;果面光亮,底色为橙黄色或紫红色,阳面着艳丽的紫红色,极美观,果肉橙黄色,肉质较细,纤维少,味甜微酸,有浓郁香气,风味极佳,半离核,品质上等;树冠开张,枝条自然下垂;在山东泰安于 5 月下旬成熟,发育期为 58 天;三年以上树以短果枝结果为主,自花结实,成花能力强,丰产性强;对杏树早期落叶病、细菌性穿孔病等具较强抗性,适应性强。该品种果实成熟早,果个大,外观美,品质优,商品价值高,市场竞争力强,具有广阔的发展前景。

4.早橙杏

早橙杏原产于山东崂山,主要分布于山东、辽宁等地。果实近圆形;果顶微凹,缝合线显著、浅而广,片肉对称,梗洼深广;果皮底色橙黄,阳面 1/2～3/4 着红色,茸毛少;果肉橙黄色,肉质松脆,纤维少,汁中多,酸甜味浓,离核,仁苦,品质上等;常温下,果实可存放 7 天左右;树势中庸,以短果枝结果为主;丰产,是极优的早熟品种。

5.红玉杏

红玉杏又称"红峪杏",原产于济南市历城区和长清区,有 2000 多年的栽培历史,为山东杏中之魁,1987 年被农业部定为杏的名特优品种之一。果实阔卵圆形,果顶平,缝合线显著、浅而广,片肉对称,梗洼深,中广;果皮底色橙红色,阳面有片红,整洁美观;果肉橙黄色,肉质松脆,纤维细,汁中多,酸甜味浓,有清香,离核,仁苦;常温下,果实可存放 5 天左右;树势强,连续结果能力强;极丰产,适应性强,唯独抗疮痂病能力较差,是鲜食和加工兼用的优良品种。该品种果实很大,色泽鲜艳,风味佳美,品质极上等,且耐储运,是山东省出口杏的主要栽培品种,在国际市场上颇为畅销,而且价格高。

6.金太阳

金太阳是山东省果树研究所由美国引进的欧洲甜杏品种。果实近圆形,果顶平,缝合线显著、浅而广,片肉对称;果皮底色金黄,阳面着红色,果面光洁;果肉金黄色,肉质细嫩,汁多,味酸甜、略涩,有香气,离核,仁苦,品质上等;果实既可鲜食又可作加工品种,较耐储运,常温下可存放 5～7 天;树势中庸,自花结实能力强,配置授粉树坐果率更高;栽后第二年开始结果,以短果枝结果为主;适应性强、抗晚霜,并具有较强的抗褐腐病和穿孔病的能力;特早熟,丰产,适宜露地和保护地栽培。

7.凯特

凯特原产于美国,于 1991 年由山东省果树科学研究所引进,属欧洲甜杏品种。果实近圆形,大果型;果顶平,缝合线显著、浅而广,片肉对称;果皮底色橙黄,阳面着红色;果肉橙黄色,肉质硬,汁多,味酸甜,无香气,离核,仁苦,品质中上等;常温下果实可存放 5～7 天;树势中庸,花量大,自花结实能力强;栽后第二年开始结果;早果,极丰产;较耐储运,是优良的早熟品种,适宜露地和保护地栽培。

8.仰韶黄杏

仰韶黄杏别名"鸡蛋杏""响铃杏",原产于河南渑池,为地方良种,于 1988 年被农业部定为杏的名特优品种,分布于河南、山西、河北、北京、山东等地。果实卵圆形;果顶平微凹,缝合线显著、较浅,片肉不对称,梗洼深广;果皮底色橙黄,阳面 2/3 着红色,茸毛多;果肉橙黄色,肉质致密,纤维细少,汁中多,味甜酸适度,香气浓,离核,仁苦,品质上等;常温下,果实可存放 7～10 天;树势强,以花束状果枝和短果枝结果为主;成龄大树株产量为 200～250 千克,百年老树每株仍可结果 150 千克左右;适应性强,丰产,果实大,外观美丽。

9.巴斗杏

巴斗杏又名"黄巴斗杏",原产于安徽萧县,河南、山东和辽宁等地相继引种成功。果实近圆形;果顶平微凹,缝合线显著、较浅,片肉对称,梗洼深广;果皮底色橙黄色,阳面着鲜红色彩霞,茸毛多;果肉橙黄色,肉质致密,纤维细少,汁中多,味酸甜,有香气,离核,仁甜,欠饱满,品质上等;常温下,果实可存放 7 天左右;树势强,以花束状果枝和短果枝结果为主,连年丰产;果个较大,色泽鲜艳,品质优良,较耐储运,适应性强。

10.崂山关爷脸

崂山关爷脸又名"大红杏",原产于山东崂山,系地方良种,分布于山东、河北和辽宁等地。果实卵圆形;果顶圆,缝合线浅而广、不显著,片肉对称,梗洼中深而狭;果皮底色橙红,阳面 3/4 着紫红色,茸毛短,较光滑;果肉橙红色,肉质致密,纤维细少,汁中多,味酸甜,有香气,离核,仁苦,品质上等;在山东泰安于 6 月下旬成熟,发育期为 85 天,常温下,果实可存放 5～7 天;树势中庸,树冠开张;以短果枝结果为主,连年丰产;抗逆性强,适应性强,外观美丽,品质优良,较耐储运,是山东省出口杏的主要栽培品种之一。

11.红金榛杏

红金榛杏原产于山东招远,系大果型、甜仁优良品种,于 1988 年通过山东省品种委员会鉴定并命名。果实卵圆形;果顶圆或平,缝合线显著、较浅,片肉较对称,梗洼深,中广;果皮底色橙红色,阳面有红晕,果面光洁;果肉橙红色,肉质细,汁多,味酸甜,有香气,离核,仁甜,饱满;在山东招远于 7 月上中旬成熟,发育期为 90 天,常温下,果实可存放 5 天左右;树势较强,树姿开张;成龄树以短果枝结果为主;抗干旱,耐瘠薄,抗逆性强;结果早,丰产。

12.串枝红

串枝红原产于河北巨鹿,山东已引种成功,于 2000 年被农业部定为优良种质资源。果实卵圆形;果顶偏,微凹,缝合线显著、较浅,片肉不对称,梗洼深而窄;果皮底色橙黄,阳面 3/4 着紫红色;果肉橙黄色,肉质硬脆,纤维细少,汁少,味甜酸,离核,仁苦;常温下,果实可存放 7 天左右;树势中强,树姿开张,以短果枝结果为主;抗干旱,耐瘠薄,适应性强,极稳产丰产;外观美,耐储运;用其加工的罐头、果脯和果茶等很受市场欢迎。

13.阜城杏梅

阜城杏梅原产于河北阜城,为李与杏属间的杂交种,分布于河北、山东、辽宁等地。果实近圆形;果顶凹,缝合线显著、浅而广,片肉对称;果皮底色橙黄,阳面着红色,果面斑点小,蜡质多,光滑,无茸毛;果肉橙黄色,肉质致密,纤维细少,汁多,味甜酸,香味浓,半离核,仁苦,80％无种仁或退化;常温下,果实可存放 7～10 天;树势中庸,矮化;在河北阜城果实于 6 月末至 7 月初成熟,发育期为 90 天;以短果枝和花束状果枝结果为主,连续结果能力强;抗寒、抗旱、抗病,适应性强,矮化,晚花,丰产,成熟晚;耐储运,具有李、杏两种风味,是鲜食和加工果脯、罐头等的优良品种。

(二)仁用杏品种

1.龙王帽

龙王帽别名"大扁""大王帽",原产于河北涿鹿,系地方古老品种,在山东也有分布。果实卵圆形;果皮橙黄,阳面微有红晕,有茸毛;果肉橙黄色,肉质硬,纤维多,汁少,味酸涩,不宜鲜食;离核,核大而扁;仁甜,略有苦味,饱满;树势强,树姿开张;七至十年生树进入盛果期,每株产杏仁3.2 千克,经济寿命为 70～80 年;成年树株产果 100～150 千克,可出杏仁 8～10 千克;以短果枝和花束状果枝结果为主,大小年现象不明显;抗旱,较抗寒,适应性强,耐瘠薄,较丰产。其杏仁品质上等,在国际上享有盛誉,是我国重要的出口土特产品,为珍贵的仁用杏优良品种;其果肉可加工杏脯、杏酱和杏酒等多种食品和饮料。

2.一窝蜂

一窝蜂原产于河北涿鹿和蔚县,系地方古老品种,在山东也有分布。果实卵圆形;果皮橙黄,阳面有红色斑点,有茸毛;果肉橙黄色,肉质硬,纤维多而粗,汁极少,味酸涩,不宜鲜食;离核,仁甜,香脆,饱满;树势中庸,树姿开张;七年生树进入盛果期;密植栽培,四年生树每亩产杏仁约50千克;以短果枝和花束状果枝结果为主;抗旱,耐瘠薄,丰产,杏仁品质上等,经济价值高,果肉可加工杏脯和杏酱等多种食品。

3.超仁

超仁原产于河北涿鹿,是龙王帽的株选优系,在山东已引种试栽成功。果实侧扁卵圆形;果皮橙黄色,着绿色;果肉橙黄色,肉质硬粗,汁极少,味酸涩,不宜鲜食;离核,核卵圆形;仁甜,略有苦味,扁平肥大,饱满;树势中庸,树姿半开张;栽后两年见果,五至六年生树开始进入盛果期,五年生树平均每亩产杏仁 50 千克,八至十一年生树平均每亩产杏仁 150 千克;以花束状果枝和短果枝结果为主;抗旱,耐寒,抗风,适应性强,树体矮化,极丰产,仁大质优,为珍贵的仁用杏优良品种。

4.丰仁

丰仁原产于河北涿鹿,是一窝蜂的株选优系,在山东已引种试栽成功。果实侧扁卵圆形;果皮和果肉均为橙黄色,肉质软,纤维少,汁极少,味淡,微酸,不宜鲜食;离核,核卵圆形;仁香甜,饱满;树势中庸,树姿半开张;栽后两年见果,五至六年生树开始进入盛果期;五年生树每亩产杏仁50 千克以上,八至十一年生树每亩产杏仁 150 千克以上;以花束状果枝和短果枝结果为主;可作超仁的授粉品种;抗旱,耐寒,极丰产,可作药用,是晚熟优良仁用兼加工品种。

5.国仁

国仁原产于河北涿鹿,是一窝蜂的株选优系,在山东已引种试栽成功。果实侧扁卵圆形;果皮和果肉均为橙黄色,肉质松软,纤维多,汁极少,味酸涩,不宜鲜食;离核,核卵圆形;仁甜,饱满;树势中庸,树姿半开张;栽后2～3 年见果,六至七年生树开始进入盛果期,五年生树平均每亩产杏仁 50 千克,八至十一年生树平均每亩产杏仁 150 千克;以花束状果枝和短果枝结果为主;抗旱,抗寒,抗病虫能力较强,丰产,仁大,果实含量高,可作药用,是晚熟优良仁用兼加工品种。

6.油仁

油仁原产于河北涿鹿,是一窝蜂的株选优系,在山东已引种试栽成功。果实侧扁卵圆形;果皮和果肉均为橙黄色,肉质硬粗,汁极少,味酸涩,不宜鲜食;离核,核卵圆形;仁甜,饱满;树势中庸偏强,树姿半开张,自花不结实;二至三年生树开始开花见果,七年生树以后进入盛果期,八至十年生树平均株产果实 52.6 千克;以花束状果枝和短果枝结果为主;抗旱、抗寒、抗病虫能力较强,仁大饱满,果肉营养价值高,含有极多的维生素 C 和总酸,是较好的仁用兼加工原料。

二、苗木繁育技术

实生繁育苗木的后代变异性较大,不易保持原品种的优良性状。嫁接育苗是繁育杏苗的主要方法,它充分利用砧木和品种的特点,达到使杏园早结果、早丰产的目的。实生繁殖多见于仁用的杏和干制杏育苗。

(一)砧木的选择及种类

优良的砧木应符合下列条件:①对当地的环境、气候条件有强烈的适应性;②与接穗品种有良好的嫁接亲和力;③对接穗品种的生长和结果没有不良影响,而且可以优化品种特性;④对当地的病虫害有很强的抵抗力。

杏树苗木繁育砧木可采用共砧或异砧。共砧有普通杏、山杏,异砧有毛桃、毛樱桃等。这些砧木都有比较强的抗旱、耐寒能力,并与杏有较好的嫁接亲和力。

(二)砧木苗的培育

1.砧木种子的采集

选择生长健壮、无病虫危害的母树,采集品种纯正、饱满无杂质、充分成熟的砧木种子。砧木果实要在无风的晴天采收,采用堆积软化法,剥除果肉,取出种子,洗净晾干,收藏在干燥通风的地方,防止发霉。

2.整地播种

(1)秋播:应在土壤封冻前进行。首先对苗圃地施足有机肥,精细整地。然后用50 ℃的温水浸泡种子一昼夜,也可不对种子进行处理,直接开沟播种。每亩共砧用种量为50~70 千克,异砧为 40~50 千克。播种时可用单行或宽窄行条播,单行行距一般为 40 厘米左右,宽窄行育苗宽行为 50 厘米,窄行为 30 厘米。播后覆土 8 厘米左右,最后灌足冬水。

(2)春播:由于砧木种子外壳木质坚硬,不易破裂,故需处理后方可播种。

①沙藏:入冬前对种子进行沙藏处理,具体方法参看桃树一节。沙藏时间与砧木种类有关,在 0~5 ℃条件下,山杏种子沙藏时间一般为 60 天,普通杏种子为 80 天。沙藏时间越早,次年自然破壳种子越多。

②浸种:来不及沙藏处理的种子,可在播种前 20 天左右用开水烫,并不断搅动。待水凉后,浸泡 1~2 天。然后将种子捞出,堆放在温暖(20~25 ℃)的地方,用草帘盖好,保温保湿。前期每隔 1~2 天洒水一次,后期每天洒水 1~2 次,并经常翻动。待种核开裂后,即可播种。

③人工破壳:如果种量较少,可于春前人工破壳,再用温水浸泡催芽后播种。

④播种:将经过以上方法处理的种子,于 3 月下旬到 4 月上旬取出播种,播前对苗圃地灌足底水,待水分渗透后施足底肥,整地做畦。一般采用畦内开沟条播,畦宽 1 米,畦内播种三行,行距为 30 厘米,株距为 15 厘米,播种深度为 4~6 厘米。播后覆土踏实,并耙松地表,以利保墒。在出苗前不宜浇水,以免降低土温,延迟出苗。一般 15~20 天即可出苗。

春播时,可以利用塑料薄膜进行覆盖,以利保温保墒,促进早出苗 5~7 天,从而实现当年出圃,快速育苗。

3.砧木苗的管理

春播中覆盖地膜的,当幼苗出土后要及时撕破或撤除地膜。在幼苗长出 2~3 片真叶时,进行第一次间苗,在缺苗的地方进行移植补苗。定苗时,按 10~20 厘米株距进行,保留株数应稍大于产苗量。尽量做到早间苗,晚定苗,及时移植补苗,使苗木分布均匀。

幼苗生长初期,应少量浇水,出真叶前切忌漫灌。生长旺盛期需水量较大,秋季营养物质积累期需水量较小。生长后期要控制浇水,以防苗木贪青徒长,不利越冬。进入雨季,应注意排水防涝,雨后或灌溉后及时中耕;深度为3～5厘米,一般每年进行4～6次;前期宜浅,后期适当加深,注意不要伤苗。

苗圃追肥要分2～3次进行。前期施用氮肥,每亩施尿素5～10千克;后期施用复合肥,每次每亩施8～10千克。追肥最迟不要超过8月下旬。可把化肥均匀地撒在畦面上,随即浇水,然后结合除草,中耕1～2次;也可在苗木行间开沟施肥,然后覆土浇水,浅锄一次。

在芽接前一个月,苗高在30～40厘米时进行摘心,以促使苗木加粗生长。切忌摘心过早,以免刺激植株下部大量萌发副梢,妨碍嫁接。及早抹除苗干基部5～10厘米以内萌发的幼芽。嫁接部位以上的副梢应全部保留,以增加叶面积,促进苗木加粗生长。副梢过多、过密时,可少量间除。

加强病虫害的防治。春季幼苗出土后,实施地面喷药或撒药,进行土壤消毒,并在施药后浅锄,以防立枯病和猝倒病。植株开始发病时,要及时拔除,并在苗垄两侧开浅沟,用硫酸亚铁200倍液或65%的代森锌可湿性粉剂500倍液灌根。

(三)嫁接苗的培育

1.芽接

(1)采集接穗:芽接用的接穗应选择品种纯正、母本树体健壮、结果性状好、芽体饱满、枝条粗且成熟的外围新梢,接穗后立即去掉复叶,仅留叶柄,30个一捆,拴卡片标明品种后,用湿布包好放在阴凉处备用。接穗最好随采随用,若远距离运输,将用湿布包好的接穗放在装有1/3水的桶中,顶部覆盖遮阴。带木质部芽接,还可使用上年冬储藏的接穗,要选择芽体饱满新鲜、无破损、枝条发育充实、表面无皱皮且不变色的进行嫁接。

(2)嫁接时间和方法:当砧木苗达到嫁接粗度(离地面10～15厘米处直径达到0.7～0.8厘米)时,自5月上旬至10月上旬均可进行杏芽接。但以6月上中旬芽接最好,此时芽接可立即剪砧(离接芽10厘米处),嫁接7～8天后即可发芽,成活率高,当年即可成苗。秋季芽接当年不剪砧,待次年春季萌芽时进行。芽接应在晴天进行,阴雨天伤口易流胶而降低成活率。杏树用"T"形芽接法和带木质部芽接法进行嫁接时,因芽片较软,插入时应缓慢,防止芽片皱折影响成活。

2.枝接

(1)采集接穗:枝接用的接穗都是一年生枝条,可随用随采,也可使用上年冬储藏的接穗。

(2)嫁接时间和方法:枝接一般在春分至清明节、杏树开始萌动而尚未发芽之前进行。一般采用劈接、腹接等方法。据试验,嫁接后用塑料薄膜包严比用塑料条包扎成活率高。

3.嫁接苗的管理

(1)芽接10～15天,枝接一个月左右检查嫁接成活情况。用塑料条绑缚的,在苗高30厘米时解绑。解绑过早,愈合不牢;解绑过晚,影响生长。

(2)秋季芽接苗在次年春季树液流动后及时剪砧,刀刃在接芽一侧,从接芽以上0.5～1厘米处向下斜剪,使接芽背面呈马蹄形。剪砧时注意不要伤芽和破皮。剪砧或嫁接后,在接芽下部的砧木上会萌发出许多萌蘗,应及时剪除所发萌蘗,以免影响接芽生长。

(3)加强肥水管理及病虫害防治。

三、丰产栽培技术

(一)高标准建园

1.园地选择及规划

杏树适应性强,择土不严,平原山地、丘陵岗坡、河滩沙地均可栽植,但不是在任何地方栽植都可获得高效益。在选择园址时,要根据杏树的生物学特性,注意以下几点:①不在晚霜频繁的地方建园;②不在涝洼地上建园;③不在核果类(如桃、李、杏等)地上建园;④选择城市近郊或交通方便的地方建园;⑤充分考虑有机肥源、水源及运输、加工条件等因素。杏园规划主要是针对大型果园,要求建立防护林,划分小区,安排灌排水系统,铺设园内道路,建筑果园库房等。其中,防护林规划尤为重要。

2.整地改土培肥

杏树虽是抗干旱、耐瘠薄的果树,但深厚肥沃的土壤更能保证杏树的良好生长和高产。因此,整地改土培肥是杏园优质丰产的基础。坡度较平缓的园地可采取全面整地的方法。在整地前要在园地铺放有机肥作底肥,每亩 400~500 千克猪粪或厩肥或 300 千克鸡粪;特别黏重的土壤每亩还应铺撒 5000~8000 千克稻壳或铡碎的作物秸秆,然后用挖掘机全面翻挖,深度一般为 70~80 厘米;再用旋耕机将土旋碎平整,最后按设计密度人工做成畦垄栽植。

对于土壤黏重且设计株距较小(小于 3 米)的杏园,可采取带状整地方式。设定植行挖宽、深各 0.8~1 米的沟槽,将表土与心土分开堆放,于沟槽内填入 30~40 厘米厚的作物秸秆,然后每亩施 5000 千克腐熟的农家肥与表土拌匀,回填到沟槽内,再用表土填成 30 厘米高垄。

在土壤黏性不重的园地,可采用穴状整地,在定植点上挖长、宽、深各 0.8~1 米的大穴,将表土与心土分开堆放。穴内埋植 30~40 厘米厚的作物秸秆,栽前一个月左右向穴内回填表土与有机肥。每穴施 50 千克腐熟的厩肥、堆肥,或 30~40 千克腐熟的猪粪,或 30 千克左右腐熟的鸡粪,缺磷和钾的土壤要适量施入磷、钾肥与表土混匀填入穴内,填至高出地面 10 厘米,再覆表土高出地面 30 厘米,垄成馒头状。

在山地建立杏园,最好先修水平梯田或等高撩壕,然后栽杏树。

3.品种选择

新建杏园时,要选早果、丰产、抗性强、果实综合性状优良的新优品种。一个商品性杏丰产园产量的高低、果实品质的优劣、经济效益的大小,在很大程度上取决于品种本身。

(1)鲜食品种:一般应选择果实个大、色泽鲜艳、果肉肥厚、酸甜适度、富有香气的品种。当市场较远时,要选择耐储运的品种。鲜食杏主要供应初夏水果淡季市场,但也应兼顾早、中、晚熟的比例,以达到既可早上市,也可延期供应之目的。特早熟鲜食杏有骆驼黄杏、金太阳、大棚王、新世纪、五月鲜、红丰等。早熟品种有凯特、金寿杏、水晶杏等。晚熟品种有梅杏、金皇后。在确定主栽品种后,一定要再选择配置 2~3 个与主栽品种花期相近的品种作授粉品种。主栽品种与授粉品种比例应为(3~4):1,授粉树与主栽品种的距离以不远于 10 米为宜。

(2)加工品种:因其耐储运能力较强,适于在远离城市的地方栽培,故还应考虑加工产品的种类和质量。加工产品的种类不同,要求的品种也不同。适于制作罐头的品种有串枝红、锦西大红杏、仰韶黄杏等;适于制作果脯的品种有石片杏、假京杏等。

（3）仁用品种:在肥水条件充足、不易受晚霜危害的地区,可选择丰产性好、经济价值高的品种,如超仁、丰仁等;在易受晚霜危害的地区,可选择抗寒、耐晚霜的品种,如优一、三杆旗等。

4.鲜食杏对环境条件的要求

杏树的生长、结果与环境条件密切相关,掌握这些条件,对科学管理杏树十分重要。

（1）温度:杏树耐寒抗热,年无霜期在 100 天以上、平均气温为 6～20 ℃的地区均可种植。杏树需冷量(小于 7.2 ℃)为 700～1000 小时。杏树的花和幼果对温度非常敏感,其危险温度、临界温度分别为:花蕾−1.1 ℃、−3.9 ℃,盛花期−0.6 ℃、−2.2 ℃,幼果期0 ℃、0.6 ℃。低于上述温度会造成冻花冻果,这是杏树产量不稳的主要原因。

（2）光照:杏树是强喜光树种,在年日照时数为 1800～3400 小时的地区,杏树生长结果良好,尤其适宜的年日照时数为 2500 小时以上或日照率大于 60％。光照不足,枝条易徒长,树冠郁闭,内膛枝条枯死,使树冠光秃空膛,还会使花芽分化、败育花率提高、果实着色差、含糖量降低、果实品质下降。因此,合理整形修剪、合理密植、改善杏树通风透光条件、增加树体受光面积、保证树冠内外枝条均能良好生长、减少败育花率,是提高杏树产量和果实品质的重要措施。

（3）水分:杏树根系强大,能伸入土壤深层,是果树中极为抗旱的树种。在年降雨量为300～600 毫米的地区,即使不灌水杏树也能正常生长和结实。在排水良好的园地,年降雨量为 1600 毫米也可栽植。杏树是不耐涝树种,杏园积水超过三天,就会引起黄叶、落叶、死根,以致全株死亡。定植当年生长正常的幼树,积水 24 小时就能造成死树,故杏园一定要做好排水防涝工作。

（4）土壤:杏对土壤的要求不严,除了通气过差的积水洼地、河滩地、黏重土壤外,各种类型的土壤都可栽植,但以土层深厚的肥沃土或排水良好的沙壤土、pH 值为 6.5～8 的中性土或微碱土为宜,地下水位不宜过高(1.5 米以下)。

（5）风:杏树怕风,特别是在花期,如遇 4 级以上大风,会影响昆虫传粉,导致减产;大风低温会影响杏树正常开花,甚至吹干柱头,吹落花朵,使其不能坐果。所以,栽植杏树要选择背风向阳处,或营造防风林网,避免在风口处栽植。

（6）地形:杏树怕霜,在春季花期,晚霜往往会造成减产或绝收。因此,杏园应避开低洼地、山谷地,这些地方由于早春冷空气对流和下沉,容易产生平流霜冻和沉积霜冻。

（二）科学栽植

1.栽植密度

现代化新商品杏果园多趋向于密植。一般杏园采取的株行距为(2～3)米×(4～5)米,即每亩维持在 40～80 株;平地肥沃土壤每亩可定植 30～40 株;山丘岗地可增加到80～110 株。

2.栽植方式

常用的栽植方式有单行式长方形栽植和双行带状栽植。单行式长方形栽植为大行距、小株距,有利于通风透光,便于机械化耕作管理。平地建园时以南北行向较好。山地建园时以梯田的自然走向或等高线栽植确定行向较好。双行带状栽植为大小行栽植,便于利用土地。

3.栽植时期

杏树栽植宜在休眠期进行,分春植和秋植两种。春植在土壤解冻以后、杏苗萌芽以前进行。北方地区以春植为宜,大致在春分至清明前后。采取夏、秋挖坑,积蓄雨雪,春季栽树的方法,不仅栽植成活率高,而且不用对新植幼树采取防寒措施。秋植在落叶后、土壤封冻前进行,适于秋季降雨较多、春季干旱的地区,因为此时空气湿度、土壤湿度都比较大,有利于根系恢复,翌年春天基本无缓苗期,幼树开始生长期早,生长势强。

4.栽植方法

根据确定的栽植方式和株行距标明定植点,然后在定植点上挖深 1 米、直径为0.8～1 米的定植坑。将坑底翻松,并放入 20～30 厘米厚的秸秆杂草等,然后加填表土,填至一半时,将底土和基肥混合填入,填至距地面 30 厘米时,将坑踏实或灌水,使土沉实,再覆一层干土。栽植时,回填余下的部分土。定植坑最好提前挖好,如秋栽夏挖,春栽秋挖,以使坑底土壤充分熟化,蓄积雨水,有利于苗木根系生长。一般每坑可施 50 千克左右的粪肥或其他有机肥。

栽植前将杏苗根部用水浸泡 12～24 小时,并适当修剪根系,剪除伤损根、烂根。栽植时要使杏苗根系舒展,嫁接口面向迎风方向,边埋土边轻轻向上提苗木,使根与土密接,最后踏实。栽植深度要适宜,以使苗木原来的根茎部稍低于土面为宜。栽植后立即灌足水,待水渗下后,在根部培土约 30 厘米高,将坑封住。有条件的地方,栽后可立即用作物秸秆、稻壳、杂草落叶等将树盘 1 平方米范围进行覆盖。如无上述覆盖物,也可用地膜进行覆盖保墒。

杏苗栽好后,可立即定干,即在要求的高度上将苗剪断,去掉上部多余部分。定干不可过于低矮,掌握在 60～80 厘米。定干时最上部的芽应是一个壮芽,剪口在这个芽的上方 1 厘米处为宜。定干后应及时套袋,避免枝条失水及金龟子危害。苗木栽后 7～10 天,对于未覆盖地膜的,应打开土堆,浇缓苗水一次,浇后将土堆封好。待苗木成活、新叶展开之时,宜将根部土堆扒开,以使土壤增温通气,促进根的发育,这有利于幼树生长。

(三)土、肥、水管理

杏树虽然适应性强,耐瘠薄,但要获得优质高产、连年稳产,加强土、肥、水管理是最根本的也是最重要的技术措施。

1.土壤管理

(1)深翻改土:除全面整地方式外,其他整地方式均应进行深翻改土。经深翻改土后,土壤孔隙度增加,容重降低,水、气、热状况改善,微生物活性加强,肥力提高,从而诱导根系加深扩展,促进地上部分生长发育。深翻改土最好安排在 9 月进行,此时深翻可结合施入有机肥,且土温适宜,墒情较好,肥料腐熟转化快,易被根系吸收,也正值根系秋季生长高峰,断根伤口愈合快,并可很快长出新根。

①扩穴深翻:适于穴状整地的杏园。从定植穴向外,逐年深翻 60～80 厘米、宽 50～60 厘米的环状沟,每年深翻应与上一年的相套接,中间不留隔层。

②条沟深翻:适于带状整地的杏园。沿定植沟外缘,逐年向外翻宽 50～60 厘米、深60～80 厘米的条状沟,4～5 年内全园翻遍为止,也应沟沟相套,保留隔层。

③隔行深翻:在劳动投入不足的情况下可采用此方式。即隔一行翻一行,逐年轮换,每年只翻一侧。

（2）合理间作：为充分利用幼龄杏园（或株行距较大的成龄杏园）的行间空地，增加收入，保持水土，避免风蚀，抑制杂草，可实行行间间作，但肥水供应须充足，给果树留营养带，间作物随树冠扩展逐年为果树让路。间作物尽量选择豆科矮秆、浅根作物，与果树无共同病虫害，不是果树病虫害的中间寄主，多选择黄豆、绿豆、花生、油菜、薯类等作物。间作物也应轮作换茬，逐年减种，待树冠郁闭后停止间作。

（3）果园生草：在杏园进行人工种草或自然生草的优点是保持水土，增加土壤有机质，改善土壤结构和理化性质，为果园建成良好的生态平衡系统，节省劳力资金开支。但生草园需肥水较多，且连年生草会导致果树根系上浮，因此，5～7年后应翻耕休闲1～2年，然后再重新生草。生草制一般实行行间生草、行内清耕或覆草。人工种草可选择三叶草、三叶苜子、紫云英、黑麦草等。当草长至30厘米时，进行刈割，一年刈割5～8次，割下的草撒到行内树下，任其腐烂。生草制每年应当补充肥料，增加灌水。

（4）果园覆盖：在树盘、树行或杏园实行覆盖，是一项缓温、保湿、控草、改土、肥地的有效措施，可用作物秸秆、糠壳、树叶、杂草等作覆盖物，以夏、秋两季较好。杏园全园覆草每亩需2000千克，局部覆盖每亩需1000～1200千克，覆草厚度为15～20厘米。覆草前先施氮肥（每株0.2～0.6千克），以保持适宜的碳氮比。实行地膜覆盖，虽然不能增加土壤有机质，但防虫等其他作用较为明显。

（5）清耕：清耕是在园内进行中耕除草。此法可使土壤疏松通气，地面干净无草，但费工、费力，又易造成水土流失，肥力下降。在地势平坦、肥力较高的园地，可采用此项措施。

2.合理施肥

（1）基肥：基肥是杏园的主要肥料，多施用有机物含量多的厩肥、堆肥及猪粪、鸡粪和羊粪等，农家迟效性肥料应占全年施肥总量的70%左右。基肥多在9月施，根据树冠、土壤肥瘠、栽植密度和产量及肥料质量而确定肥量。定植当年幼树株施猪粪15千克、过磷酸钙300克；第二年株施猪粪20千克，过磷酸钙500克或饼肥1千克、碳酸氢铵0.5千克；第三年株施猪粪25千克，过磷酸钙1千克或饼肥1～1.5千克、尿素0.2千克；第四年果树进入盛果期后，株施猪粪30～50千克、过磷酸钙1.5千克或饼肥2千克加尿素0.2～0.5千克。施肥方法以放射状沟施较好，逐年交替变换位置，也可以挖环状沟施肥。

（2）追肥

①定植当年，发芽2～3厘米时施第一次肥，以后每15～20天施一次，每次施尿素5～10千克、过磷酸钙5～10千克，可结合人畜粪水施入，至7月初停止追肥。

②第二年2月下旬株施硫酸钾50克，4月中旬、6月下旬各追肥一次，氮、磷、钾肥配合使用，每次株施尿素50～100克，过磷酸钙50克，猪、鸡粪水15千克。

③3～4年后杏树进入盛果期，每年追肥四次。第一次于花前10天左右追肥，以速效氮肥为主，一般每亩施尿素20千克；第二次于花后追肥，应及时追施速效氮、钾肥，以减少生理落果，提高坐果率，促进幼果和新梢同时生长；第三次于果实膨大及花芽分化期追肥，以氮、磷、钾肥为主，每亩施尿素10千克、过磷酸钙15千克、硫酸钾15千克，并注意根外喷施微量元素肥料；第四次于果实生长后期施用，要多施氮、钾肥，尤其是钾肥，目的是补充树体因结果过多所消耗的营养，并为花芽分化积累更多的养分，一般每亩施尿素20千克、硫酸钾20千克。

（3）根外追肥（叶面喷肥）：根外追肥的肥效短，因此要勤喷，一年喷施4～6次。可结合防治病虫一并进行,花前用 0.5%~1%尿素喷枝干,花后喷 0.2%~0.3%磷酸二氢钾、0.3%尿素、5%~10%蔗糖混合液,采果前喷 0.3%~0.4%磷酸二氢钾,采果后每半月喷一次 0.3%尿素、0.3%磷酸二氢钾混合液。宜选在傍晚或早晨进行根外追肥,这样有利于肥料的吸收。

3.水分管理

(1)灌水:北方地区要重点做好杏树三个关键时期的灌水。①花前灌水(萌动水):灌水时间最迟不能晚于花前 12 天。浇水量要大些,使土壤含水量达到 70%,相当于每亩灌 30 吨水,这样可保证开花、坐果及新梢生长的需要。②硬核期灌水:硬核期是杏树需水临界期,如果土壤水分不足,浇一次透水便十分重要。否则,杏树会大量落果,妨碍果实发育。③灌封冻水:北方地区的杏园,在土壤结冻前灌足封冻水,能保证树根部在冬、春季的良好发育,为下一个生长季的丰收奠定基础。在生产中传统的灌溉方式是地面灌溉,包括树盘灌水、沟灌、漫灌等。目前,国内一些果园已开始应用先进的机械化节水灌溉技术,如喷灌、滴灌、地下灌溉、管道灌溉等。

(2)排水:杏树不耐涝,雨季应注意及时排水。7—8 月花芽生理分化期,若遇绵雨,更应注意排水,保持适度干旱有利于花芽分化。

(四)整形修剪

1.杏树的生长结果习性

杏树的萌芽率、成枝力均较弱,枝条基部的芽往往不萌发而成为潜伏芽,造成枝条基部光秃,但潜伏芽的寿命长,可达 20~30 年。

杏树的花芽是纯花芽,着生在枝条的叶腋间或顶端,有单花芽和复花芽之分。单花芽着生在新梢或副梢的顶端,坐果率较低。复花芽两旁为花芽,中间为叶芽,这样的花芽坐果率高。枝条的上部多单花芽,下部多复花芽。

杏树的果枝可分为长、中、短果枝和花束状果枝,结实力以短果枝和花束状果枝较强。

杏树的花有雌蕊退化花,只开花不能坐果,这种现象与树势、结果枝的类型及其着生部位等有关。树势弱,退化花多;中、长果枝退化花多;短果枝和花束状果枝退化花少;秋梢上的退化花比夏梢上的多,夏梢上的比春梢上的多;越靠近枝条基部退化花越多;退化花是杏树产量低的一个重要原因。

2.主要树形及整形技术

(1)小冠疏层形:干高 40~60 厘米,有中心主干。第一层有三个主枝,层内距为 15~20 厘米。第二层有两个主枝,距第一层主枝 60~80 厘米,而且这两个主枝与第一层的三个主枝插空选留,以上开心。每个主枝配置 1~2 个侧枝。

整形技术:第一年定干 60~70 厘米,从剪口下长出的新梢中,选出一个健壮的直立枝条作为主干延长枝,在其下部的枝条中选出三个长势较强的、分布较均匀的枝条,作为第一层的三个大主枝。留作主枝的枝条,任其充分生长;对其余的枝条,进行摘心、疏除或短截,控制其生长。冬季修剪时,第一层的三个大主枝剪留 50 厘米左右,主干延长枝剪留 60 厘米。翌年春天,从杏树主干延长枝的剪口下长出的枝条中,除选出一个主干延长枝外,对其余的枝条要拉平,进行缓放,以培养永久性的大结果枝组。冬季,对杏树中心干延长枝剪留 50 厘米左右,当年选留两个长势、角度、方向良好的枝条,作为第二层主枝。第二层主枝要求与第一层主枝相互错开,不重叠。对第一层主枝,还是剪留 50 厘米左右,其余的枝条要控制生长,进行摘心、短截或疏除。翌年冬剪时,第二层主枝剪留 40～50 厘米。按此方法进行修剪,可将杏树培养成树高 3.0～3.5 米、具有五大主枝的理想树形。

(2)自然圆头形:该树形是顺应杏树的自然生长习性,人为稍加改造而成的,主要特征是没有明显的主干。干高 50～60 厘米,主干上着生 5～6 个错落分布的主枝,主枝基部与树干成 45°～50°角。这种树形修剪量小,整形容易,成形快,结果早,易丰产,适合密植栽培,但后期内膛容易光秃。直立性较强的品种采用此树形效果较好。

整形技术:苗木定干后,经过 1～2 年时间,在整形带内选留 5～6 个错落着生的主枝,除最上部一个主枝向上延伸外,其余皆向外围伸展,主枝基部开张角度为 45°～50°。当主枝长达 50～60 厘米时,进行剪截或摘心,促其生成 2～3 个侧枝,侧枝在主枝两侧均匀错落分布,主枝头继续延伸。当侧枝达 30～50 厘米长时摘心,使其上形成结果枝并逐渐形成结果枝组。

(3)杯状形:干高 30～50 厘米,主干上均匀配置 3～5 个主枝。主枝单轴延伸,没有侧枝,在其上直接着生结果枝组。主枝开张角度为 25°～35°,枝展直径为 1～1.5 米。此树形的主要特点是主枝上没有侧枝,直接培养结果枝组。主枝的开张角度小,结构紧凑,通风透光效果好,内膛枝没有枯死现象,树体丰产、稳产性强。

整形技术:栽植后应从干高 50～60 厘米处定干。从剪口下长出的新梢中,选出 3～4 个生长健壮、方向适宜的枝条,作为主枝;对其余的枝条可以缓放或进行摘心,以保证选留的主枝苗壮生长。第一年冬季,主枝剪留 60 厘米左右,剪口芽选用外芽或侧芽。除选留的主枝外,竞争枝一律疏剪,其余的枝条依空间的大小进行适当的轻剪或不剪。翌年春天,在剪口下长出的新梢中,选出方向正的健壮枝条,作为主枝延长枝条来培养。对其余的枝条,进行适当的摘心处理,培养结果枝组。在整个生长季节中,宜进行 2～3 次修剪,以使枝条长势均匀。竞争枝要及时疏除;生长中等的斜生枝,要尽量保留或轻剪,以促其提早形成花芽。至冬季,主枝延长枝还是剪留 60 厘米左右,其余的枝条按空间的大小决定其去留。除长势很旺的竞争枝要疏去或重剪外,一般枝条都尽量轻剪。第三年,按上述方法继续培养主枝延长枝,并在各主枝的外侧选留 1～2 个侧枝作培养结果枝组用。各主枝上的结果枝组要分布均匀,避免互相交错重叠。第四年可完成树形培养。

(4)开心形:主干上有三个主枝,层内距为 10～15 厘米,以 120°平面夹角均匀分布,开张角度为 45°左右。每个主枝上留 1～2 个侧枝,无中心干,干高 30～50 厘米。开心形的特点是树干低矮,无中心干,主枝少,通风透光条件好,适合于贫瘠的丘陵山地、水肥条件较差地区的鲜食杏树;不足之处是主枝少,易下垂,树下管理不方便,树体容易衰老,寿命较短。

整形技术:定植后应从干高 50～60 厘米处定干。从剪口下长出的新梢中,选留 3～4 个生长健壮、方向适宜的新梢作为主枝;对其余生长旺的枝条,应拉平或疏去;生长中等的枝条进行摘心,以增加枝叶量,保证选留的主枝正常生长。第一年冬季,主枝剪留 50 厘米左右,剪口芽留外芽,以开张角度。除选留的主枝外,竞争枝一律疏剪,其余的枝条依空间的大小进行适当的轻剪或不剪。第二年春季,在剪口下芽长出的新梢中,选出角度大、方向正的健壮枝条,作为主枝延长枝条来培养;对其余的枝条加以适当的控制,以保证主枝延长枝的生长优势。在整个生长季节中,宜进行 2～3 次修剪,以使枝条长势均匀。对竞争枝要及时疏除,其余的枝应尽量保留或轻剪,以促其提早形成花芽,保证前期产量。

冬季,主枝延长枝还是剪留 50 厘米左右,其余的枝条按空间的大小决定去留。第三年,按上述方法继续培养主枝延长枝,并在各主枝的外侧选留第一侧枝。各主枝上的侧枝要分布均匀,避免互相交错重叠。侧枝的角度要比主枝大,以保持主侧枝的从属关系。按此方法,每个主枝上选留 2~3 个侧枝。第四年即可完成树形培养。

3.修剪技术

(1)幼龄杏树的修剪:由定植到结果初期,杏树修剪的目的在于配合整形,建成合理的树体骨架,促进分枝,尽快扩大树冠,增加结果部位,为早期丰产创造条件。杏树幼树的修剪主要是短截主枝和侧枝的延长枝促生分枝,增加枝量并保持主侧枝的继续延伸。杏树发枝力弱,剪口刺激仅及剪口下 2~3 个芽。修剪量以剪去一年生枝的 1/3~1/4 为宜。应掌握"粗枝少剪、细枝多剪,长枝多剪、短枝少剪"的原则。枝条基部粗度在 1 厘米左右时,可剪去 1/2~1/3;粗度为 1.2~1.5 厘米时剪去 1/3~1/4;基部粗度大于 1.6 厘米时,不剪,予以缓放。对有二次枝的延长枝,可视二次枝着生部位的高低,或在其前部剪截,或在其后部剪截。

对非骨干枝,除及时疏去直立性竞争枝外,其余均予以较轻的短截,促其形成果枝或结果枝组。一些直立性强、树势过旺的幼树常在主枝上发生较多的直立性枝条,长者可达 1 米以上,其上还可形成花芽,但一般不会结果。对此类枝,除与主侧枝相竞争者必须疏除外,可用拉枝或扭梢的方法将其转成水平状态,待其萌发短枝之后予以回缩,转成结果枝组,也可于此类枝条抽发的早期,以摘心或连续摘心促其在当年形成结果枝组。

幼树的结果枝均应保留,除花束状结果枝外,其余的进行轻短截。幼树的长果枝很少坐果,应剪截 1/3 左右使其转化成结果枝组。

幼树的修剪宜轻不宜重,应尽量少疏除枝条以利于早期丰产。可多用拉枝、摘心等夏剪手段整形,既可减少修剪量,又有利于结果枝和结果枝组的培养。

(2)初果期杏树的修剪:杏树定植后,一般三年左右即可开始结果,也就是进入初果期。结果初期的杏树,仍然保持着很强的长势,枝条生长不规则的特性仍然表现得十分明显。常易抽生强枝,特别是在拐弯处,以及平直伸展的枝上,直立性强的枝条抽生较多,如不及时处理,容易扰乱树形,影响骨干枝的生长发育。此期的营养生长势,仍然强于生殖生长。结果初期修剪的主要内容是:继续培养树形和扩大树冠;培养结果枝组,增加结果部位;在整形的同时,争取一定产量。

对骨干枝上直立生长的强旺直立枝、竞争枝、密生枝及树冠内膛影响光照的交叉枝等,应适时疏除,使枝条疏密适中,分布均匀,互不干扰,利于通风透光。短截部分长枝,促生分枝,培养结果枝组。对树冠内部萌发的、长势较为旺盛的、着生位置适宜的徒长性枝条,可适时摘心,缓放利用。修剪各级主、侧枝时,要选留饱满外芽,使其继续向外延伸,扩大树冠。

(3)盛果期杏树的修剪:杏树结果早,进入盛果期也快,一般在定植后七年左右即可进入盛果期。盛果期修剪在于调节结果与生长的关系,保持稳产丰产。为使每年都有一定量的新枝发生,维持树冠体积,并补充因内部结果枝枯死而减少的结果部位,要对主、侧枝的延长枝进行较重的短截,一般可剪去 1/2~1/3。为平衡负载,对于大量的短果枝和花束状枝,要进行适度的疏间。对短果枝和中果枝也要进行短截,一般短果枝剪去 1/2,中果枝剪去 1/3。为防止结果部位外移,对大中型枝组要进行回缩。对中轴有拇指粗细的枝组可回缩到二年生部位;稍细些的枝组,回缩到延长枝基部。

盛果期杏树常由于产量的重压使主枝变成水平状,外围枝条下垂,应选外围向上的分枝处回缩以抬高其角度。同时,应对背上枝进行重短截或反复摘心,将其培养成结果枝组。对树冠内部的交叉枝、重叠枝应进行回缩或疏除。注意清除病虫枝和枯死枝。

盛果期杏树在生长旺季叶幕繁茂,树冠郁闭,应及时施行夏剪,短截或疏除部分冗长的枝条以改善光照条件,采后修剪更有利于叶幕结果的调整,减少养分的无谓消耗,使树体营养得到更合理的分配。修剪程度以树冠地面投影出现"花阴凉"为宜。

(4)衰老期杏树的修剪:杏树进入衰老期以后,树冠外围的年生长量和新梢生长量逐年减小,年生长量只有3~5厘米,内部枯死枝增多,骨干枝中下部开始秃裸,结果部位外移,大小年结果现象严重。对老树修剪的目的在于使老树更新复壮,恢复树势,延长经济寿命。

衰老期杏树修剪的主要内容是:在主枝或侧枝的中部进行缩剪,刺激潜伏芽萌发后,选留和培养壮枝,重新形成树冠。利用主枝的基部或中部萌发的徒长枝,更新结果枝组。此期在树冠内膛所发生的徒长枝,也应尽量予以保留,适时摘心或短截后,促其抽生分枝,成花结果。

衰老期杏树更新修剪的具体做法是:按树体骨干枝的主从顺序,先主枝、后侧枝,依次回缩,回缩的程度应遵循"粗枝长留、细枝短留"的原则,一般可锯去原枝长的1/2~1/3。为了保险起见,锯口要落在一个"根枝"的前面3~5厘米处。所谓"根枝",是指锯口下向上生长的枝条或枝组。对根枝也要短截,锯口要削平并涂以油漆或黏泥,以利伤口愈合。大枝回缩后,更新枝可自锯口下的枝干上发出,也可自根枝上发出,应先留方向好的更新枝作为新的骨干枝培养,多余的及时疏除或摘心。对骨干枝背上生长的更新枝,可及时给予较强的摘心(留20厘米左右),待二次枝发出后选1~2个强壮者在30厘米处进行第二次摘心,当年即可形成结果枝组并形成花芽。对膛内的徒长枝也要充分利用,及时摘心,以形成新的结果部位。

由于衰老树的更新修剪要锯除大枝,会造成较大伤口,故宜在春季树体发芽时进行,以利伤口的愈合;还要配合施肥、浇水并追施速效氮肥,以利于更新枝的萌发和生长。

更新枝发出后生长迅速,很不牢固,尤其是自老干上隐芽发出的更新枝极易被风摇折,应在锯口下的老干上绑上支棍,将更新枝捆在支棍上,不使其随风摇动。老树更新修剪之后,留下的主干、主枝极易遭日灼而导致流胶,应及时刮皮、涂白予以保护。

(五)花果管理

1.落花落果原因

杏树花量大,但其自然坐果率极低,而且落花落果严重。据调查,杏树落花落果有三次高峰。第一次在终花期,落花率达95%,主要原因是花器发育不完全,失去受精能力或未受精。第二次在幼果形成期,落花率达51.4%,主要是由授粉受精不良而造成的。第三次在硬核期,落花率在18%以上,主要原因是营养供应不足或硬核期干旱,胚中途停止发育,以致死亡,造成落果。

2.保花保果技术

(1)人工辅助授粉:杏的多数品种具有自花不实的现象。人工辅助授粉是防止落花落果、提高坐果率的最有效措施,在暖冬年份,败育花多,尤其要进行人工授粉。最佳的授粉时间是主栽品种的盛花初期,选择温暖的天气进行,争取在 2～3 天内对全园杏树授粉完毕。不要对全树普遍授粉,以预定坐果位置的花为主,比预订量多授 20% 的花即可。应选择向两侧或向下的花朵授粉。授粉的方法可采用人工点授法、液体授粉法和电动采粉授粉器授粉法。

(2)花期放蜂:花期放蜜蜂和角额壁蜂,可使坐果率提高 20% 左右,增产效果明显。角额壁蜂在开花前 5～10 天释放,每亩果园放 30～40 只。一般放蜂后 5 天左右为出蜂高峰,此时正值始花期,角额壁蜂出巢访花的时间正是授粉的最佳时间。蜜蜂在杏花初放时放入果园,一般每亩放蜜蜂量为 300 只左右,蜂群之间应相距 100～150 米。蜜蜂的授粉效果远不如角额壁蜂。

(3)喷施激素和营养元素:花期适时喷施具有保花保果作用的外源激素或营养元素,可充分补充树体内源激素的不足,激活树体内酶的活性,提高树体的坐果能力。据测定,硼具有增加花粉活力、促进花粉管的生长及受精的作用;赤霉素具有促进授粉受精和子房膨大的作用;稀土具有促进花粉萌发、提高坐果率的作用;磷、钾肥可促进蛋白质的合成,改善树体营养,减少生理落果,提高坐果率。但是,不同品种对激素和营养元素的反应因诸多因素而有差异,在生产上应用时要先进行试验,切不可盲目喷施。

3.疏花疏果技术

疏花主要是疏花枝,即在花前复剪时将过密、瘦弱、受病虫危害的短果枝和花束状果枝疏去一部分。疏花量视树势强弱而定,壮树少疏,弱树多疏,大果型品种多疏,小果型品种少疏。疏花一般在蕾期和花期进行。在保证坐果率及预期产量标准的前提下,疏花越早越好。

由于杏树存在败育花,且结果习性与其他果树不同,因此疏果比疏花效果要稳妥。疏果一般越早越好,通常在第二次落果开始后,坐果相对稳定时进行,最迟在硬核期开始时完成。疏果时,应选留具有品质特征的发育正常的果实,将病虫果、畸形果和小型果全部疏除,摘除过密果,并应疏除向上着生的果,保留侧生和向下着生的果,使留下的果均匀分布于结果枝上,每亩产量控制在 1500 千克左右。

4.生长调节剂的应用

应用生长调节剂,可使幼树早产早丰,结果树高产优质。可供使用的生长调节剂有下面几种:

(1)多效唑:多效唑是一种植物生长延缓剂。为控制杏树新梢生长,可于 7 月中下旬和 8 月上中旬各喷一次多效唑 150～200 倍液。隔株施有效成分的 0.5～0.7 克,加水稀释后挖浅沟浇灌,然后覆土。一次施药,三年有效。

(2)赤霉素:在盛花期喷施 50～100 毫克/升的赤霉素,可明显提高坐果率。在 10 月中旬喷施 50 毫克/升的赤霉素,可使花期延迟 3～4 天。

(3)乙烯利:乙烯利可抑制新梢生长,促进花芽分化,加速果实成熟着色,延迟花期,使果实提前休眠,提高抗寒性。在 10 月中旬喷施 100～200 毫克/升的乙烯利,可使花期延迟 2～5 天。

(4)青鲜素:在杏树花芽膨大期,喷施 500～2000 毫克/升的青鲜素,可使花期延迟 4～6 天,使花芽受冻量减少 20% 以上。

(5)石灰乳:在花芽露白时喷石灰乳,可使花期延迟 5～6 天。

5.增施有机肥

凡是秋施腐熟有机肥的杏树,尤其在果实膨大期再增施复合肥或钾肥的,其平均单果重、可溶性固形物含量和总糖含量,均有较大的提高,而总酸含量则比不施有机肥或单施化肥的有所下降。因此,为了提高果实品质,必须增施有机肥,并注意进行配方施肥。例如,对于单株产量为50千克的骆驼黄杏,秋季应株施腐熟鸡粪50千克,果实膨大期应株施果树专用复合肥0.2千克或氯化钾(磷酸二氢钾)0.5千克。

四、主要病虫害及其防治

（一）主要病害及其防治

1.杏细菌性穿孔病

杏细菌性穿孔病主要危害杏、桃、李、樱桃等核果类果树的叶片以及果实和枝梢。叶片发病,初为水渍状小点,扩大后成圆形或不规则形病斑,病斑周围呈水渍状并有黄绿色晕圈。后病斑干枯发白,病、健组织交界处出现一圈裂缝,脱落后形成穿孔,或一部分与叶片相连。该病常造成大量落叶,削弱树势造成减产,还影响杏树翌年产量。枝条受害后,会出现春季溃疡和夏季溃疡两种类型。果实被害后,果面出现圆形、暗紫色、中央稍凹陷的病斑,边缘呈水渍状。天气潮湿时,病斑上出现黄白色黏质物,干燥时常发生小裂纹。细菌在枝条皮层组织内越冬,翌春开始活动。该病一般于5月开始出现,7—8月严重;温度适宜,雨水频繁或多雾、重雾季节发病重;大暴雨可抑制病菌的繁殖和侵染。若杏园地势低洼、排水不良、通风透光差、偏施氮肥等,则发病较重。

防治方法如下:①加强水肥管理,增施有机肥,避免偏施氮肥;合理修剪,注意果园通风透光。②秋后结合冬剪,剪除病枝,清除落叶并集中烧毁。③发芽前喷洒5波美度石硫合剂或晶体石硫合剂30倍液、1∶1∶100的波尔多液、30％绿得保胶悬剂400～500倍液。发芽后喷72％农用链霉素可溶性粉剂3000倍液或硫酸链霉素4000倍液;亦可喷洒1∶1∶500的机油乳剂和代森锰锌混合液,可兼治蚜虫、介壳虫等;还可选用1∶4∶240的硫酸锌石灰液,每15天喷一次,连喷2～3次。

2.杏疔病

杏疔病又名"红肿病""杏黄病",主要危害新梢、叶片,也危害花和果实。新梢受害,生长缓慢,节间缩短变粗而呈簇生状,逐年枯死,树冠不易扩大,结果少,树势衰弱,寿命缩短。病叶变黄,沿叶脉向叶肉扩展,最后全叶变黄增厚,叶柄变短、变粗,基部肿胀,革质化,正反两面散生许多褐色小粒点。花受害,花萼肥厚,不易开放,花萼、花瓣不易脱落。果实受害,生长停滞,产生淡黄色病斑,其上生红褐色小粒点,后期干缩脱落或挂在枝上。病菌以子囊壳在病叶内越冬。挂在树上的病叶是翌年病菌主要的初次侵染来源。春季,子囊壳中放射出子囊孢子,随气流传播到幼芽上,条件适宜时,很快萌发侵染。

防治方法如下:①结合冬剪将病枝、病叶剪掉,连同地上的落叶清扫干净,并集中深埋或烧毁。杏树在生长季节出现症状时亦要进行清除,连续清除2～3年可有效地控制病情。②在杏树展叶时喷1∶1.5∶200的波尔多液或30％绿得宝胶悬剂500倍液,15天后再喷一次。

3.杏流胶病

杏流胶病主要危害枝、干,果实亦受害。枝、干受害后,病部稍隆起,流出半透明状黄褐色胶质,干燥后变硬呈红褐至黑褐色,后期龟裂。大量流胶会致树势衰弱,严重时,枝干将枯死。果实发病后胶质溢于果面,影响果实的商品价值。雨季,特别是长期干旱后偶降暴雨,流胶病常严重。一般树龄大的杏树较幼龄树发病重。沙壤土和含砾质的壤土栽培的杏树较黏壤土、肥沃的土壤栽培的发病重。流胶与害虫危害有关,蟽象危害严重的,果实流胶严重;天牛、吉丁虫危害严重的,主干、主枝流胶严重。

防治方法如下:①加强栽培管理,增施有机肥;低洼积水地注意排水,盐碱地挖沟排盐;合理修剪,减少枝、干伤口;杏园应避免连作。②冬、春季树干涂白,可在白涂剂中加入2波美度石硫合剂;及时防治天牛、吉丁虫、介壳虫、蟽象、腐烂病、溃疡病、干枯病、细菌性穿孔病等病虫害,增强树势。③萌芽前,刮除流胶病块,涂抹佰明98灵原液,防治效果较好。

4.杏褐腐病

杏褐腐病主要危害杏果,有两种症状:一是近成熟果染病后,初期形成稍凹陷、圆形、暗褐色病斑,后迅速扩大,果实变软腐烂,病斑上生黄褐色绒状颗粒,不规则或轮生。被害果多早期脱落,少数挂在树上形成僵果。二是危害果实、花及叶片。果实染病后生出灰色绒状颗粒,有时引起花腐;叶片染病后会出现大型暗绿色水渍状斑,多雨时致叶腐。病菌在僵果中越冬,翌年春天产生分生孢子,借风雨传播,经伤口或皮孔侵入,于果实近成熟或采收后侵染。多雨、高湿条件会加重病害发生。

防治方法如下:①清除树上、树下的病果、僵果,并集中深埋或烧毁。②避免果面产生伤口。③果实近成熟时喷洒36%甲基硫菌灵悬浮剂500倍液或50%苯菌灵可湿性粉剂1500倍液、60%防霉宝可湿性粉剂800倍液、65%抗霉灵可湿性粉剂1500~2000倍液。

5.杏疮痂病

杏疮痂病主要危害果实,造成果面龟裂,使之粗糙,不能食用;同时,也危害叶片和叶梢,使叶片早落,新梢枯死,严重时整株树死亡。杏疮痂病是由真菌引起的,病菌以菌丝体在病枝中越冬,第二年春天借风雨传播。

防治办法如下:①加强果园管理。结合修剪,剪除有病枝梢,予以销毁,以减少病菌源。雨后做好开沟排水工作,降低果园湿度,可减轻发病。②喷药防治。在早春发芽前对树体喷5波美度石硫合剂,落花后半个月开始至6月间,每隔半个月左右喷一次14.5%多效灵1000~1200倍液。

(二)主要虫害及其防治

1.杏球坚蚧

杏球坚蚧又名"朝鲜球坚蚧""桃球坚介壳虫",危害树种有杏、桃、李等。其以雌成虫、若虫群集在枝条及叶片上吸食汁液危害,受害枝皮层坏死后干瘪凹陷,生长衰弱,受害严重枝条干枯死亡。该虫在北方一年发生一代,以2龄若虫在小枝上越冬,翌年3月中下旬开始活动,群集在小枝上,活动缓慢。4月上旬虫体开始膨大,分散固定危害,体背分泌蜡质。该虫的主要天敌为黑缘红瓢虫。

防治方法如下:①早春发芽前,喷5波美度石硫合剂或5%柴油乳剂(要将药剂喷到虫体上),可杀死越冬若虫。②在5月中下旬若虫孵化期,喷50%马拉硫磷乳油1000倍液、50%敌敌畏乳油1000倍液或0.2~0.3波美度石硫合剂。③注意保护和利用天敌,减少喷洒广谱性杀虫剂。在天敌多的果园可不喷药,利用天敌抑制虫害发生。④5月上旬用玉米芯或硬刷,擦刷越冬若虫。

2.红颈天牛

红颈天牛又名"红脖老牛""钻木虫"等,危害树种有杏、桃、李、樱桃等。其以幼虫蛀食枝干的韧皮部和木质部,蛀成弯曲的孔道,把虫粪排出孔外,造成树干中空,树势衰弱,影响树体正常的生长发育,严重者会引起死树。该虫在华北地区 2～3 年完成一代,以幼虫在蛀食的虫道内越冬。

防治方法如下:①在成虫发生期进行人工捕捉,特别是在雨后晴天成虫最多。②于成虫发生前,在树干、主枝上涂刷白涂剂(配方是生石灰 10 份、硫黄粉 1 份、水 40 份),防止成虫产卵。③在幼虫危害皮层阶段,用小刀将其挖出杀死。已蛀入木质部的幼虫,可用 20 号钢丝弯成小钩,伸进蛀孔将其钩出杀死;对钩不出来的幼虫,可用旧棉花蘸 50％敌敌畏 50 倍液堵塞虫孔,再用黄泥封严孔口,以熏杀幼虫。

3.桃蚜

桃蚜又名"桃赤蚜""烟蚜"等,主要危害杏、桃、李、苹果等果树。叶片受害后向背面不规则地卷曲,影响新梢生长和花芽形成;果实受害后生长受阻,果个小。桃蚜分泌物会污染叶面和果面。

防治方法如下:①冬剪时剪除有卵虫枝,并集中烧毁。②展叶后用阿维菌素涂抹树干。方法是绕树干刮除宽 3～4 厘米一圈粗皮,注意不可刮得太深,以防发生药害,刮到露出白色为止。然后涂 10 份 2％阿维菌素加 7 份水的稀释液,再用废纸包扎。③在杏树开花前后各喷一次下列药剂,可有效地控制桃蚜危害:20％速灭杀丁乳油 2000 倍液、45％马拉硫磷乳油 1000 倍液、50％杀螟松乳油 800 倍液、50％辟蚜雾(抗蚜威)可湿性粉剂 2500 倍液、0.65％苗蒿素杀虫剂 400～500 倍液。

4.桑白蚧

桑白蚧又名"桑盾蚧""桃介壳虫""桑介壳虫",危害树种有杏、桃、李、樱桃、苹果、梨、柿、核桃等。其以若虫和雌成虫群集固着在枝条上吸食养分。自小枝到主枝均可受该虫危害,二至三年生枝受害最重。该虫害发生严重时整个枝条被虫体覆盖,并重叠成层,远看很像涂了一层白蜡。被害处由于不能正常生长发育而凹陷,使受害枝条的皮层凹凸不平,发育不良,受害严重的枝条往往出现干枯,直至死亡。该虫在北方一年发生两代,以第二代受精雌成虫在枝条上越冬,越冬雌成虫于 5 月开始产卵。桑白蚧的天敌有软蚧蚜小蜂、红点唇瓢虫。

防治方法如下:①消灭树体上的越冬雌成虫是压低虫口基数的主要措施。其方法是在果树发芽前喷 5％石油乳剂或 5 波美度石硫合剂,也可喷 3％的石油乳剂加 0.1％二硝基酚,防治效果均好。②第一、二代若虫孵化的初、盛末期,各喷一次下列药剂中的一种,可有效消灭若虫:0.3 波美度石硫合剂、45％马拉硫磷乳油 800 倍液、50％辛硫磷乳油 1000 倍液、25％西维因可湿性粉剂 500 倍液。上述药剂必须在幼虫未分泌蜡粉前喷洒。③雄成虫羽化盛期,喷 50％敌敌畏乳油 1500 倍液,可消灭大部分雄成虫,能有效地控制其发生。④对发病严重的枝条,可人工刷除虫体或剪枝烧毁。⑤保护和利用天敌。若发现有瓢虫(红点唇瓢虫、黑缘红瓢虫等),在喷药时应尽量注意保护。

5.天幕毛虫

天幕毛虫又名"梅毛虫""顶针虫""带枯叶蛾"等,主要危害山楂、苹果、梨、桃、李、杏等多种果树和林木。幼虫群集吐丝结成网幕,取食嫩芽和叶片。该虫一年发生一代,以幼虫在卵壳内越冬。每年4月杏树展叶时,幼虫破壳而出,群集危害,稍长大后即吐丝拉成网幕。幼虫白天在网内,夜间出来取食,蜕皮于网上。幼虫近老熟时分散取食,白天往往群集于枝杈处静伏,晚上取食,暴食成灾害。幼虫突然受震动有假死附地的习性。成虫有趋光性。

防治方法如下:①采摘卵块,集中存放(此虫有两种卵寄生蜂),幼虫孵出后集中杀死,放走寄生蜂。②幼虫白天群集,尤其大幼虫常群集于枝杈处,白天静伏,可以人工捕杀。③幼虫发生期为5—6月,可喷溴氰菊酯、杀灭菊酯、灭扫利等菊酯类农药的2000~3000倍液,也可喷敌百虫、辛硫磷、杀螟硫磷等农药的800~1000倍液进行防治。

6.杏仁蜂

杏仁蜂主要危害杏、桃。幼虫在杏树内蛀食杏仁,可将杏仁吃光,造成落果或果实干缩后挂在树上。此虫一年发生一代,以幼虫在落杏核内或枯干枝条上的杏核内越冬;次年4月化蛹,杏落花后开始羽化;出土后在地表停留1~2小时,开始飞翔,进行交尾,产卵于杏核皮之间;孵化出的幼虫在核内食害杏仁,造成大量落果。

防治方法如下:①于秋冬季收集园中落杏、杏核,并震落树上的干杏,集中烧毁,可基本消灭杏仁蜂。②结合果园冬季耕翻,将落地杏核埋在土中,可防止成虫羽化出土。③杏核因杏仁蜂蛀食而体轻,可用水选法淘出漂浮在水面的受害核,并集中销毁。④成虫羽化期,在地面撒3%辛硫磷颗粒剂,每株250~300克;或25%辛硫磷胶囊,每株30~50克;或50%辛硫磷乳油30~50倍液。撒药后浅耙,使药土混合。⑤落花后向树上喷洒20%速灭杀丁乳油或20%中西杀灭菊酯乳油3000倍液,消灭成虫,防止产卵。

7.杏象鼻虫

杏象鼻虫主要危害杏、桃、李、苹果等。其以成虫食害芽、嫩枝、花、果实,幼虫在果内蛀食果肉,成虫产卵时先咬伤果柄。此虫一年发生一代,以成虫在土中越冬,翌年杏树开花时出现成虫,咬食嫩芽、嫩叶和花蕾。5月中下旬产卵于幼果虫孔内,卵期为7~8天,幼虫孵化后在果内食害果肉和果核,导致被害果落地。

防治方法如下:①于成虫出土期(3月底至4月初)的清晨震树,利用成虫的假死性进行人工捕杀。②及时捡拾落果,集中处理,消灭幼虫。③成虫发生期,向树上喷洒90%敌百虫600~800倍液,10~15天喷一次,连喷2~3次即可。

五、果实采收

合适的采收时间,既可以保证获得最高杏产量,减少损失,又可以保证有良好的杏果质量。采收时间的确定,一般取决于品种的成熟期、果实的消费方向(鲜食、加工、当地市场出售、远销外地等)、天气条件和运输方向。

杏果成熟一般可分为三种程度,即可采成熟度、可食成熟度和生理成熟度。

杏果已发育到该品种果实的固有大小,果面由绿色转为黄绿,阳面呈现红晕,但杏果仍然坚硬时,视为达到可采成熟度。此时杏果内部营养已经完成积累,只是未能充分转化。此时采收,在经过一系列商品化处理后,杏果达到可食的最佳状态,需要远销外地的杏果宜于此时采收。

杏果果面绿色完全退去,呈现出该品种的固有色调和色相,果肉由硬变软,并散发出固有的香气时,视为达到了可食成熟度,鲜销或一般加工用的杏果应于此时采收。

杏果果肉变得松软,部分果实由树上自然落下,视为达到了生理成熟度。此时杏果虽然有最好的食用风味,但已不能上市销售,失去其商品价值。

杏应在晴天露水退后开始摘采,一般以上午 10—12 时和下午 4 时以后摘采为宜。以鲜果供应市场或用于出口的杏果,为了保证果面的鲜亮和完整无损,手工采摘是最可靠的采收方法。

第五节 枣

由于枣树具有结果早、寿命长、繁殖容易、栽培管理简便、适应性广、抗冷性强、可防风固沙等特点,所以枣树在我国各地栽培极为普遍,北起内蒙古、吉林、辽宁,南至云贵两广及台湾地区均有栽培,其中尤以山东、河北、山西、河南、陕西等省栽培最多。

一、主要优良品种

(一)干制品种

1.圆铃枣

圆铃枣又名"紫铃""圆红""紫枣"等。该品种树势强健,适应性强,较耐瘠薄和盐碱,抗风沙;花量中等;主要盛产于山东聊城、德州、潍坊、泰安、济宁、菏泽等地。果实圆形或近圆形;果皮厚、坚韧、紫红色,果面不平滑;果肉厚,质地较紧密,汁少;出干率较高,最宜加工乌枣和红枣,干制品质优,最耐储运;果实生育期为 95 天左右,在产地于 9 月上中旬成熟,采前不落果,可在沙地、坡地栽植。

2.无核小枣

无核小枣又名"空心枣""虚心枣"等,以山东乐陵栽培较多,为我国名贵稀有传统品种之一,驰名中外。该品种树势较弱,树姿较开张,枝叶形态与金丝小枣很相似,要求深厚肥沃的壤土和黏壤土以及较好的肥水条件;土质较差、肥料不足易低产、早衰。果实圆柱形,中部稍细,大小很不整齐;果皮薄,鲜红至橙红色,富韧性;肉质细腻,较松软,汁少,核退化成膜质;果实生育期为 95 天左右,在产地于 9 月中旬成熟;因果小且结果迟,故单产较低,适于加工红枣和牙枣,品质上等。

3.长木枣

长木枣主产于山东商河、乐陵、滕州等地。该品种树势中等,树姿开张,枝条细软,易下垂,喜肥沃深厚土壤,适于密植,多嫁接繁殖。果实长椭圆形;果皮较厚,鲜红色,具紫色点片;果肉厚,肉质硬而致密,汁少,不宜鲜食;干制品深红色,美观,皱纹略深,肉质紧密饱满,富弹性;甜味浓,极耐储运;在产地于 9 月下旬成熟,为干制红枣的优良品种。

(二)鲜食品种

1.冬枣

冬枣主产于山东、河北等地。该品种树势中等,树姿开张,花量较大,产量中等,适应性较强,但以沙质壤土或黏质壤土最为适宜。果实圆形或略扁圆形,未熟前阳面常有红晕,成熟后红褐色,皮薄,形色美,故称"苹果枣";果肉较厚,肉质细嫩,特脆,汁多无渣,甜味浓,略具酸味,品质极佳;果实生育期为 120 天左右,在产地于 10 月上中旬成熟;品质极上等,为稀有的晚熟鲜食优良品种。

2.梨枣

梨枣又叫"铃枣""脆枣"等,在山东、河北等地有一定的栽培面积。该品种树势较强,树姿开张,花量大;花蕾大,雄蕊较短,一般无花粉,且自花不实,需配置适宜授粉树;结果早,较丰产,产量稳定。果实梨形或倒卵形,大小不整齐;果面鲜红色至红褐色,富光泽,外观美;皮薄肉厚,肉质细脆稍松,汁多,味甜微酸,甚可口,品质上等;果实生育期为 110 天,在产地于 9 月上中旬成熟。

3.沂水大雪枣

沂水大雪枣是山东沂水选育的地方品种,早果、丰产,比一般枣树提前四年进入丰产期,产量稳定,无大小年。果实近圆形,果个大,比一般枣大 2～3 倍;果肉绿白色,肉厚核小,甜脆,清香可口,汁中多,品质上等;霜降后成熟,属极晚熟鲜食优良品种,比一般品种晚熟近两个月;果实生育期为 130 天左右,在山东南部地区于 10 月中下旬成熟;耐储藏,常温下可储藏 60 天,恒温可储藏到春节后。

4.大白铃

大白铃又名"鸭蛋枣""馒头枣",主产于山东夏津、临清等地。果实近圆形,果个大;果面有明显起伏,果皮棕红色,有光泽;果肉松脆,稍粗,汁液中多,味甜,品质中上等,为中熟鲜食品种;果实生育期为 90 天左右,无裂果现象。

5.莒州贡枣

莒州贡枣是山东莒县选育的晚熟鲜食品种。果实偏圆或圆形;成熟时果皮全面红褐色,有光泽,外观美;果肉淡绿色,致密而硬脆,汁多,甜脆爽口,品质上等;在产地果实于 10 月中下旬成熟;抗病虫,抗裂果。

6.疙瘩脆枣

疙瘩脆枣主产于山东泰安、长清、宁阳、邹城等地。该品种树势中庸,结果早,较丰产,对土壤的适应性强。果实中等大小;果面不平,有块状隆起的疙瘩;果肉松脆,汁多,甜味浓,品质极上等;在产地果实于 9 月上旬成熟。

7.辣椒枣

辣椒枣主产于山东与河北交界的地区,适应性强。该品种树体强健,树姿直立,早实性强,结果稳定,特别丰产。果实长锥形,形似尖椒;果面平滑光洁,皮薄,着色后呈浅紫红色;果肉白绿色,细嫩酥脆,汁较多,酸甜可口,品质上等,无种子;果实生育期为 100 天左右,在产地于 9 月中下旬成熟。

8.八月脆

八月脆是山东枣庄培育的特早熟品种,在当地于 7 月底 8 月初成熟,由于比当地圆铃枣和长红枣早熟 40～45 天,故称"八月脆"。该品种树体适应性强,耐瘠薄,也适宜大棚栽植。果实椭圆形,果面全红;果肉白绿色,细脆汁多,品质上等。

(三)兼用品种

1.金丝小枣

由于成熟果掰开果肉可拉出金色丝,故称"金丝小枣",其主产区为山东乐陵、庆云、无棣、惠民等地和河北。该品种树势中庸,发枝力较强,花量大,稳产丰产。果实为长椭圆形或倒卵形;果皮薄,光亮美观;肉质细嫩,汁多味甜,核细小,品质极上等,是干制和鲜食兼用品种;果实生育期为100~105天,在山东于9月中下旬成熟。

2.长红枣

长红枣为山东主栽品种之一,主要分布于山东枣庄、邹城、曲阜等地。该品种适应性强,耐旱、耐瘠薄,对枣疯病抗性较强;树势强,树体高大,树姿开张,寿命长;花量中等,稳产丰产。果实长柱形;果皮薄,紫红色;肉质较松脆,汁多味甜,品质中等,是干制和鲜食兼用品种;果实生育期为110天左右,在产地于9月中下旬成熟,成熟期遇雨不裂果。

3.绵枣

绵枣主产于山东乐陵、庆云及河北沧州等地。该品种树势中强,花期早而长,极稳产丰产。果实长圆形;果皮薄,有光泽;果肉乳白色,甜脆汁多,品质极上等,是鲜食、蜜枣兼用品种;在产地果实于9月上旬成熟;适土性较强,宜在城郊发展。

4.马莲小枣

马莲小枣又称"铃枣",主产于山东城武、夏津及河北枣强、故城等地。该品种树势强旺,树体高大,适应性强,早果丰产性强。果实圆柱形或长圆形;果皮着色后为深红色;果肉绿白色,质脆,汁多味甜,品质极上等,是干制和鲜食兼用品种;果实生育期为110天左右,在产地一般于9月中下旬成熟;耐旱、涝、盐碱及瘠薄。

二、苗木培育技术

发展优质枣果生产,必须选用良种壮苗。良种是占领市场、获得较高经济效益的基础,壮苗是实现早期丰产的前提条件。苗木的品种和质量直接影响着栽植成活率、园貌整齐度、幼树生长速度、进入结果期的早晚、产量的高低等。生产上最常采用嫁接法培育良种枣树苗,其优点如下:能保持优良品种的纯度,防止变异;投入成本低,培育速度快,可一次培育大量苗木;嫁接所用的酸枣砧木抗旱、耐瘠薄,适土性广,作为本砧对当地气候、土壤条件已完全适应,对嫁接后的枣树有良好的影响。

(一)砧木苗的培育

嫁接枣树常用的砧木有本砧和酸枣。本砧是指枣栽培品种的根蘖苗和种子播种的实生苗。酸枣和本砧适用于全国各枣区。

1.种子的采集和处理

采集充分成熟的酸枣果实,加水沤泡3~4天,揉搓,漂去皮肉和空核,捞出种核晾干备用。枣和酸枣的种仁后熟期短,不经后熟也可发芽成苗。一般地,秋播可不进行层积处理。枣核的生命力差,储藏一年即丧失活力,在生产中应特别注意。春播种子处理的方法有两种。一是种核冬季沙藏法:沙藏以11月开始为宜,沙藏前用清水浸种2~3天,再在50%多菌灵800倍液中浸泡3~5分钟,以防腐生菌类侵害。沙藏期间要定期检查,春季发现种核裂口露出白色胚根时即播种。二是热水浸法:种子未经沙藏,春季育苗时,可于4月初把种子倒入55~60℃的温水中搅拌,让其自然降温,捞出漂浮瘪籽,其余种子再浸一夜捞出,盖上湿布或湿草催芽,每天用清水冲洗一次,经7~10天即可播种。

2.播种和苗期管理

秋播在土地封冻前进行,春播在枣树萌芽前进行。要在播种前选好圃地,浇足底水,施足基肥,把苗床整好耙平。因酸枣苗长有二次枝及托刺,为管理方便,应采取宽窄行密植的形式做畦,宽行距为 45 厘米,窄行距为 25 厘米,开沟点播,沟深 3~4 厘米,种间密度为 3~4 厘米,播后覆土并轻轻镇压。每亩播种量:种核 10 千克左右,种仁 1.5~2 千克。翌年土壤解冻后至出苗前要注意保持土壤湿度。

酸枣幼苗生长比较缓慢,为促进幼苗生长,可覆盖地膜,并适时追肥灌水,除草松土。当幼苗长出 3~4 片真叶时要间苗,每穴留一株,当苗高 20~25 厘米时,可进行一次摘心,过 20 天后酌情再摘心一次。若管理得好,当年地径能达 0.8 厘米以上,苗高可达 60 厘米,翌年春天即可嫁接。

(三)嫁接苗的培育

1.接穗的选取与储藏

接穗应从无枣疯病的优良品种植株上采集,选取生长健壮、穗材直径在 0.6 厘米左右、芽体饱满的一年生发育枝的中上部枝条作接穗。然后按品种每 50~100 根捆成一捆,拴好标签,放入温度为 6 ℃左右的地窖中沙藏。沙藏期间要经常检查,并注意保湿、保鲜,避免接穗受冻、发霉,防止提早发芽。接穗最好是随采随用,调剂外运的接穗要用塑料布或草包(内加湿锯末)包装好,途中要有专人管理。

2.常用的嫁接方法

枣树的嫁接方法有很多,如劈接、切接、腹接、插皮接、芽接、嫩梢芽接、舌接等。生产中常用的主要有劈接、插皮接、带木质部芽接三种。

(1)劈接:枣树嫁接最常用的方法之一,以在早春砧木未离皮前 15~20 天嫁接为宜。砧木选用直径为 1.5 厘米以上的酸枣树,接穗选用生长充实的一年生发育枝。将接穗削成两个等长斜面,斜面长 3~5 厘米。先剪或锯掉砧木上部,剪口或锯口用剪枝剪或小刀修整平滑,用劈刀或剪刀从砧木中央劈开,深 5~7 厘米,将削好的接穗插入,使接穗和砧木的形成层对齐。用塑料条将接口绑紧缠严。此法适于较粗的砧木。嫁接时切勿将土粒带进接口,以免影响伤口愈合。接好后用细湿土埋过接口部位,用手拍实,直到埋过接穗顶部 5~6 厘米,表面再覆一层干土。

(2)插皮接:又称"皮下接",也是枣树嫁接最常用的方法之一。自春季砧木树液开始流动至 6 月砧木离皮期间都可以嫁接。砧木选用直径为 1.5~2.0 厘米、生长健壮的酸枣树,接穗选用生长充实的一年生发育枝。嫁接部位以地下横根以上 5 厘米处为宜。将接穗下端削成 3~5 厘米长的平滑切面,再在长削面的下端背面削长 0.5 厘米的短斜面。在砧木一侧用小刀划一小纵口,深达木质部,顺势用刀将上方皮层与木质部分开。插入接穗时,将长削面向里,短削面向外,对着切缝向下慢慢插入,用塑料条绑紧缠严。

(3)带木质部芽接:6 月进行,接穗用当年萌发的半木质化枣头枝。接芽的削法是在芽上方 0.5 厘米处横切一刀,深达木质部 3~5 毫米,从芽下方 1.5 厘米处自下而上斜削一刀,取下带木质部接芽。接芽最好削成长约 2 厘米、宽 0.4~0.8 厘米、上平下尖、上部厚 0.2~0.3 厘米的盾片形。在砧木上切"T"形接口,插入接芽,然后绑紧包严,仅留主芽在外。

枣树枝条木质坚硬,含水量少,接口愈合慢,嫁接成活率往往很低。近年通过试验证明:用 3 号 ABT 生根粉处理接穗,可明显提高嫁接成活率。具体方法是:采用皮下接时,把削好的接穗的削面浸入 200 毫克/升的生根粉液中处理 5 秒钟;采用带木质部芽接时,先用 50 毫克/升的生根粉液处理,然后迅速将接穗插入砧木切口中,用塑料条包扎。此法操作简便,适于在生产中应用推广。

3.嫁接后的管理

(1)除萌:嫁接成活后,要经常检查,及时去掉接口以下砧木生出的萌蘖,以集中养分、水分供新梢生长需要。

(2)剪砧:对芽接早、当年能萌发生长的,应于嫁接成活后及时在接芽上1厘米处剪断砧木;晚接的应在翌年春天接芽萌发前剪砧,若当年剪砧,芽受到刺激而萌发,新梢生长不充实,容易受冻。

(3)松绑:待接穗成活、接口愈合后,及时松绑去掉塑料条,以免影响接穗生长,造成风折。

(4)立支棍:嫁接成活后,新梢生长很快,接合部愈伤组织又很脆弱,易被风吹断,故应在幼树长到20~30厘米时设立架杆,将幼树绑缚其上,以防风折。此外,还应及时对嫁接苗进行追肥灌水、中耕除草和病虫害防治等。

三、丰产栽培技术

(一)高标准建园

1.枣树对环境条件的要求

(1)温度:枣树是喜温暖的果树,生长期要求较高的温度。北方枣区,4月中旬日平均气温达到13~14 ℃时,枣树才开始发芽;日平均气温达到19 ℃左右时,枣树才开花;达到22~24 ℃时,花朵才能坐果。枣树在休眠期的抗寒能力很强,冬季在短时间-30 ℃的低温下可安全越冬。一般不存在冻树、冻芽、冻花与冻果问题。

(2)光照:枣树喜光性很强,日照充足和天气干燥的秋季最适宜枣树的生长。若栽培过密或树冠郁闭,则光合产物减少,树势衰弱,枣吊(结果枝)生长不良,无效枝增多,落花落果严重。一般枣树的外围和顶部结果多,内膛和下部结果少,这是因为树冠的不同部位枝条受光强度不同,其结果能力也各有差异。

(3)水分:枣树对湿润和干旱气候的适应性较强,年降水量在200~1500毫米范围内均能生长。干热气候有利于提高枣的品质。枣树虽然耐旱,但在开花授粉受精期间最适宜的相对湿度为75%~80%。若过于干旱,则影响花粉发芽和花粉管生长,致使授粉不良,导致落花落果。7—8月的果实发育期应有适当水分,以利根系生长。若在果实后期和成熟期多雨,则影响果实发育,又易引起裂果、烂果及病害的发生而造成减产。枣树抗涝性强,水淹20~30天也不会落叶死亡。

(4)土壤和地势:枣树对土壤和地势没有严格要求,不论是山的中下腹、丘陵还是沙土、黏土、低洼盐碱地,均能生长。在土壤pH值为5.5~8.5、含盐0.4%以下时都能适应,但仍以生长在土层深厚、较肥沃的沙壤土上的枣树树体健壮、产量高、寿命长。

2.园地的选择与规划

枣树是多年生果树,栽种前应按栽培目的、当地自然条件和社会因素,选择适合的地块和优良品种,确定适宜的栽植方式和密度,进行科学的规划,以期获得最大的经济效益。

(1)园地选择:枣园地以选在坡度为25°以下、土层70厘米以上、土壤pH值为6.5~8.2、地势开阔、日照充足、土壤肥沃的阳坡和半阳坡为宜。山地还要搞好水土保持工程,坡度较大处,可修筑水平梯田。为改善枣园的小气候,最好于建园的同时栽植防护林带,减少干热风危害,以利于授粉和坐果。鲜食品种宜在城郊和交通方便的地方栽培,要远离污染源。

(2)园地规划

①园地小区的划分:生产小区是果园中的基本经营单位,面积大小应视果园的位置而定。一般为30~50亩,并以长方形为宜。山地要以自然沟为界来划分小区,以利管理和水土保持等工作。

②园内的道路系统:一般由干路、支路和作业道组成。干路宽6~7米,是园内的主要道路,外与公路相通,内与支路相连,把果园分成几个大区。支路宽3~5米,把园内大区分成小区。小区内可设1~2米宽的作业道。山地果园道路的坡度较大时,路旁应设排水沟,沟内每隔10米左右修一横土埂,以减缓水势,防止冲刷,保护道路。

③园内的灌排系统:根据果园面积的大小和需水量,在果园的制高点修蓄水池。在水源充足、坡度较小处,可采取漫灌法;在水源不太足时,可在每株树的树盘内挖4~6个灌水穴,利用主支渠道把水引入穴内。

(二)科学栽植

1.栽植方式和密度

(1)栽植方式:应根据栽培目的和立地条件的不同选择不同的栽植方式。在城郊及工矿区,应以不同熟期的鲜食品种为主;在远郊及山区,应以适宜储藏加工的品种为主。为了合理利用土地,可大面积地采用宽行密植枣粮间作的栽培方式。此外,也可充分利用"四旁"闲散土地进行零星栽植。

(2)栽植密度:栽植密度应根据栽植方式、气候条件、土壤肥力、品种特性等因素加以综合考虑。对于土层较厚、生长势较强的品种,可采用(4~5)米×(7~8)米的株行距,每亩栽16~24株;对于土层较薄、生长势弱的品种,可采用(3~4)米×(6~7)米的株行距,每亩栽23~37株。在丘陵山地,多于梯田面的外缘等高栽植,株距为3~5米,以利枣粮间作。梯面宽度在4米以下的,在梯田外缘1/3处(距外缘1.2~1.5米)栽一行;梯面宽度在4米以上的,可采取三角形交错栽植的方式。在平原沙地,多采用宽行密植,株距为3~4米,行距为15~20米,每亩栽8~15株;在风沙大的地方,株行距还可缩小。城郊一般土地较少,为节约用地,栽植枣树宜采用矮密栽培方式,株距为2~3米,行距为3~4米,每亩栽55~111株。盐碱地区多将枣树栽于台田两侧,台田面宽时,可于台田间增加1~2行。枣粮间作园,主干宜高,以便于作物生长和树下管理。为了获得早期丰产,有的地方还采用了计划密植的栽植方式。

2.栽植时期

栽植一般分秋栽和春栽两个时期。秋栽在落叶后至土壤封冻前进行,以落叶后适当早栽为宜。春栽在土壤解冻后至枣树发芽时进行,以枣树发芽前后栽植最好,成活率高,萌芽早,生长较好。在北方地区以春栽枣树为宜。

3.栽植方法

首先按株行距定准栽植点,然后挖栽植坑或沟,一般坑或沟的深、宽各80厘米,表土与底土分开堆放。栽植时,坑底先填入混有表土的有机肥,用脚踏实,中央要略高于四周,再将枣苗立于坑穴中央,使其根系向四周舒展,随即填土,做到"三埋、两踩、一提苗",使根系与土壤密接。苗的栽植深度以根茎部略低于地面为宜,栽后立即灌水。在无灌水条件

181

的地区,可结合自然降雨选土壤湿度较大的时候抢墒栽植。用自育苗木栽植时,可采用带土移栽。可在移苗前对苗木浇一次透水,以增强土壤黏着力,便于带土。从外地购入苗木时,先将苗木根系受伤部分主、侧根剪留 10~15 厘米长,剪后用事先配好的 ABT 生根粉液浸泡 1 小时再行栽植。

要提高栽植成活率,必须做到以下几点:①苗木质量要好。苗高 1 米以上,地径在 1 厘米以上,侧根粗 0.2 厘米以上,长 15~20 厘米,数量在 4~6 根以上。②严格掌握起苗、包装、运输和假植等的技术操作规程,及时剪掉二次枝,严防苗木失水。③大坑栽植,施足底肥。每坑施腐熟有机肥 40 千克,磷肥 1 千克。④栽植深度要适宜,埋土应比原入土部位高出 5 厘米。⑤栽植前,根部要在水中浸泡 10~20 小时,并用萘乙酸、ABT 生根粉、根宝等植物生长调节剂进行处理。也可采用根系蘸泥浆的方法。⑥栽后要浇透水,待土壤稍干,即应及时松土,平整树盘,在树盘上覆盖地膜保墒。这样不仅可以显著提高成活率,而且枣苗成活后萌芽早,生长好。

4.栽后管理

我国北方春季雨水少,蒸发量大,有条件的地区栽后可每月浇水一次,一直到进入雨季为止。7~8 月,枣苗生长转旺,在新梢长至 10~15 厘米时,可开沟施入尿素等速效肥料(每株 100~200 克)。分枝多的苗木,可适当进行修剪。对出现假死现象的苗木,应尽快浇水,加强管理,促苗发芽生长。新植园种有间作物的,一定要在树行两侧各留出 50 厘米(即总共 1 米宽)的保护带,以防在耕作或管理间作物时损伤苗根和枝干;此外,还应做好病虫害(如枣黏虫、桃小食心虫、枣尺蠖、枣疯病等)的防治工作。

(三)土、肥、水管理

目前,有不少枣园产量很低、质量也差,主要原因是对枣树的生长与结果缺乏科学的认识,错误地认为"枣树不用管,年年都丰产",不施肥、不浇水,也不防治病虫害,致使枣树缺肥缺水,营养不良,造成产量低而不稳,果实品质低劣,经济效益低。要改变这种状况,必须从加强土、肥、水管理入手,从根本上改善枣树的营养条件。

1.土壤管理

(1)深翻扩穴:在距树干 1.5 米外,挖深 60~80 厘米、宽 1 米的环状沟,原则是不要伤害太多粗根,并注意表土与心土分开堆放。以后随树冠的扩大再逐年向外扩展。深翻一定要结合施有机肥,有条件时深翻后应立即灌水。深翻扩穴的时间可在秋季采果后至土壤上冻前,也可在春季土壤解冻后。

(2)刨树盘、除根蘖:春季枣树萌芽前,在树冠投影范围内,应刨松土壤 15~25 厘米深,目的在于改善土壤结构、蓄水保土、增厚活土层、促进根系生长。清除根蘖可减少养分的消耗,因为根蘖的发生正值枣树的开花期,对母树的生长和结果影响很大,必须及时刨除。也可把枣树地里生长的根蘖苗于春、夏、秋刨出,用于归圃育苗。

(3)中耕除草:在生长期内对枣园经常进行中耕除草,可防止地表板结,切断土壤毛细管,减少水分蒸发,增加土壤通气性,促进肥料分解,消除杂草,减少病虫害的发生。中耕除草全年可进行 3~5 次,深度为 6~10 厘米。利用化学除草剂可节省劳力,提高工效。枣园常用的化学除草剂有以下几种:①扑草净。枣园用药宜在草萌发前或刚出土不久时喷洒。每亩用药 150 克,喷雾可稀释成 300~400 倍液,有效期为 20~70 天。②除草醚。在杂草出土前向地面喷洒。用 25% 可湿性粉剂时,浓度为 1.5%,每亩用药液 75~100 千克。

以喷后两天不浇水,七天不铲地为宜。③敌草隆。在杂草萌动时,称取 200 克药液加水 40 千克进行地面喷洒,杀草率达 90％以上,药效期长达 60 天。上述除草剂,在大面积使用前要先做试验,取得经验后再推广,以免发生意外。

(4)树盘覆盖:丘陵山区枣树,大部分没有灌输条件,在树行或树盘内覆盖 10～20 厘米厚的秸秆或杂草,可有效地抑制杂草生长,提高土壤保墒能力,增加土壤肥力,促进枣树的生长和发育。

2.施肥

(1)施肥时期:施肥时期应根据枣树的物候期和肥料的种类而定。秋施基肥是在枣树落叶后施入有机肥料(以圈肥、堆肥、绿肥、塘泥及人粪尿为主)加混适量的氮、磷、钾复合肥,倘若未施完,翌年春天枣树萌芽前可继续进行。花期施肥的目的是补充因大量开花所消耗的养分,借以减轻落花落果现象。幼果期施肥,主要目的是促进果肉细胞的分裂与生长,避免因养分不足而引起的生理落果。此外,对丰产树还应在 8—9 月的果实发育后期进行追肥,以促进果实增大和养分的积累,提高果实的品质。

(2)施肥方法与施肥量:①施肥方法主要有环状沟施、条状沟施、放射状沟施和穴施法等。一般沟深和沟宽均为 30～50 厘米。放射状沟施每株树挖 4～8 条沟,穴施时每株挖 8～10 个穴。②施肥量。一般成龄大树每年每株施土粪 100～150 千克、复合肥 0.5～1 千克、硫酸铵 3～4 千克或尿素 1.5～2 千克、过磷酸钙 3～4 千克、草木灰 10～15 千克,按不同施肥时期的需肥要求、种类而分期或一次施入。叶面喷肥对枣树有相当好的效果。一般在开花前、开花后、幼果期及果实生长后期,在叶背喷洒 0.3％～0.5％的尿素、磷酸二氢钾等化学肥料。喷洒时最好选在无风的晴天,并可结合病虫害防治与杀虫剂、杀菌剂混合使用。

(3)稀土微肥的应用:稀土元素的商品名称为益植素,它对植株的生理、生化及土壤的保肥性能有促进和协调作用。据报道,使用稀土微肥,可使枣叶中叶绿素的含量提高 4.5％～10.7％,可溶性糖提高 7.2％～29.3％,枣树提前开花 2～5 天,枣吊坐果率提高 25.9％,单株产量提高 90.8％;若把稀土微肥与硼肥混用,坐果率比单用稀土微肥提高 41.6％;与三磷酸腺苷(ATP)混用,坐果率比单用稀土微肥提高 20％。稀土微肥一般可在 6 月喷洒,使用的浓度为 300～500 毫克/升;超过 800 毫克/升易产生药害,致使叶片脱落。稀土微肥在碱性溶液和硬水中不能溶解,在配制时要先用食醋将水的 pH 值调至 5～6 再将稀土倒入,并搅拌使其充分溶解后再配成所需的浓度。喷洒时宜选无风的晴天,以上午 10 时至午后4 时为宜。另据测定,稀土在果实中的残留量甚微,对人、畜无害,对环境没有污染。

3.水分管理

枣树的抗逆性较强,虽有"涝梨旱枣"的谚语,但那只是指枣树果实成熟期需要晴天少雨,以便于正常采收。

(1)灌水时期:枣树灌水有三个关键时期。一是在枣芽萌发前灌水,叫"催芽水",目的是促进枣树的早期生长,使枣树萌芽整齐,枝叶茂盛,花器发育健壮;二是在盛花期灌水,叫"助花水",目的是满足枣树花期对水分的需要量,并有助于根系对土壤养分的吸收,减轻落花落果,提高坐果率;三是在落花后灌水,叫"坐果水",此时正是幼果加速生长的阶段,灌水对枣树增产起着十分重要的作用。进入雨季以后即可免浇。若有条件,在土壤上冻前再灌一次封冻水。

（2）灌水方法与灌水量：灌水方法有分区浇灌法、干旱地区节水的穴灌法及滴灌法等。在具体应用时应考虑当地水源，做到既节约用水，又防止土壤冲刷。灌水量每次不宜过大，使根系分布层土壤含水量达田间最大持水量的70%即可。低洼处雨季要注意排水。

（四）整形修剪

1.枣树枝芽类型及整形修剪的特点

枣树的芽有主芽和副芽两种。主芽（也叫"正芽"）有芽的形态，外面包裹有芽鳞，着生于枣头和枣股的顶端以及枣头主轴上基部的左下侧或右下侧。副芽没有芽的形态，在生长季节随着母枝延长不断在各个叶腋中形成并萌发，或以芽的复合体的一部分包裹在主芽里面。

枣树的枝条有枣头、枣股和枣吊三种。枣头即发育枝，由主芽萌发而成，是形成枣树骨架和结果母枝的方根枝条。枣头的强弱和多少，直接决定着以后产生枣股的多少，从而也决定着产量的高低。枣股是一种短缩的结果母枝，由主芽萌发而来。枣吊细软、下垂，是一种脱落枝。结果的枣吊主要从枣股中生出。在花期，枣吊先端生长，可提高坐果率。

枣树枝芽种类和花芽分化、开花、结果的特性与其他果树有很大的不同。因此，枣树整形修剪技术也有其特点。

（1）枣树的结果枝是脱落性枝，花芽随枣吊生长而不断分化。因此，修剪时，不必考虑结果枝的培养与调整以及留芽问题。一般情况下，枣树没有大小年，只要树体结构合理、通风透光，便可做到立体结果。

（2）枣树的枣头数量小，而且枣头当年便可转化为结果枝组，故枣头生长与结果的矛盾不很突出，易调控。

（3）枣树的结果枝组易培养和更新。

（4）枣树自然分枝能力差，隐芽萌发后易扰乱树形，故在整形修剪时，要特别注意各级骨干枝的培养。

（5）枣树对修剪反应不太敏感，修剪量小，技术易掌握。

2.常用树形结构

枣树的树形有主干疏层形、自然开心形、多主枝自然圆头形等。

（1）主干疏层形：这是密植枣树广泛采用的树形，适宜干性较强的枣树品种采用。这种树形的优点是树体骨架牢固，层性明显，主侧枝配置合理，冠内通风透光好，树体健壮，负载量大，寿命长。其树体结构是：具有明显的中心干，干高50厘米左右，树高因行距大小而异，总的原则是树高小于行距。全树有主枝七个，分三层。层间距为1米左右（第二层至第三层的间距略小），主枝开张角度为50°～60°，每个主枝上选留侧枝1～3个，侧枝间距为70厘米左右。主干疏层形的整形方法如下：

①定干：幼树定植后，先定干。定干高度依栽培方式而定，枣粮间作地定干高度为1.3～1.5米，纯枣园定干高度为1米左右。定干时，将主干在要求高度剪除，要求剪口下20～40厘米整形带内一次枝主芽饱满，二次枝健壮。将主干剪口下第一个二次枝从基部剪掉，促使主干剪口下第一个一次枝主芽萌发，成为主干延长枝。再在下方整形带内选3～5个方位适当的二次枝，留1～2个枣股短截，促使剪口下枣股顶端主芽萌发，成为第一层主枝。其他二次枝均从基部疏除。如果苗木根系发达，粗度在2.0厘米以上，定干当年

可形成主枝 3~4 个。

②中心干及主枝的培养：定干当年主干延长枝的长度一般达不到第二层主枝所要求的高度，即使高度达到要求，其粗度一般也不合要求。因此，可对主干延长枝在第二年春枣树萌芽前适当短截或缓放不剪，使延长枝继续进行加粗和延长生长，再过 1~2 年，当延长枝粗度达 1.5 厘米以上时，在距第一层主枝 100~140 厘米处短截，同时从基部疏除剪口下第一个二次枝，促使该二次枝基部主芽萌发，成为中心干延长枝，其下二次枝或从基部疏除，或留一个枣股短截，促使枣头萌发，培养第二层主枝 2~3 个，其余枣头作辅养枝处理，同法培养第三层主枝 1~2 个。

③侧枝的培养：当第一层主枝粗度超过 1.5 厘米时，在距中心干 50~60 厘米处剪除，同时将剪口下 2~3 个二次枝从基部疏除，促使剪口芽萌发，枣头作主枝延长枝，选其下主芽萌发的一个枣头进行侧枝培养。各主枝的第一侧枝应留在主枝的同一侧。此后 3~5 年内根据主枝延长枝的长度和粗度培养第二、三侧枝。第二侧枝应在第一侧枝的另一侧，第三侧枝与第一侧枝在同一侧。其余主枝上的侧枝培养方法相同。

（2）自然开心形：这种树形适宜干性较弱的枣树品种采用。其树体结构是：干高 60 厘米左右，树高因行距大小而异，总的原则是树高小于行距；没有中心干，在主干上着生三个主枝，主枝角度为 45°左右；每个主枝上配置三个侧枝。结果枝组均匀地分布在主侧枝的周围，形成中心较空的扁圆形树冠。该树形具有树体矮小、树姿开张、透光性好、结构简单、整形容易和便于管理等优点。

（3）自然纺锤形：该树形树冠小，适宜密植枣园中干性较强的枣树品种采用。其树体结构是：干高 50 厘米左右，树高 2.5 米左右，中心干较强，全树有小主枝 10~12 个，均匀分布在中心干上，伸向各方，无明显层次；主枝角度为 60°~70°，主枝间距为 20~40 厘米；主枝上不培养侧枝，直接着生结果枝组，根据空间大小，每个主枝上均匀配置 2~3 个中小型结果枝组，一般 3~4 年形成树体骨架。此树形的主要优点是成形快，结果早，修剪量小，进入盛果期早，管理较方便。

自然纺锤形的整形方法如下：第一年，在主干 80~100 厘米处短剪，疏除主干剪口下第一个二次枝，促使剪口芽萌发枣头，成为中心干延长枝，同时选整形带内 3~5 个方向适宜的二次枝留 1~2 个枣股短截，促使枣股萌发枣头，选 2~3 个作主枝培养。第二年在主干延长枝上距最近的主枝 40~50 厘米处短截，同时疏除剪口下 3~5 个二次枝，促发枣头，选方位适合的 2~3 个枣头进行主枝培养，延长枝剪口芽萌发的枣头继续作为中心干延长枝。第三、四年用同样的方法培养其余主枝，所有主枝的角度约为 90°。在主枝上萌发的枣头，通过摘心培养成结果枝组，不留作侧枝。成形后，树高为 2.5~3.0 米，冠径为 2.0~2.5 米。要注意调节各主枝之间枝势的平衡，保持中心干的优势。当主枝粗度超过主干粗度的 1/2 时，及时疏除，更新主枝。

（4）自然圆头形：其树体结构是干高 50~60 厘米，树高 4 米左右，主枝 5~6 个，错落排列在主干上，主枝间距为 40~60 厘米，每个主枝上配置 2~3 个侧枝。在主、侧枝上，根据空间大小，配置大、中、小型结果枝组，一般 4~5 年形成树体骨架，树冠呈自然圆头形。该树形骨架较牢固，树冠较紧凑，适宜干性中强的中密度制干或兼用品种的枣园采用。

（5）单轴主干形：此树形适宜密植枣园中干性和发枝力较强的枣树品种采用。其树体结构是干高 50 厘米左右，树高 2~2.5 米，中心干较强，在中心干上直接着生结果枝组，没有主侧枝。全树有枝组 8～9 个,均匀分布在中心干上。枝组培养可采用二次枝重短截、夏季摘心、拉枝等办法。成形后的树冠呈单轴主干形或圆柱形、圆锥形。该树形的主要优点是成形快,结果早,管理方便,鲜食品种便于人工无伤采收,通风透光好。

3.修剪时期

枣树的修剪时期分冬季修剪和夏季修剪。冬季修剪指休眠期修剪,自落叶后至萌芽前均可进行。冬季干旱多风地区,修剪过早,剪口易抽干,故冬剪宜在春季 2～3 月至萌芽前进行,但修剪不宜太晚,否则削弱树势,萌芽后枝条生长弱。夏季修剪指生长季修剪,一般在 5～7 月进行。目的是控制枣头生长,培养健壮枝组,及早疏除无用的枣头,以节省养分,缓解生长和结果矛盾,同时有利于通风透光,减少冬剪工作量。

4.修剪方法

枣树上常用的修剪方法有以下几种:

(1)定干:亦称"截干",指在幼树整形时,在树干的一定高度剪掉上部幼干,目的是促发新的枣头,培养主枝。

(2)疏枝:将枝条从基部剪掉,作用是减少枝量,改善光照条件,集中树体养分。

(3)短截:将一年生枣头一次枝或二次枝剪掉一部分,作用是使留下的二次枝粗壮,提高其枣股的结果能力。将枣头一次枝剪口下第一个二次枝从基部剪除,该二次枝基部的主芽一般可萌发,长成枣头。

(4)回缩:剪掉多年生枝的一部分,作用是集中养分,有利于树体更新复壮。在斜向上分枝处回缩,可抬高枝头角度。

(5)缓放:对枣头一次枝不进行修剪。一般对骨干枝的延长枝进行缓放,可使枣头顶端主芽继续萌发生长,以扩大树冠。

(6)刻伤:为了促使主芽萌发,在芽上约 1 厘米处横刻一刀,深达木质部。

(7)拉枝:在生长季用铁丝或绳子将大枝的角度和方向改变,主要用于开张骨干枝角度。为了防止枝条从枝基部劈裂,尤其是基角小的枝条,基部要用绳绑紧;在枝条系绳或铁丝的部位,可垫上衬物(如鞋底、布块等),以防拉绳或铁丝陷入皮内,使枝条受伤。

(8)撑枝:用木棍等支撑物将枝条的角度支开。

(9)摘心:在生长季对当年生枣头一次枝或二次枝进行短截,作用是阻止其延长生长,使留下的枣头发育健壮,培养成健壮的结果枝组。摘心的程度可分为轻摘心和重摘心。

(10)抹芽:在生长季将没有利用价值的刚萌发出的枣头抹除,以节省养分,并减少以后的修剪量。

(11)拿枝:在生长季对当年生枣头一次枝和二次枝,用手握住枝条基部和中下部轻轻向下压数次,使枝条由直立生长变为水平生长,缓和生长势,有利于开花坐果。拿枝一般在 6—7 月进行。拿枝过早,枝条太嫩,容易折断;过晚,枝条已木质化,不易操作。

(12)扭梢:在生长季将当年生枣头一次枝向下拧转,使木质部和枝皮软裂而不折断,枝条向下或水平生长。扭梢在枣头一次枝长至 80 厘米左右尚未木质化时进行,扭梢部位一般在距一次枝基部 50～60 厘米处。扭梢的目的是抑制枣头旺盛生长,促使其转化为健壮的结果枝组。

(13)环割:在生长季,在枝条基部用刀环割,深达木质部,目的是暂时阻碍和切断割环上部的养分向下运输,有利于开花坐果。

（14）开甲：在生长季对枣树主干或骨干枝进行环剥，作用是阻止光合产物向根部运输，提高地上部营养水平，缓解枝叶生长与开花坐果竞争营养的矛盾，从而提高坐果率。开甲时期在6月上中旬，即盛花期，甲口宽度一般为0.3～0.6厘米，要求甲口在一个月左右愈合。

5.不同年龄时期枣树的整形修剪

（1）幼树时期：枣树萌芽力强，成枝力弱，枣头多呈单轴生长，在自然生长的条件下，可连续单轴生长7～8年。因此，枣树的幼树整形应以提高发枝力、加大生长量、迅速形成树冠为主。幼树整形修剪后，可增强树势，加速分枝，提高早期产量。培养结果枝组的方法是夏季枣头摘心和冬剪时短截一至二年生枣头。夏季枣头摘心可促进枣头留下的二次枝发育。因此，形成结果枝组的二次枝结果能力强。

（2）生长结果期：此期树体骨架已基本成形，树冠继续扩大，仍以营养生长为主，但产量逐年增加。此期修剪的目的是调节生长和结果的关系，使生长和结果兼顾，并逐渐转向以结果为主。此期要继续培养各类结果枝组。具体做法是：在冠径没有达到最大之前，通过对骨干枝枝头短截，促发新枝，继续扩大树冠。当树冠已达到要求时，对骨干枝的延长枝进行摘心，控制其延长生长，并适时开甲，实现全树结果。

（3）盛果期：盛果期枣树修剪的目的是保持良好的树体结构，使其枝叶密度适中，通风透光，并通过对结果枝的更新以维持较长的结果年限和较强的结果能力。结果的大树应遵循"以疏枝为主、疏截结合，去密留稀、去弱留强"的原则，通常是将过密枝、交叉枝、纤弱枝、病残枝、无用的徒长枝等自基部疏除。对生长势弱的树，强壮的枣头一般不短截，若需分生枣头，可轻短截，枣头过多可适当疏除一部分。枣头二次枝可轻剪或不剪。对长势较弱的枣树，应适当重剪短截。对衰老的枣头，要进行短截，并剪去剪口附近的1～2个二次枝，使其萌发新枣头。对主侧枝上的衰老枝和下垂枝，要进行回缩，以促使萌发较强的枣头；对二次枝，除需要萌发枣头和生长过弱应适当短截外，一般不剪，使其多形成枣股。对盛果期枣树修剪的总要求是宜轻剪，忌重剪。通过修剪，大枣品种枣股留量应为3000～4000个，株产干枣可达25～40千克。植株修剪后，枝条生长和分布情况若变化不大，可不连年修剪，视以后发展情况再行修剪。

（4）老龄枣树的更新修剪：随着树龄的增长，枣树生长势逐渐减弱，相继出现顶梢干枯、枝组及二次枝大量死亡、结果能力下降、产量减少的问题。此时可利用其芽寿命长的特点进行更新复壮，使树体"返老还童"。更新的方法依衰老程度而定。对程度较轻、结果枝组刚开始大量衰老的植株，只对各类枝的衰老部分进行疏、截与回缩。对衰老程度较重者，要加大缩剪量，即在骨干枝上选有强分枝、强枣股处，锯掉总长的2/3，以刺激锯口以下潜伏芽萌发新枣头，培养新树冠。剪锯口直径要小于3～5厘米，剪口芽以上留5厘米长的枝段，防止干缩对剪口的枝芽生长不利。同时要加强肥水管理，2～3年后枣树可恢复正常结果。对枣树骨干枝的更新最好一次完成，不要分批轮换进行，否则会导致发枝少、长势弱，甚至有的不发枝，不能很快形成新树冠。根据试验，老枣树应提高树体内3～7年生枣股所占的比例。具体更新标准是：当树体内10年生枣股占枣股量的35%～40%时，树龄为50～100年生的枣树宜采用轻更新，疏缩结合，培养枣股，一般留股量为原树的85%～90%；当树体内10年生枣股占枣股量的40%～45%时，树龄为100～150年生的枣树宜采用中更新，以截为主，留股量为原树的35%～40%；当树体内10年生枣股占枣股量的

50%～60%时,树龄在150年生以上的枣树宜采用重更新,以截为主,疏截相结合,主侧枝和副侧枝、辅养枝一次全面更新。

(5)放任枣树的修剪:这种树多表现为枝条紊乱、层次不清、通风透光条件差、小枝衰老、大枝焦梢、坐果少、产量低。应运用综合的修剪手法加以改造,疏通光路,更新培养健壮的结果枝组,以提高产量。通常可采用以下修剪措施:首先把过密、衰弱、无发展前途的骨干枝及轮生、并生、交叉、重叠、枯弱病残枝疏除。对暂时保留的大枝,若枝龄较小、粗度不大,可将其拉成水平或下垂状,改善通风透光状况,抑制其生长,促进多结果。对三年生以上不作骨干延长枝的枣头,要进行短截,促使其下部二次枝和枣股复壮,以培养成健壮的结果枝组。另外,内膛各骨干枝呈现秃裸光杆状态的,也应适当回缩至壮枝壮芽处,但一次不要回缩太多、太重,以免影响当年产量。此外,对徒长枝要加以培养和利用。

(五)枣粮间作

枣粮间作是一种立体种植模式,地上部形成林网,地面形成覆盖物,可充分利用土地和空间,达到里外上下立体结果,大大提高了土地利用率,可增加经济效益。但是,不合理的间作会给果树带来不良影响,造成作物与枣树之间争肥、争水、争光,以致影响枣树的正常生长发育。

1.间作方式

可根据不同的目的采用不同的间作方式,常用的有以下三种:

(1)以枣为主,以粮为辅:短期间作,适宜土地资源较少的平原地区采用。树冠较小的鲜食和兼用品种,其栽培株行距为3米×(4～5)米,每亩栽44～55株;树冠中大或较大的兼用或制干品种,其栽培株行距为4米×(6～7)米,每亩栽24～28株。

(2)枣粮并重:长期或较长期进行间作,适宜土地资源较中等的平原和丘陵山区采用。树冠较小的品种,其栽培株行距为4米×(5～6)米,每亩栽28～33株;树冠中大或较大的品种,其栽培株行距为4米×(7～8)米,每亩栽21～24株。

(3)以粮为主,以枣为辅:长期间作,适宜土地资源较丰富的平原粮、棉区采用。树冠较小的鲜食和兼用品种,其栽培株行距为3米×(10～15)米,每亩栽17～22株;树冠中大或较大的兼用或制干品种,其栽培株行距为4米×(15～20)米,每亩栽8～11株。

2.间作物的选择

间作物应根据当地的自然条件和经济状况等多种因素综合考虑,一般应选择植株矮小、根系较浅、生长期短、吸收与消耗肥水较少、不与枣树相互交叉感染病虫害的作物,如小麦、豆类、棉花、瓜类、薯类、蔬菜、药材及绿肥作物等,切忌种植妨碍通风透光和与枣树争肥争水的高秆作物。近年来,有的地方推行枣树与麦类间作,效果较好,经济效益成倍增长。无论采用上述哪一种间作方式,都必须对间作物实行轮作换茬,一般是一年换一茬(两年一换也可以),切忌连作,以争取枣粮双丰收。

(六)花果管理

枣树落花落果严重,坐果率低,一般仅为1%左右。这不仅与枣树本身的生物学特性有关,也与立地条件、管理水平和气候条件有关。枣树花芽当年分化,并能多次分化,花量多,花期长。枣吊生长、花芽分化、开花坐果及幼果发育同时进行,营养消耗多,各器官对养分竞争激烈。这是造成枣树坐果率低的重要原因。加强花期管理,是提高枣树坐果率和果品质量的重要措施。根据各枣区的实践经验,采用以下措施,可有效地调节花期营养矛盾,明显地提高坐果率。

1.枣头摘心

在枣树始花期,对当年萌生的枣头和枣头上的二次枝,进行不同程度的摘心,可有效地控制其营养生长,调节树体营养分配,使摘除枣头所消耗的营养转移到开花坐果上,以减轻落花落果,明显提高坐果率。一般来说,摘心程度越重,坐果率越高。枣头摘心一般在枣头的生长达到所需的节数时进行。一般枣头留1~6个二次枝进行摘心,摘心程度依品种和树势不同而异。而同一枣头不同部位的二次枝摘心程度也不同,即枣头基部1~2个二次枝长到6~9节时摘心;中部2~3个二次枝长到4~7节时摘心;上部2~3个二次枝长到3~5节时摘心。二次枝摘心是随生长随进行,不受时间限制,但摘心越早效果越明显。有的枣农对没有生长空间的枣头,留5~7厘米长后强制摘心,培养木质化枣吊结果,同时对木质化枣吊也进行摘心,坐果效果很好。一个木质化枣吊上能结十几个枣,最多的能结30多个枣。

2.环剥

通过环剥(也称"开甲"),将韧皮部切断,阻止光合产物向根部运输,提高枣树地上部营养水平,缓解枝叶生长和开花坐果对养分的竞争,从而提高坐果率。枣树环剥一般在盛花期进行,即枣吊30%开放时。环剥方法如下:北方枣区一般在枣树主干部位环剥。初次环剥在距地面20厘米处的树干上进行,以后每年或隔年向上移5~10厘米。当环剥部位达到第一主枝时,再从树干下部重复进行,但剥口要错开。剥口部位应选平整光滑处,先用镰刀刮一圈老树皮,宽约1.5厘米,深度以露出韧皮部为度,然后用环剥刀在刮皮处绕树干环切两圈,切口要平直,深达木质部,将两切口间的韧皮部剥掉,并及时涂抹湿泥,用塑料薄膜包扎封闭,保护剥口,促进愈合。剥口宽度(两切口的距离)因树龄、树势不同而异,大树、壮树宜宽,幼树、弱树宜窄,一般为0.5~0.7厘米,以剥口在一个月左右愈合为宜。若连年环剥树势明显减弱,应停剥养树。环剥一般应在整形完毕、树干直径在10厘米左右和生长势较强的植株上进行,同时要加强土、肥、水管理。自然坐果率高的品种不需要环剥。

3.花期喷水与灌水

枣树花粉的萌发需要较高的空气湿度,开花坐果需要有较充足的水分供应。花期土壤水分不足、空气相对湿度低于50%时,不利于枣树花粉萌发,严重影响坐果率。尤其在我国北方枣区,花期常遇干旱天气,影响枣树的授粉受精,造成严重减产。在枣树开花期对树冠喷水和进行土壤灌水,可补充各器官对水分的需要,改善枣园空气湿度,有利于花芽分化,可明显提高坐果率。喷水时间以傍晚较好,喷水次数依天气干旱程度而定,一般年份喷3~4次,每隔两天喷水一次。干旱严重的年份,适当增加喷水次数。为节约用工和投资,花期喷水可与叶面喷肥、喷生长调节剂相结合。

4.枣园放蜂

蜜蜂是枣树的主要传粉媒介,而枣树又是优良的蜜源植物。枣园花期放蜂,通过蜜蜂传播花粉,不仅能提高坐果率,而且能获得优质蜂蜜,增加经济收入。放蜂时,要把蜂箱均匀地放在枣行的中间,蜂箱的间距以500米为宜。经验证明,距蜂箱越近的枣树,其坐果率越高。有资料报道:距蜂箱300米以内的枣树,其坐果率要比1000米以外的高一倍以上,生理落果也较轻。所放蜂群的数量,以多为好,一般每公顷枣园放 2～3 箱为宜。放蜂期间,不能喷农药,以免蜜蜂中毒死亡。

5.喷施植物生长调节剂和微肥

有些植物生长调节剂和微量元素可刺激枣树花粉萌发,促进花粉管伸长或刺激单性结实,促进幼果发育。因此,花期喷施生长调节剂和微量元素肥料可提高枣树坐果率。

(1)喷施赤霉素液:赤霉素能刺激枣花粉发芽,促进枣花受精坐果。实践证明,枣树花期喷施浓度为 10～15 毫克/升的赤霉素水溶液,可使坐果率提高 50% 以上。配好的水溶液不宜久放,应随配随用。喷施在枣树整个花期均可进行,以初花期或盛花期最为适宜。一般一年喷一次即可,应选择晴朗无风的天气进行喷施,以早上 9 时以前或下午 5 时以后为好,喷洒量以叶片将近滴水为度。如果喷后遇雨,应及时补喷。将赤霉素与 0.3%～0.5% 的尿素溶液混用,效果更为明显,但不宜与酸、碱农药和肥料混用。

(2)喷施硼酸和硼砂液:花期喷硼,能促进枣树提早开花,促进授粉,减少花果脱落,提高坐果率,同时可防治和减轻枣缩果病。实践证明,在花期喷施 0.2% 硼酸或 0.3% 硼砂水溶液,枣树的坐果率可提高 20%～40%。常用的含硼药品有硼酸和硼砂,二者均为细粒状晶体结构,在冷水中溶解度较小,使用时宜先加入少量酒精或温水(50～60 ℃),溶解后,再加水稀释到所需浓度。可与 0.3%～0.5% 尿素、0.2%～0.3% 磷酸二氢钾溶液混喷。喷施时期和用量可参照赤霉素液的喷施方法。

(3)喷施稀土液:花期喷施浓度为 300 毫克/升和 500 毫克/升的稀土溶液,可使坐果率和枣果产量明显提高。稀土液的喷施时期和用量可参照赤霉素液的喷施方法。

(4)喷施枣丰灵 1 号:枣丰灵 1 号是枣树促控剂,由赤霉素、细胞分裂素等几种成分组成。花期喷施枣丰灵 1 号,可促进坐果,加快幼果细胞分裂,防止和减少幼果脱落,提高坐果率。枣丰灵 1 号不溶于水,使用时宜先用少量酒精或高度白酒溶解,再加水稀释。适宜的浓度为 1 克枣丰灵 1 号加酒精溶解后,兑水 25 升。喷施时期和用量可参照赤霉素液的喷施方法。

用于枣树促花坐果的生长调节剂还有萘乙酸、吲哚乙酸、吲哚丁酸、2,4-D、增产灵和三十烷醇等。

四、主要病虫害及其防治

(一)主要病害及其防治

1.枣疯病

枣疯病是枣树的一种主要病害,在枣区均有发生,危害相当严重,能造成枣树大量死亡。枣疯病的症状是花器返祖,花梗伸长,萼片、花瓣、雄蕊变成小叶,主芽、隐芽和副芽萌发后,变成节间很短的细弱丛生状枝,休眠期不脱落,残留在树上。重病树不结果或少结果,其果呈花脸型,味苦,不能食用。枣疯病病原为枣植原体,旧称"类菌质体"(MLO),先从局部枝条发生,通过中华拟菱纹叶蝉、凹缘菱纹叶蝉等昆虫和带病接穗、苗木进行传播。

防治方法如下:①选择抗病力强的优良品种、无病母株采集接穗,或繁殖根蘖苗。②及时铲除病树、病枝和病苗,防止病害蔓延。③秋季清除枣园杂草,减少叶蝉越冬,早春积极喷药消灭叶蝉,对减轻发病效果显著。④加强管理,增强树势,提高树体抗病能力。⑤树干打孔输液。方法是:先去掉病枝,再在树干基部用手摇钻打一个深达髓心的孔洞,用特制的高压注射器向孔内缓慢注入土霉素、祛疯 1 号、祛疯 2 号,防治效果良好。轻病树用药一次,一般 2～3 年内病不复发。重病树必须连续治疗 2～3 年,才能控制病情。用药浓度一般为 1％,用药量依干周大小和病情轻重而定。一般轻病树为 500 克/株,中等病树为 1000 克/株,重病树为 1500～2000 克/株。北方枣区以 4 月下旬至 5 月上旬枣树生长旺盛期输药为最好。

2.枣锈病

枣锈病是危害枣树叶片的主要病害,能引起早期落叶,使枣树当年的产量和枣果品质受到严重影响,而且会影响光合产物的积累,使树体营养储备不足,对来年枣树生长和结果也有很大的不利影响。雨季早,湿度大,枣园发病早而重。郁闭的枣园比通风透光良好的枣园发病重,此病先从树冠下部开始发生,逐渐向上蔓延,叶片不分老嫩均可发病。

防治方法如下:①清除落叶,并集中烧毁,减少病原。②合理间作,搞好修剪,改善枣园通风透光条件。排水不良的枣园,雨后要注意排水。③适时喷药防治。北方枣区一般在 7 月上旬发病前喷 1∶2∶200 的波尔多液。一般不用化学农药,危害严重时,可喷 25％粉锈宁粉剂 1000～1500 倍液,也有很好的防治效果。

3.枣缩果病

枣缩果病又名"黑腐病""褐腐病",是枣树果实的主要病害之一,会引起果腐和果实提前脱落。目前,对该病病原的认识尚不一致,一些专家将该病定为细菌病害。病原菌在落地病果内越冬,自伤口及果面自然孔口侵入。一般于 7 月中下旬和 8 月上中旬枣果白熟期至着色开始时出现病症。在北方枣区,8 月中旬至 9 月中旬枣果着色期为发病高峰期。若遇连续阴雨天气,该病常爆发成灾。果面伤口多、施氮肥、枝叶密集、通风不良的枣园,发病往往严重。

防治方法如下:①彻底清除枣园病虫果和烂果,并集中烧毁或深埋。②选育和栽植抗病品种。③加强枣园综合管理。增施有机肥,科学整形修剪,使树冠通风透光,并及时防治桃小食心虫、龟蜡介、叶蝉等害虫。④在花期和幼果期,喷洒 0.3％的硼砂或硼酸。⑤早春枣树萌芽前,喷 3 波美度石硫合剂。7 月下旬至 8 月上旬枣果白熟期喷农用链霉素 100～140 单位/毫升或土霉素 140～210 单位/毫升或琥珀酸铜 600～800 倍液。

4.枣炭疽病

枣炭疽病俗称"烧茄子病",是枣果实的主要病害,也能侵害枣头、枣吊和叶片。果实染病后,果肩变为淡黄色,进而出现水渍状斑点,并逐渐扩大为不规则黄褐色斑块,中间出现圆形凹陷病斑,严重时导致果实早落,果核变黑,造成严重的经济损失。枣炭疽病的病原以菌丝体在残留的枣吊、枣头及枣股和僵果上越冬。枣园发病程度与当年雨水多少及树势强弱有关,雨水多,雨水早,则发病早而重,反之则晚而轻。

防治方法如下:①清园。冬春季节摘除树上残留的枣吊及树下的枯枝、落果,并集中烧毁或深埋。②加强枣园综合管理。合理施肥,增强树势,提高树体抗病能力。③喷洒杀菌剂。于枣树萌芽前喷 3 波美度石硫合剂。于 8 月上旬果实白熟期喷洒 1∶2∶200 的波尔多液或 75％百菌清 800 倍液。④选用抗病品种。

(二)主要虫害及其防治

1.枣尺蠖

枣尺蠖又叫"枣步曲""弓腰虫",在枣区普遍发生严重。枣树在刚发芽时就会遭受其幼虫危害,随幼虫长大,食量增加,可把叶片吃光,再转移到梨、苹果等果树上危害。该虫一年发生一代,以蛹在树下表土层中越冬,距树干 1 米范围内最多。北方地区,3 月中下旬成虫开始羽化,卵产于树杈粗皮缝内。卵孵化盛期为 4 月下旬至 5 月上旬,此时正值枣树发芽,枣芽长出即被吃光。5 月中下旬危害最为严重。

防治方法如下:①晚秋深翻枣园,可杀灭集中于 5~10 厘米土层中的虫蛹。②早春在树干距地面 30~60 厘米处绑扎 10 厘米宽的塑料薄膜,其上涂以机油,可阻止雌虫上树,并能杀死雌蛾。③在幼虫羽化产卵期释放赤眼蜂(一般寄生率达 95% 以上)进行防治。④在枣园放养鸡群,啄食枣尺蠖的幼虫。⑤对 3 龄前的幼虫,喷施高效低毒、低残留农药。常用农药有 25% 灭幼脲 3 号 2000~2500 倍液和 25% 杀虫星 1000 倍液等。

2.枣黏虫

枣黏虫又叫"枣镰翅小卷蛾""枣实蛾",在枣园发生比较普遍且严重,主要以幼虫危害嫩芽、叶片、花、果,是枣树的主要害虫之一。枣黏虫在北方枣区一年发生三代,以蛹在树干老皮裂缝中越冬。越冬代成虫 3 月中下旬进入羽化盛期。第一代幼虫在 4 月上中旬至 5 月中旬发生,主要危害枣芽和叶片。第二代幼虫在 6 月中旬到 7 月下旬花期和幼果期发生,危害叶、花和幼果。第三代幼虫在 8 月上旬至 9 月下旬果实白熟期和完熟期发生,啃食果皮或钻入果实内危害。

防治方法如下:①冬季和早春刮除老树皮,用泥堵塞树洞,锯除枯桩,可消灭 80% 以上的越冬蛹。②北方枣区,9 月上旬第三代幼虫老熟化蛹前,在树干基部绑草把,诱集老熟幼虫,落叶后解下草把集中烧毁。③利用成虫的趋光性,在枣园设置黑光灯诱杀成虫。④成虫性诱力强,在成虫发生期采用性诱剂诱杀成虫。⑤生物防治。在第二、三代成虫产卵期,每株释放 3000~5000 头赤眼蜂,或在幼虫期对树冠喷施 200 倍青虫菌微生物农药,可有效防治该虫。⑥药剂防治。参照枣尺蠖的防治方法。

3.桃小食心虫

桃小食心虫俗名"枣蛆",是果树的主要蛀果害虫,不仅危害苹果、梨、桃、李、杏等果树,还危害枣树。被害枣果提前变红,过早脱落,果内堆积虫粪,不堪食用,失去经济价值,从而造成严重的经济损失。在北方枣区,桃小食心虫一年发生 1~2 代,以老熟幼虫在树干周围土层内越冬。越冬代幼虫在 6 月平均气温为 20 ℃左右、土壤含水量为 10% 以上时出土。第一代幼虫在 6 月下旬开始蛀果,7 月上中旬为其蛀果盛期。第二代幼虫的蛀果盛期在 8 月下旬至 9 月上旬。蛀果部位多为果顶附近。

防治方法如下:①冬春翻刨树盘时,将树干周围的表土撒于地表,使虫茧因冬季低温而死亡。5 月幼虫出土前,在树干周围半径为 1 米以内的地面覆盖地膜,抑制幼虫出土。7 月下旬开始,每 4~5 天拾一次地面落果,并摘除树上虫果,以消灭果内幼虫。②利用桃小食心虫性诱剂和全自动高效灭蛾器诱杀雄蛾。从 6 月开始,每亩枣园在树冠外围距地面 1.5 米处挂一个诱捕器,或每 60~90 亩枣园,在距枣园地面 2 米处挂一个全自动高效灭蛾器,直接诱杀雄蛾。诱蛾高峰期后一周左右是树上防治的最佳时期。③性诱剂诱到第一只雄蛾时为越冬代幼虫出土盛期,此时在树冠下喷洒 50% 的辛硫磷乳油 200 倍液灭虫效果较好,喷后搂耙均匀。诱蛾高峰时期(北方枣区一般在 7 月中旬至 8 月上旬)喷洒 25% 灭幼脲 3 号 2000~2500 倍液。

4.龟蜡介

龟蜡介又名"枣龟蜡蚧""日本龟蜡蚧""枣虱子",以若虫和成虫刺吸叶片及枣头、幼龄枝、二次枝上的汁液,排出的黏状液体粪便将污染枝叶及果实,使枝干、叶面、果面布满黑霉,影响光合作用的进行,造成树势衰弱,受害严重的枣树则枝梢枯死。龟蜡介一年发生一代,以受精雌成虫在幼龄枣枝上越冬。6月上中旬为该虫产卵盛期,7月上中旬为孵化盛期,8月底9月初为化蛹盛期,9月中旬为羽化盛期。

防治方法如下:①冬剪时彻底剪去虫枝,在雌成虫孵化前,用刷子直接擦刷枝条上的成虫。②利用天敌灭虫。在枣园间作小麦,麦收后大批瓢虫将转移到枣树上捕食孵化的若虫,可有效地减轻龟蜡介的危害。③成虫产卵期,喷洒青虫菌和苏云金芽胞杆菌等微生物农药,进行防治。④若虫孵化前,喷洒25%杀虫星1000倍液、25%亚胺硫磷400倍液,或早春枣树萌芽前,全树仔细喷洒3~5波美度石硫合剂、5%~10%柴油乳剂或由生石灰、硫黄、食盐、水按3∶2∶0.5∶100的比例配制的混合液。

5.枣瘿蚊

枣瘿蚊又名"枣蛆",是枣树的主要叶部害虫之一,以幼虫危害枣树嫩芽及幼叶。叶片受害后,叶缘向上卷曲,嫩叶呈筒状,由绿色变为紫红色,质硬发脆,幼虫在叶筒内取食。受害叶后期变为褐色或黑色,叶柄形成离层而脱落。该虫发生早,代数多,危害期长,对苗木、幼树发育及成龄树结实影响较大。该虫在北方枣区一年发生4~5代,以老熟幼虫在土内结茧越冬。

防治方法如下:①秋末冬初翻树盘,消灭越冬虫蛹,压低虫口密度。②4月上旬枣树萌芽前,于树下铺设地膜,抑制成虫出土。③4月上旬成虫羽化前,地面喷洒25%辛硫磷1000倍液,消灭越冬代幼虫。④5月上旬第一代幼虫危害盛期,喷洒25%杀虫星1000倍液,杀死幼虫,并兼治其他食芽、食叶害虫。

6.黄刺蛾

黄刺蛾主要以初孵幼虫咬食叶肉,将叶片食成网状;老幼虫可将叶片食成缺刻,严重时只剩叶柄和主脉。在北方大部分枣区,黄刺蛾一年发生一代,以老熟幼虫在树杈上结茧越冬。初孵幼虫有群居性,以后分期食叶肉,7月中旬至8月下旬为危害盛期。成虫有趋光性。

防治方法如下:①结合修剪,剪掉虫茧枝,并集中消毁。②利用初孵幼虫的群居性,适时剪除有幼虫群集的叶片。③利用成虫的趋光性,用黑光灯和全自动高效灭蛾器诱杀成虫。④幼虫发生期,喷洒青虫菌800倍液、25%杀虫星1000倍液或25%灭幼脲3号2000~2500倍液。

7.山楂叶螨

山楂叶螨又叫"山楂红蜘蛛",是北方果区重要害螨之一,危害包括枣树在内的10余种果树。该虫主要在枣树生长中后期危害叶片,受害叶片正面出现失绿小斑点,严重时叶片出现苍白色或焦枯的斑块,提早脱落。在北方枣区,山楂叶螨一年发生8~9代,以受精雌虫在树皮裂缝中越冬。6月下旬麦收后,其危害逐渐加重,全年发生数量最多、危害最重的时期是7—8月。

防治方法如下:①冬春刮树皮,并将刮下的树皮深埋或烧毁,以消灭树皮内的越冬螨。②枣树发芽前,喷洒3~5波美度石硫合剂。③8月上旬,在树干绑草把诱集成虫,冬季解下草把烧掉。④麦收后,喷洒 25％灭幼脲 3 号 2000～2500 倍液或 1.8％齐螨素 600～800 倍液,毒杀害螨。

五、果实采收与储藏

(一)果实采收

1.采收时期

枣果的采收时期因地区、品种、用途而不同。大多数品种在 9 月份成熟。按皮色、肉质变化情况,枣果成熟过程可分为白熟期、脆熟期和完熟期三个阶段。

(1)白熟期果皮细胞中的叶绿素大量消减,果皮退绿变白,呈绿白色或乳白色;果实体积不再增大,肉质比较松软,汁少,含糖量低,果皮薄而柔软;煮熟后,果皮不易与果肉分离。此期是加工蜜枣的适宜时期。

(2)脆熟期果皮黄白色,从梗洼、果肩开始逐渐着色转红,直至全红。果肉糖分剧增,汁液增多;果肉仍呈绿白色或乳白色,味甜质脆。此期既是鲜食品种的适宜采收期,也是制作酒枣、乌枣的适宜采收期。

(3)完熟期果实全部变成红色或紫红色,果实内水分逐渐减少,糖分增多;果肉变为黄白色,近核处为黄褐色,并且由内向外逐渐变软;果皮微皱缩。此期是制干红枣的适宜采收期。

2.采收方法

(1)震落法:该法是现在普遍采用的一种方法。用轻而细长的木杆或竹竿轻轻敲打果枝,震落果实,把落果拾起。此法简便易行,但用工多,劳动强度大,并易损伤果皮,造成烂果,对枣果及其加工品的质量影响较大;同时,也易打伤枝条,影响翌年产量。

(2)乙烯利催落采收法:利用乙烯利催落成熟枣果。乙烯利是含 40％ 2-氯乙基磷酸的棕色酸性水溶液,喷洒液被枣树吸收后,经过水解酶的作用而释放出乙烯。乙烯是一种催落激素,可加速营养物质向枣果中运转,促进枣果成熟,同时可促进果柄基部组织解体,形成离层。因而,喷后枣果成熟提前而整齐,摇动树枝即可脱落。在正常采收前一周,根据树势强弱,向树上喷洒一次 40％乙烯利 1300～2000 倍液。弱树浓度低,倍数大;旺树浓度高,倍数小。喷后 3～5 天,枣果便全部成熟。下铺两块长 4 米、宽 2 米的布单,将树盘盖住。在细长的木杆或竹竿前端绑上一个钩,钩住树枝轻轻摇动,枣果便能全部脱落,且绝大部分落在布单上,收布单,即可得到枣果。此法可使工效提高 7～10 倍,果皮无损伤,枣果品质好,由于受乙烯利的影响,含糖量可提高 1％～3％,并且不伤树,有利于丰产。较高浓度的乙烯利对枣叶有催落作用,生产上应先做小型试验,确定正确浓度后,再大面积使用。

(二)鲜果的储藏保鲜

枣果采收后,一般在室温条件下存放一周左右即完全皱缩,故长期以来鲜枣大多用来晾晒成干枣或制成蜜枣、酒枣、罐头等加工品。鲜枣储藏技术既能使枣果保持鲜脆且不失营养,又可防止其霉烂、延长加工时间和鲜枣的市场供应期。

鲜枣在储藏期间与其他果品一样,要求一定的环境条件:温度(0±1)℃,相对湿度 90％～95％,适当的通气条件。按此要求,目前可储藏枣果的场所是有制冷设备的通风库、冷库等。鲜枣储藏应做到以下几点:

（1）选耐储藏的鲜食品种：宜选鲜食品质好、果型大、经济价值高、耐储性强的品种。

（2）适时采收与分级：以半红期（50％果面着色）采摘为最佳。一般用手摘，要带果柄，轻拿轻放。采后按果个大小、品质好坏进行分级。

（3）预冷降温：一般采用喷水或浸水降温。

（4）氯化钙浸果：将预冷后的枣果放入 2％氯化钙溶液中半小时。钙能改变果实中水溶性、非水溶性果胶的比率，使大部分果胶变成非水溶性果胶；钙固定在原生质体表面和细胞壁的交换点上，降低了其渗透性，减弱了呼吸作用。所以，经钙处理的鲜果，能明显地延长储藏时间，好果率也有所提高。

（5）装袋：入库前把经钙液处理的枣果装入有孔塑料袋或保鲜膜袋中。每袋装2～4千克，封扎袋口后，分层放在储藏架上储存。堆码不要过厚，以免压伤，不利储藏。

（6）湿度的调节：鲜枣（尤其是未完全着色的鲜枣）在储藏期间极易失水失重，故在储藏过程中应尽量使库内的相对湿度保持在 90％～95％。试验证明，用有孔塑料袋、保鲜膜袋装枣果，可以起到保湿作用。根据测定，袋内的相对湿度可达到 90％以上。塑料薄膜还可以限制气体的流通，抑制果实的呼吸。塑料薄膜袋一般以厚度为 0.04～0.07 毫米的低密聚乙烯或无毒聚氯乙烯薄膜为佳。对库内相对湿度达不到要求的，可通过洒水增湿来解决。

（7）通气状况的调节：枣果与其他果品不同，它不能忍受高于 5％的二氧化碳浓度。为了安全起见，塑料袋的扎口可松些，储藏库内还应定时或不定时地进行通风换气，使库内气体保持为低温的普通空气，并经常定时定点进行抽样测气，发现问题及时处理，必要时可及早将枣果出库，以减免损失。

储藏期间要严格控制库内的温、湿度和通气状况。枣果入库后，应根据库内温度情况，通过自然降温或制冷装置，使库内温度长期稳定在（0±1）℃。有关库内温度的调节可分以下三个阶段进行：

①入库初期：自鲜枣入库至严冬到来前，虽然外温不断下降，但仍比储藏的适温高，因为入库初期果实的田间热和呼吸热较大，库内土温较高，因此应利用机械制冷设备来逐渐降低库温和库内土温。外界温度低于库温时，应打开库门和通气孔降温。当外温升至库温时，再关闭库通气孔。

②严冬时期：从严冬到来至外温回升之前，外温很低，可停止库内冷冻机工作，利用积雪、积冰、喷水等措施提高库内周围土层或砖的含水量，以加大土壤或砖的热容量和导热率。同时要适时进行通风，使库内蓄纳大量的自然冷源，长期保持低温高湿的良好环境。为防止冷空气急剧入库可能引起的冻害，通风量不宜太大，在库门的下部可适当堵草或垫土 30 厘米以上，并在靠库门储果部位的下边放一支温度计，随时观察库温的变化，以不低于－2 ℃为宜。

③春夏时期：当外界温度回升后，外温高于库温。这段时间应尽量关严库门和通气孔，减少库内外的热交换，保持库内低温高湿的环境。当果实全部出库后，要及时清理库洞，封闭库门。库温回升后，要打开冷冻机降温，并通过遥测库温，掌握开机时间，以保证秋季储入新果时有适宜的低温。

（三）枣 的 干 制

1.晾干法（阴干法）

晾干法是利用自然通风的方法，使枣果逐渐散发水分而成为红枣。此法适用于含水量多、皮肉较薄、不宜暴晒的鲜枣。利用此法干制的红枣,色泽鲜艳,外形丰满美观,皱纹少而浅;缺点是干制需时较长,占地较多,不适于大量集中加工。具体方法是:把除去烂枣后的鲜枣按干湿程度分开,摊放在通风的室内(或遮阴的席上),使枣果呈垄状,以加大水分蒸散的面积,垄高约 30 厘米,视天气情况每隔 1～3 天翻动一次,一个月后即可干制成红枣。

2.晒干法

晒干法是将鲜枣晒制成干枣的方法,要求原料充分长成并着色。为提高干枣品质,可在晒制前将鲜枣用沸水热烫 5～10 分钟。晒枣一般是在空旷的平地或平屋顶上。鲜枣开始暴晒时,要经常翻动。待枣的表面已显皱缩时,将枣堆起用席覆盖。堆置期间,也要揭席翻动,以免发霉。以后再晒 1～2 天,重复堆起。如此反复进行,直至枣显干软、用手握时具弹性为止。

3.烘烤法

烘烤法一般可分为三个阶段:

(1)预热阶段:需 6～10 小时,温度逐渐上升至 55～60 ℃。

(2)蒸发阶段:烤房内温度升至 68～70 ℃(不宜超过 70 ℃),此时有大量水分蒸发,需要大量通风排湿。

(3)干燥完成阶段:一般需要 6 小时左右,烤房内温度不低于 50 ℃即可,相对湿度高于 60％时,应进行通风排湿。

干枣的外皮为深红色,肉为朱黄色。干枣收起后,用孔眼大小不等的筛子过筛分等级,拣去质量差的,即可储藏或运销。

(四)干枣的储藏

干枣是比较容易储藏的果品。可根据数量多少、设备条件,分别采用屋藏与囤藏、缸藏、气调储藏和塑料袋小包装储藏等储藏法。

1.屋藏与囤藏

屋藏法是把干枣放在干燥的屋内或仓库内储藏的方法。储前在屋内或仓库内的墙壁上钉一层苇席,地上用砖支好 2～3 层用芦苇或秫秸编成的帘子,作为枣铺,把枣堆放在上面,或把枣装入麻袋里堆集存放。

囤藏法是在干燥的库房内设置席囤,囤底要垫砖铺苇帘子以隔离地面,把枣存放于囤中。储藏期间要注意保持库内干燥(红枣的含水量不得超过 26％,含水量指标是衡量干枣是否耐储的关键),防虫、防鼠。发现枣果返潮要及时晾晒。发现虫蛀可用硫黄熏杀,一般经 24 小时熏蒸后,蛀虫可基本死亡。

2.缸藏

缸藏法是把无虫的干枣放入干净的缸或坛中,加盖并置于干燥凉爽的屋内,适宜少量干枣的存放。

3.气调储藏

气调储藏法是将塑料薄膜压制成大帐,充入氮气(含氮量保持在 2％～4％)或二氧化碳,使帐内为无氧状态(含氧量小于 8％),并放入石灰吸潮;帐内温度夏季保持为 21～30 ℃,湿度保持为 90％,储藏效果良好。

4.塑料袋小包装

选用 0.07 毫米厚的聚乙烯薄膜,用热合法制成 40 厘米×60 厘米的包装袋,每袋装干枣 4~5 千克,抽出袋内空气并密封,然后放于干燥凉爽的室内即可。用此法存放一年后的干枣,好果率达 90％以上,果实饱满,色泽和风味都正常。

第六节　板　栗

一、主要优良品种

(一)红光

红光原产于山东莱西店埠东庄头村。坚果扁圆形,果中等大小;果皮红褐色,油亮;果肉质糯,细腻香甜,品质中上等,适于炒食;果实成熟期为 9 月下旬至 10 月上旬,耐储藏;始果期较晚,耐瘠薄,适应性强,进入盛果期后产量稳定。

(二)红栗

红栗原产于山东泰安大地村,由山东省果树研究所于 1964 年选出。坚果近圆形或椭圆形,中型果,大小整齐;果肉质糯、细腻香甜,品质上等;果实成熟期为 9 月下旬,耐储藏;平原栽植适应性好于山地,不耐瘠薄,喜肥水,耐短截修剪,是较好的授粉品种,兼有观赏价值。

(三)金丰

金丰又名“徐家 1 号”,于 1971 年选自山东招远张星徐家村,为山东主栽品种。坚果三角形至近圆形,中等大小;果皮深褐色,有光泽;果肉味香甜,品质上等;果实于 9 月中下旬成熟,耐储藏;早实丰产,适宜密植,但大量结果后,若肥水跟不上,树势易衰弱。

(四)海丰

海丰于 1975 年由山东海阳果农选出。坚果椭圆形,中小型;果皮红棕色,色泽美观;果肉甜糯;果实于 9 月下旬成熟,耐储藏;结果早,稳产丰产,较耐瘠薄,适宜密植。

(五)石丰

石丰原名“中石现 1 号”,于 1971 年由山东海阳中石现村选出,适应范围广,是山东半岛的主栽品种之一。坚果椭圆形,中小型,整齐美观;果皮红褐色;果肉质地细糯,风味香甜,品质优;果实于 9 月中旬成熟,耐储藏;结果早,稳产丰产,较耐瘠薄,适宜密植。

(六)上丰

上丰原名“步家 1 号”,原株产于山东海阳上步家村,是胶东半岛栽培的主要品种之一。总苞椭圆形,坚果中大;果皮深褐色,有光泽;果肉质地细糯,风味香甜,品质上等;果实于 10 月上旬成熟,耐储藏。

(七)华光

华光是山东省果树研究所杂交育成的早实、丰产、品质优良的品种。坚果椭圆形,小型;果皮红棕色,光亮;接线多呈月牙状;果肉质地细糯,风味香甜,耐储藏。

(八)华丰

华丰是山东省果树研究所选育。坚果椭圆形,果粒整齐,红棕光亮;果肉黄色,质地细糯,风味香甜。该品种抗旱及耐瘠薄性较强,嫁接亲和力强,适应性广,不论在山地、丘陵还是在沙地栽培,均表现为早果丰产,品质优良;对桃蛀螟等蛀果害虫有较强的抗性。

(九)郯城 207

郯城 207 原产于山东郯城茅茨村。坚果椭圆形,中等大小;果皮红褐色,明亮美观,品质上等;果实于 9 月中下旬成熟,耐储藏;进入盛果期后产量稳定。

(十)沂蒙短枝

沂蒙短枝原产于山东莒南。坚果椭圆形,大小整齐;果皮红褐色,光亮;果肉黄白色,质地细糯,风味香甜,品质上等;果实于 9 月下旬成熟,耐储藏;始果期早,坐果率高,对叶螨有一定抗性,极适宜密植栽培。

(十一)蒙山魁栗

蒙山魁栗原产于山东费县大良村。栗苞大,皮薄,针刺稀而短;坚果大小均匀,果肉黄色,品质上等;果实于 9 月下旬成熟,耐储藏;早果性中等,较耐瘠薄。

(十二)烟清

烟清是山东省烟台市林业科学研究所于 20 世纪 70 年代育成。坚果色泽美观,个头均匀整齐,炒食质糯,风味香甜,品质上等。果实可储藏 5 个月左右。嫁接在一年生砧木上,第四年可丰产;嫁接在三至五年生砧木上,第三年可丰产。该品种早实、丰产性强,适应性广,不论栽植在山区丘陵、河谷两岸还是河滩沙地,皆能生长发育良好和丰产,是开发山滩旱薄地的优良品种之一。

(十三)烟泉

烟泉系山东省烟台市林业科学研究所于 20 世纪 70 年代选出。坚果色泽美观,果实均匀但不整齐;炒食质糯,风味香甜,品质上等;果实可储藏 5 个月左右。

(十四)清丰

清丰原名“清泉 2 号”,于 1971 年选自山东海阳清泉夼村。坚果椭圆形,果顶钝圆,全果面披细短茸毛,果实均匀整齐,果肉香甜;果实于 9 月下旬成熟,耐储性强;适应性强,在山丘和河滩沙地栽培,生长发育良好,但嫁接中少量植株不亲和。

(十五)泰安薄壳

泰安薄壳原产于山东泰安麻塔宋家庄村,于 1964 年选出。栗苞中等,扁椭圆形,刺束极稀,栗苞皮薄;坚果圆形,中等大小;果皮枣红色或棕红色,光泽特亮;适应性强,抗干旱,耐瘠薄,稳产丰产,出实率极高,适于炒食。

其他优良品种还有玉丰(莱阳)、东丰(莱阳)、威丰(乳山)、盘龙栗(郯城)、宋家早(泰安)、无花栗(泰安)、杂-35(山东果树研究所杂交育成)等。

二、苗木繁育技术

(一)砧木繁育

1.砧木的选择

北方栗产区用板栗实生苗作砧木。辽宁、吉林、山东等地除了用板栗,还用朝鲜栗作砧木。为了提高嫁接的成活率和保存率,必须注意砧木和接穗间的亲和力,以同种实生苗作为砧木为好。也就是说,板栗实生砧只能嫁接板栗的良种,朝鲜栗实生砧只能嫁接朝鲜栗的良种。两个种间嫁接亲和力不高,成活率很低。

2.砧木的培育

(1)采种与层积处理:育苗用的栗实应充分成熟、籽粒饱满充实、大小均匀、无病虫害。最好选择自然开裂、成熟落地的栗实作种用,这样的栗实发芽率高,出苗整齐。栗实的大小对苗木生长发育有很大的影响,大粒种子容易生长成高而粗壮的苗木,小粒种子或发育不充实的种子出苗不齐且苗木细弱。当栗实变褐、刺棚开裂时开始采种,采收的种子除掉病虫果、裂果、秕果后,过筛分级。种子在进行层积处理前,要先和湿沙混合,并暂时存放在阴凉的地方。

层积处理应选择高燥、阴凉和方便管理的地方,并于11月下旬至12月上旬开始沙藏。栗实的埋藏条件是低温和一定的湿度,不可过湿或过干,要防止高温发热烧坏种子,同时也要防止过湿造成种子腐烂。

(2)育苗地的选择与整地:育苗地应选在地势平坦、排水良好、土质肥沃、质地疏松的微酸性到中性的壤质土或沙壤土地区,严禁在土质瘠薄、质地黏重、地势低洼、排水不良的地方育苗。育苗地要秋翻,耕深20厘米,随后耙平。春季播种前每亩撒施有机肥4000～5000千克,耙平做垄,宽60厘米。

(3)播种:以春季播种为好,播种时间与地域有关,如华北地区在3月播种。当10厘米深处的地温为4 ℃时极栗的胚根便开始活动,但当地温升高到10～12 ℃时幼根萌发较快,出苗整齐。

播种方式分为大垄双行点播和大垄单行点播。大垄双行点播的垄距为60厘米,株距为15厘米;单行点播的垄距为45～50厘米,株距为10厘米。播种时要在垄上开沟,使栗种平放,覆土深度为3～5厘米。遇土壤干旱时,先开沟灌水,待水渗入土壤后再摆放栗种,每亩产苗量为0.8万～1.5万株。栗苗出苗期较长,通常在一个月以上,且发芽势不整齐。因此,播种时应做到:栗种分级播种,且要严格选种,剔除霉烂变质栗种、秕栗和风干栗种;覆土厚度要均匀一致;避免栗种与肥料直接接触,防止烧坏种子;用拌种和撒毒土等方法防治地下害虫。

(4)苗期管理:①中耕除草。苗木出齐后要进行第一次除草,以后在生长季节再进行2～3次中耕除草。②追肥。6月中下旬,当苗高达到20厘米时进行第一次追肥,每亩施尿素10～15千克。8月中旬进行第二次追肥,每亩施复合肥10～15千克。③灌水。遇土壤干旱时及时灌水。苗木地径达到0.6厘米以上时就可以嫁接。用三年生大苗作砧木,在干高30厘米左右时嫁接良种,可以提高嫁接苗的抗性。

(二)嫁接技术

1.采穗与储藏

(1)采穗:一般在芽尚未膨大、嫁接前20天左右采接穗,在鲁南地区一般是惊蛰前采穗。从优良品种或优良株系的母树上截取外围生育健壮、芽饱满、无病虫害的一年生发育枝、结果枝和强壮的雄花枝。将采取的接穗按品种每50～100根捆成一捆,标记品种名称。

(2)储藏:板栗的接穗需要低温和湿润的储藏条件。将经过整理和品种标记的接穗,放入3～8 ℃的低温处,用湿沙埋藏。储藏期间要经常检查温度和湿度,防止接穗发芽、霉烂或失水抽干。

2.蜡封接穗

蜡封接穗是提高板栗嫁接成活率的关键。这是因为板栗的枝条表皮结构疏松,气孔多,枝条易失水风干。具体方法是:在嫁接前半个月取出沙藏的穗条,用清水洗去泥沙,剪成有三个以上饱满芽、长度为10～25厘米的枝段。根据穗材数量决定熔化石蜡的容器的大小,将石蜡放入容器内加热,当蜡温达到90～100 ℃时,取适量剪好的接穗放入小铁筛内,迅速浸入蜡液中,并立即拿出来,使接穗表面结上一层很薄的蜡膜。

蜡封接穗的技术环节:一是蜡液温度控制为90～100 ℃,过高容易烫伤接穗,低于90 ℃时结膜太厚易脱落;二是要让所有的接穗全部挂上蜡膜,若有遗漏部分,再重新补浸一次。

将蜡封的接穗按品种分别放入塑料袋中,做好标记,注明品种,防止混杂。放在低温湿润的条件下储藏,防止风干和变质,嫁接时随用随取。

3.嫁接时期与方法

板栗最适宜的嫁接时期是砧木树液开始流动到展叶期,这是栗形成层细胞分生最活跃的时期,易产生愈伤组织。山东南部一般在4月上旬嫁接,只要接穗储藏良好,嫁接可延续至4月下旬至5月上旬。小苗嫁接可于9月中旬至10月上旬进行。

板栗目前采用的嫁接方法有小苗腹接法、皮下腹接法、带木质部芽接法、劈接法、插皮接法、插皮舌接法、桥接法、根接法、倒芽嫁接法等10多种。在高效栽培中,最常用的嫁接方法如下:

(1)劈接:嫁接时,砧木与接穗均不离皮,可采用此法嫁接。苗木与大树改劣换优均可用此法。在嫁接部位将砧木锯断,削平锯面,用劈刀在砧木面的中间做一垂直劈口,劈口长6厘米,若砧木过粗,可在砧面上平行相间地做2～3条垂直劈口,以便多插接穗,有利于接面伤口的愈合。将接穗下端削成长5厘米左右的楔形,入刀处要陡些。

插接穗时,先撬开砧木上的劈口,再将接穗插入,使二者的形成层对齐并吻合。插好的接穗,削面上端要有0.3厘米的"留白",以利于接穗与砧木的良好接触。绑扎时,先用一小块塑料薄膜封住砧面,再用塑料条将接口绑紧封严。

(2)插皮接:嫁接时砧木已离皮,接穗尚不离皮,可采用插皮接法。苗木嫁接与大树改劣换优均可用此法。首先削接穗,将接穗留两个饱满芽,在下芽背面0.5厘米处下刀,向下削一个长5厘米左右的马耳形斜面,然后在马耳形斜面的两侧各削一刀,深达韧皮部。将削好的接穗放入盛有清水的罐头瓶里或含入口中,防止风干。将砧木在距地面5～10厘米处断砧,大苗在30厘米处断砧,削平截口,选树皮光滑部分一侧的上方,用刀尖将韧皮部与木质部之间挑开,随即将接穗缓缓插入,削面上端要有0.3厘米的"留白"。若砧面较粗,应适当多插接穗,以利于接口愈合。接穗插入后,用塑料条将接口绑紧封严即可。

(3)小苗腹接:适用于砧径粗度为0.5～1.5厘米的栗苗,接穗留两个饱满芽,在第二个芽下端削一个长5厘米的斜面,入刀处要陡些,深入穗粗的1/2处向下直削,再于上削面的背面下端2厘米处削一个小斜面。在砧木距地面7～10厘米处,选光滑处入刀,入刀时角度与接穗相同,深达苗径1/2时刀平行于苗径向下切,刀口长5～6厘米。砧木切好后,马上将削好接穗的大面向外插入切口,对齐砧穗的形成层,在切口上部剪断砧苗,用塑料袋绑紧接口,密封防干。

(4)带木质部芽接:适用于栗苗嫁接和幼树高接换种,春季与秋季均可采用。带木质部芽接有"T"形带木质部芽接和嵌芽接两种形式。

①"T"形带木质部芽接:首先在接穗上选饱满芽,在芽下端约1.5厘米处下刀,向上斜削,削过芽,在芽上端0.5厘米处切断,取下带木质部的盾形芽片(芽片长2厘米左右),含入口中。砧木苗在距地面10厘米处,大苗在30厘米处,选择皮层光滑部位,切成"T"形切口;撬开皮层,将带木质部的盾形芽片插入"T"形切口中,使接芽上方的横切口与"T"形横切口对接起来;然后用塑料带包扎严密,只露出接芽,并在接芽上方5~10厘米处断砧。

②嵌芽接:先在接穗上选饱满芽,于芽的上方1.5厘米处入刀,略进入木质部后平行向下直削3厘米,将刀退出;再在接芽的下部1厘米处下刀斜削,以切断芽片为度,取下芽片含入口中。在砧苗距地面5~10厘米处,选光滑部位下刀,切一个与接芽形状、大小相似的接口,把接芽镶嵌在接口上,使接芽与砧木的形成层吻合。如果芽片与接口的形状、大小不同,要保证芽片上下和一侧的形成层吻合。最后用塑料带将接口包扎严密。

(三)苗期管理

1.除萌和摘心

嫁接后砧木会抽发很多萌蘖,消耗大量养分,影响嫁接苗的成活和生长,必须及时除掉。嫁接后15天第一次抹芽,以后每隔7天左右抹一次,直至9月。当嫁接苗高达60~80厘米时进行摘心,促进组织充实和芽饱满,大砧和旺盛苗还多进行二次整形,以便苗木提早成形和结果。当二次枝达到50厘米左右时进行第二次摘心,促进木质化和结果。经过摘心处理的栗苗,第二年有50%以上开花结实。

2.绑支棍

为了防止风折或人畜碰断,并保证苗木干形直立,当苗木新梢长至30厘米时,应及时绑支棍,固定苗木。

3.及时解除嫁接绑扎条

一般在汛期到来之前,嫁接部位已充分密接,要及时将嫁接时的塑料绑扎条解除,以防止缢伤。

4.追肥与灌水

嫁接苗初期依靠根系储藏养分生长,进入6月以后就需要补给养分,因此在6月上旬和8月上旬要进行两次追肥。第一次每亩追施氮肥10~15千克,第二次每亩追施全肥10千克。追肥的方法是于苗的一侧开沟条施后埋土。干旱地区或遇干旱年份需要及时灌水。

5.除草松土

为促进苗木生长,要及时除草松土,垄作育苗每年中耕2~3次。

6.病虫害防治

可用人工捕捉、涂药或诱杀的方法防治大灰象甲、蒙古象甲等啃食萌动接芽的害虫。苗期喷药2~3次,可防治食叶害虫和红蜘蛛的危害。

三、丰产栽培技术

(一)高标准建园

1.园地选择与规划

(1)园地选择:板栗与其他果树等经济林树种相比,因土壤、气候、病虫害及生理特性等易发生早期树势衰弱甚至枯死,因此,要达到优质高产和稳产丰产的目的,就必须做到适地适树。建园选地非常重要,栗园要建在气候温和、光照良好、背风向阳、土层深厚、排水良好的地方。

①气候:年平均气温为 8 ℃以上、极端最低气温为－28 ℃以内、年降水量为 500 毫米以上、无霜期为 160 天以上的地方可以栽培板栗。

②地形:板栗是喜光性很强的树种,对光的需求量在苹果、桃等之上。光照不足会影响雌花分化,导致下枝枯死,因此板栗要栽培在光照良好的地方。山地栗园需建在坡度为 25°以下的地方。

③土壤:板栗是深根性树种,喜土层深厚、排水良好、肥沃的土壤。适宜的土壤为广土层在 40 厘米以上、地下水位在 1 米以下、排水良好、pH 值为 5.5～6.8 的壤土、沙壤土或砾质壤土。当土壤 pH 值超过 7.5 时板栗生育表现不正常,幼叶失绿变黄,中下部叶片灰绿色,叶背卷曲,叶缘枯焦,树势衰弱,结果不良,苗木黄化或枯死。板栗不适于排水不良、土质黏重和盐碱化的土壤。

(2)园地规划

①经营规模:板栗与苹果等相比,虽然单位面积产量和产值较低,但是栗果价格高,易储藏运输,经济成本低,适于交通不便的山区栽培。

②作业道路设置:为了方便作业管理以及运输,建园时要设计道路。主干道宽 4 米左右为宜,每间隔 150～200 米设计一条主干道。为了方便作业,在主干道之间结合地形,设计若干条宽 1～2 米的作业道。

③防护林:河滩等平缓地带的栗园周围需设计防风林。迎风面的防风效果是林高的 3 倍,顺风面是林高的 10～15 倍。坡地的防护效应随坡度的增大而减少。建在山的中、下腹的山地栗园,山上腹要营造可以保持水土的防护林或薪炭林,树种可选用松类、侧柏和刺槐等。

2.品种选择与授粉树配置

(1)品种选择:选择品种和组合搭配必须慎重,要充分考虑品种特性、当地的气候与土壤条件,选择适宜在当地生长的优良品种。选择的品种应具有以下特性:

①丰产性强:有的品种早期易丰产,嫁接 2～3 年就丰产结实;有的品种,如红光,进入结实的年份较晚些,嫁接 4～5 年才能大量结实。在决定品种时,要了解其特性,把早实和晚实的丰产品种进行合理搭配。

②品质优良:随着我国对外贸易的不断扩大,对商品质量的要求越来越高,缺乏优质品种就不能获得较高的商品价值。炒栗品种以果型整齐、每千克有 120～160 粒、光泽油亮、外观美丽、质糯、甜味浓、涩皮易剥离为佳;加工品种以果型大、双子果少、果肉柔软、涩皮易剥离为好。

③抗病虫能力强:栗瘿蜂是危害板栗的一大害虫,要注意通过选择抗虫能力强的品种配以综合防治,以减轻危害。

④与气候和土壤条件相适应:选择的品种应适应当地的气候与土壤条件。北方以早熟品种为好,晚熟品种多数不适应在北方寒冷地区栽培,常因果实发育期热量不足而造成果肉不饱满或隔年结果。板栗耐瘠薄的能力也因品种而异。

⑤便于经营管理:经营面积小的承包户在选择品种时要注意少选品种(2～3 个),且所

选品种的成熟期一致。经营规模大或劳力少的地方选择品种要多些,早、中、晚熟品种搭配,可早、中熟品种各占 1/2 或早、中、晚熟品种各占 1/3。

(2)授粉树配置:板栗是雌雄异花同株的果树。在同一植株上,雌花与雄花开放的时间也不一样,一般雌花比雄花晚开 8~10 天。由于雌花与雄花的花期不同,影响授粉而出现"空棚",所以在栽植板栗时应配置授粉树。授粉树的比例可占主栽品种的 1/3~1/4。在一个栗园内可选择 2~3 个品种作为授粉树。授粉品种的花期应与主栽品种的花期相一致。

(二)栽植密度和技术

1.栽植密度与栽植方式

(1)栽植密度:板栗是树体高大的乔木,树冠扩展较快,必须注意栽植密度。栽植密度的依据是地形、地力、品种和管理水平。土壤肥沃、地势平坦的地方栽植行距应大些,坡度较大、土壤瘠薄的山地栗园栽植行距可小些。长势旺盛、树冠开张的品种,株行距大些;长势弱或树冠紧凑直立的品种,如红光、金丰等,株行距可以小些。行距通常为 5~8 米。为了提高早期产量,可以有计划地密植,每亩栽植 56~110 株。

(2)栽植方式

①平坦的河滩地及缓坡地:初植株行距为 2 米×3 米或 3 米×4 米,永久树保持 4 米×6 米或 6 米×8 米。

②山坡地:等高线方向为株距,坡向为行距,初植行距为 4~5 米,株距为 3 米,间伐后的株行距为(4~5)米×6 米,每亩保留永久树 22~28 株;沿等高线按三角形配置。

2.栽植时期

板栗的栽植时期分为秋季栽植和春季栽植两个时期,秋季栽植在落叶后到结冻前进行,大面积建园时可以采用。我国北方的冬季寒冷干燥,易发生冻害或抽干,因此秋植后须将苗木弯倒埋土防寒。北方多数在春季栽植,春季栽植的时期不宜过早,以在萌芽前的 10~20 天栽植为宜。

3.整地与定植

(1)整地:在河滩地和缓坡地建园,要进行全面整地。用机械深翻 40 厘米,然后挖栽植穴定植。在坡度为 10°左右的坡地建园,要进行带状整地。距离为 35 米,沿等高线开沟,沟宽 0.8 米,深 0.6 米。表土放在坡上,心土放在坡下,栽植沟挖完后,沟底填入粗有机质,再将坡上存放的表土回填,施入有机肥,最后回填心土。在坡度为 15°~25°的山坡地建园,必须修筑梯田。梯面宽 34 米,在梯田面上挖栽植穴,穴深 0.6 米,宽 0.8~1 米。表土、心土分开,穴底放入粗有机质,回填表土,施入有机肥或化肥,最后回填心土。

(2)定植:在整地的基础上,根据确定的栽植密度和栽植方式挖栽植穴,施入基肥 10~20 千克,然后把肥与土搅拌均匀,土肥比例为 4∶1 左右。将苗木置于穴中心,使苗茎稍高于地面,根系舒展,埋土后轻轻提苗,再用脚踩实,修筑水盘,灌水,待水下沉后再培成土堆,防风保湿,提高成活率。

4.栽后管理

(1)抹芽与除萌:苗木成活后萌芽较多,需将主干上发生的主枝部位以下的萌芽全部除掉,保留整形带的萌芽。砧木基部时常发生萌蘖,影响干部萌芽生长,也要及时除掉。如果发现苗木地上部分未成活,则保留一个萌蘖,除去多余的萌蘖。

（2）土壤管理：要及时除草松土,行间间种豆科作物或绿肥作物。苗木成活后,于 6 月上旬至中旬,每株追肥 20 克。

（3）防治病虫害：定植萌芽后要及时防治病虫害。食叶害虫主要有刺娥类幼虫、午毒蛾、金毛虫等,可于其发生期喷药 1～2 次。

（三）丰产管理措施

1.土壤管理

（1）土壤改良与扩穴：土质瘠薄的栗园要改良土壤,可深翻改土或扩穴,加厚土层,增加有机质,改善土壤的通气性、保水性和透水性,提高土壤肥力。缓坡和平坦地,用开沟犁深耕 40 厘米,拣出石砾。山地栗园扩穴时,定植后每年或 2～3 年扩一次,使穴宽 60～80 厘米,深 60 厘米。挖沟扩穴时将表土放在树干侧,心土放在沟的另一侧,沟底放入粗有机质,回填表土,施入有机肥,再回填心土。

（2）间作：栗园可实行板栗与豆科作物、薯类和小麦等间作,也可实行板栗与天麻等药材间作,还可实行板栗与矮生果树、草莓间作等,以提高经济效益和起到以短养长的作用。

（3）清耕管理：每年在园内除草松土 2～3 次,做到园内无杂草。用此方法管理的优点是能够节省土壤中的水分和养分,地温升高快;缺点是土壤结构易遭破坏,容易造成水土流失。

2.施肥

（1）需肥特性：不同时期缺肥,对新梢生长、果实发育及产量都有很大的影响。开花前缺氮影响新梢生长和树体增重;开花期到新梢停止生长期缺氮影响树体发育和果实质量;果实膨大期缺氮易引起落果落叶。缺磷会抑制氮素的同化作用,降低萌芽率,延迟展叶和开花,使新梢细弱、叶片变小、花芽分化不良。增施磷肥,可以促进花芽分化、新梢生长、果实发育,提高果实产量和品质,增强树体抗性。钾能够增强叶片的同化作用,促进树体健壮,增强抗性,提高坚果品质和储藏性。缺钾会引起代谢紊乱,降低产量。

（2）施肥量：一般参照树体每生产 100 千克栗果,需氮 3.2 千克、五氧化二磷 0.76 千克、氧化钾 1.28 千克,按着预产指标,结合当地土壤肥力和气候条件以及树体营养状态计算施肥量。

（3）施肥时期：基肥,秋末至早春施入;追肥,可分别在开花期和果实膨大前（采收前 40 天）施入。

（4）施肥方法

①土壤施肥：最常用的两种方法是在树冠下开环形沟或放射状沟,施入有机肥。环形沟深 30 厘米,宽 20～30 厘米。放射状沟距树干 1～1.5 米,开 6～8 个,宽 40 厘米,深度内侧为 20 厘米,外侧为 40 厘米,呈斜坡形。施入基肥,混合化肥后覆土。追施化肥时沟深 20 厘米,宽 15～20 厘米,施肥后埋土。第三种方法是穴状施入,即在树冠下挖若干个宽 30～50 厘米、深 30～40 厘米的穴,施入基肥后埋土。此法适于坡度较陡的山地栗园。第四种方法是全园撒施,将肥料均匀地撒施在地上,然后耕翻。此法适用于清耕栗园。

②根外追肥：春季展叶后的雌花分化期,在叶面喷洒 0.3%～0.5% 尿素或 0.2% 磷酸二氢钾;花期喷洒 0.1%～0.3% 硼砂,并混入 0.3%～0.5% 尿素（可有效地减少空棚的产生）。

③压绿肥：压绿肥是增加土壤有机质的有效方法。将青稞杂草和种植的绿肥作物在

雨季割下,覆盖在树冠下,上面覆土;或在树冠下挖放射状沟,将青稞杂草放入沟内,埋土。将栗园内的枯枝落叶埋入土壤中,也是增加土壤有机质的有效办法。

3.水分管理

栗树虽然比较耐旱,但在定植到成活前这段时期的水分管理仍然很重要。栗树在新梢加速生长和果实迅速膨大期需水量多,水是确保板栗产量和品质的关键,若遇干旱,一定要及时灌水。早春萌芽和开花前遇干旱,灌水可以促进雌花的形成,有利于枝条的生长,对提高当年产量有良好的作用。雨季要注意排水,特别是在平地、土壤深厚的栗园,在雨水多的季节要清理排水沟,勿使栗园积水。

4.整形修剪

(1)整形修剪的作用:对于板栗,必须要依据其生长发育的特性,进行整形修剪,平衡树势,调节生长与结果的关系。

①板栗是强阳性树种,长势旺盛,树体高大,树冠外移过快,冠内易光秃。伴随着树冠扩大,光照不足,内膛光秃,单位树冠容积内的叶量减少,产量下降。通过整形修剪降低树高,控制冠形,改善光照条件,加厚叶幕层,增加叶面积系数,促进形成粗壮的结果母枝,可为板栗丰产结实创造条件。

②防止隔年结果:与其他果树不同,板栗的雌花数量少,而雄花非常多,雌雄花比在1:2500以上,大量的雄花要消耗很多的养分。此外,栗果中50%～60%是干物质,坚果形成的过程中需要很多的光合产物。以上原因使板栗容易产生大小年现象,而修剪能够调整养分分配,促进雌花形成和稳产丰产。

③减轻病虫危害:经过修剪的板栗,树势强健,可增强机体抗御自然灾害的能力,减少病虫的侵染,而修剪本身就是除病灭虫的基本措施之一。

(2)板栗的结实特性与整形修剪

①结果母枝、结果枝的质量与结实:板栗是极性很强的树种,表现出明显的顶端优势。在一个基枝上,只有顶端的几个芽能够发育成超壮的新枝,以下的芽萌发成依次减弱的细弱枝。顶端芽能够形成混合芽,萌发出结果枝结实。通常把能够抽生出结果枝的基枝称为"结果母枝",把当年着生雌花结果的新枝称为"结果枝"。要使板栗丰产结实,必须使其有大量的雌花,提高结实率和增大坚果量,所有这些都会受到结果母枝、结果枝质量的影响。

结果母枝的粗壮程度将影响在该枝上发生的结果枝的数量。通常结果母枝粗 0.5 厘米以下时很少能够形成结果枝,或形成 1～2 个发育不良的结果枝。结果母枝上抽生结果枝的数量随着结果母枝粗度的增大而增多。

结果枝粗壮,其形成的雌花数量也多;结果枝细弱,着生的雌花数量少,而且易发生生理落果。据国内外的调查,所有的板栗品种,无论总棚内有多少坚果,坚果的质量与结果枝的粗度均呈极显著的正相关,而与结果枝长度间不存在明显的相关关系。栗园中 8 月以前出现落棚现象,即早期落果。早期落果的原因之一就是结果枝的质量不高,早期落果与结果枝的粗度有着密切的关系。

②日照与结实:板栗是强阳性树种,需光量居于桃、苹果之上,对光照反应敏感,需要日照多。即便土壤和肥培条件好,光照不足板栗也不能形成壮枝和完成雌花分化。据测定,板栗达到丰产结实需要的光量的最低限值是自然日射量的 25%～30%,雌花数量随着

日射量的增加而增多。日照不足会引起板栗落花、落果。光量不足将降低叶面积指数,减少光合产物的形成,引起树势衰弱,内膛枝枯死,导致隔年结果,降低产量。改善光照条件是促进板栗丰产结实的重要措施,整形修剪是其中最有效的方法。

③结果母枝留量:促进形成发育充实的结果母枝是板栗丰产的基础。修剪时,必须确定合理的母枝留量,确保结果母枝在发育过程中有足够的养分供给开花结果,留量不足或过量都达不到丰产的目的。留量过大时坚果变小,空棚率增大,树势衰弱,影响下一代的产量。据各地试验证明,结果母枝留量与品种、立地条件及长势有关,一般小粒品种每平方米树冠投影保留结果母枝 8～12 条,大果型品种每平方米树冠投影保留结果母枝6～8 条。

(3)修剪时期与方法

①修剪时期:冬剪在芽萌动以前进行,夏剪从芽膨大开始,直到秋初,贯穿整个生长过程,重点是新梢生长期的修剪。

②修剪方法

a.短截:剪掉一年生枝条的一部分。根据截掉的枝条长度不同,划分为轻、中、重短截。剪去一年生枝条长度的 1/3 左右称为"轻短截";剪去枝长的 1/2 左右称为"中短截";在枝条下部剪去 2/3 左右称为"重短截"。板栗结果母枝短截的影响因品种和短截强度而异,进行短截修剪时要依照品种特性采取适宜的修剪方法,切不可千篇一律。

短截的主要作用是调整营养分配,促进生长,增强树势,使树冠紧凑,减少雄花,增加产量。轻微短截结果母枝有增加结果枝和雌花数量的倾向;短截可以减少落果,提高坚果质量。

b.疏剪:把一年生或多年生侧生枝从基部剪掉或锯除。疏剪是调整板栗骨干枝和结果母枝数量的必要措施,可以改善养分分配状况和光照条件,加大结果层厚度,增加产量。其主要用于枝条过密部位、枝条交叉重叠并生部位及已失去利用价值的大辅养枝、裙枝、病虫枝的疏除。幼树期的疏剪宜轻不宜重。板栗的愈伤能力较弱,大伤口很难短期愈合,易引起病虫从伤口侵入,产生病变,因此要尽量减少伤口,大的伤口要涂抹保护剂。

c.缩剪:对二年生以上的多年生枝进行短截。回缩是控制树冠过快外移、防止内膛光秃和复壮树势的有效措施。树势衰弱、产量下降的板栗,经过回缩更新,增产效果明显。

d.缓放:有意地对枝条不实行短截,任其自然生长。板栗是以壮枝顶部大芽抽枝结果的树种,常用缓放与截放相结合的方法修剪,以促进稳产丰产。特别是对一些结果母枝不能实行短截的品种,不可多截,必须用放、疏、截结合的剪法实现高产稳产。

(4)常用树形:在不同的树龄阶段,因树做形,不要强求一致。高密度的栗园在幼龄期(1～6 年)一般采用丛状形、自然开心形;成龄树阶段要逐步调整,演变为小冠疏层形或变侧主干形。

①丛状形:主干高 10～30 厘米,不留中央领导干,全树有 4～6 个主枝。主枝内距为20 厘米左右,伸向四方,开张角度为 30°～45°;每一个主枝有 2～3 个侧枝,侧枝间距约为50 厘米,错落间隔,开张角度应大于主枝。树冠高度控制在 2～2.5 米。用五年生以上砧木嫁接建园,嫁接部位离地面 20 厘米以内,且每一个截面接两个以上接穗时,多数板栗会自然生长成此树形。该树形的特点是树枝开展,光照良好,结果早,幼树期累计产量高,便于管理,但随着树龄增大,树冠扩展,主枝抱合向上生长,产量降低。因此该树形适用于高

密度栗园幼树期。

②自然开心形:主干高 35～50 厘米,不留中央领导干,全树有三个主枝。各主枝内距为 25 厘米左右,张开基角为 55°左右;每一个主枝着生 2～3 个侧枝,主侧枝保持 50 厘米左右的错落间隔,侧枝开张角度稍大于主枝。树冠高度控制在 2.5～3 米。用三至四年生砧木嫁接建园,每一个截面接两个接穗时,易形成此树形。该树形的优点是树枝开展,光照良好,结果早,幼树期累计产量高,便于管理;缺点是结果面积较小。该树形适用于高密度栗园幼树期。

③小冠疏层形:主干高 40～50 厘米,有中央领导干,全树有五个主枝。第一层有三个主枝,主枝基角为 60°左右,层内距为 15 厘米左右;第二层有两个主枝,开张角度为 50°左右,与第一层第三主枝间距为 80～100 厘米。第一层主枝各留两个侧枝,侧枝间距为 50 厘米左右,错落间隔,开张角度为 60°～70°。第二层主枝各留 1～2 个侧枝。树冠高度控制在 3～3.5 米。该树形的优点是分层透光,结果面积大,成年树产量高;缺点是早期产量较低。该树形适用于一至二年生砧木嫁接的中、低密度栗园和高密度栗园经间移后的保留株(永久株)。

④变侧主干形:主干高 40～50 厘米,有中央领导干,全树有四个主枝,在中央领导干上错落着生,向四个方向延伸;各主枝间隔 50 厘米左右,开张角度为 45°～50°。每个主枝上有 2～3 个侧枝,第一侧枝距中央领导干 50～60 厘米,第二侧枝距第一侧枝 40～50 厘米,树冠高度控制在 3～3.5 米。该树形的优点是光照良好,结果面积大,成年树产量高,骨架牢固;缺点是早期产量较低。该树形适用于一至二年生砧木嫁接或直接定植嫁接苗的中、低密度栗园。

(5)幼树的修剪:板栗幼树定植后,在距地面 80～100 厘米处,选充实饱满的芽剪截定干。如果定植的栗苗生长细弱,高度不足 100 厘米,当年不必剪截,可以在下一年发芽前定干。板栗的定干高度应因地制宜。栗粮间作的果园定干高度可以提高到 1.5 米左右。已定干的幼树生长一年后,从树干顶部选留一个生长健壮、直立的枝条作为中心领导干,再从整形带内发生的新枝中选留垂直角度大、方向好、生长粗壮的三个分枝作为第一层主枝。如果一年内选留的主枝不足三个,可以在下一年冬季继续选留。定植 2～3 年后,可以在第一层主枝以上的 1.2 米左右选留第二层主枝,且与第一层主枝交错排开,插空选留。如果主枝垂直角度不合适,要及时调整。以后,在适当时期再在第二层主枝以上 80～100 厘米处选留第三层主枝。最后,保留 6～7 个主枝。在同一层主枝内,要保留足够的层内距离。随着主枝的延长生长,要在主枝上选留侧枝。

板栗枝条顶部几个芽的质量好、节间短,由于顶端优势,容易发生三叉枝、四叉枝和轮生枝。在幼树整形修剪时,要严格控制竞争枝,防止造成卡脖现象;各级骨干枝的延长枝和其他枝条一般不短截;可利用顶芽形成的枝条向外延伸,以扩大树冠;为了防止竞争、避免造成大枝过多,作为主枝培养的、强壮的三叉枝,可以疏除一个,短截一个作为侧枝,留一个作为延长枝。生长量过大的旺枝,可以在夏季摘心,促使其分枝,以加快整形。延长枝以下的比较细弱的枝条,除过密的需要疏除外,其余的尽量保留。板栗幼树上的徒长枝,容易扰乱树形,应及时疏除。

(6)结果期的修剪:结果期板栗产量的多少与结果母枝的多少和树势的强弱有关。结果母枝的数量是形成产量的基础:树上的结果母枝多,产量就高;结果母枝少,产量自然就低。板栗的植株生长势和枝势是决定结果母枝数量的主要因素；生长势强，抽生的结果母枝多，产量就高。因此，板栗结果期修剪的任务主要是调节树势，保持树体健壮生长，及时更新复壮，促使多发生强健的结果母枝，扩大结果面积，提高产量。

板栗的花芽着生在健壮结果母枝的先端数节上，因此结果母枝通常不短截，也不宜用短截的方法促旺。所以，应以疏除弱枝、集中养分的方法来维持树势。一些板栗产区采用"清膛修剪"法，连年疏除下部弱枝，使结果部位外移，树冠大，内膛枝少，仅在外围结果，产量低，且隔年结果。为此，板栗修剪可采用及时更新、培养内膛枝组、改造利用徒长枝等措施，以控制结果部位外移，增加结果面积，实现立体结果，即所谓"实膛修剪法"。可以对部分发育枝、结果母枝重短截，作为预备枝，进行局部更新，使其交替结果，以保持栗树的生长势和结果能力。

结果期的栗树要保持枝条分布均匀，使内膛通风透光；树冠外围的结果母枝，生长一般都比较健壮，除过密的需要疏除外，其余的应全部保留。如果结果母枝生长过壮，长度在 30 厘米以上，除保留顶部结果母枝外，还可以在它的下方留 1~2 个壮枝，使其形成结果母枝，以缓和树势，增加产量。连年结果并表现衰弱的结果枝组，应从有较好分枝处回缩，促使下部抽生健壮的结果母枝，培养新的结果枝组。生长势弱的结果母枝，要剪除结果母枝以下的细弱分枝，以集中养分，减少消耗，使结果母枝复壮。如果树势衰弱，或树冠外围出现极弱的结果母枝，要及时剪除细弱枝条，并疏去 1/3~1/2 的结果母枝，以集中营养，促使结果母枝多抽生健壮的结果枝。

(7)栗树的更新修剪：栗树进入盛果期后，由于连年大量结果，树势容易转弱。为了防止栗树未老先衰，延长其结果年限，控制树冠向外扩展，栗树进入盛果期后就要注意大、中型枝的更新复壮。凡是有衰老表现的大、中型枝，例如外围新梢枯死或出现较多的细弱枝，就应进行回缩更新。为了防止因回缩更新影响产量，可在枝头变弱前于同一枝上提早培养换头枝。一般换头枝已抽生结果母枝并开始结果，或产量已接近或超过原枝时，应及时接头更新。用此方法轮替回缩、不断更新，可以使栗树保持比较健壮的树势，并延长结果年限。

由于多年大量结果，全树表现衰老，例如外围出现大量的细弱枝和枯焦枝梢，大多数"棒槌码"已变成短小的"鸡爪码"，产量大幅度下降，因此要及时采取全树更新复壮措施。可以从大枝的中部或下部锯除，甚至可以从大枝基部截掉，以刺激其抽生新枝，重新形成树冠。为了避免因一次更新损伤过重，可以根据大枝的衰弱程度分期分批更新，逐年更新复壮。例如第一年先回缩更新 1~2 个大枝，第二年或隔年再回缩更新 1~2 个大枝，直到全树更新完毕。

栗树更新回缩，常因伤口面积大，伤口不易愈合，影响附近"娃枝"的生长，致使"娃枝"长势变弱，甚至枯死。因此，回缩大枝的时候，锯口要留桩；特别是衰老的弱树，愈伤能力很差，剪锯口要留桩 4~5 厘米，不要靠近"娃枝"。当然，板栗幼旺树生长势强，伤口容易愈合，剪锯口应该留平茬。

5.花果管理

(1)控制过量生长，节约养分，促进早实丰产

①疏芽：可集中养分，有利于抽生结果枝，形成雌花，减少混合花序的败育和调节枝向及枝条分布。其方法是：当芽发绿，似花生米大小时，根据着生枝条的强弱，于上部外侧选

留 4～5 个饱满芽,中下部选留 2～3 个饱满芽,其余全部抹去。

②幼树摘心:摘去顶端 1 厘米长嫩梢,可提高植株各器官的生理活性,增加营养积累,改变营养物质的运转方向,促进分枝,控制树冠高度,促进枝芽充实。嫁接第 1～3 年的树都要适时摘心。

③疏雄花:板栗的雄花量很大,会消耗大量的水分和养分。疏雄花起着逆向灌水与施肥的作用。疏雄花一般在 5 月上旬混合花序已经出现时进行。对结果枝上的雄花序,应在混合花序下留 1～2 条,其余的疏掉。在保留雄花序时,应在树冠下部留一条,混合花序上的雄花段要保留,雄花枝上的花序全部疏除。

④果前梢摘心:在果前梢的 3～5 个嫩叶处摘心后,营养集中,可使嫩叶提前七天左右成为能累积营养物质的功能叶,从而促进雌花簇增多和幼棚的生长发育。

⑤疏棚:成棚量过多,会因营养不足而造成空棚增加,栗实大小不均,出现大小年现象,因此合理疏棚十分必要。疏棚要在柱头干缩后进行,一般在 7 月上旬。每枝留棚量一般是强果枝留 3～4 棚,中庸果枝留 2～3 棚,弱果枝留 1～2 棚。

⑥环剥倒贴皮:将韧皮部剥离一环,中断有机物向下运输,在一段时间内破坏上下部的新陈代谢,能够暂时增加环剥处以上部分糖类的积累,使生长素含量下降,从而促进多成花、多结果。方法是:9 月上旬于树干或旺枝的基部,将宽为枝粗的 1/10 的树皮剥下后,立即倒贴在环剥口上,然后用薄膜包扎。此法对提高产量、控制树冠均有较好的效果。

(2)人工辅助授粉:当雄花序上有 70% 左右的花朵开放时,是采花的适宜时期。一般在上午 8 时左右授粉。授粉的最佳时机是雌花柱头反卷 30°～45°时,可用毛笔点授,也可将 1 份花粉掺入 5～10 份淀粉,混匀后喷粉,还可在花粉中放入 10% 蔗糖液,再加 0.15% 硼砂进行喷雾。

(四)主要病虫害及其防治

1.栗仁斑点病

栗仁斑点病又名"栗黑斑病",在全国各产区均有发生,以北方产区较为普遍,是板栗储藏、运输过程中危害栗果的主要病害。发病初期,栗仁上产生色泽不同的坏死斑点,后逐渐扩大成腐烂斑,以褐斑为多,最后形成干腐。有的变成软腐,有异臭。

防治方法如下:①在田间喷洒杀菌剂,杀灭致病菌,减少侵染源。花期喷甲基托布津 1000 倍液,可使发病率降低 54%。②坚持落地捡拾采收,减少水分流失和机械损伤,缩短暂存时间,及时放入 0～6 ℃的冷库中存放。③加强管理,增强树势,及时去除各类病枝,减少侵染源。

2.板栗炭疽病

板栗炭疽病在大部分产区均有发生,主要危害栗实,也危害新梢和叶片,可引起栗棚早期脱落和储藏栗实的腐烂,是栗实的重要病害。果皮、果肉受害部位变褐色斑块,果腐变干,叶脉、叶柄有黑色凹陷病斑。

防治方法如下:对发病重的栗园,于初花期(6 月)和 8 月上旬全树喷 50% 硫黄可湿性粉剂 600 倍液或 50% 多菌灵可湿性粉剂 600～800 倍液。采果前,再喷上述药剂中的一种。其他防治方法参见栗仁斑点病的防治方法。

3.板栗疫病

板栗疫病又名"板栗胴枯病",是世界性病害,主要危害树干及主枝,轻者干、枝的局部发病,造成树势衰弱,影响生长和结实,重者树干溃烂,全株死亡。发病初期枝干退色,无木栓老皮的枝干开始失绿,产生黄圆斑,后逐渐扩大形成不规则赤褐色至黑褐色斑块,病部隆起,皮层内部腐烂,有酒味,干燥后发生纵裂,皮下有淡黄色扇形菌丝。是否发病与树势及栽培管理有关,例如冻害、干旱、排水不良、土壤瘠薄、树冠郁闭、光照不良等引起树势衰弱,从而导致发病。

防治方法如下:①选育抗病树种。②刨死树,除病枝,刮病斑,集中烧毁,消灭病源。③减少发病诱因和侵染入口,避免机械损伤,伤口涂石硫合剂、波尔多液予以保护。防止虫害。树干涂白防日灼。④加强检疫。⑤刮去病部被侵害的组织,用毛刷涂抹农抗120 10倍液。4月上旬开始,每半个月涂一次,共涂三次。

4.栗瘿蜂(栗瘤蜂)

该虫害在我国各栗产区均有发生,幼虫危害栗芽。幼虫随着芽萌动开始活动,刺激萌芽形成短枝,在枝端形成膨大的瘿瘤,多数不再继续伸长成结果枝或发育枝,只有少数瘦瘤在势力旺盛的条件下能够继续伸长成结果枝或发育枝。成虫羽化后这些带瘤的小短枝将枯死。该虫危害时可造成急剧减产,甚至绝产,严重时全树枯死。该虫一年发生一代,以幼虫在被害芽内越冬。在鲁南地区,4月上旬越冬代幼虫开始活动,刺激新枝形成瘦瘤。

防治方法如下:①选育抗虫品种。②保护天敌长尾小蜂。冬春修剪树体时,注意保护其寄生瘤,或收集移挂于虫害较重的树上。③4月摘除树上瘤体。冬春修剪时,疏除树冠内的弱枝群。④药剂防治。6月中旬,成虫羽化盛期用25%灭幼脲3号胶悬剂2000~3000倍液喷雾。

5.栗实象甲

栗实象甲又名"栗实象鼻虫",在我国各栗产区均有发生,是危害栗实的重要害虫。幼虫在果内蛀食,将果肉蛀成弯曲孔道,并将粪便排于孔道内,而不排向果实外部。被害栗实将失去食用价值和发芽能力。该虫两年发生一代,以幼虫脱果入土做室越冬,在土中滞留一年,第三年6—7月在土内化蛹,两周左右羽化出土活动。雌成虫于8月下旬以头管在幼果上咬一个深入果皮的小孔,产卵1~3粒,产卵孔随幼果生长而封闭,幼虫在果内串食。

防治方法如下:①于越冬集中地消灭虫害。栗棚采收后,在堆积过程中,有大量老熟幼虫咬破栗壳,爬出果实入土越冬。抓住这一关键时期,用白僵菌粉与微量杀虫剂配制混合液,均匀喷入栗棚堆放场及周围地表土,并翻入10~15厘米的深土中,可杀死越冬代幼虫;也可把栗棚堆积在水泥地上,使出果后的幼虫无土可钻,集中消灭。②栗果采收后应立即放入密闭的容器内或库房内,用二硫化碳或溴甲烷熏蒸。二硫化碳每立方米用药20克,熏蒸处理20小时;溴甲烷每立方米用2.5~3.5克,处理24~48小时,或用50克药处理3小时。③8月成虫在树上产卵时,利用其假死性,早晨震落树上成虫,集中杀死。④在成虫羽化盛期(7月下旬至8月上旬)向树上喷90%敌百虫晶体1000倍液或5%抑太保油1000~2000倍液,隔七天再喷一次。

6.栗实蛾

栗实蛾又名"栗子小卷蛾"。幼虫啃食栗棚,咬破果皮,蛀入栗实内危害果肉,并在被害果的表面堆积排出的灰色或褐色颗粒状虫粪。有时咬伤棚柄,使未成熟的栗棚脱落,影响栗实产量和果品质量,使被害果失去食用价值。该虫一年发生一代,以老熟幼虫在枯枝落叶层及栗棚上结茧越冬。

防治方法如下：①初冬或早春清扫栗园，集中枯枝落叶及杂草，用火烧毁，消灭越冬代幼虫。②幼虫孵化至蛀果前喷洒50％杀螟松1000倍液。③虫害严重的栗园于采收后用灭幼脲3号悬浮剂500倍液或5％抑太保乳油1000～2000倍液喷栗棚。④用赤眼蜂防治。产卵期随虫口密度及蜂卡质量设点放蜂，被害率为15％～20％的栗园，每亩设置放蜂点7～10个，放蜂量为30万头左右。

7.栗大蚜

栗大蚜又名"黑大蚜"，以成虫及若虫群集在当年新枝上吸食树汁危害。被害枝生长衰弱，叶片变黄早落，严重时可使枝条死亡。该虫一年发生多代，以卵在枝干上树皮裂缝处越冬，以阴面较多，卵数百粒单层密集排列成片。在北方地区，4月上旬至5月上旬卵孵化出无翅型雌蚜，并在枝梢萌芽处及嫩枝上危害，孤雌生殖，一个月以后开始大量发生有翅雌蚜，迁飞扩散到当年新梢上危害。

防治方法如下：①冬春刮除越冬卵块，栗树萌动期在树干喷3～5波美度石硫合剂。②越冬卵孵化期喷0.5波美度石硫合剂或轻柴油乳剂100倍液。③注意保护和利用天敌。

8.栗红蜘蛛

该虫害在北方产区发生较重，以成虫和若虫态在叶面上危害，沿叶脉刺吸叶内汁液。被害初期叶片沿叶脉开始失绿，出现苍白斑点，严重时叶片呈褐色、枯焦、早期脱落，不仅会造成树势衰弱，坚果变小、减产，而且影响下年的生产与结实。该虫在北方产区一年发生5～9代，以卵在一至四年生枝干上越冬。

防治方法如下：①萌动期刮去粗老皮后，全树喷5波美度石硫合剂，重点喷一年生枝条和粗老皮缝隙处。一般这样可控制全年危害。②5月中旬越冬孵化盛期，在距地面30厘米处的树干上刮去灰褐色粗皮，露出白色韧皮部，刮成15厘米宽的环带，涂以5％的卡死克乳油40倍液，再用塑料薄膜内衬纸包扎严密，10天以后再涂药一次，虫害有效控制期为50天左右。③5月下旬全树喷0.3波美度石硫合剂，或10％浏阳霉素乳油1000倍液，重点喷叶片。④保护和利用食螨天敌，如草蛉、食螨瓢虫、蓟马、小黑花蝽等。

9.栗皮夜蛾

该虫害在各栗产区均有发生，幼虫食害嫩梢、幼叶、花序及栗棚，致使幼棚脱落而减产。该虫一年发生三代，以蛹在粗皮裂缝和被害的栗棚刺内结茧越冬。第一代成虫于5月中旬产卵，6月上中旬为产卵孵化盛期。初孵化幼虫危害嫩梢、幼叶及花序，使幼棚脱落或枯死。第二代幼虫继续危害栗棚，在棚刺下串食棚皮。第三代幼虫危害叶片和秋梢。

防治方法如下：①及时清除园内落叶、枯枝，消灭越冬虫蛹。②在6月上中旬第一代幼虫孵化期，喷洒杀螟杆菌粉剂1000倍液或灭幼脲3号悬浮剂500倍液；在7月中下旬第二代幼虫发生盛期再喷一次。

10.栗透翅蛾

栗透翅蛾又名"串皮蜂"，主要分布在山东、河北等北方栗产区，危害部位是栗树主干或主枝的韧皮部。严重时幼虫横向穿食可环绕树干或主枝一圈，致使主枝干枯或全株死亡。该虫两年发生一代，以不同龄期幼虫在被害树皮下越冬。翌年4月开始危害，在韧皮部蛀食。

防治方法如下：①3—4月在受害部位刮皮，然后用青虫菌6号1000倍液或杀螟杆菌

500 倍液向刮皮部位淋洗或喷雾。②8—9 月成虫出现期,喷洒灭幼脲 3 号悬浮剂 500 倍液或 5%农梦特乳油 1000～2000 倍液,消灭成虫及卵。③9 月中旬卵孵化盛期,刮除树干 1 米以下老皮并烧毁,然后向树干喷药。④避免造成树皮机械损伤。成虫产卵前在树干上涂白剂,减少成虫产卵。

11.栗花麦蛾

该虫害在河北和山东板栗产区均有发生,一年发生一代,以蛹在栗树干老皮裂缝、翘皮下韧皮部蛀空,做薄茧越冬。在鲁南地区,翌年 5 月上旬越冬蛹开始羽化。5 月底至 6 月中旬为卵孵化盛期,初孵幼虫蛀食花蕾、蛀头,并在幼棚皮下串食,使幼棚变色干缩至脱落。

防治方法如下:①冬春季结合修剪刮树皮,并集中烧毁,消灭越冬虫蛹。②5 月中旬用灯光诱杀成虫。③6 月上旬幼虫卵孵化盛期喷杀螟杆菌粉剂 1000 倍液、灭幼脲 3 号悬浮剂 500 倍液或 2.5%溴氰菊酯 2000 倍液,可有效地防治幼虫对雌花的危害。

12.桃蛀螟

桃蛀螟为世界性害虫,在我国各板栗产区均有发生,寄主有板栗、桃、杏等 40 多种果树和农作物,是栗实的重要害虫。其 2～3 代幼虫危害栗棚和栗实,被害栗实空虚,虫粪和丝状物粘连,失去食用价值,并导致栗实在储藏期腐烂。该虫在北方产区一年发生 2～3 代,世代重叠。其以老熟幼虫在板栗堆放场所、栗棚、树皮等处越冬。在鲁南地区,越冬代幼虫翌年 5—6 月化蛹,5 月中旬可见成虫。幼虫主要危害期发生在栗棚堆积期间。

防治方法如下:①及时脱粒。栗棚堆积时间一般不要超过 5 天。②药剂防治。栗棚采收后,用灭幼脲 3 号悬浮剂 500 倍液或 5%抑太保乳油 1000～2000 倍液喷后再堆积,也可将栗棚在以上药液中浸一下取出再堆积,杀虫效果好。③在栗园周围种植向日葵,以诱杀第三代幼虫。④清洁越冬场所,及时烧掉栗棚壳,杀死越冬代幼虫。

13.栗毒蛾

栗毒蛾在我国各板栗产区均有发生,在山东一年发生一代,以卵块在树皮裂缝及锯口处越冬。翌年 5 月上旬栗树发芽时开始孵化,5 月下旬大部分幼虫孵化后开始扩散啃食树叶。

防治方法如下:①冬春季结合修剪刮除越冬卵块,并集中烧毁。②利用初孵幼虫群居的特性,人工捕杀或喷洒灭幼脲 3 号悬浮剂 500 倍液,消灭尚未分散的群集幼龄幼虫。

第七节　山　楂

一、主要优良品种

(一)大五棱

该品种来源于山东平邑天宝的自然实生单株,于 1996 年通过省级专家鉴评。果个巨大;果实长圆形,萼部较膨大,萼洼周围有明显的五棱突起,宛如红星苹果;果皮全面鲜红,有光泽,果点小而稀;果肉黄白色,肉质细嫩,味甜微酸,不面不苦不涩,鲜美可口;果实于 10 月中下旬成熟,常温下自然存放到翌年 5 月底仍不软不面,且此时甜味增加,酸味减少,口味更佳;高抗炭疽、轮纹、白粉等病害,较耐瘠薄,抗干旱,适应性很强,稳产丰产;幼树定植后三年见果,五年丰产。

(二)蒙山红

蒙山红是山东平邑选出的山区实生山楂树优良品系,属品质极佳的优良鲜食品种。果皮橘红色,有光泽;果肉淡黄,肉质细嫩,脆甜微酸,十分爽口,适于鲜食,品质上等;果实于 10 月中旬成熟,较耐储存,储至翌年 4 月甜味更浓,口味更佳;丰产性状极好,三年结果,五年丰产,自然坐果率高达 40% 以上;适应性极强,抗旱,耐瘠薄,适于山区栽植,对炭疽病、轮纹病、白粉病等也表现出极高的抗性。

(三)超金星

超金星是研究人员在山东平邑进行山楂品种资源调查时,从近千株山楂实生树中优选出来的。果实扁圆形,颜色深红,果个大;果点小而稀,外观光洁美丽;甜味浓,而酸味较小;丰产性好,产量高;果实成熟期为 10 月中下旬,耐储性好,可储存到翌年 4 月;抗病性较强。

(四)大红袍

大红袍主产于山东龙口、招远、福山等地。果个中大;果实方圆形或圆柱形,大红色,阳面暗红色;果顶、果肩较平整;梗洼广、深;果皮厚韧,果肉粉红色,肉质较硬,酸甜爽口,口味好,品质上等;可在城市郊区和工矿区适量发展。

(五)全星绵

全星绵主产于胶东半岛栖霞东南部山区。果实略呈长圆形或梨形,大红色,阳面较深,果点大而密;果肩多为一侧耸起,果顶平,有五棱;果柄中长,较粗,基部有肉瘤状突起;梗洼广、中深;果肉白色,有青筋,肉质松,甜酸爽口,品质中上等;结果早,丰产,连续结果能力强,适于在山区栽培,鲜食、药用和加工均可,霜降前采收。

(六)大金星

大金星主产于山东临沂各县及烟台福山等地。果实扁球形,紫红色,具蜡光;果点圆,锈黄色,大而密;果顶平,有明显五棱;梗洼广、中深;果肉绿黄或粉红色,散生红色小点,肉质较硬而致密,酸味强,品质上等;适宜于加工制作糕、脯、酒、汁等,色、香、味俱佳,为优良加工品种;较丰产,8～10 年进入盛果期;果实于 10 月中下旬成熟,耐储藏;适合在山区发展。

(七)毛红子

毛红子系山东平邑县农业局于 20 世纪 80 年代在山楂资源调查中发现的优良单株。果实扁圆形,中等大小;果皮鲜红色,有光泽,果点黄白色,密布果面;果肉黄红色,肉质细密,可食率为 87% 以上;味甜微酸,香味浓郁,口感颇佳;较耐储藏,在 4～6 ℃条件下,用塑料袋包装可存放五个月以上,在 1～2 ℃的冷风库中储至翌年 5 月底果实完好,口味不变;早期丰产性强,一般栽后第三年开始结果,第四年株产可达 10 千克以上;适应性强,抗干旱,耐瘠薄;无论在丘陵薄地,还是在土地较肥沃的平原,只要加强管理,都能实现早期丰产和连年高产稳产;较抗早期落叶病和白粉病。

(八)大绵球

大绵球主产于山东费县、平邑等地,又称"草红子"或"甜红子"。果实扁圆形,橙黄色,果肩略收缩,常一侧耸起;果皮薄,果点中大、中密;梗洼广而深,果梗较长;果肉乳黄色或肉红色,肉质细绵,酸味较强,略有香味,品质中上等;果实于9月中旬成熟;较丰产,抗风,抗涝,耐瘠薄,但果实不耐储藏,采前落果较重,可在山、滩地适量栽植。

(九)甜红

甜红系山东平邑县农业局于20世纪80年代选育。果实中等大小,整齐,扁圆形;果皮橙红色,光亮;果肉厚、质细、朱黄色;果实耐储藏,在室温2～15 ℃的条件下,用0.6毫米无毒聚氯乙烯塑料袋包装储藏,至翌年4月自然损耗率仅3.8%;抗旱,耐瘠薄,适应性强,在一般栽培条件下就能获得早期丰产。

(十)泽州红

泽州红原产于山西晋城,在山东引种后表现良好。果个较大,果肉黄白色,近果皮及果心处果肉为红色,肉质致密,味酸甜,有香味,果皮厚,果心小;果实于10月中旬成熟,较耐储藏。

(十一)敞口山楂

敞口山楂主产于山东鲁中山区。果实略呈扁平形;果皮大红色,有蜡光,果点小而密;梗洼中深而广;果顶宽平,具五棱;萼片大部分脱落;萼筒倒圆锥形,深陷,筒口宽敞,故称"敞口";果肉白色,有青筋,少数浅粉红色,肉质糯硬,味酸甜,清酸爽口,口味甚佳,品质最好;切片制干色泽鲜艳,被誉为"桃花植片",是传统的出口畅销产品;果实于10月中旬采收,耐储运;适应性广,适于山、滩地种植,为鲜食、加工、药用的优良品种。

二、苗木繁育技术

(一)砧木繁育

1.砧木选择

大量繁殖山楂苗木多用嫁接法。砧木用野山楂或栽培品种都可以,但山楂栽培品种的种子一般生长发育都不正常,种仁率在30%以下。野生山楂种仁率为50%～70%,而且出苗率高,生长健壮,抗性强。因此,生产上播种育苗一般采用野生山楂种子。

2.种子的采集与处理

(1)种子的采集:10月,从生长健壮的野生山楂树上采集成熟的果实,压碎果肉(不能伤着种子),堆积在阴凉处,每天翻动一次,待大部分果肉腐烂,搓取种子,用清水冲洗,去掉果肉及杂质,晒干。山楂果实压碎后可以不用堆积腐烂法,而是直接放在缸内浸泡。待果肉变软后,漂洗、去杂、取种、晾晒。

(2)种子的处理:山楂种皮厚而坚硬,缝合线紧密,水分和空气不易进入,发芽困难,播种前必须对种子进行处理。

①常规沙藏法:也叫"两冬一夏沙藏法"。前期处理和普通挖沟层积处理相同,但层积时间要延长一夏一冬。因此,第二年6—7月要去掉覆土,上下翻动种子,并检查温度。水分过少要喷水,水分过多要通风。然后继续沙藏,到秋季或第三年的春季才能播种。此法需用时间较长,但简便易行,比较可靠,生产上仍普遍采用。

②干湿处理沙藏法:首先,将种子用冷水浸泡7天,放在两开一凉的温水中,不断搅拌,水温降到20 ℃时停止搅拌,浸泡一昼夜;也可以先用两开一凉的温水浸种,再用冷水

浸泡3～5天。然后,捞出种子,放在阳光下暴晒,晚上再放入水中浸泡,白天再晒。这样反复泡晒5～6次,部分种壳开裂后即可进行沙藏。第二年春季种子露白时播种。另外,对破壳后的种子用100毫克/升的赤霉素溶液处理后再沙藏,也可大大提高翌年春季种子的萌发率。

③湿种沙藏法:对采集的果实,先沤烂果肉,再淘洗种子,趁湿用两开一凉的热水浸种,水温降到20 ℃以下时浸泡一昼夜,然后进行沙藏。翌年春季播种前20天,将混有湿沙的种子堆放在温暖的地方,保温保湿催芽。每天翻动一次,种壳裂开即可播种。

④提早采种沙藏法:在8—9月,山楂果实开始着色,种胚已经形成,但种壳尚不坚硬(未完全木质化)时采种,而后趁湿沙藏,翌年春季播种,多数种子能萌发成苗。

3.播种时期与播种方法

(1)播种时期:沙藏的种子春秋两季都能播种。秋播宜在11月土壤结冻前进行,春播一般在3—4月土壤解冻以后开始。

(2)播种方法:播种圃地应选择背风向阳、土质疏松、灌水方便的地块。播种前每亩施基肥5000～10000千克,深翻20～30厘米,整地做畦。畦宽1～1.2米,长视地块情况而定,南北走向。播种前灌足底水,畦面搂平耙细,开沟播种,沟深3～4厘米,行距为30～40厘米,每畦3～4行;也可以按50厘米和30厘米的宽窄行进行播种。每亩播种用量:大粒籽为25～35千克,小粒籽为15～20千克。此外,也可采用垄播法,大垄为50～60厘米,小垄为30～40厘米。山楂育苗一般采用条播法,在种子不足的情况下也可以点播。将沙藏好的种子均匀地播于沟底,用潮湿的细土盖平。秋时,可培起10厘米高的土垄,以利保墒。春播可在畦面上覆盖湿沙(厚1厘米)或地膜,以利出苗。

4.苗期管理

秋播培土垄的,要在第二年春季种子发芽时扒开;春播覆盖地膜的,出苗后要及时撕膜或撤膜。株距以10厘米左右为宜。间定苗结合中耕除草,补苗则应结合浇水,使土壤沉实与根系密接,以利生长。

山楂苗期要求土松草净,浇水及时。5月下旬至6月上旬和6月下旬至7月上旬,应结合浇水,每次每亩追施尿素5～10千克。苗高30厘米时应摘心,促使主茎加粗生长,以便提高当年嫁接率。

(二)嫁接技术

大部分山楂品种需要先培育砧木苗,经过嫁接才能繁殖成优良的品种苗。

1.嫁接时间

山楂春、夏、秋三季都能嫁接。7月中旬到8月下旬为芽接的最适时期。此时接芽充实饱满,成活率高,工效高,接后当年不易萌发,管理方便。没有接活的、漏接的和其他原因导致当年未能芽接的,可以在第二年春季嫁接。

2.嫁接方法

生产上山楂一般多采用芽接、枝接和根接法。

(1)芽接:多采用"T"形芽接法。如果砧木或接穗不离皮,可以带木质部芽接。

(2)枝接:春季解冻后,砧木开始活动,接穗仍处于休眠状态,是枝接的最好时期。山楂枝接可采用切接、腹接、劈接、皮下接和搭接等方法。

(3)根接:山楂根接与枝接的方法相同,只是用根段作砧木。可将秋季深翻刨出来的直径在 0.5 厘米以上的断根,剪成 10 厘米长的根段,在室内嫁接,然后分层用沙埋藏。翌年春季将接好的根段栽植到圃内,培育成苗。

（三）苗期管理

嫁接以后要禁止人畜进入圃地,以免损伤苗木。

1.解除绑缚物

芽接 15 天后检查成活情况,未接活的要及时补接,可在翌年春季接芽萌芽前解除绑缚物。枝接一般在新梢长 20～30 厘米时解除绑缚为宜。

2.剪砧

春夏嫁接并剪砧的,当年接芽萌发;秋季芽接一般当年不萌发,在翌年春季发芽前剪砧。剪口在接芽上 0.5 厘米处,截面要平滑,以利于伤口愈合。

3.抹芽

剪砧后由于营养集中,砧木上的芽大量萌发,与接芽争夺营养。为使接芽萌发出健壮新梢,必须及时抹芽,做到随萌发随抹除。

4.土壤管理

嫁接苗越冬前要浇一次萌动水。5—6 月天气干旱,需水量较大。7—8 月如果雨水不足,可再浇 2～3 次。结合浇水,分别在春季和夏季进行追肥。每次每亩施尿素 10～15 千克或碳酸氢铵 20～25 千克,叶面喷肥可用 300 倍的尿素或磷酸二氢钾。此外,在浇水和下雨后应及时中耕除草。

5.病虫害防治

山楂苗期易发生白粉病。其症状是开始幼叶产生黄色或粉红色病斑,以后叶片两边均生白粉,叶片窄长卷缩,严重时扭曲纵卷。发现病叶时,可喷 30％多菌灵悬浮剂 800 倍液、50％可湿性甲基托布津 800～1000 倍液、95％乙磷铝可湿性粉剂 800 倍液或 0.1～0.3 波美度石硫合剂。

山楂苗容易遭受金龟子危害,早晚要注意捕捉或喷洒 25％可湿性西维因 400 倍液或 50％ 1605 乳剂 1000 倍液。

三、丰产栽培技术

（一）高标准建园

山楂园地选址以土层深厚肥沃的平地、丘陵和山地缓坡地段为宜,以东南坡向为最好,次好为北坡、东北坡。要注意蓄水、排灌与防旱。

（二）栽植时期和技术

1.栽植时期

山楂春、秋及夏季栽植均可。山楂幼树和苹果树有所不同,在能够保水防旱的条件下,秋季栽植恢复生长快,生根多,第二年发根早,生长旺,成活率高于春栽成活率。秋栽在秋季落叶后到土壤封冻前进行。

2.栽植密度

一般来说,山楂株行距在土质瘠薄处为 3 米×4 米,在土质肥沃、地势平坦处可为 4 米×5 米。栽植时宜 2～3 个品种分行混栽,以提高坐果率。目前多采用密植方法栽植,行距为 2～4 米,株距为 1～1.5 米。随着树冠的扩展,逐步将临时性植株去掉,使果园永久植株的株行距变为 3 米×4 米。

3.栽植方法

先将栽植坑内挖出的部分表土与肥料拌均匀,将另一部分表土填入坑内,边填边踩实;填至近一半时,再把拌有肥料的表土填入。然后,将山楂苗放在中央,使其根系舒展,继续填入残留的表土,同时将苗木轻轻上提,使根系与土密切接触,并用脚踩实,表土用尽后,再填生土。苗木栽植深度以根颈部分比地面稍高为度。避免栽后灌水,以防苗木下沉造成栽植过深。栽好后,在苗木周围培土埂,浇水,水渗下后封土保墒。春季,在多风地区,为避免苗木被风吹得摇晃而使根系透风,在根颈部可培 30 厘米高的土畦。

4.间作草莓

在春季或秋季,将初载的山楂园的树行深翻整平,做成长 5 米、宽 1～1.4 米的畦,结合深翻亩施腐熟有机肥 4000～5000 千克、过磷酸钙 50～100 千克。然后按株行距 15 厘米×20 厘米,把草莓苗一棵一棵地移栽到畦内。以后随着树行的加宽和树冠的扩展,适当调整草莓的间作行数。二至五年生的山楂树两边应留 0.5～1 米宽的清耕带,树冠快连接时停止间作,改种绿肥或其他耐阴作物。

(三)丰产管理措施

1.土壤管理

土壤深翻熟化是山楂增产技术中的基本措施,进行深翻熟化,可以保蓄水分、消灭杂草、疏松土壤,增加土壤的通透性,改善土壤肥力,促进根系和树体生长。可在秋冬休眠期,翻耕园地或深刨树盘内的土壤。

2.施肥

(1)施肥时期:山楂的施肥时期主要有基肥、花期追肥、果实膨大前期追肥、果实膨大期追肥。

①基肥施用:在晚秋果实采摘后及时施基肥,可促进树体对养分的吸收积累,有利于花芽的分化。基肥的施用最好以有机肥为主,配合一定量的化学肥料。化学肥料的用量为:作基肥的氮肥一般占年施用量的一半左右,相当于每株施用尿素 0.25～1 千克或碳酸氢铵 0.7～5 千克;磷肥一般主要作基肥,约占年施用量的 80%,相当于每株施用含 16% 的五氧化二磷的过磷酸钙 1～5 千克。基肥中的钾肥用量一般主要为每株施用 0.25～2 千克的硫酸钾或 0.25～1.5 千克的氯化钾。施用量根据果树的大小及山楂的产量确定。一般每亩施有机肥 3000～4000 千克,加施尿素 20 千克、过磷酸钙 50 千克、草木灰 500 千克。开 20～40 厘米的条沟施入(注意不可离树太近),先将化学肥料与有机肥或土壤进行适度混合,再施入沟内,以免烧根。

②花期追肥:补充树体生长所需的营养,为提高坐果率打好基础。以施用氮肥为主,一般占年施用量的 25% 左右,相当于每株施用尿素 0.2～1 千克或碳酸氢铵 0.3～1.3 千克。根据实际情况也可适当配合施用一定量的磷、钾肥,结合灌溉开小沟施入。

③果实膨大前期追肥:主要为花芽的前期分化改善营养条件,一般根据土壤的肥力状况与基肥、花期追肥的情况灵活掌握。土壤较肥沃,基肥、花期追肥较多的可不施或少施;土壤较贫瘠,基肥、花期追肥较少或没施的应适当追施。施用量一般为每株 0.1～0.5 千克尿素或 0.3～1 千克碳酸氢铵。

④果实膨大期追肥：以钾肥为主，配施一定量的氮、磷肥，主要是促进果实的生长，提高山楂的糖类含量，提高产量，改善品质。钾肥的用量一般为每株施用硫酸钾 0.2～0.5千克，配施 0.25～0.5 千克的碳酸氢铵和 0.5～1 千克的过磷酸钙。

山楂对微量元素肥料的需要量较少，主要靠有机肥和土壤提供，若有机肥施用较多，可不施或少施微量元素肥料。有机肥施用较少的，可适当施用微量元素肥料，实际用量以具体的肥料计。作基肥施用时，硼砂亩用量为 0.25～0.5 千克，硫酸锌亩用量为 2～4 千克，硫酸锰亩用量为 1～2 千克，硫酸亚铁亩用量为 5～10 千克（应配合优质的有机肥一起施用）。可进行叶面喷施，喷施的浓度根据叶的老化程度控制在 0.1%～0.5%，叶嫩时宜稀，叶较老时可浓一些。叶面喷硼能显著提高坐果率和促进新梢生长。

（2）施肥方法：条施，即在行间横开沟施肥。全园撒施，即当山楂根系已密布全园时，将肥料撒在地表，然后翻入土中 20 厘米深。穴施，即施液体肥料（人粪尿）时，在树冠下按不同方位，均匀挖 6～12 个、30～40 厘米深的穴倒入肥料，然后埋土。

3.水分管理

山楂一般一年浇四次水。春季在追肥后浇一次水，以促进肥料的吸收利用。花后结合追肥浇水，以提高坐果率。在麦收后浇一次水，以促进花芽分化及果实的快速生长。冬季及时浇封冻水，以利于树体安全越冬。

4.整形修剪

（1）生长结果习性：山楂是落叶小乔木或灌木，一般株形较小，但因寿命长也能长成大树。枝条顶端优势明显，发枝力强，冠内枝条易密生。幼树树冠的层次性明显，但生长过程中中心干容易偏斜或消失，使树冠偏斜，整形中应注意调整。盛果期后枝头下垂，树姿开张，树冠多呈自然半圆形或圆头形。后期休眠芽容易萌发，有利于树冠更新和延长盛果期年限。山楂根系发达，容易发生根蘖，除用以繁殖苗木外，应予以清除。

进入结果期的枝条，只要生长适度，发育充实，顶芽及其下 1～4 芽都易形成花芽。山楂的花芽是混合芽，第二年先抽生新梢，再在梢端及其附近叶腋中抽出花序结果。结果新梢不形成果台。初结果的树上，5 厘米以上的中、长结果母枝占多数，它们结果数量多，坐果牢靠。盛果期的大树，一般以 5 厘米以下的短结果母枝占多数，它们连续结果的能力较差。

结果新梢开花结果后有两种情况：一种是在顶部结果的同时，其下部分侧芽仍能分化花芽，在次年连续结果，一般可持续 2～5 年，依品种、树势和结果母枝健壮程度而异；另一种情况是顶部开花结果后，其下侧芽只发育成叶芽，第二年抽生发育枝，然后在发育枝上再形成花芽，于第三年再次抽梢结果，呈交替结果现象。也有间隔 2～3 年才抽发花芽然后再抽梢结果的。栽培上应多培养能连续形成花芽的结果母枝类型，以达到稳产丰产。

山楂有自花授粉、受精和单性结实的特点，但异花授粉能显著提高坐果率。山楂为伞房花序，每个花序一般有 15～30 朵花，常表现出花序坐果率高而花朵坐果率低。单花坐果率在 20% 上下，因品种、树龄和坐果部位而有较大的差异，树冠外围多高于内膛。每个花序一般坐果 4～6 个。山楂花期较晚，果实生育期较长，晚熟品种需 140～160 天。

（2）适用于山楂树的丰产树形：根据山楂树的生长结果习性，适宜的丰产树形主要有主干二层延迟开心形和自然开心形。

①主干二层延迟开心形：这种树形有两个特点。一是有中心领导干；二是幼树期在中

心领导干上可留 3～4 层主枝,盛果期开心后变为两层。

在正常情况下,第一层主枝多为三个,也可以是四个,最好是临接排列,以利于抑制上强。第一层主枝为三个时,其平面夹角为 120°;第一层主枝为四个时,其平面夹角为 90°。第二层主枝有两个,与第一层主枝插空排列。

山楂树对光照的要求严格,层间距离应适当大些。树冠为 4 米时,层间距为 1.2 米左右;树冠在 6 米及以上时,层间距为 1.5 米左右。为防止中干过强,在过渡层的中干上,可不保留大型辅养枝和结果枝组。

在第一层主枝上,每个主枝上选留三个侧枝,也可选留四个。侧枝过大时,内膛枝组极易衰弱或死亡。主枝上的第一、二个侧枝,可在外向适当选留副侧枝;第二层主枝则不留副侧枝,侧枝组应注意回缩控制,使其转化为结果枝组。

山楂的顶端优势较强,为抑制顶端过旺生长,第一层主、侧枝的开张角度应适当大些。成龄大树的主枝开张角度,仍应保持在 80°左右,以利于抑制顶端的过旺生长,维持内膛枝组的长势;第二层主枝的开张角度不宜过大,以免影响下层光照。第二层主枝的适宜开张角度为 40°左右,侧枝的角度可与主枝相同。第一层主枝角度大,第二层主枝角度小,可以加大一、二层的叶幕间距,有利于改善树冠内的光照条件,维持枝组的健壮生长。

幼树整形时,要使中干缓慢向上发展,促进第一层主枝迅速加长和加粗生长;当留足 3～4 层枝时,再逐步落头开心,只保留第二层五个大主枝,以保持良好的通风透光条件。

②自然开心形:这种树形的特点是有中心领导干,主干高度为 60～80 厘米,在中心领导干上错落着生 3～4 个主枝,其上分生侧枝;整个树冠呈自然半圆形,树高约 4 米。

第一层主枝上的第一、二侧枝,开张角度宜为 80°左右,向斜上方发展。第一层的三个主枝和每个主枝上的第一、二侧枝,构成全树的第一层叶幕;第三、四侧枝之间,相距 30 厘米左右,开张角度为 50°～60°,构成第二层叶幕。第一、二层叶幕之间的距离宜为 1.2～1.5 米,以利于树冠内部通风透光及枝组的生长发育。

该树形树冠中部有较大的空间,通风透光条件较好,冠内枝组长势健壮,适应山楂树的生长结果习性。

(3)山楂树的修剪特点:山楂树的整形修剪,比苹果树、梨树的修剪要稍微复杂一些。整形修剪过程应符合其生长结果习性和自然环境条件,如果修剪时重剪、多截,则山楂树成形晚,结果迟,早期产量不高;若缓放不剪,则树形紊乱,结果可能较早,但产量不高,后期也不丰产,既没有合理的树体结构,也没有适宜的枝组分布。山楂树的修剪原则,应该按种类和品种特性、环境条件、肥水管理水平、树势、枝势特点等灵活掌握,不能千篇一律。

山楂幼树整形时,树干要低,骨干枝开张角度要大,以充分利用光热资源和空间;合理利用辅养枝,保持树势中庸健壮、树冠内良好的通风透光条件。山楂幼树长势过旺时,形成花芽少,坐果率也低。树势旺时,花芽较多,但质量较差,坐果率低,落花落果严重。只有保持中庸树势,才能获得连年丰产。山楂幼树的营养生长,一般比苹果树和梨树旺盛。如果修剪时强求树形,当修剪量过重时,很容易引起徒长,抑制花芽形成,推迟结果年限。

山楂树的大小年不明显,但如果修剪过重,营养生长过旺,储备营养很少,或结果数量过多,也可能出现大小年结果现象。

(4)幼树的修剪:山楂幼树期间,主要是整形,在选留各级骨干枝的同时,多留小枝和辅养枝,以便使其在快速长树的前提下,尽早成花结果。

　　幼树的定干高度一般为 60～80 厘米,但环境条件和品种不同,定干高度也有差异。在平原和沙滩地,定干高度可适当高些;在山丘薄地,定干高度应适当矮些。干高适宜的苗木,也要剪去顶芽,以防单轴延伸、旺长,而抑制下部侧芽的萌发抽枝,影响整形。定干太高,发枝少而弱,增粗慢,树冠扩展不快,结果晚,产量低;矮干发枝多,长势旺,主干加粗快,树冠扩展也快,再适当轻剪,可早结果和多结果。

　　定干时,剪口芽可以不很充实,但剪口下面的几个芽必须充实饱满,以提高萌芽率和成枝力,并加大主枝角度。定干后,剪口下的第一芽所发的枝,一般生长强旺,向下则依次减弱。为使第一芽枝的长势不致过旺,促进第四、五芽枝健壮生长,可对第四、五芽枝进行刻伤,以保持上下枝的相对平衡。为促进幼树多发枝,早成花,在幼树定植后,也可不定干,而将其斜栽并拉平,春季进行连环刻芽;夏季摘心或拉枝、扭梢、环刻环剥;早秋剪除秋梢,使其及时停长,促进成花。

　　春季或夏季撑枝、拉枝,可以加大枝条的开张角度,削弱枝条的顶端优势,促进更多的芽萌发成枝。春季拉枝,不仅可使幼树抽生较多的中、短枝,而且树体长势粗壮,很易成花。用作拉枝的各级延长枝或辅养枝,应适当长留,短截后再拉枝,则抽枝数量少,成花比例低,而且抽生长枝多,中、短枝少。夏季拉枝,可抑制旺长新梢的顶端优势,限制过旺枝的加粗和加长生长,促进侧芽的均衡发育,提高第二年的萌芽率和成枝力。经过拉枝的枝条,抽生的新梢粗壮,成花率高,基部也不易光秃。

　　为充分发挥拉枝增梢和促花效果,春季树液流动后至发芽前,可对已经拉平的枝条再进行连环刻芽,即从枝条基部开始,每隔三个芽刻一圈,共刻 5～6 圈,深达木质部,萌芽率和成枝率可提高 40%～50%。此项措施对防止枝条基部光秃、增加枝量、促进花芽形成都有明显效果。

　　为促进山楂幼树及早形成紧凑的树冠和较多的花芽,还可适当对其进行环剥。山楂树寿命长,生命力强,对环剥的适应能力比苹果树强。环剥促花措施,以骨干枝和辅养枝的环剥效果较好。7 月主干环剥后,当年即可形成较多的顶花芽和腋花芽,第二年可全树结果。由于结果量多,营养生长缓慢,对形成紧凑树冠和继续形成花芽,都有重要作用。在增加结果的同时,必须增施肥料并加强土、肥、水的综合管理,保持中庸健壮的树势,以利于连年丰产。环剥成花的前提是前一年冬剪时多留发育枝,缓放或缓剪后,使其萌发较多的中、短枝,使树体具有较多的储备营养,以利于形成较多的花芽。辅养枝环剥成花后,应及时进行回缩,以免影响骨干枝的生长发育。

　　山楂树花芽的形态分化时间,晚于苹果树和梨树。一般年份的分化时间,是在果实开始着色的 8 月下旬。为促进山楂树花芽形成,可在花芽形态分化前一个半月左右进行环剥,具体时间是从 6 月下旬至 7 月中旬。环剥时,应选择生长强旺的二至三年生还没有结果的幼树,特别是临时性加密树株。干周在 10 厘米以上,中、短枝较多的树,环剥效果最好;干周在 10 厘米以下的幼树,因树体储备营养较少,环剥成花的效果较差,成花后也不易坐果。环剥时,应选择枝干的光滑部位,环剥宽度应为 0.2～0.3 厘米,环剥树皮一整圈,然后将树皮剥掉,但不要抹去形成层。环剥应选晴天,刮风和下雨天不宜环剥,以免造成死枝或死树。对临时枝和辅养枝进行环剥时,可在枝条基部 10 厘米以上处进行,剥口宽 0.2 厘米左右。剥口不宜过宽,否则难以愈合,还会使树势变弱,虽然形成的花芽较多,却较难坐果。临时枝和辅养枝的环剥数量也不宜过多,以不超过全树总枝量的 1/3 为宜,剥口不宜过深,以当年能够完全愈合为准。环剥过多,树势易弱,成花虽多,坐果很少。

（5）盛果期树的修剪:进入盛果期的大树,光照条件恶化,内膛开始光秃,树势逐年变弱,结果部位外移,结果部位减少,产量开始下降。出现这种情况后,如果任其生长而不加修剪,往往造成冠内枝条重叠或交叉,结果母枝细弱,单轴延伸过长,冠内枝条容易出现焦梢现象,并有部分枝条开始枯萎死亡。根据上述特点,对盛果期山楂大树的修剪,应以疏枝为主,疏、缩结合,加大层间距离,减少总枝量,改善通风透光条件,调节枝类组成,恢复健壮树势,提高粗壮中、短枝比例,以维持较高产量。

盛果后期的山楂树,枝量减少,基部光秃严重,导致地上部和地下部失去平衡,在骨干枝的较高部位,还容易发生徒长枝。徒长枝多发生在光照充足、生长优势明显的部位,可以根据需要进行早期摘心或连续短截,促进组织充实后,培养为分枝紧凑的、粗壮的大型结果枝组。但是,如果树冠内光照条件恶化,更新枝发育不良,则成枝力弱,分枝不多,成花较难,而且枝组寿命短,结果年限不长。

目前,生产中的成龄山楂树,骨干枝普遍偏多,分枝级次偏高,上、下层间的叶幕间距较小。因此,多数大树冠内光照不良,枝组稀少,骨干枝光秃很严重。对这类树,应首先通过修剪调整树体结构,适当减少骨干枝数量、分枝级次和分枝量,疏除多余的密挤枝条,疏剪或回缩副侧枝;抬高二层以上主、侧枝的角度,加大上、下层间的叶幕间距。

有些山楂园中之所以会出现上述不良现象,多是因为修剪不当或任其自然生长,并且沿用了原有的自然圆头形树形。对外围枝量多的大树,若不及时进行修剪调节,则连年分枝后,将形成较多的二叉枝、三叉枝,且相互交错重叠,导致枝条逐渐纤弱,以致死亡;有些弱枝则只开花,不结果,若不修剪,到一定时间后,则连花芽都很难形成。对这类树需及时调整树体结构,改善光照条件,复壮树势,以恢复产量。枝量较少、修剪又较轻的大树,由于树势较弱,结果较多,会出现枝细叶小、叶黄而薄的现象。这种树,虽然每年都能形成较多的花芽,但坐果甚少,落果很重,有些甚至完全不能坐果。对这种类型的树,需在加强土、肥、水综合管理的基础上,对骨干枝和枝组进行复壮修剪。

山楂树树体高大,上强下弱现象普遍较重,冠内光照不良,只在表层结果。对这类大树,可保留4～5个主枝落头开心,但一次疏枝不宜过多,落头开心可分次完成。一层主枝上的侧枝也不要过多,以保留3～4个为宜,将多余的分次疏除,下部有较多分枝时,也可回缩到有分枝处,将其变为辅养枝。对于树冠内的轮生大枝,以及影响光照的重叠枝、交叉枝,应分次疏除。锯除大枝时,应注意去上不去下,去外不去内。

骨干枝多的大树,首先要处理好层间的骨干枝,使层次分明,光照充足。层间距离较小时,可疏去一部分中干上的大型辅养枝,或去掉第二层的一个主枝、一个侧枝;如果层间距离仍然很小,可再去掉第二层主枝背下的辅养枝或枝组。

自然圆头形的山楂树树冠,多数圆整平滑,骨干枝的延长枝和枝组混淆不清。这种树形可将一层主枝疏掉一个,其他主枝上的侧枝,也可适当疏剪或回缩,使主、侧关系明确,层次清楚。各级骨干枝的延长枝已转化为结果枝组时,如果还有空间可以发展,需继续扩大树冠,可选较长的果枝,进行中短截或重短截,促进其延长生长,并对延长枝以下的枝组进行极重短截或缩剪,减少总枝量,促进延长枝的生长。

骨干枝下垂的大树,为保持其一定角度,可在骨干枝的中外部,选一个健壮的发育枝,连续短截后,培养为新枝头,而对原枝头,则可根据情况进行一次或多次回缩,促进新枝头旺长。为保持枝头长势,可适当提高各级骨干枝的梢角。一般第一层主枝的梢角较大,为70°～80°;第二层主枝的梢角略小,为40°左右;各级主枝上的侧枝的角度,则应大于主枝的;第二层主枝一般保留两个,与第一层主枝插空分布,疏除多余大枝,并适当疏除层间大枝,保持第一层主枝良好的通风透光条件。

盛果期树体越高,层次越多,上强下弱的现象越严重。修剪调节的措施,一是疏除中干上的过密大枝,二是落头开心。疏除大枝时,因修剪量较大,对中、短枝需轻剪;对有扩展空间的发育枝,可通过短截增加分枝。

调整树体结构时,当年的产量可能会受到影响,但以后的产量会逐年增加。若需疏除的大枝数量较多,可分次疏除;疏除大枝时,应先疏除上部大枝,后疏除或不疏除下部大枝。为减少因调整树体结构而造成的减产,可在花量较少的年份进行调整。

盛果期大树的结果枝组结果以后,长势易转弱,枝组内枝条密度不均,或枝势不平衡。为保持枝组紧凑健壮,结果良好,应及时对那些偏弱或过旺的枝组进行调整,使其保持中庸的长势。对连年结果又长势稳定的枝组,修剪时可适当增加短截和回缩的数量,以保持枝组有结果枝、预备枝和发育枝;对位于枝组下部、长势细弱的中短枝,可采取放前截后的办法,使枝组前部结果,后部抽枝,缓放和短截的比例可为1:1。

当枝组的枝头强旺而后部较弱时,可对强旺枝头保持2～3个芽进行重短截。单轴延伸过长的枝组,下部中、短枝又较多时,可用弱枝带头,抑前促后。内膛骨干枝上光秃部位发出较多徒长枝时,可去弱去强留中庸,并于夏季连续摘心,促生分枝。但对徒长枝一次不宜短截过多,可对旺长枝条进行间隔短截,前端成花结果后,再行回缩。

(6)更新修剪衰老树:进入衰老期的山楂树,生长势弱,病虫较多,大小年结果现象较重,产量低,果个小,质量差,经济效益下降。对正常衰老的山楂树,可通过较重修剪,促其更新复壮。

另有一些山楂树,虽然树龄不大,但定植后从未修剪,肥水管理不善,病虫防治不力,致使这些树未老先衰。对这种树,需在加强土、肥、水综合管理的基础上,对树体结构进行逐步调整。

进入衰老期的山楂树,一般是外围枝条密集,内膛大片光秃,焦枯小枝增多,芽瘦而尖,叶片小、黄而薄;有的树成花多、结果少,有的则花而不实;有些树在一个大年之后,连续出现好几个小年。

山楂老树枝条的自疏现象也较重,角度开张或呈弓形弯曲,地下部根系的生长明显大于地上部,所以,在内膛骨干枝上,每年都有一定数量的隐芽萌发为徒长枝。可将这些徒长枝培养为结果枝组,填补光秃的内膛,增加结果面积。

在株行距较小的山楂园中,山楂树衰老后还易出现严重的上强现象:一层主枝转弱,严重时干枯死亡,一层枝结果很少,甚至不能结果,而上层枝越来越强。对这类树主要是通过修剪抑制上强。

进入衰老期的山楂树,其衰老情况并不完全相同。因此,需根据其衰老的不同程度,进行小更新或大更新。

小更新是在不对树体骨架做较大改变的前提下,只在树体结构方面进行调整。主、侧枝多而密挤时,可行疏剪或缩剪,控制大强,或落头开心,促进树冠多发新枝,培养为新的结果枝组,延长结果年限,提高产量和经济效益。

山楂树衰老后，一层骨干枝的枝头很容易下垂而引起上强。对下垂的骨干枝头，可在树冠外围选角度适宜的背上枝组中的发育枝，培养为延长枝，从而将原头回缩，抬高梢角；上层大枝可以分次多疏，以改善树冠内的通风透光条件。此外，还应对一层主枝上的发育枝进行中度或重度短截，促生分枝，并于夏季摘心，培养为新的结果枝组。

外围的延长枝头过弱，不能抽生新梢，而枝头附近的小枝细弱而又密挤时，可在三至五生枝段处，选角度和位置适宜的粗壮发育枝作延长枝头，对原枝头进行回缩，并对新枝头附近及以下的细弱枝进行疏剪，以增强新枝头的长势。

老山楂树的树冠外围枝条密挤而不透光时，冠内小枝容易枯死。修剪调节时，可按树形要求，先选好各级骨干枝，再对多余大枝进行回缩或疏剪，以改善通风透光条件，维持一定产量。

对单轴延伸过长的枝组适当回缩后，再疏去锥形无效枝，保留中、短枝。

大更新是对整个树冠和骨干枝进行缩剪，修剪量较大。大更新的目的在于增加树体的新生枝叶总量，以维持中庸树势和较高产量。大更新时，要一次疏除更新的大枝，因修剪量大，刺激较重，所以更新后萌芽率高，成枝力强。主枝的延长枝头很弱，内膛枝少而弱时，可用侧枝代替主枝，促进内膛萌发新枝。若侧枝完整无缺，枝量和枝组又较多，可疏剪多余主枝，促进内膛隐芽发枝，使弱枝组转旺。若中干较强，层次较多，二层主枝较弱，可只留第二层的两个主枝，落头开心，多余的主枝一次疏除。这样，既可促进下部转旺，又不会导致上部长势过强，更新效果较好。

大更新以后，树冠内膛枝量增多，在加强土、肥、水综合管理的基础上，两年后便可恢复树冠并开始结果，第三年可获丰产。大更新后的山楂树，结果年限可以很长，只要加强综合管理，适当进行修剪调节，仍可获得优质丰产。

5.花果管理

(1)促花措施

①环剥：在晴天用锋利嫁接刀在主干或主枝上的相对两边相距5～10厘米处环剥两个半圈，深达木质部，但不伤害木质部，环剥宽度应为被剥枝直径的1/15～1/12，环剥后立即用薄膜包扎环剥口，一般15～20天后即愈合。

②断根：切断部分水平根。

③晒根：挖宽25厘米、深30厘米的浅沟，晾晒两天左右再覆土填坑。

④喷多效唑：浓度为700毫克/升，特别旺长树喷2～3次，一般旺长树喷1～2次，弱树不喷。

⑤扭梢：对6月中旬仍旺长尚未成熟的新梢，在其基部扭转180°，以木质部轻微破裂为度。

以上措施均应在5月上旬至6月中旬进行，7月中旬后进行则促花效果不显著。具体应用促花措施时，注意对强旺树的促花技术措施如环剥、断根等应稍重，一般树势应稍轻，对于弱树一般先恢复树势再采取措施。

(2)保花保果与壮果

①巧施肥。花前肥：弱树以氮肥为主，配合磷、钾肥；壮旺树以磷、钾肥为主，不施氮肥或少施氮肥。稳果肥：叶色浓绿或绿时不需施稳果肥，叶色淡黄要补施肥，以复合肥为主，不偏施氮肥，以防冲梢落果。壮果肥：在5月中下旬施入，仍以复合肥为主。施肥量根据

果量及树冠大小来定,果量大、树冠大要多施,否则少施。一般株施复合肥 1～2 千克、尿素 0.5～1 千克,对少量旺长树不施氮肥,只施磷、钾肥。采果肥:在采果前 7～15 天施入。

②巧喷叶面肥和生长调节剂。盛花期用 0.2％硼砂、0.2％磷酸二氢钾和 0.3％尿素液喷一次,可提高坐果率。在第一次和第二次生理落果前 7～10 天喷 10 毫克/升的 2,4-D,以减少落果。在 6 月中下旬喷 1～2 次 0.2％磷酸二氢钾和 0.3％尿素液。

(四)主要病虫害及其防治

1.山楂斑枯病

山楂斑枯病又名"山楂叶斑病",分布于河北、辽宁、山东等,主要危害山楂叶片。病斑褐色至暗褐色,形状不规则,一般直径为 3～10 毫米,后期病斑上散生小黑点。严重发病时,病斑互相连接,呈不规则大斑,致使叶片焦枯早落。该病在多雨的地区和年份发生严重,可导致大量早期落叶。

防治方法如下:①入冬前清扫落叶,并集中深埋或烧毁。②喷洒 50％多菌灵或 70％甲基硫菌灵可湿性粉剂 1000 倍液,开始发病时喷第一次药,之后每隔 10～15 天喷一次,共喷 2～3 次。

2.山楂黄叶病

山楂黄叶病又名"山楂缺铁黄化病",分布于河北、山东、辽宁等。该病多从新梢顶端的幼嫩叶片开始,初期叶肉先变黄,叶片呈绿色网纹状,病情逐渐加重后全叶呈黄色,叶缘变褐枯焦,最后全叶枯死早落。严重时新梢顶端枯死,呈枯梢状。在盐碱地和含钙元素较多的土壤里,山楂树易发生黄叶病。地下水位高、土壤黏重、排水差的果园,病情较重。灌水较多的果园,铁元素易流失,该病较重。

防治方法如下:①加强果园综合管理。对土壤含盐碱较多的果园,春季应及时排除积水,灌水压碱。浸润灌比漫灌效果好。灌水后要松土,增施有机肥料,树下间作绿肥。②适当补充铁元素。发病严重的果树,在叶面喷洒 0.1％～0.2％硫酸亚铁溶液。用树干注射机向树体内注射 0.05％～0.1％硫酸亚铁溶液或 0.05％～0.1％柠檬酸铁溶液。

3.山楂冠瘿病

该病在各山楂栽培区均有发生,通常表现为山楂根颈、主根、侧根上生出大小不等的瘤,亦常见于嫁接口。后期瘤面破裂,植株衰弱。病原细菌在病部皮层或依附于病残根在土壤中越冬,在土壤中最多可存活两年,借灌溉水、雨水等传播。苗木调运为病害远距离传播的主要途径。细菌自伤口侵入,潜育期为几周至一年以上。在黏重、碱性、排水不良的土壤中发病重。苗木伤口越多,发病率越高。

防治方法如下:①严格检疫。发现病苗及时烧毁,不准病苗进入造林地,可疑病苗应用 1％硫酸铜液或 0.1％高锰酸钾液浸 10 分钟进行消毒,之后用清水冲净。无病区不从疫区引种。②选用未被病菌感染、土质疏松、排水良好的沙壤土育苗。若土壤已被病菌污染,可用不感染该病的树种轮作,或用硫黄粉、硫酸亚铁进行土壤消毒,用量为 5～15 千克/亩。③加强栽培管理。起苗后清除土壤中的病残根。从无病良种母树上采集接穗,并尽量提高采穗部位。用芽接法嫁接,嫁接工具应在 75％酒精中浸 15 分钟进行消毒。施用绿肥等有机肥。中耕时应防止伤根。注意防治蛴螬、蝼蛄等地下害虫。大树枝干、根部发病,可用利刃将瘤切除,然后涂 1％硫酸铜或 2％石灰水进行消毒,再涂波尔多液进行保护。

4.山楂腐烂病

山楂腐烂病又名"山楂烂皮病"，在各山楂栽培区均有发生，主要危害山楂的枝干，症状分溃疡型和枯枝型。溃疡型多发生于主干、主枝及丫杈等处。枯枝型多发生在弱树的枝、果台、干桩和剪口等处。病菌的寄生能力很弱，当树势健壮时，病菌可较长时间潜伏；当树体或局部组织衰弱时，潜伏病菌便扩展危害。该病在管理粗放、结果过多、树势衰弱的山楂园内多发生。

防治方法如下：①加强栽培管理。增施有机肥，合理修剪，增强树势，提高树体抗病能力。②预防冻害。冬前适时进行树体涂白。③消除菌源。早春于树液流动前清除园内死树，剪除病枯枝、僵果台等，并集中烧毁。④药剂防治。发芽前全树喷布腐必清 100 倍液或菌毒清 300 倍液。⑤治疗病斑。用腐必清 3 倍液或菌毒清 50 倍液涂刷病斑，可控制病斑扩展。

5.山楂根朽病

该病在山楂栽培区均有发生，山楂苗木、大树的根部均可被侵染。地上部分表现为叶部发育受阻，叶片变黄变小，稀疏早落，或结实少而小，味差，有时枝梢枯死，严重时整株死亡。病根的边材、心材腐朽。病原菌的菌丝体、菌索在病根部或残留在土壤中越冬，寄生性弱。管理差、树势弱、果园阴湿积水、水肥条件差的山楂园，发病重。

防治方法如下：①大树染病后，从基部清除整条病根，细心将整个根系拣出，再用 70％ 五氯硝基苯粉剂与新土按 1∶150 的比例混合均匀配成药土，撒于根部。②在早春、夏末、秋季及树体休眠期，在树干基部挖 3～5 条放射状沟，浇灌 50％ 甲基托布津可湿性粉剂 800 倍液、50％ 苯菌灵可湿性粉剂 1500 倍液或 20％ 甲基立枯磷乳油 1000 倍液。③加强管理。地下水位高的果园，要开沟排水；雨后注意排水，防止积水；增施有机肥，增强土壤透气性。

6.山楂花腐病

该病主要危害叶片、新梢及幼果，导致病叶焦枯脱落，新梢凋枯死亡，幼果变褐色腐烂、脱落。病菌在落地的病僵果中越冬，春季降雨后产生子囊盘，放射子囊孢子，成为初侵染源。

防治方法如下：①秋季彻底清扫果园，清除病僵果，并集中烧毁或深埋，减少侵染源。②早春翻地。将地面病僵果深翻至 15 厘米以下。③地面喷药。4 月底以前，在树冠下地面撒五氯酚钠 1000 倍液，每亩用药 0.5 千克，或撒施石灰粉，每亩用量为 25～30 千克。④树上药剂防治。50％ 展叶和全部展叶时各喷药一次，防叶腐。可用药剂有 25％ 粉锈宁可湿性粉剂 1000 倍液、70％ 甲基托布津可湿性粉剂 800 倍液。盛花期再喷一次，可防花腐、果腐。

7.山楂白粉病

山楂白粉病为真菌病害，主要危害叶片、新梢和果实。早春山楂芽开绽时就可染病。嫩芽染病后，出现粉红色病斑，抽发新叶时，病斑迅速延及幼叶上，病部布满白粉，呈绒毯状。新梢受害，除出现白粉外，还会出现生长瘦弱、节间缩短、叶片细长、卷缩扭曲的问题，严重时干枯死亡。幼果发病后，果柄处将出现病斑，被覆白色粉状物，果实向一侧弯曲，而后病斑逐渐扩展到整个果面，严重时从果梗病斑处断落。稍大的幼果受害，病斑硬化，并发生龟裂，果实畸形，着色不良。多雨年份，山楂园发病严重。

防治方法如下：①清扫果园病枝、病叶、病果，并集中烧毁。②发芽前喷 5 波美度石硫合剂,周围的野生山楂也要喷。花蕾期(5月下旬)喷0.5波美度石硫合剂。落花后至幼果期,视发病情况喷1～2次0.3波美度石硫合剂或25％粉锈宁1000～1500倍液。还可使用50％可湿性多菌灵600倍液、70％甲基托布津800倍液等药剂。

8.山楂红蜘蛛

山楂红蜘蛛又叫"山楂叶螨",主要危害叶片,也危害芽及花蕾。该虫在山楂萌芽时即开始出蛰危害,至花序分离时出蛰最盛,此时大部分红蜘蛛移到张开的鳞片和花丛间、花萼等处危害,展叶后即转到叶上危害,致使叶片焦枯、早落。山楂红蜘蛛以雌成虫在树上粗皮裂缝中、枝杈处以及根颈部位的土缝中越冬,春季萌芽后开始危害,干旱年份发生较重。

防治方法如下:①早春刮除枝干上的老粗皮、翘皮并烧毁,减少越冬螨。8月中旬以前,在刮过树皮的枝干上绑上草束,诱集将要越冬的成螨,冬季取下草束烧掉,消灭成螨。②在芽开绽至花序分离这段时间(越冬成螨出蛰前及幼螨孵化期)喷药防治。一个月后,为第一代成螨发生期,仍是防治的关键时期,以后可根据发生量及防治效果确定喷药时机和次数。可使用10％螨即死乳油3000～4000倍液、73％克螨特乳油2000倍液、50％倍乐霸可湿性粉剂1500倍液、50％溴螨酯乳油1000倍液以及杀卵作用较好的50％尼索朗乳油2000倍液等药剂进行防治。

9.大绿浮尘子

大绿浮尘子也叫"大青叶蝉",属于枝干害虫,主要是成虫产卵危害,用产卵器在枝干表皮刺成月牙形小口,深达内皮层,产卵于枝干内,常造成枝干死亡,尤以幼树受害最重。该虫以卵在枝条皮层内越冬,4月末开始孵化,幼虫约20天转化为成虫。先在作物、蔬菜上危害,10月上旬成虫危害果树,产卵于枝干皮层内。每个雌成虫可产卵50粒,每个产卵孔中大约有10余粒卵,受害树干遍体鳞伤。

防治方法如下:①夏季夜晚用灯光诱杀成虫。②幼树园和苗圃地附近不要种秋菜,以防大量招引成虫。③抓住成虫发生期,在农作物和蔬菜上喷施溴氰菊酯、功夫菊酯、杀灭菊酯等菊酯类药剂2000倍液。10月下旬开始在果树上喷1～2次有机磷同菊酯类的混合液,如20％高氯·马1500～2000倍液。

10.桃小食心虫

该虫在山楂树上一年发生两代,主要危害果实。

防治方法如下:①地面防治。在越冬代幼虫出土前,每亩用50％巴丹可湿性粉剂1000倍液,喷在树盘内的地面上,间隔15～20天再喷一次,可有效防治虫害。也可每亩用75％辛硫磷乳剂0.25～0.5千克拌成毒土撒入树下土中,进行诱杀。②树上防治。在产卵盛期及幼虫孵化盛期,可用25％除虫脲2500～3000倍液、50％杀螟松乳油1000～1500倍液、10％联苯菊酯乳油1000～2500倍液或50％稻丰散乳油1000～1500倍液喷雾进行树上喷药。

11.山楂木蠹蛾

山楂木蠹蛾是山楂产区的毁灭性害虫,只危害山楂。以幼虫钻蛀枝干,幼龄幼虫在韧皮部及木质部蛀食;3龄后逐渐向木质间深层危害,蛀成不规则纵横隧道,并不断排出虫粪和大量木屑,堆积在蛀孔下的地面上。被害山楂树树势逐年衰弱,以致整株死亡。

防治方法如下:①秋季将藏在树皮层的幼虫刮去,以减少越冬代幼虫。锯除或剪除被害的死树、死枝,清理出果园并烧毁。②在6—8月成虫发生期,用20%杀铃脲5000倍液或25%灭幼脲悬浮剂1500~2000倍液,全树均匀喷雾。

12.山楂粉蝶

该虫一年发生一代,以2~3龄幼虫在卷叶中的虫巢中越冬。当山楂芽开绽时,幼虫转移至芽上危害,在芽上拉丝,啃食嫩叶,以后在枝上拉丝张网。

防治方法如下:①将越冬、越夏群居的幼虫巢剪下,并集中烧毁。②在山楂树落叶后至早春发芽前结合冬春修剪摘除树上的叶囊,集中消灭越冬代幼虫。③在越冬代幼虫出蛰期及卵孵化期喷药。药物可选用25%灭幼脲悬浮剂1500~2000倍液、10%氯菊酯乳油2000~3000倍液、20%灭扫利乳油200~400倍液、50%杀螟松乳油1000~1200倍液等。幼虫危害时,向虫网喷洒505杀螟松乳剂1000倍液或50%辛硫磷乳剂1000倍液进行防治。

13.黄刺蛾

黄刺蛾是一种杂食性食叶害虫,主要危害苹果、梨、杏、枣、山楂、石榴及杨、柳等多种树木。该虫在山东一年发生1~2代,以老熟幼虫在茧内越冬。

防治方法如下:①药剂防治。可用20%杀铃脲5000倍液、5%高效氯氰菊酯1500倍液等喷杀幼虫。②人工剪茧。可用修枝剪剪除黏固在枝干上的刺蛾茧。茧蛹期易被上海青蜂寄生,被寄生茧的一端常有一个圆形黑点,修剪时应收集保护。③采摘幼虫。幼龄幼虫多群栖危害,要及时摘除。幼虫体表有毒毛,应避免接触皮肤,防止中毒。

第八节 核 桃

一、主要优良品种

(一)香玲

香玲为山东省果树研究所育成。坚果卵圆形,浅黄色,壳面刻沟浅,光滑;壳厚0.9毫米,取仁极易,可取全仁;内种皮淡黄色,无涩味;种仁饱满,味香;坚果美观,品质上等;生长较旺盛,丰产性强,抗冻,于9月下旬成熟;对细菌性褐斑病和炭疽病具有较强的抗性。

(二)丰辉

丰辉为山东省果树研究所选育。坚果长椭圆形,浅黄色,壳面刻沟较浅,较光滑;壳厚0.9~1.0毫米,取仁极易,可取全仁;内种皮淡黄色,核仁饱满美观,味香,内种皮无涩味;品质上等;早实性强,丰产性好,对细菌性褐斑病、炭疽病和溃疡病具有较强的抗性。

(三)鲁光

鲁光为山东省果树研究所育成的早实、优质、丰产、抗病性强的核桃新品种。坚果略长圆球形,浅黄色,壳面刻沟较浅,较光滑;壳厚0.8~1.0毫米,取仁易,可取全仁;内种皮黄色,无涩味,种仁饱满;对细菌性褐斑病、炭疽病和枝干溃疡病均有较强的抗性。

(四)绿波

绿波系河南省林业科学研究院从新疆核桃实生苗中选育而成的品种,于1989年定名。坚果卵圆形,果基圆,果顶尖;壳面较光滑,有小麻点,色较浅;缝合线较窄而凸,结合紧密,壳厚1毫米左右;内褶壁退化,横隔膜膜质,可取整仁;核仁较充实饱满,色浅黄;核仁味香而不涩;丰产,适于华北黄土丘陵区栽植。

(五)西林1号

西林1号于1978年从新疆核桃实生园中选出。坚果长圆形,果基圆形,果顶较平;壳面光滑,略被小麻点;缝合线窄而平,结合紧密,壳厚1.1毫米左右;内褶壁退化,横隔膜膜质,易取整仁;核仁充实、饱满,黄色;核仁脆香;结果早,盛果期丰产,大小年不明显;耐瘠薄土壤,抗旱、抗寒、抗病性均较强,主要栽培于陕西、甘肃、河南、河北、山东、山西等地。

(六)中林1号

中林1号为人工杂交育成。坚果圆形,果基圆,果顶扁圆;壳面较粗糙,缝合线两侧有较深麻点;缝合线中宽凸起,顶有小尖,结合紧密;壳厚1毫米左右,内褶壁略延伸、膜质,横隔膜膜质,可取整仁或1/2仁;核仁充实、饱满,浅至中色,纹理中色;丰产潜力大,可在华北、华中及西北地区栽培,是理想的材果兼用品种。

(七)中林5号

中林5号原产于北京。坚果圆形,果基平,果顶平;壳面光滑,色浅,缝合线较窄而平,结合紧密,壳厚1毫米左右;内褶壁膜质,横隔膜膜质,易取整仁;核仁充实、饱满,纹理中色;四年生树株产坚果2千克以上,丰产、抗冻、抗病,口味佳;于9月下旬成熟,可与其他品种互为授粉树,适于在华北、中南、西南年均温10 ℃的气候区栽培,尤宜适宜进行密植栽培。

(八)中林6号

中林6号坚果略呈长圆形,壳浅色,光滑;缝合线中等宽度,平滑且结合紧密,壳厚1毫米左右;内褶壁退化,横隔膜膜质,易取整仁;核仁充实、饱满,种皮色浅,风味香甜;较丰产,适宜在华北、中南及西南高海拔地区栽培。

(九)辽宁1号

辽宁1号坚果圆形,果基平或圆,果顶略呈肩形;壳面较光滑,色浅;缝合线微隆起,结合紧密,壳厚0.9毫米左右;内褶壁退化,可取整仁;核仁充实、饱满,黄白色;比较耐寒、耐干旱,抗病性强,可在辽宁、河南、河北、陕西、山西、北京、山东、湖北等地大面积栽培。

(十)陕核1号

陕核1号坚果中等大小,圆形;壳薄,壳面光滑,可取整仁或1/2仁;核仁色浅,风味好;丰产,高接树2~3年后平均株产坚果4千克,适宜在西北、华北等地栽培。

(十一)普龙1号

普龙1号由山西省林业科学研究所从汾阳县晚实实生核桃中选出。坚果近圆形,果基微凹,果顶平;壳面较光滑,有小麻点,色较浅,缝合线窄而平,结合较紧密,壳厚1毫米左右;内褶壁退化,横隔膜膜质,易取整仁;核仁色浅,充实、饱满;核仁味香甜,品质上等;抗寒、耐旱、抗病性强,在晋中以南海拔1000米以下不受霜冻危害,适宜在华北、西北地区发展。

(十二)元丰核桃

元丰核桃由山东省果树研究所于1975年由实生苗中选出。果实卵圆形,壳面光滑;

种仁饱满,口味香甜,品质上等;果实于9月中旬成熟。

(十三)滑皮核桃

滑皮核桃主产于山东青州、历城,苍山等地也有栽培。果实近圆形,壳光滑而薄,外形美观,含油量高,品质上等。

(十四)北京861

北京861坚果长圆形,果基圆,果顶平;壳面较光滑,麻点小,色较浅;缝合线窄而平,结合较紧密,壳厚0.9毫米左右;内褶壁退化,横隔膜膜质,易取整仁;核仁充实饱满,味香,涩味淡;早期产量较一般早实品种高,盛果期产量中等,大小年不明显,适宜在华北干旱山区栽培,主要栽培于北京、山西、陕西、河南、辽宁、河北等地。

(十五)章丘薄壳

章丘薄壳主产于山东章丘。果实长椭圆形,壳面光滑,麻壳,刻纹少而浅;壳极薄,部分发育不全,形成孔洞,种仁裸露;质量上等;果实于8月下旬成熟。

(十六)益都长绵

益都长绵产于山东青州。果实倒卵圆形,中等大小,表面光滑;果壳薄,内隔膜较薄,取仁易,品质上等;果实于8月下旬成熟。

(十七)鸡爪绵核桃

鸡爪绵核桃产于山东济南、泰安等地,因果枝形如鸡爪,故有此名。果实圆形,果个中等,壳面光滑,内隔膜较薄;种仁充实饱满;丰产性强。

(十八)西扶1号

西扶1号由西北农林科技大学于1981年从陕西扶风隔年核桃实生树中选出,适于在华北、西北及秦巴山区等地栽培。坚果长圆形,果基圆形,壳面光滑,色浅;缝合线窄平,结合紧密,壳厚1.2毫米左右;内褶壁退化,横隔膜膜质,易取整仁;核仁充实、饱满,色浅,味甜香;早期丰产性强。

(十九)美国黑核桃

美国黑核桃原产于北美洲,属核桃属黑核桃种,已在我国陕西、河南、甘肃、河北、山东、云南、新疆等省份试种成功,生长良好,非常适合在我国栽培种植,南起昆明,北到黑龙江,东起山东,西至乌鲁木齐都能生长。该品种可耐冬季-43℃低温,耐干旱,在年降水量300毫米左右的半干旱地区也能生长。

美国黑核桃核仁营养丰富,口味浓香,可鲜食、烤食,是世界上公认的最佳硬阔材树种之一,在美国被认为是经济价值最高的林果兼用树种,在优质木材生产上占有重要地位。黑核桃木材结构紧密,力学强度高,纹理、色泽美观且易加工,用黑核桃木做的器物,使用时间愈久看上去愈美,属世界上最高级的木材之一。

二、苗木繁育技术

核桃繁殖以种子繁殖和嫁接繁殖两种方法为主,也有扦插、压条的报道,但在生产上很少应用。

(一)实生苗繁育

种子繁殖方法简单,成苗快,一般也能保持一定的品种特性,如结实的早晚、核壳的薄厚、出仁率的高低等。其主要问题是后代变异大，种性混杂，结果推迟，质量变差。在嫁接成活率问题没有得到圆满解决之前，仍可继续采用种子繁殖。

1.采种与选种

采种母树应选择品种纯正、适应性强、高产稳产、个大皮薄、种仁饱满、优质抗病的成年单株。当核桃的外果皮由绿色变为黄绿色，并有部分自然开裂时，标志着种子已经成熟，可以采收。因为充分成熟的种子发芽率高，所以种用核桃要比商品核桃晚采5～7天，一般在10月中下旬采收比较适宜，过早采收，种仁不饱满，影响发芽率。将采收的果实脱去青皮，堆积在通风干燥的室内或阴凉处晾干，然后去杂去劣，剔除小粒、空壳、成熟不好和病虫危害的种子，将精选的种子注明品种妥善储藏。

2.种子的储藏

核桃种子的储藏方法有两种：一种是干藏法，一种是沙藏法。干藏法比较简单，是生产上常用的方法。将选好的种子装入麻袋或筐篓中，放在阴凉、通风、干燥的室内，温度应控制在5℃以下。储藏过程中要经常检查，并注意防虫、防鼠、防潮、防热。沙藏是一种稳妥可靠、简便易行、普遍采用的方法，可参照普通层积法进行。注意适当加大河沙用量，开春后要及时检查，以防霉变。此法多用于储藏核桃楸等砧木种子。

3.春播种子的处理

秋播种子不必进行沙藏和其他处理，但冬季来不及沙藏或使用干藏种子春播，必须经过处理，才能提高发芽率。常用的方法有以下几种：

（1）开水浸种：将种子放入开水中，用木棍急速搅动，5～7分钟后，将种子迅速捞出放入冷水中，再浸泡3～4天，每天换水，待种子吸足水分，大部分种壳开裂即可播种。

（2）冷水浸种：将种子浸入冷水中，每天换水一次，浸泡5～7天；或将种子装入麻袋放入河沟流水中，用石头压住，每天翻动一次，浸泡5～7天，捞出后放在阳光下暴晒1～2天，待大部分种壳开裂时进行播种。

（3）温床催芽：为了促进核桃种子早发芽、早出苗，可将冷水浸泡2～3天后的核桃种子混合5倍的湿沙，放到催芽的床上，上面再盖5厘米湿沙，每日洒一次水，晚间用草苫覆盖。10～15天后，种壳裂口，种子开始萌动时即可播种。

4.播种时期与方法

（1）播种时期

①秋播：在种子采集后的秋末冬初进行，也可以在8月下旬种子成熟时，带青皮播种。带青皮播种时当年可以出苗，但幼苗细弱，需埋土越冬。

②春播：一般在清明前后（4月上旬）为宜，要做到适时早播。对于经过浸种的种子，当10厘米地温稳定在10℃以上时，即可进行播种；经过沙藏的种子，可适当提前。

（2）播种方法：以平畦开沟点播为主。核桃幼苗主根发达，最好选择土层深厚、灌排条件良好的沙壤土作播种圃，并结合深翻，施足底肥，整平耙细，做平畦，灌足水，然后开沟点播。行距为30～40厘米，株距为12～15厘米，覆土5厘米。每亩用种100～150千克，产苗5000～8000株。干旱山区群众创造的保墒播种法，即深坑浅埋法，要求挖坑深25～30厘米，挖坑挖松并施入底肥，踏实后播种，每坑1～3颗种子，覆土10～15厘米，保留15厘米深的小坑，以便积水保墒。

核桃种子个头大，且先生根后长茎。播种时种子横卧，缝合线与地面垂直，幼茎生长直立,幼根展开。如果种尖向上或向下,缝合线与地面平行,都会影响幼苗的生长,所以播种时要特别注意种子的放置方式。

5.实生苗的管理

幼苗出齐以前,要注意保墒,切忌浇蒙头水,以免土壤板结,影响幼苗出土。苗圃地要经常中耕锄草,保持土壤疏松。幼苗迅速生长期,要结合浇水追肥1~2次,施用尿素、复合肥、人粪尿均可。山区无灌溉条件的,要注意蓄水保墒。苗圃中常见的病虫害有黑斑病、炭疽病、金龟子、刺蛾、象鼻虫等,要注意防治。

(二)嫁接苗繁育

嫁接繁殖可以保持母树的优良经济性状,达到早结果、早丰产、早受益的目的,同时还可以利用野生资源,扩大栽培范围,因此应大力推广。

1.砧木

核桃砧木有普通核桃、核桃楸、新疆野核桃、铁核桃等,山东省主要用普通核桃作砧木。砧木苗的繁育方法与实生苗的繁育方法相同。

2.接穗

采穗母树的选择可参照采种母树的选择原则,从品质优良的核桃品种上采穗,最好采集生长健壮、髓心小、芽饱满的一年生发育枝作接穗,基径应在1.2厘米以上。春季枝接使用的接穗应在秋季落叶后或春季发芽前采集。6月以后芽接接穗,可利用当年生枝条,随采随接。

3.嫁接时期与方法

核桃嫁接主要采用夏季芽接和春季枝接两种方法。

(1)芽接:一般在7月下旬进行,快速育苗可提前到6月中下旬,但当年萌发的新梢细弱,需保护越冬。接穗采下后,立即去掉叶片,只留1~1.5厘米叶柄,以减少水分蒸发,并保存于湿毛巾中或盛有少量清水的桶内。嫁接时要使用接穗中、下部充实饱满的芽子。生产上多采用"T"形芽接,操作简便,成活率高。核桃芽子大,芽片也要相应加大。一般芽片长3~5厘米、宽1.5厘米,有利于成活。春季芽接在砧木抽梢期进行,使用头年储藏的接穗,可采用带木质部芽接法。接后绑缚塑料条时要加叶柄,以便接芽和砧木贴紧。

(2)枝接:核桃伤流严重,枝接不能在早春发芽前进行,一般应在砧木展叶后的4月中下旬,利用头年储藏但尚未发芽的接穗嫁接。核桃枝接多用插皮接和劈接,也可用切接、腹接或舌接。不论何种接法,接穗削面都要比其他果树长,一般以5~8厘米为宜。同时要注意绑严,接口埋土或用其他方法保湿;有伤流时,还要设法放水,以利嫁接成活。

影响核桃嫁接成活率的因素,首先是核桃中的鞣酸物质易在接口形成影响愈合的隔离层;其次是嫁接过程中出现的伤流现象。减少鞣酸物质影响的办法有两个:一是嫁接时削面要平滑,操作麻利,尽量减少削面与空气的接触时间;二是选用健壮接穗和饱满芽子,这样的砧木和接穗积累养分较多,生理机能旺盛,能加速已形成的聚合鞣酸的分解还原,从而加速愈伤组织的形成。

4.嫁接苗的管理

嫁接苗成活后,想要长成壮苗,管理十分重要。应重点做好以下几点:

(1)适时解除绑缚物:芽接在成活后20~30天将绑缚物解除,枝接于6月上中旬解除。

(2)立支柱:当新梢长到20~30厘米时立支柱,以防新梢被风吹断。

（3）除萌蘖：砧木上的萌蘖要及时除掉，以免影响嫁接苗的生长。

（4）及时防治病虫害：主要防治食叶害虫，如象鼻虫、尺蠖、刺蛾等。

（5）及时追肥、浇水：嫁接成活前，只要不太干旱就尽量不浇水。核桃叶片较大，蒸腾旺盛，进入迅速生长期需要大量肥、水，应及时浇水并结合浇水追施化肥1～2次。同时，还要勤中耕、多除草，保持土壤疏松，避免杂草与苗木争水、争肥。

三、丰产栽培技术

（一）高标准建园

1.园地的选择

核桃对环境条件要求不严，年平均气温为9～16 ℃、年降雨量在800毫米以上的地区均可种植。核桃对土壤的适应性比较广泛，但因其为深根性果树，且抗性较弱，因此应选择深厚肥沃（土层厚度在1米以上）、保水力强、pH值为7.5～8.0、含盐量低于0.25%、地下水位低于2米的壤土地块栽植。核桃为喜光果树，要求光照充足，在山地建园时应选择南向坡。

2.苗木的选择

应选择优质的壮苗栽植。优质壮苗是指品种纯正、接口愈合良好、侧根有15条以上、基茎为1.2厘米以上、苗高为60厘米以上、苗干直顺、无损伤和病虫害的健壮嫁接苗。

（二）栽植密度和技术

1.栽植密度

早实型品种的株行距为4米×5米或4米×6米，晚实型品种的株行距应为6米×7米或6米×8米。间作园的株行距可扩大为（6～8）米×（8～15）米。坡地、丘陵地栽植密度可适当缩小。为了使核桃提早结果和提高其单位面积产量，多采用矮化密植栽培。密植园一般按3米×2米（亩栽111株）的株行距定植，嫁接苗第4～5年即可进入丰产期，亩产可达300～500千克。

2.栽植技术

核桃以秋季（9—11月）或萌芽前定植最为适宜。在栽植前可先挖大坑（直径和坑深各为80厘米），将40千克农家肥和磷肥与表土混匀后回填到坑底；然后将嫁接苗立在混合土上，舒展根系后边填土边踏实，务必使根系与土壤密接，埋土至根颈以上5厘米再踏实；最后浇足定根水，水渗下去后在树盘上覆盖地膜或秸秆、杂草保水，以利成活。栽后要及时定干，防干旱死苗等。为防冬季冻害和早春"抽条"，应将春植幼树压倒埋土防寒。

（三）丰产管理措施

1.土壤管理

核桃园进行深耕压绿或压入有机肥是促进幼树提早结果和大树丰产的有效措施。深耕在春、夏、秋三季均可进行，春季应于萌芽前进行，夏、秋两季应在雨后进行。应从定植坑处逐年向外进行深耕，深度以40厘米为宜，深耕时要进行施肥和将杂草埋入土内。注意防止损伤直径为1厘米以上的粗根。也可每3～4年沿树行在树冠投影的两侧，挖宽、深各为40厘米的沟，沟底放入枯枝落叶和有机肥，随后灌水，水渗下后填土封沟。丘陵坡地应及时维护水土保持工程。核桃幼树生长较慢，行间土地可间作豆科作物或绿肥。成年果园每年 4—9 月用除草剂除草 2～3 次,于秋冬中耕一次。

2.施肥

氮和钾是核桃的主要组成元素,而且氮多于钾,增施氮肥能显著提高核桃的产量和品质;在缺磷的土壤中也必须补充磷和钙,同时还要增施有机肥。

幼树施肥应遵循薄施勤施的原则,定植当年至发芽后开始追肥,每月一次,到 9 月底施一次基肥,定植后 2～4 年,每年于 3 月、6 月、8 月、10 月各施一次肥即可。施肥量:早实型品种每平方米树冠投影面积可施肥 50～60 克(折合成尿素是 110～130 克)、磷和钾各 20 克、有机肥 5 千克;晚实型品种每平方米树冠投影面积每年施氮 50 克、磷 10 克、钾 6～10 克、有机肥 5 千克;还应根据土壤肥力、树体长势、肥料质量具体确定。为提高肥效和利用率,每次施肥后均应灌足水,水渗下后松土保墒。

成年树(指嫁接苗定植第 4～5 年后)每年施基肥一次、追肥两次即可。基肥于秋季采果后结合土壤深耕压绿时施用(9—10 月),亩施有机肥(畜禽粪水)5000 千克、磷肥 50 千克、草木灰 100 千克、尿素 15 千克。第一次追肥于发芽前施用,亩施猪粪水 1500 千克、尿素 20 千克;第二次追肥于硬核期(7 月上旬)施用,以利于增加果重和促进花芽分化,可亩施猪粪水 2500 千克、尿素 30 千克、硫酸钾 20 千克、过磷酸钙 20 千克。施肥后均应充足灌水。

3.水分管理

核桃喜湿润,耐涝,抗旱力弱,灌水是增产的一项有效措施。在核桃生长期间,若土壤干旱缺水,则坐果率低,果皮厚,种仁发育不饱满;施肥后若不灌水,也不能充分发挥肥效。因此,春季雨少干旱应及时灌水补墒,施肥后也应适时灌水。生长季的主要灌水时期为萌芽水、幼果速长期水、硬壳期水。落叶后冻土前应灌冻水。

4.整形修剪

(1)核桃常用树形:核桃树的整形应根据品种特性、立地条件、株行距大小等确定。在直立性较强、立地条件较好、肥水供应充足的条件下,可采用主干疏层形;立地条件和肥水条件都较差的情况下,可采用自然开心形;密植核桃园,可采用扇形整枝,但在行间应留辅养枝,当行间交替而影响光照时,可缩剪为结果枝组。

①主干疏层形:这种树形的特点是具有健壮的中心领导干,通常有 5～7 个主枝,分 2～3 层着生在中干上。一般第一层有主枝三个,第二层有两个,第三层有 1～2 个。这种树形枝量多、树冠大、产量高,适于立地条件较好、土质肥厚的地上和直立性较强的品种采用。

定干高度因品种和立地条件不同而不同。土层深厚、肥水条件较好,实行果粮间作的核桃园,以及干性强的直立型品种,定干高度应适当高些,以 1.2～1.5 米为宜;土质瘠薄、肥水条件较差或树形开张的品种,定干高度可适当低些,以 1.0 米左右为宜。

萌发枝条后,选 3～4 个方位适宜、发育均衡、角度适宜的枝条,作为第一层主枝;其余枝条,适当疏除强旺的直立枝,保留长势中庸的直立枝;角度不合适的,进行调整,控制其长势,增加枝叶量和营养面积,促进幼树生长和提早结果。基部主枝要错落选留,层内距离保持 70～80 厘米,以防出现掐脖现象,削弱中心领导干的长势。

核桃喜光性强,层间距离应大些,以免造成树冠内膛郁闭、小枝细弱和结果部位外移等而影响产量。一般第一、二层的层间距离应保持在 1.5 米左右,在第二层主枝上方

1.0 米以上，再选留第三层主枝，各层主枝要插空选留，防止上下重叠。若幼苗过高，分枝过少，也不要短截，以防抽干，可在 7 月下旬摘心，促使下部萌发枝条，再行选留培养。

在选留和培养主枝时，应同时注意选留侧枝，第一层的每个主枝上，各选留 3～4 个侧枝；第二层选留 2～3 个。切忌选留背后枝作为侧枝。核桃的背后枝，长势特别旺，选留背后枝作为侧枝，会严重削弱主枝长势，这是与其他果树的不同之处，修剪时应予以注意。侧枝在主枝上的位置也需均匀分布，避免对生。基层主枝上的第一侧枝，应距主干 1.5 米左右，过近易形成"把门侧"，削弱主枝长势；第二侧枝应留在第一侧枝对面，两枝相距 1.0 米左右。

在整形过程中，还应注意调整各级枝的从属关系和平衡长势，保持中心领导干和各主枝延长枝的生长优势。当中心领导干的长势变弱时，可选直立向上生长的壮枝代替原枝头，同时控制各主枝的长势；当中心领导干长势过强，出现上强下弱现象时，可疏去强枝头，用长势中庸的枝条代替原枝头，以缓和其长势。一般不要轻易换头，以防出现强枝变弱和弱枝更弱的不良现象。

②自然开心形：在土质瘠薄、立地条件较差的地块种植树形开张的品种，难以形成较强的中心领导干时，可采用自然开心形。由于主枝的数量不同，这种树形又可分为少主枝自然开心形和多主枝自然开心形两种。

少主枝自然开心形的特点是主枝少，一般只有 2～3 个，没有明显的中心领导干。其构成形式是两大主枝并生于主干上。主枝倾斜向上生长，开张角度小于主干疏层形。每个主枝上培养 2～3 个侧枝，第一侧枝距主干 80～100 厘米，以后侧枝的距离依次为 50～60 厘米和 100 厘米左右。各侧枝上可再培养一定数量的副侧枝，使其充分利用空间，尽快成形。这种树形成形容易，通风透光良好，便于管理，是一种较好的树形。

多主枝自然开心形的基本结构和少主枝自然开心形相似，只是主枝数量略多一些。全株有 4～5 个主枝，均匀着生于主干四周，没有明显的中心领导干，各主枝上再选留 1～2 个侧枝，或直接培养大型结果枝组。这种树形不要选留过多的主枝，以防通风透光不良，影响小枝生长，导致结果部位外移而影响产量。幼树期间，树冠多为圆头形；盛果期后，树冠逐渐扩大，枝条逐渐下垂而形成自然半圆形。

（2）核桃的生长结果习性：核桃是一种高大的落叶乔木，根系深广，干性较强，枝条顶端优势现象特别明显，中下部侧芽多呈休眠状态或萌发后自行干枯脱落，故树冠中枝条较稀疏。嫁接繁殖的早实核桃栽植后 2～3 年即可结果，经济寿命很长。

（3）修剪时期：核桃在休眠期间有伤流现象，故不宜进行修剪；核桃修剪时期以秋季最适宜，有利于伤口在当年早愈合。幼树无果，可从 8 月下旬开始修剪，成年树在采果后的 10 月前后、叶片尚未变黄之前进行修剪。

（4）核桃幼树修剪：幼树的修剪侧重整形。幼树定干后，主要是选留和培养主、侧枝。修剪要求主、侧枝稀密适度，角度适宜，分布均匀，不能过密、过稀或偏向一侧。生长发育正常的树，中心领导干强于主枝，主枝强于侧枝，出现上强下弱或上弱下强现象时，应及时进行调整，调整原则是抑强扶弱，平衡树势。

主、侧枝的选留要考虑到品种和树形特点，采用开心形的早实品种，侧枝离主干的距离可以近些，而采用有中心领导干树形的晚实品种，侧枝离主干的距离就需适当远些。各层主枝上的第一侧枝都应严格选留，过近或过远都会影响树体结果及以后的产量，离主干的距离一般不应小于 50 厘米。

在幼树整形修剪过程中,除注意选留和培养主、侧枝外,对过渡性辅养枝也应注意培养利用,可作为侧枝预备枝,也可培养为结果枝,增加全树枝量和树体储备营养。

核桃树的发枝量较少,所以在处理枝条时,应特别慎重,原则是宁可多留,不可多截。对保留的辅养枝,要根据不同的着生部位、角度和延伸方向等,及时进行调整,既要维持正常长势,又要防止长势过旺,不能使辅养枝扰乱树形和影响骨干枝生长。调整的常用方法是回缩。随着总枝量的增加,应防止密挤和竞争。

核桃的背后枝长势很强,若不及时控制,常会影响延长枝的生长,所以,对幼树的背后枝,应注意及时控制。对背后枝的处理,要视基枝的生长情况而定。若原枝头已经很弱,而背后枝的角度、方位较好,可用背后枝代替原枝头;若原枝头长势正常,背后枝的粗度较大,长势又较旺,应及时疏除,以免形成竞争;若背后枝长势较弱,又着生花芽,可在结果后再行处理。

在幼树整形期间,对徒长枝一般要疏除,需要利用时可先摘心,缓和长势并促生分枝后,再培养利用。

对骨干枝以外的强枝,一般也应疏除,以免形成竞争。对小枝则不要急于疏除,可利用小枝增加枝量和营养面积,辅养树体;小枝过密、过多时,可适当疏除。

(5)核桃结果树修剪:结果树修剪的主要任务是适当处理背后枝和下垂枝;培养结果母枝;利用辅养枝和徒长枝;保持树冠内良好的通风透光条件,保持高产、优质,延长盛果年限。

核桃树的背后枝,也称"背下枝",生长于主、侧枝的背后,角度大,长势旺,年生长量可达 70～80 厘米,吸水性强;结果以后,枝头的背上枝转弱,背后枝的生长势很快转旺,因而很容易形成主、侧枝头的"倒拉"现象,导致树形紊乱,光照不良,影响生长结果。若长期不予处理,则易延伸成下垂枝。由于这种枝条生长快,消耗养分多,三年左右即可使原枝头、背上枝及后部枝条干枯死亡,所以,对背后枝必须及时处理,改造为结果枝组。处理时,一是在分枝处缩剪下垂部分,抬高枝条角度;二是下垂枝角度不大、长势中庸、已形成饱满花芽的,可以暂时保留,结果后再酌情处理;三是下垂枝势弱、已无结果能力的,应及时疏除。

结果枝组的多少、强弱将决定核桃产量,培养适量结果枝组是丰产、稳产的基础。培养结果枝组的常用方法是先放后缩,即在树冠内膛或其他适当部位选留健壮枝条长枝,并将其周围的弱枝疏除,促生分枝后再行回缩,并使其横向生长,增加分枝量,扩大结果面积。枝组的着生位置,一般以背斜侧上为好,背上枝组应控制利用,但不要保留背后枝组。大、中、小型枝组的比例要适当,分布要均匀,一般枝组的距离以 60～100 厘米为宜,以充分利用光照。树冠内膛以培养中型枝组为宜,过大易影响枝头生长,过小则结果能力差,结果年限短,不易更新复壮。

对连续结果数年、长势衰弱的枝组,应及时回缩复壮。小型结果枝组可去弱留强,去老留新,增加枝叶量,扩大营养面积;对中型结果枝组,可用回缩复壮的办法,使组内分枝轮流结果;对长势过旺的中型枝组,可通过去强枝留中庸枝的办法进行调整;对大型枝组,要控制过度延伸,以防树上长树;如果已经没有延伸能力,或长势变弱、产量下降时,应及时回缩,更新复壮。

对着生在中心领导干和主、侧枝上的辅养枝,可根据空间大小、着生位置、对骨干是否有影响等情况,决定保留、疏除还是改造利用。

对有生长空间,而且已经结果,也不影响主、侧枝生长的辅养枝,可以保留,以增加树体营养和提高产量;对已经没有生长空间,而且严重影响主、侧枝生长的辅养枝,应逐步疏除。疏除辅养枝时,应在有分枝处或锯口处留小枝,以缓和长势,促进伤口愈合,防止发生徒长枝;尚有生长空间,也有一定数量的辅养枝时,可将辅养枝逐渐改造为结果枝。

对长势旺盛的徒长枝,除因内膛过密应及时疏除外,结果期树上的可适当选留、改造为结果枝组,或培养为主枝预备枝。对着生在主、侧枝中部的徒长枝,若有生长空间,且角度和方位适宜,可逐步培养为结果枝组。对多余的徒长枝,则应及时疏除,以免空耗营养和影响光照。对直立生长的强旺徒长枝,若需培养利用,可于夏季摘心,秋季在春秋梢交界处剪截,改变角度,促生分枝,抑制长势,改造利用。已经发生分枝的徒长枝,或已经形成分枝,先端又变弱,后部光秃或没有生长空间时,应及时回缩。总之,对徒长枝的利用,要合理安排,适当选留,促进、控制相结合。幼树可以不留徒长枝;结果树可适当选留徒长枝,并将其改造为结果枝组,补充内膛,增加产量;老树可用于更新复壮。

(6)更新改造老树和放任生长树:核桃树衰老以后,新梢生长量逐渐减少,主枝先端焦梢,树冠逐渐缩小,产量逐年降低,骨干枝中下部萌发大量徒长枝。衰老期更新修剪的主要任务是:更新复壮,恢复树势产量;重新养成树冠,延长结果年限。核桃树自然更新的能力很强,这为复壮更新提供了基础。

根据核桃树的衰老程度,可将核桃衰老树的更新修剪分为大更新和小更新。

大更新多用于极度衰弱的老树,通常在骨干枝中下部有良好分枝处锯除上部大枝,利用萌发的新梢,重新形成树冠。这种更新方法,修剪量大,所以称"大务"或"大更新",树势恢复慢,产量上升也不快。因此,一般不能等到树势极度衰弱时再行更新,应在发现树势衰弱时及时采用小更新。

小更新是在骨干枝中上部有分枝处,进行较重回缩,进而重新形成树冠,恢复产量。这种更新办法,修剪量小,所以又称"小务"或"小更新",树冠恢复快,产量波动较小。小更新时,可先培养好更新枝,当更新枝的长势强于原枝头时,再改用新枝头。

更新枝应在树势衰弱、外围出现焦梢时培养,即在大枝的中上部,选留方向、位置适宜,角度大小适合的健壮枝头或徒长枝,作为预备枝头进行培养,逐步取代原枝头,这样才能较快地恢复树冠和产量。

无论是大更新还是小更新,都必须在加强土、肥、水综合管理,保证树体生长健壮的基础上进行,这样才能获得理想效果。若肥水不足、树势不旺,修剪再细致也收不到理想效果。

放任生长的核桃树,往往树形紊乱,枝条密集、丛生,大枝过多,基部光秃,树冠内膛空虚,结果枝少,结果部位外移,通风透光不良,树冠外围焦梢,大枝衰弱枯死,产量普遍较低。

对核桃放任树的改造修剪,可不必强调树形,根据放任树大枝普遍较多的情况,适当疏除部分轮生、重叠、交叉的大枝后,逐步改造为自然开心形。

对选留的大枝,应注意分布均匀,互不影响,通风透光良好,结果面积较大。

疏除部分大枝后,树冠内膛可能萌发一些新的枝条,应有计划地选择和利用,逐步改造为结果枝组,增加结果面积,提高产量。对内膛的细弱枝、病虫枝、过密枝或枯死枝,应及时疏除,减少营养消耗;对先端长势衰弱的中小枝,可回缩复壮,改造为结果枝组。

5.花果管理

(1)人工辅助授粉:核桃为雌雄同株异花果树,且同一植株上雌花与雄花一般不同时盛开,故要求不同植株间进行授粉。核桃人工辅助授粉可将坐果率提高10%～30%。在雌花柱头开裂呈倒"八"字形,柱头分泌大量黏液时,于上午9—10时开展辅助授粉,效果理想。

(2)疏除雄花序:在雄花和雌花发育过程中,需要消耗大量树体内储藏的养分和水分,尤其是在雄花序快速生长和雌花大量开放时,树体内的水分多少往往成为雌花生长发育的限制因子,疏除过多的雄花可减少树体内养分和水分的消耗,使更多的养分和水分供给雌花发育和开花坐果,从而提高核桃产量和品质,并有利于新梢生长和增强树势。疏除雄花的时期以早为宜,越早增产越明显。以雄花芽休眠期到膨大期疏雄花效果最好,待雄花序明显伸长以后再行"疏雄"效果较差。关于"疏雄"数量,应根据雄花芽数量多少和混合芽与雌花芽的比例决定。若不开展人工辅助授粉,雄花就不宜疏除过多。对于混合芽较多,雄花芽较少或很少的植株,则应少疏或不疏雄花。疏雄花可结合修剪,用带钩木杆将枝条拉下,然后用手掰除雄花。

(四)主要病虫害及其防治

1.核桃白粉病

该病害主要危害叶片、幼芽和新梢,会造成早期落叶,甚至苗木死亡。7—8月发作,植株发病初期叶片退绿或出现黄斑,严重时叶片扭曲皱缩,幼芽萌发而不能展叶,在叶片的正面或反面出现圆片状白粉层,后期在白粉中产生褐色或黑色粒点。

防治方法如下:①清除病叶、病枝并烧掉,加强管理,增强树势和抗病能力。②7月发病初期用0.2～0.3波美度石硫合剂喷施。发病期间也可喷洒50%甲基托布津1000倍液或25%粉锈宁500～800倍液。

2.核桃褐斑病

该病害主要危害叶片、果实和嫩梢,可造成落叶枯梢。叶片感病后,会出现近圆形、中间呈灰色的小褐斑,病斑上有略呈同心轮纹排列的小黑点,病斑增多后呈枯花斑。果实表面病斑小而凹陷。嫩苗上病斑呈椭圆形或不规则形。该病一年多次侵染,5—6月植株发病,7—8月为发病盛期。

防治方法如下:①清除病叶,结合修剪去除病梢,深埋或烧掉。②开花前后和6月中旬各喷一次1∶2∶200的波尔多液或50%甲基托布津可湿性粉剂500～800倍液。

3.核桃黑斑病

该病由一种病原细菌引起,别名"核桃细菌性黑斑病",主要危害果实。果实受害初期表面出现褐色油浸状微隆起小斑,以后病斑逐渐扩大下陷,变黑,外缘有小浸状晕圈。

防治方法如下:①培育和栽培抗病品种。②保持树体健壮生长,增强树体抗病能力,及时清除病果、病叶等。③发芽前喷3～5波美度石硫合剂。雌花开放前后和幼果期分别喷1∶0.5∶200的波尔多液,也可喷50%甲基托布津可湿性粉剂500～800倍液。

4.核桃炭疽病

该病是真菌性病害,是危害果实的重要病害之一。果实受害初期,果面出现褐色小圆斑,扩大后病斑呈黑褐色或黑色,从病斑中部开始,逐渐突出成轮纹状排列的小黑点,潮湿条件下小黑点上冒出粉红色黏液。病斑深入果肉,将导致果肉腐烂,病果内有苦味。病菌主要靠风雨传播,可从皮孔、气孔及伤口处侵入。多雨潮湿是该病发生的主要条件。该病可以多次侵染,条件适宜时极易流行。

防治方法如下:①在冬春季清园的基础上,及时摘除初发病果,深埋或烧毁以清除菌源。②做好夏剪,改善树膛通风透光条件,加强土、肥、水管理,提高树体抗病能力,特别是在生长中后期(7—8月)要注意磷、钾、钙肥的补充及雨季果园的排涝工作。③果实套袋是解决炭疽病及其他果实病害的有效措施。④加强园内易感病品种的监测控制,防止该病的发生及蔓延。⑤喷药防治应从幼果期开始,10～15天喷一次药,一直喷到采收期。药剂可选用4％农抗120果树型600～800倍液、8％菌立灭3号600～800倍液、铜大师2500倍液、80％大生M-45 800倍液、50％多菌灵800倍液或70％甲基托布津1000～1200倍液等。

5.核桃举肢蛾

核桃举肢蛾又名"核桃黑",是核桃产区的重要害虫。其幼虫危害核桃果实和种仁,受害果变黑皱缩,易脱落。该虫一年发生1～2代,以老熟幼虫在树冠下1～3厘米深土中或杂草、石块、枯叶中结茧越冬。初孵幼虫在果面爬行1～3小时后蛀入果实危害。初蛀入时,孔外出现透明白色胶珠,后变为琥珀色;孔内充满虫粪。果实被害以后,青皮皱缩,逐渐变黑,造成早期脱落。8月为脱果盛期。有的虽然未落,但种仁已经变质,干缩变黑失去食用价值。

防治方法如下:①冬春细致耕翻树盘,消灭越冬虫蛹。8月上旬摘除树上的被害虫果并集中处理。②成虫羽化出土前可用50％辛硫磷乳剂200～300倍液喷洒树下土壤,然后浅锄或盖上一层薄土。③成虫产卵期每10～15天向树上喷洒一次速灭杀丁2000倍液。幼虫蛀果期,每隔10天喷洒一次5％功夫菊酯2000倍液,既药杀核桃举肢蛾幼虫,又兼治黄刺蛾、绿刺蛾等害虫。

6.核桃小吉丁虫(又名"串皮虫")

该虫是危害核桃的重要害虫,以幼虫在枝干的皮层内螺旋状取食,被害处肿大,表皮变为黑褐色,会直接破坏输导组织,导致大枝脱水干枯,严重时全株枯死。

防治方法如下:①加强栽培管理,增强树势和抗虫力,采后至落叶前结合修剪剪除受害枝条,集中烧掉。②成虫发生期喷洒25％西维因可湿性粉剂500倍液或2.5％溴氰菊酯乳剂4000倍液。

7.刺蛾类

常见的刺蛾有黄刺蛾、福刺蛾、绿刺蛾和扁刺蛾,以初龄幼虫取食叶片下表皮和叶肉,仅留表皮,呈现出网状透明斑。刺蛾类在北方地区一年发生1～2代,6月初成虫于叶背产卵,7月中旬至8月上旬卵孵化成幼虫并开始危害叶片,8月下旬老熟幼虫结茧越冬。

防治方法如下:①秋冬结合修剪摘除虫茧并深埋。成虫出现期(6月上中旬)每天用黑光灯诱杀成虫。摘除群集危害的虫叶并立即埋掉或将幼虫踩死。②幼虫发生期,喷施50％杀螟松1000倍液或2.5％溴氰菊酯乳剂5000倍液。

8.木撩尺蠖

该虫以蛹在树下杂草、土块中越冬,如果气候干燥,蛹的死亡率达80％。

防治方法如下：每年清除树下的杂草石块、枯枝落叶，使越冬蛹露出地面，提高自然死亡率，这种人工防治措施可保持长年有虫但无虫害发生。

第九节 石 榴

一、主要优良品种

(一)红甜1号

红甜1号又名"红皮马牙"。树体小，生长势较弱，树冠开张，小枝呈水平生长，连续结果能力强；果实近球形，果面鲜红色；籽粒宝石红色，仁较软，品质极好；果实于9月中旬成熟；较稳产，早果性好。

(二)大红皮甜石榴

大红皮甜石榴产于山东峄城。树体中等大小，果实扁圆球形，有明显5棱，果肩齐；果皮水红色或浅红色，向阳面具明显纵向红条纹；果大型，皮厚0.4厘米左右，较软；籽粒水红色，味甜，品质上等；在峄城，于5月上旬开花，8月中下旬果实成熟，初成熟时籽粒稍有涩味，存放几天后涩味消失；产量高，成熟早，果实外观艳丽，但成熟期遇雨易裂果，储存时间短，只可适量发展。

(三)青皮1号

青皮1号系从山东薛城主栽品种大青皮甜中优选而成。树体较大，连续结果能力强；果实近球形，果面光洁，黄色，阳面呈片状红晕；籽粒鲜红色，透明，品质上等；果实于9月中下旬成熟，极耐储藏，在当地可储至翌年5月前后。

(四)大青皮甜

大青皮甜，又称"铁皮"，产于山东峄城。果实扁圆球形，果特大型；果皮黄绿色，阳面具红晕，梗洼平或突起，基部呈肉瘤状；籽粒粉红色或鲜红色，汁液多，味甜，品质极好；在峄城，于3月下旬至4月上旬萌芽，5月中旬开花，9月中下旬果实成熟；光照不足或湿度较大时，果面易产生褐色斑点；适应性强，产量高，具推广价值。

(五)峄城软籽石榴

该品种因其籽软可食而得名，是峄城石榴中的珍稀品种。果实近球形，中大；果面光亮，黄绿色，阳面为粉红色；籽粒白色或粉红色，三角形，中大，晶莹透亮，排列紧密，味甘甜，仁软，品质极好；在产地，果实于9月中旬成熟，在室内能储藏到翌年春节前后；树势中等，树体较小，适应性强，坐果率高，易丰产，适宜密植及在山坡、庭院栽植；二年生树可收果3千克左右，4～5年进入盛果期。

(六)枣辐软籽9号

枣辐软籽9号系峄城软籽石榴经连续三次辐射育种而成的新品种。树势较软籽石榴略强，果皮黄绿色；籽粒特大，味甜，仁软可食，品质极好；在产地，果实于9月中旬成熟，耐储运；丰产性好。

(七)黑籽甜

黑籽甜系枣庄市薛城区园艺所选育的珍稀品种。果实近圆球形，果皮鲜红，外观美丽,呈黑玛瑙色,汁液多,味浓甜,品质特优;在产地,果实于9月下旬成熟;树势强健,耐寒抗旱,抗病丰产,是极有发展潜力的品种之一。

（八）重瓣大花石榴

重瓣大花石榴也称"牡丹花石榴",产于峄城,是集观赏、食用于一身的石榴珍品。树体较小,树姿开张,花冠极大,平均花径为10.5厘米,花色大红,重瓣,状如绣球,极似牡丹花,花期长达5个月;果实圆球形,果皮淡红色,光亮鲜艳;籽粒红色,半软;味甜汁多,品质中等;在产地,果实于9月下旬成熟;耐寒,抗瘠薄,可广泛用于园林绿化。

（九）白丰

白丰为极早熟品种。树体中等偏小;果实圆球形;果面乳白色,光洁清雅;籽粒白色透明,味浓甜且仁稍软;籽粒较大,品质上等;稳产丰产,耐储运;在产地,果实于8月中下旬即成熟。

（十）峄红1号石榴

该品种树体较小,树冠开张,小枝呈水平生长,连续结果能力较强;果实近圆形,果面红色至鲜红色;籽粒鲜红,仁较软,品质极好;在产地,果实于9月中旬成熟,但不耐储藏。

（十一）泰山大红石榴

该品种为山东省果树研究所在泰山南麓庭院内发现。果实近圆形或扁圆形;果皮鲜红,果面光洁且有光泽,外形极美观;果皮薄,籽粒鲜红,粒大肉厚,味甜微酸,仁半软;口味极佳,品质上等;在产地,果实于9月下旬至10月初成熟,成熟期遇雨无裂果现象,果实较耐储藏,结果早,定植第二年即开花结果,稳产丰产,坐果率高;抗旱、耐瘠薄,适应性广,适于在山丘有防风防寒的小气候区或庭院内栽培。

（十二）大马牙甜

大马牙甜俗称"大马牙",是山东峄城石榴中的优良品种。树体高大,树姿开张;果实扁球形,果肩齐陡;果面光滑,青绿色,果皮厚;籽粒粉红色,透明、特大,似马牙;籽粒味甜,多汁爽口,品质极好;在产地,于5月上旬开花,8月下旬至9月上旬采收,耐储藏,丰产。

（十三）临潼天红蛋石榴

临潼天红蛋石榴又名"大红甜""大红袍",是陕西临潼的最佳石榴品种。树势强健,耐寒、抗旱、抗病;果实大,近圆球形,外形美观,成熟时果有纵棱;果皮较厚,底色黄白,彩色浓红,光洁鲜艳,红嫩美丽;籽粒大,色浓红,汁液极多,口味浓甜而香,近核处的放射状针芒极多,品质极好;在临潼,果实于9月上中旬成熟。

（十四）净皮甜

净皮甜又名"粉红石榴""大叶石榴""红皮甜""粉皮甜"等,产于陕西临潼。树势强健,耐瘠薄、抗寒、耐旱;果实圆球形,鲜艳美观;果皮薄,果面光洁,底色黄白,果面具粉红或红色;籽粒为多角形,粉红色;种子小,有软籽和硬籽两个品系;汁液多,口味甜香,近核处有放射状针芒,品质上等;在产地,果实于9月上中旬成熟。

（十五）三白甜

三白甜又名"白净皮""白石榴",产于临潼。树势健旺,抗旱、耐寒,适应性强;果实大,圆球形;果皮较薄,果面光洁,充分成熟时黄白色;籽粒大,汁液多,近核处针芒较多,味浓甜且有香味,品质优;在产地,果实于 9 月中下旬成熟。

（十六）御石榴

御石榴原产于陕西乾县、礼泉。树势强健,发枝力强;果极大型,圆球形;果面光洁,底色黄白,阳面浓红色;果皮厚;籽粒大,红色,汁液多,味甜酸,品质中上等;在产地,果实于 10 月上中旬成熟,果皮易裂,耐储存。

（十七）江石榴

江石榴又名"水晶江石榴",是山西临猗县的优良品种。树体高大,树势强健;果实扁圆形,端正;果皮鲜红艳丽,果面净洁光亮;籽粒大,软仁,深红色,晶莹透亮,内有放射状白线,味甜微酸,汁液多,食之爽口,鲜食品质极好;在产地,果实于 9 月中下旬成熟,耐储运;抗风、抗旱,适应性强,是一个很有发展前途的品种,但果实成熟前后遇雨易裂果。

（十八）大钢麻籽

大钢麻籽主产于河南封丘。果实黄绿色,向阳面红;果大型;果皮薄,果肉厚,籽粒鲜红,针芒粗而多;风味酸甜,种子小;在产地,果实于 9 月下旬成熟,耐储藏。

（十九）玉石籽石榴

玉石籽石榴又名"绿水晶",是安徽怀远的主栽优良品种。树势弱;果实圆球形,果大型;果皮黄白色,阳面红色,皮薄,较粗;籽粒极大,青白色,内含放射状针芒,形如玉石;核软可食,汁液多,味甘甜,品质极好;在产地,果实于 9 月上旬成熟,不耐储藏;适应性强。

（二十）玛瑙籽石榴

该品种为安徽怀远的优良品种。树势中庸;果实大,球形,多偏斜;果皮底色青,向阳面具紫红色,皮薄而软且粗糙;籽粒大,水红色,较软,籽粒中心有一红点,发出放射状针芒;汁多味甜,品质上等;在产地,果实于 9 月底成熟,耐储运;适应性强,对土壤条件要求不严格。

二、苗木繁育技术

石榴的繁育方法很多,大体上可分为有性繁殖和无性繁殖两种。有性繁殖即实生繁育,因其变异幅度大,结果晚,故生产中不常采用。无性繁殖包括扦插、分株、压条和嫁接,具有性状遗传稳定、变异小、挂果早、操作简便的特点,其中扦插是培育石榴苗木最常用的方法。

（一）扦插繁殖技术

扦插育苗是利用石榴枝条脱离母株后具有较强的再生能力,能够生根形成新植株的特性而进行繁育的方法。根据所选插条的成熟程度、插枝长短,扦插方法又分为短枝插、长枝插、盘状插、曲枝插和绿枝插五种。短枝插多用于大量育苗;长枝插、盘状插、曲枝插多用于直接建园;绿枝插既可用于繁殖苗木,也可直接用于建园。

1.插条的采集与储藏

扦插后能否成活与插条的质量关系密切。应在春季萌芽前从结果多、品质好、树势健壮的优良母株上剪取无病虫害的一至二年生枝作插条。用这种枝作插条,扦插后最易生根成活。也可采用整形修剪时剪下的枝条,修去茎刺,剪成 30～40 厘米长的枝段,按照品种每 100～200 根打一捆,拴上标有品种名称、插条数量、采集地点、时间及采集人的塑料卡片,然后运往苗圃地用湿沙埋入储藏沟里。

储藏时先在沟底铺 10 厘米的湿沙,再将种条留好间隙放入沟中并埋严,然后在其上覆 10～15 厘米厚的湿沙。沙子紧缺时,也可用部分湿土代沙,中间立草把以透气。应注意保持土中湿度,谨防种条失水。

2.苗圃地的选择与整地

苗圃地应在入冬前选土层深厚、结构疏松、蓄水保肥且无有害毒物的轻壤土。插前每亩撒施 1000～1500 千克腐熟农家肥,然后深翻,用无公害水源灌水蓄墒。当土壤解冻后,要早做畦。畦长 10 米,宽 1 米,畦梁底宽 0.3 米,高 0.2 米,畦梁做好后,要稍加拍压。然后将畦面浅耕耙平,准备扦插。

3.扦插时间和方法

石榴扦插育苗一年四季都可进行,但以春季硬枝插(3 月下旬至 4 月上旬)和秋季绿枝插(8 月下旬至 10 月上旬)较易成活。

(1)短枝插:扦插前,先将刚剪下的或储藏在湿沙中的插条,剪去茎刺和失水部分,再自下而上地将长插条剪成长 12～15 厘米、有 2～3 个节的短插条,并将短插条下端近芽处剪成光滑斜面,以增加形成层与土壤的接触面,有利于生根。在插条的上端距芽眼 0.5～1 厘米处剪成平口。剪好插条后,应立即将其下端斜面浸入清水中 12～24 小时,使插条充分吸水。如果有条件,可用浓度为 12～20 毫升/升的萘乙酸溶液加 5% 蔗糖溶液的混合药液浸泡 12 小时后再进行扦插。扦插时,在畦内按照 12 厘米×30 厘米的株行距,将插条斜面向下插入土中,使上端的芽眼距地面 1～2 厘米。扦插完毕立即灌一次透水,使插条与土壤密接。待地皮稍干后,及时松土保墒。灌水后也可用地膜或碎麦秸、麦糠覆盖保墒。覆地膜应使插条顶端穿过地膜,露出地面。当插条顶端发出的新梢长 5 厘米左右时,应及时抹除顶新梢以下的侧芽,以促进顶新梢健壮生长。

(2)绿枝插:在生长季节,利用木质化或半木质化带叶绿枝进行扦插育苗。苗圃育苗时,插条长 15～20 厘米,顶部保留一对叶片,从距上端芽 1 厘米处剪成平茬,下部叶片全部摘除,最后一节近芽处剪成光滑斜茬。剪好的插条,要浸入清水中,然后尽快插到以河沙为基质的苗床里,插后洒水并搭棚遮阴。此后,每天早晚各洒水一次,以保持土壤湿度,待苗生根并开始生出新叶时,再逐步撤除荫棚。

4.扦插苗的管理

插条发芽后一般不宜浇水,但过于干旱时,可浇小水或洒水。苗高 2 厘米左右时,可浇一次透水,并随之每亩土地施入尿素 5～7.5 千克。6—7 月及时抹除过多萌芽,留 1～2 个健壮新梢。中耕除草,加速苗木生长。8 月控施氮肥,增施磷、钾肥,促进苗木枝条组织成熟,防止徒长,培育优质壮苗。

5.苗木出圃

秋季落叶后至土壤冻结前或翌年春季土壤解冻后至萌芽前,为苗木出圃的时间。掘苗时,要尽量多带根系,根系越多成活率越高,生长越快。掘苗后应注意保护根系,在包装前用湿土或草帘等加以遮盖,使之免受风吹日晒。掘出的苗木,还应剪去其基部多余的分枝,只留一个生长健壮的主茎。同时应由当地植物检疫总部门进行产地检疫,以免病虫害传播。

掘出的苗木,要根据其高度、地茎粗度、根系多少等进行分级,凡根系发达新鲜、主干高 80 厘米以上的苗木,都是标准化一级苗,可直接用于建园。不符合一级苗标准的,应在圃内重新培养一年后再出圃。

经过检疫和分级的苗木,不及时运走栽植的,应开沟埋土假植,以防风吹日晒和受冻。假植时,应将苗木散开埋土,使所有根系均与湿土或湿沙密接,必要时洒水使土沙保持湿润,以防苗木干死。外运苗木必须妥善包装,以防途中受旱受冻。包装方法如下:①分级打捆,按苗木大小每 50~100 株为一捆;②将根部用稀泥蘸透,在铺有湿锯末或湿碎草的塑料布上将根部包严;③拴上写有品种、级别、数量的纸牌;④外包装采用草袋或塑料编织袋作为包装材料。

（二）嫁接繁殖技术

石榴的嫁接繁殖,多应用于低产园的改造、更换品种、保存资源等,在苗木繁育中很少采用。一般砧木为实生苗、扦插苗,其粗度应在 0.8 厘米以上。常用的方法有劈接、切接和带木质部芽接。劈接、切接等一般在砧木芽体开始萌动时进行,芽接在生长季内接芽成熟的情况下均可进行。具体操作方法与其他树种相同。

石榴为共砧嫁接,春季枝接时,接穗应采用休眠状态下的枝条,砧木以根系进入活动状态为好。石榴枝干内含有丰富的鞣酸,切面削好后,皮层细胞中的鞣酸会在空气中氧化形成鞣酸氧化膜,使伤口细胞变黑而失去活性,阻碍细胞的分裂,使伤口不能产生愈伤组织,从而造成嫁接失败。另外,由于石榴皮层薄,木质部外缘凹凸不平,嫁接时,穗、砧之间形成层难以对准,对成活率影响较大。但是,如果操作者技术熟练,动作迅速、规范,嫁接成活率会较高。

三、丰产栽培技术

（一）高标准建园

建园是石榴栽培获得成功的关键环节,要建立一个早产、稳产、优质的高标准果园,必须在充分认识石榴对环境条件要求的基础上,进行园地规划、选择、设计和必要的土壤改良,做到科学定植,为丰产打下基础。

1.园地的选择与规划

应以石榴树的生理特性和对环境条件的要求为依据,参照当地的自然条件和气象资料,适地适树选择最佳园址,避免盲目建园,减少不必要的经济损失。具体应考虑以下几方面:

第一,由于石榴原来生长在亚热带及温带地区,因此形成了喜光、喜暖、畏寒的习性。选温度不低于 10 ℃、年有效积温在 3000 ℃以上、年最低气温在－17 ℃以上、光照充足、背风向阳的地块建园最好。调查资料表明,气温在－18 ℃时,石榴就有冻害发生,当低于此温度时,应采取防寒措施。光照强、通风好的地方,有利于石榴生长,石榴结果着色好,含糖量也高。

第二,石榴对土壤要求不严,对土壤酸碱度的适应范围较大,pH 值为 4.5~8.2 时均可栽植。为保证石榴有好的外观,应选壤土、沙壤土栽植,或在经过改良的丘陵地、河滩地、峡谷坡地、平地栽植。过于黏重的土壤虽易保墒,但对根系生长不利,会导致根系吸收磷、钾元素的能力下降,果实皮色不好,籽粒糖分下降,且成熟前易裂果。土壤以中性偏酸或偏碱为好。山坡地坡度大于 20°时,应配合工程措施,减小坡度,同时做好水土保持工作。

第三,石榴树较耐干旱,为确保高产、稳产、优质,应选地下水位不高于 2 米、有一定灌溉条件、水土流失不严重的地区栽植。

第四,石榴果实不耐储运,应选交通方便,距城市、厂矿和销售市场较近的地区建园。

园地的规划必须遵循"因地制宜、方便管理"的原则。在新建园址确定之后,应结合道路、排灌渠道的规划与设计,在园内正确划分小区。园地规划的内容主要包括防护林的配置、栽植小区的划分、排灌系统的设置以及道路建筑物的安排与修筑等。

2.品种的选择与配置

正确选配良种,是保证丰产、高产和优质的关键。建园时应选择商品价值高(果皮色泽鲜亮、果个大、籽粒大、汁多味甜的品种)、丰产、抗逆性强的品种,且要以选用当地的优良品种为主,异地引种要慎重。同时,也要考虑到不同品种的不同成熟期,应按一定比例搭配早、中、晚熟品种。这不仅便于调节劳动力,而且可延长果品供应期,保持稳定的商品价格。选择品种时还应考虑品种的储藏性和抗逆性。耐储性好的品种,可延长供应期,在良好的储藏条件下可达到季产年销,以丰富果品市场。抗逆性强的品种在恶劣条件下表现良好,受病虫危害较轻,可节约成本,增加效益。

石榴树虽为自花授粉植物,但异花授粉可以大幅度提高坐果率。要建立丰产石榴园,必须选三个以上相互授粉良好、综合性好的优良品种。良好的授粉条件不仅可提高产量,增加单果重,而且可提高果品的商品价值。在果园中可以 4~8 行栽一个品种,以便于管理。

(二)栽植密度和技术

1.栽植密度

为提高经济效益,石榴园一般都进行矮化密植栽培,要掌握宽行密株的原则,一般株距为 2~3 米,行距为 3~4 米,以便获得早期丰产,且果园通风透光,方便管理。在肥沃的土地上,株行距可采用 3 米×4 米、3 米×5 米;在肥力较差的土地上,株行距可采用 2 米×3 米、2 米×4 米。在高密度栽培时,如果后期出现树冠郁闭,可行间伐,如株行距为 2 米×3 米的石榴园可隔一株去一株,间伐成 4 米×3 米的大株行距。石榴为喜光树种,栽植时以南北行向为好。

在丘陵坡地栽植石榴,常采用等高式栽植方式,沿等高线开沟或挖坑栽植,以后每年结合改土修成梯田。果粮间作的石榴园,可采用宽行距(5~6 米)和窄株距(2~3 米)的单行、双行带状方式栽植。

2.栽植时期

在冬季严寒且雨雪稀少的北方地区,石榴以早春栽植最适宜,一般在土壤解冻后及时栽植。冬季不很寒冷且雨量较多的地方,以秋季栽植成活率高、萌芽早。不论秋季还是春季栽植,均应及早进行。石榴也可在生长季进行移植,但根系必须带土坨栽植,且栽后要浇足水分,并遮阴数天或连续喷水数天。

3.栽植方法

(1)栽植前的准备:要建立高标准的优质、丰产园,土壤的深翻熟化是基础。建园前,应施肥深耕熟化土壤,或去石取沙,加入客土,以改良土壤。栽植前,应按定植点挖好栽植坑,大小以根系能舒展开为原则,一般坑径为80～100厘米,深50～60厘米,将表土与有机肥料混合均匀,填入坑内,再将底层生土填在坑的上部。春栽时,栽植坑应于上一年秋冬挖好填平,促进坑内肥料分解,并积蓄雨雪。

栽前选出根系完整、根茎粗壮、苗干光滑、无病虫害、无严重折伤的优质苗木,先剪平断根的伤口,再放入清水中浸泡12～24小时,然后蘸上用2份过磷酸钙和5份黄土混合成的泥浆,分别放到各栽植坑旁,以备栽植。

(2)定植:定植前进行过深翻熟化的土壤,待其下沉落实后即可定植,将苗按原来的深浅栽入。栽时要注意根系舒展,不可盘曲。定植穴栽植亦然。在苗埋入土中后,可将苗轻轻提几下,使根系舒展,但不可用力过度,将苗拔出。栽后应用余土在苗周围做一圈土埂,以备灌水。

4.栽后管理

栽后要立即灌透水,使根系与土壤密接。待水渗下后,将土覆盖到树的周围,使之形成一个土堆,既有利于保墒,又可以防止树体摇动和遭受冻害。

为保证园内树株大小一致,可在地头栽植一些临时株,以便来年秋季补栽。栽后还应保持土壤湿润,若土壤干旱,应及时浇水。苗木刚萌芽时,由于个体小,叶子少而小,很容易受金龟子、蚜虫、象甲等害虫危害,应注意防治;还要及时松土除草,以促进苗木正常生长。

幼园建好后,对行间空白带,可间作矮秆作物(如豆类、草莓等);不可种植高秆、蔓性或与石榴争肥水的农作物,保证树周围留有1米的营养带。

6月中下旬,可随雨水或灌溉每亩追施尿素10千克左右,以促生长;8月以后增施磷、钾肥,控制氮肥和水分,促进枝条成熟,增强树体越冬能力。

(三)丰产管理措施

石榴树虽不择土壤,且耐瘠薄、耐旱,但要使新栽幼树成形早,结果早,使进入结果期的植株连年丰产、稳产、优产,使衰老树能返老还童,继续多结果、结好果,就必须改善土壤的理化性质,使土壤中水、肥、气、热协调,创造一个有利于石榴根系生长的土壤环境,及时充分地供给石榴生长结果所必需的养分和水分。

1.土壤管理

(1)修筑梯田:在坡度大、土层薄、石头多的地方,先修成水平梯田,然后栽植石榴树,因为水平梯田有利于土层增厚、肥力提高和防止水土流失。梯田埂上最好种植紫穗槐,既能作为绿肥的来源,又能保护梯田。

(2)客土改良土壤:在土层薄的山坡地或荒滩地上建园,若遇到磐石、卵石、黏土层或粗砂层,栽植前应开大沟、挖大坑,清除石块及沙土,填入附近的好土。栽后每年秋后,在树盘外开挖扩穴,并施入混合好土的农家肥。

(3)种植绿肥作物:在梯田边或滩地上的石榴行间种植绿肥作物,如紫穗槐、毛叶苕子、草木樨以及豆类作物,适时刈割翻压或覆盖于树盘下面,既能减少地表径流,保水、保肥,又能增加土壤有机质含量,提高肥力。未刈割的绿肥作物,既能防风固沙(土),又能抑制杂草生长,改善土壤理化性质。

(4)深翻改土:土壤深翻可改良土壤结构和理化性质。深翻结合施有机肥料,能提高土壤的保水、保肥能力和透气性,促进根量增加和根系向纵深伸展,从而促进地上部分的健壮生长,使花芽充实,提高产量和果实品质。

深翻有三种方式:一是深翻扩穴,即从幼树定植后的第二年秋天开始,每年在树冠外缘投影下开挖环状沟,沟深50~100厘米,宽30~50厘米;将表土与农家肥混合填入沟中,最后用心土覆盖。如此每年向外深翻扩大定植穴,全园土壤即可改良一遍。二是隔行深翻,即隔一行翻一行,两次(两年)完成全园深翻。三是全园深翻,即将栽植穴外的土壤一次深翻完毕,深度为50~100厘米不等,视土层结构而定。此法适用于幼龄石榴园。

(5)耕作和除草:果园耕作和除草是两项紧密结合的措施,其主要作用是消灭杂草,减少养分、水分竞争,保墒保肥,改善土壤温度和通气状况,为根系创造最适宜的环境。秋季深耕(30~50厘米)应在采果后进行,并结合施肥进行深翻改土和根系修剪,同时将较肥的表土和杂草、枯枝落叶等一起埋到土壤深处。春夏浅耕(5~10厘米)以蓄水保墒和消灭杂草为目的。3—8月要浅耕数次,雨后或灌水后要浅耕松土,在杂草生长旺盛并结籽之前要浅耕除草,并将除掉的草覆盖于树盘之下。

石榴园也可以使用化学除草剂,此法不仅省工,而且可降低成本。无公害果园首选除草剂有草甘膦、敌草隆、西马津等,可以根据石榴园的杂草种类加以选用。喷洒除草剂应按要求的浓度和药量,并要注意喷洒质量,尤其应注意的是要在无风或微风天气喷药,以免有些除草剂飘洒到石榴叶片上,造成不良后果。

(6)合理间作:石榴树树冠矮小,根系分布范围不大。对于株、行间距离较大的果园和幼树、初结果树,利用株、行空间进行合理间作,既能充分利用土地和光能,提高土壤肥力,改善土壤结构,给树体生长创造良好的条件,又能起到保持水土、抑制杂草、防风固沙的良好作用。合理间作可以起到以短养长、以园养园的作用。若间作不合理,则会影响树体生长和结果。

间作物的选择应以不影响石榴树的正常生长和发育为前提,要选择生长期短,吸收养分和水分比较少,需水、需肥期与石榴树需水、需肥临界期错开,植株矮小,不致影响石榴树光照,能提高土壤肥力,与石榴树没有共同病虫害,本身有较高经济价值的作物。比较适宜的间作物有豆类、薯类、瓜类,以及多种蔬菜和一些药材。

间作时一定要留出树盘,使间作物与石榴树之间有一定距离,同时还要加强土、肥、水管理,满足石榴及间作物的需要。

长期连作同种间作物会造成某种元素贫乏和元素比例失调,对石榴及间作物生长都极为不利,因此应进行轮作倒茬。

(7)果园覆盖

①地膜覆盖:地膜覆盖有保温、保湿的作用,能使土壤深层水借土壤毛管的作用上升至地表,供作物吸收利用。在旱地、春季降水或灌溉后覆地膜,其蓄水、节水、保墒效果更为明显,是保证早果、高产、稳产和优质的关键措施。

地膜覆盖应于早春土壤解冻后及早进行。覆膜前先整平树盘浇足水,并依树体大小每株施入0.25~1千克尿素,然后盖地膜,四周用土压实,以防风损。单株覆膜适用于山地建园和幼园,能提高成活率。结果树覆膜可使坐果率提高1%~1.6%,提高单果重。覆膜的时间以早春石榴树发芽时为宜。

②枯草、秸秆、绿肥覆盖:在石榴园地面上,用枯草、秸秆、绿肥等有机物料覆盖是土壤

管理的一次重要措施。其作用在于蓄水保墒,减少地表水分损失,调节地温,促根壮树,培肥地力,疏松土壤,抑制杂草生长,免除耕作,增强树势,提高品质。

覆草前应先整出树盘,然后把作物秸秆或杂草等物料粉碎成 5～10 厘米长小段,或将已经初步腐熟的物料,均匀覆盖于树冠下。覆草一般以春、夏季为好。覆盖厚度宜为 15～20 厘米,每株树需 40～50 千克;此后还要镇压并在其上盖少量土,以防风或火灾。成龄密植园需全园覆草,每公顷需 3 万～3.5 万千克;结果大树覆草前应每株树施氮肥 0.2～0.5 千克,以免微生物繁殖时与果树争夺氮肥,从而引起石榴树因供氮不足叶片变黄。一旦发现叶片变黄,要及时向叶面喷施 0.3%～0.5% 的尿素。覆草虽然有很多好处,但要注意预防火灾。冬季害虫常在草中越冬,因此应在早春对覆草喷洒农药,杀死害虫。在有机物料不足时,在石榴树行间种植豆科植物,如田菁等,长成后刈割并覆盖树盘,可起到较好的效果。

2.合理施肥

石榴树的生长和结果都要从土壤中摄取营养元素。所谓“合理施肥”,就是要在了解各种营养元素所起的作用及各种肥料的主要特点的基础上,掌握恰当的施肥时期,通过适当的施肥方法,选用合适的肥料种类及用量进行施肥。施肥就是为了改善果园的土壤结构和补充土壤中缺乏的营养元素,满足树体生长发育的需要。

(1)施肥种类及时间

①基肥:常用的基肥主要是各种农家肥(堆肥、粪肥、厩肥及腐熟化的作物秸秆、杂草等)和过磷酸钙、骨粉等迟效肥料。基肥多在秋季采果后至落叶前的一段时间施用,或于秋季深耕或深翻改土时施入,或在春季土壤解冻后至萌芽前在树下开浅穴施入。其中,以秋季施用效果好,有利于农家肥在冬、春季的分解转化和营养元素释放,有利于根系愈合和抽发新根,有利于营养物质的积累,促使树体充实健壮。

②追肥:基肥发挥作用慢而持久,要满足石榴树体急需的营养,必须及时追施速效性化肥。石榴树可在以下三个时期追肥。

a.开花前追肥:石榴开花需要大量的营养,这个时期可施用速效氮肥,适当配以磷肥,以满足其开花坐果的需要,提高头茬花坐果率。

b.幼果膨大期追肥:这个时期幼果开始膨大,新梢生长加速,追施氮、磷速效肥,也可适当添加一些钾肥,可减少幼果脱落,促进幼果迅速生长,提高产量。

在上述两个追肥期内,也要配合进行根外追肥。蕾期和花期喷 0.2% 尿素液,盛花期喷 0.3%～0.5% 硼砂液,幼果期喷 0.3%～0.5% 磷酸二氢钾或 1%～2% 磷酸氢二铵等,能显著提高坐果率和促进幼果发育。

c.果实转色期追肥:此期果皮开始着色,果实体积迅速膨大,应追施速效磷、钾肥,以提高树体光合效率,促进营养积累,以利于果实增大和花芽分化,提高果实品质。施肥的方式应以叶面喷肥为主,每隔 10 天喷一次,共喷 2～3 次。喷用的肥料为磷酸二氢钾(0.3%),必要时加 0.2% 尿素。采果前一个月,禁用氮肥。

(2)施肥方法:施肥的效果与施肥的方法有密切的关系,只有把肥料施在根系吸收能力最强的部位,才能发挥肥料的最大效能。

①土壤施肥:常用的方法是施基肥和追肥。条状沟施法和环状沟施法多用于幼树和初果树。条状沟施法在树的行间或株间开沟施肥,环状沟施法在树冠外沿挖沟施肥,沟宽

50～60 厘米,深 30～50 厘米。将有机肥与表土混合后填入沟内。随树冠扩大,沟逐年向外扩展。放射沟施肥法、穴状施肥法以及全园撒施翻耕施肥法,多用于根系已布满全园、不能开深沟和不能伤大根的成龄石榴园或密植园,也可用于春、夏季不允许伤根的追肥。放射沟施肥法:以树干为中心,从近树干 30 厘米处向外挖 4～6 条内浅(10 厘米)外深(30厘米)的沟,把肥料与土混合后填入。隔年更换沟的位置。穴状施肥法:在树冠投影下挖深为 20～30 厘米、直径为 30 厘米的浅坑,坑距为 40～50 厘米,然后施入肥料,封土平地。坑的位置每年轮换。全园撒施法:将肥料均匀撒入果园,再翻入土中,深度为 20～25厘米。

②根外追肥:通过叶片喷施可以及时补充石榴树所需要的大量营养。此法简单易行,省工省肥,肥料发挥作用快,分配均匀,但不能代替土壤施肥。要选无风天气喷施。浓度不能随意加大,矿物质元素浓度不应超过 0.3%。喷施的时间最好在夏季上午 10 时前和下午 4 时后,以免蒸发快引起肥害。

3.灌水与排水

石榴树生长、开花、结果都离不开水,但是要获得高的经济效益,必须根据其需水特点及土壤含水量进行灌水。

(1)灌水时间:为满足树体生长发育的需要,在生产中全年灌水分为以下四个时期:

①封冻水:采果后至土壤封冻前(10—12 月),结合秋季深耕,施基肥后灌水,促使有机质分解转化,有利于树体营养积累、冬春花芽的分化发育以及石榴树安全越冬。

②萌芽水:在春季 3 月份灌水,可增强枝条发芽势,促使萌芽整齐,对春梢生长、花蕾发育有促进作用。春灌时间宜早不宜迟。

③花后水:盛花期过后,幼果开始发育,由于大量开花对树体水分和营养消耗很大,配合追肥进行灌水,可提高光合效率,促进幼果膨大和花芽分化。

④催果水:可促进石榴树的花芽分化和果实增大,并为明年果树丰产奠定良好的基础。

(2)灌水方法:石榴树灌水的方法有多种,应遵循"方便、省水、提高效率"的原则,因地制宜,选用适宜的方法。

①沟灌:在行间挖深为 25 厘米左右的浅沟,顺沟灌水,沟距树 1.5 米左右,灌后把沟填平。此法的优点是全园土壤浸湿较均匀,失水少,可防止土壤板结。

②穴灌:在树盘内挖 8 个左右直径为 30 厘米、深为 30 厘米的穴,然后把水灌满穴,水渗下后将土复原。此法节水,适用于山区。

③盘灌:以树干为中心,按照树冠修成圆形树盘,内低外高,将水引入树盘。此法节水。

④环沟灌:在树冠垂直投影处修一条环状沟,将水引入沟内。此法节水。

⑤滴灌:是一种先进的节水灌溉技术,采用 PVC 管使水滴入树体根系分布区,具有节水、省工等优点,但投资较大。

⑥微灌:每株树下有细塑料支管 1～2 根,水通过支管注于树盘下。此法节水,但投资较大。

⑦喷灌:用电动喷灌机通过喷头把水均匀喷到空中,形成细雨灌溉,以调节果园小气候。此法省水,但投资大。

（3）排水防涝：石榴树喜旱怕涝，在雨季要注意排水防涝工作。平原地区的石榴园要挖排水沟，及时排除积水。低畦地可采用深沟高畦的办法建园，既可排水，又可降低地下水位。山地果园遇大暴雨易冲垮梯田，要做好水土保持工作，做到能蓄能排。

4.整形修剪

（1）丰产树形结构：为使树冠上所有的枝条和叶片都能受到最适的光照，同时有利于通风，最理想的树形就是开放型的"三稀三密"的树冠结构，即大、小枝条在树冠上的分布是上稀下密、外稀内密和大枝稀小枝密，也就是内外都通风透光，内外都能结果。在石榴树整形中，符合"三稀三密"要求的丰产树形有单主干自然开心形、双主干开心形、三主干自然开心形、三主枝自然圆头形等。

①单主干自然开心形：干高 30～60 厘米，主干上着生三个方位角互为 120°的主枝，主枝与主干延伸轴线的夹角为 50°～60°。每个主枝上配置 1～2 个大型侧枝。第一侧枝距主干 50～60 厘米；第二侧枝距第一侧枝 40～50 厘米。全树共有 3 个主枝、3～6 个侧枝。围绕侧枝上配生 20～30 个大、中型结果枝组（小枝）。树高和冠幅控制在 2～2.5 米，呈自然半圆开心形。这种树形的特点是树冠小，大骨干枝少，小枝（结果枝组）多，通风透光好，成形快，结果早，病虫少，管理方便，适于株行距为 2 米×3 米的种植密度，每亩种植 111 株。

整形技术的要点如下：栽后选留一个主干，并在高度为 60 厘米处剪断，即所谓"定干"。长出后选留 3～5 个强健枝作长主枝，不留中干，其余枝可疏除，或加以控制暂时保留以辅养树体。各主枝间隔为 15～20 厘米，最低一枝距地面约 30 厘米。各主枝向四周生长，各主枝的生长势要均衡，但需注意角度开张。因石榴树生长旺，枝条直立，必要时要进行撑拉。于冬剪时根据需要，主枝延长枝可剪去 1/3，促其下部多生分枝，若此剪法继续 2～3 年，即可形成树体骨架，即单主干自然开心形。由于石榴枝干柔韧，进入结果期后可任其生长，只对内膛的徒长枝、横生枝加以控制即可。

②双主干开心形：该树形沿地表分生两个主干，相互间成 80°～100°夹角。两个主干与地面的夹角为 40°～50°，两个主干的方位角为 180°。每一主枝分别配置 2～3 个大型侧枝，以占据较大空间。第一侧枝距根际 60～70 厘米，第二和第三侧枝相互间距为 50～60 厘米，同侧的侧枝相距 100～120 厘米。在各主、侧枝上分别着生大、中、小型结果枝组 15～20 个。该树形形成后，全树共有两个主干，4～6 个侧枝，30～40 个大、中、小型结果枝组。这种树形较大，每亩栽植 70～80 株，株行距为 3.5 米×2.5 米。其优点是树冠矮小，大枝少，结果枝多，通风透光较单干的自然开心形更好一些。

③三主干自然开心形：三主干由地面直接生出。全树具有三个相互方位角为 120°的主干，每个主干与地面的水平夹角为 40°～45°。每个主干上分别配置 3～4 个大侧枝，每一侧枝距地面 60～70 厘米，其他相邻侧枝间距为 50～60 厘米。每个主干和侧枝上配置 10～20 个大、中、小型结果枝组。该树形形成后，全树共有 3 个主干、6～12 个侧枝、45～60 个大、中、小型结果枝组，没有主枝这一级的大枝。三个主干因直接由地面发生，故树冠较矮，呈自然开心圆头形。这种树形成形快，通风透光好，结果早，病虫害少，管理方便。

（2）修剪方法

①短截：短截就是将一至三年生的枝条从中截断。在石榴树修剪中，一般多采用中短截，剪去枝条的 1/2，或采用重短截，剪去枝条的 3/4。短截的目的主要是促进分枝，所以只有在石榴树生长衰弱、枝条稀少时采用，适于老树更新复壮修剪。

②疏剪:疏剪是将枝条从基部剪掉,在冬季和夏季均可采用。石榴树年生长量大,枝条软而密集。疏剪后,可对树势起削弱作用,有利于通风透光,调节生长势,有助于成花坐果。在石榴树修剪中,疏剪主要用于疏除强旺枝、徒长枝、衰老枝、交叉枝、并生枝、重叠枝、干枯枝、病虫枝。这种方法在生产中应用得最多。

③缩剪:缩剪是对多年生枝进行短截。缩剪主要用于控制辅养枝,培养或复壮结果枝组。缩剪的程度不同对枝条的影响不同。缩剪的枝条如果生长势较强,且缩剪时造成大的伤口,则对生长势有明显的削弱作用,缩剪的枝条如果生长势弱,就会起到增势作用。

④缓放:对枝条完全不剪,任其自由生长和发枝。这种剪法对枝条增强有利,发枝多,中、短枝比例大,同时树势趋向缓和,有利于形成花芽,早结果。这种方法在石榴树修剪中应用得较多。

⑤环剥与环割:在发育旺盛而不易成花的树枝干、枝组或枝条的基部,用刀环切1~2圈,深达木质部而不伤木质部,称为"环割";用刀环切两圈,深达木质部,并把其间的树皮剥掉,称为"环剥"。环剥以当年伤口能愈合为原则。环割与环剥的共同作用是切断韧皮部,阻止营养物质向上或向下运输,使伤口以上减少营养物质,减弱营养生长,促进花芽分化、坐果和果实肥大。一般环剥口的宽度不应超过枝条粗度的1/10。树枝生长越旺盛,环剥与环割的时间应越早,一般在5月中旬较为适宜。环剥对树体或树干的削弱作用很大,要根据树势的生长情况应用。

⑥抹芽和清墩:在芽萌发后将无用芽抹除叫作"抹芽"。春夏之交把生长位置不当、生长过密的嫩芽(枝)抹除,可节省养分和便于通风透光。去除根部萌发的芽(枝条)称为"清墩",是为了减少养分的消耗,应在春季及时进行。抹芽和清墩在生长季节应多次进行。

⑦摘心:在枝条的新梢未木质化之前,摘除新梢先端部分称为"摘心"。其作用是控制枝条的旺长,增加分枝级次和枝量,加快扩大树冠,促进枝条向结果枝组转化,有利于提高幼树结果量。这种方法主要用于幼树、旺树。

⑧扭梢:将半木质化的新梢扭曲下垂。扭梢在5月中下旬新梢长到15~20厘米时进行。在距枝条5厘米处,轻轻将梢扭转180°,但以不折断为度。扭梢的主要作用是改变其生长方向,使旺长的梢转弱,促进花芽分化。

⑨拉枝:拉枝是用绳或铁丝将直立旺盛的主枝、侧枝拉平。其主要作用是削弱枝条的直立生长势或顶端优势,促使拉平或拉斜的枝条多发短枝和叶丛枝,同时使树冠开张,是幼树整形修剪的主要措施。据研究,拉枝的时间宜在4月上旬和9月进行。

(3)整形修剪时间:整形修剪在一年四季均可进行,主要分为冬剪和夏剪。

①冬剪:又叫"休眠期修剪",在落叶后至萌芽前休眠期间进行。修剪的内容包括培养、调整树形结构,延长枝的短截,结果枝组的培养,结果枝数量的调整,辅养枝的控制和萌蘖枝条处理等。修剪中应注意,使用斜生枝以开张角度,对主侧枝的外围延长枝短截,以利扩大树冠。对辅养枝加以控制,疏除多余的枝条、过密枝、病虫枝、交叉枝等,以利通风透光。结果母枝的修剪,应尽量多保留有花芽的结果枝,并在其周围保留三个营养枝,去掉细小的结果母枝。

②夏剪:石榴的芽有早熟性,年生长量大,幼旺树易抽生2~3次枝,树冠很容易郁闭,导致通风透光不良。夏剪可以调整生长势,解决树冠通风透光问题。对无用和密挤枝芽,应及时抹除,去掉无用徒长枝;有空间时,可对徒长枝摘心、扭梢,使之成为结果枝。对旺

树、旺枝或无坐果树,可施行环剥、环割。对角度不开张的枝条,可采用拉枝办法。

(4)不同时期的修剪技术

①幼龄树的修剪:幼龄树是指一至三年生或初开花结果的小树。整形修剪的主要任务是在整形的基础上,建立牢固的骨架,增加枝量,扩大树冠,为早果、丰产打下良好的基础。

对幼树整形,要培养良好的骨架,处理好骨干枝的剪留量。一年生枝要轻短截,以使其抽发较多分枝,以利骨干枝的生长。三年生幼树主侧枝的延长枝和侧生枝的短截程度,应根据枝条生长强弱和着生位置来确定。延长枝一般剪留 40~50 厘米,侧生枝短些,以利枝条的均衡生长。延长枝留外芽,这样可开张角度,抑制其过旺生长。对于树冠内膛各级枝上的小枝,除疏除过密、交叉乱生枝外,其他枝抛放不动,使其尽早形成果枝,以提高结果量和促进早期丰产。

在幼树整形时,还要注意平衡树势,使各级骨干枝从属分明。当出现主、侧枝不均衡时,要压强扶弱,对强旺主、侧枝进行回缩,利用下部背后枝作主枝头,延长枝适当重剪,这样树势可逐步达到平衡。

②初果期树的修剪:初果期一般为四至十年生树由开始结果到大量结果时期。此期整形修剪的任务是基本完成整形工作,培养、配置各种类型结果枝组,使其尽快进入盛果期,以提高经济效益。

继续培养、调整主、侧枝,注意开张各级枝的角度。充分利用辅养枝,并保持各级枝间的从属关系,对影响骨干枝生长的枝条要控制,给骨干枝让路,对交叉、过密的枝条要疏除。要注意培养结果枝组,修剪中要以轻剪、疏枝为主要方法,去强枝,留中庸枝,去直立枝,留斜生、水平枝,多疏枝少短截。这样可以使树势得以缓和,及早进入结果期。

③盛果期树的修剪:10~20 年的石榴树的树冠最大、枝组最多,处于盛果期。盛果期树的产量达到最高水平。此期的修剪任务是使树体保持强壮的树势,延长结果的年限,获得连年高产。通过修剪调节生长和结果的关系,疏弱枝留强枝,保持较大的新梢生长量和形成一定数量的结果枝。同时,复壮衰老的结果枝组,使树冠内有较多的有效结果部位。改善树体通风透光条件,对冠内多年生下垂枝和细弱的冗长枝、衰老的结果枝组,要更新复壮,采取回缩的方法。一般回缩到有良好的分枝处,并注意抬高枝头角度,增强其生长势。同时,结合去弱留强、去远留近、以新代老的措施,达到更新复壮的目的。

④衰老树的修剪:石榴树衰老期产量显著下降、树冠不完整,且出现枯枝、焦枝,甚至骨干枝死亡。此期的修剪必须与加强石榴园的土、肥、水管理相结合,及时复壮,重新恢复树冠。

对衰弱的主枝、侧枝等要进行较重的回缩剪,一般缩剪主枝的 1/2~1/3。剪口要保留结果枝组。对保留的结果枝组,不再进行缩剪,以便枝组上的芽眼萌发为较旺的更新枝和选出主侧枝的延长枝。

在截除大枝时,最好在有分枝的部位的上端回缩更新,这种方法对树损伤小,效果好。另外,分枝的存在也有利于伤口愈合。利用徒长枝培养新主枝时,应选择方位,对于向外开展伸张的枝条,过多的应去除,余者短截,促发分枝,然后缓放,促其成花,形成结果枝组。对极度衰老的石榴树,要自地面锯掉更新,培土促其萌发新枝条。

⑤放任树的修剪:放任树是指栽培管理粗放、从未修剪主干和大枝过多、外围枝密集、

内膛枝干枯秃裸、通风透光差的树,产量低而不稳定,品质差,经济效益低。对这类树的修剪改造宜采取以下措施:

按丰产树形的结构要求,选好适当的大枝作骨干枝,整成三主枝开心形或自然开心形等。在每个主枝上配置2～3个侧枝,培养一定数量的结果枝组。疏除所有的病虫枝、干枯枝、细弱枝及茎部萌蘖,对树冠内的密集枝、交叉枝也要疏除,以改善通风透光条件。对有空间的枝条,宜改造成结果枝组。对生长势强壮的枝,要通过截、缓、扭、剥等修剪方法,培养成各种类型的结果枝组。对放任树修剪的同时,需加强土、肥、水的管理以增强树势,这样才能实现高产优质高效益。

5.花果管理

石榴树开花多,坐果少,主要是由花在分化过程中营养不足、授粉受精不良和环境条件不良造成的。要提高石榴树坐果率,可通过综合管理措施来实现。

(1)深翻施肥,保水保土:试验证明,深翻、增施肥料、培土埂保水保土等管理措施,可显著提高正常花比例,进而提高坐果率和单株产量。

(2)覆盖保墒:春季石榴树萌芽前,树下覆草10～15厘米厚,同时每株施入氮肥(碳酸氢铵4～5千克或尿素1～1.5千克),可起到保墒、增加土壤有机质的作用,增产效果十分显著。

(3)根外施肥:石榴树因开花、幼果生长、新梢枝叶生长需消耗大量的营养,及时补充营养是提高坐果率的有效措施。试验证明,在初花期到盛花期喷洒0.2%尿素和稀土微肥混合液,能使坐果率提高19.7%。在盛花期喷洒0.3%～0.5%硼砂液,比喷清水时坐果率提高32.8%～46.4%。盛花期喷洒0.2%～0.3%硼酸、0.3%～0.5%尿素、0.3%～0.5%磷酸二氢钾以及1%～2%磷酸氢二铵或尿素和硼酸混合液,均能显著提高坐果率和产量。

(4)喷布植物生长调节剂:对石榴树喷布植物生长调节剂,可显著提高坐果率,促进果实发育,提高产量。据试验,在盛花期喷布1000～2000毫克/升的比久溶液,可使坐果率提高31%;喷布浓度为60～500毫克/升的赤霉素液,可使坐果率提高34.8%～56%。

(5)合理修剪:实践证明,疏除石榴树过大的枝,剪除病虫枝和枯死枝,适当回缩细弱枝,使树体通风透光,可提高正常花的比例,使坐果率提高1倍多,使产量提高3倍左右,使单果重提高75克左右。

(6)花期环剥:花期环剥阻断了光合作用产物向下运输,使其集中在剥口上部,供应给花和幼果,以提高坐果率。环剥见效很快,5～8天叶片就变绿变厚,一直到伤口愈合后半月内,叶片中营养物质的含量都很高。环剥一般在开花前5月初进行。对落花重,不易坐果的幼树、旺树,环剥时间应早些;对落果轻、易坐果的品种应适当晚些。环剥通常在枝干直径达5厘米以上才能进行,剥口的宽度以2～5毫米为宜。环剥时,先刮去老皮,露出韧皮组织后,再用锋利的刀按要求宽度剥去韧皮部。环剥要求环剥口平整光滑,不伤木质部;伤口上下两端的韧皮组织仍旧紧贴木质部,不翘起露缝;下缘切口要向外倾斜,以防止积水,影响伤口愈合。

环切是一种代替环剥的安全可靠、简单易行的促进成花和保花保果的措施。5月上旬花蕾期,对开花量小的旺树或大枝组基部环切2～3道,两环间隔4厘米以上,能使坐果率提高13.4%,并能促进花芽分化。

(7)石榴花期放蜂传粉:石榴花为虫媒花,盛花期间在石榴园放蜂,能提高坐果率和果实产量。一般每 200 株石榴树放一箱蜂即可满足授粉需要。

(8)人工授粉：在石榴花期进行人工授粉是提高坐果率的措施之一。在开花期间,人工采回钟状花(退化花),也可结合疏花进行。将花瓣去除,下方垫报纸,两手各持一花相对摩擦,花粉脱落到报纸上,然后阴干(不能在太阳下暴晒),或用电灯泡烤干(需 2～3 天)。石榴树的人工授粉采用点授法,一般用毛笔或带橡皮头的铅笔作授粉器,蘸取少许花粉,轻轻点在盛开的筒状花的柱头上。也可采用小型手持喷粉器。还可进行人工对花授粉,其方法是:摘下盛开的正在散粉的钟状花,对触在盛开的正常花(葫芦状花)上,使花粉散落在正常花的花柱上,以达到授粉的目的。授粉最好在开花的当天进行。

(9)疏花疏果：石榴的退化花极多,要消耗树体大量的有机养分,影响正常花的生长发育,常引起落果,降低果实产量。疏花疏果是提高产量和品质的主要措施,对克服大小年结果有积极作用。

①疏花:钟状花发育不健全,败育不能坐果,其数量大,会消耗很多养分,应尽早疏除。当一现蕾,能够辩认筒状花和钟状花时进行疏花最好。据试验,每隔 10 天疏一次,并疏去全部三次花,当年可使产量提高 20％以上。

②疏果:在生产实践中,可采用"多留头花果,选留二次果,疏除三次果"的做法。疏花疏果要注意花、果的合理布局,一般来说,树冠内膛和中下层要多留少疏,树冠外围和上层要多疏少留,老树、弱树及花果数量多的树要多疏果,同时要疏除病虫果并及时深埋。

四、主要病虫害及其防治

(一)主要病害及其防治

1.石榴干腐病

石榴干腐病是石榴树的主要病害之一,主要危害果实,也侵染花器、果台、枝干和新梢,可导致死枝和烂果。幼果一般在萼筒处首先发生浅褐色病斑,后逐渐向外扩展,直到整个果实腐烂。幼果严重受害时会早期脱落,当幼果膨大到七成大时,则不再脱落而干缩成僵果,悬挂在枝梢。干腐病菌主要在树干上的僵病果上越冬,僵果面上的菌丝在翌年 4 月中旬前后产生新的孢子器,这是此病菌的主要传播源。

防治方法如下:①加强栽培管理,提高树体抗病能力。新建园要选用无病苗木或抗病品种。在冬季结合修剪,剪除病虫枝、枯死枝,清扫果园,将病虫枝、病果等集中烧毁,减少传染源。夏季和秋季要随时摘除病果和落果,并予以烧毁。②生长季要及时防治虫害,并避免各种创伤。对已出现的伤口,要进行涂药保护,促进伤口愈合,防止病菌侵入。③坐果后即进行套装,可兼治疮痂病,也可防治桃蛀螟。④发病初期,一般仅限于枝干表层。发现病斑要及时刮治,刮下的病屑要集中烧毁。⑤开花前及开花后,各喷一次 1:1.5:160 的波尔多液,或喷 50％甲基托布津可湿性粉剂 800～1000 倍液;以后每隔 15～20 天喷一次,直至 8 月底;全年共喷 5～6 次,防治效果良好。休眠期喷 3～5 波美度石硫合剂等药液。

2.石榴煤污病

该病病菌会在石榴叶、果表皮形成菌丝层,妨碍光合作用,损害果实的商品价值。衰老、通风不良及蚜虫和蚧类危害严重的石榴果园易发生此病。

防治方法如下:①合理修剪,培养良好的树形,改善果园通风透光状况,健全果园排水系统。②防治龟蜡介和蚜虫，减少害虫的粪便污染物，以防其成为煤污病的发病条件。③喷1∶1∶200的波尔多液，预防发病。

3.烂果病

烂果病为真菌病害，可侵染果实。果实染病后，果皮糟软，果肉籽粒及隔膜腐烂。储藏期果实仍会受其侵害。雨季高温高湿，发病严重。弱树、红皮品种发病重。

防治方法如下：①加强管理，增强树势，提高树体抗病能力。建园时选用抗病品种。②生长季节喷布波尔多液或其他杀菌剂，保护果实。③石榴采收时，应轻拿轻放，防止碰伤和压伤。采果前后对果实进行必要的药物处理。

（二）主要虫害及其防治

1.桃蛀螟

桃蛀螟是石榴最主要的害虫，也危害桃、杏、李、梨、柿、板栗等果实和向日葵、玉米等作物。桃蛀螟在我国北方各省每年发生3～4代，主要以老熟幼虫在翘皮裂缝、枝杈、树洞、干僵果内、储果场、土块下、石缝、玉米和高粱秸秆等处结茧越冬。北方越冬代成虫一般于4月下旬开始羽化，5月下旬至6月上旬进入盛期。一直到9月下旬，均可见虫卵，世代之间高度重叠。初孵化幼虫在萼筒内、梗洼或果面处吐丝蛀食果皮，2龄后蛀入果内食害籽粒，蛀孔处排出有细丝缀合的褐色颗粒状粪便，随蛀虫的深入，果内也有虫粪。7月上中旬第二代幼虫发现，8月下旬至9月上旬第三代幼虫出现。此期正是石榴成熟采收的时期，对上市果、储藏果危害严重。

防治方法如下：①采果后至萌芽前，彻底清除树上、树下的干僵果、病虫果，集中烧毁或深埋；清除园内玉米秸秆、高粱秸秆等越冬寄主；刮除树上老翘皮，剪除树干上的枯枝朽木，尽量减少越冬害虫基数。从4月下旬起，园内设置黑光灯、糖醋液盆、性引诱剂等诱杀成虫。从6月起，每隔一个月在树干上扎草绳或旧麻袋片，诱集幼虫和蛹，集中消灭。在果园内放养鸡，啄食脱果幼虫。②6月中旬，石榴坐果后，可用90%敌百虫或50%辛硫磷乳油1000倍液喷雾或用1∶50的50%辛硫磷与黄土制成药泥，堵塞萼筒。在6月上旬、7月上中旬、8月上中旬各代成虫产卵盛期和幼虫孵化期，分别用5%来福灵乳油2000倍液、2.5%天王星乳油2500倍液或2.5%功夫乳油2500倍液均匀喷布，杀死初孵幼虫。③果实套袋。石榴坐果后20天左右进行果实套袋，可有效防止桃蛀螟对果实的危害。套袋前应进行疏果，喷一次杀虫剂，预防"脓包果"发生。套袋后，不必再喷杀虫剂。

2.桃小食心虫

桃小食心虫是我国北方果产区的主要食果害虫，除危害石榴外，也危害苹果、枣、梨、山楂、桃、杏、李等。该虫在山东一年发生1～2代，以老熟幼虫在根颈周围3～13厘米深的土壤中越冬，有的在山区堰边石缝中越冬。第一次成虫盛期在7月前后，第二次成虫盛期在8月前后。卵产在石榴果面上，每个雌虫产卵30～40粒。幼虫孵化后很快蛀入果内，在果心或果皮下取食籽粒，虫粪留在果内。

防治方法如下：①每年5月中旬的幼虫出土期，在树冠下地面喷洒50%辛硫磷乳油300倍液，然后浅锄树盘，使药土混合均匀，消灭越冬代幼虫。②发现虫果要及时摘除，集中用药处理。在成虫产卵前给果实套袋，可阻止幼虫危害。③当卵果率达到1%～2%时，及时喷洒30%桃小灵乳油2000倍液或25%杀灭菊酯3000倍液。在成虫发生期和幼虫孵化期，喷洒2.5%功夫乳油2000倍液、20%灭扫利乳油2000倍液或2.5%溴氰菊酯乳油

5000 倍液,都可获得较好的杀卵效果。④性诱剂诱杀。在石榴园中设置 500 微克桃小食心虫性诱剂水碗诱捕器,既可消灭雄成虫,减少害虫的交配机会,还可测报虫情,待每日平均每碗诱得成虫 2～5 头时,即应喷药防治。

3.石榴茎窗蛾

石榴茎窗蛾是石榴的主要害虫,以幼虫危害新梢和多年生枝,造成树势衰弱,果实产量和质量下降,重者整株死亡。该虫在全国各石榴产区均有发生,一年发生一代,以幼虫在被害枝条内越冬。翌年春天开始活动,沿枝条继续向下蛀食。5 月中旬幼虫老熟后化蛹,6 月中旬开始羽化,7 月上中旬为羽化盛期。7 月上旬开始孵化,初孵幼虫自芽腋处危害,随之危害二至三年生枝,直至入冬休眠为止。

防治方法如下:①结合冬剪,彻底剪掉虫枝焚毁。7 月发现被害枝及时剪去,并集中烧毁。②在孵化盛期,可用 2.5％溴氰菊酯 3000 倍液、敌·马合剂 1000 倍液喷洒。③幼虫活动期,从新梢的蛀孔注入杀虫剂,用泥封口;也可用毒签或 50％磷化铝片剂塞入蛀孔后封口毒杀。

4.豹纹木蠹蛾

豹纹木蠹蛾以幼虫在寄主枝条内蛀食危害,食性杂,可危害核桃、石榴、苹果、梨、柿、枣等树木,在全国各石榴产区均有发生。该虫一年发生一代,以幼虫在被害枝条内越冬。翌年春天石榴萌芽时,幼虫在枝条髓部向上蛀食,并在不远处向外咬一圆形排粪孔,随后再向下部蛀食。5 月底幼虫老熟成蛹,6 月下旬为羽化盛期,成虫有趋光性,卵产于嫩梢、芽腋或叶片上。7 月为卵孵化期,幼虫从新梢芽腋处蛀入,然后沿髓部向上蛀食,隔一段向外咬一排粪孔。9 月中旬后,幼虫在被害枝中越冬。

防治方法如下:①结合夏、冬修剪,剪除被害枝条,并集中烧毁。夏季发现新枝或叶柄枯萎时,立即剪除焚烧。②在石榴萌芽前后,发现枝条上有新鲜虫粪排出时,用 1/4 片磷化铝塞入虫粪孔内,再用黄泥封口,可杀死枝内害虫。③成虫羽化期和幼虫孵化期,向树上喷 25％杀灭菊酯乳油 2000 倍液或 20％灭多威乳油 1000 倍液。④成虫有趋光性,可在羽化期用黑光灯诱杀。

5.大袋蛾

大袋蛾是一种杂食性害虫,除危害石榴外,还危害苹果、梨、桃和法国梧桐等树木,在全国各石榴产地均有发生。该虫一年发生一代,以老熟幼虫在虫囊内挂于枝条上越冬,次年 5—6 月化蛹,6 月是成虫发生期。雄蛾具有趋光性,傍晚飞翔寻找雌蛾交配,交配后经 1～2 小时产卵。卵在 15 天左右孵化,幼虫吐丝下垂,随风传播,遇枝叶后沿着枝叶爬行扩散。固定以后,即吐丝缀连咬碎的叶屑,结成 2 毫米的虫囊危害植株。随着虫体长大,虫囊也不断增大,8—9 月,幼虫食量最大,危害最重,9 月以后,幼虫老熟,即固定悬挂在枝条上越冬。

防治方法如下:①落叶后,人工摘除树上虫囊,消灭越冬代幼虫。②初龄幼虫期(虫囊长度不超过 1 厘米),喷洒 90％敌百虫 1000 倍液、25％杀灭菊酯乳油 2000 倍液或 20％灭扫利乳油 2000 倍液,均有良好的防治效果。

6.黄刺蛾

黄刺蛾以幼虫食叶,严重时可将叶片吃光,影响树势、产量和果品质量。该虫一年发生两代,以老熟幼虫在茧内越冬。翌年 5 月上旬开始化蛹,羽化盛期为 6 月中旬。第二代幼虫 7 月底开始危害植株,8 月上中旬危害最严重。初孵幼虫集中危害,多在叶背食叶肉,长大后逐渐分散,食量增大,能吃尽叶片、叶柄。

防治方法如下:①结合冬剪,清除越冬虫茧,并集中处理。②在幼虫发生期间喷洒 90％敌百虫、50％敌敌畏 1500 倍液或其他杀虫剂,均有良好效果。③于幼虫集中危害时,巡视检查石榴园,摘下叶片并消灭。

7.石榴绒蚧

石榴绒蚧又名"石榴紫薇绒蚧",主要在石榴、紫薇枝条上危害,是全国各石榴产区的主要虫害之一。植株受害轻时树势衰弱,枝瘦叶黄,导致煤污病的滋生,重时枝叶枯落,甚至全株死亡。该虫一年发生 3～4 代,以末龄若虫在二至三年生枝的皮层裂隙、芽鳞处、老皮内及果柄上越冬。翌年 4 月上旬开始出蛰,爬至嫩芽基部、叶腋间、叶背等处吸取汁液,以后大部分在枝条表面、果柄处固定危害,随着若虫的成长逐渐形成蜡被,分化为雌、雄两性。5 月上旬雌虫产卵于毡絮状囊内。若虫孵化期分别是 5 月底至 6 月初、7 月中下旬、8 月下旬至 9 月上旬。10 月初若虫开始越冬。该虫一般每代 30 天以上,冬季一代长达 200 多天,主要靠苗木、枝条传播。

防治方法如下:①人工刮刷虫体,然后烧掉;或用蘸有内吸性杀虫药物的硬刷子在枝干上从上往下刷一遍。②春天越冬若虫出蛰期,是药剂防治的关键时期,用 3～5 波美度石硫合剂加 0.3％洗衣粉进行防治效果最佳。

8.龟蜡介

龟蜡介一年发生一代,以受精雌虫密集在小枝上越冬,次年 3—4 月开始取食。麦收期间是其产卵盛期,麦收后卵陆续孵化,幼虫到叶片和嫩枝固定后开始危害,并分泌蜡质,形成介壳。雨水多,空气湿度大时,幼虫成熟率高;气候干燥时,幼虫死亡率加大。初孵幼虫活动力较强,可借风力远距离传播。若虫到 7 月下旬至 8 月初性分化,9 月出现雌、雄两性虫,交尾后,雄虫死去,雌虫继续危害,并从叶上陆续移到枝条上;11 月进入越冬状态。雌虫的粪便和糖蜜近似,很适合黑霉菌生长,易引发煤污病。

防治方法如下:①若虫越冬期,进行人工刮治和剪除虫梢。②冬季喷布 5％的矿物油乳剂,常用油有煤油、柴油、废变压器油等。③夏季卵孵化终期,喷一次 50％可湿性西维因 500～800 倍液或 40％代森锰锌 500 倍液。虫口密度大时,可在孵化期和孵化末期各喷一次,浓度应较上述浓度低。

9.棉蚜

棉蚜主要危害棉花、石榴、花椒、木槿等植物,以卵在石榴树上越冬,3 月间卵孵化,在石榴树上繁殖危害叶片;经加代繁殖,产生有翅蚜,迁飞到棉花上危害。棉蚜一般为卵胎生,繁殖很快,一只雌蚜一天可生五只小蚜虫,一生可生 60～70 只。在温度合适、天气干燥时,胎生小蚜虫经五天就能繁殖后代,一年能繁殖 20～30 代。春天气候多干燥,很适于棉蚜繁殖,故石榴树往往会受到严重损害。棉蚜危害时喜群集在嫩梢及叶背吸取汁液,同时不断分泌蜜露,招致霉菌寄生,影响叶片进行光合作用和果实的商品价值。秋季棉蚜飞回越冬寄主上产卵越冬,卵多产在芽腋处,此时危害较轻。

防治方法如下:①越冬卵数目很多时,可喷 5％机油乳剂杀越冬卵,还可兼治介壳虫类。②石榴树展叶后,可喷布菊酯类农药 1500～2000 倍液、50％抗蚜威可湿性粉剂 3000 倍液 1～2 次进行防治。③加强棉田的蚜虫防治,以减少越冬基数。

10.石榴巾夜蛾

该虫分布很广泛,以幼虫危害石榴,一年发生 4~5 代,以蛹在土中越冬。翌年 4 月石榴树萌芽时,越冬蛹羽化为成虫,并开始交尾产卵,多产在树干上。幼虫食害芽和叶,成虫吸食果汁。幼虫体色和石榴树皮近似,不易被发现,其活动规律为白天静伏,夜间取食。老熟幼虫在树干交叉或枯枝等处化蛹、羽化。9 月底至 10 月老熟幼虫下树,在树干附近土中化蛹越冬。该虫生活史很不整齐,世代重叠。

防治方法如下:①落叶后至萌芽前,在树干周围挖捡越冬蛹,予以杀死。②幼虫发生期,喷 90％敌百虫 1500 倍液、50％辛硫磷乳油 2000~3000 倍液或其他杀虫剂进行防治。

第十节　李

一、主要优良品种

(一)莫尔特尼李

莫尔特尼李为美洲李品种。果实中大,近圆形;果面光滑而有光泽,底色为黄色,着色全面紫红;果皮中厚,易剥离皮,果粉少;果肉淡黄色,近果皮处有红色素,肉质细软,果汁中少,风味酸甜,鞣酸含量极少;果实于 6 月上中旬成熟;树势中庸,以短果枝结果为主;抗寒、抗旱、耐瘠薄,对病虫害抗性强,耐涝性较强;幼树结果较早,极丰产。

(二)大石早生李

大石早生李为日本福岛县选育出的早熟李品种,结果早,丰产性好,品质优,适应性强,抗寒、抗病性较强,很有发展前途。果实卵圆形;果皮黄绿色,果面鲜红色;果肉黄色,有红色放射状条纹,肉质细,松软,细纤维较多,酸甜适口,多汁、微香,黏核且核小;果实于常温下可储存七天。

(三)红美丽李

红美丽李为美国早熟李优良品种,在山东诸城、淄博、临清、德州等地,以及浙江、福建等省相继引种。果实心脏形;果皮底色黄,果面光亮、鲜红色;果皮中厚,完全成熟时易剥离;果实完全成熟后果肉鲜红色,肉质细嫩,可溶,汁液较丰富,酸甜适中,香味较浓,品质上等;果核小,黏核;早实丰产性强,春季定植的一年生速生苗,当年即形成大量花芽,成花株率为 100％。

(四)绥棱红

绥棱红是以小黄李为母本、台湾李为父本杂交育成。果实圆形;果皮底色黄绿,着鲜红或紫红色;果皮薄,易剥离;果肉黄色,肉质细,致密,果汁多,纤维细而多,味甜酸,香味浓,品质上等;黏核,核小;果实储运性好,在常温下可存放五天左右;果实成熟早,品质优良,具有早结果、早丰产,抗寒、抗旱、抗红点病等特点,栽培管理较容易,深受栽培者和消费者的欢迎,可在中国北方地区大力推广;其自花结实率为零,必须配置授粉品种。

(五)黑琥珀李

黑琥珀李是由黑宝石李、玫瑰皇后李杂交选育而成的大果型优良品种。果实扁圆形;完全成熟时果皮黑紫色,果粉厚;果肉淡黄色,肉质脆硬,汁液多,酸甜可口;核小,离核,味甜香,品质上等,优于黑宝石李;极易成花,定植第二年开花株率为 100%,结果株率为 70%;果实耐储运。

(六)大石中生李

大石中生李原产于日本福岛县。果实椭圆形;果面底色金色,阳面着鲜红色,果粉厚;果肉乳白色,肉质致密,硬脆,口味甜酸多汁,香味浓,品质上等;黏核,核小;常温下果实可存放 7~10 天。

(七)皇家宝石

皇家宝石为美国品种,是一个综合性状优良的晚熟大果型良种。果实近圆形;果实底部为黄色,果面光亮,完全成熟时紫黑色,果粉少;果肉淡黄色,质地细密,硬脆;汁液丰富,酸甜爽口,香味较浓;果核小,黏核;果实于 9 月上旬成熟,极耐储运,货架期为 30~40 天;适应性强,耐瘠薄,不易发生病虫害;自花不实,幼树易成花,一般条件下,第二年开花,第三年丰产,第四年进入盛果期。

(八)黑宝石

黑宝石原产于美国,系美国加利福尼亚州十大主栽品种之一,于 20 世纪 80 年代引入我国后,表现出极强的适应性,从北到南均可大面积栽培,且都表现极佳。果实扁圆形;果面紫黑色,极美观;果肉硬而细脆,汁液多,味甜爽口,品质上等;果实货架期为 25~35 天,在 0~5 ℃的条件下能储藏四个月;树势壮旺,自花授粉,可与玫瑰皇后互为授粉树,以长果枝和短果枝结果为主,晚熟;早果性强,特丰产,在一般管理条件下,栽后第二年挂果,第三年平均株产 6.6 千克,第四年进入盛果期。

(九)蜜思李

蜜思李原产于新西兰,为中国李和樱桃李杂交选育而成,在山东山亭、诸城、邹县以及安徽淮北等地相继引种。果实中大,近圆形;果皮厚韧,全面紫红色,果粉中多;果实没有完全成熟时果肉淡黄色,完熟后鲜红色,肉质细嫩,汁液较丰富,酸甜适中,香味较浓,品质上等;核极小,黏核;早实、丰产性强,春季定植的半成苗,当年成花株率达 100%,且抗寒、耐旱力强;对细菌性穿孔病、早期落叶病有较强的抗性。

(十)玉皇李

玉皇李在山东省的栽培历史已有 4000 多年之久,因曾作为贡品,故而得名。果实近圆球形;果皮金黄色,肉质金黄色,细腻,汁多,香气浓;核小,鲜食品质极优;果实成熟期为 7 月上中旬,除鲜食外也可加工;适应性强,成龄树平均株产 175 千克。

(十一)早黄李

早黄李系欧洲早熟黄肉李,在山东、江苏、浙江等省有面积不等的分布。果形较大,皮黄色,阳面具红晕,并被薄层果粉覆被,外形端庄美观,充分成熟后柔软多汁,品质优良;果实成熟期为 6 月中旬,为李子早熟品种之首。

(十二)安格诺

安格诺为美国品种,果实特大,硬肉,果肉紫黑色,味甘甜;果实于 9 月下旬成熟,极耐储存。

(十三)干顶香李

干顶香李为山东肥城前寨子村发现的一个优良李品种。果实平顶扁圆,形似蟠桃;果大,果皮紫红色,果肉金黄色,有清香味,品质上等;离核;果实于 7 月中旬成熟,除鲜食外也可加工;六年后进入盛果期。

（十四）威克森李

威克森李原产于美国,于 1999 年通过山东省农作物品种审定委员会审定。果实大,心脏形;果面黄绿色,完全成熟时橙黄色,果尖红色;果皮中厚,不易剥离,果粉少;果肉淡黄色,肉质细嫩,汁液少,风味甘甜,香气浓郁,品质上等;幼树早实,丰产性较好,在正常栽培管理条件下,第二年开始挂果,第三年即有经济产量;果实在 0～3 ℃条件下可储藏 50～60 天。

（十五）秋姬

秋姬系自日本引入的品种,果实特大;果面全面鲜红色,外观特美;果肉黄色,致密多汁,含糖量高,浓甜,品质极上等,与欧美布朗李相比,更适合国人口味;离核,核极小;抗性与适应性强,自花结实,早果性、丰产性好,一般栽后第二年投产,极晚熟;在山东,果实于 9 月上旬成熟,极耐储运,常温下可存放 20 余天,是供应中秋、国庆两节的李中佳品,在冷藏条件下可储至元旦、春节。

（十六）女神西梅李

女神西梅李系目前世界上最大的西梅李品种。果实长卵形;果肉金黄色,离核,成熟时甜香味浓,硬质;果皮蓝黑色,十分美丽;果实于 9 月中下旬成熟,耐储运,在冷藏可储至元旦、春节;高产;果价极高,若精包装或储后出售,价格将成倍增加;是大城市观光果园的首选品种,是出口创汇的优秀品种。

（十七）大红玫瑰李

大红玫瑰李系美国品种,是综合经济性状优良的红色、中晚熟李品种,由山东省果树研究所于 1992 年引进。果实大型,长圆形;果皮中厚,底色金黄,果面光亮,着色全面鲜红,果粉少;果肉橙黄色,溶质,致密,细嫩,清脆爽口,汁液丰富,酸甜适中,有香味,品质上等;果核小,离核;果实货架期为 25～30 天,耐储性强,在 0 ℃条件下可储存 4～5 个月;树势中庸偏旺,萌芽率较高,以短果枝和花束状果枝结果为主;早实、丰产性强,在正常栽培管理条件下,幼树两年结果,三年丰产,四年进入盛果期。

（十八）理查德早生

理查德早生原产于美国,系欧洲李中抗寒性较强的晚熟优良品种。果实长圆形;果皮底色绿,着蓝紫色,皮厚;果肉绿色,质硬脆,纤维多,味酸甜,汁多,微香,离核,品质中等;常温下果实可存放 10 天左右;树势强健,以短果枝和花束状果枝结果为主,三年生开始结果,外形色泽独特,在美国多用来加工李脯。

（十九）香蕉李

香蕉李分布广泛,在河北、山东、北京等省市均有栽培。果实扁圆形;果皮底色黄,表色红,储后变紫;果肉黄色,汁多肉脆,香味浓;果核小,离核;树体开张,以花束状果枝结果为主,连续结果能力强,坐果率高,稳产高产。

（二十）朱砂李

朱砂李又名"朱砂红李",在山东省鄄城一带栽培较多。果实近圆形;果皮底色黄绿,成熟时为朱红色,果粉较多;果肉橘红色,肉质脆,汁多,酸甜适口,具有浓香,品质上等;核小而扁,黏核;树势中庸,树姿开张,以短果枝结果为主;一般栽后三年结果,6～7 年进入盛果期。

(二十一)索瑞斯

索瑞斯为意大利引进品种。果实圆形,完全成熟时鲜红色;果面光滑有光泽,果皮厚,果粉少;果肉淡黄色,质地细密,果肉硬,口味酸甜,有香味,完全成熟时果汁多;果核小,半黏核;果实耐储运;树姿自然开张,树势稳健;两年结果,三年进入盛果期,极丰产。

(二十二)威克森

威克森是山东省果树研究所从美国加利福尼亚州引进的品种。果实个大,呈心脏形;果面黄绿色,完全成熟时橙黄色,果尖红色;果皮中厚,不易剥离,果粉少;果肉淡黄色,肉质细嫩,汁液少,口味甘甜,香气浓郁,品质上等;果实在 0～3 ℃条件下能储存 50～60 天;树势中庸健壮,栽培适应性广,早实、丰产、稳产。

(二十三)卡特利娜李

卡特利娜李原产于美国,由山东省果树研究所于 1991 年引进,属综合经济性状优良的大果型、中熟黑色李良种。果实大型,扁圆形,完全成熟时黑色;果面光滑而有光泽,果皮中厚,果粉中多;果肉淡黄色,质地细密,硬脆,果汁中多,口味酸甜适中,有香味,品质上等;果核小,黏核;果实极耐储,在 0～3 ℃条件下能存放 5～6 个月;树势中庸,以短果枝和花束状果枝结果为主;自花不实,栽培时需配置授粉树,适宜授粉品种有黑宝石、圣玫瑰和威克森;不宜以毛樱桃作砧木,否则砧穗亲和性不良;抗旱性、抗寒性、耐瘠性差;以毛桃为砧木则根系发达,生长旺盛,有利于实现优质高产和稳产。

二、苗木繁育技术

李树的育苗方法很多,如嫁接、实生、分株、扦插和组织培养等。分株法和实生法在生产上很少应用。在北方地区的大棚内,可通过嫩枝扦插育苗。组织培养是用李树枝条的茎尖等营养器官,通过离体培养进行苗木繁殖的新技术。其优点是繁殖速度快,遗传均一性好,可给李树生产提供大量无病毒自根苗,是李树优质苗木生产的重要技术。目前,生产上通常以嫁接繁殖为主。

嫁接育苗的工作流程:砧木选择→砧木种子采集和处理→播种→田间管理→接穗选择→接穗采集→嫁接→嫁接苗的管理→出圃。

(一)砧木苗的培育

1.砧木的选择

砧木的选择要做到适砧适用,避免因砧木的不适应而造成生产上的损失。一个优良的砧木应具备以下条件:①适应性强,能适应当地的环境和气候条件;②嫁接亲和力好;③对接穗品种的生长和结果没有不良影响,且可以优化品种特性;④对当地的病虫害有很强的抵抗力。

目前,山东省在生产中使用最多、最普遍的李树砧木是毛桃和毛樱桃。

(1)毛桃:适应性较广,种核大,每千克有 200～240 粒。根系发达,生长旺盛,与李树嫁接亲和力强,接后生长快,结果早,果实品质好,但寿命较短,耐盐碱性和耐湿性较强,且易染根头癌肿病。

(2)毛樱桃:种核小而整齐,每千克有 10000～12000 粒。种子播种后出苗率高,与李树嫁接亲和力好,结果早,抗寒性较强,矮化,但树体发育缓慢,易衰老,抗旱性、抗涝性均差,树体寿命较短。

2.砧木种子的采集和处理

(1)砧木种子的采集:选择对环境条件适应性强、生长健壮、无病虫危害的母树。选择表面鲜亮、核壳坚硬和种仁饱满的充分成熟的种子作育苗用。一般在无风的晴天采收果实,多采用堆积软化法剥除果肉,即果实采收后,放入缸内或堆积起来,堆积期间经常翻动,切忌使其发酵过度,影响种子的发芽率。果肉软化后,用清水洗干净,铺在背阴通风处晾干。

(2)砧木种子的处理:晾干的种子中常混有空粒、土块等杂物,在种子储藏前应先清除杂物,精选种子,以提高种子的纯度和质量;然后标明品种,妥善储藏,以保持种子的生活力。在储藏过程中,要注意储藏场所的温度、湿度和通风状况,及时处理发热霉烂的种子,并注意防止鼠害和虫害。

准备冬季播种的种子,应于冬季进行层积处理,以保证出苗。层积的方法如下:在背阴干燥处,挖 50～60 厘米深的坑,长、宽均视种子的数量而定。将种子用清水浸泡 2～3天,用湿河沙(以手攥能成团,但无水滴为度)拌好,种子和沙的比例为 1:3。层积时先在坑底铺 5～10 厘米厚的湿沙,再将拌好的种子铺撒进去,一直铺到离坑口 10 厘米处,上面再用湿沙填平,最后用土培成高出地面 10～15 厘米的土堆,以防积水。若种子量大,可以隔一定距离放一个草把,以便通气和散热。在层积坑四周布下细孔的铁丝网或投放鼠药,以防鼠害。在 0～5 ℃条件下,桃核要层积 60～90 天,其间要进行 1～2 次检查,及时挑出霉烂的种子,并添加一些干沙,降低湿度。当大部分种核裂开时,即可取出播种。

3.整地播种

苗圃地要深翻并施足基肥。通常做平畦,在低洼易涝地可采用高畦或高垄育苗。播种应在春天土壤解冻后进行,播种前浇足底水,然后做垄点播,行距应为 5～8 厘米,播种深度应为 3～5 厘米。播后覆土踏实,并将地表耙松,以利于保墒。在出苗前不宜浇水,以免降低土温,延迟出苗,招致立枯病的发生。一般经过 15～20 天即可出苗。播种后,可以覆盖塑料薄膜保温保墒,促进早出苗 5～7 天,有利于实现当年出圃,快速育苗。

4.砧木苗的管理

(1)撤除覆盖物:春播覆盖地膜的,在幼苗出土后,要及时撕破地膜,让幼苗露于膜外,防止幼苗弯曲、黄化或干枯。加扣小棚膜的要先通风炼苗,待幼苗适应外界环境后,可在阴天或傍晚拆除棚膜。

(2)间苗与定苗:直播种子发芽出土后,一般在幼苗长出 2～3 片真叶时,进行第一次间苗,疏去过密、弱小和受病虫危害的幼苗,并及时在缺苗的地方进行移植补苗。采用苗床集中育苗的,在幼苗长出 1～2 片真叶时,按 10～20 厘米株距定苗,尽量做到早间苗、晚定苗,及时进行移植补苗。间苗应在雨后或灌水后,结合中耕除草,分 2～3 次进行。定苗时的保留株数,应稍大于产苗量。

(3)浇水与排水:浇水是培育壮苗的重要措施。根据不同砧木、不同生长阶段对水分、气候和土壤状况的要求,合理浇水。播种前应灌足底水,出苗前尽量不浇水。幼苗初期,床播应用喷壶少量洒水。幼苗长出 5～7 片真叶时,要控制灌水,进行蹲苗。在幼苗旺盛生长期,需水量较大,要及时予以满足;在秋季营养物质积累期,需水量较小,可适当控水。幼苗期生长后期,要控制浇水,以防幼苗贪青徒长,不利于越冬。进入雨季后,要注意排水防涝。

(4)中耕除草:雨后或灌水后及时中耕,可以改变土壤理化性质,防止土壤板结和杂草丛生。一般中耕深度为 3～5 厘米,一年进行 4～6 次;前期宜浅,后期可适当加深。操作时要小心和细致,不要伤苗。

(5)追肥:前期可使用氮肥,每次每亩施尿素 5～10 千克;后期可施用复合肥,每次每亩施 8～10 千克。追肥不可过晚,最迟不能超过 8 月下旬。施肥时,可在苗木行间开沟,然后覆土浇水,再浅锄一次。也可把化肥均匀地撒在畦面上,随后浇水,再进行除草。苗圃追肥要分 2～3 次进行。

(6)摘心和抹芽:摘心能促使幼苗加粗生长和提前嫁接。摘心一般在夏季芽接前一个月,苗高达 30～40 厘米,而植株旺盛生长还没有结束时进行。对砧木苗抹芽,是指及早抹除苗干基部 5～10 厘米以内萌发的幼芽。嫁接部分以内的副梢,应全部保留,以增加叶面积,促进苗木加粗生长。副梢过多、过密时,可以少量间除,但要保留基部功能叶。

(7)防治病虫害:在春季,幼苗容易发生立枯病和猝倒病,尤其是在高温和低温的情况下,幼苗会大量死亡。幼苗出土后,应在地面撒施药粉或喷布药雾,进行土壤消毒。施药后进行浅锄。

(二)嫁接苗的培育

1.选择接穗

芽接用的接穗,应选择品种纯正、生长健壮、芽体饱满的当年生枝条。最好是随接随采。采时剪下枝条,去除叶片,保留叶柄,用湿布包好。带木质部芽接,可以使用前冬储藏的接穗。枝接用的都是一年生枝条,也可以使用前冬储藏的接穗。

2.嫁接时期

只要砧木和接穗的形成层处于活跃状态,就随时都可以进行芽接。但以 6 月中旬芽接为最好。此时芽接,可立即剪砧(离接芽 10 厘米处),7～8 天后即可发芽,成活率高,当年即可成苗,苗高可达 120 厘米。枝接一般在春分至清明,李树开始萌动而尚未发芽之前进行。

3.嫁接方法

芽接常用的方法有带木质部芽接和"T"形芽接。枝接常用的方法有劈接、腹接和舌接。

(三)嫁接苗的管理

1.检查成活情况与解除绑缚

芽接一般在接后半个月检查成活情况。如果嫁接时间早,有充分的时间进行补接,那么检查成活情况和解绑可以推迟。一般适当地推迟解绑,嫁接成活率高,但不能过晚,以免影响接穗加粗成长。一般枝接一个月后解绑。过早解绑接口会愈合不牢,过晚影响苗木生长。

2.剪砧

春季应对上年秋季芽接成活的苗木进行剪砧,以促进接芽的萌发。剪砧时,刀刃应该在芽的一侧,从接芽以上 0.5～1 厘米处下剪,向接芽背面微下斜剪断成马耳形,这样有利于剪口愈合以及接芽萌发和生长。留桩不可过长或过短,剪砧时注意不要伤芽和破皮,以免造成嫁接苗的死亡。

3.除萌

及时除掉接芽下部砧木上萌发的蘖芽,可以保证接芽的萌发和生长,防止养分分散。对接芽长出的多个条子,应选择一个位置好的壮条留下,将其余的去除。除萌可用手掰,但注意不要损伤接芽和撕破砧皮。

4.支缚

剪砧后的芽接苗生长迅速,在未木质化前很容易被风自接口部位吹折,因此需要立支柱加以保护,并及时进行绑缚。一般用小木棍插在苗木一旁,然后用细绳将芽苗绑在木棍上。当新梢木质化并且大风季节过后,可以移除支柱。

5.肥水管理

枝接苗在接芽出土前不浇水,待接芽出土后应及时浇水,以保证嫁接苗迅速生长。春季剪砧后的芽接苗,当接芽萌发后,也应及时浇水。当年剪砧、当年成苗的,应当在芽长出后结合浇水追施氮肥,每亩可施尿素 20 千克,以促进芽苗早期生长。不论是芽接苗还是枝接苗,在生长后期都不宜施用过多的氮肥。秋季要控制浇水,以免苗子徒长,影响枝条的成熟。

6.防寒保护

在冬季寒冷风大的地区,芽接成活但没有萌发的嫁接苗,容易受到冻害,应在土壤上冻前培土进行保护。一般培土应高出地面 10～15 厘米。土壤含水分多时,培土后不要踏实;第二年春季苗木发芽前,要将培土除去。但土壤黏重、降水又多的地区,为防止接芽窒息死亡,不宜培土。有条件的地区,可用高粱秸秆、玉米秸秆或芦苇设防寒障,以减低风速,增加积雪,起到防寒的作用。

7.病虫害防治

接芽萌发形成的新梢,很容易遭受金龟子、卷叶虫、红蜘蛛、蚜虫和毛虫的危害,并且李苗易患穿孔病。当幼苗受到这些病危害时,轻则影响生长,降低苗木质量,重则造成缺苗断垄,甚至幼苗成片死亡。因此,必须加强对病虫害的防治,以保证幼苗正常生长。

三、丰产栽培技术

(一)高标准建园

1.园地的选择

李树适应性强,对土壤要求不严,但要建设高标准李园,还是以土层深厚肥沃、保水性能好的土壤为宜,且要有排水、灌溉设施。李树不耐涝,低注、排水不良处,易受晚霜危害或风口处不宜选作李园。在山坡地栽植李树,可修建梯田。在沙荒地和黏重地建园,要对土壤进行改良,以创造适宜李树生长的土壤环境。平园地区的李园,应建立在地下水位高度离地表不少于 1.5 米的地段。应选择在交通运输方便、旅游业发达的地区附近建园,不宜在栽过桃、李、杏、樱桃等核果类果树的地方建园,以免发生再植病。

2.园址的规划设计

园地选好后应进行精心规划,本着合理利用土地、便于经营管理的原则,统筹安排,全面考虑,以达到最大限度地利用有利条件、克服不利因素、充分发挥土地和树体的生产潜力、提高劳动生产率、降低成本的目的。一般要进行园地踏查,小区的划分,道路配置,排灌系统设置,防风林的设置等工作。果园规划好后,李树栽植面积应达到果园总面积的85%以上。

3.栽植前准备

园地规划后要进行土地平整。平原地区若有条件应进行全园深翻,并增施有机肥,深翻40～60厘米即可。若无条件则挖定植沟或穴,沟宽或穴直径均为80～100厘米,深60～80厘米。在距地表30厘米以下填入表土、植物秸秆、优质腐熟有机肥的混合物,沙滩地有条件的在此层加些黏土,以提高保肥保水能力;在距地表10～30厘米处填入腐熟有机肥与表土的混合物;在距地表0～10厘米处只填入表土。填好坑或沟后灌一次透水,使定植坑或沟沉实。

山丘坡地若坡度较大应修筑梯田,缓坡且土层较厚时可修等高撩壕。平原低洼地块最好起垄栽植,行内比行间高出10～20厘米,以利于排水防涝。栽植前应对苗木进行必要的处理。远途运输的苗木,若有失水现象,应在定植前浸水12～24小时,并对根系进行消毒,对伤根、劈根及过长根进行修剪。栽前根系蘸1%的磷酸二氢钾,利于发根。

4.品种的选择

选择适宜栽培的品种时,应考虑以下几个方面:①品种的适应性和抗性强。所选品种必须适应当地的气候、土壤环境条件。②果实的利用目的。若以鲜食为目的,则选择果个大、色好、风味浓的品种;若以制罐头为目的,则选择果个均匀、肉厚、核小的品种。③稳产丰产,与其他品种授粉亲和力好,耐储性强等。如果是从国外或外地引进的新品种,引入地与当地气候条件要相近或相似,这样引种容易成功。

5.选用壮苗

壮苗应满足以下条件:①主侧根应长于20厘米,须根较多,根系完整、无劈裂,且无病虫害,要特别注意有无根瘤。②枝干要生长充实,表面有光泽,距接口以上5～10厘米处,直径应为1～1.5厘米,高度在1～1.5米,芽体饱满,充实。枝干应无病虫危害。在选择苗木时注意并非越大越好。往往过粗过高的苗木可能是徒长苗,枝干、芽体不充实,外强中干,栽后成活率低,也不容易发苗。

6.授粉品种的配置

我国栽植的李树多为中国李和以中国李为亲本的杂交种,绝大部分品种自花不实,而且还有异交不亲和现象,因此,授粉品种的选择就显得十分重要。如果建园时授粉树选用不当,将对生产造成很大损失。

(二)栽植密度和技术

1.栽植方式和栽植密度

(1)栽植方式:应在考虑对土地、光能充分利用和机械操作的基础上选择适宜的栽植方式。生产上采用的李树栽植方式有长方形栽植、正方形栽植、带状栽植、三角形栽植和等高栽植等。从充分利用阳光和机械作业来讲,最好采用长方形栽植,山坡地则多采用等高栽植方式。

(2)栽植密度:栽植密度的确定要考虑园地的地势、土壤肥力状况、肥水条件、品种特性、砧木种类以及机械化程度等因素。一般来说,地势平坦、土壤肥沃、肥水条件好、长势旺、毛桃砧木的李园定植密度应小些,而山坡瘠薄地、肥水条件较差、长势弱、毛樱桃砧木的李园定植密度应大些。现在,生产上采用较多的株距为 3～4 米,行距为 4～6 米。为了增加早期产量,可进行计划密植,如先栽成 2 米×3 米,再调整成 4 米×3 米,最后调整成 4 米×6 米。

2.栽植时期

李树建园栽植有春栽和秋栽两个时期,在北方地区习惯上多进行春栽。如果是就近取苗,最好是在顶芽开始活动时栽植。因为此时地温已升至较高,栽后根系恢复快,伤根也易恢复;栽后地上部很快萌芽,也有利于地下部根的发生,对苗木成活和早期生长均有好处。一般在 3 月中旬(平原)或下旬(山区)栽植较为适宜。实践证明,北方地区秋栽后卧倒埋土效果也较好,可在苗木落叶后或土壤冻结前 20～30 天栽植,此时空气湿度相对较大,挖苗、运苗都比春季失水少,且栽后土温仍较高,根系容易恢复。栽后灌足水,待土壤稍干,将枝干卧倒埋土,注意枝头朝一个方向,以便在春季出土时减少伤苗。埋土厚度为 15～20 厘米即可,沙地应稍厚些。若埋土后土壤较干,则还应补灌一次水。

3.栽植技术

(1)选苗:要选择品种纯正、须根较多、无根癌病、无枝干病虫伤害的 1～2 级苗木,1 级苗木要求高度在 0.8 米以上,粗度在 0.8 厘米左右。苗木须进行根系修剪,剪除烂根、劈裂根,放入清水中浸泡 12～24 小时,使苗木吸足水分后取出。栽植前,将根部用 3 号 ABT 生根粉 1000 倍液浸泡 30 秒,或将根部蘸泥浆保湿。

(2)挖定植穴(沟):栽植前先确定定植点,然后以定植点为中心挖定植穴,穴径、深均为 0.8 米。在山地或土质较差的地方建园,应挖 1 米×1 米的大穴,或按行距沿行向挖宽 1 米、深 0.8 米的定植沟。回填时,要先在坑底放入 20～30 厘米厚的秸秆和杂草等有机物,然后回填表土。距地表 20～60 厘米时,用表土与有机肥混匀填入。最后填入心土,堆成丘状,并浇足水,使穴内土壤充分下沉。最好是春栽树秋挖穴,以促进底土风化。

(3)栽植技术:一是要让根系舒展开,分布均匀,并填土踏实,使根与土壤充分接触;二是栽植不能过深,使根颈与地面相平即可;三是栽后尽快灌水。

4.栽植后当年的管理

春栽后应进行以下管理:

(1)定干:定干高度为 70～80 厘米,剪口要留在迎风面,选北芽,在芽上 1 厘米。若树苗分枝在整形带内,则将各分枝在饱满芽处短截,剪口下第一芽一般留下芽。若分枝在整形带以上,则在饱满芽处将上部剪去;若分枝在整形带以下,则应将分枝全部剪去。

(2)补水:定植后 3～5 天,扶正苗木后再灌水一次,以保证根系与土壤紧密接触。

(3)铺膜:可以提高地温,保持土壤湿度,以利于苗木根系的恢复和早期生长。铺膜前树盘喷氟乐灵除草剂,每亩用药液 125～150 克为宜,稀释后均匀喷洒于地面,喷后迅速松土 5 厘米左右,可有效地控制杂草生长。松土后铺膜,一般每株树下铺 1 平方米的膜即可,若密植可整行铺膜。铺黑色地膜,抑制杂草生长效果好。

(4)检查成活情况及补栽:当苗木新梢长至 20 厘米左右时,可对不成活苗木进行补栽,过弱苗木换栽,以保证李园苗齐、苗壮,为早果丰产奠定基础。移栽要带土坨,不伤根。除将死亡苗补齐外,对生长过弱苗也应用健壮的预备苗换栽,使新建园整齐一致。补换苗时一定要栽原品种,避免混杂。

（5）及时追肥灌水和叶面喷肥：要使李树早期丰产，必须加强幼树的管理，使幼树整齐健壮。当新梢长至15～20厘米时，及时追肥，7月以前以氮肥为主，每隔15天左右追施一次，共追3～4次，每次每株施尿素50克左右即可；对弱株应多追肥2～3次，使弱株尽快与壮旺树树势相近。7月中旬以后应适当追施磷、钾肥，以促进枝芽充实。可在7月中旬、8月上旬、9月上旬各追一次肥，每次追磷酸氢二铵50克、硫酸钾30克左右。除地下追肥外，还应进行叶面喷肥，前期以尿素为主，可用0.2%～0.3%的尿素溶液，后期则用0.3%～0.4%的磷酸二氢钾，全年喷5～6次。追肥时开沟5～10厘米施入，可在雨前施用，干旱无雨时追肥后应灌水。

（6）病虫害防治：春季苗木萌芽后，首先应注意东方金龟及大灰象甲等食芽（叶）害虫的危害。特别是半成苗，要用硬塑料布制成筒，将接芽套好，但要扎几个小透气孔，以防筒内温度过高伤害新芽。对黑琥珀李、澳大利亚14号李、香蕉李等易感穿孔病的品种，应及时喷布杀菌药剂，可使用50%代森铵200倍液、200毫升/升新植霉素液、50%福美双可湿性粉剂500倍液、0.3波美度石硫合剂等每隔10～15天喷一次，连喷3～4次。另外，还应及时防治蚜虫和红蜘蛛，可用吡虫啉、扫螨净等药剂。

（7）及时摘心：若栽植半成苗，当接芽长到70～80厘米时，按开心形整形和按主干疏层形整形的树摘心至60厘米处，促发分枝，进行早期整形；按纺锤形整形的树不必摘心。若栽植成苗，当主枝长到60厘米左右时，应摘心至45厘米处，促发分枝，加速整形过程。9月下旬，应对未停长的新梢进行摘心，促进枝条成熟。

（8）越冬防护：北方干旱地区，幼树定植后1～3年往往易发生越冬抽条，轻者枝梢部分抽干，重者全株死亡，造成缺株断行。要达到园貌整齐和早期丰产的目的，必须防止幼树越冬抽条。将细软布蘸防抽宝后，用手揉搓，使其充分渗透于布中，再用其由枝条基部向尖部捋3～5遍，碰到小枝杈处轻轻涂擦，使整个树体形成一层既"严"又"薄"的保护膜；从树体落叶后至上冻前均可涂擦，但最好在气温为5～10℃的晴天中午前进行。温度过低时，涂的速度减慢，且容易涂厚。越冬时也可采用卧倒防寒埋土法。

（三）丰产管理措施

1.土壤管理

土壤管理的中心任务是将根系集中分布层改造成适宜根系活动的活土层。这是李树获得高产稳产的基础。

（1）深翻熟化：深翻在土壤不冻季节均可进行，要结合施有机肥进行，通过深翻并同时施入有机肥可使土壤孔隙度增加，增加土壤的通透性和蓄水保肥能力，促进土壤微生物的活动，提高土壤肥力，使根系分布层加深。深翻在北方地区以采果后秋翻结合施有机肥效果最好。此时深翻，正值根系第二次或第三次生长高峰，伤口容易愈合，且易发新根，利于越冬和促进第二年树体的生长发育。深翻的深度一般以60～80厘米为宜。方法有扩穴深翻、隔行深翻、隔株深翻、带状深翻以及全园深翻等。若有条件，深翻后最好在下层施入秸秆、杂草等有机质，中部填入表土及有机肥的混合物，心土撒于地表。深翻时要注意少伤粗根，并注意及时回填。

（2）李园耕作：有清耕法、生草法、覆盖法等。不间作的果园以生草覆盖效果最好。行间生草，行内覆草，行间杂草割后覆于树盘下，可改良土壤结构，保持土壤水分，有利于土壤有机质的增加。第一次覆草厚度要在15～20厘米，以后每年逐渐加草，保持这个厚度；

连续 3～4 年后,深翻一次。北方地区覆草时,因冬季干燥,必须注意防火,可在草上覆一层土来预防。另外,长期覆盖易招致病虫害及鼠害,应采取相应的防治措施。生草李园要注意控制草的高度,一般大树行间草应控制在 30 厘米以下,小树应控制在 20 厘米以下,草过高会影响树体通风透光。

在李园中要慎用化学除草剂,因为李树与其他核果类果树一样,对某些除草剂反应敏感,使用不当易出现药害,生产上大面积应用时一定要先做小面积试验。对用药种类、浓度、用药量、时期等摸清后,再用于生产。

(3)间作:定植 1～3 年的李园,行间可间作花生、豆类、薯类等矮秆作物,以短养长,增加前期经济效益,但要注意间作作物应与幼树保持 1 米左右的距离,以免影响幼树生长。另外,北方干寒地区不应种白菜、萝卜等秋菜。秋菜灌水多易引起幼树秋梢徒长,使树体不充实,而且易招致浮尘子产卵危害,从而引起幼树越冬抽条。

2.施肥

合理施肥是李树高产、优质的基础,只有合理增施有机肥,适时追肥,并配合叶面喷肥,才能使李树获得较高的产量和优质的果品。

(1)基肥:一般以早秋施为好,并要结合深翻进行。将磷肥与有机肥一并施入,并加入少量氮肥,对李树当年根系的吸收、增加叶片的同化能力有积极影响。施肥量依据树体大小、土壤肥力状况及结果多少而定。树体较大、土壤肥力差、结果多的树应适当多施;树体小、土壤肥力高、结果较少的树应适当少施。施肥原则是每产 1 千克果施入 1～2 千克有机肥,可采用环状沟施、行间或株间沟施、放射状沟施等方法。

(2)追肥:一般进行 3～5 次,前期以氮肥为主,后期氮、磷、钾肥要配合。花前或花后要追施氮肥,幼树施用 100～200 克尿素,成年树施用 500～1000 克尿素。弱树、果多树要适当多施,旺树可不施;花芽分化前追肥,5 月中下旬以施氮、磷、钾复合肥为好;硬核期和果实膨大期追肥,氮、磷、钾肥配合利于果实发育,也利于上色,增糖;采后追肥应结合深翻施基肥进行,氮、磷、钾肥配合为好,若基肥用鸡粪,可只补些氮肥。追肥一般采用环状沟施、放射状沟施等方法,也可用点施法,即每株树冠下挖 6～10 坑,坑深 5～10 厘米即可,将应施的肥均匀地分配到各坑中覆土埋严。

(3)叶面喷肥:7 月前以尿素为主,配制成浓度为 0.2%～0.3% 的水溶液;8—9 月以磷、钾肥为主,可使用磷酸二氢钾、氯化钾等,同样配制成 0.2%～0.3% 的水溶液。对缺锌、缺铁地区,还应加 0.2%～0.3% 硫酸锌和硫酸亚铁。叶面喷肥一个生长季应喷 5～8 次,也可结合喷药进行。花期喷 0.2% 硼酸和 0.1% 尿素,有利于提高坐果率。

3.水分管理

在我国北方地区,降水多集中在 7—8 月,而春、秋和冬季均较干旱。干旱季节必须有灌水条件,才能保证李树的正常生长和结果。要使李树高产优质,适时、适量灌水是不可缺少的措施,但 7—8 月雨水集中,往往又会造成涝害,此时还必须注意排涝。

(1)灌水:根据降水状况和树体发育需要,重点做好三个关键时期的灌水。

①花前灌水:又称“解冻水”,有利于李树开花、坐果和新梢生长,一般在 2—3 月进行。

②幼果膨大期灌水:又称“花后灌水”。此期正值新梢生长和幼果迅速发育时期,需要大量的养分和水分,是李树需水临界期。此时必须注意灌水,以防影响新梢生长和果实发育。水量宜足,次数宜少,以免降低地温。

③封冻水:北方地区李园在土壤结冻前,灌足封冻水,可增加土壤比热容,使土壤上层保持一定的温度,保证根系安全越冬。

灌水的方法在生产上以畦灌应用最多,还有喷灌、滴灌、沟灌、穴灌等,若有条件,则用滴灌最好,节水且灌水均匀。

(2)排水:在雨季来临之前首先要修好排水沟,连续大雨时要将地面明水排出园区。

4.整形修剪

(1)整形修剪的依据

①品种特性:李树品种不同,其生物学特性也不相同,在萌发率、成枝力、枝条开张角度、结果枝类型和坐果率方面都不尽相同,修剪时要根据实际情况确定修剪方法。

②修剪反应:根据修剪反应确定修剪的方法和程度。对修剪敏感的品种要以轻剪为主,不敏感者可以适当加重。

③树势和树龄:树势强、树龄小的树应以轻剪回缩、疏枝为主;树势弱、树龄大的树则应适当增加剪截量,以增强树势和恢复产量。

④栽培管理条件:要根据综合管理水平的高低,特别是肥水条件的好坏确定修剪方案,以发挥合理修剪的作用。若肥水条件及其他各方面管理跟得上,且树体营养条件好,就可轻剪甩放多留枝,达到早果、早丰的目的。如果管理跟不上,采用轻剪甩放多留枝就会造成树体早衰、果个变小。

(2)与整形修剪有关的李树性质

①萌芽率和成枝力:李树的萌芽率高,一年生枝缓放不剪,芽的萌发率在90%以上,但其成枝力较弱。如果对当年生枝进行短截,剪口下也可形成4~5个较长的枝条。

②不定芽特性:李树的不定芽萌芽率高,多年生枝干重回缩,能引起不定芽的萌发,抽出较旺的枝条。

③易形成结果枝:李树进入结果期后,除徒长枝外,健壮的当年生枝一般都能形成花芽,成为长果枝。如果这类枝缓放不动剪,第二年即形成花束状果枝。

④结果习性:大部分李树品种的主要结果枝为短果枝和花束状果枝,而且以着生于三年生健壮枝上的短果枝和花束状果枝结果最好。这些枝是李树结果的主体。

⑤花束状结果枝特性:一至六年生果枝结果能力强。六年生以上的果枝有间歇结果现象。花束状枝顶芽为叶芽,每年靠顶芽生长延伸,寿命长达15年之久,因此不能回缩,否则结果后会死亡。

(3)修剪时期:一般分为冬剪和夏剪。

①冬剪:一般指落叶后至第二年树体萌芽或开花前所进行的修剪工作。修剪后树体枝芽量减少,能保证保留下来的枝芽的营养供应,从而促进树体新梢的生长。同时,冬剪能剪除一部分花芽,从而起到调节树体产量的作用。此外,还能维持树体形状和均衡长势,保持各级枝条间的从属关系,调节营养生长和生殖生长的平衡。

②夏剪:一般指在花后至秋季落叶前所进行的修剪。幼树夏剪能迅速增加树体分枝级数,扩大树冠,达到提早成形的目的。成龄树夏剪能调整树体生长状况,改良树体的通风透光条件,达到提高果实品质,确保枝条和花芽健壮发育的目的。但要注意掌握好夏剪的程度,避免因修枝过量而影响光合作用。

(4)修剪方法:李树上常用的修剪方法主要有短截、疏枝、回缩和缓放等。

①短截：剪去一年生枝的一部分。剪去一年生枝条长度的1/4左右，称为"轻短截"；剪去1/3～1/2为中短截；剪去2/3为重短截；极重短截是在枝条基部只留2～3个弱芽。一年生枝短截后，可以促进新梢的生长势，增加长枝的比例，减少短枝的比例，加强局部营养生长，延缓花芽的形成。对弱树或弱枝，进行适度短截，可以减少树体的总枝芽量，改善树体营养，有利于花芽分化。适量短截长、中果枝，可提高坐果率。但在幼树期间要尽量少用短截。

②疏枝：将一年生枝或多年生枝从基部剪除。适当从基部疏除细弱枝、病虫枝、徒长枝、重叠枝和密挤遮光的无用枝，使留下的枝分布均匀，可以改善通风透光条件，并减少营养消耗，集中养分用于花芽分化和果实生长。对树冠外围的枝条，应疏强留弱、疏直留斜，以抑制外围枝的长势，改善内膛光照条件。对于密集的结果枝组要留优疏劣，减少过多的花芽，保证开花的质量。但疏枝数量，特别是疏除多年生大枝的数量，一次不能过多，以防引起徒长而影响当年产量。

③回缩：对多年生枝进行短截。缩剪能使养分和水分集中供应给保留下来的枝芽，促进后部枝条生长，有利于复壮树势。回缩多用于培养结果枝组和更新老弱枝，也可以控制树冠高度和树体大小。回缩可以改善冠内光照条件，降低结果部位，改变延长枝的延伸方向和角度，控制树冠，延长结果年限。

④缓放：对一年生枝条不进行任何修剪，以缓和新梢的长势。缓放可增加母枝的生长量，减少长枝的数量，改变树体的枝类组成，促进短果枝特别是花束状果枝的形成，从而有利于花芽的形成。直立枝缓放时，必须先将其捋平或从基部扭伤，否则效果不好。缓放的枝条，成花结果后，必须及时清理，或短截，或回缩，以防树形紊乱。

(5)主要树形：不同类型李树的生长结果习性不尽相同，所适用的树形也不同。中国李枝条比较开张，主枝较多，树冠多呈半圆形；欧洲李树势较旺，枝条直立，树冠较为密集；美洲李树形较矮，枝条开张角度较大，而且有下垂现象。为了适应李树的这些习性，生产中常采用自然丛状形、自然开心形和主干疏层形等。

①自然丛状形：幼苗定植后，从地表开始至20厘米左右处，选留4～6个主枝，在每个主枝上，再各选留2～3个侧枝。这种树形扩冠较快，在副梢上也易形成花芽，基部和树冠内也易形成结果枝。但是每年都要及时疏除过密的枝条，以保持树冠内良好的通风透光条件，修剪时还应注意防止内膛空虚，结果部位外移。这种树形树冠较大，单位面积产量较高。

②自然开心形：干高50厘米，无中心干，主枝有3～4个。每个主枝上有侧枝2～3个，侧枝在主枝两侧着生或背斜生，主侧枝上着生枝组。此种树形适于生长势中等、角度比较开张的品种。苗木定植后，定干高度为60～70厘米。冬剪时选留3～4个分布均匀、生长发育好的枝条作为主枝并短截，剪去原长度的1/4～1/3。其余枝条全部剪除，不留中心干。主枝垂直角度为40°左右。第二年冬剪时，将主枝延长枝短截，并在延长枝的下部选一个向外侧生长的分枝作为第一侧枝，剪去原长的1/3左右。其余的枝条，5厘米以下的全保留，以备培养成花束状果枝或短果枝。中、长枝条可短截，促其分生发育枝和结果枝；以后每年适度短截延长枝，使其扩大树冠，并选留第二、三侧枝，第二、三侧枝以留背斜侧枝为宜。各侧枝在主枝左右分布，间距为50厘米左右。

李树的萌芽率较高，枝条容易配置，树冠中下部不易光秃，所以采用这种树形效果较好。幼苗定植后,在距地面 50～60 厘米处定干。从剪口下发出的新梢中,选留 3～4 个生长健壮、方位适宜、分枝角度较大的新梢作为主枝,其余的枝条,密集的疏除,过旺的短截,长势中庸的摘心,保证所选留的主枝苗壮生长。

第一年冬剪时,主枝留 60 厘米左右短截,剪口芽留外芽,以加大枝条的开张角度。不留中心领导干。竞争枝一律疏除,其余枝条根据空间大小和着生位置确定轻剪或缓放。对选留的三个主枝,第一主枝的开张角度宜保持在 40°左右,第二主枝宜为 35°左右;第三主枝宜为 30°左右,以保持三个主枝的长势均衡。如果分枝角度较小,枝条过于直立,可采用撑、拉等办法,加大其开张角度。第二年春天,在各主枝上选长势健壮、延伸方向适宜的枝条,作为主枝延长枝,其余枝条适当控制。对角度较小、长势较旺、有可能超过主枝延长枝的枝条,要及时疏除,或进行重短截,以保证主枝延长枝的生长优势。在整个生长季节,要进行 2～3 次修剪,及时疏除竞争枝,调节各主枝的长势,保持其均衡生长;对长势中庸的斜生枝,可适当轻剪或缓放,促其形成花芽。第二年冬剪时,主枝延长枝宜轻度短截,并在延长枝的基部选留一个向外侧生长的分枝作为第一侧枝。侧枝的剪留长度,以剪去当年新梢生长量的 1/3 左右为宜,其余的枝条,长度在 5 厘米以下的短枝应全部保留,使其成为短果枝或花束状果枝;长度在 5 厘米以上的中、长枝条可稍重短截,促其分生发育枝或结果枝。

以后各年的修剪,除继续对主枝延长枝适当短截,使其向外延伸外,还应注意选留第二、三侧枝,其着生方向以背斜侧为宜,各侧枝在主枝上应左右分布,各侧枝间的距离以 50 厘米左右为宜。同时,还应注意维持骨干枝的生长优势及各级枝的从属关系,防止交叉、重叠。其余枝条仍按前述办法处理。在每个主枝上选留 2～3 个侧枝,侧枝的角度要大于主枝。这样经过四年左右,基本可以成形。

③主干疏层形:这种树形主枝较多,分布均匀,整个树冠呈半圆形或圆头形,可充分利用空间,结果面积大,产量高,适用于长势较强、干性明显、层性较强的品种和在土质较肥沃的李园采用。幼苗定植后,在 60～70 厘米处定干,留中心领导干。全树有主枝 6～7 个,分三层着生于主干和中心领导干上。第一层留三个主枝,在每个主枝上培养 3～4 个背斜侧枝;第二层留两个主枝,每个主枝上培养两个侧枝;第三层留 1～2 个主枝,各主枝上选留一个侧枝。各层间的距离,由下而上依次为 60 厘米和 50 厘米。

第一年冬剪时,第一层的三大主枝剪留 50 厘米左右,中干延长枝剪留 60 厘米左右。第二年春季,继续选留第二层主枝和中心领导干。第二层主枝要与第一层主枝相互错开,互不重叠,对其余的枝条则要控制其生长、摘心、短截或疏除。第二年冬剪时,第一层主枝剪留 50 厘米左右;第二层主枝剪留 40～50 厘米,中干延长枝剪留 50～60 厘米,其余枝条根据着生位置和长势强弱确定剪截轻重,长势过旺的疏除或重短截,长势强的轻剪,中庸的缓放,使整个树体的长势下部强于上部;然后再选留第三层。最后一个主枝选定后,可以剪除其上的中心领导干,进行小开心。其余不选作骨干枝的枝条,短枝保留,中枝短截,徒长枝、竞争枝和过旺枝疏除。一般经过 4～5 年即可完成树形。

(6)幼龄树的修剪:幼苗定植后,按照整形要求选留主、侧枝,同时注意平衡树势,维持好各级枝的从属关系。当各主枝间,主、侧枝之间出现长势不均、从属关系不明时,可采用压缩强枝、加大强枝的开张角度、少留小枝、轻剪延长枝的办法进行处理。对弱枝则需抬高角度,多留小枝,结果树少留花果,适当重剪延长枝,使树势保持平衡。李树的萌芽率高,又以短果枝和花束状果枝结果为主,因此,修剪时应注意疏除旺长的发育枝和过密的中、长果枝,以调节树体营养,促进花芽充实和果枝健壮,提高其成花结果能力。

李树的顶端优势较为明显,幼龄李树先端易抽生发育枝和长果枝,下部则易抽生长势较弱的短果枝,但这种弱枝结果不良。为促生健壮果枝,应注意培养结果枝组,也可在同一基枝上,使短果枝和花束状果枝轮流结果,以维持短果枝的健壮长势。当基枝逐年延伸、长势变弱、不利结果时,可重剪更新或疏除。李树的枝条节间较短,枝、芽较多,新梢容易密挤、丛生,为保持树冠内部的良好通风透光条件,可于早春萌芽后,及时掰除过多嫩芽,也可于夏季疏除过密枝条。对长度在 30 厘米以上的一年生强枝,修剪时可剪去全长的 1/4;长 15～20 厘米的中枝,可剪去 1/3 左右;延长枝宜长留,侧枝宜短留。在延长枝的顶端,一般可抽生 3～4 个新梢,修剪时选留一个作延长枝,下部再留一个侧生枝,多余的枝条可从基部疏除;树冠内部的细弱枝,可根据情况短截或疏除。

(7)盛果期树的修剪:李树进入盛果期后,营养生长和生殖生长渐趋平衡,修剪量宜适当加重。骨干枝上的短果枝和花束状果枝数量过多时,可适量疏剪,以免因结果过多而削弱树势;对衰老的结果枝组,应及时回缩更新,以保持健壮长势;对各级骨干枝的延长枝,可适当重剪,以增强营养生长,延长盛果年限。对长势过旺、产量较低的成龄树,修剪时应先找出旺长原因,然后采取相应措施。因修剪过重而引起旺长时,可适当减轻修剪量,只疏密生枝,不再短截;对结果数量过多、树势变弱且有大小年结果现象的树,应在加强土、肥、水综合管理的基础上,适当加重修剪,以增强营养生长,恢复树体长势。中国李的多数品种结果早,产量高,修剪量可适当重于欧洲李,先端新梢的剪留长度以30～35 厘米为宜;美洲李的主要结果枝为中、短果枝,因此,对一年生营养枝,可适当重剪。

(8)衰老期树的更新修剪:李树进入盛果后期时,树体局部出现衰老现象,树体的营养逐渐减少;新梢年生长量明显减小;过密的花束状果枝和短果枝开始枯萎死亡;结果部位外移;产量也开始下降,果个变小。对衰老树的修剪,重点是回缩更新。对一些明显衰老的大枝,可从基部锯除。李树的潜伏芽萌发力较强,在剪锯口附近,可以萌发新的枝条或徒长枝,可从中选留着生位置和延伸方向适宜的枝条,培养为新的骨干枝和结果枝组,重新形成树冠,维持一定产量,若失去栽培经济价值,应及时进行全园更新。对衰老树的更新修剪,除采取较重的缩剪和去掉部分衰弱大枝外,更为重要的是加强土、肥、水的综合管理和病虫害的综合防治,只有这样,才能获得良好的更新复壮效果。李树更新时间的早晚,与种类、品种特性和栽培技术有关,其指标是产量和经济效益。集约化栽培的李园,进入盛果期以后 10 年左右,丰产性就开始降低,所产果实的风味和质量有所下降,病虫较多,若已失去经济价值,就应及时进行全园更新。

5.花果管理

(1)李树落花落果的原因:中国李的栽培品种大多自交不亲和,而且还有异交不亲和现象,因此李树常常开花很多,但落花落果相当严重。一般有三个高峰:第一次自开花完成后开始,主要是花器发育不全,失去受精能力或未受精造成的。第二次发生在开花后 20天左右,果实似绿豆粒大小时幼果和果梗变黄脱落,主要是授粉受精不良造成的,如授粉树不足、缺少传粉昆虫、花期低温、花粉管不能正常伸长等。第三次在第二次落果后三周左右开始,主要是营养供应不足、胚发育中途停止以致死亡造成的。

（2）保花保果的技术

①人工辅助授粉：人工授粉是防止落花落果、提高坐果率最有效的措施。在授粉树缺乏时必须进行人工辅助授粉；即使不缺授粉树，遇上阴雨或低温等不良天气，传粉昆虫活动较少，也应进行人工辅助授粉。注意花粉要从亲和力强的品种树上采集。最适宜的授粉时间是主栽品种的盛花初期，一般开花当天受精能力最强。在生产中，要争取在 2～3 天内，将全园李花人工授粉完毕。人工授粉最有效的办法是人工点授，但费工较多；也可采用人工抖粉，即在花粉中掺入 5 倍左右的滑石粉等物质，装入多层纱布口袋中，在李树花上部慢慢抖动；还可用掸授，即用鸡毛掸先在授粉树上滚动，再在被授粉树上滚动。人工授粉应在温暖的天气进行，以预定坐果位置的花为主，比预定量多授 20%～30%即可。

②花期放蜂：花前一周左右在李园中放蜂，可明显提高坐果率，增产效果明显。我国李园通常利用蜜蜂传粉，而一些发达国家则利用壁蜂传粉，作为果树优质、高产、高效的主要措施之一。蜜蜂出巢活动的气温要求较高，授粉效果远不如壁蜂。一般在李花初放时，就应将蜜蜂引入果园，一箱蜂即可保证 6～9 亩李园授粉。蜂群之间应相距 100～150 米。

③喷施生长调节剂和营养元素：花期喷施生长调节剂和营养元素，可促进花粉管伸长，促进坐果。据研究，在大石早生李盛花期，喷布 30 毫克/升赤霉素溶液、300 毫克/升氯化稀土溶液、300 毫克/升氯化稀土加 50 毫克/升赤霉素溶液、0.3%硼酸加 0.3%尿素溶液，均可显著提高坐果率。另外，蕾期喷 6000～1000 倍的叶面宝液或 800 倍的 5406 细胞分裂素液，终花期喷 0.05%～0.1%稀土液、30 毫克/升防落素液，幼果期喷 0.3%～0.5%硼砂液、50 毫克/升赤霉素溶液，均可提高坐果率。

④花期修剪：对树势较弱李树，对拖拉较长的果枝进行回缩，并疏去过密的细弱枝。一可集中养分，加强通风透光；二可疏去一部分花，减少营养消耗，有利于提高坐果率且增大果个。

（3）疏花疏果的技术

①疏花：花期进行疏花，可减少养分的消耗。人工疏花一般在蕾期和花期进行，在保证坐果率及预期产量的前提下，疏花越早越好。留花量应根据立地条件和管理水平确定，管理水平高的李园可多留花。疏花时，要疏除结果枝基部的花，选留中上部的花，并且要留单花。预备枝上的花要全部疏掉。就整株李树来说，树冠中部和下部的花要少疏多留，外围和上层的花要多疏少留；辅养枝和强枝的花要多留，骨干枝和弱枝的花要少留。

②疏果：李树在坐果较好时必须进行疏果，以增大果个，提高商品价值，保证连年稳产丰产。疏果时间原则上越早越好。一般在第二次落果开始后，能够判断结果状况时进行，最迟在硬核开始时完成。疏果量应根据品种特性、果个大小、肥水条件等因素加以综合考虑。对坐果率高的品种，应早疏，并一次性定果。对果实大的品种应留稀些，反之留密一些；肥水条件好、树势强健的树可适当多留果，而肥水条件差、树势又弱的树一定要少留。

（4）套袋技术：李果套袋可消除大果系品种裂果、着色不良的弊病；同时，也可防止农药的污染，而且套袋后果实的肉质和口味也有明显的改善。尤其是易遭受虫害和鸟害的品种，或成熟期容易裂果的品种，以及果皮薄、果面粗糙影响外观的品种，套袋更有好处。

四、主要病虫害及其防治

（一）主要病害及其防治

1. 李穿孔病

李穿孔病分细菌性穿孔病、霉菌性穿孔病和褐斑穿孔病三种，以细菌性穿孔病最普遍。细菌性穿孔病危害叶、新梢和果实。叶片受害初期，产生水浸状小斑点，后逐渐扩大为圆形或不规则形，潮湿天气病斑背面常溢出黄白色黏稠的菌脓。病斑脱落后形成穿孔或有一小部分与叶片相连。植株发病严重时，数个病斑互相愈合，使叶片焦枯脱落。枝梢上的病斑有春季溃疡和夏季溃疡两种类型。春季溃疡斑多发生在上一年夏季生长的新梢上，形成暗褐色水浸状小疱疹，宽度不超过枝条直径的一半。夏季溃疡斑则发生在当年新梢上，以皮孔为中心形成水浸状暗紫色病斑，圆形或椭圆形，稍凹陷，边缘呈水浸状，病斑形成后很快干枯。果实发病初期生褐色小斑点，后发展成为近圆形、暗紫色病斑，中央稍凹陷，边缘水浸状，干燥后病部发生裂纹。霉菌性穿孔病和褐斑穿孔病均危害叶片、枝梢和果实。它们与细菌性穿孔病不同的是，病斑上产生霉状物或黑色小粒点，而不是菌脓。

防治方法如下：①新建李园时，要选用无病毒苗木和抗病品种。②结合冬剪，彻底剪除病枝、落叶和落果，集中深埋或烧毁，消灭越冬菌源。同时，要加强土、肥、水管理，合理施肥、灌水和修剪，增强树势，提高树体抗病能力。③早春萌芽前，刮除病斑后，涂 $25\sim30$ 波美度石硫合剂，也可以全株喷布 $1∶1∶(100\sim200)$ 波尔多液或 $4\sim5$ 波美度石硫合剂。生长季节从 5 月上旬开始每隔 15 天左右喷一次药，连喷 $3\sim4$ 次，可用 3％克菌素可湿性粉剂或 72％硫酸链霉素可湿性粉剂 3000 倍液，两种药液要交替使用。据试验，采用清除病源和药剂防治相结合的方法，对细菌性穿孔病的防治效果达 89.2％$\sim$90.4％；只用药剂防治的，防治效果仅为 55.2％$\sim$57.2％。因此，必须将清除病源与药剂防治并举，以收到较好的防治效果。

2. 李子红点病

该病在李树栽培区普遍发生。侵染叶片，将引起落叶；侵染果实，会严重影响果实品质和产量。危害叶片时，在叶面上产生红色圆形微隆起的病斑，其边缘与健部界线清晰，病斑上密生暗红色小粒点。发病严重时，叶片上病斑密布，病叶变黄早落。果实被侵染时，果面上也产生红黄色圆形隆起的病斑，病果生长不良且易脱落。发病时期因各地气温、降雨量不同而异。低温多雨年份或植株和枝叶过密的李园发病较重。

防治方法如下：①彻底清除果园病叶、病果，集中烧毁或深埋，消灭越冬菌源。秋翻地春刨树盘，也可减少侵染来源。②加强果园管理，对感病植株增施肥料，改良土壤，增强树体抗病能力，并注意排水，勤中耕，避免果园土壤湿度过大。③萌芽前喷 5 波美度石硫合剂，展叶后喷 $0.3\sim0.5$ 波美度石硫合剂。在李树开花末期至展叶期及果实膨大期，喷布 50％琥珀酸铜可湿性粉剂 500 倍液、14％络氨铜水剂 300 倍液。

3. 李流胶病

该病主要危害李树主干和枝条，且以主干和主枝分杈处为主，有时果实也会出现流胶现象。枝干病部肿胀，并不断从皮孔流出树胶，初时为透明或褐色的柔软树胶，后变成硬胶块。发病严重时对树势和产量影响极大，常造成枝干枯死。该病在温暖多雨的季节易发生。

防治方法如下：①修剪时要适当轻剪，避免在枝干上造成大伤口。对大剪口和锯口，要涂铅油、石蜡等防腐剂，以保护伤口。②要及时消灭枝干害虫，如红颈天牛、吉丁虫等蛀干害虫，防止在枝干上造成伤口，引起流胶。还应注意尽量避免造成枝干的机械损伤而导致流胶。③冬剪时做好果园的清洁工作，收集病死枝集中烧毁。萌芽前，刮除流胶病块，再在伤口及周边区域涂抹佰明 98 灵原液或石硫合剂原液。流胶严重的李园可全园喷百菌敌 300 倍液，枝干喷淋。

4.褐腐病

褐腐病又称"李实腐病"，主要危害李树的花和果实。花受害后变褐，枯死，常残留于枝上，长久不落。果实自幼果至成熟期都能受侵染，但近成熟果受害较重。在储藏期间，病果与健果接触能继续传染。花期低温多雨，易引起花腐、枝腐或叶腐。若果熟期间高温多雨，空气湿度大，则易发生果腐，伤口和裂果易加重褐腐病。

防治方法如下：①结合冬剪，彻底清除树上、树下病僵果、病枝梢，集中烧毁或深埋，消灭越冬菌源。②要及时防治虫害，减少果实伤口，防止病菌从伤口侵入。③早春萌芽前喷一次 5 波美度石硫合剂。李树开花 70％左右及果实近成熟时，喷布 70％甲基托布津或 50％多菌灵 1000～1500 倍液。

5.细菌性根癌病

细菌性根癌病又名"根头癌肿病"，受害植株生长缓慢，树势衰弱，结果年限缩短。细菌性根癌病主要发生在李树的根颈部嫁接口附近，有时也发生在侧根及须根上。病瘤为球形或扁球形，初生时为黄色，后逐渐变为褐色；老熟病瘤表面组织破裂，或从表面向中心腐烂。病菌主要在病瘤组织内越冬，或在病瘤破裂、脱落时进入土中，在土壤中可存活一年以上。雨水、灌水、地下害虫、线虫等是田间传染的主要媒介，苗木带菌则是远距离传播的主要途径。细菌主要通过嫁接口、机械伤口侵入，也可通过气孔侵入。

防治方法如下：①繁殖无病苗木，选无根癌病的地块育苗，并严禁采集病园的接穗；若在苗圃刚定植时发现病苗，应立即拔除，并清除残根集中烧毁，用 1％硫酸铜溶液对土壤进行消毒。②苗木用 1％硫酸铜溶液浸泡 1 分钟或用 3％次氯酸钠溶液浸根 3 分钟，可杀死附着在根部的细菌。③早期发现病瘤要及时切除，用 30％琥珀酸铜胶悬剂 300 倍液进行消毒以保护伤口。对刮下的病组织要集中烧毁。

（二）主要虫害及其防治

1.李实蜂

李实蜂又名"李叶蜂"，幼虫蛀食花托和幼果，常将果核食空，李果长到玉米粒大小时即停止生长，然后蛀果全部脱落。该虫一年发生一代，以老熟幼虫在土壤中结茧越夏和越冬；春季李树萌芽时化蛹，花期成虫羽化出土。成虫习惯于白天取食花蕾，并产卵于花萼表皮上，每处产卵一粒。幼虫孵化后，钻入花内蛀食花托、花萼和幼果，常将果核食空，虫粪堆积于果内。幼虫无转果习性，30 天左右成虫老熟脱果，落地后入土结茧越夏、越冬。

防治方法如下：①成虫羽化出土前，深翻树盘，将虫茧埋入深层，使成虫不能出土。②在幼虫入土前或翌年成虫羽化出土前，在李树树冠下撒 2.5％敌百虫粉剂，每株结果树撒药 0.25 千克，或喷洒 2.5％溴氰菊酯乳油 2000 倍液，可有效地消灭入土的幼虫和羽化出土的成虫。③及时摘除被害果并清除落地虫果，集中烧毁。

2.李子食心虫

该虫是危害李子果实最严重的害虫,在虫孔处流出泪珠状果胶,被害果实不能继续发育,渐渐变成紫红色而提前脱落。被害果实的虫道内积满红色虫粪。该虫一年发生两代,以老熟幼虫在树下表土内结茧越冬。越冬代成虫于5月中旬开始出现,5月中下旬为羽化盛期。成虫具有趋光性和趋化性。

防治方法如下:①在越冬代成虫羽化出土前于树干周围45~60厘米的范围内培10厘米厚的土层,并踏实压紧,使羽化的成虫不能出土而窒息死亡。越冬代成虫羽化完成后,应结合松土除草,将培土撤除。②在越冬代成虫羽化前或第一代幼虫脱果前,可在树冠下喷药防治,也可用生物制剂,如白僵菌等处理树冠下的土壤。③成虫发生期,用苏云金芽胞杆菌500倍液或虫螨光3000~4000倍液喷布树体。④利用成虫的趋光性和趋化性,用灯光或糖蜡液进行诱杀。

3.桑白蚧

桑白蚧又称"桑盾蚧",以若虫或雌成虫聚集固定在枝干上吸食汁液,随后密度逐渐增大。虫体表面灰白或灰褐色,受害枝长势减弱,甚至枯死。该虫在北方果区一般一年发生两代,第二代受精雌成虫在枝干上越冬,第二年5月开始在壳下产卵。第一代若虫在5月下旬至6月上旬孵化,孵化期较集中。孵化后的若虫在介壳下停留数小时后爬出介壳,分散活动1~2天后便成群固定在母体附近的枝条上吸食汁液,5~7天开始分泌白色蜡质介壳。8月中下旬第二代若虫出现。

防治方法如下:①加强苗木、接穗检疫,防止病害蔓延。②结合冬剪和刮树皮,及时剪除、刮治被害枝,也可用硬毛刷刷除枝干上的越冬雌成虫,消灭越冬代成虫。③药剂防治重点抓住第一代若虫盛发期,且未形成蜡壳时,可喷施速介克1000~1500倍液。④利用捕食性红点唇瓢虫和寄生性软蚧蚜小蜂等控制其危害。

4.黄褐天幕毛虫

黄褐天幕毛虫又名"天幕枯叶蛾",食性杂,危害重,主要以幼虫食害嫩芽、新叶和叶片,并吐丝结网作巢(即"天幕"),幼龄幼虫群居在"天幕"上。幼虫近老熟时分散活动,白天常在树干下部或树杈处静伏,晚间爬向树冠取食,严重时可将全树叶片吃光,严重影响果树生产。该虫一年发生一代,以完成胚胎发育的幼虫在卵壳中越冬,翌年李树花期前后幼虫孵出。初孵幼虫有群集危害的习性,长大后分散危害。6月中旬为成虫盛发期,雄蛾善飞翔,日间常成群旋转飞舞。卵多产于枝干的阴面,上覆雌蛾腹末的黄褐鳞毛。该虫的主要天敌有核型多角体病毒、天幕毛虫抱寄蝇、枯叶蛾绒茧蜂、柞蚕饰腹寄蝇、脊腿匙鬃瘤姬蜂、舞毒蛾黑卵蜂、稻苞虫黑瘤姬蜂等。

防治方法如下:①结合冬剪彻底剪除越冬卵块并集中烧毁。还可在幼虫群集"天幕"危害时人工捕杀。②幼虫发生量较大时,喷洒50%辛脲乳油1500~2000倍液,消灭成虫。

5.李短尾蚜

该虫主要寄生于嫩叶背面及幼枝上,吸汁危害,使幼叶畸形卷缩,嫩顶弯曲;一年发生多代,以卵在李芽附近越冬,次年春天越冬卵孵化为若虫,若虫吸食汁液危害花、新叶及幼芽。5月开始产生有翅胎生雌蚜,迁往夏季寄主上;10月中旬再迁回越冬寄主上,产生两性蚜,交尾产卵越冬。

防治方法如下:①结合春剪,剪除被害枝梢,予以集中烧毁。②合理配置树种。在果园附近不要栽种烟草、白菜等农作物,以减少蚜虫夏季繁殖场所。③要尽量少喷洒广谱性农药,同时避免在天敌多的时期喷药。保护和利用天敌,如瓢虫、草蛉、食蚜蝇等。④在蚜虫发生期,喷10%扑虱蚜3000～5000倍液或蚜虱净5000倍液,予以毒杀。

6.桃红颈天牛

该虫以幼虫蛀食树干,削弱树势,严重时可致整株枯死。在华北地区2～3年发生一代,以幼虫在树干蛀道内越冬。翌年春天恢复活动,在皮层下和木质部钻蛀不规则蛀道,并经蛀孔向外排出大量红褐色虫粪和蛀屑。6—7月成虫羽化,卵产于主干表皮裂缝内,无刻槽。

防治方法如下:①在成虫出现期,利用成虫午间静息枝干的习性,震落捕捉成虫;也可用烛光灯、白炽灯诱杀。②于成虫发生期前在树干、树枝上涂白,防止成虫产卵。③在有新鲜排粪孔处,用镊子掏尽粪渣,并用小刀撬开排粪孔周围皮层,随即塞入52%磷化铝片剂毒杀幼虫。④对主干、主枝刮皮,刮除虫卵。

7.山楂红蜘蛛

山楂红蜘蛛又名"山楂叶螨",以成螨、幼螨、若螨刺吸叶片汁液进行危害。叶片受害初期,出现许多失绿小斑点,后扩大连片,致使全叶呈灰褐色,最后焦枯脱落。虫害严重时将导致大部分树叶脱落,造成李树二次开花,严重影响果品产量和品质,并影响花芽形成和下年产量。该虫一年发生5～10代,以受精雌螨在枝干树皮裂缝内、老翘皮下及树干基部的土缝内越冬。春季芽体膨大时,雌螨开始出蛰,上树活动。初花至盛花期为雌螨产卵盛期,第一代幼螨和若螨发生比较整齐,历时约半个月,此时是喷药防治的关键时期。进入6月中旬后,气温增高,红蜘蛛发育加快,开始出现世代重叠,防治比较困难;7—8月螨量达高峰,危害加重,但随着雨季来临,天敌数量相应增加,对红蜘蛛有一定抑制作用;9月逐渐出现越冬雌螨。

防治方法如下:①结合冬季果园管理,清扫落叶,翻耕树盘,刮除树皮、翘皮,集中烧毁,消灭越冬雌螨;也可在树干束草把,诱集越冬雌螨,早春取下草把烧毁。②花前,在红蜘蛛出蛰盛期,喷0.3～0.5波美度石硫合剂或1.8%阿维菌素4000～5000倍液;花后1～2周为第一代幼螨、若螨发生盛期,用10%螨即死3000～4000倍液喷洒整株,效果甚佳。用药要细致周到,不要漏喷。

第十一节 樱 桃

一、主要优良品种

(一)大樱桃品种

1.那翁

那翁是一个黄色、硬肉、中熟的优良品种,由韩国引入我国,是烟台、大连等地的主栽品种。果实较大,正心脏形或长心形,整齐;果肉浅米黄色,致密多汁,肉质脆,酸甜可口,品质上等;果核中大,离核;树势强健,树冠半开张;萌芽率高,成枝力中等,可连续结果20年左右;果实成熟期为6月上中旬,耐储运,加工、鲜食均可;自花授粉结实率低,栽培上需配植大紫、红灯、红蜜等授粉品种;适应性强,在山丘地砾质壤土和沙壤土上栽培,生长结果良好；花期耐寒性弱,果实成熟期遇雨较易裂果,降低品质。

2.大紫

大紫是一个紫红色、软肉、早熟的品种,原产于俄罗斯,由山东烟台首先引进,后传至辽宁和河北等地,为我国主栽品种。果实较大,心脏形至宽心脏形;果皮初熟时为浅红色,成熟后为紫红色,充分成熟时为紫色,有光泽;果皮较薄,易剥离,不易裂果;果肉浅红色至红色,质地软,汁多,味甜;果核大;果实发育期为40天左右,于5月中旬成熟,不耐储运;树势强健,树冠大,结果早;一般与那翁互为授粉品种。

3.红灯

红灯为大连市农业科学研究院以那翁和黄玉杂交选育而成,是一个大果型、早熟、肉半硬的红色品种。果实大,肾形;果皮深红色,充分成熟后为紫红色,富光泽;肉质较硬,酸甜可口,半黏核;在泰安市露地栽培的成熟期在5月中下旬,较耐储运,采收前遇雨有轻微裂果;树势强健,树冠不开张,必须用人工开张角度;芽的萌发率高,成枝力较强;开始结果期一般偏晚,四年开始结果,六年以后才进入盛果初期。

4.红蜜

红蜜为大连市农业科学研究院以那翁和黄玉杂交选育而成,是一个中果型、早熟、质软、黄底红色的品种。果实中等大小,宽心脏形;果皮底色黄,有鲜红的红晕,光照充足时果面呈鲜红色;肉质较软,多汁,以甜为主,略有酸味,品质上等;核小,黏核;在北京市,果实于5月下旬成熟;树势中等,树姿开张,芽的萌芽力和成枝力较强;花芽容易形成,且花量很多,最适宜作为授粉品种;坐果率高,是丰产型品种。

5.红艳

红艳为大连市农业科学研究院以那翁和黄玉杂交选育而成。果实宽心脏形,近肾形;果皮浅黄色,阳面有鲜艳红霞;肉质较软,肥厚多汁,风味酸甜;在北京地区,果实成熟期为5月下旬,比红灯晚2～3天,采收时遇雨易裂果;树势强健,树姿开张,分枝多而细,萌芽力和成枝力都强,花芽容易形成;丰产性好。

6.芝罘红

芝罘红为山东烟台芝罘区农业局发现的自然实生品种。果实宽心脏形;果皮鲜红色,富光泽;果肉较硬,浅粉红色;果汁较多,酸甜适口,口味佳,品质上等;果皮不易剥离,离核,核较小;在产地,果实于6月上旬成熟;树势强健,枝条粗壮,萌芽率高,成枝力强,一年生枝短截后可抽生出中、长枝5～6个;进入盛果期以后,以短果枝和花束状枝结果为主,长、中、短各类结果枝的结果能力均强;丰产性强。

7.佐藤锦

佐藤锦为日本佐藤荣助用黄玉和那翁杂交选育而成,是一个黄色、硬肉、中熟的优良品种,于1986年由烟台、威海引进,丰产、品质好。果实中大,短心脏形;果面底色黄,上有鲜红色的红晕,光泽美丽;果肉白色,核小肉厚,酸味少,品质上等;果实成熟期为6月上旬,耐储运;树势强健,树姿直立,适应性强,在山丘地砾质壤土和沙壤土上栽培,生长结果良好。

8.雷尼

雷尼为美国华盛顿州农业实验站以滨库和先锋杂交选育而成,于1983年引入我国,1984年在山东试栽,表现良好。果实大型,心脏形;果皮底色为黄色,富鲜红色红晕,艳丽、美观;果肉白色,质地较硬,口味好,品质佳;离核,核小;抗裂果,耐储运,鲜食、加工皆宜;在泰安,果实于5月底6月初成熟;树势强健,树冠紧凑,花量大,是很好的授粉品种;丰产性强,适应性广。

9.滨库

滨库原产于美国俄勒冈州,山东省于1982年从加拿大引入。果实较大,宽心脏形;果皮浓红色至紫红色,外形美观,果皮厚;果肉粉红,质地脆硬,汁较多,淡红色;离核,核小;甜酸适度,品质上等;在北京地区,果实于6月上中旬成熟,采前遇雨有裂果现象;树势强健,枝条直立,树冠大,树姿开展,花束状结果枝占多数;丰产,适应性强。

10.拉宾斯

拉宾斯为加拿大以先锋和斯坦勒杂交选育而成,于1988年引入烟台。果实为大果型;果皮厚韧,深红色,充分成熟时为紫红色,有光泽,美观;果肉肥厚、脆硬、果汁多,口味佳,品质上等;在泰安,果实于6月初成熟;树势健壮,树姿较直立,耐寒;花粉量大,宜作为其他品种的授粉树;早实性和丰产性很突出。

11.斯坦勒

斯坦勒系加拿大育成,于1987年由山东省果树研究所引进泰安、烟台等地栽培。果实较大,心脏形;果面紫红色,光泽艳丽;果肉淡红色,致密而硬,汁多,酸甜爽口,口味佳;果皮厚而韧,耐储运;早果性和丰产性突出;在泰安,果实于6月上旬成熟;树势强健,枝条节间短,树冠紧凑,能自花授粉结实,花粉量多,是良好的授粉品种。

12.先锋

先锋系加拿大育成,于1984年由山东省果树研究所引入烟台栽培。果实大,肾形;紫红色,光泽艳丽;果肉玫瑰红色,肉质肥厚,较硬且脆,汁多,含糖量高,口味好,品质佳;果皮厚而韧,很少裂果,耐储运;在泰安,果实成熟期为5月中下旬;树势强健,枝条粗壮,丰产性好,花粉量多,是极好的授粉品种。

13.意大利早红

意大利早红是早熟甜樱桃的上品,于20世纪90年代左右引入山东,1999年通过山东省农作物品种审定。该品种具有早实、早熟、稳产丰产、色红、味香等特点,不仅适合露地栽培,而且特别适合保护地促成栽培,具有广阔的发展前景。果实中大,短鸡心形;果皮紫红色,果肉色红、细嫩、汁多,口味酸甜,品质上佳;树体健壮,树姿较开张,萌芽力和成枝力较强;适应性强,抗寒、抗旱,产量高,不裂果;栽后三年结果,五年进入丰产期;在烟台,果实于5月下旬成熟。

14.早红宝石

早红宝石属乌克兰极早熟红色品种,成熟期极早,花后27～30天即熟,在泰安,5月上旬采收,是目前我国最早熟的甜樱桃品种。果实阔心脏形;果皮紫红色,外观漂亮,有光泽,易剥离;果肉紫红色,肉细多汁,甜酸可口,核小,可食率高,品质佳,商品性状好;抗寒,抗旱;始果年龄较早,丰产性强,嫁接后第三年结果,以花束状果枝结果。

15.乌梅极早

乌梅极早属乌克兰早熟品种。果实大,整齐,心脏形,红色皮,品质上等,花后28～30天果实成熟;抗寒,抗旱;栽后3～4年结果,成龄树亩产900千克左右。

16.抉择

抉择属乌克兰早熟红色品种。果个大而整齐,果实圆形至心脏形;果皮薄,紫红色,易剥离,肉质半硬,细嫩多汁,汁液紫红色,酸甜爽口,品质优良;在泰安,果实于5月中旬成熟;以一年生中长枝和花束状果枝结果,栽后3~4年结果;丰产性较强。

17.极佳

极佳属乌克兰早熟红色品种。果个较大;果皮紫红,半硬肉,肉质紫红并带有白色纹理,品质佳;在泰安,果实于5月中旬成熟,栽后3~4年始果,以中长枝和2~5年花束状果枝结果,果枝寿命较长;丰产,性状良好。

18.早大果

早大果属乌克兰早熟红色大果品种。果个大,果实近圆形;果皮紫红色,光泽艳丽;果肉紫红色,软而多汁,酸甜爽口,鲜食品质佳;有较好的自花授粉能力,早果丰产,耐储运;在泰安,果实5月10日即可采收,比红灯早5天。

19.佳红

佳红系大连市农业科学研究院以滨库和香蕉杂交选育而成。果实宽心脏形,大而整齐;果皮浅黄,阳面鲜红,有光泽,外观较美;果肉浅黄白色,质脆,肥厚,多汁,口味甜酸适口;核小,黏核,品质上等;果实较耐储运,且为较好的授粉品种;适应范围广,北起辽宁瓦房店,南至苏北、湖南和四川的高海拔地区,西达陕西西安等地都可栽培,且生长良好。

20.巨红

巨红系大连市农业科学研究院选育。果实大而整齐,宽心脏形;果皮浅黄,阳面有鲜红色晕,外观较鲜艳,有光泽;果肉浅黄白色,较脆,肥厚多汁,口味酸甜适口;果核中大,黏核;耐储运;栽植地域较广,北至辽宁瓦房店,南至苏北、安徽和四川高海拔地区,西至陕西西安等地都可以栽植。

21.红南阳

红南阳系日本中晚熟品种。果实椭圆形;果皮黄色,阳面鲜红色,外观艳丽;果肉硬而多汁,醇美可口,品质极优。

22.萨米托

萨米托系加拿大育成的中晚熟大粒品种。果实心脏形,果个大;果皮薄而韧,充分成熟后为紫黑色,有光泽;果肉紫红色,肥大多汁,肉质较硬,口味酸甜,品质佳;在产地,果实于6月中下旬成熟,比那翁晚2~3天;极丰产,采前遇雨裂果较多。

(二)中国樱桃品种

1.泰山樱桃

泰山樱桃产于山东省泰安市。果实中大,心脏形;果皮红色,果肉橙黄色,酸甜适度;丰产、抗旱;果实于5月上旬成熟。

2.短把大果

短把大果产于山东省莱阳市。果实中大,扁心脏形,深红色,品质中等;果实于5月中旬成熟。

3.大窝搂叶

大窝搂叶产于山东省枣庄市。果实较大,圆球形或扁球形;果皮暗紫红色,有光泽;果肉淡黄带红色,果汁中多,味甜有香气,品质优;离核;喜微酸性砂质壤土;果实于5月上旬成熟。

4.小窝搂叶

小窝搂叶产于山东省枣庄市。果实中大,球形;果皮薄,紫红色,有光泽;果肉黄色,味甜,离核;较丰产;适应性强,较抗旱,耐瘠薄;果实于5月上旬成熟。

5.滕县大红樱桃

滕县大红樱桃产于山东省枣庄市山亭。果实中小,圆球形;果皮完全成熟时橙红色,有光泽;果肉橙黄色,果汁中多,味甜微酸,有香味,品质优;果实于5月中旬成熟。

6.崂山短把红樱桃

崂山短把红樱桃产于山东省青岛市崂山。果实较大,近圆球形;果皮成熟时为深红色,中厚,易剥离;果肉黄色,汁多味甜,品质优;果实于5月中旬成熟;较耐瘠薄、干旱,适于山区坡地栽培。

7.诸城黄樱桃

诸城黄樱桃产于山东省泰安市。果实个大,圆球形;果皮橘黄色,阳面有红晕,外形美观;果肉黄色微红,果汁多,酸甜适度,口味佳,品质优;较丰产,抗旱力差;果实于5月上中旬成熟。

8.费县黄樱桃

费县黄樱桃产于山东省费县、莒南、沂水等地。果实中大,近桃形或宽心脏形;果皮极薄,黄色或橘黄色,阳面有红晕;果肉黄色,果汁特多,味甜微酸,品质中等;离核;果实于5月下旬成熟,极不耐储运。

二、苗木繁育技术

目前,生产上发展的樱桃主要是甜樱桃,其他樱桃作为甜樱桃的砧木进行繁殖。甜樱桃扦插不易生根,生产上主要采用嫁接繁殖。

(一)砧木苗的繁育

1.常用的砧木种类

(1)中国樱桃:是我国主要采用的一种砧木,种源丰富,以山东省、江苏省、浙江省为多;适应性强,耐干旱,抗瘠薄,但不抗涝,耐寒力差,须根发达,生根浅;扦插易生根,嫁接成活率高,进入结果期早。

(2)山樱桃:在山东省威海市及辽宁省山区有野生分布;扦插不易成活,主要用种子繁殖,种子发芽率高,播种后当年可嫁接,与甜樱桃嫁接成活率高,嫁接苗生长健壮;抗旱力、耐寒力强,根系发达。

(3)莱阳矮樱桃:是中国第一短生类型,粗根多,分布深,固地性强,较抗倒伏;对土壤要求不严,在山丘、河滩地均能生长良好;与甜樱桃嫁接亲和力强,成活率高,进入结果期早。

(4)大叶草樱桃:是烟台地区常用的一种砧木,主根发达,分布较深,适应性强;嫁接亲和力强,嫁接甜樱桃后,植株健壮,丰产;固地性好,不易倒伏,抗逆性较强,寿命长;可种子繁殖、扦插繁殖。

2.采种和种子处理

樱桃果实生长期短,种胚发育不充分,干燥后容易丧失生命力,因此,樱桃种子的处理与其他果树种子不同。育苗用的种子,必须待到果实完全成熟后才能采收。采收后应立即去掉果肉,取出种核,用清水冲洗干净,放在阴凉处晾干后立即沙藏。在背阴高燥处挖一条深 50 厘米、宽 80～100 厘米的沟,先在沟底铺一层 10 厘米厚的湿沙,然后把种子与湿沙以 1∶5 的比例拌匀(沙的湿度以手握成团、伸开手即散为宜)并放入沟内,厚度一般为40 厘米左右,上盖 10 厘米的湿沙,再盖上细土或草保湿,最上层盖瓦片,以防雨水流入导致霉烂。翌年春天待有 30% 以上的种子发芽时,即可播种。

3.整地和播种

樱桃易染立枯病,苗圃整地时应将土壤严格消毒,可每亩施硫酸亚铁 25 千克,同时施2% 辛硫磷 3 千克,以杀死地下害虫。将整好的圃地施足基肥、灌水造好墒后,做成宽 1 米、长 10 米的畦面。按行距 20 厘米开沟,每畦 4 行,沟深 2 厘米,种子撒在沟内,再覆以细土与畦面平。开沟播种,每亩需种量约为 13 千克。也可以在畦内撒播,上覆 1 厘米细土,再用塑料膜小拱棚覆盖,每亩需种量约为 25 千克。出苗后,温度超过 25 ℃ 时,上午 10 时打开拱棚两端通风,下午 3 时再封闭保温。苗高 5～10 厘米时,中午揭开塑料布进行炼苗,3～4 天后即可不覆盖。此时可移苗,最好在下午或阴天时进行,随起苗、随移栽、随浇水。移苗后经过几天的缓苗,浇一次水,10 天内不再浇水,进行蹲苗。以后加强肥水管理,促进苗木生长。

4.扦插育苗

结合冬剪,将剪下的一年生枝作为插条,沙藏后翌年春天扦插;也可以春季随采条随插。山东省一般在 3 月中下旬进行扦插。将插条剪成 15～20 厘米长的插穗,下端剪成马耳形,上端剪平。露天扦插时以株行距 15 厘米×25 厘米或 20 厘米×30 厘米为宜,在整好的畦内开沟斜插。插时第一芽与地面平,其上覆土 3～5 厘米,以防早春干旱和春冻。地膜覆盖扦插时,整好畦,浇透水,将地膜覆盖上,用尖木棒扎孔,随后放入顶端蘸蜡的插穗,使 1～2 个芽露出地面,然后用壶浇水,使插穗与土壤密接即可。如果土壤较黏,可用高垄斜插法。垄高 10～12 厘米,垄距为 30 厘米,倾斜 60° 插入土中,覆土,埋过顶芽 3～5 厘米。扦插时浇透水,以后不再浇水,以防降低地温,影响生根。在顶芽长出 5～10 厘米时地温已高,可根据降水与土壤湿度,酌情浇水。

(二)嫁接苗的繁育

1.嫁接方法

樱桃的嫁接方法很多,可采用"T"形芽接法、带木质部芽接法、切接法、劈接法、腹接法和舌接法。8 月上中旬,砧木嫁接部位达 0.4 厘米粗时,可取当年生接穗用"T"形芽接法嫁接。带木质部芽接法在春、秋两季都可应用。春季宜在 3 月下旬,树液流动后到接穗萌芽前进行。秋季可在 8 月底进行。切接法和劈接法的适宜嫁接时期为春季树液刚开始流动前后,芽尚未萌发的 3 月上旬左右。腹接法的嫁接时期在春季 3 月上中旬,也可在生长季节进行。舌接法适合于较细砧木,砧木直径一般为 1～1.5 厘米。

2.嫁接苗的管理

樱桃嫁接后若遇雨或浇水,易引起流胶,影响成活,因此,嫁接后 15～20 天内不要浇水。芽接的苗嫁接成活后要及时松绑,以防雨水沿绑缚物渗入皮层引起流胶。冬季应在封冻前用细土在苗的基部培 25～30 厘米厚的土堆防寒,土堆要打实,翌年春天再扒开土堆。已成活的芽接苗,发芽前要剪砧,以在接芽变绿但尚未萌发前为宜。剪砧的部位最好在接芽以上 1 厘米处,向芽的背面斜剪。当接芽长到 20～30 厘米时,应及时设支柱绑缚。当苗高 30～40 厘米时,可保留 20～30 厘米摘心,使下部抽发分枝。7 月上旬,对上部过旺的枝再次摘心。

为促进苗木生长,应根据降水情况及时浇水。浇水后及时中耕、松土、除草。结合浇水追施肥料:5 月中旬,亩施硫酸铵 5 千克或尿素 4 千克;7 月中旬以后,每亩追施磷酸二铵 15 千克。以后要适当控水,以利于苗木成熟,提高苗木的越冬能力。苗期要注意防治病虫害。

三、丰产栽培技术

(一)高标准建园

1.园址的选择与规划

樱桃是经济价值很高的果树,为了获得良好的经济效益,要高标准、严要求地建园。为了选好园址,应该了解樱桃生存的特点:第一,樱桃不耐涝,也不耐盐碱,因此要选择雨季不积水、地下水位低的地块建园,盐碱地不宜建园。第二,樱桃不抗旱,根系不太发达,要选择土壤肥沃、疏松,保水性较好的沙质壤土,不宜在沙荒地和黏重土壤上建园,同时一定要有灌水条件。第三,樱桃树一般根系较浅,容易被大风吹歪或吹倒,园址应选背风向阳的地块或山坡,并重视营造防风林。第四,樱桃树开花早,易受霜害,要把园址选在空气流通、地形较高的地方。这样的地方春季温度回升较缓慢,可以推迟樱桃开花期,避开霜冻危害。第五,樱桃要抢市场,应选择交通方便的地点建园,最好是城市郊区,以方便新鲜果品及时上市,从而提高樱桃的经济效益。第六,根据樱桃美观、受人们喜爱,但采摘较困难等特点,可发展观光果园,果园的地点最好和旅游点相结合。第七,樱桃园周围要无矿山、工业和粉尘污染,还要与公路有一定距离。

园址选择后,还需要对建园进行统一规划,要将果园划分成几个作业小区;要有贯通全园的道路;要有防风的防护林,特别是一定要针对主风向营造防风林;另外,要有灌水和排水系统,以及管道施药系统、机械化施药设备。

2.品种选择和授粉树配置

(1)品种选择。在发展樱桃时要根据市场的需要,选择具备以下优良性状的品种:早熟,果实浓红色,艳丽,果实大,肉质硬,味甜少酸,口味好,早期丰产,抗裂果,耐低温,宜运输,鲜食、加工兼用等。

在成熟期方面,以选择成熟期早的品种为主,同时发展一定数量的中、晚熟品种,因为中、晚熟品种往往品质好,可延长樱桃的供应期,同时便于安排劳动力。一般地,不同成熟期品种的比例可以考虑 6∶2∶2,即 60％为早熟品种,如红灯、意大利早红、芝罘红等;20％为中熟品种,如佐藤锦、红蜜、红艳等;20％为晚熟品种,如滨库、雷尼、拉宾斯、先锋等。

在色泽方面,从我国市场情况看,人们喜爱深红色或紫红色品种,黄色品种竞争力较差,因此种植时应以深红色品种为主,如红灯、芝罘红、先锋、滨库、拉宾斯等。对于黄色品种,品质好的也可适当发展,如佐藤锦、雷尼、黄蜜等。

在果实大小方面,要尽量发展大型果品种,如红灯、意大利早红、雷尼等。

在口味方面,甜樱桃顾名思义应该以甜为主,甜酸适口。目前,山东省种植的品种中佐藤锦口味最佳,芝罘红、雷尼、红丰、烟台 1 号、黄玉、滨库、先锋等口味也属上等。

在丰产性方面,从已有栽培品种的表现来看,芝罘红、红蜜、红艳、雷尼、红灯、红丰、那翁、拉宾斯、斯坦勒、先锋、佐藤锦等在正常年份都比较丰产,但那翁、拉宾斯、斯坦勒、先锋等品种花期遇低温则坐果率很低,抗低温能力差。

在抗裂果方面,当前栽培的品种中,一般早熟种都不裂果或裂果较轻;中熟和晚熟品种,如红丰、红艳、那翁等,裂果比较严重。

(2)配置授粉品种:甜樱桃属异花授粉品种,自花授粉不能结实,或结实能力很差。所以生产上发展果园时一定要配置授粉树才能丰产。甜樱桃的花粉量不是很大,所以授粉树的比例应该大一些,只有配置足够的授粉树,才能满足授粉受精的需求。在成片的樱桃园中,授粉品种不能少于1/4。如果授粉品种比较少,则要将授粉品种种在行间,因为蜜蜂一般是顺行飞行,甜樱桃与授粉树在同一行对授粉比较有利。如果选两个都比较好的主栽品种,则可让两个主栽品种互相授粉。

甜樱桃主栽品种的适宜授粉树见表4-4。

表 4-4 甜樱桃主栽品种的适宜授粉树

主栽品种	授粉品种
那翁	大紫、红丰、雷尼、斯坦勒
大紫	那翁、黄玉、早紫、小紫、紫樱桃、毛把酸、红灯
红灯	13-38、那翁、5-19、3-41、红蜜、滨库
红丰	那翁、大紫、晚黄
红樱桃	那翁、大紫、红灯、滨库、红丰
雷尼	那翁、滨库、紫樱桃
红蜜	红灯、红艳、最上锦
滨库	大紫、斯坦勒、红灯、晚红

(二)栽植密度和技术

1.栽植密度

栽植密度要考虑到立地条件、砧木种类、品种特性及管理水平。一般立地条件好、乔化砧品种生长势强的,栽培密度要大一些;山地果园、矮化砧、品种生长势弱的,栽植密度就小一些。另外,高度密植果园管理水平要求高。为了合理利用土地,充分利用光能,提高早期产量和增强植株群体抗风能力,新建甜樱桃园中,西洋樱桃的株行距一般为4米×6米,中国樱桃和酸樱桃的株行距通常为4米×5米;亦可采用计划密植进行建园,适当密植为3米×5米或2米×4米,每亩栽植44~83株。要进行甜樱桃保护地栽培,株行距应适当减小,以2米×3米为宜。

2.栽植方式

栽植方式根据地形而定。平地建园宜采用宽行距,窄株距。宽行密植的优点是光照条件好,行间可以开进打药机及小型运输车,便于机械化操作,并省人工。另外,在定植后的前1~3年,可以种一些间作作物,行间较宽利于间作物的生长,以后也可以间作绿肥植物。栽植行的方向要求南北向,以充分利用阳光。山坡地栽植,要采用等高梯田栽植法。

较窄的梯田,可栽一行;梯田面宽时,可适当多栽几行,或者在梯田外堰种一行,里面种植间作作物,因为外堰土壤比较深厚,空间大,光照好。

3.栽植时期

南方可以秋栽,于落叶后 11 月中下旬栽种。北方由于冬季低温、多风、干旱,容易将树苗吹干,因此适合春栽,在樱桃苗的芽将要萌动前种植。华北地区约在 3 月上中旬栽植。

4.栽植技术

(1)高垄栽植:甜樱桃特别怕涝,一场大雨往往就能把樱桃树淹死。为了防止内涝,利于排水,并保证根系土壤通气,可以用推土机推出垄和沟,或者用拖拉机开深沟,再人工进行整地,形成 2~3 米宽的垄,垄比沟高 20~30 厘米,将树种在垄的中央。这种方法不但有利于排涝,保证根系处不积水,还可以增厚表土,特别有利于幼树的生长。

(2)定植坑(穴)栽植:山地果园以及平原土壤贫瘠地区在栽植前要挖较大的定植坑,坑径宜为 1 米,深 80~100 厘米,最好在前一年挖好。然后将作物秸秆、树叶杂草等切碎与周围的表土混合后,回填入坑内,并要混入一定量的有机肥和复合肥,将坑填平。平原土壤深厚肥沃的地区,整地成高垄后,一般挖直径为 50 厘米、深 50 厘米的穴,施入有机肥和复合肥后,用表土填平,以备春季栽种。春季栽苗时,在已挖坑的中央挖一个与根系大小相适应的小穴,将树苗放在穴中,而后填上疏松的表土;埋土后提动苗木,使根系四周与土壤密接,同时使根系伸展;而后再踏实,要求踏实后树苗的栽植深度和树苗在苗圃中的深度相同,切忌栽植过深;最后在树苗四周筑起土埂,整好树盘,随即浇水。

(3)地膜覆盖:北方地区常常春季干旱,甜樱桃栽植后,浇水非常费工,而且灌水会降低地温,减少土壤的孔隙度,不利于根系生长。要起垄栽植,而后在树苗两边铺两条地膜,两侧用土压好。覆盖地膜有两个优点:一是可以使土壤保墒,一般覆膜后,春季可以不必再浇水,省水省工;二是可以提高土温,早春种树时土温比较低,根系活动困难,而覆膜后能使土温升高 5 ℃左右,促进根系活动,确保栽植的成活率,使幼苗提早发芽和生长。覆盖地膜还能抑制杂草生长,使田间管理更省工。

5.防止幼树抽条

甜樱桃幼树枝条自上而下干枯,称"抽条"。抽条严重时全树枯死,主要表现在一至二年生树上。华北、西北部分地区常发生甜樱桃不能安全越冬而抽条死亡的现象,严重影响了甜樱桃的发展。

(1)甜樱桃抽条的原因:抽条是冻旱引起的生理干旱,而不是冻害。所谓"冻旱",即在冬末和早春,地下土壤冻结,大部分根系都处于冻土层,不能吸收水分或很少吸收水分,而早春风大,空气干燥,枝条水分蒸腾量很大,造成明显的水分失调,引起枝条生理干旱,造成枝条由上而下干枯。另外,秋季浮尘子(叶蝉科和飞虱科昆虫)在枝条上产卵危害,也是造成抽条的原因之一。

(2)防止抽条的措施

①缠塑料条或裹纸:冬剪后,立即用 3~4 厘米宽的塑料条把枝条依次缠紧包实,主干最好也缠上。缠塑料条后,水分蒸发基本上完全被抑制了,枝条到春季一直保持柔软,能 100% 地防止抽条,到春季芽萌动时,将塑料条解开。

②涂抹防寒油:在枝条表皮涂上一层薄薄的油脂,防止水分蒸发。如果白色凡士林涂

得比较薄,也能明显地减少水分蒸发。涂防寒油的时间不宜过早,否则气温较高,半溶化的防寒油有渗透作用,对芽的萌发生长有不良影响。一般在12月初气温低时涂防寒油为宜。涂防寒油的方法比较简单,戴上线手套或用软布,将防寒油涂在手套中间,而后抓住枝条由下而上涂抹。要求涂抹均匀而薄,芽上不能堆积防寒油。

③覆盖地膜:覆盖地膜可以保持土壤水分,提高地温。在华北内陆地区,地膜下的土壤基本不冻结,到早春阳光好时,地膜下的温度可达10 ℃以上。在枝条水分蒸腾量很大的时期,根系已经能吸收水分,补充地上部分消耗的水分。所以,覆盖地膜也可以有效地防止抽条。其方法是秋冬施肥灌水后,在幼树的两边各铺一条宽约1米的地膜,四周用土压住即可。不要在地膜上再压土,以防影响阳光直射到土壤上。

④早春灌水:早春气温干燥,果园及早顶冻浇水,对减少地上部枝条水分蒸发、防止抽条有重要意义。由于樱桃树根系浅,上层的根系有些处在地表,而地面土壤经一冬天的风化,失去了水分,没有冻层,因此,此时浇水可减少抽条。

(三)丰产管理措施

1.土壤管理

栽植前要打好基础,特别是山地果园,要修水平梯田,挖大坑种植;栽植后还要不断改良土壤。在土壤的肥、水、气、微生物等从表层到深层都良好的情况下,甜樱桃树根系发达,分布较深,有利于地上部分的生长发育。

(1)扩穴深翻:山地果园一般土层较浅,土壤贫瘠,影响根系伸展;平原果园一般土层较厚,但透气性较差。通过扩穴深翻,可加深土层,改善土壤通气状况,结合施有机肥,可改良土壤的结构,促进微生物的活动,利于根系的生长,提高根系吸收肥水的能力。扩穴深翻的方法是:在幼树定植后的头几年,从定植穴的边缘开始,每年或隔年向外扩展,挖一宽约50厘米、深60厘米的环状沟,挖出沟中的石块,填上好土和农家肥。这样逐步扩大,直到两棵树之间深翻沟相接,树的根系也逐年伸展。扩穴深翻在根系伸展之前进行,不会损伤根系。深翻的时间可在秋末冬初,落叶后结合秋冬施肥进行。

(2)中耕松土:中耕松土是樱桃生长期土壤管理的一项重要措施,通常在灌水及下雨后进行。一方面,可以切断土壤毛细管,保蓄水分,促进土壤通气,防止土壤板结;另一方面,可以消灭杂草,减少杂草对水肥的竞争。中耕松土的深度应为5厘米左右,以防损伤粗根。

(3)果园间作:幼树期间,为了充分利用土地和阳光,增加收益,可在行间适当间作经济作物。间作物要选矮秆、有利于提高土壤肥力的作物,例如花生、绿豆等豆科植物;不宜间作小麦、玉米、高粱、白薯等影响樱桃生长的作物。间作时要留足树盘,树行宽要留2米。间作时间最多不超过3年,一般为1~2年,以不影响树体生长为原则。

(4)树盘覆盖:树盘覆盖是将割下的杂草、麦秸秆、玉米秸秆、稻草等物覆盖于树下土壤表面,覆草量一般为每亩2000~3000千克,覆草的厚度为18~20厘米。覆草的时间可在雨季之前,因为雨水可将草固定,以免风把覆盖物吹散,同时雨水可促进覆草的腐烂。树盘覆盖的作用如下:一是可以保墒,减少土壤表面蒸腾;二是可以保持比较稳定的土温,春秋季能提高土温,夏季起降温作用,防止高温对土壤表层根的伤害;三是抑制杂草生长;四是增加土壤有机质,促进土壤微生物的活动,改变土壤的理化性质,有利于根系的生长。树盘覆盖最适宜山地果园。土质黏重的平地果园及涝洼地不提倡覆草。另外,在治虫喷药时,要同时给覆盖物喷药,以消灭潜伏在草中的害虫。

(5)树干培土:定植后,在树干基部培起高 30 厘米左右的土堆。培土既可以增强树体的固地性,又可以使树干基部抽发不定根,增加根系的吸收面积,还可以起到抗旱保墒的作用。培土一般在早春进行,秋季要把土堆扒开,检查根茎部是否有病害,发现病害应及时治疗。土堆的顶部要与树干紧密相接,以防止顺树干流入雨水,造成积涝。

2.施肥

(1)施肥时期:樱桃不同树龄和不同时期对肥料的要求不同。三年生以下的幼树,树体处于扩冠期,营养生长旺盛,这个时期对氮需要量多,应以氮肥为主,辅以适量的磷肥,促进树冠的形成。三至六年生和初果期幼树,要使树体由营养生长转入生殖生长,促进花芽分化,因此,在施肥上要注意控氮、增磷、补钾。七年生以上的树进入盛果期,树体消耗营养较多,每年施肥量要增加,氮、磷、钾都需要,但在果实生长阶段要补充钾肥,以提高果实的产量与品质。

樱桃果实生长期短,具有需肥迅速和集中的特点。从萌芽、展叶、开花、果实发育到成熟以及新梢速长,都集中在 4—6 月,而花芽分化则集中在采收后较短的时期内。越冬以前树体的营养状况,直接影响树体的生长发育。因此,樱桃树施肥应重视秋施基肥和春季花果期追肥两个关键时期。

(2)施肥技术

①秋施基肥:一般在 9 月到 10 月下旬,落叶前施用为好。早施基肥有利于肥料熟化,翌春可早发挥肥效,有利于断根愈合,提高根系的吸收能力,增加树体内养分的储备。基肥施用量要占全年施肥量的 70%,应根据树龄、树势、结果量及肥料种类而定。幼树一般每棵施厩肥 25～50 千克,盛果期的大树每棵施厩肥 100 千克左右。优质的鸡、猪粪或人粪尿数量少一些,用杂草、树叶等土杂堆肥数量就要多一些。施基肥的方法是:对幼树可用环状沟施法,在树冠的外围投影处,挖宽 50 厘米、深 40～50 厘米的沟将肥料施入;对大树最好用辐射沟施法,即在离树干 50 厘米处向外挖辐射沟,要里窄外宽,里浅外深,靠近树干一端宽度及深度应为 30 厘米,远离树干一端为 40～50 厘米,沟长超过树冠投影处约 20 厘米,沟的数量为 4～6 条,每年要改变施肥沟的位置。

②追肥:追肥在樱桃树生长期进行,分土壤追肥和叶面喷肥两种方式。土壤追肥是主要方式,可追两次:第一次是在开花前,对盛果期大树可追施复合肥 1.5～2.5 千克或人粪尿 30 千克,也可施尿素 1 千克,开沟追施,施后浇水。这次追肥可促进开花和展叶,提高坐果率,加速果实的增长。第二次在樱桃采果以后,这时是花芽分化期,又是开花结果后树体需要补充营养的时期,每棵可施腐熟的人粪尿 60～70 千克或复合肥 2 千克。追肥方法可采用穴施、开沟施或随浇水灌入树下根际区。叶面喷肥见效快,对果实生长期短的甜樱桃很有必要,也是土壤追肥的一种补充。叶面喷肥集中在花期到果实成熟前这一段时期,对提高坐果率、增加产量、提高品质很有用,可在花前喷 0.3%尿素、花期喷 0.3%硼砂、果实膨大期到着色期喷 0.3%磷酸二氢钾 2～3 次。叶面喷肥要在下午近傍晚时进行,喷洒部位以叶背面为主,便于通过叶子的气孔吸收。

可在秋季(9 月底 10 月初)落叶前半个月进行叶面喷肥。此时叶片厚,气温低,尿素浓度高时也不会发生药害,但喷的时间应在下午 3 时以后,因为秋天晚上有露水,有利于叶面吸收肥料中的营养。樱桃和其他果树一样,在落叶之前会把叶中的营养分解成可溶解状态,而后运输到枝条及根部,使枝干和根部在冬季有更多的营养积累,以充实花芽,增强树体抗寒能力。

3.水分管理

樱桃树对水分状况很敏感,不抗旱也不耐涝。因此,要适时浇水,及时排水。

(1)适时浇水:对樱桃树浇水,要根据其生长发育中需水的特点和降雨情况来进行。北方一般春季比较干旱,樱桃树每年要浇四次水,且每次要浇足。

①花前水:在发芽和开花前浇灌,主要是满足发芽、展叶、开花、坐果以及幼果生长对水分的需要,可以结合施肥进行灌水。此时灌水还可以降低地温,延迟开花期,有利于避免晚霜的危害。

②硬核水:在果实生长的中期浇灌,此时是果实生长发育最旺盛的时期,果实膨大尚较缓慢,灌水后不会产生裂果。一般刚灌水时,土壤湿度过大,地温降低,果树吸收肥水达不到最佳状态。在灌水一周后,通过中耕松土,土温回升,土壤通气性及湿度适合,水、气、热均达到最佳状态,这时正是樱桃果实生长后期的迅速膨大期,能促进果实的膨大,使果实达到本品种能达到的最大果重,提高产量和品质。

③采后水:在果实采收后浇灌,此时是树体恢复和花芽分化的重要时期,且北方雨季未到,雨水少,气温高,日照强,水分蒸发量很大。需要结合施肥进行灌水。

④封冻水:在落叶后至封冻前浇灌。在秋季施肥,土壤深翻、扩穴后灌水,使树体吸足水分,有利于安全越冬。

以上是正常年份的灌水要求,在雨水过少或过多的年份,则需灵活掌握,多浇或少浇来保持土壤的合适含水量。灌水一般采用畦灌和树盘灌,对于有根癌病的地区,要求单株分别灌,以防土壤根癌病菌蔓延。在有条件的地方,还可采用喷灌、滴灌和微喷灌。这些先进的灌水方式,不仅可以节省人工、节约用水,使灌水均匀,减轻土壤养分流失,避免土壤板结,保持土壤团粒结构,还可以增加空气湿度,调节果园的小气候,减轻干热对樱桃树的危害。在晚霜危害时,利用微灌对树体间歇喷水,可防止霜冻。

(2)及时排水:樱桃树最怕涝,在栽植时采用高垄栽植和地膜覆盖,可以防止幼树受涝。对于大树,要在行间中央挖深沟,沟中的土堆要在树干周围形成一定的坡度,使雨水流入沟内,顺沟排出。对于受涝树,天晴后要深翻土壤,加速土壤水分蒸发和通气,使根系尽快恢复生机。

4.整形修剪

(1)樱桃的常用树形:樱桃树的整形因砧木、品种和自然条件而有所不同。目前在生产中中国樱桃和酸樱桃常采用自然丛状形;甜樱桃树体高大,喜光性强,多采用自然开心形和主干疏层形。

①自然丛状形:中国樱桃和酸樱桃的树势较弱,多采用自然丛状形。这种树形的特点是没有中心领导干,由地面直接分生 3～5 个主枝,均匀地向四周延伸生长,每个主枝上有6～7 个侧枝,以充分利用空间和光热资源。在主、侧枝上,根据空间大小,培养不同类型的结果枝组,成形后,树冠呈半圆形。这种树形的好处是主枝角度比较开张,树冠小,成形快,通风透光良好,进入结果期较早,管理较为方便;衰老后易于利用根蘗进行更新。缺点是树冠内部容易郁闭,层性明显的品种不宜采用这种树形。

②自然开心形:甜樱桃多采用这种树形。由于甜樱桃幼树枝条生长旺盛,直立性强,

所以,在定植后的4～5年内,要暂时保留中心领导干。当中心领导干上具有主枝时,第四或第五年后,选出2～3层主枝及下层侧枝以后,再去掉中心领导干,即为自然开心形。

这种树形干高30～40厘米,定干后从主干上萌发的枝条中选留3～5个方向、位置和角度都比较适宜的枝条,作为主枝。每个主枝上再选留6～7个侧枝。各主、侧枝应错落分布,避免交叉、重叠。各主枝上的第一个侧枝,距主干最少50厘米,然后在第一侧枝的对面30厘米左右处,选留第二个主枝,以后再隔50～60厘米,选留1～2个侧枝;在主、侧枝的枝轴上,根据空间大小,适当选留一些斜生枝条,短截后促生分枝,逐步培养为大、中、小不同类型的结果枝组。

这种树形的主枝角度为30°左右,基部侧枝的开张角度为50°～60°,第二层以上侧枝的开张角度为50°左右。第一、二层侧枝上,可留副侧枝,在各级骨干枝上,再培养结果枝组。

这种树形的主枝开张角度不要过大,以免因枝条逐年向外延伸、下垂而导致树势衰弱;但也不要过小,以免因枝条直立生长而造成长势过旺,树冠不开张,结果面积不大,形成果枝较少,而影响产量、品质。这种树形经过5～6年的培养,即可基本成形,进入结果期后,树冠多呈半圆形。

此种树形整形较易,修剪量小,树冠开张,具有明显的层次,管理方便,通风透光良好,结果早,产量高,果实质量也好,是目前常用的树形,一般条件下的平地和丘陵地均可采用。在整形过程中,要注意平衡各级骨干枝间的长势,开张好第一层主枝的角度,以防树冠郁闭或出现偏冠现象。

③主干疏层形:该树形具有明显的主干和中心领导干,主枝分层配置在主干和中心领导干上。干高50厘米左右,全树有主枝6～8个,分3～4层错落分布。第一层有主枝三个,开张角度为60°左右;第二层有主枝两个,开张角度约为45°;第三、四层各留一个主枝。第一、二层主枝的间距应为70～80厘米,第二、三层的间距应保持为60～70厘米,第三、四层的间距可适当缩小。

在第一层的每个主枝上,各配备3～5个侧枝,第一侧枝距主枝基部60厘米左右;第二侧枝在第一侧枝对面,距第一侧枝30厘米左右;第一、二侧枝的开张角度应为60°～70°,向主枝背后或两侧生长;第三侧枝和第一侧枝在同一侧,与第二侧枝相距60～70厘米;第四侧枝在第二侧枝的同一侧,距第三侧枝20～25厘米。第2～4层主枝,每个主枝上有侧枝2～4个,在各层主枝的侧枝上,可根据情况适当培养副侧枝。在各级骨干枝上,根据空间大小,配置相应的结果枝组。

该树形在整形过程中对技术条件要求较高,修剪量较大。结果后树势容易维持,结果部位比较稳定,树冠内外的果实数量和果实大小也比较均匀。整形前期要适当多留辅养枝,以增加枝叶量,迅速扩大树冠,以促进早结果。还应注意平衡各级骨干枝的长势,采用撑、拉等办法,开张第一层主枝的角度,以免出现上强问题。

这种树形的优点是符合多数甜樱桃品种的生长习性,适合干性强、层性明显的那翁、大紫、黄玉等品种,适宜在土壤肥沃的平地果园采用。这种树形树体骨干牢固,产量较高,质量较好,经济寿命较长。

④改良纺锤形:定干高度为70厘米;中心领导干基部培养三大主枝,三大主枝上可培养1～2个侧生枝(中型结果枝组),主枝角度一般为75°～80°;三大主枝与以上的小主枝之间应留有60～80厘米的距离。具体整形方法如下:6月上旬至8月上旬留一向上直立生

长的新梢作中心领导干,其余新梢均剪留30厘米左右;翌春中心领导干剪留60厘米,主侧枝头剪留30~40厘米;反复进行2~3次,秋季将新梢拉成水平状。第三年与第二年做法相同,三年即可成形。此种树形可使树体枝量迅速增加,立体结果能力强,群体效益高,非常适合于萌芽率高、成枝力强、树势中庸的红蜜、最上锦等品种。

(2)樱桃树修剪的常用方法

①冬剪

a.短截:剪去一年生新梢的一部分。在整形的基础上,轻度短截有利于抑制枝条的顶端优势,提高萌芽率,形成较多的花束状果枝。在幼树上对水平枝、斜生枝进行轻度短截,特别是成枝力强的品种,如早紫、大紫和毛把酸等,有利于提早成花、结果。

在樱桃幼树上,对骨干延长枝和外围发育枝进行中度短截,一般可抽生3~5个中、长枝,5~6个叶丛枝;对树冠内膛的中庸枝进行中度短截,在成枝力强的品种上,一般只抽生2个中、长枝;在成枝力弱的品种上,除可抽生1~2个中、长枝外,还能抽生3~4个叶丛枝。所以,中度短截是骨干枝修剪中应用最多的方法之一。此种短截方法有利于维持树体生长优势,增加分枝数量,培养结果枝组,也有利于促进后部果枝的长势,延缓结果部位外移的速度。

重度短截多用于平衡树势,或在骨干枝先端培养结果枝组。重短截可加强顶端优势,促进新梢生长,提高营养枝和中、长果枝的比例。极重短截只在准备疏除的一年生枝上应用,即对准备疏除的过密枝条,当其基部具有腋花芽时,在花芽以上短截,结果后再从基部疏除。重短截也可刺激基部潜伏芽萌发,用于枝条更新。

b.缓放:对一年生枝条不加修剪。其作用和短截相反,主要是缓和树体长势,调节枝量,增加结果枝和花芽数量,提高坐果率,促使早结果。据调查,品种、树龄和栽培条件相同的树,缓放树的枝量少于短截树的。甜樱桃的枝条缓放后,一般能维持顶端优势,提高萌芽率,降低成枝力,减缓新梢长势,增加花束状果枝的数量。

枝条缓放的效果常因枝条的长势、着生部位和延伸方向的不同而有差异:在健壮树的优势部位着生的直立枝条,缓放后加粗生长量大,花束状果枝增多,但长势较弱;着生在中庸树上的斜生枝条,缓放后加粗生长量小,但总枝量增加较快,枝条密度较大,花束状结果枝较为粗壮,分布也较均匀。所以,对甜樱桃的幼树以及初果期树,适当缓放一些长势中庸的斜生枝条,可以有效地增加枝量,减缓树体长势,促生较多的花束状果枝,以实现早结果和早期丰产;但在长势较旺的幼树或初果期的树上缓放强壮、直立的枝条时,易使这些缓放的枝条长势更旺,从而破坏从属关系,扰乱树形,推迟结果年限。在成枝力强的品种上过多地连续缓放枝条,易出现枝条密集、光照不良和结果部位外移过快等不良现象。所以,缓放的运用应因枝、因树而异。

②夏剪

a.摘心:摘心主要是为了控制枝条旺长,增加枝条总量和分枝级次,促进枝类转化,加速扩大树冠,促使早成花结果。所以,这项措施主要应用在幼树和旺树上。据试验,对三年生的大紫和那翁幼树摘心后,由于枝条停止生长较早,长枝基部易形成腋花芽,第二年的开花株率可达10%以上。因此,适时摘心是促进甜樱桃幼树提早结果和早期丰产的有效技术措施。新梢摘心的时间,以新梢迅速生长期为好。当新梢长达20厘米左右时,摘去先端的嫩梢即可。如果树势很旺,摘心后萌发的副梢仍然长势较旺,可连续进行多次摘心。

b.拉枝：拉枝的目的是调整骨干枝或辅养枝角度，缓和树势，促进早结果。拉枝在开春后或 6 月果实采收后进行，经过一个生长季角度基本固定后再解开拉绳。拉枝时不仅要注意防止大枝劈裂，还要防止因拉枝的支撑点过高、被拉的枝中部向上拱腰，而出现腰角小或冒条现象。冬剪并不能一次性解决树体的通风透光条件，有些大树冬剪时若过分强调角度，势必需要割除，对树体造成不必要的损失。在夏季通过拉枝可解决冬剪不能解决的问题，以减少疏枝量。此时拉枝，树体反应比较温和，背上不易冒条。主枝与侧枝的拉枝角度以 60°～70°为宜，其他枝条可拉到 80°～90°。

c.疏枝和回缩：一般在 7 月上中旬进行，主要是为了调节树体结构，改善树冠内部的通风透光条件，促进后期花芽分化、生长发育和均衡树势。对严重影响树冠内部通风透光，又无保留价值的强旺大枝，可从基部疏除；对只影响树冠局部光照条件，但仍有结果能力的大枝，可在分枝角度较大，又有生长能力的较大分枝处进行回缩。具体处理时，对低级次的大枝，多用缩剪；对高级次的大枝，则多用疏剪。据调查，此项修剪技术在壮树和增产方面效果都非常明显。采果后进行修剪的成龄甜樱桃园，增产效果可达 1 倍以上。

另外，对樱桃树的枝条进行环剥，有促进花芽形成、提高坐果率、改善果实品质和增加果肉硬度的作用。但是，如果环剥时间不当，或环剥后遇雨，则伤口容易流胶，影响伤口愈合，削弱树体长势。因此，樱桃树环剥时，剥口不能过宽，不能过深，环剥也不能过晚，更不宜在阴雨天进行。樱桃采收时间较早，采收后至休眠期间，其生长时间长于其他果树，所以，采收后的修剪效果明显优于其他果树。

（3）不同树龄的修剪

①樱桃幼树的修剪：幼苗定植的当年，因为需要经历一个缓苗期，所以长势一般不旺。因此，在幼苗定植后的第一年，可先根据整形要求进行定干，并选留好第一层主枝。

为促进幼树提早结果和提早丰产，在整形时，对各类枝条宜从轻修剪，除了疏除少量的过密枝和交叉、重叠枝外，长势中庸的枝条和小枝，应尽量予以保留。对一年生枝可适当短截，促生分枝，形成花芽。

幼树定植后，先要确定定干高度。定干高度的确定，既要考虑种类和品种特性，又要考虑立地条件、砧木类型和苗木生长情况。自然开心形的定干高度一般为 20～40 厘米，主干疏层形的定干高度一般为 50 厘米左右。成枝力强、树冠开张的品种，在平地条件下定干宜高；成枝力弱、树姿较直立的品种，在山地或丘陵地上定干宜低。

定干后，一般可在当年抽生 3～5 个长枝，为培养自然开心形，冬剪时，先要选好 2～4 个长势健壮、方位和角度适宜的枝条作为主枝。主枝的剪留长度一般为 40～50 厘米，强枝略短，弱枝略长，以利于平衡树势。培养主干疏层形时，应先选留剪口下的直立壮枝，作为中央领导干，剪留 50 厘米左右；再选留 2～3 个生长健壮、方位和角度适宜的枝条作为主枝，剪留 40～50 厘米。苗木定干后，如果分枝部位很低，则树形可采用自然丛状形，效果也较好。

在正常情况下，樱桃幼树定植后第二年开始旺盛生长，所以，修剪时应注意控制新梢旺长，适当短截，增加分枝级次，加速扩大树冠，促进提早结果；冬剪时，应继续注意培养第一层主枝，并开始选留第二层主枝，以及第一层主枝上的侧枝。

为促进幼树加速成形并提早结果，可在 6 月中旬新梢长达 20 厘米左右时进行摘心，抑制旺长，促生长枝；若新梢继续旺长，可每隔 20 厘米左右摘心一次，连摘数次。

无论采用何种树形,主枝的剪留长度一般为40～50厘米,侧枝为40厘米左右,副侧枝为30厘米左右。自然开心形的中心枝,第一年已轻度短截,此时可根据实际情况决定保留或疏除;主干疏层形的中心枝,剪留长度应高于主枝;对平、斜着生或长势中庸的枝条,可以缓放或轻度短截,长势过旺的枝条和竞争枝,可疏除或重短截。

对三至五年生的幼树,要根据整形的要求,继续选留和培养各级骨干枝,并注意调整其开张角度,保持明确的从属关系,注意树势平衡,开始培养结果枝组。

对主、侧枝延长枝的剪留长度,应根据枝条的长势和着生位置确定。延长枝一般剪留40～50厘米,侧枝可适当短些,以维持树势均衡。直立性强的品种,应采取措施开张角度,抑制过旺生长,多留小枝,促花结果。

在幼树整形期间,出现主、侧枝长势不均时,应抑强扶弱。对过强的主、侧枝,应适当回缩,利用下部背后枝作延长枝头,延长枝适当轻剪;对较弱的主、侧枝,可适当多留小枝,延长枝适当重剪。这样,可使树体长势逐渐恢复平衡。

②初果期樱桃树的修剪:樱桃树开始结果以后,修剪的主要任务是继续进行整形,培养结果枝组,促进花芽形成,提早结果、丰产,为盛果期优质、丰产、稳产打好基础。

初果期整形的重点是选留和培养第三、四层主枝及侧枝,采用撑、拉等办法开张骨干枝角度,维持主从关系和健壮、平衡的树体长势。随着结果数量的增加,树体长势逐渐趋向缓和,修剪量则需相应加重。

由于樱桃品种不同,生长和结果习性各异,因此在整形过程中,应采取相应措施培养结果枝组。对成枝力较弱的那翁等品种,可在骨干枝背面或两侧选用长势中强的枝条培养结果枝组:第一年留20厘米左右,进行重短截;第二年对先端枝条再行短截,作为枝组带头枝,对其余枝条,密枝疏除,弱枝缓放,中庸枝条短截,促生分枝;第三年疏除枝组先端的强旺枝条,缓放下部中庸枝和弱枝,对前一年缓放所形成的叶丛枝,可在弱分枝组缩剪。对成枝力较强的大紫等品种,第一年可重剪中强枝;第二年发枝后摘心,促生分枝;第三年疏除先端强枝,缓放中庸枝和弱枝,培养为结果枝组。利用中庸枝和弱枝结果时,一般可先缓放,使其形成单轴延伸的结果枝组,然后根据情况回缩。

樱桃树七至八年生以后,树形基本形成,结果量也逐年增加。修剪时应注意控制先端骨干枝,不使营养生长过旺;适当疏除影响光照的过密辅养枝。当疏散型枝组的结果部位外移时,可在适宜分枝处轻度缩剪,促生分枝,维持健壮的生长结果能力。

③盛果期樱桃树的修剪:在正常情况下,樱桃树定植7～8年后,便可进入盛果期。这一时期的特点是产量上升很快,长势逐渐减弱。盛果期的修剪主要是调整树体结构,改善光照条件,维持健壮树势,延长盛果年限。

在修剪过程中,应随时注意疏除弱枝,保留强枝,调节生长与结果之间的平衡关系,保持较大的新梢生长量和适当数量的结果枝和营养枝;同时,应不断更新复壮衰老的结果枝组,使树冠内部有较多的有效结果部位。对长势强旺的大枝,以及影响树形的多年生过密枝,后部光秃、结果部位外移的大枝,可于采果后进行疏剪或缩剪。

对长势旺盛的主、侧枝延长枝,在其长达40～50厘米时,可剪去先端的1/4～1/3;对长势中庸的延长枝,如果生长正常,年生长量不超过20厘米,可以不短截。剪截延长枝时,剪口芽一定要留叶芽,不要留花芽,以防结果后不抽条,影响树冠扩大。

要注意更新复壮树冠内的多年生下垂枝,以及细弱、衰老的结果枝组,可缩剪到有良好分枝处,并注意抬高枝头角度,增强树势;同时采取去弱留强、去远留近、以新代老等措施,进行更新复壮;还应注意不断提高枝组中叶芽的比例,维持枝组正常的生长结果能力,延缓结果部位外移,防止内膛空虚。对连续结果多年的结果枝组,可在枝组先端二至三年生枝段处缩剪,促生分枝,增强长势,复壮结果能力。

在甜樱桃树盛果后期骨干枝长势衰弱时,要及时在中、后部缩剪,促使潜伏芽萌发抽枝,以更新骨干枝。

④衰老樱桃树的修剪:樱桃树结果年限的长短因品种不同而有较大差异。在一般的栽培管理条件下,樱桃树 30 年左右便进入衰老期,树冠开始焦梢,甚至枯萎死亡,树冠残缺不全,产量逐年下降。此时应及时更新复壮,重新形成树冠,维持经济产量。

樱桃树的潜伏芽寿命较长,大枝和中枝经回缩更新修剪后,都易萌发徒长枝,可选优培养,使其在 2~3 年内重新形成树冠。在锯除大枝时,如果在适宜部位有生长正常的分枝,可由这个分枝的上端回缩更新。这种方法修剪量较小,而且缩剪处留有分枝,利于伤口愈合,对产量影响也不太大。

利用徒长枝培养新主枝时,应选择方向、位置适宜,向外延伸的枝条,及时摘心促壮,以利树冠形成。对多余的徒长枝,应及早抹除;空间较大时,可以适度短截,促生分枝,缓放成花,逐步培养为结果枝组。冬季或早春疏除大枝时,伤口不易愈合,流胶过多,且影响树体长势。所以,疏除大枝最好在萌芽后进行。

(4)密植园的修剪:现在发展的甜樱桃,大多是密植园,每亩地一般栽培 50 棵以上,保护地栽培达 100 棵以上。由于甜樱桃树在正常情况下树冠很大,因此,在修剪上必须保持小树冠,以实现丰产、稳产。

①充分利用光能,提高光合作用效率:密植园在前几年比稀植园植株多,叶面积大,能及早占领空间,提高光能利用率,因此能早产、丰产。但是随着植株不断长大,树冠之间就会连接起来,形成郁闭的樱桃园,光照条件就会恶化。因此,植株必须保持小树冠,使树冠之间有一定空间,以提高光合作用的效率。

甜樱桃树结果部位在树膛内部,而樱桃果实着色也需要光照。因此,内膛光照好,有效叶幕层大,光合作用积累营养多,结果部位多,结果量大,产量高,品质好;相反,郁闭的密植园和树体结构差的密植园,有效叶幕层小,光合作用积累营养少,结果部位少,产量低,品质差。

②树冠的扩大:幼龄树要求及早扩大树冠,占满空间,提高光合作用的效率。扩大树冠,首先要增加生长量,通过合理的肥水管理,使幼树加速生长,在修剪上主要是短截和开张角度。

a.冬季短截修剪:短截可分为轻、中、重和极重四种。剪去枝条 1/4~1/3 的称为"轻短截",剪去 1/2 的称为"中短截",剪去 2/3 的称为"重短截",剪去 3/4~4/5 的称为"极重短截"。总的来说,短截修剪可以促进新梢的生长,增加长枝的比例,减少短枝的比例,扩大树冠。比较起来,中、重短截萌发的新梢生长最旺,分枝数一般为 3~5 条,不同品种、不同部位的枝条有所区别。

b.开张枝条角度:开张角度可以迅速扩大树冠,增加内膛光照,同时可以削弱枝条的顶端优势,促进下部小枝的发育,提早形成花芽和开花结果。开张角度的方法有拉枝、拿枝、捆枝、撑枝等,最好在生长期进行,因为生长期枝条比较软,容易操作;同时,必须在幼树阶段进行,因为大树枝条很硬,容易劈裂,引起流胶等病害。

③树冠的控制:幼树生长 3～4 年时,即要控制树冠的扩大,以免果园郁闭。下面介绍控制树冠的方法。

a.用绳子代替剪子:当幼树树形已基本形成后,冬剪发育枝一般不要短截,但是对于直立枝即便不短截,顶端也能长出几根分叉的旺枝,必须用改变角度的方法来控制枝条的顶端优势,缓和生长势,使下部短枝有充分的光照和营养条件,以形成各类结果枝。对于树体外及树体内部的发育枝,一般不必用剪子,可用绳子来捆绑。一般小枝可以捆绑在其他枝条上,这种方法比扭梢、拿枝的效果好,应用也比较简易,好掌握。

未成形的幼树,在生长季可以利用摘心来增加枝量,也可以利用摘心来控制生长,促进结果。基本成形的幼树,对于生长旺盛的新梢可以全部摘心,一般留 10～15 厘米摘心,一年可摘 2～4 次,到秋季新梢生长停止为止。摘心可控制旺枝,增加小枝量,利于提早结果。同时由于枝条生长充实,冬季不容易抽条。

b.缩剪:对于盛果期的樱桃树,新梢生长势减弱,有些枝条下垂,树冠中下部出现光秃现象。为了改善光照,可以减少大枝上小枝的数量,使养分、水分集中到留下的枝条中,回缩对恢复树势很有利,可使结果枝组得到更新复壮。

c.施用生长抑制剂:应用生长抑制剂多效唑能有效地抑制营养生长,缩短新梢生长长度,抑制副梢的发生和生长,而使枝条节间缩短,生长粗壮;同时促进干周增长,促使植株矮化。多效唑对开花结果有明显的促进作用,使花芽增加、密集,坐果率提高。多效唑一般可用于三至四年生的树;一至二年生的幼树不宜施用,以免形成小老树;盛果期也不宜施用,以免影响果实的膨大。对于生长过旺的大树,也适宜用多效唑。

多效唑可以土施和喷施:土施可在 3 月新梢萌芽前进行,每棵幼树用 2～3 克 15％的多效唑,旺的大树可用 5 克。在树冠外围垂直的地面上开浅沟,拌土施入,而后进行春季灌水。叶面喷洒一般在 6 月花芽分化前期进行,喷施浓度为 1000 毫克/升。土施比喷施效果更明显,作用可达 2～3 年。一般生长旺盛的幼树土施一次后即进入结果期,以后不必连年施用,以免影响正常的生长发育,影响果实的品质。

d.以果压树:营养生长与生殖生长是一对矛盾体,营养生长过旺影响开花结果;生殖生长旺盛,即开花结果多时,影响营养生长。所以,当需要控制树冠时,要促使多开花结果。高产树的树冠内部不长发育枝,外围发育枝可以从基部剪除,使全树枝条都变成结果枝,从而达到以果压树的效果,控制树冠的扩大。

5.花果管理

(1)花期授粉:甜樱桃大多数品种需要异花授粉,即使是有一定自花授粉能力的品种,也是异花授粉的结实率高。因此,建园时必须配置授粉树,同时还必须由人工辅助授粉。

①蜜蜂授粉:蜜蜂大多为人工饲养,春季气温升高后即飞出来采蜜。因此,在樱桃园放蜂,既有利于樱桃树授粉,又有利于蜜蜂的生长和繁殖,并能增加收入。要在树体即将开花时,将蜂箱放入樱桃园内。对于强壮的蜂群,每 10 亩地放一箱蜂;如果蜂群弱,要增加蜂群的数量。蜂箱上要盖草帘进行保温。蜂箱前放一盆水,以备天气干旱时蜜蜂饮用。

在天气好时,大量蜜蜂出来活动,授粉效果很好,樱桃树坐果率能达到 20％以上,增产效果很明显,也很省工。但花期不能喷药,以免伤害蜜蜂及其他访花的昆虫。

②壁蜂授粉:当温度低时蜜蜂一般不出来活动,而壁蜂适应性强,活泼好动,在春季活

动早,授粉效率高。壁蜂有角额壁蜂、凹唇壁蜂等多个品种。角额壁蜂在日本称"小豆蜂",是日本果园中主要的授粉昆虫,1987年中国农业科学院将其从日本引进,现已在山东烟台、威海等地推广。在樱桃树开花前5～7天,将蜂茧放在蜂巢(箱)里,每亩果园放80～100头。蜂箱离地约45厘米,箱口朝南,箱前50厘米处挖一条小沟或坑,备少量水,存放在坑内。一般在放蜂后5天左右,蜂从茧中出来,出巢活动。每头壁蜂每天能给上万朵花授粉,效果很好。

③人工授粉:甜樱桃花量大,不适宜人工点授,生产上可采用棍式授粉器,即选用一根长1.2～1.5米、粗约3厘米的棍式竹竿,在一端缠上50厘米长的泡沫塑料,外包一层洁净的纱布,形成柔软的棍棒状授粉器。取粉和授粉时用其在不同品种的花朵上滚动,速度应较快。棍式授粉器也可用鸡毛掸子代替。人工授粉一般要进行2～3次,重点在盛花期进行,可明显提高坐果率。

(2)提高坐果率的措施:花期及落花后喷赤霉素能明显地提高坐果率。据试验,分别在盛花期和落花后喷两次40～50毫克/升的赤霉素,花朵坐果率大大提高,红丰比对照提高3.7倍,那翁比对照提高2.4倍。另外,在盛花期喷0.3%尿素、0.3%硼砂或磷酸二氢钾,对提高坐果率也有明显效果。

(3)疏花疏果:疏花疏果是人工调节果实负载量的一项技术措施,可以使结果量适宜,促进果实增大,提高品质,在产量不减少的情况下提高经济收益。疏花在开花前及花期进行,主要疏去树冠内膛细弱枝上的畸形花、弱质花。每个花束状短果枝留2～3个花序,疏花后可改善保留花的养分供应,提高坐果率,促进幼果的生长发育。疏果在坐果稳定后进行,主要在结果过密处疏去小果、畸形果及光线不易照到、着色不良的下垂果。疏果可促进留下的果实增大,提高品质。

(4)防止和减轻裂果:甜樱桃在果实生长发育期间,若前期干旱,后期灌水或遇大雨,常常会造成不同程度的裂果,严重影响商品价值。裂果的轻重和品种有关:有些品种较抗裂,如拉宾斯、萨米脱等;有些品种成熟期早,在雨季到来之前已经成熟,如意大利早红、红灯、芝罘红等。另外,在土壤管理方面,要保持稳定的土壤湿度,防止土壤忽干忽湿,特别是在果实临近成熟前不能灌水,土壤湿度稳定即不产生裂果。

四、主要病虫害及其防治

(一)主要虫害及其防治

1.红颈天牛

该虫是危害樱桃的常见害虫。幼虫蛀食枝干,先在皮层下纵横串食,然后蛀入木质部,深入树干中心,蛀孔外堆积木屑状虫粪,引起流胶,严重时造成大枝以致整株死亡。该虫2～3年发生一代,以幼虫在树干隧道内越冬。春季树液流动后越冬代幼虫开始危害。4—6月老熟幼虫在木质部以分泌物黏结粪便和木屑做茧化蛹。6—7月幼虫化为成虫,钻出交尾,产卵于树干和粗枝皮缝中,产卵后10天卵孵化为幼虫,蛀入皮层内,一直在枝干内危害。

防治方法如下:①在成虫发生前,在树干和大枝上涂抹白涂剂(生石灰10份、硫黄1份、水40份),防治成虫产卵。②在成虫发生期,可利用成虫中午多静伏在树干上的习性进行人工捕杀。③在幼虫危害期,当发现有鲜粪排出蛀孔时,用80%敌敌畏乳油200倍液或 50％辛硫磷 100 倍液浸泡小棉球,而后用尖头镊子夹出堵塞在蛀孔中,再用调好的黄泥封口。药剂有熏蒸作用,可以把孔内的幼虫杀死。

2.金缘吉丁虫

金缘吉丁虫又叫"串皮虫"。幼虫蛀入树干皮层内纵横串食。幼树受虫害部位的树皮凹陷变黑,大树虫道外症状不明显。树体输导组织被破坏将引起树势衰弱,枝条枯死。该虫三年发生一代,以不同龄期幼虫在枝干皮层下或木质部蛀道内越冬。翌年早春越冬代幼虫继续在皮层内串食危害。5—6 月陆续化蛹,6—8 月上旬羽化。成虫有喜光性和假死性,产卵于树干或大枝粗皮裂缝中,以阳面居多,卵期为 10~15 天。孵化的幼虫即蛀入树皮危害,长大后深入木质部与树皮之间串蛀;虫粪粒粗,塞满蛀道。

防治方法如下:①冬春刮除老树皮,消灭越冬代幼虫。及时清除死树、死枝,以减少虫源。加强管理,避免产生伤口,树体健壮可降低危害。②害虫发生期或果实采收后用 90％晶体敌百虫 600 倍液或 48％乐斯本乳油 800~1000 倍液喷洒主干树皮。③发现枝干表面坏死或流胶时,查出虫口,用 80％敌敌畏乳剂 500 倍液向虫道注射,杀死幼虫。④利用成虫的趋光性,设置黑光灯诱杀成虫。

3.苹果透羽蛾

苹果透羽蛾又名"旋皮虫",以幼虫在枝干皮层蛀食,蛀孔处堆积赤褐色细小粪便,引起树体流胶,树势衰弱。该虫一年发生一代,以幼虫在皮层内越冬,翌年春天继续蛀害皮层。5 月中下旬,老熟幼虫先在被害处咬一圆形羽化孔,然后用木屑、粪便等粘成茧,在茧内化蛹。6—7 月羽化,成虫白天活动、交尾,多在粗皮裂缝、伤口处产卵。孵化后的幼虫蛀入皮层危害。

防治方法如下:①修剪时将剪下的被害枝集中烧毁。②早春或晚秋在主干、主枝发现有褐色虫粪排出和黏液外流时,人工挖除幼虫,或者涂 50％敌敌畏乳油 5 倍液。在成虫发生期于主干、主枝刷涂白剂,防治成虫产卵。

4.球坚介壳虫

该虫以若虫和雌成虫固定在被害枝条上吸食汁液,并大量分泌蜜露而污染枝条。被害枝条生长不良,或整枝和树体死亡。该虫一年发生一代,以老龄若虫在枝条腹面裂缝、伤口边缘或粗翘皮等处越冬。越冬虫体上覆盖有白色蜡质物。

防治方法如下:①早春树体发芽前喷 5 波美度石硫合剂。采果后喷 0.3 波美度石硫合剂、20％杀灭菊酯乳油、2.5％功夫菊酯乳油或 25％扑虱灵可湿性粉剂,均为 2000 倍液。②冬剪时,剪除病枝,或用刷子刷死越冬代若虫。③保护和利用好黑缘红瓢虫等天敌。

5.金龟子

金龟子种类很多,危害樱桃的主要有苹毛金龟子、铜绿金龟子和黑绒金龟子,它们主要啃食樱桃树的嫩枝、芽、幼叶和花等器官,有的还危害根系。三种金龟子都是一年发生一代,以成虫或幼虫在土中越冬,但成虫出土危害时间不同:苹毛金龟子在 4 月下旬至 5 月上旬出土危害,成虫有假死性;铜绿金龟子在 6 月中旬出土危害,杂食性,成虫有假死性,对黑光灯等光源有强烈的趋光性;黑绒金龟子在 4 月上旬开始出土,4 月中旬为出土高峰,有假死性和趋光性。

防治方法如下:①在成虫发生期,利用其假死性,早晚震动树梢,用震落法捕杀成虫。②在幼虫发生和危害期,用 2.5％功夫乳油 50 毫升加 50％敌敌畏乳油 250 毫升兑水 250

升,全树喷洒。防苹毛金龟子要在开花前 2～3 天喷药。③铜绿金龟子、黑绒金龟子有趋光性,可在傍晚用黑光灯诱杀。

6.桑白蚧

该虫主要危害樱桃、李、杏等核果类果树,若虫、成虫在枝干上吸食汁液,可使枝条枯萎,甚至全树死亡。该虫一年发生 2～3 代,以受精雌成虫在枝条上越冬。翌年 4 月中旬至 5 月上旬产卵于介壳中,雌虫产卵后即干缩死亡。卵经 7～15 天孵化,若虫从壳中爬出,分散到枝条上危害,经过 8～10 天后虫体上覆盖白色蜡粉,逐渐形成介壳。雄虫在 6 月羽化,与雌虫交尾后很快死去,雌虫即产卵再产生若虫。在山东,1～3 代若虫分别出现在 5 月、7—8 月和 9 月,最后一代雌成虫交尾受精后越冬。

防治方法如下:①在冬季抹、刷、刮除树皮上的越冬虫体,或喷黏土柴油乳剂(柴油 1 份、细黏土 1 份、水 2 份)。②树体发芽前施 5 波美度石硫合剂。③在各代初孵化若虫尚未形成介壳以前(5 月中旬、7 月中旬、9 月中旬),喷 0.3 波美度石硫合剂。

7.舟形毛虫

该虫为常见的食叶害虫,食性很杂,会暴食叶片,使植株仅剩下主脉和叶柄。幼虫有群集性,先食先端叶片的背面,将叶肉吃光,而后群体分散,将叶片吃光。该虫一年发生一代,以蛹在土中越冬,翌年 6 月羽化出成虫,7 月中旬为羽化盛期。成虫趋光性强,交尾后产卵,多产在叶片背面。3 龄前幼虫群集在叶背危害,若遇震动,则成群吐丝下垂。3 龄以后逐渐分散,食量大增。9 月,老熟幼虫沿树干爬入土中化蛹越冬。

防治方法如下:①秋翻果园,春刨树盘,可消灭部分越冬虫蛹。②利用 3 龄前幼虫群集并震动吐丝下垂的习性,人工摘除幼虫群集的枝叶。③果实采收后,可喷洒 25%灭幼脲 3 号胶悬剂 1000 倍液、50%敌百虫乳油 1000 倍液或 48%乐斯本乳油 2000 倍液。④利用黑光灯诱杀成虫。

(二)主要病害及其防治

1.樱桃叶片穿孔病

该病害的病原为细菌。叶片初发病时,会形成针头大的紫色小斑点,以后斑点扩大并相互连接成为圆形褐色病斑,病斑上产生黑色小点粒,最后病斑干缩,脱落后形成穿孔。植株一般 5—6 月发病,8—9 月为发病高峰期。该病会引起植株早期落叶,削弱树势,影响产量。

防治方法如下:①加强肥水管理,增强树势,提高树体的抗病能力。剪除病枝梢,清扫病落叶,集中烧毁,减少越冬病原。②在树体发芽前喷 3～5 波美度石硫合剂或喷 1∶1∶160 的波尔多液。展叶后喷硫酸锌石灰液(硫酸锌 0.5 千克、消石灰 2 千克、水 120 升)。

2.根癌病

根癌病又叫“根瘤病”,主要发生在根颈处和大根上,有时也发生在侧根上。主要症状是在根上形成大小不一、形状不规则的肿瘤,开始是白色,表面光滑,进一步变成深褐色,表面凹凸不平,呈菜花状。樱桃感染此病后,轻者生长缓慢,树势衰弱,结果能力下降,重者全株死亡。

防治方法如下:①应选择疏松、排水良好的微酸性砂质壤土建园,避免将樱桃种在重茬的老果园中。②育苗要选用种大田作物的地。引种和从外地调入苗木时,应选择根部无瘤的树苗,并尽量减少机械损伤。③对可能有根癌病的树苗,在栽前用根癌灵(K84)30

倍液或中国农业大学植物病理系研制的抗根癌菌剂 2~4 倍液蘸根。④对已发病的植株,要在春季扒开根颈部位晾晒,并用上述菌剂灌根,或切除根癌后,用杀菌剂涂浇患病处。

3.流胶病

流胶病的主要症状是在枝干伤口处,以及枝杈表皮组织处分泌出树胶。该病一般春季发生,流胶处稍肿。病部皮层及木质部变褐、腐朽,易感染其他病害,导致树势衰弱,严重时枝干枯死。引起流胶病的原因有多种:枝干病害(腐烂病、干腐病、穿孔病等)、虫害(天牛、吉丁虫等)、机械损伤和修剪过度会引起树体流胶;冻害或日灼使部分树皮死亡会引起树体流胶;土壤黏重、水分过多、排水不良或施肥不当等也容易诱发流胶病。

防治方法如下:①避免在黏性土壤上建园;注意排涝,大雨及灌水后要及时中耕、松土,改善土壤通气状况。②尽量减少伤口,修剪时不能大锯大砍,避免拉枝形成裂口;不能脚蹬树枝等。③搞好病虫害防治,减少虫伤。④冬春季向枝干刷涂白剂,以防止冻害和日灼。对于已经流胶的树不能用刀子刮,以防造成更多的伤口,使流胶更加严重。

4.樱桃干腐病

该病多发生在主干及主枝上,植株发病初期,病斑暗褐色,呈不规则形,病皮坚硬,常渗出茶褐色黏液;以后病部干缩凹陷,周缘开裂,表面密生小黑点。

防治方法如下:①加强树势,提高树体的抗病能力;加强树体保护,减少和避免机械伤口、冻伤和虫伤。②发现病斑及时刮除,而后涂腐必清、托福油膏或 843 康复剂等。③春季芽萌发前喷 5 波美度石硫合剂。生长期喷各种防病药时,注意在树干上多喷洒,减少和防止病菌侵染。

5.病毒病

病毒病为由病毒引起的一类病害,是影响樱桃产量、品质和寿命的一类重要病害。该病引发的明显症状有:整株枝条间距缩短、丛枝叶脉白化、失绿黄化、小叶、花叶、小叶皱缩、卷叶、叶焦枯、枝干裂性溃疡、粗皮、小果等。

防治方法如下:果树一旦感染病毒则不能治愈,因此只能采用防病的方法。首先隔离病源和中间寄主。发现病株要铲除,以免其传染。对于野生寄主(如国外报道的苦樱桃树)也要一并铲除。用于观赏的樱花是小果病毒的中间寄主,在甜樱桃栽培区也不要种植。其次,要防治和控制传毒媒介:一是要避免用带病毒的砧木和接穗来嫁接繁殖苗木,防止嫁接传毒;二是不要用染毒树上的花粉进行授粉;三是不要用种子培育实生砧,因为种子也可能带毒;四是要防治传毒的昆虫、线虫等,如苹果粉蚧、某些叶螨、各类线虫等。最后,要栽植无病毒苗木,通过组织培养,利用茎尖繁殖、微体嫁接可以得到脱毒苗;要建立隔离区发展无病毒苗木,建成原原种、原种和良种圃繁殖体系,发展优质的无病毒苗木。

第十二节 葡 萄

一、主要优良品种

(一)鲜食品种

1.香妃

香妃属欧亚种,是北京市农林科学院育成的早熟品种。果粒大,近圆形;果皮绿黄色;

果肉硬脆,具浓郁的玫瑰香味,酸甜适口,品质上等;在北京地区,果实于4月中旬萌芽,8月上旬完全成熟,与绯红品种基本同期;树势中等;早果性强,丰产性强,抗病性较强;适栽区为干旱、半干旱地区,其他地区可进行保护地栽培。

2.京秀

京秀属欧亚种,是中国科学院北京植物园育成的优质早熟品种。果粒椭圆形;果皮玫瑰红或鲜紫红色,中等厚;肉厚硬脆,味甜多汁,品质上等;抗病力较强,不裂果,不掉粒,耐储存,鲜食口感非常好;在北京地区,果实于7月下旬至8月初成熟,在树上挂果可到10月中旬;栽培比较容易,植株生长势中等或较强,较丰产;在露地栽培中,应注意疏花疏果,每一个果穗留60~70个果粒即可;大棚促成栽培的果实成熟期在6月中旬,是适宜保护地栽培的高档极早熟鲜食品种。

3.克林巴马克

克林巴马克属欧亚种。果粒长椭圆形或弯形,绿黄色;果粒较大;果皮薄、脆,无涩味,果粉薄;果肉溶质,味酸甜;种子与果肉易分离,无小青粒;有一种特有的甜香味,鲜食品质上等;植株生长势较强,产量中等;在北京地区,果实于8月下旬至9月上旬浆果成熟,中熟;果实挂树不易脱粒,可延至9月底采收;抗性中等,对白腐病的抗性较弱;宜在干旱、半干旱地区发展;棚、篱架均可,以棚架更好。

4.里扎马特

里扎马特又名"玫瑰牛奶",属欧亚种。果实长圆柱形;果皮极薄,无涩味,可食,浅红至暗红色;果肉较脆;树势强;在北京地区,果实于8月下旬成熟;抗病性较弱,尤其不抗白腐病;宜在干旱、半干旱地区栽种。

5.藤稔

藤稔属欧美杂种。果粒巨大,近圆形;果皮厚,紫黑色,易与果肉分离;肉质较紧,果汁多,略有草莓香味;树势强,枝梢粗;丰产抗病;在北京地区,果实于8月下旬成熟,裂果少,不脱粒;适合露地栽培。

6.峰后

峰后属欧美杂种,由北京市农林科学院于1996年育成。果粒短椭圆形或倒卵形,紫红色;果粒大;果皮厚,较脆,果粉中,果肉硬、脆;味甜,略有草莓香味,鲜食品质上等;种子与果肉易分离;植株生长势极强;在北京地区,果实于9月中旬成熟,不裂果,耐储运性强;浆果成熟晚,抗病力强,常年无特殊虫害;能在我国大江南北广泛栽培。

7.红地球

红地球又名"晚红""大红球""红提"等,属欧亚种,为极晚熟优良品种。果粒圆形或卵圆形;果皮中厚,暗紫红色;果肉硬、脆,味甜可口,品质极佳;果实易着色,不裂果、不脱粒,果梗抗拉力强,极耐储运;成熟期极晚,在胶东地区,果实于9月下旬至10月上旬成熟;树势较强;丰产性强,但抗病性较弱,尤其易感黑痘病和炭疽病;适合设施栽培。

8.意大利

意大利属欧亚种,是优良的晚熟鲜食葡萄品种。果粒大,椭圆形,绿黄色;果皮中等厚,无涩味,质脆,果粉厚;果肉脆,无肉囊,果汁多,味酸甜,有玫瑰香味;种子与果肉易分离;鲜食品质上等;植株生长势中等或较强;早果性强,丰产;成熟极晚,在北京地区,果实于9月下旬成熟;抗逆性较强,抗白腐病、黑痘病能力均强,但易受葡萄霜霉病危害,有时还易染白粉病;极耐储运,在室温条件下可储存至翌年4月而品质不变;喜肥水,棚、篱架栽培均可。

9.秋黑

秋黑属欧亚种。果粒鸡心形;果皮厚,蓝黑色,果粉厚,外观很美;果肉硬脆可切片,味酸甜,无香味;果粒着生牢固,不裂果、不脱粒;种子与果肉易分离;生长势极强,早果性和结实力均很强;成熟极晚,在北京地区,果实于9月底10月初完全成熟;抗病性较强,耐储运,是很好的冬春季节葡萄淡季的上市品种;适合保护地栽培;对石灰敏感,在生产中应慎用波尔多液。

10.甲斐露

甲斐露属欧亚种。果粒大,椭圆形;果皮韧,中等厚,紫红色,无涩味,果粉薄;果肉硬,较脆,多汁,味酸甜,无香味;每颗果粒含种子2～3粒,种子与果肉易分离;无小青粒,不易剥皮,鲜食品质上等;植株生长势强;产量较高;成熟极晚,在北京地区,果实于10月上旬成熟;耐储运性强;抗性中等,为直光性着色品种,不裂果;可在干旱、半干旱地区发展。

11.无核白鸡心

无核白鸡心属欧亚种,原产于美国。果粒略呈鸡心形;果皮薄而韧,淡黄绿色,很少裂果;果肉硬而脆,略有玫瑰香味,香甜爽口;在产地,果实于8月上旬成熟,耐储运性强;若用赤霉素处理,粒重可增大至10克左右;果实制干性能也较好;树势强,丰产性也强,抗病力中等;可在华北和东北各地栽培。

12.超级无核

超级无核又名"无核王";早熟品种,在胶东地区8月初成熟;自根苗果实成熟呈紫红色,风味纯正,酸甜适口,品质佳,耐储运;自根苗树势旺盛,适于中长梢修剪;抗病性强,易栽培。

13.秋天王子

秋天王子为大粒无核品种,果粒椭圆形;果粒完全成熟呈紫黑色,果肉脆甜,品质佳;晚熟品种,在胶东地区,果实于9月下旬成熟;长势中等偏弱,适于中短梢修剪;抗病力中等。

14.红高

红高原产于意大利,为意大利葡萄的红色芽变品种。果粒大,短椭圆形,深红色,属早期着色品种;果皮较厚,裂果少,肉质好,稍有玫瑰香味,品质佳,极耐储运;中晚熟品种,成熟期为9月上中旬;生长势较强,稳产丰产;抗病力中等。

15.克瑞森无核

克瑞森无核由美国育成。果粒椭圆形,亮红色,具有较厚果霜;晚熟红色品种,在胶东地区,于10月上中旬成熟;果肉较硬,风味纯正,味甜,低酸,无核;自根苗长势较强,抗病性及适应性强。

16.梅丽莎

梅丽莎由美国育成。果粒较大,翠绿色,白色无核,中熟品种;果实充分成熟后略带玫瑰香味;果皮中厚,韧度中等,不易与果肉分离;长势较旺,适于中长梢修剪。

17.奇妙无核

奇妙无核由美国育成。果粒椭圆形;果皮浅黑色,中等硬度,皮肉不易分离;味甜,品质佳;早熟品种,在胶东地区,果实于8月上旬成熟;不宜用赤霉素处理,否则会降低坐果率,减产,延迟成熟;生长势较强,适于长梢修剪;抗病性强,适应性广。

18.无核红宝石

无核红宝石果粒椭圆形,宝石红色,果肉浅黄绿色,半透明肉质,果肉较脆,味甜,低酸,品质优良;自根苗生长势中等,可采用中短梢修剪;在胶东地区,果实于8月下旬至9月上旬成熟;抗病性强,适应性广,是较好的红色中熟品种。

19.美人指

美人指由日本植原葡萄研究所育成。果粒长尖椭圆形,尖端呈紫红色,粒近根部呈黄色至浅粉红色;无香味,食味清爽带甜,肉质极佳;果实于9月上中旬成熟,是优良中熟品种;树势生长旺盛,适宜中短梢修剪;抗病性强,适应性广,易栽培。

20.红双味

红双味由山东省葡萄科研所育成。果粒椭圆形;果粒成熟一致,具有香蕉和玫瑰香两种香味,口味极佳,外形美观,非常受欢迎;在济南地区,果实于7月上旬成熟,生长期为106天,是一个极早熟红色葡萄新品种;自根苗树势中庸,适合中短梢修剪;抗病性强,易栽培。

21.矢富罗莎

矢富罗莎原产于日本。果粒大,长椭圆形,紫红色;肉质脆,有清香味;生长势强,坐果率高;丰产,抗病性较强;浆果成熟一致,耐储运,是很有种植前景的早熟品种。

22.山东大紫

山东大紫果穗圆锥形;成熟果实紫红色,外形美观;果粒长椭圆形;果皮中等厚,易剥离,较耐运输;果实有玫瑰香味;果实于6月20日前后开始着色变软,7月5日前后成熟(比山东早红早熟一周);枝条7月中旬开始成熟;病害轻,较抗霜霉病;在雨季之前成熟,果实极少感病。

23.8612(8611)

8612(8611)是我国用巨峰和郑州早红杂交育成的三倍体无核葡萄新品种,比巨峰早熟40多天,属特早熟品种,尤适于保护地栽培。果实成熟后为紫红色乃至紫黑色,着色均匀一致,色泽鲜艳诱人,酸甜适口;果实品质好,果肉脆而厚;结实力强,抗病性与巨峰相似;具有很强的气生根,扦插、嫁接成活率高;嫁接苗当年就有果穗出现。

(二)酿酒品种

1.赤霞珠

赤霞珠属欧亚种,原产于法国,别名"解百纳"。果粒中等大,圆形;果皮中等厚,紫黑色;果肉软而多汁;果实于9月上中旬成熟,为中晚熟品种;树势中庸,丰产性中等,抗霜霉病、白腐病和炭疽病的能力较强。该品种是全世界普遍栽培的优良酿酒葡萄品种,所酿制的葡萄酒呈宝石红色,清香幽郁,醇和协调,具有独特风味,酒质极佳。

2.梅鹿特

梅鹿特属欧亚种,原产于法国,别名"梅鹿辄""梅尔诺"等。果粒中等大,圆形;果皮中等厚度,蓝黑色;果肉软而多汁;果实于9月上中旬成熟,为中晚熟品种;树势中庸,丰产,抗病力中等;是酿制干红葡萄酒的优质原料。

3.意斯林

意斯林属欧亚种，原产于意大利，别名"贵人香""意大利雷司令"。果粒中等大，近圆形；果皮薄，黄绿色，阳面黄褐色，果面有黑色斑点；果肉软而多汁；果实于 9 月上中旬成熟，为中晚熟品种；树势中庸，丰产性中等或较高，抗病力中等。该品种酿造的白葡萄酒黄色，清香爽口，丰满完整，酒质优；同时，它也是酿制起泡葡萄酒和白兰地的优质原料。

4.雷司令

雷司令属欧亚种，原产于德国。果粒中等大，近圆形；果皮薄，黄绿色，阳面浅褐色，果面有黑色斑点；果实于 9 月上中旬成熟，为中晚熟品种；树势中庸，丰产性中等，抗病力中等。该品种酿造的白葡萄酒浅黄绿色，澄清发亮，果香浓郁，醇和爽口，酒质优；同时，它也是酿制干白葡萄酒的优质原料。

5.霞多丽

霞多丽属欧亚种，原产于法国。果粒中小，近圆形；果皮中等薄度，黄绿色；果实于 8 月中下旬成熟，为中早熟品种。

二、苗木繁育技术

(一)圃地的选择

育苗地最好选 10 年内没有栽过葡萄、交通方便、地势平坦向阳、排灌通畅的地块；以中性或微酸、微碱性的沙壤土为宜，此类土壤深厚疏松，透气性好，肥力好。若土壤黏重、透气不良或沙土过松、保水保肥力差，应加以改良，否则不适于育苗。秋季深翻圃地并施入基肥，然后冬灌，早春土壤解冻后，及时耙地保墒，准备扦插。

(二)扦插繁殖技术

扦插育苗是目前葡萄苗木繁殖应用最广而又简便易行的方法。

1.硬枝扦插育苗

硬枝扦插育苗利用秋季修剪下的成熟休眠枝条扦插育苗。

(1)插条的采集：选品种纯正、植株健壮、无病虫害的丰产植株，剪取充分成熟、节间适中、芽眼饱满的枝条为插条，过粗的徒长枝和细弱枝均不宜作插条。将插条 6～8 节截为一段，每 50 根捆成一捆，做好品种标记。

(2)插条储藏：葡萄插条冬季储藏的关键是温度和沙子的湿润度。储藏温度控制在 $-1～2$ ℃，沙子湿度不超过 5%，以手握成团、一触即散为度。储藏插条时最忌湿度过大，在插条储藏期间，应经常检查沙的湿度。插条冬季储藏时一般采用沟藏，也可在室内进行保温、保湿储藏。将插条放入沟中，一捆挨一捆地摆好，一边摆一边用湿沙填满插条与插条之间、捆与捆之间的空隙，直至全部覆盖为止，寒冷时加厚覆盖层。

(3)插条剪截：春季扦插前 30 天左右，将插条从储藏沟中挖出，按 2～3 个芽或 15 厘米左右长度进行剪截，顶端芽一定要充实饱满。在顶芽上距芽 2 厘米处平剪，下端在近芽 1 厘米处斜剪成马蹄形。然后每 50 根或 100 根捆成一捆，放入清水中浸泡 24～48 小时，使其充分吸水。

(4)插条催根：葡萄插条芽在 10～12 ℃即可萌发，而插条生根则需要 25 ℃左右的温度，因此一般扦插后往往先萌芽后生根，而且根生长缓慢。在春季露地扦插时，因气温较高、土温较低,刚萌发的嫩芽往往因水分供应不上而枯萎,影响扦插成活率。通常采用药剂催根的方法促进生根,用于葡萄扦插生根的生长素主要有萘乙酸、吲哚乙酸、吲哚丁酸、2,4-二氯苯氧乙酸等。用浓度为 50～100 毫克/升的萘乙酸溶液,将插条基部 3～4 厘米在药液中浸泡 12～24 小时;或者用吲哚乙酸、吲哚丁酸,配制成 0.3％～0.5％的溶液,浸蘸3～5 秒钟,都能较好地促进生根。此外,用 100～300 毫克/升的中国林业科学研究院研制的 ABT 生根粉,将插条基部 3～4 厘米浸泡 4～6 小时,生根效果也很好。如果将药剂与加热催根相结合,效果更好。常用加热催根的方法有电热温床催根和火炕加温催根。

电热温床催根利用埋设在温床下面的发热电线作为热源,并用控温仪或导电表控制土温,不仅温度控制得比较准确,而且可以随时调节,因此效果比较理想。电热温床多用半地下式,建造方法与一般温床相同,床底铺设电热加温线。为了有效地控制土温,可加自动控制设备,常用的设备有控温仪和导电温度表。

火炕加温催根是利用甘薯育苗的火炕对葡萄插条进行催根,效果很好。火炕上先铺5 厘米厚的锯末,将准备好的插条排列在上面,插条间亦塞锯末,顶端芽眼露在外面。插好后充分喷水,使锯末湿透,保持温度在 22～30 ℃,火炕上面覆盖塑料薄膜和草苫,以达到保持湿度和控制温度的目的。

(5)扦插:催根处理后的插条,在地温 20 ℃左右时做畦或起垄扦插。垄插法的垄宽为30 厘米,高为 15 厘米,垄距为 50～60 厘米,株距为 15～20 厘米,每亩插 7000 株左右,插条全部斜插于垄背土中,并在垄沟内灌水;亦可事先不做垄,先开浅沟,插好灌水后再培土成垄,垄断的插条下端距地面近,土温高,通气性好,生根快,根系发达。枝条上端也在土内,比露在地面温度低,能推迟发芽,形成先生根后发芽的条件。因此垄插比平畦扦插生根发芽晚,成活率高,生长好。北方的葡萄产区多采用垄插法,在地下水位高、年雨量多的地区,由于垄沟排水好,扦插成活率更高。

采用地膜覆盖后扦插:按上述的垄插法做好土垄,覆盖地膜,按株距要求,在地膜上打孔,插入插条,插条的顶端与地面相平,或稍露出。地膜具有保墒和提高地温的作用,一般可使地温提高 3～4 ℃。北方早春土温较低,每次灌水都会使土温降低,而地膜覆盖可使灌水次数减少,土温上升快,垄内通气良好,利于生根。

2.绿枝扦插育苗

在葡萄生长季节,利用夏剪时剪下的半木质化的新梢作扦插材料。将绿枝插条快速剪成 2～3 节长,上边一节以副芽刚萌动为好。插条上只留顶芽全叶或半片叶,立即将基部浸于清水中,并遮阴待用。保持叶片不萎蔫,是提高苗木成活率的关键。扦插前用500 毫克/升的萘乙酸或 1％的吲哚乙酸或吲哚丁酸水溶液,浸蘸插条基部 3～5 秒钟,取出后用清水冲掉附在表面的药液,立即开沟直立埋在床里。株行距一般为 30 厘米×15 厘米,深度为顶芽露出床面 1 厘米左右。插后立即浇透水,扣上塑料棚,并遮阴管理。棚内温度控制在 25～28 ℃,湿度保持在 95％左右,每天喷水 4～5 次,以使插条叶面有一层水膜为宜。增加空气湿度,但基质的湿度不可过高,使用电子自动雾化机效果较好,并每隔半月结合喷水喷洒 2～3 次多菌灵 1000 倍液,防止病害发生。插条插后 15 天左右即可生根,此时应注意通风。在移栽前 3～5 天撤除塑料拱棚,进行炼苗。绿枝扦插对苗床基质要求比较严格,可采用新木屑、蛭石、干净河砂等。

为了提高绿枝扦插的成活率,要注意以下三点:第一,夏季温度高,蒸发量大,在扦插过程中,关键问题是降温,气温应控制在 30 ℃以下,以 25 ℃最为理想。第二,在夏季高温高湿条件下,幼嫩的插条很易感染病害,造成烂条烂根,可用 500 倍高锰酸钾液或 20％多菌灵悬浮剂 1000 倍液进行基质消毒杀菌,并注意经常喷药防病。第三,嫩枝扦插宜早不宜晚,8 月份以后进行,当年插条发生的枝条不能成熟,根系也不易木栓化,影响苗木越冬。

3.扦插苗期管理

扦插苗期管理主要是肥水管理、摘心和病虫害防治等工作。总的原则是前期加强肥水管理,促进幼苗的生长,后期摘心并控制肥水,加速枝条的成熟。

(1)嫩梢出土前的管理:插后要经常检查顶部是否露出土面,若露出,要及时用湿土盖好,以免干枯。雨后与灌水后,应及时松土,以免土壤板结,阻碍嫩梢出土。松土要细致,不要碰伤嫩芽。

(2)灌水与施肥:扦插时要浇透水,插后尽量减少灌水,以便提高地温。具体灌水时间与次数要依土壤湿度而定。6 月上旬至 7 月上中旬,苗木进入迅速生长时期,需要大量的水分和养分,应结合浇水追施速效性肥料 2～3 次,前期以氮肥为主,后期要配合磷、钾肥,每次每亩施入人粪尿 1000～1500 千克或尿素 8～10 千克或过磷酸钙 10～15 千克或草木灰 40～50 千克。7 月下旬至 8 月上旬,为了不影响枝条的成熟,应停止浇水或少浇水。

(3)摘心:葡萄扦插苗停止生长较晚,后期应该摘心并控制肥水,促进新梢成熟。幼苗生长期对副梢摘心 2～3 次,主梢长 70 厘米时进行摘心,到 8 月下旬苗木长度不够的也一律进行摘心。

(4)病虫害防治:7—8 月多雨季节,葡萄幼苗易感染黑痘病,可喷 3～4 次 160 倍的少量波尔多液,发病时可喷 0.3～0.5 波美度石硫合剂。

葡萄扦插苗落叶后即可出圃,一般在 10 月下旬进行,起苗前先进行修剪,按苗木粗细和成熟情况留芽、分级。起苗时要尽量少伤根,苗木冬季储藏与插条的储藏法相同。

(三)嫁接繁育技术

1.砧木苗的准备

砧木苗可通过播种繁殖或扦插繁殖获得。

繁殖砧木苗播种要在 9 月中旬前后进行。采集充分成熟的葡萄果实,堆积腐烂,漂洗取种,去杂去劣后,拌上湿沙在阴凉处保存,上冻前进行层积处理。翌年 3—4 月,把经过层积处理的种子取出,筛去沙子,倒进 30 ℃左右的温水中,浸泡一昼夜,再与湿沙混合,在 25 ℃左右的温度下催芽。大部分种子裂口、少数种子发芽时,即可播种。畦宽 1 米,每畦开 2～3 个沟,灌足底水,按株距 10 厘米在沟内点播或条播,播种深度为 2 厘米左右,覆土轻轻压实。在畦面上盖一层薄薄的稻草,隔 2～3 天喷一次水,或在畦面覆盖地膜。撤除覆盖物后,要适时除草、松土和喷水,促使苗木加速生长。幼苗长到 2～3 片真叶时,要及时间成单苗,按 10 厘米株距定苗。当苗长到 5～6 片真叶时,用 0.01％的尿素进行叶面追肥,每亩施 5～8 千克,以后隔一个月追施一次磷酸氢二铵,每亩施 15 千克即可满足苗木生长需要。7—8 月每亩追施过磷酸钙 15 千克加草木灰 30 千克,促使砧苗充实,追肥时要及时浇水。苗期可用毒饵防治地下害虫,后期喷波尔多液预防各种病害。当苗木长到 20～30 厘米时进行摘心,以促使枝条充实和加粗生长,提高当年嫁接成活率。若当年嫁接不上,可留坐地苗,翌年再进行嫁接。

扦插繁殖砧木苗的方法及管理措施与一般扦插苗相同。当年可以进行芽接或嫩梢枝接。

2.嫁接方法

(1)绿枝嫁接:葡萄绿枝嫁接育苗,是利用抗寒、抗病虫、抗干旱、抗湿等抗性较强的品种作砧木,在春夏生长季节中用优良品种半木质化枝条作接穗进行嫁接繁殖苗木。此法操作简单,取材容易,嫁接时间长,成活率高(85%以上),是生产中采用较多的育苗方法。

①嫁接时期:当砧木和接穗均达到半木质化时,即可开始嫁接。在山东以4月下旬至5月下旬嫁接为宜,此时平均气温适宜,适于砧穗愈合与生长。

②接穗采集:接穗应从品种纯正、生长健壮、无病虫害的植株上采集,选取半木质化、芽子饱满(最好是刚萌发而未吐叶的夏芽)的枝条,随剪随接,以提高嫁接成活率。

③嫁接方法:主要是劈接。其步骤如下:砧木留三片叶子,除去芽眼,在横断面垂直劈开,长3厘米;选与砧木粗细和成熟度相近的接穗,下端削成楔形,插入砧木,使接穗与砧木形成层对齐,接穗斜面露白;用薄塑料条缠绕,仅露接芽;封严后打结。

嫁接一般需要选择抗性砧木,国内采用较多的有抗寒砧木山葡萄、贝达,抗旱砧木龙眼等。

(2)硬枝嫁接:硬枝嫁接一般在休眠期进行。利用冬剪下来的成熟休眠枝条作接穗,接在抗性砧木硬枝段上称为硬枝嫁接。嫁接用的品种接穗及砧木,应选择生长健壮、无病虫害、成熟充实的枝条。硬枝嫁接也多采用劈接法。接后放置在25~28 ℃的温床上进行愈合处理,方法同插条催根,经15~20天即可愈合,部分砧木长出幼根时便可进行露地扦插。在枝条萌芽后进行嫁接的应注意防止伤流。

三、丰产栽培技术

(一)高标准建园

1.地势和坡向选择

(1)地势选择:葡萄是多年生藤本植物,故地势应慎重选择。葡萄果实不耐运输,园地应尽可能设在交通方便的地方,以便于物资及产品运输。葡萄喜光,要选择阳光充足、地势高、空气畅通、排灌方便、土层深厚、土质疏松、土壤肥沃、透水性和保水力良好的土壤。土壤酸碱度应接近中性(pH值为6.5~7.5),以砂质壤土或有机质含量高的石砾壤土为宜。平原地区应抬高畦面,设好排水系统,以地下水位不高于60厘米为宜。葡萄对土壤的适应性很强,盐碱地、砂荒地、河滩地等经过土壤改良也能栽培葡萄。避免在排水不良的低洼地、重盐碱地,以及靠近有毒气体和污水排放口的工矿区建园。

(2)坡度和坡向选择

①坡度选择:坡度对果树的生长发育也有一定影响。同一坡向不同坡度,温度、热量、水分都有不同程度的差异。葡萄栽培的坡度以5°~20°为好,15°坡最为合适。

②坡向选择:坡向不同,光照、湿度、热量、风量也不同。一般南坡、东南坡、西南坡较北坡、东北坡、西北坡所获得的太阳热量多。南坡与北坡近地面20厘米处气温平均相差0.4 ℃。在地下80厘米深土层处,南坡比北坡地温高4~5 ℃。葡萄喜光、喜温,以选择南坡为宜。但南坡温、湿度变化较大,水分蒸发量大,融雪、解冻比北坡早,因此必须加强水土保持工作。在中纬度的低山区,北坡水分蒸发量少,土壤墒情好,植被密生,土质较肥沃,土层较深厚,也能栽培葡萄树。狭窄的山沟和山谷,因光照不足且易积聚冷空气,易受

霜冻,不宜选作葡萄园。在风大的地方,最好选有天然防风屏障(如森林、建筑物、山丘)的地点建园,否则要营造防护林。

2.新建葡萄园的规划设计

(1)划分栽植区:根据地形坡向和坡度划分若干栽植区(又称"作业区"),栽植区应为长方形,长边与行向一致,有利于排灌和机械作业。

(2)道路系统:根据园地总面积的大小和地形地势,决定道路等级。主道路应贯穿葡萄园的中心部分,面积小的设一条,面积大的可纵横交叉,把整个园分割成4、6、8个大区。支道设在作业区边界,一般与主道垂直。作业区内设作业道,与支道连接,是临时性道路,可利用葡萄行间空地。主道和支道是固定道路,路基和路面应牢固耐用。

(3)排灌系统:葡萄园应有良好的水源保证,做好总灌渠、支渠和灌水沟三级或灌渠和灌水沟二级灌溉系统,按5‰的比例设计各级渠道的高程,即总渠高于支渠,支渠高于灌水沟,使水能在渠道中自流灌溉。排水系统也分小排水沟、中排水沟和总排水沟三级,但高程差由小沟往大沟逐渐降低。排灌渠道应与道路系统密切结合,一般设在道路两侧。

(4)防护林:葡萄园设防护林有改善园内小气候,防风、沙、霜、雹的作用。百亩以上葡萄园,防护林走向应与主风向垂直,有时还要设立与主林带相垂直的副林带。主林带由4~6行乔灌木构成,副林带由2~3行乔灌木构成。在果园边界设3~5行境界林。一般林带占地面积为果园总面积的10%左右。

(5)管理用房:包括办公室、库房、生活用房、畜舍等,修建在果园中心或一旁,由主道与外界公路相连,占地面积为2%~3%。

(6)肥源:为保证每年有充足的肥料,葡萄园必须有充足的肥源。可在园内设绿肥基地,养猪、鸡、牛、羊等以积累粪肥。按每亩施农家肥500千克设计肥源。

(7)其他:包括品种、架式、架材等。

①品种:选择品种时,主要考虑其成熟期、市场适应性和综合品质(果穗整齐度、果实大小、果实色泽、果实的含糖量和糖酸比等)。

②架式:架式一般应根据品种特性、当地气候特点以及当地栽植习惯来确定。在我国长城以北地区大多采用棚架,而在长城以南至黄河流域的葡萄产区多采用篱架。生产中用得最多的是单壁篱架,它具有管理方便、通风透光条件较好等优点。

③架材:架材需用量随架式结构不同而异。倾斜式小棚架:每亩用水泥柱60根。水泥柱的形状一般为正方形或长方形,底边长为8~12厘米。水泥柱的高度一般为2~2.5米。另需30根竹竿,需8号或10号铁丝共10道,约1100米。连接式水平棚架:每亩用10厘米×10厘米水泥柱60根。每亩需直径为6.5毫米的铁筋24米,8号铁丝180米,10号铁丝1100米。单壁篱架:每亩需高为2~2.5米的水泥柱66根,8号或10号铁丝800米。

(二)栽植密度和技术

1.栽植密度

葡萄栽植密度、株行距因架式、品种特性、土壤立地条件和气候条件各不相同。在确定栽培密度时,既要考虑到合理密植,充分利用土地和空间,又要考虑到节约人力、物力,方便作业等,以求达到早期丰产的目的。一般地,单篱架行距为2~3米,株距为1~2米;双篱架行距为2.5~3.5米,株距为1~2米;"T"形架行距为3~3.5米,株距为1~3米;

棚篱架行距为 3～4 米,株距为 1～2 米;小棚架行距为 4～6 米,株距为 1～2 米;大棚架行距为 6～8 米,株距为 2～3 米。株距可依品种的生长势灵活掌握,生长势强的品种株距可稍大些;反之,则小些。土壤瘠薄的地区可栽密些,土壤肥沃的地区可栽稀些。南方多雨潮湿区可栽稀些,北方凉爽干燥区可栽密些。为了达到早期丰产、稳产、高效益的目的,可采用计划密植,即先密后稀的栽培方法。棚架行距宽可设永久行(永久株)、临时行,爬对头架,双行栽培。当枝蔓交叉重叠时,逐步回缩临时行植株,待临时行植株枝蔓影响永久行结果时,分期间伐临时行,并将多主蔓改为单蔓或双蔓树形。棚篱架栽培时,为了增加栽植密度,提高土地利用率,使植株早结果、多结果,充分发挥早期结果靠株数、后期结果靠树冠的作用,可采用先龙干形后扇形的整形方式,以求边结果、边整形、边疏株的栽培管理方法。这样,既能达到早结果、早丰产的目的,又可避免后期枝蔓郁蔽的现象。

2.栽植技术

(1)挖定植沟:北方地区一般在秋后至上冻前挖定植沟。山地葡萄园挖栽植沟要适当深和宽些,一般以深、宽均为 1 米为宜。平地可挖深、宽各为 0.8 米的沟。先按行距定线,再按沟的宽度挖沟,将表土放到一侧,心土放另一侧,然后进行回填土。回填土时,先在沟底填一层 20 厘米厚的有机物。平原地块,若地下水位较高,可填 20 厘米炉渣或垃圾,以作滤水层;若土壤黏重,要适当掺沙子回填,再将粪肥和表土混合填入。每公顷需要 7500 千克优质粪肥,另外加入 250 千克磷肥。当回填到离地表 10 厘米时,灌水沉实定植沟,再回填到与地表相平时进行栽苗。

(2)栽苗时期:北方地区在 3 月下旬至 4 月上旬为宜,长江以南地区可秋季栽苗,一般以 11—12 月为宜。

(3)栽植:选好合格苗木,要求根系完整,有五条以上直径为 2～3 毫米的侧根,苗粗度在 5 毫米以上,完全成熟木质化,其上有三个以上的饱满芽,且无病虫危害。嫁接苗要求砧木类型符合,嫁接口完全愈合无裂缝。栽苗前对苗木进行适当修剪,剪去枯桩,对过长的根系留 20～30 厘米剪截;然后放清水中浸泡 24 小时,使其充分吸水。栽苗时将苗木根系向穴四周散开,不要圈根,覆土踩实,使根系与土壤紧密结合。栽植深度不宜过深或过浅,过深地温较低,不利缓苗;过浅根系容易露出地面而风干。一般嫁接苗覆土至嫁接口下部 1 厘米处,扦插苗以原根际与栽植沟面平齐为宜。栽后灌透水一次,待水渗下后再覆土,不让根系外露。在干旱地区栽苗后用沙壤土埋上,培土高度以超过最上一个芽眼 2 厘米为宜,以防芽眼抽干,隔 5 天再灌水一次,这样才能确保苗木成活。最好采用地膜覆盖,以提高地温和保墒,促进根系生长。

(4)定植苗木当年管理技术:主要是抹芽、定枝、摘心和肥水管理。当芽眼萌发时,嫁接苗要及时抹除嫁接口以下部位的萌发芽,以免萌蘖生长消耗养分,影响接穗芽眼萌发和新梢生长。待苗高 20 厘米时,根据栽植密度进行定枝、疏枝,若株距较大,一般留两枝,反之,则可留一枝。抹除多余的枝,留壮枝不留弱枝,使养分集中供给保留下来的枝,以利于植株生长。当苗木高 1 米时,要进行主梢摘心和副梢处理,首先要抹除距地面 30 厘米以下的副梢,其上副梢一般留 1～2 片叶反复摘心,较粗壮的副梢可留 4～5 片叶反复摘心控制。当主梢长度达 1.5 米时再次摘心。通过多次反复摘心,可以促进苗木加粗,枝条木质化和花芽分化。冬剪时要在充分成熟且直径在 1 厘米以上的主蔓上剪截,一般主蔓留 1～1.2 米长。主梢上抽发的副梢粗度在 0.5 厘米时,可留 1～2 个芽进行短截,作为下年的结果母枝。当苗高在 40～50 厘米时要进行第一次追肥。由于定植苗木根系很小,用于吸收营养元素的根量也较少,因此,要勤追少施,年追施 2～3 次即可,20～30 天追一次,前期追施以氮肥为主,后期追施以磷、钾肥为主,追肥后要及时灌水、松土、中耕除草,还要注意防治病虫害。

(三)丰产管理措施

1.土壤管理

(1)清耕法:每年的生长季节,都要在葡萄行间和株间多次中耕除草,这不仅可以改善土壤表层的通气状况,促进土壤微生物的活动,而且可以防止杂草滋生,减少病虫危害。一般中耕深度在 10 厘米左右。在生长后期枝梢停止生长时,减少中耕可促进枝梢成熟。长期清耕,会破坏土壤的物理性质,必须注意进行土壤改良。

(2)覆盖法:对葡萄根圈土壤表面进行覆盖(铺地膜或敷草),可防止土壤水分蒸发,减小土壤温度变化,有利于微生物活动,可不进行中耕除草。

(3)生草法:葡萄园行间种草(人工或自然),生长季人工割草,地面保持有一定厚度的草皮,可增加土壤有机质,促其形成团粒结构,防止土壤被侵蚀。对肥力过高的土壤,可通过生草消耗过剩的养分。夏季生草可防止土温过高,保持较稳定的地温。但长期生草,土壤易受晚霜危害,高温、干燥期易受旱害。

(4)免耕法:不进行中耕除草,采取除草剂除草,适用于土层厚、土质肥沃的葡萄园。常用除草剂有草甘膦等。也可以在春季杂草发芽前喷氟乐灵等芽前除草剂,再覆盖地膜,可以保持较长时间地面不长杂草。

(5)土壤耕作:除了在建园时对定植穴内的土层进行深翻改良外,定植后仍应逐渐对定植沟外的生土层进行深翻熟化。深翻时期应根据各地生态条件而定。北方以在秋季落叶期前后结合施基肥进行深翻为宜。深翻对消灭越冬害虫和有害微生物,以及肥料的分解都有利。也可以在夏天雨季时深翻晒土,减少土壤水分,以利于枝蔓成熟。深翻方法因架势等有所不同。篱架栽培时,在距植株基部 50 厘米以外挖宽约 30 厘米、深约 50 厘米的沟;幼龄园或土层浅的或地下水位高的果园可相对浅些,可以采取隔行深翻,逐年倒换的方式。棚架应在离植株 1 米左右处挖沟,以后每年外移,达到全园放通。对沙砾土或黏重土,在深翻的同时,可以进行客土改良,将优质沙壤土或园田壤土拌上有机质、有机肥料填到深翻沟中。但深翻前应确认根系分布情况,并应注意尽量少伤大粗根。

2.施肥

(1)施肥种类和时期:葡萄施肥分为基肥和生长季追肥两种。栽培中是以基肥为主还是以追肥为主,应遵循以下原则:一看土壤保肥能力的高低,即耕作层的深度、腐殖质的多少。耕作层深、腐殖质多、保肥能力好的土壤,应以施基肥为主。二看施用肥料的类型。有机肥料主要用作基肥,而速效性肥料主要在生长季追施。三看品种的成熟期、落花落果的轻重等。早熟品种以施基肥为主,晚熟品种一般还需要追肥;树势旺、落花落果重的品种应控制基肥的施肥量,以追肥调节为好。此外,夏季应对开花新梢的伸长情况等进行营养诊断,以决定是否追肥。

①基肥:施基肥的目的在于为果实膨大和成熟供应所需肥料,要求从储藏养分蓄积期一直到翌年果实成熟期,在相当长的时期内能持续释放肥效。一般在植株进入休眠期之前或休眠期施用。若秋季葡萄采收后叶片呈浓绿色,有氮充足的迹象,基肥应晚点施或施

速效氮浓度低的有机肥,以免引发秋梢。若采收后叶色变淡,应尽早补充肥料,以使叶片迅速返青。基肥主要以迟效性肥为主,鸡粪就是很好的基肥肥料。

②秋肥:施秋肥的目的在于给已处于疲劳状态的叶和根提供速效性的氮肥,以使其恢复同化作用,增加树体内的养分储藏。一般在秋根活动期,即早熟品种采收后、中晚熟品种采收期施秋肥,施肥量为年总施肥量的20%～30%。秋肥以速效性肥为主,以氮肥为主,但要注意避免引起秋梢生长。

③夏肥:在沙地和倾斜地等保肥差的土壤上,施夏肥是必需的,而且应少量多次施用。夏肥是否必须施以及如何施、施多少都应根据开花期的树相作出判断。新梢的伸长方式是最重要的判断标准。花前新梢几乎停止生长或新梢基部第0～7节的长度与第7～10节的长度之比在1以下时,需施夏肥。一般夏肥分土施和叶面施两种。土施可在植株附近(约45厘米处)开浅沟施入,施后灌水。叶面施可随喷药同时进行,前期以氮肥为主,果实生长期以磷肥和钾肥为主,着色期后以钾肥为主。

(2)施肥量:由于栽植方式不同,一般施肥量应以株为单位进行计算。此外,不同品种、不同土壤类型、不同栽培方式等,施肥量也应有所不同。施肥过多或过少都会对葡萄生长产生不利影响,应根据需要施肥。

3.水分管理

灌水量和灌水时期因土质和气候条件而不同。一般在萌芽前应灌催芽水,萌芽后新梢生长期若遇春旱应灌水,坐果后果实膨大期应灌膨果水,土壤冻结前应灌封冻水。开花前和坐果后的灌水可结合施肥进行。

葡萄是耐旱性较强的果树。在多雨地区,葡萄在生长发育期的大部分时间内存在多湿问题。土壤水分的急剧变化也是葡萄缩果病和裂果等生理病害发生的主要原因。葡萄根系渍水数日即可枯死,长期积水、排水不良时,深部大根枯死,只有近表层的根活动,这时若遇高温干燥,地上部的蒸腾和地下部的吸水失去平衡,会引起植株地上部缺水,从而引发生理性缩果病。成熟期的干燥天气只要不严重,对果实膨大影响不大,并有利于果实着色和含糖量的提高。

4.整形修剪

(1)架式:葡萄是藤蔓植物,栽培时需要搭架。常用的架式分为篱架和棚架两大类。

①篱架:篱架是最常用的一种传统架式。架面与地面垂直,葡萄枝蔓分布在上面形成篱壁状。这种架式便于管理,适于机械化栽培,且通风透光好,易获得高品质果,多用于干旱地区以及生长势较弱的品种。篱架又分以下几种类型:

a.单篱架:沿行向每隔5～6米设立一根支柱,架高1.5～2米,并在支柱上每隔40～50米拉一道横线,一般要拉四道,供绑缚枝蔓用。

b.双篱架:在葡萄定植穴的两侧沿行向各设立一行单篱架,枝蔓向两侧均匀引缚。这种架式葡萄有效结果面积大,故产量高,但通风透光条件不如单篱架,管理不方便,且需用架材多,投资大。

c.“T”形架:在单篱架的顶端沿垂直方向设一根60～100厘米宽的横梁,使架面呈“T”形。在立柱上拉1～2道铅丝,在横梁两端各拉一道铅丝。这种架式比较适合生长势较强的品种,是“高宽垂”整形和“V”形树的优良架式。

②棚架:架面与地面平行形成棚面,有平顶式、屋脊式或倾斜式,适合在冬季寒冷需要

埋土的地区、丘陵山坡地或庭院内使用。生产中常见的棚架有大棚架、小棚架和棚篱架。

a.大棚架：架长为 10 米以上，架基部高约 1 米，前端高 2～2.5 米，形成倾斜棚面，适用于山坡地和庭院。棚面过大，管理不方便。此外，由于栽植过稀，不利于早期丰产。

b.小棚架：一般架长为 6 米左右。由于架长和栽培行距小，植株枝蔓也较集中，弥补了大棚架的缺点，所以生产上常用小棚架。

c.棚篱架：相当于在单篱架外面再附加一个小棚架。架长为 4～5 米，单篱架高约 1.5 米，棚架前端架高 2～2.5 米，与单篱架相连形成倾斜棚面。植株在篱架上形成篱壁后还可以继续向棚面上爬，可有效利用空间，增产潜力大，但篱架面的通风透光性下降。

(2)覆土防寒区的树形与整形：冬季需要覆土防寒区，任何树形都必须首先考虑到便于下架覆土防寒，以使植株具有倾斜的主蔓、紧凑的树冠，通常采用无主干树形。篱架整形多为无主干多主蔓规则扇形、无主干多主蔓自然扇形。棚架整形多采用龙干形，优点是技术简单易掌握，覆土方便。

①无主干多主蔓规则扇形：从地面上培养 3～6 个主蔓，主蔓上无侧蔓，伸展于架面上呈扇形。结果枝组按 20 厘米的间距规则排列在各主蔓上，以中、短梢修剪为主，留预备枝。

②无主干多主蔓自然扇形：从地面上培养 3～5 个主蔓，由主蔓上分出各级侧蔓，伸展于架面上呈扇形。结果枝组以中、长梢修剪为主或长、中、短梢结合修剪。

③独龙干形：植株只留一个主蔓延伸，主蔓长度依架面而定。结果枝组按 20～30 厘米的间距规则地着生在主蔓上。结果枝组多采用短梢、超短梢结合修剪。

④两条龙干和多龙干形：从地面上选留两条或三条，甚至多条主蔓。主蔓长度依架面而定。多年生蔓（俗称"龙干"）的主蔓按规定距离整齐地分布在架面上，树形结构分明。结果枝组按 20～30 厘米的间距规则地着生在主蔓上。结果枝组多采用短梢、超短梢结合修剪。

(3)不覆土防寒区的树形及整形：冬季不覆土防寒区及南方高温多湿区的树形及整枝形式极为丰富，可依立地条件、品种、生长势、肥水供应等进行多种形式的整枝。在高温多湿地区，可采用有主干的树形整枝，提高主干高度，以改善树冠的光照条件和提高光能利用率，使植株下部通风透光，减少病害的发生。棚架主要采用的树形及整形方式有主干多主蔓扇形、有主干龙干形、"X"形、"H"形。篱架整形有单层单臂水平形、单层双臂水平形、双干双臂水平形、单干双臂双层水平形、弯曲双臂分层水平形。"T"形架整形可采用双帘式龙干形整枝。

①有主干多主蔓扇形：在地面上具有 1～2 米的主干，主干上分生 3～5 个主蔓，由主蔓上再分出各级侧蔓。枝蔓摆布呈扇形，结果枝组采用长、中、短梢结合修剪。

②有主干龙干形：从地面上选留一个蔓作为主干，干高 1～2 米。再由主干上分生 2～4 个蔓，呈两条龙干或多条龙干形，平行分布在架面上。结果枝组按一定距离着生在各条龙干上，多采用中、短梢修剪。

③"X"形：主干高 2 米，在主干上分生两个水平主蔓，各水平主蔓上再分生两个主蔓，每个主蔓上以 20～30 厘米间距留一个结果枝组，采用长、中、短梢结合修剪。

④"H"形：主干高 2 米，在主干上分生两个水平主蔓，拉成"一"字形，各留 60 厘米剪截，主蔓上可留结果枝组。两个主蔓又分生两个侧枝。侧枝上以 25 厘米间距留一个结果

枝组。主蔓上的结果枝组采用短梢修剪,侧枝上的结果枝组采用长、中、短梢结合修剪。

⑤单层单臂水平形:植株选留一个蔓,70厘米以下部位不留副梢,全部抹除。将枝蔓顺一个方向引缚于第一道铁线上呈水平状。在枝蔓上以20厘米间距选留一个结果枝组,采用短梢或中梢修剪。

⑥单层双臂水平形:选留一个蔓作为主干。植株为70厘米时,主梢摘心,选留两个副梢作为双臂,其余副梢抹除。将两个副梢延长枝分别水平引缚在第一道铁线上。各蔓上以20厘米间距选留一个结果枝组,均采用短梢修剪。

⑦双干双臂水平形:第一年整形,一穴栽两株。植株长高时,分别在0.5米和1米处摘心,各留两个延长枝,冬季分别在1.5米和2米处剪截,剪除所有副梢。第二年整形,将四个蔓分别引绑在第1~2道铁线上,呈水平形。剪除主干上的新梢,各蔓上以30厘米间距留一个结果枝组,采用短梢或中梢修剪。

⑧单干双臂双层水平形:适合于植株生长势强的品种。第一年整形:植株高60厘米时,第一次摘心,在第一道铁线部位选留两个副梢,作为双臂。当植株高达1.1米时,第二次摘心,再选留两个副梢。两层副梢均剪留2~3个芽,其余副梢全部剪除。第二年整形:将两层主蔓(双臂)分别引缚在第1~2道铁线上,呈水平形。各蔓上以30厘米间距留一个结果枝组,采用短梢或中梢修剪。

⑨弯曲双臂分层水平形:适合于植株生长势强的品种。第一年整形:植株分段多次摘心(0.6米、1.1米、1.6米),促生副梢生长。在第1~3道铁线上,各留两个副梢,采用长梢修剪,其余副梢剪除。第二年整形:将植株主干第1~3道铁线部位弯曲成"S"形,并绑缚在铁线上。各层的双臂分别呈水平形引缚在第1~3道铁线上。各蔓上每隔30~50厘米留一个结果枝组,剪除层间新梢,采用短梢或中梢修剪。

⑩"T"形架整形方式:伞形(双帘式)主干高1.4~1.6米,架高1.8~2米。主干上分生两个主蔓,分别呈水平形引缚在架面铁线上。各蔓上每隔25~30厘米留一个结果枝组。新梢不加引缚,任其自由下垂生长。在新梢生长期,将架面上的全部新梢顺到朝下垂方向生长。这样对改善新梢基部的光照条件、促进花芽形成、提高坐果率均有良好作用。

(4)夏剪:主要任务是控制树冠,均衡树势,控制负载,合理留果,充分利用空间,改善架面光照条件,提高光能利用率,减少养分消耗,增加树体内营养积累,促进花芽分化,提高坐果率和果实品质,保持连年丰产。

①抹芽除萌:芽眼萌动至整个萌芽期均可进行抹芽除萌。当年栽植的苗,芽眼萌发时,要抹除嫁接口以下部位的萌发芽。除萌要反复进行多次才能抹净。通常一株苗留两个芽,留壮芽不留弱芽,留下部芽不留上部芽。待苗高20厘米时,根据栽植密度留枝,若株距大,可留两个枝;反之,则可疏除回枝。抹除多余的芽,使营养集中供给保留下来的芽,有利于植株生长发育和结果。抹芽时间宜早不宜迟,迟抹芽养分消耗大。盛果期树结果母枝萌发芽,首先要抹除双芽或三生芽中的弱芽,留饱满的主芽,除去副芽,每个节位上只保留一个健壮芽;同时,对着生部位不当的向下芽和过密的芽要及时抹除。架形不同,留芽的高度也不同,通常棚架整形距地表50厘米以下不留芽,篱架整形距地表30厘米以下不留芽,以利于地表空气畅通,防止病虫害发生。

②疏枝、定梢:在新梢上显露花序,能区别结果枝或生长枝时进行为宜。疏枝要依树势、架面新梢稀密程度、架面部位来定。弱树多疏,强旺树少疏。多疏枝则减轻果实负载

量,利于恢复树势;少疏枝则多挂果,以果压树,削弱树势,以达到生长与结果的平衡。对架面枝条要密处多疏,稀处少疏,下部架面多疏,以利于下部架面通风透光。上部架面应少疏,以利于架面光合截留。同时,还要疏除无用的细弱枝、花穗瘦小的结果枝,以及下垂枝、病虫枝、徒长枝等。为了稳产丰产,负载量必须合理,应根据生长势、架面、天气条件等确定每平方米架面应留多少枝。对生长势强的品种,棚架每平方米架面留梢 8～10 个,篱架每平方米架面留梢 10～13 个。对生长势中庸的品种,棚架每平方米架面留梢 12～15 个,篱架每平方米架面留梢 15～20 个。对生长势弱的品种每平方米架面留梢 20～25 个。北方无霜期短、干燥,可适当多留枝。

③摘心、副梢处理

a.摘心:摘除新梢顶端的生长点和幼叶。摘心能暂时中断养分向上输送,抑制顶端生长,促使营养物质集中供给花器部分,从而促进花器生长发育,增强受精能力,减少落花落果,提高坐果率。结果新梢摘心,从始花前三天至始花期进行为宜,过早、过晚均不利于花穗的生长发育。摘心程度:一般健壮结果新梢花序以上部位留 6～9 片叶摘心;中庸结果新梢留 4～5 片叶摘心;弱结果新梢可不摘心,因弱梢通常长到 9～10 片叶封顶,不与花穗争夺养分。

b.副梢处理:结果新梢的副梢处理方法通常有三种。第一种是新梢上的副梢全部保留,各级次副梢均留 1～2 片叶反复摘心;先端 1～2 个一次副梢留 3～4 片叶摘心,抽生两次以上副梢留 1～2 片叶反复摘心。该法适于幼树及架面较空部位的新梢,以及主侧蔓延长梢。第二种是果穗下部副梢全部抹除,果穗以上部位副梢全部保留并留 1～2 片叶反复摘心;先端 1～2 个副梢留 3～4 片叶摘心。第三种是只保留先端 1～2 个副梢,并留 3～6 片叶摘心;抽生两次以上副梢,留 3～4 片叶反复摘心;其余副梢全部抹除。这种处理副梢的方法简便,适于生产上大面积应用。

④打老叶,去卷须,剪嫩梢:在葡萄着色期,靠近新梢基部的部分老叶会变黄,失去光合作用能力,并消耗树体内的营养物质,因此应及时打去老叶,以利于果实着色。卷须不仅消耗养分,还缠绕枝叶与果穗,妨碍夏剪作业,应结合新梢摘心及时掐除。北方地区8月中旬抽生的嫩梢,秋后不能成熟,应控制其延长生长,对结果树上的发育枝和结果枝,主枝延长梢一律进行掐尖,以促进枝条成熟,减少树体内养分消耗。

⑤弓形绑梢及扭梢:结合花前摘心进行弓形绑梢,以花序为最高点拱成弓形,以削弱顶端优势,使营养向花穗位置转移,以利于坐果和果实发育,促进结果枝基部数节的花芽分化。

对强旺新梢、徒长枝,在新梢基部 1～2 节处进行扭梢,使新梢的木质部和表皮受伤,然后将新梢拱成弓形,绑缚于架面铁线上。这对缓和新梢生长势,提高新梢基部芽的萌发率均有好处。

对于中庸结果梢,根据其所占空间大小、留梢量及长势,可用多种方法引缚。一般以弓形和水平引绑为主,以利于缓和其顶端优势。对留梢量少且间隙大的,可进行水平绑梢,并对花序上部的副梢留 1～2 片叶反复摘心,顶端一个副梢留 3～4 片叶摘心。这对削弱顶端优势、促进幼果生长均有较好作用。

对较弱结果新梢则暂时不引缚,任其生长,使新梢加粗,以利于幼果发育。待其转变成中庸梢时,再对其进行弓形绑梢。最常用的绑梢方法是"猪蹄扣"绑缚法,此法可松可紧,弱梢可松绑,以利其生长;强旺梢则要紧绑,以抑制其生长。

⑥环割和环剥:对生长强旺的结果枝,要进行环割或环剥,暂时中断伤口上部叶片的糖类及生长素向下输送,使营养物质集中供给伤口上部的枝、叶、花。这有利于促进花芽形成,提高坐果率,增大果粒,增进果实着色,提高果实含糖量,使果实成熟期提前。

a.环割、环剥的时期:根据不同目的选用不同时期进行环割、环剥。若要提高坐果率,促进花器发育,在开花前一周内进行;若要提高果实糖度,促进果实着色和成熟,在果实软化期进行为宜。

b.环割、环剥部位和程度:一般在结果枝或结果母枝上进行环割或环剥效果好。环割和环剥的位置,应在花穗以下部位节间内进行。

c.环割方法:用小刀在结果枝上割三圈,深达木质部。环割的间距约为 3 厘米。此方法操作简单、省工。

d.环剥方法:用环剥器或小刀,在结果枝上环刻,深达木质部。环剥宽度为 3～6 毫米,依结果枝的粗度而定,枝粗则宽剥,枝细则窄剥,然后将皮剥干净。为防止雨水淋湿伤口,引起溃烂,最好在伤口上涂抹抗菌剂进行消毒,并用黑色塑料薄膜包扎伤口。由于环剥阻碍了养分向根部输送,对植株根系生长起到抑制作用,因此过量环剥易引起树势衰弱,在生产上要慎重使用。

(5)冬剪:葡萄冬剪的目的是调节树体生长与结果,保持树势强健,使其连年丰产。在埋土防寒地区,冬剪一般在下架以前完成(11 月上旬)。不埋土地区,整个休眠期(冬季)都可以修剪,但过早修剪会导致树体耐寒性降低,过晚又会引起伤流,一般要求在早春伤流开始前一个月完成为好。其基本方法为:

①剪留长度:按结果母枝的剪留长度分为极长梢(12 个芽以上)、长梢(8～11 个芽)、中梢(4～7 个芽)、短梢(2～3 个芽)、极短梢(1～2 个芽)修剪。生产上多采用长、中、短梢结合修剪的方法,应根据枝条的势力、部位、作用、成熟情况等决定剪留长度。原则上强枝长留,弱枝短留;端部长留,基部短留。此外,还必须考虑树形、品种特性等。一些结实能力强的品种基部芽眼充实度高,可采用中、短梢修剪;而对生长势旺、结实能力弱的品种应多采用中、长梢修剪。

②结果母枝的留枝量:留枝量过多,抽生新梢过密,会影响架面通风透光,滋生病虫。而且结果过多,会造成树体衰弱,影响果实品质和树体第二年的生长发育。根据品种不同,可以采取冬剪时稍多留、生长季再定新梢数量或在冬剪时一次定母枝数量的方法,但以前者比较保险。结果母枝的数量可以综合考虑品种的结果习性、目标产量、栽植密度等诸多因素加以推算。如行株距为 3 米×2 米,亩定植株数为 111 株,目标产量为 1250～1500 千克/亩,则要求每株应产 12～14 千克果实。如果品种的单穗重为 300～400 克,则达到目标株产需要约 35 个果穗,以每一个结果母枝着生两个新梢,每一个新梢上平均着生一个果穗计算,需要 35 个新梢,即 17～18 个结果母枝。考虑到埋撤土时可能会对结果母枝造成损伤,则每株可留 20 个左右的结果母枝。这 20 个结果母枝在架面上(株距为2.0 米)分两层(自然扇形)摆布,每层 10 个,发出新梢 20 个,平均每 10 厘米一个新梢。如果品种结实能力强,可稍少留点结果母枝;如果品种生长旺盛,结果枝率较低,可以稍多留点结果母枝,抽生新梢后再去掉一些过密营养枝。所留结果母枝必须是成熟好、生长充实、无病虫、有空当部位的枝条。对于病虫枝、过密或交叉枝、过弱枝,要逐步有计划地

疏除。

③枝蔓更新

a.结果母枝的更新：一般采用双枝更新和单枝更新两种方法。双枝更新是指两个结果母枝组成一个枝组，修剪时上面的母枝长留，第二年结完果后去掉，基部的母枝短留，作为预备枝，第二年在其上培养两个健壮新梢，继续一长一短修剪，年年如此反复，保持植株结果枝数量和部位相对稳定。单枝更新时不留预备枝，只对一个结果母枝进行修剪，第二年再从其基部选一个新梢继续作为结果母枝，上部的枝条则全去掉。生产上进行中、短梢修剪时一般多采用单枝更新方法，但中、长梢修剪时，应注意在基部留预备枝。

b.老蔓的更新：葡萄的主侧蔓出现衰弱、光秃、病虫危害或坏死时需要进行更新。可以从植株基部的萌蘗枝或不定枝中选择合适的枝条预先培养，再逐步去掉需要更新的老蔓，用新蔓取而代之。注意不能一次更新过多大蔓。

（6）修剪时的注意事项：第一，一般要求剪口粗度为 0.8～0.9 厘米，剪口离最上面的一个欲留芽应有 3～4 厘米，或在该芽的上一节位破芽剪截。第二，疏除枝条时，应从枝条基部彻底去掉，不留短桩，伤口最好安排在老蔓的同一侧。第三，对生长势旺的品种，应选生长势中庸、充实度高的枝条作结果母枝；而生长势弱的品种，尽量选生长势强的枝条作结果母枝。第四，幼树整形时注意植株基部 50 厘米以下不留枝条，同时合理利用副梢（粗度在 0.7 厘米以上时），实现早成形、早结果。第五，剪掉的枝叶应集中烧毁或深埋。

5.花果管理

（1）促花技术：诱引冬芽多次结果，控制强旺树势，有效利用树体内储藏的营养物质，不但可以提高单位面积产量，还可以延长水果市场的供应期，起到调节市场的作用。植株生长旺盛的结果枝或发育枝，直径在 1.1 厘米以上，诱发冬芽多次结果才能获得较好效果。花前摘心：结果枝花序以上部位留 9～11 片叶进行摘心，抽出的一次副梢只保留顶端两个，并留 2～3 片叶反复摘心控制，其余副梢全部抹除。从花前摘心时算起，顶端两个副梢至少保留 25 天，以促进花芽形成。然后再剪去顶端两节副梢，不久冬芽萌发并带花序。诱发冬芽结果，剪口要选择叶色浓绿、冬芽红色的部位。剪口粗度以约 1 厘米为宜，这样诱发的冬芽花序大而质量好。

（2）疏花疏果

①疏花序：疏花序对调节果实负载量，保持树势稳定，实现稳产、高产、优质具有重要作用。疏花、疏果的标准多用叶果比、枝果比、始花期结果新梢长度来衡量。按叶果比标准计算，500 克大型果穗正常生长发育需 30～50 片叶，250 克中型果穗需 15～20 片叶。一般每生产 1 克优质果需 10～14 平方厘米叶面积。由于产量与质量之间存在一定的矛盾，产量超过植株本身的负载量时，将导致叶果比失调，果品质量降低，含糖量明显下降，果穗松散，果粒变小，浆果着色差或不着色，果实成熟期延迟，严重时还会引起软粒病和新梢成熟不良，树体内储藏营养不足，植株抗寒力降低，树势衰弱，出现大小年结果现象。以始花期结果新梢长度来确定留花序量，简单易行。在北方地区，始花期结果新梢长度在 40 厘米以下不留花序，40～80 厘米留一个花序，80 厘米以上留两个花序；在南方地区，始花期结果新梢长度在 30 厘米以下不留花序，30～60 厘米留一个花序，60 厘米以上留两个花序。这样既能保持健壮树势和较高产量，又能提高果实品质。

②掐穗尖：为了改善鲜食品种果穗的外观和品质，使穗形整齐、紧凑，生产上多采用掐

穗尖、去副穗的方法。结合花前摘心,掐去穗尖(约占花序的 1/4),同时掐除副穗。少于 10~15 个花穗分枝的小花序不掐穗尖。

③疏果粒:疏果粒是增大果粒、提高果实商品价值的重要措施。因此要将小僵果、畸形果、病虫果疏除。疏果粒的时间与果实生长发育有密切关系,宜早不宜晚。早疏果,果粒大、品质好。在坐果后果粒似黄豆大小时即可进行。大果形品种,必须疏除部分果粒,果粒间距保持在 2.5 厘米左右。果粒着生极紧密的品种应适当疏除一些果粒,使果粒大小均匀,排布疏密适度,外形美观。

(3)应用生长调节剂:植物生长调节剂在葡萄上的应用很广。它能促使葡萄生根,增大果粒,提早成熟,促进花芽分化,并能获得无核葡萄。

①赤霉素:赤霉素在葡萄生产上的应用较广,它能增大葡萄果粒及诱导产生无核果,使果实提早成熟。美国生食无核葡萄几乎全部用赤霉素进行处理。1991 年,中国农业科学院果树研究所在葡萄品种园中用 50~80 毫克/升的赤霉素溶液浸蘸盛花期的高尾品种的花序,结果表明:用 50 毫克/升的赤霉素溶液处理后,该品种果粒增大 1 倍以上,果实无核,品质好,果穗整齐、紧凑美观。

②矮壮素:矮壮素具有抑制葡萄新梢生长、促进葡萄花芽分化、提高坐果率等作用。中国农业科学院果树研究所于 1989 年在山东淄博、临淄的试验表明:用 150 毫克/升的矮壮素溶液于花后 10 天喷布乍娜、红富士葡萄品种,可诱导葡萄多次结果。矮壮素处理对诱导葡萄冬芽二次结果有一定作用,但生长势弱的植株不宜使用。

四、主要病虫害及其防治

(一)主要病害及其防治

1.真菌病害

(1)霜霉病:该病菌主要感染葡萄的幼嫩部分,新梢顶端的幼叶最先染病。受害叶片开始呈现油浸状的淡褐色病斑,然后叶正面病斑逐渐增大并失绿变成黄褐色,在叶背面形成一层灰白色霜层,很容易识别。新梢、卷须、穗轴、叶柄和幼果等均会受侵染,形成黄褐色凹陷斑。

防治方法如下:发病初期及时用 40％乙膦铝 300 倍、多菌灵或 25％瑞毒霉 800~1000 倍液和代森锌 600 倍液混合喷药,有较好的防治效果,并可兼防其他病害。

(2)黑痘病:又称"疮痂病",主要侵染绿色果实、叶片、叶柄、新梢和果梗的幼嫩部分。幼果受侵染后,最初在果面产生近圆形褐色小斑,逐渐扩大成中央凹陷的灰白色、边缘带深褐色的病斑。后期病斑硬化龟裂,病果不再长大,味酸,不能食用。叶柄、嫩梢受害严重时病斑连成大斑,病梢枯死。病叶逐渐干枯穿孔,叶脉感病部分停止生长,造成幼叶皱缩畸形。该病菌喜高温多湿气候,春季萌芽展叶后,雨水多时即可发生。在我国北方,一般 7 月上旬为该病发病最高峰。

防治方法如下:①冬季清园,以消除越冬病原。②从展叶后至果实开始成熟以前,每隔 10~15 天喷一次药。关键时期为展叶后、花前 7 天和幼果期。保护药剂有 200~240 倍石灰半量式波尔多液、50％多菌灵 1000 倍液、70％代森锰锌 1000 倍液和 75％百菌清 800~1000 倍液。

(3)白腐病:是危害果穗的重要病害,俗称"穗烂病",新梢和叶片也可感病。通常植株基部离地面较近的果穗最先感病。先在小穗轴或果梗上出现浅褐色的水浸状不规则病斑,后逐渐向果粒蔓延。果粒基部呈淡褐色并软腐,直至全部变褐腐烂。最后甚至果穗上的全部果粒都会因失水而干枯皱缩,变成深褐色的僵果,悬挂于枝条上不易脱落。枝条发病严重时,韧皮部腐烂后会发生裂皮,呈麻丝状,有时病斑上下两端会产生愈伤组织而形成瘤状突起,上部叶片变红似秋叶,从而造成早期落叶、枝梢不能成熟或枯死,对树势和第二年的生长发育影响极大。叶片受害后叶缘出现近圆形或不规则形水渍状大块斑,并逐渐扩展,出现深浅不一的同心轮纹,干枯后破裂。该病菌喜高温高湿,7月初开始发病,在果实着色期进入发病高峰。通风透光不良、结果部位过低的植株易发病。

防治方法如下:①植株基部40厘米以下不留果穗;及时彻底清园;加强生长季树体和地面管理,保证通风透光。②果树萌芽前喷5波美度石硫合剂。展叶以后,前期喷200倍石灰半量式波尔多液保护;中后期可喷75%百菌清800倍液或代森锰锌1000倍液进行防治。果穗套袋,可防此病传染。

(4)灰霉病:主要危害花序和果实。春季花序感病后,初呈淡褐色水浸状,后变暗褐色并软腐,最后萎缩、干枯、脱落。病果初生凹陷小斑,后病斑扩大蔓延,直至全果腐烂,并产生鼠灰色霉层。新梢、叶片感病后产生不规则褐色病斑,在叶片上有时带不规则轮纹。巨峰群品种易感染此病。

防治方法如下:①早期控制树体营养生长。②开花前后对花序和幼果喷药保护,常用药剂为70%甲基托布津800倍液或50%多菌灵500~800倍液。

(5)炭疽病:该病害开始在果面生出针头大小的褐点,以后扩大为圆斑。植株病处稍凹陷,表面长出轮纹状的小黑点。空气潮湿时,小粒点上生出粉红色黏液。最后病果软腐或慢慢干缩成僵果,易脱落。

防治方法如下:①清园。②防止果实日灼(日灼后易发此病)。③果穗套袋,越早越好。④生长季可喷80%代森锰锌600~800倍液。

(6)葡萄蔓割病:又名"蔓枯病",主要危害枝蔓。病部初现褐色,后呈暗褐色,表面密生小点,潮湿时流出白色或黄色黏胶状物。秋季枝蔓表皮纵裂成丝状,并腐朽至木质部。

防治方法如下:①生长季及时剪除病枝。②秋季或早春刮病部,然后涂5波美度石硫合剂。③加强果园肥水管理,作业时不要伤到枝蔓。④5—6月可喷200倍石灰半量式波尔多液进行保护。

2.细菌病害

葡萄根癌病又称"黑瘤",多发生在根颈部和老蔓上。发病初期,病部形成愈伤组织状肿瘤,以后瘤子逐渐增大,表面粗糙,最后龟裂,部分脱落,阴雨季腐烂发臭。该病害会使植株树势衰弱,影响产量和品质,严重时会导致植株整株死亡。微碱性的土壤上易发此病。

防治方法如下:①改良土壤酸碱性,加强肥水管理,以增强树势,避免形成伤口。②加强苗木管理,防止引入带病苗。发病地区栽苗时可用2%石灰水或5波美度石硫合剂浸泡1分钟进行苗木消毒。③大树感病后用刀子刮除病瘤,然后涂上5~10波美度石硫合剂加以保护。

3.生理病害

由栽培环境不良或技术措施不当引起的葡萄病理性反应为生理病害。

(1)日烧病:果实向阳面受烈日暴晒后,会在表面形成水烫状或凹陷的干疤,从而造成外观不美、品质下降。欧亚种的一些薄皮品种,如瓶儿葡萄、亚历山大等,易发此病。对这些品种应注意多留副梢,用枝叶遮盖果穗或套袋。

(2)水罐子病:又称"葡萄转色病"。在葡萄果实进入成熟期后,有色品种表现为着色不良、色泽暗淡;白色品种呈水疱状。因为果实染病后味酸,含水量大,极易掉粒,果皮与果实也极易分离,成一包酸水,故称"水罐"。该病多由负载量过大、营养不良、树势衰弱或钾肥不足等引起。所以,应加强肥水管理,及时防旱排涝;加强树体管理,合理负载;施肥时合理搭配氮、磷、钾肥。

(3)裂果病:一些欧亚种薄皮脆肉型品种,如乍娜等,成熟期多雨时会在果面出现纵裂或在果蒂处发生月牙形环裂,引起霉菌感染而腐烂,影响果实商品性。一般认为,这是由土壤旱湿不均匀引起的。所以,对裂果严重的品种可在着色期后少量多次灌水,或地面覆盖、或套袋、或避雨栽培,以隔断雨水。此外,注意疏果,不要使果粒着生过于紧密。

(4)缺素症:因土壤条件不良或施肥不均衡引起的营养元素缺乏症。

①缺铁症:缺铁会影响叶绿素的合成,从而引起植株失绿。一般在新抽生新梢叶片上首先发生黄化,严重时呈白色,最后变为干焦状。出现缺铁症时,向叶面喷1%～3%硫酸亚铁和0.15%柠檬酸,隔10～15天再喷一次,可缓解症状。严重时,可于冬剪后用25%硫酸亚铁和25%柠檬酸混合液涂刷枝蔓。

②缺钾症:葡萄是喜钾植物,对钾的需求量较大。我国大部分地区的土壤都缺钾,若施肥不当,葡萄很容易发生缺钾症。葡萄多在果实膨大期的中后期,首先在新梢基部老叶的叶缘或近叶缘部分的叶脉间失绿,并逐渐向叶片中央推进,严重时出现叶缘干枯、烧焦等症状;果粒变小、着色不良,枝梢充实不良,抗寒性降低。轻度缺钾时,可向叶面喷2%草木灰浸出液或2%氯化钾液。常年补钾应从果实着色期前后开始向土壤追施速效钾肥,用量为每株80～100克,或配成液体向根际浇施(少量多次)。此外,同时施硼肥和锰肥有利于植株对钾的吸收。

③缺锌症:缺锌影响葡萄坐果和果粒的正常生长,使果粒大小粒现象严重,"豆粒"果多;新梢上的老叶出现斑驳,新梢和副梢呈轮生状,叶缘无锯齿或少锯齿,叶柄洼浅。一般土壤表层含锌量最高,若去掉表土,葡萄会发生缺锌症。由于土壤能固定锌,且被固定的锌不能被植株吸收,所以向土壤施锌不能解决缺锌问题。解决方法是:于花前2～3周喷碱性硫酸锌(100千克水＋480克硫酸锌＋360克生石灰,调匀后喷雾),或于冬剪后用硫酸锌(1千克水＋117克硫酸锌)涂抹结果母枝。

④缺硼症:缺硼时嫩叶最先发病,由油浸状斑点逐渐变成叶脉间失绿,且叶片变小、畸形;新梢变细,节间变短,开花时花冠不脱落,雄蕊发育不良,落花落果严重,或形成大量无核小果;果粒膨大不良,果肉内部的分裂组织枯死变褐,引起裂果,种子露出。葡萄生长在贫瘠土壤、酸性土壤、干旱土壤中,或根上寄生了根瘤蚜、线虫等寄生虫时,容易发生缺硼症。可于花前2～3周在叶面喷0.2%～0.3%硼砂2～3次,或于生长季土壤中施硼(每株30克)。同时,注意多施有机肥,改良土壤。

4.病毒病害

目前,全世界已发现的葡萄病毒病有 30 多种,最普遍、最严重的有以下三种:

(1)扇叶病:由扇叶病毒侵染引起。病株生长发育不良,比健株矮小,落花落果严重,果穗小,产量下降,品质变劣;新梢节间缩短,叶片表现为扇叶(鸡爪状),主脉两侧不对称,叶基部张开几乎呈直线,叶缘锯齿尖而长。

(2)卷叶病:感病叶片边缘向背面卷曲,有色品种除主脉保持绿色外,其他部分变红,呈紫红色卷叶;白色品种叶片在叶脉间或边缘的颜色变浅,呈铬黄色;也有不卷叶的,如无核白为焦灼叶。染病植株果穗变小,着色不良。

(3)栓皮病:又称"粗皮病"。病株木质部有凹沟及凹坑;植株萌芽迟,新梢生长缓慢,在初夏前后叶片开始变黄,继而变成红色或古铜色,并卷叶,秋季不落叶。

防治方法如下:①加强苗木检疫,栽种无病毒苗,一旦发现病株应立即拔掉烧毁,并延长轮作时间。②新栽植区与病区应隔离 50～100 米,以防土壤线虫和蚜虫等传播病毒。③在田间操作(如修剪、嫁接)时,应注意工具(剪刀、嫁接刀等)的消毒,以减少汁液传染。

(二)主要虫害及其防治

1.葡萄透翅蛾

该虫蛀入枝蔓内可达髓部,使新梢枯萎。蛀口外常有虫粪,附近叶片变黄,果实脱落,被害部位肿大,容易折断。新梢内有孔道,剥开可见幼虫。

防治方法如下:①冬剪时剪掉被害枝。②6—7 月成虫产卵期注意巡视,及时剪掉被害枝,或用铁丝从蛀口处刺入枝内杀死幼虫。粗蔓被害时,可用小刀将蛀口削开,堵入杀虫药棉,并用黏土封死蛀口以杀死枝内幼虫。③成虫产卵期和卵孵化期(6 月),每隔7～10 天喷 50%敌敌畏乳油 1500 倍液或溴氰菊酯 3000 倍液,连喷 3～4 次。

2.葡萄根瘤蚜

该虫危害须根时,在须根端部膨大成比小米粒稍大的近菱形瘤;危害主根时,则形成较大的瘤状突起,被害部变褐腐烂,树势显著衰弱,提早落叶,严重减产,甚至整株死亡。叶瘿型根瘤蚜在美洲种葡萄上也危害叶片,在叶背面形成比绿豆粒略小的圆粒状虫瘿,其中藏有蚜虫。

防治方法如下:①加强检疫。②选用沙地育苗,生产无根瘤蚜苗木。③刨掉受害植株,土壤用 50%辛硫磷消毒,用量为每株 0.75～1 千克,也可用 50%抗蚜威 2000 倍液于5 月上旬灌根,用量为每株 10～15 千克。

3.葡萄短须螨

葡萄短须螨又名"葡萄红蜘蛛",每年春天自葡萄展叶开始,先后以幼虫、成虫在嫩梢基部、叶片、果梗、果穗及副梢上危害。叶片受害后,叶面出现很多黑褐色的斑块,受害严重时焦枯脱离。果穗受害后,果梗、穗轴呈黑色,组织变脆,极易折断。果粒前期受害后,果面呈现铁锈色,果皮表面粗糙,有时龟裂,影响果粒生长。果穗后期受害将影响果实着色,进而严重影响葡萄的产量和品质。该虫一年发生六代以上,以雌成虫在老皮裂缝内、叶腋及松散的芽鳞茸毛内群集越冬。在山东济南,越冬雌成虫于第二年 4 月中下旬出蛰,危害刚展叶的嫩芽。

防治方法如下:①冬季清园,剥除枝蔓上的老粗皮烧毁,以消灭在粗皮内越冬的雌成虫。②春季葡萄发芽时,喷 3 波美度石硫合剂,或在 3 波美度石硫合剂中加 0.3%的洗衣粉,防治效果显著。③在葡萄生长季,喷 0.2～0.3 波美度石硫合剂或 50％敌敌畏乳油 1500～2000 倍液。

4.葡萄瘿螨

葡萄瘿螨又名"葡萄锈壁虱",是一种体长仅为 0.16 毫米的小虫子。此虫寄生在葡萄的叶片上,使叶片萎缩,发生严重时也能危害嫩梢、嫩果、卷须、花梗等,使枝蔓生长衰弱,产量降低。其以成虫在芽鳞内或被害叶里越冬。次年春天随着芽的生长,瘿螨由芽内爬出,随即钻入叶背茸毛底下吸食汁液,并不断扩大繁殖危害,尤以 6—7 月危害最重。

防治方法如下:①冬春彻底清扫果园,收集被害叶片并深埋。在葡萄生长初期,发现有被害叶片时,也应立即摘掉烧毁,以免虫害继续蔓延。②早春葡萄芽萌动时,喷 3～5 波美度石硫合剂,以杀死潜伏在芽内的瘿螨。在历年葡萄瘿螨发生严重的园区,可在葡萄发芽后喷0.3～0.5 波美度石硫合剂与 0.3％洗衣粉的混合液,进行淋洗式喷雾。③葡萄生长季节可喷 0.2～0.3 波美度石硫合剂或 50％溴螨酯 2000～2500 倍液,效果显著。④苗木、插条均能传播瘿螨,定植前要进行消毒。消毒有两种方法:一是温汤消毒,即将插条或苗木放入 30～40 ℃温水中,浸 5～7 分钟,然后移入50 ℃温水中,再浸 5～7 分钟,即可杀死举伏的瘿螨;二是药剂消毒,用 3 波美度石硫合剂浸泡 3～5 分钟,也可杀死苗木上的害螨。

5.葡萄粉蚧

该虫第一代若虫危害地面细根,被害处会形成大小不等的小瘤状突起,向上迁移后,危害果粒,使其畸形,果蒂膨大,果梗、穗轴表面粗糙不平,并分泌黏液,易招引蚂蚁和黑色霉菌,污染果穗,影响果实品质和外观。发病严重时树势衰弱,大量减产。

防治方法如下:①春季刮翘皮,消灭越冬卵和若虫。在树体发芽前喷布或刷 5 波美度石硫合剂。②在葡萄生长季,虫害发生时可喷 50％杀螟松乳油或 80％敌敌畏乳油 1000 倍液,可同时防治其他介壳虫。

6.葡萄斑蛾

葡萄斑蛾又名"葡萄星毛虫",以幼虫危害葡萄嫩芽、叶片、花序和果实。幼叶被害后会形成穿孔,严重的仅留下网状的叶脉,引起落叶。嫩芽被害后不能萌发,花序受害后不能正常开花,幼果受害后易引起落果。该虫在山东一年发生两代,以 2～3 龄幼虫在枝蔓的老皮下和植株基部的土块下结茧越冬,翌年葡萄萌芽后继续转移到芽上危害,并继续繁殖。初孵幼虫有群集于叶背危害的习性,长大后有吐丝坠落而转移到其他植物或枝条上危害的习性。

防治方法如下:①冬季结合清园,消灭枝蔓上的越冬代幼虫。翻耕植株基部土壤,破坏越冬代幼虫的生活环境。②在蛹期有天敌寄生蜂、寄生蝇存在,应少喷药,保护天敌。③利用幼虫的假死性和吐丝坠落的习性,进行人工捕杀。④在幼虫群集叶背危害时,喷洒90％敌百虫晶体 800 倍液或 25％杀灭菊酯 3000 倍液进行防治。

7.葡萄斑叶蝉

葡萄斑叶蝉又名"二星叶蝉""二点浮尘子"等,以成虫、若虫聚集在葡萄叶背刺吸汁液。叶片先出现小白斑,严重时全叶苍白,早期落叶,有时形成黑色霉层,影响产量和品质。

防治方法如下:①加强生长季节的枝叶管理,使园内通风透光,秋季彻底清园。②喷

50％敌敌畏乳油 1000 倍液或 50％杀螟松 1000 倍液等进行防治。

五、新技术在葡萄上的应用

（一）保护地栽培技术

保护地栽培是采用多种保护设施,有效地控制葡萄生长发育所需的生态条件,使葡萄生育期延长、提早结果、提早成熟、采收多次果,调节果实采收期,提高果实品质的一种特殊栽培方式。

1.地址选择

保护地应选择地势平坦、交通方便、水源充足、背风向阳、土层深厚、土壤肥沃的中性砂质壤土。

2.保护地设施

保护地设施的建造形式、规格大小、用料种类有多种,主要有玻璃温室、日光温室和塑料大棚三种。由于玻璃温室建造费用昂贵,目前多采用日光温室和塑料大棚。

常用日光温室的结构:棚面框架可因地制宜地采用钢材、竹子、木材、水泥等制作。温室东、西、北三面可用砖、水泥预制板、土坯、泥土等筑墙。日光温室的墙壁厚度应根据当地冬季的气温而定。北方地区 1～2 月气温在 -25 ℃左右,一般墙壁厚 40～50 厘米,用砖砌成空心墙,最好中间夹保温材料。土墙厚度要求在 1 米以上,有利于保温。北墙高度为 2.3～3.0 米,屋脊高度为 2.8～3.5 米,屋脊距后墙 1.2～1.5 米较好。距北墙 1.5 米左右高度处,每隔 4 米设一长、宽各 30～40 厘米的通风窗。东西两侧设门和作业室。温室宽度一般为 7～10 米,长度视土地面积可长可短,最短不要少于 30 米,但最长不要超过 100 米,温室太大会影响保温效果。

日光温室采用砖墙、钢材制作框架,既耐用又牢固。常采用直径为 16 毫米和 12 毫米的圆钢焊接成双拱形花钢筋架,粗钢筋在上,细钢筋在下,两者之间距离 20 厘米,用直径为 10 毫米的圆钢呈"人"字形连接。也可采用直径为 25 毫米的钢管焊接成单根拱形架。架距根据框架的抗压强度而定,一般架距在 1 米左右。双拱形花钢筋架抗压强度大,中间可以不设立柱。拱架前部呈圆弧形垂直落地,拐弯处至少高出地面 1.2 米。棚面用采光效果好的无滴膜,膜上可用草帘保温,最好用无纺布保温帘,电力控制拉帘。

3.保护地葡萄品种的选择

选择品种时,不仅要考虑当地水果市场和消费者的需求,还要考虑保护设施内的生态条件。由于设施内高温多湿,光照不足,因此应选择耐高温多湿、丰产、优质、抗病力强、散射光能着色的品种。采用保护设施栽培葡萄的目的,是要使葡萄提早成熟或推晚成熟,一年内产两茬果实,所以要选择具有多次结果能力的早熟或晚熟品种。根据品种特性观察,早熟品种以香妃、京秀、京玉、京亚、无核白鸡心、87-1 葡萄等品种为好,晚熟品种以红地球、秋黑、意大利等品种为宜。

4.定植和架式

保护设施内的葡萄一般不需埋土防寒,架式可不受限制,篱架或棚架均可。采用篱架栽培的宜采用南北行向;采用棚架栽培的多为东西行向,也可用南北行向,但行距要大于篱架栽培,优点是可在行间栽培其他作物,实行立体种植。篱架栽培一般行距为 1.5～2.5 米,株距为 0.5～1.0 米。棚架栽培一般在距棚南(最低处)约 1 米处沿东西行向挖定植沟,定植株距为 0.5 米(独龙干整形);另在棚的最高处再挖一行定植沟,按篱架栽一行。秋末冬初土壤结冻前可以定植。

5.整形修剪

设施栽培投资大,常实行密植栽培。为了管理方便及通风透光,可采用单臂水平形和独龙干形整枝。

(1)单臂水平形按行距 2 米、株距 1 米定植,定植当年每株选留一个 1.5～2.0 米的新梢。冬剪时在 0.7～1.0 米处剪截,作为主蔓,将主蔓从南向北引缚于第一道铁丝上,呈水平状。第二年在水平蔓上每隔 20 厘米留一个芽,形成结果枝。第二年冬剪时,每株留五个结果母枝,每个结果母枝留两个芽短截,能达到早期丰产的目的。

(2)独龙干形按行距 3 米、株距 0.5 米定植,定植当年每株选留一个新梢。冬剪时可于 0.8～1.0 米处剪截,作为主蔓。此外,根据植株新梢的粗度决定剪留的长度,若植株茎部粗度达 2.5 厘米以上,可适当长留。上架时,将主蔓直立引缚在架面上。在第一道铁丝上每隔 20～25 厘米留一个结果枝。第二年冬剪时,每个结果枝上留 2～4 个芽剪截,为翌年培养结果母枝打下良好基础。

6.管理要点

保护地葡萄栽培不仅要考虑到升温和保温,而且要注意换气降温,以满足葡萄在不同生育期对温度的需求,所以调节温度、适时揭盖薄膜非常重要。

(1)揭盖薄膜时间:一般在霜冻来临之前要盖膜,以保护叶片和延长叶片的光合效能,使葡萄枝蔓成熟更好。由于各地的气候条件不同,所以,揭盖薄膜的时间也有差异。一般要在晚霜已过、露地气温在 20 ℃以上时揭膜,北方地区多在 5 月至 6 月上旬揭膜。

(2)温度管理

①萌芽期:此期需要升温,一般在 1 月下旬升温催芽为宜。为使发芽整齐,花穗孕育良好,在揭帘升温初期,白天温度应保持在 20 ℃左右,夜间温度应保持在 10～15 ℃,以后逐渐提高温度。芽萌发时,白天温度应保持在 25～28 ℃,夜间温度应保持在 15～20 ℃。从萌芽至开花期,一般需要 40 天左右。

②开花期:为保证授粉受精正常进行,提高坐果率,白天温度应保持在 25～28 ℃,夜间温度应保持在 15～20 ℃。

③果实膨大期到成熟期:为促进幼果迅速膨大,可适当提高温度,白天温度应保持在 28～30 ℃,夜间温度应保持在 18～19 ℃。当出现 32 ℃高温时,要放风降温,夜间可揭开部分薄膜通风。

④果实成熟期:为了提高果实品质,要求昼夜温差大,因此要适当降低夜间温度,夜间温度最好控制在 8～10 ℃。

⑤休眠期:葡萄落叶后,要盖好草帘,地温不应低于－5 ℃,室温不应低于－8 ℃。

(3)肥水管理:保护地内温度较高,肥料易分解,光照不足,新梢易徒长,应适当多施磷、钾肥,少施氮肥。要以优质农家肥为主、化肥为辅。灌水要与生育期相适应,萌芽期需水量较多,要灌透水。开花期要求空气干燥,暂时停止灌水,以利于授粉受精。幼果生长期要灌小水,果实膨大期需水量大,可灌 1～2 次透水,以促进果实迅速生长。果实开始成熟至采收期,一般不灌水,以提高果实含糖量,加速果实着色和成熟。落叶后要灌透水,以防止冻害和抽条。

（二）植物生长调节剂的应用

植物生长调节剂在葡萄上的应用范围很广,能促使葡萄枝条生根,增大果粒,使果实成熟期提前,促进花芽分化,还可获得无核葡萄。

1.大果宝

大果宝是北京市农林科学院林业果树研究所研制的果实增大剂,由多种植物生长调节剂复配而成。该产品无毒,含有植物生长发育所必需的多种营养元素,主要用于葡萄等水果。经多年试验,该产品具有促进果实膨大、提高坐果率、增加果穗质量、使果穗紧凑、提高果实品质、使果实提早成熟、使果实无核等作用。据试验,在葡萄落花 10 天后喷 50 毫克/升的果实增大剂溶液,可使金星无核、喜乐无核、国立 1 号、先降、红富士、藤稔、峰后等的坐果率较对照组提升 21.4%～24%,使果穗质量增加 56.6～203 克,无核品种单果重增加 1.57～6.18 克,巨峰群品种单果重增加 2.54～4.75 克,可溶性固形物含量提高 0.9%～2.1%。

2.调节膦

据报道,在浆果膨大后期,对玫瑰香和红玫瑰品种喷布 500 毫克/升的调节膦溶液,除能抑制葡萄副梢生长外,还能使果实含糖量提高 1 度左右。另据试验,白羽品种果实开始变软期,用 500～750 毫克/升的调节膦溶液处理,可使果实含糖量比对照组提高 0.95～1 度。

3.矮壮素

矮壮素有抑制葡萄新梢生长、促进葡萄花芽分化、提高坐果率等作用。据中国农业科学院果树研究所 1989 年在山东淄博的试验,用 150 毫克/升的矮壮素溶液于花后 10 天喷布乍娜、红富士葡萄品种,可诱导葡萄多次结果。喷布 13～15 天,抽发冬芽成花率为 89%。因此,应用矮壮素诱导葡萄冬芽二次结果有一定作用,但对生长势弱的植株不宜使用。

4.三十烷醇

该产品是一种无毒、用量低和使用简便的天然植物生长调节剂,在葡萄上应用可提高叶片的光合效能,具有一定的增产效果。据报道,对贵人香品种于 6 月底喷布 0.5 毫克/升的溶液,对增大叶面积和新梢粗度均有作用,而果形不变;果粒重比对照组增加 0.5 克,含糖量比对照组提高 1 度。

5.多效唑

多效唑是一种植物生长抑制剂,其主要作用是限制赤霉素的生物合成,从而抑制植株的营养生长,使同化养分转向生殖生长。据报道,对玫瑰香品种在开花前或幼果期喷布 500 毫克/升的多效唑溶液,对抑制副梢生长、提高坐果率有明显的作用,可提高单株产量和果实百粒重,还能提高果实含糖量。

（三）果穗套袋

套袋可以减轻因雨滴、雨水等引起的果实病害,避免喷药造成的果面污染;可以防止裂果、日灼、鸟害等;还可以控制均匀着色,使果粉保持完整,提高果实品质。

果实套袋前要进行果穗整理,疏除小果、畸形果、病残果,然后喷布多菌灵、甲基托布津或百菌清等杀菌剂,待药液干后即可套袋。套袋时要小心地将果穗套好,袋口用铁丝绑在果穗柄所着生的果枝上。黄绿色品种在采收前可不摘袋,有色品种在采收前 7～10 天摘下纸袋或将纸袋下部撕开,以利于果实着色。在雨量较多的地区,应采用下口开敞的漏斗形袋,以防袋内湿度大而积水。

一般要求果袋材料透光率高、透气但不透水,且耐风雨侵蚀。关于葡萄果袋,我国的研究较少,一般老百姓用报纸自制果袋或用其他纸张替代。在日本,已有多种专用葡萄果袋,有 150 毫米×230 毫米、142 毫米×210 毫米、190 毫米×270 毫米、250 毫米×300 毫米等多种规格,有底或无底。一般自制葡萄果袋的长度为 35～40 厘米,宽度为 20～25 厘米,可根据各品种的果穗大小确定规格。

(四)地膜覆盖

近年来,采用地膜覆盖作物是国内外土壤管理的一项新技术。在葡萄畦面覆盖聚乙烯可提高土壤温度、保墒、改良土壤结构,防止灌水造成表土板结;提高土壤微生物的活性,促进肥料分解,有利于葡萄根系的生长;还可减少表土水分的变化,减少裂果。在覆膜前喷芽前除草剂(如氟乐灵等)还可减少杂草的滋生。

据报道,地膜覆盖应用于巨峰葡萄扦插育苗,可使土壤温度提高 2.5 ℃以上,还能促进插条生根和幼苗生长,地膜覆盖苗木成活率较对照组提高 13％～17％。在整个苗木生长期,地膜覆盖抑制杂草滋生的效果较好,可免去中耕锄草,节省人工成本。

第五章　水土保持林栽培技术

第一节　花　椒

一、主要优良品种

（一）大红袍

大红袍又名"狮子头""狮子椒""大花椒"等，是分布较广的一个栽培品种，主要分布在山东、山西、陕西、河北、河南、甘肃等省。该品种树势健旺，树体较高大，一般高 3～5 米；树姿半开张，分枝角度小，较稀疏、粗壮；在自然生长条件下，树形多为多主枝圆头形或无主干丛状形；果穗紧密，粒大，每穗有 58 粒左右，果粒直径为 5～6.5 毫米；鲜果千粒重 75 克左右，千粒干皮重 18 克左右；成熟的果实为红色，晒干后色不变，出干皮率为 24%；成熟期为 8 月中旬至 9 月上旬，为晚熟品种；生长快，丰产性强，结果早；一年生苗高可达 1 米，栽后三年开花结果；成熟椒果不易开裂，椒皮品质上乘，是大力发展的一个优良品种。

（二）小红袍

小红袍又名"小椒子""米椒"等，主要分布在山东、河北、河南、山西、陕西等省。该品种树体较矮小，树姿开张，分枝角度大，盛果期大树高 2～4 米，树皮灰黑色至黑棕色；果实倒卵形，充分成熟的果紫红色，果皮密生油点，果粒小，直径为 4～4.5 毫米；鲜果千粒重 58 克左右，出椒皮率为 26%～28%；晒制的椒皮颜色鲜艳，红色或紫红色，麻香味浓，品质上乘；每穗有 68 粒左右，果粒不甚整齐；成熟期一致，熟后椒果易开裂，需及时采摘；果实于 8 月上中旬成熟，为早熟品种；种子卵圆形，黑色，有光泽，一果一粒种子，少数为两粒，种子直径为 3.3 毫米左右。

（三）枸椒

枸椒又名"青皮椒""臭椒"，在山东、河北等省有栽培。该品种树势强健，分枝角度小，树姿半开张，树高 3～5 米；果穗大，果粒大而紧凑，果径为 5～6.5 毫米；鲜果千粒重 60～75 克，出干皮率为 30% 以上；果实圆形，果梗基部略显突起；果粒鲜红色，鲜果略带臭味，晒干后臭味减轻，品质较好；果实于 9 月下旬成熟，成熟后果皮不易开裂，采收期长；丰产性强，单株产量高，在适宜地区可以发展。

（四）白沙椒

白沙椒也叫"白里椒"，在山东、河北、河南、山西、陕西等省栽培较多。该品种树姿开张，分枝角度大，树冠近圆形，盛果期大树高 2.5～5 米；果实圆形，大小与大红袍近似，鲜果千粒重 75 克左右；成熟果实淡红色，果梗较长，果穗蓬松；内果皮晒干后呈白色；果味芳香，品质上乘，出皮率为 25％左右；果实于 8 月中下旬成熟，属中熟品种；丰产性强，产量稳定，无大小年结果现象；在立地条件差的地方也能正常生长、开花结果；耐储藏，晒干后的椒皮储存 3～5 年麻香味不减，也不生虫；新区可适当引种发展。

（五）大花椒

大花椒也称"油椒""二红袍""二性子"，各主要产区均有栽培。在自然生长情况下，大花椒多为主枝半圆形或多主枝自然开心形，盛果期大树高 2.5～5.0 米；树势健壮，分枝角度较大，树姿较开张；一年生枝褐绿色，多年生枝灰褐色；皮刺基部扁宽，随着枝龄的增加，常从基部脱落；叶片较宽大，卵状短圆形，叶色较大红袍浅，腺点明显；果梗较长，果穗较松散，每果穗结实 20～50 粒，最多可达 160 多粒；果粒中等大小，直径为 4.5～5 毫米；成熟时果实鲜红色，表面有粗大疣状腺点；鲜果千粒重 70 克左右；晒干的椒皮酱红色，3.5～4 千克鲜果可晒制 1 千克椒皮；果实于 8 月中下旬成熟，属中熟品种；丰产性强，抗逆性也较强；椒皮品质上乘，麻香味浓；喜肥水，在肥水条件较差的情况下也能正常生长结实，是应当大力发展的一个优良品种。

二、苗木繁育技术

花椒苗木繁育有播种、扦插、嫁接、压条、组织培养等多种方法，目前主要采用播种育苗。

（一）播种育苗

花椒播种育苗在春、夏、秋三季都可以进行。但从北方春旱的实际情况出发，秋播比春播好处多：一是可避免冬天储藏种子的诸多麻烦；二是可节省春季苗圃畦面的覆盖物，降低成本；三是种子在土壤中经过冬季低温处理，发芽率高；四是翌年早春种子发芽早，避开了春旱，出苗率高。但如果土壤墒情好，在春季播种育苗，可培养"百日苗"进行雨季栽植，等于提前一个季节造林。花椒随采种随处理，当年苗高 3～5 厘米。

1. 苗圃地的选择和整理

育苗地应选择背风向阳、地势平坦、交通方便、土层深厚肥沃、疏松透气、有排灌条件的壤土或沙壤土。育苗地要耕翻，整平耙细，整成宽 1.2～1.5 米的平畦，耕翻前亩施腐熟优质土杂肥 1500～2000 千克。

2. 种子的采集和处理

因南北方各地的地理纬度有差异，花椒种子的成熟期不可能一致，采种时间不能一刀切。一般在处暑至白露前后，注意观察果实的颜色变化，当外果皮全部呈现红色或紫色，内种皮变成蓝黑色，果皮微裂口时，即认为成熟。育苗用种的采收时间稍推迟几天为好。

花椒种壳坚硬，含油脂丰富，因而吸水比较困难，用作育苗的种子必须进行妥善处理，才能解决其吸水难的问题，确保场圃发芽率。生产中一般采用阴干脱粒法和暴晒脱粒法。

（1）阴干脱粒法：预先选好处理场地，准备好席片、木棒或竹竿、簸箕、扫帚等。在背风阴凉处的平地上铺席,将采回的花椒果实在席上摊开薄薄的一层,使其晾干或风干。因为此时气温较高,空气湿度也偏大,要避免霉变。在阴干过程中,需经常翻动,争取尽快晾干或风干。果实全部裂口时,用木棒或竹竿轻轻拍打,使种子脱出,再用簸箕去除杂质,最后得到干净的种子。用这种方法得到的种子,种内的挥发油基本没有损失,因而种子发芽率也高。

(2)暴晒脱粒法:凡是适宜干藏的种子,可以适当暴晒。这是因为日光中的紫外线有杀菌的作用,有利于种子的储藏,但日晒时间不宜过长,而且必须带果皮暴晒。在暴晒花椒果穗前,要准备好席片、木棒或竹竿、簸箕、扫帚等;选择空旷宽敞的平地,于晴天采摘椒穗,集中起来后薄薄地摊在席片上,暴晒半天至一天;待果皮开裂后,用木棒或竹竿轻轻抽打,脱出种子,用簸箕去除杂质,收起净种,放入室内,摊在通风干燥处再进行阴干;种子厚度应为2~3厘米,要经常翻动,防止霉变。只要不暴晒裸种,用该方法处理的种子,果皮依然鲜艳,种子发芽率仍可保持在80%以上。若直接暴晒种子,则发芽率会大大降低。

种子的氧化酶和脱氢酶是它本身呼吸过程中的主要酶类,在种子的萌发、氧化还原过程中起着重要作用。酶类的存在标志着种子的活性。在实验室内给水条件下,统计种子在5、17、46、69、72、132小时内的吸水量,阴干种子显著大于晒干种子。这是因为晒干种子在阳光暴晒后,酶活性下降,致使发芽力丧失。所以,播种用花椒种子是绝对不能进行裸种暴晒的。

3.种子的储藏

用来播种的种子,采回后若任其放置,很容易丧失生命力。为了保证有足够数量的种子可以进行育苗造林,必须做好种子的储藏。

经济林的种子是活的有机体,它脱离母体后,虽进入休眠状态,但并没有停止生命活动,仍然进行着微弱的呼吸作用、蒸腾作用和营养物质的转化分解。

花椒种子的生命活动过程亦如此。鉴于花椒种子吸水困难的实际情况,选择适宜的储藏方法,加强储藏期间的管理,使其安全渡过休眠期,是确保种子发芽率的关键。

(1)干藏法:将充分干燥的花椒种子储藏在干燥的环境中,常用的方法有普通干藏法和密封干燥法。因为花椒种子属于短期储藏,所以多采用普通干藏法,大体可分为以下三种方法:

①袋藏:将晾干的种子装入麻袋,放置在防雨雪的通风处即可。但要注意,在整个储藏期内,要保持种子的干燥,防止其吸湿霉变。

②土坯干藏:将1份种子与3份黄泥混合,加水搅拌制成土坯,阴干后放在防雨雪的通风处储藏。此方法要注意防止土坯吸湿受潮,致土坯松散,造成浪费。

③牛粪土坯干藏:将种子、黄土草木灰、牛粪各1份,掺和均匀,加水搅拌制成坯,阴干后藏于室内通风处;或将种子与鲜牛粪混合后,再拌入少量草木灰制成坯,藏于室内通风处;也可以将制好的土坯埋入深30厘米左右的坑内,上面覆土9~12厘米,踏实盖草,四周挖好排水沟,防止雪水流入坑内。

(2)湿藏法:将种子储存在湿润、低温、通气的环境中,常用的方法有室内堆藏和露天坑藏两种。室内堆藏在农村一般不采用,因为管理起来比较麻烦,而且温度、湿度都不好控制,稍一疏忽,便会造成损失。比较起来,还是露天坑藏安全。露天坑藏的方法是:在背风向阳处选排水良好的地方挖沟,沟深80厘米,宽100厘米,长视种子多少而定。先在沟底铺 5～10 厘米厚的卵石或湿沙,沿沟每隔 1 米竖一束草把,以利于通气。然后将 1 份种子与 2 份湿沙混合,推入沟内堆放,一直堆放到离地面沟沿 20 厘米时,再盖上湿沙,直至高出地面呈屋脊形,四周开挖排水沟,防止雪水流进沟中,避免沟中因水过多,湿度过大,造成种子霉烂损失。与种子混合的湿沙含水量应在 40%～50%,以手握成团、撒手即散为度。整个储藏期内,要注意定期翻动检查种子,防止其因温度过高而发热霉变,降低发芽率。

4.种子的处理

合理的种子处理是保证花椒播种育苗成功的关键,否则要么不发芽,要么发的芽稀稀拉拉,整个生长期内都有花椒种子发芽出土。这样不但会推迟造林栽植季节,而且单位面积的产苗量极低,将造成严重的经济损失。实践证明,经过合理处理的花椒种子,播种后吸水快,发芽早,出苗齐,管理容易,苗木的产量和质量都有明显提高。因此,在播种前对花椒种子进行处理是非常重要的一环,万万不可忽视。

花椒种子的处理主要是脱去种皮内油脂中的发芽抑制剂。由于种子的储藏方法不同,其处理方法也各有特色。

(1)湿藏种子的处理:湿藏法储藏种子具有催芽作用,但必须于播种前半个月把种子从沟中扒出,转移到向阳温暖处堆积催芽;周边用草帘围住,上盖塑料薄膜升温,1～2 天翻动一次;翻动前洒水保湿,待种子露白时即可播种。

(2)坯藏种子的处理:土坯储藏和牛粪土胚储藏的种子,基本脱去油脂和蜡层,只要土壤墒情好,直接把土坯敲碎,即可一并撒播于畦床沟内。

(3)普通干藏种子的处理:采用一般干藏法储存的种子,虽经较长时间的储藏,但种皮内的油脂和蜡层并未减少,播种前必须进行脱脂、脱蜡处理,才能确保发芽率。方法是:于早春播种前半个月,选一大缸,先倒入两倍于种子的开水,然后放入花椒种子,边倒种子边用棍棒搅拌,直到水温降低,捞出种子放入果筐中;以后每日用温水浸泡 1～2 小时,3～4 天后有少数种子裂口时,再用温水浸泡最后一次;捞出后移放到温暖处,上盖湿麻袋或湿草片催芽,1～2 天后种子露白时即可播种。

(4)随采随播种子的处理:新采摘脱果壳的种子,外被一层浓密的蜡质,种皮又富含油脂,吸水十分困难,必须对其进行处理,才能播种。具体方法是:准备火碱、大缸和木棍,按 1 千克种子加碱粉 25 克的比例,放入缸内,加热水溶化碱粉,加水量视种子多少与碱粉成比例增减;然后把花椒种子倒入缸内,用木棍搅拌,以溶解蜡质,或者把种子放在配制好的草木灰水溶液内也可。以上处理的种子浸泡 1～2 天后,捞出,手戴耐碱手套,用力揉搓。也可以将浸泡好的种子捞出,掺入部分细砂,在水泥地板上用土砖轻轻摩擦;然后用清水冲洗,剔除空秕粒,再晾一晾,即可播种。

5.播种时间和方法

(1)播种时间:适期适时播种,对延长苗木生长期、使苗木躲开恶劣环境的影响、培育出壮苗非常重要。

①春播:秋季整地后,一个冬季的冰冻不仅杀死了土壤害虫,又积存了雨雪,土壤墒情较好。春播应在大地解冻后立即进行,时间在惊蛰至春分,越早越好,早播早出苗,可以避开倒春寒的危害,苗木生长健壮。由于北方易遭旱灾,所以播种后要采取防旱抗旱措施。

②随采随播:播期约在 9 月份。8 月份果实成熟后采种,采回的种子经处理后即下地

播种,不但减少了储藏种子的许多工序,而且土壤墒情好,又由于气温也比较高,因此发芽也比较快,当年苗高可达 3～5 厘米,唯木质化程度差,冬季必须在苗床上铺一层马粪,或覆盖农作物秸秆,这样才能确保苗木安全越冬,来年春天生长迅速。随采随播只能在花椒产区就地育苗,因为种子没有充分干燥,异地育苗需长途运输,种子易霉变,降低发芽率。

③秋播:采回的种子要立即用草木灰水脱去油脂,再用 5 倍的湿沙混合,置于阴凉处,并要经常翻动防发芽。11 月中旬进行播种,沟播或撒播,覆土 1.5 厘米,然后盖地膜。秋播可以减少冬季储藏种子的麻烦,经历冬、春季的自然冻化,种子的抗性大大增强,发芽率也大大提高。秋播的具体播种时间要根据各地的气候条件而定,但要在冬季封冻前入土,即要在霜降至立冬期间播完,以免种子在土壤中刚发芽时遭冻害。

(2)播种方法:花椒播种育苗通常采用条播法。播种前,沿播种沟浇一次小水,将种子均匀地撒播于沟底,然后覆土 2～3 厘米,顺行轻轻镇压。在比较干旱的情况下,可在播种沟上加厚覆土 4～5 厘米,并培成屋脊形,这样有利于保墒抗旱,待花椒苗快要出土时,再扒去屋脊土,以利幼苗出土;也可以在畦面上覆一层麦秸,用喷壶喷足水,保持床面的湿润,一直到幼苗就要出土时再揭去草层。

自播种至幼苗出土前,忌大水漫灌。漫灌后,由于土壤水分的增加,春季土温的提升缓慢,会推迟种子的发芽时间。同时,漫灌大水极易造成土壤板结,影响土壤的通透性,不利于种子的发芽和出土。

6.苗木管理

经过储藏处理的花椒种子,一般在播种后 10～20 天陆续出苗。为了培育健壮苗木,必须在苗期加强管理。

(1)扒垄揭草:开春后,随着气温的逐渐升高,土壤温度也逐渐提高,花椒种子随之发芽生长,这时要经常扒开土壤,查看种子的发芽情况。若有少数种子冒芽,则应扒去部分高垄土;若有部分种子发芽,则应把高垄扒平。覆草的畦面,要在部分种子发芽时揭去草苫,为幼苗的出土创造条件。

遇大雨、急雨时,尤其是黏土地,土壤容易板结,要用抓钩搂地,破碎板结,以确保出苗整齐。

幼苗出齐后,若有缺苗断垄现象,要及时用铲挖苗,带土坨移栽,栽后浇水,达到苗全苗旺的要求。

(2)及时间苗:当花椒幼苗出现真叶后,即进行第一次间苗;在苗高达到 10 厘米时,要结合第二次间苗进行定苗,株距为 5～7 厘米,每亩留苗 4 万～5 万株。间苗、定苗时要掌握去弱留强的原则。

间出的幼苗可带土坨移栽,也可移栽到别的苗床上。移栽幼苗 3～5 片真叶时为好,移栽前 2～3 天先行灌水,在阴天或傍晚进行移栽,以减少嫩苗水分的丢失,提高移栽成活率。

(3)喷药防病:若土壤消毒处理得不好,花椒幼苗期容易得立枯病。为防止苗木立枯病的发生,要在花椒苗出齐后,喷一次波尔多液;6—7 月用氧化乐果防治一次蚜虫;雨季以后,再用药液防治一次煤污病。

(4)追肥除草:花椒苗出土后,随着气温的升高,苗木的生长发育也逐渐加快,6 月中下旬进入生长盛期时,是其需肥水最多的时期。这时正值北方雨季到来之前,要追施速效氮肥 1～2 次，每亩施尿素 15 千克，以促进苗木的生长。进入雨季后的 7 月上中旬，对生长较弱的苗木再追施一次速效氮肥，以促使三类苗升级。进入 8 月，则停止施肥，以防苗木徒长，木质化程度低，冬季造成冻害。每次追肥后都要浇水，同时，进行中耕除草。中耕除草的好处有两个：一个是通过中耕除草，可以疏松土壤，防止土壤板结，促进苗木的生长发育；另一个是除掉杂草后，解决了其与苗木争肥争水的矛盾，有利于苗木的生长发育。中耕除草一般在苗木的生长期内进行 3～4 次为宜，但雨季前的中耕除草至关重要。这一次灭草荒做好了，在雨季中的草荒便能基本得到控制，否则草荒将是不可避免的，影响苗木的生长发育。

（二）百日苗培育

花椒种子从 4 月中旬发芽出土，到 7 月中下旬出圃苗木造林，生长期大约为 100 天，这种花椒苗称为"百日苗"。

山东省林木种苗和花卉站的科技人员在生产实践中摸索出的培育百日苗造林的新技术，不仅可缩短花椒苗的培育周期，而且雨季即可移栽造林，很受群众的欢迎。其技术要点是：

1.选择苗地

百日苗的育苗地要选择在半阳坡梯田的局部平坦的少砾质沙壤土上，土层越厚越好，距水源越近越好。由于苗木生育期在苗圃内只有 100 天左右，选择较好的立地条件育苗，确保其每天的正常生长发育，是雨季进行移栽造林的关键。

2.整地施肥

早春要进行整地，整地前亩施腐熟厩肥 4000 千克、黑矾 10～20 千克，均匀撒在梯田地面后，用机器或人工深翻 30 厘米，整平耙细，拣出石块和杂草；然后南北做畦，畦面宽 1 米，长 10 米。因为山区缺水易旱，所以床面要低于地表面，即采用低床。

3.播种

3 月上旬，畦床灌足底水，待水渗下后，土壤松软时，耙细搂平。将处理好的种子均匀撒播在畦床上，覆土厚 1.5～2.0 厘米，每亩用种量为 8～10 千克。然后盖湿草，一直到苗木出土，始终保持床面湿润，偏干时，要用喷壶装清水喷撒床面，以确保出苗整齐。

4.苗期管理

在苗木出土时，要及时揭去草苫，然后适时进行间苗、定苗、移栽补苗，一般分三次进行。第一次在苗高 5 厘米左右时间苗，第二次在苗高 10 厘米左右时定株，第三次在苗高 15 厘米左右时移栽补苗。

由于苗木生长期短，苗木密度要适当大些，每亩可留成苗 6 万株左右。

肥水管理主要是在 5 月中旬、6 月中旬、7 月上旬时，各追施尿素一次，每次每亩 10 千克，追施后浇水，同时，注意及时松土除草。

据调查，花椒百日苗的生长情况见表 5-1。从表中可以看出，百日花椒苗的发育很好，根幅及须根数量大，这是雨季进行移栽造林成功的重要条件。

表 5-1　花椒百日苗的生长情况

项目	平均苗高/厘米	平均根径/厘米	平均主根长/厘米	平均根幅/厘米	平均侧根数/条	平均须根数/条	平均叶片数/片
生长量	41.2	0.4	23.0	21.8	4.0	35.0	14.0

若以苗高为主要分级标准,则一类苗苗高在 45 厘米以上,二类苗苗高为 35～45 厘米,三类苗苗高在 35 厘米以下。一、二、三类苗全部可以出圃造林,只要是大雨透地后的连阴天,其造林成活率可达 95% 左右。

三、丰产栽培技术

(一)花椒园的建立及土壤管理

1.建园

(1)园地选择:花椒树为多年生树木,从栽植后到衰老枯死,几十年生长在一个地方,园地选择是否合适将直接影响它的生长发育、开花结果、产品质量,相应地也影响种植者的经济收益问题。因此,建造花椒园,园地的选择应当说是关键的一环。

无论是在山区、丘陵还是在平原地区,都应选择立地条件较好的地带建花椒园。一般山丘地区的地形复杂,土壤情况和小气候变化较大,建园时要考虑以下几个因素:第一,要选择海拔在 500 米以下的土层深厚的梯田,南方海拔可高一些;第二,要选择坡度在 20°以下的山坡,20°以上的阳坡、水土保持好的地带也可以建花椒园;第三,平缓的山麓、山脚以及平原是建造花椒园的理想地带;第四,山顶、山梁、风口及过于瘠薄阴寒的陡坡,均不适宜建花椒园。

(2)细致整地

①整地的作用:细致整地能够改善土壤水分条件、养分条件和通气条件,影响地表土层的温热状况,保持水土,提高造林成活率。因而细致整地是实现花椒园丰产的基础。

由于花椒园大多建在山丘地区土壤瘠薄的山坡,细致整地就显得特别重要。山地花椒园土层薄是为人所共知的,但要说平原地区的花椒园土层薄,好像难以理解。其实,这里所说的"土层"的概念,是花椒的根系所能够生长活动的区域。一般认为,土壤容重为 1.9 克/厘米^3 的任何土壤,植被根系都不能穿透。因此平地也存在整地的大问题。

在山丘地区,主要是在清理杂草灌木的基础上,依据地形地势,采用不同的整地方法,通过细致整地,为花椒的生长发育创造良好的条件。在平原地区,整地主要是清理杂草,采用全面整地方法,疏松土层,以利于花椒根系的生长发育。

②整地的方法:要根据立地条件和当地耕作习惯,选用全面整地、水平梯田整地、带状整地和穴状或鱼鳞坑整地方法。

a.全面整地:全面整地是将准备栽种花椒树的地块全部按整地要求进行整地的方法。但受立地条件的限制,全面整地只适用于平原地区和坡度较小、土层较深厚的山前平原,所选地块要适宜机械操作,整地深度要求在 50～60 厘米。

b.水平梯田整地:这种整地方法是在山丘地区建园时最好的水土保持方法,不但能够增厚土层,提高其蓄水能力,而且梯田地堰或石堰坚固,可以防止冲垮石坝、地堰,从而保障花椒生长环境的稳定性。

c.带状整地:在平原地区,可以按照设计的花椒定植行距,进行条带状整地,条带宽1米,深40~80厘米。山丘地区坡度在20°以下的山坡,沿等高线环山放线,带宽视坡度大小而定,一般宽80~100厘米,深30厘米以上。在修筑坝堰时,按上述水平梯田坝堰的修筑方法修砌。条带的长短也视地形而定,一般为5米左右。

d.穴状或鱼鳞坑整地:在坡度大而地形破碎的石质山地,可采用穴状整地或鱼鳞坑整地方法。在设计时,穴或鱼鳞坑要沿山坡横向排列,上下交错呈三角形布置,株距为2~3米,上下行距为3~4米,穴径为50厘米左右,鱼鳞坑半径为1.5米左右,要尽量深一些。不论是穴状整地还是鱼鳞坑整地,都要把坝堰砌好,一边砌好豁口,以利排水。穴或鱼鳞坑上下呈"品"字形排布有利于保水保土,从而使花椒树更好地生长发育。

(3)栽植密度:栽植密度是单位面积上栽植苗木的株数,它影响群体结构、光能利用、地力消耗等许多方面,直接影响产量的高低。花椒的栽植密度可以调节花椒的群体结构,以及群体与个体、群体与环境之间的关系。密度过大,土壤营养面积不足,光照不够,将导致个体发育不良,光合速率下降,干物质积累少,产量反而降低;密度过小,则不能充分利用土地资源,单株利用光能的效率虽然高,但单位面积的株数太少,因而总产量也会降低,从而造成地力的浪费。

确定合理栽植密度的原则有两条:一是根据各品种的生物学、生态学特性来进行设计,每株花椒占土地的营养面积不能小于它自身的树冠投影范围。二是根据立地条件的差异来安排,同一品种,立地条件好的地方,树木生长发育快;相反,立地条件差的地方,树木生长发育慢,树冠也小,定植密度可适当加大。

一般地,土层深厚肥沃且集中连片的花椒园,株行距应当大些,可为4米×5米或3米×4米,每亩定植33~56株,土层较薄、肥力较差的山地花椒园,株行距应小些,可为(3~4)米×3米,每亩56~74株。山地较窄的梯田及水平阶,要因地制宜灵活掌握,一般一个阶面栽一行,台面超过4米时,可栽两行,株距为3~4米。无论是平原还是山地花椒园,按照规划设计的株行距定植后,花椒树的郁闭度都应当在进入盛果期后达到0.6以上。

(4)栽植季节:选择适宜的栽植季节栽植花椒,不但可以提高其栽植成活率,而且有利于苗木的生长发育。从苗木成活的生理条件出发,首要的问题是使苗木茎叶的水分蒸腾消耗量与根系的补充吸收量相平衡,所以应当选择苗木茎叶蒸腾量最小的时期栽植。在我国北方,于每年的早春和晚秋,花椒树落叶后发芽前栽植最为适宜。秋栽要在花椒落叶后至土壤结冰前进行。这一时期栽植的苗木,经过一个冬季的土壤沉实,根系与土壤密接,断根后的伤口愈合好,有的初冬即发新根,翌年早春,地下新根发育早,地上部新梢发芽也早,成活率高,发育也好。

春季栽植花椒要在花椒芽萌幼时进行,因为这时栽植花椒,恰与树木发芽前生根最旺盛阶段的初期相吻合,而且这时期的气候和土壤条件对生根有利,造林成活率高。但要在花椒发芽前栽完。不然,一旦花椒发芽,其蒸腾量将增大,苗木也将因失水而降低成活率。

雨季栽植花椒,要在大雨透地后的连阴天进行,但要对花椒苗适当短截,防止高温季节因蒸腾失水降低成活率。据山东、河北、河南等省的试验,只要把握好起苗、运输、天气等几个环节,花椒雨季造林成活率可达95%左右。

(5)栽植方法:栽植前按照规划设计株行距,打点定穴,根据地形和苗龄大小挖穴,一般穴直径为 50 厘米,深 50~60 厘米。

栽植时,有条件的应施底肥,先把肥和土混合均匀后填入沟底,至离地面 20 厘米时,放入苗木,务必使根系舒展,填土至埋严根系时,轻提苗木,使根系与土壤密接,踏实后再覆土至与地面平齐。容器苗则把容器蹲到穴中,每穴一个容器,土沉实后,容器上沿与地面平齐即可。土壤墒情差的,一律栽植后浇水,以确保成活率。

2.土壤管理

土壤是花椒树赖以生长发育的基础,是水肥储藏、供应的仓库。只有加强土壤管理,创造一个良好的土壤条件,才能促进花椒形成强大的根系,更好地吸收养分和水分,从而健壮生长。土壤管理包括深翻扩穴、培土、覆盖、除草等。

(1)深翻:深翻在北方干旱地区意义更大。由于土壤物理性状的改善,土壤容重减轻,孔隙度增加,从而可提高土壤透水和保水的能力,提高土壤含水量,增强土壤的抗旱能力。

①深翻季节:一年内春、夏、秋三季都能进行。

②深翻的深度:深翻与立地条件、树龄大小及土壤质地有关,一般深度为 30~40 厘米,比根系主要分层稍深为宜。土壤薄的山地,下部为半风化的岩石或土质黏重的地方,要适当深一些。

③深翻的方法

a.深翻扩穴:也叫"放树窝子",一般从幼树开始逐年向外深翻,每年扩穴一次,直至全园全部翻完为止,结合施肥则效果更好。

b.内半壁深翻:山地梯田,特别是较窄的梯田,外半部土层较深厚,内半部多为硬土层。深翻时只翻内半部,从梯田的一头翻到另一头,把硬土层一次翻完。

c.全园深翻:将栽植穴以外的土壤一次深翻完毕。这种深翻方法一次投入较多,宜在劳动力比较充足的情况下采用。

(2)覆盖

①覆草:覆草的原料有麦秸、稻草、野山草、玉米秸等,初次覆草以 5—6 月为好,在雨后或浇水后墒情好时开始,先把地整平,顺树行做畦,近树干处略高,然后撒施尿素耙平,均匀地覆盖草,隔一定距离撒一些土,压住覆草,以防风刮。连续覆盖 4~5 年再耕翻一次。但覆草也有缺点,因此在覆草过程中要采取一些措施来预防问题的发生:一是覆草前用高浓度的杀菌剂和杀虫剂喷洒土面和覆草,然后再覆盖,以防治病虫害。二是对覆草的园片,春夏应把树盘下的覆草刨开,晾晒根系,防止烂根病,促使根系向深层土壤伸展。三是覆草时在果树根颈周围留出一定的空间,预防根颈腐烂病。四是于春天和初秋在花椒园中均匀定点放置灭鼠药,预防鼠害。

②覆膜:覆盖地膜具有保墒、增温的良好效果。果园试验证明,早春覆膜后地温上升快,0~20 厘米的土层比对照区高 2~4 ℃,这非常有利于根系的发育。同时,土壤含水量比清耕区高 20%。

于春季解冻后,趁墒将园内土壤精细整平,近树干处略高,然后盖膜,盖膜面积以稍大于树冠外缘为准。两块地膜的交接处用土压严,地膜尽量展平与地面贴紧,四周用土封严。若用宽幅地膜覆盖,可在膜上星点压土,防止被风吹翻。到 4 月底 5 月初,气温日渐升高,膜下杂草开始生长时,可在膜上加盖 5 厘米厚的细土,把地膜盖严,既能防止杂草生长,又能延长地膜的使用年限,一举两得。

(3)培土:山丘地区的水土流失比较产重,为确保花椒根系的发育,除在定植前砌修好坝堰或穴堰,搞好水土保持外,花椒定植后,要在树干基部周围培一土堆。培土堆的好处有三个:一是在北方地区由于加厚了根际土层,可起到防旱、抗旱的作用;二是可防止风吹摇动幼树,影响造林成活率;三是主干和根际部位是进入休眠期最晚而结束休眠最早的部位,培土后可增强这些部位的抗寒力,保证树体安全越冬。

培土一般于秋天进行,就近挖取比较肥沃的山间草皮土,翌年春季再把这些土均匀地撒到花椒园内,既可增厚土层,又可提高土壤肥力。在土层薄的地方,压风化的紫色页岩母质,厚度为 10 厘米,效果也很好。

(4)除草:在花椒的生长季节,及时进行中耕除草,可以起到疏松土壤、保墒、抗旱、切断土壤毛细管、防止土壤水分蒸发的作用,同时也能防止土壤板结,减少杂草的滋生。除草次数视杂草情况而定,一般每年除草 3～4 次,尤其是每年雨季前的一次除草很重要,否则,雨季便可能出现草荒,影响花椒树的生长发育。

草荒严重的大面积花椒园,可以使用化学除草剂除草。当前花椒园使用的除草剂有草甘膦、西马津、阿特拉津等。草甘膦属于叶面处理剂,待野草覆盖地面或再晚一点时,将草甘膦稀释 300～600 倍,加适量洗衣粉搅拌均匀后,均匀地喷布到野草上,每亩用量为0.25～0.5 千克。干旱地区每年喷布一次,湿润地区每年喷布两次。喷药时切记,千万不要把药液喷洒到花椒树上。

3.合理施肥

(1)施肥的重要性:花椒在其全生育周期中,要经历营养生长、开花结果、衰老死亡各生命活动阶段,每一个生长发育阶段都要消耗大量的养分,如果没有足够的养分予以补充,则树体将提前衰老,影响产量。

土壤中施入有机肥料,可增加土壤中的有机质,而有机质的多少是土壤肥力的重要指标。不同气候条件下的田间试验表明,土壤中施入绿肥或作物秸秆分解后留在土壤中的碳,一年后为 30％,两年后为 25％,三年后为 18％,10 年后仍有 1.2％左右。这说明,不断增施有机肥以增加土壤有机质,是提高土壤肥力的有效途径。但是,在花椒树的速生期、开花结果期,养分需要量很大的情况下,施用速效化肥也是必不可少的。

(2)施肥时期和方法:施肥要以基肥为主,追肥为辅;以有机肥料为主,化学肥料为辅。

①基肥:基肥应以有机肥为主,配合速效氮、磷、钾肥于秋季施入。一般在果实采摘后立即施基肥为好。因为此时的根系正在生长,断根容易愈合,并能产生大量新根,从而增强根系的吸收能力,而且地上部分生长进入缓慢阶段,有机物消耗少,积累多,树体的营养水平得到了提高,也加强了翌年春季新梢的前期生长,使中短梢叶片增多,叶大而厚,为增加果实产量奠定了基础。

②追肥:追肥主要追施速效化肥。在追肥时,要根据土壤缺肥情况和花椒树各个生长发育期的需要来进行。花椒春季发芽后,生理活动随气温的上升而日渐活跃,生长速度越来越快,所需的营养物质也越来越多,这时如果供应不足,势必影响其开花坐果率。一般于开花前两周施入花前肥。花椒落花后,果实膨大,急需大量的营养物质予以补充,这时如果肥料供应不及时,不但影响果实的发育,而且严重的可能因营养亏缺造成落果。

③施肥量:合理的施肥量主要从花椒树树体本身的养分消耗、土壤的供肥能力、土壤养分的渗漏流失,以及花椒树吸收利用肥料的百分比等诸方面来考虑。总的要求是,既要

稳定土壤肥力,满足花椒树对各种营养元素的需要,又不至于因施肥过多造成浪费。花椒树每年株施肥量可参考表 5-2。

表 5-2　花椒树每年株施肥量参考

树龄/年	厩肥/千克	氮素化肥/千克	过磷酸钙/千克	草木灰/千克
3	10～20	硫酸铵 0.2～0.3 或尿素 0.1～0.2	0.3～0.5	1～2
7	20～40	硫酸铵 0.5～1.0 或尿素 0.3～0.5	0.5～1.0	3～5
12	50～80	硫酸铵 1.0～2.0 或尿素 0.5～1.0	1.0～2.0	5～7

④施肥方法:花椒幼树施基肥,一般采用环状沟施或轮换沟施的方法;成龄树由于根系交错,可以采取全园撒施的方法,然后深刨。追肥多采用放射状沟施或多点穴施的方法,也可以采取环状沟施的方法。

a.环状施肥:先在树冠外 20～30 厘米的地方,以花椒树干基部为中心,挖一环状沟,沟深 30～40 厘米。追施化肥沟宜稍浅一些,以深 10～15 厘米为宜,以后随树冠的扩大,施肥沟外移。这种施肥方法适用于幼树。

b.放射状施肥:以花椒树干基部为中心,等距离地挖 4～6 条放射状沟,沟宽 30～40 厘米,沟长视树冠大小而定,以延伸到冠外 30～40 厘米为宜,由里向外逐渐加深,一般内深 10～15 厘米,外深 30～40 厘米。这种施肥方法盛果期大树采用较好。

c.条状施肥:花椒密植园可以在行间开条状沟,稀植园在树冠边缘稍外的地方,相对两面各开一条施肥沟,深 30～40 厘米,宽约 40 厘米,长视树冠大小而定。第二年,将沟的位置更换到相对面。

d.穴状施肥:在树冠下距干基 2/3 处,均匀地挖若干个小穴,直径为 50 厘米。这种方法多在椒粮间作园或零星栽植的花椒树上采用。

用以上几种方法施肥时,要将肥料与土掺匀,再推入沟中或穴中,上盖一层土,浇水沉实,再覆盖些松土即可。这些方法的施肥部位较深而集中,肥效也长,非常有利于花椒树的生长发育。

e.根外追肥:根外追肥又叫"面喷肥",它是把肥料溶液喷在叶面上,肥料通过叶部的气孔进入树体的一种补充施肥的方法。在我国北方的广大干旱地区,当土壤含水量低,影响土壤适时施肥时,根外追肥是一种很好的施肥方法。由于根外追肥具有简单易行、用肥量少、发挥作用快、能解决花椒树缺肥之急的特点,因而被许多集约经营的果园采用。

实践证明,根外追肥对花椒丰产、优质起着不容忽视的重要作用。

4.适时浇水

土壤水分状况与花椒树树体的发育、稳产丰产,以及树体寿命的长短,都有着密切的关系。及时补充花椒树所需要的水分,使花椒树永远处于优良的发育阶段,是花椒园管理的重要任务,有条件的园区可适时浇水。

(二)椒粮间作

一般说来,植物的干物质有 90%～95% 来自光合作用。但是,由于多种因素影响,植物对光能的利用率是极低的。如何提高植物的光能利用率,一直是植物学界的专家们致力于解决的一个问题。

花椒树是喜阳树种。山丘地区的坡度非常有利于花椒树采光。在有限的山坡上,究竟怎样才能充分利用光能,增加花椒和农作物的产量和质量呢? 山丘地区的农民,从长期的生产实践中摸索出了地堰种植花椒、梯田种粮的椒粮间作方式,既保持了水土,又收获了粮食,还获得了花椒果实,一举多得。

椒粮间作是充分、合理地利用土地和阳光等自然资源,在空间和时间差上实行的一种立体种植方式。综合来看,华北各地的间作方式主要有以下几种:

1.山坡梯田以花椒为主

这类梯田实行花椒与豆类、薯类、谷子间作,以收取花椒果实为主。山坡梯田土壤瘠薄,缺肥、缺水是阻碍花椒和农作物高产稳产的重要因素。因此,要加大整地措施,增施有机肥料,创造灌溉条件,努力改善生产条件。花椒树的株行距可为(3～4)米×5米,每亩种植44株或33株,行间间种矮秆作物,如花生、薯类、蚕豆。离花椒树稍远,可以种植谷子或玉米等。

2.沟谷梯田椒粮并重

这类间作方式是在土地比较零碎,但立地条件又比较好的沟谷梯田,实行椒粮间作,椒粮并重双丰收。在间作前,要整好地,过于零碎的地块可以小块并大块,尽量扩大耕作面,提高土地利用率。定植花椒可按4～5米的株行距安排,栽植在梯田地堰的内侧。在花椒树的行间种植小麦、豆类、薯类或蔬菜、药材等。

3.山前大梯田以粮为主

这类梯田土壤深厚肥沃,地势平缓,又多有较优越的灌溉条件,应当以收获粮食为主。花椒树按5～8米的株距栽植一行,在树冠投影的两倍以内,间作小麦、玉米等高秆作物。

椒粮间作的农作物或蔬菜,要因地制宜地安排,在陕北黄土高原可以安排荞麦,在四川、江浙一带可以安排各类蔬菜或蚕豆等,在冀、鲁、豫三省可安排花生、小麦、玉米等。椒粮间作的土壤管理、施肥浇水、穴储肥水等措施与花椒园的管理基本相同。

(三)整形修剪技术

花椒幼树生长旺盛,枝条直立性强,可塑性也强,这是培养合理的树形结构的基础。花椒树整形修剪的主要任务是:按照预想的开张角度轻截少疏,促其尽快成形,为幼树的早开花、早结果、早丰产创造条件。

(1)幼树的整形修剪:在生产中,花椒幼树多采用自然开心形,而密植园中一般用"十"字形或"V"形。自然开心形要本着边整形边结果的原则进行整形,而"十"字形和"V"形要本着先结果再整形的原则进行整形,即先开张侧枝角度,促其结果,再根据其生长情况,选择适当的枝条培养成预定的树形。由于自然开心形在生产中用得较多,下面重点介绍其整形修剪技术。

自然开心形的整形步骤如下:

第一年:花椒树定植后,当年定干,高30～50厘米。适宜的干高,主干增粗快,负载量也大,树冠成形快,枝多叶量大,容易丰产。定干一般在定植后及时进行,要求剪口下10～50厘米的范围内要有六个以上的饱满芽。发芽后,及时抹除上述范围以外的芽,以节省养分,促进新梢的生长发育。花椒定植的当年属缓苗期,发枝量少,生长量也不大,一年内原则上不动剪,可以通过夏季摘心促使分枝,以形成将来的小果枝。

第二年：花椒经过缓苗后，根系发育旺盛，促使地上部分转旺，这时要选留 3～4 个方位合适、夹角为 60°的健壮枝条作为主枝培养，其余枝条量情短截，促其分枝，增加枝叶量。主枝生长势有弱有强，对生长势弱的主枝，选好剪口芽，轻剪长放，以回缩的办法，逐步加强长势，以平衡树势；对生长势强、开张角度小的主枝，则进行拉枝或撑枝，以缓和生长势，促进中、长枝条的形成。每个主枝上培养 2～3 个侧枝，第一侧枝应距主干基部约 30 厘米。

第三年：根据地形地势和土壤水肥等条件，继续扩大树冠，培养侧枝及结果枝组。在修剪时，注意选留着生在主枝内斜上侧的枝条（叫"内斜侧枝"），将其培养成大、中型结果枝组；一般不可留背斜侧枝，以免长势过弱，结果后迅速下垂。在主枝基部，离主干 30 厘米以内生长的大枝叫"把门侧枝"。这种枝过多过大，常与主枝竞争下层空间，枝条密集，影响树体通风透光，一定要修剪掉。同时，还要注意选留从主枝背后生长的枝条，使整株花椒树的冠内冠外、上下左右都能布满结果枝组，为早果丰产打下基础。

第四年：四年生花椒树的侧枝可达十几条，甚至几十条，结果树冠基本形成。这时除对枝条采取撑、拉的机械处理外，还应当于春、夏两季进行扭、拿、别枝的技术处理。5 月上旬扭梢，7—8 月拿枝，别枝在春、夏季都可以用。

（2）大树的整形修剪：随着花椒树树龄的增加、树冠的扩大，果实产量也逐年提高，并趋于稳定，同时，花椒树的营养生长也逐渐缓和。这个结果阶段年限的长短，对栽培花椒的经济效益影响很大。这一时期的修剪任务主要是调节生长和结果的均量关系，维持健壮树势，大力改善树冠内膛光照，更新复壮结果枝组，延长盛果期年限。

花椒树以强壮枝和中短枝结果为主。据观察，花椒芽大而饱满的枝条均能开花坐果。一般地，强壮枝顶端的 3～4 个芽的质量好，细弱枝的顶芽质量较好。所以，花椒大树的修剪以疏为主，一般不进行短截，具体操作时要掌握以下几点：

①春抹芽：每年春季花椒树发芽后，即抹除主侧枝上位置不当的背上芽、背下芽及锯口芽，8～10 天抹除一次，连续抹除四次，以减少营养物质无谓的消耗。

②疏剪：花椒树冠内膛过密的徒长枝、病虫枝、干枯枝、交叉枝、重叠枝以及树冠外围影响光照枝、竞争力强的发育枝、衰弱树的弱枝和过多的结果枝条，都要量情进行疏除。目的是打通光路，复壮枝条，均衡树势。

辅养枝在结果初期可以增加枝叶量，起到积累光合物质、圆满树冠、增加果实产量的作用。但当其影响骨干枝生长时，轻的回缩，重的疏除。

总枝量、营养枝和结果枝的适宜比例，是树体生长结果的基础。盛果期树，结果枝一般应占总枝量的 80%～90%，其中，长果枝应占 10%～15%，中果枝应占 30%～35%，短果枝应占 50%～60%。一般在丰产树的树冠投影面积上，每平方米有 200～250 个果枝。所以，结果树的修剪应当以疏剪为主，疏剪与回缩相结合，疏弱留强，疏短留长，疏小留大。

③回缩：以一年生结果枝组的培养为例，常用的回缩技术有以下几种。

a.先截后缩：选较粗壮的枝条，第一年进行重短截，促使分生较强壮的分枝，次年再在适当部位回缩，培养成中大型结果枝组。

b.先放后缩：花椒中庸枝和较弱的枝，缓放后很容易形成具有顶花芽的小分枝，次年结果后在适当的部位回缩，培养成中小型结果枝组。

c.连截再缩：培养大型枝组，第一年进行较重短截，第二年选用不同强弱的枝条为延长枝，并加以短截，使其继续延伸，以后再回缩。

d.因势修剪:按照均衡树势的原则,对弱枝进行助势修剪,对中庸枝进行平势修剪。通过修剪达到均匀留枝不光腿、枝条疏散少漏光的目的。

下面重点介绍结果枝组的修剪方法。

花椒大树在有空间的地方,要继续培养结果枝组,还要不断地运用修剪及其他处理方法来调整结果枝组。小型枝组容易衰退,要及时疏除细弱分枝,保留强壮分枝,适当短截部分结果后的枝条。中型结果枝组要选用较强的枝带头,稳定其生长势力,适时回缩,防止枝组后部衰弱。大型枝组一般不容易衰退,重点是调整生长方向,控制生长势力,把直立枝组引向两侧,对侧生枝不断抬高枝头角度,采取适当回缩的方法,不使其延伸过长,以免枝组后部衰弱。各类结果枝组进入盛果期后,对结果多年的枝组要及时进行复壮修剪,采用回缩和疏枝相结合的方法,回缩延伸过长、过高或生长衰弱的枝组,在枝组内疏除过密的细弱枝,提高中、长果枝的比例。

花椒枝条具有顶端优势,内膛枝组容易衰弱,特别是中小型枝组,常干枯死亡,造成骨干枝后部光秃,结果部位外移,产量下降。而直立的大中型枝组则往往延伸过头,形成树上树,透光不好,产量也下降。所以,修剪的任务主要是更新复壮骨干枝后部的中小枝组,控制直立生长的大枝组。

(3)衰老期树的修剪:在一般生长情况下,25年生左右的花椒树的内膛枝组大量衰退或死亡,致使结果部位外移,结果枝后部严重光秃,树冠逐渐缩小,呈明显的衰老或衰弱现象。对这种花椒树,首先要加强土、肥、水管理,增施有机肥料,保证水分供应,促使根系恢复生机,地上部分恢复生长,然后进行修剪。

修剪的主要任务是更新结果枝组和骨干枝。方法是:对主侧枝前部已衰老的部分重回缩 $1/3 \sim 1/2$,选留生长势强且向上生长的枝组,作为主侧枝的领导枝,去原枝头,复壮主侧枝。在更新骨干枝的同时,也必须对外围枝和枝组进行较重的复壮修剪,使全树复壮。当树体已经严重衰老时,应当利用根颈部的 $3 \sim 4$ 个萌蘖枝或徒长枝,注意不同方向和开张角度,按照主侧枝的要求进行修剪培养,同时大抹头,使萌蘖枝重新构成树冠。

(4)大小年结果树的修剪:花椒树同其他经济林树种一样,也存在大小年结果现象。产生大小年结果现象的主要原因是树体的营养生长和生殖生长对其本身养分的积累和消耗不平衡。结果多年,树体的营养物质消耗过多,不能满足花芽分化的需要,花芽形成少,下一年就是小年;小年期间由于结果少,营养物质积累多,因此形成下一年的大年结果现象。另外,花椒品种之间的不同特性,以及立地环境和栽培管理措施的不同,都能直接或间接地影响其大小年结果现象。消除大小年结果现象,仅靠修剪调控是不行的,还必须配以合理的管理措施。这里简要介绍几个花椒品种的修剪要点,以供参考。

大红袍枝条节间长,树冠较大,大小年结果现象明显。修剪时可发挥该品种冠大的优势,修枝量要适中,结果大年适当重剪,结果小年适当轻剪,以平衡年度间的树势,力争稳产。

小椒子枝条节间短,树冠小,大小年结果现象不明显,但花芽过多。修剪时宜重剪,疏去部分花芽,促进树势旺长,力争穗大产量高。

臭椒子枝条生长旺盛,节间长,较耐坡阴,大小年结果现象严重。修剪时可采用双层树形,上层的枝叶量要少于下层,以保证下层枝叶所需的光量;另外,修剪时的修枝量要小,以平缓树势。

总之,花椒树大小年结果现象是能够控制的。一般来说,果实成熟早的品种,大小年结果现象轻;果实成熟晚的品种,大小年结果现象重。在修剪时,小年时少剪枝条,增加树体营养,促其形成较大的果穗,增加小年的果实产量;而在大年时,则适当多剪部分枝条,少留花穗,以维持树势,争取穗大产量高,并加强对花椒树的后期管理,为下一年创造良好的营养条件,变小年为大年,均衡丰产。

四、花椒低产园的土壤管理

山丘地区立地条件差,尤其是栽植于梯田地堰、隙地的花椒树,有许多是多年不加修剪的放任树或"小老头树",病虫害严重,长势衰弱,树冠大枝多、小枝少,骨干枝后部光秃,前端形成"笊篱头",枝条密集而细弱,虽结果,但结果量少。这是花椒低产园的特点。

土壤是花椒根系赖以生存的基础,土壤的肥力状况和理化性质左右着根系的发育好坏,而根系发育的好坏又会直接影响地上部分的生长。所以,加强土壤管理,改善其理化性质,可为根系的生长发育创造一个良好的环境。

（一）深刨施肥

每年初春土壤解冻以后,对花椒园全面深刨,深度为20厘米;土层过薄的地方压10厘米紫色页岩风化母质,连续压三年,使土层厚度达到50厘米以上。在深刨压土的同时,每株花椒施有机肥20千克。另外,在每年4月下旬的萌芽期,7月下旬采果后,每株各追施标准化肥0.3～0.5千克。深刨施肥后,土壤中各种养分的含量均会有明显提高。

3月下旬和5月中旬测定10～40厘米土层,经深刨、客土施肥的土壤含水量分别比对照组高0.8%和1.7%,这对北方干旱地区提高花椒坐果率有积极意义。

深刨施肥和客土施肥也促进了根系的发育。采用改良壕沟法测量,花椒根系的总量大大超过了对照组,其中深刨施肥的花椒有吸收根723条,对照组只有288条。丰富的根系吸收大量的养分和水分供给地上部分,一改过去10月初叶落光、发重芽的现象,保叶率达90%以上。

（二）覆盖增温

覆盖树盘的增温保湿效能是明显的。据测定,由于覆盖提高了早春的地温,减少了土壤水分的散失量,花椒的新梢生长量可增加18%～35%,坐果数可增加5%～15%,成熟期可提早10～15天。

山岭薄地干旱缺水,根外追肥是花椒树营养的重要补充。每年应向叶面喷肥六次。第一次在花期,花后10天喷第二次,间隔10天喷第三次,7月上、中旬和果实采收后再各喷一次。叶面喷肥用0.3%的磷酸二氢钾和0.5%的尿素混合溶液,效果很好。据测定,叶面喷肥可使新梢增长4.5厘米,坐果率提高8.35%,单穗鲜重提高0.85克。

四、主要病虫害及其防治

（一）主要病害及其防治

1.花椒褐斑病

病菌是以菌丝和分生孢子盘在病叶和病果残体上越冬。翌年春天气温上升至5℃以上时,菌丝即开始活动,分生孢子借助降水,通过雨滴、雾滴稀释后,随水滴飞溅飘扬传播;

或通过相对湿度较大的雾、露稀释后,随风传播,进行初次侵染。若气温和降雨条件适宜,能进行多次侵染,一般每年侵染8~12次。其侵染规律是:在山东最早于5月中下旬侵染,6—8月为侵染高峰期,10月中旬出现第二次侵染高峰。

防治方法如下:①加强预测预报。花椒褐斑病和叶锈病发病及其轻重程度与降雨量密切相关,5—8月若连续出现三次降雨量在12.6毫米以上的天气,即可发病。5—8月连续两个月的降雨量均在66.4毫米以上即可流行;6—7月降雨量超过100毫米,8—9月超过60毫米,病害必定大发生。因此,应与气象部门密切联系,当预报可能出现上述天气时,就应采取必要的预防措施,防止病害流行。②选择抗病品种。山东省枣庄市经过几年的调查观测得知:"大青壳"花椒最易感病,平均病株率可达到80.8%,感病指数为71.5;"小红壳"花椒较易感病,平均病株率为35.8%,感病指数为18.6。因地制宜发展大红袍,是保证花椒丰产的重要环节。③及时清除落叶。为减少侵染源,要随时用扫帚和铁耙把病落叶清扫或搂干净,集中烧掉深埋。④化学防治。花椒褐斑病和花椒锈病几乎同时侵染,可在两种病初次侵染期,喷洒70%甲基托布津可湿性粉剂800~1000倍液或25%粉锈宁可湿性粉剂600~800倍液。施药时,叶片的正反两面都要均匀着药,两种药剂交替使用,间隔15天,能有效地抑制病情发展。

2.花椒锈病

病菌主要以夏孢子、冬孢子分别在落叶和树体上越冬,并成为初期侵染源。早春,当气温上升至13 ℃以上时,孢子开始萌发,17~25 ℃是发病的适宜温度。此时,如果空气相对湿度在80%以上,即产生夏孢子堆,并以此作为再侵染源,重复侵染,一般每年可侵染6~8次。在山东,5月底6月初开始侵染,6月中旬至9月中旬造成部分叶片脱落,9月中旬至10月上旬达到侵染高峰期,感病叶片大量脱落,11月上旬后病菌陆续进入越冬期。

花椒锈病的防治方法同花椒褐斑病的防治方法。

3.花椒干腐病

据调查,凡被天牛及吉丁虫蛀蚀的树皮,大都有腐烂病斑发生,因而发病部位以干基部为最多。该病菌以分生孢子器在烂树皮以下越冬,翌年春天产生大量分生孢子,借风雨传播到天牛和吉丁虫危害的烂皮处,入侵危害。4月中旬至6月中旬为该病的第一个盛发期,病斑扩展迅速,6月底到7月底,其扩展速度减缓下来。7月下旬至10月初为该病的第二个发病盛期,分生孢子在活组织中迅速扩散,10月以后进入越冬状态。

防治方法如下:①栽植抗病品种。在该病严重发生的地区,应选择抗病强的品种,如豆椒,避免种植易感病品种。②初春,在花椒树发芽前,喷3~5波美度石硫合剂,起到预防和保护作用。③加强花椒的土、肥、水管理,以增强树势,同时积极防治吉丁虫和天牛,减少侵染诱因。

4.花椒炭疽病

该病的病原菌在病果、病叶及病枯梢中越冬,成为翌年的初次侵染源。病原菌分生孢子能借风、雨、昆虫等进行传播,一年中多次侵染危害。每年6月下旬至7月上旬开始发病,8月为发病盛期。花椒园密度过大,通风不良,树势衰弱,高温高湿等,是花椒炭疽病严重危害的重要条件。

防治方法如下:①加强对花椒园的水肥管理,增强树势,是控制炭疽病发生、发展的重要措施。②在6月中旬向树冠喷洒1∶1∶200的波尔多液。

5.花椒枯梢病

该病的病菌以菌丝体和分生孢子器在病组织中越冬,翌年春季病斑上的分生孢子器产生分生孢子,借助风雨传播扩散。在山东,病菌于6月下旬开始侵染,7—8月为侵染盛期,一年内可多次侵染危害。

防治方法如下:①加强对花椒园的水肥管理,增强树体的抗病能力。②发现病枯梢,随时剪除烧掉。③从6月上旬开始,向树体喷洒70％甲基托布津1000倍液或65％代森锌400倍液,连续喷洒3～4次。

(二)主要虫害及其防治

1.棉蚜

棉蚜通常以成蚜和若蚜危害,群居在寄主植物的嫩叶背面的嫩茎上,用刺吸口器吸食汁液,致使叶片向背面卷曲,或皱缩成团;同时排泄蜜露,使叶片表面油光发亮,严重影响叶片的光合作用和正常代谢,制约花椒的生长发育和开花结实。棉蚜在山东一年发生约30代,多以卵在花椒、石榴等植物的芽苞下或树皮缝隙中越冬,翌年4月初孵化为干母芽,在嫩芽上危害。之后产生有翅胎生雌蚜,迁飞各处危害。棉蚜的繁殖力极强,早春和晚秋气温较低时,10多天一代,天气温暖时4～5天一代,一头蚜虫一生可繁殖60～80头小蚜虫,10—11月产生有性蚜虫,交尾后产卵越冬。

防治方法如下:①生物防治。可于5月上旬的早晨用捕虫网在麦田捕捉七星瓢虫,放到花椒树上,瓢蚜比为1:100即可。也可在花椒树上喷洒人工蜜露或蔗糖,诱引棉蚜天敌。②药物防治。花椒树发芽前,全树喷洒3～5波美度石硫合剂,药杀越冬卵。4月上旬,在树干上涂药防治干母蚜。先刮除粗皮及皮刺,然后将药物涂在主干上部、第一主枝以下,环带宽10～20厘米,内衬一张纸,外包扎塑料布。危害期可喷洒10％吡虫啉1000～2000倍液、溴氰菊酯(或杀灭菊酯)乳油1000～2000倍液。

2.杨白片盾蚧

杨白片盾蚧又名"梨白片盾蚧""日本长白蚧",分布在华北、东北、华东、华中、华南各省、自治区,危害杨、榆、槐、苹果、核桃、梨、山楂、李等多种树木的干和大枝,受害树常布满介壳,不见树皮,致使树木生长势弱。该虫在山东一年发生2～3代,在北京一年发生两代,以若虫在寄主枝、干上越冬。次年4月,树木发芽时化蛹,4月中旬羽化为成虫,多在树皮上爬动,寻找雌虫交尾后产卵,产卵期较长。初孵若虫在枝干或枝条上爬动,选择适宜处固着,吸取树木养分,并渐成介壳。第二代若虫于8月底9月初孵出,10月末以若虫于介壳下越冬。

防治方法如下:①加强检疫,严禁带虫苗木外运或调入。对有虫苗木用52％磷化铝片剂熏蒸,用药量为6.6克/米³,熏蒸时间为1.5～2天。②人工防治。在树木发芽前,用草把或刷子抹杀枝干上的越冬雌虫和若虫。③化学防治。在早春树液开始流动前,用5波美度石硫合剂或蒽油乳剂喷杀越冬蚧。用40％速扑杀1000倍、50％马拉硫磷600倍液、1～1.5波美度石硫合剂、高分子膜敌敌畏混合液、洗衣粉500倍液或胶体硫400倍液,喷杀初孵幼虫。以25％杀虫双水剂注干,即在有虫株干基部打2～4个孔,注入2毫升左右药液,再用黏土堵孔。连续喷施20号石油乳剂20～30倍液,效果也很好。

3.桑白蚧

桑白蚧一年发生代数因地理位置不同而不同,均以末代受精雌成虫在枝干上越冬。

该虫在山东一年发生三代,在陕西、北京等地一年发生两代,在江浙一带一年发生三代。

桑白蚧的防治方法同杨白片盾蚧的防治方法。

4.铜绿丽金龟

铜绿丽金龟分布在山东、黑龙江、辽宁、吉林、内蒙古、宁夏、陕西、山西、河北、河南、安徽、江苏、江西、湖北、湖南、浙江、四川等省、自治区,食性很杂,危害多种果树、林木及农作物。该虫一年发生一代,以3龄幼虫在土内越冬,翌春土壤解冻后上升,危害树木根系,于5月上旬化蛹,6月上旬成虫出土危害,6月中旬至7月上旬最为严重。成虫一般白天潜伏在土中,傍晚飞出交尾取食叶片,凌晨三四点钟飞走再潜入土中,具有假死性和较强的趋光性。成虫于6月中旬开始产卵,每只雌成虫每次产卵二三十粒,卵期约10天,幼虫于7月下旬出现,危害植株根系,9月下旬进入越冬状态。

防治方法如下:①利用该虫的假死性和趋光性特点,通过人工震树,使其落地并捕杀,或设黑光灯诱杀。②在该虫危害盛期,于日落后施放烟雾剂,每亩用1千克。③成虫大量发生时,可在树上喷施25%可湿性西维因500倍液。

5.花椒窄吉丁

花椒窄吉丁分布在山东、陕西、甘肃、山西等省。该虫一年发生一代,以幼虫在枝干木质部坑道内3~10毫米处越冬。翌年4月上中旬,树液开始流动时取食,5月初开始化蛹,5月中下旬进入化蛹盛期。6月初为成虫盛发期,取食嫩叶补充营养,并交尾产卵于树干阳面的粗树皮表面,每小堆有3~5粒,卵期为18~20天。7月上中旬为初孵幼虫盛发期,幼虫孵化后先蛀食树皮形成层,大约20天后深入树皮内危害,在树皮内蛀成大而不规则的坑道。7月中下旬进入木质部,直到10月下旬,幼虫进入越冬状态。

防治方法如下:①在6月成虫羽化飞出期,早晨日出前该虫静伏于树叶上不动,可摇震干枝,待其落地后进行扑杀。②4月底5月初,在主干及主枝上涂白,防成虫产卵。涂白剂的配制比例是石灰5千克、硫黄粉0.5千克、水20千克、松香或牛皮胶0.01~0.02千克。③7月幼虫孵化盛期,用2.5%的灭幼脲油剂涂抹被害处。每隔15天涂抹一次,连续涂抹三次。

6.桃红颈天牛

桃红颈天牛遍及全国各省,国外亦有分布,主要危害桃、枣、杏、梅、樱桃、梨、花椒等多种经济林树种。幼虫在木质部蛀成隧道,致使树势衰弱,危害严重时将使植株整株死亡。该虫在山东2~3年发生一代,以幼虫在虫道内越冬,成虫于5—8月间出现。成虫羽化后在树干蛀道中停留3~5天后外出活动,2~3天后开始交尾,产卵在枝干树皮缝中。产卵后不久成虫便死去,卵经过7~8天孵化,幼虫向下蛀食韧皮部,并在此越冬。次年春幼虫继续向下由皮层逐渐蛀食至木质部表层,并蛀成短浅的椭圆形蛀道,中部凹陷;夏天幼虫体长30毫米时,由蛀道中部蛀入木质部深处,并在此越冬。第三年春继续蛀害,4—6月老熟幼虫用分泌物黏结木屑在蛀道内做室化蛹。幼虫一生钻蛀隧道全长50~60厘米,在树干蛀孔外及地面上常大量堆积排出的褐色粪屑。

防治方法如下:①加强检疫,严格控制从天牛危害的地区调入花椒苗木。②加强水肥管理,促进花椒迅速生长,增强其抗性。③在成虫出现期,组织劳力利用成虫的假死性特点,进行人工捕杀。④干基涂白,对在干基皮缝中产卵的桃红颈天牛,于产卵盛期的6—7月,在干基部缠草绳,于幼虫孵化初期解下草绳集中烧毁。⑤在成虫羽化期向枝干喷药毒杀成虫。对在韧皮部危害尚未进入木质部的幼虫,用药喷涂枝干。对已进入木质部的幼虫,用磷化铝丸等堵塞最下面的 2～3 个排粪孔,其余排粪孔用黏泥密封。

7.花椒虎天牛

花椒虎天牛主要分布于山东、四川、西藏等地,以成虫咬食花椒叶,幼虫钻蛀树干,轻者导致树势衰弱,造成花椒产量下降,重者导致枝干中空,引起主枝或整个植株死亡。该虫两年发生一代,少数跨越三年,以幼虫及蛹越冬,幼虫与蛹全年可见。5月下旬平均气温达 16.5 ℃时,成虫陆续羽化,五天后,取食幼虫蛀道中的木纤维以补充营养,用一个月排净蛀道中的木屑及虫粪,开通羽化道。6月下旬成虫爬出后,上下爬行,取食花椒叶中的汁液;7月中旬,补充营养 4～5 天的成虫在花椒树树干 1 米高处于 13—18 时交尾,每次交尾 1～2 小时,雌、雄虫均可多次交尾。10 天左右,雌虫开始产卵于树干 1 米高处较深的树皮缝中,20 天后孵化。10月中旬后,若温度在 10 ℃以下,则卵不能孵化,而以卵越冬,至翌年 3 月再孵化。

初龄幼虫在树皮部分取食,10 余天后进入韧皮部。翌年 4 月,幼虫 1～3 龄时从蛀道中流出黄褐色汁液;5 月,幼虫 3～5 龄时进入木质部,从蛀道中排出黄白色的木屑及虫粪。蛀道一般为 0.7 厘米×1.0 厘米的扁圆形,不弯曲,向上倾斜与树干成 45°角。蛀道中充满虫粪与木屑。幼虫共 5 龄,6 月幼虫老熟时,蛀道中虫粪少,却塞满长条形的木纤维,作为成虫羽化后的补充营养,老熟幼虫以木纤维做成蛹室,在其中化蛹。

花椒虎天牛的防治方法同桃红颈天牛的防治方法。

第二节　金银花

一、主要优良品种

(一)沂蒙银花王

该品种根系发达,适应性广,花针多、集中,在一个结节处可生长 20～50 个花针,最多可达 100 个以上,成团状,产量高,极丰产;药用有效成分(主要是绿原酸)含量高,生长速度快,可高达 3 米以上,呈树形;花期集中,开而不放,便于集中采收,省时省工,提高效益;冬季不落叶,叶片翠绿。

(二)沂蒙红金银花

该品种为蒙山自然野生变异型品种,是集药用、观赏、水土保持于一体的特异型品种。其生长量大,叶久寒而不落,花呈五色,香味浓郁,是有待开发利用的珍稀园林观赏品种。其特点如下:①花量大、花色多。新抽枝蔓每叶均着生两个花针,花针小时呈紫红色,随着生长渐呈深红色、红色,开花后呈红、粉、黄、白各色。②花期长。初花期从 5 月上中旬(平邑蒙山)开始,可持续 20 余天;而 7 月中下旬至 10 月中下旬又持续成蕾开花,霜降后仍可见花,花期之长是一般木本花卉无可比拟的,故有"四季金银花"之称。③香气浓。其挥发油含量较普通金银花高近 1 倍,花香淡雅久远,清爽宜人,百米外可闻到花香。④绿期长。沂蒙红金银花枝蔓呈红色,叶呈淡紫色,深秋随着温度降低渐呈紫红色,至深冬叶大部分仍不落,绿期甚长。⑤生长快。其生长力较普通金银花快,加大肥水,连续摘心,促发分枝,可快速成型,其生长表现出明显的野生攀援性,当年枝蔓可长 1.5 米左右。⑥适应性强,耐修剪。对土壤、气候要求不严,喜光也耐阴、耐旱、耐涝、耐瘠薄,反复修剪可明显延长花期。

(三)沂蒙 1 号

该品种为平邑县主栽品种,墩形大,柔毛多,根系发达,抗旱,耐瘠薄;生长旺盛,枝条长而粗壮,易拖秧,墩形矮大松散,花枝顶端不生花蕾,节间长达 3.5～11.5 厘米;叶片肥大、椭圆形,叶尖纯,全身披长柔毛;花针平均长 5 厘米,千蕾鲜重 130 克,极丰产;适应性非常强,无论是在山区、平原,黏壤、沙土,还是土壤微酸、偏碱,都能生长。有农谚说:"涝死庄稼旱死草,冻坏石榴晒伤瓜,不会影响金银花。"这非常形象地说明了金银花具有顽强的生命力。

(四)沂蒙 2 号

该品种根系发达,适应性强,枝条粗短直立,发枝多,拖秧少,叶长圆形,顶部稍尖;花针平均长 4 厘米,千蕾鲜重 120 克;花多而含苞期长,墩形紧凑;花蕾集中,呈鸡爪状,易于采摘;丰产性能好,适于密植栽培。

(五)沂蒙 3 号

该品种为树形金银花,适于在我国各地栽培,抗病能力强,耐寒、耐旱、耐涝,抗盐碱,冬季不落叶,四季常青;单株栽培,呈树形生长,盛花期亩产干花 200 千克以上;药用有效成分绿原酸的含量比传统品种高,实为不可多得的绿化兼采花新品种。

(六)九丰 1 号

该品种是以山东省的主栽传统品种二倍体金银花"大毛花"为亲本,采用相关技术处理选育出的同源四倍体金银花新品种,于 2004 年 12 月 5 日通过了山东省科技厅科学技术成果鉴定。该品种根系发达,茎枝粗壮,节间短,徒长枝少,结花枝多;叶色浓绿,茸毛密长;花蕾大,蕾壁厚,花蕾产量高;结花集中,大白期长,采收工效高;平均亩产比大毛花高,绿原酸含量较高,具有丰产性和优质性;抗旱、耐涝、抗瘠薄、耐肥水、抗病虫、耐严寒,具有特强的抗逆性和广泛的适应性,既可在山岭薄地种植,也可在平原肥沃地栽培;既是水土保持的理想植物,又是城乡绿化的优良苗木。

(七)金丰 1 号

该品种为金银花新品种,立地成型小树状,当年引种,当年开花,比其他品种的金银花可提前 1～2 年进入盛花期,一年四季可采五茬花,开花多,花蕾大,色碧绿,产量高,品质好,绿原酸含量高达 5.8%～6.8%;根系发达,生命力极强,耐干旱、耐严寒、抗风沙、耐盐碱、生长快、寿命长,一次引种,可受益多年;易栽易活易管理,无论是在山区、平原、堤坝、坡地,还是在房前屋后、沟渠路旁、林果间隙,都能枝繁叶茂,生长旺盛。

(八)平丰 1 号

该品种由巨花 1 号与巨丰 1 号杂交而成,立体型生长,冠幅为 2 米,株高 1.5 米;亩栽 600 棵,可产干花 320 千克;生长快,花针粗,且长达 6.5 厘米,四季开蕾,品质上乘,是出口首选品种;根系发达,抗旱、耐瘠薄,适合在山地种植。

(九)巨丰 1 号

巨丰 1 号又名"银花树",小树型,冠幅为 3～4 米。该品种除具有传统金银花管理粗放、抗旱、抗病的特点外,还具有生长快、产量高的明显优势。①产量高:花针多且粗长,单枝长花针 50～100 个,每株产鲜花针 5～10 千克。②易采摘:花蕾在树上滞留 15 天不开花,一个劳动力一个工日可采鲜花针 100 千克。该品种根系发达,抗旱、耐瘠薄,在我国大部分地区的山地均可种植。

（十）小米花

该品种立体型生长,冠幅为 1 米,株高 50～80 厘米;亩栽 600 株,每穴 5 株,株行距为 1 米×1 米,可产鲜花针 350 千克;缺点是花针小。该品种根系发达,抗旱、耐瘠薄,在我国大部分地区的山地均可种植。

（十一）法国银花

该品种冠幅为 1 米,株高 80 厘米;亩栽 600 株,可产干花 300 千克;根系发达,抗旱、耐瘠薄,在我国大部分地区的山地均可种植。

（十二）红银花

红银花又名"彩色银花",冠幅为 60 厘米,株高 50 厘米,亩产干花 200 千克;长年青绿,清香宜人,是盆栽专用品种。

二、苗木繁育技术

金银花的繁殖方法有种子繁殖和扦插繁殖,因种子繁殖易发生变异,并且种子采收成本高、数量少,故生产中常采用扦插繁殖,以保持其优良品质。

（一）育苗地的选择与整地

育苗地应选择背风向阳、地势平坦、交通方便、靠近水源的地块。土壤以深厚肥沃的壤土或沙壤土为宜。整地前要施足基肥,一般亩施优质腐熟土杂肥 2000～3000 千克、磷酸二氢铵 15～20 千克。育苗地经深耕细耙后,整成宽 1.2～1.5 米的平畦。

（二）扦插育苗方法

1.嫩枝扦插

嫩枝扦插一般在 6—8 月进行。选择离水源较近的砂质壤土做苗床,剪取一至二年生健壮枝条,剪成 8～10 厘米长的插穗,摘去中下部的叶片,随剪随扦插。按行距 25 厘米、沟深 15 厘米开沟,按株距 3 厘米斜插在沟内,地面外露 5～10 厘米,然后填土踏实,立即浇透水。盖上拱形的塑料棚,封严,并进行遮阴,透光率约为 60%,2～3 天浇一次水,一般 15～20 天即可生根成活。生根后,撤掉拱棚进行炼苗,苗木半木质化后移出扦插苗,定植在圃地里,冬季苗埋土防寒。若不用塑料棚,则要在扦插行的南面遮阴。每亩需花条 800 千克,可扦插 15 万～16 万株,最后可出花苗 12 万～13 万株。

2.硬枝扦插

硬枝扦插在春、秋两季进行。选用二至三年生健壮枝条,剪成 12 厘米长的插穗,插入圃地,方法同嫩枝扦插。扣上地膜,浇透水,保持湿润,一个月左右即可生根。当插穗生出粗壮的不定根后即可移栽。

（三）苗木管理

金银花扦插成活后,要及时中耕锄草,以提高地温,保持墒情,促进幼苗生长。尤其是雨季到来之前要除草 2～3 次,尽量除净杂草,避免雨季草荒。苗期要追肥两次(嫩枝扦插苗可施肥一次)。第一次在幼苗长到 20～30 厘米时,亩施尿素 10～15 千克;第二次在雨季到来之前,亩施尿素 20 千克,保证苗木速生期的营养供应。金银花苗期易受蚜虫、尺蠖危害,可喷施 10%吡虫啉 1000～1500 倍液防治。嫩枝扦插的幼苗,冬季要浇透防冻水或埋土防寒,有条件的,可用麦秸、玉米秸覆盖幼苗,翌年春幼苗发芽时撤除覆盖物。

三、丰产栽培技术

(一)栽植技术

1.整地

金银花在荒山坡地、池塘边、沟旁路边、田埂地堰及房前屋后均可种植。如果以采收金银花为主,应选择土层疏松、排水良好、靠近水源的肥沃土壤,每亩施厩肥 3000 千克,深翻 30 厘米以上,整成平畦,按株行距 1.5 米×1 米挖穴,穴深、宽视苗木大小而定,穴底施肥土拌匀。

2.栽植时间

除了封冻季节,一年四季都可栽植金银花,以春季为最佳。

3.栽植密度

山岭薄地一般墩行距为 1 米×1 米,肥沃土壤一般墩行距为 1 米×1.5 米。

4.栽植方法

(1)直接扦插法:在夏、秋阴雨连绵的季节,选取一至二年生健壮无病虫害的枝条,剪成 30 厘米长的插穗,摘去下部叶片,按穴距 1.5 米,每穴放 10～15 根插条,露出地面 10 厘米左右,填土压紧,浇水,直接栽植在山坡、地堰等处,保持土壤湿润,半个月左右即可长出新根。

(2)异地移苗栽植法:异地移苗栽植运输途中要采取洒水等保护措施。栽植时,挖直径为 50 厘米、深 40 厘米左右的圆坑,每穴分散放置 5～8 株半年至一年生的幼苗,按圆形栽种;两年左右大苗每穴分散放置 2～4 株,按半月形栽种。栽后浇水,埋土封穴踩实即可。在梯田堰坡成行栽植金银花时,应按等高线整成水平阶,打好地埂,将地刨起,拾出碎石,整成外高里低的台面,以防水土流失。每亩栽植花苗 500～600 墩即 5000 株,墩距为 1～1.5 米。

(二)管理技术

金银花是一种多年生的小灌木,根系发达,生长健壮,喜光性强,一年内多次生长,栽培后要加强整地、施肥、修剪、防治病虫害等管理,才能达到丰产优质、壮墩的目的。若常年不加管理,任其自然生长,则会出现枝蔓铺地、相互依附、错乱交叉缠绕,墩内郁闭,枯枝烂秧,病虫严重的现象。花墩衰弱,即使长出花针,也很小,且质量差、产量低。

1.整穴松土

将花墩周围刨起,拾净碎石,按花墩直径大小整一圆穴,四周培成埂,使其在花墩根部低、四周高,促使水分、养分向花墩根部流去,以利于金银花的生长发育。第三年后每年对原栽培土进行一次深翻,在行间进行,以春季为佳,深翻后整平、浇水。

2.施肥浇水

施肥能大幅度提高金银花的产量。若以大面积封沙固土、绿化环境为主要目的,则不严格要求施肥。

(1)施肥时间和种类

①基肥:施基肥应于落叶后及发芽前进行。基肥以农家圈肥、土杂肥或三元素复合肥为主。

②追肥:追肥应于每次采花、修剪后进行,一般第一次追肥在 5 月下旬,第二次在 7 月中旬,第三次在 8 月下旬。追肥主要用复合肥、尿素。

(2)施肥方法:环状沟施。沿花墩冠径周围开沟,深 20 厘米,撒上肥料,拌匀培土。

(3)施肥数量:每亩施圈肥 3000 千克,或者施复合肥、尿素 50 千克。

在有水浇条件的地方,根据旱情,一年内可浇水 1~2 次。

3.整形修剪

整形是通过剪枝使骨干枝布局合理、墩内通风透光、墩势壮旺平衡;修剪是将枝条疏去或短截,在整形的基础上促进或控制花墩上的各类枝条的生长发育。整形修剪的目的是调节光照,平衡墩势,使枝枝见光,花墩壮旺,进而实现金银花质优高产。

(1)整形修剪的原则

①因枝修剪,随墩造形:由于管理水平的不同,金银花的墩形多种多样。在修剪中要因枝修剪,随墩就势,诱导成形,修剪过重将影响产量。只要光照合理,没有不丰产的墩形,只要骨干枝搭配合理,结果母枝有大有小、有高有低,枝枝见光就能丰产。

②长远规划、合理安排:金银花春天栽植,当年就能结花。整形修剪的好坏将直接影响将来的产量高低。因此,在修剪时既要考虑到早见效益,又要考虑到将来的丰产结构,要有一个长远的打算和全面的安排,前两年产量低,应以培养好骨干枝为主,为以后丰产打下基础。

③平衡墩势,通风透光:在一墩花墩中,各级骨干枝要长势差不多,不能一边强、一边弱,高矮悬殊,形成偏冠,必须采取抑强扶弱的措施,防止竞争,保持平衡,稳定墩势。

(2)丰产墩形的理想结构

①自然圆头形:主干一个,干高 30 厘米。一级骨干枝 2~3 个,二级骨干枝 7~11 个,三级骨干枝 18~25 个,结花母枝 80~100 条,自然均匀分布,无一定格局,以通风透光为原则。墩高 1~1.2 米,冠径为 0.8~1 米。其优点是能充分利用空间,通风透光,病虫害少,丰产性能强;缺点是初期整形较难,早期产量低。

②伞形:主干三个,干高 20 厘米。一级骨干枝 6~7 个,二级骨干枝 12~15 个,三级骨干枝 20~30 个,结花母枝 100~120 条,上下左右均匀排列,不拘一格,以充分利用光为原则。墩高 0.8~1 米,冠径为 1.2 米左右,上小下大呈伞状。其优点是成形早,收效快;缺点是花秧易铺地,后期内部有捂秧现象,影响产量。

(3)整形修剪的时间:分冬、夏两个修剪时期,一年修剪四次。

①冬剪:最好在花墩落叶至翌年发芽前,即 12 月至翌年 3 月上旬进行。

②夏剪:在每次结花后进行,一般在 5 月下旬、7 月中旬、8 月下旬进行。

(4)整形修剪的方法

①一至五年生幼龄花墩的修剪方法:此期的修剪重点是培养好一、二、三级骨干枝,促

使形成牢固的骨架,为以后丰产打下基础。

a.第一年冬:先计划好采用的墩形,一般每墩栽植 2～3 株,选出生长健壮的一株,留2～3 个枝条,每枝视其生长强弱留 3～5 节短截。其他枝条对选留枝生长有影响的去掉,没有影响的留两节短截。在今后的管理中,要注意及时去掉根部生出的枝条,以防影响主干的生长。

b.第二年冬:此期主要是培养一级骨干枝。上年修剪后,在一般肥水管理条件下,都能长出 6～10 条紫红色枝条,自然圆头形留 2～3 个枝条,伞形留 6～7 个枝条,作为一级骨干枝,每枝留 3～5 节短截。选留标准如下:一是基部粗度直径在 0.5 厘米以上;二是与主干的夹角为30°～40°;三是布局均匀,错落着生,枝间不能重叠交叉。其他枝条视其对主枝的影响情况去或留,留两节短截,根部的分蘖一律全部去掉。

c.第三年冬:此期的主要任务是选留培养二级骨干枝,更好地利用空间。金银花枝条基部的芽很饱满,五六个芽围生一周,抽出的枝条也很健壮,可以用其选留二级骨干枝。自然圆头形留 7～11 个枝条,伞形留 12～15 个枝条,留 3～5 节短截,其他枝条视其空间大小,留两节短截或去掉。方法标准同上。

d.第四年冬:一是选留三级骨干枝,二是利用新生枝条调整二级骨干枝。自然圆头形留 18～25 个枝条,伞形留 20～30 个枝条,留 3～5 节短截,其他枝条去留同上。

e.第五年冬:这时墩形已经形成,主要任务是选留足够健壮的结花母枝。随后利用新生枝条调整部分骨干枝的角度、方向位置,分清有效枝和无效枝,去弱枝,留强枝。结花母枝基部直径要求在 0.5 厘米以上。二级骨干枝留 2～3 个结果母枝,三级骨干枝留 4～5 个,全墩 100～120 个;结花母枝相隔 8～10 厘米,不能过密。结花母枝均留 2～5 节短截,其他全部疏去。

②成龄花墩的修剪方法:五年生的花墩已进入丰产期,这时修剪的主要任务是选留健壮的结花母枝。结花母枝 80%是一次生长枝,20%是二次生长枝。结花母枝要年年更新、复壮,生长越壮越好,只有健壮的结花母枝,才能多生健壮的花枝,达到优质丰产的目的。还要调整、更新二、三级骨干枝,去弱留强,复壮墩势。修剪步骤如下:先下部后上部,先里边后外边,先大枝后小枝,先疏后截。疏除交叉枝、下垂枝、细弱枝、枯枝、病虫枝。留下的结花母枝全部进行短截。旺枝轻截留 4～5 节,中庸枝重截留 2～3 节,每枝都截。结花母枝间保持 8～10 厘米,均匀分布。修剪与肥水关系很大。土壤肥沃、肥水管理好的,可轻截留 3～5 节;肥水差的瘠薄地可重截,留 2～3 节。在一般管理水平下,墩势旺的,可留100～120 个结花母枝,每墩可产干花 0.25 千克,亩产可达 100 千克。

③老龄花墩的修剪方法:20 年以后的花墩已逐渐衰老,这时的修剪主要是更新、复壮骨干枝,促其多发新枝,使其墩龄老而枝龄小,以稳定产量。方法是疏截并重,抑前促后。

④夏剪方法:夏剪的目的是促进形成多茬花,提高产量,时间是每茬花采收后。第一次剪春梢为 5 月下旬(头茬花后),第二次剪夏梢为 7 月中旬(二茬花后),第三次剪秋梢为8 月下旬(三茬花后)。先疏去全部细弱枝,壮枝留 4～5 节,中庸枝留 2～3 节短截,结花母枝间保持 8～10 厘米。金银花的生长习性与葡萄近似,根部易生萌蘖。这是造成墩形紊乱、植株早衰的根本原因。因此,成龄花墩应注意及时除去根蘖,老龄花墩则注意重点保留并培养几个根蘖,以便更新。

四、主要病虫害及其防治

金银花为药用植物,在病虫害防治中严禁使用 1605、乐果乳剂、福美胂三种剧毒农药,以免金银花有残毒。应尽量不用或少用菊酯类农药,此类药易使害虫产生抗性,且对昆虫天敌也有毒害作用。要重视防治病虫害,严格遵循"治早、治小、治了"的方针,不能前紧后松,拖延不治。

(一)主要病害及其防治

1.褐斑病

该病主要危害叶片,发病初期叶片上出现黄褐色的小斑点,后期数个斑点连成一片,呈圆形或受叶脉所限呈多角形。空气潮湿时,叶背面出现灰色的霜霉状物。干燥时的病斑中间容易破裂。病害严重时,叶片早期枯黄脱落。该病由真菌引起,病菌在病叶上越冬,翌年初夏产生分生孢子,分生孢子借风雨传播,一般先由下部叶片开始发病,逐渐向上发展,病菌在高温的环境下繁殖迅速。一般 6—8 月发病较重,受害严重的植株,在初秋大量落叶。

防治方法如下:①结合秋冬季修剪,除去病枝、病芽,清扫地面落叶并集中烧毁或深埋,以减少病菌来源。发病初期注意摘除病叶,以防病害蔓延。加强栽培管理,提高植株抗病能力。增施有机肥,控制施用氮肥,多施磷、钾肥,使树势健壮,提高抗病能力。在多雨季节应及时排水,降低土壤湿度,适当修剪,改善通风透光条件,以利于控制病害。②发病初期用 70％甲基硫菌灵可湿性粉剂 800 倍液、70％代森锰锌可湿性粉剂 800 倍液、200 倍等量式波尔多液或扑海因 1500～2000 倍液喷雾防治,每隔 7～10 天喷一次,连喷 2～3 次,注意交替轮换施药,有较好的效果。

2.白粉病

该病主要危害叶片和新梢,有时也危害茎和花。叶上病斑初为白色小点,后扩展为白色粉状斑,后期整片叶布满白粉层,严重时发黄变形甚至落叶;茎上部斑褐色,呈不规则形,上生有白粉。染病后花扭曲,严重时脱落;新梢不能生长,削弱墩势,产量降低。病菌以子囊壳在病残体上越冬。温暖干燥或株间荫蔽时易发病。施用氮肥过多,干湿交替发病重。

防治方法如下:①选育抗病品种(凡枝粗、节密而短、叶片浓绿而质厚、密生茸毛的品种,大多为抗病力强的品种);合理密植,整形修剪,改善通风透光条件,可增强抗病力;少施氮肥,多施磷、钾肥。②早春及时剪除病梢,减少病源。③芽子露出,叶片未展时,喷 1 波美度石硫合剂。发病初期用 15％粉锈宁(三唑酮)1500 倍液、50％瑞毒霉锰锌 1000 倍液或 75％百菌清可湿性粉剂 800～1000 倍液喷雾防治,每 7 天喷一次,连喷 2～3 次。

3.白绢病

该病侵染初期在离地面 5～10 厘米的根茎处出现褐色斑点,之后逐渐扩大到整个根茎部,从病部长出一层白色菌丝,使皮层逐渐腐烂,并向下迅速蔓延。有时菌丝可蔓延到病株周围的地面;后期会在菌丝层上和附近的土壤中产生菌核,初为白色,后变为棕色,大小如菜籽。病株叶片变小,叶缘卷曲,叶呈淡绿色,花期延迟。

防治方法如下:春、秋季扒土晾根,深 20～25 厘米,并刮除病部,用 1000 倍的硫酸铜水浇灌,10 天后再培土。

（二）主要虫害及其防治

1.中华忍冬园尾蚜

中华忍冬园尾蚜又叫"蜜虫""蚜虫"，在金银花孕蕾、采花期发生，主要危害叶片，在叶背面刺吸汁液，使叶片反卷，花蕾畸形，抑制枝条生长，降低光合作用。此虫一年发生10～12代。

防治方法如下：①清除杂草。②在植株未发芽前先喷一次0.2波美度石硫合剂，以后清明、谷雨、立夏各喷一次，能根治蚜虫，并能兼治多种病虫害。③3月下旬至4月上旬叶片伸开、蚜虫开始发生时，喷洒2～3遍扑蚜净2000～2500倍液或蚜灭磷乳油1500倍液，均能防治。采花期禁用药物，可用洗衣粉1千克兑水10千克或用酒精1千克兑水100千克喷洒。

2.金银花尺蠖

初龄虫在叶背面啃食叶肉，使叶片出现许多透明小斑。该虫从3龄开始蚕食叶片，使叶片出现不规则的缺刻；5龄后幼虫进入暴食阶段，食量增大，危害严重时，能将整墩的叶片、花蕾全部吃光。

防治方法如下：①冬季整穴清墩，消灭越冬虫卵，清除老枝、枯枝，保持墩内通风透光。②入春后，在植株周围1米内挖土灭蛹。③幼虫发生初期喷洒10％永安可湿性粉剂2000倍液、10％万安可湿性粉剂2000倍液、2.5％鱼藤精乳油400～600倍液或灭幼脲3号1500～2000倍液进行防治。

3.咖啡虎天牛

该虫于5月中下旬产卵于幼嫩茎部，幼虫钻蛀茎秆蛀食木质部，在茎内形成迂回曲折的蛀道，无排粪孔，随向前蛀食随排粪便，堵塞后面的蛀孔。从植株表面很难发现该虫危害，7—8月植株突然枯死，才知其危害。该虫多危害弱墩、老墩。

防治方法如下：①剪除虫害枝，摘除枯株，并集中烧毁。②5月上旬和6月中旬分别为两种越冬虫态的幼虫孵化盛期，可在幼虫尚未蛀入木质部前喷灭扫利2000倍液。③产卵期喷洒50％辛硫磷乳油600～1000倍液或50％磷胶乳油1500倍液，每7～10天喷一次，连喷数次。

4.芳香木蠹蛾

该虫幼虫成群蛀入茎皮下取食韧皮部和形成层，然后渐入木质部危害，从上至下穿凿不规则的坑道，不但影响植株的生长，严重时可使植株整株枯死。此幼虫长5厘米左右，直径为1厘米，大小似豆虫，紫红色，有异香味，有时能致人呕吐。

防治方法如下：春季整穴清墩时闻有异香，人工捉拿幼虫，并在干周围撒施辛硫磷50～100克/墩。

5.豹纹蠹蛾

该虫幼虫从越冬枝条内钻出，转入新枝危害；多从茎部蛀入，先在木质部与韧皮部之间围绕枝条咬一蛀环，然后沿髓部向上蛀隧道，隔不远向外开一排粪孔，排出粪便。枝条被害不久则上部枯死，遇风将从蛀环处折断。

防治方法如下：结合冬剪，剪除虫害枝，消灭越冬代幼虫。6月发现新生枝条枯萎时，即从幼虫危害处剪掉，消灭新蛀入的幼虫。

6.红蜘蛛

该虫多集中于植株背面吸取汁液,被害叶初期呈红黄色,后期严重时则全叶干枯。该虫繁殖力很强,5—6月高温干燥的气候有利其繁殖。

防治方法如下:①剪除病虫枝和枯枝,清除落叶枯枝并烧毁。②用30％螨窝端乳油1000倍液、5％克大螨乳油2000倍液、5％尼索郎乳油2000倍液或20％卵螨净可湿性粉剂2500倍液进行喷雾防治。

第三节　白　蜡

白蜡是我国主要水土保持树种之一,也是经济树种,白蜡条(杆)韧性大,坚固耐用,是重要的农具、运动器具用材及编织材料。白蜡在山东主要用于沟、路、河、渠、田边护坡和湿地、盐碱地绿化,以生产蜡条、蜡杈、蜡杆木材为主,也可放养蜡虫,生产虫白蜡。

白蜡喜光、喜温暖湿润气候、喜湿、耐涝、耐盐碱,对土壤条件要求不严格,在砂页岩钙质紫色土、花岗岩棕壤或黄壤、冲积土、水稻土等碱性、中性和酸性土壤上均能生长。

一、主要优良品种

在生产中,白蜡常用的品系有细叶白蜡和大叶白蜡两个,近几年又在两个品系中选出了多个变异种。但生产上对品种要求不严,一般混用。

(一)细叶白蜡

细叶白蜡又分为细七叶白蜡和小七叶白蜡两个类型。细七叶白蜡分枝细而长,第二台枝粗0.3～0.4厘米,有小叶7片。小七叶白蜡枝条较粗,第二台枝粗0.5～0.6厘米,有小叶5～7片。细叶白蜡可生产优质的条编材料,以生产蜡条为主要目的的护坡林、盐碱地片林、湿地片林,选用该品种较好。

(二)大叶白蜡

大叶白蜡又分五股须(大叶泡)和单顶大叶泡两个类型。五股须第二台枝顶部有两个或三个枝,紧接其下有三个或两个枝,排列在枝顶,枝粗而短,粗0.7～0.9厘米,长0.8～1米,有小叶7～9片。单顶大叶泡顶端有1～2个分枝,枝细而长,长1～1.5米,粗0.5～0.7厘米,有小叶5～7片。

大叶白蜡多用于道路绿化、盐碱地绿化、湿地绿化,以生产蜡杆、蜡杈和绿化、美化为主。若放养蜡虫生产虫白蜡,该品种也比其他品种产量高、效益好。

二、苗木繁育技术

白蜡育苗可用种子繁殖,也可用扦插繁殖。目前生产中多采用扦插繁殖。

(一)育苗地的选择和整地

育苗地应选择背风向阳、地势平坦、交通方便、水源良好、排灌方便、土层深厚肥沃的壤土或沙壤土,不能重茬。苗圃地要提前耕翻。耕地时每亩撒施优质土杂肥2000～3000千克、毒饵毒沙10～20千克,耕翻深度为20～30厘米,耕后细耙,根据水源流向整好干、支渠。白蜡育苗一般采用平畦,畦宽以1.2～1.5米为宜,地下水位较高的地方可整成高畦。

（二）播种育苗

白蜡播种育苗可采用春播和随采随播两种方法。白蜡翅果一般10月成熟，成熟果为黄褐色，熟时不脱落，采种时可剪下果枝，摘果晒干后去翅，经风选或筛选后混干沙储藏或直接干藏。果实出籽率约50％，纯度为95％，发芽率为60％左右，平均千粒重29.7克，每千克种子约30 000粒。

春季播种一般在3月进行，播前要对种子进行处理，种子处理一般采用温水浸泡法。根据种子的多少，在容器内放适量的70 ℃温水，把种子倒入后搅拌；待种子均匀浸水后，浸泡24小时，捞出后控干水，放到600倍多菌灵溶液中消毒5～10分钟，捞出种子用清水洗净表面药液；然后按1份种子、2份消毒后的湿沙，均匀混拌后堆放在背风向阳处，种堆上盖两层麻袋或草帘，覆盖物要经常喷水保湿；种堆2～3天倒翻一次，7～10天种子就可发芽，部分种子发芽后要马上播种。

白蜡播种育苗通常采用条播法。播种前按行距30厘米左右搂出播种沟，沟深一般为3～5厘米。先沿播种沟浇一次小水，将种子均匀地撒播于沟底，然后覆土3～5厘米，春季比较干旱的地区，可在播种沟上加原覆土做成垄状。种子出土前（播后7天左右）耙去高垄，这样有利于保墒和幼苗出土。有条件时，也可在畦面上覆盖一层麦秸或玉米秸，用喷壶喷足水保持苗床湿润，一直到幼苗出土时再揭去覆盖物。

白蜡种子出苗前忌大水漫灌。漫灌后易造成表土板结和地温降低，不利于幼苗出土。经过处理的白蜡种子一般播后10～20天陆续出苗，为培育壮苗，必须加强苗期管理。

（三）扦插育苗

插穗应从头年留下的采条林或没有放养蜡虫或开花结实的优良类型的健壮母树上选取，于2—3月芽苞膨大时，剪取粗细一致的第二台枝，长15～20厘米，上端剪平，下端削成马耳形，在马耳形背面轻刮三刀，长3～5厘米，深至形成层，促使生根。随采随插，一时插不完，可扎成小捆插入水中备用。若需远运，应用湿润稻草或塑料布包裹，以保持湿润。插圃宜选土壤湿润、排水良好的地方。苗床深翻打碎以后，可稍加压实或轻踩，使之上紧下松，插穗容易接触土壤，促进插穗生根、生长。扦插时，先用引橛打一小孔，随即把插穗的马耳形的一端插入孔中，再将插穗周围的土壤压实。株行距宜为15～30厘米，插后应保持苗床湿润。若管理得好，一个月左右即可生根发叶。此后要经常抹去下部的萌芽，保证顶芽正常生长。当苗高60～100厘米时，即可出圃造林。此外，还有高包育苗，又称"蚂蚁包"或"包干育苗"。一般于2月中旬在壮龄母树上，选粗1.5～3厘米、长2米左右的条子，于确定截干的位置，用利刃轻刮3～4刀，削至形成层，削口长5～8厘米，糊上泥土，用草包起，翌年春季，即可截下栽植。这种办法不占土地，可减少工序，投产早，长势快。

（四）苗木管理

1.及时间苗

当白蜡播种苗出现真叶后，要进行第一次间苗，在苗高达到10厘米时，要结合第二次间苗进行定苗，株距为5～10厘米，每亩留苗2万～4万株。间苗、定苗时要掌握去弱留强的原则。

间出的幼苗可带土坨移栽，也可移栽到别的苗床上。在幼苗长出3～5片真叶时移栽为好。移栽前 2～3 天先行灌水,要在阴天或傍晚进行移栽,以减少嫩苗水分的丢失,提高移栽成活率。

2.喷药防病

土壤消毒处理不好或强烈的日光照灼,会使白蜡在幼苗期得立枯病。为防止苗木立枯病的发生,要在幼苗出齐后,喷一次波尔多液;6—7 月用吡虫啉防治一次蚜虫;雨季以后,再用药液防治一次煤污病。

3.追肥除草

播种和扦插的白蜡苗出土后,随着气温的升高,苗木的生长发育也逐渐加快,6 月中下旬进入生长盛期时,需肥水最多,这时正值北方雨季到来之前,要追施速效氮肥 1～2 次,每亩施尿素 15 千克,以促进苗木的生长。进入雨季后的 7 月上中旬,对生长较弱的苗木再追施一次速效氮肥,以促三类苗升级。进入 8 月,则停止施肥,以防苗木徒长,木质化程度差,每次追肥后,都要浇水,同时,进行中耕除草。中耕除草的好处有两个:第一,通过中耕除草,可以疏松土壤,防止土壤板结,促进苗木的生长发育;第二,除掉杂草,避免其与苗木争肥争水,有利于苗木的生长发育。中耕除草一般在苗木的生长期内进行 3～4 次为宜。但雨季前的中耕除草至关重要。这一次灭草荒做好了,在雨季中的草荒便能基本得到控制;否则,易造成草荒,影响苗木的生长发育。

三、丰产栽培技术

(一)采条林的栽培管理

以采条为目的的片林多为沟、渠、路、河、田边护坡林和部分盐碱地、湿地绿化片林。造林密度、护坡林株行距多采用(0.8～1)米×(1～1.5)米,平地片林多采用 1 米×(1～2)米。造林前,护坡林多采用穴状整地,穴大小为 30 厘米×30 厘米,穴内最好施少量土杂肥和速效氮肥。平地片林多采用大穴和条沟整地,穴大小一般为 60 厘米×60 厘米,沟宽 60 厘米、深 50 厘米。大穴和条沟整地回填时施入部分土杂肥和速效氮肥。

白蜡条林一般于春季造林,时间一般选在 3 月,造林前在回填好的穴、沟上按株距挖好栽植穴,穴大小为 20 厘米×20 厘米。然后把白蜡苗植入穴内,若苗源充足,每穴可植苗 3～5 株,植苗后压实浇水。待水渗下去后培成小土堆,保墒保活。在苗木发芽前定干,高度一般视苗木大小而定,选在苗木 1/2～2/3 饱满芽外,剪去上部弱芽,促进其多发枝,增加枝叶量,促进幼林生长。

采条林造林后前两年要加强中耕除草和施肥,在地边田坎栽植的可结合种植作物进行。每年要中耕除草两次以上:第一次在初夏季节,待杂草大部分出土后,细致清除一次,尽量把杂草除尽,并适当施肥,促进枝叶生长茂盛;第二次是在雨季到来之前,要彻底清除一次,尽量避免雨季草荒,结合这次除草最好施一次速效氮肥,保证雨季速生期的营养供应。

采条林为促进条墩的迅速扩大,要采取割条培墩措施。割条即在每年落叶后封冻前近地表把条割下,然后用地表土培上条墩。每年这样管理可增加条墩活土层,保持条墩湿度,促进条墩扩展,一般 3～4 年,条墩直径可扩大到 30～40 厘米,每墩可出条 20～40 根。

(二)用材林的栽培管理

白蜡用材林多选择湿地、盐碱地平原造林,造林株行距一般采用(2～3)米×(3～4)

米。造林前一般采用穴状整地,穴大小为 60 厘米×60 厘米左右,栽植穴回填时每穴施优质土杂肥 5～10 千克、氮肥 0.2～0.5 千克。造林一般选用大苗,于春季造林,造林前在回填的穴上挖 30 厘米×30 厘米的栽植穴。栽苗后要压实浇足水,待水渗下去后,培成土堆,起到保墒稳树的作用。造林当年要加强中耕除草和施肥,保持土壤疏松透气、无草荒。第一年可施肥两次:第一次在苗木成活后株施 0.1 千克左右氮肥,第二次在雨季到来之前株施 0.2 千克左右速效氮肥。

白蜡苗定植后第二年春天要进行定干,定干高度为 2.5 米左右,剪去梢头促使侧枝生长。侧枝发出后,选留 3～5 个分布匀称的健壮枝条作为主枝,其余剪去。每年要进行两次修枝整形,第一次在春季发芽后,及时抹去主干上的萌芽和基部的根蘖,第二次是冬季,剪除竞争枝、徒长枝和过密枝。

白蜡用材林定植后不需定干,要充分利用其顶端优势,促其高生长,定植第二年后每年冬季要剪除下部的下垂枝、弱枝和过密枝。

四、主要病虫害及其防治

(一)煤污病

该病病菌会在叶片表面或枝干上形成一层黑色煤烟状物,严重地影响苗木光合作用的进行,使其长势衰弱以致死亡。可喷洒 0.3～0.5 波美度石硫合剂或 80％代森锰锌 800 倍液进行防治。

(二)牛藓病

该病病菌在树干上呈灰白色圆圈,慢慢转为金黄色并逐渐扩大,老龄树受害后 2～3 年便死亡。可喷洒 0.5～1 波美度石硫合剂、1∶1∶100 的波尔多液或 40％炭轮斑落灵 1500 倍液进行防治。

(三)天牛

该虫危害蜡树最为严重,多从枝干受伤部位侵入,蛀空树干,轻则影响树木生长,重则导致植株风折或死亡。

防治方法如下:在 6—8 月,多观察、检查,及时刮除虫卵,在裂口处若有隆起木屑或木屑状虫粪,用铁丝刺杀幼虫。若幼虫入木较深,可用棉花蘸 80％敌敌畏乳油 15～20 倍液塞入洞中,并用泥封闭虫孔。若有毒签,也可用毒签防治。

(四)卷叶虫

该虫一年发生 4～5 代,以老熟幼虫在虫包内越冬,次年 3—4 月化蛹,4 月上旬羽化产卵,以后各代重复发生;4—5 月、6—7 月、8—9 月幼虫发生较多,幼虫在枝端吐丝,将嫩叶卷折成苞,被害叶呈枯褐色而死去,使新枝不能继续抽发。

防治方法如下:一般在挂虫前 5～10 天,喷高氯·辛 1500 倍液进行防治。

第四节　紫穗槐

一、紫穗槐的特点和用途

紫穗槐是多年生豆科木本植物,在我国各地都有栽培,被广泛用于道路护坡、园林绿化、营造防护林等。紫穗槐对城市中的二氧化硫有一定的抗性，是难得的城市绿化树种。其用作绿肥时主要采用春季刈割一茬绿肥、秋季收获一茬编织条的方式。紫穗槐的抗逆性很强，耐盐、耐旱、耐涝、耐寒、耐阴、抗沙压。紫穗槐苗期在土壤含盐量为 0.3% 左右时能正常生长，一年生以上苗木可耐盐 0.5%，耐盐程度仅次于柽柳、沙枣。紫穗槐根系发达，能充分利用土壤水分，在干旱的坡地上也能生长；林地被流水浸泡一个月左右也对其生长影响不大，所以可以在沟渠旁、坑洼和短期积水地种植；对土壤条件的要求不严，从南方的酸性红壤、黄河三角洲的沙碱地到东北、西北的沙荒盐滩都能生长。此外，紫穗槐的抗病虫害能力也很强。

紫穗槐叶量大，根瘤菌多，可减轻土壤盐化，增加土壤肥力，改良土壤又快又好。若每年割条 1～2 次，亩割落叶可在 150～300 千克，加上割条的落叶量可高达 7500 千克。种植紫穗槐 5 年或施紫穗槐绿肥 2～3 年，地表 10 厘米土层含盐量下降 30% 以上。

紫穗槐是高肥效、高产量的"铁杆绿肥"。据分析，每 500 千克紫穗槐嫩枝叶含氮 6.6 千克、磷 1.5 千克、钾 3.9 千克。紫穗槐可一种多收，不与粮争地，当年定植秋季每亩收青枝叶 1000 多千克，种植 2～3 年后，每亩每年可采割 1500～2500 千克，足够供三四亩地的肥料。每 50 千克鲜茎叶可增产粮食 5 千克以上。

紫穗槐是营养丰富的饲料植物。饲料的质量高低取决于含蛋白质的多少。据分析，紫穗槐每 500 千克风干叶含蛋白质 12.8 千克、粗脂肪 15.5 千克、粗纤维 5 千克、可溶性无氮浸出物 209 千克；粗蛋白的含量为紫花苜蓿的 125%。新鲜饲料虽有涩味，但对牛羊的适食性很好，是畜牧养殖业发展的高效饲料植物。

紫穗槐生长快，萌芽力强，枝叶茂密，侧根发达，在一般情况下，当年生长高 1 米以上，次年就能开花结实。平茬后，当年高 2 米左右，每丛萌生 20～30 根枝条，丛幅宽达 1.5 米，根系盘结在 2 平方米内深 30 厘米的表土层。

紫穗槐是混交林的好灌木，用紫穗槐做混交林的下林，可促进林分生长。紫穗槐枝条柔软细长，平滑匀称，性韧，是工农业生产中筐、箕、篓和工矿用笆材的好原材。三年生亩产条 1500 千克以上。采条时间以 8—9 月最好。此外，枝条又是很好的燃料，也是人造纤维或造纸的原料。种子能榨油，含油率为 15%，油饼可作肥料。叶子和种子还可防治蚜虫、麦蛾及棉铃害虫。

二、苗木繁育技术

紫穗槐苗木繁殖可采取播种、扦插、分蘖等方法，目前以播种育苗为主。

（一）建立采种基地

建立采种基地时，应选择交通方便、土壤肥沃的地方，进行稀植，每亩 160～200 丛。一般不平茬或在夏季进行摘心，促使萌发侧枝，使下年多结实，生产种子。

（二）采种

一般在 9—10 月进行采种。采收后，放在阳光下散开摊晒，每月翻拌几次，5～6 天晒干后，用风车或扬场机进行风选去杂，装袋储藏。

（三）育苗地的选择与整地

育苗地以选择背风向阳、交通方便、地势平坦、土质肥沃、土层较厚、排水良好、灌水方便的中性沙壤土为好。沙性较大或黏性较强的土壤作育苗地,应增施有机肥料,改良土壤,增强肥力。育苗地应进行秋耕,次春施优质底肥 1000～2000 千克、毒饵或毒沙 10～20 千克后再翻一次,然后培垄做床。苗床分大田式和平床两种。大田式适于机械操作或楼播,播前灌足底水,等 2～3 天即播种。平床一般整成宽 1.2～1.5 米的平畦,平畦播前也要浇足底水,有利于种子发芽和幼苗出土。

(四)播种育苗

紫穗槐播种育苗多于春季播种。播种前,必须进行种子处理,因为荚果皮含有油脂,会影响种子发芽。冬季可用碾子碾破荚壳,经除皮处理的种子,春播时比带皮的种子提早 10 天左右发芽。播前可用 70 ℃温水浸种 1～2 次(刚放入时要搅拌 10～20 分钟),捞出控干水后,放到 600 倍多菌灵溶液中消毒 5～10 分钟。捞出种子用清水洗去药液,控干水后装入箩筐内,盖上湿布或稻草,前 1～2 天每天洒温水,几天后种子膨大,种皮大部分裂开时,即可播种。浸种的比不浸种的提早 10～15 天发芽。也可用 6%的尿水或草木灰水浸种 6～7 小时,去掉果荚皮中的油脂。

播种时间应根据当地的气候条件决定。北方地区以土壤解冻后为宜,山东以 3 月中旬为播种适期。紫穗槐多采用条播方法育苗,播种前先按行距 30 厘米左右楼出播种沟,沟宽在 10 厘米左右,沟深为 4～5 厘米,然后沿沟浇一次小水,待水渗下去后,将催芽的种子均匀地撒播于沟底,播幅宽 6～8 厘米,覆土 2～3 厘米,每亩播种量为 3～5 千克。春季在比较干旱的地区,可在播种沟上加厚覆土做成垄状,幼苗出土前(播后 10～15 天)把平高垄,这样有利于保墒和幼苗出土。有条件时,也可在畦面上覆盖一层麦秸或玉米秸,用喷壶喷足水,保持苗床湿润,直到幼苗出土时再揭去覆盖物。出苗前,忌大水漫灌,否则将造成地表板结、地温下降,不利于幼苗出土。在没有灌水条件的大田,可在雨季或雨后播种,播后 5～10 天出苗。

苗木出齐后 10～15 天开始间苗,一次间完,每米保苗 20～30 株,每亩留苗 3.3 万～5 万株。苗木生长期间,每年一般灌水 3～5 次。灌水宜在傍晚进行,一次灌水量不宜过大。若基肥充分,不必追肥。一般情况下,要追肥两次:第一次在苗高 10 厘米时,追一次速效氮肥,亩施尿素 10 千克左右;第二次在雨季到来之前,施一次速效氮肥,亩施尿素 20 千克左右。在灌水或下雨后,及时中耕除草。8 月停止追肥、灌水。秋季可产合格苗(高约 1 米,地径为 0.6～1.0 厘米)3 万株以上。

起苗前灌一次水。一般在早春起苗,起苗时避免损伤苗根,根幅均在 20 厘米以上,起苗后进行选苗分级,每百株捆成一捆。为减少根系失水,要尽快假植。选择不积水的地方,挖 50 厘米深的植沟。

(五)扦插育苗

紫穗槐在盐碱地上采用播种育苗时,保苗率低,而采用扦插育苗可以获得壮苗丰产。扦插育苗所用插穗要在头一年入冬前储备。选择生长健壮、直径为 1.2～1.5 厘米,且均匀一致、无病虫害的枝条,截成长 15～20 厘米的插条;上端剪平,下端削成马耳形,在马耳形背面轻刮两刀,长 3 厘米左右,深至形成层,促进生根。插穗截好后,每 50～100 根捆成一捆,挖沟储藏。沟深 50～60 厘米,宽 60 厘米左右,长视种条多少而定。沟底放插穗前铺 10 厘米厚的湿沙,把插穗捆直立沙上,放一层插穗,盖一层湿沙。插穗放满后,沟顶培成垄状。第二年春天育苗时，多数插穗已形成愈伤组织，可直接育苗。

扦插育苗一般采取两种方式：一是露地畦插，二是地膜覆盖畦插。

露地畦插：在整好的育苗畦上，按行距 20～30 厘米搂出扦插沟，沟深 10 厘米左右。先在沟内浇一次小水，待水渗下去后把插穗按株距 8～10 厘米插上，后覆土，覆土厚度以盖上插穗 2～3 厘米为宜。覆土呈垄状，有利于提高地温和保湿，促进插穗生根发芽。

地膜覆盖畦插：就是把插好的畦田盖上地膜，用土压好防止风刮，待幼苗出土后及时放风，并用土压好放风口。

扦插育苗与播种育苗一样，也要做好除草、浇水、追肥等管理工作。

三、丰产栽培技术

紫穗槐造林密度一般为每亩 200～400 墩，株行距为(1～1.5)米×(1.5～2)米。造林前要进行穴状整地，穴大小为 60 厘米×60 厘米，栽植穴回填时，每穴施优质土杂肥 5～10 千克、速效氮肥 0.2 千克左右。栽植穴要早回填，经 1～2 次雨后或灌水压实后栽植。

紫穗槐植苗造林一般在春季，造林适期在山东省为 3 月中旬，造林前在回填好的穴上挖好栽植穴，穴大小为 20 厘米×20 厘米。然后把苗植入穴内，一般每穴植苗 3～5 株。植后压实浇水，待水渗下去后培成小土堆。

以收割枝条为目的的紫穗槐林，在造林的第一年平茬后，可适当地在行间进行一季林粮间作，要通过松土、除草、施肥等措施，促进幼树生长发育。第 2～3 年，要在平茬后适时拥土培墩，扩大根盘，使芽旺条壮。在土壤瘠薄的林地，第一次平茬后，要暂停 1～2 年割条和翻地。在风蚀沙荒地上的紫穗槐林，平茬时，要保留 30％～50％ 的紫穗槐不平茬作防护带，实行隔带、隔行平茬的轮割法，平茬次数适当减少。丘陵山坡的紫穗槐林，应沿水平等高线方向，进行隔带采条平茬。

四、主要病虫害及其防治

紫穗槐苗木和片林易受金龟子和象鼻虫危害，但危害很轻，一般用 20％ 高氯·马 1000～2000 倍液毒杀即可。紫穗槐病虫害少，可能与其茎叶内含一种特殊气味的物质和鞣酸等物质有关，对病虫害有驱除作用，能抑制病虫害的蔓延，这对栽培特用作物、实行轮作和营造混交林有很大意义。

第五节　侧　柏

侧柏又名"香柏""柏树""扁柏"，为常绿乔木或灌木，极耐干旱瘠薄，是我国青石山区主要的造林树种，也是很好的绿化观赏树种。侧柏寿命长，在我国栽培历史悠久，公元前 3 世纪的《禹贡》中就有记载。目前，我国各地还保存了很多千年以上的古柏，如山东泰安岱庙内的一株侧柏胸径为 1.5 米，河南登封嵩山少林寺的一株侧柏胸径为 3 米，陕西黄陵一株侧柏胸径为 4 米多，相传这些古柏的树龄有些为 2000 年以上。

一、主要优良品种

(一)千头柏

千头柏又名"子孙柏""凤尾柏",高 3～5 米,丛生灌木,无明显主干;枝密生,向上伸展;树冠呈紧密卵圆形或球形,叶鲜绿色,球果略呈长圆形;播种繁殖时遗传特点稳定;在长江流域及华北南部多用作绿篱树种或园景树、造林树种。

(二)金黄球柏

金黄球柏又名"金叶千头柏",矮形灌木,高达 3 米,树冠呈球形,叶全年为金黄色。

(三)金塔柏

金塔柏又名"金枝侧柏",树冠呈塔形,叶金黄色。在南京、杭州、北京等地有栽培,可在背风向阳处露地过冬。

(四)窄冠侧柏

窄冠侧柏为山东泰安、江苏徐州等地选出的优良类型,树冠窄,呈圆锥形;分枝细,向上伸展或微向上伸展,分枝角度一般在 45°以下;叶光绿色,生长旺盛;树干通直圆满,出材率高,适于密植。

(五)洒金千头柏

该品种矮生密丛,圆形至卵圆形,高 1.5 米;叶淡黄绿色,入冬略转褐绿色;在江苏徐州等地有栽培。

(六)北京侧柏

该品种系在北京发现的一个优美品种,乔木,高 15～18 米,枝较长,略展开;小枝纤细,叶甚小,两边的叶彼此重叠;球果圆形。

(七)垂枝侧柏

垂枝侧柏为柏科侧柏属的一个变种,为常绿小乔木,从主干上部多数分枝,枝条柔软细长,单枝簇状下垂,树冠呈伞形,犹如垂柳;叶鳞片状,禾苗长 0.2～0.5 厘米,先端尖,交互对生;每年新梢生长 10 厘米以上,叶色嫩绿青翠,冬季变为紫绿色。该品种是 1977 年在湖北省钟祥市山区发现的野生树种,已被列为湖北省稀有树种,其种子不能真实遗传,一般采用无性繁殖。

二、苗木繁育技术

(一)播种育苗

侧柏苗木繁育主要采用播种育苗法,个别品种也采用嫁接育苗法。

1.育苗时间

侧柏播种育苗可在春季或秋季进行。秋季可随采随播种,但随采随育时幼苗越冬困难,一般多在春季播种。

2.采种

侧柏采种时应选 20～30 年生及以上无病虫害的健壮母树,种子于 9—10 月成熟。采收球果后,晾晒取种,经风选或水选,装入袋中,置通风干燥处储藏;出种率约为 10%,发芽率为 70%～85%,每千克种子约有 4.5 万粒,种子千粒重 22 克左右。种子在一般室温条件下用布袋干藏,2～3 年内可保持较高的发芽率。

3.育苗地的选择

侧柏对土壤要求不严,对土壤酸碱度的适应范围广,抗盐碱力较强,但育苗地以选择地势平坦、排水良好、较肥沃的沙壤土或轻壤土为宜。由于幼苗易受夏季伏旱危害,育苗地要具有灌溉条件。侧柏耐涝能力较弱,育苗地不宜选土壤过于黏重或低洼积水的地方,也不要选在迎风口处。育苗地要深耕细耙,施足底肥。一般采取秋翻地,深度为 25 厘米左右,春季浅翻 15 厘米左右,结合秋季深翻地,每亩施入厩肥 2500～5000 千克,将粪肥翻入土中,然后整平。

4.播前种子催芽

播种前,为使种子发芽迅速、整齐,最好进行催芽处理。侧柏种子空粒较多,应先进行水选,将漂浮的空粒捞出;再用 0.3%～0.5%硫酸铜溶液浸种 1～2 小时,或用 0.5%高锰酸钾溶液浸种 1 小时,进行种子消毒;然后进行种子催芽处理。常用于侧柏种子催芽的方法有:

(1)混沙催芽法:于播种前 15～20 天,将经过选种消毒处理的种子,用温水浸泡 12 小时。然后捞出种子,按种子体积的 2 倍混入细沙,拌均匀,沙子湿度以手握成团而不出水为宜,装入木箱中放置在室内温暖处,种沙温度保持在 12～15 ℃,每日翻动 2～3 次,并随时喷洒温水,保持适当的温度、湿度,以促进种子萌发。待大部分种子萌动、有 1/3 的种子裂口时,即可播种。

(2)温水浸种催芽法:将经过消毒处理的种子用 45 ℃的温水浸泡 24 小时,然后将种子捞出摊晒在背风向阳处的席子上或筐内,盖上湿布,每天用温水冲洗 1～2 次并翻动。待大部分种子裂口露白时,即可进行播种。

5.播种

侧柏适于春播。侧柏生长缓慢,为延长苗木的生育期,应根据当地气候条件适期早播,华北地区以 3 月中下旬为好。为确保苗木产量和质量,播种量不宜过小,当种子净度为 90%以上、种子发芽率为 85%以上时,每亩播种 10 千克左右为宜。

侧柏可采用垄播或床播。垄播:垄底宽 70 厘米,垄面宽 30～35 厘米,垄高 12～15 厘米,垄距为 70 厘米。垄面可双行或单行条播,双行条播的播幅为 5～7 厘米,单行条播的播幅为 10～12 厘米。垄播法便于机耕和管理,排水较好,有利于苗木生长。床播:一般床长 10 米,床面宽 1 米,床高 15 厘米,每床纵向(顺床)三行条播,播幅为 5～10 厘米。一般播种前要灌透底水,然后开沟条播。播种时开沟深浅要一致,下种要均匀,播种后及时覆土 1～2 厘米,再进行镇压,使种子与土壤密接,以利于种子萌发。在干旱地区,为利于土壤保墒,有条件时可在覆土后覆草,也可在播后再培成土垄。

6.苗期管理

(1)水肥管理:经过催芽处理的种子,一般在播种后 10 天左右开始发芽出土,20 天左右为出苗盛期,场圃发芽率可达 70%～80%。为利于种子发芽出土,经常保持种子层土壤湿润,播种前一定要灌透底水。若幼苗出土前土壤不过分干燥,最好不浇蒙头水,以免降低地温和造成表层土壤板结,不利于出苗。

幼苗生长期要适当控制灌水,以促进根系生长发育。6 月中下旬以后恰处于雨季之前的高温干旱时期,气温高而降雨量少,要及时灌溉,适当增加灌水次数,灌溉量也要逐渐增多,根据土壤墒情每 10～15 天灌溉一次,以一次灌透为原则,采用喷灌或侧方灌水。进入雨季后减少灌溉,并应注意排水防涝,做到内水不积,外水不侵入。

苗木速生期要结合灌溉进行追肥,一般全年追施 2～3 次,每次亩施尿素 4～6 千克,在苗木速生前期追施第一次,间隔半个月后再追施一次。也可用腐熟的人粪尿追施。每次追肥后必须及时浇水,以防肥料烧伤苗木。

(2)预防立枯病:幼苗出土后,要设专人看雀。幼苗出齐后,立即喷洒 0.5%～1% 波尔多液,以后每隔 7～10 天喷一次,连续喷洒 3～4 次可预防立枯病。

(3)间苗:侧柏幼苗时期能耐一定庇荫,可适当密留,在苗木过密影响生长的情况下,及时间去细弱苗、病虫害苗和双株苗。一般当幼苗高 3～5 厘米时进行两次间苗,定苗后每平方米床面留 150 株左右,则每亩产苗量可达 15 万株。

(4)松土除草:苗木生长期要及时松土除草,要做到"除早、除小、除了"。目前,多采用化学药剂除草,用 35% 除草醚(乳油),每平方米用药 2 毫升,加水稀释后喷洒。第一次喷药在播种后或幼苗出土前,相隔 25 天后再喷洒第二次,连续喷 2～3 次,可基本消灭杂草。每亩每次用药量为 0.8 千克。当表土板结影响幼苗生长时,要及时疏松表土,松土深度为 1～2 厘米,宜在降雨或浇水后进行,注意不要碰伤苗木根系。

(5)防寒:侧柏苗木越冬要进行苗木防寒。在冬季寒冷多风的地区,一般于土壤封冻前灌封冻水,然后采取埋土防寒或架设防风障防寒,也可覆草防寒。生产实践表明,埋土防寒效果最好,既简便省工,又有利于苗木安全越冬。但应注意,埋土防寒时间不宜过早,一般在土壤封冻前的立冬前后为宜;而撒防寒土又不宜过迟,多在土壤化冻后的清明前后分两次进行。撒土后要及时灌足返青水,以防春旱风大,引起苗梢失水枯黄。

7.苗木移植

侧柏苗木多两年出圃,翌年春移植。有时为了培育绿化大苗,需经过 2～3 次移植,培育成根系发达、生育健壮、冠形优美的大苗后再出圃栽植。根据各地经验,苗木以早春 3—4 月移植的成活率较高,一般可达 95% 以上。

(1)移植密度:要根据培育年限而定。苗木移植后培育一年,株行距为 10 厘米×20 厘米;培育两年,株行距为 20 厘米×40 厘米;培育三年,株行距为 30 厘米×40 厘米;培育五年生以上的大苗,株行距为 1.5 米×2.0 米。一般培育大苗都需要经过多次移植,这样既有利于促进苗木根系的生长发育,培育良好的冠形和干形,又可以提高土地利用率。

(2)移植方法:根据苗木的大小而采取不同的移植方法,常用的有窄缝移植、开沟移植和挖坑移植等方法。

(3)移植后苗木管理:主要是及时灌水,每次灌透,待墒情适宜时及时采取中耕松土、除草、追肥等抚育措施。除根据园林绿化的要求进行整形修剪外,其他措施与一般针叶树种大苗培育基本相同。

(二)容器育苗

1.育苗时间

3月底最迟4月上旬完成装袋下种,以确保造林时苗木为百日龄以上的优质壮苗。

2.营养土配制

侧柏容器苗所需营养土可就地选取,将土过筛,掺入适量腐熟有机肥,充分搅拌,并用

3％～5％硫酸亚铁进行消毒。

3.装袋

装袋要在整好的畦内进行。装袋时需注意两个问题：一是袋必须装满，绝对禁止容器底部窝袋；二是容器排列一定要高低一致，每畦放完后容器顶部要呈一个平面，这样覆土厚度才能一致，出苗才会整齐。苗床之间要留出40厘米步道(作业道)以利于育苗作业，放容器处要先整平。放杯的方法有两种：一是地上式，床整平，将容器袋并排放好，每床周围用土或沙围好即可；二是地下式，将苗床挖成深与容器袋相同或略大于容器袋的畦，把畦底整平，在畦内并排放袋即可。容器放好后，马上进行播种。

4.播种

播种前要先将种子进行水选、消毒、催芽处理，装袋与浸种催芽一定要配合好。下种时需掌握三个技术关键：一是要足墒下种；二是播种穴不能过小过深，播种量为每袋5～6粒，否则种子互相挤压，影响出苗，甚至会腐烂；三是覆土不可过厚，若是黏土必须掺河沙，播种后用细土覆盖，厚度超过容器袋1厘米。

5.管理

播种后的管理是一项长期的工作，若有忽视，极易造成失败。根据侧柏苗木生长情况，管理可分为两个阶段：

(1)出土前管理：只浸种不催芽的种子15～20天出齐，催芽的种子7～12天出齐，出土前的种子处于萌发期，需要充足的水分、一定的温度和空气，要注意喷水调节土壤温度，防止地表温度过高，保证种子顺利出土。若水源缺乏，可采用覆盖的方法，这样可减少喷水次数。覆盖物最好用谷草，其次为麦秸。地膜覆盖虽有利增温保湿，但易造成日灼毁苗。开始出苗时，陆续撤除覆盖物，出苗前喷一次1％～3％硫酸亚铁溶液。

(2)幼苗出土后管理：为促使苗木发育健壮，喷水次数要适当减少，每3～5天喷水一次。鸟兽危害严重时，要设专人日夜看护，可投放药剂或下铁锚于苗圃周围进行防护，进入雨季苗木即可出圃造林。

(三)小拱棚容器育苗

侧柏塑料小拱棚容器育苗吸纳了容器育苗和拱棚育苗的优点，使两种育苗法合二为一，不仅成本低，省地省种，而且高产、优质、效益高；能明显延长苗木的生长期，缩短育苗周期；能提早育苗，可比大田育苗提早一个多月；同时，解决了干旱、半干旱地区造林成活率低的问题，只要管理到位，造林绿化成活率可达98％以上。根据经验，在育苗过程中，容易出现容器下部缺水的现象。因此，一定要适时适量喷水。

1.整地做床

清除圃地杂物草根，耙平地面，苗床选择低床，一般宽1～1.2米、长8～12米、深12厘米；床底一定要整平拍实，四壁垂直，使容器排列在床内与地面几乎同高，然后用竹条或柳条做小拱棚支架，拱架中心高度为40～50厘米。

2.容器的选择

选择价格低廉、保水性好、无底软塑料袋作为容器，规格为直径5厘米、高12厘米。为了保证苗木质量，促进根系及苗木生长，装袋前要在容器袋侧壁适量打孔。

3.基质配制

培育基质是育苗成功的重要条件，基质应不易板结，保水保肥，通透性好。林区一般采用林内腐殖质土;非林区多用 60％～80％山坡土或黄心土、10％～20％粗河沙或锯末粉、10％～20％腐熟的堆肥。将所有成分粉碎后过筛,用铁锹反复拌匀。为了防治土壤中残存的病原菌和地下害虫,在每立方米基质中拌入 2％～3％硫酸亚铁粉制成药土,充分混合均匀,堆放 3～4 天。

4.装袋播种

种子播前要经过消毒、催芽处理。装袋前要对整平的床面踏实喷水,然后将营养土直接装入袋内,使土离袋口 1～1.5 厘米。将装好土的袋整齐地排放在床内,要排列成行,相互靠紧,既防干燥,又能提高土地利用率。容器放好即可播种,每袋播种量要视种子情况而定,一般为 3～4 粒,覆土厚度为 1～1.5 厘米。覆完土后,随即进行喷水,浇透容器袋,最后在拱棚架上面盖塑料薄膜,周围用土压住。

5.苗期管理与移植

播种后要保持床面湿润,一般 7 天左右开始出苗,10 天左右苗出齐。出苗后,中午高温时期,可将棚两头打开,适当通风降温;为保持棚内温度,下午把两头盖住。要经常检查棚内土壤湿度,若缺水,要及时喷水,一般在上午或傍晚喷水。每个容器最后只留一株壮苗,其余的幼苗分 1～2 次间去,对死亡、生长不良或未出苗的要进行补苗。在幼苗期和速生期要结合喷水施浓度为 0.2％左右的氮肥和磷肥,同时要注意拔除杂草,防治病虫害,特别是猝倒病和立枯病。随着气温的升高,可逐渐延长开棚时间,以增强苗木适应环境的能力。夜间气温不低于 15 ℃,白天气温不低于 20 ℃时,即可去掉塑料拱棚。苗木当年即可出圃造林,生产上一般多用二年生移植苗或大一点的作绿化苗。移植可在雨季或秋季进行,连袋移植,移植密度根据培养年限而定。移植后培育一年的,株行距采用 10 厘米×20 厘米;培育两年的,株行距采用 20 厘米×40 厘米。一般二年生移植苗的苗高可达 70 厘米,地径可达 0.8 厘米。

三、造林栽培技术

(一)植苗造林

1.造林地的选择

低山或中山海拔 1000 米以下的阳坡、半阳坡,石质山地干燥瘠薄的地方,轻盐碱地和沙地,均可用作造林地。低湿地不易栽植侧柏。

2.整地

侧柏造林大多在土层瘠薄干燥的地方,因此要提高整地规格,为林木迅速生长创造条件。一般采用鱼鳞坑、窄幅梯田、水平阶、水平沟等方法整地。

3.造林时间

春、秋、雨季均可栽植,具体时间主要取决于土壤水分条件。侧柏雨季造林易成活,生长好。进入头伏且下过两次透雨后至立秋前,空气相对湿度在 70％以上,阴雨天出现得多,此段时间进行造林,成活率高,生长好。可栽植一年半至两年半生苗,随起苗随造林,当日栽完。要注意天气变化,如果转晴无雨,即停止施工,待出现阴雨天时再造林。

4.造林密度

荒山造林株行距为 1 米×1.5 米或 1 米×2 米。进行绿篱定植时,单行式株距约为 40 厘米,斜双行式行距为 30 厘米,株距为 40 厘米。

5.造林方式

侧柏在混交林中有一定的侧方庇荫,比纯林生长健壮而且迅速,宜多营造混交林。在华北地区,可混交的树种有油松、刺槐、元宝枫、黄连木、臭椿、黄栌、紫穗槐等。混交的方式如下:侧柏与油松可采用窄带状(2～3行为一带)或行间混交;侧柏与元宝枫、黄连木、臭椿等可采用带状混交,即侧柏6～8行,其他树种3～4行;侧柏与黄栌、紫穗槐等采用行间或株间混交。此外,园林绿化可与桧柏混交。

6.抚育管理

(1)松土除草:造林后3～4年内,每年松土除草三次,以促进苗木迅速生长。第一次在4月下旬,第二次在7月,第三次在10月上旬。干旱地区松土要深一些,但不要损伤根系。

(2)修枝:侧柏易萌生侧枝,造林五年后,在秋末或初春要进行修枝,修枝强度应为树高的1/3,要做到不劈不裂。以后2～3年修枝一次。

(3)间伐:幼林郁闭后要及时进行抚育间伐,间伐强度以郁闭度保持0.7左右为宜。一般采用下层抚育法,间伐强度为20%～30%(按株计算)。15～20年生的侧柏林,间伐后每亩保留250～300株为宜。

(二)容器育苗造林技术

1.造林时间

在雨季到来后至9月均可造林,雨季造林最好。为提高造林成活率,侧柏雨季造林要做到随起苗、随运输、随栽植。

2.造林方法

(1)起苗:起苗前应浇一次透水。起苗时要按容器排列顺序,从苗畦一端将土扒开,将容器袋逐个取开,轻轻装入筐内,或用编织袋连土带根裹严,外面缠紧草绳,运往造林地,千万注意不要抖掉营养土或损伤苗木。一年生侧柏营养袋小苗,起苗时注意保持营养袋不破损。运输时苗木要分层放置,避免挤压,保持土团完整,盖草苫。运往造林地的苗木,如果一时栽不完,可在造林地内找一阴凉处放置,要摆好、喷好水。

(2)挖穴:一般在造林前一年的雨季、秋季进行精细整地,容器苗适宜小穴栽植,挖鱼鳞坑整地时,应将穴面做成与原坡面相反的斜面,以增加雨水拦蓄量。

(3)栽植:植苗时要在坑底斜面上部1/3处挖一个比营养杯稍大且略深的坑,将容器苗放入坑内,周围填细土,用脚踏实,栽植深度以容器袋顶部深入坑面1厘米为宜。小鱼鳞坑每坑栽一个营养杯,大鱼鳞坑栽两个营养杯。要掌握栽植深度和植穴位置,过浅或位置靠坑外沿均不利成活,过深或植于坑底部又易造成雨水冲淤。

四、主要病虫害及其防治

(一)双条杉天牛

双条杉天牛属鞘翅目天牛科,分布广,幼虫在韧皮部蛀成扁圆形不规则坑道,老熟幼虫蛀入木质部,导致侧柏长势衰弱、整株枯死。该虫一年发生一代,越冬代成虫于3月底羽化,4月上旬成虫交尾,喜产卵于树势衰弱或新移栽树木的树皮缝处。4月中旬,幼虫孵化后立即蛀入韧皮部危害,先在皮下蛀食,后钻入木质部蛀成弯曲的隧道,5月中下旬危害最重。幼虫蛀食隧道绕树一周后,其上部树干即枯死。10月上旬,幼虫在蛀道化蛹并羽化过冬。

防治方法如下:①加强抚育管理。深挖松土,追施土杂肥,促进苗木速生,增强树势。冬季进行疏伐,伐除虫害木、衰弱木、被压木等,使林分疏密适宜、通风透光良好,树木生长旺盛,增强对虫害的抵抗力。夏季及时砍除枯死木和风折木,除去根际萌蘖,清除林内枝丫,保持林内卫生。4—5月,为防止成虫产卵,尽量不移栽大的侧柏树。侧柏的死枝、死树干内的虫子要集中烧掉。②人工捕捉。越冬代成虫还未外出活动前,在前一年发生虫害的林地,用涂白剂刷2米以下的树干,预防成虫产卵。越冬代成虫外出活动交尾时期,在林内捕捉成虫。在初孵幼虫危害处,用小刀刮破树皮,搜杀幼虫。也可用木槌敲击流脂处,击死初孵幼虫。③药剂防治。成虫期,在虫口密度高、郁闭度大的林区,可用药熏杀。初孵幼虫期,可用25%灭幼脲3号2000倍液或20%吡虫啉3000倍液,喷湿3米以下树干或重点喷流脂处,效果很好;也可用注射器向侧柏蛀孔注入20%吡虫啉5倍液,毒杀幼虫。④保护和利用天敌。在双条杉天牛幼虫期和蛹期,有柄腹茧蜂、肿腿蜂、红头茧蜂、白腹茧蜂等多种天敌,应加以保护和利用。

（二）侧柏毒蛾

该虫为侧柏的主要食叶害虫,发生严重时能吃光全株树叶,一年发生两代。卵在侧柏上越冬,翌年3月下旬开始孵化危害,蚕食树叶。5月中旬在树叶上、树皮缝等处化蛹。5月下旬成虫羽化,交尾、产卵于叶上。6月中旬,第一代幼虫孵化危害。7月上旬出现第二代成虫,7—8月危害最重。9月中旬化蛹,9月下旬成虫羽化,在侧柏叶上产卵过冬。

防治方法如下:①于6月中旬和7月中下旬幼虫危害期,以20%高氯·马1500倍液、20%速灭杀丁3500倍液进行防治,效果较好。②5月下旬和9月中旬在树叶、树皮缝处人工捉蛹。③在6月上中旬和9月中下旬成虫羽化期,利用黑光灯诱杀成虫。

（三）蚜虫

蚜虫的成虫和若虫主要刺吸侧柏嫩枝的汁液,危害严重时将导致株干流黏液,招致黑霉病。

防治方法如下:①虫害发生期喷10%吡虫啉2000倍液或5%高氯·吡虫啉2000倍液毒杀若虫、成虫。②保护和利用食牙蝇等天敌。

（四）侧柏小蠹

侧柏小蠹主要危害衰弱木或刚采伐的原木。

防治方法如下:①及时采伐衰弱木、风倒木,并迅速处理,以免蚜虫繁殖扩散危害。②在蚜虫大量发生时,可设饵诱杀,然后剥皮处理。

第六节 杞 柳

杞柳是我国的一个经济树种,枝条柔软,韧性强,是编织的好原料。其在我国黄河中下游地区的栽培历史较久。用杞柳条编织的筐、篮及其他工艺品,品种多、质量好。尤其是近几年,经济飞速发展,工艺品出口方兴未艾,柳编工艺制品已在国际市场稳占一席,成为不少地区的创汇主导产业。

山东临沭县就是很好的例子。杞柳在临沭县已有 500 余年的栽培历史。临沭县的柳编制品集实用、观赏于一体,是当地重要的出口创汇项目。仅靠柳编加工一项,柳编能手每人年收入可达 1 万元以上。临沭县也因此被誉为"全国杞柳基地县"。发展杞柳产业前景广阔,杞柳栽培是一项值得推广的致富项目。

杞柳根系发达,四年生以上条林在 1 平方米 20 厘米深的土层内,有鲜根 1～2 千克。其固沙保土性能好,是巩固堤岸、护坡防蚀、保持水土、防风固沙的良好树种。其中,每年约有 1/3 的残根留在土壤中,在土壤有机质缺少的沙地、沙荒地,种植杞柳四年土壤有机质增长 3 倍多,对一般瘠薄地可起到很好的改良作用。

一、主要优良品种

目前,杞柳的栽培品种较多,虽然生产上对品种的要求不是很严,但也要注意品种的选择。在栽培中表现比较好的品种有以下四个,其中以大稀叶和大青皮栽培较多。

(一)大稀叶(大白皮)

该品种生长快,柳条长、粗细匀称、节间长,皮色淡,落叶后皮呈栗色,剥皮加工后洁白美观,枝条髓心大、柔韧,出条率高,条质轻、绵软,最适合上线编织,是杞柳中品质最好的品种。

(二)大青皮

该品种枝皮青绿色,生长最快,柳条粗而高大,往往过粗,多下粗上细,叶片大而长,枝条髓心小,产量高,但条质脆,上线编织困难,品质较差。

(三)荣柳(红皮柳)

该品种枝皮鲜紫红色,叶片有大小类型,叶柄发红,节间短,髓心小,条质次于大白皮。

(四)新二柳

该品种叶直立,枝条弯曲,下粗上细,条脆,产量低,品质比以上三种都差,但对盐碱、水涝、瘠薄地的适应能力较强。

二、苗木繁育技术

杞柳可植苗造林,也可插条造林。为便于管理,提高造林成活率,一般采取植苗造林。杞柳苗木繁殖以扦插为主,扦插育苗要掌握以下环节:

(一)圃地的选择与整地

育苗地应选择背风向阳、地势平坦、接近造林地、交通方便、水源稳定、灌水条件良好、土层深厚肥沃的壤土或沙壤土。春季土壤解冻后整地,深耕 20～25 厘米,结合整地亩施腐熟的优质有机肥 1500～2000 千克、磷酸二铵 20 千克、硫酸钾复合肥 20 千克,整平耙细,做成宽 1.2～1.5 米的平畦。

(二)种条的选择与截穗

种条要在头年落叶后,选择生长健壮、细粗均匀、无病虫害的条林,先选择性割去过细、过粗和不健康的枝条,留下的枝条作为明春采穗之用。插穗可在育苗时随采随用,插穗要剪去根稍,选芽体饱满的条段,截成长 15～20 厘米的插条,上端剪平,下端剪成马耳形或双马耳形。若春季干旱,插穗采取后,可放在清水中浸泡 4～8 小时。若在田间留种条不便管理,也可在头年封冻前采条沙藏、储备种条,扦插时剪穗扦插。

(三)扦插育苗

在育苗畦上,按行距 30 厘米左右搂成扦插沟,沟深 5～10 厘米,在沟内浇小水一次;待水渗下去后,把插穗按株距 5～10 厘米插入沟中;覆土要超过插穗 1～2 厘米,培成小垄状,以利于保湿增温。栽后一般 10 天幼苗出土,亩可产苗 4 万株左右。

(四)苗木管理

幼苗期间也是杂草的高发期,要及时进行中耕除草,尤其是在雨季到来之前要尽量除尽杂草,避免草荒。当幼苗长到 30 厘米左右时,结合浇水每亩施速效氮肥(尿素)10～20 千克,雨季到来之前至 6 月中下旬再每亩施速效氮肥 10～20 千克,为速生期供应营养。杞柳喜水,幼苗期要保持土壤湿润,若天气干旱,要经常浇水,充足的水源浇灌是获得优质壮苗的关键。杞柳苗期有不少病虫危害,主要病虫害有白粉病、柳天蛾幼虫、造桥虫(尺蠖)、金龟子等,可用25%的粉锈宁 1000 倍液防治白粉病,20%的高氯·辛 1500～2000 倍液防治其他害虫。

三、丰产栽培技术

(一)造林

杞柳大面积造林多在沙地、湿地、河旁、水库周围、洼地进行,或在农田与农作物间作,造林前要全面深耕,耕深 15～25 厘米。结合深耕亩施优质土杂肥 2000～3000 千克,耕后捡除草根,耙平,准备造林。"四旁"栽柳,造林前可局部整地,也可边挖边栽植。

杞柳大面积造林多采用带状栽植,带宽 60 厘米,每带四行,行距为 20 厘米,株距为20～30 厘米,带距不等。纯林带距一般为 2～3 米,实行林粮间作的带距一般为 4～6 米。也可采用窝墩造林,坑呈"品"字形,双行挖坑。方坑边长为 20～30 厘米;也有挖长方形坑的,长为 50 厘米。方坑每角一株,长方形坑多栽两株。坑与坑相距 20～30 厘米,俗称"梅花墩"式栽培。"四旁"栽柳都采用挖坑栽墩,墩距为 1 米,坑大小为 30 厘米×30 厘米,每坑四角各栽一株。总之,杞柳造林应尽量密植,经验证明,密度大时柳条质量好。

在北方,有些地方采取雨季插条造林,或在立冬至小雪期间进行窝墩造林。用四股叉成排插孔进行扦插。扦插时梢部朝上,露出 3～4 厘米,扦插后踏实土壤。插条深度在干旱地区可深,在湿润地区可浅。在南方,扦插时间以冬至至立春期间为宜,最迟不能超过雨水。秋冬窝墩造林,每坑四角各插一株,插后埋土踩实,封墩防寒。土墩不能过厚,约离地 10 厘米,翌春插条自行破土出芽,不必放风。在比较干旱的地区,以雨季造林为宜。

(二)田间管理

1.严防高温伤条

伏条收割时,正值高温季节,阳光强,温度高,容易晒茬而影响发芽。为防止暴晒,应在下午进行割条,且茬口应呈斜马耳状,面向北;也可用杂草盖垄遮光,待萌芽后揭开。割条时地里若有杂草,暂不清除,待条茬出芽后再清除。伏季新插的柳条 4～5 天萌芽,在长到 5～6 厘米前一般不要浇水且地内不能存有积水,以防高温烫伤种条。若遇大雨,要及时排涝以防积水;若遇干旱,则用杂草等覆盖垄眼,遮光降温,以提高种条成活率。

2.适时追肥浇水

杞柳性喜肥水,在伏条生长期需追肥两次,在早春柳墩发芽前,亩施尿素 15～20 千克,当柳条长到 50 厘米时,结合浇水再亩施尿素 10～15 千克。在秋条生长期需追肥 2～3 次。伏条收割后,待出齐芽后,及时追施速效肥料。亩施碳酸氢铵 40～50 千克,尿素 10～15 千克,不宜过量。秋条收割后宜多施土杂肥,每亩用量为 2000～3000 千克。每次追肥后需及时浇水。夏季汛期要注意防旱排涝。适时浇水,浇水标准是见干见湿或中午叶片出现萎蔫状。

3.铲除杂草

夏、秋季节地内易生杂草,应及时清除。在除草时要进行中耕,对新插柳条,垄眼杂草最好用手拔除,垄背杂草要浅锄、勤锄,锄后整理靠近根部的土壤,以防松动伤根。

4.伏条收割

夏季收获伏条是柳条生产过程中的重要环节。柳条质量的好坏除了与品种有关,还与收割时期有关。收割早了影响白柳的产量和韧性,收割晚了则脱不掉皮。高品质柳条的获取还要求收割时凉爽,晾晒时晴天高温。一般在晴天的早晨或傍晚收割,上午脱皮,烈日下晾晒,当天晾干,只有这样白柳才色泽洁白光亮,否则白柳会粗糙、发灰,易生斑点,韧性降低。此外,伏条收割的早晚还会影响秋条的产量,一般在 7 月中旬开始收割,8 月底收割完毕。

5.秋条的收割

秋条以霜降以后收割为宜,收割的柳条可马上脱皮,也可埋于湿沙内慢慢脱皮。

四、主要病虫害及其防治

杞柳常见病害主要有黄疸病和白粉病等。秋条易感染黄疸病,秋分前后是发病高峰期,轻则枝条停止生长,重则叶秆黄萎枯死。此病的发生常与夏季柳条收割不及时有关,头伏收条可防止此病,而等到中伏收条则易感此病,所以应尽量在头伏期内将杞柳收完。防治方法是喷洒波尔多液或在早晨趁露水撒施草木灰,防治效果明显。枝条感上白粉病后,病叶不平展,背面有白粉病的部位向正面凸起,质地脆硬,条梢细弱,节间短。喷洒 15％三唑酮可湿性粉剂或 70％甲基托布津 1000 倍液,防治效果较好。

杞柳常见虫害主要有柳兰金花虫、蚜虫、卷叶虫等。蚜虫可用 10％吡虫啉 1500 倍液喷杀,卷叶虫、柳兰金花虫可用 20％～30％高氯·辛或高氯·马 1500～2000 倍液喷杀。

第六章　中药材栽培技术

第一节　丹　参

一、生长习性

丹参喜温暖、湿润、阳光充足的环境,在气温为－5 ℃时,茎叶易受冻害;地下部分较耐寒,最大冻土深度在 40 厘米左右,气温不低于－5 ℃时可安全越冬。因此东北三省不宜种植。

丹参根系发达,深可达 60～80 厘米,以土层深厚、质地疏松的沙壤土为佳,过于松散或过黏的土壤均对丹参的生长不利,土壤微酸性至微碱性(pH 值为 6.5～7.5)均可。土壤过湿对丹参的生长极为不利,易造成烂根,故在排水不良的地块不宜栽种。

丹参吸肥能力较强,因此土壤以中等肥力为好,土壤过肥,易导致地上部分旺长,参根反而不壮实。

二、栽培技术

(一)选地与整地

丹参宜选择向阳背风、交通便利、土层深厚、肥力中等、排水良好的沙壤土栽培。育苗地应选择灌溉方便的地块,深翻 35 厘米以上,结合整地,每亩施入厩肥或堆肥 2500～3000 千克,加过磷酸钙 50 千克。翻后整细耙平,做成畦田,畦宽 1～1.2 米,南方可做高畦,北方雨水较少,可做平畦,畦间留好排水沟。

(二)播种与繁殖

1.直播繁殖

直播繁殖是用种子繁殖。于 3 月下旬进行播种,条播、点播均可,播前先浇透水,行距为 30～35 厘米,沟深为 1～2 厘米。由于丹参种子细小,可拌细沙均匀撒入沟内,或按株距20～30 厘米开穴点播,每亩播种量为 0.5 千克。覆土要薄,以 1 厘米左右为宜。播种后可覆盖地膜,当气温在 18～22 ℃时,约半个月即可出苗。出苗后在地膜上打孔放苗,当苗高5～6 厘米时,即可间苗。亦可在立秋前后播种。直播苗亦可作移栽苗用。

2.随采随育繁殖

丹参可在 6—7 月种子采收后及时播种,当苗高 5～10 厘米时即可移栽于商品田中。

移栽时行距为 33 厘米,株距为 23 厘米,挖穴栽种,穴中可施入适量基肥,每穴栽 1~2 株,栽后浇水埋实。若一年收获,可再适当密植。

3.分根繁殖

秋季收获丹参时,选择色泽红润、无腐烂、发育良好的一年生根,留作种根。老根因易空心,不宜留作种根;发育不良的细根,根条小,也不宜留作种根。以直径为 0.7~1 厘米的为好,选用根段萌芽强的部分作种根。将选好的根条切成或掰成 5~7 厘米长的小段,按行距 30~35 厘米、株距 20~25 厘米挖穴,穴深 5~7 厘米;穴中施入适量腐熟的大粪或土杂肥作基肥,与底土拌匀,每亩用量为 1500~2000 千克;每穴放入 1~2 段根段,大头朝上,边掰边栽。覆土约 3 厘米,不宜过厚,否则难以出苗。每亩用种根 25~40 千克。春栽于 2—3 月进行,华北地区在 3—4 月进行。

4.芦头繁殖

秋季收获丹参时,选取生长健壮、无病虫害的植株,将芦头部分切下作种栽。一般可选择径粗 0.6 厘米的细根作种栽,具体方法同分根繁殖。

5.扦插繁殖

在苗床上先灌水湿润,然后剪取生长健壮、无病虫害的地上茎,剪成 10~20 厘米的小段,剪除下部叶片,剪去 1/2 的上部叶片,作插穗。按行距 10~20 厘米、株距 7~10 厘米插入土中,深度宜为插穗的 1/3~1/2,随剪随插,不能久放,以免失水而影响成活。插后要浇水,遮阴保湿,半个月左右即能生根。待根长至 3 厘米时,即可移栽于商品田中。

(三)田间管理

1.中耕除草

中耕除草每年可进行三次:第一次在返青时或种根出苗后,苗高 6 厘米时进行;第二次在 5 月上旬至 6 月下旬;第三次在 6 月下旬至 7 月进行。封垄后不宜进行中耕除草。分根栽种者,若盖土过厚,会妨碍出苗,可于 3—4 月幼苗开始拱土时进行查看,若盖土过厚或土壤板结,可用自制小钩轻轻将表面土扒开,但不要伤害幼芽。

2.追肥

为避免地上部分旺长,一般情况下不能追施氮肥,可结合中耕除草追施有机肥和磷、钾肥,一般可施 2~3 次。第一次每亩施稀薄人粪尿 1500 千克;第二次每亩追施稀薄人粪尿 2000 千克;第三次要重施,每亩施人粪尿 3000 千克,并加入过磷酸钙 25 千克、饼肥 50 千克、硝酸钾 10 千克。

3.排灌水

雨季要注意及时排除积水,干旱时应及时灌水,特别是在幼苗期更要注意,以防止过于干旱,影响幼苗生长。

4.剪除花薹

丹参在 4 月下旬至 5 月会陆续抽薹开花,为节约养分,促进根部生长,应剪去花薹。

三、主要病虫害及其防治

(一)根腐病

植株染病初期,个别支根或须根变褐腐烂,以后逐渐蔓延至主根,外皮变成黑色,全根腐烂。染病后地上部分个别茎枝先枯死,最后整个植株死亡。该病多在 5—11 月发生。

防治方法如下:①加强田间管理,实行轮作。②发病初期用 70％甲基托布津 800～1000 倍液浇灌。

（二）叶斑病

叶斑病是一种细菌性病害,主要危害叶片,使叶片上产生近似圆形或不规则形的深褐色病斑,严重时病斑扩大会合,致使叶片枯死。该病于 5 月初发生,一直延续到秋末,6—7 月最严重。

防治方法如下:①加强田间管理,实行轮作。②增施磷、钾肥,或叶面喷施 0.3％磷酸二氢钾,提高植株的抗病能力。③发病初期喷 50％多菌灵 500～1000 倍液或 70％甲基托布津 800 倍液,每 7～10 天喷一次,连续喷 2～3 次。

（三）菌核病

发病植株茎基部、根芽、根茎区逐渐腐烂,呈暗褐色,最终枯萎死亡。在发病部位,茎基内部及附近土壤上有菌核,呈黑色鼠粪状,并有白色菌丝体。

防治方法如下:①保持土壤干燥,及时排除积水。②发病期用 50％氯硝胺 0.5 千克加石灰 10 千克拌成灭菌药,撒在病株茎的基部及附近土壤,以防止病害蔓延。③用 50％速克灵 1000 倍液浇灌。

（四）根结线虫病

根结线虫病是一种寄生虫病,由根结线虫寄生于植物的须根上,形成许多瘤状结节。一般在沙性大、透气性好的土壤上丹参易发生此病。

防治方法如下:①不重茬,可与禾本科轮作。②用 80％二溴氯苯烷 2～3 千克加水 100 千克,于栽种前 15 天开沟施入土壤中,并覆上土,防止药液挥发,提高防治效果。

（五）粉纹夜蛾

粉纹夜蛾一般在夏、秋季发生,幼虫咬食叶片,严重时可将叶片全部吃光。该虫每年发生五代,以第二代幼虫于 6—7 月开始危害丹参叶片,7 月下旬至 8 月中旬危害最重。

防治方法如下:①丹参收获后将被害株集中烧毁,以杀灭越冬虫卵。可于地中悬挂黑光灯,诱杀成蛾。②幼虫出现时,用 10％杀灭菊酯 2000～3000 倍液或 20％灭幼脲 1500～2000 倍液喷杀,每周一次,连续喷 2～3 次。

第二节　半　夏

一、生长习性

半夏喜温和潮湿的气候和阴暗的环境,怕干旱及强光照射,耐寒,块茎能自然越冬。半夏在 8～10 ℃萌芽生长,20～25 ℃生长得最好,30 ℃以上生长缓慢,超过 35 ℃时地上部分死亡。半夏一年常出现三次出苗和倒苗现象:第一次在 4 月上旬至 6 月上旬,第二次在 6 月至 8 月中旬,第三次在 8 月至 10 月下旬。每次出苗后生长期为 50～60 天。半夏幼苗怕热,忌寒冷,最适生长温度为 15～25 ℃。

半夏要求湿润、肥沃、土层深厚的沙壤土,酸碱性以中性为宜。土壤黏重不利于根系发育。半夏根系浅,吸水能力较弱,耐旱能力差,如果土壤过于干旱或空气干燥,将影响其地上部分的生长,甚至造成枯萎。

二、栽培技术

(一)选地与整地

半夏宜在湿润、肥沃、土层疏松、有排灌条件的沙壤土上栽培。选好地后,于秋收后进行翻耕,深15～20厘米即可。翻后每亩施入厩肥或堆肥2000～4000千克、过磷酸钙50千克。第二年春季浅翻一次,耙细整平,做成宽1～1.2米的高畦,畦沟宽30～40厘米,长度不超过20米,以利灌溉。

(二)繁殖方法

半夏以块茎繁殖和珠芽繁殖为主,也可用种子繁殖。

1.块茎繁殖

块茎繁殖增重快,当年就可收获,因此在块茎供应充足时应采用此法。

栽种时必须严格选择块茎,以确保收获高质量的产品。一般选当年直径为1.2～1.5厘米、生长健壮、无病虫害的块茎,过小则生长能力弱,当年不能收获。一般以春季栽培为好,当春季平均温度为10 ℃左右时栽种。

若春栽,于秋季收获块茎后,要进行沙藏。栽种时在畦面上按行距15～20厘米开沟,沟宽10厘米、深5厘米;然后按株距3～5厘米,将块茎交叉放入沟中,每沟两行,顶芽向上;栽后可施入混合肥土,每亩用量为2000千克左右;最后覆土5～7厘米,镇压。每亩用块茎100～125千克。

2.珠芽繁殖

半夏每个茎叶上有一个珠芽,于5—6月选取叶柄下成熟的珠芽,作繁殖用。在畦面上按行距10～15厘米、株距3～8厘米挖穴点播。每穴种2～3个珠芽,栽后覆土,当年可长出1～2片叶子,块茎可长至1厘米。

3.种子繁殖

二年生半夏,从初夏开始可陆续开花结实。当佛焰苞萎黄下垂时,采收种子,随收随种;也可进行湿沙储藏,第二年播种。一般实行条播,行距为10～15厘米,沟深2厘米,将种子撒入沟中,覆盖1厘米厚土层,可盖草保湿。当年可长一个卵形心状单叶,第二年长3～4个心形叶,个别的有由三个小叶组成的复叶。实生苗当年块茎可长至0.3～0.5厘米。

(三)田间管理

1.中耕除草

春季半夏一般20天即可出苗,待苗出齐后即可松土除草,中耕深度不要超过5厘米,以免伤根。半夏的根主要生长在12～15厘米深的土层中,因此,中耕不能过深。

2.排灌水

出苗后,5月下旬应控制浇水,以促进地下部分充分生长,还可以抑制地上茎叶生长过快,并可提高苗木耐旱能力。6月下旬,气温逐渐升高,进入高温季节,要保持土壤潮湿。进入雨季后要及时排除积水,防止烂根。

3.追肥

第一次追肥在 5 月下旬至 6 月上旬,每亩施用人粪尿 2000 千克、厩肥 500～1000 千克、尿素 5 千克;第二次追肥在 8 月半夏倒苗、子半夏露出新苗时,用 1∶10 的粪水浇泼。

4.摘花薹

除留种的植株外,其余植株于 5 月抽花茎时及时剪除花薹。

三、主要病虫害及其防治

(一)根腐病

根腐病主要危害地下块茎,使块茎腐烂,多发生在高温多雨季节的田间积水地块。

防治方法如下:①注意雨季,及时排除积水。②发现病株及时拔除,并用 5％石灰乳淋穴。

(二)叶斑病

植株感染叶斑病初期,叶片上出现紫褐色斑点,后期病斑上出现许多小黑点,严重时病斑布满全叶,使叶片卷曲焦枯死亡。

防治方法如下:发病初期喷 1∶1∶120 波尔多液或 65％代森锌 500 倍液,每 7～10 天喷一次,连续喷 2～3 次。

(三)病毒病

病毒感染叶片后,会使叶片卷曲或形成花叶,出现畸形,从而导致植株生长缓慢。该病常于夏季发生。

防治方法如下:①及时防治害虫,因为害虫危害后的植株易发生此病。②发现病株及时拔除,集中烧毁或深埋,病穴用 5％石灰乳灌注。

(四)红天蛾

红天蛾以幼虫危害叶片,幼虫食量大,严重时整个植株的叶片都被吃光,多在夏季发生。

防治方法如下:①用 20％高氯·辛 1500～2000 倍液每 5～7 天喷一次,连续喷 2～3 次。②人工捕杀。

第三节　西洋参

一、生长习性

西洋参对温度的要求高于人参,它的出苗、开花、结果、成熟都比人参延后 20 天左右。其抗寒性低于人参,但也有较强的抗寒性;喜微酸性土壤,因此在生产中可增施过磷酸钙。在我国种植西洋参时以土壤肥力高、疏松、肥沃、保持力强的森林腐殖土为好;西洋参在生育期要求有足够的水分,一般来说,降水量在 800 毫米以上时生长良好;生长的最适温度为 18～24 ℃,最适空气湿度为 80％左右。

西洋参比人参喜阴,喜斜射光、散射光,忌强光,尤其是中午前后的直射光会伤害植株。

二、栽培技术

(一)选地、整地和做床

西洋参宜选择冷凉而湿润的土壤栽培,以排水良好、土质疏松、含大量腐殖质的轻度黏质土壤为宜,忌重黏土和沙土。排水不良、表土太浅、底土黏重以及多湿地、夏季酷热都不适于种植西洋参。

选好参地后,应提前一年进行整地,于秋季耕翻,深度为 30 厘米。休闲一年后,再翻耕一次,每平方米用 8 克 50% 多菌灵消毒。把腐熟厩肥 2~3 千克、骨粉 1 千克或过磷酸钙 2 千克施入土中作基肥。然后浅耕一次,整平耙细。

做床时首先要确定畦向,基本上是东南至西北走向。最好是早上日出后,阳光能全面射入,9 时以后直射光逐渐移至荫棚顶上。床宽 1.2~1.5 米、长 20~35 米为宜,床面高 20~30 厘米,作业道宽 0.8~1 米。

(二)播种

1.种子处理

种子成熟后,还有一个后熟过程,因此播种用的种子要先进行处理。种子采收后,一般要经过 18 个月的沙藏处理。埋藏的种子要每月检查一次。经过 15 个月以上,种子完全裂口,待开始萌动时即可播种。

2.播种时期和方法

东北地区宜进行秋播或冬播,其他地区可以冬播或春播。苗床育苗的株行距为 10 厘米×10 厘米或 5 厘米×10 厘米。直播的株行距为 10 厘米×(20~25)厘米,一般实行单粒点播。播后覆土 2.5~3 厘米。播种后必须对床面进行覆盖,先盖一层松软的腐殖土或碎烂的阔叶树叶;为了防寒,可再加盖麦秸或稻草,厚 15 厘米。

(三)移栽

播种培育的西洋参苗,生长两年便可移栽,可在春季和秋季移栽,以春季为宜。移栽从参床一端开始,最好是头一天起苗,第二天移栽,但要注意不要使种苗风干和损伤。选择生长健壮、根长圆锥形、芽孢肥大的参苗作种栽。栽植时行距为 25 厘米,株距为 10~12 厘米,栽后适当镇压。为了防止病害,栽苗前一天可用代森锌 100~200 倍液浸苗 10 分钟进行消毒。栽苗时也可施苗肥,如腐熟的堆肥加过磷酸钙、硫酸钾等。栽时以斜栽为好,倾斜角度以 40°~45°为宜。

(四)田间管理

1.床面覆盖

夏季为防止干燥和雨水冲刷畦面,应采用腐熟的落叶、稻草或锯屑等覆盖物进行覆盖,在育苗地覆盖厚度以 3~6 厘米为宜,在移植地覆盖厚度以 5~7 厘米为宜。冬季需加厚覆盖物,以防苗木冻害,厚度以 10~15 厘米为宜。

2.搭参棚

西洋参和人参一样,是喜阴植物,必须搭设参棚。搭棚时间一般在 4 月至 5 月上中旬,其规格和架设方法可参考人参棚架。

目前,在美国栽培西洋参主要采用板条棚和尼龙棚。板条棚高 1.9 米,棚架上钉木条,每根板条宽5～6厘米,板条间留透光间隙1.7厘米,使畦面透光度达25％～30％。棚顶用3.05厘米×3.66厘米的板条拼制成2.44米×1.22米的长方形小件,铺盖于支柱的横梁上。

3.除草与追肥

除草一般每年进行3～4次:第一次是在撤掉覆盖物后;第二次是在5月中旬;第三次是在7月中旬,此时注意不要过深,以免伤根;第四次是在秋季埋防寒土前,此时可稍微深一些。

追肥可分三次进行,时间为6—8月,用2％过磷酸钙溶液、0.3％磷酸二氢钾溶液或0.3％尿素液肥,于上午10时前或下午3时后进行根外追肥。以上三种液肥可以交替使用。在每年秋季,植物地上部分枯萎时,每平方米可施入厩肥2.5千克、骨粉0.5千克、复合肥料0.05千克,三种肥料混合均匀后撒入沟内,再用细土覆盖。

4.摘蕾和疏果

两年生以上西洋参就可以开花、结果,为了保证有足够的营养,应进行摘蕾和疏果。除留种的植株外,其余植株应一律摘去花蕾。留种田要进行疏果,在开花后疏去1/3～2/3的小果,以保证留下的果实能充分成熟。

一般地,西洋参在种植第四年时可采种一次,第五年摘去花蕾,以保证根的收获。

5.灌溉和排水

春、秋两季若土壤干旱,必须及时进行灌溉。在生育期内,土壤含水量应保持在40％～50％。在7—8月雨季来临时,应注意及时排水,防止内涝发生。此外,在早春大地解冻时,也应注意迅速排出化冻水(桃花水),以免土壤过湿引起烂根病。

6.越冬防寒

西洋参的抗寒能力比人参弱,在我国东北地区易发生冻害,因此应做好防寒工作。一般在第一次寒流来临之前进行,在10月初或10月上中旬,分2～3次加盖覆盖物,如落叶、蒿草、草帘等;也可加上防寒土,厚度为10厘米,畦面、畦帮都要用土封好。

三、主要病虫害及其防治

(一)立枯病

立枯病主要危害幼苗,病原菌侵入幼茎后,幼茎基部出现黄褐色凹陷长斑,病斑深入茎内时将使茎腐烂,导致幼苗倒伏死亡。

防治方法如下:①拌种。用质量为种子质量0.2％～0.3％的敌克松、敌菌灵、福美双或代森锌等药剂拌种。②发病后可用70％敌克松1000～1500倍液或多菌灵200～400倍液浇床面,每平方米洒4～6千克药液,然后用清水冲洗叶面1～2次,以免发生药害。③发现病株应立即拔除,并在病株周围撒一些石灰进行消毒,或使用5％石灰乳液浇灌病穴,以防病害蔓延。

(二)猝倒病

猝倒病主要危害幼苗,病原菌侵入幼茎时,近地面处幼茎出现水浸状暗色病斑,很快扩大,茎部收缩变软,最后植株倒伏死亡。病害严重时将造成参苗成片死亡。

防治方法如下:①加强田间管理,参床要排水良好,通风透气,土壤疏松,避免湿度过大。发现病株应立即拔除,并用甲醛 100 倍液或 0.2%硫酸铜溶液进行消毒。②发病期内向叶面喷洒 100～200 倍波尔多液或代森锌 500 倍液。

第四节　白　芷

一、生长习性

白芷喜温和湿润的气候和阳光充足的环境,在阴暗的地方生长不良。白芷耐寒,适应性较强,喜生长于土层深厚、疏松肥沃、排水良好的沙壤土上。土壤沙性过大或过于黏硬,主根易分枝,影响产量。白芷可连作。

白芷抽薹后,根部变空心腐烂,不能作药用。白芷第一年为营养生长期,不开花结实,第二年才开花结实。秋播植株第一年为苗期,第二年为营养生长期,第三年才开花结实。为了控制开花,在栽培时需注意播种时间、调节肥水条件、选用种子等,目的是避免植株过早抽薹,影响根的产量和质量。

二、栽培技术

(一)选地与整地

白芷宜选择阳光充足,土层深厚、疏松肥沃,排水良好的沙壤土栽培。深翻 30 厘米,晒后再翻耕一次,然后耙细整平,做成宽畦或高畦,畦宽 1～1.5 米,畦面搂平整细。每亩可施厩肥或堆肥 2500～3000 千克。肥沃土地则不宜施肥。

(二)播种

白芷一般用种子繁殖,采用直播的方式。白芷不宜移栽,栽后植株常常根部分支过多,主根生长不良,影响产量和质量。

白芷宜秋播,不宜春播。播期的选择对于根的产量和质量有较大的影响。播种过晚,虽不抽薹,但由于幼苗易受冻害,将影响第二年生长。华北地区以 8 月下旬至 9 月初播种为宜,南方地区以 9 月上旬至 10 月下旬播种为宜,东北地区以 8 月中旬至 9 月初播种为宜。各地应根据当地气候条件选择适宜的播种期。

(1)种子处理:可用 2%磷酸二氢钾水溶液喷洒种子,搅拌后闷润 8 小时。

(2)播种方法:直播多采用穴播,行距为 30～35 厘米,株距为 20～25 厘米,穴深 8～10 厘米,在穴底可施底肥,每亩种子用量为 1.2 千克。条播时行距为 30 厘米,沟宽 10 厘米、深 8～10 厘米,每亩用种量为 1～1.5 千克。

(三)田间管理

1.间苗及除草

出苗当年,当苗高 5～6 厘米时,进行第一次间苗,穴播的每穴留小苗 5～7 株,条播的按株距 3～5 厘米选留小苗一株。间苗时应选留叶柄呈青紫色的小苗。苗高 10 厘米左右时进行第二次间苗,穴播的每穴留苗 3～5 株,条播的每隔 7～10 厘米留苗一株。第二年早春进行第三次间苗,穴播的每穴定苗三株,条播的每隔 10～15 厘米定苗一株。每次间苗时应进行中耕除草。

2.追肥

白芷为喜肥植物,植株高大,生长快,吸肥力强。但如果盲目施肥,特别是在苗期施肥过多,常会导致植株提前抽薹开花。一般每年追肥 2～3 次:第一次追肥宜少,以后可逐渐增加。据河南省栽培经验,第一次追肥在第二年 5 月上旬进行,每亩施人粪尿 1000 千克,5 月下旬浇水。6 月上旬进行第二次追肥,除施人粪尿 1500 千克外,还可施饼肥 40 千克,抽薹率达 3%～5%。

3.灌水及排水

播种后土壤干燥时应及时灌水,以保证幼苗出土及生长,以后根据土壤水分情况决定是否浇水。雨季要注意排水,以防止积水烂根。

4.除去抽薹幼苗

白芷播种后,待第二年 5—6 月,常会有少数幼苗抽薹开花,应及时拔除。白芷开花后就会空心或腐烂,其所结种子的发芽率极低,不宜作种子用。

三、主要病虫害及其防治

(一)斑枯病

斑枯病又称"白斑病",主要危害叶片。病斑初为暗绿色,多角形,后扩大为灰白色,严重时,病斑汇合成多角形大斑。后期病斑上密生许多小黑点,最后叶片枯死,引起整株植物死亡。该病菌从 5 月初开始侵染,一直延续到收获期,危害时期较长,是白芷重要的一种病害。

防治方法如下:①清理病残枯枝,集中烧毁或深埋,减少病菌越冬。②喷洒 1∶1∶100 的波尔多液或 65% 代森锌 400 倍液。

(二)紫纹羽病

紫纹羽病主要危害主根,植株发病初期可见白色线状物缠绕在根上成为菌索,后期菌索变为紫红色,相互交叉成一层菌膜。病根自表皮逐渐向内腐烂,最后全部烂光。

防治方法如下:①发现病株及时挖掉,在病穴中撒石灰粉。②整地时每亩用 70% 五氯硝基苯加草木灰 20 千克,混合拌匀后施入土壤中,对土壤进行消毒。

(三)食心虫

食心虫会咬食种子,严重时造成颗粒不收。

防治方法如下:用 20% 高氯·马 1500～2000 倍液喷杀。

(四)黄凤蝶

黄凤蝶幼虫主要危害叶片。

防治方法如下:①害虫幼龄时喷洒 30% 高氯·辛 2000 倍液,或喷洒青虫菌 500 倍液、BT 乳剂 200～300 倍液。②人工捕杀。

(五)蚜虫

蚜虫于 5—7 月严重危害白芷的嫩梢,使其嫩叶卷曲皱缩,甚至枯黄死亡。

防治方法如下:用 10% 吡虫啉 1500 倍液或 5% 高氯·吡虫啉 2000～2500 倍液喷杀。

第五节　芍　药

一、生长习性

芍药种子需要保鲜储藏,种子干燥后会失去发芽能力,因此在采种时需加以注意。芍药耐寒,在−20 ℃气温下能露地越冬,耐热,怕潮湿,抗干旱;喜欢疏松、肥沃深厚的沙壤土、夹沙黄泥土、冲积壤土。芍药忌连作,隔3～5年才能再种植。

芍药每年2—3月露芽出苗,出苗快而整齐。4月上旬为现蕾期,4月底至5月上旬为开花期,开花时间比较集中,约为一个星期。5—6月根生长最快,7月下旬至8月上旬种子成熟,8月高温季节植株停止生长,10月初地上部分开始枯死。

二、栽培技术

(一)选地与整地

芍药宜选择土质疏松、土层深厚、地势高燥、排水良好、土质肥沃的沙壤土、夹沙黄泥土及冲积壤土栽培。在秋季进行深翻地,耕深30～50厘米,同时施入基肥,每亩施腐熟人粪尿1000～1500千克,然后纵横耙3～4遍。芍药一般采用畦作,畦作分为平畦和高畦两种,畦宽为1～1.2米,如果做高畦,畦高为17～20厘米,畦间留30～40厘米作业道。

(二)栽植

生产中多采用分根和芍头繁殖的栽植方法。

1.芍头的准备

芍头是指芍药根上的更新芽,药农称其为"芍头"或"芍芽"。当秋季收获芍药时,将芍头切下作栽植材料,芍药根则加工成白芍。切下的芍头按大小、芽的多少,顺其自然生长,用刀切成2～4个。每个芽头应有粗壮的芽苞2～3个。每个芍头厚度在2厘米左右,过薄养分不足,生长不良;过厚主根不壮且多分支。芍头切后可直接进行栽种,若不能直接栽种,就应进行储藏。

芍头储藏的方法有两种:一是在室内堆藏。储藏室应通风、阴凉、干燥。在室内地上铺8～10厘米厚细沙或细土,然后将芍头堆放其上,储藏时芽朝上,依次排放,厚15～20厘米,上面再加盖12厘米厚细沙或细土。要保持细沙和细土的湿润,每过15～20天要检查一次,若细沙和细土漏入芍头中,要及时加盖细沙或细土,注意防止芍头发霉或干烂。另一种是坑藏。在地势高燥的平地挖一长方形坑,坑宽70厘米、深20厘米,长度根据芍头数量确定。坑底清理平整后,铺6～10厘米厚细沙,然后堆放一层芍头,芽向上,再覆一层细湿沙,厚6～10厘米,芽头可稍露出土面,以便检查。

2.分根

芍药还可以用分根方法选取种苗。在采收芍药时,将粗大的芍药根从芍头着生处切下,作药材。留下较细的根(像铅笔杆那么粗),按其芽和根自然生长的势头,剪成2～4株,每株需留壮芽1～2个,根1～2条,根的长度为18～22厘米。

3.栽种

栽种时间从8月上旬至10月均可,要根据不同地区的实际情况确定。栽种前将芍头按大小分级,分别栽种,有利于苗齐,长势相同便于管理。栽种时采取穴栽方法,行距为50~60厘米,株距为40厘米,穴深为12厘米左右,穴径为20厘米。每穴栽1~2个芍头或一个分根。穴挖好后,可先松底土,并施入腐熟厩肥等肥料,与底土拌匀,厚5~7厘米。然后进行划种,每穴种芍头1~2个,芽头向上,摆在正中,边覆土边用手固定芍头。最后再施入少量黑土,盖土要高过畦面,呈馒头形,以利芍头越冬。

一般每亩用芍头100~150千克,1亩芍药根的芍头可供2~5亩土地使用。

(三)田间管理

芍药种植后3~4年才能收获,因此每年都要认真管理。

1.放封和封土

栽种后第二年3月上中旬,芍药嫩芽开始萌动,并先后出土,因此要提前去掉堆土,一般在幼苗出土前4~5天进行。做此工作必须细心,以防伤害芍药幼芽。药农称此工作为"放封"。放封时可进行杂草清除。

到秋季地上部分枯萎后,应及时剪去枝干,扫除枯叶(可集中烧毁,防止黑斑病菌在土下越冬),结合封土施肥。封土时将周围细土堆成高9厘米的圆形小土堆。

2.中耕除草

每年春季第一次除草时,芽刚刚生长,因此宜浅耕。以后在4、5、6月各松土除草一次。在7—8月高温雨季,应停止中耕除草。

3.追肥

栽植时施基肥的当年不追肥,以后每年可追肥3~4次:第一次于3月中旬进行,每亩施人粪尿水1200~1500千克;第二次于4月上中旬进行,每亩施人粪尿水1500千克、氯化钾20千克;第三次可于7月初施入,施肥量同第二次,但不加氯化钾;第四次于封土前进行,每亩施人粪尿水1000千克、饼肥50~100千克、过磷酸钙25~40千克。

另外,还可从第二年开始,每年5—6月进行一次根外追肥,用0.3%磷酸二氢钾溶液喷洒叶面,增产效果显著。

4.排水与灌溉

芍药喜干旱,抗旱性强,因此一般情况下不需灌水,只需于入夏时在株旁培土或行间盖草,即可避免高温干旱的危害。芍药怕湿,更怕积水,因此在夏季多雨时节,要做好防水排涝工作。

5.摘蕾

药用芍药应及早摘蕾,以利根的生长,一般于4月中旬花蕾出现时,选晴天将花蕾全部摘除。作良种繁育的植株,可留下大的花蕾,其余的花蕾也要摘除,以保证留种的种子籽粒饱满。

三、主要病虫害及其防治

(一)灰霉病

灰霉病又称"花腐病",主要危害叶、茎和花。叶片感染病菌后,先从下部叶的叶尖和叶缘开始发病,病斑褐色,近圆形,上有不规则轮纹,以后会长出灰色霉状物;茎上病斑褐色,菱形,软腐后植株折断;花发病后花瓣腐烂。

防治方法如下：①冬季清除病株。②实行轮作；合理密植，增加株间通风透光。③发病初期喷 60％多菌灵 800～1000 倍液或 40％炭轮斑落灵 1500 倍液，也可喷 1∶1∶100 的波尔多液，每 7～10 天喷一次。

（二）叶斑病

叶斑病又称"轮纹病"，主要危害叶片。叶片发病时正面为灰褐色，近圆形病斑，后扩展为同心纹状病斑，上有黑色霉状物。

防治方法如下：①增施磷、钾肥，给叶面喷施磷酸二氢钾水溶液。②发病初期喷 60％多菌灵 800～1000 倍液或 70％甲基托布津 1000 倍液，每 7～10 天喷一次，连续喷数次。

（三）锈病

锈病又称"刺绣病"，主要危害叶片。叶背面有黄色或黄褐色颗粒状物，后期叶面出现圆形、椭圆形或不规则的灰褐色病斑；叶背面出现暗褐色刺毛状物。

防治方法如下：①种植地远离松柏类植物。②发病初期喷 25％粉锈宁或 80％代森锌800 倍液。

（四）软腐病

病菌从种芽切口侵入根部，被侵染初期根部出现水渍状褐色病斑，后变为黑褐色，最后变软，病部生有灰白色茸毛，严重时根条干缩僵化。

防治方法如下：①储藏芍头时用的沙土，要用 0.03％新洁尔灭消毒液消毒。②芍头也要用 0.3％新洁尔灭消毒液消毒。③储藏用的沙土含水量不要过大，以手握成团、松开即散为好。

（五）虫害

蛴螬、蚜虫、地老虎等也危害芍药，可按常规方法防治。

第六节　菘　蓝

一、生长习性

菘蓝又名"板蓝根""大青叶"，原产于我国北方，适应性较强，在我国北方和东北地区均能生长，在长江以南地区不适宜生长，钱塘江两岸和江西省是菘蓝的南缘。

菘蓝对土壤要求不严，但喜土层深厚、疏松肥沃、排水良好的沙壤土，地势低洼易积水的土壤不宜种植。

菘蓝是二年生植物：第一年只有营养生长，第二年才开花结果。因此，第一年可多次采收叶片，秋季收获根部。若需留种，种根需越冬，渡过春化阶段，第二年才能开花结实。

二、栽培技术

（一）选地与整地

菘蓝喜湿凉环境，怕涝，故应选择地势平坦、排水良好、疏松肥沃的沙壤土、内陆平原和冲积土栽培。播种前深翻 20～40 厘米，可结合整地施入基肥，每亩施堆肥或厩肥 2000千克、过磷酸钙 50 千克或草木灰 100 千克，然后整平耙细。雨水较少的地区可做平畦，雨水多的地区做高畦,畦宽为 1.3 米,畦高可为 15～30 厘米。

（二）播种

播种可春播(4 月上旬至 5 月上旬)、夏播(5 月下旬至 6 月中旬),亦可在种子成熟后随采随播,但以春播为好。

1.种子处理

播种前将种子用 30～40 ℃的温水浸泡 4 小时,捞出晾干,拌细沙即可播种。

2.播种方法

菘蓝可撒播或条播。条播时按行距 20～25 厘米开沟,沟深 2 厘米,播下种子后覆土,覆土高度与畦面平。每亩用种量为 1～2 千克。播后 5～7 天即可出苗。

（三）田间管理

1.间苗、定苗

当苗高为 7～10 厘米时,进行间苗;当苗高为 12 厘米时定苗,株距为 7～10 厘米。

2.中耕除草

定苗时进行第一次中耕除草,以后每隔半个月至一个月除草一次,要保持田间无杂草,以利于叶的生长。当叶长大而封行后只拔大草即可。

3.追肥

间苗后,结合中耕除草可追施一次人粪尿,每亩施 1500～2000 千克。每次采叶后可追施一次人粪尿,每亩 2000 千克,并可加硫酸铵,每亩 5～7 千克,以利于多发新叶。

4.排灌水

夏季天气干旱时应灌水。雨季应注意及时清沟排水,防止田间积水。

三、主要病虫害及其防治

（一）霜霉病

霜霉病主要危害叶柄及叶片。植株发病初期,叶背面产生白色或灰白色霉状物,随着病害的发展,叶片变黄,最后呈褐色,叶片干枯严重时植株死亡。霜霉病在早春便侵入植株,以后逐渐蔓延,特别是梅雨季节,危害最为严重。

防治方法如下:①收获后及时清理田地,将有病植株集中烧毁。②进行轮作。③降低田间湿度,及时排除积水。④发病初期喷 1∶1∶100 波尔多液或 65%代森锌 500 倍液,每 7～10 天喷一次,连续喷 2～3 次。⑤喷洒 70%甲基托布津 800 倍液。每隔 7 天喷一次,连续喷 2～3 次。

（二）菌核病

菌核病危害全株,由土壤传染,首先感染下部叶片,然后逐渐向上,危害茎生叶、果实。发病初期植株呈水渍状,以后变为青褐色,最后全株腐烂。茎秆发病后,上面布满白色细丝状物(菌丝),茎秆中空,内有许多黑色菌核,将导致植株倒伏死亡,种子不能成熟,造成绝产。

防治方法如下:①进行轮作。②早期增施磷、钾肥,增强植株抗病能力。③减少湿度,排水防涝。④在植株根部施用石灰硫黄合剂。

（三）白锈病

白锈病使患病植株叶片上出现黄绿色小斑点,叶背面长出一个突起的白色脓疱状斑点,外表有光泽,成熟后斑点破裂,散出许多白色粉末状物,叶亦畸形发育,后期全部枯死。该病在华北地区一般发生于 4 月中旬,直至 5 月。

防治方法如下:①前茬作物不能是十字花科植物,如白菜、油菜、萝卜。②发病初期喷洒 1∶1∶120 的波尔多液,发病严重时喷 25％三唑酮 600 倍液。

（四）根腐病

植株感染根腐病的症状为根腐烂而使全株死亡,在多雨季节最易发生。

防治方法如下:①发病初期用 50％多菌灵 1000 倍液或 70％甲基托布津 1000 倍液淋穴。②及时拔除病株并烧毁,然后灌注上述农药于穴中。

（五）菜粉蝶

菜粉蝶常危害白菜、萝卜等十字花科农作物,因此,也极易危害菘蓝。其卵常产于叶片上,长瓶形,浅黄色;在春夏孵化,以成虫咬食叶片,造成叶片残缺而出现大片空洞,严重时会吃光叶片,尤以 6—7 月危害最严重。

防治方法如下:用 BT 乳剂 100～150 克/亩或 20％破皮脱 1500～2000 倍液喷雾。

（六）桃蚜

桃蚜主要危害嫩茎、叶及花蕾。其成群集生于叶背和嫩茎上吸取叶茎营养,使植株枯黄,生长受到影响;可使刚抽出的花蕾枯萎,不能开花结实,影响种子产量。

防治方法如下:喷洒 10％吡虫啉可湿性粉剂 1500 倍液或 50％灭蚜松乳油 1000 倍液。

第七节　桔　梗

一、生长习性

桔梗通常使用种子繁殖,一年生植株很少开花,二年生以上植株开花结实较多。种子千粒重约 1.4 克,发芽率为 70％～80％,早期植株生长缓慢,7—8 月生长旺盛,并孕蕾开花,8—9 月开花结果,10—11 月植株逐渐枯萎,第二年又生长出新的植株。

桔梗对温度的要求不严格,既能在严寒的北方安全越冬,又能在高温的南方生存。一般种子在土壤水分充足、温度为 18～25 ℃的条件下,播种后 25 天出苗。桔梗有较强的耐寒性,幼苗可忍受－29 ℃的低温而不致遭受冻害。

桔梗适宜在雨量充足的气候条件下栽培。播种后如果土壤墒情不好,或者天气久旱不雨,将影响种子出苗,造成缺苗断垄。在育苗时,一定要保持苗床有充足的水分,做到及时浇水。直播和移栽时,要选择土壤墒情好的地种植,以保证生育期对水分的需求。

桔梗是喜光植物,因此应选择向阳地块栽培。在光照不足的情况下,植株生长细弱,发育不良,容易徒长。

二、栽培技术

(一)选地与整地

桔梗根肥大,因此应选择土层深厚、有机质含量高、质地疏松、排水良好的壤土和沙壤土种植。黏重土、盐碱土等土壤不利于桔梗根系的生长发育,一般土壤的酸碱度以微酸性(pH 值为 6.5~7)为宜。

秋季整地:应在土壤结冻前进行翻地,每亩施厩肥 2500 千克左右,亦可加过磷酸钙和饼肥各 50 千克。翌年早春整平耙细,做好垄或畦田,若直播则应做成 50~60 厘米的垄或畦田,畦宽约 1.2 米。

(二)播种与育苗

1.直播

直播分春播和秋播。北方以春播为宜,播种期在 4 月下旬至 5 月上旬,秋播以 10 月下旬至 11 月上旬为宜。畦作的在畦面上按 20~25 厘米的行距开沟,沟深 1.5~2 厘米,将种子均匀撒入沟中,覆土厚约 1 厘米,稍镇压。垄作的采取耕种方法,用拉棒覆土,覆土不要太厚,1 厘米左右即可。不论采取哪种播种方法,播后都要灌水,保持土壤湿度。为了提高发芽率,增加产量,在播种前可进行种子处理,用 0.3%~0.5%高锰酸钾溶液浸种 24 小时,取出后冲洗掉药液,晾干后播种。

2.育苗

做畦前可施入基肥,4—5 月进行播种。播种前种子按上文方法浸泡、晾干。开沟条播行距为 10~15 厘米,沟深为 1.5 厘米,将种子撒播于沟内,覆盖筛过的细土,播前要灌足水,以保持土壤有足够的水分。沟上面盖草,以保温、保湿和防止雨水冲刷。当气温为 18~25 ℃时,约 15 天即可出苗。

(三)田间管理

1.移栽

当苗高 1.5 厘米时进行间苗;当苗高 3 厘米时定苗,株距为 3~4 厘米。培育一年,第二年春季移栽。若在垄作内定植,可在垄上开沟,沟深 20~25 厘米,按株距 7~9 厘米将幼苗均匀顺沟摆上,然后覆土,深度要超过芦头 3 厘米左右。畦栽时,在畦面上按行距 15~18 厘米开横沟,沟深 20 厘米,按株距 5~7 厘米将主根垂直栽入沟内,不要损伤须根。栽后盖土踩实,覆土要超过芦头 1~2 厘米。栽前将种株按大、中、小分级,分别栽植。

2.中耕除草

畦作的间苗、定苗后要分别进行一次松土除草,在生长期每年还应进行 2~3 次松土除草。垄作的播种当年在间苗后进行第一次松土除草,定苗后进行第二次除草,并进行浅稠培垄,第三次松土除草时进行第二次稠地培垄,秋季杂草种子成熟前锄一次草。以后每年两铲两稠,秋后锄一次草。

3.追肥

育苗田追肥可在定苗后进行,追施腐熟人粪尿一次,每亩 500~1000 千克;生产田(直播和移栽)每年可结合第一次铲稠进行追肥,每亩追腐熟厩肥 1000~1500 千克;有条件的,在开花期追一次化肥,每亩施过磷酸钙 15~20 千克。

4.排水

桔梗种植密度高,在高温多雨季节要及时排除积水,以防烂根。

5.除花

桔梗一般第二年开花,由于花期长达三个月左右,开花时将消耗大量养料,因此应及时摘除花蕾。若用药物喷洒,每平方米可用 40%乙烯利 1000 毫升,每亩用 75～100 千克(需乙烯利原液 250～300 毫升)喷洒,其疏花效果较好。

三、主要病虫害及其防治

(一)根腐病

根腐病常发生在高温多湿季节,特别是雨季田间积水时发生较重。它主要危害根部,最初病根表皮变红,后逐渐变为红褐色至紫褐色。根皮上密布网状红褐色菌丝,后期形成绿豆大小的紫褐色菌核,最后根部腐烂只剩下空壳,地上茎枯萎,造成严重减产。

防治方法如下:①在选地时,应以有一定坡度的地块为宜。②若发现植株有根腐病,除及时排水外,可于地面撒草木灰,或每亩用 5 千克多菌灵进行消毒,以起到预防病害发生和防止病害蔓延的作用。③发病严重的植株应及时拔除,并用石灰处理病穴。

(二)轮纹病

轮纹病是一种真菌病害,主要危害叶片,受害叶片上的病斑近圆形,直径为 5～10 毫米,褐色,具有同心轮纹,上生小黑点。该病一般多在 6 月开始侵染,7—8 月危害严重。

防治方法如下:①应注意田间清洁,及时排除积水。②发病初期可用 60%多菌灵800～1000 倍液或 70%甲基托布津 1000 倍液喷洒,每 7～10 天喷一次,连续喷 3～4 次即可。

(三)地老虎

地老虎常危害多种作物的幼苗,也是桔梗的主要害虫。其会咬食植株根部,使根死亡,进而造成地上植株死亡,严重影响产量。

防治方法如下:①在成虫期可在田间设置黑光灯或糖蜜诱蛾器诱捕成虫。②幼虫期每亩用炒香豆饼粉(或麦麸)1 千克、辛硫磷 100 克,拌成毒饵撒于苗床上,防治效果理想。

(四)根结线虫病

桔梗根部被线虫危害后,植株生长缓慢,叶片逐渐变黄,最后全株枯死。病株拔起可见主根和侧根有许多大小不等的虫瘿瘤,若用针挑开,可见许多白色的线虫。

防治方法如下:①实行轮作。②整地时进行土壤消毒。

第八节　黄　芪

一、生长习性

黄芪喜凉爽气候,有较强的耐寒性。黄芪对温度要求不太严格,种子发芽不喜高温,发芽适宜温度为 15～21 ℃,在该条件下,7～10 天即可出苗。在生长期若遇高温多雨天气,应注意预防病害。

黄芪喜干旱环境,耐旱能力强,所以土壤水分过多或积水都不利于黄芪生长。但幼苗期需水量大,所以要求土壤较湿润,随幼苗长大其抗旱能力逐渐加强,可减少灌溉。

黄芪对土壤肥力要求较低,喜沙壤土,疏松、透水透气性能良好的土壤更好,以微酸性为好。土壤过于黏重不利于植株生长,地下水位高、低洼易积水地不宜种植黄芪。

二、栽培技术

(一)选地与整地

平地种植黄芪应选地势高、排水好、渗透性强、地下水位低的沙壤土或冲积土,忌用低洼积水的草甸土、质地黏紧的黏壤土和含盐碱成分的盐碱土。在山区和半山区,以选择向阳、土层深厚、土质肥沃和渗水力强的沙砾土、沙壤土或棕色森林土为好。

黄芪根系较深并喜垂直生长,因此要深翻地,耕深一般在 30～40 厘米。翻地后应及时整地耙平,以利保墒。春季整地备垄应及早进行。伏夏翻地后要进行几次耙地灭草,在秋季做垄,垄距为 50～60 厘米。起垄后要把垄台耙平,以利播种。若畦作,在深翻后,应将地整平耙细,做 1.3 米宽的高畦,畦高 10～15 厘米,畦沟宽40 厘米。

黄芪不是喜肥植物,不提倡施肥。因为施肥虽可增加根的产量,但会使黄芪的药用价值降低。

(二)播种

1.选种

于播种前风选或筛选籽粒饱满、黑褐色、无虫蛀的种子。

2.种子处理

黄芪种子的皮较硬,透水性较差,吸水力弱,因此发芽困难,播种前需要进行处理。主要有以下两种处理方法:

(1)沸水催芽:将选好的种子放入 80～90 ℃的温水中,急速搅拌 1～2 分钟。立即加入凉水冷却,待水温降至 40 ℃后再浸泡 2 小时,然后将水倒出,加盖麻袋等物闷 12 小时,待种子膨胀时播种(此时必须土壤墒情好)。亦可捞出晾干后进行播种。

(2)机械处理:用碾米机快速打一遍(但开孔要大,避免损伤胚根,影响发芽率),一般以种皮起刺毛为好。

3.播种方法

春、秋两季均可播种,春季在 3 月中旬至 5 月上中旬播种(视不同地区而定),秋季在结冻前播种,以播种后耕层结冻而未出苗为宜,第二年春季出苗。

黄芪垄作时,可条播或穴播。条播可耧播或人工开沟撒播。穴播时,穴距为 15～18 厘米,每穴点 4～5 粒种子。覆土厚度约 3 厘米。畦作可进行条播,行距为 60 厘米。垄作的平均亩播量为 1.5～2 千克,畦作的平均亩播量为 2 千克。

(三)田间管理

1.定苗和中耕除草

黄芪幼根开始生长缓慢,出苗后往往草苗齐长,尤其是在干旱后下雨时这种情况更为突出。因此,当苗高 4～5 厘米时,应进行第一次铲镗,同时进行间苗。当苗高 7～8 厘米时进行第二次铲镗并定苗,要留"拐子苗"。膜荚黄芪株距为 9～10 厘米,亩保苗 1.2 万～1.3

万株。内蒙古黄芪株距为 6～7 厘米,亩保苗株数为 1.6 万～1.8 万株。定苗后于 7 月上中旬进行第三次铲耥。第二年进行两铲两耥,第三年进行一铲一耥。为了防止杂草丛生,播种后或出苗前可喷施除草剂氟乐灵,除草率达 95％以上。

2.排水和打顶

雨季应注意排水,以防止烂根死苗。若不收获种子,可于 7 月初进行打顶,这样可控制植株向高生长,减少养料消耗,有利于根的生长,提高根的产量。

三、主要病虫害及其防治

(一)白粉病

白粉病是黄芪的主要病害,危害叶片及荚果,多发生在 7—8 月的高温多雨季节。有时苗期亦会染病。发病后,叶片两面和荚果表面均生有白色绒状霉斑,似白粉状,随后蔓延至叶片,如覆白粉。后期在病斑上出现很多小黑点,造成叶片早期脱落,严重时会使叶片和荚果变褐或逐渐干枯死亡。

防治方法如下:①黄芪采收后及时清除田间病残体,集中烧毁或深埋,以减少越冬的病菌孢子。②发病初期喷 25％粉锈宁 1500 倍液。③用 70％甲基托布津 1000 倍液喷杀,每 10 天喷一次,连续喷 2～3 次。

(二)紫纹羽病(烂根病)

紫纹羽病的病原是一种担子菌,一般在高温多湿、地下水位高、土质黏重地段易发。植株须根先发病,而后逐渐向主根蔓延。发病初期,白色线状病菌菌索缠绕根上;后期菌索变为紫褐色,并互相交织成一层菌膜和菌核。根部自皮层向内部腐烂,最后全根烂完,叶片枯萎,全株死亡。

防治方法如下:①合理选地,不重茬。②加强田间管理,及时排出田间积水。③发现病株及时挖除,在病穴及其周围撒上石灰粉,以防病害蔓延。④收获时期将病残株集中烧毁或深埋,以减少越冬病菌。

(三)豆荚螟

豆荚螟幼虫于 7 月下旬至 9 月下旬发生。成虫在黄芪幼嫩荚果或花蕾上产卵,孵化后幼虫蛀入荚内咬食种子。老熟幼虫钻出果实外,入土结茧越冬。

防治方法如下:在花期用 20％高氯·辛或高氯·马 1500～2000 倍液喷杀,每 7～10 天喷一次,连续喷 3～5 次。

第九节　枸　杞

一、生长习性

枸杞喜凉爽气候,但适应性较强,引种到浙江、湖北、四川等省后生长良好。枸杞能耐寒,可在 −25 ℃的条件下越冬。枸杞耐干旱,但又需要足够的水分,尤其是在花果期更需要有足够的水分供给。但若其长期处于积水的低洼地,则会生长不良,引起烂根而死树。

枸杞是强阳性树,喜光,在全光照条件下生长迅速,若在阴地则生长不良。树冠中上部由于光照条件好,枝条生长健壮,花果数目多,果粒大,糖分高。

枸杞耐盐碱,能在土层薄和肥力差的碱荒地生长,在沙壤土、壤土、黄土等土壤上均可生长。但从丰产角度考虑,在土壤肥沃、土层深厚的土地上栽培的枸杞果实产量高、品质好。

枸杞从种子萌发至第一次开花结果,一般需两年,第5~6年进入盛果期,10~25年产量最高,30~40年产量逐渐下降。枸杞的花芽为混合芽,腋生,可在一年生枝上结果,也可在二至三年生枝上结果。枸杞萌芽力强,每年4—8月都会从树干发出新枝条,也可从根部长出根蘖苗。

枸杞经过多年栽培,已有10多个品种,目前在生产中常用的优良品种是大麻叶和小麻叶。大麻叶的果实大,先端钝或平,果身具棱,千粒鲜果重440~500克,产量高,最高单株产鲜果14千克,枝刺少。小麻叶的果实较大麻叶小,果身圆,先端较尖,千粒鲜果重350~400克,产量比大麻叶低,最高单株产鲜果12.2千克,叶色绿,刺少。

二、栽培技术

(一)选地与整地

枸杞育苗地以土层深厚、排水良好、土壤稍碱性、阳光充足的地块为好。栽植地以含盐量低的沙壤土为好。选好地后要进行秋翻整地,将育苗地做成宽1.2~1.3米的高畦,每亩施基肥2500~3000千克。栽植地也应施入基肥,平整土地,确定好种植穴位,以便定植。

(二)繁殖

枸杞以种子繁殖为主,无性繁殖可用扦插、根蘖、压条、嫁接等方法。

1.种子繁殖

(1)采种和种子处理:选择六年生以上、生长健壮的优良品种植株作采种母树。于6—11月果实成熟时,选择果大色红、无病虫害的果实作种用。果实采收后,用温水浸泡,然后捞出捣烂,去掉果肉、果皮,取沉底的种子晒干后保存;亦可只用沙藏法进行催芽,待第二年播种。

(2)播种:在整好的育苗地上,于春季3月下旬至4月上旬进行播种,亦可夏播或秋播。按行距20~40厘米开沟条播,亩用种子量为100~250克。若用干种子,需提前浸泡1~2天,捞出后晾干,拌细沙或草木灰下种,播后覆土1~3厘米,稍加镇压后,盖草保湿。

(3)苗期管理:种子出苗后,要及时揭去盖草,若土壤墒情不好,应及时灌水,以利于出苗。

①中耕除草:苗期每年可进行4~5次中耕除草。当苗高1.5~3厘米时,即可进行第一次中耕除草,以后每隔20~30天除草一次。结合中耕除草可追施稀人畜粪水或尿素(每亩可施用尿素7~8千克)。

②间苗和定苗:当苗高3~5厘米时,进行第一次间苗,株距为5~9厘米;当苗高6~9厘米时,进行定苗,株距为10~18厘米。

为了促使幼苗主干生长,应及时抹去离地40厘米以下的侧芽,当苗高60厘米以上时,摘心打顶,以加速主干和侧枝的生长。当根颈粗达 0.7 厘米时(一般当年即可长至此粗度),即可移入生产田。

2.扦插繁殖

在春季树液流动时,剪取优良母树上一年生直径在 0.3 厘米以上、长 18～20 厘米的已木质化枝条,作为插条枝,捆成小捆,下端竖在盆中,用 15 毫克/升的萘乙酸浸泡 24 小时,或用 500 毫克/升的 ABT 生根粉或 500～1000 毫克/升的吲哚乙酸溶液快速浸渍 10～15 秒,晾干后扦插。一般扦插时间在 4 月上旬,在苗床上按行距 40 厘米开沟,沟深 15 厘米,按株距 6～10 厘米把插条斜放在沟中,填土踏实。插条上端需留 1～2 个节。扦插后可用地膜覆盖,以加速生根、发芽。当苗高 60 厘米时,即可出土定植。

(三)定植

定植在 3 月下旬至 4 月上旬进行,按株行距 2.5 米×2 米或 2 米×1.2 米挖穴,穴深 30～40 厘米,每穴施腐熟厩肥 2.5～5 千克,与湿润土壤充分混合,盖细土 10 厘米,将苗栽入穴中,然后填土、踏实。在埋土至半穴时,可将树苗提起,使根系舒展。定植深度以苗木根颈与地面持平为好。

(四)田间管理

1.中耕除草

定植后的 2～3 年,可在果树下间种一些豆类、蔬菜等作物,以充分利用土地。此时中耕除草主要结合作物进行。三年以后可不间种其他作物,此时要进行翻晒园土,除草松土,一般于 3 月下旬至 4 月上旬进行。行间深度以 10～15 厘米为宜,树冠下浅一些。8 月中下旬进行秋晒秋翻,行间深度以 18～22 厘米为宜,树干附近要浅一些。此外,5、6、7 月还可各进行一次中耕除草。

2.追肥

在枸杞生长期,每年可追肥三次:第一次在 5 月上旬,第二次在 6 月上旬,第三次在 6 月下旬。每次每株追施尿素 0.1 千克,可穴施或环状撒施,同时盖土。在枸杞开花结果期,还可用 0.5%尿素和 0.3%磷酸二氢钾进行根外追肥(可于 6、7、8 月各追施一次)。在每年 11 月灌封冻水之前,每株还可施人粪尿 20 千克、饼肥 2 千克。

3.灌溉

枸杞灌水可分三个时期:①4 月上旬至 6 月上旬,这是枸杞新枝生长和开花结果期,要灌 3～4 次水,一般每隔 15 天浇灌一次。②6 月中旬至 8 月中旬,此时正值高温时期,而且又是枸杞果实成熟期,需水量更大。一般是每采一蓬果后灌溉一次。③8 月下旬至 11 月,这时正值秋果成熟和越冬枝条生长期,可在 9 月上旬、10 月底、11 月上旬各灌溉一次,最后一次为封冻水。

对枸杞灌溉时,既要浇透,又不能过量,更不能积水,若遇夏季多雨天气,还应排水,不能使枸杞长期处于积水状态,否则会引起烂根而使植株死亡。

(五)整形修剪

和一般果树一样,整形修剪是枸杞栽培技术的一个重要环节。枸杞目前以主干分层形树形为好,其树高一般在 2 米左右,主干上生出主枝,称"骨干枝",一般有三层骨干枝。具体整形修剪方法如下:

1.幼树的整形

定植当年,在树干离地50~60厘米处定干。当年秋季在主干上部四周选3~5个生长粗壮的枝条作主枝,并在20厘米处短截。第二年春季在此枝上发出新枝时,将它们于20~25厘米内短截为骨干枝。第3~4年仿照第二年的办法,继续保留和形成一层新的骨干枝,至第5~6年,当树冠形成后,可选一个接近树冠中心的直立枝,并于30~40厘米处摘心,使其生长成新的侧枝,以构成上层树冠骨架。这期间还可以对生长过密的植株疏剪枝条。

2.成年树的修剪

一般枸杞树长至5~6年即已经进入成年树阶段,且进入盛果期,此时合理的修剪是保证枸杞生产的重要措施。成年树的修剪可在春、夏、秋三季进行,4月是枸杞树的萌芽和新枝生长初期,主要是剪除枯枝和枯梢。5—6月进行夏剪,要剪去徒长枝。但如果树冠空缺,则要保留一些徒长枝,并剪去枝梢,以促进侧枝发育,形成结果枝。8—9月进行秋剪时,主要剪去徒长枝,主干基部的萌生枝,树冠内膛串条枝、老枝、弱枝,达到树冠枝条上下通顺、疏密分布均匀、通风透光的目的。但要保留生长健壮的"七寸枝"和"老眼枝",作为下一年的结果枝。

三、主要病虫害及其防治

(一)枸杞黑果病

枸杞黑果病又称"炭疽病",主要危害果实,其次危害花、茎、叶,在雨季流行,是河北、山西、陕西等省栽培枸杞的主要病害。青果期易感染,会在青果上产生圆形不规则的褐色微凹陷病斑,上有小黑点,排列成轮纹状。空气湿度大时,病部可见橘红色黏液。后期果实变黑,僵化枯死。叶片发病初期叶面上有黄色小斑点,以后逐渐扩大成不规则形,边缘红褐色,最后叶片破裂穿孔,病菌借雨水传播,在残留的病果和枝条上越冬。

防治方法如下:①秋剪时,剪去病枝和残叶,并集中烧毁。②发病初期用1:1:(120~160)的波尔多液或60%多菌灵1000倍液喷洒。③结果期喷40%炭轮斑落灵1500~2000倍液,每7~10天喷一次,连续喷3~4次。④人工免疫防治。在田间喷非致病的红麻炭疽菌或挂上带菌的枝条,使枸杞对黑果病产生免疫力。

(二)灰斑病

灰斑病主要危害叶片,叶片发病后出现圆形病斑,中间黄白色、边缘褐色,叶背面有黑色霉状物。

防治方法如下:从6月开始喷洒1:1:300的波尔多液或65%代锌森500倍液,每7~10天喷一次,连续喷3~4次。

(三)根腐病

根腐病主要危害根部,使须根变成褐色进而腐烂死亡,以后主根也染病发黑腐烂,致使全株死亡。

防治方法如下:①发现病株后,及时拔除烧毁,病穴用5%石灰乳消毒。②发病初期用50%多菌灵1000~1500倍液浇灌根部。

（四）枸杞实蝇

枸杞实蝇幼虫主要危害果实,越冬代成虫第二年在枸杞现蕾期大量羽化出土,4~9天后产卵于幼果上,幼虫孵化后钻入果实,咬食果肉。老熟幼虫会于夜间近果柄处钻孔外出,弹跳入土,在土中3~6厘米处作蛹。该虫一年可发生三代。

防治方法如下:①在现蕾期前3~5天,用5‰西维因粉均匀撒于枸杞园内,每亩用量为3千克。②发现有虫果实,及时摘除,并杀死幼虫。③实行秋翻地和冬灌水,杀死越冬虫蛹。

（五）枸杞负泥虫

枸杞负泥虫成虫和幼虫在4—10月危害叶片,成虫产卵于嫩叶片上,卵块呈"人"字形排列。

防治方法如下:①4月中旬在枸杞园内地面撒施5‰西维因粉(1千克混合细土5~7千克)。②虫害发生时,喷洒20％高氯·马1500~2000倍液。

（六）枸杞蛀果蛾

枸杞蛀果蛾幼虫蛀食果实,使其脱落;有时钻蛀嫩梢,使新梢枯萎,或蛀食幼蕾、花器,幼虫在树干缝中结茧越冬。

防治方法如下:①结合冬剪,消灭树干皮缝中的越冬虫。②4月上中旬,第一代幼虫危害果树时,喷洒20％灭幼脲1500~2000倍液。

第十节　薄　荷

一、生长习性

薄荷喜温暖潮湿和阳光充足、雨量充沛的环境,根茎在5~6℃的温度下就可萌发出苗,其最适生长温度为20~30℃,气温在-2℃时茎叶枯萎。薄荷有较强的耐寒能力。

栽培薄荷的土壤以疏松肥沃、排水良好的沙壤土为好。雨量分布对薄荷的生长发育有较大的影响,植株生长初期和中期需水较多,现蕾开花期需要晴天和干燥的天气。薄荷忌连作。薄荷的地上部分有直立茎、匍匐茎和叶片。直立茎上的腋芽萌发成分枝,茎基部上的芽能萌发成匍匐茎,当头刀或二刀薄荷收割后,匍匐茎上的芽都可以萌发出新苗,向上生长。

二、栽培技术

（一）选地与整地

薄荷宜选择土层深厚、疏松肥沃、排水良好、阳光充足的沙质壤土栽培。选好地后要进行翻耕,耕深可为25~30厘米,每亩施基肥腐熟厩肥或堆肥2500千克。可做宽1.5米的高畦,畦沟宽40厘米,同时修好排水沟。

（二）繁殖方法

1.根茎繁殖

根茎繁殖是生产上最常用的繁殖方法,具体做法如下:

培育种栽可于 4 月下旬或 8 月下旬进行,在薄荷田选择生长健壮、无病虫害的植株,挖起移栽至另一块种栽地,按行距 20～25 厘米、株距 10～15 厘米栽植,留作第二年的种栽;亦可于秋末选优良植株作为种栽,当年栽种。

栽种可于 10 月下旬至 11 月上旬或早春土壤解冻后进行。栽种时要选取节间短、粗壮肥大、无病虫害的根茎,切成 6～10 厘米长的小段作种栽。在商品畦上按行距 25～30 厘米开沟,沟深 6～10 厘米,把种栽一一排开,可以首尾相接,也可每隔 15 厘米排放两根,然后覆土镇压。每亩用根茎 75～100 千克。

2.扦插繁殖

在 5—6 月选取健壮、无病虫害的植株,剪下地上部分,剪成 10 厘米长的小段,在事先做好的畦床上扦插,按行距 7 厘米、株距 3 厘米进行扦插育苗,待生根发芽后再移栽至生产田。

薄荷一般在清明节前后进行移栽,栽时选阴天,随起苗随移栽;按行距为 20～25 厘米,株距为 15～20 厘米挖穴,穴深 7～10 厘米,挖松底土,适当施入肥料;每穴栽 1～2 株,覆土压实,并浇上稀人畜粪水,以利苗木成活。

(三)田间管理

1.中耕除草

第一次中耕除草可在苗高为 7～10 厘米时进行,中耕宜浅,因薄荷的根多分布在表土层下 15 厘米左右,根状茎则分布在表土层下 10 厘米左右,深耕会伤害根茎和根。第二次中耕除草于 6 月上旬进行。第三次中耕除草在第一次收割薄荷后进行,此时由于地上部分被割去,因此能更好地清除杂草,并拔除老的根茎,以促进新苗生长。第四次于 9 月中旬进行,不必中耕,只需拔大草即可。以后每收割一次就可做一次清理工作。

2.追肥

由于薄荷一年要收割几次,因此追肥工作便显得格外重要。追肥一般分为四次:第一次在苗齐后(4 月),第二次在生长盛期(5—6 月),第三次在头刀薄荷收割后(7 月),第四次在二刀薄荷苗高 15 厘米左右时(8 月下旬)。施肥以氮肥为主,同时辅以磷、钾肥。第一、四次追肥稍轻,第二、三次宜重。轻施者每亩用人畜粪水 2000 千克或碳酸氢铵 20 千克。重施者每亩用人畜粪水 3000 千克、饼肥 50 千克,或者撒施碳酸氢铵 25 千克。

3.灌溉和排水

7—8 月若遇高温干燥天气,应及时灌溉。每次收割、施肥后也要及时灌溉。梅雨季节和大雨过后应及时排水。

4.摘心去顶

5 月,选择晴朗天气摘去植株顶芽,以促进其多分枝,达到增产的目的。

四、主要病虫害及其防治

(一)锈病

植株患病初期,叶背面有橙黄色粉状物,发病后期叶背面产生黑褐色粉状物。严重时,叶片枯死脱落,影响薄荷产量和质量。该病一般多在 5—7 月多雨潮湿的季节发生。

防治方法如下:①加强田间管理,降低田间湿度。②发病初期喷 25％粉锈宁1000 倍液或 20％萎锈灵 200 倍液,但在收割前 20 天要停止喷药。

（二）白星病

白星病又称"斑枯病",侵入植株初期叶两面产生近圆形暗绿色病斑,以后不断扩大,成为近圆形或不规则形的暗褐色病斑。后期病斑内部变成灰色,呈白星状,上生黑色小点。感病严重时叶片会枯死脱落。

防治方法:①发现病株要及时拔除并烧毁。②发病初期喷 50％多菌灵 1000 倍液或 65％代森锌 500 倍液,每 7 天喷一次,连续喷 3～4 次,但收获前 20 天要停止喷药。

第七章　农作物栽培技术

第一节　小　麦

一、主要优良品种

(一)淄麦 7 号

1.品种来源

该品种系淄博市农业科学研究院以 856043 为母本、865017 为父本杂交选育而成。

2.特征特性

该品种为弱冬性,生育期为 218 天,晚播早熟,幼苗半匍匐,株型紧凑,株高 83 厘米,有效穗数为 41.9 万/亩,分蘖成穗率为 53.2%;穗长方形,长芒、白壳、白粒、硬质,千粒重 39.3 克,容重为 776.3 克/升,穗粒数为 31.0,籽粒饱满,熟相好;抗倒伏性中等,抗条锈、叶锈和白粉病。

3.栽培技术要点

该品种适宜晚茬播种,一般播期为 10 月 25 日左右,每亩基本苗为 18 万株左右,在 11 月 1 日后,每晚播两天增加播量 0.5 千克。经审定,该品种适合在鲁南、鲁西南作为晚茬品种推广利用。

(二)淄麦 12 号

1.品种来源

该品种系淄博市农业科学研究院以 917065 为母本、910292 为父本杂交选育而成。

2.特征特性

该品种为冬性,生育期为 243 天,幼苗半匍匐,株高 82.4 厘米;有效穗数为 32.3 万/亩,分蘖成穗率为 28.7%,穗长方形,长芒、白壳、白粒、硬质,千粒重 42.9 克,穗粒为 41.0,熟相中等,籽粒较饱满;抗倒伏性好,经抗病性接种鉴定,高感条锈病,中感叶锈病,高感白粉病,有黑胚现象;属优质强筋专用小麦品种。

3.栽培技术要点

栽培要点为培肥地力,足墒播种。该品种的适宜播期为 10 月上旬,每亩基本苗为 15 万株左右,生长期间要注意防治病虫害。经审定,在高肥水条件下,该品种作为强筋专用小麦品种被推广。

（三）济南 17 号

1.品种来源

济南 17 号（原代号 924142）系山东省农业科学院作物研究所以临汾 5064 为母本、鲁麦 13 为父本进行有性杂交，经系谱育种法选育而成的高产优质面包小麦新品种，于 1999 年 4 月经山东省农作物品种审定委员会正式审定命名。

2.特征特性

该品种为冬性，幼苗半匍匐，抗寒性好，分蘖力强，成穗率高，属多穗型品种；株型紧凑，叶片上冲，长势和长相好；株高 75 厘米左右，秆强抗倒；据山东省农业科学院植物保护研究所分圃接菌鉴定，中感流行性优势小种条中 29 号和 31 号、叶中 4 号和白粉 16 号；中早熟，全生育期为 244 天左右，熟相好；穗纺锤形，穗粒数为 30～35，顶芒、白壳、白粒、角质，千粒重 35～42 克，综合农艺性状较好；适应性广、高产、稳产。1999 年，经农业部谷物品质监督检测中心测定，该品种面团稳定时间为 21.8 分钟，百克面粉面包体积为 860 立方厘米，综合品质已达到美国和加拿大优质小麦品质指标。通过配粉可用其生产高档水饺、面条（方便面）和馒头等食品。

3.栽培技术要点

该品种适宜在山东全省及河北、山西、河南、江苏、安徽、北京、新疆等省市亩产 400～600 千克的中高肥水地块种植。为确保高产，要求土壤肥沃、水浇条件好，适时精量播种，基本苗为 8 万～10 万株/亩，提高整地和播种质量，确保苗全苗壮，群体结构合理。

（1）冬灌：小雪时节，针对苗势弱、缺苗地段，结合追施 5～10 千克/亩尿素进行冬灌。冬灌后及时划锄保墒，培青壮苗，保证冬前分蘖 60 万～80 万个/亩。

（2）划锄保墒：冬前和早春在做好查苗补苗的基础上，管理以镇压划锄为主，保墒，提高地温，增加大蘖。对旺长麦田，还要注意进行深耘断根，逼根下扎，以达到促上控下、创建合理群体的目的；或者喷施壮丰安、多效唑等药剂进行化控处理。

（3）春灌和追肥：该品种分蘖成穗率高，春蘖易成穗，因此，春灌和追肥应适当延后，以避免形成过大群体。除苗势较弱的地块外，一般不浇返青水、起身水。春灌适当推迟至 3 月底或 4 月初第一节间定长后进行，并结合灌溉每亩追施 20 千克尿素。

（4）灌浆水：小麦籽粒产量的 90％以上来自抽穗后的光合产物，小麦籽粒蛋白含量差异也主要取决于生育后期吸氮能力的不同，因此采取综合措施，提高小麦生育后期的代谢活动对实现小麦优质高产至关重要。该品种小麦扬花后 15 天左右要浇灌浆水，以保证小麦生理用水；同时还可改善田间小气候，降低高温对小麦灌浆的不利影响，减少干热风的危害。实践证明，灌浆水可提高籽粒饱满度，增加粒重，可使千粒重提高 2～3 克。

（5）叶面追肥，提高小麦品质：研究表明，叶面追肥，不仅可以改善田间小气候，减少干热风的危害，而且可以增强叶片功能，延缓衰老，提高小麦产量，同时可以明显改善小麦籽粒品质，提高面团稳定时间。因此，小麦进入灌浆期后，要向叶面喷施磷酸二氢钾 1～2 次，达到增产增质的效果。

（6）防虫防病：该品种轻感白粉病，抽穗后可在防治蚜虫的同时，每亩加入 50～75 克粉锈宁乳油，防治白粉病。

（四）济麦 19 号

1.品种来源

济麦 19 号（原代号 935031）系山东省农业科学院作物研究所以鲁麦 13 为母本、临汾 5064 为父本进行有性杂交选育而成的高产、优质面条小麦新品种，于 2001 年通过山东省品种审定委员会审定。

2.特征特性

该品种株高 85 厘米左右，幼苗半匍匐，冬性，越冬性好，中熟，分蘖力中等，成穗率较高，株型优良；穗粒数为 35 左右，千粒重 45 克左右；籽粒椭圆、白粒、角质、饱满，出粉率高，是制作优质面条的理想原料。

3.适宜地区

该品种适合在山东省和黄淮地区 450 千克/亩生产水平地区大面积种植，是山东省小麦主栽品种之一。

（五）滨麦 3 号

1.品种来源

滨麦 3 号（原代号阳 9431821）系阳信县种子公司由鲁麦 21 号选育而成。

2.特征特性

该品种为冬性，生育期为 240 天左右，幼苗匍匐，株型紧凑，株高 83.6 厘米；有效穗数 42.6 万/亩，分蘖成穗率为 40.3%；穗纺锤形、长芒、白壳、白粒、粉质，千粒重 38.2 克，穗粒数为 36.0，籽粒较饱满，熟相好；较抗倒伏，经抗病性接种鉴定，高抗条锈、叶锈病，中抗白粉病。

3.栽培技术要点

栽培要点为培肥地力，足墒播种。其适宜播期为 10 月上旬，每亩基本苗为 10 万株左右，生长期间要注意防治病虫害。经审定，该品种适于在山东省中高肥水条件区域推广利用。

（六）山农 1135

1.品种来源

该品种系山东农业大学农学院以（721511/冀 82-5205）F1 为母本、冀 845418 为父本进行杂交，经系谱法选育而成。

2.特征特性

该品种为弱冬性，生育期为 220 天，幼苗半匍匐，株高 78 厘米，株型紧凑，有效穗数为 446 万/亩，分蘖成穗率为 52.5%；穗纺锤形、长芒、白壳、白粒、硬质，千粒重 38.15 克，穗粒数为 28.7，籽粒较饱满，熟相较好；较抗倒伏，抗条锈、叶锈病，中感白粉病。

3.栽培技术要点

该品种适宜晚茬播种，一般播期为 10 月 25 日左右，每亩基本苗为 25 万株左右；随着播期后移，播量相应加大，春季应适当早管。经审定，该品种适于在鲁南、鲁西南作为晚茬品种推广利用。

（七）山农优麦 2 号

1.品种来源

该品种是山东农业大学农学院小麦品质育种研究室，采用田间系谱与室内抗旱生理鉴定相结合的方法选育而成的旱地优质面条小麦新品种,于 2000 年 4 月通过山东省品种审定委员会审定。

2.特征特性

该品种为冬性,幼苗半直立,分蘖成穗率高,株高 85～90 厘米,茎秆弹性好,耐旱,抗倒伏,抗青干和叶枯病,抗三锈和赤霉病;穗长方形,长芒,穗粒数为 35 左右,籽粒白色,饱满度好,硬质,千粒重 46 克左右。该品种适合用于加工高档方便面和优质水饺,面条加工试验评分为 90.5,为目前省内面条小麦评分的最高分;也可作为配粉加工面包等食品。

3.栽培技术要点

该品种可作为旱肥地和水地旱作两用品种进行栽培。旱肥地亩产一般可达 400 千克以上,水地旱作可达 500 千克左右。耕地前要施足底肥,一般亩施土杂肥 3000 千克、过磷酸钙 50～70 千克、尿素 10 千克。耕前造墒或抢墒耕耙,尽量深耕,以储水抗旱,并细耙整平和精细播种,保证一播全苗。旱肥地适期适墒播种,每亩播种量为 7～8 千克。水地旱作适期播种,每亩播种量为 4～5 千克。出苗后及时划锄、查苗补苗。年后划锄 1～2 遍,以保墒增温,促根壮蘖。水地旱作拔节前后结合浇水追施尿素 15 千克,旱地开沟追肥 15 千克。抽穗前后每亩补施尿素 5 千克。灌浆期喷 2％磷酸二氢钾一次,收获前去杂保纯。

(八)山农优麦 3 号

1.品种来源

山农优麦 3 号(原代号 PY85-1-1)系山东农业大学农学院和肥城市良种场以 79401 为母本、鲁麦 1 号为父本进行杂交,经系谱法选育而成。

2.特征特性

该品种为冬性,生育期为 219 天,幼苗半匍匐,株高 81 厘米,有效穗数为 36.4 万/亩,分蘖成穗率为 42.5％;穗长方形,长芒、白壳、白粒、半硬质,千粒重较高,为 47.8 克,穗粒数为 28.5,籽粒较饱满,熟相中等;较抗倒伏,中抗条锈、叶锈病。

3.栽培技术要点

该品种适宜晚茬播种,一般播期为 10 月 25 日左右,每亩基本苗为 18 万株左右,在 11 月 1 日后,每晚播两天增加播量 0.5 千克。经审定,该品种适于在鲁南、鲁西南作为晚茬品种推广利用。

(九)潍麦 7 号

1.品种来源

潍麦 7 号(原代号潍 64225)系潍坊市农业科学院以临 550×(钱尼×中 312)复合杂交,经系谱法选育而成。

2.特征特性

该品种为半冬性,生育期为 243 天,幼苗匍匐,株型紧凑,株高 80.7 厘米,有效穗数为 39.0 万/亩,分蘖成穗率为 34.1％;穗纺锤形,长芒、白壳、白粒、硬质,千粒重 37.2 克,穗粒数为 39.2,籽粒较饱满,熟相较好;抗倒伏性好,经抗病性接种鉴定,高抗条锈、叶锈和白粉病。

3.栽培技术要点

栽培要点为培肥地力,足墒播种。该品种的适宜播期为 10 月上旬,每亩基本苗为 10

万株左右,生长期间应注意防治病虫害。经审定,该品种适于在山东省中高肥水条件区域推广利用。

（十）烟优 361

1.品种来源

该品种是烟台市农业科学研究院小麦研究所以烟 1933 为母本、陕 82-29 为父本,有性杂交后用系谱法选育而成的优质、高产、广适性小麦新品种。

2.特征特性

该品种为冬性,幼苗半匍匐,叶色呈深黄绿色,叶片上冲,株高 75~80 厘米,分蘖成穗率高,中大穗;穗长方形,长芒、白壳、白粒、角质,穗粒数为 40 左右,千粒重 40 克左右;落黄好,抗寒、抗病能力强,尤其高抗赤霉病;综合品质性状突出,各项指标均接近或超过国家一级面包小麦的标准。

3.栽培技术要点

该品种适应性强,在高、中肥水及节水地块均可种植。该品种成穗率高,在肥水条件好的地块播种量不易过大,一般应适期播种,亩基本苗为 7 万~8 万株。播种量每亩为 4~5 千克,超出适期播种范围应适当增加或减少播量。在节水地块,播量应适当加大,一般亩基本苗为 12 万~15 万株。该品种抗干旱能力强,在管理上可适当控制肥水。在施足基肥(包括有机肥和适当撒施氮、磷、钾肥)的基础上,保证播种质量,达到苗齐、苗匀、苗壮的目的。浇好越冬水,春季第一水应把目前采用的返青水推迟到拔节后期或挑旗期。挑旗前若从苗相看有缺肥迹象,可只追肥、不浇水,充分利用雨时追肥。另外,在施肥上,必须做到氮、磷、钾肥配合施用,不能单一偏施氮肥。

（十一）烟农 18

1.品种来源

烟农 18(原代号烟 D27)是烟台市农业科学研究院小麦研究所以中 144/寨 5241 的高代品系为母本、小黑穗遗 8 为父本杂交选育而成,于 1999 年 4 月通过山东省品种审定委员会审定并命名。

2.特征特性

该品种长方大穗、长芒,株高 87 厘米,具蜡被,继承了亲本抗旱能力强的特征;籽粒白色,千粒重 45 克左右,容重为 810 克/升左右,加工品质优良,是制作饼干、糕点的优质原料;抗白粉病、抗三锈,耐根腐。

3.栽培技术要点

(1)增施磷肥,施足底肥:一般旱地地力较差,应结合培肥地力撒施大量土杂肥。底肥要求亩施土杂肥 3000 千克、磷酸二铵 30 千克、尿素 10 千克。在施足底肥的条件下,春季一般不再追肥,到拔节中后期,麦田内若有缺肥现象,应抓住雨前有利时机,追施 5 千克尿素。

(2)适期、适量、足墒播种:尽管该品种为抗旱品种,但播种时必须要有良好的墒情;在10 月 1 日前后播种的,亩播量为 10 万~15 万株基本苗,播期推迟,播量应适当加大。

(3)该品种抗旱能力强,整个生育期都可不浇水,因此该品种在浇不上水或勉强能浇上一遍水的地方均可种植。翌年春天,应做好镇压耙耱、中耕松土等增温保墒工作,促进小麦根系发育。

(4)及时防治病虫害:该品种易受蚜虫危害,因此发现蚜虫要及早防治。另外,在旱肥地种植时,若冬前群体较大,需在返青期喷施一遍矮壮素,控制其生长。

(十二)烟农 15

1.品种来源

该品种是以蚰包麦为母本、ST2422/464 为父本经有性杂交选育而成。经多年种植,该品种具有高产优质、耐肥抗倒、适应性强等特点,一般亩产 500 千克以上。1992 年,在全国首届优质面包小麦品种鉴定会上,该品种荣获博览会银奖。

2.特征特性

该品种为弱冬性,株型紧凑,株高 80 厘米左右,叶片上冲,叶片大小、厚薄适中,株间透光通风性好;穗粒数多,籽粒饱满;在满足肥水要求的情况下,每亩有效穗数可达 50 万～55 万,每穗粒数可达 30～35,穗粒重 1.1～1.3 克,千粒重 38 克左右;早熟、稳产、落黄性好;高抗三锈、白粉病和根腐病,较抗干热风;高抗倒伏,适应性广。

3.栽培技术要点

该品种吸肥力强,必须选择好地,施足基肥,生育期间保证肥水供应,并注意氮、磷、钾肥配合施用。在高肥水地块适时播种情况下,其合理的群体结构是:基本苗每亩 10 万～12 万株,冬前亩分蘖数 80 万～90 万,春季最高亩分蘖数 100 万左右,亩穗数 50 万～55 万。

(十三)烟辐 188

1.品种来源

该品种由烟台市农业科学研究院选育而成。

2.特征特性

该品种为半冬性,抗冻性较好,株高 78 厘米左右,茎秆粗壮,耐肥抗倒;高抗白粉病和锈病;大穗、大粒,千粒重 46.6～48.6 克,白粒硬质,商品性好。

3.栽培技术要点

(1)适种范围:适宜在高肥水田块,或作超高产栽培示范种植。

(2)适宜播期、播量:播期为 9 月底至 10 月 10 日,播量每亩为 8～10 千克。为了保证年前有足够的健壮分蘖,播种前要施足基肥。

(十四)烟 475

1.品种来源

该品种是烟台市农业科学研究院小麦研究所以陕 229 为母本、安麦 1 号(烟农 15 系选)为父本有性杂交选育而成。

2.特征特性

该品种为冬性,幼苗匍匐,无芒、白壳、白粒,分蘖力强,成穗率高,株高 75～80 厘米,抗倒性好;穗粒数为 35～40,千粒重 40 克左右,亩穗数为 40 万左右;若产量三因素搭配合理,则皮薄,出粉率高,抗根病,落黄好。1999 年经农业部谷物品质监督检验测试中心化验达到优质面条小麦标准。该品种既继承了陕 229 的优良特性,又有烟农 15 的优良血统,是很有发展前途的优质面条小麦品种之一。

3.栽培技术要点

黄淮麦区播种适期为10月1日前后,高肥水地块要求每亩播量为8千克,中低肥水地块要求每亩播量为10千克左右。播后要加强肥水管理,及时防治蚜虫。

(十五)烟4096

1.品种来源

该品种是用烟1601、鲁麦21号、鲁麦13号复合杂交选育而成。

2.特征特性

该品种为冬性,幼苗匍匐,株高80厘米;白壳、白粒,亩穗数为42万左右,千粒重40克,穗粒数为38;抗三锈、白粉病,落黄好。

3.栽培技术要点

该品种适于在中高肥水地块种植,播种适期为10月5日前后,每亩播量为10千克左右;应加强肥水管理,注意防治病虫害。

(十六)烟2801

1.品种来源

该品种系烟台市农业科学研究院小麦研究所选育而成的优质高产小麦,1999年经农业部谷物监督检验测试中心化验分析,达到加工优质面包和强筋粉的国家标准。

2.特征特性

该品种为冬性,抗寒,幼苗匍匐,株高85~90厘米,叶片上冲,长芒、内壳、白粒;分蘖力强,成穗率高,穗粒数为35~40,千粒重45克,亩穗数为40万左右;抗病性好,高抗三锈、白粉病,耐土传花叶病。该品种底部节间短,茎秆弹性好,抗倒伏能力强,抗干热风,活棵成熟。

3.栽培技术要点

基本苗要求:高肥水地块每亩7万~8万,中肥水地块每亩9万~10万,旱肥地每亩10万~12万。管理上要施足底肥,精细整地,确保苗全、苗壮。穗期要注意防治蚜虫。

二、高产栽培技术

(一)优质专用小麦高产栽培地基本原则

优质专用小麦高产栽培应在深刻认识小麦品种的生物学特性及其与外界环境条件相互关系的基础上,针对小麦生产的主要障碍因子和优质增产的关键,因地制宜,扬长避短,明确发展适宜类型的优质专用小麦,确定适宜的耕作制度和种植结构,采取综合栽培技术措施,充分利用环境条件中的有利因素,克服不利因素,调节小麦与环境的关系,形成一个小麦个体与群体协调发展的农田生态系统,以获得优质高产。

一是针对本地区自然资源条件和生产特点,进行农田基本建设,为小麦生长发育创造良好的环境条件。应尽最大努力采取相适宜措施,不断改良土壤,培肥地力,改变土壤的理化属性,使麦田土壤有机质丰富、结构良好、养分充足、保水力强、通气良好,这是小麦优质、高产、稳产、高效的基础。

二是根据本地区生态特点,选用适宜的优质专用小麦类型和良种,做到良种良法配套,充分发挥品种的遗传潜力。在降水量较少、日照充足的地区,宜种植强筋小麦;在小麦生育期间降水较多、气候湿润的地区,宜种植弱筋小麦。在气候条件适合种植强筋小麦的地区,选择土壤有机质含量高,氮、磷、钾丰富而且比例适宜的地块种植强筋小麦,会使优质强筋小麦的品质特性充分表达,获得优质高产的效果。所以,在生产中应根据本地区的气候、土壤、地力、种植制度、产量水平和病虫害情况等,选用最适宜的优质专用小麦品种,实行良种良法配套,这是小麦优质、高产、高效的保证。

三是科学布局和搭配品种。不同麦区的自然条件各异,同一麦区内的土壤类型、肥力水平、生产条件等也不尽相同,因此,应根据本地区的气候条件、土壤条件、生产经验和市场需求等,确定各优质专用小麦发展的计划,做到因地制宜、合理布局,建设具有本地区特色的优质专用小麦生产基地,充分发挥本地区的自然资源优势,提高经济效益,满足市场需求。

四是处理好群体和个体、营养生长和生殖生长的矛盾,延缓小麦衰老。一方面,根据品种分蘖成穗率和穗粒重类型,确定适宜的基本苗、群体结构和产量构成因素,建立合理的群体结构;另一方面,培育壮苗,力促个体发育健壮,根系发达,成穗率高,株型合理,增加产量和提高经济系数。

(二)优质强筋小麦高产栽培技术

优质强筋小麦(即面包、面条小麦)的栽培技术要求在保证强筋小麦品质特性的基础上,提高产量和效益,达到高产、优质、高效的目的。强筋小麦的栽培技术对品质的要求是保证生产的小麦籽粒蛋白质含量高、湿面筋含量高、面团稳定时间长、容重高、出粉率高等等。每一项栽培措施都应该围绕达到上述品质指标和高产高效的要求来制定。

1.选用优质高产的强筋小麦品种

要生产高质量的强筋小麦,首先要选用优质高产的强筋小麦品种。我国主要产麦省已选育出一批优质强筋小麦品种(系),如山东省农业科学院作物栽培研究所选育的济南17号等。

2.耕作整地

耕作整地质量直接影响播种质量和幼苗生长,通过精细耕作整地,可以改良土壤结构,增强土壤蓄水性能,加速土壤熟化,提高地力,扩大根系的吸收范围,从而促进小麦生长发育,有利于优质高产。耕作整地要求深耕深翻,加深耕层,打破犁地层;耕透耙透,不漏耕漏耙;耕层土壤不过暄,无明暗坷垃,无架空暗垄,达到上松下实;蓄水保墒,底墒充足;耕后复平,做畦后细平,保证灌水均匀,不冲不淤。

3.合理施肥

增施肥料,培肥地力,充分满足小麦对养分的需要,是实现小麦优质高产的一项主要栽培措施;但是,若施肥品种、数量和方法不当,往往会导致事倍功半。因此,只有科学施肥,才能取得事半功倍的效果,使小麦优质、高产、高效。

(1)有机肥的施用:有机肥养分完全,性质稳定,肥效长,经过微生物分解,有效养分释放出来,可源源不断地供给小麦各个生育期利用,使小麦稳健生长,改善品质,同时,还可以培养地力,改良土壤结构,使沙土变黏,黏土变暄,增强土壤蓄水保肥、防旱的作用。综合各地有机肥用量,一般亩产500千克以上的优质高产麦田,需要每亩施腐熟的农家肥3000~5000千克或腐熟鸡粪1000千克。另外,秸秆还田(包括小麦收获时高留茬)或种植绿肥也是小麦优质高产的有效措施。

(2)化肥的施用:小麦种子为了能正常地生长发育,需要从土壤中吸收一定数量的矿质养分。因此,随着产量的提高,除增施有机肥之外,还必须补充适量的氮、磷、钾、锌、硫等化肥,才能保证供需平衡,获得优质高产。

①氮肥的施用:在一定条件下,随施氮量的增加,小麦产量提高,品质改善。但氮肥的增产效果和对品质的改善效果与小麦播种前耕作层的土壤有效养分含量有关。一般在低肥地施氮,增产效果显著,对提高籽粒蛋白质含量和加工品质不很明显;在接近最高产量的高肥地,氮肥对提高产量的作用较小,而对提高籽粒蛋白质含量和改善加工品质的作用较为明显。当然,施氮量超过一定限度后,往往不能增产反而减产,甚至导致小麦品质变劣。因此,在亩产 500 千克以上的地力条件下,要求每亩施纯氮肥 14～16 千克,即可达到优质高产高效的效果。关于追肥比例及追肥时期,一般要求底施占 1/2,拔节期追施占 1/2。

②磷肥的施用:随着氮肥用量和小麦产量水平的不断提高,一般大田氮、磷比例失调,磷肥的增产效果越来越明显,甚至超过氮肥的增产效果。另外,磷肥的增产效果与土壤中的速效磷含量有密切关系。土壤中的速效磷含量越低,施磷肥的增产效果越明显。但是,由于大量施磷在使小麦产量提高的同时,容易导致小麦籽粒内氮素被稀释,从而间接地降低单位籽粒蛋白质含量。因此,在亩产 500 千克以上的地力条件下,一般需要每亩施磷肥 7～10 千克。磷肥的施用方法是将 70% 的磷肥于耕地前均匀撒施于地表面,然后耕地翻入地下;30% 的磷肥于耕后撒于垄头,耙平,以利于苗期吸收,或做好畦后,用化肥耧串施于畦中。

③钾肥的施用:试验表明,棕壤土施钾肥有增产效果;在褐土和潮土部分小麦高产区,在氮、磷肥配合的条件下,施钾肥有较好的增产效果。施钾肥在提高小麦产量的同时,亦可改善小麦品质。土壤有效钾含量在 100 毫克/千克以下时,施钾肥对小麦优质高产效果明显;超过 100 毫克/千克时,效果变得不明显。一般在亩产 500 千克的地力条件下,每亩需施钾肥 7.5 千克,于耕地前撒施于地表面,然后耕地翻入地下。

④微肥的施用:小麦缺少微量元素,即使土壤中氮、磷、钾含量充足,也会生长不良,不仅影响产量,而且影响品质。因此,在进行小麦优质高产栽培时,根据土壤中各微量元素的有效含量,一般在缺微量元素的土壤中,每亩施硫酸锌1 千克、硼砂 0.5 千克、硫酸锰 1 千克、钼酸铵 0.5 千克,可以作基肥或种肥或叶面追肥。缺硫的土壤,氮肥应选用硫酸铵,磷肥应选用过磷酸钙,在补充氮、磷的同时,也补充了硫。

4.精细播种

高标准、高质量地完成播种工作是小麦优质高产的基础。种好的标准应该是苗全、苗匀、苗齐、苗壮,为群体合理发展和优质高产打好基础。

(1)适期播种:适期播种是培育冬前壮苗的关键,早播与晚播都会影响小麦品质。播种期过早,冬前积温多,麦苗容易徒长,造成冬前群体过大,土壤养分、水分和植株养分过度消耗,易形成先旺后弱的"老弱苗",春性较强的品种在冬季还易遭受冻害。播种过晚,冬前生长积温不够,苗龄太小,容易形成晚茬弱苗,导致分蘖不足,根系不发达。一般适宜播种期为日平均气温为 14～18 ℃,冬前 0 ℃以上积温为 570～650 ℃。抗寒性强的冬性品种取高限,抗寒性一般的弱冬性品种取低限。

(2)精量播种:一般分蘖成穗率低的大穗型品种,以每亩 13 万～55 万株基本苗为宜;

分蘖成穗率高的中穗型品种,以每亩 7 万～10 万株基本苗为宜。地力水平高,播期适宜而偏早的,栽培技术水平高的可取低限。按种子发芽率、千粒重和田间出苗率计算播种量。计算公式如下:

每亩播量(千克)＝每亩计划基本苗数×千粒重/(1000×1000×发芽率×田间出苗率)

(3)播种深度:播种深度不当易影响麦苗生长而导致减产。过深,出苗率低,地中茎伸得过长,出苗过程中将消耗种子中的大量营养物质,麦苗生长细弱,分蘖少,难以形成足够的群体;过浅,在种子出苗过程中易失墒落干,出现缺苗断垄现象,同时,分蘖节离地面过近,麦苗抗冻能力弱。因此,要将播种深度严格控制为 3～5 厘米,且使播量精确,行距一致,下种均匀,深浅一致,不漏播,不重播,地头地边播种整齐。

(4)种植规格:为充分利用土地和光能,一般应适当扩大畦宽,以 2.5～3.0 米为宜,畦长 50 米左右,畦埂宽不超过 40 厘米。可采用等行距或大小行种植,行距宜为 23～26 厘米。

(5)种子处理:要选用经过提纯复壮、质量高且用种衣剂包种的良好种子。小麦专用种衣剂含有防病和防虫药剂、微肥和生长调节剂,有利于综合防治病虫害,培育壮苗。没有种衣剂的要采用药剂拌种:防治地下害虫可用 50%辛硫磷等药剂,按种子量的 0.2%拌种;预防全蚀病、纹枯病或苗期锈病、白粉病,可用 20%粉锈宁、10%羟锈宁或立克锈,均按种子量的 0.15%～0.2%拌种;同时防治病害和虫害时,可以选上述杀虫剂和杀菌剂各一种,按上述药量混合拌种,从而达到病害、虫害兼治的效果。

5.田间管理

(1)冬前管理

①保证全苗:包括三个环节。一是在出苗后要及时查苗,补种已进行浸种催芽的种子,这是确保苗全的关键环节;二是在出苗后补种的基础上,于 3～4 叶期再进行查苗,疏密补稀,补后踏实浇水;三是在浇冬水前,再做一次疏密补稀工作,务必使麦苗更加均匀。另外,出苗后遇雨或土壤板结,应及时进行划锄,破除板结,通气、保墒,促进根系生长,为苗全、苗壮打下良好的基础。

②深耕断根:深耕断根有断老根、喷新根、深扎根、促进根系发育的作用,对植株地上部有先控后促的作用,可控制无效分蘖,防止群体过大,改善群体内的光照条件;还能提高根系活力,延缓根系衰老,促进养分吸收,增加穗粒数,提高千粒重,显著增产和改善品质。所以浇冬水前在总茎数充足或偏多的麦田,依据群体大小和长相,采取每行或隔行深耕,深度为 10 厘米左右,耕后将土搂平、压实,接着浇冬水,防止麦苗透风冻害。

③浇冬水:优质高产麦田浇好冬水既有利于保苗越冬,又有利于翌年早春保持较好的墒情,以推迟春季第一次施肥浇水的时间,氮肥后移有利于改善籽粒品质和提高产量。应于立冬至小雪期间浇冬水。浇过冬水后,墒情适宜时要及时划锄,以破除土壤板结,防止地表龟裂,疏松土壤,除草保墒,促进根系发育,保壮苗。

(2)春季(返青至挑旗)管理

①返青期精细划锄:返青期不追肥、不浇水,要及早进行精细划锄,以通气、保墒、提高地温,促进根系发育,使麦苗稳健生长。

②拔节期追肥浇水:优质高产麦田将起身期(二棱期)施肥浇水改为拔节期至拔节后期(雌雄蕊原基分化期至药隔形成期)追肥浇水,可以有效地控制无效分蘖的发生,控制旗

叶和倒二叶过长,使小麦形成较紧凑型株型;能够促进根系下扎,提高土壤深层根系的比重,提高生育后期的根系活力,有利于延缓衰老,提高粒重和改善品质;能够控制营养生长和生殖生长并进阶段的植株生长,有利于干物质的积累,减少碳水化合物的消耗,促进单株个体健壮,有利于小穗小花发育,增加穗粒数;能够促进开花后光合产物的积累和光合产物及氮素向产品器官的运转,有利于提高生物产量和经济系数,是优质高产栽培技术的关键措施。

施拔节肥、浇拔节水的具体时间还要根据品种、地力水平和麦苗情况而灵活变化。分蘖成穗率低的大穗品种或地力一般、群体略小的麦田,宜在拔节期稍前或拔节初期(雌雄蕊原基分化期,基部第一节间伸出地面1.5～2厘米)追肥浇水。分蘖成穗率高的中穗品种,或地力水平高、群体适宜或偏大的麦田,宜在拔节中后期追肥浇水。追肥量为每亩8～9千克纯氮(总氮量的50%),每亩浇水40立方米。

③浇挑旗水:挑旗期是小麦需水的临界期,此时灌溉有利于减少小花退化,增加穗粒数,并保证土壤深层蓄水供后期吸收利用,每亩可浇水40立方米。此期,如果田间有脱肥趋势,可结合浇挑旗水,追施少量的氮肥,以利于籽粒蛋白质含量的提高,改善品质。

④防治病虫草害:从小麦拔节期开始,就应注意防治纹枯病、白粉病、锈病、蚜虫等的危害。

(3)后期(挑旗至成熟)管理

①浇灌浆水:灌浆水对延缓小麦后期衰老、提高粒重有重要作用。一般应在小麦开花后10天左右浇灌浆水,以后不再浇水。

②防治病虫害:白粉病、锈病、蚜虫等病虫害会大幅降低小麦千粒重,导致小麦籽粒品质变差,应切实注意,并加强预测预报,及时进行药剂防治。

③叶面喷肥:在小麦孕穗挑旗期和灌浆初期喷施微肥、磷酸二氢钾、尿素等肥料,能提高小麦后期叶片的光合作用,提高小麦千粒重和籽粒蛋白质含量,增加产量和改善品质。

6.适期收获

收获时期对小麦产量和品质的影响很大。收获过早,千粒重降低,并且籽粒品质差;收获过晚,易折秆掉穗落粒,影响产量。优质高产麦田生育后期根系生命力强,叶片光合速率高值持续期长,籽粒灌浆速率高值持续期也较长,生育后期营养器官向籽粒中运转有机物质速率高、时间长。因此,要在蜡熟末期收获小麦,生产中千万要避免早收获。蜡熟末期小麦的长相为植株茎秆全部黄色,叶片枯黄,茎秆尚有弹性,籽粒含水量在22%左右,籽粒颜色接近本品种固有的光泽,籽粒较为坚硬。提倡用联合收割机收获,麦秆还田。联合收割机的适宜收获期为蜡熟末期至完熟初期。

(三)优质中筋小麦高产栽培技术

中筋小麦中,一类是用于制作馒头、饼等的品种,这类品种要求蛋白质含量在13%左右,湿面筋含量在28%以上,面团稳定时间为3分钟;另一类是用于制作面条、水饺的品种,要求蛋白质含量在14%以上,湿面筋含量在30%以上,面团稳定时间为4～5分钟。中筋小麦是我国小麦生产中的主流类型,要求优质与高产并重。

中筋小麦的品质特点是由其品种的遗传基因所决定的,一般来说,适用于强筋小麦的栽培技术也适用于中筋小麦品种,只是对地力和施肥水平的要求不像对生产强筋小麦那么严格。所以,生产中筋小麦的单位可参照强筋小麦的栽培技术进行管理。

（四）优质弱筋小麦高产栽培技术

弱筋小麦主要用来制作饼干和糕点，要求蛋白质含量低、面筋含量低、面团稳定时间短。虽然环境条件和栽培技术对小麦的品质特性有较大的影响，但是品种的基因型仍然是决定其品质特性的主导因素。所以，首先应选用优质的弱筋小麦品种。目前，我国选育的这类品种较少，江苏省农业科学院选育的宁麦9号是优质的弱筋小麦品种。其次，应选择小麦生育期间降水量较多、气候较湿润的地区建立弱筋小麦生产基地。弱筋小麦的栽培技术应在保证其品质优良的前提下增加产量。

三、小麦常规栽培技术

（一）播前准备

1.建设高产稳产田，满足小麦对土、肥、水的要求

（1）精细整地：小麦播种前的深耕整地是关系全年产量的一次耕作，必须予以足够重视，确保耕作质量。对整地提出的质量要求是深、细、透、实、平。

①深：就是在原有基础上逐年加深耕作层，一年加深一点，不宜一下耕得太深，以免将大量的生土翻出。具体耕地深度：机耕应在25～27厘米，畜力犁应耕到18～22厘米。根据各地的大量资料，深耕由15～20厘米加深到25～33厘米，一般能使小麦增产15％～25％。深耕是有后效的，一般麦田可三年深耕一次，其余两年进行浅耕，深度为16～20厘米即可。

②细："小麦不怕草，就怕坷垃咬。"小麦幼芽顶土能力较弱，在坷垃底下，会出现芽干现象，易造成缺苗断垄，冬季会因麦根透风而遭冻害。所以，耕地后必须把土块耙碎、耙细，保证没有明暗坷垃，以利于麦苗正常生长。

③透：就是要耕透、耙透，做到不漏耕、不漏耙。把麦田整得均匀一致，有利于小麦均衡增产。

④平：就是耕前粗平，耕后复平，做畦后细平，使耕层深浅一致，以保证浇水均匀，用水经济，播种深浅一致，出苗整齐。一般地，麦田坡降要求不超过0.3％，畦内起伏要求不超过3厘米。

⑤实：就是表土细碎，下无架空暗垄，达到上虚下实。如果土壤不实，就会造成播种深浅不一，出苗不齐，容易跑墒，不利于麦苗扎根，冬天易受冻害。所以，对过于疏松的麦田，应进行播前镇压或浇塌墒水。

（2）施足基肥：小麦是需肥量较多的作物，为使小麦在冬前能够很好地出苗、分蘖和扎根，长成壮苗，安全越冬，并满足以后各生育期对养分的需要，必须施足底肥。经验证明：小麦施肥实行粗、细结合，氮、磷配合，采用粗肥、氮肥、磷肥"三肥坐底"的方法，是一项显著的增产措施，也是培育冬前壮苗的有效手段。大量试验证明，一般亩产500千克以上的麦田，需施优质土杂肥5000千克以上，标准氮、磷肥各50千克，硫酸钾10千克左右。在施肥方法上，基肥要结合深耕整地，均匀撒施翻埋在土里，切忌暴露在地面上，以免肥分损失。施肥量较少时，应采取集中施肥法；施肥量较多时还是以普施为好，然后翻耕。施肥量多时，可以分层施用，用3/5的粗肥，在耕地前撒施深翻，再用2/5的优质粗肥连同要施的磷肥、氮肥混后耙地前撒施浅埋入土中。

（3）造好底墒，足墒下种：水分是种子发芽、出苗的必要条件。小麦种子必须吸收相当于本身质量 45％ 左右的水分才能发芽。水分不足，往往是影响小麦出苗和产量提高的主要限制因素。所以，足墒下种是确保苗全、苗壮的重要措施。浇水方法可以采取带茬洇地（即耕前浇水），有条件的最好在耕地整平后浇塌墒水，一般每亩浇水 50～60 立方米。在没有浇底墒水的地区，一方面，要多保蓄伏雨、秋雨，防旱蓄墒；另一方面，要快收快耕不晾茬，随耕随耙不晾垡，抢墒播种，尽量适时播种，提高播种质量，确保苗全、齐、匀、壮。

2.选用优良品种

良种是小麦高产、优质、高效的内因，要根据当地的自然条件、栽培条件、产量水平以及耕作种植制度特点选用，因地制宜地实行品种的合理布局与合理搭配。良种良法配套应主抓以下几个方面：①根据品种分蘖及成穗特性进行合理密植，建立合理的群体结构。②根据当地气候特点选择适合的品种，并掌握适宜播种期。③根据品种需肥需水特性确定肥水管理措施。④根据分蘖、幼穗发育及茎秆特性确定科学管理方法。

3.做好种子处理工作

种子质量的高低对于小麦的苗全、苗壮有很大的影响。因此，在播前要对生产用的种子进行筛选、晒种和拌种。

（1）精选种子：选用发芽率高（发芽率在 95％ 以上）、发芽势强、无病害、无杂质、大而饱满、整齐一致的籽粒作为种子。一般大田要选用抗逆性较强的稳产品种，不要选用高肥水的品种。选种可以用精选机精选，也可以用人工筛选、风选，以除去秕籽、病粒、碎粒和草籽、泥沙等夹杂物，选出充实饱满的种子。这样的种子生命力强、出苗快、分蘖早、根系发达、麦苗苗壮。

（2）晒种：播前晒种 2～3 天，可促进种子后熟，使苗快而整齐。

（3）种子处理

①变温浸种：先将麦种用冷水预浸 4～6 小时，捞出后用 52～55 ℃温水浸 1～2 分钟，使种子温度达到 50 ℃，再捞出放入 56 ℃温水中，水温保持 55 ℃，浸 5 分钟后取出，用凉水冷却后晾干播种，对预防小麦散黑穗病效果很好，但必须严格控制温度和时间。

②恒温浸种：将麦种放入 50～55 ℃温水中，立即搅拌，使水温迅速降至 45 ℃，在此温度下浸 3 小时取出，冷却后晾干播种，可以有效地防治小麦散黑穗病、赤毒病、颖枯病等。

③石灰水浸种：先用 50 千克水溶解 0.5 千克优质生石灰，除去渣滓后浸入选好的麦种，使水面高出种子 10～15 厘米，并保持静置，不能搅动水面；浸泡时间视气温而定，在气温为 20 ℃时浸泡 3～5 天，25 ℃时浸泡 2～3 天，30 ℃时仅需要一天。浸泡好的麦种不需用清水冲洗，摊开晾干后即可播种，对预防小麦散黑穗病、秆黑粉病、赤霉病、叶枯病等，均有良好的效果。

④萎锈灵拌种：用有效成分为 75％ 的萎锈灵可湿性粉剂按种子量的 0.3％ 拌种，可以有效地防治小麦散黑穗病，并能兼治小麦种子上或土壤中的小麦腥黑穗病和秆黑粉病。

⑤粉锈宁拌种：粉锈宁是一种新型、高产、内吸性杀菌剂，对小麦的多种病害有特效。据试验，用 20％ 粉锈宁乳油按种子量的 0.08％～0.1％ 拌种，可以防治小麦散黑穗病、腥黑穗病和秆黑粉病；按种子量的 0.2％ 拌种，可以防治小麦锈病、白粉病和纹枯病；按种子量的 0.3％ 拌种，可以防治小麦全蚀病和根腐病等。

⑥辛硫磷拌种：用 50％ 辛硫磷乳油 100 毫升，兑水 2～3 千克，拌麦种 50 千克，拌匀后

堆闷 2～3 小时,对防治蝼蛄、蛴螬、金针虫等害虫有特效。

⑦辛硫磷＋粉锈宁拌种:在地下害虫和小麦全蚀病、根腐病、纹枯病以及黑穗病等混合发生区,可用 50％辛硫磷乳油 100 毫升加 20％粉锈宁乳油 50 毫升,兑水 2～3 千克,拌麦种 50 千克,拌匀后堆闷 2～3 小时播种。

⑧种衣剂拌种:种衣剂是北京农业大学研究发明的一种专门用于农作物种子包衣的新型药、肥复合制剂。它不同于一般的拌种剂,当被包在种子上时,能迅速固化成膜,随种子播入土壤后遇水吸胀,药、肥缓慢释放,能起到防治多种病虫害和促进幼苗健壮生长的作用。拌种时,每亩用种衣剂原液 75～100 克,直接倒入经过精选的麦种上搅拌均匀即可。

(二)播种

1.播期

若播种过早,苗期温度高,麦苗生长快,冬前易徒长,会消耗大量土壤养分,植株体内积累的糖分少,抗冻力减弱,冬季易遭冻害,死苗严重。徒长的麦苗,年后返青晚,生长弱,容易形成小老苗。若播种过晚,由于温度低,麦苗生长慢,分蘖少,根也少,麦苗体内积累的糖分少,容易形成冬前弱苗,易遭冻害,且返青晚、穗小,成熟也晚,籽粒不饱满。因此抓住农时适时播种是一项经济有效的增产措施。冬小麦的适宜播种期实际上是指在出苗至冬前停长时有一定天数的冬前锻炼时间,即指小麦在冬前停长时所处的发育阶段正处于分蘖期后。此期麦苗次生根较多,体内积累了较多的营养物质,抗寒力最强。适宜的播期应根据品种特性、自然生态条件、积温指标等来确定。

在同一纬度、海拔高度和相同的生产条件下,春性品种应适当晚播,冬性品种应适当早播。在同一地区采用不同类型的品种时,要先播冬性品种,后播弱冬性品种。此外,还应注意先播旱薄地、盐碱地、阴坡地,后播水肥较多的麦地和阳坡地。对于浇不上底墒水的麦田,应抢墒适期早播,以免因土壤失墒,缺苗断垄。秋播面积较大的地方,应做好品种搭配,错开农时,尽量减小晚茬麦面积,力争适期播种,以利于均衡增产。

从本地多年气象资料中找出日平均气温稳定降到 0 ℃的日期,然后从这一天向前推算,将每天的平均温度累加起来(平均气温低于 0 ℃的不算),直到温度总和达到或接近 570 ℃的那一天,就是理论上的最佳播期。最佳播期的前后五天,可以作为这个地区冬小麦适期播种的范围。

2.播量

合理密植是小麦增产的中心环节。如果种得太稀,每亩穗数和每亩总粒数将下降,小麦产量不高。如果播量过大,麦苗拥挤,争光上窜,生长细弱,下部小穗多,基部茎节细软,容易倒伏减产。麦田的水、肥条件,产量水平,播期和不同品种的分蘖特性是确定小麦播种量的主要依据。在生产上,一般在山岭薄地和没有水浇条件的、土地肥力较差的地方,应该播得稀些;在肥旱地、沟坝地,应播得密些;在高水肥地应该播得稀些。在同一地区、同样条件下,不同品种的分蘖能力、单株成穗数、叶面积和适宜的母穗数都有很大的差别。分蘖力强的品种,播量要少些;分蘖力弱的品种,播量要大些。播期早,冬前积温较多,分蘖多,成穗较多,基本苗宜稀,播量应适当减少;播期晚的相反。

小麦适宜播量的具体方法如下:以田定产,以产定种,以种定穗,以穗定苗,以苗定播量。以田定产和以产定种就是根据土壤肥力水平和小麦产量水平以及栽培技术等提出产量指标,定出每亩的成穗数;以穗定苗就是根据单株成穗数定出合理的基本苗数;以苗定播量就是在基本苗确定以后,根据品种籽粒大小、发芽率及田间出苗率等,计算出每亩的播种量。

实践证明:一般在适期播种范围内的小麦,要求每亩出苗 15 万～20 万株。可根据每亩播量的计算公式确定播量,播种偏早的可减少播量,偏晚的可适当增加播量。

例如,已知计划基本苗数为 20 万,千粒重为 40 克,发芽率为 90％,田间出土率是一个理论值,一般定为 80％,则计算结果如下:

$$每亩播量(千克)＝200000×40/(1000×1000×90％×80％)＝11.1(千克)$$

所以,每亩播量应为 11.1 千克。

3.种植方式

合理的种植方式可以协调群体和个体之间的矛盾。目前广泛采用的种植方式主要有如下三种:

(1)等行距条播:一般田用 17 厘米等行距机播,肥力较高的地块,特别是高产田因为要改善通风透光条件,亦可加大到 20～24 厘米。这种方式的优点是行距较窄,单株营养面积均匀,能充分利用地力和光照,植株生长健壮整齐,对亩产 350 千克以下的麦田较为适宜。

(2)宽窄行条播:也叫"大小垄种植",优点是既保证了密度,田间通风透光较好,也便于田间管理。这种方式一般在高产区使用。一般田采用窄行 15 厘米、宽行 20～24 厘米,高产田可采用窄行 15 厘米、宽行 30～33 厘米。

(3)宽幅条播:行距和播幅都较宽,如有的地方改制的宽幅耧,播幅为 7 厘米,行距为 20 厘米;有的采用行距为 23 厘米的耧靠播等。这些方式的优点是可以减少断垄,使播幅加宽,种子分布均匀,改善了单株营养条件,有利于通风透光,适于亩产 350 千克以上的麦田使用。

4.播深

播种深浅对小麦生长和培育壮苗影响很大。小麦播种深度以 3～5 厘米为宜。播种过浅,种子在萌发出苗过程中会因土壤失墒而落干,出现缺苗断垄问题,同时,播种过浅会使分蘖节离地面过近,麦苗抗冻能力弱,不利于安全越冬;播种过深,小麦地中茎伸长过长,使正常情况下不伸长的分蘖节(第一节至第二节间)伸长,出苗过程中消耗种子中的营养物质过多,麦苗生长细弱,分蘖少,冬前难以形成大小适宜的群体,而且植株内养分积累少,抗冻能力弱,冬季和早春易大量死苗。

5.巧施种肥

种肥是指在播种时与种子一起施入沟内的化肥。一般每亩可用氮、磷复合肥料 5 千克左右,也可用硫酸铵 5 千克加过磷酸钙 5 千克左右。种肥的主要作用是促进分蘖、增加根系,对培育冬前壮苗有很大的作用。特别是对于比较干旱的麦田和晚播麦田,增产效果更为显著。

6.播后镇压

镇压的主要作用是进一步压碎土块,沉实土壤,促使土壤下层水分上升(俗称"提墒");同时,还可以使种子和土壤进一步密接,有利于早出苗,育壮苗。播后镇压的时间和工具视土壤水分而定,一般应随播随压。但土壤过湿的麦田,应适当推迟镇压时间,以防土壤板结,影响出苗。

7.提高播种质量

小麦播种多用机械,应提前准备,确保下种均匀一致,调整播量,做到无漏播、重播,不堵仓眼,到边到头;机播作业中还要求行直、垄正、沟直、底平,深浅一致,盖种严实。播种以后,要抓紧在3～4天内整修好渠道,既要保证能随时灌溉,又要力争渠旁全苗,提高土地利用率。

(三)苗期和越冬期的管理(冬前管理)

冬小麦从出苗到越冬,其生育特点可概括为"三长一完成",即长根、长叶、长分蘖,完成春化阶段。其中分蘖是生长中心。田间管理的中心任务是在保苗的基础上,促根增蘖,使弱苗转壮,壮苗稳长,确保麦苗安全越冬,为来年穗多、穗大打下良好的基础。主要措施如下:

1.查苗补种,确保苗全、苗匀

出苗后,要及时查苗,发现缺苗断垄要立即补种。为了使补种的小麦快些出苗,应提前准备好麦种,并应当用萘乙酸或清水浸种催芽,以促进发根壮苗、增加分蘖和增强麦苗抗寒性。种子浸泡后应晾干再播种。补种不及时的,可以从出苗稠密的地方间苗补栽,栽后要踩实和及时浇水。

2.压倒针

小麦进入三叶期以后,种子胚乳中的养分耗尽,幼苗要依靠自身进行光合作用来制造营养物质,供生长发育所需,这是促根增蘖的关键时期。而压倒针是一项有力的措施,即在三叶期镇压一遍,起到控主茎、促分蘖,控地上、促根系的作用,可提高麦苗抗寒性、抗旱性,同时还能压碎坷垃,压实土壤,有利于麦苗安全越冬。特别是在没有冬浇条件的广大地区,压麦尤为重要。压麦时间宜在晴天中午以后,不要在有霜冻的早晨,以防伤苗。盐碱地和沙土地不宜压麦,以免引起返碱和风蚀。

3.及时治虫

凡播种偏早的麦田,出苗后应及时查治麦蚜、灰飞虱和叶蝉。灰飞虱会造成严重的丛矮病,麦蚜危害引发黄矮病,叶蝉危害引发红矮病。这些害虫有时甚至会导致颗粒不收,因此必须及时防治。此外,还要注意防治蝼蛄、蛴螬等地下害虫。

4.挠麦松土

分蘖期遇雨,应及时挠麦松土,有利于破板结,促进根系生长。特别是盐碱地小麦,更应做到雨后必锄,防止返盐危害麦苗。如果因年前过早播种,麦苗旺长,则应采取深挠(7厘米以上)的措施,可以起到断根控旺的作用。

5.追好分蘖肥

追施冬肥应从平均气温为7～8 ℃开始,到5 ℃时结束;追肥数量应酌情而定,方法可隔行沟施、穴施。施后要覆土,以减少挥发,提高肥效。

6.适时冬灌,保苗安全越冬

小麦越冬前适时冬灌是保苗安全越冬,早春防旱、防倒春寒的重要措施。冬灌后土壤水分充足,可以缓和地温的剧烈变化,防止冻害死苗;还可以促进越冬期的根系发育,巩固健壮分蘖,有利于幼穗分化,并为第二年返青期保蓄水分,做到冬水春用;另外,冬灌可以踏实土壤,粉碎坷垃,消灭越冬害虫。所以,冬灌具有明显的增产作用,试验证明一般可增产 20％以上,冻害严重的年份增产幅度更大。但实践表明:若冬灌不当,也会引起严重的不良后果,轻者抑制分蘖及生长,造成叶片干尖,重者会导致成片死苗现象。要发挥冬灌的良好效益,应注意掌握下列技术要点:

(1)冬灌要适时:若冬灌过早,则气温高,蒸发量大,入冬时土壤失墒过多,起不到冬灌应有的作用;若灌水过晚,则温度太低,水不易下渗,很可能造成积水结冰而死苗严重。适宜的冬灌时间应根据温度和墒情来定,一般从平均气温为 7~8 ℃时开始,到 5 ℃左右时结束。沙土的土壤含水量低于 13％~14％、壤土低于 16％~17％、黏土低于 18％~19％时可以进行冬灌。冬灌时,一般低洼地、黏土地可先灌,沙土地因失墒快应晚灌。

(2)灌水量:灌水量要根据墒情、苗情和天气而定,一般每亩浇 40~60 立方米。冬灌水量不可过大,以能浇透且当天渗完为宜。切忌大水漫灌,以免造成地面积水,结成冰层使麦苗窒息而死。

(3)冬灌后,特别是早冬灌溉的麦田,要及时锄划松土,防止土壤龟裂透风,造成伤根死苗。

(4)凡含水量符合下列条件的麦田,可以不冬灌:沙土地在 18％以上,二性土在 20％以上,黏土地在 22％以上,且地下水位又高的麦田。此外,凡底墒充足的晚茬麦田也可不冬灌。但对这类不冬灌的麦田必须在上冻前锄划,松土保墒,提高地温,力争"活土"越冬,这样小麦能更安全地越冬。

(5)冬灌结合追肥:凡苗少的二、三类麦田或早播的脱肥旺苗,可结合冬灌追施氮肥。每亩施尿素 5~10 千克,可以促使小麦早返青,巩固冬前分蘖,增加分蘖成穗率,做到冬肥春用。但对于苗多的一类麦田,一般可不施肥或少施肥,以免春季分蘖过多,群体过大,造成后期倒伏。

7.冬季浇尿

这是一项传统的增产措施,省钱省事,增产效果显著。据试验,每施 15 千克左右鲜尿可使小麦增收 1 千克。麦田浇尿从越冬起至返青前进行,其方法是每天随积随浇,不必兑水,一般每亩浇 400~500 千克。盐碱地不宜浇尿,下雪后也不宜浇。

8.盖被

农谚说:"麦吃腊月土。"这说明盖被有防寒保苗效果,其作用如下:能稳定地温,防止麦苗发生冻害;能减少土壤水分蒸发,有利于保持麦苗分蘖节处的土壤墒情,使麦苗不会因干旱而影响分蘖和次生根的生长;能确保小麦"带绿越冬",返青提早 3~4 天;能减少地面龟裂,弥补裂缝,防止因透风抽根造成死苗。所以,对覆土过浅的早播旺苗、晚播弱苗、抗寒性较差的品种,在旱、寒交加的年份必须在冬季做好盖被工作。为了确保盖被的增产效果,应注意以下两个技术要点:

(1)时间:应在小麦进入越冬期后进行。不要过早,以免将麦苗捂黄;也不能过晚,过晚叶片已受冻,操作也困难,达不到防寒保墒的效果。

(2)方法和深度:冬灌后要在挠麦松土的基础上,用竹耙在大行中顺垄把土搂盖在麦苗上,盖 2 厘米左右即可。

9.镇压

盖被后至返青前要压麦 1~2 次,这样可压碎坷垃,使土壤细碎、紧实,有利于消除板结、龟裂,保温保墒,并可拉土弥缝,防止土壤漏风。这是缺水麦田(特别是未冬灌的麦田)

小麦越冬管理的重要措施,是抗旱、抗寒保苗的又一重要手段。

10.因苗管理

小麦出苗以后,由于受各种自然灾害的影响,往往形成各种不同的苗情,因此必须因"苗"制宜地运用各项管理措施。

(1)弱苗:弱苗的一般表现为分蘖缺位较多,根少,蘖少,叶片窄小,叶色偏淡。弱苗冬前制造和储备的养分不足,不利于安全越冬,返青后也难于健壮生长。

麦苗因干旱出现"缩脖"症状时,应及早浇好分蘖盘根水,对旱地麦田,要采取镇压措施;对"小老苗"主要是多松土,结合松土深施氮磷混合肥或无机、有机混合肥并浇水;对"肥烧苗"的补救措施是立即浇水,浇水后破除板结;对肥料不足的"黄瘦苗",要及时追施速效氮肥,并要结合浇水,注意中耕松土,每亩施速效氮肥 15～20 千克;播种过深的弱苗,要扒土清垄或中耕,改善土壤通气状况,促使根系发育。因晚播形成的弱苗,主要是积温不足,这时苗小根少,肥水消耗少,冬前一般不宜追肥浇水,以免降低地温,影响发苗,可浅锄松土,增温保墒。

(2)壮苗:壮苗一般是在播种适时、土壤肥沃、墒情适宜的条件下形成的,其表现为出苗快,叶片较宽大,分蘖和根系均能按期出生,分蘖粗壮,叶片挺而不拔,叶色浓绿,根多,根部附着的土粒也多。对于这类麦田,要密切注意它的群体发展,若基本苗过多,预计越冬前总茎数将明显超过合理指标时,应在分蘖初期及早疏苗。在幼苗生长过程中,若发现总茎数提早达到合理指标,应及时采取深中耕的断根措施,以抑制小蘖出生,促进大蘖壮长。在苗期分蘖达到预计数以前,若发现麦苗叶色变淡,叶差距拉大,心叶生长迟缓,下部叶片有退黄趋势,应适当追肥浇水。

(3)旺苗:冬前小麦旺苗多是由播种过早或偏早、播量偏大、肥力又高造成的,一般有三种情况。

①肥力基础较好,施肥量大,墒情适宜,加之播种偏早,因而麦苗生长势强、分蘖多、生长速度快。控制其生长速度的办法是深中耕断根,可用耘锄或耧深耪,一般深锄 10 厘米左右。该措施不仅有效,而且有效期长。如果深锄后麦苗仍然很旺,隔 7～10 天再进行一次。

②有一定地力基础,又施了种肥,并因基本苗偏多、播种偏早而形成的旺苗,这种苗一般是假旺苗,应进行疏苗并适当镇压或深锄,以在一定程度上控制其旺长,增加养分积累,并于浇冻水时追施适量化肥(一般亩施 5～7 千克尿素),年后即可转为壮苗。

③地力并不太肥,只是由播种量过大、基本苗过多而造成的群体大,苗子挤,使其窜高徒长,根系发育不良。这种情况一般不宜深中耕,有旺长现象的麦田,结合深中耕,可用石磙碾压,以抑制主茎和大蘖生长,控旺转壮。但是,湿地和盐碱地不宜碾压,以免造成土壤板结和返碱。

11.越冬死苗的原因与预防

冬小麦越冬死苗的原因除气象因素外,从栽培角度看,主要是品种布局不合理、栽培管理不当等。例如:引种只注意丰产性,忽视抗寒性;晚播粗种,加重冻害;早播旺长,降低抗寒性;墒情不足,旱助寒威;浇水不当,不利越冬。针对上述小麦越冬死苗的原因,主要应做好以下几个方面:

(1)调整布局,因地制宜地选用良种:任何良种都要求一定条件,必须对品种合理布局,恰当使用。一般情况下,要严格按照品种类型来布局品种,并要根据土壤、地力、水利、茬口等,搭配种植几个不同产量水平的早、中、晚熟品种。

(2)狠抓培育壮苗:壮苗积累糖分多,抵抗力强,有利于安全越冬。凡是对培育壮苗有利的措施,均可在一定程度上减少冻害死苗。

(3)加强越冬管理,狠抓防寒保温措施:越冬管理工作做得如何,直接影响着小麦的冻害程度,所以要浇好封冻水,防旱、抗旱,搂划镇压,严禁割育和牲畜啃青等。

(四)返青期的管理

从返青开始到起身之前,历时约一个月,属苗期阶段的最后一个时期,称"小麦返青期"。这个时期的生长主要是生根、长叶和分蘖。这是促使晚弱苗升级、控制旺苗徒长、调节群体大小和决定成穗率高低的关键时期。所以,返青期管理的中心任务是:促麦苗早发稳长,巩固冬前分蘖,控制无效分蘖,促进根系发育,为提高成穗率、增加亩穗数和争取大穗打下基础。管理措施有下列几项:

1.划锄松土

这是促进麦苗提早返青、健壮生长的重要措施。因为疏松表土改善了土壤的通气条件,可提高土温,促进根系发育。由于切断了毛细管,可阻止下层土壤水分上升,起到了保墒的作用。此外,划锄松土还能促进土壤微生物的活动,有利于可溶性养分的释放。首先,划锄必须把握好时机,最有利的时机为顶凌期,即在表层土化冻2厘米时开始划锄,称为"顶凌划锄",此时保墒效果最好,有利于小麦早返青、早发根、转壮苗。在冬季土壤冻结期间,下层土壤水分上升并积累于冻土层,春季土壤化冻时,表层有较多的水分,称为"土壤返浆",顶凌期划锄,可在较长时期内有效地保持返浆时的土壤水分。其次,划锄要因苗划锄,注意质量,力求精细,对群体过大的旺苗,若冬前未行深耕控制,返青期深划锄,可控上促下,获得良好的增产作用。同时,注意第一次划锄要适当浅些,以防伤根和寒流冻害,以后随着气温逐渐上升,划锄逐渐加深,以利根系下扎。划锄力争在拔节前达到2～3遍,尤其是在浇水或雨后,更要及时划锄。最后,锄压结合,先压后锄,并结合划锄清除越冬杂草。

2.追肥

返青肥要因苗追施。对于冬前长势较弱的2～3类苗或地力差、早播徒长脱肥的麦苗,应早施、重施返青肥,可在地表开始化冻时抢墒追施(顶凌施肥)。一般地,每亩可追施碳酸氢铵20千克左右,缺磷麦田每亩应混合追施过磷酸钙15千克左右。有条件的,最好每亩施磷酸二铵10～15千克。返青肥对于促进麦苗由弱转壮、增加亩穗数有重要作用,但对于苗数较多的一类苗,或偏旺而未脱肥的麦田,则不施返青肥,应推迟到返青起身时追施,以控制无效分蘖,达到提高分蘖成穗率、增加亩穗数的目的。

3.揭被清垄

冬季盖被的小麦,必须在返青后适时揭被清垄,以利提高地温,促进根系发育。为了防止倒春寒的危害,清垄应分两次完成:第一次在返青后一周左右;第二次在返青后半个月左右,把土全部清完(但不能使分蘖节外露)。对土壤水分高的低洼地,要严格掌握在土壤返浆前清完;较干旱的麦田,可适当推迟,以防冻害。

4.浇返青水

浇返青水要看地、看苗灵活掌握。凡冬前未浇冬水或冬灌偏早,返青时比较干旱的麦田(干土层在 3 厘米以下),可适当早浇返青水,但水量不宜过大,更不能大水漫灌。因为早浇返青水的麦田,下层土壤没有全部化冻,大水易造成积水沤根,新根发不出来,麦苗发育推迟,易形成"小老苗",重者有死苗的危险。凡冬水浇得适时,麦苗生长健壮的麦田,可适当晚浇返青水;晚播麦若墒情较好,也应晚浇返青水,以免降低地温,影响返青。凡冬水浇得较晚,返青时不缺水的麦田,则可推迟到起身期浇水、追肥。

5.化学除草

麦田化学除草,用工少、效益高。在北京地区,麦田中的杂草主要有藜(灰菜)、蓼、葎草(拉拉秧)、荠菜、黄蒿等双子叶杂草。目前常用的除草剂为 20% 二甲四氯水剂,每亩用量为 200~250 克,兑水 15~20 千克。一般喷药时间在返青后至拔节前,选天气晴朗、无风、无露、气温较高时喷药较好。要严防药量过大,4 月中旬以后不宜再喷药。

(五)起身至开花期的管理

从起身开始经过拔节、孕穗、抽穗到开花,是冬小麦生育的中期阶段,在这个阶段,小麦的茎、叶、穗、蘖等器官同时迅速生长。该阶段是小麦一生中发育最旺盛的阶段,是争取穗大粒多的关键时期。因此,中期田间管理的中心任务是供足肥水,保蘖增穗,保穗增粒,争取壮秆不倒,穗大粒多。

1.合理运用肥水

中期是冬小麦一生中需水、需肥最多的时期,尤其是在拔节、孕穗阶段,对水分反应非常敏感。如果水肥供应不足,会严重影响幼穗发育,小花大量退化,粒数明显减少。因此,为确保小麦穗大粒多,必须在拔节至孕穗阶段,力争追肥浇水。追肥浇水应根据苗情先促弱苗,后促壮苗,分类管理,灵活掌握。

(1)对群体够数、植株健壮、叶色正常的小麦,起身期主要是蹲苗,到拔节期再追肥浇水,以防止基部节间和上部叶片徒长而引起倒伏。追肥浇水的时间,应根据具体苗情确定:每亩最高总茎数为 80 万~100 万株的中等苗或壮苗,可在春生第四叶伸出过半至第五叶露尖、第一节间接近定型、第二节间明显伸长、小蘖开始退化时追肥浇水;最高总茎数为 100 万~120 万株的壮苗,可在春生第五叶伸长过半至旗叶露尖、第一节间定型、小蘖加速退化时追肥浇水;最高总茎数在 120 万株以上、分蘖两极分化进程缓慢的旺苗,可推迟在旗叶伸长时再追肥浇水。追肥量一般每亩用碳酸氢铵 15~20 千克,麦苗长势偏弱、叶色偏淡的以及拔节前蹲苗控制的,可适当多施;起身前施肥多、叶色深绿、小蘖迟迟不退的,可少施或不施。

(2)对于土壤蓄水保肥性强、底肥充足、墒情良好而且群体较大的麦田,如果小麦在返青期长势较旺,春季分蘖增加较多,3 月底总茎数超过 100 万株,叶色深绿,成为壮苗或旺苗,起身前可以不追肥、不浇水,实行蹲苗,控叶、蹲节,促使分蘖加速两极分化;待拔节期小蘖明显退化时,再适量追肥浇水。采取这种管理措施,虽然分蘖成穗率较低,但不孕小穗少,结实率高,并且能够促使小麦叶片短而厚和基部节间短,有利于防止小麦倒伏。

(3)对于土壤肥力较差、群体不足的麦田,如果小麦到起身期每亩总茎数在 80 万株以下,而且生长势弱,主茎与分蘖差距较大,若返青肥施得早,应于春生第四叶露尖时,提前施用拔节肥水。对于土壤结构差的沙岗薄地和失墒明显的麦田上的心叶出生缓慢的弱苗,也可以在这个时期提前施用拔节肥水。对弱苗提前施用拔节肥水,虽然会使小麦基部的节间较长和上部的叶片较大,但由于群体偏小,不致造成郁闭而引起小麦徒长倒伏,而且对提高分蘖成穗率和增加粒数有明显作用。

2.中耕松土

浇拔节水后,应及时中耕松土,保住墒情,这对养根护叶、防止早衰、提高粒重作用甚大。

3.预防晚霜冻害

小麦在拔节孕穗期间要注意预防晚霜冻害,虽然晚霜所带来的低温时间很短,但由于这时小麦生长旺盛,幼穗已处在地表以上,抗寒力很弱,故能造成不同程度的冻害。试验证明:当夜间温度下降到-5~2 ℃时,对拔节以后的小麦危害十分严重,有的甚至颗粒不收(白穗)。浇水是预防和减轻晚霜冻害最有效的措施。浇水可以增加植株附近的空气湿度,因而温度较为稳定,可以显著减轻冻害。据调查,凡霜冻前5天内浇水的,防冻效果最好;在霜冻前5~10天内浇水的,会遭受不同程度的冻害;在霜冻前10天以上浇水的,几乎没有防冻效果。没有浇水条件的麦田,在临下霜前及时熏烟防霜,也有一定的防冻效果。

4.防治病虫害

春季随气温逐渐升高,麦田地下害虫、麦蜘蛛、麦叶蜂、白粉病、锈病等可能在中期阶段流行,应做好病虫测报,及时防治。

(1)地下害虫:4—5月是蝼蛄危害的盛期,一经发现,应及时撒毒谷或毒饵防治。

(2)麦蜘蛛:又名"火龙",一般4月上旬至5月上旬是危害盛期。麦蜘蛛多发生在地热高燥、土壤干旱的麦田,尤其春旱时易发生,应注意防治。

(3)麦叶蜂:危害盛期也在4—5月,特别是在水浇地或麦株茂密的地块。一般于傍晚爬上麦叶取食,有假死习性,可在傍晚时捕打或喷药防治。

(4)白粉病:此病在20 ℃左右发生最快,生长衰弱的麦田,抗病力弱,发病严重。该病主要危害叶片,严重时也能在叶鞘、茎秆、穗颈上发生。一般叶片正面比背面严重,下部叶片比上部严重。发病初期在叶面上产生灰白色丝状小霉点,逐渐扩大,呈近似圆形灰白色粉状霉斑。以后霉斑变成灰褐色,叶片枯黄,最后枯死。

防治方法如下:①麦收后进行深翻,清除带病植物残体。消灭自生麦苗,减少秋苗菌源。②选用适宜的抗病品种。③加强田间管理,防止密度过大,力争灌水抗旱,促使麦苗健壮,以增强抗病能力。④药剂防治。可用20%粉锈宁乳油50克兑水50千克喷雾。一般发病后喷一次,一周后再喷一次。

(5)锈病:小麦锈病俗称"黄疸",是由真菌引起的病害,包括条锈、叶锈和秆锈三种,其中以条锈危害最重,叶锈次之。锈病是流行性强、发生广、危害重的病害。小麦发生锈病时,会在叶或秆上产生许多黄色或褐色的粉泡状物,即夏孢子堆。在每个孢子堆内含有上千个夏孢子,它们随风传播,在温度、湿度合适的情况下,孢子萌发,侵入小麦体内危害小麦,使小麦粒重显著下降。

防治方法如下:①选用抗病品种,这是最经济有效的措施。②加强栽培管理,增强植株抗病能力。适期播种,培育壮苗,合理追肥浇水,防止氮肥过多,多锄地松土,促进根系发育,可提高植株抗病能力。尤其是在锈病发生后,在做好药剂防治的同时,若及时浇水防止早枯,能明显减轻危害。③喷药防治。在拔节至抽穗期,当病叶率达1%时,可喷保护剂,如0.5波美度石硫合剂,以防病菌大量侵入。若病叶率增高,则可喷治疗剂,一般用200~250倍敌锈钠或敌锈酸等,每亩喷50千克药液,每隔7天喷一次,连续喷2~3次,效果较好。

(六)后期管理

冬小麦从开花到成熟进入生育后期,一般需 30 多天。这一阶段,冬小麦经历了开花、授粉受精、籽粒形成、灌浆和成熟等生育过程,转入了以穗粒生长为中心的生殖生长阶段。这是争取粒多、粒重,特别是提高粒重的关键时期。冬小麦在生育后期,要求充足的光照、水分和适宜的温度、养分。天气阴湿、温度较低、水分较少、养分不足均不利于小麦的开花、受精和籽粒的形成。后期管理的中心任务是养根护叶,延长上部叶片的绿色时间,防止小麦早衰或贪青,保花增粒,促进灌浆,争取使小麦粒饱粒重。管理措施有如下几项:

1.浇好灌浆水

小麦在生育后期需要大量的水分,此期每亩麦田每天消耗水分 4 立方米以上。为保证小麦正常结实灌浆,在抽穗后有条件的地区应本着"地皮见湿不见干"的原则,连续浇好抽穗水、扬花水、灌浆水和麦黄水,以满足小麦对水分的需要。其中,灌浆水的增产效果最显著,因为小麦开花后 7～10 天,籽粒形成期已结束,进入灌浆高峰期,千粒重每天可增 1～2 克。所以,此时浇好一次灌浆水,可以满足土壤蒸发及小麦蒸腾作用的需要,维持根系生理活性,防干旱、植株脱水;可以达到"以水调肥"的效果,防止后期小麦脱肥早衰,促进籽粒灌浆;可以维持后期足够的绿叶面积,促进光合、吸收、物质合成、运输等一系列的生理过程,从而保证正常的籽粒灌浆;可以改善农田小气候,防止干热风危害。大量科学研究结果表明,小麦灌浆期应维持土壤含水量在田间含水量的 70%～80%,当低于 60% 时必须进行灌溉。灌浆水的效果取决于灌水的时间及灌水技术,一般宜早不宜晚,应浇足浇好。在浇足孕穗水的基础上,于开花后 10～15 天,即灌浆高峰出现之前浇灌浆水,提高粒重的效果最好。后期浇水不能大水漫灌。因小麦灌浆期根系活力已减弱,若水过大,则氧气不足,会使根系窒息腐烂,植株很快死亡,千粒重显著下降。此外,对于灌浆期叶色黑绿的麦田,为了防止小麦贪青晚熟,应适当提早停水。后期浇水还要注意防止小麦倒伏。

2.小麦倒伏及预防

小麦倒伏后,叶片重叠,光合作用受到严重影响,养分运输也受阻,成熟延迟,对产量影响很大。一般倒伏会使小麦减产 20% 左右,严重者可减产 40%～50%,这是高产麦田持续高产稳产的最大障碍之一。倒伏一般发生在小麦抽穗以后,倒伏愈早,减产愈重。倒伏有两种类型:一种是根倒伏,主要是由耕层过浅,整地、播种质量差等导致根系发育不良、入土较浅而引起,或因前期未浇水、后期浇水量过大,土层湿软,又遇风雨引起;另一种是茎倒伏,是指茎基部弯曲或折断,通常是因为播量过大,肥水充足,特别是氮肥过多,管理不当,造成分蘖过多,群体过大,两极分化慢,田间郁蔽,光照不足,基部节间过长,秆壁薄而不实,干物质积累少,所以,高肥水晚播麦田更易发生茎倒伏。预防小麦倒伏的措施如下:

(1)选用抗倒伏品种:特别是在高肥水麦田,应选用矮秆或半矮秆、茎秆粗壮韧性强、株型紧凑、叶片上举、根系发达的高产抗倒品种,如京 411 等。

(2)深耕细作,加深耕层,机耕机耙配套,提高整地质量,使上虚下实,以利于根系发育下扎。

(3)适量下种,合理密植,实行宽窄行播种,特别是中高产麦田,要普遍推广精量、半精量匀播技术,确保合理的基本苗数。

(4)培育壮苗,控制旺长,建立合理的群体结构,改善麦田通风透光条件。

(5)科学运用肥水,合理促控管理,特别是对越冬群体偏大、有旺长趋势的麦田和底肥充足的晚播麦田,冬季和返青期均应控制肥水,以免春蘖大量发生。

(6)深中耕:对于群体偏大、有倒伏可能的麦田采用深中耕(7～10厘米),可有效控制分蘖增长,加速无效分蘖消亡,抑制高位分蘖萌生,促进主茎和大分蘖生长,起到控上促下、加速两极分化和控旺转壮等作用,能有效防止小麦倒伏。

(7)镇压:对于群体较大、植株较高的麦田,除深中耕控制群体过大外,还应在起身后期、拔节前期进行镇压,以促进地下根发育,敦实基部节间,控制小麦旺长。镇压时应掌握"地湿、早晨、阴天"三不压地原则。

(8)喷施化学药剂:在小麦三叶期和起身期,每亩叶面喷施用15％的多效唑13克加水10千克配制的多效唑溶液50～75千克,或在小麦拔节后1～3节伸长时,喷有效成分为0.2％～0.3％的矮壮素1～2次。

3.根外追肥

后期根外喷磷有利于增加小麦茎叶中有效磷和糖分的含量,可促进灌浆,使小麦千粒重增加,且成熟期提前,具有明显的增产效果。一般开花后喷二次磷肥,小麦千粒重可增加2～3克,增产10％左右。但喷磷不宜过晚(蜡熟期喷无效),且可和防治病虫害同时进行。一般每亩地用0.1千克磷酸二氢钾加50千克水喷施,最好在下午4点以后,以利于叶面吸收。开花后若麦叶黄绿,有早衰征兆,则可以结合喷磷加喷尿素,尿素浓度为1％～2％。因为尿素最容易被叶子吸收,并有刺激小麦生长的作用,对防早衰、增粒重有较好的效果。

4.早衰的预防

早衰是指植株不能正常成熟、提早衰亡的现象。早衰会使小麦的灌浆期缩短,粒重下降,从而造成产量大大降低。早衰的原因有干旱胁迫,营养缺乏,土壤渍水,管理不当,病虫危害。预防小麦早衰的措施如下:

(1)加强农田基本建设,搞好田间水利工程,降低地下水位,做到早能浇、晚能排,是预防干旱、雨涝、盐碱等导致小麦早衰问题的根本途径。

(2)增施有机肥,实行秸秆还田,不断培肥地力,同时结合深耕细作,改善土壤理化性状,并做到氮、磷、钾合理配比,是保证小麦稳健生长、防止早衰的物质基础。

(3)合理浇水施肥,促苗早发,培育小麦冬前壮苗,同时控制春季无效分蘖,建立合理的群体结构,使小麦生长壮而不旺,也是预防小麦后期脱肥早衰的重要措施。如在高产麦田实施"前氮后移",可有效防止小麦早衰,促进其后期灌浆,达到显著增产的目的。

(4)建立健全麦田病虫害防御体系,做好病虫害的预测预报及综合防治工作。

5.主要病虫害及其防治

小麦生育后期除需继续注意防治白粉病、锈病以外,还要注意防治蚜虫和黏虫。

(1)麦蚜,俗名"小麦腻虫",多于小麦苗期集中在叶背、叶鞘和心叶处危害。成虫和若虫都用刺吸式口器刺进小麦叶、茎、嫩穗内吮吸养分,使受害组织被破坏,生长受阻,出现黄白色斑点,严重时叶片卷缩,籽粒不饱满。试验证明:一个麦穗上若有20头蚜虫危害,小麦千粒重约下降1克。一般年份因蚜虫危害,小麦千粒重会下降2～3克。该虫大发生的年份,后果更严重。

防治方法如下:当田间有蚜株率达到30％左右,平均每茎蚜量达20头左右时,应及时防治。

（2）黏虫是一种危害性很大的害虫，喜潮湿、怕干旱，在雨水多、植株茂密、生长旺盛的小麦地里发生严重，一般在小麦抽穗前后危害最严重。

防治方法如下：可用 1.5％或 2.5％敌百虫粉，每亩喷 1.5～2.5 千克；也可用 5％辛硫磷乳油 1500 倍液或 50％敌敌畏乳油 1000 倍液，每亩喷 50 千克。

6.预防干热风

小麦在生长后期，会经常受西南干热风的危害，导致早衰，粒重严重降低。预防干热风的措施主要是在中期锄地促根，有条件的应在浇完灌浆水后，增浇麦黄水。

7.应用新技术增加千粒重

据各地试验，下列技术均有增加千粒重的效果：每亩喷 30 千克 60～100 毫克/升的亚硫酸氢钠溶液，开花前后喷两次。也可与农药混喷，兼治虫害。亚硫酸氢钠有间接抑制光呼吸的作用，可减少二氧化碳的浪费，一般可使小麦千粒重增加 2～3 克。还可选用喷施宝、氯化钙、石油助长剂，或喷钼、硼、锰等微量元素，以不同程度地增加粒重。各地可视具体情况，灵活运用。

8.适时收获

适时收获是丰产丰收的重要保证。试验证明：小麦千粒重在蜡熟末期为最高，所以此期收获不仅产量高，而且品质好。此期穗子变黄，叶片已枯黄，茎秆金黄色，骨节带绿，大多数籽粒腹沟已呈淡黄色，少部分是绿色，籽粒内部是蜡质状态（用手指甲一碾成饼，但没有乳汁），麦粒大小、颜色接近正常，籽粒变硬，含水量为 25％左右。收获过早或过晚都会造成减产。收获后，有条件的地方应晾晒 1～2 天后再脱粒。这样，一般可以使小麦千粒重提高 2 克左右。

第二节 玉 米

一、主要优良品种

（一）普通玉米品种

1.农大 108

（1）品种来源：该品种由中国农业大学选育，并通过了北京市、河北省和全国农作物品种审定委员会审定。

（2）特征特性：该品种在北京春播生育期为 120 天左右，株型半紧凑，株高约 260 厘米，穗位高约 105 厘米，穗长约 20 厘米，穗行数为 16～18，行粒数为 38～40；果穗长筒形，籽粒黄色，马齿形，千粒重 300～350 克；抗大斑病、粗缩病、黑粉病，中抗小斑病，后期轻感青枯病；一般亩产为 500～650 千克。

（3）栽培要点：种植密度春播为 3300～3800 株/亩，条件好的地块可适当增加密度；夏播密度为 4000～4500 株/亩。该品种穗位偏高，前期应适当控制肥水，促根稳茎，尽量缩短下部节间；施肥采用前轻后重的方式，注意增施钾肥；后期注意排水防涝，以减少纹枯病和青枯病的发生。

（4）适栽地区：适于在东北、华北、西北等地区作春播或套种玉米推广种植。

2.农大 3138

(1)品种来源:该品种是由中国农业大学选育而成的大穗型高产杂交玉米品种,于 1998 年通过全国农作物品种审定委员会审定。

(2)特征特性:该品种春播生育期为 105 天左右,夏播生育期为 95 天左右,株高约 240 厘米,穗位高约 100 厘米;果穗圆筒形,红轴,籽深黄色,商品性好,穗长 24～28 厘米,穗粗 5.5～6 厘米,穗粒行数为 14～16,千粒重 350 克左右;丰产潜力大,抗倒伏,综合抗性好,适应区广。

(3)栽培技术要点:①该品种适应区域较广,种植密度应因地因时制宜。②高产栽培时注意增施肥料,保证中后期的水分供应,适时培土,防止倒伏。③山区春播应适时早播,抢墒播种,力保全苗。

3.招玉 2 号

(1)品种来源:该品种是山东省招远市种子公司选育的中熟高产紧凑型玉米杂交种,分别于 1999 年 4 月和 5 月通过山东省和全国农作物品种审定委员会审定。

(2)特征特性:该品种为中熟杂交种,在山东省招远市夏播生育期为 95～100 天,株高 260～270 厘米,穗位高 100～110 厘米,单株叶片 20 片,叶片较窄,株型紧凑;根系发达,茎秆坚硬,高抗倒伏;抗玉米大小叶斑病为 1.5 级,高抗玉米粗缩病和青枯病;光合速率高;活秆成熟,果穗筒形,大小均匀,穗长 18～20 厘米,穗粗 5 厘米,穗行数为 16～18,行粒数为 31～35,千粒重 330 克左右;籽粒半硬粒型,黄色。

(3)栽培技术要点:适于麦田套种或夏直播,一般大田密度为 4000～4500 株/亩,高产栽培可增加到 5000 株/亩。肥水管理在大喇叭口期为重点。因该品种活秆成熟,适当晚收,有利于增加粒重。

(4)适栽地区:适于在山东、江苏、北京、天津、安徽、云南等地种植。

(二)特种玉米品种

1.鲁单 204

(1)品种来源:该品种由山东省农业科学院玉米研究所选育。

(2)特征特性:该品种为中晚熟大穗型优质蛋白玉米单交种,在济南春播、夏播的全生育期分别约为 124 天和 106 天;叶片上倾;株高约 242 厘米,穗位高约 90 厘米,果穗长约 20.4 厘米、粗 5.0 厘米左右,穗粒数为 756 左右;籽粒黄色,马齿形,奥帕克-2 型半硬质胚乳,千粒重 270 克左右;根系发达,较抗倒伏;抗玉米大斑病、小斑病、青枯病和穗粒腐病等。

(3)栽培技术要点:宜春播或麦田套种,种植密度以 3000～4000 株/亩为宜。

(4)适栽地区:适于在山东、河北、河南、吉林、新疆、四川等地推广种植。

2.鲁单 205

(1)品种来源:该品种由山东省农业科学院玉米研究所选育。

(2)特征特性:该品种为中熟大穗型优质蛋白玉米单交种,叶片上冲;株高约 240 厘米,穗位高约 90 厘米,果穗长约 19.2 厘米、粗约 5.3 厘米,穗行数为 16,穗粒数约 601;籽粒黄色,马齿形,奥帕克-2 型半硬质胚乳;根系发达,抗倒伏;高抗玉米大斑病、小斑病、青枯病和穗粒腐病等。

(3)栽培技术要点:宜春播、麦田套种或抢茬直播,种植密度以 3500～4000 株/亩为宜。

(4)适栽地区:适于在山东、河南、河北、吉林、四川、新疆等地推广种植。

3.鲁玉 13 号

(1)品种来源:鲁玉 13 号原名"鲁单 203",由山东省农业科学院玉米研究所选育,于 1993 年分别通过山东省和四川省农作物品种审定委员会审定并命名,被列为农业部重点扩繁品种。

(2)特征特性:该品种为中熟大穗型单交种,在济南春播、夏播的生育期分别约为 110 天和 92 天;株高约 230 厘米,穗位高约 84 厘米,果穗长约 20.5 厘米,粗约 5.0 厘米,穗粒数为 800 以上,穗轴红色;籽粒黄色,半硬质胚乳,千粒重约 260 克,出籽率为 88%;株型较紧凑,抗倒伏;抗玉米大斑病、小斑病,高抗穗粒腐病和青枯病;一般亩产 550～650 千克,高水肥条件下可达 850 千克。

(3)栽培技术要点:适宜春播、麦田套种或抢茬直播,种植密度以 3500 株/亩为宜。

(4)适栽地区:适于在山东、河北、河南、山西、陕西、四川等地种植。

4.烟笋玉 1 号

(1)品种来源:该品种由山东省烟台市农业科学研究院育成。

(2)特征特性:该品种属中晚熟多穗型杂交种。正常情况下,单株结笋 5 个,单笋重约 6.5 克,笋形长筒状,笋色淡黄色,每亩种植 5000 株左右,抗病抗倒,适应性强。

5.鲁笋玉 1 号

(1)品种来源:该品种由山东省烟台市农业科学研究院选育而成。

(2)特征特性:该品种株高约 200 厘米,茎粗 1.9 厘米左右,抗病抗倒,适应性强,属中晚熟多穗型笋玉米品种。在高产栽培条件下,单株可产笋 5～6 个,单笋重 6 克左右,笋形细长柱状,笋色晶黄,符合罐头加工要求。

6.甜笋 101

(1)品种来源:该品种由北京农业大学育成。

(2)特征特性:该品种是制作玉米笋罐头的专用品种。在北京,春播成熟期为 100 天左右,采笋期为 70～75 天,夏播为 63～68 天;株高为 225～240 厘米,穗位高为 90～100 厘米,每株玉米可采笋 5～8 个;玉米笋呈宝塔形,笋长 6～9 厘米,单笋重 5～6 克;抗病抗倒,适应性强。

7.鲁甜玉 1 号

(1)品种来源:该品种是由山东农业大学育成的超甜玉米综合种,于 1987 年通过山东省品种审定委员会审定。

(2)特征特性:该品种株高约 205 厘米,穗位高约 92 厘米;果穗长筒形,商品率高,穗长约 20 厘米,穗粗约 4.5 厘米;籽粒金黄色,粒色一致;在山东,春播生育期约 100 天,夏播约 90 天;采收期籽粒的含糖量为 20%左右,并具有甜脆清香、风味纯正等特点。

(3)栽培技术要点:种植密度为每亩 3500 株左右,一般亩产鲜穗 800 千克以上。果穗采收后,茎叶青绿,还可收获鲜茎秆 3000 千克左右,用作青饲料或青储饲料,能发展养牛业。

(4)适栽地区:该品种适应性强,在我国北方和南方都可种植。

8.鲁甜玉 2 号

(1)品种来源:该品种是由山东农业大学育成的普通甜玉米杂交种,于 1991 年通过山东省品种审定委员会审定。

（2）特征特性：该品种株高约 220 厘米，穗位高 70～80 厘米；果穗粗大，穗长 20 厘米以上，穗粗约 5.1 厘米，穗行数为 16～18；籽粒黄色，粒色一致，采收期籽粒含糖量为 10% 左右，风味可口，品质较好；在山东，夏播生育期为 102 天左右，鲜穗采收期为 90 天左右；一般亩产鲜穗 800 千克以上。

（3）栽培技术要点：种植密度为每亩 4000 株左右。

（4）适栽地区：该品种适应性强，在我国北方和南方都可种植。

9.鲁甜玉 3 号

（1）品种来源：该品种是由山东省农业科学院育成的普通甜玉米杂交种，于 1992 年通过山东省品种审定委员会审定。

（2）特征特性：该品种株高约 220 厘米，穗位高约 85 厘米；果穗细长，商品率高，穗长约 22 厘米，穗行数为 14～16；籽粒黄色，粒色一致；在山东，春播鲜穗采收期为 80～85 天；种皮嫩薄，味道纯正；根系发达，生长健壮，抗病抗倒，适应性强。

（3）栽培技术要点：适宜种植密度约为 4000 株/亩。

10.中甜 2 号

（1）品种来源：该品种由中国农业科学院作物科学研究所于 1992 年育成。

（2）特征特性：该品种为中早熟加强甜玉米，在北京地区春播生育期为 107 天左右，夏播生育期为 90 天左右；株高 200 厘米左右，每株 1～2 个果穗；果穗筒形，长约 20 厘米，穗行数为 12～14；籽粒鹅黄色，口感极好；高抗病毒病、大斑病、小斑病和青枯病；在北京地区春播一般亩产鲜食籽粒 500 千克左右。

（3）栽培技术要点：适宜种植密度为 4000 株/亩，四周 400 米内不得种植其他玉米，以免串粉影响食用品质。生长后期不要使用农药，采收期为花丝抽出后 18～20 天，采收后应在 2～5 小时内上市或加工保鲜。

（4）适栽地区：凡能种植玉米的地区均可种植。

11.鲁糯玉 1 号

（1）品种来源：该品种是由山东省农业科学院玉米研究所育成的糯玉米单交种，于 1989 年通过山东省品种审定委员会审定。

（2）特征特性：该品种在山东春播生育期为 105 天左右，夏播生育期为 90 天左右，一般亩产籽粒 450 千克左右，比烟单 5 号增产 15% 以上；果穗圆柱形，穗长约 17 厘米、粗约 4.6 厘米，千粒重约 295 克；籽粒黄色，半马齿形，籽粒中淀粉约占 60%，全部为支链淀粉；株高 230 厘米左右，穗位高 85 厘米左右；根系发达，抗病抗倒，适应性强。

（3）栽培技术要点：适宜种植密度为 3500 株/亩左右。

12.登海 3 号

（1）品种来源：该品种是山东省莱州市农业科学研究院以 DH08 为母本、P138 为父本育成的单交种。

（2）特征特性：该品种在山东莱州夏播生育期为 105 天左右，春播生育期为 125 天左右；株高 250 厘米左右，穗位高 100 厘米左右，穗长 20～22 厘米，穗行数为 16～18，千粒重 320 克左右，出籽率为 86% 左右；果穗粗大，筒形，红轴黄粒，籽粒半马齿形，株型半紧凑，茎秆粗壮；抗大叶斑病、小叶斑病、茎腐病、丝黑穗病、纹枯病和玉米螟；活秆成熟，适应性强,稳产性好。

(3)栽培技术要点:一般大田种植密度为 3000~3300 株/亩,足墒播种,在肥水管理上注意氮、磷、钾配合使用,施足种肥,重施攻穗肥,酌施攻粒肥,浇好大喇叭口至灌浆期的丰产水,及时防治病虫害。

(4)适栽地区:可在山东、河北、河南、陕西、江苏北部、安徽北部夏播区和山西、宁夏、甘肃陇南、云南、四川、重庆、贵州、湖北、湖南、广西和吉林南部春播区种植。

13.登海 3707

(1)品种来源:该品种是山东登海种业股份有限公司育成的中早熟、中大穗、优质、多抗玉米一代杂交种,于 2002 年通过新疆昌吉回族自治州和伊犁哈萨克自治州审定,2003年通过山东省审定。

(2)特征特性:该品种株型紧凑,茎秆坚韧,株高平均为 254 厘米,穗位高平均为 106 厘米;果穗筒形,穗行数为 14~16,穗粒数为 570,穗轴白色,籽粒黄色,马齿形,千粒重 310 克左右;结实性好,生育期为 100 天左右,抗倒伏、抗病性好,高抗玉米黑粉病和青枯病,抗大叶斑病、小叶斑病、矮花叶病,中抗弯孢菌叶斑病。

(3)栽培技术要点:适宜种植密度为 3500~4000 株/亩,足墒播种,苗期蹲苗促壮,中期要加强肥水管理,后期视长势酌情进行肥水管理,及时防治病虫害。

(4)适栽地区:适宜在山东省中上肥水地块推广种植,新疆的昌吉回族自治州和伊犁哈萨克自治州可种植。

14.鲁单 9002

(1)品种来源:该品种是山东省农科院玉米研究所选育的玉米一代杂交种,通过了山东省品种审定。

(2)特征特性:该品种高抗黑粉病、青枯病和矮花叶病,抗小叶斑病。

15.山农高油玉米 1 号

(1)品种来源:该品种是山东农业大学育成的山东省第一个高油玉米新品种。

(2)特征特性:该品种为早熟高油玉米单交种,含油量大,实现了玉米育种向专用型和高附加值型方向的发展。

16.泰单 315

(1)品种来源:该品种是山东农业大学选育的玉米杂交新品种。其以突出的高产、稳产、抗病、抗倒、抗旱特性,被山东省玉米良种产业化开发项目专家列为山东省首个推广品种。

(2)特征特性:该品种株型紧凑,根系发达,茎秆坚韧,抗病性强;株高约 240 厘米,穗位高约 90 厘米,叶片数为 19~21,穗圆筒形,穗长约 22 厘米,穗粗约 5.3 厘米,轴粗约 2.8厘米,穗行数为 16 以上,千粒重 330 克以上;夏播生育期为 95 天左右,春播生育期为 102天左右。

(3)栽培技术要点:适宜麦田套种和抢茬直播,每亩种植 4000~4500 株为宜。

17.烟鲜玉 1 号

(1)品种来源:该品种系烟台市农业科学研究院于 1993 年育成的极早熟鲜食专用型玉米杂交种。

(2)特征特性:该品种株高约 195 厘米,穗位高约 83 厘米,叶片数为 14~16;植株生长势强,苗期无分蘖,叶片浓绿,极早熟;在烟台于 3 月 20 日前后播种,加盖薄膜拱棚,一般在78～81 天即可采鲜果穗上市;夏播生育期为 75 天左右;丰产、抗倒、抗大叶斑病、小叶斑病和黑粉病;果穗商品性状优良,鲜果穗长筒形,穗长 18～22 厘米,每穗 14～16 行,穗轴白色;籽粒为硬粒型,金黄色,鲜食香甜可口;单鲜穗重 0.3 千克,无秃顶现象,植株整齐良好。

(3)栽培技术要点:①精细整地,施足底肥,重施有机肥和速效氮肥。②适期早播并采用起小畦双行栽培加盖小拱棚的种植方式或者适期延迟种植,以利于淡季上市。③采收鲜穗一般在授粉后第 19 天左右进行。④种植密度一般为 3500～4000 株/亩。

(4)适栽地区:该品种适合所有玉米种植区,特别是在城市郊区效益更佳。

二、夏玉米丰产栽培技术

(一)播前准备与播种

1.整地、施肥和造墒

利用前茬作物播前深耕、施足有机肥的后效应,麦收前造墒,麦收后及早灭茬,抢种夏玉米。在前茬收获早、土壤墒情足或有造墒条件的情况下,可在前茬收获后早深耕,后整地播种;前茬收获较晚时,则应先局部整地,在播种行开沟、施肥、平整、抢种,出苗后行间再深耕。套种玉米在早春破埂埋肥,浇麦黄水造墒播种,前茬作物收获后,再灭茬、深刨、整地。总之,"三夏"(夏收、夏种、夏管)期间,时间紧、农活多、气温高、墒情差,直播和套种田的整地、施肥、造墒、播种既要抓紧,又要灵活掌握。同时,不宜深耕细整,因为一则延误农时,加速跑墒,影响一播全苗;二则若苗期遇大雨,则会加重涝害,以致不能及时管理,造成苗荒和草荒。

2.确定良种

利用优良品种增产是农业生产中最经济、最有效的方法。

3.种子精选与处理

(1)种子精选:包括穗选和粒选。穗选即在场上晾晒果穗时,剔除混杂、成熟不好、病虫、霉烂果穗后,晒干脱粒作种用。粒选即播前筛去小粒、秕粒,清除霉粒、破粒、虫粒及杂物,使种子大小均匀、饱满,便于机播,利于苗全、苗齐。

(2)种子处理:玉米种子处理包括晒种、浸种和药剂拌种。晒种即选晴天将种子晒 2～3 天,利于提高种子发芽率,使种子提早出苗,减轻丝黑穗病。浸种可使种子发芽整齐,出苗快,苗子齐。用冷水浸种 12～24 小时,用 50 ℃(两开一凉)温水浸泡 6～12 小时,用30％或50％的发酵尿液分别浸泡 12 小时和6～8 小时,用 500 倍磷酸二氢钾水溶液浸泡8～12 小时,均可达到同样的效果。浸种时应注意:饱满的硬粒型种子的浸种时间可长些,秕粒、马齿形种子的浸种时间宜短;浸过的种子勿晒、勿堆放、勿装塑料袋;晾干后方可药剂拌种;天旱、地干、墒情不足时,不宜浸种;浸过的种子要及时播种。浸后晾干的种子可用0.5％硫酸铜或用种子量 1％的 20％菱锈灵拌种,防黑粉和丝黑穗病,也可用辛硫磷、1605、种衣剂拌种、包衣,防治地下害虫。

4.确定适宜的种植密度

玉米的种植密度常根据自然条件、品种特性、地力水平、管理水平和播期而定。通常,相同品种在同一地区,阳坡地应比阴坡地或平原密些,光照足、雨水少的地区应比阴雨多、光照弱的地区密些,土壤肥沃、施肥水平高的地块应密些,茎叶紧凑上冲、生育期短、单株生产力低的品种应密些,晚熟的应稀些;反之则相反。夏玉米在一般生产条件下,平展型品种以 3000~3500 株/亩为宜,上冲型品种以 4000~4500 株/亩为宜,高额丰产田可适当增加到 5000 株/亩左右。

5.选择适宜的种植方式

实践证明,在密度增大时,配合适当的种植方式更能发挥密植的增产效果,便于田间管理。玉米的种植方式主要有均匀和不均匀两种。

(1)均匀种植,即等行距种植,春播、套种、夏直播均可采用。行距为 56~72 厘米,株距因密度而定。均匀种植可充分利用光、水、土、肥条件,便于机械化作业。

(2)不均匀种植,即大小行距种植,一般大行距为 82 厘米,小行距为 50 厘米左右,春、夏种均可采用。其特点是:植株在田间分布较均匀,生育前期对光能、地力利用不足,但能调节玉米生育后期的个体与群体发育的矛盾,充分发挥边行优势,利于管理。

6.适时播种

玉米播种有"春争日,夏争时""夏播争早,越早越好"之说。北京地区的夏直播适期在 6 月中下旬,越早越好。玉米的播种方法有条播和穴播两种,播种深度一般为 4~6 厘米。过深出苗难,苗子弱;过浅易落干,造成缺苗断垄。条播每亩用种量为 4 千克左右;穴播每亩用种量为 1.5~2.5 千克。播种时要深度适宜,深浅一致,覆土薄厚均匀,播后适时镇压。在干旱、土墒不足时,应采用抗旱播种技术,即用两个耧,前边的耧铧上绑上"拥背"(草把),豁开干土分向两边,后边耧把种子播在湿土里,并及时镇压 1~2 次。

(二)苗期管理

玉米苗期是指从出苗后到拔节前的时期,一般为 25~40 天。通常早熟品种短些,晚熟品种长些。

1.玉米苗期的生育特点

苗期阶段主要是生根、增叶、分化茎节的营养生长阶段。此时叶小而少,光合量少,植株生长缓慢,耐旱怕涝。每 5~6 天展开一片叶,每增加 1.5~2 叶片,发一层新根。地下部分干重的增长速度比地上部快,根系质量占植株总质量的 50%~60%。因此,苗期的生育特点是以根生长为中心的营养生长阶段。苗期管理要以促根生长发育、控上促下为原则,采取各项措施。

2.玉米苗期的壮苗长相及主攻目标

玉米苗期的壮苗长相是根多、茎(叶鞘)扁、叶色深绿、叶片宽厚、粗壮敦实、个体健壮、群体整齐。中、低产田防瘦防弱;高产田则应控制地上旺长,促进根系发育。田间管理的主攻目标是苗全、苗齐、苗匀、苗壮。全,即达到计划株数;齐,即大小要近似,长势相当,群体整齐;匀,即行、株距按计划均匀分布;壮,即达到壮苗标准。

3.玉米苗期对环境条件的要求

玉米苗期生长的最低适温为 10~12 ℃,适温为 18~20 ℃,根系生长的最适地温为 20~24 ℃。苗期生长量少,苗植株小,消耗水分不多,只要做好保墒,土壤水分就能满足玉米苗期需求。玉米苗期对养分需求比较小,但对磷反应敏感,对氮、钾的需求与供给矛盾不尖锐;喜光,怕苗荒、草荒,怕涝。

4.苗期管理主要措施

(1)及时查、补苗:玉米出苗后要及时检查出苗情况,查看是否全苗,是否缺苗断垄。发现缺苗断垄应及时补种、补栽。三叶前用饱满的种子浸种催芽浇水补种,三叶后用行间预备苗补栽。另外,缺苗处也可留双株补救。

(2)早间苗、适时定苗:当苗长到3~4片叶时,要及时去掉弱、白、黄、病、劣苗,特别是土壤干旱、播量大时,更应及时间苗。当苗长到5~6片叶时,按计划株距、密度留苗,余苗全部拔除。定苗时,边行、地头可留得密些。在地下害虫较重的地块,除及时治虫以外,还要增加间苗次数,适当推迟定苗时间。间定苗时,拔除的苗子要及时清出田间。

(3)苗期早、深中耕促苗壮:因玉米根系发达,呼吸旺盛,中耕应做到行间深,苗旁浅,株间锄细,避免伤根。一般苗期进行2~3次中耕:间苗后进行第一次中耕,深度为5~6厘米;定苗后进行第二次中耕,深度为8~10厘米;拔节前进行第三次中耕,深度为10厘米左右。

(4)蹲苗促壮:蹲苗是根据玉米苗期的生育特点,人为地进行控上促下,解决地上部与地下部生长矛盾的一项有效技术措施。它包括控制浇水、中耕深锄和扒土晒根一整套措施,可促使根向纵深发展,使茎秆下部节间变短,穗位降低,增强植株抗倒性;同时,可促进穗分化,有效地缓解地上与地下、营养生长与生殖生长的矛盾,为穗大粒多打下基础。玉米蹲苗要视品种、密度、土壤肥力灵活掌握,一般叶片深绿、地肥、密度大、墒情足的旺苗进行蹲苗;不蹲黄瘦、地薄、干旱的弱苗。所以有"三蹲三不蹲"的农谚,即蹲黑不蹲黄,蹲肥不蹲瘦,蹲湿不蹲干。蹲苗一般应在拔节前结束,时间过短无效,过长影响幼穗分化,易形成"小老苗"。蹲苗结束,应立即追肥、浇水,促进植株生长。

(5)加强水肥管理:对弱苗、小苗和补栽补种的苗要及时追施偏肥、浇偏心水,促其转化、长匀、长壮。特别是麦套玉米,因与小麦共生期间环境不好,要及时施"提苗肥",深施严埋,施后浇水。

(6)防治地下害虫:苗期地下害虫较多,如蝼蛄、金针虫、蛴螬及地老虎等,应及时撒毒土或毒谷,并采取综合措施进行防治,保证全苗。

(三)穗期管理

玉米穗期是指从拔节到抽雄穗之间的一段时间,一般为30~35天。

1.玉米穗期的生育特点

穗期是玉米营养生长与生殖生长并进的阶段,既有根、茎、叶的旺盛生长,又有雄、雌穗的迅速分化,是玉米一生中生育最快、生长量最大、需肥水最多的时期。此期根、茎达最大量,叶以中、上部叶片伸展为主,穗分化全部完成,株高定型,叶面积达高限。

2.玉米穗期的主攻目标

穗期玉米的植株基部节间短,穗下节间粗壮,穗位较低而一致,叶片宽厚,叶缘呈波状,叶色深绿,气生根发达,群体整齐一致。因此,玉米穗期管理的主攻目标是壮秆、促穗,兼促中、上部叶片健壮生长,雌、雄穗分化发育完好,穗大粒多。此时期应保证肥水供应,严防"卡脖旱"。

3.玉米穗期对环境条件的要求

穗期玉米营养生长日趋旺盛,结实器官不断分化形成,因此,要求较高的温度、大量的养分和水分、充足的光照,气温应为22~24℃。温度过高,穗分化阶段会相应缩短,导致穗花少、穗小。抽雄前后半个月,是玉米需肥水的"临界期"。

4.玉米穗期田间管理的主要措施

(1)追肥:玉米对氮、磷、钾的需求,以穗期为最多。为了保证茎叶生长,增加光合面积,促进雌、雄穗分化发育,延长下部叶片功能期,达到根多、壮秆、穗大的目的,拔节后要追施"攻秆肥"。这次追肥要因地、因苗灵活掌握,肥地、壮苗宜稍推迟追肥,以防茎节徒长;但对于薄地、瘦苗,应适当多施早追。在抽雄前 10~15 天的大喇叭口期要再追施"攻穗肥"。攻穗肥对保花、保粒,增大中、上部叶片,促进上部茎节间伸长,提高光合强度具有重要作用。从追肥用量上来讲,基肥足、长势壮,追施提苗肥的丰产田,可采用"前轻后重"的方式,即拔节后轻施攻秆肥,大喇叭口期重施攻穗肥;基肥不足、长势较弱及未追提苗肥的田块,采用"前重后轻"的方式,即拔节后重施攻秆肥,大喇叭口期轻施穗肥。追肥总量为标准氮肥 25~30 千克,重、轻比例分别为总量的 60%~70% 和 30%~40%。高产田应注意补充磷、钾肥。穗期追肥,无论用什么肥料,都要深追严埋,施后浇水。

(2)中耕培土:玉米穗期对养分、水分、光照和氧气的需求大。中耕可以疏松土壤,改善通气和水肥供应状况,促根生长,清除杂草,蓄水保墒,因此,中耕是穗期管理的一项重要措施。一般进行两次培土,分别在拔节初、小喇叭口期和大喇叭口期进行,深度逐渐变浅。为了形成垄沟,利于中、后期排灌,可结合大喇叭口期中耕进行培土,以增厚植株基部土层,加快气生根入土,扩大吸收面积,防止植株倒伏。培土不宜过早,培土高度以 6~10 厘米为宜。此外,还应结合第一、二次中耕,及早除去分蘖,以减少养分、水分的消耗,改善群体通风透光条件。

(3)浇水、排涝:穗期正值高温季节,植株生长需水量、蒸发量与日俱增,是玉米需水的关键期。一般在小喇叭口期和大喇叭口期分别浇水,小喇叭口期水量宜小,可隔行开沟进行,大喇叭口期水量要浇足,但勿大水漫灌。穗期及其以后,玉米根呼吸旺盛,耐涝性差,若遇大雨,应及时排涝。实践证明,在排水后结合施肥能减轻涝害。

(4)防治病虫害:玉米穗期易发生黑粉病、大叶斑病、小叶斑病及玉米螟、棉铃虫和黏虫等病虫害,应加强预测预报,抓住有利时机及时防治,避免造成减产。

(四)花粒期管理

玉米花粒期是指从抽穗到成熟期,一般为 45~50 天。

1.玉米花粒期的生育特点

花粒期玉米的营养生长日趋停止,转入以开花、授粉、受精、籽粒形成及成熟为主的生殖生长阶段,是玉米一生中的代谢旺盛时期,需肥、需水仍然较多,是形成产量的关键时期。玉米开花后经传粉、受精,进入籽粒发育阶段。按种子的形态、含水率、干物质积累的变化,大致可将其可分成四个时期:形成期,15~20 天,体积达成熟时的 2/3;乳熟期,15~20 天,体积达高限,含水率降至 50%,干物质积累最快;灌浆期(蜡熟期),10~15 天,体积和干物质重达上限,苞叶开始发黄,果穗与茎秆分离;完熟期,蜡熟末期以后,干物质停止积累,籽粒脱水加快,出现黑色层,是玉米生理成熟的标志,该时期是玉米收获的最佳时期。

2.丰产长相及主攻目标

玉米花粒期的丰产长相,可用"青枝绿叶腰中黄"基本概括,即群体整齐,生长健壮,不旺长,不早衰。田间管理的主攻目标是保证授粉、受精,促进籽粒灌浆成熟;防止茎秆早衰,减少绿叶损伤,最大限度地保持绿叶面积,维持较高的光合强度;保证玉米正常成熟,争取粒多、粒饱、高产。总之,花粒期的中心任务是为开花、授粉、结实和延长根、叶寿命,防止早衰创造条件。

3.玉米花粒期管理措施

(1)酌情追"攻粒肥":一般在开花后 10 天左右,结合浇水,每亩追施 5～7 千克标准氮肥。苗弱、肥少的薄地块适时追施尤为重要。对前段肥水充足、生长正常的地块,可不追或少追攻粒肥,或在乳熟期喷施 1％～2％尿素。对高产田、旺长田,可在开花前后喷施 5％过磷酸钙浸提液或 800～1000 倍的磷酸二氢钾溶液,对防止脱肥早衰,延长中、上部叶片的功能,增强光合强度,促进正常成熟,增加粒重,提高玉米的产量、品质作用很大。

(2)去雄:拔除雄穗能节省养分,改善养分运转方向,改善通风透光条件,降低株高和除去部分害虫,促进籽粒发育。去雄可在雄穗刚抽出尚未开花散粉时进行,去雄时间过早、过晚都将失去意义。去雄时应注意:边行地头不去,山地、小块地不去,阴雨天、大风天不去,可采取隔行隔株去雄,注意去弱、去劣,去雄总株率不能超过 1/2。另外,去雄时绝对不能带顶叶,否则会造成减产。

(3)人工辅助授粉:人工辅助授粉能保证正常授粉、受精,提高结实率,减少秃顶,提高籽粒整齐度。一般在上午 9—11 时,边采粉边授粉,连续进行 2～3 次。要注意异株授粉。生产上采用摇株或用绳子拉株使之摇动的方法以利传粉,达到授粉的目的。

(4)浇水、排涝:玉米花粒期需水较多,反应敏感,是决定粒数多少、粒重高低的关键时期。这时水分充足对促进籽粒形成、提高绿叶的光合能力和增生支持根以防倒伏有明显作用。因此,应在开花及其以后 10 天左右及时浇水,使田间水分保持在田间持水量的 80％左右,以满足花粒期玉米对水分的需求。但是,还要防止水分过多,否则氧气不足,将导致根的呼吸作用受抑制,吸收力降低,代谢失调,植株易倒易早衰,影响玉米产量、质量,故水多时应注意排涝。

(5)防治病虫害:在多雨年份常有大叶斑病、小叶斑病发生,主要采用药剂防治,以 70％代森锰或 65％代森锌 100 倍液、70％甲基托布津 500 倍液,每亩喷施 100～150 千克,每 7 天喷一次,连续喷 2～3 次即可。对于第三代玉米螟,也主要采用药剂防治,根据预测预报及时用药。

(6)收获与储藏

①收获:玉米成熟的外部特征是苞叶变白松散,籽粒变硬,皮层光亮,籽粒与穗轴相接的断面处出现黑色层。如果绿叶很好,生长季允许再推迟 5～7 天收获,有一定的增产效果。如果为了赶种下茬,在蜡熟末期带秆收获,整株晾晒,则会导致玉米稍有减产,品质也会差些。

②储藏:玉米收获后,剥去苞叶,晒干脱粒,当籽粒含水量在 13％～14％或低于 13％时,即可入仓储藏,高于 14％时易霉烂。另外,玉米入仓前应对仓库、储具进行消毒处理;入仓后,应注意定期检查温度、湿度和病虫害情况,保证安全储藏。

第三节　大　豆

一、大豆的分类

我国栽培的大豆品种繁多。按植物学特性,可将大豆分为野生种、半栽培种和栽培种三类。按播种季节的不同,可将大豆分为春大豆、夏大豆、秋大豆和冬大豆四类,但以春大豆占多数。春大豆一般在春天播种,10 月收获,11 月开始进入流通渠道,在我国主要分布于东北三省,河北、山西中北部,陕西北部及西北各省(区)。夏大豆大多在小麦等冬季作物收获后再播种,耕作制度为麦豆轮作的一年二熟制或二年三熟制,在我国主要分布于黄淮平原和长江流域各省。秋大豆通常是早稻收割后再播种,大豆收获后再播冬季作物,形成一年三熟制。在我国浙江、江西的中南部、湖南的南部、福建和台湾的全部地区种植秋大豆较多。冬大豆主要分布于广东、广西及云南的南部。这些地区冬季气温高,终年无霜,春、夏、秋、冬四季均可种植大豆。所以,在这些地区有冬季播种的大豆,但播种面积不大。按用途的不同,可将大豆分为食用大豆和饲用大豆两大类:食用大豆又分为油用大豆、副食和粮食用大豆、蔬菜用大豆及罐头用大豆四类。按颜色的不同,可将大豆分为黄、棕、绿、黑、花色等几类。粮油部门为了经营管理上的方便,在编排商品目录和统计工作中常根据大豆的颜色将其分为黄豆、青豆和黑豆三种,棕、褐豆等划归黑豆之列。

栽培分为春大豆和夏大豆。春大豆是在春季播种的大豆,属短光照性较弱的早熟或中早熟类型,在我国各地均有栽培。北方春大豆是在冬闲地之后早春播种的品种类型,分布地区包括黑龙江、吉林、辽宁、北京、内蒙古、宁夏、新疆以及河北、山西、陕西和甘肃北部;一年一熟,一般在4 月下旬至5 月中旬播种,多在9 月成熟。黄淮春大豆主要分布在黄河和淮河流域,以江苏北部种植得较多;在4 月底5 月初播种,8 月底9 月初成熟,多与玉米间作。南方春大豆广泛分布在长江流域及其以南地区,以长江中下游的湖北、安徽、江苏以及浙江、江西、湖南中北部等种植得较多;3 月下旬至4 月初播种,7 月上中旬成熟,多进行三熟轮作栽培。在广东、广西和福建南部也有春大豆栽培,2—3 月播种,6 月底7 月初成熟,多为一年三熟轮作。

二、主要优良品种

（一）豫豆 16 号

1.品种来源

该品种系河南省农业科学院经济作物研究所用豫豆 10 号×豫豆 8 号有性杂交选育而成,于 1994 年、1998 年分别通过河南省及全国农作物品种审定委员会审定。

2.特征特性

该品种属夏大豆品种,稳产丰产,生育期为 105 天左右;株高 69 厘米左右,有限结荚习性,分枝有 2~3 个;叶椭圆,紫花,成熟时荚色棕黄,粒形椭圆,黄粒,百粒重约 23 克;高抗花叶病毒病、大豆食心虫。

3.适栽地区

该品种适宜在河南、鲁西南、苏北及陕西、甘肃等地区作夏大豆种植。

（二）豫豆18号

1.品种来源

该品种系河南省农业科学院经济作物研究所用郑80024×中豆19有性杂交经系谱法选育而成，于1995年、1997年、1998年分别通过河南省、安徽省农作物品种审定委员会及全国农作物品种审定委员会审定。

2.特征特性

该品种属夏大豆品种，中早熟，耐晚播，稳产丰产，品质优良，生育期为100天左右；株高70～80厘米，有限结荚习性，主茎节数为15左右，分枝有1～2个；叶椭圆，花紫色，茸毛褐色，成熟时荚褐色，圆粒，种皮黄色，脐褐色，百粒重18克左右；抗旱性好，抗花叶病、炭疽病及大豆食心虫，抗裂荚。

3.适栽地区

该品种适宜在河南省以及皖北、苏北等夏大豆产区种植。

（三）中黄9号

1.品种来源

该品种是由中国农科院作物研究所育成的高蛋白和高脂肪双高大豆品种，于1996年通过山东省农作物品种审定委员会审定。

2.特征特性

该品种夏播植株繁茂，株高80～88厘米，主茎节有15～17个，以主茎结荚为主，单株粒数为67～72，百粒重22～24克，为大粒品种；籽粒为椭圆形，粒色黄，外观较好，结荚习性为亚有限型；生育期为94～100天，抗倒，抗大豆花叶病毒病，中抗大豆孢囊线虫。

3.栽培技术要点

该品种要在土壤较肥沃的地块栽植，适期早播，于6月15日前后播完；要合理密植，一般亩留苗1.4万～1.6万株；封垄前要结合除草进行深中耕培土，促进根系发育，结荚鼓粒期要保证水分供应。

4.适栽地区

该品种适宜在北京、天津、山东京沪线以西、河北中南部、河南北部及山西、甘肃的部分地区种植。

（四）晋豆11号

1.品种来源

该品种系山西省农业科学院作物遗传研究所从龙76-9232品系中选出的一棵变异株，于1990年经山西省农作物品种审定委员会第16次会议审定。

2.特征特性

该品种株高70～90厘米，分枝有3～6个，主茎节有23个左右，株型收敛，直立不倒；无限结荚习性，叶椭圆，中等大小，茸毛黄色，花紫色，脐黑色；粒圆形，有光，百粒重20克左右；春播生育期为125～135天，夏播生育期为90天左右；根系发达，多根瘤，固氮能力强，适应性强，耐旱、耐湿；较抗大豆花叶病，中感孢囊线虫病，对大豆食心虫抗性较弱。

3.栽培技术要点

①一般亩施农家肥2000千克、过磷酸钙35千克、氮肥15～20千克。②春播以4月下旬

到 5 月上旬为宜,夏播以 6 月 10 日前后为宜。③春播适宜种植密度为 6000～8000 株/亩,夏播为 12 000～15 000 株/亩。④结荚期喷杀虫剂 2～3 次可防治大豆食心虫。

4.适栽地区

该品种适宜在山西、陕西南部、河南、山东、河北等黄淮夏播大豆区种植,但不宜在孢囊线虫病重发区种植。

三、大豆种质资源

大豆种质资源包括地方品种、推广品种、引进品种、具有某些性状的品系、特殊变异材料以及野生大豆和半野生大豆。

中国各地保存的大豆地方品种达 17 000 份、野生大豆和半野生大豆达 5000 份,国外引入品种达 10 000 份。设在中国台湾的亚洲蔬菜研究中心,搜集保存了约 10 000 份大豆种质资源,美国保存的栽培品种和野生大豆有 10 000 份左右,日本保存的大豆种质资源有4000 多份。

中国北起黑龙江沿岸,南至海南省崖县的广大地区,都有生育期适宜的大豆品种种植。生长季节较长(200 天左右)的中国长江流域有适于春播、夏播和秋播的不同成熟期的品种类型,其不同生育期类型的品种资源繁多,其他性状的变异也极为丰富多彩。

栽培大豆百粒重的变异范围为 6～55 克,野生大豆为 1.0～3.0 克,半野生大豆为 2.5～6 克。

大豆品种间脂肪含量的差别为 16％～25％,蛋白质含量的差别为 37％～50％。中国东北地区及美国中北部有丰富的高脂肪大豆种质资源。中国东北的大豆品种满仓金、吉林 16 的脂肪含量较高。中国长江流域、日本及朝鲜有丰富的高蛋白质大豆种质资源,蛋白质含量大多超过 45％。一般大豆品种间豆油中亚麻酸的差别范围为 4.9％～12.9％。

中国有丰富、珍贵的大粒青皮及大粒青皮、青子叶大豆品种资源,如兰溪大青豆、金坛八月黄大青豆等,以及有医药价值的黑皮绿子叶大豆,如山西绿仁黑豆等。

中国中南部地区的一些大豆品种及原产于中国的比洛克西(Biloxi)等,对酸性土中的铝离子具有抗性,中国大豆品种文丰 7 号与美国品种李(Lee)有明显的耐盐性。

大豆种质资源中有抗各种病虫害的基因源:抗细菌性斑疹病的种质资源,如布雷格(CNS Bragg)、FC 31592、PI 219656 等;抗细菌性斑点病的种质资源,如 PI 189968、PI168708、艾达(Ada)等;抗灰斑病的种质资源,如合丰 28、钢 5151、Lee 等;抗霜霉病的种质资源,如肯瑞奇(Kanrich)、PI 174885 等;抗大豆花叶病毒的种质资源,如水牛(Buffalo)、大白麻、广吉(Kuanggyo)等;抗大豆孢囊线虫病的种质资源,如喀左长粒黑、应县小黑豆、北京小黑豆(Peking)等。

四、大豆高产栽培技术

大豆是我国重要的传统粮油兼用作物,是人们生活的重要食物蛋白来源,是东北地区重要的食用植物油源和蛋白来源。大豆在我国分布较广,从东到西,从南到北,凡是有农作物栽培的地方,几乎都有大豆栽培。但我国的大豆平均单产与其他大豆主产国之间还有一定的差距,所以提高大豆的单产水平和生产效益就显得尤为重要。为促进我国大豆的发展,增强其竞争力,农业部从 2002 年就已开始将大豆生产作为重点工作来抓。现在我国部分地区的大豆产量、品质已上了一个新台阶,所以推广配套的大豆高产栽培技术,对提高我国大豆总产量起着极其重要的作用。现将大豆高产栽培配套技术介绍如下:

(一)选用良种

多年的实践证明,大豆原种随着种植年限的增多,种子的可种性逐年降低,致使大豆株高变矮,分枝能力差,单株粒数减少,抗病性降低,品质下降,大豆产量逐年递减。据试验,一个品种连续种植五年,其减产幅度达13%以上。因此,在高产大豆生产上,应该杜绝使用自留种,更不要盲目引种,要应用种子部门新繁育的良种。由于各地的自然环境条件不同,所以选用品种时,应注意以下几个问题:第一,应注意生育期问题。一般来说,生育期长的品种产量高,生育期短的品种产量低。选用品种要从各地实际出发,以既能充分利用生育季节,又能保证高产、稳产为原则。应选择在本地无霜期日数最少的年份也能达到黄荚期的品种。第二,应注意倒伏性问题。茎秆弱的大豆品种容易倒伏造成减产,茎秆强的品种肥水过多、密度过大,也会出现倒伏现象。在高产栽培水平下,应选用茎秆强度大的半矮秆、产量潜力大的品种,配方施肥,合理密植。第三,应注意选用抗病品种。应从各地实际出发,针对当地病害发生情况,选择高产、优质、抗病品种。

(二)合理轮作

大豆是用地、养地的作物,作为禾谷类的前茬时,能使后茬有不同程度的增产效果。据调查,玉米以大豆为前茬比禾本科作物为前茬增产16%。以大豆为前茬增产效果大的原因如下:第一,大豆是直根系作物,入土深,能吸收土壤较深层的养分。禾谷类作物中玉米是须根系,入土浅。这两种作物轮作,可使土壤中不同层次的养分得以均衡利用,因而增产效果显著。第二,大豆根系上有大量的根瘤,可从空气中固定较多的氮,部分可遗留在土壤中供给后茬作物利用。第三,大豆根茬落叶多,腐烂快,有利于提高土壤肥力。第四,大豆田杂草少,土壤松,有利于保墒、保苗。第五,大豆与禾谷类作物相同的病虫害少。

虽然大豆是多种作物的好前茬,但其本身重茬(连种大豆)、迎茬(隔一年种大豆)也会使产量下降。原因如下:第一,许多以大豆为寄主的病菌和虫卵需2～3年才能死掉,大豆重茬、迎茬加重了病虫害的蔓延。第二,同一层次、同一类养分消耗太大,在常规施肥条件下易造成缺肥和偏肥现象。第三,钼、铁是根瘤固氮的重要酶成分,大豆连作易缺钼、铁,进而影响大豆根系和根瘤发育。第四,与大豆伴生的专属杂草容易蔓延危害,而且不便防除。因此各地应根据实际情况,坚持大豆与其他作物进行三年以上的轮作,这对于用地、养地、充分发挥土壤潜力、提高大豆和其他作物的产量都有重要意义。

(三)种子处理

1.种子精选

待播的种子要进行精选,选后的种子要求大小一致,无病粒,净度达99%以上,芽率达95%以上,含水量不高于12%,力求播一粒出一棵苗。

2.晒种

为提高种子的发芽率和发芽势,播种前应将种子晒2～3天。晒种时应薄铺勤翻,防止中午强光暴晒,造成种皮破裂而导致病菌侵染。

3.拌种

为防治大豆根腐病、霜霉病等,可用福美双或50%克菌丹可湿性粉剂以种子量的4%

进行药剂拌种,防蛴螬、蝼蛄、金针虫等地下害虫;也可用辛硫磷乳剂闷种,即用 50% 辛硫磷 0.5 千克加 12.5 千克水制成稀释液,每千克该液可拌 10 千克种子,拌后 4 小时阴干后播种;也可用大豆专用种衣剂包衣,防大豆根腐病、孢囊线虫病以及地下害虫。当土壤有效钼含量小于 0.15 毫克/千克时,每千克种子用 0.5% 钼酸铵溶于 20 毫升水中喷洒,混拌均匀,阴干后播种。

（四）精量播种

1.播种期

大豆播种时间早晚与产量有很大关系。播种过早,由于土壤温度低对出苗不利,会造成烂种而缺苗;播种过晚,虽然出苗快,但幼苗和根系生长都快,苗不壮,易造成徒长。大豆最适播种期应根据当时温度、土壤墒情而定。一般以土壤 5 厘米耕层地温稳定达到 8～10 ℃,土壤含水量在 20%～22% 时为适宜播种期。

2.种植密度

大豆合理密植总的原则是肥地宜稀,薄地宜密;分枝多的晚熟品种宜稀,株型收敛分枝少的早熟品种宜密。根据地力、品种特性确定合理密度。

3.播种量

确定播种量时应以每公顷保苗株数为基础,可用下列公式进行计算:

播种量(千克/亩)＝亩保苗株数×百粒重×(1＋田间损失率)/(净度×发芽率×100×1000)

4.播种方法

播种方法主要有"垄三"栽培法、等距穴播法、窄行平作栽培法、"大垄密"栽培法等。下面主要介绍"垄三"栽培法。

"垄三"播种的技术要点是秋季或春季起垄时,垄底、垄沟各深松一次,松土深度为 26.5 厘米,犁底层厚度为 6.5 厘米,松土带宽为 8 厘米。垄体分层深施肥,底肥深度为 8～16 厘米,在起垄深松的同时施入;种肥深度为 5～7 厘米,播种的同时施入,种子位于垄体两侧,双行间距为 12 厘米,播深为 3～5 厘米。用小型精量点播机进行垄上双行拐子苗点种,垄上双行间距为 12 厘米,种肥播于双行种子之间,垄距为 70 厘米。也可人工等距精量点播。

"垄三"栽培法的优点如下:①对垄体、垄沟间隔深松,可打破犁底层,解决地块板结问题。②垄下分层深施肥,避免了同位烧苗,又可减缓化肥转化速度,显著提高化肥利用率。③垄上精量点播双行拐子苗解决了大豆缺苗、断条、稀密不均的问题。④大垄便于管理,双行使植株在垄上合理布置,能增加大豆产量。应用"垄三"栽培法一般可比条播增产 15% 左右,是主要的大豆种植形式。

（五）田间管理

加强田间管理是获得大豆高产的保证。大豆田间管理的主要任务是疏松土壤、消灭杂草、追肥、灌水等,以促进大豆生长。

1.除草

杂草是大豆的天敌,若不及时消灭,会使大豆严重减产。田间除草的方法有以下几种:

（1）合理轮作可减少杂草危害、抑制病虫害蔓延。

（2）中耕培土是常规除草方法,可结合铲地、施药、追肥进行复式作业。第一次中耕应在大豆出苗前至第一片复叶展开期间进行,第二次中耕可结合第二遍铲草在第三片复叶出现时进行,第三次中耕应在大豆开花前结束。

（3）大豆化学除草目前主要使用播后苗前土壤处理,一般每公顷用50％乙草胺乳油2.25～3千克加5％豆磺隆可湿性粉剂加适量水在播后3～5天进行喷雾,也可用大豆专用除草剂进行播后苗前处理。注意:水量一定要足,而且要喷洒均匀。

2.施肥

施肥是保证大豆高产的关键性措施,目前生产上均以化肥增产为主,长期以来,造成土壤腐殖质不断减少,保水保肥能力降低,土壤板结,不利于大豆生长和发育。为了使大豆长期高产,必须结合耕翻土地大量施入有机肥,培肥土壤,恢复地力,做到有机肥和化肥配施。

（1）增施有机肥:有机肥营养全面,分解缓慢,肥效持久,能充分满足大豆全生育期的需要,特别是生育后期对养分的需求,是大豆高产的基础。

施肥方法:秋季翻地前每亩施腐熟好的人畜粪便2吨以上,均匀洒施于田间,拖拉机深翻时将肥料翻到深层,整平耙细。

（2）配施化肥:实践证明,化肥施用量以每公顷施磷酸二铵150千克、硫酸钾或氯化钾75千克效果最好,也可每公顷施250千克左右大豆专用肥。

施肥方法:大豆化肥可结合深松和播种集中于垄底分层施用。以"垄三"栽培法较好,它可以配合垄底深松深层施入大量底肥,也可在播种时施入较深层的种肥。这种做法集中于垄体不同层次施肥,促进肥料的有效利用,可保证大豆全生育期对肥料的需求。

大豆在积肥、种肥较足的基础上,通常不进行根部追肥。近年来的实践证明,大豆后期液面喷施复合肥能较大幅度提高产量。在大豆开花至鼓粒期进行根外追肥,用2％尿素、0.42％过磷酸钙、0.42％硫酸钾、0.05％硼酸、0.05％钼酸铵复合溶液喷洒叶面可取得增产20.5％的效果。

近年来,大豆测土配方施肥取得了较好效果,测土施肥使大豆生产者能够根据本地土壤中各种元素的缺乏情况对症下药,经济施肥,解决各地栽培实践中争论不休的如何施肥问题。

3.灌水

灌水是大豆增产幅度最大的关键措施,据调查,有灌水条件的地块大豆产量可提高40％以上。

大豆灌水必须根据大豆对水分的要求、土壤含水状况以及天气变化情况灵活掌握,适时灌溉才能确保大豆增产。通常把大豆萎蔫作为其严重缺水的症状,然而在萎蔫之前已经缺水,若不及时灌溉,将影响大豆产量。因此,生产上常常凭借经验和观察确定灌溉时期。灌溉的指标和依据是生理指标和土壤水分指标。生理指标是指大豆生长速度减慢、叶片老绿,中午高温时叶片短暂枯萎,甚至植株下部叶片变黄脱落,有条件的地块应及时灌水。还可利用土壤水分指标判断灌溉时期。大豆的灌水方法各地不同,试验表明,滴灌的效果优于喷灌,喷灌优于沟灌,最差的是大水漫灌。一般认为,开花盛期至鼓粒初期灌水增产效果最显著,但生产实践表明,在播前灌一次透水增产幅度最大。实践证明,大豆任何时期缺水都会影响产量,所以必须因地制宜适时灌水才能保证其高产。

4.植物生长调节剂的使用

植物生长调节剂是一种促进或抑制植物生长发育的激素物质,它对大豆不同时期的生长发育有促进或抑制作用,可起到增产作用。常用的大豆生长调节剂有增产灵、丰产宝、矮壮素、2,3,5-三碘苯甲酸等。下面分别介绍它们的使用方法。

(1)增产灵:在生长不繁茂的地块,于盛花期用 0.001 千克增产灵溶于少量酒精中,加水 100 千克,每亩喷 60 千克,隔 7 天再喷一次,可起到增花、保荚、增加百粒重的作用。

(2)丰产宝:含有大豆生长发育所需的植物激素和多种微量元素,能促进光合作用和早熟,增加结实率,可使大豆增产 10%～15%,使用时喷施 1000～2000 倍液 2～3 次,在无风晴天、气温为 20～25 ℃时喷施最好。

(3)矮壮素:在大豆高产、超高产栽培中,肥水的施用会使大豆生长过于繁茂,常因后期倒伏造成落花、落荚而不能高产。在高肥水栽培的田块上,于大豆开花初期每亩喷 30 克 0.125%控制生长的矮壮素,可防止植株徒长造成的倒伏,起到保花、保荚的作用,一般可使大豆增产 10%～20%;在徒长严重的地块使用矮壮素后大豆可增产 40%以上。

(4)2,3,5-三碘苯甲酸:在大豆初花期至盛花期,每亩喷洒 2,3,5-三碘苯甲酸 0.003～0.005 千克加水 25～50 千克,可防止大豆徒长,起到保花、保荚的作用,增产效果也很显著。

许多植物激素在不同浓度下对植物生理调节的作用不同,使用不当会适得其反,因此,在使用过程中要特别注意浓度配比。

五、常见病虫害及其防治

(一)常见病害

危害我国大豆的主要病害有 30 余种,可分为真菌性病害、细菌性病害和病毒病。下面简要介绍以下几种病害:

1.大豆霜霉病

该病在我国各大豆产区均有发生,但主要发生在气候寒冷的东北和华北地区。多雨年份发病严重,会引起叶片早落或凋萎,种子受害霉变。一般发病可使大豆减产 6%～15%,种子受害率为 10%左右,重则导致大豆减产 30%～50%。该病危害大豆幼苗、叶片、豆荚和籽粒。种子带菌可引起幼苗发生系统侵染,但子叶不表现症状。在幼苗展开第一片真叶时,真叶叶脉两侧会出现褪绿斑块,后扩大至半个叶片;有时整片叶子发病变黄,天气多雨潮湿时,叶背密生灰白霉层。成株期叶片表面生圆形或不规则形病斑,黄绿色,边缘不清晰,后变褐色,叶背生灰白色至淡紫色霉层。多个病斑会合成大豆斑块,使病叶干枯。豆荚染病后外部症状不明显,但荚内常有黄色霉层,豆粒受害后表面变白无光泽,并附着一层灰白色粉末状物。

2.大豆细菌性斑点病

该病在我国南北各大豆产区均有发生,北方重于南方,尤其是在寒冷潮湿的气候条件下发病多,干热天气则可阻止发病。该病主要危害叶片,也危害幼苗、叶柄、茎、豆荚及豆粒。叶上病斑初呈褪绿小点,半透明水渍状,渐变为黄色至淡褐色,后扩大成多角形或不规则形病斑。种子上病斑呈不规则形,褐色,上附一层细菌菌脓。茎和叶柄受害形成黑褐色水渍状条斑。

3.大豆花叶病

该病是大豆病毒病,症状变化很大,主要表现型如下:黄斑型,受害植株叶片皱缩,退为黄色斑驳,叶脉变褐色坏死。芽枯型,病株茎顶及侧枝顶芽呈红褐色或褐色,萎缩卷曲,最后枯死。重花叶型,病叶皱缩严重,叶脉褐色弯曲,整个叶片叶缘向后卷曲,植株矮化。皱缩花叶型,叶片沿叶脉呈泡状凸起,叶缘向下卷曲,植株矮化,结荚少。

4.大豆孢囊线虫病

该病为典型土传线虫病害,主要危害根部。根部受害后导致植株生长发育不良、矮化、叶片褪绿黄化,似缺素症,拔出病株可见根系发育不良,侧根少,细根增多,根瘤少,根系附有乳白色球状物。受害植株结荚少或不结荚,结荚的种子干瘪、瘦小,百粒重明显减轻。

(二)常见虫害

1.大豆蚜虫

成蚜和若蚜集中在豆株的顶部嫩叶、嫩茎上刺吸汁液,发生严重时布满上部株茎、叶及荚,使叶片皱缩,根系发育不良,植株矮小,结荚少,千粒重降低。苗期发生严重时整株枯死。轻者可使大豆减产 20％～30％,重者可使大豆减产 50％以上。

2.大豆食心虫

该虫幼虫侵蚀豆荚和豆粒,轻者沿豆瓣缝将豆粒蛀食成沟,重者将豆粒食去大半,降低大豆产量和品质。一般年份虫食率为 10％,严重时达 30％～40％,甚至高达 70％～80％。

(三)综合防治

(1)培育和推广抗病品种。

(2)用药剂处理大豆种子或选用无病种子。

(3)栽培技术防治:做好中耕除草、排除田间积水能减轻病害的发生,增施磷、钾肥可提高植株的抗病能力。

(4)田间化学药剂防治:抓住时机,巧治、快治是田间药剂防治的关键。病害刚出现时用药效果最好。例如:防治大豆霜霉病可用 40％百菌清悬浮剂 600 倍液、25％甲霜灵可湿性粉剂 800 倍液、64％杀毒矾可湿性粉剂 500 倍液、72％克露可湿性粉剂 700～800 倍液等;防治大豆细菌性斑点病可用 72％农用链霉素可湿性粉剂 200～350 克/公顷兑水 1000 升;大豆花叶病侵染初期用 1.5％植病灵 2 号 1000 倍液喷洒;大豆蚜虫防治可在田间卷叶株达 5％～10％或有蚜株数达 50％时进行,每亩用抗蚜威液剂 2000 倍液喷雾。

六、收获和储藏

大豆收获期因收获方法不同而不同,人工收割应在大豆黄熟期进行。黄熟期是指大豆主茎任何一个节上出现一个正常的已变成成熟颜色的豆荚,这标志着全株已达到生理成熟,这时豆粒变黄,割倒后铺放在地上,通过后熟作用晾晒几天,使籽粒都能归圆、变黄,不影响产量和质量。通常收割后晾晒 5～7 天即应进行脱粒。机械收获应在完熟期进行。完熟期是农业成熟期,指茎秆变褐,除少数品种外,叶及叶柄全部脱落,摇动植株,种子在荚内发出响声。大豆成熟后应抓紧收获,以免造成不必要的损失。收获脱粒后的大豆,用清粮机清选,水分高于 4.5% 时应烘干,无烘干设施时应及时摊场晾晒,避免高水分储藏造成烂仓;储藏库应具备通风好、温度低等优点。

第四节　花　生

一、主要优良品种

(一)花育 911

该品种属中间型大花生,荚果普通型,网纹清晰,果腰粗浅,子仁椭圆形,种皮粉红色,内种皮金黄色,连续开花;春播生育期为 131 天左右,主茎高 44 厘米左右,侧枝长 48 厘米左右;总分枝有 8 条,单株结果 16 个;高抗网斑病;适宜种植密度为 9000~10 000 穴/亩,每穴两粒,其他管理措施同一般大田,可在山东省适宜地区作为春播大花生品种种植。

(二)花育 912

该品种属中间型大花生,荚果普通型,网纹清晰,果腰粗浅,子仁椭圆形,种皮粉红色,内种皮金黄色,连续开花;春播生育期为 131 天左右,主茎高 43 厘米左右,侧枝长 48 厘米左右;总分枝有 9 条,单株结果 17 个;抗网斑病;适宜种植密度为 9000~10 000 穴/亩,每穴两粒,其他管理措施同一般大田,可在山东省适宜地区作为春播大花生品种种植。

(三)潍花 14 号

该品种属中间型小花生,荚果普通型,网纹清晰,果腰中浅,子仁椭圆形,种皮粉红色,内种皮橘黄色,连续开花;总分枝有 9 条,单株结果 18 个;高感网斑病;适宜种植密度为 9000~10 000 穴/亩,每穴两粒,其他管理措施同一般大田,可在山东省适宜地区作为春播小花生品种种植。

二、丰产栽培技术

(一)选种与种子处理

1.种子选择

在品种的选择上,一定要根据当地土壤、气候等自然条件,选择适宜的高产、高油、抗病性强的品种。要选择具有本品种特性、成熟一致、分枝整齐、结果集中而饱满的植株所结的荚果作种子。

2.晒种

晒种即带壳晒果。晒时将花生摊开 5~6 厘米厚,晒 1~2 天,经常翻动,力求晒得均匀。晒后手工去壳,防止碰破种皮,去掉小粒、瘪粒和发霉带菌种子。

3.种子处理

用法用量:使用前先将种衣剂充分搅动均匀,按药种比 1∶50(100 毫升种衣剂拌花生种仁 5 千克)将种衣剂与花生种仁同时倒入准备好的干净干燥的容器内迅速搅拌均匀。以播种前夕包衣为好,种衣剂适宜于花生不同生态区使用,包衣种子在土壤中短时间内不会霉变,可保证出苗率。包衣种子可不做其他处理。注意:花生种衣剂属高毒农药,应严格按农药使用规程进行。用种衣剂处理过的种子不可食用或饲用,若发现中毒,请立即用阿托品解毒且送医院治疗。

播前用 2.5% 适乐时悬浮种衣剂 20 克加天达-2116 浸拌种专用型 25 克,兑水 3 千克,拌种 15 千克,晾干后播种,可防治花生根腐病、茎腐病、线虫病、青枯病,抗旱、防冻,保证苗齐苗壮。

(二)地块选择与整地施肥

1.地块选择

花生喜肥,要选择土层深厚、土壤肥沃、地势平整、保水保肥的沙壤土或黑钙土种植,不要选择低洼易涝、碱性大、风剥地或土壤黏重的地块。前茬以玉米、小麦为宜,不能在前茬为甜菜、向日葵、白菜等的地块种植,不能重茬、迎茬,也不能与豆科作物连作。

2.整地改土,深耕细作

花生是地上开花地下结果的作物,根系发达,要求土层深厚、上松下实,因此要在冬前或早春适当深耕深刨。对于黏质土壤,可以加适量细沙,改善土层的通透性。对沙层过厚的地,结合深翻,在犁底下压 10~15 厘米厚的黏土,以创造蓄水保肥的土层。

整地要求平整。土壤处理:一般每亩用 5% 线虫净颗粒剂 2.5 千克,拌细土 30 千克,撒到播种沟内,覆土播种,控制苗期病虫害。测土配方施肥:一般土壤肥力,亩施优质农家肥 667~1000 千克、磷肥 25 千克、氮肥 10 千克、钾肥 5~10 千克。

3.起垄施肥,培养地力

由于花生生长前期根瘤数量少,固氮能力弱,中后期果针已入土,不宜施肥,因此,花生施足基肥很重要。一般在播种前结合耕翻整地,一次性施足基肥,以满足花生全生育期对肥料的需求。有条件的地区尽量多施农家肥,中产田每亩底施腐熟的农家肥 2000~3000 千克、45% 复合肥 30~40 千克、硼肥 1 千克,高产田每亩底施农家肥 3000~4000 千克、45% 复合肥 40~50 千克、硼肥 1~1.5 千克。另外,不提倡施用种肥,特别是硼肥作基肥时,严禁施入播种沟内,避免烧种烧苗。

(三)适时播种、合理密植

花生通常在 5 月 10 日前后即可播种,若覆膜,在 4 月 25 日前后即可扎眼播种。垄上掩播,掩距为 15 厘米,行距为 60 厘米,每公顷保苗 11 万~12 万墩;若覆膜,每畦双行,行距为 37~40 厘米,每公顷保苗 11 万~12 万墩。

(四)加强田间管理

查田补苗,催芽补种,若覆膜幼苗没有自行破膜,应及时人工引苗。苗齐 15 天左右,结合清棵中耕头遍,用小铧深耥,随后亩喷双效微肥 25 克、大肥王 250 克和尿素 50 克的混合液。苗齐 30 天左右中耕第二遍,用大铧浅耥,始花 45 天左右株高 40~45 厘米时喷 5 毫克/升的多效唑。中耕第三遍要求穿土不伤针,培土不压蔓,要清除田间大草。中耕结束后,细浇一遍透水,在大量果针入土时喷一次花生乐或花生宝,半月后再喷一次。抗旱排涝一般采用“蹲苗、晒花、湿针、润果”的灌水方法,即出苗后 15 天内不灌水,在初花期晒花,盛花期保持土壤湿润,荚果形成至饱果期保持干湿交替,其他时期不旱不灌。8 月上旬亩喷 50 克富尔 655、250 克大肥王和 15 千克水的混合液,7 天后再喷一次。

三、常见病虫害及其防治

（一）常见病害及其防治

1.花生叶斑病

于始花前每亩用 70％代森锰锌可湿性粉剂 70～80 克兑水配成 400～600 倍液或 50％甲基托布津可湿性粉剂 70～100 克兑水配成 1000～1500 倍液喷洒。

2.花生锈病

发病初期,每亩用 75％百菌清可湿性粉剂 100～125 克兑水 60～75 千克进行喷雾,或用硫酸铜、生石灰和水(比例为 1∶2∶200)配制波尔多液进行喷雾。严重时两种杀菌剂交替使用,每隔 8～10 天喷一次。

3.花生根腐病

禁用捂垛捂堆的花生作种。播前经晒种后,每 100 千克种子用 50％多菌灵可湿性粉剂 500～1000 克拌种,可防根腐病。

（二）常见虫害防治

1.蛴螬

在 7 月,用 50％辛硫磷或 90％敌百虫 1000 倍液灌根。

2.花生蚜

每亩用 50％抗蚜威可湿性粉剂 10～18 克兑水配成 2000～2500 倍液喷洒。

四、收获和储藏

(1)鲜销收获:从多年的实践经验来看,一般在花生约六成熟时(7 月中下旬),就可及时收挖上市,这时可获得最大经济效益。(2)干花生收晒与储藏:干花生应在九成熟时(9 月 20 日前后)收获,摘果洗净,用晒席、簸箕由厚到薄晾晒(不能在水泥地、三合土、石板上暴晒);干燥冷却后,装进麻袋、布袋或稀编织袋,放入干燥通风的稻谷仓房内,天气晴好时再翻晒 1～2 次。

第五节 西 瓜

一、西瓜的类别及主要优良品种

西瓜又名"水瓜""寒瓜",原产于非洲撒哈拉沙漠地带,后逐渐北移到埃及,传至伊朗,再经"丝绸之路"从西域传入我国,所以在我国称其为"西瓜"。经过精心培育,目前我国西瓜种类繁多,品质优良。根据不同特性可将西瓜分为不同的类型。

（一）西瓜的类别

1.根据成熟期分类

根据成熟期不同,可将西瓜分为早熟品种、中熟品种和晚熟品种。在北方,早熟品种从播种到收瓜需 90 天左右,瓜成熟快,从雌花开放到瓜成熟需要 25～30 天;株型小,适合密植;优良的品种有京欣、郑杂、早花等小瓜型品种。中熟品种从播种到收瓜需 90～100

天,瓜成熟稍晚,从雌花开放到瓜成熟需要 30～40 天;株型较大,长势强;瓜大、皮厚,较耐运输和储存,如西农 R 号等。晚熟品种从播种到收瓜需 100～120 天,栽培较少,瓜大,耐储存,如红优 2 号等。

2.根据用途分类

根据用途不同,可将西瓜分为鲜食西瓜和籽用西瓜。目前选育的西瓜品种多为鲜食西瓜,是西瓜栽培的主要类型,是西瓜种类中杂种优势利用程度最高的;籽用西瓜适应性强,侧蔓结实率高,管理较为粗放,选种与鲜食西瓜相同。

3.根据染色体分类

根据染色体的不同,可将西瓜分为二倍体、四倍体有籽西瓜和三倍体无籽西瓜。其中,四倍体西瓜是人工诱变二倍体西瓜实现染色体加倍获得的,一般只作为培育三倍体无籽西瓜时的亲本(母本),不作栽培用。二倍体西瓜最常用的染色体加倍方法是用秋水仙碱处理西瓜种子或刚出土的幼苗,获得四倍体。三倍体西瓜是以二倍体西瓜作父本、四倍体西瓜作母本杂交获得的,有品质好、产量高、无籽的特点。

(二)西瓜的主要优良品种

1.黑美人西瓜

该品种极早熟,原产于热带,现世界各地均有分布。果实长椭圆形,果皮深黑绿色,有不明显的条纹,果肉红色,肉质鲜嫩多汁,含糖量很高;通常于夏季收获,外形十分美观,单果重 2.5 千克左右;果皮薄而坚韧,特别耐储运;具有生长强健、抗病耐湿、耐高温等特点。

2.麒麟王西瓜

该品种极早熟,开花后约 28 天成熟,是一个经过培植的科研品种。果实外形美观,单果重 5 千克左右;植株生长旺盛,茎蔓强健;果实椭圆形,果皮浅绿色,底部间有浓绿色花条纹;果肉鲜红色,肉质脆爽,纤维少,多汁;对生长环境、土壤、光照等的要求很高,具有抗病、高产、耐重茬等特点。

3.早春红玉西瓜

该品种是杂交一代极早熟小型红瓤西瓜,果实长椭圆形,绿底条纹清晰,单果重 1.5～1.8 千克;果皮深绿色,上覆细齿条花纹,果皮极薄,皮韧而不易裂果,较耐运输;果肉口感风味佳,深红色,纤维少,含糖量高;春季种植,于 5 月收获,坐果后 35 天成熟,果实发育期为 28～30 天;在低温弱光下,雌花的着生与坐果较好,适于早春温室大棚促成栽培。

4.小天使西瓜

该品种极早熟,适宜在浙江、上海等省(市)及相同生态区栽培。果实椭圆形,平均单瓜重 1.5 千克,最大可达 3 千克以上;果面光滑,底色鲜绿,上覆深绿色中细齿条;瓜瓤红色,瓤质脆嫩,汁多爽口,纤维少;果皮厚 0.5 厘米左右,不裂果;适宜大棚保护地栽培,全生育期为 80 天左右,果实发育期为 24 天左右,植株长势稳健,分支偏强,低温条件下生长性好,高温条件下坐果能力亦强。

5.特小凤西瓜

该品种系极早熟小果型品种,原产于我国台湾,于 20 世纪 90 年代后引入大陆。果实大小较一般西瓜小很多,瓜型一般为高球形至微长球形,单果重 1.5 千克左右,浅绿条纹,果皮薄,肉色晶黄,肉质细腻,脆甜多汁;喜炎热,耐低温,适于秋、冬、春三季栽培,多分布在贵州、四川、云南、西藏等省区。

6.春雷西瓜

该品种系由西北农林科技大学园艺学院育成的西瓜一代杂种。果实椭圆形,果皮薄且韧,果面底色翠绿,均匀分布着墨绿色细条纹带,条带间隙较宽且少杂斑;果肉艳红色,口味沙甜、爽润,不空心,不倒瓤,纤维素较少,中、边糖度梯度小,可食率高,口感风味佳;适宜在黄河流域及华北、东北平原地区栽培,尤其适宜设施栽培,一般可于春季进行露地高畦地膜覆盖栽培,也可于4月中旬进行地膜覆盖直播。

7.宁夏硒砂瓜

硒砂瓜因富含硒元素而得名,主要产自宁夏中卫香山一带,上市时间从7月到10月下旬。由于在种植期瓜农会在瓜地里铺上小石块,因此硒砂瓜又被称为"石头缝里长出的西瓜"。硒砂瓜比一般西瓜个头要大,通常在10～15千克,最大的特点是甜度高,就连靠近瓜皮的部分都十分甜,吃起来甘甜多汁,还富含各种微量元素,是夏季值得品尝的优质瓜。

8.山西夏乐西瓜

山西夏乐西瓜又叫"夏县西瓜",产自山西运城夏县,每年5月中旬上市后供不应求。其最大的特点就是"一弹就破",瓜形美观,端正饱满,单果重4.5千克左右,皮薄瓤沙,瓜肉脆甜透香,含糖量高,水分大。

9.8424西瓜

该品种系上海农业专家于1984年培育出的第24组优质西瓜品种,因此命名为"8424"。8424西瓜属于早熟瓜,从开花到结果只需28天左右,产量较高;外形跟麒麟瓜相似,但个头相对更大一些;甜度适中;轻轻一切就会"咔"地一声裂开,皮薄多汁,瓜肉甘甜爽口,是现在市面上卖得较好的西瓜品种。

10.甜王西瓜

甜王西瓜是夏季比较畅销的西瓜品种,国外以产于菲律宾、缅甸等地的西瓜品质为佳,国内大多产于山东、河南、辽宁、陕西等地,对产地环境没有过多的要求、限制。甜王西瓜因甜度高而被称为"甜王",其外形为短椭圆形,切开后能看到大红瓤,吃起来清甜水润,汁水四溢,但容易出现"中空"的瓜瓤。

二、丰产栽培技术

(一)保护地栽培技术

1.小拱棚双膜覆盖栽培

(1)小拱棚的结构与建造:小拱棚由拱棚架和塑料薄膜组成。拱架可选择竹片、竹竿、紫穗槐条或树枝条等,长约1.8米。小拱棚采用厚度为0.04～0.08毫米的聚乙烯农用薄膜以及厚0.006毫米、宽60～80厘米的超薄地膜。小拱棚的形式多为拱圆形,高45～50厘米,跨度为80～120厘米,长度为15～30米。各地采用的拱棚高度相近,宽度各不相同。若一个拱棚扣双行西瓜,应宽些,可达1米,单行栽植的棚宽为60～70厘米。西瓜双膜覆盖栽培平均每亩约需超薄地膜1.5千克、竹竿(片)280～300根、0.04毫米厚棚膜18千克左右。

双膜覆盖棚架的规格、结构应根据当地的气候条件、栽培方式而定。冬前耕翻冬土,早春复耕耙平后按行距挖瓜沟,施肥后做成龟背高畦。畦高15～20厘米,上宽30～40厘米,下宽60厘米,整平畦面后覆盖地膜,上面搭高50厘米、跨度为1米的拱棚。这是北方地区双膜覆盖的代表类型,早春可起到增温、保温、防风和促进发育的目的。

小拱棚建造的程序是耕地、耙平、挖瓜沟施肥、做畦,北方地区春季多干旱,在做畦前应视土壤墒情在瓜沟内灌水,这样底墒足,可减少后期浇水而降低温度的弊端。畦面搂平后铺地膜,其具体做法与普通式地膜覆盖要求相同。地膜要在定植前5～7天铺好,以提高地温。做畦铺膜后,插弓棚架,具体做法是在畦面上每隔60～80厘米插一个弓条。每栋小拱棚的拱架要插得上下、左右一致,用细绳把所有拱条顶部连接起来,两端系在固定的木桩上。作拱架的弓条应插在地膜畦两侧的边缘上,不应有未盖膜的土面留在棚内。弓条插好后移栽瓜苗,随栽苗随扣膜;扣膜时注意拉紧,随扣随用湿土压住封严。再在棚膜上每隔2～3个拱间插一道压膜弓,或用细绳在棚膜上边呈"之"字形勒紧,两侧拴在木桩上,以防薄膜被风吹起。清扫棚面,以保持良好的透光状态。

(2)播种和定植

①播种与定植期的确定:据测定,双膜覆盖处的地温可比露地提高10.6～12.3 ℃,气温提高9 ℃。因此双膜覆盖的直播时期要比地膜覆盖提早25～30天。华北地区可在3月底至4月上旬进行,长江流域可在3月上旬进行。但在南方海拔较高、春季气温回升慢的地区,播种和定植期应适当推迟;而在北方一些小气候条件好、春季气温回升快的地区,如山地的向阳面、山前平原等地可适当提早。具体的温度指标是:棚内平均气温在12 ℃以上,凌晨棚内气温不低于5 ℃,地温在12 ℃以上为安全播种期或定植期。定植苗的苗龄控制在3～4片真叶和绝对苗龄30～35天的范围内。幼苗苗龄过大时定植,不利于缓苗,影响早熟和丰产;定植苗过小,早熟效果不明显。

②密度:在适宜苗龄和安全定植期或播种期内,播种或定植应在"冷尾暖头"的晴天进行,最好选择栽植后能有3～5天的晴天。当出现或即将出现低温或阴雨天气时,应推迟播种期或定植期。若是育苗移栽,推迟定植期后,应注意控制幼苗的长势。在不使幼苗受冻害的情况下,进行通风降温,这样既可控制幼苗的生长速度,又可锻炼幼苗,增强其抵御低温的能力。播种或定植与地膜覆盖相同,定植宜在当天下午14时以前结束,这时天气尚暖,便于及早扣棚提温。夜间温度低时,还应加盖草苫等覆盖物。

据试验研究,双膜覆盖栽培的适宜栽植密度为:在采用早熟品种和双蔓整枝的条件下,以每亩800～1000株为宜;若采用单蔓整枝,可增至1200株;若采用中熟品种,因其长势较强、叶片大,栽植密度可小些,如山东莒县种植的开杂12号,株距扩大到了0.8～1.0米,亩植500株左右,仍可取得亩产5000千克的好收成。在确定密度时,一般北方地区密度大些,南方地区可稍小些。

③栽植方式

a.单行栽植:在拱棚内的瓜畦中央顺畦向栽一行西瓜。这种方式植株分布均匀,并且可以使瓜苗栽植后处于良好的温度和光照条件下,有利于植株的生长,也便于进行理蔓整枝等管理工作。目前,双膜覆盖栽培中大都采用这种方式。其两畦间距为1.8米,株距为37厘米,亩植1000株左右。

b.双行栽植:在同一拱棚内的畦面上栽两行西瓜,两畦间距为2.5～3米,棚内两行间距为25厘米,行内株距加大到50厘米,采用三角定植法。这种方法可以节省拱棚材料,但两行间距太小,不利于植株蔓叶伸展。

(3)苗期管理

①苗期的温度、湿度管理：前期主要是增温防止冻害发生；后期外界温度升高，则应做好放风降温工作，防止高温灼伤生长点及叶片。一般要保持较高的气温，促进幼苗的光合作用，并保持一定的昼夜温差，减少夜间养分的呼吸消耗。具体来讲，若进行直播，在出苗前应保持5厘米地温为25～30℃，夜间不低于17℃。白天要让拱棚充分接受阳光以提高棚内温度，夜间加盖草苫，草苫晚揭早盖，即上午9—10时揭开，下午15—16时盖上，以减少热量散失，保持较高的温度，使出苗快而整齐，达到苗全和苗壮的目的。种子出土后就应及时放风，防止幼苗徒长。子叶拱土至第一片真叶展平期间，白天棚内气温应保持在22～25℃，夜间不低于15℃。第一片真叶展平后，白天棚温可提高到25～28℃，通风要由小到大，逐步进行。即在苗期使温度保持高—低—高的变化规律，这样利于培育壮苗。

若是育苗移栽，移苗后5～7天内要求白天温度为28～30℃，夜间温度最好在15℃以上，并保持较高的湿度，促进幼苗尽快缓苗。一般阴雨天不通风，并注意加盖草苫，晴天可视情况小通风或不通风，并于夜间加盖草苫，以提高棚内温度。在缓苗期，由于根系还没有深入瓜田土壤中，只能利用营养土中的水分，吸水量较少，加上叶片蒸腾，幼苗叶片一般上午8—10时开始萎蔫，下午3—4时逐渐恢复，心叶可以缓慢生长，但叶色淡绿。定植3～4天后，选择晴天上午在幼苗基部点浇缓苗水，每50千克水加入尿素150克，这一阶段一般不放风。7～10天后，幼苗长出新根，开始恢复正常生长，这时应根据天气情况适当放风，白天温度保持在28℃左右，夜晚温度不低于12℃，并根据土壤墒情点浇缓苗水，以利于秧苗迅速生长。

小拱棚内晴天中午气温可达50℃，如果中午有1～2小时不通风，就可能造成"烧苗"。因此，通风是一项认真而细致的工作。在晴天上午，棚温上升到25℃左右时要进行通风，在背风一侧揭口，每2米挖一个10厘米×10厘米的通风口，如果瓜畦较短（长度不超过6米），可将小拱棚两端揭开通风，外界气温高时二者可结合进行。通风量应由小到大，随天气情况和棚内温度、湿度而变。通风时要注意观察幼苗形态，如果发现幼苗叶片变软，有萎蔫现象，应减小通风口或暂停通风，等幼苗恢复正常后再逐渐增加通风量。切勿在中午气温很高时突然将膜揭开，那样会因为棚内外温度、湿度差异大，使幼苗突然失水而萎蔫甚至死亡。4月中旬以后，外界气温逐渐升高，华北地区终霜期已过，可加大通风量，中午将棚全部揭开，使幼苗逐渐适应外界环境。5月上中旬外界气温较高，这时在白天全部揭开棚膜，到夜间再盖上，但不要关闭通风口。拆棚前5～6天，如果没有大风袭击，白天和夜晚均可不盖棚膜，加强瓜苗锻炼。当外界日平均气温稳定在20℃以上时，即可撤掉棚膜。小拱棚覆盖时间为30～35天。南方地区则把小拱棚两侧薄膜掀起，向上固定在拱棚上，以降低棚内温度、湿度。拆棚后抓紧时间在垄两侧挖沟浇水，并将瓜蔓拉直进行整枝压蔓。

②理蔓及整枝：双膜覆盖早期气温低，瓜蔓不能引出棚外，加之棚内空间较小，难以按要求的方向和空间配置瓜蔓。为防止杂乱拥挤和相互重叠，需将瓜蔓暂时引向可伸展的方向，或顺畦朝同一方向引蔓。理蔓时应注意将瓜蔓在棚内尽可能排开，这一工作可结合整枝在放风时进行。

双膜覆盖栽培多采用早熟或中早熟品种，实行密植栽培，一般采用双蔓整枝，即保留主蔓和基部伸出的一条健壮侧蔓，将其余侧蔓去掉。拱棚内空间小，容易因侧蔓发生造成棚内蔓叶拥挤,影响生长,因而整枝打杈应及时。整枝工作可结合放风在午后进行,这样可避免上午因瓜蔓含水多而脆,损伤要保留的叶片和茎蔓。对于长势较弱的品种,幼果坐住后不再整枝打杈;而叶片肥大、长势壮的品种,幼果坐住后仍要注意控制长势,必要时可在瓜后留 15 节左右去掉生长点,保证养分向果实输送。

③追肥:双膜覆盖早熟栽培西瓜的第一次追肥,应采用条施法,施于原底肥施肥沟的两侧,或施在西瓜爬蔓方向那一侧,在撤棚或引蔓出棚前进行。施肥沟一般开在距瓜苗定植穴 40~50 厘米处,开浅沟亩施腐熟豆饼 40~50 千克、三元复合肥 15 千克(或尿素 5 千克、硫酸钾 5 千克)。施肥后搂划一遍,使肥料与沟内表层土壤混匀再封土盖沟,随后(或次日)灌水。如果撤棚时西瓜尚未开花坐果,则应在瓜坐稳后、幼瓜长到鸡蛋大小时再重施一次膨瓜肥,前后共追肥两次。

④灌水:灌水应视土质和土壤墒情、降雨等情况灵活掌握。一般在拱棚覆盖期短而土壤底墒足、保水性好的情况下,扣棚期间可不灌水,以免降低土温。在撤棚或引蔓前后,结合追肥灌第一次水。但在土壤沙性大、保水性差和底墒不足、土壤发干的情况下,也可在第一次追肥前灌一次小水,以促进发棵。坐瓜后,应加强灌水。4~5 天灌一次水,收获前 7 天左右停水。

⑤压蔓:撤棚后应立即进行引蔓和压蔓工作。引蔓即将瓜蔓轻轻拉出,按要求的方向将两蔓按间距 15~20 厘米向前均匀排开。在操作过程中,注意不要碰伤、碰落雌花和瓜胎,应在下午进行。在引蔓的同时配合压蔓,用枝杈、土块将瓜蔓固定在畦面上,一般每株共需压 3~4 次。

⑥人工辅助授粉:实行双膜覆盖栽培的西瓜,其开花坐果期气温尚低、阴雨天多、昆虫活动较少,或在棚内开花,无昆虫活动,这会影响花粉的传播和坐果。所以,人工辅助授粉是西瓜栽培特别是早熟品种栽培中一个必不可少的技术环节,具体操作技术同露地栽培的西瓜授粉过程。若坐果节位雌花在棚内开花,授粉可结合通风进行。

2.大棚栽培

(1)大棚的结构及建造

①大棚的结构:生产上现有的塑料大棚从结构上大致分为单坡面式和拱圆形两类。单坡面式大棚也称"土温室"或"日光温室",其保温性能好,但建造时要东西延长,规格较矮小,北侧受光不好,因而对西瓜丰产不利,一般只适宜作地爬栽培或矮架栽培,多在东北较寒冷地带使用。拱圆形大棚一般规格高大,结构坚固,操作方便,最适宜作西瓜早熟栽培,建造时宜采用南北延长。下面仅就拱圆形大棚的结构作介绍。拱圆形大棚从建造材料上可分为简易大棚(竹、木或水泥预制件为骨架材料)和钢管大棚两类。简易大棚就地取材,建造成本低,但不太坚固,使用年限短;钢管大棚是工厂化生产的产品,购来即可自行组装,较坚固耐用,一次投资,多年受益,但一次性投资较大。

②拱圆形简易大棚:宜建在背风、向阳、管理方便、有排灌条件、地势高燥的沙壤地块。这种大棚的横断面呈拱圆形或顶部为拱圆形,而两侧壁直立,侧肩高度以 1.4 米以上为好,棚长 40~50 米,宽 8~12 米,高 2~2.4 米。这种棚具有结构简单、造价低、采光好等优点,由立柱、吊柱、拉杆、拱杆、棚头和棚门组成骨架,在骨架上覆盖塑料薄膜,其上压一竹制压杆或压膜线(现多用压膜线)。

a.埋设立柱:立柱包括边柱、二道柱、中柱,选用 6~8 厘米粗的木杆或水泥柱埋入地下

40～50厘米，下垫基石，是整个大棚支撑拱杆的支柱。其设置为南北向每隔3～4米设一排高低相同的立柱，东西向每排由4～6根立柱组成，间隔为2米。以跨度12米的大棚为例，东西向立柱的构成为对称的两根中柱（高出地面2.2米）、两根二道柱（高1.8米）、两根边柱（高1.3米）。所有立柱都要定点准确，东西、南北成线，每纵排高度一致，立直、埋牢。

b.安装拉杆、小立柱、拱杆：拉杆选用6～10厘米粗的竹竿或两根钢筋，水平纵向固定在立柱顶端以下20厘米处。拉杆上每隔1米固定一个20厘米高的小立柱，构成悬梁吊柱，纵向拉杆连成一体，固定在南北两端的木桩上。大棚拱杆选用4～6厘米粗的竹竿为材料，横向固定在各排立柱和小立柱的顶端，形成大棚的骨架；在大棚骨架南北两端和棚的两侧，用竹片做成弧形，其上端与拱杆相连，下端深埋地下；在棚头中间装上棚门。

c.覆盖棚膜：在定植前10天左右扣棚膜，以提高地温。棚膜用"四大块三条缝"的方法进行覆盖，使顶部和两肩部都可开缝通风。一般用0.08～0.1毫米厚的聚乙烯无滴膜，每亩用量为80～100千克。扣膜前先将薄膜裁成两块7米宽的顶幅和两个1.7米宽的边幅。两个顶幅的两边和两个边幅的一边分别热黏合成筒状，内穿尼龙绳。先覆盖好大棚两侧下边的棚膜，即先将边幅下面埋入土中30厘米，用尼龙绳拉紧、固定好。然后覆盖两个顶幅，下边压在第一块薄膜上，相互重叠20～30厘米，两个顶幅间的接缝要重叠0.5～1.0米，以防透风、漏雨。薄膜的两端分别埋入棚头的地沟内。覆盖棚膜一定要在无风天气进行，棚膜一定要拉紧、盖严、绑牢。最后，在棚膜上面每两个拱杆间设压膜线（或竹制压杆），固定在木桩上。

③薄壁镀锌钢管架拱圆形大棚：这种大棚是采用双层镀锌薄壁钢管预制件组装而成的装配式大棚，棚内无支柱，安装方便，坚固耐用，且易于搬迁。棚膜直接用压膜槽和卡丝固定，操作方便。由于这种大棚坚固而且无支柱，钢管直径小，透光性好，棚内操作方便，特别是支架栽培时，可将西瓜支架固定在钢管架上，省工、省时，因此最适用于西瓜支架栽培。同时，大棚配有天窗和两侧通风用的卷膜机，管理也方便。这种大棚的缺点是造价高，一次性投入过大，但如果按使用年限折旧计算，其每年生产成本并不高于竹木水泥结构的简易大棚。目前，栽培西瓜最适用的是两侧直立、肩部较高的GP-Y8-1型钢管棚，且最适用于西瓜支架早熟栽培，可取得丰产、丰收。

安装钢管组装大棚时，应先按大棚规格在四边挖槽坐基，将地基平整夯实，最好再垫上一层砖。然后将预接好的一个个棚弓立起，并用纵向钢管连接成棚架。随后安装上卡槽，再覆盖棚膜，把压膜钢丝压入卡槽，将膜固定住，接着在棚顶安装通风天窗。是否安装卷膜机，可视需要而定。

（2）大棚内小气候的特点及调节

①光照条件及调节：光照是塑料大棚西瓜早熟栽培生产中最重要的条件之一，不仅是西瓜光合作用的必备条件，更是提高棚温的热能来源，还间接影响棚内的空气湿度和二氧化碳浓度。它是棚内小气候形成的主导因素。

大棚内不同部位光照分布不同。其光照强度的水平分布，表现为上午东面略高，下午西面略高，中午两侧略高于中部。其光照强度的垂直分布变化较大，离棚膜愈近，光照愈强。据测定，棚顶附近20厘米处光强为自然光的61%，150厘米处为34%，近地面处光强为自然光强的24.3%。棚内光强的日变化与室外一样，随自然光强的变化而变化，中午达最大值。棚内光强变化随天气状况而异，晴天光强变化明显，阴天变化不大，阴天棚内的积光量一般只有晴天的 1/3,甚至更低。所以,大棚的拱架、立柱等在保证承受一定压力的条件下,粗度应尽量小些,以减小遮阳面。

薄膜的质量和结露、灰尘也影响透光率。所以棚膜应采用耐老化无滴膜,因为普通农膜在密闭条件下,膜的内表面会很快形成一层细薄的水珠,悬挂在膜上。水珠对阳光的散射和吸收,使棚内的透光量减少 20%～30%,严重影响棚温的提高。目前使用的无滴耐老化膜为聚氯乙烯膜和聚乙烯膜两种。洁净棚膜的透光率较高,一般为自然光的 50%～70%;但由于灰尘的沾污,其透光率会下降 20%～30%,所以要用长竹竿绑上抹布定期上下擦洗薄膜表面,保持棚膜洁净。

在大棚西瓜栽培中要注意整枝、打杈,疏通光路,使架顶叶片距棚拱 30～40 厘米,绑蔓时使叶层间距为 20～30 厘米。气温稍高时,上午 9 时至下午 3 时,可将大棚内的小拱棚临时揭开,以提高光的通透率,增加光照强度,这对喜光作物西瓜来说非常有必要。

②温度条件及调节:大棚的热量来源于太阳辐射,白天由于太阳照射,大棚内的温度升高,夜间由于塑料薄膜的阻挡,减少了热量的散失,大棚内的温度不会大幅下降,所以大棚具有良好的增温效果。据测定,华北地区 3 月中下旬大棚内温度较露地高 2.5～15 ℃,4 月棚内外温差达 6～20 ℃,一般大棚内气温稳定在 15 ℃ 以上的时间比露地早 30～40天,比地膜覆盖早 20～30 天。棚温随季节、天气状况、昼夜更替等的变化而变化。晴天棚温升得既快又高,在 3 月中下旬外界气温还很低时,最高棚温可达 38 ℃,内外温差可达35 ℃ 以上。一般日出前棚内气温最低,日出后 1～2 小时,气温迅速上升,到 13 时左右,达到最高值;以后随着太阳的偏斜,气温开始下降,起初较为缓慢,16 时以后下降变快,直至日落前;以后温度逐渐降低,到凌晨(日出前)达到最低值。阴天或雪天,棚内得不到直射光,所以棚内温度变化范围小,日温变化比较平稳。

在西瓜栽培中,定植后 5～7 天内,要密闭大棚和小拱棚,不要通风换气,注意提高地温,使其保持在 18 ℃ 以上,以促进缓苗。若白天温度高于 35 ℃,则加盖草苫遮光降温;若遇强寒流,则在拱棚上加盖草苫、纸被等保温,使地温不低于 12 ℃。缓苗期不灌水,以防降低地温。缓苗后可开始通风,以调节棚内温度。一般白天温度不高于 30～32 ℃,夜间温度不低于 15 ℃。随天气转暖,逐渐增加通风量,以利于西瓜伸根发蔓,稳健生长。当外界温度不低于 15 ℃ 时可昼夜通风,此时可通过关闭天窗来控制棚温。当瓜蔓为 30 厘米左右时,撤除小拱棚。大棚西瓜盛花期,应保持充足光照和较高温度,因为若开花坐果期夜温低,将造成落果和影响果实膨大。棚外温度超过 18 ℃ 时应进行大通风,天窗和棚两侧同时通风,保持白天温度不超过 30 ℃,防止日夜温差过大和昼温过高。

增施有机肥、勤中耕、灌井水、挖设防寒沟是提高地温的有效方法。

③湿度条件及调节:大棚内空气湿度相对较高,在大棚密闭不通风的条件下,棚内湿度经常在 80%～90%,夜间甚至达到 100% 的饱和状态。棚内湿度的变化是随棚温而变化的。棚温上升,湿度下降;棚温降低,湿度升高。棚内土壤湿度较露地高,主要是因为棚内空气湿度大,土壤水分消耗量少。无论是空气湿度大,还是土壤湿度大,都对西瓜生长有利,但空气湿度过大,如超过 80%,则有利于病害的发生与蔓延。

西瓜生长的中后期,棚内湿度以 60%～70% 为宜,所以在栽培中应注意降低湿度,主要方法是加强通风。前期气温低,可在中午前后打开通风口排湿。在当地晚霜已过时节,可在夜间打开通风口排湿,称为"放夜风"。通风时间长短、风口大小应视天气状况而定。

在晴暖天气,适当早开棚,晚关棚;在生长后期的高温季节可昼夜通风。控制灌水量,改进灌水方法,采用沟灌、滴灌,尽量减少灌水次数和灌水量也可有效降低棚内湿度。另外,也可以在行间铺设稻草、秸秆等降低土面蒸发来降低棚内湿度。

④气体条件及调节:大棚经常处于封闭或半封闭状态,棚内的空气组成与大气不同,对西瓜的生长影响较大。在棚内需要调节的主要有二氧化碳和肥料分解中产生的氨,以及在临时加温过程中放出的二氧化硫等。

二氧化碳的浓度是影响光合速率的主要因素之一,在一定范围内,光合速率随空气中二氧化碳含量的增加而提高。大棚内二氧化碳的主要来源有西瓜呼吸作用排出的二氧化碳、土壤中有机物质分解释放出的二氧化碳和棚内外空气对流补充的二氧化碳。棚内二氧化碳浓度的变化规律是夜间高,白天低;阴天高,晴天低。夜间二氧化碳浓度明显高于外界,到日出前浓度最高,日出后,由于光合作用,二氧化碳的浓度明显低于外界。

白天,尤其是晴天9—14时,棚内二氧化碳含量严重不足,影响光合作用的正常进行和同化物的积累,要人为追施二氧化碳气肥。追施时期主要在西瓜生育盛期,特别是果实发育期。一般在日出后1小时开始施用,施肥2~3小时,通风前半小时停止。施用碳肥可达到提高西瓜产量和改善西瓜品质的目的。补施二氧化碳的方法有大量施用有机肥,施用纯二氧化碳,用生石灰加盐酸发生化学反应,燃烧碳氢燃料(用二氧化碳发生器)等。

在密闭的棚内,如果有机肥未充分腐熟,一次施用量过大、过于集中,施得过浅,常常会造成氨的积累。当氨气浓度超过0.005毫升/升时,西瓜便会受害,叶片受氨害时先是叶缘组织变褐,逐渐干枯死亡,严重的甚至植株死亡。二氧化硫的浓度积累到0.3毫升/升左右时,就会破坏西瓜叶绿体,使叶片失绿,重者组织灼伤,迅速脱水、萎蔫以致枯死。因此,要采用通风换气的方法,使棚内空气新鲜,防止有害气体的积累。

(3)品种选择:塑料大棚早熟栽培选用的品种要求低温伸长性、坐果性好,耐湿、抗病、优质。一般选用早熟、中早熟的品种,如郑杂5号、金钟冠龙、开杂14号、开杂11号。目前,一些中晚熟品种也用作大棚栽培。

(4)大棚栽培田间管理

①整地、施肥:大棚早熟西瓜一般种植密度较大,因此要求增施肥、精细整地。一般亩施优质厩肥4000~5000千克或腐熟鸡粪3000~4000千克、过磷酸钙50千克、硫酸钾15~20千克、腐熟饼肥100千克。普遍翻耕时撒入一半,丰产沟(定植畦)内施另一半。

冬闲大棚应在冬前深耕25厘米,进行冻垄,使土壤疏松。种植冬菜或早春育苗的大棚,应在西瓜移栽前10天及时清园,并行大通风,以换气灭菌。深耕冻垄将前茬作物根系拣出棚外,再撒入基肥,平整土地,然后深挖丰产沟,集中施肥,合垄做畦,扣膜增温。

拱圆形大棚做畦时,立架栽培用东西向,地面匍匐栽培用南北向,以利于透光和管理。立架栽培按行距1~1.2米,匍匐栽培按行距1.5米做龟背畦,畦基部宽60厘米,畦面宽40厘米,畦高10~15厘米,使畦中间稍高,形成龟背状,随即扣地膜提温。

②移栽定植

a.移栽及育苗期:大棚西瓜一般采用三层薄膜覆盖,定植较早。当棚内10厘米地温稳定在15℃以上时,可为安全定植期。一般定植期可较地膜覆盖提前30天左右,较双膜覆盖提前15天左右。确定定植期后可提前30天左右育苗,培育具有3~4片叶的大苗,利用嫁接苗的则需提前40天左右,采用草苫或纸被加薄膜覆盖,棚内有加温设施的可适当提前。

b.种植密度:大棚西瓜的种植密度一般较大,具体密度应结合栽培方式和品种特性而定。叶形小、长势弱的早熟品种,立架栽培以 1300～1500 株/亩为宜[株行距为(0.4～0.5)米×1 米],长势壮、叶型大的中早熟品种以 1100～1300 株/亩为宜[株行距为(0.5～0.6)米×1 米]。匍匐式栽培密度则应减小,如山东省莒县种植的开杂 12 号亩植 500 株左右,亩产仍可达 4000 千克。定植时间应选择晴天的上午 9 时至下午 3 时。

全棚栽完后,清扫畦面,并在垄面上插小拱架,其上扣薄膜,呈"一条龙"式小拱棚。由于大棚内无风,故拱架可简单些,小拱棚也可用地膜覆盖,且不必压很牢,便于天暖时昼揭夜盖。为了便于补苗,棚内应同时栽一些后备苗。

③整枝、绑蔓:大棚在密植条件下,要实行较严格的整枝。一般采用双蔓整枝。整枝工作要在坐果前严格进行,后期伸出的多余侧蔓也应及时去掉,防止徒长和行间郁闭。在坐果节位上边再留 10～15 片叶即可打顶。西瓜膨大后,顶部再伸出的侧蔓和孙蔓,应以不遮光为原则决定去留。

采用立架栽培时,大棚内温度稳定超过 25 ℃,即可拆除大棚内小拱棚,立即进行搭架工作。架材可选用 1.5～2 米长的竹竿或尼龙绳,但以竹竿为好,竹竿不易摆动,容易吊瓜且不易造成落果。每株西瓜两侧插两根竹竿,距植株根部 10 厘米以上,每行内竹竿排成直线。距地面 30 厘米处绑一道水平横杆。然后在上部的横杆上再纵向绑拉竿,把整个立架连成一体。再把各排纵横竿绑在大棚骨架上,使整体立架坚固且负载量大。

当蔓长 30～40 厘米时,即可引蔓上架,每个蔓一根竿。绑蔓时采用"8"字形绳扣,将瓜蔓牢固绑在立竿上,上下两道绳距 30 厘米左右,随瓜蔓生长,呈小弯曲向上引蔓,并使弯曲方向一致。在匍匐栽培情况下,也应采用严格的整枝,密植情况下双蔓整枝,稀植(500 株/亩)情况下三蔓整枝,并及时打杈,防止蔓叶拥挤和重叠。因大棚内风小,故可采用明压法,也可用行内铺草,既可防止水分蒸发,又便于瓜须缠绕而固定瓜蔓。

④人工授粉:塑料大棚内没有授粉昆虫活动,必须进行人工授粉才能确保坐果。授粉时间为上午 8—9 时,阴雨天适当延后。为了提高坐果率,防止空秧,主、侧蔓都应授粉。一般从第二雌花开始授粉。

⑤选瓜吊瓜:为保证大棚西瓜早熟、优质、高产、高效,一般多选留主蔓第二雌花节位留果,其他瓜胎及时摘除,保证每株一果。当果实重约 0.5 千克时,应及时吊瓜,以防幼果增重而坠落。吊瓜工具为"吊瓜盘",即用 8 号铁丝做成直径为 16～25 厘米的盘圈,其上装尼龙草编成的孔网,用 4 根粗绳吊住盘,绑在上部横竿或立竿上。

⑥肥水管理:大棚前期地温较低,浇水量不宜过大。伸蔓期可开沟灌水,促进伸蔓。膨瓜期可 3～4 天浇一次水,促使幼瓜膨大。果实定个后适当减少灌水,采收前 8 天左右停止灌水,促进西瓜成熟和提高品质。

大棚西瓜的追肥与拱棚双膜覆盖栽培类似。在大棚内小拱棚撤除后,在瓜垄两侧开沟追施氮、磷、钾三元复合肥 20 千克或西瓜专用肥 40 千克,促进西瓜伸根发棵,并为开花坐果打下基础。在幼瓜坐稳后,再亩施三元复合肥 30 千克,促进膨瓜。果实定个后,用 0.3%磷酸二氢钾叶面追肥 1～2 次,防止蔓叶早衰。在头茬瓜采收、二茬瓜坐稳后,再每亩追施三元复合肥 15 千克。

⑦常见病虫害:大棚西瓜的病虫害主要有蚜虫、炭疽病、白粉病等。

（二）露地栽培技术

1.瓜田选择

西瓜对土壤的适应性强，在沙土、黏土、水稻土、红壤土、新开垦的滩涂地，偏酸、偏碱的土壤上均可生长，在含盐量不超过0.2%的盐碱土中也能正常生长。不同土质瓜应采用不同的栽培和管理方法。沙田种瓜，容易漏水漏肥，需加强后期肥水管理；黏土地透气性差，早春温度回升慢，要注意冬翻深耙，增施有机肥。一般应选择土层深、肥沃、结构疏松、排灌方便的沙质壤土。在这类土地上种植西瓜产量高、品质优。

西瓜栽培忌连作，连作产量明显下降，而且容易遭致枯萎病的毁灭性危害。因此，选地时要严格避免连作，一般5～7年轮作一次。

2.整地与施肥

（1）整地做畦：瓜田必须通过深耕、细耙、造畦等整地措施，使土壤耕层深厚、结构疏松、透气良好、水分适宜，以及旱能浇、涝能排。瓜田深耕20厘米以上，耙2～3遍，要求耙碎整平、表里一致。按西瓜种植行距造定植畦和坐瓜畦。坐瓜畦要求平整，雨水大的地方还应有排水沟。定植畦的做法是先挖沟，后整平做成瓜畦。

①平畦：畦面与地平线相齐，挖好的瓜沟在回填土时，将瓜沟位置整平，做成宽约50厘米的小畦，用来播种或定植瓜苗，将从瓜沟中挖出的生土在小畦前整平做成坐瓜畦，作为伸展瓜蔓和坐果留瓜之用。

②锯齿畦：将瓜沟填平，再做成宽50～60厘米的畦底，用生土在北侧筑成高30厘米的埂，使整个瓜田呈"锯齿"形。锯齿畦具有挡风、增温、保温的作用。北方春季风大的地方常用这种方式。

③龟背高畦：龟背高畦一般高10～15厘米，畦底宽60厘米，畦面中间稍高，呈龟背状，在畦面两则各挖一条宽、深各15厘米的水沟，水沟外作为延畦。龟背高畦的优越性十分明显，可使土壤养分集中，提高土壤的保水保肥能力，且排灌方便。在南方多雨地区及土壤黏重的田地多用此形式。目前，西瓜栽培中多用龟背高畦。

（2）施基肥：基肥以有机肥料为主，适量加入含有氮、磷、钾等营养元素的速效化肥。目前常用的有机肥料有厩肥、堆肥、饼肥、草粪、土杂肥等。

基肥施用量根据土壤肥力情况而定，一般每亩瓜田施有机肥5000千克、过磷酸钙40～50千克、硫酸钾10～15千克。在施肥中要注意氮、磷、钾三元素的配合。

基肥的施用方法根据施肥量来确定。土杂肥或厩肥数量较多，约占总量的1/3时，可在耕地前撒施，其余的在做畦时集中沟施；数量不足时，结合做畦一次施入瓜沟即可。沟施时将肥料与熟土掺匀，有机肥应在施用前集中沤烂腐熟。

3.露地定植

（1）播期：外界日平均气温稳定在15℃以上，5厘米地温稳定在15℃以上为安全播种期。华北和中原地区播期多在清明到谷雨期间。早春选择播期时应使西瓜能萌发出苗，苗期健壮生长不受低温危害，并尽量使西瓜的生育高峰期和当地最适宜西瓜生长的季节相遇。一般选择当地终霜期前后。

（2）种子处理及直播方法

①种子处理：首先按品种的特征、饱满程度等挑选种子，消灭种子表面病菌，进行浸种催芽。

443

②直播方法：大田直播多采用穴播，按已确定的株距沿定植畦中心线开挖播种穴，穴深 3～4 厘米，每穴浇入 500 倍的多菌灵溶液 500 毫升。待水完全渗入土壤后，将已催芽的种子放入穴底，使胚根向下，每穴 2～3 粒，然后把穴外细土覆盖于种子上，覆土厚度以 2～3 厘米为宜。小粒种子浅些，大粒种子可稍深，切忌覆土过厚，以防出苗不整齐。覆土后轻轻压实，使种子与土壤充分接触，防止播后带"土帽"，既可保墒又可增加地温。

（3）育苗移栽：露地栽培各地多用直播法，但在部分地区因间作套种等的需要，如播期已到但土地尚未腾出，就要采用育苗移栽法。移栽时，若大苗移栽，幼苗应具有 3～4 片真叶，绝对苗龄为 25～30 天；小苗的移栽在两片子叶展平、第一片真叶露心时进行。

移栽一般应在当地晚霜过后、外界气温稳定在 15 ℃以上时进行。栽植宜选在晴天气温较高时，或"冷尾暖头"的晴天。定植前一天，给苗床浇一次水，浇透营养钵，以避免移栽时散坨伤根。定植时按预定的株行距挖好定植穴，穴深以营养钵高或营养土块与畦面相平为宜，一般为 8～10 厘米，每穴内浇入 0.5 升 50％的多菌灵 500 倍液。栽植时先覆一半土将幼苗营养钵四周用手挤紧，切忌把土团挤散，然后浇一大碗水，待水下渗后覆土掩盖，子叶距地面 1～2 厘米较合适。

（4）栽植密度：西瓜定植密度随栽培方式和管理水平而变化，一般每亩栽 400～600 株，密植的可栽到 1000 株或更多。种植密度与产量、果形的大小、品质有密切的关系。可以根据各地的气候条件、品种特性、土壤、整枝方式、管理水平及栽培目的来确定适宜的种植密度。北方地区一般可栽 700～800 株/亩，而南方则为 500～600 株/亩。早熟和生长弱的品种可适当增加种植密度，生长势强的品种可适当降低种植密度。土壤肥沃的土地要稀植，贫瘠土上要密一些。早熟栽培要密些，一般栽培要稀些。

西瓜的种植密度应与整枝方式联系起来，以每亩 1500 蔓为基本蔓数，进行适当的增减，单蔓整枝的株数为 1000 以上，双蔓整枝的株数为 700～800，三蔓整枝的株数不应超过 600。

在一定的范围内，单位面积上种植西瓜的株数愈多，结果数与产量也会愈多，但随着密度的增加，果形会变小。合理密植就是达到在单位面积上结果数增多，而果形大小不受影响的种植密度。

4.苗期管理

（1）补苗：直播西瓜如果幼苗出土不齐、缺苗较多应及时补种。补种最好用催芽的种子，这样出苗快，苗龄相差不大。如果缺苗发生较晚而且数量不多，可在双苗穴内挖取一苗移栽到缺苗穴内。移栽前先浇透水，待水渗下后用瓜铲起苗，带土坨要大，以免伤根影响成活。为补苗方便，最好播种时在行间空地多播一些，专供补苗之用。补苗时苗龄越小越好。

育苗移栽的瓜田，在西瓜幼苗的移栽过程中，如果营养钵破碎，很容易造成瓜苗死亡。当发现缺苗时，应将剩下的营养钵内健壮的瓜苗补栽上去，使补栽的瓜苗与大田苗的苗龄相近。

（2）间苗、定苗：直播瓜田每穴播种量较大，易因苗多而造成拥挤、相互遮阴等现象，应及时疏除多余的幼苗、病苗。在第二片真叶展开后进行第一次间苗，去弱留强，每穴留两株健壮的幼苗。幼苗长出第四片真叶时，进行第二次间苗，即定苗，每穴选留一株生长最好的幼苗。间苗、定苗时，最好用剪刀或手指除掉淘汰苗，不可连根拔除，以免伤及选留健苗的根系。在早春气候条件恶劣（如风沙大）、地下害虫危害较重的地方,可采用多次间苗,如 3～4 次间苗,适当晚定苗的方法。

（3）中耕松土:在幼苗生长期间,为保持瓜根周围土壤疏松,应进行松土工作,操作时一手护住瓜苗及根茎,一手拿瓜铲在瓜根四周轻轻拍几下,可防土壤板结对幼苗根茎处的伤害。在黏土地上,此项工作显得更为必要。

瓜垄的行间可用牲畜浅耕,中耕时结合锄草,一般中耕 2～3 次,到瓜蔓铺满畦后不再中耕。

（4）水分管理

①看苗浇水:土壤是否缺水可以根据植株的表现来判断,如苗期可在温度较高、日照较强的中午观察,子叶或幼苗先端的小叶向下并拢,叶色变深,就是幼苗缺水的象征;而子叶略向下反卷或幼苗瓜蔓远端向上翘起,则表示水分正常;若叶缘变黄,则表示水分过多。植株长大后,在中午观察时发现叶片萎蔫,然后可恢复,表明叶片缺水,叶片萎蔫的程度及恢复时间的长短,则表明缺水程度的大小。根据以上形态特征决定浇水时间和浇水量。

②土壤不干不浇水,并且浇水量一次不能过多。

③苗期应控制浇水,果实膨大期适当增加浇水量。

5.生长期田间管理

（1）合理浇水:西瓜对水分的总要求是空气干燥,土壤具有一定的湿度,在伸蔓期和果实膨大期需水较多,需供应充足,否则会影响果实的膨大,对果实的产量和品质均不利。但空气湿度过大或土壤含水量过高,也会影响西瓜根系的生长,造成病害的发生。因此在幼苗期浇水宜少,注意"蹲苗",以利于根系生长;团棵期应注意浇足催蔓水;伸蔓期茎蔓植株需水量增加,浇水量应适当加大;坐瓜期控水,以促进坐瓜;膨瓜水,当瓜长到直径为15 厘米左右时,4～5 天浇一次水。果实膨大期植株需水量最大,采收前 5～6 天停止灌溉,以免降低含糖量,裂果而降低储藏、运输性能。

早春为了防止地温降低,应在晴天上午浇小水。6 月上旬以后,气温较高,以早、晚浇水为宜。黏重土壤持水量大,浇水次数应少;沙质土壤持水量小,浇水次数应多。在中午看到叶子或生长点处的小叶向内并拢,叶色灰暗,即表示植株缺水。

西瓜的灌溉一般采用沟灌和浇灌。浇灌一般结合施肥同时进行,若生长后期遇干旱,则应早晚各浇一次水。沟灌一般采用浅灌法,切忌漫灌,水面距畦面 4～5 厘米,时间不能过长,不能使整个畦面全部浸湿,否则会引起植株的不良反应。

（2）追肥:瓜田追肥的基本原则是轻施苗肥,先促后控,巧施伸蔓肥,坐住幼果后重施膨瓜肥。

①提苗肥:在基肥不足或基肥的肥效还没有发挥出来时追施少量速效肥。一般每株施尿素 8～10 克（或硫酸铵 20 克）,开沟施肥后封土,然后浇小水。亦可捅孔施肥,简便易行。

②催蔓肥:此期追肥可在伸蔓前后进行。每株可施饼肥 100～150 克或大粪干等 500克左右;也可施用化肥,每亩施尿素 10～12 千克、过磷酸钙 8 千克、硫酸钾 13 千克,在距瓜根部 25～30 厘米或两株中间开沟施入,沟深 10～15 厘米。施肥后覆土浇水,促进肥料的吸收。

③膨瓜肥:膨瓜期是西瓜一生需肥量最大的时期,此期追肥可促进幼瓜的膨大和保持

植株的生长势。在幼果长至鸡蛋大小时,每亩施尿素 5～7.5 千克、硫酸钾 15 千克或单追 10 千克三元复合肥。施肥时可在瓜蔓伸展一侧,距瓜根 40～50 厘米处开沟追施,或者先撒施在高畦两侧排灌沟内,然后封土浇一次大水。后期进行叶面喷肥,可用 300 倍的磷酸二氢钾溶液或 300 倍的尿素溶液。

(3)倒秧:西瓜蔓长 17～35 厘米时,由于头重脚轻,遇风叶蔓易受伤害,需将瓜秧稳定,即倒秧。方法是:松动瓜秧基部的土,把瓜蔓将要倒向一侧瓜秧基部的土扒开,用左手扶持瓜根基部,右手提起瓜蔓顶端,慢慢地随意转动瓜苗,使其倒向畦面,再将根基部另一侧压上土拍实,主蔓即开始匍匐生长。

(4)整枝:对西瓜的秧蔓进行适当整理,留下主蔓或侧蔓,抹去多余的枝蔓,集中养分,保障正常发育。整枝方式因品种、种植密度和土壤肥力不同而分为以下几种形式:

①单蔓整枝:只保留一条主蔓,其余侧蔓全部摘除。方法虽简单,但果实不易长大,产量和品质也比较低。该方式适于早熟密植或制种栽培。

②双蔓整枝:保留主蔓和主蔓基部一条健壮侧蔓,其余侧蔓及早除去,将留下的主侧两蔓引向同一方。这种整枝方式坐果率高,适用于密植、早熟栽培和瘠薄的地块。

③三蔓整枝:除保留主蔓外,在主蔓基部选留两条生长健壮的侧蔓,其余的侧蔓随时摘除。这种整枝方式坐果率高,单果质量大,在亩植 600 株以下的低密度高产栽培中应用得较多。

④大毛秧:保留主蔓及所有侧蔓,在豫、鲁等干旱沙区进行间作套种(西瓜—花生)时应用得较多,一般亩植西瓜 300～400 株,蔓长 30 厘米左右时压一刀,以后不整枝,不压蔓。由于西瓜须缠绕到花生植株上,所以不会造成滚秧。这种方式较省工、瓜个大,但坐瓜稍晚。

双蔓及三蔓整枝在栽培中应用得较多。西瓜整枝时,应注意以下几点:一是适时整枝。一般当主蔓长 40～50 厘米,侧蔓长约 15 厘米时开始,隔 3～5 天整一次,进行三次左右。整枝过早则植株营养面积小,不利于秧蔓和根系生长及西瓜的早熟丰产;过晚则不仅造成大量营养消耗,而且还易刺激无效侧蔓生长。二是整枝强度要适当。最好在侧枝长到 15 厘米左右时剪除,并且在具体操作时应依植株生长势灵活对待,轻重适中。三是当瓜田中有感染病毒病的植株时,可先对无病株进行整枝打杈,再整理病株,以免交叉感染。病毒病严重的植株应坚决拔除,带出田间。

不管采用哪种整枝方式,都要在坐果前认真进行,坐果后一般不再整枝,以使更多的枝叶为果实生长提供营养。

(5)压蔓:用泥土或枝条等将蔓压住固定。其作用如下:一是可以防止因风吹摆动而使秧蔓及幼果受伤;二是使压土的节位上生长出不定根,从而扩大植株的营养吸收能力;三是使瓜蔓在田间合理分布,提高光合作用能力;四是压蔓具有调节植株长势的作用。压蔓有明压和暗压两种方法。

①明压法:就是不把瓜蔓压入土中,而是隔一定距离(30～40 厘米)用土块或将一带杈的枝条插入土中将蔓固定。明压时一般先把压蔓处整平,再将瓜蔓轻轻拉紧放平,然后把准备好的湿土握成团压在节间上,也可以用树枝或竹片折成"Ω"形将蔓固定。明压法对西瓜植株的影响较小,适用于早熟、生长势较弱的品种。在土壤黏重或重茬地上也用明压法,并且在重茬地进行嫁接换根栽培时,为避免因压蔓而产生不定根,造成病菌从不定根

处侵入植株,在压蔓的节下面要用塑料膜或草等垫起来,以免和土壤接触诱发不定根。

②暗压法:将一定长度的瓜蔓全部埋入土中。方法是:先用瓜铲将瓜蔓下面的土壤铲松拍平,右手持瓜铲顺瓜蔓走向斜入土中开一深约 6 厘米、宽 4 厘米的浅沟,沟应后深前浅,左手将瓜蔓理顺拉直埋入沟中,只露出叶片和秧头,覆土拍实。在沙性土壤和多旱少雨及地下水位低的地区多用暗压法。此法对生长势旺的品种效果好,但费工费时。

不同品种、不同生长势,分轻压、重压不同对待。在结瓜处的前后两个节位不能压蔓,雌花节上更不能压蔓,以免造成子房损伤而脱落。西瓜压蔓切忌压伤茎蔓。为了避免上午瓜蔓含水分多而脆,压蔓时造成损伤,压蔓应在中午前后进行。

(6)人工辅助授粉:西瓜是依靠昆虫作媒介的异花授粉作物,在阴雨天气或昆虫活动较少时,花粉传播受影响而不易坐果。为了提高坐果率和实现理想节位坐果留瓜,应进行人工辅助授粉。

①雌花选择:授粉时应当选择主蔓和侧蔓上发育良好的雌花,其花蕾柄粗、子房肥大、外形正常、颜色嫩绿而有光泽,授粉后容易坐果并长成优质大瓜。侧蔓上的其他雌花作留瓜后备。

②授粉时间:西瓜的花在清晨 5—6 时开始松动,7—10 时生理活动最旺盛,是最佳授粉时间。10 时以后,雌花柱头上分泌出黏液,授粉效果差。阴天授粉时间因开花晚应推迟到 8—11 时。

③授粉方法

a.花对花:将当天开放且已散粉的新鲜雄花的花瓣向花柄方向一捋,用手捏住,然后将雄花的雄蕊对准雌花的柱头,轻轻蘸几下即可。一朵雄花可授 2～3 朵雌花。

b.毛笔蘸粉:摘下当日开放的雄花,把花粉集中到一个容器中混合,然后用软毛笔或小毛刷蘸取花粉,涂抹于雌花柱头上。

不论采取哪种授粉方式,都应当用花粉将柱头涂抹均匀,这样可使果形周正。若在阴天、雨天授粉,授粉后应用纸帽或塑料帽将雌花套住,以防雨淋,影响坐果。

(7)留瓜:留瓜的部位对果实的大小和产量的高低有很大影响。主蔓第一朵雌花坐瓜则会因营养不足而导致果实小、品质差,如出现畸形瓜、空洞果等现象。其产量要比第二朵雌花坐的瓜少 1/3。第四朵雌花之后留瓜又过晚,容易造成瓜秧营养生长过剩而坐果困难。因此,生产上一般留 14～20 节之间的第二或第三朵雌花结瓜,早熟品种以第二朵雌花留果为主,中晚熟品种以选留第三朵雌花留果为主。这一阶段坐果的西瓜果实大、发育饱满、品质好,可提高西瓜的商品性。

留瓜数量依栽培形式、品种、种植密度等因素的不同而异,一般中小果品种双蔓整枝,亩栽植 500～800 株,每株留一个瓜为宜,其余的幼瓜应及时摘除。侧蔓为结果备用,当主蔓受伤不易坐瓜时,可在侧蔓留瓜。稀植、小型瓜、三蔓或多蔓式整枝的可多留瓜。

(8)西瓜果实的护理:在西瓜开花坐果和果实发育阶段,精心护理果实也是提高西瓜产量和品质的关键环节。护理的措施有护瓜、垫瓜、翻瓜和竖瓜等。从雌花开放到坐果前后,子房和幼瓜表皮组织十分娇嫩,易受风吹、虫咬及机械损害,此时应用纸袋、塑料袋等将幼瓜遮盖起来,称"护瓜"。当果实长到 1～1.5 千克时,将瓜下面的土块敲碎整平,垫上草或细沙土,修成前低后高的斜坡,使瓜蔓及瓜柄伸直,即"垫瓜"。垫瓜可防炭疽病和疫病病菌的侵染,也可防西瓜陷入泥水之中,又有提高产量的作用。翻瓜即不断改变果实着地部位,使瓜面受光均匀,皮色一致,瓜瓤成熟度均匀。翻瓜一般在膨瓜中后期进行,每隔5～6天翻动一次,可翻2～3次,翻瓜应在晴天下午瓜柄水分减少、不易折断时进行,用双手操作,每次翻动的角度不宜过大,着地面显露即可,以免扭伤和拧断瓜柄,每次翻瓜应朝同一方向进行。到西瓜成熟采收前几天,可将瓜竖起来,以利果形圆正、瓜皮着色良好,否则,着地处见不到阳光,呈黄白色,不但影响果实外观,而且果皮的厚薄不均匀,果味淡,品质差。

第六节 黄 瓜

一、主要优良品种

(一)北方保护地品种

1.鲁黄瓜4号

(1)品种来源:该品种系山东省农业科学院蔬菜研究所以雌性系旱3为母本、65112自交系为父本育成的一代杂种,于1991年通过山东省农作物品种审定。

(2)特征特性:该品种植株生长健壮,以主蔓结瓜为主,第一雌花着生在第2～3节,雌花节率高达50%以上,节成性好;瓜条长棒形,粗细均匀,皮深绿色,无黄条纹,刺白色、刺瘤较密;瓜条长35厘米左右,瓜把长6.2厘米左右,横径为3.2厘米左右,单瓜重约300克;肉质脆嫩,味甜,品质好;早熟性好,亩产达7000千克以上;对霜霉病、白粉病、枯萎病的抗性强。

(3)栽培技术要点:该品种适于华东、华北及东北地区冬春季温室及塑料大棚春早熟栽培。

2.鲁黄瓜5号

(1)品种来源:该品种系山东省济南市农业科学研究所从S-16(早丰1号)×SZ-1杂交后代中选育而成的,于1992年通过山东省农作物品种审定。

(2)特征特性:该品种植株生长势强,秧矮,植株高为1.4～1.6米,主蔓结瓜,第一雌花着生在第3～4节,雌花节率为70%左右,瓜码密;瓜条长棒形、顺直,长24～30厘米,横径为3～3.5厘米,单瓜重200～250克,瓜把长2～4厘米;瓜皮绿色,有光泽,瘤密、白刺,肉质脆甜,品质好;早熟性好,成瓜速度快,前期产量高,亩产达5000千克;耐寒,中抗霜霉病、白粉病和枯萎病。

(3)栽培技术要点:该品种适于山东省及北方其他地区春大棚栽培,苗期耐低温,育苗时要防止温度过高和湿度过大;适宜苗龄为35～40天;宜密植,亩可保苗6500株;定植后,不宜大蹲苗。

3.济南密刺

(1)品种来源:该品种系山东省济南市农业科学研究所从新泰密刺×津研2号杂交后代中经多代系选育而成的,于1990年通过山东省农作物品种审定。

(2)特征特性:该品种植株生长旺盛,茎秆粗壮,节间短,成株高2.6米左右,以主蔓结瓜为主,第一雌花着生在第3～4节,雌花节率为35%～60%,有短分枝,分枝第一节便有雌花;主蔓回头瓜多,瓜长30厘米左右,瓜条匀直,色深绿,果面有棱,瘤密白刺,顶部无黄头、黄条纹,横径为 3～4 厘米,瓜把长 3～5 厘米;商品性状好,品质优;早熟、耐低温、耐寡日照;抗霜霉病、灰霉病、白粉病和枯萎病,不抗疫病和细菌性角斑病;亩产 3500～4500 千克。

(3)栽培技术要点:该品种适于山东省及长江以北其他地区春露地早熟栽培,也可大棚种植。该品种在济南地区春大棚栽培时,于 2 月中旬育苗,3 月中下旬定植;春露地栽培时,于 3 月中下旬育苗,4 月中下旬定植,每亩栽 3500～4000 株。苗期宜低温,以提高坐瓜率。结瓜期白天温度应控制在 30 ℃以内,超过 30 ℃,瓜色变浅,并出现黄条纹。结瓜盛期要及时追施尿素和叶面喷肥,防止因肥水不足而出现畸瓜。侧枝见瓜后留 1～2 片叶摘心,可延长采收期。

4.济杂 1 号

(1)品种来源:该品种系山东省济南市农业科学研究所于 1992 年育成的一代杂种。

(2)特征特性:该品种植株生长势强,中高秧,茎、叶略小,主蔓结瓜,第一雌花着生在第 2～3 节,雌花节率为 70％左右;瓜码密,坐瓜多;瓜条长棒形,长 30～35 厘米,横径为 3～4 厘米,单瓜重 200 克左右;短把,瓜皮深绿色,瘤密、白刺,皮薄、肉厚、质脆,品质佳;早熟性好,前期产量高,亩产达 5000 千克以上;较耐低温、耐热,抗霜霉病、白粉病及枯萎病。

(3)栽培技术要点:该品种适于山东省以及沈阳市以南各地区春大棚栽培。在济南地区春大棚栽培时,一般于 2 月中旬育苗,3 月中下旬定植,亩栽 5000～5500 株;育苗床土要肥沃,苗期不能缺水,出苗后 20 天要喷小水,30 天后要往苗床土坨缝处灌水,以促秧苗旺盛生长;不蹲苗,否则易出现花打顶;结瓜期要有较大的温差,白天最适温度为 28～33 ℃,夜间为 13～16 ℃;采瓜盛期要加大施肥量,可天天收瓜;追肥浇水次数要多于一般品种,采收中期要进行 3～4 次叶面喷肥,以利于后期结瓜,延长采收期。

5.新泰密刺

(1)品种来源:该品种由山东省新泰市高孟村选育而成,分别于 1987 年和 1989 年通过山东省农作物品种审定委员会和天津市农作物品种审定委员会审定。

(2)特征特性:该品种植株生长势强,主蔓结瓜,第一雌花着生在第 4～5 节,一节多瓜,回头瓜也多;瓜条棒形,长 25～35 厘米,横径约 3.0 厘米,单瓜重 150～200 克;瓜深绿色,瘤密、白刺,棱不明显,质脆,微甜,品质中上等;早熟,耐寒性较强,耐弱光;抗枯萎病及霜霉病;亩产达 5000 千克以上。

(3)栽培技术要点:该品种适于北京、河北、河南、山东等地区保护地栽培。在山东、河北地区日光温室栽培时,于 10 月下旬播种育苗,11 月下旬定植;春季温室栽培时,于 1 月上中旬播种育苗,2 月中下旬定植;塑料大棚栽培时,于 2 月中旬播种育苗,3 月中下旬定植。苗龄为 45～50 天,亩栽约 4000 株。该品种要及时整枝绑蔓,适时收瓜,盛瓜期要加强肥水管理,注意病虫害防治。

6.鲁黄瓜 6 号

(1)品种来源:该品种系山东省农业科学院蔬菜研究所以济南叶儿三为母本、长春密刺为父本育成的一代杂种,于 1992 年通过山东省农作物品种审定委员会审定后定名(原代号 87-2)。

(2)特征特性:该品种植株长势强,以主蔓结瓜为主,第一雌花着生在第 3～5 节;瓜条棒形,深绿色,白刺,刺瘤较密,瓜条长 30 厘米;瓜把长 5 厘米,横径为 3.2 厘米左右,单瓜重约 150 克;肉质脆嫩,风味好,品质佳;早熟,全生育期为 90～100 天;抗枯萎病、疫病和细菌性角斑病;亩产 5000～6000 千克。

(3)栽培技术要点:该品种适于北方各地温室及塑料大棚春早熟栽培。济南地区于 2 月下旬育苗,3 月下旬定植,4 月下旬开始采收,亩栽 4000 株左右。定植后要严格控制浇水,适当蹲苗,以提高前期产量。

7.鲁黄瓜 11 号

(1)品种来源:该品种系山东省济南市农业科学研究所利用 88001×88034-1 育成的一代杂种,原名"济杂 1 号",于 1997 年通过山东省农作物品种审定委员会审定后定名。

(2)特征特性:该品种属华北类型黄瓜,茎略细,主蔓结瓜,回头瓜多,主蔓第一雌花平均在 2.9 叶节,雌花节率为 70％左右;瓜条直,长 30～35 厘米,横径为 3.5～4 厘米;皮色深绿,品质优;对枯萎病和叶部病害抗性强,但不抗细菌性角斑病;早熟,亩产一般在 4500～5000 千克,早期产量及总产量均明显高于新泰密刺。

(3)栽培技术要点:该品种适宜在华北各地作冬春季保护地栽培,栽培密度宜为 3300～3500 株/亩。

8.鲁黄瓜 72 号

(1)品种来源:该品种系山东省济南市农业科学研究所利用 88034-2×880002 育成的一代杂种,原名"济杂 2 号",于 1997 年通过山东省农作物品种审定委员会审定后定名。

(2)特征特性:该品种属华北类型黄瓜,主蔓结瓜,回头瓜多,主蔓第一雌花平均在 2.9 叶节,雌花节率为 60％左右;瓜条直,浓绿色,长 30 厘米,品质优,对枯萎病和叶部病害抗性强,但不抗细菌性角斑病;早熟,亩产一般在 4500～5500 千克,早期产量及总产量均明显高于新泰密刺。

(3)栽培技术要点:该品种适宜在华北各地作冬春季保护地栽培,栽培密度宜为 3300～3500 株/亩。

9.鲁黄瓜 12 号

(1)品种来源:该品种系山东省济南市农业科学研究所选配的一代杂种,于 1997 年通过山东省农作物品种审定委员会审定。

(2)特征特性:该品种主茎略细,叶深绿色,主蔓结瓜,回头瓜多,第一雌花着生在主蔓第 3～4 节上,雌花节率为 60％左右;瓜条直,呈棒状,长 30 厘米,横径为 3.5～4.0 厘米,单瓜重 150～200 克;瓜把长 2～3 厘米,瓜皮深绿色,有光泽、瘤密、白刺、肉厚、质脆;抗霜霉病、白粉病、枯萎病,不抗角斑病;从播种至始收约 70 天,亩产 5000 千克以上。

(3)栽培技术要点:该品种适于山东、辽宁、吉林、河南、河北、安徽、湖北、湖南、四川、新疆及宁夏等地区保护地栽培。山东各地春大棚栽培时,于 2 月初育苗,3 月上中旬定植,苗龄为 30～33 天,亩栽 4000～4200 株。冬季日光温室栽培时,于 9 月下旬播种育苗,10 月底定植。

10.秋棚 1 号

(1)品种来源:该品种系中国农业大学园艺学院蔬菜系育成的一代杂种,于 1991 年通过北京农作物品种审定委员会审定。

(2)特征特性:该品种植株长势强,分枝能力中等,第一雌花着生在第 5～8 节,雌花节率为 30％左右,结果性能好,可多条瓜同时生长;瓜条长棒形,长 30～35 厘米,单瓜重

300～400 克；瓜色深绿，有光泽，瓜头无明显黄条纹，刺瘤适中，质地脆，味香甜，保鲜期长，品质好；后期在偏低温度条件下，瓜条发育速度快；耐涝性较好，抗霜霉病、白粉病、炭疽病及枯萎病；亩产在 3000 千克以上。

（3）栽培技术要点：该品种适于北京、甘肃、河南、山东、江苏、广州等地塑料大棚及日光温室秋季栽培。在北京地区于 7 月下旬至 8 月上旬直播，或 7 月下旬播种育苗，8 月下旬小苗定植。采用地膜覆盖栽培，亩栽 3000～3500 株。

11. 冬棚 1 号

（1）品种来源：该品种系山东省淄博市种子公司选育的品种，于 1994 年通过山东省农作物品种审定委员会审定。

（2）特征特性：该品种植株长势强，叶片肥厚，深绿色，以主蔓结瓜为主，第一雌花着生在主蔓第 2～4 节上，以后每隔 1～2 节着生一朵雌花；瓜条棒形，长 25～35 厘米，横径为 3 厘米左右，单瓜重 150～200 克；瓜把短，瓜皮深绿色，棱不显，刺白色、小而密，质脆，味浓，品质优；耐低温、弱光，适应性强，抗病性强，与黑籽南瓜嫁接亲和性好；早熟，从播种至始收约 60 天；亩产 6000～8000 千克。

（3）栽培技术要点：该品种适于山东、华北、东北、西北等省（市）冬季日光温室和春季塑料大棚栽培。山东各地冬大棚（日光温室）一般于 9 月下旬播种育苗，10 月底定植；春大棚一般于 2 月初育苗，3 月上中旬定植，苗龄为 30～35 天，行距为 50～60 厘米，株距为 25～30 厘米，亩栽 3500～4200 株。在肥水充足的条件下主蔓结瓜在 60 节以上，生产中常在 40 节后摘心，促发侧枝，多结回头瓜。若管理粗放，肥水较差，就要适当密植，亩栽 4500 株。

（二）北方露地黄瓜品种

1. 鲁黄瓜 3 号

（1）品种来源：该品种系山东省青岛市农业科学研究所以粤早 2 号雌性系分离后代 8072-1 混 1-6-7-3 为母本，绥中旱黄瓜分离后代 8273-9-3-7 为父本育成的华南型黄瓜一代杂种（原代号 85F4），于 1991 年通过山东省农作物品种审定委员会审定。

（2）特征特性：该品种植株长势旺盛，侧枝少，以主蔓结瓜为主，雌花节率为 45％～73％，第一雌花着生在第 4～5 节；瓜条圆筒形，长 21 厘米左右，横径为 3.7 厘米左右，单瓜重 150 克左右；瓜皮绿色，较光滑，无棱沟，刺褐色，瘤小而少；果肉较厚，品质优良；早熟，生育期为 90 天左右；较耐低温，抗白粉病，较抗炭疽病、枯萎病和霜霉病；亩产 5000 千克以上。

（3）栽培技术要点：该品种适于青岛市郊及喜食华南型黄瓜的地区春季露地栽培。在青岛地区，于 3 月底 4 月初播种育苗，4 月下旬定植；也可在 4 月中旬至 5 月底露地直播。苗期应适当控制水肥，防止徒长，亩保苗 4000 株左右。

2. 鲁黄瓜 2 号

（1）品种来源：该品种系山东省农业科学院蔬菜研究所利用济南叶儿三多代系选育而成（原代号 87-4），于 1991 年通过山东省农作物品种审定委员会审定后定名。

（2）特征特性：该品种植株长势旺盛，以主蔓结瓜为主，侧枝抽生能力弱，雌花节率在 30％以上；果实棒状，长 30 厘米左右，瓜把占瓜长的 1/6 左右；瓜皮绿色，刺瘤白色，品质较好；春栽亩产 5000 千克左右，夏栽亩产 2000～2500 千克。

(3)栽培技术要点:该品种适于华北及华中地区春秋季露地栽培。济南地区春季露地栽培于3月下旬播种,4月下旬定植,也可于4月中旬直播;夏秋季栽培于6月下旬至8月上旬露地直播。栽培畦宽1.3米,双行种植,株距为25厘米。侧枝见瓜后留两叶打顶。春季定植后30天左右、直播时播种后45天左右始收。

3.鲁黄瓜7号

(1)品种来源:该品种系青岛市农业科学研究所以辽宁旱黄瓜为母本、青岛秋叶儿三为父本育成的黄瓜一代杂种,于1993年通过山东省农作物品种审定委员会审定后定名。

(2)特征特性:该品种植株长势旺盛,分枝性中等,主侧蔓均能结瓜,主蔓第一雌花在第6～8节;瓜形筒状,皮色浅绿,果面光滑无棱、瘤,刺褐色而稀少,瓜长21.6厘米左右,横径为3.7厘米左右,把长3.68厘米左右,肉厚1.12厘米左右,单瓜重约175克;肉质脆,风味浓,品质好,适宜生食和熟食;中早熟,耐高温雨涝,较抗霜霉病、白粉病、枯萎病、细菌性角斑病和炭疽病;亩产一般在3500千克以上。

(3)栽培技术要点:该品种适于青岛及胶东半岛地区伏季、晚春及早秋栽培,于5月上旬至7月上旬播种,栽培密度宜为3000～3500株/亩;耐肥水,宜适当整枝,可摘除7节以下的侧枝,7节以上的侧枝见瓜后留2～3叶摘心,主蔓爬满架打顶。

4.鲁黄瓜9号

(1)品种来源:该品种系山东省农业科学院蔬菜研究所根据国家"八五"攻关项目要求育成的一代杂种。

(2)特征特性:该品种植株生长势强健,具有早熟、优质、丰产、抗病等特点;瓜长30厘米左右,色翠绿,有光泽,无黄斑点,刺瘤密,瓜把短,商品性好;抗枯萎病及叶部病害;若管理及时得当,可进一步提高产量和商品性。

(3)栽培技术要点:该品种适于山东省及北方地区春季露地栽培。

5.鲁秋1号

(1)品种来源:该品种系山东省农业科学院蔬菜研究所以121713为母本、38173为父本育成的一代杂种,于1991年通过山东省农作物品种审定委员会审定后定名(原代号87-3)。

(2)特征特性:该品种植株生长势旺盛,叶色深绿,以主蔓结瓜为主,第一雌花着生在第6～7节;瓜条长棒形,浅绿色,白刺,刺瘤小而密,棱沟不明显;瓜长40厘米左右,把长6.5厘米左右,横径为3.4厘米左右,单瓜重约300克;皮薄,质脆嫩,品质好;中晚熟,生育期为80～90天;较耐热;抗霜霉病、白粉病,中抗炭疽病;亩产3000千克左右。

(3)栽培技术要点:该品种适于山东等地夏、秋季露地栽培。济南地区于6月中下旬至8月均可播种,亩保苗4500株左右;宜采用小高畦栽培,热雨后注意冷水灌田。

二、丰产栽培技术

(一)春季露地栽培技术

1.春季露地栽培的主要特点

春季露地栽培是黄瓜栽培的主要形式之一。苗期采用保护地育苗,天气转暖后定植于露地,所以全期气候比较适宜,产量也较高。春季露地栽培主要用于鲜食黄瓜和盐渍黄瓜的生产。前期在外界条件不利时,通过人工创造的良好条件,培育出适龄壮苗,是栽培成功的关键。定植时田间外界气温尚低,应采取相应措施促使尽快缓苗,进入结瓜盛期时应加强肥水管理;进入生育中后期时,外界气温上升,应加强病虫害防治。

2.品种选择

应选择产量高、抗病能力强、商品性好的品种进行露地栽培。生产中应用较多的春季露地栽培品种有津研1~6号,津杂1、2、4号,津春4、5号,中农1101号,中农2、4、6、10、12号,鲁春32号,鲁黄1号,早春1号,西农58号,京旭1号,C150-13,露地1、2号,吉杂1、2、3号,郑黄1、2号,湘黄瓜1号及农城4号等。

3.育苗

华北地区多利用阳畦或改良阳畦进行育苗,北部寒冷地区多采用温床育苗。育苗方式和营养土的配制与日光温室冬春茬黄瓜相同,只是播种期和苗龄不同。露地春黄瓜定植的生理苗龄为四叶一心,日历苗龄为35~40天。浸种催芽和播种基本与日光温室春黄瓜相同,但苗床管理有其特点。北方地区大部分在3月于阳畦内育苗,主要是通过揭盖草苫和通风管理来控制温度。在保护地内育苗,并按预定时间定植到露地,苗床管理十分重要。

(1)苗床温度的调控

①子叶展开前即播种后6~7天内,为促使黄瓜幼芽迅速出土,苗床内气温以白天保持25~30℃、夜间保持15~20℃为宜。

②子叶展开至"破心"即第一片真叶显露,即在播种后的第6~7天至第11~12天,为促进黄瓜幼苗的下胚轴加粗生长及根系的迅速发展,苗床内温度应适当降低,即白天保持在20~22℃,夜间保持在12~15℃为好。

③"破心"至"三叶一心",即播种后的第11~12天至定植前的8~10天,既要保证真叶的陆续展开及生长点内各种器官的分化,又要使苗生长得健壮及花芽能按时分化。苗床温度应白天适中,夜间偏低,即白天保持在22~25℃,夜间保持在12~15℃,保证昼夜温差在10℃以上。

④定植前的8~10天,即炼苗期,以限制苗的生长和增强幼苗对露地环境的适应性为中心,苗床内温度以白天保持15~20℃,夜间保持10~12℃为佳。

以上温度指标不是绝对的,还应根据阳光、湿度的变化,病害的有无等因素,灵活掌握。苗床温度的调节主要通过覆盖物揭盖的早晚及通风量的多少来实现。

(2)苗床湿度的管理:黄瓜苗床内的湿度分土壤湿度及空气湿度两部分。二者之间相互影响,尤其是土壤湿度对空气湿度有更大的影响。黄瓜幼苗在幼芽顶土至定植前的炼苗开始之前18~20天的时间内,要求土壤湿润,一般要求土壤相对含水量在70%~80%;而要求空气较干燥,一般要求相对空气湿度在60%左右。这样既能保证幼苗正常生长,又能减少病害发生,保证育成苗壮幼苗。为实现此目标,对苗床土面分次上土是最有效的方法,即分别在幼芽顶土、子叶展平及第一片真叶展平时上土,厚度分别为0.3厘米、0.4厘米和0.5厘米。上土后减少了土壤水分的蒸发,又增加了土壤厚度,这样有利于保持土壤湿度、减小空气湿度及不定根的发生。上土时要注意以下问题:①上土要在中午高温、叶子无露时进行。②上的土要细碎,要是细筛过的土。③土的湿度依苗床湿度而定,苗床湿度大时上较干的土;而苗床湿度小时,应上较湿润的土。采取上土保墒措施的苗床,除播种水及起苗水外,一般不再浇水。但营养钵育苗或苗床播种遇到特殊的干旱天气时,还要按实际需要对苗浇水。

(3)苗床内的光照:春季露地黄瓜是在保护地内的苗床上育苗,光照时间及强度往往不足,导致黄瓜苗不能健壮生长。因此,要选好苗床位置,保持透明覆盖物的充分透光性,在保证温度适宜的情况下,尽量早揭晚盖不透明覆盖物,以便提供更多的光照。

①幼苗锻炼:定植前7~10天开始炼苗,降低温、湿度,使幼苗生长速度减慢、组织充实,以提高其对露地环境的适应性。加大通风量和延长放风时间,逐渐撤除覆盖物,使白天温度保持在15~20 ℃,夜间温度保持在8~10 ℃。定植前几天,撤除全部覆盖物。

②起苗与囤苗:用育苗容器点籽育苗的没有此项措施。在苗床上直接点籽育苗的,定植前将苗起下来再囤到原处,不要散坨,以减少伤根,再用潮土封严,一般囤苗2~3天即可定植。起苗和囤苗能缓解定植时劳力紧张,更重要的是,可以提前切断土坨周围的根系,使伤口得以恢复,促进根系在坨内发出新根,从而有利于定植后的缓苗。通过几天的囤苗,土坨变硬,定植时运苗不易散坨伤根。

③灾害性天气的管理:发芽期间遇雪天或寒流时,可不揭草苫。在育苗期间,若遇阴雨下雪天气,要晚揭早盖草苫保温防寒,雪后应及时清除积雪。若遇阴天,要在保持起码的温度下中午揭开草苫,使幼苗有一定的见光时间,防止幼苗黄弱和徒长。

4.定植

春季露地黄瓜的定植是实现高产、优质、高效生产的关键技术之一。

(1)整地:当年春季土地解冻后,在秋季深翻并施足基肥的基础上,耙平地面,做好灌水渠和排水沟。在北方地区做1.3~1.5米宽,12~15米长的平畦。若盖地膜,就要改做垄宽80~90厘米,沟宽50~60厘米,高15~20厘米的半高畦。在多雨的南方,也需做半高畦或高畦。沟施基肥时,平畦是在畦中间开30厘米的沟,每亩施入腐熟的饼肥200~300千克后,再盖土耕平畦面。高畦或半高畦,沟施基肥应在做畦前,在畦中央开10~15厘米的沟,施入沟肥后,再盖土做垄畦。以上过程应在定植苗前10~15天完成。

(2)定植日期:春季露地黄瓜应尽量在幼苗不遭冻害的前提下早定植,有利于实现高产、优质、高效的生产目标。具体原则是:在有霜地区,必须在当地断霜(指绝对终霜)后,同时地温稳定在12 ℃以上,最好是15 ℃以上时定植。

若要提早定植,必须有临时覆盖等防寒措施,定植后一旦有霜冻要进行浮面盖地膜、浇水、喷水、熏烟等,防止发生冻害。总之,露地春黄瓜应在不遭受霜冻的前提下尽量提早定植,以提高前期产量和延长采收期。

(3)定植密度:定植密度应依据品种生长强弱、土地肥瘦及生产期长短等因素而定。一般每亩定植3000~4000株。品种生长势较弱、土地较瘦及生产期较短时定植密度应大些,反之则小些。定植时平畦或高畦都是一畦定植两行。以主蔓结瓜为主的早熟品种密度应大些;主侧蔓均能结瓜的品种,生育期也长,则密度应小些。用早熟品种的采用大小行定植,大行距为80厘米,小行距为50厘米,株距为23~25厘米,每亩约4000株。

(4)定植方法:春季露地黄瓜的定植可分为平畦定植或小高畦覆地膜定植,定植方法有以下两种。

①干栽法:按行距开沟或按株行距开穴,按株距栽苗后覆土,保持畦面平整,并随即浇足定苗水。

②水栽法:先按行距开沟,苗按株距先摆放在畦埂上,后向定植沟内浇定植水,随即将苗按株距稳栽于沟内的水中,称"水稳苗"。水渗下后适宜中耕松土时,再覆土使苗坨与畦

面相平。

以上两种定植方法的定植深度都以保持厚土坨与畦面齐平为宜。定植4～5天后，秧苗长出新根，生长点有嫩叶发生，表示已经缓苗。此时应浇一次缓苗水（若土壤很湿可不浇或晚浇）。加上此时正处于早春，地温尚低，所以浇水量不要太大，以免明显降低地温，加上土壤湿度大，从而导致沤根。待地表稍干时，应及时中耕，提高地温。从定植到根瓜坐住前（瓜条见长，颜色变绿），在栽培管理上要突出一个"控"字，多中耕松土，少浇水，改善根部生长环境，促进根系发育，达到根深秧壮、花芽大量分化、根瓜坐稳的目的。但蹲苗要适当，要随时根据秧苗长相加以诊断，并根据土壤干湿状况综合判断，决定是否浇水。若仅以根瓜坐住与否来判断，则可能导致秧苗生长受阻，反而引起化瓜或根瓜苦味增强，并影响产量。待根瓜坐住，瓜条明显见长时，应及时浇一次水或稀粪水，促进根瓜和瓜秧的生长。

5.田间管理

春季露地黄瓜定植后，主要进行下列田间管理工作：

（1）支架：黄瓜苗定植后，应尽早支架。尤其是在无风障或围障的情况下，早支架可降低风速、保温，加快缓苗。搭架时要用竹竿，露地风大不宜用尼龙绳，支架一般用2米长竹竿，每株一条，扎成"人"字形花格架。

（2）中耕松土：黄瓜苗定植后，一般经2～3天土壤适宜中耕时，要及时进行3～5厘米深的细中耕。缓苗后进行深度达5～7厘米的深中耕。以后结合除草或浇水后松土，进行中耕。第一、二次中耕时，要结合中耕进行培土，总高度可达5～6厘米。地膜覆盖栽培时，一般是用干栽法定植。先盖膜时，需挖洞栽苗浇水；后盖膜时，是栽苗浇水后再盖膜。或者采用先盖天后盖地的盖膜方式。这样就可省去中耕松土的步骤。

（3）整枝绑蔓：黄瓜的整枝因栽培方式的不同而有一定的差异。春季露地黄瓜生长发育时间短，整枝也较简单。一般做法是：根瓜以下的分枝及卷须都应及时清除，根瓜以上的分枝见瓜后，留1～2片叶打侧顶；卷须及多余的雄花也需及时清除。当主蔓生长到架顶，一般为20～25片叶时，打掉主蔓顶，以后就任其自由生长至拉秧。当主蔓下部出现老化黄叶时，也需及时摘除。绑蔓都是结合整枝进行的，黄瓜在抽蔓期初蔓开始迅速生长后，就要开始绑蔓，以后每3～4片叶就要结合整枝绑一次蔓。绑蔓时，要把龙头摆在同一水平上，以确保生长整齐，叶片受光均匀。

（4）浇水及追肥：露地栽培时土壤水分蒸发量大，叶片蒸腾量也大，消耗水分多，因此浇水量应大，次数应多，要根据季节、天气和黄瓜的不同生育期而确定浇水量和次数。冷季节少浇，热季节多浇；结瓜之前少浇，结瓜盛期多浇；浇水要结合追肥，前期以追有机肥为主，中后期以追化肥为主，只有肥水充足才能取得高产。黄瓜浇足定植水后，在抽蔓期及根瓜生长期不显旱，一般不浇水，主要是中耕保墒，以利根系发展和壮秧。根瓜收获时开始加大供水量，一般每5～7天浇一次水，进入结瓜盛期需每3～5天浇一次水，到结瓜后期要适当减少浇水量。以上仅是一个浇水原则，具体到某块黄瓜地，需根据该地土壤保水供水能力的大小、降水多少及病害发生快慢而灵活处理。

春季露地黄瓜的追肥要依地力及植株长相而定，一般是追氮素化肥。其方法是结合浇水冲施，每次每亩追硫酸铵10～15千克或尿素5～10千克，而且都是浇一次清水，再浇一次加肥水，即所谓"一清一混"。另外，还要及时清除杂草，雨多时要及时排水等。

（5）采收：始收期的早晚与品种、苗龄、气候条件和栽培管理有关。由于露地春黄瓜的根瓜生长期温度较低，又是控水蹲苗时期，所以生长期较长，定植后 25～30 天采收；根瓜应尽量早收，以免坠秧。腰瓜及回头瓜生长较快，开花 4～12 天即可采收。初收每隔 2～3 天进行一次，盛瓜期可每日采收，其形态指标是瓜条两头同等粗。对生长不正常的"尖嘴瓜"或"大肚瓜"，更应早收，以免影响正常瓜的生长。采收时要轻摘轻放，以保持顶花带刺的鲜嫩状态。黄瓜采收后，应分级包装。

（二）夏季露地栽培技术

1.品种选择

夏黄瓜春末播种，初夏定植，在炎热多雨的盛夏收获；也可在初夏露地直播。由于夏季高温多雨，对黄瓜的生长发育极不利，并且黄瓜易遭受虫危害，因此黄瓜产量低。应选用抗病性强、耐热、抗病的品种，表现较好的品种有津研 2 号、津研 4 号、津研 5 号、津研 7 号、津春 4 号、津春 5 号、夏丰 1 号、夏青 2 号、夏青 3 号、西农 58 号、冀菜 3 号和中农 1101 号等。

2.播种育苗

在华南、华东和长江中下游地区，夏季炎热多雨，若排水不良，则病害发生严重，所以各地应因地制宜采用高畦。高畦直播方式利于排水。直播点种的方法是：先在高畦两边用小锄各开 10～12 厘米宽、10～15 厘米深的小沟，沟内浇足水；待水渗完后，将预先催好芽的种子按适宜的株距在沟沿淌水的地方点播两粒，随后覆盖潮土。播种一般在下午进行，阴天的上午也可。华北地区和东北、西北实行越夏一季栽培的高寒地区，为了提早收获，延长采收期，多采用苗床育苗的方法。

（1）苗床准备：苗床选在露地、前几年没种过黄瓜、土质肥沃的地块为好。畦的大小依栽培面积而定，一般每平方米苗床可育 90～100 株苗。每平方米苗床施入 15 千克腐熟的细碎混合粪，与土混匀，搂平后脚踩一遍，浇足底水。

（2）播种：在定植前 30～35 天播种。播种前种子要浸种催芽。苗床底水渗下后，撒一层细土，划印，按株行距 10 厘米×10 厘米，将已出芽的种子点在床土上，随后覆上 2 厘米厚细潮土。播完后，插上竹弓子做成小拱棚骨架，盖上塑料膜。这样做床温度高，出苗快。

（3）播后管理：出苗前盖严薄膜。当大部分苗拱土时上第一次土，子叶展开时上第二次土。在一般天气情况下，上午揭去薄膜，傍晚再盖上。子叶发足并开始吐心时，夜间留通风口，经过 3～4 天炼苗后，可把薄膜全部揭掉，夜间不再盖膜，遇大风或下雨时再盖上。苗期一般不用浇水。当苗长到 3～4 片真叶时，浇一次透水，第二天切坨起苗。经 2～3 天囤苗后即可定植。

3.定植

直播时无须定植。当两片子叶展平时，开始定苗，每穴留一株。

（1）茬口选择：高温炎热地区的前茬有春甘蓝、莴笋、洋葱、早番茄、油菜、小麦等；华北、华东地区，前茬多为菠菜、油菜、小萝卜、早甘蓝、早菜花等；东北、西北地区，实行越夏一季栽培的，可利用冬季休闲地。

（2）整地、施肥、做畦：腾出地后，要尽快清理前茬作物和杂草。一般亩施底肥（圈肥）3000～4000 千克，先撒肥后翻地，土肥混匀后做成长 7 米、宽 1.5 米的畦，并做成慢跑水畦。

（3）定植：夏黄瓜苗生长快，苗龄不要过长，一般以 30 天为宜。开沟栽或平畦栽都可浇明水。夏黄瓜多采用大架，行距为 70 厘米，株距为 25～28 厘米。

4.定植后管理

（1）及时插架：定植后，黄瓜苗生长较快，为避免风吹和雨淋使叶片溅上土泥，影响光合作用和植株生长，必须及时插架。要插大架，绑牢固，防止被大风、大雨吹歪压倒。

（2）浇水、追肥：定植后 3～4 天浇一次缓苗水，随后进行中耕。夏黄瓜比春黄瓜中耕要浅，3～5 厘米即可。中耕后稍加蹲苗，防止瓜秧徒长。夏天气温高、水分蒸发快，蹲苗时间不要过长，要根据瓜秧长势和土壤墒情适时浇水。采收根瓜前进行第二次中耕，深 2 厘米。进入盛瓜期后，浇水要勤，应在傍晚或早晨浇水，不宜在中午浇水。晴天小水勤浇；连阴骤晴天气，要及时浇水防晒；连阴雨或大雨时，要排水防涝；热雨后，要及时浇井水散热。

夏黄瓜生长旺盛，由于此时浇水和降雨较多，土壤养分容易流失，所以应比春黄瓜多追肥、勤追肥，追肥种类同春黄瓜。前期气温不大高，可追施人粪尿；中、后期气温已高，要追施化肥。每次追肥用量要比春黄瓜少些，追肥次数要多于春黄瓜，追肥总用量要多于春黄瓜。

（3）整枝、绑蔓：夏黄瓜生长快，要及时绑蔓，防止相互缠绕，影响生长。绑蔓时，要使瓜蔓在架上分布均匀，并使瓜蔓迂回向架顶伸展，以延长主蔓，促使多结瓜。

夏播品种一般都有侧蔓，但基部侧枝要及早去掉，中、上部侧枝可酌情多留几片叶再摘心，以利于黄瓜生长。下部老叶、病叶要及时摘除。

（4）采收：夏季栽培，天热，气温高，植株生长快，果实发育快。在华南和长江中下游地区，一般播种后 40～50 天就可采收；在华北和东北地区，播种后 55～65 天开始采收。夏黄瓜结瓜期正处于炎热多雨的季节，瓜宜勤采。

（三）秋季露地栽培技术

黄瓜秋季露地栽培是指在有霜地区，初霜之前收获结束的一茬栽培。在华北、华东地区，一般在 7 月播种，8—10 月收获。这茬黄瓜对淡季的蔬菜供应有重要作用。

7—8 月正是高温多雨季节，也是秋黄瓜的生长前期，如果栽培不当，就可能造成损失。因此，要选择生长势强、苗期耐热、后期耐寒、抗旱、抗涝、抗病、对长日照反应不敏感的品种，如中农 2 号、津杂 3 号、长青 1 号、中农 1101 号、西农棒秋瓜、京旭 1 号、冀黄瓜 1 号等。

1.整地做畦

前茬是葱蒜类的地块种黄瓜最好，其次为前茬为菜花、甘蓝、莴笋、小麦等的地块。为预防黄瓜发病，最好选择三年内没种过瓜类的地块。因秋黄瓜生长期较短，播种期又遇雨季，所以，前茬作物收获后要尽快清茬腾地。一般亩施腐熟圈肥 3000～4000 千克、过磷酸钙 50 千克，浅耕或旋耕。此时黄瓜栽培一定要用小高畦或高垄，不能用平畦，以免受涝。做畦的方法如下：

（1）小高畦：畦宽 50 厘米、高 20 厘米，沟宽 70 厘米，在小高畦两侧种植两行黄瓜，株距为 20～25 厘米。

（2）高垄：先做高畦，畦面宽 70 厘米，沟宽 50 厘米，然后在高畦中间开一条深 20 厘米左右的小沟，可在小沟内浇水后将种子播于小沟内侧。在做畦的同时，还要提前做好排水沟，以备雨后排水。

2.播种

播种时间可根据前茬作物腾茬早晚安排在 6 月中旬至 7 月上旬。多采用直播,也可育苗移栽。夏季温度高,瓜苗较弱,可适当密植,一般每亩栽 4500～5000 株。可催芽、浸种或干籽直播,一般多用点播,即在垄上按株距 20～22 厘米、深 2～3 厘米,每穴播两粒种子,播后覆土。墒情不好的,顺沟浇一次小水促出苗。每亩播种量为 250 克。

3.田间管理

(1)定苗、补苗:当子叶展开后,发现有缺苗时,应及时进行移苗补栽或补种。夏季由于时有暴雨和病虫危害,定苗宜迟不宜早,以免缺苗难补。一般在 3～4 片真叶时定苗,每穴选留一株健壮苗,每亩苗数为 4500～5000 株。

(2)中耕除草:出苗后应进行浅中耕,促幼苗发根,防止徒长。结瓜前还要中耕多次,重点在于除草。

(3)排水:播种结束后,要着手修整排水沟,加固渠埂,清除沟底杂物,一旦变天,应把排水的畦口敞开。大雨时要及时排出积水。

(4)追肥浇水:夏秋露地黄瓜应特别注意防涝,浇水要看天、看地灵活掌握,苗期可施少许化肥促苗生长,结瓜后,一般每 10～15 天追肥一次,每次每亩施氮、磷、钾复合肥 10～15 千克。结瓜盛期肥水要充足,处暑后天气转凉,可追施稀粪水或叶面喷施 0.2% 磷酸二氢钾和 0.1% 硼酸溶液,以防化瓜。

(5)插架、整枝、绑蔓:定苗浇水后随即插架,并结合绑蔓进行整枝,夏秋栽培的品种多有侧蔓,基部侧蔓不留,中上部侧蔓可酌情多留几叶摘心。其他田间管理与春黄瓜、夏黄瓜基本相同。

4.采收

秋黄瓜生长前期正处于高温多雨季,生长较快,黄瓜从播种到采收仅需 40～50 天。结瓜后天气逐渐凉爽,采瓜的时间要求不严格,采收期为两个月左右;多在早霜前拉秧。这茬黄瓜病害较多,产量较低,一般亩产 2500～3000 千克。

(四)春季大棚栽培技术

1.品种选择

春季大棚栽培的特点是温度高、湿度大、昼夜温差大,一般多连作。根据春季大棚栽培的特点,春季大棚黄瓜栽培品种要具有以下性质:①早熟性要强,以提前上市。②在植株的苗期环境温度较低,产瓜盛期棚内温度较高,品种要对环境条件有较强的适应性。③植株不宜过大,要适宜密植。④大棚内昆虫少,一般不宜授粉,品种的单性结实率要高。⑤大棚内温、湿度较大,品种需抗病性强,如长春密刺、新泰密刺、津杂 1 号、津优 1 号、津杂 4 号、津研 6 号、津杂 2 号及津春 2 号、津春 3 号、中农 5 号等。

2.培育壮苗

育苗是蔬菜生产的一个特色,是争取农时、增多茬口、发挥地力、提早采收、延长供应,增加产量以及避免病虫和自然灾害的一项重要措施。大棚春黄瓜早熟的关键是培育适龄壮苗。整个育苗技术要围绕促进秧苗提早分生雌花和缩短定植后的采收时间两个环节来进行。

(1)确定播期:播种期应根据选用的品种、当地气候条件、大棚性能及育苗条件来定,以塑料大棚内安全定植期为准,向前推算育苗期的天数。

长春密刺、山东密刺、新泰密刺等的日历苗龄以 50～60 天为宜,此时幼苗已有 5～6 片叶子,株高 17～18 厘米,茎粗 5 厘米左右,50％左右的植株已出现雌花,比较适宜栽培。津春 2 号、津杂 2 号等杂交品种的日历苗龄以 40～50 天为宜,此时幼苗已有 4～5 片叶子。以塑料大棚内安全定植期为准,向前推 40～60 天即为播种期。东北北部、内蒙古北部地区为 2 月上中旬,东北东南部、华北及西北地区为 1 月下旬至 2 月上旬,华东、华中地区为 1 月上中旬。第一、二积温带一般定在 2 月下旬至 3 月初。利用温室进行,播期过早,育苗期延长,不仅增加育苗成本,而且容易出现老化苗;播期过晚,则达不到早熟的效果。育苗条件好的,育苗时间可相对短些。大棚栽培采用双层覆盖的,播期可提前 6～7 天;采用多层覆盖的,播种期还可以提前 10～15 天;具有临时加温条件的,播种期还可适当提前。

(2)苗期管理

①苗期施肥:不论采用哪种育苗方式,关键都是营养土的配制。营养土要质地疏松,透气性好,养分充足,酸碱度适中,不含草根和其他杂质。播种的育苗畦要采用肥沃的三年内未种过黄瓜的园土 6 份、腐熟的马粪或厩肥 4 份;分苗畦用园土 7 份、腐熟的马粪或厩肥 3 份。然后每立方米营养土中加入腐熟捣碎的大粪干或腐熟鸡粪 15～25 千克,或过磷酸钙 0.5～1.0 千克、硫酸钾 0.5～1.0 千克。肥和土都要过筛,并混合均匀。北京工厂化穴盘育苗基质配方是草炭：蛭石＝2：1,每立方米基质加入氮、磷、钾复合肥(15：15：15)2～2.5 千克或尿素 1 千克和磷酸二氢钾 1 千克或磷酸二氢铵 1.5 千克。日本要求保护地黄瓜每升营养土(或基质)中应含有氮 250 毫克、五氧化二磷 1500～2000 毫克、氧化钾 200 毫克。在黄瓜幼苗二叶一心时,应结合喷水进行 1～2 次叶面施肥,其配方是每 1000 升水中加入硝酸钾 810 克、硝酸钙 950 克、硫酸铵 500 克、磷酸二氢钾 350 克、三氯化铁 20 克,同时结合浇水可用 5％～10％的充分腐熟的人粪尿追肥。

②籽苗期管理:播种后,地温保持在 20 ℃左右(可采用电热线加温),气温保持在 25～30 ℃,2～3 天后就可出苗。幼苗出土后,要及时揭去地膜,降低温度,控制生长,防止蹿苗。白天温度为 20～25 ℃,夜间温度为 15～18 ℃,并且充分见光时不用浇水。

当黄瓜的两片子叶平展(播种后 7～10 天)后,就可进行分苗。将配好的营养土装入营养钵内,摆放在电热线或酿热物加温的温床内,选择晴天的上午浇透底水,用手指或木棍在营养钵中央扎一个深约 3 厘米、直径为 1.5 厘米的孔,将苗从播种盘内起出,不要把根上的锯末或细沙全部抖光,边起边移植。移植时,先用手拿住子叶,将子叶东西方向放入孔中,用营养土将孔填满,再浇一次小水;第二天上午露水消失后,再覆 1 厘米厚的药土,覆土时注意不要压苗。

③成苗期管理

a.温度管理:移苗后,温度要适当提高,白天保持在 26～28 ℃,夜间保持在 15 ℃,地温保持在 20 ℃。如果保温性差,可在苗床上扣小拱棚。一周左右,缓苗后,要进行通风,降低温度,白天保持在 20～25 ℃,夜间保持在 15～18 ℃,防止幼苗徒长。地温始终保持在 15～20 ℃。

b.光照:光照强度和光照时数是黄瓜幼苗雌花形成的重要条件,低温短日照是促进黄瓜雌花分化的有利条件之一。整个育苗期间都要创造良好的光照条件,每天给予幼苗 8～10 小时的日照,以满足幼苗生长的需要。即使在阴雨天,也要揭开草苫,降低温室内的温度,免得温度偏高又无阳光,导致幼苗徒长。此外,在移苗后缓苗前,如果中午温度过高、日照过强,可用草苫遮盖一下,免得强光晒坏幼苗。

c.水分管理:苗期的水分管理有控制和促进幼苗生长、调节幼苗长势的作用,可以看成是调整幼苗质量的手段,是苗期管理的一项重要内容。由于苗期的耗水量较小,不能像露地那样漫灌,只能用喷壶洒水。浇水要根据苗的生长状况和天气情况进行,一般选晴天的上午浇水,阴天或温度低时不浇水,这样可以保证有充足的时间恢复地温,蒸发掉叶面上的水滴,降低湿度,减少苗期病害。每次浇水要浇透,防止出现夹干层。有时床面会干湿不均,因此要根据不同的情况区别对待。通常床北沿由于温度高,蒸发量大,可多浇水,床南沿则可少浇水。一般在床土干燥、幼苗出现打蔫现象,或虽未出现萎蔫现象,但苗色老干、长势不旺时,便可以浇水。苗期浇水次数不宜过多。幼苗缓苗后,要降低湿度,除非出现特殊干旱天气,否则不宜任意浇水。浇水一般多在育苗后期进行,除普遍浇水外,后期发现个别地方苗小、缺水时,可适当补点水,少通风,催苗生长;大苗的地方,不浇水,多通风,控制苗生长,促控结合,可使幼苗整齐一致。同时可结合浇水,在清水中放入 0.1% 的化肥(如尿素、磷酸二氢钾、硝酸铵、过磷酸钙等),结合根外追肥一并进行。浇水后要注意大通风,排除潮气。

d.通风换气:通风换气通常指苗床管理期间放风降温。通过放风可使热气散失,降低床温,控制苗的徒长,从而育出苗壮的幼苗。放风时间的早晚、长短,要根据天气和苗的大小而定。一般晴天可早放风、大放风、长时间放风,阴天则小放风、短时间放风。苗大可大放风;苗小要小放风,时间也略短。前期放风量要小,后期放风量可大些,风大小放,风小可大放。温室放风可用开天窗、地窗的办法进行。放底风时要在迎风口加迎风膜,以防吹伤小苗。一天之中,也应随着温度的变化适当通风,正常上午 9—10 时开始放风,下午 2 时以后,要随温度下降调小放风口,4～5 时,完全关闭放风口。

e.追肥:黄瓜苗期的营养主要由床土供应。为了弥补养分的不足,往往要在苗期进行追肥。尽管苗期需肥量不大,但苗期追肥仍然是很有必要的。由于苗期幼苗的根量较少,多不采用根基追肥,而用根外追肥。根外追肥可分两次进行:第一次在幼苗第二片真叶展开时进行,第二次在定植前 5～7 天进行。根外追肥可结合浇水同时进行。苗期根外追肥多追施磷肥,即追施过磷酸钙,也有追施硝酸铵的,其浓度一般控制在千分之一以下,选晴天的上午,均匀地喷洒在苗上。若浓度较大,可在喷完肥料水之后,再立刻喷洒一次清水冲洗叶面,防止叶面受伤。

(3)炼苗:幼苗的锻炼主要是通过放风和控制水分供应来实现的。通常在定植前的一段时间(5～7 天)里,苗床里除个别地方异常缺水要适当浇水调节一下外,不再浇水。锻炼的关键是放风。定植前的 5～7 天,天气逐渐转暖,晴天的白天可以大放风,使温度保持在 15～20 ℃,夜间在无霜的情况下,也要大放风,使温度保持在 5～10 ℃。锻炼期间要特别留心夜间的管理。一旦夜温降到 2～3 ℃,要及时防霜。

经过锻炼的苗,便可以往大棚定植。如果苗充足,要选择健壮的苗定植。一般健壮结实的秧苗多表现为叶色深,叶片肥厚,茎秆坚硬、粗壮,具有发达的根系。壮苗有发达的白色根群,苗高 16～18 厘米,茎粗 0.5～0.8 厘米,呈四棱形,有 4～5 片真叶,肥厚、色深,有明显叶刺,子叶完整,肥厚、宽大而新鲜,40 多天苗龄开始现蕾,定植后 30 天收瓜。

3.定植

(1)定植前的准备:定植前要对秧苗进行幼苗锻炼,定植前 7～10 天,温室草苫早揭晚盖,增加通风量和通风时间,白天温度保持在 20～25 ℃,夜间温度保持在 8～10 ℃,并使幼苗经历 1～2 次短时间 5 ℃的锻炼,以便其在定植后能适应早春大棚的低温环境。

春大棚栽培黄瓜在有条件的情况下尽可能不要连作。有前茬作物的大棚要在定植前 10～20 天及时拉秧净地。在定植前 7～10 天用塑料膜把棚扣好进行烤地,提高地温,用卡条或压膜线紧固好棚膜,做好防风和保温措施。当大棚内 10 厘米土层的温度稳定在 10 ℃以上,棚内白天气温高于 20 ℃的时间不少于 6 小时,夜间最低气温不低于 3 ℃时方可定植。

(2)整地和施肥:整地和施肥一般在头年秋冬季完成。黄瓜的基肥量应占总施肥量的 30%～50%,同时应以有机肥为主,磷肥的绝大部分也应作基肥施入。一般生产上每亩施用优质有机肥 5000～7000 千克、过磷酸钙 50～60 千克,两者应充分混合堆积发酵后施用。上述肥料的 2/3 撒施耕翻后,其余 1/3 在定植畦中央开沟施入;也有的把肥料的 1/3 于耕翻地前撒施,2/3 在定植畦处开深沟施入,把土与肥混合后覆土做畦。在有机肥用量不足时,每亩除施用 50～60 千克过磷酸钙外,还应加入复合肥 30～50 千克和硫酸钾 5～10 千克,然后翻耕晒地。定植前 20 天至一个月大棚扣膜,以便尽快提高地温。定植前 10 天进行整地做畦,一般为提高地力,可每公顷再施入充分腐熟的有机肥 1000 千克。施足肥后一般要浅耕 1～2 次,使土壤细而碎,肥土混合均匀,然后做畦。畦有两种类型:平畦和高畦。平畦易于操作;高畦利于提高土温,早期产量高。①平畦栽培:做畦时一定要注意协调畦埂与大棚压线的位置,以保证压线处的水不滴到黄瓜叶片上,减轻病害的发生。为了便于根系生长,在用平耙整地时可将难以破碎的土块堆集到畦的中央线上,以增加土壤中后期的通透性,也利于缓苗。②高畦栽培:畦宽 1.3 米,每畦栽两行,行距为 40～50 厘米,株距为 20～25 厘米。

(3)定植时间及方法:适宜的定植时间对黄瓜早熟、高产极为关键,具体的定植时间要看当地的气候条件。一般春大棚黄瓜的定植期为当地终霜期结束后向前推 30 天左右,当棚内地温稳定在 10 ℃以上、夜晚最低气温不低于 7 ℃、早春寒流降温不低于 2 ℃时,就是春大棚黄瓜定植的安全日期。在这期间,定植的时间越早,早熟、丰产的效果越好。在提早定植时要考虑下面几个因素:

①早春气候变化幅度大,要根据天气变化的规律,抓住天气的“冷尾暖头”确定定植时间。一般情况下,寒潮过后都会有较长时间的好天气,在这段时间里定植能促进缓苗,若定植后遇上连阴天,则对缓苗不利,要等下一个寒潮过后再定植,炼苗时间就会过长,不利于早熟、高产。

②要看大棚的保温条件,包括大棚结构、覆盖面积及保温增温设施等。若大棚的抗风能力强、覆盖面积大,则保温效果就好。保温增温措施有炉火加温、双层膜覆盖、棚内插小拱棚、棚周加盖草苫等。

③要看秧苗是否健壮:经过低温锻炼的秧苗、大温差育出的苗及嫁接苗都比较能适应低温环境。

(4)定植密度:大垄双行种植,株距为 25～30 厘米,小行距为 40 厘米,大行距为 80 厘米,亩保苗 3700 株左右。

(5)定植方法:春大棚黄瓜在定植时因外界气温较低,在温度条件合适的情况下要尽量抢早定植,定植宜在晴天的上午进行。定植时要注意以下事项:

①早春天气冷暖气流交换频繁,天气多变,要摸清天气变化的规律,在天气"冷尾暖头"时抓紧定植。冷天气过后,就会有几天好天气,能迅速促进缓苗。若定植过晚,气温过高,秧苗就会产生过多的呼吸消耗,影响生长和早熟。

②定植时,秧苗要经严格挑选,要除去有病的弱苗、有机械损伤的和无生长点的苗,要保证秧苗整齐一致。

③要事先准备好所用的各种农具,认真组织好人力,连续作业,最好在上午突击完成定植。

④秧苗不要栽得太深,俗话说"黄瓜露坨""茄子没脖"。浇水量不易过大,要保地温,促发根缓苗。

⑤定植后要立即封棚保温,加固棚架,紧固棚膜,做好防寒潮、防风雪危害的准备工作,可采用双层薄膜覆盖、棚内小拱棚覆盖、大棚四周围盖草苫、大棚四周挂围裙等措施。

4.田间管理

(1)温度管理:幼苗刚定植时地温尚低,需立即闷棚,即使气温短时间超过35 ℃也不应放风,以尽快提高地温,尽快缓苗。夜间应维持棚内最低气温在12 ℃以上。一般定植后一周即可缓苗,缓苗期间无过高温度不需放风。若有双层覆盖,应在早晨及时揭开,以尽快通过太阳辐射提高棚内温度,从而提高土壤温度。缓苗后应根据天气情况适时放风,应保证温度在24～28 ℃的时间在8 小时以上,同时注意掌握好下午结束放风(关风口)的时间,使夜间最低温度维持在12 ℃左右。黄瓜对土壤温度的要求更为严格,根毛发生的最低温度为12 ℃,而30 ℃时黄瓜植株又会出现明显的衰老现象,一般以20～25 ℃为最适温度。

管理要点:除及时放风、关风以外,定植后还应及时中耕松土,以提高地温。采收中后期应设法降低地温,以延缓植株衰老。

(2)水分管理:缓苗期土壤必须含有足够的水分,而水分过多又会降低地温、减少氧气含量,反而不利于新根的发生;定植3～5 天后,若生长点有嫩叶发生,即表示已经缓苗;在一般情况下,若定植水浇得不大,缓苗后土壤较干,须用暗浇法在午前浇一次缓苗水(若土壤很湿,则可以不浇),使根系吸肥、吸水,以利壮秧。但根瓜初生,尚未坐住,为了防止茎叶徒长,引起化瓜,这时一般不能浇水,因为浇水会降低地温,引起寒根、沤根。控水要适当,切不可过度。除随时根据幼苗的长相加以诊断外,还要根据土壤的干湿程度决定是否浇水。黄瓜进入结瓜盛期,地温和气温均已升高,茎叶生长与果实生长并进,果实不断连续采收,吸水量很大,此期每株黄瓜每天吸水可达4 千克之多,所以需大量浇水,每2～3 天浇一次水,浇水宜在早晚,而以早上为最好,及至顶瓜生育期,植株开始进入衰老阶段,需水量减小,但回头瓜还在生育,天气更加炎热,浇水仍不可忽视。

(3)土壤管理:浇过定植水和缓苗水后,根系开始生长,这一阶段要控制灌水。从定植到根瓜收获前一个月内,要连续中耕三次进行蹲苗,这是一项调节植株营养生长和生殖发育,使根冠比达到平衡的重要技术措施。中耕时要先浅耕后深耕,近根部要浅,远根处要深,不动坨,不伤根,使土壤疏松透气,降湿增温,增加土壤的蓄热量及增强土壤中微生物的活性,为根系提供一个适合其发育的条件。其结果是使植株基部产生大量的不定根,增强壮大根系,加速营养物质积累,提高秧苗素质及对外界条件的适应能力,为盛瓜期吸收肥水创造条件。蹲苗时间的长短要视土壤水分含量、幼苗生长情况及天气变化情况来决定,若土壤持水量大、植株生长旺、果实未大量形成,蹲苗时间要长,否则要短。待瓜条开始长大时要结束蹲苗,给予充足肥水。大棚内湿度大,薄膜水滴落到地面,白天又蒸发,结成水滴,循环往复,使地面泥泞板结,透气性差,不仅影响根系呼吸,导致腐生菌活跃,还易引起病害的发生,这就更需要多中耕。在盛瓜期也可在给予肥水后进行浅中耕,使植株基部发生大量不定根,为盛瓜期吸收肥水创造条件。

(4)追肥:黄瓜定植后生长加速,营养生长与生殖生长同时进行,需肥量不断增加,但其根系吸肥能力差又不耐肥,因此必须不断地进行追肥。要采用以氮、钾肥为主,化肥与人粪尿交替施用的方法,以保证果实的正常发育和营养体的健壮生长。

黄瓜定植缓苗后进行的第一次追肥叫"提苗肥",一般以有机肥为主,可施用各种饼肥、人粪干、炕土等土杂肥,每亩用量为100～200千克。缺磷土壤每亩可掺施20～30千克过磷酸钙或人粪尿400～500千克。黄瓜根瓜坐住后要结合浇水施催果肥,每亩可施粪干1000～1500千克或尿素10～15千克。根瓜采收后进入结瓜盛期,产量不断增加,特别是腰瓜收获期,每浇1～2次清水就要追一次氮肥,也应配合施用钾肥。至采瓜末期,其间应追肥8～10次,每次每亩用尿素15～20千克或腐熟的粪水500～1000千克,两者可交替施用。同时,前期应施2～3次钾肥,每亩每次施硫酸钾10～15千克。每采收100千克黄瓜,需施入硫酸铵2.2千克或尿素1.4千克,低于此量则供肥不足。黄瓜对磷、钾肥的需求量也很大,最好交替施用尿素与复合肥。施肥要按少量、勤施的原则进行,及时补充。

进入中后期,植株的需肥量大,而黄瓜植株根系的吸收能力降低,需进行叶面施肥。常用的叶肥是尿素,补充氮肥,用于叶片老化变黄(浅黄色)之时,安全浓度为0.3％～0.5％,超过1％会发生药害。喷施尿素可显著改善植株的氮素营养,加速叶绿素的合成,利于光合作用。采瓜后期可用0.5％尿素或0.2％磷酸二氢钾(用于化瓜多、叶片营养向果实运输不畅时,安全浓度为0.2％,超过0.5％会产生药害)、1.5％～2.0％硫酸铵和5％～6％草木灰浸出液进行叶面喷施。

(5)支架和植株调整:定植缓苗后要适时插架,若插架过早,影响光照,不便管理;插架过晚,瓜秧易倒伏折伤。插架材料多用竹竿,一般插花架,也有插"人"字形架或梯形架的。用聚丙烯塑料绳引蔓做成吊架更好,操作方便、经济且通风透光较好。绑蔓要及时,每星期须绑一次,注意不要绑得太紧,要松紧适度。高的植株要将植株弯曲,矮小的要直绑,将植株的"龙头"在支架上调成一样的高度。以主蔓结瓜的品种,过早生出的侧枝要及时摘除,以免消耗过多的养分,影响主蔓的生长和结瓜。主蔓长到25～30片叶时要进行摘心,以控秧促瓜,促使形成回头瓜。侧蔓雌花较多的品种,可在侧枝留1～2个雌花进行摘心,有利于侧枝结瓜,减少营养消耗。随时摘除病叶及下部老弱枯黄的叶,摘除卷须,可改善通风透光条件。

(6)二氧化碳施肥方法:各地实践表明,对保护地黄瓜增施二氧化碳肥料和稀土等叶面肥,有明显的增产作用。在黄瓜幼苗期增施二氧化碳肥料可增产10％～30％,在开花结果期继续施用二氧化碳肥料,可使早期产量提高40％。一般要求施用的二氧化碳浓度为1.5～2.0毫升/升。在晴天或半阴天每天清晨日出后半小时开始施用,施放20～30分钟后,停止20分钟,再施放20～25分钟,间隔15分钟,再施放15～20分钟,直到8时左右停止。需要通风时,在施完二氧化碳气肥半小时后可打开天窗。

保护地内增施二氧化碳气肥的方式有多种。其中,较简便易行的方法是用碳酸氢铵与硫酸进行化学反应,生成二氧化碳和硫酸铵。具体做法是每20平方米棚中放一个容器(瓷罐、瓦缸或塑料桶),并高吊在黄瓜植株顶部位置。内衬较厚的塑料薄膜放入稀释4倍的硫酸1~2千克(请注意,稀释硫酸时,要将浓硫酸慢慢倒入水中,不得将水倒入硫酸,以免发生爆炸。同时注意硫酸的强腐蚀作用,以免对人体及衣物造成损伤),于晴天8时前后,向稀硫酸中投放一定量的碳酸氢铵。当硫酸耗尽时,容器内只剩下硫酸铵,将此清除出来作化肥。

棚内增施二氧化碳气肥时应注意:①棚内温度、光照、水分、肥料等条件适宜时,增施二氧化碳气肥才能发挥最大效益。②增施二氧化碳气肥时,棚应是密闭的。若需通风调温,也要在增施二氧化碳气肥之前或之后进行。③注意硫酸及其反应过程中是否产生有毒气体,以免黄瓜植株及人体受害。

(7)促进早收瓜措施:早定植,早采收,提高前期产量,是提高经济效益的关键。

①选用早熟品种,培养出根系发达、生长适龄、整齐一致的健壮苗,在可行的情况下,尽量抢早定植。

②合理密植是一种早熟栽培的具体措施,一般采用单行密植或隔畦间作,单行密植垄宽为0.8~1米,株距为15~18厘米,每亩可栽4000株。定植前期透光同化作用强,还可增加地温,提高早期产量和总产量。

③定植前要深翻土地,施用腐熟的热性有机肥料,提前扣棚烤地,熟化土壤,提高地温。定植后要采取保温增温措施,提棚温、增地温,促进缓苗过程。

④要多次进行中耕松土,促进下层地温升高。中耕可进行5~6次。

⑤控制浇水量,不要大水漫灌,以免降低地温和引起病害的发生。

⑥及时插架绑蔓,适时地进行植株调整,使其充分利用空间的光热条件,加速生长。

⑦适时采收,早收根瓜,以防坠秧。瓜秧生长过旺,会留瓜坠秧,要调节好瓜与秧的关系,使其生长发育整齐一致。

(五)秋延后大棚栽培

1.秋茬大棚特点

秋茬大棚栽培可以一膜两用,经济利用棚地,降低成本,储藏得当,可使供应期延长60天左右,能够取得很好的经济效益。秋季大棚栽培的气候特点是前期高温多雨,气温逐渐降低,后期又较冷凉,并出现霜冻。

2.品种选择

秋棚延后栽培要选择抗病、丰产、生长势强,并在苗期较耐热的品种,该茬黄瓜的采收期是晚秋和霜后,中后期产量要高。目前,农业科技单位已经培育出了许多适合秋棚栽培的品种,如津优1号、津春5号、津研4号以及津杂1号、津杂2号、中农2号、中农8号、京旭2号、津优10号、农大秋棚1号等。

3.整地、施肥

大棚前茬蔬菜收获后,应及时清除枯枝烂叶,抓紧整地并消毒,消毒可在整地前或整地后进行。①整地前在棚内进行熏蒸消毒:将架材一并放入,扣严薄膜,密闭棚室,每100平方米用硫黄粉0.15千克掺拌锯末和敌百虫各0.5千克,分几处于铁片上点燃后在密闭棚室熏一夜,可消灭地上部分害虫及病菌。整地后棚内可喷一遍克霉灵或代森锌进行消毒。②整地:翻地起垄。③施肥:每亩施优质有机肥5000千克,并增施过磷酸钙50~100

千克、磷酸二铵等复合肥20千克、硫酸钾10～15千克。

4.播种定植

秋延后大棚黄瓜栽培,采摘时间一般在当地露地秋黄瓜拉秧以后,采收高峰要在市场价格较高的那一段时期,这样才能取得较好的经济效益,因此要尽量按采收旺季上市的时间来安排秋延后大棚黄瓜的播种时间。

秋延后大棚黄瓜的生长期一般为100天左右。在北京地区,播种时间为7月上旬,若直播,可比育苗稍晚3～4天,8月上旬定植或定苗。

播种时间的安排要考虑到以下因素:要根据前茬作物腾地时间的早晚来安排播种时间。若前茬腾地早,就可以早播几天,但若播种过早,正值高温多雨的盛夏季节,病虫害严重,幼苗生长困难;若播种过晚,10月中旬后气温急剧下降,黄瓜不能继续生长,将严重影响产量。若大棚有加温保温措施,可适当晚播。

秋延后大棚黄瓜的播种育苗时间是在高温多雨的夏季,中午时的气温、地温都很高,播种后须用遮阳棚遮光降温,出苗后的温度和光照比较适合黄瓜的生长发育,苗龄比早春黄瓜苗龄短,一般为20～25天。秋延后黄瓜栽培有在大棚内直播和育苗移栽两种方法。

(1)直播:现在生产上多采用直播的方法,有敞棚直播和扣棚直播两种。直播采用干籽直接播种,最好进行种子消毒。敞棚直播利于秧苗的锻炼,但易受热雨冲刷的危害,出苗后遇雨会烂根或徒长,造成土壤板结,出苗不整齐,也易受到病虫危害。直播的幼苗出齐后,长出真叶时要进行第一次间苗,将较密集的幼苗间开,防止徒长,间苗后的株距宜为5～7厘米。长到3～4片真叶时,因秋延后黄瓜的生长期较短,要比春茬黄瓜适当密植,株距宜为18～20厘米,约5000株/亩。每间一次苗都要进行一次中耕,开始浅锄,逐渐深锄至3～5厘米。定植的密度和直播定苗的密度相同,即株距为18～20厘米。定植时可以先栽苗后浇水,也可以先浇水顺水按苗,等水渗透后培土。定植后3～4天浇一次缓苗水。采用高畦直播可以减轻病害发生。在小高畦两侧开沟播种后覆土盖实,浇过第一水后,根据情况浇第二水确保全苗。由于敞棚直播幼苗整齐度差,同时易受病虫危害,近年来生产上多采用扣棚直播,将棚膜四周全部打开通风,形成天棚,在棚内直接播种。这样就可避免敞棚直播的不足,免遭雨淋和强光直射,棚内平均气温比棚外低,地温比较稳定,可以中耕控水,使出苗整齐,减少病虫危害;但由于强光高温,棚膜易老化。直播法用种量较大,比较省工。

(2)育苗法:是在温室或大棚内育苗,选用饱满的种子,播于浇透底水的育苗钵或其他育苗容器内,也可直接播种在育苗床内。由于苗期短,可参照春茬适当减少育苗营养土养分的含量,播种两天后就可出齐苗。一叶一心和三叶一心时,喷150～200毫克/升的乙烯利,促进雌花形成。

5.田间管理

(1)肥水管理:秋延后大鹏栽培的黄瓜生长前期正处在高温多雨季节,生长后期气温急剧下降,根据这一生长季节的特点,在水肥管理上要与春茬黄瓜有所区别。施用基肥要比春茬略少些,每亩施用25～30千克过磷酸钙,并和作基肥用的有机肥料混合施用,在整地前撒施在地里。在黄瓜定植浇过定植水和缓苗水后,需进行多次中耕,直至根瓜收获前一般不需追肥浇水,在收根瓜1～2次后,要结合浇水进行追肥。在结瓜盛期,需大量追肥浇水,可以每隔10天左右浇肥水一次,浇粪水和追施化肥可间隔进行,粪水浓度不要太大,化肥用量每亩 10～15 千克即可。在打药的同时可以进行根外追肥。进入 10 月以后,地温和气温都显著下降,在浇水的间隔可进行一次中耕追肥,这样可以提高地温,延长黄瓜的采收期。

(2)温度管理:秋延后大棚黄瓜栽培的温度管理和早春大棚黄瓜正好相反,在生长前期主要是降温散热,后期主要是防寒保温。从播种到根瓜生长这一阶段,正是北方高温多雨季节,大棚四周要全部放开,要进行日夜大通风,既可防雨防病,又可起到使凉棚降温降湿的作用。

从 9 月中旬开始,外界气温下降,不能适应黄瓜正常生长的需要,没有扣棚的要及时扣棚,棚内温度白天要保持在 25～30 ℃,夜间要保持在 15～20 ℃,白天要保持通风,夜间根据温度情况开始要少量通风,最后不通风。白天维持 25～30 ℃的时间要长一些,以保证黄瓜正常生长发育的适温。10 月中旬以后至黄瓜拉秧,这段时间温度急剧下降,以防寒保温为主,只在正午开门或在顶部进行短时间的通风换气。夜间在棚四周围盖草帘,防止寒流。

(3)上架整枝:前期温度高,植株生长快,应及时引蔓上架,防止相互缠绕遮光。当秧苗长至 30 厘米时即可上架,最好用撕裂膜或吊绳代替架材,既节省材料、省工省力,又不影响通风透光。秋栽品种侧蔓较多,基部侧蔓应全部摘除,中上部侧蔓可在侧蔓上留一瓜,瓜上留一叶摘心。主蔓有 22～25 片叶时摘心,最后一个瓜上留 2～3 片叶。随时摘除下部老、弱、病叶。

6.采收

大棚秋黄瓜进入盛瓜期后,气温已逐渐降低,对果实膨大不利,应尽可能地早收根瓜,促进腰瓜及以后的幼瓜充分发育,对发育畸形、植株长势较弱的瓜条应及时除去。采后挑选瓜条整齐、颜色碧绿的黄瓜装筐放入小菜窖中,保持温度为 10～13 ℃,相对湿度为 85％～90％,可储藏 15～25 天。也可将黄瓜置于缸内,缸口用薄膜扎严,上覆盖草苫,放在避光的屋里,4～5 天打开检查一次,随时选出不宜继续储藏的黄瓜及时上市,可有效延长黄瓜供应期。

第七节　番　茄

一、主要优良品种

(一)寿光 1856

该品种主茎第 7～8 叶间抽生第一花序,相邻花序之间有 2～3 片叶,抽生三个花序后封顶,很快出杈,杈上抽生四个花序后再二次封顶。每个花序坐果 3～5 个。该品种早熟,成熟后果色粉红,单果重 250 克左右;果皮特厚,耐储运;适合冬暖大棚保护地秋冬茬或冬春茬栽培,一般每茬亩产 7000 千克左右。

(二)寿光 986

该品种主茎长出 7 叶后抽生第一花序,每个花序有 5～6 朵花,坐果 3～4 个。该品种成熟后果色大红,稍带绿肩,果皮厚而光滑艳丽,商品性好,耐储存,抗远运,单果重 250 克左右;适于保护地反季栽培,一般每茬亩产 7000 千克左右。

(三)中蔬 5 号

该品种由中国农业科学院蔬菜花卉研究所选育,属中熟、无限生长类型品种;植株生长势强,坐果率高,每个花序坐果 5～7 个;果形圆至高圆,果面粉红色,味酸甜适中,品质好,果实较大,平均单果重 150 克;前期产量高,亩产达 5000～8000 千克;抗烟草花叶病毒;适于设施园艺及露地栽培,适宜栽培密度为 3000～3500 株/亩;施足有机底肥,适时整枝打杈和打去脚叶,可保稳产。

(四)中蔬 6 号

该品种系中国农业科学院蔬菜花卉研究所以强力米寿为母本,以玛娜佩尔、ohio MR-9 等 8 个高秆抗病品种的混合花粉为父本杂交选育而成。植株为无限生长类型,叶量较大,叶色深绿,生长势强;第一花序着生在第 8～9 节上,以后各花序间隔三片叶,节间短;果实微扁圆形,红色,单果重约 150 克;果皮较厚,裂果少,较耐储运;品质优良;高抗番茄花叶病毒病;中熟,亩产为 4500～6500 千克;适于春、秋大棚栽培,全国各地均可种植。栽培技术要点:北京地区春季露地栽培时,于 2 月上旬冷床播种,4 月下旬终霜后定植,行距为 53～60 厘米,株距为 33～36 厘米,每亩栽苗 3000～3500 株,每株留 4～5 个果穗。春大棚栽培时,于 2 月上旬温室育苗,3 月下旬定植;秋大棚栽培时,于 7 月上旬播种育苗,8 月上旬定植,留 2～3 个序果后摘心。

(五)佳粉 15 号

该品种系北京蔬菜研究中心以自交系 89-17-98 为母本、自交系 59 为父本育成的适合保护地栽培的一代杂种;植株为无限生长类型,生长势强,叶量中等;第一花序着生在第 8～9 节上,花序间隔三片叶;坐果力强,果实易膨大,上下层果实大小均匀;果实圆形或稍扁圆形,幼果有绿色果肩,成熟果粉红色,单果重 200 克左右,最大单果重 500 克;品质优;抗病毒病、叶霉病;中熟,亩产为 4500～5500 千克;适于冬春日光温室、加温温室及春秋大、中、小棚栽培,适栽地区有北京、辽宁、内蒙古、河北、山东、山西、江苏等。栽培技术要点:冬春保护地栽培以苗龄 70～75 天、幼苗定植时已现蕾、定植后 7～10 天开花为最佳,秋保护地栽培以苗龄 20～30 天为宜。苗期夜温最低控制在 13～15 ℃,以防夜温过低产生畸形花。苗期采取"控水不控温"的方式管理。

(六)中杂 9 号

该品种系中国农业科学院蔬菜花卉研究所以 892-43 为母本、892-54 为父本育成的一代杂种;植株为无限生长类型,生长势较强,普通叶,叶色浓绿,叶量中等,单式花序,三穗果株高 78 厘米左右;第一花序着生在第 8～9 节上,坐果率高,每个花序坐果 4～6 个;幼果有绿色果肩,成熟果粉红色,果实近圆形,大小均匀整齐,单果重 140～200 克;畸形果、裂果少;果肉厚,果实硬度为 0.54 千克/厘米^2;风味好,商品性好;高抗番茄花叶病毒病,中抗黄瓜花叶病毒病,抗叶霉病;中早熟,亩产 7000 千克以上;适于保护地栽培,适栽地区有北京、天津及华北、东北、华东等。栽培技术要点:北京地区春季温室栽培时,于 12 月中下旬播种育苗,2 月上旬定植,每亩栽苗 2500～3000 株;春大棚栽培时,于 1 月中下旬播种,3 月中下旬定植,留两穗果摘心,每亩栽苗 3500～4000 株;秋大棚栽培时,于 6 月下旬播种,7 月中下旬定植,留两穗果摘心,每亩栽苗 4000 株。该品种长势强,前期应适当控制灌水,适时追肥,及时整枝打杈;要合理使用生长调节剂,注意保花保果。

二、丰产栽培技术

（一）种植前的准备

1.田块选择

番茄的根系发达,对土壤条件的适应能力较强,除过于瘠薄的土地外,即便是土质特别黏重或低洼易涝的地块也可以种植。但是,由于番茄茎叶繁茂,采收期长,需肥水量较多,因此,在选择地块时以土质疏松、肥力较好、排水良好、保水保肥、有灌溉条件的沙壤土最适宜。

2.间作套种

为了防止土壤传播番茄病害,有效的措施是实行3～5年轮作,不与茄科作物如茄子、辣椒、烟草、马铃薯等连作;否则,容易使土壤中某些营养元素缺乏、失调,造成作物营养缺素症,使作物染病的概率加大。有试验表明,重茬和与同科作物连作的病情指数比与茄科以外蔬菜接茬的病情指数高3～10倍。在南方各地,番茄的前作多为各种叶菜及根菜,如大白菜、秋甘蓝、青菜、芥菜以及萝卜、胡萝卜等。番茄有时亦可与大田作物或蔬菜间作套种。隔畦间作是其中的一个类型,可与毛豆、甘蓝、葱、蒜等进行隔畦间作或早期与苋菜、白菜等套作。

3.做畦与整地

番茄不耐旱,也不耐涝。种植番茄有两种形式:一种是畦作,另一种是垄作。畦作时,畦宽1～1.1米,栽两行;垄作时,用犁杖翻地做垄,垄距为55～60厘米,垄上刨埯定植。北方春季比较干旱,多采用平畦。整地时,深耕13～16厘米;定植前,在畦中央开沟施足基肥。但是,定植时,幼苗不要栽在基肥正上的地方,以免烧根。番茄喜欢弱酸性土壤(pH值为6.0～6.5),翻耕要结合施基肥。如果是生土,要先施入大量的有机肥(如厩肥等);如果是原来的菜园土,而冬季又栽培过各种叶菜或根菜,基肥用量可以少些。

4.施基肥

番茄的生长期长、产量高,必须有充足的营养,才能满足其茎叶生长和陆续开花结果的需要。据测定,番茄植株所吸收的氮、磷、钾的比例为1∶0.24∶0.95,按此推算,亩产5000千克番茄的吸氮量为17千克左右、吸磷量为4.05千克左右、吸钾量为16.1千克左右。参照国外的经验,氮的施肥倍率为1.2,即亩施氮肥应为20.4千克;磷的施肥倍率为2.0,即亩施磷肥应为8.1千克;钾的施肥倍率为0.5,即亩施钾肥应为8.05千克。生产中,由于管理水平所限,施氮量较为充足,磷、钾肥常被忽视。因此,土壤中的磷、钾含量尤其是钾含量不足的现象带有普遍性,要想获得500千克以上的产量,每亩地应施用优质有机肥0.5万～0.75万千克、过磷酸钙25～50千克、钾肥10千克。施用方法是:将磷、钾肥作基肥,与有机肥混合使用;氮肥可一部分作基肥用,留一部分作追肥用。

番茄的施肥以基肥为主,并配合速效的人粪尿、硫酸铵或尿素作基肥。基肥充足,发苗早,植株前期生长快,营养生长与生殖生长均好,这是番茄早熟、丰产的关键。在追肥方面,重点是应早施速效氮肥,适当增加追肥的数量及次数,这样才能收到良好的效果。

（二）定植技术

定植的时期应根据苗龄、大棚的保温性能来确定,在保证番茄幼苗不受霜害的情况下,应适当提早定植。不管采用哪一种栽培方式,都宜采用壮苗定植,苗子不宜太小。

春季露地番茄必须在当地终霜期以后、10厘米深土层的地温稳定在10℃以上时才能定植。各地应根据当地的气候特点,在保证幼苗不受霜害的情况下,适当提早定植,这有利于早熟和丰产。华北地区多在谷雨前后定植。

1.定植方法

(1)畦作开沟定植:畦作番茄刨埯定植,每畦两行,按株行距先刨好埯,然后定植。栽苗的方法有两种:一种是坐水栽苗。先灌满水,趁水没渗下去时,将番茄苗栽于埯中,等水渗下去以后再覆土封沟。这种方法的特点是用水量较小,不会使地温下降,定植后缓苗快。另一种方法是干栽后灌水。先将番茄栽在埯中,少盖些土稳住幼苗,栽完苗后一起灌水,待水渗下去以后再覆土封沟。这种方法操作简单,省工、省水,易掌握。畦栽也可以用开沟定植法,在畦上按预定的行距开两条沟,沟深10～12厘米。这种方法用水量较大。

(2)垄作刨埯定植:埯子可在定植前事先刨好,还可晒1～2天,以提高地温。栽苗的方法是:可以先浇埯水,水未渗下时,坐水栽苗,待水渗下以后覆土封埯;也可以先将番茄苗栽在埯中少覆些土,防浇水时漂苗,栽完苗再灌水,等水渗下后覆土封埯。

定植时,用苗钵的,可与苗钵一同栽到土中;不用苗钵的,宜在定植前4～5小时浇一次透水,多带土,减少伤根。定植要在晴天无风的天气进行,起苗时要选苗,剔除病苗、弱苗、伤苗,在运苗过程中特别注意不要散坨。番茄幼苗对栽种的深浅要求不是很严格,苗小的要浅栽,苗高的可栽深一点,过高的徒长苗在栽苗时可用卧栽法,使番茄根和近根的茎部呈船形横卧在沟底或埯底。

(3)地膜覆盖定植:采用地膜覆盖定植方法可以提高土温,减少土壤水分蒸发,保持土壤疏松和抑制杂草生长等,因此可促进缓苗和幼苗根系发育,使植株提早成熟,提高产量等。地膜覆盖栽苗有两种方式:第一种是先铺膜后栽苗。南方地区往往先在做好的高畦上铺上地膜,然后按株行距在地膜上挖孔栽苗。北方地区可以采用平畦覆盖,也可以将定植畦做成底宽60～70厘米、沟宽30～40厘米、高约10厘米的小高畦,然后覆盖地膜,挖孔栽苗。第二种方法是先栽苗后铺膜。地膜覆盖后应注意将地膜的四周和栽苗时的开口处用土压严,以提高保温保湿效果,防止漏风将薄膜刮跑。

2.栽培密度

栽培密度是构成产量的基础条件,定植的距离视品种的特性、整枝的方式、气候与土壤条件及栽培的目的等而定。合理的栽培密度既能充分利用土地面积和太阳能量,有利于通风透光,减少病害的发生,又能充分发挥品种的生产潜力。栽培密度的确定还要考虑到栽培的效益,是提高早期产量还是提高总产量等。

一般来讲,早熟种应比晚熟种密一些。适当密植在一定范围内可以增加产量,尤其是早期产量,但也不宜过密。秋番茄的适宜生长期较短,生长势弱,应适当密植,每亩可栽苗5000～6000株。目前,华北地区一些地方对早熟品种利用单干整枝进行小架栽培,每亩为4000～6000株或6000株以上。这样对植株生长及开花结果反而不利,不如减小密度,增加每株的果穗数,以提高单株产量和果实的商品性,获得较好的效益。

对中晚熟品种,光照比较差的地区一般不主张采用密植法,应该尽量增加单株的受光面积和营养面积,提高单株的生产能力,以获得比较满意的产量。

（三）田间管理

番茄定植以后的生长发育不仅时间较长,而且要经历从营养生长到生殖生长两大生育阶段。定植后,番茄需要加速生长,要千方百计地提高地温,加速缓苗,促进根系的发育。从缓苗到开花是番茄营养生长旺盛期,既要保证植株健壮,又不能使茎叶生长过旺,否则影响开花结果。番茄开花坐果以后,果实迅速膨大,需要大量的营养和水分,茎叶生长逐渐减慢,要在管理上保证有充足的水分和营养。番茄生长后期进入高温多雨季节,容易发生病虫害,在管理上要做好抗涝防旱和病虫害防治等工作。

1.灌水

番茄茎叶生长量大、蒸发量也大,果实是浆果,充足的水分供应才能维持正常的生长发育。要根据不同的生育阶段、当时的气候条件,确定灌水的时间和灌水的次数以及每次的灌水量。

（1）缓苗水:番茄定植时都灌了一些水,定植后 5～7 天,番茄缓苗后,应灌一次缓苗水,但水量不要太大,以免地温下降,影响根系的生长。

（2）催花水:在番茄植株有 40%～50% 已经开始开花时,若遇天气干旱,要浇一次催花水。

（3）催果水:当番茄坐果后,果实膨大到直径为 2～3 厘米时,应灌一次催果水。如果是晚熟品种,可在第一穗果的直径达到 3～4 厘米、第三穗果已坐果时灌催果水。灌催果水要掌握好时机,灌得过早容易造成营养生长和生殖生长失调,使营养生长过旺,反而抑制果实的生长;灌得过晚,果实在迅速膨大期得不到充足的水分,会对果实的正常发育产生不良影响。灌催果水之前最好先摘尖,防止植株的顶端生长过旺,影响果实的正常膨大。

（4）盛果期灌水:进入盛果期的番茄,需水量最大。由于此时已经进入高温季节,地表蒸发增强,植株茎叶的蒸腾量骤增,因此,必须保证土壤湿润。前期可 6～7 天灌一次水,中期以后视天气情况而定,干旱年份每 3～4 天灌一次水,每次灌水量要大一些。进入雨季,要根据雨情和田间的实际情况进行灌水,若遇大雨、暴雨,还要及时排水,防止水涝引发病害。

2.中耕、除草与地面覆盖

目前,番茄设施栽培中一般都利用塑料薄膜进行地面覆盖,可以选用一些有除草功能的地膜,以减少杂草的生长,还可以提高地温,促进缓苗。如果没有进行地膜覆盖,在早春定植浇完定植水之后要进行一次浅中耕,目的是防止因灌定植水造成土壤板结,提高土温,减少水分蒸发。浇过缓苗水之后,再进行一次深中耕,这次深中耕的深度要在 5～6 厘米之间。每次中耕都有除草作用。搭架前,若发现田间有草,还要铲一遍地,主要目的是除草。垄作番茄在搭架前至少要除两遍草。

3.追肥

番茄在不同的生育阶段,对氮、磷、钾三大元素的需求量也有很大差别。例如:对氮肥的需求量从幼苗到后期一直呈上升趋势;对磷肥的需求量也随着生长发育期的变化有明显差别,前期吸收量不大,定植到采收末期一直呈增加趋势;对钾肥的需求则主要集中在盛果期,结果期对钾肥的吸收量几乎是氮肥的一倍。对于番茄的营养供给,不仅要提供充足的基肥,在中期、后期,还要根据植株的生长情况给予适量的追肥,以保证获得较高的产量。

(1)提苗肥:在生产上,往往于定植后一个星期内,施一次催苗肥,促进植株苗期的营养生长。如果基肥施用不足,应在缓苗后追施稀薄的粪水,每亩 500 千克,或追施尿素、复合肥 10 千克,可将肥施于离根部 6～7 厘米处的沟畦内,然后浇水、覆土。

(2)催果肥:当第一穗果开始膨大时,要追施催果肥,这次追肥量应占总追肥量的 30%～40%,一般每亩施稀粪 1000 千克左右或尿素、复合肥 20～25 千克,随即灌水、覆土。

(3)盛果期追肥:在盛果期,即第一穗果采收后,第二、第三穗果迅速膨大,需要养分,这时需追肥,一般追 2～3 次,每亩追施尿素和复合肥 10～20 千克。此时气温高,最好不要追施粪肥。此外,还应配合追施磷、钾肥或其他微量元素,进行叶面喷肥,如 0.2%～0.3% 磷酸二氢钾溶液,有利于提高番茄的品质和产量。

追肥和基肥一样,不宜偏施氮肥,而要配合施用磷肥和钾肥。用人粪尿追肥时,初期施用宜稀薄些,后期要浓些。在第一、二次追肥时,每亩宜加 10～15 千克过磷酸钙;如果在生长前期发现叶色淡黄,可施一次硫酸铵,每亩 15～20 千克。

近年来,有些地区在果实生长期间喷 1.5% 过磷酸钙或磷酸二氢钾溶液两次,每次每亩用量为 2.0～2.5 千克,对果实、种子的发育有促进作用。如果在土壤中施用,运转到果实中去的不足全磷含量的 1%;而采用叶面喷洒时,运转到果实中去的可达 17%。用铜、硼等微量元素做喷射处理,可增加番茄的维生素 C 及可溶性固形物的含量。

番茄的品种不同(有限生长与无限生长),对施肥的要求也不同。对于有限生长的早熟品种,基肥要充足,同时要早施、勤施追肥,促进植株在结果前有较大的叶面积;而对于无限生长的品种,结果前不宜施过多追肥,以避免植株徒长,到第一、二花序结果后,仍然要施追肥。

4.搭架和吊蔓

番茄的茎属半蔓性,为了使番茄植株直立向上生长,需人工搭架绑蔓或者吊蔓。这样可以充分利用空间,提高番茄的产量和品质;同时有利于通风透光,减少病害和烂果,便于田间管理。

(1)搭架:搭架用的架材可因地取材,架材的长短、架的高矮要根据品种的特性、植株的高低、栽培密度、栽培形式、留果的多少来确定。搭架的形式有"人"字架、四角架、"人"字花架和篱架。搭架须在田间管理经过两次中耕、垄作趟过两遍地后进行。架材要距植株根部 7～8 厘米远,不能靠得太近,太近易伤根。

搭架之后,就应开始绑蔓,绑蔓多用塑料带或稻草等。第一次绑蔓应在第一花穗下第一个叶片下面,植株应位于架材的内侧,但绑结上面的花穗要引到架材外面,不能把果穗和叶片绑住;绑结要松紧适度,既要牢固,又要给茎蔓加粗生长留有余地。以后,每长一个花穗就要绑一次蔓,把花穗引向架外,保证其通风透光,促使果实成熟、着色。绑蔓是一项经常性的操作,要及时进行。

(2)吊蔓:吊蔓是从现代化温室中引用推广开来的一种新技术。目前,连栋大棚内均配好了生长架系统,可通接吊在生长架上。如果没有生长架,可在大棚后立柱上距地面 2 米左右处东西向固定一根 8 号铁丝,然后在前立柱近顶端东西向也固定一根 8 号铁丝,再按栽培行方向(南北向)每行固定一根 12 号铁丝,两端分别系在后立柱和前立柱的铁丝上。从前立柱至大棚前沿,可随大棚坡度固定铁丝。日光温室内可以从屋梁上吊绳子,单栋管棚可在栽植行的上方于镀锌钢管上各加一道钢管或其他能承受分量的材料,再吊绳子。一般选用尼龙绳或塑料绳吊秧,绳的强度要高,防止断开,同时不能太细,以免损害植株。在每株番茄植株旁边5厘米左右的地方,插一根长15～20厘米的竹竿,尼龙绳(或塑料绳)的下端绑在竹竿上,上端系在方向顺着此行的铁丝上,每株一绳。这种方法与直接将绳的下端绑到植株基部相比,既可防风吹,又可避免因操作不当而使植株直接拔出。

支架搭好或绳固定好后,即可将植株缠(或绑)到竹竿或吊绳上。以后一般植株每生长出30厘米左右绑一道或一穗果绑一道,注意不要绑到果穗或叶片上。绑蔓可与打杈同时进行,并随绑蔓打掉底部的老叶、病叶和黄叶。这种方法既可省材料、省劳力、减少架材的遮光,又可多次利用。如果番茄在保护地里生长期较长,植株接近屋顶,下部节位已无叶、无果,还可放长吊绳,将上面结果部位下降,充分利用保护地设施内的空间,使植株继续往上生长结果。

(四)植株调整

1.整枝

番茄的侧枝生长能力很强,如果不进行人为调整控制,番茄就会变成丛生,叶、茎过密,株间通风不良,必然影响产量。植株调整的目的是调节营养生长和生殖生长的关系,减少营养物质的消耗,控制营养生长的速度,促进生殖生长多结果。整枝打杈的方法与品种的特性、植株的长势、栽培形式及栽培目的有关。一般常用的整枝打杈方法有单干整枝、改良式整枝及双干整枝、三干整枝、四干整枝等。春季露地栽培番茄通常采用单干整枝、改良单干整枝或双干整枝。

(1)单干整枝法:单干整枝法是目前番茄生产上普遍采用的一种整枝方法。单干整枝每株只留一个主干,把所有侧枝都陆续摘除打掉(即打杈),主干也在有一定果穗数时摘心(即打尖)。打杈时一般应留一片叶,不宜从基部掰掉,以防损伤主干。留叶打杈还可增加植株叶片数,促进植株生长发育,特别是靠近叶片的果实的生长发育。摘心时一般在最后一穗果的上部留2～3片叶,不宜靠近果穗摘心。果穗上部若不留叶片,则这一果穗的生长发育将受到很大影响,甚至导致落花落果或果实发育不良,产量、品质显著下降。单干整枝法植株枝叶少,适于密植、早熟栽培,但是每亩用苗数量大,因而生产成本相对较高。

单干整枝法根据定植密度和单株留果数可分为三种类型:一是中度密植,每亩3500～5000株,每株留2～4穗果,这是目前露地和保护地番茄生产中最常用的形式。二是高度密植,每亩定植8000株左右,每株只留一穗果,生产上称为"高密度一穗果栽培",这是目前冬春季保护地早熟栽培中可以采用的形式。该形式虽然每亩用苗量很大,但果实成熟较早,采收集中,前期产量较高,经济效益较高。三是适当稀植,每亩定植2500～3000株,单株结果5～10穗,生产上称为"高架番茄栽培",这是露地越夏栽培可以采用的形式,日光温室冬春茬越夏延秋即全年栽培也可采用这种形式。该形式对品种要求比较严格,大多数品种单株留果数增多以后,靠上部的花序坐果率低,果实较小,且病害严重。

(2)改良式单干整枝法:改良式整枝也称"一干半整枝",它针对单干整枝总产量不够理想的弱点,在主干进行单干式整枝的同时,在第一果穗下面留一个侧枝,侧枝上再留1～2个果穗,然后摘心,主茎上仍按原单干整枝留2～3穗果。改良式整枝共可以留3～5穗果,该整枝法兼有单干和双干整枝法的优点,既可使果实早熟又可高产,因为第一侧枝的第一果穗的生长发育早于主干上的第三穗果。生产上,如果定植密度偏稀或缺苗断垄严重,可采用这种整枝法进行补救。

(3)双干整枝法:该方法是在单干整枝的基础上,除留主干外,还选留一个侧枝作为第二主干(结果枝),将其他侧枝及双干上的再生枝全部摘除。第二主干一般应选留第一花序下的第一侧枝,这个侧枝比较健壮,生长发育快,很快就可以与原来的主干(主茎)平行地生长发育。

双干整枝法适用于生长势强、种子价格很高的中晚熟品种。潮湿多雨、劳力较少、育苗条件不足的地区可以采用这种整枝方法。双干整枝与单干整枝相比,虽然可以节省种子及育苗费用,可以增加单株结果数和产量,但早期产量和总产量较低,生产上实际应用得较少。这种方法需要的株行距较大,每亩株数较少,单位面积上的早期产量及总产量比单干式的低些,但可以节约秧苗用量。

(4)连续摘心整枝法:番茄长期栽培或周年栽培,若采用单干整枝法,当单株结果穗数超过 4～5 穗时,花穗离根部越远坐果率越低,果实发育越差,且易产生空洞果、腐烂果等。连续摘心整枝法可较好地解决这一问题,该整枝法能有效地利用花数,既能增产又能提高优质果率,是一项新的整枝技术,实际生产中可根据栽培形式和栽培条件灵活应用。

连续摘心整枝法的具体做法如下:当第一、二花序相继开花后,在第二花序上边留两片叶摘心,这个主枝叫作"第一结果枝"。从紧靠第一花序下的节位长出的第一侧枝要保留,留两个花序之后留叶摘心,作为第二结果枝。从第三花序下边长出的侧枝,再留两个花序以后留叶摘心,作为第三结果枝。如此留枝摘心可以使每株番茄保留 4～5 个甚至更多的结果枝,根据各结果枝留果穗数的多少,可将连续摘心整枝法分为以下三种:连续两穗果摘心整枝法,即每个结果枝都留两穗;连续两穗果和三穗果交替摘心整枝法,即第一、三、五结果枝留两穗果,而第二、四、六结果枝留三穗果;一穗果和连续两穗果摘心整枝法,即先留一穗果后,每个结果枝留两穗果。连续摘心整枝法选留好结果枝以后,各结果枝上的侧枝要打掉。但要注意打杈不要过早,应在对侧枝或结果枝及花序的光照有影响时再打掉,结果枝确定以后要做好"扭枝"工作,通过扭枝可以大大增加结果枝的承载能力,提高坐果率,促进果实肥大。如果不扭枝,则结果枝因果实增重,易从分枝部位折断。扭枝时用手捏住主茎和结果枝的分杈处,把茎轻轻向右或向左拧半圈就可以了。扭枝完以后结果枝与主茎成直角或微微下垂。扭枝应在下午进行,并分两次进行,以免扭伤结果枝。扭枝以后结果枝一般要分布到植株两边的大小行间。连续摘心整枝法原则上不摘叶,当花序和基本枝透光性下降时,也要摘叶,但不可过多。连续摘心整枝法要求肥水充足,以防植株早衰。按此法,依次可形成第三结果枝、第四结果枝等。在正常管理条件下,形成第五结果枝后就不需要再扭枝了。在第五侧枝上形成两个花序后,留两片叶摘心,这样每株可结果 10 穗左右。据观察,用此法整枝,可使植株在形成 10 穗果后,株高只有 1.6 米左右,不仅有利于坐果,也便于田间管理。

(5)换头再生整枝法:由于受品种和栽培条件的限制,目前我国番茄栽培中如果单株同时留果数太多,则常常长不起来,果个变小,商品性降低。这种情况采用换头再生整枝法既可以使生产继续进行,又不影响植株的早熟性和前期产量,经济效益显著提高。换头再生整枝法有以下三种形式:

第一种是从基部换头再生,生产上也叫"留二茬果"。具体做法是:在头茬最后一果采收完以后,把植株从靠近地面 10 厘米左右处剪掉,然后加强肥水管理,大约 10 天后即可发新枝,选留一个健壮的枝条,采用单干整枝法继续生产。这种方法头茬果和二茬果的采收间隔为 70 天左右,番茄产量形成间断的二次高峰,可用于温室或大棚番茄春提早栽培、越夏栽培、秋延栽培。其缺点是头茬果和二茬果采收间隔太长,温室番茄栽培若采用此法,二茬果上市偏晚,单价偏低。

第二种是从中部换头再生,生产上也叫"留枝等果整枝法"。具体做法是:当主干上的第三花序现蕾以后,上面留两片功能叶摘心,同时选留第二和第三花序(果穗)下部的侧枝进行培养,并对这两条长势强壮的侧枝施行"摘心等果"的抑制措施,即侧枝长出一片叶后摘心,侧枝再生出侧枝以后,再留一片叶摘心,一般情况下如此进行 2～3 次即可。待主枝果实采收 50%～60% 时,引放侧枝,不再摘心,让其尽快生长,开花结果,此时所留两条侧枝共留 4～5 穗果后摘心,其余侧枝均打掉。采用此法整枝可根据当地气象条件及保护地设施的保温性能灵活掌握侧枝留果数,一般要求所留果穗在受冻害前达到青熟程度。保温效果较好的日光温室可以进行全年生产。

第三种形式是从上部进行换头再生。具体做法是:在主干上留三穗果后,在其上留两片叶摘心,其余侧枝留一片叶摘心,侧枝再发侧枝后再留一片叶摘心。当第一穗果开始采收或植株长势衰弱时,同时引放所有侧枝,并暂时停止摘心或打杈。一般引放 3～4 个侧枝,并主要分布在第二穗果以上,中下部侧枝一般不作为结果枝保留,但当上部侧枝引放不出来时,下部侧枝也可留作结果枝。留枝不宜太低,若太低,植株郁闭,通风透光不良,侧枝影响主干生长发育,主干也影响侧枝生长发育。一般要求主干和侧枝互不遮挡,以利于主干果实发育和侧枝开花结果。当几乎所有番茄植株都已引放出侧枝时,每个植株选留一个或两个长势强壮、整齐、花序发育良好的侧枝作为新结果枝继续生产,其余侧枝留一片叶摘心。随着新结果枝的生长发育,逐渐摘除下部的老叶、病叶,以利于通风透光。新结果枝一般留 2～3 果后留两片叶摘心。新结果枝再发出侧枝时,则应及时打杈。该整枝法第三穗果和第四穗果的采收间隔期一般为 15 天左右。第四穗果采收后,还可再培养侧枝作为结果枝继续生产。目前,日光温室番茄生产采用此法整枝,可取得显著的经济效益。

此外,整枝方式还有所谓的三干式、四干式等,即在主干上留两三个侧枝结果。这样虽然单株着生的果实较多,但单株的营养面积大,在生产上很少采用。对有限生长类型的早熟种,主茎上结 2～3 簇果实后即自行封顶,可留住侧枝,以便植株继续生长、开花、结果。整枝摘芽工作不可过早或过迟,因为植株各部分的生长会相互作用。叶腋的生长能刺激根群的生长,过早地摘除腋芽会影响根系的生长,而且会引起根群内输导系统发育不完全。因此,应当在侧芽长到 4～7 厘米时进行摘除,并要在晴天的中午进行,以利于伤口愈合。

(6)整枝注意事项

①对于病毒病等有病植株应单独进行整枝,以避免人为传播病害。

②第一花序下的侧枝及其他侧枝,即使不留作结果枝,也不宜过早打掉,一般应留 1～2 片叶,用来制造养分,辅助主干的生长。

③打杈摘心应选晴天进行,不要在雨天或露水未干时进行,以利于伤口愈合,防止病原菌感染。

④应结合整枝进行绑蔓及株型矫正。

2.打杈

打杈在番茄生长过程中是一项经常性的工作,主要是对侧枝进行处理,气温较高、土壤水分充足时更是侧枝生长的旺盛期,不能任其生长,否则会对产量产生很大的影响。打杈时间视苗情决定。植株长势较弱时,可适当晚些打杈,让侧枝叶面多制造些营养,促进果实膨大。第一次打杈应在侧枝为6厘米左右时进行,侧枝长得太大时打杈会导致伤口大、不易愈合,也会浪费营养。第一次打杈以后,见杈就应及时打掉。

3.摘心

摘心也被称为"闷尖"。当番茄植株长到预定的果穗数时,就应该摘心,使其不再继续向上生长,把营养和水分集中在果实的膨大和生长上。摘心的具体时间应定在最后一个花序出现后上面又长出2~3片叶时,将顶端的生长点摘除,最后一穗上留2~3片叶,可以为最后一穗果制造营养,供果实生长,也可为果实遮光,减少日灼病。秋季露地栽培为了保证早霜前番茄果实充分膨大、成熟,每株一般留2~3穗果摘心。番茄摘心以后更易发生侧枝,应注意及时打杈。

4.疏花

每一果穗上的花数较多,但实际的留果数是有限的,一般只留3~4个果,其余的花就属多余的。为了保证已留果实的生长,保证果实大小均匀、品质高,可将多余的花朵疏掉。

5.打叶

打叶是指打掉底部的老叶。当番茄生长到中后期时,植株下部的叶片逐渐进入衰老阶段,衰老叶片的光合能力极弱,枯黄的叶片甚至失去了同化功能,把这些没有作用的叶片打掉,可以增强植株的通风透光,减少病害的发生和蔓延。因此,在采收完第一穗果以后,番茄就进入了中后期管理,可以开始打老叶了。

(五)保花保果技术

在番茄所开的花中,有许多开放以后不久便脱落了。落花的主要原因是外界环境条件不适宜而导致花器发育不良,花粉管伸长缓慢以及水分缺乏、营养不良引起花柄离层的形成。在长江流域,往往由于春季定植后气温过低(夜间温度在15 ℃以下),或者秋季栽培时气温过高(夜间温度在25 ℃以上),以及定植过迟、根部受伤过多,影响根的吸收机能等引起落花。

1.番茄落花落果的原因

番茄除因发生各种病虫害造成落果外,一般落果现象较少,而落花现象比较普遍。试验证明:番茄落花主要与植物体内的生长刺激素含量有关。如果环境条件及营养条件适宜,番茄花的发育及授粉受精正常,果实生长发育也正常,这时体内生长激素的形成量不断增加并维持较高水平,一般不产生落花现象。如果环境条件及营养条件不适宜,授粉受精不正常,花和果实的生长发育就会受到影响,这时体内生长激素的水平则较低,易产生落花现象。从外部形态来看,番茄落花的部位是叶柄中部的离层处,离层由具有10~12层的离层组织细胞所构成,不论番茄花是否脱落,这些离层细胞组织都会自然形成。但当离层产生能溶解细胞间中胶层的酶时,则花果从此脱落,使用生长素能阻止这种酶的活动,因此可以防止落花落果,并促进果实生长发育。

如果落花是由于营养及水分不足、阳光过弱或下雨过多等,就要从栽培技术上去解决。若是由温度过低或过高所引起的落花,则可使用生长调节剂。比较有效的生长调节剂有 2,4-二氯苯氧乙酸、对氯苯氧乙酸及 β-萘氧乙酸等。此外,赤霉素及萘乙酸也有防止落花的效果。通常采用的浓度为 2,4-二氯苯氧乙酸是 10～20 毫克/升、对氯苯氧乙酸是 25～50 毫克/升。2,4-二氯苯氧乙酸对嫩芽及嫩叶的药害较重,只能用于浸花或涂花,功效缓慢;对氯苯氧乙酸对嫩芽及嫩叶的药害较轻,可采用喷花的办法处理,功效较快。而两者对防止落花、促进子房膨大的效果都很明显。气温高时,浓度要低些;气温低时,浓度可以高些。应用生长调节剂不但可以防止番茄落花,而且可以刺激子房膨大,从而增加产量,尤其是增加早期产量。

引起番茄落花落果的原因有很多,主要是不良生态条件、不良栽培技术、机械损伤等。其中,不良生态条件的影响最为显著,在不良生态条件下,采用人工辅助授粉和生长素(番茄灵等)处理,保花保果率会显著提高。

栽培形式及栽培季节不同,番茄落花落果的原因也不同。冬春茬番茄栽培,中低温(13 ℃以下)和气温骤变是引起落花落果的主要原因;越夏番茄栽培,高温(30 ℃以上)和干燥(或降雨)是引起番茄落花落果的主要原因。不论哪种栽培形式,栽培技术不当,如栽培密度过大、整枝打杈不及时,以及管理粗放等,都会引起落花落果。

2.番茄保花保果技术

由于引起番茄落花落果的原因有很多,因此生产上的保花保果技术不能依靠或强调某一方面,要综合配套进行。

(1)番茄坐果激素的使用

①生产上常用的几种坐果激素:对番茄具有保花保果作用的所有生长素类物质,这里统称为"坐果激素"。坐果激素已在生产中广泛应用。目前,应用较多的有对氯苯氧乙酸、2,4-二氯苯氧乙酸、2-甲基-4-氯苯氧乙酸、β-萘氧乙酸,及由此产生的一些复合坐果激素等。其中,前两种坐果激素应用最为普遍。

②坐果激素的使用方法:番茄坐果激素的使用通长采用涂抹法、蘸花法和喷雾法。不同激素的使用方法不同。

a.涂抹法:应用 2,4-二氯苯氧乙酸时常采用此方法。2,4-二氯苯氧乙酸的使用浓度为 10～20 毫克/升,高温季节取浓度低限,低温季节取浓度高限。首先,根据 2,4-二氯苯氧乙酸的类型及说明书将药液配制好,并加入少量红色或蓝色染料做标记,然后用毛笔蘸取少许药液涂抹花柄的离层处或柱头。这种方法需一朵一朵地涂抹,比较费工。用 2,4-二氯苯氧乙酸处理的花穗,果实生长不整齐,或成熟期相差较大。使用 2,4-二氯苯氧乙酸时,应防止药液喷到植株幼叶和生长点上,否则将产生药害。

b.蘸花法:应用番茄丰产剂 2 号或对氯苯氧乙酸时可采用此方法。番茄丰产剂 2 号的使用浓度为 20～30 毫克/升。对氯苯氧乙酸的使用浓度为 25～50 毫克/升,生产上应用时应严格按照说明书的要求配制。将配好的药液倒入小碗中,然后将开有 3～4 朵花的整个花穗在激素溶液中浸蘸一下即可。这种方法防落花落果的效果较好,同一果穗各果实生长整齐,成熟期比较早,并且省工、省力。

c.喷雾法:应用番茄丰产剂 2 号或对氯苯氧乙酸时也可采用喷雾法。当番茄每穗花有3～4 朵开放时,用装有药液的小喷雾器或喷枪对准花穗喷洒,使雾滴布满花朵又不下滴。此法激素使用浓度及效果与蘸花法相同,但用药量较大。

③坐果激素使用注意事项:配制药液时不要用金属容器。药液最好是当天用当天配,

剩下的药液要在阴凉处密封保存。配药时必须严格掌握使用浓度,浓度过低则效果较差,浓度过高则易产生畸形果。蘸花时应避免重复处理。药液应避免喷到植株上,否则将产生药害。坐果激素处理花序的时期最好是花朵半开至全开时期,从开花前三天到开花后三天内处理均有效果,过早或过晚处理效果都将降低。在使用坐果激素时,应加强生态条件的管理。

(2)人工辅助授粉:当夜温低于 10～12 ℃、日温低于 20～22 ℃时,番茄花粉没有生活力或不能自由地从花粉囊里扩散出去。如果夜温为 20～22 ℃、日温高于 32 ℃,也会发生类似情况。有些品种花柱过长,柱头外露,因而不能授粉,番茄植株有活力、发育良好的花粉,通过摇动或震动花序能促进花粉从花粉囊里撒出,从而达到人工辅助授粉的目的。摇动花序或震动支柱的适宜时间为上午 9—10 时。当花器发育不良、花粉粒发育很少时,在使用激素的同时震动花序,比单独使用激素的保花保果效果更好,激素要在震动花序两天后施用,否则会干扰花粉管的生长。如果植株没产生具有生命力的花粉,那就必须采用激素处理。

番茄露地栽培时,人工辅助授粉要摇动整个植株,以利于花粉扩散。也可用背负式高压喷雾器喷清水,或结合根外追肥进行喷雾震动。番茄保护地栽培时,人工辅助授粉可通过摇动或震动架材来震动植株,以促进授粉受精;也可以通过人来回走动来带动植株;还可用高压喷雾器进行喷雾震动。在人工辅助授粉的基础上,若保花保果困难,则要使用坐果激素处理花序。番茄保花保果应注重正常的授粉受精,乱用坐果激素将影响品质。

(3)番茄花期栽培管理:番茄保花保果除了培育壮苗、花期人工辅助授粉以及使用坐果激素等措施外,还要加强花期的栽培管理。开花期的适温为 25～28 ℃,一般在 15～30 ℃的温度范围内植株均能正常开花结果。如果温度低于 15 ℃或高于 33 ℃,就容易发生落花落果。保护地冬春茬番茄栽培应注重增温保温,越夏番茄可进行遮阴防雨栽培。番茄是强光植物,光照不够也会造成落花落果。保护地冬季生产可在植株北侧张挂反光幕增光,同时要适当稀植。开花期土壤不能干燥,要湿润,空气湿度也不能过高或过低。高温干燥或低温高湿及降雨均易引起落花落果,开花期一般不灌大水。番茄是喜肥作物,要保证肥水充足。番茄从第一穗果坐果以后,始终是营养生长和生殖生长同时进行,如果植株体内的营养供应不足,器官之间就会争夺养分。栽培上可通过疏花疏果、整枝打杈、摘叶摘心等措施,人为调节其生长发育平衡,以促进保花保果。开花期除上述栽培管理措施外,在根外喷施磷酸二氢钾或植保素等叶面肥或激素也有利于保花保果。花期进行二氧化碳施肥,也可提高坐果率。开花期还应注意防治病虫害。

第八节 萝 卜

一、主要优良品种

(一)秋冬萝卜

1.黄州萝卜

黄州萝卜系湖北黄州农家品种,栽培历史悠久。叶簇半开展,花叶、对裂叶 7～9 对;肉质根长圆柱形,上部稍小,至下部逐渐膨大,底部齐平,中央微凹,形如斛斗;露出地面部分呈淡黄绿色,入土部分呈白色;花白色;中晚熟,从播种至肉质根采收需 90～100 天;较耐储藏,风味好。

2.武昌美浓萝卜

武昌美浓萝卜系 20 世纪 50 年代从日本引进的美浓早生萝卜与黄州萝卜天然杂交后,由武汉地区菜农选育而成的。花叶,绿色;肉质根圆柱形,出土部分为 6～7 厘米,肩部淡绿色;对土壤的适应性较强。

3.三白萝卜

三白萝卜系武汉市蔬菜科学研究所育成的一代杂交种。花叶,深绿色;肉质根长圆柱形,根肩黄绿色,入土部分白色;品质好,生育期为 90～120 天。

4.武青 1 号

武青 1 号萝卜系武汉市蔬菜所选育而成。叶簇半直立,花叶,绿色;肉质根长圆柱形,长约 28 厘米,横径为 10 厘米左右;根肩翠绿,肉白色;较抗病。

5.石庄白萝卜

石庄白萝卜系河北省石家庄地方品种。叶簇半直立,叶绿色;肉质根圆柱形,尾部略尖,入土,均为白色,花白色;对土壤的适应性强;早中熟,从幼苗出土到肉质根采收需 70～80 天。

6.武杂 3 号

武杂 3 号系武汉市蔬菜科学研究所育成的杂交一代种。花叶,绿色;肉质根长圆台形,出土部分为 12～13 厘米,肩淡黄绿色,入土部分白色;品质好,产量高,抗性强。

(二)夏秋萝卜

1.短叶 13 号

短叶 13 号系广东省白沙原种场从短叶火车头早×杨美早萝卜杂交后代中选育的品种。叶簇直立,板叶,黄绿色,向上微卷,呈汤匙状;叶柄浅绿色,无茸毛;肉质根长圆柱形,皮、肉白色,入土部分占 1/3,肉质嫩,不易糠心;早熟,播种后 45～50 天采收。

2.双红 1 号

双红 1 号系武汉市蔬菜科学研究所育成的一代杂交种。叶族直立,叶色深绿;肉质根短圆筒形,根长 16 厘米左右,皮红色,肉质白色;生育期为 45～60 天,耐热。

3.热杂 4 号

热杂 4 号系华中农业大学选配的一代杂交种。叶丛半直立,叶片浅缺刻;肉质根圆柱形,长 24～28 厘米,约 1/3 出土;皮肉紫白色,适应夏末秋初栽培,生育期为 50～60 天。

4.热白萝卜

热白萝卜系北京农业大学选育。植株叶簇紧凑,叶片少,绿色裂刻叶;肉质根长圆形,长约 38 厘米,根肉白色,侧生根少;早熟,生育期为 50～55 天。

5.夏抗 40 天

夏抗 40 天系武汉市蔬菜科学研究所育成的一代杂交种。板叶,肉质根长圆柱形,出土部分为 10～13 厘米;皮白色,肉白色,品质好;较耐病毒病,对土壤的适应性强。

(三)春夏萝卜

1.醉仙桃

醉仙桃系湖北黄陂祁家湾农家品种。板叶,深绿色;肉质根长圆锥形,长约 13 厘米,径粗约 5 厘米,出土部分为 6～7 厘米;皮大红色,肉白色;较耐寒,不耐渍,抽苔较晚。

2.春红 1 号

春红 1 号系武汉市蔬菜科学研究所选育而成。板叶,深绿色;肉质根近长纺锤形,长约 18 厘米,横径为 6 厘米左右,出土部分为 8～9 厘米;皮大红色,肉白色;较耐寒,抽薹晚。

3.春红 2 号

春红 2 号系武汉市蔬菜科学研究所选育而成。板叶,深绿色;肉质根近圆柱形,长约 13 厘米,径粗为 6 厘米,出土部分为 6～7 厘米;皮大红色;较耐寒,抽薹晚。

(四)四季萝卜

1.上海小红萝卜

上海小红萝卜由上海市郊从国外引种,已栽培多年。肉质根扁圆形,皮为玫瑰紫红色,根尾白色;味甜多汁,肉质脆嫩,宜凉拌生食;花叶,立春后五天播种,清明开始收获,芒种收完。

2.南京杨花萝卜

南京杨花萝卜早春在南京地区普遍栽培。肉质根扁圆形,皮鲜红,肉白,板叶,生吃熟食皆宜;2 月播种,生长期为 20～70 天,夏季播种的,25～30 天可收。

二、丰产栽培技术

(一)栽前准备

1.茬口选择

种植萝卜宜选择前茬作物施肥多、耗肥少,土壤中遗留大量肥料的田块。但刚种过油菜等十字花科蔬菜的地,易生病虫害,对这些土地须行 2～3 年轮作。在农村及城郊季节性菜地上种萝卜,多选用大豆、水稻及玉米等为前茬。春季小型萝卜也可与南瓜、笋瓜等隔畦间作,待小萝卜收获后,南瓜等也爬至畦中生长。南京地区春季种杨花萝卜也多与茄子套作,即 2 月在茄子地上先撒播杨花萝卜种子,清明后栽茄子,待谷雨杨花萝卜收获后,茄苗也长大了,这样可充分利用地力。

2.整地、做畦

种萝卜的地须及早深耕多翻,打碎耙平,施足基肥等,这是萝卜丰产的主要环节。若为地下根部很长的大型萝卜,如浙大长萝卜等,须深耕 35 厘米以上,一般中型种耕深 23～27 厘米,小型的四季萝卜类耕深 13～17 厘米。

做畦方式因品种、土质、土势及当地气候条件而异:中小型萝卜在雨水少、排水良好的地方多用平畦栽培;大型萝卜根深叶大,尤其是在黏土与排水不良或土层浅处,须用高畦栽培,以利于通气与排水,减少软腐病等的发生;而在江南多雨地区,无论是大型还是小型萝卜,都应采用高畦深沟种植。

3.施足基肥

萝卜生长中后期根系发达,直根深入土中,施足基肥很重要。如果基肥不足,在需要肥料时又遇到阴雨天而不能追肥,植株就会出现缺肥现象,影响生长。一般菜农的经验是基肥为主、追肥为辅,盖籽粪长苗,追肥长叶,基肥长头。基肥的种类与用量因土壤的肥力与品种的产量等而异。长江流域多用粪肥作基肥,一般地,若要使萝卜亩产 10 吨,就需施粪肥 10 吨,且基肥要占总肥量的 70%,追肥占 30%。此外,粪肥还应与腐熟的厩肥、堆肥等含氮、磷、钾的肥料配合作基肥施用,因单纯使用粪肥易使植株徒长,肉质根的甜味差。每亩可撒施腐熟的厩肥 2500~3000 千克、草木灰 50 千克、过磷酸钙 25~30 千克,再施粪肥 2500~3000 千克,干后耕入土中,而后耙平做畦。要做到土壤疏松,畦面平整,土粒细碎均匀。

(二)播种

1.适时播种

萝卜的播期由品种特性及市场需要而定,秋冬萝卜的适宜播期为 7 月下旬至 8 月上旬,春夏萝卜于 2 月下旬至 4 月上旬均可播种,播种量因栽培密度而异。不同的区域,气候不同,萝卜种植的时间也不同。

2.播种量

萝卜的播种量因品种、种子饱满程度、发芽率、播种方式和栽培季节不同而不同。播种前,应严格检查种子质量。秋冬栽培的大中型品种点播,每亩用种 0.5 千克左右,留苗 4000~5000 株;小型品种撒播或条播,每亩用种 1 千克左右,留苗 1 万株。

撒播时要均匀撒开,点播时每穴播 4~5 粒,播后用 80% 的腐熟粪水浇地面,此后保持土壤湿润,4~5 天就可出苗;若发现缺苗,应立即补播,以保证全苗。

(三)田间管理

1.及时间苗

萝卜应掌握早间苗、分次间苗、晚定苗的原则。生产上一般间苗 2~3 次,点播留苗一株,撒播保持苗距为 10~13 厘米,间苗时应把遭病虫危害的、生长衰弱、畸形、不具原品种特征的幼苗拔掉。

2.追肥与浇水

正确地施用肥水,使地上部与地下部生长平衡,是保证萝卜优质高产的关键。在管理中,前期应促进叶片和吸收根健壮生长,为后期肉质根膨大奠定物质基础。但是当营养生长进行到一定程度时,又必须加以控制,以促使养分及时转运至储藏器官。肉质根迅速膨大时期,必须保证叶片有较长的寿命和较强的生活力,使之制造更多的营养物质,保证肉质根的膨大。

秋冬栽培的中晚熟大型品种,生长期长、产量高、需肥量大,除施足基肥外,还需看苗施肥。在直根生长前期,应追施一次速效氮肥,促进同化叶和吸收根生长。在肉质根开始膨大期,即破肚以后,应重新追肥,可结合浇水施入腐熟人粪尿,并增施磷、钾肥,促使营养物质转移和积累。地力瘠薄或基肥不足时,可在苗期施用少量的速效氮肥,效果较好。生长期短的小型品种,如春萝卜、四季萝卜,若基肥充足,可少追肥。

萝卜在不同的生长阶段对水分的要求也不同:播种时要供应充足的水分,以使发芽迅速,出苗整齐;幼苗期至破肚前一段时间要少浇水,以利于直根深扎入土层;叶旺盛生长期,要保证土壤湿润,防止忽干忽湿。这时如果水分供应不足,不仅影响肉质根的膨大,也将使须根增多,质地粗糙,导致萝卜糠心。土壤水分过多时,应及时进行排水,以防止根腐病发生。

3.中耕除草

播种出苗以后,若遇下雨或浇水造成土壤板结,应及时进行中耕除草。大中型萝卜于幼苗期至封垄前，一般要求中耕 2～3 次，务必使土壤保持疏松状态；中耕应结合除草，后期应结合根基培土。小型萝卜着重于清除田间杂草。

（四）肉质根培育

1.开裂问题

肉质根开裂的重要原因是生长期水分供应不均匀。例如，秋冬萝卜在生长初期遇到高温干旱供水不足时，肉质根皮层组织硬化，到了生长中后期，温度适宜、水分充足时，肉质根内木质部的薄壁细胞将迅速分裂膨大，而硬化了的周皮层及韧皮部的细胞不能相应地生长，因而发生开裂现象。所以，根菜类蔬菜在生长前期遇到天气干旱时，要及早灌溉，到中后期肉质根迅速膨大时要均匀供水，这样才能避免肉质根出现开裂问题。

2.空心问题

萝卜空心将严重影响其食用价值。有研究认为，萝卜空心是由细胞生长膨大迅速、内容物迅速减少，以致输导组织缺乏供给营养物质所致。由于萝卜空心与品种、播种期、土壤、肥料、水分、采收期及储藏条件等都有密切的关系，因此在栽培或储藏萝卜时，要尽量避免各种不良条件的影响。

（1）品种：茎叶重与肉质根重的比值很早下降的早熟品种，淀粉与可溶性固形物含量少，空心现象发生得早；晚熟品种的根部发育迟，淀粉与可溶性固形物多，空心现象发生得迟。肉质根的薄壁细胞大的品种，空心现象发生得早；肉质根的薄壁细胞小而肉质致密的品种，空心现象发生得迟。

（2）轻松砂质土空心早，黏壤土空心迟。土壤排水不良、施肥不匀、追肥过迟等也易引起空心，因为肉质根膨大时，同化物质得不到相应的供给。

（3）播种期过早时，若生长期内遇到高温干旱的环境，萝卜的光合作用及养分的吸收将受到影响，而呼吸作用十分旺盛，将妨碍萝卜的生长和营养物质的运转与积累，从而使萝卜出现空心。

（4）栽植密度不当、株行距过大、土壤肥力充足、肉质根生长过于旺盛、地上部与地下部比例迅速下降时，易引起萝卜空心。

（5）生长期间水分缺乏或水分供应不均匀，前期湿润，后期干旱，易引起萝卜空心。

（6）采收过迟或抽薹开花易引起萝卜空心。

（7）萝卜储藏在高温干燥的场所时会因失去大量的水分而空心。

因此，在栽培或储藏萝卜时要尽量避免各种不良条件的影响，防止空心现象的发生。此外，在叶面喷洒两次 10 毫克/升的萘乙酸有防止萝卜空心的作用。

3.分叉问题

萝卜分叉是肉质根的侧根膨大的结果。导致肉质根分叉的因素有很多，如土壤耕作层太浅，土壤坚硬，土壤中的石砾、瓦屑、树根未除尽等。长形的肉质根在不适宜的土壤条件影响下，一部分根死亡或者弯曲，也会加快侧根的肥大生长。施用新鲜厩肥也会影响肉质根的正常生长而导致分叉。在营养面积过大的情况下，侧根在没有遇到邻近植株根的阻碍时，由于营养物质的大量流入，也会因肥大生长导致萝卜分叉；而在营养面积较小的情况下，营养物质便集中在主根内，萝卜分叉现象较少。

为了防止肉质根分叉，应该采取如下农业措施：深耕细作，养分供给均匀，尽量采用直播，育苗移栽的尽量不伤主根，不施用新鲜的厩肥以及保证适宜的营养面积等。

（五）采收与储藏

1.采收

萝卜各品种的生长期不同,所以从播种到收获的天数也不一致,但是各品种都有其适宜的收获期,收获过早产量低,过迟易遭冻害或空心而降低品质。萝卜采收的标准:一般在肉质根充分膨大、基部已"圆腔",叶色转淡开始变为黄绿色时,便应及时采收。

春季播种的萝卜,因前期温度低,播种后一般50～60天就要及时采收,否则完成阶段发育后很快就会抽薹,导致品质降低。夏季或初秋播种的萝卜生长快,播后40～60天可收。秋播的秋冬萝卜类要根据各品种的特性确定采收时间。迟熟且根部大部分露在地上的品种,都要在霜冻前及时采收,以免遭受冻害;而迟熟且肉质根部全部在土中的品种,因有土壤的保护,可晚点采收,以提高产量。需要储藏的萝卜必须及时采收,以免受冻导致空心。

冬季采收萝卜时,要将整株拔下。用作鲜食的,用刀切除叶丛后上市供应。用作储藏的,淮北与华北地区一般在采收后将叶连同顶部切除,以免在储藏期间发芽糠心;南京地区则习惯带叶柄6.6厘米假植储藏。萝卜的产量因种类、季节与栽培技术而异:一般秋冬萝卜亩产3000～4000千克,高产的可达5000千克以上;中型萝卜一般亩产2500～3000千克;夏秋萝卜一般亩产1500～2000千克;而四季萝卜生长期较短,一般亩产500～1000千克。

2.储藏

在我国南方地区,气候温暖,萝卜可露地越冬,随时可根据市场需求供应新鲜产品,储藏不是很普遍;而在长江沿岸地区及北方冬季严寒地区,萝卜必须在上冻前收获储藏,以满足冬季的需要。萝卜的冰冻点是$-1.1\ ℃$,储藏中最适宜的温度是$1～3\ ℃$,最适宜的空气相对湿度是85%～90%。所以,在不同的气候条件下,要采取适当的储藏方法。

（六）留种

1.大株留种法

(1)种株的选择:当萝卜采收时,选择具有品种特性,无病虫害,肉质根大而叶簇相对较小,肉质根皮光、色鲜、根痕小、根尾细、内部组织致密、不空心的种株。用作水果的萝卜还要选择味甜多汁的种株。种株的叶子留7～10厘米切断,在室内放2～3天再栽植,使伤口愈合,以免腐烂。在冬季寒冷地区,须将选出的种株储藏,并于翌年春天在其不受冻害的情况下越早栽培越好。定植距离因品种而异:夏秋萝卜中型品种株行距可为50厘米×50厘米,秋冬萝卜大型品种株行距可为67厘米×67厘米。种株栽植的深度宜使肉质根埋入土中1.7厘米左右,以免受冻。长形品种可以斜栽,或栽前切去根部的1/4,伤口加涂草木灰;在排水不良或地下水位较高时,须用高畦栽植。圆形种或小型种可直接掘穴栽入,不必切根,栽植时必须压紧土壤,使肉质根周围不留空隙,以免雨水积聚引起腐烂。留种地与其他萝卜品种应相隔1000～1500米。

(2)种株的管理

①防寒:栽植的萝卜成活后,即可浇浓粪,亦可用土或马粪培在植株的周围,或间种白菜,以防寒冻。

②浇水施肥:春初萝卜种株开始发芽时,扒去培土,浇以稀粪水;当花薹高10～13厘

米时,再次浇稀粪水;临近开花时再追肥一次。保持土壤湿润,到80%的花谢后停止浇水,以促进种子成熟。

③设立支柱与摘心:萝卜种株于4月间抽薹开花,每株旁边插一100厘米高的支柱,上架横杆,将花茎缚在支柱上。当植株上的花开到80%时,摘去各枝的先端,使养分集中到基部的种荚,这样可得到较为充实的种子。

(3)种子的采收:萝卜的花期为20～30天,当茎叶及角果转黄时,种子成熟,即连根拔起,有的农民会切开种根,选不空心的作种。晒干后打落种子,储藏在干燥处备用。每亩地可收种子50千克左右。在干燥的容器内储藏时,种子的发芽力能保持4～5年。

2.中株留种法

在9月中旬播种,冬前长成半成株,在11月下旬经株选后栽植留种。其栽培管理方法同大株留种法。

3.小株留种法

在长江下游地区,于2月下旬至3月上旬播种,生长期间进行间苗,选地上部具有原品种特点、无病毒危害的植株作种株,拔除劣株和过密的植株。其栽培管理方法同大株留种法。

第八章　食用菌栽培技术

第一节　林下食用菌经济发展概述

林下食用菌栽培是一种立体生态、互惠发展的生产模式,不仅可以开发利用树林下的空间,节省大量土地,还可以充分利用林内的光、气、水、温等自然因子,实现短期增收。这种以短养长的林下经济模式,经济效益显著,有利于林业的稳步、健康发展。

林下经济是利用林下土地和空间资源,开展林下种植、养殖的经营模式,该模式不影响林木的正常生长。林下经济发展方式有林下种植方式、林下养殖方式、林下旅游方式和林下产品加工方式四种。林下食用菌经济属于林下经济发展方式中的林下种植方式,是生产各种食用菌的一种新型栽培方式。

一、林下食用菌经济的常见方式

林下食用菌经济是指利用林地空气质量好、氧气充足、湿度适宜、温度变化小、七分阴三分阳的适宜环境,以林地废弃树枝和农业副产品作为原料,装袋制作成食用菌菌包,培养食用菌的经济模式,有野生、仿野生和人工栽培三种栽培方式。生产后废弃的食用菌菌包还可用于制作有机肥,从而形成林下生态良性循环。

(一)林地野外种植

食用菌林地野外种植首先要进行人工接种,然后培养菌丝,等待菌丝体成熟即将生长子实体的时候,放置于林下,靠林下的自然温度、湿度、通风、光照环境来培养生长子实体。林地野外种植的食用菌是原生态野生产品。原生态野生食用菌的生产提高了食用菌产品的质量,降低了生产成本,具备原生态价值,深受消费者欢迎。

(二)林下大棚栽培

林下大棚栽培是指在树林下,利用树木之间的空间来搭建简易大棚,然后在大棚里栽培各种食用菌的一种模式。在林下食用菌栽培中,有很多农户选择大棚种植菌类。这样虽然管理比较方便,环境相对容易控制,但是与林地野外栽培模式相比,初期投资成本比较大,投资风险相对要高。

二、发展林下食用菌经济的意义

林下食用菌经济作为一种人工生态经济复合系统,具有投入少、见效快等特点,对于转变林业发展方式,调整林业结构,培育战略性新兴产业,为社会提供安全、健康的生态产品具有重要意义。

(一)经济意义

发展林下食用菌经济不会影响林木的收益,且可使林下资源得到充分利用,是促进农村发展、农民增收的一个重要途径,也是林农发家致富、实现脱贫的好方式。由于山区的资源特点,林下食用菌经济产业成为很多山区脱贫致富的重要产业,是发展山区经济的新途径。林业经营周期长、抚育成本高,林下食用菌经济有助于减轻林农的经济压力。发展林下食用菌经济可以实现以林护农,是农民发家致富的新途径。林下食用菌经济不但为菌类生长提供了一个良好的环境,而且可以充分利用空间,降低成本,从而提高经济效益。

(二)生态意义

食用菌在菌丝生长发育以及子实体发育过程中都需要吸收氧气,呼出二氧化碳,而林木在生长过程中需要进行光合作用,光合作用则需要吸收大量的二氧化碳并释放氧气,这样树木和食用菌可以形成互利的关系。林下食用菌经济符合生态系统特定的物质循环、能量流动、信息传递以及节约资源、提高利用率、保护环境等生态和环境要求。

三、林下食用菌经济存在的问题

集体林权制度改革后,我国林下食用菌经济迅速发展。然而,通过调研和相关研究发现,林下经济在发展过程中还存在一些问题,主要体现在产业化、科学技术、资金、市场、产品开发等方面,这些问题制约着林下食用菌经济的健康快速发展。产业发展水平低,难以形成规模效益,导致林下资源利用率低下。

(一)缺乏宏观指导,发展优势不明显

发展林下食用菌还是一个比较新的项目,许多地区还没有将其作为一项重要产业来全盘考虑、统筹推进;没有制定切合实际、突出特色的发展规划和扶持政策;大部分在林下种植食用菌的行为都是个人行为,没有形成组织性。绝大部分的农民由于没有足够的专业知识,盲目追求经济利益,而忽略了林下自然资源的保护,使得在林下发展食用菌的优势没有充分地体现出来,导致林下食用菌栽培难以向因地制宜、可持续的方向发展。

(二)基础设施落后,产业难以发展壮大

目前,大部分林区的基础设施较为薄弱,普遍存在路、电、水、通信等基础设施不配套的问题,致使一些先进的经营措施、发展模式无法推广,流通、储运成本居高不下,严重影响和制约着林下食用菌的规模化发展和集约化经营,以及在更高水平、更高层次上的发展。

(三)产业发展水平低,难以形成规模效益

作为一种产业,林下食用菌的发展还处于起步阶段。目前,林下食用菌种植以农民占多数,专业种植户和大型企业比较少,难以形成较大规模。有一部分农户可用于发展林下食用菌经济的林地少且缺乏统筹规划能力,难以壮大规模。

(四)缺乏资金投入,面临难题较多

集体林权改革使产权明晰后,很多林农开始在林下种植食用菌,但是由于缺乏专业的知识,很多农户只能自己摸索经验,加上地方政府缺少关于林下栽培食用菌的扶持政策,且没有相应的专项贷款,多数林农只能停留在小农作坊阶段,难以形成较大种植规模。

（五）科技含量低,缺乏市场竞争力

目前,国家对林下食用菌经济仍缺乏科技投入,且缺少科研人员,专门的研究机构和技术推广机构数量少、科研能力不足、技术推广人才缺乏。野生菌种资源没有得到保护,食用菌产品加工、认证和销售等缺乏国家科技投入支撑。一方面,良种培育和销售等环节管理不规范,存在大量无序和非规范化生产菌种和销售菌种现象;另一方面,林下食用菌经济以产品初加工为主,缺乏深加工技术投入,产业链极短,严重制约了林下食用菌产业的形成。现有的林下食用菌经济发展以农户种植为主,而农户的文化素质和科技水平低,所以产品的竞争力不强,大多停留在初级产品阶段。同时,因为竞争力不足,所以农户对政府的依赖性较强,并且由于社会资本比例低,从而更难以具备核心竞争力。

（六）缺乏行业规范,产品知名度低

林下食用菌是绿色、无污染的农产品,但由于缺乏相对应的林下食用菌栽培规范、质量规范、食品安全规范等,缺乏产品地理标志认证机制,消费者无法判断林下食用菌产品以及相应的产地,从而导致对林下食用菌的认可度不高。

四、发展林下食用菌经济的新模式

根据我国目前林下食用菌经济发展存在的问题,可探索以下几种发展林下食用菌经济的模式,为我国林下食用菌经济发展相关政策的制定提供理论基础。

（一）"互联网＋林下食用菌"模式

"互联网＋"代表一种新的经济形态,即在产品生产、宣传、销售、客户维护等方面充分利用互联网,将互联网的创新成果融合于产品经济以及社会服务的各领域,利用互联网技术提升实体经济的创新力和生产力。"互联网＋林下食用菌"模式就是充分利用互联网技术,建设区域性的官方网站等平台,以平台的方式推广宣传,招聘专业的技术人才,将林下食用菌产品宣传给消费者、销售给消费者。网络平台可以通过产品预售、产品订单管理、以销定产等销售方式来发展。"互联网＋林下食用菌"模式可把偏远山区的林下食用菌推广到各大、中、小城市,整合更多的人力、物力、资金,从而引领林下食用菌产业的快速发展。林下食用菌生产要充分利用互联网资源,宣传、推广生态健康理念,树立林下食用菌品牌,严把质量关,做到从林间到餐桌,让消费者吃到安全、生态、绿色的食用菌产品。

（二）"互联网＋林下食用菌＋林下养殖"模式

"互联网＋林下食用菌＋林下养殖"模式是在"互联网＋林下食用菌"模式的基础上增加了林下养殖。林下养殖是指充分利用林荫下昼夜温差不大,空气湿度、光照、氧气适宜的气候条件优势,利用林下地面和空间发展鸡、鸭、鹅、猪、牛等养殖。目前,最常见的林下养殖是鸡、鸭、鹅等家禽的养殖,包括圈养和散养。散养的鸡、鸭、鹅可以自由地觅食,辅助少量饲料就能满足其生长需要,养殖出来的家禽都是绿色家禽,所以深受消费者欢迎。家禽的粪便是很好的有机肥,可以为林木的生长提供有机肥料。因此,林下养殖发展模式不但可以利用林下资源,而且有效降低了家禽的饲养成本,可实现以林养牧、以牧促林、林牧结合的可持续发展。

（三）"互联网＋林下食用菌＋农业观光旅游"模式

"互联网＋林下食用菌＋农业观光旅游"模式是在"互联网＋林下食用菌"模式的基础上增加了农业观光旅游。农业观光旅游是把农业与旅游业有机结合,利用农业景观和农村的独有特点来开发旅游产品,并吸引在城市生活的居民前来参观的一种新型农业经营模式。这种模式是将各种常用食用菌,包括平菇、香菇、金针菇、茶树菇、灵芝、猴头菇等进行菌丝培养,然后进行出菇管理。在出菇管理中,在林下或林下菇棚里用营养泥和水混合,将各种即将出菇的菇棒砌成圆柱形、四面体形、圆筒形、立方体形、圆锤形等食用菌景观。通过这些食用菌景观,吸引那些想了解食用菌的食用和药用价值,渴望了解农业、观光农业的城市居民来观光旅游。

（四）"互联网＋林下食用菌＋林下种养＋农业观光旅游"模式

"互联网＋林下食用菌＋林下种养＋农业观光旅游"模式是在"互联网＋林下食用菌＋农业观光旅游"模式的基础上增加了种植和养殖,旅游产品资源更丰富。通过充分开发农业资源,包括林木、食用菌、牧场、果园、养殖场等,以及开展农业观光、农业体验、农产品品尝,住宿、度假等多种观光、休闲度假旅游项目,可以带动各种农产品销售和预售。该模式充分利用食用菌景观的特色以及特种种植和养殖,使得农业观光更加有特色,提高了农业旅游产品的层次,充分体现了旅游业和农业的有机结合,是我国林下经济可持续发展的新思路。

第二节　林下常见食用菌

一、林下食用菌栽培概述

（一）林下食用菌的栽培类型

食用菌品种多样,特性各异,只有经过栽培管理,生产出各种食用菌产品,才能显示出它们的食用价值、药用价值和经济价值。在当前严格的耕地保护政策下,发展适合在林下栽培生产的食用菌种类具有重要意义。

食用菌依据其生长习性可分为木腐型和草腐型。木腐型食用菌是以木质材料为主要原料,分解木质素能力较强的一类食用菌,如香菇、侧耳、黑木耳和金针菇等。木腐型食用菌的栽培方式分为段木栽培和代料栽培。草腐型食用菌是以秸秆类物质为主要栽培原料、分解纤维素能力较强的一类食用菌,如双孢蘑菇、草菇、鸡腿菇和竹荪等。所谓"代料",是指代替段木栽培木腐型食用菌的各种有机物。代料栽培食用菌不仅可以保护林木,而且具有生产周期短、生物学效率高、便于工厂化生产等优点。生物学效率是指食用菌鲜重与所用的培养料干重之比,常用百分数表示。例如,100千克干培养料生产了80千克新鲜食用菌,则这种食用菌的生物学效率为80％。生物学效率也被称为"转化率"。利用农林业的秸秆、枝杈及酿造工业的副产品栽培食用菌,还可以消除环境污染,所以人们说食用菌生产是一个"一箭三雕"的产业。第一只"雕"是食用菌产品;第二只"雕"是减少了秸秆的剩余量,降低了焚烧秸秆对环境的污染;第三只雕是生产了大量的有机肥,促进了有机农业的发展。

(二)林下食用菌栽培的基本步骤

1.生产设施

林下食用菌的生产场地一般可分为菌棒生产区和林下出菇区。场地要地势平坦,排水便利,有洁净水源,300米范围内要求没有工业"三废"场、动物养殖场等污染源。菌棒生产区要处于出菇区的上风口,并且两区之间的距离不要太远。出菇区的森林郁闭度应为0.6~0.8,行间距应为3~5米。

2.栽培品种与栽培季节

适宜开展林下栽培的食用菌品种有很多,如香菇、平菇、灵芝、毛木耳、榆黄蘑和黄伞等。应根据使用菌株的温度类型,合理安排菌种、菌棒的生产时间。以林下香菇栽培为例,应选择高温菌株"武香1号""931"为生产菌株,5月中旬菌棒进入林地,10月初出菇期结束,1—3月为香菇菌棒的制棒期。

3.工艺流程

(1)拌料:根据栽培的品种选择栽培原料及适宜的培养料配方。所用原料要求新鲜无霉变,并注意清除木条、石块等杂物。培养料配制时先将干料拌匀,再加水搅拌3~4次,使料内水分均匀一致,含水量控制在55%~60%,拌后堆闷30分钟。用手握料攥紧,指缝间有少量水溢出但不滴水即可。培养料的pH值应控制在7.5~8.0。既可以采用人工拌料,也可以采用辅助机械拌料。人工拌料各种物料混合的均匀程度不如机械拌料的效果好,且人工拌料消耗体力较大。培养料拌好后,需要及时分装和灭菌,防止培养料变质影响菌棒质量。

(2)装袋:常用的料袋为聚乙烯塑料袋,料袋装好后进行低压灭菌。若采用高压灭菌方式,则需要选择聚丙烯塑料袋,料袋规格根据具体品种而定。根据生产规模和生产条件选择不同机型的装袋机,制作料棒。装料时,料袋不宜太紧,否则氧气不足,菌丝生长缓慢或停滞,料袋也容易出现裂缝,容易感染杂菌;料袋也不宜太松,否则料袋易收缩、断裂。此外,在料棒的装料、码放和运输等过程中,需要随手检查有无破损,发现破袋及时处理。

(3)灭菌:料棒灭菌的方式有常压灭菌和高压灭菌两种。常压灭菌设备简单、投资小、形式多样,是菇农常采用的灭菌方式。灭菌开始时火力要猛,要求在4小时内温度达到100 ℃,以免培养料变酸。菌包鼓起并且鼓包紧绷时开始计时(如果用灭菌柜,则要求中心温度达到100 ℃时开始计时),保持灭菌15小时以上,停火后再焖几小时。高压灭菌设备相对昂贵,但灭菌彻底、效率高。灭菌时,柜内温度达到123 ℃左右并维持约4小时即可。

(4)冷却、接种:灭菌后,料袋温度降至70 ℃左右时,即可以移入冷却室冷却,没有条件的可以迅速进入接种室冷却。接种室(冷却室)在放入料袋之前要进行清洁和消毒工作,还要把所有接种工具及菌种进行消毒处理。料袋冷却至28 ℃(用手触摸感觉不到热)时,即可进行接种。接种时,操作人员要衣着清洁,且必须严格按无菌操作规程进行。菌种块控制在核桃大小,成块,避免过碎。接种完成后,及时将料棒移入发菌室,进行发菌管理。

(5)发菌管理:菌棒接种后应置于恒温室或温室大棚等发菌设施内避光培养,待菌种吃料半径达3~5厘米时开始翻垛扎孔通气。发菌期间,控制袋间温度在25 ℃以下,注意避免高温烧菌;空气相对湿度保持在60%~70%;适时通风换气,降低二氧化碳浓度。发现菌棒污染要及时处理;同时,要注意防治虫害、鼠害。菌棒经过30~40天基本满袋。

（6）出菇管理

①出菇前期管理：一般当菌棒变得硬实并有菌皮出现时，可以移入林地开始出菇。但有些食用菌品种在菌丝长满后还需要进行转色、后熟等管理，如香菇，在菌丝长满后还需要进入转色阶段。香菇转色期间，温度应控制在 $20\sim25$ ℃，湿度应维持在 $65\%\sim90\%$，还需要 $200\sim300$ 勒克斯的散射光，一般在适宜的环境下转色期持续 $10\sim20$ 天。黄伞等品种需要一段时间的菌丝后熟，后熟期温度、湿度等环境条件的管理同发菌阶段；在后熟末期，要根据品种特性适时增加光照、温差等管理，促进菌棒菇蕾的形成。

②出菇期管理：菌棒入棚后便开始增湿，使棚内湿度上升至最佳状态，但不能超过 95%，同时注意干湿交替管理。随着食用菌的生长，对氧气的需求越来越大，一定要做好通风工作。空间加湿既可以增湿又可以降温，但要注意与棚外天气相结合：阴雨天气棚内不必过多增湿，要以通风为主；炎热天气在保证通风较好的同时，尽量增加喷水次数，缩短每次喷水的时间，为避免高温高湿环境的出现，可适当调整草帘遮蔽阳光，以降低棚内温度。

（7）采收及采后管理：根据栽培的品种适时采收。采收后，及时清理菇根等杂物，保持出菇场地干净，避免滋生杂菌和虫害。根据菌棒失水的程度，适时、适量补水。

二、林下常见食用菌具体栽培技术

（一）平菇

1.概述

平菇属于担子菌门、伞菌纲、伞菌目、侧耳科、侧耳属。侧耳属的子实体菌盖多偏生于菌柄一侧，菌褶延伸至菌柄，因形似耳朵而得名。侧耳属是一个大家族，共有 30 多种，有很多名优品种，除平菇外，还有阿魏菇、鲍鱼菇、杏鲍菇、凤尾菇、榆黄蘑等。人们通常所说的平菇泛指侧耳属中的许多品种，俗名"秀珍菇""北风菌"等。其中较著名的有糙皮侧耳、美味侧耳、紫孢侧耳、金顶侧耳等，普遍栽培的大多为糙皮侧耳。

平菇在世界各地均有分布，其人工栽培起源于德国，始于 1900 年。我国人工栽培平菇始于 20 世纪 40 年代，在 1972 年由河南人刘纯业用棉籽壳生料栽培成功后，栽培生产迅速发展。棉籽壳在平菇栽培中的成功利用，是食用菌栽培技术的重大突破和改进。

平菇具有适应性强、抗逆性强、栽培技术简单、生产周期短、经济效益好等特点，已发展成为世界性栽培菇类。平菇是我国目前食用菌生产中生产量最大、发展最快、产量最高、分布最广的一个菌类。因为其栽培原料广泛（凡是含有木质素、纤维素的原料，如稻草、麦秆、木屑、棉籽壳、玉米芯、甘蔗渣等皆可以用来作为栽培平菇的原料）、生物效率高（每 100 千克干料经 $50\sim60$ 天的培养，可产近 $100\sim150$ 千克的鲜菇）、资金回收快（成本低、出菇快、产量高）等特点，是目前推广栽培最多的菌类。

平菇肉质肥嫩、味道鲜美、营养丰富，含蛋白质 30.5%（其中粗蛋白占 19.5%，纯蛋白占 11.0%），约是鸡蛋的 2.6 倍，食用平菇可避免动物性食品高脂肪、高胆固醇的问题；所含氨基酸达 18 种之多，其中谷氨酸含量最多；此外，平菇还含有大量维生素，其中维生素 C 的含量相当于西红柿的 16 倍、尖辣椒的 $1\sim3$ 倍。平菇已被联合国粮食及农业组织（FAO）列为解决世界营养源问题最重要的食用菌品种。

2.平菇的栽培技术

(1)依栽培原料处理方式不同,主要有以下三种栽培方式。①生料栽培:栽培原料不需灭菌,直接装袋接种;②发酵料栽培:栽培原料不需灭菌,经过建堆发酵后装袋接种;③熟料栽培:栽培原料经过灭菌后装袋接种。

(2)依装料方式不同,主要有以下两种栽培方式。①袋料栽培:将料装入塑料袋内进行培养;②畦床栽培:将栽培料铺成畦床状进行接种培养。

(3)依出菇方式不同,主要有以下两种栽培方式。①室内栽培:在室内将菌袋垛成菌墙进行出菇;②室外半地下土温室栽培:在室外大棚(半地下土温室)内将菌袋垛成菌墙进行出菇。但以半地下土温室栽培方式效果最好,也比较简单易行。这种方式已被广大菇农采用。半地下土温室内昼夜温差比较大,菌丝体生理成熟以后很快就会在袋口内产生菇蕾,容易出菇,并且在低温季节栽培平菇,病虫危害轻,杂菌污染率低,高产稳产性能好,菇体盖大、盖厚,柄短,色质好,质量高。

平菇栽培季节为春、秋两季,一般多在秋季8—10月进行,因为秋季栽培出菇时间较长,可延长到翌年春季。

3.平菇的管理措施

(1)发菌管理:袋栽平菇在温室内具有保温性能好、发菌快等特点,但若管理不当,易造成杂菌感染和烧菌。正如菇农们所说:"能否成功在发菌,产量高低在管理。"因此,做好发菌期管理是使平菇取得高产稳产的重要基础。必须把菌袋放在温度为 20～25 ℃、空气相对湿度为 65%～75% 的条件下发菌。气温低时,菌袋可堆高 5～7 层;气温高时,可堆高两层或单个摆放。菌袋总体积应控制在有效空间的 20% 左右。10 天翻一次菌袋,翻袋时应注意把上下层的放到中间,中间的放到上下层,同时要将每个菌袋翻转 180°。若菌袋内温度上升到 35 ℃,则要及时翻袋,并同时打开门窗通风散热,以防烧菌。精心管理 25～30 天即可发好菌丝,其标准是一拍即响,菌丝浓白,手掰成块,大多出现菇蕾。

(2)出菇管理:将菌袋两头松开,适量通风,以供给菇蕾新鲜空气,并每天向地面、墙壁、空间喷少量雾状水,使空气相对湿度保持在 85%～90%。温度低时,子实体易干,料内水分易损失,影响产量;湿度过高时,子实体易腐烂,喷水时切记不要直接喷洒在子实体上面。随着菇体的生长,要适当加大通风量。

(3)提高产量的措施

①温差刺激法:在平菇子实体形成阶段,每天给予 7～12 ℃ 的温差刺激,可促使出菇提早,子实体发育整齐。方法是:白天盖膜保温,晴天傍晚或早晨揭膜露床,通过降温加大温差,并结合高温浇水诱导出菇。

②高温刺激法:先将菌床(或菌袋)敞开干燥 1～2 天,然后连续进行重喷水,使菌面上有大量的积水,让菌床(或菌块)慢慢吸收,每天喷水 2～3 次,连续进行 2～3 天。在此期间,一般可敞膜通风。菌床表层培养基含水量以手握有水滴下为宜,最后用棉布吸干料面上的积水,盖上地膜保温,几天后便可现蕾。采取高湿刺激法要具备两个条件:一是菌丝体必须吃透整个培养基,而且必须达到生理成熟,主要标志为吐黄水、结菌膜、菌丝体略呈黄褐色,甚至出现个别菇蕾;二是培养基结块要好,不能过于松散。

③光照诱导法:在菇房种植平菇,子实体在形成时,需要一定的散射光。平菇播种后宜在黑暗条件下发菌,待菌丝发好后再曝光可诱导出菇。在缺少光照时,用电灯照射也有

很好的刺激作用。

④覆土出菇:采完头潮菇后,应清除老菌皮,脱去塑料袋,把菌袋切成两段,截面朝上放入深 40 厘米、宽 100 厘米、长度不限的坑内。菌块间的空隙用营养土填实,用 1% 的复合肥、1% 的磷酸二氢钾、0.5% 的尿素、97% 的水配成营养液浇入菌块通气孔内,并浇透土壤,以存水不下渗为宜。然后盖上薄膜和草帘,保温保湿。菌丝恢复生长后,又可长出新菇蕾。采完二潮菇后,补充营养液和水分,盖薄膜和草帘,还可收 3~4 潮菇。玉米芯栽培平菇的生物转化率一般在 180% 以上。

4.常见病虫害及其防治

随着食用菌专业化、规模化、周年化生产的发展,食用菌的病虫害也日趋严重。危害平菇的杂菌主要有绿霉、毛霉、曲霉、根霉、细菌性褐斑病菌等,生产中主要防治绿霉和细菌性褐斑病菌。

绿霉是侵害食用菌最严重的一种杂菌,凡是适合食用菌生长的培养基,均适宜绿霉菌丝的生长。培养料灭菌不严格、接种时消毒不严格、出菇期环境卫生差,均能引起绿霉。

绿霉的防治方法如下:①培养基内的水分应控制在 60%~65%,过高的水分极易引发绿霉繁殖。②保持环境清洁干燥,无废料和污染料堆积。保持出菇场所的卫生,菇棚保持通风,适当降低空气湿度,减少浇水次数,防止菌棒长期在高温环境下出菇,应干湿交替。③及时采菇,摘除残菇、断根和病菇,清除污染菌棒。④用绿霉净或立信菌王注射绿霉处。

其他病害的防治与绿霉的防治方法基本相似,只是用药有所不同。另外,在操作过程中,工具和手要用酒精或高锰酸钾溶液严格消毒。

危害平菇的主要虫害有多菌蚊(又称"菇蚊"或"菇蛆")、瘿蚊、粪蚊、蚤蝇、果蝇、家蝇、食丝谷蛾、夜蛾、螨虫、线虫。它们主要在 3—6 月、11—12 月繁殖,在温度适宜的情况下,卵期为 5~7 天,幼虫期为 10~15 天,在料中取食、产卵、孵化,繁殖率极高,对平菇生产的危害极大。

虫害的防治方法如下:①清除周围杂草、垃圾,保持菇棚周围环境卫生;②清除废料,使其远离菇棚;③用菇虫净、阿维菌素、菇净、敌菇虫、高效氯氰菊酯喷洒或注射。

(二)双孢蘑菇

1.概述

双孢蘑菇又叫"白蘑菇""洋蘑菇"等,属担子菌纲、伞菌目、蘑菇科、蘑菇属。它是世界上栽培历史最悠久、栽培区域最广、总产量最大的食用菌。目前,世界上有 70 多个国家栽培双孢蘑菇,其产量占食用菌总产量的 60% 以上。

双孢蘑菇的人工栽培起源于法国,距今已有 300 多年的历史。20 世纪初,法国人用组织分离法成功获取双孢蘑菇菌种,从此蘑菇的人工栽培技术从法国传到英国、荷兰、德国、美国,并扩大到世界各地。20 世纪 50 年代,荷兰、美国、德国、意大利等国相继实现了双孢蘑菇的机械化和工厂化生产。1936 年,西欧约有 10 个国家栽培双孢蘑菇,年产量约为 4.6 万吨;1976 年,全世界有 80 多个国家和地区栽培双孢蘑菇,鲜菇年产量为 67.5 万吨;目前,已有 100 多个国家在进行双孢蘑菇生产,鲜菇年产量超过 300 万吨。

我国的双孢蘑菇栽培始于 20 世纪 20—30 年代,当时主要在上海虹桥一带栽培。自 1958 年由牛粪代替马粪栽培成功后,双孢蘑菇的栽培面积迅速扩大。后来,随着培养料两次发酵技术及杂交菌株的选育,双孢蘑菇的栽培面积进一步扩大。至 20 世纪 90 年代中期,山东某公司引进国外设备和技术,实现了双孢蘑菇的工厂化、立体化、规模化、标准化、自动化周年生产,栽培技术达到了国际先进水平。在我国,双孢蘑菇的主要生产省份有福建、山东、广东、上海、浙江、江苏、四川等,福建省是双孢蘑菇生产大省,生产量占全国生产量的50%以上。目前,我国双孢蘑菇的栽培规模仅次于美国,名列世界第二。

蘑菇的蛋白质含量是菠菜、白菜等蔬菜的两倍,与牛乳相当,但脂肪含量仅为牛乳的1/10,比一般蔬菜的含量还低。其热量比苹果、香蕉、大米、猪肉及啤酒还低,所含不饱和脂肪酸占总脂肪酸的74%~83%;含有人体必需的8种氨基酸、维生素 B_1、维生素 B_2、维生素 C 及磷、钠、锌、钙、铁,是一种高蛋白、低脂肪、低热量的保健营养食品;含有胰蛋白酶、麦芽糖酶、酪氨酸酶等。

双孢蘑菇的肉质细嫩,味鲜美,蛋白质含量高,营养丰富。据测定,每100克鲜菇中,含蛋白质3.58克、糖类7.38克、脂肪0.58克、纤维素1.18克、灰分1.2克。灰分中含磷150.8毫克、钾380.3毫克、钙13.7毫克、铁3.6毫克,还含有多种微量元素和维生素。

栽培双孢蘑菇的原料丰富、取材方便、价格低廉。其原料大多是农、林副业的下脚料和畜禽粪等。因此,栽培双孢蘑菇投资少、效益高,是发展农村副业、充分利用闲散劳动力、增加农民收入、发展农村经济的重要途径。

2.双孢蘑菇的形态结构

双孢蘑菇是由菌丝体和子实体构成的。双孢蘑菇栽培所使用的"菌种",就是它们的菌丝体。其主要功能是从死亡的有机质中分解、吸收、转运养分,以满足菌丝增殖和子实体生长发育的需要。在食用菌生产中,菌丝体充分生长是获得丰收的物质基础。双孢蘑菇子实体菌盖伞状、圆正,肉质肥厚,洁白如玉,表皮光滑,味道鲜美;菌肉白色;受伤后变为浅红色;菌褶密集、离生、窄、不等长,由菌膜包裹;菌盖开伞后才露出菌褶,并逐渐变为褐色、暗紫色,菌褶里面为子实层;菌柄短,中实,白色。子实体成熟开伞后散发担孢子,未成熟的担孢子为白色,逐渐变为褐色;担孢子圆形,光滑。

3.双孢蘑菇的生活史

双孢蘑菇属次级同宗结合菌类,其生活史比较特殊。每个担孢子内部含有两个不同交配型核("+""-"),称为"雌雄同孢"。担孢子萌发后形成的是多核异核菌丝体,而不是单核菌丝体。这种异核菌丝体不需进行交配便可发育成子实体,子实体菌褶顶端细胞逐渐长成棒状的担子,担子中的两个核发生融合进行质配,进而核配形成双倍体细胞,随后进行一次减数分裂和一次有丝分裂,产生四个核,四个核两两配对,分别移入担子柄上,便可形成两个异核担孢子,至此,完成了双孢蘑菇的生活周期。因为双孢蘑菇产生的孢子中,除多数含有两个异核("+""-")孢子外,还产生同核("+""+"或"-""-")孢子,同时也产生单核("+"或"-")孢子,不同的孢子萌发后,形成双孢蘑菇生活史中的不同分支。同核孢子和单核孢子萌发后都形成同核菌丝体,不同性别的同核菌丝体经质配形成异核菌丝体,异核菌丝体在适宜条件下形成子实体,子实体成熟后又产生不同类型的孢子。

4.双孢蘑菇的生活条件

双孢蘑菇的生活条件包括营养条件和环境因素两方面,而蘑菇的不同发育阶段所要求的生活条件又有所差异。

(1)营养:营养是双孢蘑菇生长的物质基础,只有在丰富而合理的营养条件下,蘑菇才能优质高产。双孢蘑菇所需营养主要有碳源、氮源、无机盐和维生素。

双孢蘑菇能利用的碳源很广,包括各种单糖、双糖、纤维素、半纤维素、果胶质和木质素等。单糖类可直接被菌丝吸收利用,复杂的多糖类需经微生物发酵,分解为简单糖类才能被吸收。双孢蘑菇可利用有机态氮(氨基酸、蛋白胨等)和铵态氮,而不能利用硝态氮。复杂的蛋白质也不能被直接吸收,必须转化为简单有机氮化合物后,才可作为氮源利用。

双孢蘑菇生长不但要求丰富的碳源和氮源,而且要求两者的比例恰当,即有适宜的碳氮比(C/N)。实践证明,适合子实体分化和生长的 C/N 为(30～33)∶1,因此,堆肥最初的C/N 要按(30～33)∶1 进行调制。经堆制发酵后,由于有机碳化合物分解释放出 CO_2,使C/N下降,发酵好的培养料的 C/N 为(17～18)∶1,正适合蘑菇生长。

双孢蘑菇所需的无机盐种类很多,其中有大量元素磷、钾、钙、镁、铁,也有微量元素铜、锌、钼、硼、钴等。

除以上主要营养成分外,菌丝生长和子实体形成还需生长素类物质。试验证明,维生素 B_1、萘乙酸、三十烷醇都有刺激菌丝生长和子实体形成的作用。

微量元素和生长素类物质虽是蘑菇生长不可缺少的物质,但因蘑菇对这两种物质的需求量极少,培养料主辅料中的含量即可满足蘑菇的需要,故不必另外添加。

在双孢蘑菇栽培中,常以作物秸秆、壳皮、畜禽粪等富含纤维素的物品作为碳源,由麸皮、米糠、玉米粉和饼粉、尿素等提供氮源,添加的石膏、碳酸钙、磷肥等可以满足蘑菇对各种无机盐的需求。

(2)环境条件:影响双孢蘑菇生长的环境条件主要有温度、水分、空气、光线和 pH 值。

①温度:温度是最活跃的影响因素,但双孢蘑菇的不同品种和菌株,在不同发育阶段要求的最适温度范围有很大差异。一般而言,菌丝生长阶段要求温度偏高,菌丝生长的温度范围为 6～34 ℃,最适生长温度为 24～26 ℃。因品种温型不同,最适温度也有所不同。温度偏高,菌丝生长快,但菌丝稀疏、细弱,易早衰。在培养菌种的过程中,若温度过高,易出现菌丝吐黄水现象。但温度也不能太低,低于 3 ℃菌丝便不能生长。温度为 10 ℃左右时菌丝生长缓慢,生长周期长,菌龄不一致。只有在最适温度范围内,菌丝才会长速适中、健壮、生命力强。

子实体发生和生长的温度范围为 6～24 ℃,以 13～16 ℃最适宜(温型不同有一定差异)。温度高于 18 ℃时子实体生长快、出菇密,但朵型小,组织松软,柄细而长,易开伞;温度低于 12 ℃时,子实体生长慢、出菇少、个体大、质量好,但产量低;温度低于 5 ℃时,子实体便不能形成。

担孢子的萌发温度为 18～27 ℃,以 20～24 ℃最适宜。

②水分和湿度:水分指培养料的含水量和覆土中的含水量,而湿度是指空气中的相对湿度。培养料的含水量以 60％～65％为宜,若低于 50％,菌丝常因水分供应不足而生长缓慢,菌丝稀疏、纤细,子实体也因得不到足够的水分而形成困难。若培养料含水量过大,则会导致通气不良,菌丝体和子实体均不能正常生长,并易感染病虫害。

菌丝生长阶段要求环境空气适当干燥,空气湿度为 75％左右。空气湿度超过 80％时,蘑菇易感染杂菌。子实体生长要求的适宜湿度为 80％～90％。湿度长期超过 95％可引起菌盖上积水,易发生斑点病。若湿度低于 70％,菌盖上会产生鳞片状翻起,菌柄细长而中空;低于 50％时停止出菇,原有幼菇也会因干燥而枯死。

③空气:双孢蘑菇是好气性菌,在生长发育的各个阶段都要通气良好,且对空气中二氧化碳的浓度特别敏感。菌丝生长期适宜的二氧化碳浓度为 $0.1\%\sim0.3\%$;菌蕾形成和子实体生长期,适宜的二氧化碳浓度为 $0.06\%\sim0.2\%$。当二氧化碳浓度超过 0.4% 时,子实体不能正常生长,菌盖小,菌柄长,易开伞;当二氧化碳浓度达 0.5% 时,出菇停止。因此,在双孢蘑菇栽培过程中,一定要保证菇房空气流通而清新。

④光线:双孢蘑菇与其他菇类不同,它整个生活周期都不需要光线。在黑暗的条件下,菌丝生长健壮浓密,子实体朵大、洁白、肉肥嫩,菇形美观。

5.双孢蘑菇的栽培技术

双孢蘑菇的栽培方式有床架式栽培、箱式栽培、地畦式栽培等。既可在室内栽培,也可在室外大棚栽培。

(1)床架式栽培

①培养料配制:培养料的好坏直接关系到蘑菇栽培的成败和产量高低。蘑菇培养料目前有粪草培养料和合成培养料两大类。

a.粪草培养料:我国目前栽培的蘑菇多数采用粪草培养料,铺料厚度以 15 厘米计,则每 100 平方米的栽培面积需要 4500 千克培养料,可采用粪草比例为 1.5∶1 或 1∶1 两种配方。配方一:干牛粪 58%、干稻麦草 39%、过磷酸钙 1%、尿素 0.5%、硫酸铵 0.5%、石膏 1%,按此配方约需干牛粪 2600 千克、稻麦草各半共 1800 千克、过磷酸钙 45 千克、尿素 23 千克、硫酸铵 23 千克、石膏 45 千克,C/N 约为 31.6∶1。配方二:干牛粪 47.5%、干稻麦草 47.5%、菜籽饼 4.5%、尿素 0.5%、石膏 1%,按此配方需干牛粪约 2100 千克、干稻麦草各半共 2100 千克、菜籽饼 200 千克、尿素 25 千克、石膏 45 千克,C/N 为 33∶1。

下面介绍两种国外的粪草培养料配方。美国马厩肥堆料配方:马厩肥 80 千克、鸡粪 7.5 千克、啤酒糟 2.5 千克、石膏 1.25 千克。荷兰马厩肥堆料配方:马厩肥 1000 千克、鸡粪 100 千克、石膏 25 千克。

b.合成培养料:合成培养料是不用粪肥或少用粪肥配制的培养料。目前,合成培养料在日本、美国、韩国及英国已相当普及,是蘑菇生产的主要培养料。合成培养料以稻草或麦秆为主要材料,配以含氮量高的尿素、硫酸铵或饼肥等。在配制合成培养料时,不宜只采用一种氮肥,因为堆肥的腐熟是多种微生物共同发酵的结果,不同种微生物需要不同的氮源。在配制培养料时还需添加一定量的磷、钾、钙等营养元素。由于合成培养料的腐熟比粪草培养料慢,尤其是小麦秆、玉米芯等不易腐熟,因此还需添加微量元素加速麦秆等的腐熟,同时还可为培养料增加营养成分。

我国采用合成培养料的配方较多,下面举例说明。配方一:每 100 平方米栽培面积用稻草 2250 千克、尿素 18.5 千克、过磷酸钙 22.5 千克、石膏粉 45 千克、碳酸钙 22.5 千克,C/N 为 33∶1,经二次发酵后,播种前 C/N 为 18∶1,pH 值由 8.3 左右降至 7.3 左右。配方二:稻草 100 千克、尿素 1 千克、硫酸铵 2 千克、过磷酸钙 3 千克、碳酸钙 2.5 千克。

国外的合成培养料配方也很多,现举例如下:

日本配方:稻草 1000 千克、石灰氮 10 千克、尿素 5 千克、硫酸铵 13 千克、硫酸钙 30 千克、过磷酸钙 30 千克。

美国兰伯特式配方:小麦秆或黑麦秆 1000 千克、血粉 40 千克、马粪 100 千克、尿素 10 千克、过磷酸钙 40 千克、碳酸钙 20 千克、细土 500 千克、水 2500 千克。

美国辛登式配方:麦秆 1000 千克、豆秸 1000 千克、干啤酒糟 75 千克、石膏 50 千克、硝酸铵 30 千克、氯化钾 25 千克。

韩国配方:稻草 1000 千克、鸡粪 100 千克、尿素 12～15 千克、石膏 10～20 千克。

②培养料堆积发酵:堆积发酵是将配方中的各种材料混合在一起,使其腐熟发酵的过程。其目的为:使各种好热性微生物在堆料中繁殖,把培养材料中的纤维素、半纤维素、木质素分解为蘑菇菌丝可以利用的化合物;所加入的氮素营养物质被各种微生物利用后,变成微生物的蛋白质,当微生物死亡后,菌体也就成了蘑菇可利用的有机氮;发酵过程中释放的热可以杀死料中的病虫杂菌;经过发酵,堆料变得柔软、疏松、通气,具有优良的物理状态。

a.堆料前的准备:粪肥应晒干,不要淋雨,若来不及晒干,则可挖坑倒入,拍紧,密封。用干粪堆积效果好,牛粪最好晒至半干时粉碎成粉状,再晒干透。稻草、麦秆等材料需选用新鲜、无霉烂的,使用前须切割成 20～30 厘米长的小段,以便其吸水,也便于翻堆。

b.培养料的二次发酵:蘑菇培养料堆积腐熟发酵一般分两个阶段进行:前发酵,又称"一次发酵"或"室外发酵";后发酵或称"第二次发酵",因其通常在室内进行,又称为"室内发酵"。

前发酵:采用粪草培养料的,前发酵时间较长,需 15～20 天;采用以稻草为主的合成培养料的,前发酵时间需 10～15 天。以麦秆为主的培养料,发酵时间较长。

麦草吸水力差,应浸泡 2～3 天;稻草吸水快,只浸泡 1 天即可。干粪在堆制时要用水调湿润,使用的粪和草均需先预湿。

堆料时,先铺一层厚 20 厘米的草料,草上铺 5～6 厘米厚的粪,其上再铺 20 厘米厚的草,草上铺 5～6 厘米厚的粪。这样一层草一层粪层层相间地堆积起来。第一层粪草不需要浇水,以后每铺一层粪一层草后,补浇清水或人畜粪尿。下层少浇,上层多浇。料堆不要过宽,否则操作不便,且透气性差,料温难以提高;料堆过窄,则可能使料温过高,将一些微生物杀死,对发酵不利。

料堆最好放在荫棚下,免受日晒雨淋。培养料堆积后也应覆盖草帘,以利于保温保湿。但一般不宜用塑料薄膜紧贴培养料覆盖,否则,料堆通气不良,会处于厌氧状态,使料堆内材料变黏。在露天堆料时,下雨前需用薄膜作为临时避雨棚。

培养料堆积发酵后,需经几次翻堆。翻堆是定时将堆积的粪草抖松拌和,把位于料上面和周围的粪草翻到下面或中间去,而把下面或中间的粪草翻到上面或外围来,使堆积的培养料发酵均匀、一致。有条件的地方也可用翻堆机翻堆。不同部位的粪草发酵得很不均匀,料堆最外层氧气虽然充足,但水分散失多,培养料分解较差;在料堆中心部位,由于缺氧,培养料不能很好地分解;在料堆底层的培养料积有较多的二氧化碳,培养料呈酸性,会发黏发臭。只有外层至中心部分发酵最好。因此,通常应进行三次以上的翻堆。

翻堆的作用如下:改善料堆各部位的发酵条件,防止料堆中央部位特别是中央底层长期处于厌氧状态;排出堆内废气,增加新鲜氧气,缩短发酵时间;调节水分;检查发酵状况,便于分次加入添加材料。

堆料后,次日堆温便开始上升,开始时为 40～50 ℃,是一些嗜温性微生物(主要是一些细菌)在活动;4～5 天后温度上升到 65～75 ℃时,是一些嗜热性微生物(主要是嗜热放线菌)在活动。一般当堆温上升到最高点并开始下降时,即应进行一次翻堆。堆温由微生物分解物质时释放出来的热能维持,如果堆温开始下降,说明堆内物质的分解作用已减弱,此时翻堆能及时补充堆内的氧气和水分,使微生物的分解作用在新的条件下继续进行,加速培养料分解和腐熟。高温能杀死粪草料中的病菌孢子和虫卵,但长时间高温,一些嗜热性放线菌也会旺盛地繁殖起来,就会耗损大量可溶性养分。每次翻堆的时间随着材料的发酵腐熟逐渐递减,通常进行第一次翻堆的时间是上堆后的6~8天,进行第二次翻堆的时间是第一次翻堆后的5~7天,第三次翻堆是第二次翻堆后的4~5天。第一次翻堆要加足水分,并加入尿素和石膏粉;第二次翻堆只对料干部分适当加水,不宜加水太多,此次还需加入硫酸铵及过磷酸钙;第三次翻堆主要调节水分及酸碱度。

后发酵:国内目前采用的后发酵方法有两种,即固定床架式后发酵和就地式后发酵,后者就是将前发酵的料就地建堆后发酵,但以前者为主,将培养料移入菇房后再一次发酵。通常前发酵以化学反应为主,要求高温快速;后发酵则是生物活动过程占优势,要求控温、控湿、通气。

后发酵过程分两个步骤进行:首先,将经前发酵的培养料搬入菇房床架上,关闭门窗,升温至58~60 ℃,维持6~8小时,即巴斯德消毒,以进一步杀死料中的虫卵和病害、杂菌。然后,通风降温,在12小时内逐步将料温降至48~53 ℃,维持3~5天,促使一些有益微生物生长,将培养料转化为易被蘑菇菌丝吸收和利用的物质;同时,还能刺激竞争性杂菌生长而抑制蘑菇菌丝生长的氨气挥发,因为氨气在50 ℃以上或40 ℃以下挥发速度明显减慢。控温发酵还可减缓易被细菌和真菌利用的碳水化合物的降解,而不至于降低培养料的活性。

后发酵过程中的有益微生物大体可分为嗜热细菌(最适生长温度为50~60 ℃)、嗜热放线菌(最适生长温度为50~55 ℃)和嗜热霉菌(最适生长温度为45~53 ℃)三类。它们在料内繁殖的顺序为细菌—放线菌—真菌。首先细菌大量繁殖,利用培养料中易降解的碳水化合物,产生黏滑的物质即多糖类,这是蘑菇生长所需的重要碳源。接着放线菌繁殖,降解纤维素和半纤维素,并利用氨、胺和酰胺作为合成细胞物质的营养,同时释放出蘑菇菌丝生长所需的生长因子,如维生素等。最后一些非分解纤维素的霉菌协同放线菌进行氨的转化,有些还用细菌作养料,合成自身物质。其中,以放线菌最具活性。通过后发酵,培养料由棕色变成深褐色,料松软,不黏稠,含水量为65%~68%,含氮量为1.8%~2%,C/N为(18~20):1,pH值为7~7.5,含氨量为0.04%或更少。

影响后发酵的主要因素是温度、培养料含水量、氧气等。温度是后发酵过程中的首要因子,必须设法达到所要求的温度,以培养料的温度为标准。由于后发酵需消耗和散失较多的水分,故培养料含水量应较高,为70%左右,在前发酵最后一次翻堆时调节。用蒸汽加热,培养料含水量应为71%~73%,后发酵结束时其含水量为67%~71%。采用室内炭火直接加温法,后发酵时培养料含水量应为70%~72%;采用炭火及蒸汽加温法,则培养料含水量应为65%~68%;采用塑料棚保温法,培养料含水量以65%为宜。

后发酵中料内的有益微生物一般好氧,室内应有空气,因此后发酵时期应适当开启门窗或敞开薄膜通风,以促进有益微生物活动,抑制厌氧细菌繁殖,制成有选择性的培养料。

后发酵的关键措施是加温和控温。将经过前发酵的培养料调节到一定温度后,搬入室内,然后通入蒸汽,进行加温和控温。我国目前许多地区在生产上进行后发酵的加温方法是炉火烧旺后将门窗紧闭密封,使温度逐渐上升,达到60 ℃时维持6~8小时,然后拿掉部分炉子并适当开窗,将温度降到 48～53 ℃,保持 4～6 天。每天在高温时进行 2～3 次通风换气,每次 10～15 分钟。通风换气可避免二氧化碳以及其他有害气体过多,影响发酵。露天式后发酵是利用堆肥在完成前发酵后,再建后发酵堆。建堆时,在料堆底部中心建一道通气小道,料堆上面用草片覆盖,夜间、雨天再在料堆顶部加盖塑料薄膜,其内用竹片支撑,使其与料面有 15～20 厘米的距离。在建堆的第二天,料的中心温度达到 60～65 ℃时,保持 2 小时,揭开覆被草片,并在料上按 15 厘米×15 厘米的距离打一个直径为 5 厘米的小孔,用来控制通气量,以便调节温度,使温度维持在 5 ℃左右。

双孢蘑菇培养料后发酵的优点是可提高蘑菇的产量和质量,一般可提高 20％～40％,有时可提高 1 倍以上;生产的子实体品质好,菇形正,肉厚,柄粗,不易开伞,一级菇比例大。对培养料进行后发酵,由于高温放线菌等有益微生物的活动,可形成多种可供蘑菇菌丝直接吸收利用的维生素和氨基酸;后发酵将培养料在 60 ℃下处理 2 小时,可以把料中的虫卵、幼虫等害虫杀死,使病虫来源大大减少,可不用或少用农药防治,减轻农药污染。

③菇房的消毒灭菌:将适度腐熟的培养料尽快搬入菇房,先填入最上层床架,从上到下,逐床填入,填料的厚度为 16～20 厘米。填料完毕,即关闭门窗,用甲醛或硫黄粉熏蒸消毒 24 小时,操作方法与空菇房消毒相同。

④培养料的翻动:当培养料经后发酵消毒或用农药熏蒸消毒后,要进行一次翻料,即将铺在菇床上的培养料上下翻动一次,把料抖松,并打开门窗,进行一次大通风。通风及抖松料的目的是将料在消毒发酵过程中产生的二氧化碳、乙醛、乙烯等各种有害气体彻底排除,使料内进入较多的新鲜空气,有利于接种后菌丝在料中迅速生长,同时翻匀后可使料层厚薄一致,保持 15～18 厘米厚,这样料面平整,床面喷水时受水量也均匀,可避免床面凹陷处积水。

⑤播种

a.播种前的准备:菇房经熏蒸消毒或室内发酵后,要打开门窗及排风筒,及时进行翻料,排除药液气味或热气。若培养料偏湿或料内氨气过浓,可在料面喷 2％～3％的甲醛溶液,随后密闭一夜,次日打开门窗通风后再翻料一次,加以清除。播种前需先测量料温,温度超过 30 ℃时可再翻料一次进行降温,待培养料温度下降至 28 ℃以下时才可播种。

播种前要对菌种质量进行检查,选用优质菌种。优质菌种的标准是纯度高,菌丝浓密、旺盛、生命力强,粪草种的培养基呈红棕色,有浓厚的蘑菇香味,不吐黄水,无杂菌虫害。

b.播种时间:目前,我国的双孢蘑菇栽培主要是利用自然气温进行生产,因此播种时间的选择十分重要。由于蘑菇菌丝生长阶段要求较高温度,子实体发育时要求较低温度,因此我国各地一般都进行秋播或深秋播。长江流域各省多数在 9 月上中旬温度在 28 ℃以下时播种,10 月中下旬开始采收,12 月秋菇采收结束,至次年 3 月气温回升,又可出菇,至 5 月春菇采收结束。珠江流域各省秋季气温较高,冬季不冷,一般在秋末播种,初冬开始采菇,冬春季连续出菇,没有间歇。如福建在 10 月下旬播种,11 月中下旬开始采菇,4 月至 5 月上旬采菇结束。华北地区一般在 8 月下旬播种。

c.播种规格:播种量因菌种培养料的不同而有较大差异。每瓶(750 毫升蘑菇菌种瓶)粪草菌种播 0.28～0.33 平方米,麦粒菌种播 1.33～1.67 平方米。

为了使菌种尽量全面萌发,菌丝在培养料表面应占有优势,减少杂菌污染。一般穴播采取"小株密植"方式,株行距由 10 厘米×10 厘米改为 8 厘米梅花形,深度为 5 厘米。目前,新法播种采用混播加撒播方式,即先以 2/3 的菌种撒在培养料表面后,将菌种翻入料中 5 厘米与培养料混合,再将剩下的 1/3 菌种撒在料面上。无论选用哪种方法播种,为防止杂菌污染,所用工具及操作人员的手都要严格消毒,菌种瓶表面及瓶口均用 0.1% 高锰酸钾溶液消毒,近瓶口的一层菌种不能用。

　　d.播种后的管理:播种三天后,为使菌种与湿料接触,易于萌发,一般情况下要关闭门窗,仅用背风地窗少量通风,潮湿天气可打开门窗通风。三天以后,当菌丝已经萌发并开始长出培养料时,菇房通风应逐渐加大。若气温在 28 ℃以上,为防止高温影响室内温度,可在中午关闭门窗,只开北面地窗,同时注意夜间通风,雨天多开门窗通风。播种 5～7 天后,菌丝已经长到培养料中,为了促进菌丝向料内生长,抑制杂菌发生,需加强通风,降低空气湿度。

　　播种 7 天后要进行检查,若发现杂菌及病虫害,应及时处理。若发现培养料过湿或料内有氨气,为了使菌丝长入料内,可在床架反面打洞,加强通风,散发水分和氨气。

　　⑥覆土:蘑菇培养料经过发菌,床面有时高低不平,覆土前要把料面抹匀拍平。覆土对蘑菇的发育有重要的作用,及时覆土是使双孢蘑菇获得高产的重要措施。

　　a.覆土的选择:目前,我国双孢蘑菇栽培时所用的覆土,根据土粒的大小,分为粗土与细土。粗土直径为 2 厘米左右,以壤土为好,要选毛细孔多、有机质含量高、团粒结构好、持水量大,且含有一定的营养成分的土壤作覆土材料,以利于蘑菇菌丝穿透泥层生长。菇房每平方米床面约需粗土 35 千克。细土直径约为 0.5 厘米,如黄豆大小,每平方米床面需细土 20 千克左右,以稍带黏性的土壤为宜。因床面的泥层上经常喷水,稍带黏性的土粒喷水后不会松散,也不会造成床面板结;若细土选用沙性土,床面喷水后泥粒变得松散,将造成床面泥层板结,直接影响土层的通气性,不利于菌丝的生长,也不利于子实体的形成。

　　b.覆土的时期与方法:适宜的覆土时期是根据料层菌丝的深度来决定的,当菌丝大部分都已伸展到床底时,便是覆土的适期。先覆粗土,隔 7～10 天再覆细土。根据一般高产菇房的经验,覆粗土 7 天左右便应及时覆细土。覆细土后 10 天左右,便能见到菌蕾,所以覆粗土后约经 20 天便可出菇。

　　覆土的厚度:若采用粗土加细土的方法,则粗土覆 2.5～3 厘米厚,细土覆 1 厘米厚;若采用全部覆细土的方法,则覆土厚度在 3.3 厘米左右。

　　覆土的具体方法:先覆一层粗土,铺满料面,以不见料为标准,再用中土(介于粗土与细土之间的土粒)填满粗土的缝隙,以防止调水时水分渗入培养料内,造成料内菌丝萎缩,最后铺上一层薄细土。

　　c.覆土的处理:为了防止覆土中带入病虫,一定要杀灭覆土中的杂菌及虫卵。

　　d.覆土层的调水:用干的粗土,覆土三天内调足粗土水分。喷水采用轻喷勤喷、循环喷水的方法,不可一次喷水过多,以防止水分流进大料中,妨碍菌丝生长。调水的具体标准是粗土已无白心,质地疏松,手能捏扁土粒,手捏黏手,此时粗土的含水量在 20% 左右。

　　⑦出菇管理:双孢蘑菇从播种到开始采收,一般需要 35～40 天。长江流域各省于 9 月上旬播种后,从 10 月中下旬开始采收到 12 月下旬秋菇期间一般可收 5 潮(批):第一、二、三潮出菇集中,两潮菇的间隔期为 7 天左右;第四、五潮及春菇出菇不集中,产量减少。秋菇产量占总产量的 70% 左右。

出菇期间的管理工作主要有水分管理、通风换气、挑根补土及追肥等。

a.水分管理

床面喷水：覆细土后10天左右，扒开上层细土，看到许多绿豆大小的白色小菌蕾时，就要及时喷一次"重水"，称为"结菇水"，每天喷一次水，每次用量为1千克/米²，连续喷2～3天，总的用水量为2.5～3.2千克/米²。喷水可增加细土湿度，同时也可使粗土上半部得到水分，促使菌蕾迅速形成和长大，并使粗土层的菌丝粗壮有力。当菌蕾普遍形成并已长到黄豆大小时，需及时喷第二次"重水"，称为"出菇水"，方法与第一次"重水"相同，用量较第一次稍重，总的用水量为2.7～3.6千克/米²。再次加大细土的湿度并使粗土得到水分，促使子实体迅速长大出土，这样出菇多、均匀，转潮（批）快。除了喷"重水"期间，其余时间每天喷水一次，气候干燥时可喷两次，每次用水量为0.25～0.36千克/米²。前三潮菇出菇间隔时间一般称为"落潮"，此时应减少喷水，每天喷一次，每次喷0.2千克/米²。前三潮菇生育期间气温较高，喷水时间最好在早、晚。

喷水力求均匀，雾点要小，喷头要提高一些，并稍有倾斜，以减少对小菇的冲击。喷水后尽量多开门窗，不喷"关门水"，避免菇房闷热，使菌丝老化或者滋生杂菌。采菇前应喷水，以防止手捏处菌丝发红，影响质量。

空气湿度的调节：秋菇前期温度较高，出菇多，空气相对湿度应达到90%～95%。若气候干燥，除床面适当多喷水外，还需要在走道空间、墙壁和地面喷水，以提高空气相对湿度。若菇房内空气相对湿度过低，子实体生长缓慢并容易产生鳞片和"空根白心"现象。但空气相对湿度也不宜超过95%，否则影响菌丝生长，并容易产生杂菌、锈斑等病害。采菇高峰过后，气温渐低，空气相对湿度可低一些，达85%～90%，空中、地面不再喷水。

春菇后期温度较高，蒸发量大，应增加菇房内的相对湿度。若气候干燥，仍需在走道空间、墙壁和地面喷水，并加强通风，降低室内温度。也可采用喷水机来完成喷水。

b.通风换气：秋菇前期菌丝生长旺盛，出菇多，会放出大量的二氧化碳，需要加强通风，保持菇房内空气新鲜；但此时气温较高，又需保持较高的空气湿度。因此，菇房主要在早、晚或夜间通风。

春季气温尚低时，通风在中午气温较高时进行，以利提高菇房温度。4—5月气温上升，宜在早、晚和夜间通风，以免热空气进入室内，提升菇房温度。

c.清除老根、死菇，及时补土：每次采收以后，菌床上遗留下的老根、死菇，要及时清除干净，因为老根已失去吸收养分和出菇的能力，且占据空间，使下面的菌丝生长受到影响，有碍出菇。时间长了，老根、死菇腐烂，容易引起病虫危害。同时要把采菇时带走的泥土用较湿润的细土重新补上，保持原来的厚度。

⑧采收：当蘑菇长到标准大小时，应及时采收。如果采收过晚，不仅会影响质量，还会影响下面小菇的生长。蘑菇旺盛期，应该采取菇多采小、温高采小、质差采小的方法，以保证蘑菇质量。用作鲜销的蘑菇，可以采得稍大些，但也不能开伞，否则会降低其商品价值。旺产期一般每天采收两次，以保证质量。采菇前不能喷水，否则采时手捏菇盖会造成菇盖发红。

采收方法不当也会影响蘑菇的产量和质量。菇密时，采菇要用拇指、食指、中指捏住菇盖，轻轻旋转采下，以免带动周围的小菇。多个菇丛生在一起的球菇，采收时要用刀小心地切下大菇，留小菇，不能整个搬动，否则其他小菇都会死掉。秋菇采收第二批后，床面菇稀时,采菇可以直接将菇拔起,这样能同时带出一部分老根。采菇时要经常用湿毛巾将手指上的泥土擦掉,采下的蘑菇应整齐地放入篮中,以免损伤。

蘑菇采收后,随即用小刀把菇柄下端带有泥土的部分削去,加工蘑菇菇柄长短按收购标准要求切削。在削菇时,动作要轻,避免机械损伤,刀要锋利,这样菇柄平整,质量好。削菇后要进行分级,将不同等级的蘑菇分别放置于垫有纱布、棉垫或薄膜的筛或篮中,上面盖上纱布,及时送到收购站交售。

⑨双孢蘑菇绿霉综合防治措施

a.症状及发病原因:该病一般在播种后1~2周内发生,发生该病后菇房内有一股浓浓的霉味;初始时在培养料表面和料内形成白色菌丝,气生菌丝直立于料面上,长达5厘米左右;随后,料内橄榄绿霉菌丝转变为橄榄绿色或褐色的子囊果,大小如油菜籽,着生在培养料上;子囊果绵软,表面凹凸不平,其症状有别于鱼籽菌。该病发生处的培养料发黑、发黏且有很重的霉臭味,发病部位料内的蘑菇菌丝生长受到严重的抑制。通常,发生该病的菇房还伴生有较多的鬼伞和褐色石膏霉。导致该病发生的原因如下:培养料的配方不合理,发酵工艺不科学,播种季节安排不当等。

b.综合防治措施:橄榄绿霉的病原菌主要来自蘑菇的培养料,料的余氨含量高、湿度大、通透性差和环境温度偏高都是诱导该病发生的主要因子。该病一旦发生,就目前而言还没有很好的防治药物。因此,必须围绕蘑菇培养料的整个制备过程来制定该病的综合防治策略。

· 选用新鲜无霉变的材料作培养料,合理地配制培养料的碳氮比,减少化学肥料的投入量,增加生物有机复合肥的用量。

· 根据当地气候条件,科学合理地安排播期和培养料堆制期,起堆前要让培养料吸足水分。

· 改进发酵工艺:提高前发酵的建堆、播堆质量;后发酵巴氏灭菌温度应尽可能地控制在58~62 ℃,尽量不要超过65 ℃,时间也不能太长,以8~10小时为宜;后发酵培养阶段温度不能大起大落,应控制在46~48 ℃,时间应足够,并注意通风供氧,使游离氨转化为菌体蛋白。

· 发酵结束后若培养料含水量偏高、氨味重,则可视情况采用以下方式进行处理:一是封棚进行重新培养,直到合格为止;二是加大通风和翻格的力度,让水分和氨味散去,在料偏干时还可利用甲醛、过磷酸钙等固氨。

· 当绿霉发生以后,应视病害严重程度进行相应处理。若病害少量零星发生,则人工扒除即可;若病害在整床以上大面积发生,则应将病床料重新进行一次巴氏灭菌。

(2)箱式栽培:箱式栽培适合于机械化的三区制(一间发菌室配两间出菇室)周年栽培。培养料的配方、堆制发酵工艺均与床架式栽培法相同。栽培箱的规格要根据机械化的程度、菇房大小及操作便利性进行设计,常用的有40厘米×60厘米×20厘米和50厘米×80厘米×20厘米两种规格。栽培箱可用木、铝合金或硬质塑料等制作,为便于储藏、运输和消毒灭菌,一般都制成统一规格的活动箱。

把发酵并经处理的培养料装入栽培箱,料厚15厘米,播上蘑菇菌种,移入发菌培养室。培养15~17天后,覆上消毒处理过的土粒,调水后再培养15~17天,此时蘑菇菌丝已基本发满培养料,将其移进出菇室。出菇室温度控制在(14±2)℃,空气相对湿度控制在

90%～95%。5～8 天后蘑菇菌丝开始扭结出菇,采收约 60 天结束。采收结束后将栽培箱移到室外,倒掉废料,消毒菇室,再从发菌室移进一批已经培养好菌丝的栽培箱,降温使其出菇,周而复始地连续生产。这种箱式栽培的三区制菇房,还需要装空调等制冷设备,一般每年可种 5 期蘑菇。

(3)畦式栽培:畦式栽培一般多利用林下或者冬闲田进行。在干稻田中,整地做畦,畦宽 1.5 米、高 15～20 厘米,长则根据地形而定,在畦面上撒一层生石灰粉进行消毒。把堆制发酵成熟的培养料铺放于畦上,料厚约 10 厘米,整平后稍压实即可播蘑菇菌种。播种后用竹木材料做成框架,罩在菇畦上,覆盖黑色或深蓝色塑料薄膜。为了保湿和遮光,薄膜上再覆盖一层用稻草、茅草、蔗叶编织成的草帘。

在栽培管理过程中,要定期掀开部分薄膜进行通风换气,并根据天气情况选择中午、下午、清晨或夜间。换气时间的长短应根据菌丝的生长量或畦上蘑菇子实体的多少以及当天的天气情况灵活掌握。

(三)香菇

1.概述

香菇又名"香蕈""香信""香菌",属担子菌纲、伞菌目、口蘑科、香菇属。香菇的人工栽培在我国已有 800 多年的历史,且长期以来使用的都是"砍花法",该方法是一种自然接种的段木栽培法;直到 20 世纪 60 年代中期才开始培育纯菌种,改用人工接种的段木栽培法;20 世纪 70 年代中期出现了代料压块栽培法,后又发展为塑料袋栽培法,使香菇的产量显著增加。目前,我国已是世界上香菇生产的第一大国。

香菇是著名的食药兼用菌,香味浓郁,营养丰富,含有 18 种氨基酸,7 种为人体所必需。香菇是我国传统的出口特产品之一,其一级品为花菇。

2.香菇的生物学特性

香菇由菌丝体和子实体两大部分组成:菌丝体生长在基质中,是香菇的营养器官;子实体外露呈伞状,是香菇的繁殖器官。

(1)菌丝体:由许多分支丝状菌丝组成,白色茸毛状,有分隔和分支,具锁状联合。它的主要功能是分解基质,吸收、运输、储藏营养和代谢物质,当达到生理成熟时,在适宜的条件下,可分化形成子实体原基,进一步发育成子实体。

(2)子实体:单生、丛生或群生,由菌盖、菌褶、菌柄和菌环四部分组成。

①菌盖:又称"菇盖",圆形,直径为 3～15 厘米,幼时半球形,边缘内卷,有白色或黄色的茸毛,随生长而消失,成熟时渐平展,老时反卷、开裂;盖表皮淡褐色或黑褐色,披有暗色或银灰色鳞片,在特殊的条件下,盖表面会龟裂形成花菇。菌肉白色,肉厚质韧,有香味。

②菌褶:位于菌盖下面,呈辐射状排列,密集,长短不齐,呈刀片状,最宽为 2～6 厘米;褶缘平直或呈锯齿状,白色,与菌柄贴生、隔生、弯生或凹生,但通常与菌柄分离,似离生,褶片表面的子实层上生有许多担子,担子顶端一般有四个小分枝,各着生一个担孢子。

③菌柄:菌柄中生或偏心生,侧扁或圆柱形,中实纤维质,直径为 0.5～1.5 厘米,长 2～6 厘米,菌环以上部分较少,白色平滑,菌环以下部分白色或淡褐色,被纤毛,干燥时呈鳞片毛状。

④菌环:初时菌幕完整,菌盖伸展后破裂,菌环顶生,白色丝膜状易消失。

3.香菇的生活史

香菇的一生从担孢子萌发开始到子实体成熟释放孢子结束,大致可分为以下几个阶段:

(1)单核菌丝阶段:由担孢子萌发形成的菌丝是单核菌丝,又叫"初生菌丝"。单核菌丝体内的细胞核都只有一个,所以又叫"同核菌丝体",简称"同核体"。这种菌丝也能生长,但生长势弱,分解、吸收营养的能力和适应环境的能力都低,不具备结实能力。

(2)双核菌丝阶段:两个遗传基因不同的单核菌丝经过异宗配合后,产生双核异核菌丝,这种双核菌丝能独立生长,具有结实能力,在适宜的条件下,产生子实体。

(3)双核菌丝分化形成结实性的次生菌丝:当子实体具备分化形成和生长条件时,培养料内达到生理成熟阶段的双核菌丝就分化形成结实性菌丝。最初互相扭结,形成直径为0.5~1毫米的菌丝团(内部较疏松),后逐渐变大,内部变得很致密。

(4)子实体的生长发育及弹射孢子:菌丝团直径达到1~2毫米时,成为坚固的菌丝团,称为"子实体原基"。原基上半部分组织的生长速度比下半部分组织的生长速度快,而且逐渐下包,这样原基下包的部分扩展成菌盖,而下半部分则形成菌柄。菌盖原基继续向下扩展,其边缘逐渐内卷,最后菌盖边缘和菌柄原基连接起来,接触后菌柄和菌盖的菌丝交织在一起,形成一个封闭的半球形的腔,即菌蕾。菌蕾直径为4~6毫米。在球形腔的腔顶(菌盖内侧),组织呈放射状排列,随后形成幼小的长短不等的菌褶。由于菌盖向外扩和菌柄加粗伸长,菌盖边缘和菌柄之间连接的部分形成覆盖着菌褶腔的菌幕,继而菌盖借外展的力量,胀破菌幕,使菌褶(子实层)完全裸露,此时,子实层上担孢子发育成熟,并有顺序、有节奏地弹射出来。

4.香菇的生活条件

香菇的生长发育条件和其他食用菌一样,包括营养、温度、水分、光线、空气和pH值六大因素。

(1)营养:香菇属于木腐菌,其主要的营养来源是糖类、含氮化合物,以及部分矿质元素、维生素等。

①糖类(碳源):香菇吸收的碳素中有20%左右用于合成细胞物质,有80%左右用于维持生命活动所需的能量而被氧化分解。香菇能利用多种碳源,包括单糖、双糖和多糖。其中,以单糖和双糖最易被利用,其次是多糖中的淀粉。多糖中的纤维素、半纤维素、木质素等虽不能被菌丝直接吸收利用,但可由菌丝分泌的酶分解成单糖而被利用。木糖、甘露糖、核糖等几乎不能被利用,大多数有机酸中的碳源不能被利用,且对生长有害,但在含糖培养料中加入30毫克/千克的柠檬酸,则有明显的增产作用。生产中,香菇的碳源主要是各种阔叶树、木屑、棉籽壳、玉米芯、豆秸等。

②氮源:氮源用于合成香菇细胞内的蛋白质和核酸等,香菇菌丝能利用有机氮和铵态氮,但不能利用硝态氮和亚硝态氮。

在菌丝营养生长阶段,碳源和氮源的比例(碳氮比)以(25~35)∶1为宜,在生殖生长阶段最适宜的碳氮比是50∶1。

③矿质元素和维生素:矿质元素中的硫、镁、钾、磷、锰、铁、锌、钼、钴等可促进香菇菌丝的生长。香菇是维生素B_1的营养缺陷型,维生素B_1对香菇菌丝碳水化合物代谢和子实体形成有重要作用,木屑栽培香菇后期常因缺乏维生素B_1而引起菌丝自溶。适合香菇

菌丝和子实体生长的维生素 B_1 的浓度大约是 100 毫克/千克。

（2）温度：在香菇的整个生长发育过程中，温度是最活跃、最重要的一个因素。孢子萌发的最适温度为 22～26 ℃，以 24 ℃最好。菌丝生长的温度范围为 5～32 ℃，26～28 ℃时生长最快，最适温度为 24～27 ℃；在 10 ℃以下和 30 ℃以上生长不良，在 5 ℃以下和 32 ℃以上停止生长。菌丝抗低温能力强，纯培养的菌丝体，在 -15 ℃环境中 5 天才死亡；在菇木内的菌丝体，即使在 -20 ℃低温下，经 10 小时也不会死亡。

（3）水分：水分是香菇生命活动中不可缺少的重要因素。水分与香菇的关系有两方面：一是培养料中的含水量；二是空气湿度。只有在培养料内含水量适中、空气湿度适宜的条件下，香菇子实体才能正常生长。此时，如果放在潮湿的环境下慢慢滋润，则菇盖会开裂，可以重新生长。所以，空气相对湿度高低是影响花菇能否形成的最关键的因素。

（4）光线：香菇菌丝生长不需要光线，强光会抑制菌丝生长，直射阳光会使菌丝消退。散射光是子实体分化和生长不可缺少的因素，完全黑暗，子实体不能分化，光线弱，香菇子实体柄长、盖色浅。一定的强度有利于花菇的形成。

（5）空气：香菇是好气性真菌，足够的氧气是保证香菇正常生长发育的必要条件。段木内香菇菌丝的生长速度较慢，就是因为段木内氧气不足；在代料栽培中，要注意刺孔增氧和菇房内的通风换气。在香菇子实体生长阶段，一定的风吹有利于花菇的形成。

（6）pH 值：适宜的 pH 值是香菇进行正常生理代谢的必要环境之一。偏酸性的环境适合香菇菌丝生长，菌丝在 pH 值为 3～7 时均可生长，以 pH 值为 4.5～5.5 最适宜；香菇子实体生长发育的最适 pH 值为 3.5～4.5。pH 值在 7 以上时，菌丝生长受阻；pH 值大于9 时，菌丝几乎停止生长。栽培香菇时，栽培料的 pH 值可调到 7 左右，在菌丝生长过程中，菌丝可使料的 pH 值降到适宜的范围内。

影响香菇生长的六个因子在香菇的生长发育过程中是缺一不可的，只有使它们充分协调配合，才能使香菇正常生长。

5.香菇的栽培技术

香菇的栽培方法有段木栽培和代料栽培两种。段木栽培产的菇商品质量高，投入产出比也高，可达 1:(7～10)，但需要大量木材，仅适于在林区发展；代料栽培投入产出比仅为 1:2，但生产周期短，生物学效率也高，而且可以利用各种农业废弃物在城乡广泛发展。

（1）代料栽培技术

①播种期的安排和菌种的选择：目前，我国北方地区的香菇生产多采用温室作为出菇场所，受气候条件的影响大，季节性很强，可分为夏播和冬播。各地香菇播种期应根据当地的气候条件而定。北京地区的香菇生产多采用夏播，秋、冬、春出菇，由于秋季出菇始期在 9 月中旬，所以具体播种时间应在 7 月初，6 月初制作生产种，多选用中温型或中温型偏低温菌株。但是，由于夏播香菇发菌期正好处在气温高、湿度大的季节，杂菌污染难以控制，所以近年来冬播香菇有所发展。冬播一般是在 11 月底至 12 月初制作生产种，12 月底至 1 月初播种，3 月中旬进棚出菇，多采用中温型或中温偏高温型的菌株。

②栽培料的配制：栽培料是香菇生长发育的基质，所以其好坏直接影响香菇的产量和质量的高低，甚至影响香菇生产的成败。由于各地的有机物资源不同，香菇生产所采用的栽培料也不尽相同。

常用的栽培料的配方有以下三种：a.棉籽皮 50%、木屑 32%、麸皮 15%、石膏 1%、过磷酸钙 0.5%、尿素 0.5%、糖 1%，料的含水量为 60%；b.豆秸 46%、木屑 32%、麸皮 20%、石膏 1%、食糖 1%，料的含水量为 60%；c.木屑 36%、棉籽皮 26%、玉米芯 20%、麸皮 15%、石膏 1%、过磷酸钙 0.5%、尿素 0.5%、糖 1%，料的含水量为 60%。

上述三种栽培料的配制过程：按量称取各种成分，先将棉籽皮、豆秸、玉米芯等吸水多的料按料水比为 1：（1.4～1.5）加水，拌匀使料吃透水；把石膏、过磷酸钙与麸皮、木屑干混均匀，再与已加水拌匀的棉籽皮、豆秸或玉米芯混拌均匀；把糖、尿素溶于水后拌入料内，同时调好料的水分，用锨和竹扫帚把料翻拌均匀，不能有干的料粒。

③塑料筒的规格：香菇袋栽实际上多数采用两头开口的塑料筒、聚丙烯筒，高压、常压灭菌都可以，但冬季气温低时，聚丙烯筒变脆，易破碎；低压聚乙烯筒适于常压灭菌。生产上采用的塑料筒规格也是多种多样的，南方用幅宽 15 厘米、筒长 55～57 厘米的塑料筒，北方多用幅宽 17 厘米、筒长 35～57 厘米的塑料筒。

④装袋灭菌及接种：先将塑料筒的一头扎起来，扎口方法有两种。一种是将采用侧面打穴接种的塑料筒，先用尼龙绳把塑料筒的一端扎两圈，然后将筒口折过来扎紧，这样可防止筒口漏气；第二种是采用 17 厘米×35 厘米的短塑料筒装料，两头开口接种，也要把塑料筒的一端用力扎起来，但不必折过来再扎。扎起一头的塑料筒称为"塑料袋"，装袋前要检查是否漏气。检查方法是将塑料袋吹满气，放在水里，看有没有气泡冒出。漏气的塑料袋绝对不能用。用装袋机装袋时最好五人一组：一个人往料斗里加料；两个人轮流将塑料袋套在出料筒上，一手轻轻握住袋口，一手用力顶住袋底部，尽量把袋装紧，越紧实越好；另外两个人整理料袋扎口，一定要把袋口扎紧扎严，扎的方法同袋的另一端。手工装袋要边装料，边抖动塑料袋，并用粗木棒把料压紧压实，装好后把袋口扎严扎紧。装好料的袋称为"料袋"。在高温季节装袋，要集中人力快装，一般要求从开始装袋到装锅灭菌的时间不能超过 6 小时，否则料会变酸变臭。料袋装锅时要有一定的空隙或者呈"井"字形垒排在灭菌锅里，这样便于空气流通，灭菌时不易出现死角。采用高压蒸汽灭菌时，料袋必须是聚丙烯塑料袋，加热灭菌随着温度的升高，锅内的冷空气要放净，当压力表指向 1.5 千克/厘米²时，维持压力 2 小时不变，停止加热。自然降温，等压力表指针慢慢回落到 0 位时，先打开放气阀，再开锅出锅。采用常压蒸汽灭菌锅开始加热升温时，火要旺要猛，从生火到锅内温度达到 100 ℃的时间最好不要超过 4 小时，否则会把料蒸酸蒸臭。当温度达到 100 ℃后，要用中火维持 8～10 小时，中间不能降温，最后用旺火猛攻一会儿，再停火焖一夜后出锅。出锅前先对冷却室或接种室进行空间消毒。

出锅用的塑料筐也要喷洒 2%的来苏水或 75%的酒精进行消毒。把刚出锅的热料袋运到消过毒的冷却室或接种室内冷却，待料袋温度降到 30 ℃以下时才能接种。

香菇料袋多采用侧面打穴接种，要几个人同时进行，所以在接种室和塑料接种帐中操作比较方便。具体做法是：先对接种室进行空间消毒，然后把刚出锅的料袋运到接种室内，一行一行、一层一层地垒排，每垒排一层料袋，就用手持喷雾器往料袋上喷洒一次 0.2%多霉灵；全部料袋排好后，再把接种用的菌种、胶纸，打孔用的直径为 1.5～2 厘米的圆锥形木棒，75%的酒精棉球，棉纱，接种工具等准备齐全。关好门窗，打开氧原子消毒器，消毒 40 分钟；关机 15 分钟后开门，接种人员迅速进入接种室外间，关好外间的门，穿戴好工作服，向空间喷 75%的酒精进行消毒后再进入里间。接种按无菌操作（同菌种部分）进行。侧面打穴接种一般用长 55 厘米的塑料筒作料袋，一侧三穴，另一侧两穴。三人一组,第一个人先将打穴用的木棒的圆锥形尖头放入盛有75％酒精的搪瓷杯中,酒精要浸没木棒尖头2厘米,再搬一个要接种的料袋到桌面上,一只手用75％的酒精棉纱擦抹料袋朝上的侧面进行消毒,另一只手用木棒在已消毒的料袋侧面打三个穴。一个穴位于料袋中间,其他两个穴分别靠近料袋的两头。第二个人打开菌种瓶盖,将瓶口在酒精灯上转动灼烧一圈,长柄镊子也在酒精灯火焰上灼烧灭菌;冷却后,把瓶口内菌种表层刮去,然后把菌种放入用75％酒精或2％来苏水消过毒的塑料筒里;双手用酒精棉球消毒后,直接用手把菌种掰成小枣般大小的菌种块并迅速填入穴中,菌种要把接种穴填满,并略高于穴口。注意第二个人的双手要经常用酒精消毒,除了拿菌种,双手不能触摸任何地方。第三个人则用3.5厘米×3.5厘米的方形胶黏纸把接种后的穴封严,并把料袋翻转180°,将已接种的侧面朝下。第一个人用酒精棉纱擦抹料袋朝上的侧面,等距离地在料袋上打两个穴,然后把打穴的木棒尖头放入酒精里消毒,再搬第二个料袋。第二个人把第一个料袋的两个接种穴填满菌种,第三个人用胶黏纸封贴穴口,并把已接种的第一个料袋(这时称为"菌袋")搬到旁边接种穴,朝侧面排放好。接完种的菌袋即可放入培养室培养。

　　用接种箱接种,因箱体空间小、密封好、消毒彻底,所以接种成功率往往要高于接种室。但是,单人接种箱只能一个人操作,只适用于在短的料袋两头开口接种。如果是侧面打穴接种,最好采用双人接种箱,由两个人共同操作,一个人负责打穴和贴胶黏纸封穴口,另一个人将菌种按无菌程序转接于穴中。

　　⑤菌袋的培养:指从接种完到香菇菌丝长满料袋并达到生理成熟这段时间内的管理。菌袋培养期通常称为"发菌期",可在室内(温室)、荫棚里发菌,发菌地点要干净、无污染源,要远离猪场、鸡场、垃圾场等杂菌滋生地,要干燥、通风、遮光等。进袋发菌前要消毒杀菌、灭虫,向地面上撒石灰。夏季播种香菇,发菌期正处在高温季节,气温往往要高于菌丝生长的适温(24～27 ℃),所以发菌期管理的重点是防止高温烧菌。刚接完种的菌袋,三个袋一层呈三角形垒成排,接种穴朝侧面排放,每排垒几层要视温度的高低而定,温度高可少垒几层,排与排之间要留有走道,便于通风降温和检查菌袋生长情况。发菌场地的气温最好控制在28 ℃以下。开始7～10天内不要翻动菌袋,第13～15天进行第一次翻袋,这时每个接种穴的菌丝体呈放射状生长,直径在8～10厘米时生长量增加,呼吸强度加大,要注意通气和降温。在翻袋的同时,用直径为1毫米的钢针在每个接种点菌丝体生长部位的中间,离菌丝生长的前沿2厘米左右处扎3～4个微孔,或者将封接种穴的胶黏纸揭开半边,向内折拱一个小的孔隙进行通气,同时挑出杂菌污染的菌袋。这时由于菌丝生长产生的热量多,要加强通风降温,最好把发菌场地的温度控制在25 ℃以下。这在夏季播种是很难做到的,但要设法把菌袋温度控制在32 ℃以下,超过32 ℃菌丝生长弱,35 ℃时菌丝会停止生长,38 ℃时菌丝会被烧死。降温的方法有很多种,可灵活掌握。例如:减少菌袋垒排的层数,扩大菌袋间距,利于散热降温;在温室和荫棚内发菌,白天加厚遮盖物,晚上揭去遮盖物;室内和温室发菌,趁夜间外界气温低时,加强通风降温,有条件的可安装排风扇;气温过高时,可喷凉水降温,但要注意在喷水后加强通风,不能造成环境过湿,以防止杂菌污染。菌袋培养到30天左右再翻一次袋。在翻袋的同时,用钢丝针在离菌丝生长的前沿2厘米处扎第二次微孔,在每个接种点的菌丝生长部位扎一圈(4～5个)微孔,孔深约2厘米。为了防止翻袋和扎孔造成菌袋污染杂菌,装袋时一定要把料袋装紧,料袋装得越紧实,杂菌污染率越低。凡是封闭式发菌场地,如房间、温室,在翻袋扎孔前都要进行空

间消毒,从而有效地减少杂菌污染。发菌期还要特别注意防虫灭虫。

由于菌袋的大小和接种点的多少不同,一般要培养45～60天菌丝才能长满袋。这时还要继续培养,待菌袋内壁四周菌丝体出现膨胀,有皱褶和隆起的瘤状物,且瘤状物逐渐增加至占整个袋面的2/3,手捏菌袋瘤状物有弹性松软感,接种穴周围稍微有些棕褐色时,表明香菇菌丝生理成熟,可进菇场转色出菇。

⑥转色的管理:香菇菌丝生长发育进入生理成熟期后,表面白色菌丝在一定条件下逐渐变成棕褐色的一层菌膜,叫作"菌丝转色"。转色的深浅、菌膜的薄厚,直接影响香菇原基的生长发育,对香菇的产量和质量影响很大,是香菇出菇管理最重要的环节。

转色的方法很多,依其出菇方式不同可分为脱袋转色法和不脱袋转色法。

a.脱袋转色法:要准确把握脱袋时间,即菌丝达到生理成熟时脱袋。脱袋太早不易转色;太晚菌丝老化,常出现黄水,易造成杂菌污染,或者菌膜增厚,香菇原基分化困难。脱袋时的气温宜为15～25℃,最好是20℃。脱袋前,先将出菇温室地面做成30～40厘米深、100厘米宽的畦,畦底铺一层炉灰渣或沙子,将要脱袋转色的菌袋运到温室里,用刀片划破菌袋,脱掉塑料袋,把柱形菌块按5～8厘米的间距立排在畦内。如果长菌柱立排不稳,可用竹竿在畦上搭横架,菌柱以70°～80°的角度斜靠在竹竿上。脱袋后的菌柱要防止太阳晒和风吹,这时温室内的空气相对湿度最好控制在75%～80%,有黄水的菌柱可用清水冲洗干净。脱袋立排菌柱要快,排满一畦,马上用竹片拱起畦顶,罩上塑料膜,周围压严,保湿保温。待全部菌柱排完后,温室的温度要控制在17～20℃,不要超过25℃。如果温度高,可向温室的空间喷冷水降温。白天温室要多加遮光物,夜间去掉遮光物,通过加强通风来降温。光线要暗些,头3～5天尽量不要揭开畦上的罩膜,这时畦内的相对湿度应为85%～90%,塑料膜上有凝结水珠,使菌丝在一个温暖潮湿的稳定环境中继续生长。应注意的是,在此期间,如果气温高、湿度过大,每天还要在早、晚气温低时揭开畦的罩膜,通风20分钟。在揭开畦的罩膜通风时,温室不要同时通风,要将二者的通风时间错开。在立排菌柱5～7天,菌柱表面长满浓白的茸毛状气生菌丝时,要加强揭膜通风的次数,每天2～3次,每次20～30分钟,增加氧气、光照(散射光),拉大菌柱表面的干湿差,限制菌丝生长,促其转色。当菌丝7～8天开始转色时,可加大通风,每次通风1小时。结合通风,每天向菌柱表面轻喷水1～2次,喷水后要晾1小时再盖膜。连续喷水两天,至10～12天菌丝转色完毕。在生产实践中,由于播种季节不同,转色场地的气候条件特别是温度条件不同,转色的快慢不一样,具体操作要根据菌柱表面菌丝生长情况灵活掌握。

转色过程中常见的不正常现象及处理办法如下:

·转色太浅或一直不转色:如果脱袋时菌柱受阳光照射或干风吹袭,造成菌柱表面偏干,可向菌柱喷水,恢复菌柱表面的潮湿度,盖好罩膜,减少通风次数和缩短通风时间,可每天通风1～2次,每次通风10～20分钟。如果空间空气相对湿度太低或者温度低于12℃或高于28℃,就要及时采取增湿和控温措施,尽量使畦内湿度保持为85%～90%,温度保持为15～25℃。

·菌柱表面菌丝一直生长旺盛,长达2毫米时也不倒伏、转色:造成这种现象的原因是缺氧,温度虽适宜,但湿度偏大,或者培养料含氮量过高等。这就需要延长通风时间,并让光线照射到菌柱上,加大菌柱表面的干湿差,迫使菌丝倒伏。若仍没有效果,还可用3%的石灰水喷洒菌柱,并晾至菌柱表面不黏滑时再盖膜,恢复正常管理。

· 菌丝体脱水,手摸菌柱表面有刺感:可用喷水的方法提高空气相对湿度及菌柱表面的潮湿度,使罩膜内空气相对湿度保持在 85%～90%。

· 脱袋后两天左右,菌柱表面瘤状的菌丝体产生气泡膨胀,局部片状脱落,或部分脱离菌柱形成悬挂状:出现这种现象的主要原因是脱袋时受到外力损伤,或受高温(28 ℃)的影响,或者脱袋早、菌龄不足、菌丝尚未成熟,适应不了变化的环境等。解决办法是严格地把温度控制在 15～25 ℃,把空气相对湿度控制在 85%～90%,促其菌柱表面重新长出新的菌丝,再促其转色。

· 发现菌柱出现杂菌污染时,可用Ⅱ型克霉灵 500 倍液喷洒菌柱,每天喷一次,连喷三天。每次喷完后,稍晾后再罩膜。

b.不脱袋转色法:除了脱袋转色法,生产上还采用不脱袋转色法,即待菌袋接种穴周围出现香菇子实体原基时,用刀割破原基周围的塑料袋露出原基,进行出菇管理(河南泌阳香菇栽培模式)。出完第一潮菇后,整个菌袋转色结束,再脱袋泡水出第二潮菇。这种转色方法简单、保湿好,在高温季节采用此法转色可减少杂菌污染。

⑦出菇管理:香菇菌柱转色后,菌丝体完全成熟,并积累了丰富的营养,在一定条件的刺激下,迅速由营养生长进入生殖生长,发生子实体原基分化和生长发育,也就是进入了出菇期。

出菇方式可分为脱袋排场出菇法和不脱袋割孔上架排袋出菇法。

a.脱袋排场出菇法:指菌袋转色后将塑料袋全脱去,然后排到出菇场进行出菇管理。这是传统的出菇方法,出菇产量高,但花菇率低。花菇是菌盖上带有白色龟裂纹的香菇,是在特定环境条件下形成的一种特殊畸形菇。龟裂纹越多、深、宽、白越好。管理措施如下:

· 催蕾:香菇属于变温结实性的菌类,一定的温差、散射光和新鲜的空气有利于子实体原基的分化。这个时期一般都揭去畦上罩膜,出菇温室的温度最好控制在 10～22 ℃,昼夜之间最好能有 5～10 ℃的温差。如果自然温差小,还可借助白天和夜间通风的机会人为地拉大温差。空气相对湿度要维持在 90%左右。条件适宜时,3～4 天菌柱表面褐色的菌膜就会出现白色的裂纹,不久就会长出菇蕾。在此期间要防止空间湿度过低或菌柱缺水,以免影响子实体原基的形成。出现这种情况时,要加大喷水量,每次喷水后晾至菌柱表面不黏滑,而只是潮湿,盖塑料膜保湿。同时,也要防止出现高温、高湿,一旦出现,要加强通风,降温、降湿,以防止杂菌污染,菌柱腐烂。

· 子实体生长发育期的管理:菇蕾分化出以后,菌株进入生长发育期。不同温度类型的香菇菌株子实体生长发育的温度是不同的,多数菌株子实体在 8～25 ℃的温度范围内能生长发育,最适温度为 15～20 ℃,恒温条件下子实体生长发育很好。要求空气相对湿度为 85%～90%。随着子实体不断长大、呼吸加强,二氧化碳积累加快,要加强通风,保持空气清新,还要有一定的散射光。夏播香菇出菇始期在秋季。北方秋季秋高气爽,气候干燥,温度变化大,菌柱刚开始出菇时,水分充足,营养丰富,菌丝健壮,管理的重点是控温保湿。早秋气温高,出菇温室要加盖遮光物,并通风和喷水降温;晚秋气温低,白天要增加光照进行升温,如果光线强影响出菇,可在温室内的半空中挂遮阳网,晚上加保温帘。空间相对湿度低时,喷水主要是向墙上和空间喷雾,增加空气相对湿度。当子实体长到菌膜已破,菌盖还没有完全伸展,边缘内卷,菌褶全部伸长,并由白色转为褐色时,说明子实体已八成熟,即可采收。采收时应一手扶住菌柱,一手捏住菌柄基部转动着拔下。整个一潮菇全部采收完后,要大通风一次,晴天气候干燥时,可通风2小时;阴天或者湿度大时可通风4小时,使菌柱表面干燥,然后停止喷水5~7天,让菌丝充分复壮生长,待采菇留下的凹点菌丝发白时,就给菌柱补水。补水方法是:先用10号铁丝在菌柱两头的中央各扎一孔,深达菌柱长度的1/2,再在菌柱侧面等距离扎三个孔,然后将菌柱排放在浸水池中,菌柱上放木板,用石块压住木板,加入清水浸泡2小时左右,以水浸透菌柱(菌柱质量略低于出菇前的质量)为宜。浸不透的菌柱水分不足,浸水过量则易造成菌柱腐烂,这两种情况都会影响出菇。补水后,将菌柱重新排放在畦里,重复前面的催蕾出菇的管理方法,准备出第二潮菇。第二潮菇采收后,还是停水、补水,重复前面的管理,一般出四潮菇。有时拌料水分偏大,出菇时的温度、湿度适合菌柱出第一潮菇时,水分损失不大,可以不用浸水法补水,而是在第一潮菇采收完,停水5~7天,待菌丝恢复生长后,直接向菌柱喷一次大水,让菌柱自然吸收,增加含水量,然后再重复前面的催蕾出菇管理,当第二潮菇采收后,再浸泡菌柱补水,浸水时间可适当长些。以后每采收一潮菇,就补一次水。

北方的冬季气温低,子实体生长慢,产量低,但菇肉厚,品质好。这个季节管理的重点是保湿增温,白天增加光照,夜间加盖草帘,有条件的可生火加温,中午通风,尽量使温室内的气温保持在7℃以上。可向空间、墙面喷水以调节湿度,少往菌柱上直接喷水。如果温度低不能出菇,就把温室的相对湿度控制在70%~75%,养菌保菌越冬。

春季干燥、多风,这时的菌柱已经过秋冬出菇,由于菌柱失水多,水分不足,菌丝生长也没有秋季旺盛,管理的重点是给菌柱补水,浸泡时间为2~4小时,要经常向墙面和空间喷水,使空气相对湿度保持在85%~90%。早春要注意保湿增温,通风要适当,可在喷水后进行通风,要控制通风时间,不要造成温度、湿度下降。

b.不脱袋割孔上架排袋出菇法:这种出菇法常见于河南泌阳小棚大袋培育花菇模式,可提高花菇率和经济效益。

• 选蕾上架:选择已经显出黄豆粒大小菇蕾的菌袋,每袋间隔15厘米左右摆上出菇棚。有菇蕾的袋面向上,只保留上面和左右两侧的菇蕾,用按压或剃除的方法,清除袋底部菇蕾,防止生成畸形菇,消耗菌袋中的营养。棚上盖好保温、透光的塑料薄膜,薄膜应能防风、排潮、采光和通风。

• 保湿割膜:先用喷雾器向覆在棚架上的薄膜内壁上喷雾,以雾珠不滴下为宜,棚内地上不浇水。雾珠干燥后,及时补喷水雾,保持棚内湿度在80%以上。用小刀片沿菇蕾四周3~5厘米处环割2/3~3/4,只割透菌袋表面的薄膜,不割掉菇蕾上面的薄膜,让菇蕾在生长时顶开薄膜。环割时,要防止刀尖划伤袋料,损伤菌丝。剔除多余菇蕾和畸形菇蕾,每个菌袋均匀保留3~8个圆顶、肥壮的菇蕾。春栽或秋栽菌袋均可按此比例。环割开膜以后,每天检查割膜1~2遍。割膜、选蕾、定株全过程控制在3~6天内,其间应保持棚内湿度,防止小菇蕾干死。定株前,以自然条件(较低温度)为宜,防止先开膜的菇蕾旺长,影响催花。

• 排湿墩蕾:当菇蕾大部分长到0.5~2厘米时,完成最后一次定株,只保留直径为0.8~1.5厘米的菇蕾。停止喷水,在1~2天内逐渐加大通风排湿量,让菇蕾表面的游离水挥发掉,见菇蕾表面稍有亮泽和光滑感,用手指轻轻按压略有弹性时,墩蕾结束。如果排湿过量,菇蕾表面出现纸板状,不利于催花。

·催花措施:当菌盖直径达到 2～3 厘米时,可进行催花。降低湿度至 60％左右,揭开薄膜,加大通风、光照及温湿差,促使菌盖表面开裂。不能喷水,注意防潮湿,以保证花纹呈白色。具体措施如下:白天揭膜降温、降湿,使温度在短时间内降到 15 ℃以下,让阳光直晒和自然干燥清风流通,傍晚盖膜升温、增湿。常见的升温法是覆盖塑料薄膜采光法、棚外煤炉经气管向棚内导热法、棚底热管导热法和湿热风机增温法,促使出菇棚内的温度在 8～12 小时内逐渐增至 24～32 ℃(升到 24 ℃时放风排潮 15 分钟左右),保持 2～4 小时(增温期间,香菇菌丝耗氧量增加,要注意防止工作人员缺氧窒息)。增温全程,保持棚内湿度为 45％～65％,不宜超过 70％。将如此大的温湿差及强光刺激维持 3～4 天,即可催出花纹。

若上述方法掌握适中,在开棚通风之前就会有部分菇蕾龟裂开花,可以育出优质花菇。

·保花措施:催花后,保持棚内温度为 8～18 ℃、湿度为 30％～70％,约 15 天,使菌盖增大增厚,花纹加宽、加深、增白,形成一等“天白花菇”。当菌盖尚未完全展开,呈现铜锣边时,即可采菇。

·养菌与补水:每采收一茬菇后,菌袋要休养 7～10 天。停止喷水,保持温度为 20～25 ℃、相对湿度为 75％～85％、暗光、适当通风。待采菇穴出现白色菌丝时,表明菌丝恢复正常,再采取刺激分化的措施。

当出完两茬菇,菌袋失重约 1/3 时,就要补水。可采用水池浸泡或加压注水器强制注水的方法,使菌袋补至原来的质量。从第三次补水开始,每次补水时添加菇类营养素。

(2)段木栽培技术:香菇段木栽培要经过选树、砍树、截段、打孔、接种、发菌、出菇管理、收获等过程。

①菇木的准备

a.菇木的选择:适于香菇生长发育的树种很多,有麻栎树、柞树、槲树、桦树、胡桃楸、千金榆等。

作为香菇生产所用的树木,以树龄 15～30 年最适宜。十年生以下的小径树,因树皮薄、材质松软等,虽出菇早,但菇木容易腐朽,所以生产年限短,生产出来的菇体又小又薄。老龄树则相反,虽然出菇较晚,但菇木耐久力强,可生产出很多优质香菇。不过老龄树一般树干直径较大、管理不便,所以菇木的直径以 5～20 厘米的原木较为理想。

b.砍树:选好的树木要及时砍伐,伐树期选在深秋和冬季为好。这时树内营养物质丰富,树液流动迟缓或停止,树皮不易剥落。砍伐后的树木因细胞不会立即死亡,不宜马上接种,要将其放在原地数日,待树木丧失部分水分后,方可剃枝,并运至菇场。在砍伐、搬运过程中,必须保持树皮完整。在没有树皮的段木上菌丝很难定植,也很难形成原基和菇蕾。

c.截段:运到菇场的原木,要自然风干一段时间。风干时间的长短应根据不同树种的含水量而定。当菇木含水量为 35％～45％时接种,最适于菌丝生长发育。含水量大小可根据菇木横断面的裂纹来判断,一般细裂纹达菇木直径的 2/3 时,就达到了适合接种的含水量。此时可将菇木截成 1 米左右的木段,菇木长短一致,以便于堆放和架立操作。

②菇场的选择:菇场要选择在菇树资源丰富、便于运输管理、通风向阳、排水良好的地方。菇场最好设在稀疏阔叶林下或人造荫棚下。日照过多,菇木易干燥脱皮,过荫也不利

于菇的生长。菇场附近要有溪流等水源,以便于水分管理。常年空气相对湿度保持在70%左右为理想。菇场的土质以含石砾多的砂质土最佳,这样可使菇场环境清洁,菇木不易染病、生虫。

③接种

a.接种时间:以春季清明前后接种为宜,气温在5～20 ℃时,结合菇木的砍伐时间、树种、菌种的菌龄、生产规模等安排接种。气温在15 ℃左右时是接种的最佳时期。气温偏低发菌虽慢,但杂菌污染机会少。

b.接种方法:由于制备的香菇栽培菌种有木屑菌种和木塞菌种,因此接种方法有两种。

·木屑菌种接种法:接种前先用电钻或打孔器在菇木上打孔,孔深1.5～2厘米,孔径为1.5厘米,接种孔的行距为6～7厘米,穴距为10厘米,呈"品"字形排列。接种时取木屑种一撮,填入接种孔内,再将预先准备好的树皮盖盖在接种孔上,用锤子轻轻敲平。玉米芯也可以作封盖,先将玉米芯用锤子敲成四瓣,手拿其中一瓣用锤子逐个敲入接种孔即可。

·木塞菌种接种法:此法使用的一般是圆台形木塞菌种,也有圆柱形木塞菌种,种木应根据接种孔的大小制备。接种前先在菇木上打孔,然后将一块培养好的木塞菌种塞入孔内,并用锤子敲平。

④上堆发菌:发菌也称"养菌",发菌的过程就是将接种后的菇木按一定的格式堆放在一起,使菌丝迅速定植,并在适宜的温度、湿度条件下向菇木内蔓延生长。发菌时,选用菇木的堆放方法要因地制宜。一般采用以下几种方法:

a."井"字形:适于在地势平坦、场地湿度高、菇木含水量偏足的条件下采用。首先在地面上垫上枕木,将接好种的菇木以"井"字形堆成约1米高的小堆,堆的上面和四周盖上树枝或茅草,防晒、保温、保湿。

b.横堆式:菇场湿度、通风等条件中等时,可采用横堆式。堆时先横放枕木,再在枕木上按同一方向堆放,堆高1米左右,上面或阳面覆盖茅草。

c.覆瓦式:适于较干燥的菇场。先在地面上横放一根较粗的枕木,在枕木上斜向纵放4～6根菇木,再在菇木上横放一根枕木,然后斜向纵放4～6根菇木,以此类推,按阶梯形依次摆放。

除上述三种堆放方法外,还有牌坊式、立木式和三角形堆放方法,各菇场可根据实际情况灵活选用。

⑤发菌管理:菇木堆垛后,即进入发菌管理阶段。发菌管理主要指采取适当的措施,控制菇木生长的环境条件,以促进菇木尽快出菇。

a.遮阴控温:堆垛初期,垛顶和四周要盖枝叶或茅草。接菌早、气温低时,为了保温,垛上可覆盖一层塑料薄膜。如果堆内温度超过20 ℃,应将薄膜去掉。高温天气时,最好将堆面遮阴改为搭凉棚遮阴,这样有利于降低菇场温度。

b.喷水调湿:在高温季节,菇木的含水量相应减少,应及时补水,特别是菇木含水量在35%以下,切面出现相连的裂缝时,一定要补水。高温天气时,要在早晚天气凉爽时进行补水。补大水后要及时加强通风,切忌环境湿闷,否则不但杂菌虫害会大量滋生,而且易导致菇木发黑腐烂。

c.翻堆:菇木所处的位置不同,温、湿条件不同,发菌效果也会不同。为使菇木发菌一致,必须注意翻堆。翻堆就是将菇木上、下、左、右、内、外调换一下位置。一般每隔 20 天左右翻堆一次。勤翻堆可加强通风换气,抑制杂菌污染。翻堆时切忌损伤菇木树皮。

⑥起架出菇:经过两个月左右的养菌,菇木已到成熟时期,较细的菇木已具备出菇条件(较粗的菇木往往要经过两个夏季才能大量出菇)。成熟的菇木常发出浓郁的香菇气味或出现瘤状突起(菇蕾)。完全成熟的菇木必须及时立木,以便进行出菇管理。

排架方式采用"人"字形,用四根 1.5 米高的木段两两一组先交叉绑成两个"X"形,再在"X"形木架上放一根长横木,横木距地面 60~70 厘米。最后将菇木呈"人"字形交错排放在横木上。"人"字形菇木应南北向排放,以使其受光均匀。

在菇木立木前,要进行浸水或淋水处理。浸水以菇木在浸水池中不再放出气泡为止(一般浸水 10~20 小时),这说明菇木已吸足水分。菇木在浸水过程中要轻拿轻放,千万不能损伤树皮,并且浸水时要用清洁的冷水。浸水时还应防止菇木漂浮,要在菇木上面铺上木排,压上重物,使菇木全部沉没在水中。

对没有浸水池等设备的菇场,亦可用将菇木放倒在地面上使其吸收地面水分的方法催菇。干旱无雨时,应连续几天大量喷水,直至菇木上长出原基并开始分化时再立木出菇,这一方法同样可以达到催菇的效果。

⑦出菇管理:出菇管理期间的技术措施应围绕着"温、湿、浸或淋"三个方面着手。

a.温度:菌丝发育健壮、达到生理成熟的菇木,经浸水或淋水催菇后,遇到适宜的温度后即大量出菇。适宜出菇的温度范围为 10~25 ℃。在这一温度范围内,温差在 10 ℃左右时有利于子实体的形成。较大的温差变化能使菇木营养暂聚,扭结成子实体,继而在较高的室温条件下膨大成小菇蕾,再在较恒定的适于子实体生长的温度内,使小菇蕾正常地发育成香菇。

b.湿度:香菇段木栽培出菇阶段的湿度包括两个方面。一是菇木的含水量,二是空气湿度。如果菇木的含水量在出菇阶段低于 35%,不管其菌丝发育多么理想,也无法出菇。第一年菇木的适宜含水量为 40%~50%,第二年菇木的含水量以 45%~55%为宜,第三年菇木的含水量指标为菇木质量近于或略重于新伐时的段木质量。菇木的含水量在出菇期比无菇期高。菇木年份越长,其含水量要求越高。另外,在原基分化和发育成菇蕾时,菇场的空间相对湿度应保持在 85%左右。随着子实体的长大,空间相对湿度应下降至 75%左右。当子实体发育至 7~8 分成熟时,空间相对湿度可下降至偏干状态。

c.浸水或淋水惊木:这是我国菇民在长期的生产实践中总结的经验。惊木方法主要有两种:第一种为浸水打木。菇木浸水后立架时,用铁锤等敲击菇木的两端切面。菇木浸水后其氧气相对减少,惊木后菇木缝隙中多余的水分可溢出,增加了新鲜氧气,断裂的菌丝更能苗壮成长,促使原基大量爆出。第二种为淋水惊木。在无浸水设备的菇场,可利用淋水惊木方法催菇。淋一次大水,在菇木两端敲打一次,或借天然下雨时敲打菇木,也能获得同样的效果。北方冬季下大雪时,可将菇木埋在雪里,待雪融化浸湿菇木后,进行惊木,效果也很理想。

⑧养菌复壮:当一批香菇采摘完毕或一季停产后,菇柄基部附近或出菇多的菇木菌丝体中养分和水分会大量减少。为使这些菌丝体重新积累养分和水分,就得让其养菌,复壮后以待继续出好菇。生息养菌可分为隔批养菌和隔年养菌。

a.隔批养菌是指当一批香菇采收完毕后,即需进行短期的养菌。在休养期间,菇木要略偏干些,通风量要大些,温度尽量提高些,为菌丝复壮创造良好的环境条件。

b.隔年养菌是指当出菇生产周期结束后,即进入隔年养菌阶段。此阶段养菌期较长,故将菇木略风干后,在菇场以不同的堆叠方式堆垛。在管理时要做到使菇木透气保温、免日晒、防病虫害等。出菇期即将到来时,再进行浸水、立架等出菇管理。

(四)黑木耳

1.概述

黑木耳又称"云耳""光木耳"等。黑木耳属于担子菌亚门、层菌纲、木耳目、木耳科、木耳属,是一种黑色、胶质、味美的食用菌,主要产于我国的东北和湖北等地的山区,年产量为 1.5 万吨左右(干耳)。我国生产的黑木耳品质好,在国际市场上有很强的竞争力,创汇率很高。据有关资料介绍,出口 1 吨黑木耳干品可换汇 2 万～2.5 万美元。所以,黑木耳一直是我国传统的出口商品。

黑木耳营养丰富,口感好。100 克黑木耳干品中含蛋白质 10.6 克、脂肪 0.2 克、糖类 6.5 克、热量 1281 千焦;蛋白质含量与肉类相当;维生素 B_2 的含量为 0.15 毫克,相当于一般米、面、大白菜以及肉类的 4～10 倍。我国人民在食用黑木耳的过程中,创造出了灿烂的饮食文化,在世界各地只要有华人,就有我们中国传统的黑木耳做法。

2.黑木耳的形态结构

黑木耳由菌丝体和子实体两大部分组成:菌丝体无色透明,由许多具有横隔膜和分枝的茸毛菌丝组成,是分解和吸收养分的营养器官;子实体即食用部分,是产生并弹射孢子的繁殖器官。新鲜的子实体是胶质状、半透明的,深褐色,有弹性;初生时粒状或杯状,逐渐变为叶状或耳状,许多耳片连在一起呈菊花状;直径一般为 4～10 厘米,最大的为 12 厘米左右。干燥后的子实体强烈收缩为角质,硬而脆。子实体的背面凸起,呈暗青灰色,有密生的短茸毛,不产生担孢子;腹面向下凹,表面平滑或有脉络状皱纹,呈深褐色,这一面产生担孢子,是由四个细胞的圆筒形担子紧密地排列在一起的栅状结构,担子的每个细胞长出一个小梗,小梗伸长并穿于胶质膜之外,在顶端各产生一个肾形的担孢子。许多担孢子聚集在一起呈白粉状。所以,当黑木耳子实体干燥收边时,担孢子就像一层白霜黏附在凹陷的腹面。

3.黑木耳的生活史

黑木耳属于异宗结合二极性的菌类,子实体成熟时弹射出大量的担孢子。担孢子在适宜的环境中萌发,可直接形成菌丝,也可产生芽管,先形成分生孢子,分生孢子萌发,再逐渐形成有分枝和横隔膜的管状茸毛菌丝。这种由担孢子萌发生成的菌丝,是单核不孕的初生菌丝,又称"单核菌丝"。两个单核菌丝经异宗结合后,形成双核菌丝。双核菌丝通过锁状联合方式,进一步生长发育,生出大量分枝菌丝,向基质中延伸生长,吸收其水分和养分,逐渐发育到生理成熟的结实阶段,局部开始膨大而在基质表面形成胶质的子实体原基。在水分和养分供应充足的情况下,原基细胞迅速分裂繁殖,菌丝量不断增加,进而密结转化成子实体,子实体成熟又弹射出担孢子。从担孢子萌发,经过菌丝阶段的生长发育形成子实体,再由成熟的子实体产生新一代的担孢子,这就是黑木耳的生活史。

4.黑木耳的生活条件

黑木耳在生长发育过程中,需要的环境条件主要有营养、温度、水分、空气、光照和酸碱度等。为了使黑木耳优质高产,我们必须熟悉和掌握这些条件,为黑木耳的生长发育创造出适宜的环境。

(1)营养:黑木耳是一种木腐生性很强的真菌,多生于栎树、白桦等阔叶树木的枯枝上,完全依赖菌丝体从基质中吸收营养物质来满足自身生长发育的需要。其碳源主要有木质素、纤维素、半纤维素、淀粉、蔗糖和葡萄糖;氮源主要有蛋白质、氨基酸、尿素、铵盐。上述的木质素、纤维素淀粉和蛋白质等复杂的有机物质,必须由菌丝分泌出相应的酶类将其分解为小分子化合物后才能被吸收利用。此外,黑木耳生长发育还需要磷、钾、铁、镁、钙等无机盐类及少量铜、锰、锌、铝等微量元素和极少量的生长素类物质。这些营养物质在木材、木屑、棉籽壳、麸皮、米糠和玉米芯培养基中都存在,可满足黑木耳生长发育的需要。

(2)温度:黑木耳属于中温型真菌,但在不同生长发育时期对温度有不同的要求。一般菌丝生长的温度范围为 $5\sim36\ ℃$,但以 $22\sim28\ ℃$ 为最适温度,温度低于 $5\ ℃$ 或高于 $36\ ℃$ 时,菌丝生长发育会受到抑制。黑木耳菌丝能耐低温,不耐高温,当温度低于 $5\ ℃$ 或短时间达到 $-30\ ℃$ 时菌丝不死亡。温度高于 $28\ ℃$ 时,菌丝生长发育速度加快,但常常会出现衰老现象,超过 $40\ ℃$ 菌丝就会死亡。黑木耳子实体生长的温度范围为 $15\sim32\ ℃$,以 $20\sim25\ ℃$ 为最适温度, $15\ ℃$ 以下时子实体难以形成或生长受到抑制,高于 $32\ ℃$ 时子实体将停止生长或"自溶"分解。孢子在 $22\sim32\ ℃$ 的温度范围内均能萌发,但萌发的适宜温度为 $25\sim28\ ℃$。

黑木耳在生长温度范围内,温度越高生长速度越快,菌丝体瘦弱,子实体色淡肉薄;温度越低生长速度越慢,菌丝体健壮,生活力增强,子实体色深肉厚。

(3)水分:黑木耳在不同生长发育阶段,对水分的要求不同。在菌丝生长阶段,要求段木内的含水量为 $40\%\sim50\%$,而栽培料内的含水量以 65% 左右为宜,这样有利于菌丝的定植和延伸。湿度过小会显著影响菌丝体生长发育;湿度过大,会导致通气不良,氧气缺乏,菌丝体生长发育受到抑制。在子实体形成和生长发育阶段,除栽培料内仍然要保持菌丝生长时期的相应湿度外,还要使空气相对湿度保持为 $90\%\sim95\%$。若空气相对湿度低于 80%,子实体形成迟缓;若低于 70%,不能形成子实体。如果空气相对湿度过大,子实体经常处于饱和状态,也不利于其生长发育。我国劳动者在生产实践中摸索出了干湿不断交替有利于子实体生长发育的经验,可使黑木耳优质高产。

(4)空气:黑木耳是好气性真菌,在整个生长发育过程中需要充足的氧气。黑木耳对二氧化碳虽不如银耳、灵芝敏感,但在室内和塑料大棚内栽培时,也要保持栽培场地空气流通、新鲜。所以,室内和塑料大棚内要经常通风换气,特别是在出耳期间必须保持良好的通气条件,以促进子实体的生长发育,防止霉烂和杂菌感染。

(5)光照:黑木耳菌丝在黑暗的环境中能正常生长,但经常性的散射光条件对菌丝的发育有促进作用。散射光能促进原基的形成,但在黑暗环境中不能形成子实体。子实体不仅需要大量的散射光,还需要一定的直射阳光,这样才能生长良好。据有关资料,黑木耳在 15 勒克斯的光照条件下,子实体近白色;在 $200\sim400$ 勒克斯的光照条件下,子实体呈浅黄色;在 400 勒克斯以上的光照条件下,子实体呈黑褐色;出耳期光照强度控制在 $700\sim1000$ 勒克斯才能长出健壮肥厚的子实体。而在遮阴的森林中或光照不足的条件下,子实体发育不良,呈淡褐色,耳片薄,产量低。在南方,日照时间长,气温高,需要"三分阳、七分阴";在北方,日照时间短,气温低,需要"七分阳、三分阴";在华中地区,选用"五分阳、五分阴"较为适宜。

(6)酸碱度:黑木耳喜欢在偏酸性的环境中生活。适合菌丝生长的 pH 值范围为 4～7,但以 5～6.5 为最适宜,pH 值在 3 以下或 8 以上都不适合菌丝生长。

5.黑木耳的栽培技术

目前,我国人工栽培黑木耳采用代料栽培和段木栽培两种方法,就全国范围看,段木栽培黑木耳是主要方法。

(1)代料栽培:近年来,利用农作物秸秆、种壳和工业废料栽培黑木耳,不但能节约木材,也为发展黑木耳开辟了新途径,为农民脱贫致富找到了新的门路。黑木耳代料栽培一般采用塑料袋栽培、瓶栽培、菌砖栽培、覆土栽培等。由于黑木耳菌丝生长速度慢,抗杂菌能力差,因此生产中多采用塑料袋栽培。

①袋栽工艺流程

a.菌袋制备:配料→装袋→灭菌→接种。

b.菌丝培养:菌丝萌发→适温壮菌→变温增光。

c.出耳管理:打洞引耳→耳芽形成→出耳管理→采收加工。

②栽培季节:黑木耳属中温型,应根据菌丝体和子实体发育的最适温度,预测出耳的最适温度和不允许超出的最低和最高温度范围。要错开伏天,避开高温期,以免高温高湿造成杂菌污染和流耳。

③选择优良菌种:要选择适应性强、抗逆性强、发菌快、成熟期早、菌龄为 30～50 天的菌种。切勿使用老化菌种和杂菌污染的菌种。

④代料配方

a.木屑培养料:阔叶树木屑 78%、麸皮或米糠 20%、石膏或碳酸钙 1%、蔗糖 1%。

b.棉籽壳培养料:阔叶树木屑 90%、麸皮或米糠 8%、石膏或碳酸钙 1%、蔗糖 1%。

c.木屑、棉籽壳培养料:棉籽壳 43%、杂木屑 40%、麸皮 15%、石膏粉 1%、蔗糖 1%。

d.木屑、棉籽壳、玉米芯培养料:木屑 30%、棉籽壳 30%、麸皮或米糠 8%、玉米芯 30%、蔗糖 1%、石膏 1%。

e.玉米芯粉培养料:玉米芯粉 75%、麸皮 20%、石膏粉 1%、蔗糖 1%。

f.玉米芯培养料:玉米芯 98%、蔗糖 1%、石膏 1%。

g.稻草培养料:稻草 66%、麸皮或米糠 32%、石膏 1%、蔗糖 1%。

h.豆秸秆培养料:豆秸秆粉 88%、麸皮 10%、石膏粉 1%、蔗糖 1%。

i.麦秸培养料:麦秸(93 厘米长)80%、麸皮或米糠 16%、石灰 1%、过磷酸钙 0.5%、石膏 0.5%、蔗糖 1%、尿素 0.5%、磷酸二氢钾 0.5%。

j.蔗糖渣培养料:蔗糖渣 84%、杂木屑 14%、石膏 1%、石灰 1%。

⑤配制方法:各种培养料因物理结构和化学组成不同,其配制方法有所不同,但配制时的基本要求是:用料必须干燥、新鲜、无霉变;拌料力求均匀,按配方比例配好各种主辅料,把不溶于水的代料混合均匀,再把可溶性的蔗糖、尿素、过磷酸钙等溶于水中,分次掺入料中,反复搅拌均匀;严格控制含水量,一般料水比为 1:(1.1～1.4),培养料的含水量在 55% 左右;培养料用石灰或过磷酸钙调 pH 值到 8 左右,灭菌后 pH 值下降到 5～6.5。

生产中常用的棉籽壳培养料,在装袋前要加水预湿,使其充分吸水,并进行翻拌,使其吸水均匀。将稻草培养料切成 2～3 厘米长的小段,浸水 5～6 小时,捞起沥干水;也可放入

1%～2%的石灰水中浸泡,水为总料重的4倍,浸12小时,然后用清水洗净,沥去多余的水分,使含水量为55%～60%,加入辅料拌匀备用。若用稻草粉,可直接拌料、装袋,不用浸泡。

⑥栽培方法

a.塑料袋选择:通常选用低压聚乙烯或聚丙烯塑料袋。塑料袋的质量直接关系着代料栽培的成品率和产量,要选用厚薄均匀、无折痕、无沙眼的优质塑料袋,凡是次品坚决不用。塑料袋的规格:长27厘米,宽14厘米,厚度为0.05～0.06厘米。

b.拌料、袋装和灭菌:按配方比例拌料,使含水量达到60%左右。装袋时,边装料边用手压料,使上下培养料松紧一致。擦去袋口内外的培养料,套上颈圈,再在颈圈外包一层塑料薄膜和牛皮纸并进行灭菌,或装料后直接用橡皮筋或线绳扎口。

灭菌通常采用高压蒸汽灭菌法,进气和放气的速度要慢。在1.47兆帕压力下持续灭菌1.5小时,停火再闷6～8小时。当采用土蒸锅常压灭菌时,开始时要武火猛攻,使蒸仓内温度4小时内达到100℃,并保持8～10小时。

c.接种:经灭菌的料袋,待料温降到30℃以下后便可以接种。接种室或接种箱要在接种前彻底消毒。接种操作要迅速准确,严格做到无菌操作。每袋接种量为5～10克,将菌种均匀撒在培养料的表面。接种后,最好将塑料袋放在5%的石灰水中浸泡一下,棉塞上可撒已过筛的生石灰粉,然后再送往培养室。

d.发菌期管理:这一时期要做好以下几项工作。

第一,培养室应事前灭菌,即用石灰粉刷墙壁,用甲醛和高锰酸钾混合液进行熏蒸消毒;在培养过程中,每周用5%苯酚溶液喷洒墙壁、空间和地面,连续喷两次,以除虫灭菌。

第二,温度和湿度要适宜。培养室温度要先高后低。菌丝萌发时,温度在25～28℃为宜。10天后,温度降至22～24℃,不超过25℃。室内空气相对湿度控制在55%～70%。后期若雨水多,在培养场地撒些石灰,以降低空气相对湿度。

第三,光线要偏暗。在菌丝体生长阶段,培养室的光线要接近黑暗,门窗要用黑布遮光或糊上报纸或在瓶(袋)外套上牛皮纸、报纸进行遮光,以利于菌丝生长。当菌丝发满瓶(袋)时,要清除培养室门窗的遮光物,增加光照3～5天;若光线不足,可用电灯照射,以补充光源,刺激黑木耳原基形成。

第四,空气要新鲜。黑木耳是好气性菌类,在生长发育过程中,要始终保持室内空气新鲜,每天通风换气1～2次,每次30分钟左右,促进菌丝的生长。

第五,及时检查杂菌,防止污染。在菌丝培养过程中,料袋常有杂菌侵染,要及时进行检查,若发现有菌斑,要用0.2%多菌灵或1%甲醛溶液注射菌斑,然后贴上胶布,控制杂菌的蔓延。

e.出耳管理

第一,出耳场地的选择。出耳场地要清洁卫生,光线充足,通风良好,能保温、保湿。最好为砖地或砂石地面。

第二,菌袋消毒,开孔吊袋。开孔前,去掉棉塞和颈圈,把袋口折回来用橡皮筋或线绳扎好,手提袋子上端放入0.2%高锰酸钾溶液或0.1%多菌灵,旋转数次,对菌袋表面进行消毒。消毒后,采用"S"形吊钩,把袋子挂在出耳架上,袋与袋之间的距离应为10～15厘米,使袋间的空气畅通良好,有利于出耳。

第三,出耳管理。菌袋开孔挂栽后,黑木耳从营养生长转向生殖生长,菌丝内部的变化处于最活跃的阶段,对外界条件变化敏感。要根据三个生长发育阶段进行管理。

• 原基形成期:将栽培袋置于强光或散光下 5 天,开孔后 5~7 天即可见到幼小米粒状原基发生。该阶段要求空气相对湿度保持在 90%~95%,每天在室内喷雾数次,不要直接喷在袋上,可以在栽培袋上覆盖薄膜或盖纸、盖布,以防空气干燥,洞口菌丝失水,袋面干燥板结。

• 幼耳期:从粒状原基发生到生长出小耳片,形似猫耳,肉厚、顶尖硬而无弹性,大约需 7 天。此阶段耳片尚小,需水量少,每天喷水 1~2 次即可,空气相对湿度应不低于 85%,保持耳片湿润,可将覆盖的薄膜去掉。

• 成耳期:小耳片从长大到成熟,约需 10 天。此阶段子实体迅速生长,需吸收大量的养分、水分和氧气,耳片每天延伸 0.5 厘米左右,每天要向地面、墙壁、空间和菌袋表面喷水 3~4 次,以保持空气相对湿度不低于 90%。管理时,要经常打开门窗,通风换气,增加光照强度,光照要求达到 1000~2000 勒克斯,同时出耳期要经常调换和转动菌袋的位置,使菌袋受光均匀。

f.采收与干制:木耳成熟后应适时采收,以防生理过熟或喷水过多,造成烂耳、流耳。正在生长的幼耳,颜色较深,耳片内卷,富有弹性,菌柄扁宽。当耳色转浅、耳片舒展变软、耳根由粗变细、子实体腹面略见白色孢子粉时,应立即采收。采收前干燥两天,使耳根收缩,耳片收边。采收时,采大留小,尽量不留耳基,耳片、耳根一齐采小,采收切勿连培养料一齐带起,否则会影响木耳的商品质量,推迟第二次采收的时间。

采摘下来的木耳采用晾干法或烘干法进行干燥,干制的木耳容易吸湿回潮,应装入塑料袋内密封保存,防止被虫蛀食。采摘后清理料面,继续停水 2~3 天,使菌丝体恢复,经过 10 天管理,可采收第二批木耳。在正常情况下,木耳可采收 3~4 批。

(2)段木栽培

①工艺流程:耳场选择与清理→段木的准备→人工接种→发菌→出耳管理→采收与加工。

②耳场的选择与清理:耳场是指排放耳木(接种后的段木叫"耳木"),使黑木耳发生的场所。耳场的条件直接影响黑木耳的产量和质量,选择的标准主要以满足黑木耳生长发育的环境条件为依据。在生产实践中认为,耳场应满足以下几个条件:

a.方位:场地应坐北向南或坐西北向东南,以海拔为 300~1000 米高的山地为最好。选择坡度在 15°以下的缓坡地或排水良好的沙质壤土平地,土质以壤土或沙壤土为宜。

b.光照和空气:栽培场地不能遮阴过大,一般要求"七分阳、三分阴",即七分光照、三分阴凉;要空气清新、流通、无大风。

c.水源:水源要充足,且要水质良好,无污染,排灌方便。若水头较高,落差大,以自压喷灌为佳。若自然出耳,早晚应有云雾笼罩,降雨频繁,空气湿度较大,不易积水,天旱时也要便于抗旱。

d.环境:环境要清洁卫生,植被要完整,无污染,无病虫害,无杂菌滋生,地上要有草和树,最好周围耳木资源丰富,交通便利。

e.电源:应随时可供电,若无电可用柴油发电机供电。

f.耳场面积:可根据栽培量大小而定。

g.二场制：在有条件的地方最好采用二场制，即山上发菌、山下长耳。在山上砍树、剥树、截段、架晒后，春季就地接种，待菌丝生长，形成耳片时，将耳木搬到山下，在预先选好的第二场地起架，管理出耳。这种办法成本低，产量高。

耳场选好后，应及时砍掉灌木、刺藤及茅草，清除枯枝落叶及乱石，挖好排水沟，并保留草皮。同时，在地面上撒石灰或喷漂白粉、敌百虫等药物防治耳场病虫害。

③段木的准备：栽培黑木耳的段木准备包括选树、砍树、剥枝、截段和架晒等几个环节。

a.选树：目前已知能够生长黑木耳的树种很多，据不完全统计有几十种。树种的选择要根据当地的树木资源情况而定，一般应选经济价值低、资源丰富，又适于黑木耳生长发育的树种。但是，含有松脂、醇、醚等杀菌物质的松、杉、柏等针叶树，樟树科、安息香科等含有少量芳香性杀菌物质的阔叶树，以及板栗、漆树、五倍子树、油桐树等具有重要经济价值的树种不能选。我国栽培黑木耳常用的树种有栓皮栎、麻栎、枫树、赤杨、柳树、榆树、刺槐、法桐、桑树、李树、苹果树、椿树等。一般树龄应为5～15年，耳木直径应为5～15厘米，但以8～12厘米最适宜。树种不同，出耳的早晚和年限也不同：法桐、赤杨等木质疏松的树，透气性、吸水保水性能好，接种后菌丝定植、生长快，出耳早，但长耳年限较短，产量低；而栓皮栎、麻栎、李树等木质硬的树，透气性和吸水性能差，接种后菌丝定植、生长慢，出耳晚，但长耳年限较长，产量高。

b.砍树：从树木落叶到新叶初发前都可砍树，一般在冬至到立春期间砍伐，就是所谓的"进九砍树"。因为这个时期树木进入"冬眠阶段"，树本身储藏的营养物质比较丰富，含水量相对较少，杂菌和害虫也少，皮层和木质部结合得比较紧密，砍伐后皮层不易爆裂和脱落，可减少杂菌感染，有利于黑木耳的生长发育。砍树时，树桩应离地面10厘米高，两面下斧砍成"鸦雀口"，这样可避免砍口积水腐烂，有利于树根再生芽的萌发。

c.剥枝：树砍倒后，不要马上进行整枝，这样有利于水分蒸发，使耳木很快干燥，一般要求在砍树后10～15天再进行剥枝。剥枝时间因地和气候而异，南方由于气候湿润、树木含水量大，剥枝可在砍树15天后进行；而北方气候干燥、树木含水量较少，剥枝时间可以比南方提前5～10天。剥枝要求用锋利的砍刀，自下而上顺着枝杈的延伸方向砍削，留下约1厘米长的枝座，削口要平滑，成圆疤，不要留下过长的槎子，也不应削得过深而伤及皮层，造成杂菌入侵感染。

d.截段：砍下的树干经剥枝后即可截段，用手锯或电锯将树干截成1～1.2米长的段木，段木一般要求整齐一致，便于排放管理。较粗的树干要截得短一点，较细的树干要截得长一点。段木截面应用石灰水涂刷，减少杂菌感染。在将树干剥枝截段时，应把5厘米以上的树杈收集在一起，用于栽培黑木耳，这样可利用边材，减少浪费。

e.架晒：当树干截段后，要放在地势较高、通风向阳处架晒，其目的是促使段木组织尽快死亡，并干燥到适合接种的程度。架晒时，应将不同树种和不同规格的段木分开，按"井"字形或三角形堆积成约1米高的小堆，每隔10～15天翻堆一次，把上下、内外的段木相互调换位置，重新堆积，使其干燥均匀。若遇阴雨天气，堆上应盖塑料薄膜。大约晒一个月，段木已有六七成干，即比架晒初期失去了三四成水分，含水量在50%以下，从外表看，段木两端截面变为黄白色，并有明显的放射状裂纹，敲之音脆时即可接种。

④人工接种：段木的人工接种就是把培养好的栽培种接到段木上。接种是黑木耳段

木栽培的重要步骤,接种的质量将直接影响黑木耳的产量和质量,所以必须引起高度重视。

a.木屑菌种接种法:主要有打接种穴、点放菌种和盖树皮帽三道连续工序。

接种时,根据各地条件不同,可用电钻、手摇钻或皮带冲子打接种穴。打穴时要合理密植,一般打四行孔穴,穴距为 8~10 厘米,行距为 5~7 厘米。由于菌丝在段木中生长延伸时,纵向大于横向,所以穴距应大于行距;穴深为 1.5~1.8 厘米,必须进入木质部 1.2~1.5 厘米,穴的直径为 1.2~1.5 厘米,孔穴应离段木两端各 5 厘米左右,行与行交错呈"品"字形。段木粗时可接密一些,段木细时可接疏一些。在打接种穴的同时,要准备好树皮盖,盖的直径要比穴的直径大 2 毫米。

接种穴打好后,用消过毒的小铁铲挖取培养好的木屑菌种,快速填入穴孔内,装满为止;然后轻轻压紧,盖上用水蒸煮过的树皮盖,用铁锤敲打严实,让树皮盖与耳木密合,使表面平整。树皮盖不能过大,也不能过小,小了盖在穴孔上容易脱落或经锤打后容易凹陷、积水,引起菌种霉烂;大了盖在穴孔上易凸出,也容易被碰掉,会引起菌种干燥或被害虫吞食,降低菌种的成活率。接种穴也可用石蜡封穴(取石蜡 7 份、松香 2 份、猪油 1 份,加热熔化,待稍冷却时,用毛笔蘸取涂抹)。

b.枝条菌种接种法:用枝条菌种接种的段木要打接种穴,行距和穴距与木屑菌种要求相同,其深度和直径要按照枝条菌种的直径大小而定。接种时,先在穴底填上少量木屑菌种,然后取一枝条菌种,插在适合的穴内用铁锤敲打,使枝条与耳木表面平贴。要求枝条与穴孔之间无缝隙,以防止菌种干燥或雨天积水,引起杂菌感染而发霉变质。

⑤发菌和出耳管理:黑木耳段木栽培时,接种是第一关,发菌和出耳管理是第二关。后者包括上堆发菌、散堆排场和起棚上架等步骤。

a.上堆发菌:段木接种后,为了使菌丝尽快在接种穴内恢复生长、定植和在耳木中蔓延,要及时将耳木堆积起来发菌。上堆前要选择一个避风、向阳的场所,并将场地打扫干净,用木头或砖头铺在地面上作脚垫,高 10~15 厘米。然后把接好的耳木按树种、长短、粗细分开堆叠,堆叠的方法一般有井叠式、顺码式、覆瓦式和直立式。以井叠式为例,要将耳木分层次排列在横木上,堆放成高 1 米左右的小堆。耳木间要留一缝隙,以利通风。为了保温、保湿,可用塑料薄膜盖堆(若接种稍晚,气温较高,堆上应用树枝或干草覆盖,不再用塑料薄膜盖堆),堆内温度要求保持在 22~28 ℃。一般在天气晴朗、气温升高的中午阳光直射时,应注意揭膜降温或遮阴,以防止造成烧堆现象。夜间,空气温度下降,堆内温度也随之而降低,塑料薄膜要盖严实,并再在上面盖一些干草或草帘等,以利保温。堆内空气相对湿度保持在 80% 左右即可(使塑料薄膜内壁上有水珠为宜)。

上堆后每隔 7~8 天翻堆一次,把耳木上下、内外互相调换位置,使耳木发菌均匀。在第二、三次翻堆时,若耳木干燥,结合翻堆或每隔四天左右向耳木上喷细水调节湿度,喷水后,待耳木树皮稍干后,再盖塑料薄膜。在翻堆时,要注意检查菌种成活率和杂菌感染情况,对于接种穴内干枯的、杂菌感染的、水浸死的、高温烧死的和受虫害的菌种,要采取相应的补救措施。上堆发菌初期,要结合翻堆进行通风换气,让新鲜空气进入堆内,2~3 周后,每 1~2 天揭开堆上塑料薄膜进行换气。上堆发菌一个月左右,耳木上有少量耳芽出现时,即可散堆排场。

b.散堆排场:散堆排场的目的是让黑木耳菌丝在耳木中迅速蔓延,并由营养生长转为生殖生长。目前,生产上采用的排场方式有三种。

·接地平放:排场时,将耳木一根根平放在湿润的、有草坪的(或沙土的)栽培场上,耳木间应相距 5~8 厘米,让其吸收地面潮气、接受阳光雨露和吸收新鲜空气。若湿度不够,每天早晚应各喷一次水,保持耳木内适宜的含水量。排场后每 10 天左右应翻动耳木一次,保证耳木上下、左右吸潮均匀。经一个月左右,在耳木上有耳芽大量发生时可起棚上架。

·离地平放:把树龄长短、粗细基本相同的耳木两头,按组、行整齐地摆放在栽培场的枕木或砖垫(高 10~15 厘米)上。每 10 段或 20 段为一组,若干组为一行,在同一组内耳木之间应相距 5~6 厘米,组距为 30 厘米,行与行之间可留作业道。按照耳木对水分的需要,天气干燥时,每天早晚各喷一次水,喷水量要比接地平放多。这种排场方式通风良好,光照均匀,耳木表面清洁,比接地平放感染杂菌少。每 10 天翻动一次耳木,待一个月左右,当耳木上有耳芽大量发生时,可起棚上架。

·半离地平放:与离地平放管理办法相同,只是一头用砖或枕木垫起来(高 10~15 厘米),另一头接地,坡向朝阳,翻耳木时要调头。

c.起棚上架:当耳木经过散堆排场后,在耳木上有 50% 以上的耳芽出现时,黑木耳就进入了子实体生长发育阶段,便可起棚上架。这个阶段黑木耳的生长发育需要"三晴两雨"和"干干湿湿"的环境条件,起棚上架能满足这个条件,同时,还可以避免部分害虫和杂菌的危害。

起架时,先在两端地面上交叉埋两根长约 1.5 米的木桩,然后将一根横木放在交叉处卡住,横木离地 60~70 厘米,把耳木放在横梁的两侧,呈"人"字形,其角度以 45° 为宜。但要根据天气情况灵活掌握,少雨季节、天气干旱时,耳木要竖得平些;多雨季节、天气潮湿时,耳木要竖得陡些。每两根耳木之间应相距 5~6 厘米,架与架之间留下作业道。

d.出耳管理:耳木起架管理必须协调好耳场的温度、湿度、光照和通气条件,但是水分管理是增产的关键。这时要求有干干湿湿的外界环境,头两天早晚要浇足水分,以后根据情况适当浇水,一般在晴天多浇水,阴天少浇水,雨天不浇水。每次浇水时要呈细雾状,巡回浇,全浇,浇足,使耳木吸足水分。天晴温度高时,应早晚喷水,避免在阳光强烈的中午浇水,以免造成烂耳。耳场空气相对湿度以控制在 90%~95% 为宜。这样 10 天左右子实体便可长大成熟。

黑木耳每潮采收后均应停止浇水,让阳光照射 3~5 天,使耳木表面干燥,氧气从裂缝进入,促使菌丝恢复生长,并向耳木更深的部分蔓延生长。然后再浇水管理,经 10~15 天,可采收二潮木耳。

e.越冬管理:段木栽培黑木耳时间较长,一般是一年种三年收,即当年初收、翌年大收、第三年尾收。每年秋末冬初,气温下降,菌丝生长缓慢乃至休眠,停止出耳,即进入越冬期。这个时期的管理方法是将耳木集中,仍按"井叠式"等堆放在清洁干燥处,上面覆盖草或树的枝叶保温保湿,防止严冬低温危害菌丝。若天气干燥,应向耳木上适当喷水保湿;到来年春天气温回升,耳木上发生耳芽时,再散堆上架,精心管理,待成熟后采收。

(五)草菇

1.概述

草菇属真菌门、担子菌亚门、无隔担子菌纲、伞菌目、鹅膏菌科,别名"苞脚菇""蓝花菇""麻菌"等。草菇是在我国南方普遍栽培的食用菌,据考证,它最早栽培于我国,后传至马来西亚、菲律宾、泰国等地。近年来,西方国家如美国、比利时也有人对这种菇产生了兴趣,在非洲的马达加斯加也有人种植草菇。目前,草菇的总产量居世界上人工栽培菇类的第三位。

草菇质嫩味美,若制成干菇香味更浓。草菇属于高温型菌类,可以适应一般菇类不能适应的炎热夏季,因此是在夏季生产及供应市场的一种珍品。栽培草菇主要采用稻草、棉籽壳、废棉等,材料来源丰富。栽培后的废料仍可作有机肥料。草菇从种到收只要半个月,室内、室外都可栽培。在整个人工菇类栽培技术中,草菇的栽培算是比较简单的。因此,发展草菇生产成本低、收益快、易推广。

2.草菇的形态结构

草菇分菌丝体和子实体两部分。

(1)菌丝体:菌丝体在基质中吸收营养,按其发育形态分为初生菌丝和次生菌丝。

①初生菌丝:由担孢子萌发而成,有横膈膜,细胞多为单核。

②次生菌丝:由初生菌丝相互融合而成,每个细胞含有两个核,其形态和初生菌丝相似,但比初生菌丝长势旺盛。菌丝浅白色,半透明,气生菌丝旺盛。多数次生菌丝能形成厚垣孢子。

③厚垣孢子:由部分菌丝的细胞膨大而成。其特征如下:细胞壁厚,红褐色,是对干旱、寒冷有较强抵抗能力的无性孢子。条件适宜时可萌发形成菌丝。

(2)子实体:由菌盖、菌柄、菌褶和菌托四部分组成。

①菌盖:子实体的最上部分,直径为5～19厘米,呈鼠灰色至白色,边缘整齐,中央稍突起、色深,边缘色渐浅,表面具有暗灰色纤毛,形成辐射状条纹。

②菌褶:着生在菌盖下面,是担孢子产生的场所,长短不齐,与菌柄离生。菌褶两侧面着生棒状担子,每个担子着生四个担孢子。担孢子呈椭圆形或卵圆形,表面光滑,幼期为白色,成熟后为浅红色或红褐色。

③菌柄:支撑着菌盖,圆柱形,上细下粗,长6～18厘米,直径为0.8～1.5厘米,白色,幼时中心实,随菌龄增长,逐渐变中空,质地粗硬纤维化。

④菌托:子实体外包被的残留物,幼期起着保护菌盖和菌柄的作用,随菌盖的生长和菌柄的伸长而被顶破,残留在菌柄基部,像一个杯状物托着子实体。子实体上部灰黑色,向下颜色渐浅,接近白色。

3.草菇的生活史

草菇的生活史与其他生物一样,下面主要从草菇的担孢子萌发和子实体发育两方面进行介绍。

(1)菌丝体的形成:担孢子在适宜的环境条件下,水和营养物质通过脐点处冒出,芽孢囊膨大,逐渐发展成芽管。芽管尖端继续生长,达28～267微米时即进行分枝。随着芽管的生长,担孢子的内含物移入芽管,孢子内的单倍体核也随之进入芽管。核进入芽管后开始有丝分裂,使仍未分隔的芽管中核的数量大量增加,从两个到24个不等。芽管继续生长,进行分枝和形成隔膜。菌丝体由于形成了隔膜,成为多细胞菌丝,芽管里的单倍体核平均分配到每个细胞中,使每个细胞含有一个单倍体核,这样,芽管经过生长、分枝发展成初生菌丝体。

初生菌丝体通过同宗配合发育成次生菌丝体。在养分充足和其他生长条件适宜时，菌丝体可以无限地生长。无论是少数初生菌丝体，还是全部次生菌丝体，生长到一定时间后，都会形成厚垣孢子，厚垣孢子呈圆球状，平均直径为 5.88 微米，细胞壁很厚，多核性，无胞脐构造，圆球形的红褐色厚垣孢子，是识别草菇的生物学特性的重要标志，它们在成熟后常与菌丝体分离，在温度和其他条件适宜时 1～2 天即可萌发。由于厚垣孢子的细胞壁厚薄不一，故萌发时会从孢子中冒出一个或多个芽管。厚垣孢子萌发后形成的芽管生长发育成次生菌丝体，并能长出正常的子实体。草菇的次生菌丝体生长发育，互相扭结，最后产生子实体。

（2）子实体的发育：在适宜的环境条件下，播种后 5～14 天次生菌丝体即可发育成幼小的子实体。草菇子实体的发育可以分为以下六个阶段：

①针头阶段：由于这一阶段次生菌丝体扭结成针头大小的菇结，所以称为"针头阶段"。这时外层只有相当厚的白色子实体包被，没有菌盖和菌柄的分化。

②小纽扣阶段：在这一阶段，针头继续发育成一个圆形小纽扣大小的幼菇，其顶部深灰色，其余为白色。这时组织有了很明显的分化，除去最外层的包被，可见到中央深灰色、边缘白色的小菌盖，纵向切开，可见到在较厚的菌盖下面有一条很细很窄的带状菌褶。

③纽扣阶段：这时虽然菌盖等整个组织结构仍被封闭在包被里面，但如果剥去包被，在显微镜下可以看到菌褶上已出现了囊状体。

④卵状阶段：在纽扣阶段后的 24 小时之内，即进入发育卵状阶段。这时菌盖露出包被，菌柄仍藏在包被内。这个阶段菌褶上的担孢子还未形成，其外形像鸡蛋，顶部深灰色，其余部分为浅灰色。

⑤伸长阶段：卵状阶段后几个小时即进入伸长阶段。这个阶段，菌柄顶着菌盖向上伸长，子实体中菌丝的末端细胞逐渐膨大呈棒状，两个单倍体核发生融合形成一个较大的二倍体核。当细胞膨大时，在担子基部，二倍体核进行减数分裂，形成四个单倍体核。与此同时，担子末端产生四个小梗，小梗的端点逐渐膨大，形成原始担孢子；而后四个单倍体核同细胞质一起向上迁移，通过小梗通道被挤入膨大部分。最后，在膨大部分的基部形成横壁，成为四个担孢子。小梗下面留下一个空担子。

⑥成熟阶段：在这一阶段，菌盖已张开，菌褶由白色变成肉红色，这是成熟担孢子的颜色。菌盖表面呈银灰色，并开有一丝丝深灰色的条纹。菌柄白色，含有单倍体核的担孢子，约一天后即行脱落。在环境条件适宜时，担孢子又进入了一个新的循环。

4.草菇的生活条件

草菇在生长发育过程中对外界环境条件的要求如下：

（1）营养：在栽培中，作为碳素营养源的材料多是各种天然纤维素，如稻草、米糠、麦秆、甘蔗渣、废棉等。总之，含纤维素的材料原则上均可以作为草菇的培养料。草菇菌丝体通过渗透作用，从培养料中吸收分子量较小的单糖，再转化为菌丝体的组成部分或转换为能量。对于结构复杂的纤维素，通过菌丝体所分泌的一系列酶将其逐步分解成简单的结构，再吸入菌丝体内。为了诱导纤维素酶的产生、加速纤维素的分解，可在培养料内加些米糠、麸皮等。

草菇正常发育不仅需要有充足的碳、氮养分，而且要求碳氮比合理。其中，菌丝体生长阶段以 20：1 为宜，子实体发育阶段以（30～40）：1 为宜。生产中因培养料种类不同，有时加麦麸、玉米粉、豆饼粉或硝酸铵、尿素等,调节碳氮比。除碳和氮以外,无机盐,如钾、镁、硫、磷、钙等,也是草菇生长发育所必需的,但它们在一些大然的纤维材料中已有足够的含量,一般不必再添加。

(2)温度:草菇生长发育的温度范围是 15～45 ℃。不同生育期的最适温度有所不同,在 30 ℃时孢子的萌发率不超过 20%,35 ℃以上孢子的萌发率急剧上升,40 ℃时萌发率达到最高,超过 40 ℃就急剧下降。菌丝生长的最适温度为 32～35 ℃。若温度超过 45 ℃或低于 15 ℃,则菌丝停止生长,甚至死亡。但是,不同品系在同一温度下生长速度不同。子实体发生的适宜温度为 28～32 ℃,35 ℃以上易开伞,肉质不结实,子实体较小;低于 25 ℃不能出菇。

(3)水分:水分是草菇生命活动的先决条件。含水量过低,会使料温升高,菌丝生长慢,发育不良,影响菌丝的正常呼吸,容易使料腐败,导致病虫害滋生。实践证明,草菇正常生长发育要求空气相对湿度为 80%～95%,培养料最适含水量为 75% 左右。

(4)空气:草菇是好气性真菌,在进行呼吸时需要充足的氧气。因此,草菇含水量不能太高,草堆不宜过厚。若用薄膜作临时草堆被,应注意搭上环龙状支撑架,以利于通气,保证有一定的新鲜空气。

(5)光线:草菇在自然状态下颇喜半阴性散射光。据报道,最适合草菇生长的光照强度为 50 勒克斯。除对子实体的形成有影响外,光照对子实体的肉质也有直接的影响,光线适量时,子实体的组织紧密;光线不足时,子实体则显得松软。

(6)酸碱度:草菇的培养料要求中性偏碱,最适宜的 pH 值为 7.5 左右。pH 值大于 8 或低于 6,草菇孢子基本不萌发,也不利于菌丝生长。

以上几方面对草菇的正常发育都有直接的影响。它们是既互相联系,又互相制约的统一体。栽培中决不能只关注一个方面而忽视其他因素,要使各个因子都能满足草菇生长发育的要求,这样草菇生产才能够获得理想的结果。

5.草菇的栽培技术

草菇的栽培技术虽然比其他食用菌简单些,但要获得高产稳产,也必须有一套科学的管理技术。现将目前常用的室外和室内栽培方法介绍如下:

(1)室外栽培:室外栽培是在我国南方沿用的传统方法,用稻草作原料,投资少,栽培简单,但受气候影响大。应选择高温的夏季,在通风向阳、供水方便、排水容易的地方进行栽培。土质要选择疏松肥沃的砂质土,在种菇前一周要翻地并进行药剂灭虫。其栽培流程为材料准备→培养料配制→接种→菌丝体培养→出耳→采收。配料配方为稻草 77 千克、麸皮或米糠 20 千克、蔗糖 1 千克、过磷酸钙 1 千克、硫酸镁 0.5 千克、磷酸二氢钾 0.5 千克、水 110 千克。

①做畦:将翻松了的土弄碎,做成宽为 1 米、高为 20 厘米、长不限的畦,四周挖排水沟。若土质偏黏,可掺沙或煤灰。做好畦后用生石灰粉和杀虫剂进行畦面消毒。

②浸草:选新、干、无霉变的稻草浸入清水中,边浸边踩,使稻草吸足水分并软化。

③堆草的方式有多种,现介绍几种最常用的方法:

a.草把式:在离畦面边沿 6.7 厘米处开始撒种,播幅为 16.7 厘米,中间不播,以免高温烧死菌丝,将浸好的稻草扭成草把,齐畦面边沿整整齐齐地将草把横卧于畦面上,头向外一把紧靠一把,使草堆紧实。中间虚空处用乱草填平,再撒第二层菌种。第二层菌种往畦中心退 6.7 厘米,离畦面边沿的垂直距离为 13.3 厘米,播幅仍是 16.7 厘米。铺上第二层草把,第二层草把要掉头,也退进 6.7 厘米,尾向外、头向内,中间仍用乱草填平。再撒第三层菌种,再退进 6.7 厘米,再铺草,草把再掉头,直到堆高达 50 厘米为止。

b.草砖式:做一个长 40 厘米、宽 33 厘米、高 20 厘米的模,将湿稻草踩入模中即成草砖,然后在畦面上按草把式的播种法播种,再把草砖放上畦,仍用乱草填空,再撒菌种放菌砖,也要每层向内退 6.7 厘米。共放三层砖,下四层种。

c.木模式:用木板制成下宽上窄深 20 厘米的大小两个一套活动木模,畦面撒种后用大木模套上,装草踩实撒种,再用小木模装上草踩实撒种,去掉活动木模。

④复盖:不管采用哪种堆草方式,堆好后都要复盖。最常用的是盖草,其次是薄膜。这次称临时草被,以后要揭掉。用薄膜复盖的要搭上环龙状支撑架,以利于通气。

⑤管理:堆草后由于稻草本身发酵产生热量,第二天温度便上升,4~5 天后中心温度可达 55~60 ℃或更高,菇床表面温度也有 30~40 ℃。这样的温度范围最适合草菇菌丝体发育蔓延。以后堆温便下降,在降至 32~42 ℃时便产生草菇。如果草堆温度上升慢,达不到 50 ℃以上,便要找出原因并采取措施。若草堆中水分不足或草堆不够紧实,就要进行踩踏浇水。若水分不足,则只踩不浇水。出菇后不宜再踩。

堆草后 5~7 天拆除临时草被,检查和调整好水分后盖 3~5 厘米厚的固定草被。以后晴天中午要淋水一次,以淋湿草被为度,促进菌丝体生长及出菇。出菇期间,晴天早晚各淋一次水,淋水量不宜过多,但要保持草被有适当的湿度。淋水的温度不可太低。

(2)室内栽培:室内栽培草菇的菇房可以专门设计建造,也可以因地制宜地用育秧室、温室、蔬菜塑料大棚、烤烟棚和空房屋等。栽培时可以在地面建造菇床,堆草栽培,也可以用床架分层培植。

①地面堆草法:室内栽培也要做畦,若菇房是水泥地面,最好先铺一层肥沃的沙土,以利于地面出菇。由于室内温度、湿度比室外易于进行人为调节且较为恒定,故草堆不宜过高,只要 3~4 层草把即可,甚至 2~3 层也行,无须盖草被。为了维持适当的温度,在堆草播种后的头几天可复盖薄膜,以减少水分蒸发。出菇前将薄膜去掉,视情况每天喷 1~2 次水,若堆草时加入含氮肥料,一定要注意通风,以防氮的积累影响草菇生长发育,出菇后应经常通风换气。

②床架栽培法:床架一般长 2~3 米,宽 1.2 米,每层距离为 70 厘米。这里介绍几种不同培养料的床架栽培法。

a.稻草栽培法:将稻草切成 17~20 厘米长的小段,在水中浸泡后,每 50 千克稻草加干牛粪 2.5 千克(或麸皮、米糠同量)、茶饼粉 0.5 千克、石灰 1.5 千克,拌匀后放室外堆成 1 米高的堆,用薄膜复盖,3 天后翻堆补水,堆积发酵 4~7 天后入室栽培。培养料上床前先铺一层 1.5~3 厘米厚的土壤。土壤上床前需经发酵处理:用肥土加 1% 的石灰和 1% 的茶饼粉拌匀后加水调至含水量为 60% 左右,再用塑料薄膜复盖发酵 3~5 天。土壤铺好后铺上 16.7 厘米厚的培养料,然后升温到 60 ℃维持 12 小时。当室温降至 35 ℃左右时,将培养料压实,均匀播撒菌种,用种量为每 50 千克培养料撒 3~5 瓶(750 毫升装)栽培种。播后再复盖 1.5~3 厘米培养料并压实。播种后 5~6 天再在表面均匀地撒厚 1 厘米左右的发酵床土,以后按常规管理。用此法栽培,每 50 千克稻草可以收鲜草菇 7.5~10 千克,产量高的可收 15 千克。

稻草在室内的床架也可用草把式栽培法,只是堆草厚度要比地面堆草法薄,一般为2～3层,播种5～6天后也要复盖床土。方法进行管理按常规。

b.废棉栽培法:将纺织厂下脚废棉放入木桶内,加入5%的碳酸钙和5%的米糠,拌匀浇水,用脚踩踏,使其均匀吸水至含水量为70%,取出废棉稍微撕松,堆放在床架上,厚约20厘米。然后向室内通入蒸汽,使室温达60℃,维持4～6小时,以杀灭害虫和细菌,促进培养料发酵。当培养料温度降到30℃时播种,沟深5厘米,行距为15厘米,播种量为培养料干重的2.5%～3%。播种后每天用喷雾器喷1～2次水,以提高空气相对湿度,避免床表面干燥。一周后料周围便长出针头状子实体,10～14天就能采收。采收期为2～3周。若管理得当,生物学效率可达20%～25%。若用稻草加工废棉种植草菇,产量可成倍增加。

c.甘蔗渣栽培法:用纯甘蔗渣栽培草菇的产量较低,若加进5%～30%的麸皮,草菇产量将大幅增加,但培养料易感染霉菌,所以栽培时应注意。另外,甘蔗渣也可以与稻草混合栽培,以改善透气性。甘蔗渣栽培法铺料播种管理与其他床架栽培管理基本相同。

(六)金针菇

1.概述

金针菇又名"冬菇""朴菇""构菌""毛柄金线菌"等,属于伞菌目、口蘑科、金线菌属。金针菇菌柄脆嫩,菌盖黏滑,营养丰富,美味可口,其产量占世界食用菌总产量的4%,仅次于蘑菇、香菇和草菇。金针菇是一种木腐菌,能利用木屑、棉籽壳、玉米芯、甘蔗渣、稻草、麦秸等生长发育。金针菇中含有丰富的蛋白质、纤维素、糖类、脂肪、灰分、维生素等营养物质,特别是含有人体所必需的8种氨基酸,尤其是赖氨酸,对儿童智力发育有促进作用。

2.金针菇的形态结构

金针菇由菌丝体和子实体两部分组成:菌丝体灰白色,茸毛状,有横隔和分枝;子实体由菌盖、菌褶和菌柄等组成,多数成束生长,肉质柔软有弹性。菌盖幼小时淡黄色、球形或扁半球形,表面黏滑,直径为2～8厘米,在空气较干燥及有光的条件下,颜色为深黄色。菌肉白色,中央厚,边缘薄,菌褶白色或带奶油色,较稀疏,长短不一,与菌柄离生或弯生。菌柄生于菌盖中央,中空圆柱状,硬直或稍弯曲,长3.5～15厘米,直径为0.2～0.8厘米,等粗或上面较细,菌柄基部相连,上部呈肉质,下部为革质。柄上端白色或淡黄色,基部暗褐色,表面密生黑褐色短茸毛。孢子生于菌褶子实体上,表面光滑,呈椭圆形,大小为(5～7)厘米×(3～4)厘米,孢子银白色。

3.金针菇的生活史

金针菇子实体成熟后孢子便从菌褶上弹射下来,遇到适宜环境就萌发出芽管,芽管不断发生分枝和延伸,最后发育成菌丝。每个细胞中只有一个细胞核,称为"单核菌丝"(又叫"一次菌丝")。当性别不同的单核菌丝互相接触、原生质互相融合时,每个细胞中有两个核,称为"双核菌丝"(又叫"二次菌丝")。双核菌丝经一定发育阶段后,聚集、扭结成原基,进一步发育成子实体。子实体成熟后又释放出大量的孢子。这样周而复始地循环,完成生活史。

除此之外,金针菇也能进行无性繁殖,即双核菌丝在一定条件下,可断裂为单细胞的粉孢子,粉孢子可萌发形成单核菌丝,单核菌丝又可结合成双核菌丝,这一过程叫"无性小循环"。

4.金针菇的生活条件

金针菇是一种木腐菌,它能利用木材中的单糖、纤维素、木质素等化合物,但分解木材的能力较弱。坚硬的树木被砍伐之后,没有达到一定的腐朽程度长不出金针菇子实体。陈旧的阔叶树木屑经过堆积发酵,部分分解的更适合金针菇生长。

(1)碳源:金针菇所需要的碳素营养都来自有机碳化合物,如纤维素、木质素、淀粉、果胶、戊聚糖类、有机酸和醇类等。其中,以淀粉为最好,葡萄糖、果糖、蔗糖、甘露醇、麦芽糖、乳糖、半乳糖也能利用,但菊糖不能利用。

(2)氮源:金针菇可利用多种氮源,其中以有机氮最好,如蛋白胨、谷氨酸、尿素等。天然含氮化合物如牛肉浸膏、酵母浸膏等也是很好的氮源,对无机氮中的铵态氮,如硫酸铵(在维生素 B_1 存在时)也可利用,而对硝态氮素和亚硝态氮的利用很差。在大面积栽培中,以细米糠、麸皮、玉米粉、大豆粉、棉籽粉为主要氮源。

在配制培养料时,要注意碳素营养和氮素营养的比例。如果没有氮源,即使有很多可利用的碳源,也不能发挥作用,菌丝长不起来;如果氮素太多,变成大量的游离氨,释放到培养料中,会提高培养料的 pH 值,子实体的形成会受到抑制。

(3)无机营养物:金针菇的生长发育还需要一定量的无机盐类,如磷酸二氢钾、硫酸钙、碳酸钙、硫酸铁等。金针菇从这些无机盐中获得磷、铁、镁等元素。其中,以磷、钾、镁三种元素最为重要,适宜浓度是每升培养基加入 100～150 毫克。

镁离子和磷酸根对金针菇的生长有促进作用。特别是粉孢子多、菌丝稀疏的品系,添加镁离子、磷酸根离子后,菌丝生长旺盛、速度增快,子实体分化速度也加快。尤其是磷酸根,它是金针菇子实体分化不可缺少的。

(4)维生素:金针菇是维生素 B_1、维生素 B_2 的天然缺陷型,必须由外界添加才能生长良好。马铃薯、米糠中含有较多的维生素,所以用这些材料配制培养基时可不必再添加维生素;但是对于粉孢子、菌丝稀疏的金针菇菌珠,在配制母种培养基时,需要添加少量的维生素 B_1 或维生素 B_2(可采用口服的维生素 B_1、维生素 B_2),菌丝才能生长旺盛。

(5)温度:温度是影响金针菇菌丝和子实体生长发育的一个重要因素。孢子在温度为5～25 ℃时大量形成,并容易发育成菌丝。菌丝在 3～34 ℃温度范围内正常生长,最适温度为23～25 ℃,30～40 ℃时,生长极其缓慢。菌丝的耐低温能力很强,在－21 ℃时经过138 天仍能存活。菌丝对高温的耐受力弱,34 ℃时,菌丝就停止生长,超过 34 ℃不久菌丝便会死亡。因此,在自然条件下,夏季高温期间金针菇的菌丝生长不旺盛,而且容易形成粉孢子。

金针菇属低温结实性和恒温结实性菌类。子实体形成所需要的最低温度是 5 ℃,原基形成的最适温度是 13 ℃,最高不超过 21 ℃,高温菌株在 23 ℃也能出菇,但菇蕾生长不良。金针菇虽能忍耐较低的温度,但在 3 ℃以下菌盖变为麦芽糖色,冰点以下变为褐色。温度极低时还会出现两个菇盖相连在一起的畸形菇。

(6)水分和湿度:金针菇属喜湿性菌类,菌丝在含水量为 60%～80%的培养料中能正常生长。栽培时培养料的含水量以 70%较为适宜,这时菌丝生长最快。培养料中水分太多或太少均会影响菌丝的生长:含水量太高时,菌丝生长缓慢,甚至不长,即使长出子实体,菌柄基部也容易变色;若含水量低于 60%,菌丝体细弱,发育不良,颜色发灰。金针菇对空气相对湿度也有一定的要求,菌丝体生长阶段应控制在 60%～70%,湿度太高,污染率加大;子实体发育阶段应控制在 80%～90%。

(7)空气:金针菇对二氧化碳虽不甚敏感,但子实体生长期间同样需要足够的氧气。因其菌盖小,室内的通气量可少于其他大菌盖的通气量。缺氧时子实体生长受抑制,金针菇生长所需空气中的二氧化碳浓度以 0.03%～0.06%最为适宜。

(8)光照:金针菇属于厌光性食用菌,菌丝在完全黑暗的条件下可正常生长,在日光直射下会死亡。子实体正常生长要求的照度为 2～4 勒克斯,甚至完全黑暗。光线强时,菌柄长不长,菌伞过早开放,商品价值低。食用金针菇主要是吃菌柄,菌柄愈短,开伞愈早,商品价值就越低。

(9)酸碱度:金针菇需要弱酸性培养基,在 pH 值为 3～8.4 的琼脂培养基上,菌丝可生长,但以 pH 值为 5.6～6.5 时菌丝生长最好。原基的分化和子实体的生长发育以 pH 值为 5～6 最适宜。

5.金针菇的栽培技术

随着代料栽培技术的发展,段木栽培金针菇技术已被淘汰,目前人工栽培多采用瓶栽、袋栽、床栽三种方式。

(1)瓶栽:瓶栽是金针菇栽培的主要方式。日本瓶栽金针菇已实行全年的工厂化、自动化生产模式,使金针菇成为菇类栽培中机械化、自动化水平最高的一种食用菌。我国目前采用的多是普通瓶栽技术。

①栽培容器:使用 750 毫升、800 毫升或 1000 毫升的无色玻璃瓶或塑料瓶,瓶口直径以 7 厘米左右为宜。瓶口大,通气好,菇蕾可大量发生,菇的质量也高。目前,国内多采用瓶径为 3.5 厘米的菌种瓶或罐头瓶代替。菌种瓶口径太小,菇蕾发生的根数少,而罐头瓶装料有限,水分易蒸发,发生的菇蕾细弱,产量不高。

②栽培材料:凡是富含纤维素和木质素的农副产品下脚料都可以用来栽培金针菇,如棉籽壳、废棉团、甘蔗渣、木屑、稻草、油茶果壳、细米糠、麸皮等,除木屑外,以上材料均要求新鲜无霉变。

阔叶树和针叶树的木屑都可以利用,但以含树脂和鞣酸少的木屑为好。使用之前必须把木屑堆在室外,经日晒雨淋使木屑中的树脂、挥发油及水溶性有害物质完全消失。堆积时间因木屑的种类而异,普通柳、杉的木屑堆三个月,松树、板栗树的木屑堆一年为好。

③培养料的配方

a.棉籽壳 78%、糖 1%、细米糠(或麸皮)20%、碳酸钙 1%。

b.棉籽壳 88%、糖 1%、麸皮 10%、碳酸钙 1%。

c.废棉团 78%、糖 1%、麸皮 20%、碳酸钙 1%。

d.木屑 73%、糖 1%、米糠 25%、碳酸钙 1%。

e.甘蔗渣 73%、糖 1%、米糠 25%、碳酸钙 1%。

f.稻草粉 73%、糖 1%、麸皮 25%、碳酸钙 1%。

g.甜菜废丝 78%、过磷酸钙 1%、米糠 20%、碳酸钙 1%。

h.麦秸 73%、糖 1%、麸皮 25%、石膏粉 1%。麦秸的处理方法是:将麦秸截成 0.3 厘米左右的小段,置于 1%石灰水中浸泡 4～6 小时,待麦秸软化后水洗、沥干。

i.谷壳 30%、糖 1%、米糠 25%、木屑 43%、碳酸钙 1%。谷壳的处理方法是:经 1%石灰水浸湿 24 小时,捞起洗净降碱、沥干,然后拌料。

金针菇培养料的原料来源极其丰富,各地只要广开门路,因地制宜,并采取适宜的处理方法,就能获得和棉籽壳、甘蔗渣、杂木屑相似的原料。

④配料装瓶:将不同配方的培养料拌匀,含水量以 65%～75% 为宜。装瓶时,瓶下部松些,可缩短发菌时间;上部可紧些,否则培养料易干。为了使菇易于长出瓶口,培养料必须装到瓶肩。装完后,用大拇指压好瓶颈部分的培养基,中央稍凹;然后用木棒在瓶中插一个直通瓶底的接种孔,使菌丝能上、中、下同时生长;最后塞上棉花或包两层报纸,上盖塑料薄膜封口。

⑤灭菌、接种:将料瓶进行常规的高压蒸汽灭菌或常压蒸汽灭菌。待料温降到 25 ℃以下时进行接种,接种过程严格按照无菌操作规程进行。接种量以塞满接种孔为宜。接种后立即移至培养室,温度以 20 ℃ 为宜。因为瓶内菌丝生长迅速,呼吸发热,瓶内温度一般比室温高 2～4 ℃。气温低时,室内门窗应关闭,且每隔 5～6 小时通风换气一次。发菌期间还应定期调换瓶的位置,使发菌均匀。一般经过 22～25 天,菌丝能长满全瓶。

⑥出菇管理:出菇室必须通风、干净、水源方便,并要求室内无光。菇房的管理措施包含以下几个步骤:

a.催蕾:待菌丝长到瓶底后,及时把瓶子转移到出菇室,去掉瓶口上的棉塞(或纸),进行搔菌。搔菌是把老菌种耙掉、白色菌膜去掉,然后用报纸覆盖瓶口,每天在报纸上喷水 2～3 次,保持报纸湿润。几天之后培养基上部就会形成琥珀色的水珠,有时还会形成一层白色棉状物,这是现蕾的前兆,再过 13～15 天就会出现菇蕾。喷水过程中,不能把水喷在菇蕾上,否则菌柄基部就会变成黄棕色至咖啡色,影响出菇的质量,同时还会发生根腐病。催蕾期温度应控制在 12～13 ℃,湿度控制在 85%～90%,每天通风 3～4 次,每次 15 分钟,并给予微弱的散射光照射。

b.抑菇:现蕾后 2～3 天,菌柄伸长到 3～5 毫米,菌盖米粒大时,就应抑制生长快的,促使生长慢的赶上来,以便植株整齐一致。在 5～7 天内,减少喷水或停水,使相对湿度控制在 75%,温度控制在 5 ℃ 左右。

c.吹风:又称"压风"。当菇蕾冒出瓶口时,应轻轻吹风,以使菇蕾长得更好、更整齐。

d.套筒:套筒是防止金针菇下垂散乱、减少氧气供应、抑制菌盖生长、促进菌柄伸长的措施。套筒材料可选蜡纸、牛皮纸、塑料薄膜,高度为 10～12 厘米,呈喇叭形。当金针菇伸出瓶口 2～3 厘米时套筒。套筒后每天可在纸筒上喷少量水,保持湿度为 90% 左右,早晚通风 15～20 分钟,使温度保持在 6～8 ℃。

e.采收:金针菇菌柄长 13～14 厘米,菌盖直径为 1 厘米以内,半球形,边缘内卷,开伞度为 3 分时,为加工菇的最适采收期;菌盖 6～7 分开伞时,为鲜售菇的采收期。

(2)袋栽:袋栽金针菇由于袋口直径大,通风性好,菇蕾能大量发生,因此菇的色泽比较符合商品要求。同时,塑料袋的上端可用来遮光、保湿,能使菌柄整齐生长,免去了套筒的步骤。一般袋栽比用 3.5 厘米口径瓶栽的产量高出 30% 左右,是值得推广的栽培工艺。

①栽培袋:可采用聚丙烯塑料袋。规格:长 40 厘米、宽 17 厘米或长 38 厘米、宽 16 厘米,厚度为 0.05～0.06 毫米。若鲜销,可用 42 厘米×20 厘米的袋子。塑料袋不宜过宽,否则金针菇易感染杂菌,菌柄易倒伏。

②配料、装袋:袋栽培养料的配方及配制过程与瓶栽相同。装袋时,先把少量培养料装到袋中,用手指把袋底两端的边角向内压,并压紧培养料使之能直立站稳,在袋中放一

根圆形木棒(或倒立一根大试管),然后继续装料,边装边压紧。装量以 0.4～0.5 千克为度。袋子上端必须留 15 厘米以上的长度,供菌柄生长之用。装袋后套上塑料环,用牛皮纸或棉塞封口。

③灭菌:塑料袋的体积大,装料多,灭菌时间比瓶子要长些。高压灭菌要维持 1.5～2 小时,常压灭菌要维持 8～10 小时。无论是高压灭菌还是常压灭菌,塑料袋都应直立排放于锅内。

④接种:接种时,塑料袋口要靠近酒精火焰处,但要注意不能碰到火焰,以免把塑料袋烧熔。接种量要稍多些,一般每袋接 3 匙菌种。接种时,把少量的菌种接入洞内,大部分菌种分布在培养基表面,有利于整齐出菇。一瓶原种可接种 30～40 袋。

⑤培养:袋栽菌丝的培养过程与瓶栽相同。但由于袋子装料多,培养时间较长,经过 25～30 天菌丝才能长到底。在培养过程中,要防止老鼠和蟑螂啃穿塑料袋,造成杂菌污染。同时在以上操作过程中,搬运时要小心,不要刺破塑料袋。

⑥出菇管理:菌丝长满袋后,应及时搬到栽培室。为了充分利用空间面积,栽培室可放置栽培架,栽培架可设 3～4 层。最下层距离地面 60 厘米左右,地面可以直接放一层袋栽种。架子每层相距 50 厘米左右,便于喷水和采菇。

在栽培室内,先把棉塞或套环去掉,再把塑料袋完全撑开,在袋口覆盖一层报纸,每天喷水于报纸上,保持空气相对湿度为 85%～90%。菇蕾出现后不要急于拿掉报纸,否则水分容易蒸发,影响金针菇生长。盖报纸还可以提高二氧化碳浓度,抑制开伞,但不能让菌盖接触报纸,待菌柄长到 10 厘米左右时去掉报纸。其他管理方法与瓶栽相同。

(3)床栽:为了进行大规模生产,提高金针菇的单位面积产量,在气温较低的地方可以进行生料床栽。床栽成本低,适合市场鲜销。

①栽培季节:床栽可在霜降过后至春节前后进行。气温稳定在 5 ℃以上 15 ℃以下时适合金针菇生料床栽。为了保证床栽的成功,最适合的温度是 7～10 ℃,温度超过 15 ℃时不能进行床栽,否则污染率高。

②培养料:床栽的培养料必须采用棉籽壳,进行生料栽培,适当拌进细米糠(或麸皮)以增加氮源含量。棉籽壳和米糠要新鲜,绝对不能发霉。常用的培养料配方有:

a.棉籽壳 88%、麸皮 10%、糖 1%、石灰 1%。

b.棉籽壳 96%、玉米粉 3%、糖 1%。

c.棉籽壳 99.3%、尿素 0.7%。

以上配方要求含水量调至 65%～70%,pH 值调至 6。

③栽培场所:可以是普通用房或人防地道、地下室,但要通气性好、无杂菌、卫生、黑暗。栽培前,用 2% 敌敌畏和 5% 石灰水进行杀虫消毒。人防地道或地下室要隔 5 米安一个 15 瓦灯泡(2 勒克斯以下)悬在中央,利用菇的向光性,使之整齐生长而不散乱。

④床架:架宽 80～100 厘米,长度不限。

⑤薄膜:用来包裹培养料,要比床架宽,以便能拱成高 30～50 厘米的环棚。

⑥播种:要选用抗霉能力强、菌丝生长旺盛、产量高的菌株,菌龄不超过两个月,用菌种量为 10%～15%;亦可用发透全瓶菌丝的瓶栽种。播种时将所用的器具、塑料薄膜用水冲洗干净,双手擦上酒精,把塑料薄膜铺在床上,先撒占总量 1/5 的菌种于薄膜上,铺成薄薄一层,再铺一层料,然后放等量的菌种。如此一层种一层料,共放四层种、三层料。每层

料厚达 3 厘米左右,将最后 1/5 的菌种撒于床面和四周。播种后要将菌床压实、压平,把薄膜盖上。

⑦发菌管理:播种后在要 10 ℃以下培养,10～15 天之内不做任何翻动,让菌丝迅速长满料面。若 15 天后还有部分料面未被菌丝占领,应轻轻掀动薄膜,促使未萌动的菌丝生长起来,并使菌丝往深处纵横生长。这时要注意培养料的水分不要散失,保持温度为 4～8 ℃,防杂菌污染。经 35～45 天,栽培床上生成茂密的菌丝时,可揭去薄膜进行搔菌,即将表面已老化的菌丝体去掉或划破,使内部菌丝接受新鲜空气和空气湿度的刺激。然后把薄膜加高到 20～30 厘米,空间湿度保持为 80％以上,每天注意换气,培养料的菌丝体会由灰白色转为白色,并出现棕色分泌液,几天后就会长出核桃仁样突起,在突起上会长出丛生菇蕾。

⑧出菇管理:菇蕾形成后空间湿度应保持 80％～90％,不能把水喷在菇蕾上,否则菇体会变褐色。小菇蕾在适宜环境中迅速发育,长成色泽嫩黄、盖小、柄长、粗壮的金针菇,当有 15 厘米长时可采收。收完一潮菇后即除去菇脚根和上层已老化的菌丝体,喷上充足的水分,再按上述方法管理。一般可收获 3～4 潮菇。

⑨生料栽培金针菇应注意以下事项:生料栽培金针菇最重要的是防杂菌污染。金针菇属低温型伞菌,可利用这个特点创造其生长优势,要在 10 ℃以下(4～8 ℃)培养金针菇菌丝体,这是金针菇栽培的关键。气温在 10 ℃以上时,并不会使菌丝生长加快,而是适合子实体的形成,这样接进去的菌种块不进行营养生长而进入生殖生长,致使培养料无法被菌丝占领,从而引起杂菌污染。子实体分化生长时,温度应控制在 8～10 ℃。气温过低,菇蕾发育缓慢;超过 12 ℃时,菇柄短,易开伞,杂菌蔓延,菇柄根部变褐死亡。另一个需要注意的问题是栽培床上还未形成繁茂菌丝层前,有的菌种块会长出子实体,这时切不可认为"提前出菇",绝不能掀开薄膜让其出菇,否则会因小失大,造成减产。最后还应注意,在搔菌催蕾时要补足水分,菇蕾形成后不能把水直接喷入菇床,以防菇体变褐。

(七)虎奶菇

1.概述

虎奶菇属担子菌亚门、层菌纲、伞菌目、侧耳科、侧耳属,又名"菌核侧耳""核侧耳""核耳菇""茯苓侧耳"等,为木腐生真菌,可药食兼用。虎奶菇以菌核入药为主,子实体含蛋白质 16％～45％,可食用。菌核中含有葡萄糖、果糖、半乳糖、麦芽糖、纤维二糖、棕榈酸、肌醇、油酸等。非洲一些国家和地区很早就有食用和药用虎奶菇的传统,他们将虎奶菇子实体切成细块,或将菌核除去外皮,用盐水煮过切片或磨粉,再加其他作料煮汤食用。

2.虎奶菇的生物学特性

(1)生态习性:虎奶菇自然生长于热带和亚热带,夏秋间生于阔叶树的根和埋木上。菌丝侵染木材或树桩后,引起木材的白色腐朽,并在地下、木材中或树根之间形成菌核。在我国的海南、江西等地,以及日本、马来西亚、缅甸、喀麦隆、尼日利亚、乌干达、加纳、几内亚、坦桑尼亚、澳大利亚等国家均有自然生长。

(2)生活条件

①营养:虎奶菇是一种典型的木腐朽菌,能利用许多阔叶树、针叶树及各种农作物的秸秆。菌丝在含果糖的琼脂培养基上生长良好,其次为甘露糖,再次为葡萄糖,还能利用多种有机氮,但利用无机氮的能力较差。

②温度:菌丝体在 15～40 ℃均可生长,以 25～32 ℃为最适宜,超过 40 ℃不能生长,15 ℃时菌丝稍生长,10 ℃以下不生长。

③水分:菌丝在含水量为 60%～70%的培养基上表现旺盛,低于 60%时生长缓慢,高于 70%时稀疏纤弱。

④酸碱度:菌丝正常生长的 pH 值为 6.0～7.2,以 pH 值为 6.5 最适宜。

⑤光线:菌丝生长不需要光线,子实体发生需要明亮的光线,菌核在黑暗或明亮环境下均可形成。

⑥空气:虎奶菇属好气性真菌,子实体生长需要新鲜空气。栽培房通风不良、二氧化碳浓度超过 0.1%时子实体变形。

3.虎奶菇的袋料覆土栽培技术

虎奶菇人工驯化栽培始于 1993 年,由江西贵溪象山食用菌专业合作社、抚州临川金山生物科技研究所首次试验成功。1998 年,研究人员在临川采用野生标本栽培成功,驯化出了适合人工栽培的优质高产菌株——临川虎奶菇 1 号。2005 年,在贵溪象山食用菌专业合作社基地、临川金山食用菌基地首次进行规模生产。近年来,各地引种发展生产,栽培方式多样。

(1)场地选择:栽培场地在室内外均可,但以野外大棚、简易草棚等自然环境的房棚较理想。由于虎奶菇是地下长菌核,因此栽培场地要比其他菇类高。要求土壤的腐殖层肥沃疏松,场地四周空阔,水源方便,排灌顺畅,环境清洁。土地深翻晒白后,做成畦床,并进行消毒处理。房棚内通风良好,光线明亮,遮阴散热,有利于夏季子实体生长发育。

(2)栽培季节:夏秋高温季节最适合菌丝生长和菌核的形成,在此季节栽培既可减少能耗、降低成本,又可以缩短栽培周期。北方低温季节只要适当加温,同样可以进行栽培。

(3)培养料的配制

虎奶菇是一种典型的木腐菌,培养料常用配方有:

①棉籽壳 45%、杂木屑 35%、麦麸 18%、蔗糖 1%、碳酸钙 1%,料水比为 1:(1.1～1.2)。

②杂木屑 50%、黄豆秆 20%、棉籽壳 10%、麦麸 18%、碳酸钙 1%、蔗糖 1%。

③玉米芯 38%、棉籽壳 30%、杂木屑 10%、麦麸 20%、蔗糖 1%、碳酸钙 1%。

配制时先将干料拌匀,将蔗糖、碳酸钙溶于水中,然后加入干料反复搅拌,过筛打散结团,使含水量为 60%,pH 值为 7。

(4)待菌丝长好后去掉塑料薄膜覆土,先覆粗土(事先用石灰水预湿,土厚 0.8～1.2 厘米),然后覆细土,喷水保湿。露天栽培时,在覆土之后,畦面上还应搭拱形塑料小棚加以保护,小棚高 30～40 厘米。

南方室外栽培从 3 月播种开始,到第二年 10 月采收结束,应注意气温、雨量、风力等的变化。华北地区为保温、保湿宜用塑料大棚栽培,除寒冬期间外,可常年生产。

虎奶菇的产量因不同菌株、培养料和栽培条件而有较大的差异,产量为 4.5～18 千克/米^2,生物学效率多数在 80%～100%,好的可超过 100%。

(八)黑皮鸡枞菌

1.概述

黑皮鸡枞菌属担子菌门、伞菌纲、伞菌目、白蘑科,又名"长根菇",富含多种氨基酸,是药食两用的食用菌之一。其口感独特,谷氨酸钠含量比较高,提鲜作用远在味精之上,无论煎、炒、烹、炸,还是清蒸、做汤,其滋味都很鲜。虽然黑皮鸡枞菌的营养价值很高,但其对生长环境的要求极其苛刻,自然状态下仅在我国的西南、东南地区出产。黑皮鸡枞菌自身不会繁殖,整个繁殖和生长周期都要依靠土栖性白蚁,在长期的进化过程中逐渐和白蚁进化为共生生态系统。白蚁传播黑皮鸡枞菌的担孢子和菌丝体,培养菌丝体,也取培养出来的鸡枞菌菌丝体作为食物;黑皮鸡枞菌菌丝体的生长发育也离不开白蚁的分泌物,否则难以生存。两者互惠互利,共栖于一个环境,群体都得到了共同发展。但是,仅靠采集野生黑皮鸡枞菌远远不能满足巨大的市场需求,因此目前迫切需要一种能够大规模人工培养黑皮鸡枞菌的方法,以满足人们的食用需求。

2.黑皮鸡枞菌的栽培技术

(1)确定培养基质原料各组分:按质量份计,棉籽壳 60～70 份、豆粕 2～4 份、麦麸 10～20 份、玉米面 5～10 份、木屑 4 份、轻质碳酸氢钙 1 份、过磷酸钙 1 份、石灰 1 份,加水混合均匀,使含水量保持在 50%～70%,制成菌包。

(2)菌丝培养:灭菌后,将含有白蚁分泌物的菌丝母种块切成 1.5～2 厘米大小,轻放入培养基中,在(21±1)℃且遮光条件下恒温培养;三天后,母种块上开始出现菌丝;45～50 天后菌丝长成,以菌丝浓密且较强壮为宜。

(3)种植:将培养好的菌包均匀置于室内的立体多层定植架上,室内遮光,完成定植后覆土 3～5 厘米厚,然后适量浇水,使菌丝上面土的湿度保持为 65%～70%,植架设为带有多层尼龙网或铁丝网的支撑架,常温培育 30～35 天。

(4)肥水管理:每月对菌包浇水 1～3 次,保持菌包湿度为 65%～70%。

(5)采收:在正常温度下,种植 25～35 天后即可出菇,待菇长至 5～8 厘米时即可采摘。

参考文献

[1]万树青. 生物农药及使用技术［M］. 北京:金盾出版社,2003.

[2]周慧文. 桃树丰产栽培［M］. 北京:金盾出版社,2008.

[3]刘捍中,石桂英. 葡萄栽培技术［M］. 北京:金盾出版社,1997.

[4]隋晓黑. 枣农实践100例［M］. 北京:金盾出版社,2005.

[5]冯殿齐. 杏大棚早熟丰产栽培技术［M］. 北京:金盾出版社,1999.

[6]贾敬贤. 梨树高产栽培［M］. 北京:金盾出版社,1992.

[7]张和义,唐爱均,王广印. 樱桃番茄优质高产栽培技术［M］. 北京:金盾出版社,2004.

[8]商鸿生,李修炼,王凤葵,等. 麦类作物病虫害诊断与防治原色图谱［M］. 北京:金盾出版社,2004.

[9]陈孝,马志强. 小麦良种引种指导［M］. 北京:金盾出版社,2004.

[10]邢廷铣. 农作物秸秆饲料加工与应用［M］. 北京:金盾出版社,2000.

[11]陈健. 优质高效栽培［M］. 北京:金盾出版社,2004.

[12]刘捍中. 苹果优质高产栽培［M］. 北京:金盾出版社,1992.

[13]黄云鹏. 林木栽培技术［M］. 北京:国家行政学院出版社,2017.

[14]张圣旺. 玉米、棉花多元多熟立体种植技术［M］. 北京:中国农业出版社,2002.

[15]李莹. 小杂粮良种引种指导［M］. 北京:金盾出版社,2004.

[16]王忠孝. 玉米栽培关键技术问答［M］. 北京:中国农业出版社,1999.

[17]姜国高. 板栗早实丰产栽培技术［M］. 北京:中国林业出版社,1995.

[18]王金友,李知行. 落叶果树病害原色谱［M］. 北京:金盾出版社,1995.

[19]朱更瑞. 桃树种植经营良法［M］. 北京:中国农业出版社,2002.

[20]慕宗昭,房用. 杨树速生丰产栽培技术指南［M］. 呼和浩特:远方出版社,2005.

[21]刘凤之,聂继云. 苹果无公害栽培技术［M］. 北京:金盾出版社,2004.

[22]张克斌,张鹏. 桃无公害高效栽培［M］. 北京:金盾出版社,2004.

[23]刘威生. 李无公害高效栽培［M］. 北京:金盾出版社,2004.

[24]张鹏,王有年,张四维. 樱桃无公害高效栽培［M］. 北京:金盾出版社,2004.

[25]张志善,杨自民,申彦杰. 枣无公害高效栽培［M］. 北京:金盾出版社,2004.

[26]刘威生. 杏无公害高效栽培［M］. 北京:金盾出版社,2004.

[27]张铁如. 板栗无公害高效栽培［M］. 北京:金盾出版社,2004.

[28]刘连强,罗莹,刘建华,等. 猴头菇液体生产种制备关键技术［J］. 南方农业,2016,10(29):92-93.